Wolf-Eberhard Barth

Naturschutz: Das Machbare

Wolf-Eberhard Barth

Naturschutz: Das Machbare

Praktischer Umwelt- und Naturschutz für alle

Ein Ratgeber

Mit 69 zum Teil farbigen Abbildungen
und 125 Zeichnungen

Paul Parey · Hamburg

2., vollständig neubearbeitete und gestaltete Auflage des 1987 im Verlag Paul Parey erschienenen Buches „Praktischer Umwelt- und Naturschutz – Anregungen für Jäger und Forstleute, Landwirte, Städte- und Wasserbauer sowie alle anderen die helfen wollen" von Wolf-Eberhard Barth

Die Deutsche Bibliothek – CIP-Einheitsaufnahme

Barth, Wolf-Eberhard:
Naturschutz: das Machbare; praktischer Umwelt- und Naturschutz für alle; ein Ratgeber / Wolf-Eberhard Barth. – 2., verb. und erw. Aufl. – Hamburg : Parey, 1995.
1. Aufl. u.d.T.: Barth, Wolf-Eberhard:
Praktischer Umwelt- und Naturschutz
ISBN 3-490-11418-3

Anschrift: Spitalerstraße 12, D-20095 Hamburg

Printed in Germany

Satz und Lithographie: Alphabeta Druckformdienst GmbH, Hamburg
Druck und buchbinderische Verarbeitung: Westermann Druck Zwickau GmbH
Zeichnungen: Leuthold Aulig, Wolfsburg nach Skizzen des Autors
Umschlaggestaltung: Jürgen Meyer, Hamburg, unter Verwendung von 3 Fotos des Autors
Druck auf 100 % chlorfrei gebleichtem Papier (TCF)

ISBN 3-490-11418-3

Vorwort

*„Es ist besser, ein kleines Licht anzuzünden,
als auf die Dunkelheit zu schimpfen."*
Chinesisches Sprichwort

Obwohl drei Viertel der Bundesbürger den Umweltschutz zu den wichtigsten Aufgaben der Politik zählen und bereits etwa 5 Mio. Menschen in Umweltverbänden organisiert sind, können die meisten Umweltsünder immer noch mit einer Allgemeinheit rechnen, die sich gar nicht geschädigt fühlt und sich deshalb zu wenig wehrt. Und obwohl die Worte „Umweltschutz – Naturschutz – Ökologie" heute in aller Munde sind und das vorhandene gesetzliche Instrumentarium besser ist als sein Ruf, geht es immer noch rapide bergab mit unserem Lebensraum.

Es ist eine weit verbreitete und gefährliche Illusion, zu glauben, Staat und Industrie könnten allein unsere Umweltprobleme lösen. Damit stehlen wir uns als Einzelne aus der Verantwortung, verharren allzu leicht tatenlos und wirken unbewußt weiter mit an der Zerstörung unserer Lebensgrundlagen. Wer andererseits mit gutem Beispiel vorangehen will und Mitstreiter zu gewinnen sucht, wird feststellen, daß er häufig gegen eine Gummiwand aus Unwissenheit, Kurzsichtigkeit, Anspruchsdenken und Maschinenhörigkeit anrennt. Jeder aktive Naturschützer kennt diese Gummiwand und ist häufig enttäuscht und deprimiert, bis er sich im Interesse der Allgemeinheit wieder aufrafft – um gegen die nächste Wand zu rennen.

Aber er muß es tun! Bezeichnend und ermutigend ist dabei immer wieder, daß die vermeintlichen Gegner in Wirklichkeit fast immer gutwillige Mitbürger sind, die von der Harmlosigkeit ihrer Umweltsünden überzeugt sind. In erster Linie liegt das daran, daß die meisten unserer Gesprächspartner in Sachen Umwelt noch immer einem Denken folgen, das früher Gültigkeit hatte oder doch zu haben schien. Die Dimension unserer Umwelt- und Naturschutzprobleme ist nur wenigen bekannt, und noch weniger Menschen können die Folgewirkungen ihres Handels richtig einschätzen.

Mit diesem Buch möchte ich deshalb versuchen, Augen und Ohren für zunächst unscheinbare, weil alltägliche Umweltsünden zu öffnen und Anregungen für Verbesserungen zu geben, die wir selbst leisten können. Dabei erscheint es mir unerläßlich, zunächst gewissermaßen einen Uhrenvergleich vorzunehmen, damit wir besser erahnen können, wie spät es tatsächlich in unserer Umwelt schon ist. Nur wenn wir wissen, was die Uhr geschlagen hat, und anhand ökologischer Grundlagen begreifen, wie sie weiterläuft, werden wir die Möglichkeiten erkennen, die wir in unser aller Interesse nutzen müssen.

Dennoch soll dieses Buch weder wissenschaftliche Abhandlung sein, noch kann es Anspruch auf Vollständigkeit erheben. Der verantwortungsbewußte Leser soll lediglich in die Lage versetzt werden, gewisse Empfehlungen fundiert auf die engere Heimat zu übertragen, Probleme besser zu erkennen und aktiv an Verbesserungen mitzuwirken. Beim Umwelt- und Naturschutz sind unsere Möglichkeiten auch unsere Pflichten!

Mein besonderes Augenmerk galt daher bei dieser Überarbeitung der ersten Auflage des Buches „Praktischer Umwelt- und Naturschutz" dem ökologischen Grundlagenteil (Kap. 3) sowie den landwirtschaftlichen (Kap. 11), forstlichen (Kap. 12) und jagdlichen (Kap. 13) Themen. Hinweisen möchte ich auch auf die grundlegenden Gedanken und wissenschaftlichen Erkenntnisse über die Wechselwirkungen zwischen menschlichem Lebensraum, dessen Naturausstattung und dem individuellen Wohlbefinden der Einwohner (Kap. 4 „Psychotop"), auf die Anregungen für eine Verbesserung der Naturschutzstrategie (Kap. 5) und auf die Empfehlungen zur Einbindung der Tierschutzbewegung (Kap. 5.2).

Einen hohen Stellenwert haben für mich die Anregungen zur Überzeugung Andersdenkender (Kap. 5.4), weil viel davon abhängt, wie Naturschützer ihr Wissen „rüberbringen". Holzhammermethoden machen aus eigentlichen Sympathisanten nämlich sehr schnell verkappte Gegner, während eine durchdachte „Gewinner-Gewinner-Strategie" auf längere Sicht auch aus „offenen Gegnern" Verbündete machen und damit am wirkungsvollsten helfen kann, die Netto-Bilanz für den Umwelt- und Naturschutz zu verbessern.

In der Demokratie nämlich entscheiden Mehrheiten. Nicht der einsame Spezialist, der möglichst viel Entscheidungsbefugnis an sich bindet und als „Spitzeninstanz" natürlich unentbehrlich ist, schafft die Basis dazu, sondern die nach Hunderttausenden zählende Anhängerschaft der Umwelt-, Natur- und Tierschutzbewegungen. Sie dürfen wir nicht verprellen mit spitzfindiger Besserwisserei oder Rechthaberei. Mitreißeffekte für unsere Umwelt, für unsere Natur, für unsere Tiere erzielen wir nur zusammen (Kap. 5). Wenn Menschen bei ökologischen Fehlhandlungen ein schlechtes Gewissen bekommen, haben wir schon halb gewonnen. Dann nämlich setzt ein Erziehungseffekt untereinander ein, der Wunder wirken kann.

Dazu bedarf es geschickter PR-Arbeit. Jedes entlegene Tennisergebnis findet heute den Weg bis in die Nachrichten von Funk und Fernsehen, von den überlebenswichtigen Themen des Umwelt- und Naturschutzes nehmen viele Medien nur am Rande Notiz. Das liegt sicher nicht an der Sache, sondern an ihrer Präsentation und am noch wenig ausgebildeten Geschick, die brennenden Probleme publikumswirksam zu „verkaufen". Das geht ohne Knalleffekte und Marktschreierei, wenn man die Menschen am eigenen Interesse packt und Hoffnung statt Schwarzmalerei anbietet.

Mein besonderer Dank gilt den „Computerakrobaten", nämlich den Damen Ehrenberg, Gerowitt, Sauerbier und Vollmer sowie Herrn Dr. Prause für ihre unermüdlichen Einsätze beim Schreiben und Verbinden verschiedener EDV-Systeme, den Herren Großmann und Jonas für Unterstützungen bei einigen Zeichnungen sowie Frau Dr. Brandes und den Herren Dr. Dahl, Heckenroth, Prof. Dr. Schmidt, Dr. Thieme, Dr. Wölfel, Zang und Zimmermann für ihre Mühe beim Gegenlesen und für ihre Verbesserungsvorschläge. Ebenso herzlich danke ich meinem Lektor, Herrn F. Bedürftig, für sein Augenmaß und Geschick bei den Abschlußarbeiten.

Den Verfassern der zitierten Literatur (siehe Anhang) danke ich für viele Anregungen und Detailerkenntnisse, ohne die ich mich nicht an dieses für die Allgemeinheit gedachte Buch herangewagt hätte.

Dem Verlag Paul Parey danke ich für seinen Mut zum Risiko und für sein umwelt- und naturschützerisches Engagement.

Der Niedersächsischen Landesforstverwaltung danke ich für Vertrauen, Förderung und Freiraum über 20 Jahre im Harzer Forstamt Oderhaus, Voraussetzung dafür, unausgetretene Wege zu gehen.

Dem Regierungspräsidenten von Braunschweig sowie dem Niedersächsischen Umweltministerium danke ich für die Beibehaltung dieser Unterstützung in der Nationalparkverwaltung Harz.

Jedem Leser danke ich für sein Interesse und hoffe, daß es wie das sprichwörtliche ins Wasser geworfene Steinchen Kreise zieht.

St. Andreasberg (Oderhaus)
im Frühjahr 1995

Inhalt

1 Auch weltweite Umweltprobleme gehen uns alle an

„Wir haben die Erde nicht von unseren Vätern geerbt – wir haben sie von unseren Kindern geliehen!“
Sprichwort der amerikanischen Amish People

Vor über 70 Jahren schrieb Albert Schweitzer: „Der Mensch hat die Fähigkeit, vorauszublicken und vorzusorgen, verloren. Er wird am Ende die Erde zerstören.“ Die Entwicklung der letzten 30 Jahre hat diese düstere Prognose in beängstigender Form bestätigt, mehr noch, die Beschleunigung der Entwicklung führt zu ernsten Mahnungen, die uns alle wachrütteln müssen:

„Ich will die Zustände nicht dramatisieren“, sagte U Thant schon 1969, „aber nach Informationen, die mir als Generalsekretär der Vereinten Nationen zugehen, haben nach meiner Schätzung die Mitglieder dieses Gremiums noch etwa ein Jahrzehnt zur Verfügung, ihre alten Streitigkeiten zu vergessen und eine weltweite Zusammenarbeit zu beginnen, um das Wettrüsten zu stoppen, den menschlichen Lebensraum zu verbessern, die Bevölkerungsexplosion niedrig zu halten ... Wenn eine solche weltweite Partnerschaft innerhalb der nächsten zehn Jahre nicht zustande kommt, so werden, fürchte ich, die erwähnten Probleme derartige Ausmaße erreicht haben, daß ihre Bewältigung menschliche Fähigkeiten übersteigt.“

Das war vor 25 Jahren. Geändert hat sich nichts. Im Gegenteil, die Entwicklung zum Negativen hat sich beschleunigt.

1972 hat der Mathematiker Dennis Meadow (USA) mit umfassenden Computermodellen wichtige Größen – z. B. Bevölkerungsentwicklung und Umweltverschmutzung – bis zum Jahre 2100 hochgerechnet. Alle auf dieser Basis erarbeiteten Prognosen endeten in einer weltweiten Katastrophe. Die bekannte Umweltstudie „Global 2000“ belegt diese Entwicklung sehr detailliert, und neue Computermodelle der 90er Jahre bestätigen die dramatische Entwicklung. Reagieren wir darauf angemessen?

Zum Abschluß der 12tägigen, mit 170 beteiligten Staaten und 35 000 Teilnehmern bisher wohl aufwendigsten UNO-Konferenz, der Umwelt-Konferenz in Rio (1992), brachte die norwegische Ministerpräsidentin Brundtland das Ergebnis auf einen Punkt: „Wir schulden der Welt ein freimütiges Bekenntnis darüber, was wir hier in Rio erreicht haben: Fortschritte auf vielen Gebieten, zu wenig Fortschritte auf den meisten Gebieten und überhaupt keinen Fortschritt in einigen Sachfragen.“ Prof. Engelhardt, langjähriger Präsident des Deutschen Naturschutzrings (DNR), resümierte: „Niemand ... darf nach Rio noch behaupten, er habe den wirklichen Ernst der globalen Umweltkrise mangels Kenntnis der Sachverhalte nicht richtig einschätzen können. Eine solche Entschuldigung für umweltschädliches Verhalten kann heute niemand mehr geltend machen, besonders nicht Entscheidungsträger in Politik und Wirtschaft.“

Mitschuldig an der Krise ist jeder von uns. Viel wichtiger aber als die Frage nach der Schuld, deren Wurzeln sich ohnehin verlieren, ist die Bewußtmachung der Zusammenhänge zwischen unserem alltäglichen Leben und den nationalen wie internationalen Umweltproblemen. Wir müssen durch Aufklärung erreichen, daß die Qualität der natürlichen Umwelt nicht nur zum höchsten nationalen, sondern auch internationalen Ziel erklärt wird.

Die Gefahr wächst, daß weniger entwickelte und deshalb von Umweltzerstörung noch geringer belastete Länder aufgrund lascher Umweltschutzgesetze die Fehler der Industrieländer wiederholen. Das wird bei Produktionsverlagerungen ins Ausland international gefördert durch sogenanntes Öko-Dumping, das dem Herstellerland bei milderen Umweltschutzvorschriften Preisvorteile beschert. Daraus ergeben sich große Wettbewerbsnachteile für Länder mit strengeren Auflagen und erhebliche Nachteile für den Verbraucher- und Umweltschutz (Spiegel Spezial, 1992).

Wenn z. B. über die EU-Kennzeichnungsrichtlinie Länder, die 2000 Substanzen als krebserregend ausgewiesen haben, gezwungen werden, sich auf 50 Substanzen zu beschränken, dann ist klar, in welche Richtung der „demokratische Kompromismus“ führen kann oder – pessimistisch gesagt – führen muß. Etliche Produkte, die wegen ihrer Gefährlichkeit für Umwelt oder Gesundheit in einigen Ländern verboten sind, müssen nach dem Prinzip der gegenseitigen Anerkennung dann wieder zugelassen werden. Der gemeinsame Markt der EU darf den nationalen Umweltministern nicht als Ausrede für umweltpolitische Halbherzigkeiten und Tatenlosigkeit dienen. Im internationalen Umweltschutz liegt damit letztlich auch die größte Herausforderung für die Bewährung der Demokratie.

Die Bundesrepublik ist als eine der führenden Industrienationen, gewollt oder nicht, an der Verschärfung der globalen Umweltkrise maßgeblich beteiligt. Es stünde uns gut an, wenn Deutschland nach dem Verursacherprinzip in Sachen Umwelt-

und Naturschutz eine mindestens ebenso mit führende Rolle im internationalen Vergleich übernähme. Mit zunehmender Kenntnis der Zusammenhänge wird die Bevölkerung dies erwarten.

Sehr positiv ist zu vermerken, daß Deutschland seit Jahren der größte Anbieter von Umweltschutztechnik ist. 1991 entfielen 20,5 % des Umweltschutz-Welthandels auf Deutschland. Zweitgrößter Exporteur sind mit 17,1 % Welthandelsanteil die USA, gefolgt von Japan mit 12,7 % („Unser Wald"; 4, 1994).

Wir müssen daran arbeiten, die Einsichtsfähigkeit des Menschen zu verbessern durch Öffentlichkeitsarbeit, durch Naturschulen, durch Wertewandel in der Einstellung unserem eigenen Lebensraum gegenüber, durch gute Beispiele (z. B. in Nationalparken oder Biosphärenreservaten). Der Mensch lernt nur durch Katastrophen, sagen die Pessimisten. Das aber hieße, die Flinte voreilig ins Korn werfen. Es darf nicht von vornherein ausgeschlossen werden, daß sich menschliches Verhalten auch aufgrund zielgerichteter Erziehung ändern kann. Erziehung ist und war stets ein wichtiges Überlebensprinzip höherer Lebewesen. „Man darf diese Frage nicht zur Ruhe kommen lassen. Der völlige Verzicht auf jede Hoffnung ist das, was das Unheil nur beschleunigen kann. Eines der Elemente, die das Unheil verzögern können, ist der Glaube daran, daß es abwendbar ist." (Jonas, 1992)

1.1 Bevölkerungsexplosion

„Handeln, ohne zu denken,
ist wie schießen, ohne zu zielen."
B. C. Forbes

Die Bevölkerungsentwicklung wird zu einer Überlebensfrage der Menschheit werden. Die Weltbevölkerung entwickelt sich explosiv: Von 1 Mrd. um 1820 benötigte sie 110 Jahre zur Verdoppelung auf 2 Mrd. Erdenbürger 1930. Nur 30 Jahre später waren es 1960 bereits 3 Mrd., nach weiteren 16 Jahren 1976 4 Mrd. und nur 11 Jahre später 1987 schon 5 Mrd. 1992 kamen zu den inzwischen 5,4 Mrd. pro Sekunde 3 Menschen hinzu, also 260 000 pro Tag oder 95 Mio. pro Jahr. Zur Jahrtausendwende werden rund 6,2 Mrd. Menschen die Erde bevölkern. Noch zu Lebzeiten unserer Kinder oder Enkel wird also bereits die Grenze der Belastbarkeit der Erde erreicht sein, selbst wenn eine Verlangsamung des Wachstums eintreten sollte.

Damit eine Bevölkerung weder zu- noch abnimmt, muß jede Frau 2,1 Kinder haben (in den Entwicklungsländern wegen der hohen Kindersterblichkeit zwischen 2,2 und 2,3). Jede Frau aber bringt heute durchschnittlich 3,4 Kinder zur Welt. Die Zahl für Afrika liegt bei 6,2 und beträgt für Asien (ohne China und Japan) 4,2, für Lateinamerika 4,5 gegenüber 1,7-1,9 in Europa und Nordamerika. Die Bevölkerungsexplosion findet zu rund 90 % in der Dritten Welt statt, doch die Erste Welt plündert und belastet den Planeten. Ein US-Amerikaner belastet die ökologische Tragfähigkeit der Welt auf dem Energie- und Rohstoffsektor so stark wie zwei Schweden, 35 Inder, 140 Kenianer oder 280 Nepalesen. Bei nur 500 Mio. wohlhabenden, aber 2,3 Mrd. Menschen mit einem jährlichen Einkommen von unter 350 US-Dollar leben wir auf einem sozialen Pulverfaß.

Obwohl westliche Helfer bei Hungersnöten tonnenweise Nahrungsmittel in die Notgebiete bringen, wächst die Zahl der Hungernden weiter und immer rascher. Die verschiedenen Großoffensiven der UN zur Lösung des Problems „Hunger und Unterernährung" sind weitgehend fehlgeschlagen. Wenn die UNESCO und kirchliche Hilfsorganisationen den täglichen Hungertod von 40000 Kindern durch Nahrungsspenden verhindern wollen, dann vergrößern sie – so unmenschlich das klingt – das Problem. Wirklich zu helfen ist den Überbevölkerungsländern nur, wenn diese Kinder nicht geboren werden. Appelle an das Mitleid verschleiern das Problem.

Islam wie katholische Kirche (zusammen fast 2 Mrd. Anhänger) bekämpfen fast alle Mittel zur Geburtenkontrolle. Unwissenheit und Unterdrückung der Frau behindern ebenso eine vernünftige Familienplanung. So sind alle bisherigen Lösungsmodelle gescheitert. Die Verbesserung der Schulbildung könnte eine Perspektive bieten: Immerhin haben in Brasilien Frauen ohne Schulbildung im Durchschnitt 6,5 Kinder, Frauen mit höherer Schulbildung dagegen nur 2,5. Doch gerade in den ärmsten Ländern der Welt sind die Bildungsausgaben in letzter Zeit um 25 % gekürzt worden. Nach der UNICEF-Analyse wird in den unterentwickelten Ländern lediglich 0,5 % des Budgets für Geburtenkontrolle ausgegeben, auch die internationale Entwicklungshilfe sieht dafür nicht mehr als 1,5 % vor.

Jede Tierpopulation reguliert sich selbst, wenn Raum und Nahrung knapp werden. Den Beginn der Selbstregulation kann man durch „Zufütterung" oder „Raumvergrößerung" zwar hinauszögern, erreicht damit aber nur eine Verschiebung, d. h. die sogenannten kompensatorischen Sterblichkeitsfaktoren greifen so oder so, wenn der Zeitpunkt der Überpopulation erreicht wird. Das gilt selbstverständlich auch für die Population

Mensch und bedeutet entweder natürliche Regulation mit der Härte der Natur oder aber sinnvolle Vorbeugung durch Geburtenkontrolle. Jede Entwicklungshilfe, die diese harte Konsequenz mißachtet, schiebt die Katastrophe vor sich her.

Solange wir die natürlichen Selbstregulationsmechanismen bei Hungerkatastrophen durch von der Natur nicht vorgesehene Hilfen aus weit entfernt liegenden Ökosystemen durchbrechen, verhindern wir das Einpendeln der Population auf einem dem Lebensraum angepaßten Niveau. Die Fortpflanzungsrate wächst, schon in wenigen Jahren tragen gerettete Individuen ihrerseits dazu bei. Wer aus moralisch-ethischen Gründen Familienplanung ablehnt, handelt an der Weltbevölkerung jedenfalls dann unverantwortlich, wenn er keine andere Problemlösung anzubieten hat. Zwischen der Spezies Mensch und anderen Kreaturen bestehen viele Wechselwirkungen, gefährliche Kettenreaktionen sind längst ausgelöst und eskalieren weiter: Die Lebensräume der Pflanzen und Tiere schrumpfen dramatisch, Energie wird verschwendet, Luft, Boden und Wasser werden vergiftet, die Meere verschmutzt, das Gleichgewicht der Erdatmosphäre ist bereits empfindlich gestört.

Die ökologischen Grundgesetze kollidieren in zunehmendem Maße mit den menschengemachten Normen. Nahrungskonkurrenz und Territorialverhalten aus Raumnot lösen bei Wildtieren ganz selbstverständlich Auseinandersetzungen aus. Beim Menschen nennt man diese – bei Tieren evolutionär vorgegebenen – Überlebensmechanismen „Kriege", die sich erschreckend häufen und brutalisieren; Ruanda 1994 war erst der Anfang.

1.2 Energiehaushalt

„In Amerika wurde eine Maschine erfunden. Sie pflanzt Kartoffeln, bewässert sie, erntet sie ab, wäscht sie, kocht sie und ißt sie auf."
Ephraim Kishon

Jedes Lebewesen benötigt zur Entwicklung und Aufrechterhaltung aller Lebensvorgänge Energie. Diese Energie muß überall auf der Welt erst einmal gebunden werden, ehe sie für einen Organismus verfügbar wird. Die Natur schafft das, indem sie mit Hilfe des Chlorophylls (Blattgrün) der Pflanzen die Sonnenenergie benutzt, um aus den Grundbausteinen Wasser und Kohlendioxid Zukkermoleküle herzustellen. Von dieser Primärproduktion sind alle Lebewesen mit ihrem speziellen Energiehaushalt abhängig. Jede Beeinträchtigung pflanzlichen Lebens – z. B. durch Immissionen – trifft auch unsere eigenen Lebensgrundlagen.

Ohne grüne Pflanzen gibt es keine Energiebindung in der Nahrung und damit auch kein anderes Leben. 90 % aller von uns momentan genutzten Energie stammt aus der Überproduktion der Pflanzenwelt vergangener Jahrmillionen (Kohle, Öl- und Gaslagerstätten). Wir verbrauchen heute mehr Energievorräte, als die Natur in der gleichen Zeit wieder binden kann. In dieser Betrachtung ist auch der Energieschwund bei der heutigen Veredelungswirtschaft von Bedeutung: Mit jeder Stufe der Nahrungskette – pflanzlicher Primärproduzent → pflanzenfressende Tiere → fleischfressende Tiere – geht Energie verloren. Etwa 90 % werden im Stoffwechsel veratmet, und nur rund 10 % werden in der Körpersubstanz des Konsumenten gebunden. Pflanzenfresser können also nur etwa 10 % der in den Nahrungspflanzen enthaltenen Energie in eigene Körpersubstanz „einbauen". Tiere, die in der nächsten Stufe Pflanzenfresser konsumieren, können ebenfalls nur rund 10 % der in ihrer Fleischnahrung gebundenen Energie in eigener Körpersubstanz festlegen, d. h. nur mehr 1 % der ursprünglich von den Pflanzen gebundenen Energie.

Hochgerechnet ergeben diese Tatsachen bei Berücksichtigung der menschlichen Mischkost aus pflanzlicher und tierischer Nahrung, daß die Tragfähigkeit der Erde schon bei etwa 7,5 bis 15 Milliarden Menschen erschöpft ist, allerdings bei regional höchst unterschiedlichem „Weltverbrauch". Während ein Nordamerikaner im Durchschnitt jährlich die Energie von 11 000 kg SKE (SKE = Steinkohleeinheit) oder der Bundesbürger 6600 kg SKE verbraucht, muß sich ein Afrikaner mit jährlich 250 kg SKE begnügen. Dieses Mißverhältnis wird sich in Zukunft infolge der Bevölkerungsexplosion in der Dritten Welt vergrößern. Die Energiekalkulation bei anhaltender Bevölkerungsexplosion zeigt, daß die Energiefrage nicht nur das Kernproblem unserer Wirtschaftssysteme einschließlich des Umweltschutzes ist, sondern zentraler Faktor für jede Art von Leben.

Bei der Verbrennung fossiler Energieträger entstehen Schadstoffe: Schwefeldioxid (SO_2), Stickoxide (NO_x), Aromate, Ruß, Asche, Staub und als Hauptverbrennungsprodukt das Treibgas Kohlendioxid (CO_2); die Ressourcen sind zudem begrenzt. National wie international bleibt daher keine andere Wahl, als den Verbrauch dieser Energieformen zu drosseln (z. B. durch progressive Preisentwicklung) und regenerative Energiequellen wie Wind, Wasserkraft, Geothermie (Erdwärme) und insbesondere Sonnenenergie zu fördern. Außerdem wird Wasserstoff als Energieträger an Bedeutung gewinnen müssen (BINE, 1990). Eine Vernachlässigung dieser Alternativen zugunsten z.B. der Kernenergie ist angesichts der langfristigen Risikodimension und der ungeklärten Entsorgungsproblematik nicht zu vertreten.

1.3 Ozonbelastung – Kohlendioxidanstieg – Weltklimagefahren

„Das eben ist der Fluch der bösen Tat,
daß sie fortzeugend immer Böses muß gebären."
Friedrich v. Schiller (1759–1805)

Verbrennungsabgase und sonstige Luftbelastungen gefährden weltweit unsere schützende Lufthülle.

Ozon (O_3)

Über 2 Mrd. Jahre lang konnte zu Beginn der Erdgeschichte Leben nur im Wasser existieren; es hatte sich noch keine schützende Ozonschicht gebildet, die Lebewesen vor den tödlichen Folgen der ultravioletten Sonnenstrahlung bewahrt hätte. Über die Photosynthese im Meer kam es zur Freisetzung von Sauerstoff, so daß über Hunderte Mio. Jahre die schützende Ozonschicht aus der dreiatomigen Sauerstoffverbindung (O_3) entstehen konnte. Diese lebenswichtige, zusammengedrückt gerade einmal 3 mm dicke Schutzschicht in der 15 bis 50 km hochgelegenen Stratosphäre (Wiedlich, 1992) nimmt weltweit in einer nach erdgeschichtlichen Maßstäben dramatischen Geschwindigkeit ab. Das beschränkt sich keineswegs nur auf die Antarktis, sondern reicht in abgeschwächter Form bereits bis zum 50. Breitengrad. Jüngsten Veröffentlichungen der amerikanischen Weltraumbehörde NASA zufolge betragen die Ozonabnahmen bei 50° nördlicher Breite – dort liegen z.B. Frankfurt am Main, Prag und Vancouver – etwa 4,7 % in 10 Jahren (Umweltbundesamt, 1992). Die Hauptursache wird im weltweiten Einsatz der Fluorchlorkohlenwasserstoffe (FCKW) gesehen, die z. B. als Kältemittel, als Weichschaum für Polster und Verpackungen, als Treibmittel in Spraydosen, als Schäumer in Kunststoffen, zur Wärmedämmung oder als medizinische Sprays dienen.

FCKW sind sehr reaktionsträge chemische Verbindungen. Sie haben eine Lebensdauer in der Atmosphäre von zum Teil über 100 Jahren. Emittierte FCKW werden deshalb in den unteren Schichten der Atmosphäre kaum abgebaut und können bis in die Stratosphäre (15 bis 50 km Höhe) aufsteigen. Dort werden sie durch UV-Strahlung zerlegt und setzen Chlor frei, das die Ozonmoleküle angreift. Dieser Zersetzungsprozeß nährt sich selbst: Als Endprodukt der Reaktion entsteht wieder ein Chloratom, das erneut Ozon angreifen kann, was sich pro Chloratom tausend- bis hunderttausendmal wiederholen kann. Erst wenn sich andere Reaktionspartner finden, die das Chlor binden und so aus dem Zyklus entfernen, endet der Prozeß (Umweltbundesamt, 1992).

Da die FCKW-Hauptlast der vergangenen Jahre erst in Richtung Stratosphäre unterwegs ist, dürften die geringsten Ozonwerte erst um das Jahr 2000 zu erwarten sein (Wiedlich, 1992). Der Ozonverlust über Europa könnte dann bis 25 % betragen. Hinzu kommt die Gefahr durch Altlasten: Hunderttausende von Tonnen FCKW gasen jedes Jahr allein auf Deutschlands Schutt- und Mülldeponien aus (Krömer-Butz, 1992).

Die Ozonschicht filtert als eine Art Sonnenbrille für die gesamte Biosphäre die UV-B-Strahlung ab. Da nur ein Prozent weniger Ozon eine zwei Prozent höhere UV-B-Intensität auf der Erde (und rund 3 % mehr Hautkrebs) bedeutet, können diese energiereichen Strahlen schwere Erbschäden bei allen Organismen verursachen. Am Ende des Jahrhunderts werden nach Erkenntnissen von Wissenschaftlern des Umweltprogramms der UN (UNEP) weltweit zusätzlich etwa 1,6 Mio. Menschen pro Jahr an grauem Star erkranken und ca. 300 000 an Hautkrebs. Außerdem sind negative Einflüsse auf die Immunsysteme bei Mensch und Tier zu erwarten.

UV-B-Strahlen wirken wie Sand im Getriebe der Photosynthese (Wiedlich, 1992). Besonders klimawirksam könnte daher der Einfluß erhöhter UV-Strahlung auf die treibenden Algen (Plankton) in den Weltmeeren sein, die das größte zusammenhängende Ökosystem der Erde darstellen. Durch das Phytoplankton werden etwa 60 % des lebensnotwendigen Sauerstoffs erzeugt und Kohlendioxid-Moleküle aus der Atmosphäre entnommen. Eine reduzierte Syntheseleistung oder eine Verminderung des Phytoplanktons hätte zur Folge, daß weniger Kohlendioxid gebunden und weniger Sauerstoff entstünde. Dies könnte den Treibhauseffekt weiter verstärken. Darüber hinaus stellt das Phytoplankton die Basis der biologischen Nahrungskette dar, die von Fischen über Vögel und Säugetiere bis zum Menschen reicht. Ähnliche Folgen sind für alle anderen Ökosysteme zu erwarten bis hin zu erheblichen Veränderungen der Ernteerträge (Piechocki, 1991). Das Artenspektrum könnte sich infolge unterschiedlicher Sensibilität gegenüber UV-Strahlung gravierend verschieben. Nach einer in den USA erstellten Studie gefährden die Ausdünnung der Ozonschicht und die damit verbundene erhöhte ultraviolette Strahlung z. B. den Fortbestand von Fröschen, Kröten und Salamandern. Vor allem der Laich der Amphibien wird durch die Strahlung entweder ganz zerstört oder so verändert, daß die Amphibienlarven nicht mehr lebensfähig sind (Unser Wald, 4, 1994).

Während das Ozon in der Stratosphäre äußerst wichtig ist, stellt sich das Problem in der bodennahen Atmosphäre (Troposphäre) genau umgekehrt. Als in höheren Dosen gesundheitsschädliches Atemgift erreicht Ozon neuerdings Rekordwerte beim Sommersmog als Folge übermäßiger (Auto-)

Abgasbelastungen. Ozonwarnungen häufen sich, drastische Beschränkungen des Autoverkehrs werden sich bei bestimmten Wetterlagen nicht mehr vermeiden lassen. Aus den Stickoxiden (NO_x) und Kohlenwasserstoffen im Abgas von Autos und Großfeuerungsanlagen spaltet intensives UV-Sonnenlicht Sauerstoffatome ab, die sich mit dem Luftsauerstoff zu Ozon (O_3) verbinden. Vereinfacht: Stickoxide + Kohlenwasserstoffe + UV-Licht = Ozon. Je intensiver die Sonne strahlt, desto ergiebiger arbeitet diese „fotochemische Giftgasfabrik".

Bereits in sehr geringen Konzentrationen schädigt Ozon den pflanzlichen und menschlichen Organismus. Auch wenn die Grenzwerte noch umstritten sind (120–180 Mikrogramm je m^3 Luft), ist dennoch festzustellen, daß selbst die Höchstwerte immer häufiger überschritten werden. Fatalerweise gilt dies auch und gerade für Reinluftgebiete, z.B. in den Mittelgebirgen. Das liegt daran, daß die Sonne in den durch Luftstaub verdunkelten Innenstädten weniger intensiv strahlt, aber um so wirksamer der chemische Prozeß in den Reinluftgebieten abläuft, in die die Abgase verweht werden.

Dem Slogan „Freie Fahrt für freie Bürger" liegt in diesem Sinn eine Fehldeutung des Freiheitsbegriffs zugrunde. Von 240 Mikrogramm/m^3 an kann bei ozonempfindlichen Menschen (rund 10 % der Bevölkerung) die Lungenfunktion um 10 bis 20 % vermindert werden, wenn sie sich körperlich im Freien betätigen (Wiedlich, 1992). Schluckbeschwerden, Kopfweh oder Tränenreiz sind oft typische Folgen erhöhter Ozonkonzentrationen. Auch das europäische Waldsterben wird durch Ozon mitverursacht.

Niemand darf dabei erwarten, daß sich das gefährliche Ozon-Minus „oben" und das kritische Ozon-Plus „unten" ausgleichen könnten. Das ist eine naturwissenschaftliche Unmöglichkeit. Die Lebensdauer der bodennahen O_3-Moleküle beträgt in der Regel nur einige Tage und ist damit viel zu kurz, als daß die Moleküle in die Stratosphäre aufsteigen könnten.

Kohlendioxid (CO_2)

Der sogenannte Treibhauseffekt (weniger Reflexion von langwelliger Infrarotstrahlung als Aufnahme) beschert der Erde eine Oberflächentemperatur von +15°C. Sie liegt damit 33°C über der sonst zu erwartenden, was nur auf einige in der Atmosphäre enthaltene Gase zurückzuführen ist. Nicht Stickstoff (N_2) und Sauerstoff (O_2), aus denen sich unsere Luft zu 99 % zusammensetzt, sind entscheidend daran beteiligt, sondern die Spurengase Kohlendioxid (CO_2), Ozon (O_3), Distickstoffoxid (N_2O) und Methan (CH_4). Die Wirkungsbereiche der einzelnen Treibhausgase verteilen sich auf verschiedene Wellenlängen, ergänzen sich also gegenseitig. Aus dem unterschiedlichen Grad der Aufnahmefähigkeit (Absorptionsgrad) und der Wellenlänge, in der die Gase wirken, ergibt sich ihr unterschiedlicher Beitrag zum natürlichen Treibhauseffekt:

Wasserdampf	+ 20,6°C
Kohlendioxid	+ 7,2°C
Ozon	+ 2,4°C
Distickstoffoxid	+ 1,4°C
Methan	+ 0,8°C
sonstige	+ 0,6°C
	+ 33,0°C

Dabei ist zu berücksichtigen, daß der Wasserdampf selbst ein Produkt des Treibhauseffektes ist (nach SDW, 1992).

Der weltweite Anteil der einzelnen Bereiche am Treibhauseffekt wird gegenwärtig wie folgt geschätzt (nach Umweltbundesamt, 1992):

Energie (Spurengasemissionen aufgrund Nutzung fossiler Energieträger)	50 %
Chemie (Emission von FCKW und Halonen)	20 %
Tropenwälder (Emissionen durch zu hohen Holzeinschlag, Verbrennung, unnatürlich hohe Verrottung)	15 %
Landwirtschaft und andere Bereiche (Methan durch Rinderhaltung und Reisanbau, Düngung, Mülldeponien)	15 %

Im folgenden sind die wichtigsten Treibhausgase und ihr Anteil am gegenwärtigen, anthropogen verstärkten Treibhauseffekt aufgezeigt:

Tabelle 1: Charakteristika der Treibhausgase

Gas	CO_2	CH_4	N_2O	O_3	R11	R12
Konzentration (ppm)	354	1,72	0,31	0,03	0,000028	0,000048
Verweilzeit (Jahre)	120	10	150	0,1	60	130
Anstieg (%/a)	0,5	1,0	0,25	0,5	5	3
relatives Treibhauspotential (konzentrationsbezogen)	1	21	206	2.000	12.4000	15.8000
Anteil am Treibhauseffekt in %	50	13	5	7	5	12

CO_2 = Kohlendioxid, CH_4 = Methan, N_2O = Distickstoffoxid, O_3 = Ozon, R11 und R12 = Fluorchlorkohlenwasserstoffe
Quelle: Deutscher Bundestag – Enquête-Kommission des 11. Deutschen Bundestages „Vorsorge zum Schutz der Erdatmosphäre".

Das wichtigste klimawirksame Schadgas ist Kohlendioxid (CO_2). Seine natürliche Entstehung aus Atmungsvorgängen ist völlig wertfrei zu sehen, problematisch ist die zusätzliche massenhafte Freisetzung vor allem durch Verbrennung fossiler Brennstoffe wie Kohle, Erdöl und Erdgas. Zur Begrenzung des Treibhauseffekts ist es daher von entscheidender Bedeutung, wie effektiv es gelingt, die energieverbrauchsbedingten CO_2-Emissionen zu beschränken (Umweltbundesamt, 1992).

Aus der Verbrennung der fossilen Rohstoffe Kohle, Öl und Erdgas gelangen weltweit 22 Mrd. Tonnen CO_2 in die Atmosphäre, angeführt von den USA mit rund 24 %. Deutschland ist mit 4 % beteiligt. Umgerechnet auf den einzelnen Bürger führte 1990 die einstige DDR mit 22,4 t CO_2-Ausstoß pro Jahr, gefolgt von den USA mit 20,0, die alten Bundesländer kamen auf 11,7.

Etwa 80 % der globalen Klimaveränderungen werden durch die Emissionen der Industrienationen hervorgerufen. Ein Deutscher verursacht 65mal soviel Emissionen wie ein Afrikaner (Wegener, 1994). In Deutschland sind die Kraftwerke mit fast 35 % an den CO_2-Emissionen beteiligt, ein Resultat der Kohlevorrangpolitik. Der gesamte Verkehrsbereich liegt mit ca. 17 % an dritter Stelle hinter den Haushalten und Kleinverbrauchern mit 24 %.

Die CO_2-Konzentration hat sich in der Erdatmosphäre seit Beginn der Industrialisierung um 1750 von 280 ppmv (Parts pro million = Teile auf eine Million, bezogen auf das Volumen) auf 354 ppmv im Jahre 1990 um 26 % erhöht. Der daraus resultierende Anstieg der globalen Durchschnittstemperatur um 0,5°C in den vergangenen 100 Jahren sowie der gleichzeitige Anstieg des Meeresspiegels um 10 bis 20 cm sind bereits Folgen des von Menschen verstärkten Treibhauseffektes. Modellrechnungen haben ergeben, daß die globale Mitteltemperatur bis zum Jahre 2025 um 2,5°C (wahrscheinlichster Wert; Unsicherheitsbereich 1,5 bis 4,5°C) gegenüber dem vorindustriellen Wert ansteigen wird (SDW, 1992). Wenn man bedenkt, daß sich die Umwelt innerhalb von 100 Jahren nur einer Temperaturverschiebung von 1°C anpassen kann, werden die eigentlichen Gefahren erst offenbar (Schmidbauer, 1991).

Regionale Klimaschäden sind in den tropischen Ländern bereits heute feststellbar. Sie führen zu Änderungen des Wasserkreislaufs mit der Folge, daß die Niederschlagsmengen um 20 bis 30 % abnehmen, die Temperatur in Bodennähe sich um 2 bis 5°C erhöht und die Trockenzeiten verlängert werden (Schmidbauer, 1991). Im Jahr 2025 werden 2,8 Mrd. Menschen unter Wassermangel leiden. Jedes Jahr sterben 30 Mio. an verseuchtem Trinkwasser.

Das sich im Lauf der Erdgeschichte verändernde Verhältnis von CO_2 und O_3 in der Troposphäre war nach Klopries/Beckmann (1989) die primäre und wichtigste Leitgröße für die Evolution der Pflanzen- und Tierwelt. Am leichtesten werden sich dem heutigen Wandel die Mikrolebewesen, z. B. Viren, anpassen wegen ihres raschen Generationswechsels (Größenordnung Stunden), daraus folgt die Erhöhung des Risikos von Krankheiten. Milde Winter mit Temperaturen über 0°C können in unseren Breiten zudem tödlich sein für viele Arten, wenn die Körperfunktionen wegen zu geringer Abkühlung unnatürlich wenig gedrosselt werden, so daß die Energiereserven zur Aufrechterhaltung der Körpertemperatur nicht bis ins Frühjahr reichen.

Den großen Pflanzen- und Tierarten fehlt die Zeit zur Anpassung. Empfindliche Konkurrenzverhältnisse zwischen den Arten werden sich verschieben, fruchtbares Ackerland wird zur Steppe oder Wüste, andere bisher nicht nutzbare Gebiete in ganz anderen Regionen werden sich zur Landwirtschaft eignen. Die besondere Bedrohung liegt weniger im Ausmaß der Erwärmung als vielmehr im Tempo der Veränderung, das die Anpassungsfähigkeit der Organismen überfordert.

Zur Reduktion des unnatürlichen CO_2-Anteils wird zunehmend gefordert, weite Gebiete in der Welt aufzuforsten und/oder vorhandene Wälder im Holzvorrat (= Holzmasse pro ha) zu erhöhen, damit mehr CO_2 gebunden wird. Vor allem in den Tropen stehen die größten Flächenreserven für Aufforstungen zur Verfügung (Burschel, 1990). Die Kosten erreichen allerdings kaum vorstellbare Größenordnungen. Beispielsweise müßten für die Aufforstung von 100 Mio. ha ca. 1 Billion DM aufgewendet werden. Dieser Wert relativiert sich jedoch durch lange Investitionszeiträume bzw. durch den Vergleich mit den Kosten für eine technische CO_2-Bindung. Tatsächlich müßten jedoch 600 Mio. ha aufgeforstet werden (Wegener, 1994).

Umgekehrt muß natürlich auch auf den Erhalt vorhandener Wälder gedrungen werden: So sind z. B. Sibiriens Wälder – mit 3,7 Mio. km^2 rund 57 % aller Nadelwälder der Welt – eine wichtige Senke für CO_2 und damit ein Naturerbe von internationaler Bedeutung, das nicht der gegenwärtigen wirtschaftlichen Not geopfert werden darf. Allerdings ist Aufforstung kein Allheilmittel. Der weitaus größte Teil des Kohlenstoffs mit über 38 000 Mrd. t ist im Meer gebunden. Böden und Landfauna bringen es auf knapp 1800 Mrd. t, und die Atmosphäre speichert 720 Mrd. t. Es müßten schon riesige Flächen von Hochwäldern entstehen, um eine wirksame CO_2-Senkung zu erreichen. Gegenwärtig werden noch zehnmal mehr Wälder in den Tropen und Subtropen gerodet als wiederaufgeforstet (Wegener, 1994).

Lösungsansätze

Die Dimension der Ozon- und Kohlendioxidproblematik zwingt zu schnell greifenden und drastischen internationalen Gegenmaßnahmen, z. B.:

- Als erstes westliches Industrieland hat sich Deutschland auf eine Verringerung der CO_2-Emissionen um 25 % bis zum Jahr 2005 festgelegt. Dieses Beispiel muß international Schule machen.
- Bis zum Jahr 2000 soll die weltweite Abholzung und Vernichtung von Wäldern nicht nur gestoppt sein, sondern in einer Umkehrung der Entwicklung sollen die Waldflächen um 12 Mio. ha ausgeweitet werden. Diese Forderung ist der Kernpunkt einer Entschließung des Europäischen Parlaments (Unser Wald, 2/1992). Besonders wichtig ist die Durchsetzung einer nachhaltigen, ökologisch verträglichen Waldbewirtschaftung in den Tropen.
- Konsequente Energieeinsparung in allen Bereichen (Heizung, Strom, Verkehr, Industrie usw.). Ersatz fossiler Rohstoffe und Energieträger durch erneuerbare Energiequellen (z. B. Sonne, Wind). Wenn in manchen Regionen Afrikas die Frauen schon 6 Stunden brauchen, um Reisig für die Zubereitung einer warmen Mahlzeit zu sammeln, dann kann man sich den Druck vorstellen, unter dem lebende Bäume dort stehen und welcher Fortschritt z.B. durch die Entwicklung einfacher Solaröfen mit geschlossenen Ölkreisläufen zu erzielen wäre.
- Sicherung der Lebensgrundlagen der Bevölkerung in den Entwicklungsländern zur Verhinderung der weiteren Zerstörung tropischer Wälder. Die dafür von den UN geforderte öffentliche Entwicklungshilfe von 0,7 % der Wirtschaftsleistung der Industriestaaten übertreffen nur die skandinavischen Länder und die Niederlande, Frankreich liegt knapp über der Maßzahl, während die alten Bundesländer gerade einmal 0,42 und die USA sogar nur 0,21 % aufbringen.
- Keine Produktion und Verwendung mehr von FCKW.
- Sparen beim Autofahren und Heizen; Wohnhäuser besser isolieren; mehr natürlich regenerierbare Werkstoffe wie Holz verwenden und den Einsatz von Materialien reduzieren, deren Herstellung umweltbelastend und energieaufwendig ist (Stoll, 1992); verbautes Holz (Häuser, Möbel u. a.) nicht verbrennen, es bindet CO_2 auf Dauer; Erhöhung der Mineralölsteuer und Einführung einer am Schadstoffausstoß orientierten Kfz-Steuer; schrittweises Abrücken von der subventionierten Kohle.
- Förderung von Landwirtschaftsformen, die die Freisetzung von Methan und Stickstoff bisheriger Intensivkulturen und Tierintensivhaltungen verhindern.
- Nutzung von Kernenergie nach strengster sachlicher Risikoabwägung, aber nicht über das heutige Niveau hinaus, parallel dazu intensive Förderung der Forschung für den ökonomischen Einsatz umweltfreundlicher Techniken (SDW Niedersachsen, 1990).
- Dämpfung der Bevölkerungsexplosion, sonst droht – unter Beibehaltung der heutigen Lebensweise – schon im Jahr 2032 ein CO_2-Gehalt von 540 ppmv (= Verdoppelung gegenüber 1750) (Klopries, Beckmann, 1989).

1.4 Ausbringung von Pestiziden (= Bioziden)

„Wir sind dabei, die Erde zu ermorden!“
Ehrlich, USA

Die Weltproduktion der wichtigsten Pestizidarten erreicht jährlich über 2 Mrd. kg, fast als ein halbes kg pro Erdbewohner. Laut Weltgesundheitsorganisation (WHO) wird in der Dritten Welt durchschnittlich jede Minute eine Person Opfer von Pestizidvergiftungen in irgendeiner Form. Ein deutliches Beispiel von Wirkungsunterschätzung bei der Ausbringung von Pflanzengiften lieferte der Vietnam-Krieg:

Von 1962 bis 1971 haben die Amerikaner ca. 45 Mio. Liter des Pflanzengiftes „Agent Orange“ auf vietnamesische Wälder zur Entlaubung gesprüht. Bei der Herstellung dieses Pflanzengiftes fällt als Nebenprodukt Dioxin an, neben Nervengas der giftigste Stoff, den Chemiker jemals hergestellt haben. Obwohl dies seit 1957 bekannt war, wurde Dioxin nicht ausreichend von „Agent Orange“ getrennt. Das Herbizid galt ausdrücklich als „harmlos für Menschen und Tiere“. Die Soldaten hielten es für derart ungefährlich, daß Transportfässer sogar als Grillöfen benutzt wurden. Heute leiden rund 60 000 Vietnam-Veteranen an Hauterkrankungen oder gar an Krebs. Viele sind bereits gestorben. Die Worte eines an Darmkrebs erkrankten 28jährigen kennt in den USA jeder Veteran: „Ich starb in Vietnam und habe es nicht gewußt.“ Mindestens 1000 Kinder, die in Vietnam mit schweren Geburtsfehlern zur Welt kamen, sind die zweite Opfer-Generation. Erst 1979 verbot die US-Umweltschutzbehörde die Verwendung dioxinhaltiger Sprühmittel (Der Stern, März 1982).

Bis zum Jahr 2000 wird mit einer Vervielfachung der Pestizidausbringung gerechnet. Die Hälfte der in den unterentwickelten Ländern verwendeten Pestizide sind beständige und deshalb besonders gefährliche Chlorverbindungen. Typische Anwendungsgebiete der chlorierten Kohlenwasserstoffe (CKW) sind Pestizide (z. B. DDT, Aldrin, Lindan), Holzschutzmittel und Lösungsmittel (z. B. Tetrachlorethylen), die sich im Fettgewebe von Menschen und Tieren anreichern. Viele CKW zählen zu den krebserregenden Stoffen.

Trotz gewachsenen Risikobewußtseins werden weiterhin Produkte eingesetzt, ohne daß die langfristigen ökologischen Folgen und die Gefahren für den Menschen ausreichend bekannt sind. Als Folgen des Pestizideinsatzes zeichnen sich heute u.a. folgende Umweltprobleme ab:

- Biologische Ausdehnung und Konzentration von beständigen Pestiziden im Gewebe der höher klassifizierten räuberischen Arten, einschließlich Mensch (vgl. Kap. 3).
- Steigende Resistenz gegen Pestizide bei zahlreichen Schädlingen erfordert immer höhere Dosierung, und immer stärkere Mittel müssen eingesetzt werden.
- Störung des Gleichgewichts innerhalb vieler Räuber-Beute-Beziehungen durch Verdrängung oder gar Vernichtung natürlicher Schädlingsvertilger wie z.B. insektenfressender Vögel und räuberischer Insekten.
- Auftauchen neuer Schädlinge, die vorher nicht schädlich waren, durch Verdrängung der bisherigen Konsumenten dieser Schädlinge.
- Gefährdung der die Pestizide ausbringenden Personen und Nichteinhaltung der Anwendungsvorschriften vor allem in den Entwicklungsländern wegen mangelhafter Ausbildung.
- International steigende Pestizidrückstände in Nahrungsmitteln mit unbekannten Summenwirkungen auf den Menschen; auch mögliche Wechselwirkungen mit Medikamenten sind kaum erforscht.

Aufgrund der durch die Nahrungsmittel verursachten Belastung des Menschen durch PCB (polychlorierte Biphenyle) wurde in der Bundesrepublik im Jahre 1988 eine Höchstmengenverordnung für die Konzentration von Pestiziden in Nahrungsmitteln erlassen. Damit sollen besonders hoch belastete Waren dem menschlichen Verzehr entzogen werden (Lozan, 1990). Diese Vorgehensweise ist sicher ziemlich alternativlos, doch dürften die Möglichkeiten der lückenlosen Beprobung insbesondere importierter Nahrungsmittel im Hinblick auf Pestizidrückstände äußerst beschränkt sein.

1.5 Waldzerstörung und Wüstenneubildung

„Für uns Abendländer besteht alle Kultur darin, daß wir zugleich an unserer Vollendung und an der der Welt arbeiten.“
Albert Schweitzer (1875–1965)

Die Wälder der Erde schrumpfen mit einer Geschwindigkeit von 18 bis 20 Mio. ha jährlich. Bis zum Jahr 2000 werden die Nutzholzvorräte pro Kopf um rund 50 % zurückgehen. Zuerst werden die Baumbestände abgeholzt, dann zerstören die Viehherden die Busch- und Grasvegetation. Die Folgen in warmen Gebieten sind Dürre, Hungerkatastrophen und wachsende Wüsten. So kann man es heute z.B. in der Region südlich der Sahara, in der Sahelzone, beobachten. Hier rückt an manchen Stellen die Wüste jährlich um 50 km vor. In Äthiopien waren 1936 noch 39 % des Hochlandes bewaldet; heute sind es noch ganze 3 %. Fast 80 % der gesamten Erosionsfracht aller Flüsse der Erde werden von Südostasien sowie den Amazonas- und Kongobecken geliefert. Das sind die Gebiete mit den höchsten Waldverlusten. Sie haben regional zu erheblicher Verkürzung der Regenzeiten geführt (Lucius, 1984) mit entsprechenden Konsequenzen für den Wasserhaushalt.

Der tropische Regenwald bedeckt heute rund 7 % der Landfläche der Erde, d.h. rund 8,5 Mio. km^2 (davon Lateinamerika 56 %, Afrika 18 %, Asien 23 %, Australien und Ozeanien 3 %). Über 40 % des tropischen Regenwaldes sind in den letzten 40 Jahren zerstört worden (Kieker, 1990). Dabei bergen sie rund zwei Drittel aller Pflanzenarten, rund 80 % aller Insekten und 30 % aller Vogelarten der Erde. Mit rund 1,7 Mio. Pflanzen- und Tierarten enthalten diese Wälder unermeßliche Art- und Genreserven. Zur Zeit verschwinden allein durch Rodungen jährlich ca. 17 000 Arten aus dem Regenwald.

Und es verschwinden ganze Kulturen: Der größte Teil der im Regenwald lebenden Stämme wurde bereits vernichtet. Allein in Brasilien sind in der ersten Hälfte dieses Jahrhunderts 87 Indianerstämme ausgerottet worden. Die etwa 1000 verbliebenen Regenwaldvölker sind akut bedroht durch Entwicklungsstrategien der Zentralregierungen (Kieker, 1990) in Ländern, deren Grenzen durch koloniale Einflußsphären entstanden sind und ethnographische Gesichtspunkte nie beachtet haben.

Die Vernichtung der tropischen Regenwälder schreitet mit jährlich etwa 2 % = 17 Mio. ha (Krebs, 1991) drastisch voran und wird zum Existenzproblem für die Menschheit. Bei Anhalten der gegenwärtigen Zerstörungsrate werden diese Lebensräume zwischen den Jahren 2030 und 2050 endgültig zerstört sein. Katastrophale Folgen für den CO_2-, Wärme- und Wasserhaushalt der Erde sind programmiert. Experten schätzen den Einfluß des Regenwaldes auf den Ozonhaushalt sehr hoch ein (Höpker, 1988).

Vor dem gegenwärtig immer deutlicher werdenden Trend in Deutschland, das Problem durch Tropenholzboykott zu lösen, muß allerdings gewarnt werden. Er überschätzt den quantitativen Einfluß und kann sogar das Gegenteil der eigentlichen Absicht bewirken. Rund drei Viertel des Holzeinschlags wird nämlich verbrannt. Die Tropenwälder decken rund ein Viertel des Energiebedarfs der Industrie in den Entwicklungsländern. Der Hunger der rasant wachsenden Bevölkerung wird durch Brandrodung zur Gewinnung von Ackerland bekämpft, eine besonders kurzsichtige Strategie. Wer Hunger hat, denkt nicht an das Klima der Welt. Bei hohem Bevölkerungsdruck verbunden mit Nahrungsmangel wird diese primäre Zerstörungsursache weiter zunehmen. Dabei macht sich vorort kaum jemand Gedanken darüber, daß die tropischen Regenwäldern auf einer äußerst dünnen Humusschicht gedeihen, die schon nach 2 bis 3 Ernten so ausgelaugt ist, daß die Bauern mit ihrem Wanderfeldbau weiterziehen müssen. In Brasilien können 100 ha derartigen Ackerbodens 5 Menschen ernähren, in den Niederlanden dagegen ernährt die gleiche Fläche 500.

Nach dem „FAO-Yearbook of Forest Products 1986“ werden weltweit in den Tropenländern rund 1,4 Mio. m3 Holz im Jahr eingeschlagen. Davon dienen als Brennholz oder zur Herstellung von Holzkohle rund 82 % = 1,15 Mio. m^3. Nur 18 % ist Nutzholz, von dem wiederum 80 % = 200 Mio. m3 in den Tropenländern selbst verbraucht werden und 20 % = 50 Mio. m^3 für den Export bestimmt sind. Tatsächlich macht der Export an tropischen Edelhölzern nur 3 bis 5 % aus (v. Weizsäcker, 1988). Diese relativ unbedeutenden Mengen sind dennoch für viele afrikanische und ostasiatische Länder Hauptverdienstquellen. Insbesondere die hohe Verschuldung der Entwicklungsländer führt zu einem enormen Druck auf die natürlichen Ressourcen und zur Übernutzung der tropischen Wälder; die 5 Länder mit den größten Regenwaldbeständen gehören zu den am höchsten verschuldeten Staaten der Dritten Welt. Dort wird der Raubbau durch Auflagen des Internationalen Währungsfonds häufig geradezu erzwungen (Kieker, 1990).

Ein Tauschgeschäft „Abbau der Schulden gegen Bewahrung der Wälder“ wäre sicher die bessere Lösung. Zugleich sind die Industrienationen, allen voran die USA, Japan und die Europäische Gemeinschaft (EU) aufgefordert, in den fraglichen Ländern eine ökologisch verträgliche, also naturnahe und nachhaltige Forstwirtschaft zu fördern. Sie nimmt nur soviel aus dem Wald heraus, wie nachwächst, respektiert das Wohl der örtlichen Bevölkerung und geht dabei mit allen übrigen Pflanzen- und Tierarten schonend um und orientiert sich an ihrem nachhaltigen Überleben. Forstwirtschaftlich gehört Deutschland traditionell zu den führenden Staaten der Welt, so daß beispielhafte Initiativen im Rahmen der Entwicklungshilfe von unserer reichen Industrienation erwartet werden können. Jahrhundertelang haben brasilianische Indios vorgemacht, wie man im Tropenwald sogar mit Brandrodung leben kann, ohne den Regenwald existentiell zu gefährden. Stets wurden nur kleine Flächen gerodet, die eine schnelle Regeneration des Waldes zuließen. Weiße Siedler haben diese Methode übernommen, aber sofort übertrieben. Moderne Großmaschinen haben diese Fehlentwicklungen weiter forciert.

Es kommt darauf an, der Bevölkerung den existentiellen Wert einer nachhaltigen, ökologisch orientierten Forstwirtschaft und ihrer Produkte verständlich zu machen.

Bei einem durchschnittlichen Ertrag von 10 m^3 pro Jahr und ha (der mögliche Zuwachs ist wesentlich höher) könnten dem tropischen Regenwald theoretisch jedes Jahr 8,5 Mrd. m^3 Holz entnommen werden. Eine Chance mit riesiger Reserve, wenn man bedenkt, daß der Tropenholzwelthandel heute nur bei etwa 50 Mio. m^3 liegt. Der Trend zur Waldzerstörung wird erst dann zu brechen sein, wenn die jeweiligen Länder erkannt haben, daß aus dem Wald nachhaltig ein hoher wirtschaftlicher Nutzen zu erzielen ist. Hierin liegt sicher eine der wichtigsten Aufgaben der Entwicklungshilfe in diesen Ländern (Michel-Kim, 1988). Ohne teilweise Nutzung ist die Erhaltung des Tropenwaldes nicht möglich, weil dann der Anreiz dazu fehlt. Selbst die internationale Tropenholzhandelsorganisation ITTO hat feststellen müssen, daß bis heute nicht einmal 1 Mio. ha Regenwald dem Versuch forstwirtschaftlich nachhaltiger Nutzung unterzogen sind (Kieker, 1990).

Hier kann eine Problemlösung ansetzen: Tropenholz sollte grundsätzlich nur noch aus Ländern importiert und verarbeitet werden dürfen, die mit nachhaltiger, ökologisch verträglicher Forstwirtschaft arbeiten. Entscheidend ist eine absolut „wasserdichte“ Kennzeichnungsregelung, die international gilt und gemeinsam mit den Tropenholzländern durchgesetzt wird. Nur dann können auch die Menschen dafür gewonnen werden, die bisher von der Brandrodung profitiert haben. Und kein Verbraucher sollte mehr Tropenholz verwenden, das diese Kennzeichnungsregelung nicht durchlaufen hat. Im Kauf nur des gesichert gekennzeichneten Holzes liegt der Schlüssel zum Erhalt der tropischen Regenwälder.

Die Holzvorräte werden weltweit in den unterentwickelten Ländern drastisch zurückgehen. Die Preise für alle Holzprodukte werden daher mit abnehmendem Angebot und zunehmendem Bruttosozialprodukt stark steigen. Da Bäume für höherwertige Nutzholzzwecke 100 und mehr Jahre benötigen, ist auch aus diesen Gründen ein stabiler Waldbau auf ökologischer Basis eine gute Form der Daseinsvorsorge. Ein hoher Wertzuwachs heute noch unrentabler, aber bereits mittelalter Bestände ist auch bei uns nach der Jahrhundertwende vorhersehbar.

1.6 Verdrängung von Pflanzen- und Tierarten

„Nicht Erbarmen, sondern Gerechtigkeit ist man dem Tiere schuldig."
Arthur Schopenhauer (1788–1860)

Es gibt weltweit etwa 371 500 Pflanzenarten und rund 1,2 Mio. Tierarten, die bisher beschrieben sind (Umweltbundesamt, 1992). In den letzten 100 Jahren sind ca. 30 000 Pflanzenarten ganz oder fast ganz verschwunden. Fachleute schätzen, daß bis zum Jahre 2000 etwa 15 bis 20 % aller noch auf der Erde lebenden Arten ausgestorben sein können, vor allem aufgrund schrumpfender Lebensräume, teilweise aber auch infolge der Umweltverschmutzung. Der erwartete Artenverlust wird zur Hälfte allein auf die Zerstörung der Tropenwälder zurückzuführen sein. Er beträgt schon heute nach Schätzungen weltweit 165 Arten pro Tag.

Auch die Einführung und Verbreitung fremder Arten haben zu schweren Schäden in einigen Ökosystemen der Welt geführt. Das Überleben einheimischer wild lebender Pflanzen und Tiere wird dabei gefährdet durch den nicht programmierten Existenzkampf oder die Übertragung von Krankheiten durch die eingeführten Arten. Man hat festgestellt, daß die Einführung exotischer Arten in 19 % der Fälle Grund für die Ausrottung von Wirbeltieren war.

Die Verdrängung von Pflanzen- und Tierarten hat mittelfristig einige sehr bedenkliche Aspekte. Dazu gehört auch die genetische Verarmung. Dies wird besonders deutlich beim Verschwinden von Unterarten und Varietäten von Getreidepflanzen. Vier Fünftel der Weltnahrung stammen von weniger als zwei Dutzend Pflanzen- und Tierarten. Mehr als die Hälfte des mit Weizen angebauten Ackerlandes trägt z. B. lediglich eine genetisch identische Sorte.

Innerhalb der nächsten 30 Jahre wird ein Viertel aller Pflanzen- und Tierarten aussterben, teilte 1993 die UN-Organisation FAO mit und betonte eindringlich, welche Folgen das Massensterben der Pflanzen auf unserem Planeten haben kann. Einerseits fehlen dem Bio-Haushalt wichtige Bestandteile, andererseits wachsen die Unsicherheiten für die Welternährung. Die FAO versucht, über die Einrichtung von Samenbanken insbesondere in der Dritten Welt das genetische Pflanzenmaterial zu schützen. Sie rechnet damit, daß die Lebensmittelproduktion der Entwicklungsländer in den nächsten 25 Jahren um mehr als 60 % wachsen muß, wenn sie mit dem Bevölkerungswachstum schritthalten will.

Wildwachsende lokale Pflanzensorten werden irgendwann benötigt, damit man den bevorzugten Hochertragsvarietäten Resistenz gegen Schädlinge und Krankheitserreger einkreuzen kann. Immer mehr setzt sich die Praxis der Monokultur einiger weniger Sorten durch, womit die Ernten anfälliger für epidemische Pflanzenkrankheiten und Schädlingsbefall werden, während gleichzeitig die genetischen Ressourcen verlorengehen, die helfen könnten, solchen Katastrophen zu begegnen.

Artenvielfalt und genetische Vielfalt innerhalb der Arten einschließlich der domestizierten Tiere und Pflanzen bilden die einzige Versicherung gegen unkontrollierbare Massenentwicklungen von Organismen und damit auch gegen Seuchenzüge, die unsere Lebensgrundlagen bedrohen können. Weltweit kann Artenschutz nachhaltig nur durch allumfassenden Ökosystemschutz betrieben werden, d.h. durch konsequenten Schutz oder Renaturierung der natürlichen Lebensräume mit ihren natürlichen Pflanzen- und Tierarten. Bei Nutzung kann Lebensraumschutz nur durch eine auf Nachhaltigkeit bedachte Entnahme von Pflanzen- und Tierarten erreicht werden (Auer, 1992). Höchste Dringlichkeit der UN-Strategie hat heute die Erhaltung der größtmöglichen biologischen Vielfalt.

Anmaßende Regelungen von reichen Industrieländern gegenüber armen Entwicklungsländern bleiben langfristig chancenlos, wenn die örtliche Bevölkerung aus dem Schutz keinen Profit ziehen kann. Man vermag mit Dauerrummel in den Medien und weltweiter Ächtung womöglich die eine oder andere Tierart schützen, gewöhnlich aber nur „prominente" und „schöne" Tiere wie Wale oder Großkatzen (heute wagt kaum noch jemand, Kleidung aus Leoparden- oder Gepardenfellen zu tragen). Die Lösung der eigentlichen Probleme gelingt jedoch schon deshalb nicht, weil sich die vielen tausend gefährdeten Arten niemals so bekannt machen lassen, daß ein Unrechtsbewußtsein weltweit durchschlagen könnte. Das Washingtoner Artenschutzabkommen von 1973 über den internationalen Handel mit gefährdeten Arten freilebender Tiere und Pflanzen hat sich als „Erstmaßnahme" bewährt. So ist z.B. der Import von Rohelfenbein afrikanischer Elefanten in die Bundesrepublik (1976 beigetreten) von 66 t im Jahr 1979 auf 0,43 t im Jahr 1990 zurückgegangen. Doch grundlegender Wandel ist damit nicht zu schaffen. Es kommt zudem oft zu überflüssigen Härten:

Einige afrikanische Länder haben auch heute noch eine Überpopulation von Elefanten mit zigtausend Tieren, die ganze Landstriche verwüsten. Beginnt man endlich mit der längst überfälligen Regulation, dann ist nicht einzusehen, warum das im Millionenwert anfallende Elfenbein aus Ländern, die den Schutz dieser Tiere ernstgenommen haben, nicht vermarktet werden darf. Wirkliche

Ursache ist hier nicht die Gefährdung einer Tierart, sondern die Gefahr, daß das Elfenbein aus Überpopulationsbereichen mit anderem aus Mangelgebieten verwechselt wird. Die faire Lösung kann nur darin bestehen, die lückenlose Kennzeichnung und Überwachung der Elfenbeinvermarktung vom erlegten Stück bis zum Verbraucher zu gewährleisten. Das gleiche gilt z.B. für Krokodile, die in einigen afrikanischen Krokodilfarmen wesentlich artgerechter und tierschutzkonformer gezüchtet und gehalten werden, als bei uns die Nutztiere in Gedrängemastanlagen.

Noch deutlicher wird die Unehrlichkeit bei Kampagnen, hinter denen Profitstreben steckt. Der Import besten Wildfleisches aus Entwicklungsländern wird von Industrieländern mit fadenscheinigen Argumenten erschwert oder ganz unterbunden. Statt dessen werden die Verbraucher hierzulande mit geimpftem, hormon- und medikamentenbelastetem Fleisch aus Mastbetrieben versorgt. Im Süden Afrikas gibt es kaum Luftverschmutzung, keine Säure- und Schwermetallbelastung der Landschaft, keine Strahlenbelastung aus geborstenen Atomreaktoren und schon gar keine medikamentöse Behandlung von Wildtieren; und dennoch wird bei uns der Import von bestem Wildfleisch aus diesem Gebiet bis zur Unmöglichkeit erschwert.

Es wird im internationalen Naturschutz auf die Kunst ankommen, die Menschen in den betroffenen Ländern so einzubinden, daß sie die Maßnahmen verstehen, eigenen Nutzen daraus ziehen und die Bemühungen aus diesem Grunde fördern. Andere Lösungen lehnen sie ab (Hagen, 1992) oder unterlaufen sie, wenn sie bessere Gewinnchancen (z. B. beim Horn von Nashörnern) sehen.

Es ist zweitrangig, ob sich derartige, die örtliche Bevölkerung in eine Schutzstrategie einbindende Maßnahmen auf nachhaltige und angemessene Nutzung und Export von Wildfleisch, auf zurückhaltende (!) Vermarktung von Trophäenjagd, auf den Handel mit Souvenirs aus Produkten der Natur, auf Fototourismus oder andere Devisen und Arbeitsplätze bringende Lösungsansätze konzentrieren. Wichtig ist, daß es dem jeweiligen Land und seiner Natur dient.

Ende Dezember 1993 ist die Konvention über den weltweiten Schutz der Artenvielfalt – knapp 18 Monate nach der Unterzeichnung in Rio de Janeiro – in Kraft getreten. Das Übereinkommen, dem sich nach Auskunft der UNO-Umweltbehörde Unep bislang 167 Staaten angeschlossen haben, soll den Aussterbeprozeß auf der Erde stoppen und die Unterzeichnerstaaten verpflichten, bedrohte Arten gesetzlich zu schützen und Naturschutzgebiete zu erweitern. Auch derartige Konventionen greifen in der Praxis nur, wenn die Menschen vor Ort überzeugt werden, Naturschutz als eigene Zielstellung zu begreifen und umzusetzen.

2 Umweltprobleme der Bundesrepublik Deutschland – Belastung und Herausforderung

„Wir sind nicht nur verantwortlich für das, was wir tun, sondern auch für das, was wir nicht tun."
Voltaire (1694–1778)

„Niemand beging einen größeren Fehler als jener, der nichts tat, nur weil er meinte, zu wenig tun zu können."
F. Burke

Dieses Kapitel darf nicht als Horrorgemälde mißverstanden werden, das eher Resignation denn aktives Gegensteuern stimulieren könnte. Doch die Daten müssen auf den Tisch. Mit „Vogel-Strauß-Politik" ist niemandem geholfen. Sie ist ja gerade verantwortlich für die verbreitete „Nicht-ich,-sondern-die-anderen"-Mentalität.

Unwissenheit, Nichtwissenwollen und egoistisches Handeln auf Kosten der Allgemeinheit sind die wesentlichen Ursachen dafür, daß Umwelt- und Naturschutz bei uns nur schleppend Fortschritte erzielen. Längst signalisieren alltägliche Alarmmeldungen, daß wir in Sachen Wirtschaftswachstum, Wohlstandsstreben und Umweltschutz in einen äußerst gefährlichen Strudel geraten sind. Noch immer aber neigen manche Wirtschaftsvertreter und Politiker dazu, Warnungen von Fachleuten zu bagatellisieren oder ihre Vorschläge als „nicht mehrheitsfähig" wegzuwischen. Unsere Gesellschaft ähnelt mehr und mehr dem Pferd, das kaum daran zu hindern ist, in den brennenden Stall zurückzulaufen. Je mehr Grund zur Angst gegeben ist, desto heftiger regt sich der archaische Drang, am Gewohnten festzuhalten. Marktgesetze und angebliche Sachzwänge führen uns einen Weg, auf dem weder auf unsere Gesundheit noch auf unser Wohlergehen ausreichend Rücksicht genommen wird.

Dabei müßte längst jeder begreifen, daß die Entwicklung hin zu umweltverträglichen Wirtschaftsformen zwangsläufig und unumkehrbar ist. Künftig werden nur solche Unternehmen den Anforderungen eines gewandelten Marktes gerecht werden, die umweltverträglich produzieren und ihre Produktpalette auch an den ökologischen Erfordernissen ausrichten. Je eher dafür internationale Mindeststandards gesetzt werden, desto weniger wird der internationale Wettbewerb verzerrt (Flasbarth, 1992).

„Die Umwelt wird alle Regierungen einholen, weil sich über Naturgesetze nicht mit politischen Mehrheiten abstimmen läßt", prophezeite Hubert Weinzierl, der Vorsitzende der Umweltorganisation BUND, 1991 (Natur 1/91), und Umfragen des Allensbacher Instituts für Demoskopie bestätigen, daß die Mehrheit der deutschen Bevölkerung konsequente Umweltschutzmaßnahmen fordert (z. B. Bau von Kläranlagen, Müllreduktion, Begrenzung des Chemieeinsatzes in der Landwirtschaft, umweltfreundlichere Stromerzeugung). Auch bei seiner Forderung nach einer Art „Grüner Koalition aller Überlebenswilligen über die Parteigrenzen hinweg" weiß der BUND die Öffentlichkeit zunehmend hinter sich. Eine im Auftrag des Bundesumweltministeriums erstellte Untersuchung des Instituts für praxisorientierte Sozialforschung kommt zu dem Ergebnis, daß fast drei Viertel der Bundesbürger in West- und Ostdeutschland die bestehenden Umweltschutzgesetze für nicht ausreichend und knapp 90 % deren Einhaltung für ungenügend überwacht halten (Unser Wald 1/1992). Solche Ergebnisse machen Mut zu entschlossenerem Vorgehen.

Die gewaltigen Umweltprobleme auf dem Gebiet der ehemaligen DDR, die um buchstäblich jeden Preis „Westniveau" erreichen wollte, sind eine besondere Herausforderung. In den Hauptbelastungsgebieten (Halle – Leipzig) lagen zur Zeit der Wende bei Smog-Wetterlagen die SO_2-Spitzenwerte regelmäßig um das 3- bis 4-fache über den höchsten Werten, die in Bayern in den letzten 10 Jahren gemessen wurden. Die Grundwasserbelastung und Gewässerverschmutzung in den Industrierevieren spotteten jeder Beschreibung. So war die Elbe unterhalb von Dresden mit der Güteklasse 5 so gut wie biologisch tot. Insgesamt war die DDR, gemessen an der Größe des Landes, fünfmal so stark mit Luftschadstoffen belastet wie die Bundesrepublik. Entsprechend verbreitet waren deshalb auch luftverschmutzungsbedingten Erkrankungen, und die Sterberate in den Hauptschadstoffgebieten war deutlich erhöht (Natur und Landschaft, 3/1990). In den Gebieten Zeitz/Weißenfels/Merseburg und Altenburg/Borna/Leipzig sowie Weimar/Erfurt erreichte die Schwefeldioxidbelastung teilweise das 10fache der in westdeutschen Industriezentren gemessenen. Von den 11 000 Standorten für Hausmüllablagerungen gelten rund 10000 als „wilde Müllkippen" ohne Sicherheitsstandards. Nur eine einzige Mülldeponie entspricht westdeutschen Anforderungen (Deutsche Jagd-Zeitung, Jan. 1991).

Doch auch die alten Bundesländer weisen eine erschreckende Schadensbilanz auf: Der Volkswirtschaftler und Umweltökonom L. Wicke hat in seinem Band „Die ökologischen Milliarden" (1986) eine äußerst vorsichtige Gesamtschätzung aller Umweltschäden in den alten Bundesländern gewagt und kommt zu folgenden Summen in Milliarden DM pro Jahr (s. Tabelle 2).

Diese „nur direkt erfaßten Schäden stellen die Untergrenze" dar und betrugen 1984 rund 6 % des Bruttosozialprodukts der Bundesrepublik. Nur sieben Jahre später kommt eine im Auftrage des Stern (Nr. 1, 1991) durch das Heidelberger Umwelt- und Prognoseinstitut (UPI) erstellte Studie „Ökologische und soziale Kosten der Umweltbelastung in der Bundesrepublik Deutschland" zu weitaus höheren Kostensätzen pro Jahr (s. Tabelle 3).

Die Summe der ökologischen und sozialen Kosten der Umweltbelastung beliefen sich 1989 nach dieser Studie auf 474,4 Mrd. DM pro Jahr, das entspricht 20 % des Bruttosozialprodukts und übersteigt damit den gesamten Wert aller Waren, die im gleichen Jahr von der Automobilindustrie, der Energiewirtschaft, der chemischen Industrie, dem Baugewerbe und der Landwirtschaft produziert wurden. Jeder Deutsche wurde damit 1989 laut UPI-Studie mit 7660 DM belastet. Über Definitionen und Details kann man sicher streiten. Doch darum geht es hier gar nicht. Für unsere Darstellung ist allein die gigantische Dimension wichtig und die Erkenntnis, daß jede Verzögerung wirksamer Lösungsansätze auf Kosten der Gesundheit der Bevölkerung geht, weil sich Schäden mit „Zinseszins" in unserem Lebensraum ausbreiten.

Wir müssen lernen, im Umweltschutz verstärkt das Verursacherprinzip durchzusetzen. Dafür hat Wicke (1986) marktwirtschaftliche Maßnahmen vorgeschlagen: Umweltschutzinvestitionen wären danach steuerlich zu belohnen, schädigendes Verhalten entsprechend zu belasten. Umweltschutz muß sich rechnen, muß sich lohnen für den Betrieb und ihm im Wettbewerb sowohl national als auch international Vorteile bringen, je früher, desto besser. „Mehr Umweltschutz durch Eigennutz" – diese Parole könnte ganz allgemein die Richtung angeben. Dabei ist die Verschärfung der Umwelthaftung der breiteste, alle Bereiche der Umweltbelastung umfassende Ansatzpunkt zur Stärkung des Eigeninteresses aller am Umweltschutz (Wicke, 1986). Einige Gerichtsurteile weisen bereits in die richtige Richtung. Noch aber überwiegt die verhängnisvolle Neigung der Richter, Haftungsrisiken zu Lasten der Umwelt zu verringern: So läßt man die für die Lebensqualität so wichtigen Stadtbäume regelmäßig beschneiden oder gar fällen. Damit nicht kostbare Autos – die größten Umweltbelaster – durch herabfallende Äste beschädigt werden, schädigt man die Umwelt.

Tabelle 2: Schätzung der jährlichen Schadensbilanz aller Umweltschäden in den alten Bundesländern (nach Wicke, 1986)

Schadenspositionen	Schadenskosten (in Milliarden DM pro Jahr)
Luftverschmutzung – Gesundheitsschäden – Materialschäden – Schäden der Freilandvegetation – Waldschäden	rund 48,0 Milliarden DM – über 2,3–5,8 – über 2,3 – über 1,0 – über 5,5–8,8
Gewässerverschmutzung – Schäden im Bereich Flüsse und Seen – Schäden im Bereich Nord- und Ostsee – Schäden im Bereich Grundwasser	weit über 17,6 Milliarden DM – über 14,3 – weit über 0,3 – über 3,0
Bodenzerstörung – Tschernobyl und Tschernobyl-Vermeidungskosten – Altlastensanierung – Kosten der Biotop- und Arterhaltung – „Erinnerungsposten" sonstige Bodenkontaminationen	weit über 5,2 Milliarden DM – über 2,4 – über 1,7 – über 1,0 – weit über 0,1
Lärm – Wohnwertverluste – Produktivitätsverluste – „Lärmrenten"	über 32,7 Milliarden DM – über 29,3 – über 3,0 – über 0,4
Summe der Schäden	weit über 103,5 Milliarden DM pro Jahr

Tabelle 3: Kosten der Umweltbelastung pro Jahr in der Bundesrepublik Deutschland nach UPI-Studie (nach Stern, 1/91)

1. Ökologische und soziale Kosten durch Verkehrsunfälle		103,5 Mrd. DM
Belastung pro Bundesbürger	1670 DM	
2. Lärm		101,7 Mrd. DM
Verkehr	88,5 Mrd. DM	
Industrie	8,3 Mrd. DM	
Haushalte	4,9 Mrd. DM	
Belastung pro Bundesbürger	1640 DM	
3. Luftverschmutzung		63,0 Mrd. DM
Verkehr	31,8 Mrd. DM	
Industrie	28,2 Mrd. DM	
Haushalte	3,6 Mrd. DM	
Belastung pro Bundesbürger	1020 DM	
4. Flächenverlust für Autos	60,2 Mrd. DM	
Belastung pro Bundesbürger	970 DM	
5. Wasserverschmutzung		58,5 Mrd. DM
Landwirtschaft	35,0 Mrd. DM	
Verkehr	14,9 Mrd. DM	
Industrie	4,6 Mrd. DM	
Haushalte	4,0 Mrd. DM	
Belastung pro Bundesbürger	940 DM	
6. Lebensmittelrückstände, Subventionen der Überproduktion		37,5 Mrd. DM
Belastung pro Bundesbürger	600 DM	
7. Wertminderung von Erholung und Freizeit		16,1 Mrd. DM
Belastung pro Bundesbürger	260 DM	
8. Schäden durch Asbest		16,0 Mrd. DM
Belastung pro Bundesbürger	260 DM	
9. Schäden durch Holzschutzmittel		11,4 Mrd. DM
Belastung pro Bundesbürger	180 DM	
10. Sanierung und Überwachung alter Mülldeponien		4,0 Mrd. DM
Müllbeseitigung		2,5 Mrd. DM
Belastung pro Bundesbürger	100 DM	

Der ökonomische Kern von Umweltabgaben („Ökosteuern") liegt in der Idee, mit einer finanzwirtschaftlichen Belastung externe Effekte der privatwirtschaftlichen Aktivität zu korrigieren. Dies geht auf den englischen Ökonomen Arthur Cicil Pigou zurück. Er schlug schon in den 20er Jahren vor, die volkswirtschaftlichen Kosten der privaten Produktion und des Verbrauchs, soweit sie nicht den Produzenten und den Konsumenten selbst, sondern Dritte belasten („externe" Kosten), mit einer Steuer zu neutralisieren. In heutiger Interpretation wären die umweltschädlichen Emissionen aus Produktion und Konsum zu erfassen, die als „externe Effekte" Dritte belasten. Sie sind im Wege einer Abgabe auf diese Emissionen zu „internalisieren", also in Kosten für den Emittenten zu verwandeln (Zimmermann, 1991).

Beim „Umweltschutz des produzierenden Gewerbes in Deutschland" dienten 1988 rund 55 % des Anlagenbestandes der Luftreinigung, 31 % dem Gewässerschutz und jeweils 7 % der Abfallentsorgung und der Lärmbekämpfung. Bei der Energie- und Wasserversorgung, der Herstellung von Kunststoffen, Gewinnung und Verarbeitung von Steinen und Erden sowie der Metallerzeugung und -bearbeitung entfielen 64 bis 78 % des Anlagenbestandes auf die Luftreinhaltung. In der chemischen Industrie stand der Gewässerschutz mit 54 % im Vordergrund. Auffällig ist beim Baugewerbe der hohe Anteil bei der Lärmbekämpfung mit 41 %. Bei der öffentlichen Hand dominiert eindeutig der Gewässerschutz (94 %) (Umweltbundesamt, 1992).

Anteilmäßig hat sich der Umweltschutz von 1975 mit 2,4 % auf 7,7 % des gesamten Bruttoanlagevermögens im Jahre 1988 erhöht. Das ermutigt ebenso wie die Feststellung, daß die Bundesrepublik Deutschland im Jahre 1990 für den gesamten Umweltschutz (öffentliche und private Ausgaben) 16,4 Mrd. US-Dollar ausgegeben hat und damit international hinter den USA (50,3 Mrd. US-Dollar) an zweiter Stelle (vor Japan mit 16,2 Mrd. US-Dollar) gelegen hat. Bezogen auf das Bruttosozialprodukt relativiert sich dies jedoch auf niedrigem Niveau: Österreich 1,9 %, Deutschland 1,7 %, USA 1,4 % und Japan 1,0 %. Zu selbstzufriedener

Genugtuung besteht kein Anlaß, zumal die erfaßten Umweltdelikte von 1985 bis 1992 von 12 875 auf 23 387 gestiegen sind, sich also verdoppelt haben (Kriminalstatistik, 1993).

2.1 Lärmbelastungen werden immer noch unterschätzt

„Bald können wir überall hinfahren, aber es wird sich nicht mehr lohnen, dort anzukommen."
Horst Stern

Lärm ist Schall, der andere stören kann. Er wird freilich unterschiedlich empfunden. Dennoch ist festzustellen, daß Lärm heute eine der gravierendsten Beeinträchtigungen der Lebensqualität darstellt. Lärm wird als „Schalldruckpegel" in Dezibel (dB) in einem bestimmten Frequenzbereich (A) angegeben. Erhöht man einen Schallpegel um 10 dB, so entspricht das einer Verzehnfachung der Schallintensität. Eine Erhöhung um 20 dB entspricht einer hundertfachen Vergrößerung. Addiert man zwei Schallpegel von 50 dB, so ergeben 50 dB + 50 dB nicht 100 dB, sondern 53 dB: Eine Erhöhung (Verminderung) des Schallpegels um 3 dB entspricht einer Verdoppelung (Halbierung) der Schallintensität (BMI, 1982). Bereits ein Schallpegel von nur 25 dB (A) kann bei empfindlichen Personen zu vegetativen Reaktionen führen. Als besonders störend werden einzelne Schallereignisse empfunden, deren Pegel das Grundgeräusch um mehr als 10 bis 15 dB (A) überschreiten. Dabei spielen auch die persönliche Einstellung und Beziehung des Menschen zur Lärmquelle (z. B. Motorrad, Musiker) sowie momentane und gewohnte Tätigkeit, die Kontinuität der Geräusche und die Tageszeit eine Rolle.

Tabelle 4: Lärmpegel von Alltagsgeräuschen

	dB (A)
Hörschwelle des Menschen	0
Wasserhahn	20
üblicher Tagespegel im Wohnbereich	40–50
normale Umgangssprache, 1 m Entfernung	50–60
Schreibmaschine	60–70
elektr. Rasenmäher	70
Pkw, 7 m Entfernung	70–85
Lkw, 7 m Entfernung	90
Preßlufthammer, 7 m Entfernung	90–100
Düsenflugzeug, 100 m Entfernung	120–140

Lärm streßt: Die Hautgefäße verengen sich, der Blutdruck steigt, das Herzschlagvolumen nimmt ab, Herzrhythmus-, Kreislauf- und Atemstörungen treten auf, Leistung und Konzentration lassen nach, Magensaft- und Speichelproduktion gehen zurück, der Hormonhaushalt („Streßhormone") gerät aus dem Gleichgewicht, der allgemeine Muskelspannungszustand (Tonus) verstärkt sich. Bereits von 60 dB (A) an reagiert unser Körper mit deutlichen Streßsymptomen wie z. B. erhöhter Hormonausschüttung. Erheblich niedriger liegt dagegen der Schwellenwert für nächtliche Schlafstörungen. Schon Pegel über 30 dB (A) im Innenraum beeinträchtigen den Nachtschlaf massiv. „Es ist zu befürchten, daß bestimmte vegetativ bedingte Krankheitssymptome durch langfristig andauernde Störungen der Nachtruhe ausgelöst oder verstärkt werden." (BMI, 1982) Der jährliche Verbrauch von 5000 t Schlafmitteln in der Bundesrepublik ist nicht zuletzt auf Lärm zurückzuführen.

Eine Studie des Umweltbundesamtes hat den Verdacht erhärtet, daß ein Zusammenhang zwischen Verkehrslärm und Erkrankungen durch hohen Blutdruck besteht. Bluthochdruck zählt zu den häufigsten Krankheiten in Deutschland (etwa 8 Mio. Betroffene) und ist einer der zentralen Risikofaktoren für Herzinfarkt und Gefäßkrankheiten. Die Bekämpfung des Verkehrslärms hat daher auch große gesundheitspolitische Bedeutung (BMI, 1982). Schon wer ständig 70 dB (A) ausgesetzt ist, kann Dauerschäden davontragen. Von etwa 120 dB (A) an kommt es auch bei nur kurzzeitiger Einwirkung zu dauernden Gehörschädigungen (Umweltbundesamt, 1984), da sich abgestorbene Gehörsinneszellen nicht regenerieren.

Der Straßenverkehr ist die Hauptquelle von Lärmbelästigungen. 1989 waren rund 70 % aller Bundesbürger davon betroffen. Etwa 12,5 % der Bevölkerung sind bei Tag Pegeln von über 65 dB (A) ausgesetzt und damit einem entsprechend erhöhten Risiko für das Herz-Kreislaufsystem. Unter Geräuschpegeln von über 55 dB (A) tagsüber und 45 dB (A) nachts durch Straßenverkehr leiden etwa 45 % der Bevölkerung. Fast die Hälfte der Deutschen ist danach höheren Belastungen ausgesetzt, als die Planungsziele nach DIN für allgemeines Wohngebiet vorsehen. Ebensoviele Menschen werden heute durch Flugbetrieb belästigt (Umweltbundesamt, 1992). Wicke (1986) gibt aufgrund der fundierten Baseler „Lärm-Studie" von Pommerehne (1986) und des „Lärmbelastungsmodells" des Battelle-Instituts (1981) die durch Straßenlärm bedingte Mietzinsminderung in den alten Bundesländern mit rund 30 Mrd. DM pro Jahr an. Ganze 11 % aller Wohnungsplätze in der Bundesrepublik können nachts als ruhig bezeichnet werden (Mittelwert unter 35 dB [A]) (BMI, 1982)). Rund ein Drittel aller Balkone und Gärten werden nur noch eingeschränkt oder gar nicht mehr genutzt (Michelsen, 1984/85). Zwar braucht der Mensch als soziales Wesen ein Mindestmaß an natürlichen Geräuschen, körperlichen und geistigen Reizen, doch bereits bei 25 dB (A) können Lernen und Arbeiten, die hohe geistige Konzentration erfordern, empfindlich gestört werden.

Anregungen zur Einschränkung der Lärmbelastungen

Sinnvoller Lärmschutz muß auf Vermeidung oder Einschränkung der Lärmquelle zielen:

- Die Bevölkerung sollte über alle schädlichen Auswirkungen von Lärm auf Gesundheit, Lebensqualität und Natur aufgeklärt werden. Der Verursacher von unnötigem Lärm muß bei Kenntnis der Folgen und Sensibilität der Allgemeinheit ein schlechtes Gewissen als persönliche Hemmschwelle spüren.
- Die Wiederbelebung von Stadtzentren sollte mit Begrenzung oder sogar Verdrängung des Individualverkehrs einhergehen. Fußgängerzonen, verkehrsberuhigte oder verkehrsfreie Zonen müssen konsequent angestrebt werden und schließlich große Teile der Städte umfassen. Parallel dazu müssen das Radwegenetz ausgebaut und der öffentliche Personen-Nahverkehr verbessert werden.
- Bei den Kraftfahrzeugen bietet sich nach Wicke (1986) der ökonomische Ansatz an, die Hersteller bei Überschreitung eines bestimmten Lärmhöchstwertes mit einer Lärmabgabe zu belegen, so daß Lärmdämmung gewinnsteigernd und wettbewerbsfördernd wirkt. Lärmminderungsmaßnahmen müssen sich bezahlt machen, während Lärmsteigerungen (z. B. durch Manipulationen an Motorrädern) mit drastischen Bußgeldern oder gar Fahrzeugstillegungen zu ahnden sind. Mobile Zweiradprüfstellen nicht nur in Städten, sondern auch in Erholungsgebieten sind dringend erforderlich. Denkbar sind auch lärmgeschützte Zonen, in die nur leise Kraftfahrzeuge (Plakettenkennzeichnung) einfahren dürfen.
- Zum persönlichen Schallschutz gehört für Anwohner von Hauptverkehrsstraßen der Einbau von Lärmschutzfenstern. Während ein Einfachfenster den Lärm nur um 20 dB (A) und ein Verbundfenster um 25 dB (A) mindert, kann ein Schallschutzkastenfenster sogar Dämmwerte von bis zu 50 dB (A) erreichen. Rolläden erreichen eine Schalldämmung von bis zu 15 dB (A).
- Bepflanzte Lärmschutzwälle (Pegelminderung rund 10 dB [A]) empfehlen sich in vielen Bereichen und dürfen bei gesundheitsschädlichen Lärmwerten nicht Gestaltungssatzungen (z. B. Verbot von Wällen) geopfert werden.
- Laute Rasenmäher sind eine Zumutung für alle Nachbarn. Abgesehen davon, daß Rasenmäher erst bei Lärmwerten von unter 60 dB (A) das Umweltgütezeichen erhalten und nur diese eingesetzt werden sollten, ist auch das Produkt des Mähwerkes – nämlich der „Englische Rasen“ – naturfeindlich. Insofern ist aus Umweltschutzsicht der beste Rasenmäher der, der im Keller bleibt.
- Aus Natur- und Erholungsgebieten müssen alle vermeidbaren Lärmquellen konsequent ferngehalten werden: Motorboote, Hubschrauber, Freilichtdiskos, Karussells und andere lärmenden Vergnügungsstände. Auch Schießstände gehören nicht in Erholungsgebiete, da eine Kapselung der Anlage und damit eine wirksame Lärmminderung nicht möglich ist. Unnötige Belästigung der Allgemeinheit mit Lärm – vom voll aufgedrehten Radio bis zum frisierten Feuerstuhl (jedes zweite Motorrad ist manipuliert, BMI, 1982) – kann nicht mehr hingenommen werden.

2.2 Wasserverschmutzung – Gefährdung mit weitreichenden Folgen

„Bei allem Tun müssen wir außer auf das Tun selbst, auf unseren gegenwärtigen, vergangenen und zukünftigen Zustand achten und auf den der anderen, für die unser Tun Bedeutung hat, und müssen die Zusammenhänge all dieser Dinge sehen. Und dann wird man sehr zurückhaltend sein.“
Blaise Pascal, 1623–1662

„Brunnenvergifter“ war früher ein schlimmes Schimpfwort. Es brandmarkte den Betroffenen als Zerstörer der Lebensgrundlage aller. Heute beteiligen wir uns alle am „Brunnenvergiften“ und verlieren den Blick für die schleichende Vergiftung unseres neben der Luft wichtigsten Lebensmittels.

Gewässerverunreinigungsdelikte machen mit Abstand den Hauptanteil aller Umweltstraftaten aus, denn auch Delikte wie „wilde“ Müllablagerung führen in vielen Fällen zu Wasserverschmutzung. Rund 12 000 Fälle sind 1989 im alten Bundesgebiet erfaßt worden. Inzwischen wird bereits vielerorts Wasser guter Qualität, das als Trinkwasser geeignet wäre, knapp. In vielen Städten ist das

Leitungswasser schon derart mit Schadstoffen überlastet und gechlort, daß kein Mensch mehr auf die Idee kommt, dieses Wasser zu trinken. Deutschland, eines der wasserreichsten Länder der Erde, gerät in eine Wasserkrise. Der tägliche Pro-Kopf-Verbrauch an Trinkwasser ist von 85 l (1950) auf 150 l (1990) gestiegen. Es wird verwendet für:

Toilettenspülung	31 %
Baden + Duschen	31 %
Wäschewaschen	14 %
Körperpflege	6 %
Geschirrspülen	6 %
Gartensprengen	4 %
Trinken + Kochen	3 %
Reinemachen	3 %
Autowaschen	2 %

Wegen der hohen Qualitätsanforderungen wird Trinkwasser vornehmlich aus Grund- und Quellwasser (75 %) sowie angereichertem Grundwasser (10 %) gewonnen. 5 % entfallen auf Uferfiltrat, 9 % auf See- und Talsperrenwasser sowie 1 % auf Flußwasser (BMU, 1992). 1987 waren 92 % der Wohnbevölkerung der alten Bundesländer an Kläranlagen angeschlossen, von den 16,4 Mio. Einwohnern der DDR waren es 1988 nur 72,5 %. Die Abwässer der Privathaushalte wurden nur zu 57,7 % in Kläranlagen behandelt. Durch einen übermäßig hohen Viehbestand an einzelnen Standorten war dort zudem eine umweltgerechte Gülleentsorgung nicht möglich. Die Trinkwasserversorgung der Bevölkerung ist jedoch von der Qualität des Grundwassers und von der Funktion des biochemischen Selbstreinigungsvermögens der Oberflächengewässer direkt abhängig. Schon Max von Pettenkofer (1818-1901) erkannte: „Auf die Verschmutzung des Grundwassers hat die Natur die Todesstrafe gesetzt."

Seit etwa 1990 erhält das Umweltbundesamt ausführlichere Informationen über Funde von Pflanzenschutzmitteln im Grundwasser, dem Hauptlieferanten von Trinkwasser. Inzwischen sind bereits erschreckend viele Pflanzenbehandlungs- und Schädlingsbekämpfungsmittel im Grundwasser nachgewiesen worden, an erster Stelle Triazine (Atrazin, Desethylatrazin). In den neuen Bundesländern hat man zudem hohe Überschreitungen der Grenzwerte für chlorierte Kohlenwasserstoffe, Cadmium, Blei und Nitrat festgestellt. Die UPI-Studie (Stern, 1991) kalkuliert die ökologischen und sozialen Kosten der Wasserverschmutzung mit 58,5 Mrd. DM pro Jahr, wovon die Landwirtschaft mit 35,0 Mrd. DM den Löwenanteil zu verantworten hat.

Wegen besorgniserregender Verschmutzung des Grundwassers in Ballungszentren behelfen sich die Versorger immer stärker mit Wasserentnahmen in ländlichen Gebieten. Beispiele hierfür sind das Hessische Ried in der Nähe des Rhein-Main-Ballungsraumes, die Nordheide in der Nähe von Hamburg, der Bereich bei Fuhrberg nördlich von Hannover. In diesen Gebieten ist eine tiefgreifende Veränderung der Flora und Fauna aufgrund des absinkenden Grundwasserspiegels programmiert und stellenweise bereits zu beobachten.

In überwiegend landwirtschaftlichen Gebieten kommt ein Grundwasserproblem hinzu: Bei sehr starken Stickstoff-Düngungen oder Gülleeinträgen aus Intensivtierhaltung wird das Grundwasser durch Nitrate hoch belastet. Die Gefahr geht dabei von Stoffen aus, die im Körperstoffwechsel oder durch mikrobielle Vorgänge aus dem Nitrat entstehen: Nitrite und Nitrosamine. Nitrit ist ein starkes Gift, das schon in geringen Mengen vor allem bei Säuglingen rasch die sogenannte Blausucht hervorruft. Die Sauerstoffaufnahme des Blutes wird eingeschränkt, die Haut verfärbt sich bläulich, die Kinder bekommen keine Luft. Noch bedenklicher sind die langfristigen Gefährdungen. Im sauren Milieu des Magens können sich Nitrite zu Nitrosaminen umwandeln, die zu den stärksten krebserregenden Stoffen zählen. Die Nitratkonzentrationen im Trinkwasser nehmen allgemein kontinuierlich und besorgniserregend zu. Ob die Nitratbelastung des Trinkwassers (Grenzwert nach EU-Norm 50 mg/l) in Landkreisen mit hohem Anteil an Intensivtierhaltungsbetrieben für die dort festgestellte sehr hohe Magenkrebssterblichkeit verantwortlich ist, läßt sich nicht mit Gewißheit sagen. Internationale Studien legen einen solchen Zusammenhang jedoch nahe.

Problemverschärfend kommen die Säure- und Schadstoffeinträge aus der Luft über folgende Kette hinzu: Emission, Verfrachtung, Senke, Bodeneintrag, Grundwasser/Rohwasser, Trinkwasser. Die sich aufschaukelnde Wirkung von Versauerung und Metallionen-Freisetzung kann durchaus auch auf dem Gesundheitssektor Folgen haben, die erst langsam erkannt werden. Eine neue Dimension hat z. B. – nur eine von vielen – die Bewertung des Aluminiums als Umweltgift gewonnen. Es verdichtet sich der Verdacht epidemiologischer Zusammenhänge mit der Alzheimerschen Krankheit. In den alten Bundesländern sind von der Krankheit fast 1 Mio. Menschen betroffen. Nach einer britischen Studie haben Personen, deren Trinkwasser mehr als 0,11 mg/l Aluminium enthält, ein bis fünfmal höheres Erkrankungsrisiko als Verbraucher weniger oder nicht belasteten Wassers. Leider liegen die Aluminiumgrenzwerte unserer Trinkwasserverordnung oberhalb dieser Marge.

Anregungen zur Lösung einiger Wasserprobleme

- Auch hier sollte der ökonomische Hebel angesetzt werden: Hohe Abwasserabgaben und Haftungsrisiken (die man bei entsprechenden

Reaktionen einsparen, also kostenmindernd einsetzen kann) und steuerliche Stimulation der bestmöglichen Vermeidungstechniken für Industrie und Landwirtschaft. Es ist z. B. in keiner Weise hinnehmbar, daß die industrielle und nicht tierschutz-konforme Massentierhaltung das Gülleproblem auf die Allgemeinheit verlagert und nicht als Verursacher für die Grund- und Trinkwasserbelastung haften muß. Beweislastumkehr (wie etwa in Japan) und Gefährdungshaftung dürfen bei Trinkwasserfälschungen keine heiligen Kühe bleiben.

- Der Trinkwasserpreis muß so gestaffelt werden, daß Luxusverbrauch über einer Grundnorm exponentiell steigend „bestraft" wird, Sparen sich also merklich lohnt. WC-Spülkästen mit Spareinrichtung für das kleine Geschäft könnten den Verbrauch pro Spülung halbieren. Sie werden sich aber erst dann allgemein durchsetzen, wenn der Verbraucher die Rentabilität erkennt (Sparmöglichkeit im 4-Personen-Haushalt bis 40 000 Liter pro Jahr). Die Gewinne aus den „Luxusabgaben" können für Umweltinvestitionen zweckgebunden werden.
- Die biochemischen Selbstreinigungskräfte aller Fließ- und Stehendgewässer sind durch konsequente Renaturierung zu mobilisieren. Eine entsprechende Flächenankaufspolitik der öffentlichen Hand könnte das flankieren (vgl. Kap. 6). Damit wäre nicht nur dem Wasserhaushalt, sondern auch der Lebensqualität der Bevölkerung gedient (vgl. Kap. 4) und allgemein dem Naturschutz in Gewässerökosystemen. Private Gewässernutzer sollten je nach Nutzung – von der Vergnügungsfahrt über die naturschädliche Randbebauung bis zur Stromerzeugung – durch Gebühren an den Umweltkosten beteiligt werden.

2.3 Die Müllberge wachsen noch immer viel zu schnell

„Es nützt nicht viel, sich rotzuschämen.
Es nützt nichts, und es schadet bloß,
sich tausend Dinge vorzunehmen.
Laßt das Programm! Und bessert euch drauflos!"
Erich Kästner

Weltweit produzieren wir heute verglichen mit 1950 die siebenfache Menge an Gebrauchsgütern und entziehen unserem Planeten die fünffache Menge an Rohstoffen. Ständiges Wachstum in den Industrieländern hat unsere soziale und ökonomische Struktur tiefgreifend verändert hin zur Wegwerfgesellschaft (Spiegel Spezial 1, 1992). Heute werden etwa 100 000 chemische Substanzen gehandelt – genau weiß das niemand –, und jedes Jahr kommen etwa 1000 bis 2000 neue Chemikalien hinzu. Da braucht es wenig Phantasie, sich auszumalen, was jahrelange unkontrollierte Ablagerungen ohne jede Abdichtung zum Grundwasser angerichtet haben. Stillgelegte Mülldeponien und abgebaute Industrieanlagen hinterlassen oft ein giftiges Erbe, eine Gefahr für die Gesundheit vieler Menschen. In der Bundesrepublik sind bis Ende 1993 rd. 140 000 zivile Flächen mit Verdacht auf Altlast erfaßt worden, davon die Hälfte in den neuen Bundesländern. Es liegen keine Flächenangaben, nur die Zahlen der Altlast-Verdachtsflächen vor (Globus, 1994):

Sachsen 18 642; Nordrhein-Westfalen 18 196; Sachsen-Anhalt 14 991; Rheinland-Pfalz 14 760; Brandenburg 13 565; Mecklenburg-Vorpommern 11 958; Bayern 8939; Niedersachsen 7488; Baden-Württemberg 6960; Schlweswig-Holstein 6693; Thüringen 5587; Berlin 4988; Bremen 4289; Hessen 3400; Saarland 1700; Hamburg 604. Darüber hinaus wird derzeit eine Vielzahl ehemaliger militärischer Standorte auf ihre Gefährlichkeit für die Umwelt geprüft. Die Schätzungen der Sanierungskosten liegen heute bei einigen Milliarden DM, d. h. bei mehreren tausend DM pro Einwohner.

Ein besonders finsteres Kapitel ist der Abfalltourismus, für den neben dem Normengefälle zwischen den Ländern auch das Preisgefälle für die Entsorgung von Müll und Giftmüll die ökonomische Basis bildet: Greenpeace (1992) gibt an, daß 1990 über 552 000 t Giftmüll über deutsche Grenzen verschoben worden sind und weitere 500 000 t von West- nach Ostdeutschland. Die berechtigte Forderung nach Beendigung der Müllausfuhr sollte auf alle Exporte von Pestiziden ausgedehnt werden, deren Anwendung in Deutschland aus ökologischen oder toxikologischen Gründen verboten ist.

Die im Rahmen der öffentlichen Abfallentsorgung 1987 in den alten Bundesländern eingesammelte Menge an Hausmüll, hausmüllähnlichem Gewerbeabfall und Sperrmüll betrug ca. 23 Mio. t (Volumen 148 Mrd. m^3); das sind rund 375 kg pro Einwohner und Jahr. In der einstigen DDR lagen die Zahlen niedriger, doch kam es als Folge einer beispiellosen Kaufeuphorie nach der Wende 1989 zu einer dramatischen Steigerung der Abfallmengen im Osten Deutschlands. Nach Angaben des Bürgermeisters von Erfurt, der Hauptstadt Thüringens, produziert dort jeder Einwohner 750 kg Müll pro Jahr, also doppelt so viel wie der Durchschnitt im Westen (Warmer-Bulletin, 32, 1992). Heute dürfte sich das leicht unter West-Niveau eingependelt haben. Im Jahre 1993 veranschlagte die OECD den jährlich in den westlichen Industrieländern anfallenden Hausmüll auf 408 Mio. Tonnen, umgerechnet je Einwohner: USA 721 kg, Niederlande 497 kg, Schweiz 441 kg, Japan 411 kg, Großbritannien 348 kg, Deutschland 335 kg, Frankreich 328 kg, Österreich 325 kg.

Ohne Recyclinganteil mußten in den alten Bundesländern das produzierende Gewerbe sowie die Krankenhäuser 1987 rund 152 Mio. t als Abfälle entsorgen. Auf die Abfallgruppe „Bauschutt und Bodenaushub" entfielen 1987 rund 120 Mio. t, auf Sonderabfälle rund 10 Mio. t, auf Klärschlamm-Trockenmasse rund 2,5 Mio. t (BMU, 1992). Die Siedlungsabfälle werden zu 75 % auf insgesamt 371 geordneten Deponien abgelagert, 22 % (9,3 Mio. t) werden in derzeit 48 Müllverbrennungsanlagen verbrannt (Lahrem, 1989). Heute verfolgt die Abfallwirtschaft folgende Ziele (Reihen- gleich Rangfolge):

1. Vermeidung von Müll
   Dieses vorrangige, insbesondere durch Kostenvermeidung bei jedem einzelnen stimulierbare Ziel darf nicht aus dem Auge verloren werden. Hausmüll ist auf einen Bruchteil des bisherigen Anfalls zu senken.
2. Wiederverwertung (z. B. Mehrwegverpackung) bzw. Wiederaufbereitung = Materialrückgewinnung
   Schaffung neuer Produkte aus Glas, Papier, Metall, Kunststoff. Der Forcierung dieser Kategorie dient das sog. „Duale System".
3. Verbrennung (mit Wärmeausnutzung) bzw. Deponie

Weniger als 5 % der Kunststoffabfälle werden derzeit wiederverwertet, der Rest wird verbrannt oder deponiert. Neue Studien zeigen, daß über 40 % des Deponiemülls Papier ist (Warmer 32, 1992). Tatsächlich ist im alten Bundesgebiet der jährliche Papierverbrauch von 32 kg pro Einwohner im Jahr 1950 (Gesamtverbrauch 1,6 Mio. t) auf 210 kg pro Einwohner im Jahr 1989 (Gesamtverbrauch 13,2 Mio. t) angestiegen; in der DDR lag der Papierverbrauch bei 84 kg pro Einwohner im Jahr 1988 (Umweltbundesamt, 1992). Der Rohstoffverbrauch der deutschen Papierindustrie bestand 1991 schon zu 45 % aus Altpapier und nur zu 11 % aus Holzschliff und zu 26 % aus Zellulose Hier funktioniert die Materialrückgewinnung also schon recht gut, obgleich nur etwa 15 % des privat verbrauchten Papiers gesammelt wird. Quantität und Qualität des Altpapiers hängen übrigens von der Entfernung der Container von den Haushalten und vom Containertyp ab. Das qualitativ beste Altpapier ist das gebündelte und das von stationären, zentralen Containern, in die das Altpapier durch schmale Schlitze gegeben wird, wodurch weniger sperriger und weniger verunreinigter Müll in die Container gelangen kann (Warmer, 35, 1992).

Auch beim Stahl funktioniert ein Materialkreislauf schon recht ermutigend, wie folgende Zahlen aus dem Jahr 1990 deutlich machen: Durch den Einsatz von mehr als 410 Mio. t Schrott für die Weltrohstahlerzeugung von rund 770 Mio. t brauchten 550 Mio. t Eisenerze nicht abgebaut, aufbereitet, transportiert und verhüttet zu werden. Hinzu kommt, daß für das Schmelzen von Schrott zur Stahlerzeugung etwa 60 Prozent weniger Primärenergie benötigt werden als für die Gewinnung aus Erz. Dadurch werden weltweit ca. 230 Mio. t Kokskohle jährlich eingespart.

Nach Schätzungen des Bundesumweltministeriums spart eine Familie von 5 Personen 200 DM im Jahr, wenn sie Getränke statt in Dosen ausschließlich in Mehrwegflaschen einkauft. Die gesamten Verpackungskosten liegen bei einer Weißblechdose im Schnitt bei 0,17 DM, bei einer Kunststoffflasche sind es 0,22 DM und bei einer Mehrwegflasche nur 0,03 DM. Die Pfand- oder auch Mehrwegflasche hat zahlreiche weitere Vorteile: Bis zu 40mal ist sie im Schnitt im Umlauf. Dadurch wird der Hausmüll weniger belastet. Außerdem ist Altglas problemlos wiederverwertbar, wenn es vom Verbraucher in die Altglascontainer geworfen wird. Glas hat zudem keine Poren. Es ist geruchs-, geschmacks- und aromaundurchlässig. Und Glas ist ein umweltfreundliches Verpackungsmaterial: So lassen sich mit einem Liter Heizöl in der Produktion 0,46 kg Kunststoff-, 2,59 kg Papier-, aber 5,42 kg Glasverpackungsmaterial herstellen (Unser Wald, 3, 1992).

Das Umweltbundesamt hat eine verblüffende Rechnung aufgemacht: Mit der Energie, die für die Mehrweg-Pfandflasche benötigt wird, kann man 18 Minuten fernsehen, bei einer Einweg-Glasflasche sind es 156, bei einer Einweg-Weißblechdose 195 und bei einer Einweg-Aluminium-Dose gar 379 Minuten. Die Energievergeudung der Einwegsysteme ist also beträchtlich.

Anregungen zur Einschränkung des Müllanfalls

- Der ökonomische Hebel zur Reduktion von Hausmüll könnte so aussehen: Mengenbezogene Gebührenstaffelung und Berechnung nur der tatsächlichen Leerungen der Mülltonne (also keine Pauschale). Dabei sollten die Gebühren so gestaltet werden, daß ein echter Anreiz zur Mülleinschränkung (Vermeidung, Wertstoffsammlung, Kompost u. a.) entsteht. Über Numerierung der Tonnen und EDV-Eingaben bei der Leerung bliebe der Verwaltungsaufwand überschaubar. Auch ein Gebührenmarkensystem erscheint praktikabel. Die Gewinne der Abfallbeseitigungsbehörden wären zweckgebunden umweltfördernd einzusetzen; zugleich müßten drastische Bußgelder illegale Entsorger abschrecken. Mengenbezogene Abfallabgaben gibt es bereits in Belgien, Dänemark, Frankreich, Italien und in den Niederlanden (Spiegel Spezial, 1, 1992).

- Das Wegwerfen von Dosen, Flaschen oder dergleichen bleibt meist ungeahndet. Entrümpelungsaktionen in der freien Landschaft auf Initiative von Vereinen, Politikern oder der Bundeswehr sind gut gemeint, lösen das Problem jedoch nicht. Hier sind die Abfallbeseitigungsträger mit eigenem Personal (Arbeitsplätze) gefordert.
- Pfand- und Rückkaufsysteme können ökologische Erziehungseffekte haben. Wicke (1986) schlägt beispielsweise vor, jede entsprechend gekennzeichnete Batterie mit einem Pflichtpfand von 1 DM zu belegen, damit die Rückführungsquote bei Quecksilberbatterien nahezu 100 % erreicht. Nur mit deutlichen finanziellen Anreizen wird es in Deutschland möglich sein, das 1992 von den EU-Umweltministern für 1995 vorgegebene Ziel zu erreichen, mindestens 50 % Papier, Glas und Kunststoffe dem Recycling zuzuführen (Warmer, 34, 1992).
- Torf gehört ins Moor. Kompost stellt man als Gartenbesitzer selbst her. Richtig zusammengesetzter Kompost riecht weder unangenehm, noch lockt er Ungeziefer an. Er liefert in reifem Zustand einen dunkelbraunen feinkrümmeligen Humus, dessen Qualität Torf um ein mehrfaches übertrifft. Grundsätzlich kann nur organisches Material kompostiert werden. Kunststoffe, Glas oder Metall gehören nicht auf den Kompost. Kompostlieferanten sind: Hecken-, Strauch- und Rasenschnitt, Wildkräuter (angewelkt, am besten ohne Samen), Stroh, Federn, Haare, Gartenabfälle, Kaffee und Teesatz, Eierschalen, Obstreste, Küchenabfälle, Laub, Mist von Stall- und Haustieren, Horn- und Knochenmehl, in geringen Mengen auch Hobel- und Sägespäne, Holzwolle und Asche.
Entscheidend ist, daß die verschiedenen Abfälle gemischt und locker aufgeschichtet werden. Die Zersetzung verursachen die gleichen Organismen, die auch im Boden für die Zersetzung organischer Stoffe sorgen. Dabei handelt es sich teils um pflanzliche, teils um tierische Arten. Damit die Rotte (Zersetzung) der organischen Rohstoffe richtig abläuft, müssen für die Bodenorganismen günstige Lebensbedingungen geschaffen werden. Dazu gehören:
Luftsauerstoff – Feuchtigkeit – Wärme
Unter Berücksichtigung dieser „Arbeitsbedingungen" dauert die Zersetzung des organischen Materials bis zum fertigen Humus etwa zehn bis zwölf Monate. Recycling organischer Stoffe im Hausmüll ist der Kernpunkt jedes umfassenden Abfallkonzepts. Damit dieser Teil des Mülls relativ schadstoffarm ist, muß er an der Quelle, also in den Haushalten sortiert werden (Warmer, 34, 1992). Für Nichtgartenbesitzer sollten in allen Gemeinden Kompostieranlagen angeboten werden, bei denen sortierte, kompostierbare Materialien kostenlos abgeliefert werden können. Die Kompostvermarktung muß die immer noch verbreitete Torfverwendung endlich unterbinden helfen.

2.4 Pestizidanreicherungen – ein unverantwortlicher Leichtsinn

„Gott wünscht, daß wir den Tieren beistehen, wenn sie der Hilfe bedürfen. Ein jedes Wesen in Bedrängnis hat gleiches Recht auf Schutz."
Franz von Assisi (ca. 1182–1226)

Pestizide (= Biozide) sind Gifte, die beim Pflanzenschutz konkurrierende Organismen („Schadorganismen") vernichten sollen und deshalb verharmlosend als Pflanzenschutzmittel bezeichnet werden. Die Zahl der zugelassenen Pflanzenschutzmittel hat sich von 1984 mit 1823 Präparaten auf gut 900 im Jahr 1993 halbiert, weil zunächst als „mehr oder weniger harmlos" deklarierte Mittel sich doch als schädlich erwiesen haben und verboten werden mußten.

Auf dem Gebiet der alten Bundesländer wurden 1988 insgesamt 32 500 t reiner Wirkstoff abgesetzt, davon 16 000 t Herbizide (Pflanzengifte), 12 000 t Fungizide (Pilzgifte), 1300 t Insektizide (Insektengifte). Auf dem Gebiet der ehemaligen DDR wurden 1989 rund 31 000 t Wirkstoff ausgebracht (69 % Herbizide, 18 % Fungizide, 4 % Insektizide), mit 4,9 kg Wirkstoff je ha landwirtschaftliche Nutzfläche, also rund 70 % mehr als in den alten Bundesländern (Umweltbundesamt, 1992).

Kein Berufsstand arbeitet so bedenkenlos mit so vielen lebensfeindlichen Substanzen und ist dafür so wenig ausgebildet wie die Bauern, die unsere Nahrung produzieren. Fachkundige und deshalb kritische Biologen und Ärzte messen der schleichenden Giftigkeit körperfremder Stoffe heute eine größere Bedeutung bei als ihrer akuten Wirkung. Welche chemischen Verbindungen diese Fremdstoffe mit dem körpereigenen Chemismus eingehen und welche Gefahren das mit sich bringt, ist weitgehend unbekannt. So ist die „Toxische Gesamtsituation" (Eichholtz) heute zu einem sehr gefährlichen und unkalkulierbaren Risikofaktor geworden. Man bezeichnet Schadstoffe, die sich aufgrund besonders schlechter Abbaubarkeit oder ungenügender Ausscheidung im Organismus einlagern und anreichern können, als Summations- oder Akkumulationsgifte. Mit steigendem Körpergewicht und Alter nimmt das Schädigungsrisiko zu. Summationsgifte werden vornehmlich in stoffwechselaktiven Organen wie z. B. Leber, Niere, Milz, aber auch im Fettgewebe (DDT, PCB, HCH u. a.), im Gehirn (u. a. organische Quecksilberverbindungen, chlorierte Kohlenwasserstoffe), in den Knochen (u. a. Blei) und im Muskelgewebe angereichert. Ein extremes Beispiel ist Cadmium. Während der Gesamtgehalt von Cadmium im Organismus des Neugeborenen bei 1 Mikrogramm liegt, steigt er beim Erwachsenen nach 30 Lebensjahren bereits auf das 10 000fache (13 bis 30 mg), da die täglich aus Nahrung und Luft aufgenommene Menge rund 3 Mikrogramm beträgt.

Überschreitet die Konzentration eines Schadstoffes im Organismus einen bestimmten Schwellenwert, treten Vergiftungserscheinungen auf (BMI, 1985). Die Schäden sind dann meist irreparabel. Jedes, auch das „harmloseste" ist giftig, schließlich soll es Leben vernichten. Auch im Fett gespeicherte Giftstoffe bleiben riskant: Bei Tieren hat man nachgewiesen, daß die Gifte bei längeren Hungerperioden oder Streßsituationen frei werden und dann zu Massensterben führen können. Weitgehend ungeklärt sind die Grenzkonzentrationen all dieser Stoffe, die den Menschen oder sogar sein Erbgut schädigen. Das Zusammentreffen chemisch ganz verschiedener Fremdstoffe, z. B. Arzneimittel und Rückstände von Pestiziden in der Nahrung, kann im menschlichen Organismus unerwartete Reaktionen auslösen. Die Mittel heben sich in ihrer Wirkung auf, summieren oder potenzieren sich sogar (Wellenstein). Ein Beispiel der gegenseitigen Wirkungsverstärkung ist zwischen dem DDT und PCB (polychlorierte Biphenyle) nachgewiesen. Allein schon die Gegenwart von DDT beeinflußt den Rückhalt von PCB. In diesem Fall kann PCB die Leberenzyme fünfmal stärker beeinträchtigen als DDT, das hier stellvertretend für verschiedene chlorierte Insektizide steht.

Sogar Düngemittel sind nicht unproblematisch: Bei einem Experiment an der Tierärztlichen Hochschule Hannover reduzierte ein mit viel Nitratdünger „getriebenes" Grünfutter binnen kurzem die Fruchtbarkeit von Bullen und Kaninchen. Heute müssen wir feststellen: Mehr Gift denn je wird von Hobbygärtnern, Stadtgartenämtern, Landwirten, Golfplatzpflegern oder Hausfrauen (also von Laien) ausgebracht. Mit dem Hinweis: „Bei bestimmungsgemäßer und sachgerechter Anwendung ungefährlich" wird das Risiko abgewälzt. Daher kommen umstrittene Präparate oft jahrelang zum Einsatz, und man zieht sie erst nach dem Auftreten ernster Vergiftungsfälle aus dem Verkehr. So war es beim Arsen, DDT, Aldrin, Dieldrin, Endrin und vielen anderen Mitteln.

Auf eine andere Gefahr, die letztlich von allen Giften ausgeht, mag bei den Insektiziden hingewiesen werden. Sie treffen weltweit auf etwa 1 Mio. Insektenarten, von denen aber nur etwa 250 Arten für den Menschen ausgesprochen schädlich sind. Durch die Chemikalien werden viel mehr nützliche Insekten getötet, darunter auch die natürlichen Feinde der Schadinsekten. So machte man z. B. die unangenehme Erfahrung, daß die Spinnmilben bei Anwendung der üblichen Insektizide sich sogar stärker vermehrten, da ihre natürlichen Feinde zuerst ausgerottet wurden. Andererseits nimmt die Wirksamkeit von Insektiziden durch Resistenzentwicklungen oft ab, so daß immer größere Mengen benötigt werden. In Laborversuchen stellte man fest, daß Fliegen nach 20 bis 50 Generationen die tausendfache Giftdosierung vertrugen.

Für Lebensmittel sind Grenzwerte für Rückstände von Pflanzenschutzmitteln festgelegt. Die Verwendung verschiedener Mittel hinter- und nebeneinander führt jedoch dazu, daß zwar die zulässige Menge des einzelnen Mittels eingehalten wird, die – nicht reglementierte – Summe der Einzelrückstände aber stark ansteigt (BMI, 1985). Bei der Fleischproduktion setzen unverantwortliche Züchter und Mäster immer wieder ohne Genehmigung Arzneimittel ein. Der Bundesverband der Pharmazeutischen Industrie schätzt allein den zusätzlichen jährlichen Schwarzmarkt auf 50 Mio. DM: „Die unkontrollierte Verabreichung hochwirksamer Tier-Arzneimittel führt dazu, daß die Präparate im Organismus der Tiere nicht in gewohnter Zeit abgebaut und so vom Verbraucher mit der Nahrung aufgenommen werden könnten."

Vollends unüberschaubar geworden ist die Lage auf dem Nahrungsmittelsektor durch den freien EU-Binnenmarkt, weil jeder Mitgliedsstaat die nach nationalem Recht produzierten Lebensmittel in alle anderen Mitgliedsstaaten ausführen darf. Experten nehmen an, daß es noch mindestens zehn Jahre dauern wird, ehe die EU-weit gültige Positivliste der erlaubten Zusatzstoffe (derzeit rund 2000) feststeht. Solange gilt das Prinzip der gegenseitigen Anerkennung – und damit das der unkontrollierten Verbreitung. Viele Mediziner machen die zunehmende „Chemisierung" unserer Lebensmittel verantwortlich für die steigende Zahl von Allergie-Erkrankungen. Die meisten Zusatzstoffe dienen rein wirtschaftlichen Zwecken (Spiegel Spezial 1/1992). Letzter Hit ist die in vielen EU-Staaten erlaubte Behandlung von Nahrungsmitteln mit radioaktiven Strahlen zur Frischhaltung.

Da es noch sehr lange dauern wird, bis in allen EU-Staaten einheitliche Kontrollsysteme aufgebaut sind, hat der Verbraucherschutz durch den freien Binnenmarkt erhebliche Einbußen erfahren. Immer mehr Wurst-, Fleisch-, Milch- oder Käse-Imitate werden frei gehandelt: Wurst aus Innereien, Bindegewebe, Knorpeln, Schlachtabfällen, vermengt mit chemischen Zusatzstoffen, Konservierungs- und Farbstoffen sowie Sojazusätzen oder „Kunstkäse" aus einem Gemisch von Sojaextrakten, Stabilisatoren, Xanthan-Gummi, Wasser, Emulgatoren, Lecithin, Salz, Geliermitteln, Pflanzenöl und Aromastoffen. Bei Paprika, Tomaten, Gurken oder Kirschen ist es vor allem den Holländern gelungen, den Geschmack wegzuzüchten und dafür in Form und Farbe makellose Produkte zu schaffen (Spiegel Spezial 1/1992). Wesentlichen Anteil an Richtwertüberschreitungen bei Nitratkonzentrationen hat der aus den Niederlanden und Belgien importierte Kopfsalat. Mehr als 90 % aller niederländischen Proben überschritten im 1. Quartal 1990 den Richtwert für Nitrat (Umweltbundesamt, 1992). 30 % aller Kopfsalatproben enthielten zwischen 2 und 5 Wirkstoffe von Pflanzenschutzmitteln als Rückstände, fast die Hälfte aller Erdbeerproben (47,9 %) wies 2 bis 7 Wirkstoffe auf; bei Äpfeln fanden sich in 18,7 % der Proben mehr als ein Wirkstoff.

Umsatz und Gewinn rangieren auch in der Nahrungsmittelbranche vor anderen Gesichtspunkten. Die Produzenten werden uns nicht vor Pestizidrückständen, Nahrungsmittelimitaten oder gentechnisch hergestellten oder radioaktiv bestrahlten Produkten schützen. Im Gegenteil: Das Bemühen um Kostenminimierung wird immer wieder zu Qualitätseinbrüchen und zunehmend sogar zur Lagerhaltung auf der Straße durch „Just-in-time"-Zulieferung per Lkw führen. Lärm und Abgas gratis. Die Verbraucherschutzverbände werden nur mit Mühe dieser ungewollten, aber zwangsläufigen Entwicklung wirksam begegnen können.

Anregungen zur Einschränkung der Pestizidausbringung und zu kritischerem Verbraucherverhalten

- Die neuere Forschung zeigt, daß die Bauern bei fachlicher Beratung auf die Hälfte aller Pestizideinsätze verzichten könnten. Eine Gesamtkalkulation des „integrierten Pflanzenschutzes" hat zu berücksichtigen: die mögliche Höhe des Schadens, die Giftkosten und die bei der Giftanwendung unvermeidliche Zerstörung nützlicher Organismen sowie die Gefahren in der Nahrungskette bis zum Endverbraucher. Chemische Aktionen auf größeren Flächen sind ausschließlich Sache erfahrener Spezialisten. Es ist nicht zu akzeptieren, daß 90 % der landwirtschaftlichen Beratung durch verkaufsorientierte Sachbearbeiter der chemischen Industrie erfolgt. Die Ausbringung von Pestiziden durch Hubschrauber über Mischgebieten mit Straßen, Wohnungen, Hausgärten, Obstwiesen und Weinbergen ist medizinisch höchst bedenklich und deshalb zu unterlassen. In Hausgärten wie öffentlichen Parkanlagen, an Straßen- und Wegrändern ebenso wie innerhalb von Wohnungen sollte man auf die Verwendung von Pestiziden völlig verzichten. Der freie Verkauf von Pestiziden sollte unterbunden werden.
- Das Ausbringen von Pestiziden sollte statistisch erfaßt werden, damit bei Boden- und Grundwasserschäden nach dem Verursacherprinzip geahndet werden kann (Umweltbundesamt, 1992). Abgaberegistrierung bei Pflanzenschutzmitteln und flächendifferenzierter Nachweis der Ausbringung könnten als psychologische Bremse wirken.
- Das Netz der amtlichen Lebensmittelüberwachung und Rückstandskontrollen muß gerade auch nach der völligen Freigabe des EU-Binnenmarktes wesentlich enger geknüpft werden.
- In die Empfehlungen der Verbraucheraufklärung sollte aufgenommen werden: Wildfleisch als gesündestes Fleisch aus der „Naturproduktion", gesunde und chemiefreie Nahrungsmittelproduktion im eigenen Garten, pestizidfreie Anbauverfahren der alternativen Landbauszene und saisonentsprechende Ernährung als Grundlage für einen gesunden Speiseplan.

2.5 Energieverschwendung auf Kosten der Allgemeinheit – eine Wohlstandslüge

„Wenn diese Entwicklung sich weiter fortsetzt, wird Europa bald nicht mehr bewohnbar sein!"
Rundbrief des Europarates an alle Bürger Europas vom Dezember 1970

Der immense Energieverbrauch ist die Wurzel vieler Übel der Industrieländer im allgemeinen und der Bundesrepublik im besonderen. In den alten Bundesländern deckten 1992 fossile Energieträger 85,3 % des Primärenergieaufkommens, endliche Vorräte also, die nach einer Studie der Shell AG bei Kohle noch 240 Jahre, bei Erdgas 52 Jahre und bei Mineralöl gar nur noch 37 Jahre reichen (Erlbeck, 1993).

Nirgendwo finden sich so hohe und konstante Zuwachsraten des Energieverbrauchs wie im Straßenverkehr. Seit 1970 hat sich der Verbrauch fast verdoppelt, im Schienenverkehr dagegen hat er sich halbiert. Ein Gutachten des Baseler Prognos-Instituts, 1992 im Auftrag des Bundesumweltministeriums erstellt, geht mit der deutschen Energiewirtschaft und -politik hart ins Gericht: Ob Waldsterben, Gesundheitsschäden, Ölpest, Atomunfälle oder Treibhauseffekt – diese Umweltschäden seien Folgen falscher Energiepolitik und die Betroffenen „Opfer eines verdeckten kollektiven Enteignungsprozesses"; die Konsumenten von

Tabelle 5: Energiedaten der Bundesrepublik Deutschland (Statistische Daten für 1989 nach BMU, 1992)

	alte Bundesländer	neue Bundesländer
Primäraufkommen		
Mineralöl	40 %	13,9 %
Steinkohle	19,1 %	4,2 %
Braunkohle		68,4 %
Naturgase	17,4 %	9,3 %
Wasserkraft u. sonstige	2,4 %	0,3 %
Kernenergie	12,6 %	3,8 %
Inlandherkunft	35,4 %	78,0 %
Verbrauch		
Bergbau + verarb. Gewerbe	31,6 %	42,8 %
Verkehr	27,5 %	10,8 %
private Haushalte	24,5 %	21,7 %
Handwerk, Dienstleistung, öff. Einrichtungen, Militär	16,3 %	24,7 %
Energieaufkommen		
Kraftstoffe	28,9 %	
leichtes u. schweres Heizöl	18,3 %	
Gase	22,6 %	
Strom	18,3 %	
feste Brennstoffe	9,1 %	
Fernwärme	2,5 %	

heute lebten zudem „auf Kosten künftiger Generationen". Beides zusammen schließlich treffe „den Kern des Effizienzanspruchs einer Marktwirtschaft".

Hinter diesem Ökonomenjargon steckt ein Alarmruf: So dramatisch erscheint den Forschern die Lage, daß sie selbst vor unpopulärsten Forderungen wie der nach Rationierung von Benzin nicht zurückschrecken. „Klassische" Schadstoffe wie Schwefelverbindungen und Stickoxide sollen durch schärfere Grenzwerte bekämpft, der Energieverbrauch insgesamt durch eine Steuer vermindert werden. Zur Abwendung einer weltweiten Klimakatastrophe soll jedem Land in Zukunft nur noch eine Höchstmenge an treibhausträchtigen Emissionen zustehen. „Jetzt nicht zu handeln", so Prognos-Forscher Klaus P. Masuhr, „bedeutet die Fortsetzung einer gigantischen Mißwirtschaft." Das hört sich nach Hiobsbotschaft von Radikalökologen an, ist aber Resultat nüchterner ökonomischer Analyse. Um das Maximum von gesellschaftlicher Positivbilanz zu erreichen, muß der Staat externe Kosten, die ungefragt auf andere abgewälzt werden, den Verursachern anlasten, sie „internalisieren."

Obwohl die Theorie der externen Effekte zum Standardrepertoire jedes Wirtschaftsstudenten gehört, drückt sich die Mehrheit der Politiker bisher davor, die Konsequenzen zu ziehen. „Ängstlich und phantasielos", so Prognos-Forscher Masuhr, hielten sie an einer falsch verstandenen Marktwirtschaft fest. Das Volk lebt deshalb weiter mit der Illusion, reicher zu sein, als es in Wahrheit ist. „Wohlstandslüge" nannte das bereits beim Erdgipfel in Rio de Janeiro 1992 der Bonner Umweltminister Klaus Töpfer. (Bei einem Anteil von nur 25 % an der Weltbevölkerung erreichen die Industrienationen 81 % des Weltenergieverbrauchs, pro Kopf 12mal mehr als die Menschen in der Dritten Welt.) Prognos kalkuliert die Materialschäden an Brücken, Masten und Gebäuden bereits auf mindestens 3,6 Mrd. DM pro Jahr, die Schäden durch die Zerstörung des Ökosystems Wald auf 9 Mrd. DM, die Kosten von Arten- und Biotopschwund auf 7,5 Mrd. Energiebedingte Gesundheitsschäden schlagen bereits mit zweistelligen Milliardenbeträgen zu Buche und der von Deutschen verursachte Schaden für das Weltklima mit jährlich 140 bis 170 Mrd. DM. Die externen Kosten von möglichen Atomunfällen können schließlich einen Absolutbetrag von sage und schreibe 10,7 Billionen DM erreichen.

Die Baseler Forscher raten dringend zu nationalem Alleingang. Für die Wirtschaft sei das sogar hilfreich. So würden gleichzeitig die Märkte der Zukunft erobert und die Umwelt sauberer – ein Wohlstandsgewinn. Der ständige Hinweis auf das untätige Ausland stelle demgegenüber „allzuoft lediglich eine Exkulpation für eigenes Nichtstun dar". (Vorholz, 1992) Das ist natürlich leicht gesagt gegenüber einem Umweltminister, der in einer Demokratie mit unpopulären Maßnahmen immer mit dem Rücken zur Wand steht, wenn die Öffentlichkeit den Ernst der Lage noch nicht erkennen und Einschränkungen demzufolge auch nicht akzeptieren kann.

Die Kernenergie fällt als Alternative schon wegen des Strahlenrisikos und des im Grunde unlösbaren Entsorgungsproblems als langfristige Lösung aus; das radioaktive und hochgiftige Plutonium mit seiner unvorstellbar langen Halbwertzeit von 24 000 Jahren stellt auf unabsehbare Zeit eine Bedrohung allen Lebens dar (Weik, 1990). Die landwirtschaftliche Energiegewinnung fällt als entscheidende Lösung ebenfalls aus, weil der Flächenbedarf viel zu groß ist: Mit Rapsöl läßt sich ein Dieselmotor betreiben bei etwa 40 % des Wirkungsgrades von Dieselöl. Aus 1 ha Rapsanbau sind rund 1100 l Rapsöl zu gewinnen. Das entspricht einer Fahrleistung von rund 20 000 km. Aus 1 ha Zuckerrübenanbau lassen sich 5000 l Bioalkohol gewinnen, der 70 % des Energiegehalts von Super-Benzin erreicht. Das entspricht einer Fahrleistung von 40 000 km. Eine Kuh, erzeugt rund 1 m³ Biogas pro Tag, das etwa 60 % des Wärmeinhalts von Erdgas hat und wie dieses genutzt werden kann (Weik, 1990).

Eine alternative Energieform der Zukunft stellt zweifelsohne die Sonnenenergie dar, wenn auch die Sonne bei uns nur 1300 bis 1900 Stunden im

Jahr scheint. Hauptanwendungsfeld ist die photothermische Umwandlung, also die Wandlung von Licht in Wärme mittels Sonnenkollektoren. Bei der Bereitstellung von elektrischer Energie aus der Sonnenstrahlung, der sogenannten photovoltaischen Wandlung, liegen die Kosten gegenwärtig für Solarzellen bzw. Solarmodule zur direkten Umwandlung noch zu weit oberhalb der Wirtschaftlichkeitsgrenze.

Seit 1991 ist in Deutschland ein Boom bei der alternativen Stromerzeugung aus Windkraft zu verzeichnen. Ursache dafür ist nicht zuletzt das seit 1991 gültige Stromeinspeisungsgesetz, das eine angemessene Vergütung des Windstroms gewährleistet, der in das öffentliche Netz geht (BINE,1992). Im übrigen lag Deutschland 1988 im europäischen Vergleich beim Anteil der erneuerbaren Energien an der Stromerzeugung (Wasser, Wind, Müll, Sonne) ziemlich weit zurück: Großbritannien, Niederlande, Dänemark 1 %, Belgien 2 %, BR Deutschland 6 %, Frankreich 18 %, Italien 22 %, Spanien 25 %, Schweden 47 %, Portugal 55 %, Schweiz 62 %, Österreich 76 %, Norwegen 99 % (Unser Wald, 2, 1991).

Da 90 % des Energieverbrauchs in deutschen Haushalten heizungsbezogen ist (Weik, 1990), kommt auch der Aufforstung landwirtschaftlicher Böden energiepolitische Bedeutung zu. Holz ist gespeicherte Sonnenenergie und gespeichertes Kohlendioxid, seine Nutzung weist daher keine Nettoemissionen an CO_2 und keine Nettoabwärme auf. Da naturbelassenes Holz darüber hinaus weder Schwefel noch Schwermetalle enthält, verbrennt es in modernen Holzfeuerungsanlagen im lufttrockenen Zustand sehr sauber und effizient. Derzeit ist jeder Hektar landwirtschaftlicher Nutzfläche, auf dem Nahrungsmittel erzeugt werden, jährlich mit 2300 DM Fördermitteln vorbelastet; die Aufforstung macht daher auch ökonomisch Sinn. Im Wirtschaftsjahr 1991/92 sind in Deutschland etwa 800 000 ha landwirtschaftlicher Fläche stillgelegt (Prämien rund 450 Mio. DM), aber weniger als 0,5 % davon aufgeforstet worden. Das ist weder finanzpolitisch noch volkswirtschaftlich und umweltpolitisch zu verantworten. Der Präsident des Umweltbundesamtes, von Lersner, stellte 1993 fest: „Wenn man einen Mischwald mit nachhaltiger Nutzung aufbaut, kann man damit Kohlendioxid binden und Bau- und Brennstoffe substituieren. Es ist sinnvoller, mittels Forstwirtschaft Öl zu substituieren als mit Rapsöl!" (Erlbeck, 1993)

2.6 Verkehrsinfarkte mit hohen Zuwachsraten

„Uhrzeiger sind Peitschen für alle,
die sich als Rennpferde mißbrauchen lassen."
François Mitterrand

Das Schielen nach Mehrheiten und Sorgen um die Wiederwahl in der Demokratie verhindern im Umweltbereich viele sachlich gerechtfertigte, aber unpopuläre Entscheidungen. Der Verkehr ist Paradebeispiel dafür. Weil Sozialprodukt, Wachstum, Wohlstand und Arbeitsplätze vom Auto abhängen, wird der Kampf gegen die von ihm ausgehenden Gefahren für unsere Lebensqualität, ja unsere Lebensgrundlagen nur halbherzig geführt. Solange die Mehrheit der Wähler nicht sehr deutlich zu verstehen gibt (und wie sollte sie dies können?), daß sie den irrwitzigen Wettlauf zwischen Straßenbau und Automobilproduktion beenden will, kann man von keiner regierenden Partei wirklich einschneidende Gesetzesinitiativen erwarten. Mehrheiten müßten gegen Egoismus und Bequemlichkeit und gegen die „geheimen Verführer" der Werbung gesucht werden, ein mittelfristig aussichtsloses Unterfangen. So wird Deutschland weiter mit Asphalt versiegelt, die Luftqualität nimmt immer rascher ab, Gesundheitsschäden häufen sich, die Wälder werden kränker, und der autofahrende Bürger wird für das zweifelhafte Vergnügen, immer häufiger im Stau hängenzubleiben, gleich zweimal geschröpft: für den Bau von noch mehr Straßen und zur Subventionierung der Bundesbahn, die immer noch – wie der gesamte öffentliche Personennahverkehr (ÖPNV) – unverantwortlich vernachlässigt wird.

Die statistischen Daten des Umweltbundesamtes (1992) sprechen dazu eine deutliche Sprache (Stand 1989) (s. Tabelle 6).

Seit 1988 nehmen allein in den alten Bundesländern die innerörtlichen Gemeindestraßen um 1200 km pro Jahr zu; das Streckennetz der Bahn, die Straßenbahnstrecken sowie die Streckenlänge des kommunalen wie privaten Omnibusverkehrs sind insgesamt rückläufig. Der im Juni 1993 vom Bundestag verabschiedete Verkehrsplan sieht bis zum Jahr 2012 Investitionen von mehr als 450 Mrd. DM vor und umfaßt den Ausbau von rund 5000 km Schienennetz und über 11 000 km Bundesautobahnen und Fernstraßen. Der weitere Anstieg des Pkw-Bestands ist programmiert.

Das Verkehrswachstum beruht fast ausschließlich auf Zunahmen im stark umweltbelastenden Straßen- und Luftverkehr: Jeder Einwohner legte 1989 im Durchschnitt 11 765 km zurück. Mehr als 9000 davon entfielen auf das Auto, etwa 1900 auf öffentliche Verkehrsmittel und 260 auf das Flugzeug. Wege zu Fuß machten 300 km, Wege mit dem Fahrrad 280 km aus (Umweltbundesamt, 1992). Die größten Zuwächse stammen aus dem Pkw-Verkehr. Weitere deutliche Zunahmen sind

Tabelle 6: Allgemeine Verkehrsdaten der Bundesrepublik Deutschland (nach Umweltbundesamt, 1992)

		Bundesrepublik Deutschland	davon alte Bundesländer	davon neue Bundesländer
Straßennetz insges. in km		620 771	496 621	124 150
		(=1,74 km/km²)	(=2,0 km/km²)	(=1,1 km/km²)
davon überörtliche Straßen in km		220 771	173 621	47 150
davon Autobahnen in km		10 571	8721	1850
davon Gemeindestraßen in km		400 000	323 000	77 000
Schienennetz in km		41 035	27 000	14 035
Öffentl. Personennahverkehr in km		1 010 143	425 118	585 025
davon Stadtschnellbahnen in km		588	562	26
davon Schnellbahnen in km		3565	1316	2249
davon Omnibusse in km		1 005 900	423 200	582 700
Wasserstraßen in km		6766	4447	2319
Bestand an Pkw in Mio.		34,6	30,7	3,9
Bestand an Lkw in Mio.		1,7	1,46	0,24
Personenverkehrsleistung in Mrd.-Personenkilometern bzw. in %				
Eisenbahn	Mrd. km	66,1	42,3	23,8
	%		6,2	17,0
öffentl.	Mrd. km	91,6	62,5	29,1
Straßenpersonenverkehr	%		9,1	20,8
motorisierter	Mrd. km	646,8	563,4	83,4
Individualverkehr	%		82,0	59,6
Luftverkehr	Mrd. km	19,9	16,6	3,3
	%		2,4	2,4
Güterverkehrsleistung in Mrd.-Tonnenkilometern bzw. in%				
Eisenbahn	Mrd. km	121,1	62,1	59,0
	%		21,6	71,5
Binnenschiff	Mrd. km	56,3	54,0	2,3
	%		18,8	2,8
Straßengüterfernverkehr	Mrd. km	120,4	113,4	7,0
	%		39,4	8,5
Straßengüternahverkehr	Mrd. km	56,8	46,9	9,9
	%		16,3	12,0

im Lkw- und Motorrad-Verkehr zu verzeichnen. Die erhebliche Zunahme der Fahrleistungen im Pkw-Verkehr ist besonders wegen des damit verbundenen Anstiegs der CO_2-Emission problematisch. Auch bewirken die hohen Fahrleistungen, daß trotz verbesserter Fahrzeugtechnik die Lärmbelästigung noch steigt. Die sprunghafte Entwicklung der Fahrleistungen im Lkw-Verkehr steigert das Problem. Der hohe Anteil an Autobahnfahrten von Lkw verursacht aufgrund hoher Geschwindigkeiten und der dem Wirkungsgrad von Katalysatoren noch nicht entsprechenden Technik hohe Emissionswerte bei Stickstoffoxiden, Ruß und Lärm.

Dazu stellt das Umweltbundesamt (1992) fest: „Trotz der umfangreichen Neu- und Ausbaumaßnahmen im Straßennetz verdichtet sich der Kfz-Verkehr zusehends und führt immer häufiger zu Staus. Daraus wird deutlich, daß das hohe Verkehrswachstum durch den Neubau von Straßen nicht entschärft werden kann, sondern eher begünstigt wird.“

Nach vorliegenden Schätzungen ist nach Öffnung des EU-Marktes und des europäischen Ostens realistischerweise mit einer Verfünffachung des Güterverkehrs in Deutschland zu rechnen. Deshalb muß an die Stelle bisheriger Parallelplanungen für die einzelnen Verkehrsträger (Schiene, Straße, Wasserweg) ein Gesamtkonzept treten, das einen Schwerpunkt auf den Ausbau der Schnittstellen (Güterverkehrszentren) legt, die einen nahtlosen Übergang von der Straße auf Schiene und Wasser oder umgekehrt ermöglichen (Unser Wald 1, 1993).

Jeden Tag kommt es zu 100 größeren Staus. Die Chancen, unbehindert ans Ziel zu kommen, sinken ständig. Aber ähnliche Probleme hat auch die Eisenbahn. Immer häufiger sind wichtige Fernstrecken mit 120 bis 150 Zügen pro Tag und Richtung restlos überlastet. Auch Gutachten der Bundesregierung kommen daher zu düsteren Prognosen für die Verkehrsentwicklung bis zum Jahr 2010 (nach ADAC, 5/92):

- Die Fernstraßen müssen eine Zunahme der Tonnenkilometer auf 238 Mrd. verkraften. Das entspricht etwa einer Verdoppelung des Lkw-Verkehrs von 1990.
- Die Bahn steigert sich zwar im Güterverkehr um über 50 % auf ca. 190 Mrd. Tonnenkilometer, ihr Anteil schrumpft jedoch um 7 %.
- Der Individualverkehr steigt um 29 % auf rund 836 Mrd. Personenkilometer.
- Trotz hoher Investitionen kann sich die Bahn bei den Personenkilometern nur um rund 40 % steigern.

Anregungen zur Einschränkung des Straßenverkehrs

- Warum kommt es vor allem in der Kurzfreizeit und an Wochenenden zu dramatisch anschwellenden Verkehrsströmen? Dahinter steckt nach Ansicht von Psychologen die zunehmende Beeinträchtigung der menschlichen Lebensräume („Psychotop"); das führt zur „Fluchtbewegung in naturnah erscheinende Ersatzlebensräume". Wohn- und Arbeitsbereiche müssen daher konsequent renaturiert werden im Sinn eines geeigneten menschlichen „Psychotops" (vgl. Kap. 4).
- Eine merkliche schrittweise Anhebung der Kraftstoffkosten ist nicht zu umgehen und dann sozial vertretbar, wenn der öffentliche Personennahverkehr kostengünstige und bequeme Alternativen bietet.
- Elektronische Zugabstandsführungen anstelle von altmodischen Signalregelungen können die Kapazität der Bahn um 30 % steigern (ADAC, 5/92).
- Die Beschleunigung der Transportleistung der Bahn sowohl im Personen- als auch im Güterverkehr und die bedarfsgerechte Service-Entwicklung (z. B. Fracht rund um die Uhr, Bahn- und Busangleichung, finanzielle Anreize durch Tarifgestaltung, Komfort, größere Sicherheit) müssen die Schienenalternative aufwerten.
- Rückbau, Verkehrsberuhigung, Fußgängerzonen, Einbahn- und Anliegerstraßenregelungen u. a. sind dringend erforderliche Begleitmaßnahmen zur Einschränkung des individuellen „Lustverkehrs".
- Die Zeit ist reif für eine generelle Einführung von Tempo 30 als Regelgeschwindigkeit in allen geschlossenen Ortschaften mit Ausnahme gekennzeichneter Hauptverkehrsstraßen. Modellversuche des Umweltbundesamtes haben folgende Verbesserungen ergeben:
  - Reduktion der Lärmbelästigung um ca. 3 dB (A), das entspricht einer Halbierung der Verkehrsmenge.
  - Reduktion des Stickoxid (NO_x)-Ausstoßes um bis zu 50 %.
  - Reduktion der schweren Unfälle mit Schwerverletzten und Getöteten.

2.7 Luftverschmutzung – Die Rechnung wird unkalkulierbar

„Die Frage ist heute,
wie man die Menschheit überreden kann,
in ihr eigenes Überleben einzuwilligen."
Bertrand Russell (1872–1970)

Die Luftverschmutzung bedroht das ökologische Gemeinwohl. Das Problem geht zurück auf die 50er Jahre, als der Mensch zur bequemen, aber ökologisch, moralisch wie juristisch bedenklichen Fernverfrachtung von Luftschadstoffen in ungeheuren Mengen aus über 200 bis 300 m hohen Schornsteinen übergegangen ist. Die durchschnittliche Kaminhöhe der Hauptemittenten hat sich von 1950 bis 1972 verfünffacht. Seit dieser Zeit schädigt der Mensch noch über 1000 km entfernt gelegene Gebiete, so daß den Betroffenen der direkte Verursachernachweis und damit eine wirksame Gegenwehr nicht möglich ist. Inzwischen sind wir alle betroffen, unsere Gesundheit, unsere Wälder, Gewässer, Böden, Gebäude, Kunstwerke usw.

Es gibt außerordentlich viele Arten von Luftverschmutzungen – das Emissionskataster im Raum Duisburg weist über 600 Stoffe aus. Insofern kann Abb. 1 nur einen groben Überblick über die Gesundheitsgefahren durch Luftverschmutzungen geben. Man darf dabei auch nicht unterschätzen, daß sich verschiedene Schadstoffe in der Wirkung gegenseitig verstärken können und damit die exakte Ursachenzuweisung nur selten möglich ist. Die wichtigsten Emissionen und dazugehörigen Emittentengruppen hinsichtlich ihrer Gefahren:

Schwefeldioxid (SO_2)

Ausstoß:
alte Bundesländer 1970: 3,75 Mio. t – 1989: 1,00 Mio. t
neue Bundesländer 1975: 4,10 Mio. t – 1989: 5,25 Mio. t

Das Gebiet der ehemaligen DDR hatte die höchste SO_2-Belastung aller europäischen Staaten, vor

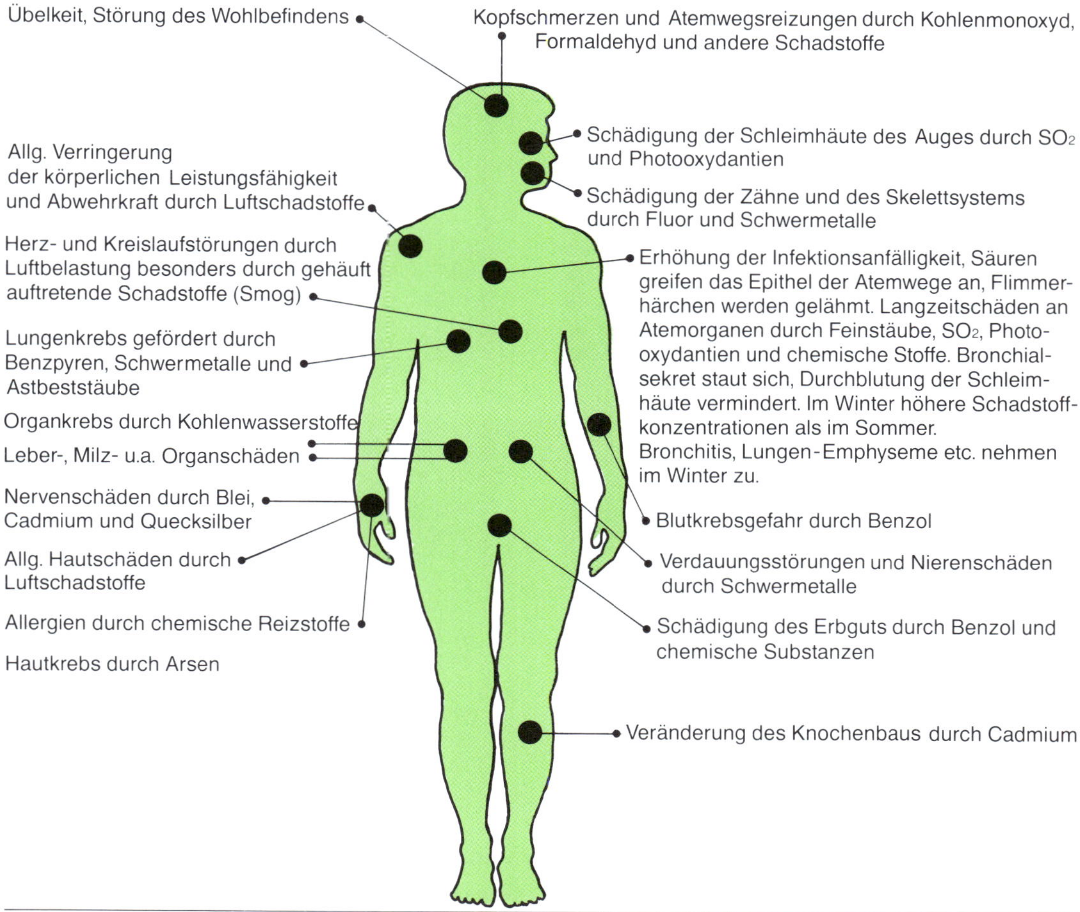

Abb. 1. Gesundheitsgefahren für den Menschen infolge Luftverschmutzung

allem weil 83 % des Stroms aus der Verfeuerung von stark schwefelhaltiger Braunkohle gewonnen wurde und es keine Filteranlagen gab (BMU, 1992). SO_2 entsteht insbesondere bei der Verbrennung von Kohle, Erdöl und Erdgas, also vornehmlich im Bereich der Kraftwerke und Fernheizwerke sowie der Industrie. Zusammen mit Wasser bildet SO_2 Schweflige Säure, H_2SO_3, und Schwefelsäure, H_2SO_4. Diese Säurebildung erfolgt überall beim Zusammentreffen mit Feuchtigkeit, sei es in Form von Regen, Schnee und Nebel oder sei es z. B. auf den feuchten Schleimhäuten unserer Atemwege. In den unteren Atemwegen werden dadurch die winzigen Flimmerhärchen der Bronchialschleimhaut, die abgefangene Fremdkörper rachenwärts zurücktransportieren, gelähmt; so können sich Giftstäube anreichern, die das Bronchialgewebe zerstören und Infektionen Vorschub leisten. Nach dem Statistischen Landesamt Berlin ist z. B. die Sterblichkeit älterer Bürger nach Wintertagen mit hohen SO_2-Werten um rund 15 % erhöht. In Smogsituationen können sich in kurzer Zeit tödliche Gefahren ergeben, wie u. a. die Smogkatastrophe in London 1952 mit 4000 Toten gezeigt hat. Auch die Schädlichkeit krebserregender Kohlenwasserstoffe – wie Benzpyren – wird durch SO_2 deutlich verstärkt.

Stickoxide (NO_x)

Ausstoß:
alte Bundesländer 1970: 2,40 Mio. t – 1989: 2,70 Mio. t
neue Bundesländer 1975: 0,60 Mio. t – 1989: 0,70 Mio. t

NO_x-Gase entstehen vor allem bei Hochtemperaturverbrennungen, z. B. in Kfz-Motoren. Mit der Bestandeszunahme an Kfz (1960: 8 Mio. Kfz, 1980: 27 Mio. Kfz, 1993: 39 Mio. Kfz = 2,0 Einwohner pro Pkw) in der Bundesrepublik, die mit an der Weltspitze der Motorisierung steht, hat die NO_x-

Emission eine Vervielfachung erfahren. Durch das steigende Verkehrsaufkommen kann auch in den kommenden Jahren nicht mit einer Abnahme gerechnet werden. Stickstoffeinträge spielen bei Depositionsraten von ca. 10 bis 100 kg/ha und Jahr als Teilursache des Waldsterbens eine entscheidende Rolle. Der Eintrag entspricht der landwirtschaftlichen Stickstoffdüngung der 50er Jahre und übertrifft die Aufnahmemöglichkeit des Waldes bis zum 6fachen. Stickoxide können zusammen mit Feuchtigkeit (Regen, Nebel, Schnee, Schleimhäute u. a.) z. B. salpetrige Säure oder Salpetersäure, HNO_3, bilden. Es kommt zu Reizungen der Schleimhäute; höhere Konzentrationen führen zu Bronchitiserkrankungen, und sehr hohe Konzentrationen können kurzfristig sogar Lungenentzündungen mit tödlichem Ausgang verursachen. Besonders gefährdet sind Asthmatiker und Kleinkinder. Bei NO_x treten besonders hohe Belastungen für Bewohner an Hauptverkehrsstraßen und bei Verkehrsteilnehmern selbst auf. Viele Materialschäden, vor allem an Kunststoffen und Steinbauten, gehen auf das Konto der Stickoxide.

Staub

Ausstoß:
alte Bundesländer 1970: 1,15 Mio. t – 1989: 0,29 Mio. t
neue Bundesländer 1975: 2,70 Mio. t – 1989: 2,10 Mio. t

Stäube sind in der Luft verteilte feste Teilchen. Die meist nicht sichtbaren feinen Stäube mit einem Teilchendurchmesser von weniger als 0,0002 mm können durch die Lungenbläschen direkt ins Blut gelangen. Sie können eine Vielzahl chemischer Verbindungen enthalten, die zum Teil giftige, krebserregende und/oder erbgutverändernde Eigenschaften haben. Die Belastung der Biosphäre mit Stäuben aller Art ist heute auf den 100fachen Wert der Zeit um 1800 gestiegen. Zu den besonders gefährlichen Staubbestandteilen gehören Arsen, Asbest, Cadmium, Nickel, Blei, Chrom und polyzyklische aromatische Kohlenwasserstoffe. Je nach Zusammensetzung des Staubes können Atemwegserkrankungen (besonders bei gleichzeitiger hoher SO_2-Konzentration – gefährdet sind besonders Kinder), aber auch andere Vergiftungen des Körpers verursacht werden. Sie können sich durch unspezifische Symptomatik äußern wie Abfall der körperlichen Leistungsfähigkeit, Unwohlsein, Schwächung der Immunabwehr und häufigeres Auftreten von Infektionskrankheiten (Wassermann, nach Bölsche, 1984). Schwermetalle – besonders Blei und Cadmium – werden als Feinstäube weit verbreitet und reichern sich im Boden an, weil sie nicht abgebaut werden können. Mit zunehmender Bodenversauerung – „saurer Regen" mit pH 4,1 – werden sie leichter löslich und dann besonders giftig. Schwermetallanreicherungen einerseits und erhöhte Schwermetallmobilisierung durch Säureeintrag andererseits bedeuten ein unkalkulierbares Schadpotential. Gelöst gelangen nämlich Schwermetalle in die Pflanzen und mit diesen direkt oder über den Umweg der Fleischproduktion auf unseren Speisezettel oder aber mit dem Sickerwasser ins Grundwasser oder in unsere Fließgewässer.

Schwermetalle werden zudem ähnlich wie andere Umweltgifte (z. B. DDT) im Körper gespeichert und können z. B. durch Streß freigesetzt werden, in den Kreislauf geraten und zu akuten Erkrankungen führen. Beim Blei sind Blutarmut, Appetitlosigkeit, Verdauungsstörungen, Nierenschäden und Spermaanomalien als Schäden beschrieben worden. Besonders bedenklich erscheinen auch die möglichen psychischen Folgen von Bleivergiftungen: Antriebslosigkeit, Ekel, Schwachsinn, Gefühlsverarmung, Kriminalität u. a.

Ähnlich verheerend wirkt Cadmium, das u. a. über die Farb- und Kunststoffindustrie, über Verhüttungs- und Verbrennungsanlagen, durch das Rauchen sowie über Phosphatdünger in unsere Umwelt und damit in unsere Körper gelangt. Fast in allen Nahrungsmitteln ist Cadmium heutzutage nachweisbar, die höchsten Konzentrationen wurden in Leber, Nieren und bestimmten Pilz- und Muschelarten festgestellt. Es wird als starkes Enzymgift beschrieben und führt zu Funktionsstörungen der Leber und vor allem der Nieren, zum Auftreten von Anämie, zur Beeinträchtigung der Fruchtbarkeit sowie zur Demineralisation der Knochen infolge einer Kalziumausschwemmung.

Atemluft in geschlossenen Räumen

Verunreinigte Luft in geschlossenen Räumen stellt ein neues Gesundheitsrisiko dar. Es ist z.T. Folge des Bestrebens, Energie zu sparen und Hausisolierungen zu verbessern. Der reduzierte Austausch von Innen- und Außenluft läßt Materialausdünstungen z. B. aus Möbeln, Teppichen, Farben, Reinigungsmitteln usw. in erheblichen Mengen und mit großer Schadenspotenz in die Atemluft gelangen. Die amerikanische Umweltschutzbehörde hat festgestellt, daß „Luftverschmutzung in Gebäuden eine ebenso große Gefahr für die menschliche Gesundheit darstellt wie Luftverschmutzung im Freien und wahrscheinlich ursächlich für viele tausend Todesfälle durch Krebs und andere Krankheiten" ist.

Als erste waren Experten der NASA auf das Problem der Verseuchung der Atemluft in geschlossenen Räumen aufmerksam geworden: Die Materialien des Raumlabors Skylab dunsteten mehr als hundert chemische Stoffe aus. Daraufhin ließ die NASA untersuchen, ob Pflanzen dazu beitragen könnten, die Luft reinzuhalten. Das Ergebnis war erstaunlich: Die Pflanzen filterten innerhalb von 24 Stunden bedeutende Mengen von Benzol, Trichloräthylen und Formaldehyd heraus.

Pflanzen sind zwar kein sofort wirkendes Allheilmittel, aber sie stellen eine preiswerte und praktikable Minderung des Problems der Luftverschmutzung in Gebäuden dar. Pflanzen können nicht nur giftige Stoffe aus der Atemluft herausfiltern, sondern auch deutlich zum Wohlbefinden des Menschen über ihre optischen Wirkungen (vgl. Kap. 4) beitragen (Welt am Sonntag, 33/1991).

2.8 Neuartige Waldschäden – Folgen von Luftverschmutzungen

„Auf zweierlei soll man sich nie verlassen: Wenn man Böses tut, daß es verborgen bleibt, wenn man Gutes tut, daß es bemerkt wird."
Ludwig Fulda

Auf dem Symposium „Kosten der Umweltverschmutzung" 1985 in Bonn schätzten Experten, daß uns das Waldsterben im damaligen Bundesgebiet bis 2060 mindestens 211 Mrd. DM kosten wird (Wicke, 1986). Bereits zwei Jahre später kalkulierte Brabänder (1987) in einem Trend-Szenario bis 2060 unter Einbeziehung der Forstwirtschaft, der Freizeit und Erholung sowie der Wasserwirtschaft eine Summe von 873,6 Mrd. DM (pro Jahr 11,3 Mrd. DM) und in einem Status-quo-Szenario (das Verbesserungen nicht berücksichtigt) 1388,1 Mrd. DM (pro Jahr 18,0 Mrd. DM). Trotz beachtlicher Erfolge in der Reduktion der schädigenden Schwefeldioxid-Emissionen ist eine Wende zum Besseren noch nicht in Sicht (Giesen, 1992). Die Luftverunreinigung ist die maßgebliche Ursache der komplexen Erkrankung der Wälder. Andere Ursachenhypothesen haben sich als unbegründet erwiesen. Die schlimmsten Schadstoffe, die auf den Wald einwirken, sind Schwefeldioxid, Stickstoffverbindungen sowie die sich aus ihnen bildenden Säuren und Photooxydantien. Die einzelnen Schadstoffe summieren sich nicht nur, sondern verstärken sich gegenseitig. Die Waldschäden in der gesamten Bundesrepublik Deutschland bleiben seit einigen Jahren etwa gleich (Giesen, 1992) (s. Tabelle 7).

Der Wald ist der größte Bioindikator. Er weist uns besonders anschaulich darauf hin, daß für grundlegende Gegenmaßnahmen nicht mehr viel Zeit bleibt. Mit den Wäldern sterben nicht nur unsere Bäume und Böden, sondern auch unsere Luft- und Wasserfilter, unsere Trinkwasserspeicher und Lärmschlucker, unsere Rohstofflieferanten und Erholungsgebiete, unsere Schutzwälle gegen Hochwasser, Lawinen und Steinschlag. Ohne Bergwald könnten z. B. in den Alpen nur noch 10 % der jetzigen Bevölkerung leben, da die Täler durch verheerende Überschwemmungen, Schnee- und Geröllawinen bedroht würden. Betroffen von den Schäden sind alle Baumarten, Reinbestände wie artenreiche Mischbestände, Wirtschaftswälder wie Naturwälder mit natürlichen Baumarten. Die Schäden entstehen

a) direkt über Nadeln und Blätter durch kurzzeitige Spitzenwerte oder
b) über Akkumulationen im Boden (= Normalfall).

Die Schädigung bei kurzzeitigen Spitzenbelastungen erfolgt hauptsächlich durch das Ausfiltern von Gasen, Aerosolen, Stäuben und Nebeltröpfchen direkt an der Nadel- und Blattoberfläche: Beschädigung der Wachsschicht an der Nadeloberfläche und der Zellmembranen, Hemmung der Photosynthese, Störungen der Stomata-Regulation mit Gefahr übermäßiger Transpiration und Trocknis, Störungen der Enzymaktivitäten, Abnahme der Vitalität und der Resistenz gegenüber biotischen und abiotischen Schadfaktoren. Die Grenzwerte von SO_2 liegen bei der Fichte schon zwischen 20 mg/m³ und 200 mg/m³. Bei einer hohen SO_2-Konzentration von 500 mg/m³ je 8 Stunden werden als typische Lokalwirkung die Nadeln rotbraun. Diese Grenzwerte werden heute häufig überschritten. Bei kombiniertem Einwirken von SO_2 und NO_2 treten Schäden bereits weit unter den Toleranzschwellen der einzelnen Schadgase ein (Rehfuess, 1983).

Dabei wird die große Filterwirkung unseren Bäumen zum Verhängnis, da sie gegenüber dem

Tabelle 7: Schadstufen der Waldschäden

	Anteil der Schadstufe in %				
	0	1	2–4	2	3+4
	ohne Schadmerkmale	schwach geschädigt	deutlich geschädigt	mittelstark geschädigt	stark geschädigt u. abgestorben
1991	36	39	25	23,0	2,2
1992	32	41	27	24,5	2,2
1993	36	40	24	22,0	2,4

Freiland bis zu 10mal mehr Staub- und damit auch Säurebildner aus der Luft „herauskämmen". Schwefel filtern sie vor allem aus Aerosolen heraus. Deshalb sind Nebellagen besonders stark betroffen. Die Fichte filtert gegenüber der Buche bei Schwefel das 2,6fache aus der Luft heraus. Da ältere Nadeln länger geschädigt werden und zuerst abfallen, stirbt bei Nadelbäumen meist die Krone von innen nach außen – kahle Ästchen zeigen den „Lamettaeffekt" – und von oben nach unten ab, weil oben die Filterwirkung größer ist. Je nach Dauer von Trockenperioden können sich erhebliche Schadstoffmengen auf Blättern, Nadeln oder Rinde ansammeln, die beim nächsten Niederschlag sofort in Lösung zu besonders konzentrierten Säuren übergehen.

Die „normale" Reaktionskette läuft über das aus dem Boden aufgenommene Niederschlagswasser, den „sauren Regen". In den stärker belasteten Wäldern macht der Säureeintrag aus der Luft über 70 % der Säurebelastung des Bodens aus. Die „Saure Deposition" ist der Hauptverursacher der in den letzten Jahrzehnten nachgewiesenen Verarmung und Versauerung der Waldböden (Ulrich, 1991). Der durchschnittliche pH-Wert des Regens beträgt in Deutschland 4,1 (Extremwert 2,7) gegenüber 5,2 im Jahre 1965 und 4,4 im Jahre 1970. Normales Regenwasser müßte einen pH-Wert von etwa 5,6 haben.

Anmerkung: Mit dem pH-Wert wird der Säuregrad einer Lösung als „negativer dekadischer Logarithmus der Konzentrationen der freien Wasserstoffionen H+ angegeben. Ein Absinken um 1,0 pH-Wert zeigt an, daß die Flüssigkeit um ein Zehnfaches saurer geworden ist. Die pH-Wert-Skala reicht von 0 = reine Salzsäure bis 14,0 = reine Natronlauge. Der Neutralpunkt liegt bei 7,0 = reines Wasser. Darüber reagiert eine Lösung basisch (Lauge), darunter sauer (Säure); zum Vergleich einige pH-Werte: Seewasser 8,3; menschlicher Urin 7,6; Milch 6,5; von 4,5 an tritt Fischsterben in Seen ein; Essig 3,1; Zitrone 2,3; Batteriesäure 1,0.

Mit diesem Durchschnitt von pH 4,1 im Niederschlag wirken ständig auf alle Böden Säuren ein, deren Säuregrad außerhalb des Existenzbereiches produktiver Ökosysteme liegt. Der pH-Wert der Waldböden ist von 1953 bis 1982 in Extremfällen bereits um bis zu 1,8 pH-Punkte abgesunken (Bayerisches Geologisches Landesamt, 1982). Die Absenkung der pH-Werte im Boden hat eine Auswaschung der wichtigen, basisch wirksamen Nährstoffkationen von Calzium, Magnesium und Kalium und eine Anreicherung von Kationen der Metalle Mangan, Aluminium und Eisen zur Folge. Auch Kobalt wird ausgewaschen, ein für die Pansenflora der Wiederkäuer lebensnotwendiges Element. Eine Kobaltverarmung der Waldbodenpflanzen könnte auch ursächlich dafür sein, daß die Wiederkäuer zum Ausgleich stärker Gehölzpflanzen verbeißen oder schälen, da sich Kobalt in der Rinde verholzter Pflanzen anreichert. Die Auswaschung von Nährstoffen und die Tendenz zu überoptimaler Stickstoffernährung (als Folge des Stickstoffeintrags) können zu Nährstoffmangel im Baum führen. Die Folge sind Blattschäden bis zum Baumsterben, verminderte Abwehrkraft gegen Schädlinge, erhöhte Frostempfindlichkeit u.a. (Ulrich, 1992).

Alle geschädigten Organismen unterliegen verstärktem Konkurrenz-, Schädlings- oder natürlichem Feinddruck, so daß die physikalisch-chemisch bedingte Schädigung meist von biogenen Schädigungen überlagert wird (Ulrich, 1991). Bäume mit vermindertem osmotischen Druck oder verringerter Assimilation und geschädigter Transpiration können sich z. B. gegen massenhaften Käferbefall nicht mehr ausreichend wehren.

Neben der zunehmenden Löslichkeit und Schädlichkeit der Schwermetalle bei Versauerung ist für das giftige Zusammenspiel von Säure und Metall im Boden auch das Auftreten von Aluminium-Ionen kennzeichnend. Das wirkt sich über die Schädigung von Wurzeln auf die gesamte Vegetation – auch auf die Bäume – und über die Schädigung der Bodenmikroorganismen (Bakterien, Pilze) auf die Zersetzerkette bis zu den wichtigen Regenwürmern aus. Unter pH 4,2 im sog. Aluminium-Pufferbereich entstehen plötzlich höhere Konzentrationen von freien Aluminium-Ionen. Während schon beim ersten Auftreten von Aluminium-Ionen unter pH 5 empfindliche Baumarten (wie die Edellaubhölzer Esche, Ulme, Ahorn, Kirsche) absterben, erleiden die Hauptwirtschaftsbaumarten schwerste Schäden erst unter pH 4,2. Zunehmende Windwurf- und Windbruchgefahr sind deutliche, heute in steigendem Maße zu beobachtende Folgen (Ulrich, 1982). Ein zunehmendes Mißverhältnis von „saugender" Feinwurzelmasse und „verdunstender" Kronenoberfläche führt zudem zu Absterbevorgängen in der Nadel- und Blattmasse (Turgorabsenkung) – also zu Kronenverlichtungen.

Unzweifelhaft löst die zunehmende Versauerung auch bei der empfindlichen Fauna im Boden unkalkulierbare Kettenreaktionen aus. Auf einem Quadratmeter Waldboden können bis zu 1000 Tierarten vorkommen, von großen Regenwürmern bis zu winzigen Einzellern mit einer Siedlungsdichte von bis über 100 Mio. Individuen. All diese Organismen sind in Arten und „Zuständigkeiten" aufeinander abgestimmt. Nach bisherigen Erkenntnissen nehmen durch Versauerung vor allem die wichtigen Bakterien ab, während pilzliche Biomasse unter Umständen sogar zunimmt, so daß sich die z. B. davon lebenden Springschwänze und Hornmilben vermehren können. Regenwürmer sterben bei Versauerung aus. Allgemein nimmt die Bodenfauna ab, und es vermindert sich die Zersetzungsgeschwindigkeit im Auflagehumus (Schaefer, 1985). Wohl auch dadurch bleibt der Schlagabraum im Wald heute über längere Zeiträume unzersetzt erhalten, wie viele Forstleute vermuten.

Die ökologische Elastizität der Waldökosysteme resultiert aus der Vielfalt aller natürlichen Bedingungen, besonders aus der natürlichen Artenvielfalt der Energie bindenden Pflanzen. Extreme Versauerungen können diese Elastizität standörtlich unterschiedlich überlasten und zu verschieden ablaufenden Teilsystemzusammenbrüchen führen. Selbstverstärkende Prozesse im Boden verändern den Bodenzustand oft so rasch, daß dem Baum eine Anpassung nicht möglich ist; Nährstoffmangel, Wurzelschädigungen oder Blattfall und Verzweigungsänderungen sind die Folge. Sie setzen Vitalität wie Konkurrenzfähigkeit und Abwehrkraft gegenüber Schädlingen herab (Ulrich, 1991). Der Säureeintrag übersteigt heute die Neutralisationsrate des natürlichen Bodens durch Silikatverwitterung um das 2- bis 10fache. Nur in Gebieten mit hoher Staubemission führt der Eintrag basischer Stäube zu einer merklichen Säureneutralisation (Ulrich, 1991).

Die bei den Walderkrankungen nachgewiesenen Reaktionsketten sind früher oder später überall zu erwarten. Damit steht wesentlich mehr auf dem Spiel als das Schicksal der deutschen Forstwirtschaft. Das Waldsterben ist nur der Anfang eines gigantischen, globalen Vegetationssterbens, das Fischwelt und Bodenorganismen, Pflanzen und Menschen gleichermaßen betrifft. Wenn im Jahr 1992 bereits 60 % der Wälder in Deutschland sichtbar krank waren, dann ist Reduktion aller Schadstoffemissionen dringend geboten.

Früher oder später sind von der luftschadstoffbedingten Versauerung auch unsere Gewässer und das Grund- und Trinkwasser betroffen. „Von den oberen Bodenschichten setzt sich die Bodenversauerung langsam in Richtung Grundwasser fort. Dies wird so lange von den darunterliegenden noch nicht betroffenen Zonen kompensiert, bis die Versauerungsfront die Grundwasseroberfläche erreicht hat. Dann kommt es rasch zu einer unaufhaltsamen Änderung der Grundwasserqualität. Stellenweise ist das Durchbrechen der Versauerungsfront bereits nachgewiesen worden: Schadstoffe gelangen vermehrt in das Grundwasser". (Walther und Hölscher, 1987)

Haben Forstleute Abwehrmöglichkeiten?

Bei anhaltendem Eintrag von Säurebildnern und sonstigen Luftschadstoffen sind die forstlichen Möglichkeiten für Gegenmaßnahmen schnell erschöpft. Langfristig gibt es daher gegenüber der drastischen Reduktion schädlicher Emissionen keine Alternative. Wenn der Basensättigungsgrad unter 10 bis 20 % absinkt, die Ca- und Mg-Bindung an Tonminerale mit zunehmender Al-Sättigung abnimmt und auch die Ca-Aufnahme gehemmt wird, kann nur durch Zufuhr von Basen wie $CaCO_3$ eine Verbesserung erreicht werden. Die sog. Kompensationskalkung als Ausgleich der Säurezufuhr ist daher meist eine unentbehrliche, wiederkehrende und teure Abwehrmaßnahme. Sie ist allerdings auch nicht immer unproblematisch und fördert z. B. Nitratauswaschung und Ruderalisierung der Vegetation (Verarmung durch Schutt- und Geröllpflanzen). Waldbauliche Maßnahmen greifen nur bedingt und langfristig und müssen darauf ausgerichtet sein, den naturnahen Soll-Zustand des Waldökosystems zu erreichen. Die Möglichkeiten beschränken sich auf die Minimierung der Säurebelastung (durch Bestandesbehandlung und Vermeidung nicht standortgerechter Nadelholzreinbestände) und die Begründung stabiler standortgerechter Mischbestände (leicht zersetzbare Streu), soweit es die Bodenverhältnisse gestatten (Ulrich, 1991). All dies kostet jedoch viel Geld, das der Waldbesitzer aus forstlichem Ertrag nicht aufbringen kann.

2.9 Bodenveränderungen als Gefahr für Pflanzen und Tiere

„Nur wenn wir die Natur
um ihrer selbst willen zu schützen lernen,
wird die Natur auf Dauer uns Menschen
erlauben weiterzuleben."
Richard von Weizsäcker

Von einem Afrikaner stammt die Feststellung, daß die Ursache der Bodenzerstörung in der Zerstörung der Seele zu suchen ist. Wenn die Umweltkrise der Ausdruck einer Gesellschaftskrise ist, dann braucht die Gesellschaft neue Grundsätze.

In einer noch sehr vorsichtigen Kostenberechnung hat Wicke bereits 1986 die Schäden durch Zerstörung des Bodens der Bundesrepublik auf weit über 5 Mrd. DM/Jahr geschätzt. Vermutlich ist dies aber nur die „Spitze des Eisberges", denn über die Nahrungskette erreichen uns die Schadstoffe und führen zu Krankheiten (u.a. viele Allergien). Über durch sie entstehende Verluste für die Volkswirtschaft läßt sich nur spekulieren. Man denke nur an den GAU (größter anzunehmender Unfall) des Kernkraftwerks von Tschernobyl am 26. April 1986: Die damals freigesetzte gewaltige Strahlungsmenge hat nach Auffassung des US-Präsidialamtes über ein Drittel der Erdbevölkerung betroffen. Und sie betrifft immer noch viele Menschen, denn Jod 131 zerfällt zwar rasch, doch die Halbwertszeiten von Strontium 90 und Cäsium 137 sorgen dafür, daß Tschernobyl noch nach 28 bzw. 30 Jahren nachwirkt (Wicke, 1986).

Von außerordentlich großer Bedeutung sind Bodenlebewesen (vgl. Kap. 3) für den Abbau der anfallenden organischen Substanz (z. B. Laub, Äste, Blätter). Sie reicherten sich sonst auf der Bodenoberfläche an, so daß deren Nährstoffe der Pflanze nicht wieder zugeführt werden könnten. Immerhin fallen pro Jahr z. B. in Eichenwäldern etwa 6 t (davon Laub 3 t), in Buchenbeständen 5 t (Laub 3 t) und in Fichtenbeständen etwa 3 t (Nadeln 2,5 t) an (Simbrey, 1987). Mindestens 50 % der Nährelemente K (Kalium), Ca (Calcium), Mg (Magnesium), N (Stickstoff), S (Schwefel) und P (Phosphor) werden unter natürlichen Bedingungen durch mikrobiellen Abbau wieder in den oberirdischen Kreislauf eingespeist. Immissionen aber schädigen z. B. die Mykorrhizen-Pilze, die mit immerhin 80 % unserer höheren Pflanzenarten eine Symbiose bilden und wesentlich zur mineralischen Versorgung der Bäume beitragen. Durch die Versauerung der Waldböden über Luftverunreinigungen kommt es zu einer Verschiebung des mikrobiologischen Gleichgewichts im Boden. Während im leicht sauren Milieu (pH 5 bis 6) die Bakterienzahlen recht hoch liegen (4 bis $16 \cdot 10^6$ Bakterien/g Boden), liegt die Zahl der Pilze recht niedrig (100 bis $300 \cdot 10^3$/g Boden). Das Verhältnis Pilze/Bakterien sorgt für eine ausgewogene Mineralisation der organischen Substanz des Bodens. Verschiebt sich der pH-Wert in den sauren Bereich, nimmt die Zahl der Bakterien stark ab, während die Zahl der Pilze ansteigt. Das gestörte Pilz-Bakterien-Verhältnis führt zu einer Verringerung der Mineralisation im Boden, da die Bakterien zwar nur etwa 25 % der Biomasse, aber 90 % der Individuen in 1 g Boden ausmachen; hinzu kommt die höhere Stoffwechselaktivität der Bakterien.

Der gestörte ökosysteminterne Kreislauf der Mineralisation wirkt sich auf die höheren Pflanzen (Bäume), aber auch auf die übrigen Bodenlebewesen aus. Die Störung des Bodenlebens durch Säure macht sich direkt in der Regenwurmbesiedlung bemerkbar, deren Wert bereits Darwin (1809–1882) hoch einschätzte. Regenwürmer vermischen einerseits mit ihrer grabenden Tätigkeit die organischen und mineralischen Bodenbestandteile und leisten andererseits durch ihre Freßtätigkeit beim Laubabbau notwendige Zerkleinerungsarbeit. So schaffen sie jährlich etwa 2 t Unterboden pro Hektar nach oben, was für die Vermischung der organischen Substanz und des Bodens eine wichtige Rolle spielt. Weiterhin vertilgen Regenwürmer im Laufe eines Jahres auf einem Hektar mehrere Tonnen Laubstreu und bereiten das grobe Material durch die Vermengung mit Boden für den mikrobiellen Abbau vor (Simbrey, 1987). Die Kettenreaktion reicht also bis zur Verringerung des potentiellen Nährstoffgehalts, des Wasserhaltevermögens und bis zur Störung der Bodenbelüftung (Kapillarsystem) durch Regenwürmer.

Nicht nur die immissionsbedingte Versauerung und die Schwermetallbelastung haben für die Böden verheerende Wirkung, sondern auch Eutrophierung (= Nährstoffanreicherung) oder Hypertrophierung (= Überfrachtung mit Nährstoffen). Die unmittelbare Düngung mit stickstoffhaltigen Mineraldüngern hat sich seit 1950/51 von 26,5 bis 1985 auf 126,1 kg (DDR 1990: 134,9 kg) je Hektar landwirtschaftlicher Nutzfläche erhöht (Umweltbundesamt, 1992). Häberle und Herrmann (1984) kalkulieren eine durchschnittliche Emissionsdichte für Stickstoff in der Bundesrepublik im Jahre 1983 von knapp 40 kg N pro Jahr und Hektar. An Luv-exponierten Fichtenwaldrändern kann die Depositionsrate 5- bis 8mal höher liegen als im Freiland-Niederschlag (Grennelt und Hasselrot, 1987). Auch in voll entwickelten Beständen an Kräutern und Gräsern konzentrieren sich die Depositionsraten bis zum 5fachen gegenüber dem Freiland.

Neben dem Stickstoff aus Verbrennungsabgasen (NO_x) spielt z. B. auch Ammoniak (NH_3) eine große Rolle, das mit dem aus Verbrennungen aller Art stammenden Schwefeldioxid (SO_2) in der Luft in Anwesenheit von Wasser rasch zum leicht löslichen und besonders düngewirksamen Ammonsulfat reagiert. Ammoniak und seine Folgeprodukte stammen nur zu kleinen Teilen aus industriellen Prozessen. Mehr als 90 % des NH_3 im nordwestlichen Mitteleuropa produziert die intensive Viehhaltung und die damit verbundene Güllewirtschaft. Bei kühl-feuchtem Wetter bleibt der größte Teil des mit der Gülle ausgebrachten Ammoniaks im Bodenwasser gelöst. Trockenwarme Witterung und Luftbewegung fördern die gasförmige Freisetzung des NH_3. Massive Stickstoff-Transporte auf dem Luftwege in „andere" Pflanzenbestände sind die Folge und damit Düngung, Nährstoff-Ungleichgewichte und Versauerung (Ellenberg, 1989).

Ammoniak- und Ammonium-Immissionen haben maßgeblichen Anteil an einem vor allem in Nordwestdeutschland verbreiteten Typ des Waldsterbens bei Fichten (und Douglasien). N-Depositionsraten in der Kronentraufe von Fichten überschreiten heute zumindest stellenweise in Niedersachsen 70 kg N/ha pro Jahr. In den Niederlanden gibt es große Gebiete mit mehr als 100 kg N/ha pro Jahr als Deposition aus der Luft (Asman und Diederen 1987). Stickstoff ist der einzige Nährstoff, dessen Konzentration nach Messungen in Fichtennadeln seit Jahren zunimmt. Gleichzeitig sinken die Gehalte an Kalium, Magnesium, Calcium und anderen lebenswichtigen Mineralien. Dieser Trend gilt zumindest für Niedersachsen im Prinzip generell (Reemtsma 1988). Kompensationsdüngungen bleiben notwendig, lindern jedoch lediglich Symptome. Nach Ellenberg (1989) sind zudem nur die in Deutschland gefährdeten Pflanzenarten konkurrenzfähig auf Standorten mit Nährstoff-, namentlich Stickstoffmangel („lichtbedürftige Hungerkünstler").

Auch Flächensicherung und Flächenvernetzung sind weiterhin unumgänglich, weil ohne sie keine Biotope für nicht wirtschaftsbestimmte Nutzung zur Verfügung stehen. Und bis auf weiteres dürfen wir auch den aktiven Artenschutz nicht vernachlässigen, damit möglichst viele Arten in hoffentlich günstigere Zeiten hinübergerettet werden. All dies reicht als Strategie aber nicht mehr aus. Nur wenn die ungewollte, ungesteuerte, verschwenderische Eutrophierung am Erdboden und aus der Luft unterbunden werden kann, haben Arten- und Biotopschutz in Deutschland mittelfristig eine Chance. Aus dieser Sicht muß sich der Naturschutz über den täglichen lokalen „Kleinkrieg" erheben und sich um höchste politische Priorität bemühen, damit die ungesteuerte Eutrophierung gebremst wird. Auf einem internationalen Symposium in Schweden 1988 wurden als kritische Stickstoffeintragsraten in Ökosysteme genannt (Nilsson und Grennfelt, 1988):

reiche Laubwälder	15–20 kg Stickstoff/ha und Jahr
Nadelwälder	10–15 kg Stickstoff/ha und Jahr

Die Immissionen liegen heute – wie gesagt – 3- bis 20fach darüber.

Und dieser Prozeß hat längst Auswirkungen auch in unseren Meeren, wie wir aus den Medien durch spektakuläre Schaumbildungen der auf Eutrophierung reagierenden Algen zur Genüge wissen. Angesichts dieser Entwicklungen und Dimensionen sind „Renaturierung, Extensivierung, Vernetzung" und dergleichen als Maßnahme des gestaltenden Naturschutzes bei weitem nicht mehr ausreichend. Neben der drastischen Immissionsdrosselung sind auch Maßnahmen der Oligotrophierung eutropher Lebensräume (Dierßen, 1989), also künstliche Wiederverarmung, gefragt.

Der Vollständigkeit halber sind bei den Bodenbelastungen auch die Altlasten (Müllhalden, Bauschuttablagerungen, stillgelegte Anlagen mit umweltgefährdenden Stoffen, stillgelegte Leitungs- und Kanalsysteme u.a.) zu nennen, von denen im alten Bundesgebiet 48 377 Verdachtsflächen und in den neuen Bundesländern 27 877 Verdachtsflächen (Oktober 1990 mit Erfassungsgrad von 50–60 %) ausgewiesen waren. Die neuen Bundesländer sind besonders vom Problem der Altlasten betroffen. Vorrangig betrifft das die Städte Halle, Merseburg, Bitterfeld, Mansfeld, Eisleben und ihr Umland, das Obere Elbtal, das Gebiet des Uranerzbergbaus in Sachsen und Thüringen sowie das Gebiet des Braunkohletagebaus in der Lausitz (Umweltbundesamt, 1992). Hinzu kommen extrem gefährliche Rüstungsaltlasten zu Lande und zu Wasser.

2.10 Die alarmierende Flächenbilanz

„Weh denen, die ein Haus an das andere ziehen
und einen Acker zum anderen bringen,
bis daß kein Raum mehr da sei."
Jesaja (ca. 700 v. Chr.)

Siedlungs- und Verkehrsflächen nehmen – vor allem zu Lasten der Landwirtschaftsflächen – stetig zu. Rein statistisch gibt das Umweltbundesamt (1992) diesen Landschaftsverbrauch mit 90 ha/Tag allein für die alten Bundesländer an. Doch der pure Verbrauch ist nicht alles: Das quantitative Mißverhältnis zwischen Siedlungs- und Verkehrsfläche einerseits und Frei- oder Erholungsflächen andererseits wird verschärft durch weitere Faktoren wie räumliche Zerschneidungseffekte, Landschaftsausräumungen, Störungen des Oberflächen- und Grundwasserhaushaltes, Monotonisierungen der Landschaftsnutzungen usw. Bei allgemein erhöhter Nachfrage nach Wohnungraum und wirtschaftlicher Dynamik vor allem in den neuen Bundesländern ist auch weiterhin mit einem täglichen Flächenverlust von 150–200 ha im gesamten Bundesgebiet zu rechnen. Das sind über 1.000 m^2 pro Minute oder rund 60 000 ha pro Jahr, eine Fläche größer als der Bodensee. Der menschlich verfügbare naturnahe Lebensraum nimmt also rapide ab. Einziger Lichtblick ist, daß die Waldfläche in den alten Bundesländern um 26 ha/Tag ansteigt.

Die Zersiedelung bedeutet biologisch, daß viele wichtige Pflanzen- und Tierglieder der Ökosysteme voneinander getrennt sind. Je kleiner die verbleibenden Restflächen, desto weniger Tierarten können sich auf ihr behaupten. Wie stark die Isolationseffekte auch von Straßen und Wegen sind, belegen neuere wissenschaftliche Untersuchungen: Selbst durch verkehrsarme Kreisstraßen und Feldwege werden z.B. Laufkäfer – aber auch Nagetier-Bestände u.a. in Teilpopulationen ohne jeglichen Individuenaustausch getrennt. Die Inselbildung führt zu Inzucht und Erbschäden und beschleunigt das Aussterben gefährdeter Arten. Hier scheinen sogar exponentielle Abhängigkeiten zu bestehen. Soll sich die Artenzahl verdoppeln können, muß die Fläche nicht etwa um das 2-, sondern um das 10fache vergrößert werden. Dies bedeutet umgekehrt, daß das Tempo der Ausrot-

Tabelle 8: Fläche – Einwohner – Bodennutzung

	Bundesrepublik Deutschland	davon alte Bundesländer	davon neue Bundesländer
Gesamtfläche	356 954 km^2 (100 %)	248 621 km^2 (70 %)	108 333 km^2 (30 %)
Einwohner	79,1 Mio. (100 %)	62,7 Mio. (79 %)	16,4 Mio. (21 %)
Einwohner/km^2	222	252	155
anteilige Landwirtschaftsfläche	54,7 %	53,7 %	57,0 %
anteilige Waldfläche	29,1 %	29,8 %	27,5 %
anteilige Siedlungs- und Verkehrsfläche	12,5 %	12,2 %	13,2 %
anteilige sonstige Flächen	3,7 %	4,3 %	2,3 %

Anmerkung: Da die Quellen – BMU, 1992, Umweltbundesamt, 1992, Raumordnungsbericht der DDR, 1990 – aufgrund unterschiedlicher Erhebungsverfahren und Definitionen nicht voll vergleichbar sind, handelt es sich zum Teil um gutachtliche Näherungsdaten.

tung biologischer Substanz noch um ein Vielfaches größer ist als die Geschwindigkeit, mit der die Zerstückelung der deutschen Landschaft voranschreitet. Im Verhältnis zu den rund 5000 Naturschutzgebieten mit knapp 2 % der Landfläche der Bundesrepublik (BMU, 1992) ist die Verkehrsfläche mit 5 % Anteil gut zweieinhalbmal so groß. Auch die negative Fernwirkung der Straßen darf nicht verharmlost werden. Die Lärmteppiche der Autobahnen sind bis zu 1000 m breit. Auch bei Waldstraßen erstrecken sich die negativen Auswirkungen bisweilen auf gut das Hundertfache der reinen Fahrbahnfläche. Der Anteil unzerschnittener, verkehrsarmer Räume von mehr als 100 km^2 Fläche macht nur noch ein Fünftel der Fläche des alten Bundesgebietes aus (Sening, 1985).

Viele Naherholungsgebiete werden zudem seit vielen Jahren gleichsam von innen her entwertet durch zahllose zunächst punktuelle Schäden. Getarnt als Jagd- und Fischerhütten, Bootshäuser, Pferde- oder Schafställe, Bienenstände usw. sind Zehntausende von Wochenendhäusern in freizuhaltender Landschaft entstanden, die vor Bebauung geschützt sein sollen. Nur schwer lassen sich kommunale Gefälligkeitsplanungen und amtliche Duldung von Schwarzbauten oder auch andere Gesetzesverstöße stoppen, da die „Palette der Ursachen" – so der niedersächsische Verwaltungsjurist Frohnecke – „von Faulheit über Gleichgültigkeit und Schlamperei bis zu Rechtsmißbrauch und parteipolitischer Vetternwirtschaft reicht". Ein konsequenter Gegenkurs ist aber unbedingt notwendig, damit an den Stadträndern breite Grüngürtel für die Feierabend- und Wochenenderholung erhalten bleiben.

Anregungen zur Einschränkung des Flächenverbrauches

- Eine drastische Verringerung des Flächenverbrauchs ist nur durch klare politische Fixierung auf „Nullwachstum" erreichbar, das zum „Flächenrecycling" (Wicke, 1986) anregt und flächensparende Bauweisen fördert.
- Eine kommunale Flächenhaushaltswirtschaft (Schulte, 1992) muß sicherstellen, daß nicht mehr Flächen neu bebaut werden, als durch Entsiegelung, Rückbau oder Renaturierung für den Naturhaushalt wieder gewonnen werden können. Dies gilt konzeptionell auch für den Straßenbau (Grundsatz: Für jede neue Straße eine andere beseitigen).
- Ein landesweit wirksames Biotopverbundsystem mit Vorrangflächen für den naturnahen Biotop- und Artenschutz als biologisches Rückgrat (Schulte, 1992) muß flächendeckend realisiert werden und darf auch in Siedlungs- und Landwirtschaftsbereichen 10 % Flächenanteil nicht unterschreiten. Eine Finanzierung muß zum Teil über Ersatzvorgaben für Flächeninanspruchnahmen ermöglicht werden.
- Wasserläufe mit möglichst breit gehaltenen Naturzonen stellen potentiell die ökologisch geeignetsten Vernetzungslinien dar. Sie können ergänzt werden durch Hecken- und Kleingehölzsysteme in landwirtschaftlichen Flächen, durch naturnahe Waldaußen- und -innenränder sowie durch Grüngürtel in Siedlungsbereichen und breite, naturnah gestaltete Straßenrandzonen.
- Die grundgesetzlich verankerte Sozialbindung des Eigentums fällt allzu oft – schon gar auf dem Immobiliensektor – ökonomischen Zielen zum Opfer. Ein Wandel steht nicht zu erwarten. Daher wird eine schrittweise Überführung der Öko-Verbund-Zonen durch angemessene Ankaufspolitik in öffentliches Eigentum oder öffentliche Pflege kaum zu umgehen sein.
- Einführung der Verbandsklage für – nach strengen Maßstäben – anerkannte Öko-Verbände gegen die Eingriffe in die Landschaft nach amerikanischem, schweizerischem und skandina-

vischem Vorbild könnte für Waffengleichheit von Naturschützern und Naturzerstörern sorgen. Das wäre zwar in der Praxis für Verwaltungen unbequem, diente aber der viel zitierten Bürgernähe und würde den großen Sachverstand der Öko-Verbände der Allgemeinheit nutzbar machen.

- Konsequenter Zweitwohnungsstop in Mangellandschaften wie Küsten, Bergen, Seeufern, Naherholungszentren und Ferienerholungsgebieten.

2.11 Das Ergebnis: Die Gefährdungslage bei Flora und Fauna

„Unsere Generation wird nicht so sehr die Untaten böser Menschen zu beklagen haben, als vielmehr das erschreckende Schweigen der guten."
Martin Luther King (1929–1968)

Noch registriert der Bürger nur achselzuckend, was ihm in der Natur auffällt, ohne zu ahnen, welche ursächlichen Gefahren dahinterstecken. Die Aufzählung gefährdeter Pflanzen- und Tierarten würde Bücher füllen, doch die Entwicklung geht weiter. Bald werden unsere Kinder Storch, Auerhahn, Fledermaus, Fischotter, Siebenschläfer oder Eisvogel nur noch aus Bilderbüchern kennen, wenn wir das Ruder nicht herumreißen.

In der Bundesrepublik muß mit einer Aussterberate von mindestens 80 bis 90 Arten pro Jahr gerechnet werden. Das bedeutet, daß in 10 Jahren etwa 1,5 bis 1,7 % des Organismen-Artbestandes in unserem Land unwiederbringlich verschwinden. In der natürlichen Evolution werden diese 1,5 bis 1,7 % des Artenbestandes etwa in 30 000 Jahren ausgewechselt, wenn man von einer Existenzdauer von durchschnittlich 4 Mio. Jahren pro Art ausgeht. Der heutige Aussterbevorgang läuft mit mindestens 3000- bis 10 000-facher Beschleunigung ab.

Die Gefährdung von Arten geht in erster Linie auf die Vernichtung oder Veränderung ihrer Lebensräume zurück. Ein Vergleich mit anderen europäischen Ländern ergibt, daß vor allen Dingen Feuchtgebiete (Fließ- und Stillgewässer, Feuchtwiesen, Sümpfe, Moore u. a.), Trockenbiotope (einschl. Halbtrockenrasen), alpine Biotope, wärmeliebende Gehölzbiotope und Acker„un"krautfluren (einschließlich der kurzlebigen Ruderalvegetation) die am stärksten bedrohten Lebensräume in Deutschland sind. In Niedersachsen – das ist in anderen Bundesländern nicht besser – sind von 357 Pflanzengesellschaften 282 = 79 % mehr oder weniger gefährdet oder ausgestorben (Informationsdienst Naturschutz, Nr. 3, 1983).

„Wer bereit ist, die Existenz einer Tier- oder Pflanzenart aufs Spiel zu setzen, deren künftige Bedeutung er nicht zu ahnen vermag, verhält sich wie jemand, der vor einem Flug in die Pilotenkanzel einer Boeing 747 geht und dort Geräte herausreißt, nur weil er deren Funktionen noch nicht kennt". (Sylvia Earle, amerikanische Meeresbiologin)

Nach § 1 Bundesnaturschutzgesetz ist Natur nicht nur in der freien Landschaft, sondern auch im besiedelten Raum zu schützen, zu pflegen und zu entwickeln. Insbesondere Wildpflanzen und freilebende Tierarten müssen in Stadt und Dorf geschützt und gefördert werden (Umweltbundesamt, 1992). Die Wirklichkeit ist davon nicht nur weit entfernt, sie entfernt sich täglich in erschreckender Geschwindigkeit weiter. „Blumenkübelnaturschutz" bringt uns nicht voran, denn es geht um große Lebensräume. Einigermaßen ernsthaft geschützt sind in Deutschland nur die Naturschutzgebiete. Mit 5049 (1990) und 1,9 % Flächenanteil (Umweltbundesamt, 1992) sind es aber viel zu wenige und viel zu kleine (drei Viertel sind nicht größer als einen halben Quadratkilometer); das Fortschreiten des Artensterbens vermögen sie keinesfalls entscheidend zu bremsen, geschweige denn umzukehren.

Die bisherige Strategie des „Feigenblatt-Naturschutzes" hat uns zwar viele Erkenntnisse und noch mehr Verwaltungsaufwand gebracht, aber die Negativbilanz allenfalls leicht verlangsamen können. Nach übereinstimmender Aussage der Wissenschaftler müßten sich die Größenordnungen des strengen Flächenschutzes in Naturschutzgebieten auf etwa 10 bis 12 % Flächenanteil verzehnfachen (Aktionsprogramm Ökologie BMI, 1983; Naturschutzatlas Niedersachsen, 1984).

Einen positiven Ansatz, mit wesentlich mehr Schwung und Effizienz den Naturschutzgedanken in Deutschland voranzubringen, sehe ich in einer auf deutsche Verhältnisse zugeschnittenen Modifikation der Nationalparkkonzeption. Mit großer Euphorie ist im Zusammenhang mit der Wiedervereinigung die Zahl der Nationalparke in der Bundesrepublik von 5 auf 10 verdoppelt worden. Die Euphorie und das positive Image der Parke lassen sich nutzen zur Durchsetzung strengster Naturschutzkategorien nach international verbindlichen Kriterien der Vereinten Nationen und zu großflächigen Programmen im Sinne eines „Entwicklungs- oder Renaturierungsnationalparks" (Thielcke, 1991). Der Natur soll dabei nicht nur im Park wieder zu ihrem Recht verholfen werden, sondern durch konsequente Öffentlichkeitsarbeit, Umweltbildung und Natursensibilisierung soll die Bevölkerung motiviert werden, diese Art von „echter" Natur auch zu Hause im Garten, in den Städten, im Park, an den Gewässern, in den Naherholungszonen usw. zu fördern.

Tabelle 9: Zusammenstellung der „Roten Liste" von Pflanzen- und Tierarten in der Bundesrepublik Deutschland (Gebietsstand bis zum 3. 10. 1990), nach Umweltbundesamt, 1992

	Artenzahl		in der Bundesrepublik Deutschland					
Taxon	Weltbestand	Bundesrepublik Deutschland	ausgestorben oder aktuell gefährdet		potentiell gefährdet		ausgestorben, aktuell u. potentiell gefährdet	
	Stück	Stück	Stück	%	Stück	%	Stück	%
Farn- und Blütenpflanzen	23 880	2 728	727	27	146	5	873	32
– Bedecktsamer	226 000	2 640						
– Nacktsamer	800	11						
– Farnpflanzen	12 000	77						
Moospflanzen	26 000	1 000	99	10	40	4	139	14
Flechten	20 000	1 850	380	21	36	2	416	23
Armleuchteralgen	300	34	28	82			28	82
Röhren- u. Blätterpilze, Sprödblätter u. Bauchpilze	50 000	2 337	712	311	137	5	849	36
Pflanzenarten, gesamt	371 500	27 350						
Kriechtiere		12	9	75			9	75
Lurche		19	11	58			11	58
Fische u. Rundmäuler		72	49	68	6	8	55	76
Vögel (Gebietsstand nach dem 3. 10. 90, alte u. neue Bundesländer zusammen)		273	166	61			106	61
davon Nichtsingvögel		159	119	75			119	75
Wirbeltiere insgesamt	42 000	470	279	59	12	3	291	62
Großschmetterlinge		1 300	494	38	40	3	534	41
Libellen		80	43	54			43	54
Webspinnen		803	100	12	14	2	114	14
Insekten	737 000	29 500						
Spinnentiere	51 200	4 400						
Tierarten insgesamt	>1 100 000	45 000						

Jeder stark frequentierte Nationalpark ist ein Werbeträger, ein Multiplikator, ein „Motivationsturbo" für die Natur, der wir ganzflächig in Deutschland wieder auch im Interesse des Menschen auf die Beine helfen müssen. Damit hat ein Nationalpark nach meiner Überzeugung in der gegenwärtigen überaus kritischen ökologischen Gesamtsituation gerade in Industrienationen neben dem bisherigen Grundgedanken, der Natur und ihren eigenen Abläufen strengsten Vorrang einzuräumen, eine mindestens gleichwertige Aufgabe in der Bildungsarbeit bekommen. Und das bedeutet, daß bei der räumlichen Zuordnung auch Gesichtspunkte der Eignung als Fremdenverkehrszielgebiet berücksichtigt werden müssen, um den Multiplikatoreffekt zu optimieren.

Es gibt freilich Gegner dieser Idee in Deutschland aus zunächst nachvollziehbarer Sorge um die

Nachhaltigkeit verschiedener Nutzungsformen in der freien Landschaft. Sie bekämpfen die „Nationalparkdogmatik“ und weisen darauf hin, daß hier die vorgeschriebenen (vor rund 30 Jahren, also ohne Umweltprobleme der heutigen Dimension, formulierten) IUCN-Anforderungen nicht erfüllt werden können. Ihnen ist entgegenzuhalten, daß sie den Ernst der ökologischen Lage offenbar noch nicht erfaßt haben. Wenn wir „echte“ Natur nicht mehr in ausreichender Flächengröße haben, müssen wir sie notgedrungen, so gut es eben geht, im Sinne eines „Entwicklungsnationalparks“ wiederherstellen und ihr dann „Sukzessionsfreiheit“ gewähren.

Alle anderen Naturschutzstrategien haben insofern bisher noch versagt, als sie die Negativentwicklung allenfalls bremsen, nicht jedoch umkehren konnten. Intakte, also nationalparkgeeignete Primärlandschaften, die im Sinne einer Gewinner-Gewinner-Strategie (siehe Abschnitt 5.4.3) die Bevölkerung in Industrienationen für „echte“ Natur begeistern können – und dazu gehört auch eine ökologisch überzeugende Flächenausstattung mit großtiergeeigneten Räumen (vgl. Kap. 3) – sind in Industrieländern nicht mehr zu finden. Daher müssen wir der Idee des „Entwicklungsnationalparks“ zum Durchbruch verhelfen. Ein Nationalpark muß heute gerade in den Industrieländern als Sympathieträger helfen, Mehrheiten für die Natur zu gewinnen.

Vervielfachen müßte sich auch der finanzielle Ansatz für Ankaufsflächen z. B. an Gewässerrändern oder ökologischen Vernetzungsbereichen in ausgeräumten Landwirtschaftsgebieten. Auch zur dauerhaften Pflege und Betreuung durch sog. Vertragsnaturschutz oder durch Forstämter mit eigener und durch Spezialisten auszudehnender Sachkompetenz müßten mehr Mittel bereitgestellt werden.

3 Einige ökologische Grundlagen – Erst verstehen, dann handeln

„Die Natur kennt weder Belohnung noch Strafe, lediglich Konsequenzen."
Ingersoll

Die Kenntnis dieses Kapitels sei vor allem all denjenigen empfohlen, die – wie in Kap. 6 bis 15 praxisnah dargestellt – effektiv und ökologisch zugleich in unseren Lebensräumen handeln wollen. Wer sich in diese teilweise recht komplizierte Materie gründlich eingearbeitet hat, wird künftig besonders vorsichtig in die Natur eingreifen.

Ökologie und Evolution

Für die Natur, für unsere Lebensgrundlagen kann sich nur einsetzen, wer die Sprache der Natur, ihre Gesetze versteht. Ausbeutung der Natur und Ausbeutung des Menschen sind sehr viel enger miteinander verknüpft, als viele meinen. Nur wenn wir uns bemühen, ökologische Zusammenhänge zu begreifen, werden unsere Reaktionen angemessen sein. Einseitige Artenschutzargumente können dem Naturschutz sogar schaden. So ist es z.B. zwar gut gemeint, aber im Ansatz falsch, alle insektenverzehrenden Singvögel als Schädlingsbekämpfer zu Nützlingen zu erklären. Woher wissen sie denn, welche Insekten schädlich und daher zu vertilgen sind? Die Natur kennt keine Nützlinge, Schädlinge oder Unkräuter, sondern nur vielfältigste Organismen, die insgesamt ein kompliziertes Wirkungsgefüge ergeben, dem wir uns weitgehend anzupassen haben und in das wir möglichst nur dort regulierend eingreifen sollten, wo die Selbstregulierung gestört ist oder wo wir aus einer Überproduktion angemessene Nutzungsmöglichkeiten haben. Dann sind auch Ökologie und Ökonomie keine Gegenpole: „Ökologie ist nichts anderes als gescheite Ökonomie", sagte Konrad Lorenz.

Ökologie ist die Lehre vom Naturhaushalt, die Wissenschaft von den Beziehungen und Wechselwirkungen zwischen allen Lebewesen selbst und zwischen ihnen und ihrer Umwelt. Unter Lebewesen werden Mikroorganismen, Pflanzen, Tiere und Menschen gleichermaßen erfaßt, so daß diese Definition durchaus auch umweltpolitisch brauchbar ist. Ökologie ist eine sehr komplizierte und differenzierte Wissenschaft; auf sie trifft der Satz ganz besonders zu: „Je mehr man weiß, desto mehr weiß man, daß man nichts weiß." Für uns Praktiker reicht jedoch ein Grundwissen, das uns nachdenklich und zugleich vorsichtig werden läßt. Es fängt mit ständigem Fragen an: „Warum steht gerade diese Pflanze hier, von wem erhält diese oder jene Tierart ihre Energie, wie mag sich die Abhängigkeit Pflanze–Tier zu einer Funktionseinheit evolutionär entwickelt haben?"

Nach dem Rezept des Physikers Whitehead: „Suche Einfachheit, aber mißtraue ihr!" stoßen wir bei ökologischer Betrachtungsweise automatisch auf die „Ahmaz-Regel": Alles hängt mit allem zusammen. Sie fordert uns auf, nicht nur – wie es meist geschieht – die einzelnen Organismen isoliert zu betrachten, sondern auch die Population (alle Individuen einer Art in einem bestimmten Raum) sowie die Lebensgemeinschaft verschiedener Populationen. Dabei dürfen dann z. B. historische (evolutionäre), geologische und klimatische, biochemische und verhaltensphysiologische Aspekte nicht vernachlässigt werden. Die Ökologie liefert durch ihre Untersuchung der Wechselbeziehungen zwischen den Organismen und ihrer physikalischen, chemischen und biologischen Umwelt den Schlüssel zum Verständnis auch unseres Überlebens (d. h. der Art Mensch). „In der Biologie ergibt nichts einen Sinn, es sei denn, man betrachtet es im Licht der Evolution", und „in der Evolution ergibt sehr wenig einen Sinn, außer man betrachtet es im Licht der Ökologie." (Begon et al., 1991)

Das Wort „Ökologie" ist zu einem Modewort, gewissermaßen zu einem Qualitätsbegriff geworden. Da es sich dabei jedoch um eine wertfreie Wissenschaft handelt – auch ein Maisfeld oder eine Pflasterritze haben eine Ökologie – und praktischer Umwelt- und Naturschutz dagegen wertend und handlungsorientiert sind, werden auch in diesem Buch die Begriffe „Ökologisierung" oder „ökosystemgerecht" dem Trend der Allgemeinsprache folgend etwas mißbraucht. Es geht mir bei solchen Vereinfachungen allein um leichteres Verstehen.

3.1 Artenschwund – Mißachtung von Evolution und Standortfaktoren

„Auf tausend Menschen, die bereit sind, Großes zu leisten, kommt höchstens einer, der bereit ist, Kleines zu tun, das ist das Dilemma unserer Zeit."
Amerikanischer Staatsmann

Da alles Leben von der Energiebindung des Sonnenlichts durch die Pflanzen abhängt, muß fundierter Naturschutz grundsätzlich bei den Pflanzen beginnen, die von Natur aus – also evolutionär – auf einen Standort gehören. Eine Mitverantwortung für Veränderungen oder Störungen trifft damit grundsätzlich schon mal jeden, der in irgendeiner Form auf die Zusammensetzung der Vegetation Einfluß nimmt. Das geht nicht nur Gärtner, Land- und Forstwirte, Jäger, Städte- oder Wasserbauer, sondern auch Politiker und Fabrikanten an; sogar Juristen sollten sich angesprochen fühlen: Richter tragen mit übertriebenen Verkehrssicherungsurteilen (z. B. am Rand von Verkehrsräumen) mehr zur Vegetationsverarmung bei, als sie ahnen.

„Weltverbesserung fängt zu Hause an", hat Pearl S. Buck einmal treffend formuliert: Pflanzen können ihren Standort nicht wechseln, sondern nur durch Absterben verschwinden. In Abhängigkeit von den natürlichen Pflanzen hat die Natur im Laufe der Evolution eine enorme Arten- und Formenfülle bei den Tieren hervorgebracht, die immer dann zum Aussterben verurteilt sind, wenn ihnen mit den Pflanzen die Lebens- und Energiebasis genommen wird. Je weiter die Spezialisierung einer Tierart entwickelt ist, desto geringer ist ihre Möglichkeit, auf andere Pflanzen als Energiespender zu wechseln. Oder umgekehrt: Je mehr standortfremde Kräuter, Sträucher oder Bäume wir anpflanzen, desto sicherer sorgen wir dafür, daß auch die Fauna verarmt. Der enorme Artenschwund – sichtbar z. B. bei Schmetterlingen oder Vögeln – ist Resultat der Verdrängung spezieller Pflanzen. Die tatsächlichen Auswirkungen reichen jedoch schon vielfach weiter und haben längst auch die arten- und individuenreichste Fauna, nämlich die Bodenlebewesen, erfaßt, die ebenso auf die Zuführung „ihrer" Energie durch die naturgemäße oberirdische Vegetation angewiesen sind.

Gegen diese ökologischen Grundgesetzmäßigkeiten wird ständig verstoßen. Mit Steuergeldern wird z. B. noch die letzte naturnahe Ecke in Parks zum extrem artenarmen Messerhaarschnittrasen „totgepflegt", die Gärtner pflanzen immer seltenere Kunstprodukte der Gartencenter an und verteidigen sie gegen die Konkurrenz der standortgemäßen Vegetation mit Chemie und Technik, alles Laub (Bioenergie) wird aus fehlverstandener Ordnungsliebe abgesaugt. Wir ahnen kaum noch, welche natürliche (!) Schönheit uns auf diese Weise vorenthalten wird. Hier, in unserer unmittelbaren Umgebung, müssen wir mit der Ökologisierung, mit dem Rückbau zu mehr Naturnähe anfangen. Sonst beschleunigt sich der Artenschwund weiter und gefährdet uns alle (siehe Punkt 2.11).

Im Laufe der Jahrmillionen dauernden Evolution haben sich die Pflanzen in ihrem Konkurrenzkampf um das Sonnenlicht sowie um die im Boden vorhandenen Nährstoffe mehr oder weniger spezialisiert. Der spezielle Standort einer Pflanze ist ein Habitat, der sich von anderen Pflanzenstandorten in irgendeiner Form unterscheidet. Die abiotischen Standortfaktoren, auf deren feine Unterschiede Pflanzen mehr oder weniger ausgeprägt reagieren, also konkurrenzstärker oder -schwächer sind, lassen sich beispielhaft durch folgende Umweltbedingungen andeuten:

Temperatur

Die Temperatur im Tagesgang, in der Vegetationszeit oder im ganzen Jahreslauf spielt bei Pflanzen und Tieren gleichermaßen eine entscheidende Rolle für ihre spezielle Anpassung. Es gibt im allgemeinen drei wichtige Temperaturbereiche: gefährlich tiefe, gefährlich hohe und jene dazwischen. Im mittleren Bereich steigen die Stoffwechselreaktionen mit der Temperatur. Man kennzeichnet diese Beziehung als „Temperaturkoeffizient Q". Für den Kartoffelkäfer ist z. B. im mittleren Temperaturbereich ein Q 10 von 2,5 ermittelt worden, der besagt, daß für jeden Temperaturanstieg von 10°C die Reaktionsrate (Sauerstoffkonsum, Entwicklungsgeschwindigkeit) auf das 2,5fache ansteigt (Begon et al., 1991). Schon das kleine Beispiel zeigt, welch enorme kleinstandörtliche Bedeutung das Kleinklima (z. B. Belichtung oder Beschattung, Exposition, Höhenlage) und auch das Großklima für Pflanzen und Tiere haben.

Umgekehrt ist für viele Pflanzen auch eine Kälte- oder Frostperiode zur Anregung der Keimung erforderlich, die mit anderen Stimuli (z. B. Photoperiode) zusammenwirken kann. Bekannt ist dies z. B. beim Birkensamen, der entweder durch photoperiodische Auslösung keimt oder nach Kälteeinwirkung auch ohne Lichtsteuerung. Ähnliche Effekte gibt es häufig bei Insekten. Hohe Temperaturen führen im Wechselspiel mit dem Wasserhaushalt leicht zu Stoffwechselstörungen. Sehr differenziert zu beurteilen ist auch die Wirkung von besonders strengen oder besonders milden Wintern, die bei unterschiedlichen Arten zu gegenteiligen Reaktionen führen können. Bei Wasservögeln etwa können strenge Winter schon allein durch das Zufrieren der Nahrungsbereiche starke Populationseinbrüche bewirken. Dagegen führen milde Winter bei winterschlafenden Säugetieren (die unter Umständen sogar aufwachen) und bei Insekten zu erhöhtem Engergieverbrauch und dadurch zum Absterben. Milde Winter ziehen in Deutschland regelmäßig einen Zusammenbruch von Igelpopulationen nach sich, und es kommt zu sehr starken Verlusten bei Fledermäusen, Grashüpfern, Grillen und vielen Schmetterlingen (Remmert, 1992). Der Treibhauseffekt und die daraus resultierende Klimaerwärmung kann daher weitreichende Kettenreaktionen innerhalb der Ökosysteme auslösen.

Wasser, Luft- und Bodenfeuchtigkeit

Wasser gelangt für die Photosynthese durch die Wurzeln über den Transpirationsstrom und durch die Spaltöffnungen an die Assimilationsorgane. Das Wasservolumen, das eine Pflanze beim Wachstum in die Zellen einbaut, ist verschwindend gering im Vergleich zur Wassermenge, die die Pflanze zur Transpiration passiert. Ohne Wasser kein Stoffwechsel, weder bei Pflanzen noch bei Tieren.

In trockenen Gebieten kann die Lage der Wasserlöcher die Verbreitung und Häufigkeit der großen Pflanzenfresser steuern und dadurch wiederum die Vegetationszusammensetzung in verschiedener Entfernung von den Wasserlöchern. Bei hohen Temperaturen kann der Wasserverlust tödlich sein. Dann hilft auch das Schließen der Spaltöffnungen bei Pflanzen oder der Tracheen bei Insekten nichts mehr. Die Transpiration nämlich trägt durch Verdunstungskälte zur Senkung der Körpertemperatur bei, und ohne Transpiration kann kein Pflanzenkörper aufgebaut werden.

Hochgradige Spezialisierung auf bestimmte Temperatur- und Feuchtigkeitsbereiche zeigt z. B. die Taufliege Drosophila. Sie verliert Wasser durch ihre Atmungsöffnungen, die während ihrer Aktivitätsperioden offen sein müssen. Sie ist generell auf Wälder beschränkt (hohe relative Luftfeuchtigkeit), besucht nur selten offene Stellen (niedere relative Luftfeuchtigkeit) und fliegt (= größte Energieleistung) nur kurz nach und kurz vor Sonnenaufgang. Dies sind Perioden mit der geringsten Temperatur und der höchsten relativen Luftfeuchtigkeit. Am Mittag würde die fliegende Drosophila schnell dehydriert und damit umkommen (Begon et al., 1991).

Der pH-Wert im Boden/Wasser

Der pH-Wert (Säuregrad) beeinflußt maßgeblich Verbreitung und Häufigkeit von Organismen. Das ist heute besonders aktuell, weil erhebliche Säuremengen über den sog. sauren Regen auf unsere Ökosysteme einwirken. Das Protoplasma der Wurzelzellen der meisten Gefäßpflanzen wird durch toxische H^+- oder OH^--Ionenkonzentrationen im Boden unter pH 3 oder oberhalb pH 9 geschädigt. Indirekt beeinflußt der pH-Wert des Bodens auch die Verfügbarkeit von Nährstoffen. Unterhalb von pH 4–4,5 im sog. Aluminium-Pufferbereich enthalten Mineralböden eine so hohe Konzentration von Aluminiumionen, daß sie für die meisten Pflanzen giftig wird. Mit sinkendem pH-Wert werden Schwermetalle ionisiert und dadurch in der Bodenlösung transportabel, für die Pflanzen aufnehmbar und giftig.

Die pH-Toleranzgrenzen variieren zwischen den Pflanzenarten, aber nur wenige können bei einem pH-Wert unterhalb 4,5 wachsen und Samen bilden (Begon et al., 1991). Auch das Pilzwachstum geht bei niedrigem pH-Wert zurück. Der Durchschnittswert heutiger Niederschläge liegt in Deutschland bei pH 4,2, Werte unter pH 4 werden oft erreicht, ein Extremwert mit pH 1,8 wurde im Bereich einer Fichten-Kronentraufe im Harz gemessen. Die negativen Auswirkungen und ökologischen Kettenreaktionen sind bei Pflanzen und Tieren in Gewässern ähnlich: Mit zunehmender Versauerung sinkt die Artenvielfalt.

Mineralische Nährstoffe

Für alle grünen Pflanzen sind gewisse Elemente unentbehrlich (Hauptnährstoffe wie N, P, S, K, Ca, Mg und Fe; Spurenelemente wie Mn, Zn, Cu, Bo), sie nutzen diese jedoch in unterschiedlichen Verhältnissen. Da jedes Element einzeln als Ion oder Molekül in die Pflanze gelangt und spezifische Eigenschaften in bezug auf die Absorbtion und Diffusion im Boden hat, ist die Zugänglichkeit für die Pflanze nicht nur vom Gehalt im Boden abhängig, sondern z. B. auch von der Feuchtigkeit, vom pH-Wert, von der Korngröße oder der Humusqualität. Bei Mangel an unentbehrlichen Nährstoffen wachsen Pflanzen langsamer und sind weniger konkurrenzstark. Andererseits führt die Präferenz bestimmter Nährelemente – oder anderer Standorteigenschaften – auch zu besonderen Konkurrenzvorteilen, so daß gewisse Zeigerpflanzen Bioindikatorwirkung für einen Standort haben.

Die Pflanzen – und mit diesen in Wechselbeziehung die Tiere – haben sich im Verlauf der Evolution abhängig von allen Standortfaktoren mehr oder weniger spezialisiert. Veränderungen von wesentlichen Standortfaktoren wirken daher auf die Pflanzenvielfalt, auf die Tiere als davon abhängige Verbraucher, auf den Boden über die ebenfalls spezialisierten Zersetzer und darüber hinaus auf alle Wechselbeziehungen dieser Glieder. Abgesehen von direkt schädigenden Einflüssen (z. B. Umweltgifte, saurer Regen und daraus resultierende Verluste von Nährelementen) verursachen wir mit unseren „normalen" Eingriffen häufig eine Kappung extremer Standortfaktoren und damit einen „Standortseinheitsbrei", der viele auf extreme Bedingungen spezialisierte Pflanzen und damit die davon abhängigen Tierarten verschwinden läßt:

Temperatur: Die abgasbedingte Klimaerwärmung verändert grundlegend viele Konkurrenzverhältnisse von Pflanzen, Tieren und deren Wechselbeziehungen.

Wasser: Durch Entwässerung, Drainage, Grundwasserabsenkung, Bachbegradigung, Oberflächenversiegelung, Bodenverdichtung, Entnahme des Laubabfalls und damit Entzug der Nahrung der für die Bodenbelüftung wichtigen Bodentiere usw. gelangen die auf anderen Wasserhaushalt spezialisierten Pflanzen und Tiere schnell in tödliche Bedrohung. So ist das Verschwinden der Störche ein einfaches Reaktionsbeispiel der Entwässerung vieler Feuchtstandorte.

Nährstoffe: Schon allein die immense Zuführung von Nährstoffen über die Luft verdrängt sehr viele auf Nährstoffarmut spezialisierte Arten.

Hinzu kommen biologische Eingriffe, die über Verinselung, Zucht und Selektion bis zur genetischen Vereinheitlichung und Gendrift reichen könnten. Alle Einflußfaktoren zusammen bestimmen die naturnahe Artenvielfalt eines Standortes. Das unter Forstleuten bekannte „eiserne Gesetz des Standörtlichen" gilt prinzipiell überall und trifft in der Regel zuerst die Pflanzen. Es gilt daher, naturnahe Standorte zu erhalten oder ihre Naturnähe und natürliche Pflanzenvielfalt wieder herzustellen.

3.2 Die Assimilation – Produktions- und Energiegrundlage allen Lebens

„Wir wollen nicht streiten, wie eine Feuersbrunst entstand. Laßt uns lieber an die Arbeit gehen, sie zu löschen!"
Johann Amos Comenius (1592–1670)

Wir müssen die Assimilation (= Photosynthese) als wichtigsten irdischen biochemischen Vorgang begreifen und uns immer wieder bewußt machen, daß alles Leben von der Sonnenenergie gespeist wird. Am Anfang einer Nahrungskette steht stets eine autotrophe Pflanze, denn nur die grünen Pflanzen können einen Teil der Sonnenenergie absorbieren, je nach Vegetationstyp 0,1 bis 4 %: Tropenwälder 1 bis 3 %, Wälder der gemäßigten Zonen 0,6 bis 1,2 %, Nutzpflanzen in gemäßigten Zonen ca. 0,6 %.

Die Pflanzen produzieren ihre Biomasse aus Wasser und den darin gelösten Grundstoffen (aus dem Boden) sowie aus Kohlendioxid (aus der Luft) mit Hilfe des Sonnenlichtes und seiner Energie nach der Gleichung Assimilation – Dissimilation (s. Tabelle 10).

Die Energie, die als Strahlung vom Chlorophyll aufgefangen wird, dient zur Spaltung von Wassermolekülen. Kohlendioxid wird bei der Assimilation reduziert und Sauerstoff freigesetzt.

Die Umsetzung von Sonnenenergie in chemische Energie wird durch den grünen Farbstoff Chlorophyll vermittelt. Mit Hilfe dieses Blattgrüns kann die Pflanze das Kohlendioxid der Luft, das Wasser des Bodens und die Sonnenenergie so verbinden, daß Zuckerbausteine entstehen, die diese Energie enthalten, und zugleich Sauerstoff an die Umwelt abgegeben wird. Diesen Vorgang nennt man Assimilation (= Photosynthese). Alle grünen Pflanzen sind von Chlorophyllpigmenten für die Fixierung von Kohlenstoff abhängig, und diese Pigmente fixieren Strahlung zwischen 380 und 710 nm Wellenlänge. Man nennt sie „photosynthetisch aktive Strahlung" (PAR). Sie entspricht in etwa dem für das menschliche Auge sichtbaren Bereich, also dem, was wir „Licht" nennen. Etwa 56 % der auf die Erdoberfläche einfallenden Strahlung liegen außerhalb der PAR und sind somit für grüne Pflanzen nicht nutzbar (Begon et al., 1991).

Zur Aufrechterhaltung der eigenen Lebensvorgänge verbraucht die Pflanze ständig wieder etwas von dem am Tage bei Sonnenlicht produzierten Energievorrat. Sie tut dies, indem sie einige Zuckermoleküle in Wasser und Kohlendioxid zerlegt, also die obige Gleichung umkehrt. Diesen umgekehrten Vorgang nennt man Dissimilation (= Atmung der Pflanzen).

Tabelle 10: Assimilation – Dissimilation

Am Tag Assimilation + Atmung

$6\ H_2O$	+	$6\ CO_2$ + Lichtenergie	=	$C_6H_{12}O_6$	+	$6\ O_2$
Wasser	+	Kohlendioxid (wird verbraucht)	=	Kohlenhydrat (enthält Energie)	+	Sauerstoff (wird frei)
108 g	+	264 g	=	180 g	+	192 g

In der Nacht nur Dissimilation
(ähnlicher Vorgang: Veratmung, Verbrennung, Verwitterung, Verfaulung)

$C_6H_{12}O_6$	+	$6\ O_2$	=	$6\ H_2O$	+	$6\ CO_2$	+	Energie
Kohlenhydrat	+	Sauerstoff (wird verbraucht)	=	Wasser	+	Kohlendioxid (wird frei)	+	Wärme (wird frei)

Assimilation ist also nicht nur alleiniger Produzent der Lebens-Energie, sondern reguliert auch den Sauerstoffgehalt der Luft und des Wassers. Im Wasser assimilierende Pflanzen beeinflussen zudem den Säuregrad des Wassers, da durch die Entnahme oder Abgabe von Kohlendioxid (CO_2) der Kohlensäuregehalt beeinflußt wird (Kohlensäure bildet sich aus Kohlendioxid und Wasser). Bei zunehmender Versauerung unserer Gewässer hat diese Regulation und damit die Notwendigkeit zur naturnahen Gestaltung aller Gewässer an Aktualität gewonnen.

Ein Quadratmeter Blattfläche produziert stündlich etwa ein Gramm Zucker. Die Nettoassimilation (= Nettoprimärproduktion NPP) ist die Zunahme von Trockensubstanz, die sich aus der Differenz zwischen photosynthetischer Assimilation (= Bruttoprimärproduktion) und den Verlusten durch Atmung, Fraß und Streufall ergibt. Begon (1991) berichtet von Untersuchungen am Feldahorn, bei dem die jährliche gesamte Photosynthese 1342 g CO_2 pro m^2, der nächtliche Atmungsverlust 150 g CO_2 pro m^2 betrug, was eine Nettoassimilation von 1192 g pro m^2 ergibt.

Die jährliche Produktionsmenge an Biomasse ist in natürlichen Ökosystemen und landwirtschaftlichen Produktionsbereichen recht unterschiedlich und wird durch Umweltbedingungen (z. B. Temperatur) und die Verfügbarkeit anderer Ressourcen, besonders von Wasser, begrenzt:

1. Tropischer Regenwald 10–35 t Trockengewicht/ha
2. Europäischer Laubwald 4–25 t Trockengewicht/ha
3. Offener Ozean 200 kg–4 t Trockengewicht/ha
4. Zuckerrohr/-rüben 9 t Trockengewicht/ha
5. Kartoffeln, Reis, Mais 5 t Trockengewicht/ha
6. Weizen 3 t Trockengewicht/ha

In einem Ökosystem können nur die assimilierenden Pflanzen Produzenten sein, während alle folgenden Stufen Konsumenten sind. Grob vereinfacht, benötigt jede Konsumentenstufe 90 % der Energie der vorhergehenden Stufe zur Aufrechterhaltung der eigenen Lebensvorgänge, wie z. B. die Nahrungskette eines untersuchten russischen Sees belegt:

Tabelle 11: Biomasse verschiedener Konsumentenstufen innerhalb einer Nahrungskette in einem russischen See

	%
Phytoplankton	100
Zooplankton	11,6
Planktonfressende Fische	1,5
Raubfische	0,1

Die Biomasse der Produzenten (hier assimilierendes Phytoplankton) wird hier = 100 % gesetzt. Die Verluste von einer Nahrungsebene zur nächsten liegen bei etwa 90 %. Aus 50 Mio. t assimilierendem Phytoplankton entstehen also etwa 5 Mio. t Kleinkrebse und daraus vielleicht 1 Mio. t Heringe und daraus wieder etwa 100 000 t Kabeljau oder Thunfisch. Zu beachten ist daneben, daß alle Pflanzen auch Wasser verdunsten mit entsprechenden Folgen für Luftzirkulation, Luftbefeuchtung, Luftfilterung usw. Das so z. B. unter Bäumen entstehende Kleinklima beeinflußt die menschliche Lebensqualität erheblich. Wir Menschen werden erkennen müssen, daß unser Dasein – Nahrung, Energie, Sauerstoff, Klima usw. – letztlich von der Funktion der Assimilation der Pflanzen abhängt.

Ein Pflanzenausfall löst Kettenreaktionen aus

Der Ausfall einer Pflanzenart trifft alle davon abhängigen Konsumenten. Da wir etwa fünfmal so viele Tierarten wie Pflanzenarten haben, sterben im groben Durchschnitt mit jeder Pflanzenart mindestens 5 Tierarten aus. Tatsächlich ist von einer wesentlich schlimmeren Relation auszugehen: Auf wichtigen Baum- und Straucharten bei uns kann eine Vielzahl von pflanzenverzehrenden Insektenarten leben, z. B. an Eichen 298, Weiden 218, Birken 164. Ähnliches gilt selbstverständlich auch für Kraut- und Grasarten. Da die Konsumenten in vielfältiger Weise im Nahrungsnetz voneinander abhängen, setzt die Verdrängung irgendeiner natürlich vorkommenden Pflanzenart aus einer naturnahen Lebensgemeinschaft eine unabsehbare Kettenreaktion in Gang. Bei vorsichtiger Schätzung werden wir unterstellen müssen, daß wir mit jeder Pflanzenart gleich 5 bis 25 Tierarten verdrängen, viele Ökologen sprechen sogar von 20 bis 40 Tierarten. Ähnliche Lawinenwirkungen sind im Nahrungsnetz der Destruenten im Boden zu erwarten, wenn sie statt natürlicher Blattmasse von Birken oder Weiden Biomasse standortfremder Nadelbäume erhalten, auf deren Zersetzung sie sich in ihrer Evolution nicht haben einstellen können.

Merke: Je seltener (und spezialisierter) eine Pflanzenart ist, desto seltener sind auch die davon abhängigen Tierarten. Oder umgekehrt: Je spezieller irgendein natürlicher Standort ist, desto seltener (und wertvoller im Sinne des Naturschutzes) sind auch die dort lebenden Pflanzen- und Tierarten.

3.3 Der Boden – unsere am reichsten belebte Basis

„Ich bin Leben, das leben will inmitten von Leben, das leben will."
Albert Schweitzer (1875–1965)

Unsere Böden – ob über oder unter Wasser – bilden die Basis, auf der menschliches und tierisches Leben existiert. Der Boden ist alles andere als eine leblose Substanz, in die man nur Nährstoffe hineinzupumpen braucht, um einen möglichst hohen Ertrag herauszuholen, oder in dem man ungestraft unbequeme Abfälle „verschwinden" lassen kann. Im Gegenteil: Alle Bodenarten bilden empfindliche, sehr komplexe Systeme von chemischen, kolloidchemischen und biologischen Faktoren. Obwohl Humus als solcher keine Pflanzennahrung darstellt, ist er in den meisten Böden für die Ernährung der Pflanzen lebensnotwendig: An den Huminsäuren können Stoffmoleküle absorbiert werden, die sonst rasch mit dem Regen ausgewaschen werden. Ebenso ist das Wasserhaltevermögen der Humusstoffe wichtig, da es eine gleichmäßige Mineral- und Wasserversorgung der Pflanze gewährleistet. Humuszehrung ist daher auf vielen Böden verantwortlich für den Rückgang der Primärproduktion (Remmert, 1992). Die unterschiedliche Aufschlußmöglichkeit der Pflanzen bei den Nährstoffen, ihr unterschiedlicher Nährstoffgehalt und die unterschiedliche Zersetzbarkeit ihrer abgestorbenen Biomasse sind entscheidend für die vom Standort geprägte Humusqualität.

Ein paar Zahlen mögen die schier unvorstellbare Vielfalt des Bodenlebens belegen. Einige der wichtigsten Pflanzen- und Tiergruppen in europäischen Böden – berechnet auf einen Bodenblock von 1 m² Oberfläche und 30 cm Tiefe (= 0,3 m³ Boden) – dienen als Beispiele (nach Dunger, 1970, in Illies und Klausewitz 1973):

Tabelle 12: Beispielzahlen für Organismen pro 0,3 m³ in europäischen Oberböden

	Anzahl Einzelwesen durchschnittlich und im Optimum	Gesamtgewicht in g durchschnittlich und maximal
Kleinste Pflanzen		
(Algen)	10^{12}–10^{15}	50–500
Bakterien	10^{12}–10^{15}	50–500
Pilze	10^{9}–10^{12}	100–1000
Kleinste Tiere (bis 0,2 mm)		
Geißeltierchen	5×10^{11}–10^{12}	10–100
Wimpertierchen	10^{6}–10^{8}	10–100
Kleintiere (0,2–2,0 mm)		
Fadenwürmer	10^{6}–2×10^{7}	1–20
Milben	100 000–400 000	1–20
Springschwänze	50 000–400 000	0,6–10

Auf eine kleine Einheit bezogen sieht das so aus: Gesunder Boden enthält pro Gramm an Mikroorganismen u.a. etwa 500 000 Bakterien, 400 000 Pilze, 50 000 Algen und 30 000 Protozoen.

Eine Handvoll gesunder Humuserde enthält vielfach mehr Lebewesen, als die Welt Einwohner hat, und man darf nie vergessen, daß das Zusammenspiel dieser Lebewesen genauso ökologischen und evolutionär vorgegebenen Gesetzmäßigkeiten folgt wie die oberirdische Flora und Fauna. In den oberen 20 cm eines guten Wiesenbodens findet man entsprechend große Mengen von organischer Substanz. Die folgenden Zahlen geben das Frischgewicht je ha an:

- 500 bis 600 t tote organische Substanzen, also pflanzliche und tierische Reste
- 50 bis 80 t Pflanzenwurzeln
- 10 bis 15 t Bakterien und Strahlenpilze
- 10 bis 15 t echte Pilze und Algen
- bis 4 t Regenwürmer
- über 1 t andere Tiere wie Würmer, Gliederfüßler (Insekten, Urinsekten, Spinnentiere, Milben, Krebstiere einschl. Asseln, Hundert- und Tausendfüßler), Schnecken, Wühlmäuse usw.

Allein die Biomasse (= Gesamtlebendgewicht) der Regenwürmer übertrifft die Biomasse an Rindern, die von der gleichen Wiesenfläche leben können.

Diese zahllosen Bodenlebewesen stehen untereinander in vielfältiger Beziehung und reagieren auf kleinste Einflüsse (nicht nur auf die chemische Keule oder Großmaschineneinsatz) sofort mit weitreichenden Reaktionsketten, deren Ende niemand zu bestimmen vermag. Kaum 10 % der Bodenbakterien sind erforscht. Das für uns Menschen entscheidende System der Bodenlebewesen liegt darin, daß sie

1. den Grundbaustein des Lebens – Kohlenstoff – als Kohlendioxid selbst erzeugen,
2. den lebensnotwendigen Stickstoff in für die Pflanzen erst verwertbarer Form binden,
3. den Kreislauf zur Wiederverwertung der in den Pflanzen und Tieren gebundenen Nährstoffe schließen.

Zu 1: Grundbaustein Kohlenstoff – erzeugt das Kohlendioxid

Wir selbst, Tiere, Pflanzen, Mikroben und damit auch unsere Nahrung, also die gesamte organische Welt, bestehen zu rund 50 bis 85 % der Trockensubstanz aus Kohlenstoff. Der Kohlenstoffkreislauf ist mit dem des Sauerstoffs eng verknüpft. Beide treffen sich in der Photosynthese aller grünen Pflanzen, in der Atmung der Tiere und in den Zersetzungsprozessen der Mikroben.

Obgleich die Luft das für diesen Prozeß erforderliche Kohlendioxid nur zu 0,03 % enthält, werden doch jährlich von Land- und Wasserpflanzen zusammen rund 120 Mrd. t organisches Material aufgebaut und eine entsprechende Menge zurückgegeben. Diese gewaltige Leistung vollbringen vor allem die Mikroorganismen des Bodens, die pro ha stündlich viele Kilogramm Kohlendioxid produzieren.

Zu 2: Bindung des Stickstoffs in pflanzenverwertbarer Form

Die Luft besteht zu 78 % aus Stickstoff. Während es beim Kohlenstoff die Pflanzen sind, die ihn aus der Luft aufnehmen, sind es beim Stickstoff als einzige die Bodenbakterien: Stickstoffsammler, die frei im Boden leben, und Knöllchenbakterien, die mit Pflanzenwurzeln in Symbiose leben. Sie binden den Stickstoff, bauen ihn ein und geben ihn schließlich bei der Zersetzung in pflanzenverwertbarer Form als Ammoniak oder Nitrat frei. In Pflanze und Tier zu Protein geworden, in körpereigenes Eiweiß umgebaut, über die Nahrungskette weitergereicht, als Harn und Kot ausgeschieden und schließlich wieder erneut zersetzt und wieder aufgenommen – steht auch der Stickstoff in einem ständigen Kreislauf.

Zu 3: Wiederverwendung der in Pflanzen und Tieren gebundenen Nährstoffe

Zunächst werden organische Abfälle durch größere Bodentiere (Asseln, Insektenlarven, Hornmilben, Springschwänze, Würmer usw.) zerkleinert. Jede weitere Zerlegung erfolgt dann durch spezielle Organismen bis in „Formen“, die als Nährstoffe wieder für Pflanzen verfügbar sind.

Nur ein kleiner Teil der jährlich aus dem Boden aufgenommenen Nährstoffe wird im Holz als Zuwachs festgelegt. Der größte Teil wird als Laubfall in Form der Blattbiomasse an den Boden zurückgegeben und dort durch die Bodenorganismen (die sich davon ernähren) wieder pflanzenverfügbar aufbereitet. Die Blätter stellen gewissermaßen das rotierende Kapital für die Bodenfruchtbarkeit des Waldes (oder auch eines Einzelbaumes) dar. Da die verschiedenen Baumarten die Nährstoffe des Bodens unterschiedlich aufnehmen, ist die standortgemäße Mischung sowohl für das rotierende Nährstoffkapital als auch für die Zusammensetzung der Bodenorganismen und damit auch für deren Wirkung auf die Bodenqualität von großer Bedeutung (nach Reichle, 1973 aus Remmert, 1992; verändert).

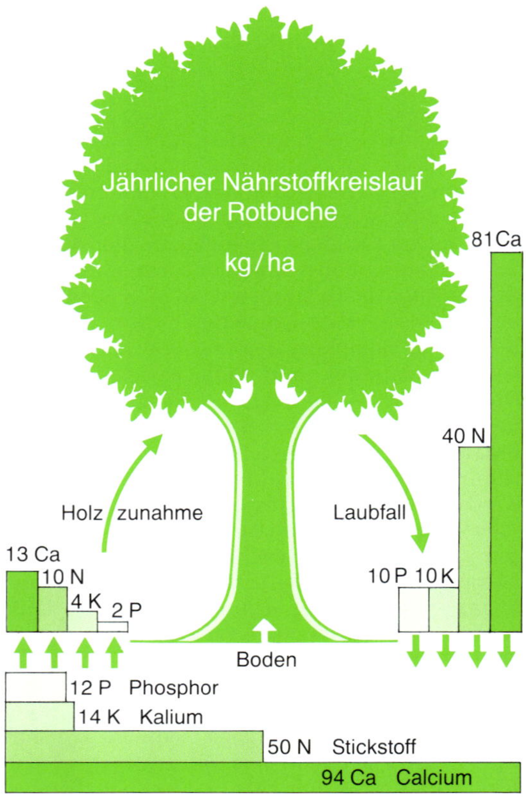

Abb. 2. Nur ein kleiner Teil der jährlich aus dem Boden aufgenommenen Nährstoffe wird im Holz als Zuwachs festgelegt. Der größte Teil wird als Laubfall in Form der Blattbiomasse an den Boden zurückgegeben und dort durch die Bodenoranismen (die davon ernährt werden) wieder pflanzenverfügbar aufbereitet. Die Blätter stellen gewissermaßen das rotierende Kapital für die Bodenfruchtbarkeit des Waldes (oder auch eines Einzelbaumes) dar. Da die verschiedenen Baumarten die Nährstoffe des Bodens unterschiedlich aufnehmen, ist die standortgemäße Mischung sowohl für das rotierende Nährstoffkapital als auch für die Zusammensetzung der Bodenorganismen und damit auch für deren Wirkung auf die Bodenqualität von großer Bedeutung (nach REICHLE, 1973 aus REMMERT, 1992; verändert).

Auch bei den Zersetzungsvorgängen haben sich interessante Abhängigkeiten entwickelt. Viele Abfallfresser betrachten z.B. durchaus auch ihren eigenen Kot als Nahrung. Asseln gedeihen besonders gut, wenn sie immer wieder ihre eigenen Ausscheidungen fressen können – mitsamt den darauf sitzenden Kleinstlebewesen. Je öfter sie denselben Nahrungsbrei verspeisen, desto höher ist insgesamt der Energiegewinn und desto wirksamer wird die Pflanzenmasse zersetzt. Die Mikroorganismen haben für die Detritusfresser praktisch die Funktion eines „ausgelagerten Zusatzmagens“ (Straaß, 1990). Die große Oberfläche der so immer wieder mechanisch zerkleinerten toten organischen Substanz ermöglicht es dann den nichttierischen Lebewesen, den Bakterien, Algen und

Pilzen (insbesondere Strahlenpilze), die unverdauliche Substanz schnell chemisch umzusetzen. Die Strahlenpilze haben z.B. die Fähigkeit, schwer abbaubare Stoffe wie Fette, Wachse, Paraffine, Holz (Lignin) und Chitin zu zerlegen. Sie sind es, die den typischen Bodengeruch erzeugen.

Im Darm der besonders nützlichen Regenwürmer werden organische Abfälle mit anorganischem Gesteinsverwitterungsmaterial vermischt und so die Bildung von Ton-Humus-Komplexen gefördert. Der Kot der Regenwürmer enthält fünfmal soviel Stickstoff, siebenmal soviel Phosphor und elfmal soviel Kalium wie normale Gartenerde (Straaß, 1990). Außerdem hinterlassen die Regenwürmer dauerhafte Gänge und tragen so wesentlich zur Bildung von Grobporen bei, die die Bodenlüftung erhöhen. Eine ganz wichtige, in der Praxis leider völlig unterschätzte Funktion haben die Regenwürmer auch als „Transportarbeiter". Sie ziehen ihre Nahrungsgrundlage – abgestorbene Pflanzenteile, z. B. Laubblätter – in ihre Röhren hinein und transportieren so Nährstoffe. Dabei kleiden sie die Wände ihrer Röhren mit kalkhaltigen Exkrementen aus. Pflanzenwurzeln wachsen in den feuchtegesättigten Regenwurmröhren, wobei die Wurzelhaare sich horizontal an die Gangwand „herantasten", um sich mit wassergelösten Nährstoffen zu versorgen.

Wurmtätigkeit in der Rohhumusschicht erzeugt wertvolle Ton-Humus-Komplexe mit stabiler Bindung von Schwermetallen, sorgt für gründliches Vermischen aller Bodenschichten, ein wirksames Wasserableitsystem und wirkungsvolle Tiefendurchlüftung. Durch Kalkdrüsenfunktion kommt es zu gesteigerter Neutralisierung organischer Säuren. Außerdem sorgt die Wurmtätigkeit für einen beschleunigten Nährsalztransport zu den Pflanzen. Kotkrümel und verstärktes Bakterienwachstum durch Belüftung stabilisieren die pflanzennotwendige Krümelstruktur der Erde. Regenwürmer legen selbst bei stärkster Bodenverdichtung (40 % Porenvolumen) überwiegend vertikale Gänge an. Für unsere in den Städten unter Bodenverdichtung leidenden Altbäume wären Regenwürmer also lebensrettend. Doch da das abfallende Laub – also wichtige Bioenergie – meist gärtnerischem Übereifer zum Opfer fällt, verlieren die Regenwürmer die Nahrungsgrundlage und die Bäume ihre Retter (vgl. Kap. 10, Abb. 73). So gesehen ist Laubabsaugen im Herbst ohne Kompostrückführung gleichbedeutend mit aktivem Verdrängen von alten Bäumen aus den Stadtbereichen, wo sie für die Lebensqualität besonders wichtig sind.

Fadenwürmer und Urtierchen (Protozoen) ernähren sich von verwesenden tierischen und pflanzlichen Leichen. Sehr wesentlich tragen auch die Hornmilben zur Zerkleinerung der Substanzen bei: Durch ihre Tätigkeit vergrößern sie die innere Oberfläche der Erde auf das 5000fache. Schließlich beteiligen sich auf bestimmten Böden vornehmlich Urinsekten von Anfang an am Zerkleinerungsprozeß, nämlich die Springschwänze (Kollembolen). Sie sind besonders zahlreich in sauren Bodenschichten, wo Regenwürmer kaum mehr vorkommen. Die feinverteilten Reste werden nun von Pilzen angegriffen, die dabei oft sehr schnelle und hohe Stickstoffumsätze erzielen. Die wichtigen Mykorrhiza-Pilze, die mit den Wurzeln höherer Pflanzen vergesellschaftet leben, stellen wahrscheinlich den Bäumen und anderen Pflanzen Aminosäuren über deren Wurzeln direkt zur Verfügung.

Schließlich wird das bereits stark zersetzte tote organische Material für die Bakterien verfügbar. Sie leisten die letzten chemischen Schritte im Zersetzungsprozeß, spalten aus einfacheren organischen Substanzen wieder pflanzenverfügbare Nährstoffe ab und schließen so den ewigen lebenswichtigen Kreislauf. Zur Funktionserhaltung und Stabilisierung des Gleichgewichts gibt es auf allen Stufen dieser Abbauprozesse auch räuberische Nutznießer wie Spinnen, Raubmilben, Raubinsekten (Ameisen, Käfer, Wanzen usw.), Hundertfüßler, Schnecken und Urtierchen, die sich von Gliedern dieser Zersetzernahrungskette ernähren.

Die meisten Blätter und sonstigen Pflanzenbestandteile gelangen beim Absterben (z. B. Laubfall) auf den Boden, bevor sie durch die Pflanzenfresser genutzt werden können. Der größte Energieanteil des Ökosystems wird somit im Kreislauf wieder in die Zersetzernahrungskette gepumpt. Damit sind die toten Überreste von Pflanzen die wichtigste Nahrungsquelle überhaupt. Ohne diese Abbauvorgänge wäre die Erde längst in ihrem eigenen Abfall erstickt, ohne diese vielschichtigen Kreislaufsysteme stünden den höheren Pflanzen die lebenswichtigen Nährstoffe nicht zur Verfügung, ohne den diesen Systemen zugrundeliegenden „Haushaltsgrundsatz" wäre die Energiebilanz der Erde längst zusammengebrochen. Saure Niederschläge als Folge der Abgasbelastung unserer Luft bedrohen dieses Gleichgewicht heute in zunehmendem Maß, sie haben bereits zu äußerst kritischen Nährstoffverlusten im Boden geführt.

Bodenfauna und -flora haben auch eine ganz besonders wichtige Speicherfunktion. Nährstoffe, die durch organischen Abbau oder Verwitterungsprozesse freigesetzt wurden, bauen Kleinstlebewesen in ihre Körpersubstanz ein. Dort sind die Nährstoffe vor Auswaschungsprozessen geschützt. Nach dem Tod ihrer Trägerorganismen stehen sie wieder zur Verfügung. Die Zersetzerkette und ihre unvorstellbar weit verzweigten Funktionsabläufe bilden deshalb die lebensnotwendige Basis unserer Nahrungspyramide. Um die vielfältigen Aufgaben vollständig bewältigen zu können, muß natürlich die Bodenmikroflora und -fauna dem natürlichen Ökosystem entsprechend artenreich sein, denn nur die naturnahe Artenvielfalt garantiert auch die nötigen Spezialisten, die auf besondere Anforderungen reagieren können. Und diese Artenvielfalt kann sich nur dann entwickeln und erhalten, wenn die erforderlichen Materialien wie Nadeln, Laub, Zweige u. a. auch tatsächlich auf dem Boden verbleiben können.

Selbst wenn Mikroben und Detritusfresser optimal zusammenarbeiten, bleibt Zersetzung von Pflanzenmaterial zumindest in unseren Breiten eine langwierige Angelegenheit: Ein Buchenblatt braucht in mitteleuropäischem Klima auf sauren Böden fünf Jahre, bis es optisch nicht mehr als Blatt zu erkennen, bis es strukturlos geworden ist. Durch Einsatz von Chemikalien wird der Prozeß zusätzlich behindert, denn er vermindert die Artenzahl, hemmt oder zerstört wichtige Bakterien und stört das biologische Gleichgewicht, indem er z.B. die Entwicklung von Schädlingen (z. B. der Nematoden) begünstigt. Monokulturen verändern die Ausgewogenheit der Bodenbestandteile, wodurch das Zusammenspiel der Mikroben gestört oder gar vernichtet wird, so daß sich Pflanzenschädlinge oft ungebremst vermehren können.

Mit der Abnahme der Bodenorganismen sinkt die Fruchtbarkeit und Tragfähigkeit der Böden, sinken Wasserhaushaltung und letztlich die Widerstandsfähigkeit der Pflanzen gegen Krankheit und Schädlinge. Der immer kurzsichtigere Kampf um Ertragssteigerung muß deshalb in eine Sackgasse führen. Während man noch um die Jahrhundertwende etwa genauso viele Kalorien an Energie in einen Hektar hineinstecken mußte, wie er dann in Form von Nahrung herausgab, hat man die inzwischen erreichte Verdoppelung des Hektarertrages nur dadurch erzielen können, daß man an Energieeinsatz das bis zu 20fache dessen hineinsteckt, was man gewinnt.

Durch die Vielfalt der Bodenorganismen noch gesunder Böden ist zudem gewährleistet, daß auch bestimmte Schadstoffe im Boden durch die Zersetzerkette unschädlich gemacht werden, wie z. B. DDT, das in etwa fünf Jahren abgebaut werden kann. Andere Schadstoffe aber, für die es keine Spezialisten (mehr) gibt, können sich dagegen anreichern. Die nicht abbaubaren oder sehr persistenten Stoffe (z. B. Dioxine) und die Schwermetalle werden auf diese Weise nicht aus dem Ökosystem entfernt und können ihrerseits viele Organismen zum Verschwinden bringen und damit das biologische Gleichgewicht zerstören. Für die Pflanzenernährung ist die Bindung des Luftstickstoffs durch Mikroben wichtig. In Versuchen wurde nachgewiesen, daß die Schwermetalle Zink, Cadmium, Kupfer und Nickel in Konzentrationen von wenigen ppm die Bindung von Stickstoff an Sojabohnen hindern. In einer Wasserkultur von Getreidepflanzen und Sonnenblumen verringerten kleine Konzentrationen von Blei, Cadmium, Nickel und Thallium die Photosynthese und das Wachstum der Pflanzen. Durch 100 ppm Blei werden Mikroorganismen geschädigt. Einen erheblichen Einfluß hat dabei auch der pH-Wert (Säuregrad), weil die Metalle bei sauer werdenden Böden (Folgen der Immissionen) in Lösung gehen und dann giftig wirken. So ist die Schwermetallanreicherung der Böden eine zunehmende Gefahr mit Langzeitwirkung, die auch landwirtschaftliche Böden bedroht (Industrie-Immissionen, Klärschlamm-Aufbringungen, Überschwemmungsablagerungen von Flußsedimenten, Baggergut-Aufbringungen u.a.).

Anregungen zur pfleglichen Bodenbehandlung

- Wir können aus den unvorstellbar vielschichtigen, komplizierten und in weiten Bereichen noch nicht erforschten Zusammenhängen nur die Schlußfolgerung ziehen, die Behandlung unserer Böden wesentlich stärker auf die natürlichen Gegebenheiten abzustellen.
- Jeder Boden ist das Ergebnis einer viele tausend Jahre währenden Entwicklung. In naturnahen Gebieten sollten wir es uns dreimal überlegen, ehe wir in dieses kostbare überlieferte Gut mit Großmaschinen eingreifen.
- Konsequente Reduktion aller vermeidbaren Schadeinflüsse, die auch von Natur aus nicht vorhanden wären (Luftverschmutzungen, Wasserbelastungen, Pestizidausbringungen, Düngungen, Bodenverdichtungen u. a.).
- Wiedernutzbarmachung möglichst vieler aus dem Kreislauf entnommener Stoffe im Sinne der natürlichen Vorgänge in der Bodennahrungskette, etwa durch Kompostierung von organischen Haushaltsabfällen.
- Förderung der naturnahen Pflanzenvielfalt und Belassung der Pflanzenabfälle an Ort und Stelle zur Stützung der Vielfalt der Bodenorganismen. Das gilt für Teile der Land- und Forstwirtschaft ebenso wie für Parkanlagen oder Hausgärten. Die vielen auf die Zersetzung oder auf ein Überwintern im Schutz dieser Pflanzenteile angewiesenen Kleinstlebewesen sind wichtige Glieder unserer Nahrungspyramide, Stabilisatoren unserer Ökosysteme und sehr oft auch direkte Nahrungsgrundlage unserer Vögel.

3.4 Kurzerläuterungen einiger Grundbegriffe und Zusammenhänge

„Es streiten sich und geraten in Widerrede die Menschen, die nur einen Teil sehen."
Buddha (ca. 560–483 v. Chr.)

Biotop = Lebensraum der Organismen

Die Gesamtheit der unbelebten Faktoren eines Ortes (z. B. Gesteine, Wasser, Luft, Licht, Wärme) bildet den Lebensraum oder Biotop der Organismen. Jeder Biotop beherbergt immer eine ganz bestimmte Lebensgemeinschaft von Pflanzen und Tieren. Mit jeder Änderung und jedem Eingriff im Biotop ändert sich auch die Zusammensetzung der Lebensgemeinschaft. Im allgemeinen Sprachgebrauch schließt der Begriff Biotop heute auch die belebten Faktoren des Lebensraumes ein, da diese stets zu den Wechselwirkungen beitragen. Bezieht man den Lebensraum nur auf eine Art, spricht man von Habitat. Es gibt Pflanzenhabitate und Tierhabitate. Das Habitat ist quasi die Adresse eines Lebewesens.

Biozönose = Lebensgemeinschaft

Der Lebensraum (Biotop) wird von einer Lebensgemeinschaft bewohnt. Eine Lebensgemeinschaft aus Pflanzen und Tieren bezeichnet der Ökologe als Biozönose.

Biosphäre

der gesamte belebte Raum der Erdkugel

Produzenten – Konsumenten – Destruenten

Da nur Pflanzen Sonnenenergie binden können und von dieser Bioenergieproduktion alles weitere Leben abhängt, sind – ökologisch betrachtet – nur Pflanzen „Produzenten". Über die pflanzliche Biomasse beginnt damit stets ein Energiefluß, der über die pflanzenfressenden Primärkonsumenten (Pflanzenfresser = Herbivore) zu den fleischfressenden Sekundärkonsumenten (Fleischfresser = Carnivore) und den weiteren Tertiärkonsumenten usw. verläuft. Damit sind alle Tiere Konsumenten. Die Körper dieser Tiere sind wiederum Nahrungsressourcen für Parasiten und nach dem Tod für Aasfresser. Am Ende dieses Energieflusses stehen die Destruenten (= Zersetzer), die die Abfälle von Pflanzen und Tieren wieder bis zur Stufe der anorganischen Ausgangsstoffe abbauen und zerlegen, z. B. Regenwürmer, Pilze, Bakterien, Detritus fressende Tiere. Die daraus resultierende Humusbildung lockert den Boden, so daß Luft und Wasser leichter eindringen können.

Beispiel einer Nahrungskette

1. Pflanze = Bioenergie – Produzent
2. Hase = Pflanzenfresser (Herbivore) = Primärkonsument
3. Fuchs = Fleischfresser (Carnivore) = Sekundärkonsument
4. Luchs = Fleischfresser (Carnivore) = Tertiärkonsument
5. Bodenlebewesen = Zersetzerkette = Destruenten

Jeder Organismus reichert den Lebensraum für andere Organismen an; seine Anwesenheit allein bedeutet, daß sein Körper nach dem Tod als Futter zur Verfügung steht, und während seines Lebens Kot, Urin oder abgestorbene Blätter in die Umwelt gelangen.

Circadiane und circaannuale Rhythmik

Bestimmte Lebensvorgänge sowohl von Pflanzen als auch von Tieren verlaufen im 24-Stunden-Rhythmus (= circa dies = ungefähr ein Tag = circadiane Rhythmik) oder im Jahres-Rhythmus (= circa annus = ungefähr ein Jahr = circaannuale Rhythmik). Das Fressen oder Schlafen spielt sich z. B. nach einer circadianen Rhythmik ab, während Brunft, Balz, Vogelzug einer circaannualen Rhythmik folgen. Viele ökologische Faktoren unterliegen mit der Erddrehung korrelierten zyklischen Veränderungen, wie Licht, Temperatur, relative Luftfeuchtigkeit, Aktivität von Räubern und Konkurrenten. So zeigen z. B. viele Tiere in Dauerlicht Verhaltensstörungen oder Fortpflanzungsstörungen. Fischer (Göttingen) hat Damhirsche in Versuchsgehegen der Universität allein durch Verkürzung der jährlichen Lichtperiodik dazu gebracht, vier Geweihe in einem Jahr zu entwickeln. Ebenso schwankt z. B. die Kältetoleranz bei Insekten, Warmblütern und Pflanzen in regelmäßigem Jahresrhythmus. Vögel und Säugetiere entwickeln ein Winterkleid, das etwa beim Hausspatz um 30 % schwerer ist als das Sommergefieder. Durchweg scheinen bei derartigen „physiologischen Uhren" die Licht/Dunkelzeiten die Hauptrolle zu spielen (Remmert, 1992).

Generalisten – Spezialisten

Der Grad einer Spezialisierung als Ergebnis der Koevolution in einer Lebensgemeinschaft bestimmt letztlich auch den Gefährdungsgrad von Konsumentenarten. Konsumenten können Generalisten (polyphag) sein und eine Vielzahl von Arten als Nahrung nutzen – obgleich oft eine Rangfolge in der Bevorzugung der verschiedenen Arten festzustellen ist. Es gibt aber auch Spezialisten unter den Konsumenten; sie können oligophag (nur wenige Beutearten nutzend) oder monophag sein (nur eine Beuteart nutzend). Auch Spezialisierung nur auf bestimmte Teile der Nahrung kommt vor, verbreitet etwa bei Pflanzenfressern (Herbivoren). Wenn z. B. Reh- und Rotwild im Wald gern die Triebe junger Himbeeren verbeißen, dann sind sie in ihrer Nahrung nicht darauf angewiesen, weil sie noch eine ganze Reihe anderer Pflanzen fressen können. Auch für Vögel, die Himbeeren fressen, sind diese nur eine saisonale Komponente ihrer im Jahreslauf ständig wechselnden Nahrung.

Ganz im Gegensatz zu diesen Generalisten steht der Himbeerkäfer, der seine Eier in die Blüte legt und dessen Larven ihre Entwicklung in der Frucht abschließen. Die Puppe bleibt danach in Diapause (Entwicklungsruhe), bis nach 10 bis 11 Monaten die Himbeeren wieder blühen (Begon et al., 1991). Dieser Spezialist ist also vollständig auf die Himbeerblüte bzw. die Frucht und damit auch auf eine genaue Einhaltung der Jahreszeit in seiner Entwicklung angewiesen. Bei Pflanzenfressern ist der Grad der Spezialisierung oft wesentlich höher als bei Fleischfressern, weil Pflanzen differenzierter zusammengesetzt sind. Die Pflanzenzellen mit Cellulose, Lignin und vielen anderen Stoffen sind in Abhängigkeit u. a. vom C- zu N-Verhältnis (z. B. 40 zu 1 oder 200 zu 1) unterschiedlich schwer von Konsumenten zu erschließen, während das Verhältnis bei Konsumenten (Bakterien, Pilzen, Pflanzenfresser, Fleischfresser) nur etwa zwischen 8 zu 1 oder 10 zu 1 schwankt. Was den Gehalt von Eiweiß, Kohlehydraten, Fett, Wasser und Mineralstoffen pro Gramm angeht, besteht hinsichtlich der Konsumation weniger Unterschied zwischen einer Nahrung aus Raupen, Fischen oder Wildfleisch als zwischen verschiedenen Pflanzen (Begon et al., 1991).

Neben dem C- zu N-Verhältnis sind oft sekundäre Pflanzenstoffe wie z. B. Tannine für die Art der Konsumation entscheidend. Deswegen schadet die Verdrängung einer standortgemäßen Pflanze oft weit mehr als die Verdrängung einer Konsumentenart, die in der Nahrungskette leichter zu ersetzen ist. Parasiten, insbesondere Pflanzenparasiten, sind oft typische Spezialisten und nicht selten monophag. So fand Janzen (1980) in Costa Rica bei 110 Käferarten, deren Larven sich in Samen von Dikotyledonen entwickeln (sie „parasitieren"), daß von den 110 Arten 83 monophag waren, 14 auf 2 Arten lebten, 9 auf 3, 2 auf 4 und 1 Art auf 6 Wirtspflanzen, obwohl insgesamt 975 Pflanzenarten im untersuchten Gebiet vorkamen.

Nahrungspräferenzen bei Wildtieren und jagdliche Konsequenzen

Es gibt auch gezielte, bedarfsgesteuerte Nahrungsauswahl. Schafe und Rinder haben z. B. eine Präferenz für hochwertige Nahrung. Sie bevorzugen Blätter gegenüber Stengeln und Grünfutter gegenüber Heu. Literaturübersichten zeigen, daß alle Generalisten unter den Herbivoren in experimentellen Fraßtests bei freier Nahrungsauswahl die angebotenen Pflanzen in einer Rangfolge nutzen (Crawley, 1983). Unterschiede bei der Nahrungsauswahl haben ökologisch weitreichende Konsequenzen, weil z. B. Wildschafe und Rinder durch ihre Präferenzen die Konkurrenzverhältnisse der Flora anders beeinflussen als etwa Rehe, die als recht extreme Konzentratselektierer deutlich andere „Leckereien" bevorzugen.

Mit einer Nahrungspräferenz nach Wertigkeit und Jahreszeit ist auch die im Jahreslauf unterschiedliche Annahme von Äsungsflächen durch Schalenwildarten in Waldgebieten zu erklären. Es ist erstaunlich, welche Kriterien im Hinblick auf Nährstoffbedarf Einfluß haben können. Karibus, die während des Winters Flechten fressen, leiden im Frühling unter Mineralstoffmangel, den sie dadurch ausgleichen, daß sie Meerwasser trinken, mit Urin benetzten Schnee fressen und an abgeworfenen Geweihen nagen. Übrigens brauchen wir uns nur selbst als Beispiel dafür zu betrachten, daß eine gemischte Nahrung zu besserer Leistungsfähigkeit führt als eine einseitige Ernährung (Begon et al., 1991).

In jedem Fall wird das Verständnis für derartige Unterschiede im Nahrungsspektrum durch eine Betrachtung der gemeinsamen Evolution von Prädatoren und ihrer Beute gefördert. Nahrungspräferenz und Nahrungsaufnahmeperiodik sind für jagdliche Eingriffe bei Schalenwildregulationen von Bedeutung. Bei zu hohem Jagddruck – wenn z. B. täglich die gleichen Hochsitze besetzt und Gebiete „verstänkert" werden – kann die daraus resultierende Verhaltensänderung beim Wild die Fitneß stärker beeinflussen als der optimale Nahrungserwerb. So kann z. B. Räubervermeidung (= Menschvermeidung) die Tiere zum Nahrungserwerb an Orte und zu Zeiten treiben, wo das Risiko geringer, aber auch die Nahrung qualitativ schlechter ist. Übermäßiger Feinddruck kann auf diese Weise schnell zu Fitneßverlusten führen.

Umgekehrt kann eine falsche, d. h. unnatürliche Selektion bei der Jagd (z. B. bei übertriebenen Hunde- und Hetzjagden als vermeintliche „Lösung" des Jagddruckproblems infolge der Zerstörung von Sozial- und Sicherheitsstrukturen durch Erlegung führender Stücke oder der Leittiere) auch weitreichende Negativfolgen haben, weil Nahrungspräferenzen, Raum- und Zeitnutzungen im Jahreslauf stark von der Funktion der Sozial- und Sicherheitsstrukturen bestimmt werden.

Andererseits kann verallgemeinernd festgestellt werden, daß selektive Prädation eine höhere Lebensgemeinschaftsdiversität begünstigt, wenn die bevorzugte Beute in der Konkurrenz dominierend ist. Artenreiche Gesellschaften werden durch andauernde extensive Beweidung erhalten, weil die dominierenden Arten, die bei Nichtbeweidung die meisten anderen Arten verdrängen würden, am intensivsten beweidet, in ihrer Konkurrenz also eingeschränkt werden. Zu derartigen Ergebnissen ist schon Jones (1933) gekommen, der für beweidetes Grasland, hauptsächlich durch Schafe, die Erhaltung artenreicher Gesellschaften nachweisen konnte; die Tiere beweideten das in der Konkurrenz dominierende Weidelgras und den kriechenden Weißklee am intensivsten. Pflanzenfresser haben in unseren Ökosystemen also auch für die Erhaltung naturnaher Artenvielfalt große Bedeutung.

Der hohe Stickstoffeintrag über die Luft hat auf die angemessene Bioenergieumsetzung und damit auf die naturgemäße Schalenwilddichte sicherlich Einfluß. Wenn heute manche Jagdpächter übersteigerte Schalenwildbestände anstreben, dann sei in diesem Zusammenhang allerdings betont, daß die Nahrungspräferenz unserer großen Pflanzenfresser schnell dazu führt, daß bestimmte Pflanzenarten und damit dann noch viel mehr Tierarten verdrängt werden. Das ist ebensowenig akzeptabel wie das andere, ungleich seltenere Extrem der Verdrängung aller Schalenwildarten. Den – zum Glück sehr wenigen – ausschließlich reinertragsorientierten Holzproduzenten, die gedankenlos das Motto: „Nur ein totes Reh ist ein gutes Reh!" propagieren, sei gesagt, daß auch diese Einstellung ökologisch falsch, ja forstschutzwidrig ist. Pflanzenfresser müssen die zur Dominanz neigenden Pflanzen wenigstens zum Teil umsetzen und kurzhalten, um dadurch den andernfalls unterdrückten Krautpflanzen und deren Konsumenten (u. a. auch forstlich nützlichen Insekten) ein Überleben zu gewährleisten. Weder die Angaben der Wilddichten (Stück pro 100 ha) – die meist ohnehin nicht stimmen – noch die Verbißzahlen oder Schälschadensprozente der Kulturbäume können also entscheidende Kriterien sein, sondern in erster Linie nur der Zustand der gesamten Vegetation.

Mutualismus – Symbiose

Eine enge Verbindung von verschiedenen Artenpaaren – also eine Lebensgemeinschaft von Pflanzen und/oder Tieren – nennt man Symbiose. So sind z. B. Flechten Symbiosen aus Pilzen und Algen. Bekannt ist auch die Symbiose zwischen Ameisen und Blattläusen, die von den ersteren wie Kühe gehalten und gemolken werden. Bei gegenseitiger Förderung, durch die das Wachstum, die Zuwachsrate und/oder die Populationsgröße beider Arten zunehmen, spricht man von Mutualismus. Die Abhängigkeit ist hier eher noch enger als die von Prädatoren und Beute. Derartige Abhängigkeiten muß man allerdings kennen, wenn man die Auswirkungen dieser oder jener Einwirkung (z. B. Biozideinsatz) auf ein Ökosystem abschätzen will. Und hier hapert es: Die meisten mutualistischen Beziehungen sind noch nicht ausreichend bekannt. Möglicherweise hängt der größte Teil der Biomasse der Erde von derartigen Verflechtungen ab. Die meisten wurzeltragenden Pflanzen haben z. B. mutualistische Mycorrhizen (Pilze) an den Wurzeln, viele Blütenpflanzen sind von bestimmten Insekten als Bestäuber abhängig, und die meisten Tiere haben Därme mit einer mutualistischen Lebensgemeinschaft von Mikroorganismen. Das gilt auch für uns Menschen.

Ein klassisches Beispiel für Mutualismus, das uns nachdenklich und im Umgang mit der Natur vorsichtiger werden lassen sollte, ist das Verhältnis zwischen dem Schwarzgefleckten Bläuling und Ameisen. Der Schmetterling legt seine Eier auf die Knospen des wilden Thymians. Die Larven sehen den Blüten, von denen sie sich ernähren, sehr ähnlich. Nach ungefähr 20 Tagen (nach der dritten Häutung) verlassen die Larven die Pflanzen und wandern umher – sie werden nie mehr pflanzliche Nahrung zu sich nehmen. Die Larve besitzt eine Honigdrüse, und wenn eine Ameise eine Larve findet und berührt, werden Tröpfchen ausgeschieden, die die Ameise aufleckt. Nach einer komplizierten gegenseitigen Signalsequenz wird die Larve von der Ameise in deren unterirdische Kolonie getragen, wo sie für ungefähr 11 Monate bleibt. Einen Teil dieser Zeit überwintert sie oder tritt ins Puppenstadium ein. Während sie aber aktiv ist, ernährt sie sich von jungen Ameisenlarven. Der im Juni schlüpfende Bläuling ist also gänzlich von blühendem Thymian und später von Ameisenlarven abhängig. Diese Spezialisierung bedeutet damit ein besonderes Aussterberisiko (Begon et al., 1991).

Mutualismus prägt auch die Symbiose zwischen den Wiederkäuern (z. B. Rot-, Reh- und Damwild, Antilopen und dergleichen) und ihrer Pansenmikroflora. Wiederkäuer gewinnen verdaubare Ressourcen aus einer Nahrung, die sie mit ihren eigenen Enzymen nicht aufschließen können. Cellulose und andere Faserstoffe als Hauptbestandteile der Nahrung können die Wiederkäuer nur mit Hilfe der Pansenmikroflora verdauen. Sie ist ihrerseits durch verschiedene Arten von Bakterien und Protozoen auf bestimmte Artenvielfalt oder auf bestimmten Wechsel bei der Nahrungszufuhr angewiesen und kann sich dramatisch ändern, wenn die Nahrung plötzlich wechselt (z. B. bei Fütterung). Das Volumen im Pansen besteht zu etwa 20 % aus Mikroorganismen.

Von großer Bedeutung für die Gesundheit und die Effektivität der Nahrungsausnutzung ist nicht nur die Zusammensetzung der Nahrung, sondern auch die kontinuierliche Nahrungszufuhr (Äsungsrhythmus) und die gesicherte Ruhepause beim Wiederkäuen. Ähnlich wie bei der Bierbrauerei muß das Milieu für die Mikroflora durch den Wiederkäuer selbst ständig reguliert werden.

Im Pansen entstehen nämlich verschiedene Säuren (z.B. Essigsäure, Buttersäure), die den pH-Wert für die Bakterien und Protozoen in unwirtliche Bereiche absenken würden. Der pH-Wert wird jedoch beim Wiederkauen durch die Ausscheidung von Bicarbonat und Phosphat aus den Speicheldrüsen wieder ausgeglichen. Somit sind es die Aktivitäten des Wirts, die eine kontinuierliche Zufuhr an Substrat und die kontrollierten Bedingungen für die Fermentation durch die Mikroben bereitstellen, während die Produkte der Mikrobenfermentation die Hauptnahrung für den Wirt darstellen (Begon et al., 1991). Störungen dieser Vorgänge durch Eindringen in die Lebensbereiche scheuer Wiederkäuer-Wildtiere durch Touristen, Pilzsucher oder auch zu eifrige Jäger können sehr schnell Stoffwechselstörungen und schädliche Ersatzhandlungen (z.B. Schälen von Baumrinde) hervorrufen. Diese Schäden dann einseitig nur durch massive Wildstandsreduktion und neue, zusätzliche Beeinträchtigung des Sicherheitsbedürfnisses dieser Rudeltiere verhindern zu wollen, vermehrt den Schaden nur.

Samenverbreitung durch Tiere

Die Samen vieler Kräuter haben Dornen oder Häkchen. Damit setzen sie sich im Fell von Tieren (z.B. Schalenwild) fest und verbreiten so die Pflanzenart. Sie ist also auf die Transporteure angewiesen. Die Samen anderer Arten, besonders von Sträuchern und Baumarten des Unterstandes, sind fleischig und deshalb attraktiv für Vögel. Die Vögel fressen die Früchte, deren Samen den Verdauungstrakt unbeschädigt passieren und mit dem Kot ausgeschieden werden. Es gibt Samen (z.B. der Eberesche), die praktisch nur über die Darmpassage beim Vogel keimfähig werden, so daß der die Früchte konsumierende Vogel mit seinem Raumverhalten bestimmt, wo neue Bäume dieser Art aufwachsen. Der Forstmann spricht plastisch von der „Vogelschißverbreitung" der in Waldökosystemen so wichtigen Eberesche.

Eine besonders bemerkenswerte Form der Samenausbreitung ist bei Eichelhähern nachgewiesen. Sie sammeln Eicheln, tragen sie fort und graben sie an anderer Stelle im Boden ein. Sie suchen dazu reife und unbeschädigte Eicheln aus, wobei eine Vorliebe für größere Früchte und für bestimmte Formen festgestellt werden konnte. Bis zu etwa 5 Eicheln pro Flug werden bis zu einem Kilometer transportiert, und eine jede wird einzeln eingegraben. Je weiter der Eichelhäher fliegt, um die Eicheln zu deponieren, desto größer ist die Anzahl, die er transportiert. Zur Zeit des Wiederfindens sind die Eicheln bereits gekeimt, und der Eichelhäher frißt dann nur die Keimblätter. Die junge Pflanze kann weiter wachsen. Erstaunlich ist die Erinnerungsleistung des Eichelhähers, der die vergrabenen Eicheln sogar unter einer Schneedecke ortet, und das bei bis zu 4600 Eicheln pro Saison (Begon et al., 1991). So ist es wohl kaum übertrieben, wenn man diesem emsigen Waldgärtner den Fortbestand vieler Eichenbestände und Eichenbeimischungen zuschreibt. Über die Verbreitung schwersamiger Baumarten (z.B. Eiche, Buche, Haselnuß) fördert er die Kleinvogelwelt mehr, als er sie durch Nesträuberung schädigt. Er hat damit im Waldökosystem sogar eine Art Schlüsselposition inne und ist zudem neben der Ringeltaube das wichtigste Beutetier des Habichts. Nach heutigen ökologischen Erkenntnissen sollte kein Jäger mehr in diesem wichtigen Baumartenverteiler eine Beute sehen, es sei denn, er übernimmt selbst dessen Fleißaufgabe.

Destruenten – Detritivoren

Im Verhältnis von Pflanzen zu Pflanzenfressern (Herbivoren), zu deren Konsumenten (Carnivoren) und zu den Parasiten gibt es immer eine gegenseitige Wechselwirkung. Das gilt nicht so direkt für die vielen Bodenlebewesen, die ausschließlich auf die Zuführung ihrer Energie von außen, also auf Tod (z.B. Laubabfall) angewiesen sind. Destruenten (Bakterien und Pilze) und Detritivoren (tierische Konsumenten toten Materials) sind in ihrer Nahrung also einseitig „substrat-kontrolliert". Meist ist der Anteil der Destruenten 5- bis 10mal größer als jener der Detritivoren. Es gibt allerdings einen indirekten Einfluß über die Freisetzung von Nährstoffen bei der Laubzersetzung, da dies letztlich auch die Produktion von weiterem Laub durch Bäume wieder beeinflußt. Das Endergebnis der Zersetzung toten organischen Materials durch Destruenten und Detritivoren besteht aus Kohlendioxid, Wasser, mineralischen Nährstoffen und freiwerdender Wärme. Auch hier spielt wieder die evolutionäre Spezialisierung eine große Rolle. Man kann nicht einfach die natürlichen Pflanzen eines Standortes durch andere ersetzen, ohne daß dies auf die Konsumenten im Boden, deren Tätigkeit und Endprodukt in Form des Bodenzustandes im humosen Bereich entscheidenden Einfluß hat. Es gibt nicht nur Spezialisten für den Abbau bestimmter Pflanzenabfälle, sondern z.B. auch Pilze, die auf die Zersetzung von Federn, Horn, Häuten, Haaren oder dergleichen spezialisiert sind. Menschliche Hautpartikel sind eine Ressource für Hausstaubmilben, die überall in menschlichen Behausungen vorkommen. Obwohl sie bei manchen Menschen allergisches Asthma auslösen können (Begon et al., 1991), gehören sie in den menschlichen Lebensraum.

Der jahreszeitliche Laubfall ist eine der bedeutendsten Nahrungsquellen von Destruenten und Detritivoren und über die Zersetzung oder Nichtzersetzung eine wichtige Steuerungsgröße für die Bodenqualität. Dabei spielt die Belüftung eine große Rolle. Sauerstoffmangel führt zu nur unvollständigem Abbau der Zucker zu Alkohol und organischen Säuren, die das Milieu für nachfolgende Besiedler ändern. Die Säureproduktion senkt den pH-Wert und fördert dadurch eher die Besiedlung durch Pilze als durch Bakterien. Allgemein gilt, daß Zersetzerketten bei tiefen Temperaturen, eingeschränkter Luftzufuhr, geringer Bodenfeuchtigkeit und im sauren Milieu eine geringe Aktivität haben. Entscheidend ist auch die Struktur und Porosität des Substrats, die die Beweglichkeit der Organismen beeinflußt. Waldboden erhält die meiste Energie in Form von Blättern, die von Bäumen abgeworfen werden.

Bei ökologischer Betrachtung erscheint es auch übertrieben, alle im Naturkreislauf anfallenden Tierkadaver in Abdeckereien zu bringen oder tief zu vergraben. Die Natur beschäftigt eine ganze Reihe von Aasverwertern. Oft fressen Wirbeltiere den gesamten Kadaver innerhalb kurzer Zeit (z. B. Fuchs, Dachs, Raubmöwe, Krähe, Rotmilan u. a.), so daß kaum Nahrung für Bakterien, Pilze oder Wirbellose zurückbleibt. Sie erhalten erst dann einen höheren Zersetzungsanteil, wenn die Kadaver nicht schnell gefunden werden und mehrere Tage liegen. Der Hauptbestandteil von Haaren und Federn, Keratin, bildet dabei die Grundnahrung von Arten, die für späte Phasen der Kadaverzersetzung charakteristisch sind, insbesondere bestimmte Kleinschmetterlinge und Käfer. Unter dem Postulat der Förderung naturnaher Ökosysteme und naturnaher Artenvielfalt ist das vereinzelte Belassen von toten Wildtieren – z. B. von Fallwild oder verworfenen Stücken – im Wald durchaus erwägenswert.

Die einzelnen Arten mikrobieller Destruenten sind biochemisch sehr beschränkt; die meisten von ihnen können nur eine begrenzte Anzahl von Substraten angreifen. Nur die Vielfalt von Arten erlaubt die Zersetzung der strukturell und chemisch komplexen Gewebe toter Pflanzen und Tiere. Nur eine variable Flora von Bakterien und Pilzen gemeinsam kann den vollständigen Abbau toten Pflanzen- und Tiermaterials bewerkstelligen (Begon et al., 1991). Schon Darwin (1888) schätzte, daß Regenwürmer auf Weideflächen in der Nähe seines Hauses innerhalb von 30 Jahren eine neue Bodenschicht von 18 cm Tiefe gebildet haben, indem sie jährlich pro Hektar 50 t Kot ausschieden. Inzwischen sind für Weideflächen in Westnigeria schon Werte von 170 t/ha innerhalb der Regenzeit ermittelt worden. Regenwürmer sind wichtige Zerkleinerer, Bodenbelüfter und Bodenvermischer in landwirtschaftlichen Böden. Ihr Verschwinden infolge des Tiefpflügens, der reduzierten Energienachlieferung und der Giftausbringung muß hier ebenso mit Sorge betrachtet werden wie in Parkanlagen und an alten Stadtbäumen, wo die Energienachlieferung unterbunden wird durch Laubharken oder Laubsaugen aus fehlverstandener Ordnungsliebe. In den Wäldern sind die Regenwürmer durch Versauerungen, Luftschadstoffe und einseitigen Nadelbaumanbau bedroht.

Die Zersetzungsrate toter organischer Substanz hängt sehr vom verfügbaren Stickstoffgehalt ab, weil das Kohlenstoff-Stickstoff-Verhältnis von Mikrobengewebe etwa 10 zu 1 beträgt. Unter Vernachlässigung aller anderen Bestandteile (z. B. O, H, P, Ca u. a.) kann sich eine Mikrobenpopulation von insgesamt ca. 11 g also nur entwickeln, wenn 1 g Stickstoff und 10 g Kohlenstoff zur Verfügung stehen. Pflanzenmaterial hat meist ein Kohlenstoff-Stickstoff-Verhältnis von 40 bis 80 zu 1. Infolgedessen kann Pflanzenmaterial nur eine beschränkte Destruentenbiomasse versorgen, wodurch der Zersetzungsprozeß insgesamt begrenzt wird. So kann im Wald der Zersetzungsprozeß von Laubstreu allein schon dadurch abgebremst werden, daß standortfremde Baumarten mit sehr weiten C- zu N-Verhältnissen angebaut werden. Im Gegensatz zu den Pflanzen besitzen Tiere und Mikroben C- zu N-Verhältnisse derselben Größenordnung, so daß die Zersetzung ihrer Kadaver nicht durch Stickstoffmangel beeinträchtigt wird. Tierkadaver werden deshalb allgemein schneller zersetzt als Pflanzenmaterial.

Denitritizierende Bakterien

In schlecht durchlüfteten Böden wandeln denitritizierende Bakterien Nitrat über Nitrit in Stickoxide um, verwandeln also Pflanzennährstoffe in Gase und entziehen sie dadurch dem Boden. Der Boden verarmt gerade in schlecht durchlüfteten Böden. Auch darunter haben alte Stadtbäume mit viel zu kleinen Baumscheiben zu leiden.

Biomasse – Nekromasse

Der Großteil der Biomasse in den Lebensgemeinschaften wird fast immer durch die Pflanzen gebildet. In Waldlebensgemeinschaften besteht die Biomasse vor allem aus Holz und Rinde. Die Masse toten Materials wird Nekromasse genannt, während die Biomasse eigentlich den lebenden, aktiven Teil darstellt („standing dead" = mit der lebenden Pflanze noch verbundene tote Teile). In der Praxis umfaßt Biomasse jedoch alle lebenden oder toten Teile, die in den lebenden Organismus eingebaut sind. Ein großer Teil der Erde produziert weniger als 400 g pro m^2 und Jahr an Biomasse. Dies schließt über 30 % der Landfläche und 90 % der Ozeane ein. Zu den produktivsten Systemen gehören Sümpfe, Marschen, Flußmündungen, Großalgen, kultiviertes Land.

Nahrungskette-Nahrungsnetz

Als Nahrungskette bezeichnet man eine Freßabfolge wie z. B. Gras-Heuschrecke-Frosch-Schlange-Storch. Da aber der Frosch nicht allein

Tabelle 13: Schätzungen der jährlichen Nettoprimärproduktivität und der „standing crop"-Biomasse (lebende Organismen einer Flächeneinheit) für unterschiedliche Lebensgemeinschaften der Welt (nach Whittaker, 1975, aus Begon, 1991)

Ökosystemtyp	Fläche (10^6 km²)	Nettoprimärproduktivität pro Flächeneinheit (g/m² oder t/km²) Bereich	Mittel	Nettoprimärproduktion (10^9 t)	Biomasse pro Flächeneinheit (kg/m²) Bereich	Mittel	Weltbiomasse (10^9 t)
trop. Regenwald	17,0	1000–3500	2200	37,4	6–80	45	765
trop. Saisonwald	7,5	1000–2500	1600	12,0	6–60	35	260
gem. immer-grüner Wald	5,0	600–2500	1300	6,5	6–200	35	175
gem. Laubwald	7,0	600–2500	1200	8,4	6–60	30	210
borealer Wald	12,0	400–2000	800	9,6	6–40	20	240
Gebüsch	8,5	250–1200	700	6,0	2–20	6	50
Savanne	15,0	200–2000	900	13,5	0,2–15	4	60
gem. Steppe	9,0	200–1500	600	5,4	0,2–5	1,6	14
Tundra und alpin	8,0	10–400	140	1,1	0,1–3	0,6	5
Wüste und Halbwüste	18,0	10–250	90	1,6	0,1–4	0,7	13
extreme Wüste, Felsen, Sand	24,0	0–10	3	0,07	0–0,2	0,02	0,5
Kulturland	14,0	100–3500	650	9,1	0,4–12	1	14
Sümpfe und Marschen	2,0	800–3500	2000	4	3–50	15	30
Seen und Flüsse	2,0	100–1500	250	0,5	0–0,1	0,02	0,05
Total kontinental	**149**		**773**	**115**		**12,3**	**1837**
offenes Meer	332,0	2–400	125	41,5	0–0,005	0,003	1,0
Auftriebszonen	0,4	400–1000	500	0,2	0,005–0,1	0,02	0,008
Kontinentalschelf	26,6	200–600	360	9,6	0,001–0,04	0,01	0,27
Algenmatten und Riffe	0,6	500–4000	2500	1,6	0,04–4	2	1,2
Flußmündungen	1,4	200–3500	1500	2,1	0,01–6	1	1,4
Total marin	**361**		**152**	**55,0**		**0,01**	**3,9**
Gesamttotal	**510**		**333**	**170**		**3,6**	**1841**

von Heuschrecken, die Ringelnatter nicht nur von Fröschen und der Storch nicht nur von Nattern lebt, verknüpft und verzweigt sich eine solche Kette rasch zu einem vielschichtigen Nahrungsnetz. Wie in Kap. 2 dargestellt, werden über die verschiedenen Nahrungsketten (bzw. Nahrungsnetze) nicht oder schwer abbaubare Schadstoffe (z. B. Schwermetalle, chlorierte Kohlenwasserstoffe, radioaktive Stoffe) bis zur Spitze angereichert (Abb. 3).

Auf die damit verbundenen Gefahren kann nicht genug hingewiesen werden, da der Mensch selbst stets am Ende von unter Umständen sehr langen Nahrungsketten steht. Stets haben uns Tiere auf diese ernsten Gefahren aufmerksam gemacht; meist waren es Vögel, die durch Massensterben, durch plötzlich brüchige Eier oder durch Meiden von bekannten Nistplätzen die ersten Warnzeichen setzten. Ein Beispiel waren die Bruterfolge des Braunen Pelikans auf zwei Inseln vor der kalifornischen Küste: Im Jahr 1969 enthielten die Sardinen, von denen sich die Vögel ernähren, durchschnittlich 4,27 Milligramm DDT pro Kilogramm Körpergewicht, und aus 1125 Nestern wuchsen ganze vier Pelikane heran; 1974 war der DDT-Gehalt der Sardinen auf 0,15 Milligramm pro Kilogramm gesunken – und die Forscher zählten 1286 Nester, aus denen 1185 Pelikane das Erwachsenenalter erreichten. Belegt sind u. a. folgende Anreicherungsbeispiele:

Quecksilber: Vom Süßwasser mit 0,01 bis 0,08 ppb über Kaulquappen und Libellenlarven zu Forellen mit 300 bis 600 ppb (bis 60 000fach).

PCB: Vom Nordseewasser mit 0,0000011 bis 0,0000031 ppm über Plankton und Fische bis zu den Seevögeln mit 110 ppm (bis 10 000fach) oder Meeressäugern mit 160 ppm (bis 16 000fach).

Radioaktive Isotope (aus Fabriken und Kraftwerken): Vom Flußwasser über Plankton, Fische bis zu den Enten mit 40 000facher, bis zu jungen Schwalben, die von Wasserinsekten gefüttert werden, mit 500 000facher Konzentration oder bis zum Eidotter von Wasservögeln mit 1- bis 1,5-millionenfacher Konzentration.

Hinzu kommt, daß der Energiefluß je nach Länge der Nahrungskette sehr unterschiedlich ist,

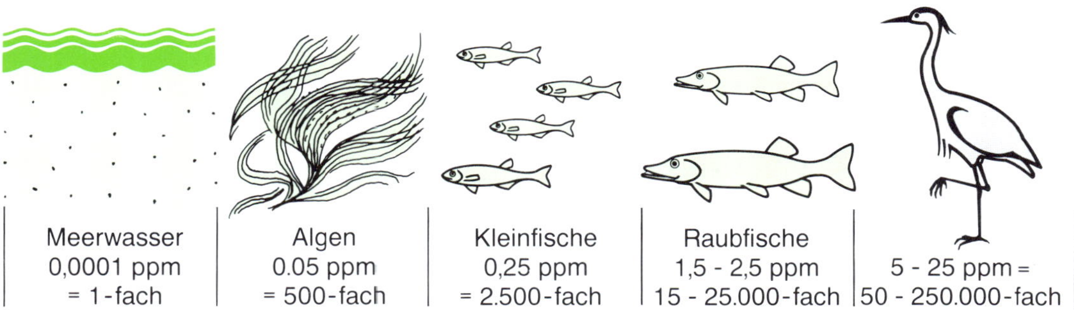

Abb. 3. Anreicherung von DDT aus dem Meerwasser in einer einfachen Freßkette. Ähnlich erfolgt eine Anreicherung im Fettgewebe des Menschen (nach Vester, 1978, verändert).

da jede Stufe nur etwa 10 % der Energie der vorhergehenden Stufe speichert und den Rest zur Aufrechterhaltung der eigenen Lebensvorgänge benötigt. In Abb. 4 wird bei sehr einfachen Nahrungsketten jeweils die gleiche Biomasse Gras (Produzent) an den Anfang gestellt, während an der Spitze der Pyramide jeweils die Zahl der Menschen steht, die abhängig von der Länge der Nahrungskette davon ernährt werden kann.

Andererseits können uns Nahrungsnetzbetrachtungen auch zeigen, wie kritisch z. B. das Aussetzen von fremden Tierarten in ein Ökosystem zu sehen ist. Ein noch relativ einfaches Beispiel ist die Rattenbekämpfung mit Mungos in den westindischen Zuckerrohrplantagen gewesen, wo man die Vernetzung des Lebensraumes nicht gekannt hat:

Ausgangslage: Rattenplage in Zuckerrohrplantagen – wurde durch Import von Mungos beseitigt.

- Die Zuckerrohrpflanzen konnten wieder gedeihen.
- Die Zahl der Maikäfer reichte nicht aus, um die Zuckerrohrplantagen zu gefährden, weil die Maikäfer und deren Engerlinge von Eidechsen vertilgt und damit reguliert wurden.
- Inzwischen hatten sich aber die Mungos infolge des Verzehrs der Ratten stark vermehrt, und als es keine Ratten mehr gab, mußten sie sich umstellen und fraßen Eidechsen.
- Weil nun die Eidechsen immer weniger wurden, konnten sich die Maikäfer ungehemmt vermehren und machten dem Zuckerrohr den Garaus. Der Schaden war größer als zuvor durch die Ratten.

Mit ähnlichen Mechanismen, deren Einwirkung im Ökosystem wir nicht abschätzen können, müssen wir grundsätzlich rechnen, wenn wir irgendeine Tierart einbringen. Das trifft bei uns besonders negativ auf den Waschbären zu, aber ebenso für das übermäßige Aussetzen von jagdbaren Tieren, die als Produkte der Gefangenschaftszüchtung in der Natur meist als Verhaltenskrüppel leichte Beute für Räuber werden, dadurch deren Bestände unnatürlich anwachsen lassen und diese dann zwingen, auf andere Tierarten auszuweichen, wenn der Tisch nicht mehr so reich gedeckt ist.

Energiefluß – Energieverlust – Energiesparstrategie

In der Regel folgen in der Natur nur etwa 4 bis 5 Konsumentenebenen hintereinander, weil bei jedem Schritt von einer Stufe zur nächsten Stufe rund 90 % der Energie verlorengehen. Die Energiebilanz kann schnell zum Minimumfaktor werden. Im Winter beispielsweise kann für ein Tier die Energiebilanz sogar negativ sein, d. h., das Tier

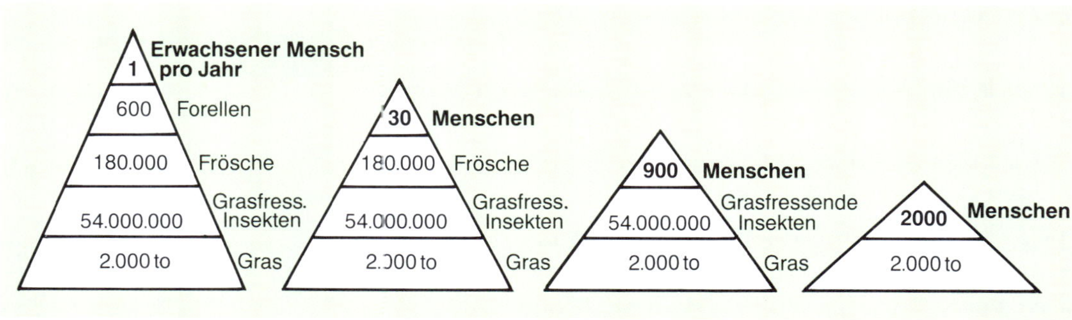

Abb. 4. Energiefluß und „Rentabilität" der Nahrungsketten in Abhängigkeit von der Zahl der Konsumentenebenen (Miller, 1975).

setzt Energie zu, und das ist um so gefährlicher, je kleiner das Tier ist. Wenn etwa ein Reh im Winter Zweige knabbert, kann es oft nicht mehr als 30 % der enthaltenen Energie nutzen. Der unverdauliche Rest geht mit Losung und Urin ab. Außerdem verbraucht die Verdauung Energie, ebenso die Erhaltung der Körpertemperatur. Schließlich muß das Reh mit Energieaufwand Nahrung suchen, wobei es vielleicht noch mehrfach vor Spaziergängern fliehen muß und dadurch besonders viel Energie verbraucht. So kann es leicht kommen, daß der energetische Aufwand zur Energiegewinnung größer ist als der Energiegewinn aus der Nahrung.

Tatsächlich hat Winteräsung nur eine verzögernde Wirkung gegenüber einem natürlichen Gewichtsverlust. Bei besonders schlechtem Wetter oder tiefem Schnee oder hoher Störfrequenz kann es energetisch günstiger sein, überhaupt nicht zu fressen. Die Tiere bleiben dann manchmal tagelang in einer wind-, schnee- oder störgeschützten Deckung liegen, entwickeln also ganz bestimmte Energiesparstrategien. Die kritischste Zeit ist dabei das Frühjahr, weil dann die Fettreserven verbraucht sind, aber noch keine neuen Nahrungspflanzen zur Verfügung stehen. Unnatürliche Störungen gerade in dieser Zeit (z. B. Suchen von Abwurfstangen in Rotwildgebieten) erfüllen dann leicht den Tatbestand der Tierquälerei.

Das Verhältnis von Energieaufwand und Ertrag spielt auch bei vielen Greifvögeln eine große Rolle, die sehr viel Energie für die Nahrungssuche investieren müssen: Ein Fischadler macht bei 100 Jagdflügen nur 20mal Beute, ein Sperber 11mal und ein Habicht hat bei 100 seiner Überraschungsangriffe gerade 5mal Erfolg. Fleischfresser sind auf energiereiche, aber spärlich verteilte Nahrung angewiesen (Straaß, 1990). Je kleiner ein Tier ist, desto größer ist der relative Energiebedarf. Das Leben der Kleinen läuft gewissermaßen im Zeitraffertempo ab: Sie wachsen schneller, vermehren sich schneller und fressen dementsprechend mehr (vgl. Abb. 5). Bei den kleinsten warmblütigen Tieren – etwa den Kolibris – ist der relative Nahrungsbedarf bereits so hoch, daß sie im Höchsttempo Nahrung suchen und fressen oder aber in einer Art kräftesparender Starre verharren müssen. Zweckfreies Umherflattern könnten sie sich aus energetischen Gründen nicht leisten. Deshalb sind auch noch kleinere Warmblüter nicht denkbar: Sie kämen energetisch in die roten Zahlen (Straaß, 1990).

Ein Rind wiegt etwa soviel wie 300 Kaninchen. Der ökologische Effekt ist jedoch sehr verschieden. Je kleiner Tiere sind, desto größer ist ihr relativer Energieumsatz. Deshalb liegt die mögliche Biomasse pro Flächeneinheit bei großen Tieren sehr viel höher als bei kleinen Tieren. Der relativ höhere Nahrungsverbrauch und die relativ höhere Stoffwechselrate läßt kleinere Organismen relativ schneller wachsen als große; sie weisen eine höhere Produktivität und Vermehrungsrate pro Zeiteinheit auf, verhungern allerdings auch schneller. Je kleiner die Tiere sind, desto häufiger müssen sie Nahrung aufnehmen und dafür sichere Deckung verlassen. Kleinere Tiere reagieren auf plötzlich auftretende günstige oder ungünstige Bedingungen wesentlich schneller als größere (nach Kleiber, 1967, und Remmert, 1992, verändert).

	1 Rind = 300 Kaninchen
Gesamtkörpergewicht	600 kg = 600 kg
tägl. Futterverbrauch	7,5 kg = 30 kg
tägl. Wärmeverlust	20.000 kcal. = 80.000 kcal.
tägl. Gewichtszunahme	0,9 kg = 3,6 kg
Gewichtszunahme pro to Heu	180 kg = 108 kg
Wiese mit 3 to Heu reicht theoretisch für	1 Jahr = 90 Tage

Abb. 5. Ein Rind wiegt etwa soviel wie 300 Kaninchen. Der ökologische Effekt ist jedoch sehr verschieden. Je kleiner Tiere sind, desto größer ist ihr relativer Energieumsatz. Deshalb liegt die mögliche Biomasse pro Flächeneinheit bei großen Tieren sehr viel höher als bei kleinen Tieren. Der relativ höhere Nahrungsverbrauch und die relativ höhere Stoffwechselrate kleinerer Organismen gegenüber größeren wirkt sich auch darin aus, daß kleine Organismen relativ schneller wachsen als große, eine höhere Produktivität und Vermehrungsrate pro Zeiteinheit haben, allerdings auch schneller verhungern. Je kleiner die Tiere sind, desto häufiger müssen sie Nahrung aufnehmen und dafür ihre sichere Deckung verlassen. Kleinere Tiere reagieren auf plötzlich auftretende günstige oder ungünstige Bedingungen wesentlich schneller als größere (nach Kleiber, 1967 u. Remmert, 1992, verändert).

Ökosystem = Gesamtheit von Lebensraum und Lebensgemeinschaften

Der Lebensraum (Biotop) und die in ihm wohnende Lebensgemeinschaft (Biozönose) bilden durch ihr Zusammenwirken ein Ökosystem. Man unterscheidet Ökosysteme nach den Unterschieden in den unbelebten Elementen (Gesteine, Wasser, Luft, Licht, Wärme usw.) und die dadurch bedingten Unterschiede in den belebten Elementen (Bakterien, Pilze, Pflanzen, Tiere usw.). Ein naturnahes Ökosystem reguliert sich weitgehend selbst, d. h. Schwankungen in den Bestandsgrößen einzelner Arten, in den Energieflüssen oder in den

Stoffumsätzen zwischen den Arten werden so untereinander reguliert, daß sich das Gesamtsystem annähernd im Gleichgewicht befindet. Eine funktionierende Selbststeuerung ist Grundbedingung für die Überlebensfähigkeit eines Systems.

Die Größe eines Ökosystems wird vom Betrachter festgelegt: Eine Regenpfütze ist ein Ökosystem wie eine Dachrinne, ein Teich, eine Wiese, eine Trockenmauer oder eine Stadt. Auch unsere Hautoberfläche ist ein Ökosystem, in dem sich in „gesundem" Zustand viele Organismen gegenseitig in „Schach" halten, also ein Gleichgewicht sichern. Wenn wir durch Luftschadstoffe oder scharfe Seifen bestimmte Organismen verdrängen, können sich andere Organismen stärker vermehren und dadurch Hautkrankheiten hervorrufen, weil wir deren Gegenspieler (Antagonisten) im System verdrängt haben. Damit reagiert die Natur auf eine künstliche Reduktion der natürlichen Artenvielfalt. Die zunehmenden Hautkrankheiten machen deutlich, welche gefährlichen Kettenreaktionen bei weiterer künstlicher Artenverarmung in unseren Ökosystemen – auch in unseren menschlichen Lebensräumen – zu erwarten sind. Da es durchaus naturnahe artenarme und stabile Ökosysteme gibt, ist zu betonen, daß nicht Artenreichtum oder –armut, sondern die naturnahe (!) Artenvielfalt das entscheidende Stabilitätskriterium ist. Ein Ökosystem ist weit mehr als die Summe seiner Teile. Es kann nicht einmal aus seinen Teilen erklärt werden, denn erst die Wechselwirkungen zwischen ihnen begründen es. Die treibende Kraft des Ökosystems ist der Energiefluß (Straaß, 1990).

In einem Ökosystem müssen die dort lebenden Organismen aufeinander evoluiert sein, um miteinander zu funktionieren. Die Koevolution der Glieder eines Ökosystems ist also für deren Zusammenspiel Voraussetzung. Unsere heutige menschliche Machermentalität, dieses oder jenes künstlich zusammenzufügen, führt meist zur ökologischen „Nichtfunktion". Damit ist ein permanenter Aufwand gegen die Natur programmiert, die stets in ihre „eigene, standortgemäße und ökosystemgebundene Sukzession" strebt. Es dürften Milliarden von Steuergeldern sein, die auf diese Weise z. B. in die „Zwangsgestaltung" von Parkanlagen gesteckt werden zur Reparatur der „Nichtfunktion" von Kunstsystemen.

Andererseits dürfen wir nicht vernachlässigen, daß sich viele Ökosysteme mit dem Menschen zusammen, also auch in einer Art Koevolution entwickelt haben. In Mitteleuropa hat der Mensch nach der Eiszeit in gewissem Grade sofort in die Systeme und ihre Entwicklung eingegriffen. Alte, lange bestehende Kulturlandschaften sind deshalb ähnlich zu betrachten wie naturnahe Landschaften des gleichen geographischen Raums. Remmert (1992) betont dies, weil allzu oft überzogen „menschenfeindlich" argumentiert wird:

„Naiv wird oft von natürlichen Ökosystemen gesprochen, die nicht dem Einfluß des Menschen unterworfen sind oder waren. Heute gibt es solche natürlichen Systeme nicht mehr. Die frühgeschichtlichen Hochkulturen siedelten sich dort an, wo eine Ansiedlung relativ leicht war: nicht in Waldgebieten, nicht in Regengebieten, sondern in Steppengebieten mit relativ trockenem Klima aber genügend Wasser für Landwirtschaft und Viehzucht. Aber diese Räume erwiesen sich als leicht irreparabel zu schädigen. Als Folge der Lebensraumzerstörung sanken die Niederschläge, und es entstanden die bekannten Wüsten in Indien, in Nordafrika, in Mesopotamien, in Kleinasien und Teilen von China. Man macht für den Niedergang dieser Hochkulturen Klimaveränderungen verantwortlich: Das ist richtig, aber die Klimaänderungen waren zumindest zum Teil eine Folge der menschlichen Lebensraumzerstörung . . . Von einem „natürlichen" Ökosystem läßt sich nirgendwo mehr sprechen."

Ökologische Nische

Das Zusammenleben verschiedener Pflanzen- und Tierarten führt dazu, daß jede Art ihre eigene „Ecke", ihre ökologische Nische, beansprucht. Sie ist funktionell der Lebensraum, der für ein bestimmtes Lebewesen die günstigste Kombination von biotischen und abiotischen Standort- bzw. Lebensbedingungen bietet. Kleinste Unterschiede können darüber entscheiden, ob eine ökologische Nische von dieser oder jener Pflanzen- oder Tierart besiedelt oder erobert wird. Man schaue sich nur einmal einen Felsen näher an, dann wird man feststellen, daß ganz feine Unterschiede in der Oberflächenstruktur, die Lage zur Sonne, zum Wind, zum Regen u. a. schon ausreichen, um die ökologische Nische auf wenigen Zentimetern so zu verändern, daß andere Organismen (Flechten, Algen, Moose u. a.) zu finden sind. Das von Hutchinson 1957 entwickelte abstrakte Nischenkonzept ist heute ein Fundament ökologischen Denkens und umfaßt alle Umweltfaktoren und Ressourcen, die ein Organismus benötigt (wie Sonne, Wasser, Nährstoffe, Brutplätze u. a.) und Voraussetzung dafür sind, daß eine Art potentiell auftritt und eine Lokalität dauerhaft besiedeln kann. Ob diese Art dann auch wirklich vorkommt, hängt davon ab, ob die Art diesen Standort überhaupt erreichen kann und nicht durch Entfernung oder unüberwindbare Hindernisse (Verinselungseffekte) daran gehindert ist und ob nicht konkurrenzstärkere Organismen – z. B. Freßfeinde – diese Besiedlung ausschließen. Generell hat eine Art eine größere ökologische Nische, wenn Konkurrenten oder Räuber fehlen.

Über den Begriff der ökologischen Nische wird auch der Begriff Ökosystem (Lebensgemeinschaft) besser verständlich. Jede Art, die in diesem Ökosystem eine ökologische Nische findet, übernimmt darin eine bestimmte Funktion, bis sie selbst oder Konkurrenten die Bedingungen so verändert haben, daß die ökologische Nische von einer anderen Art erobert wird. Allgemein gilt: Je abwechslungsreicher die Lebensbedingungen einer Lebensstätte, desto größer die Zahl der ökologischen Nischen und desto größer die Artenzahl der zugehörigen Lebensgemeinschaft. Nach dem sog. Gause-Prinzip können zwei konkurrierende Arten in einer stabilen Umwelt koexistieren, wenn die realisierten ökologischen Nischen differenziert sind. Entfällt diese Nischendifferenzierung oder läßt das Habitat diese nicht zu, kommt es früher oder später zum Ausschluß der einen oder anderen Art.

Naturnahe Artenvielfalt – Diversität

Der Begriff „naturnahe Artenvielfalt" soll hier stets alle die Arten erfassen, die von Natur aus in ein funktionierendes Ökosystem in einem naturnahen Sukzessionstadium gehören. Insbesondere künstlich eingebrachte, nicht standortgemäße Arten oder Rassen gehören nicht dazu.

In der Natur ist jedoch nicht nur die Artenvielfalt ein wichtiges Kriterium, sondern deren Verteilung im Ökosystem. Dabei spricht man von der Diversität (Gleichverteilung, Mannigfaltigkeit) eines Ökosystems, in die sowohl die Zahl der Arten als auch ihre relative Häufigkeit eingehen (Remmert, 1992). Ein Ökosystem mit sehr vielen Arten, von denen jedoch z. B. 95 % der Individuen von einer Art gestellt werden, hat eine hohe Artenvielfalt, aber eine geringe Diversität, umgekehrt kann ein Ökosystem mit relativ wenigen Arten, die aber ungefähr gleich häufig sind, eine relativ hohe Diversität haben. Da der Mensch durch seine Eingriffe in ein natürliches Ökosystem meist einzelne Faktoren beeinflußt, reduziert er oft die Vielfalt des Systems. Daraus resultiert fast immer ein Absinken der Diversität. Natürlich gilt das nicht generell. Die Umformung eines Waldes in einen Magerrasen kann z.B. die Artenvielfalt deutlich steigern, die dann erst bei zunehmender Intensivierung abnimmt. Dies spielt bei der Beurteilung von Naturschutzbelangen eine große Rolle. So ist die Individuenzahl der Vögel pro Flächeneinheit in vielen Großstädten – vor allen Dingen in Villenvierteln – höher als in den meisten naturnahen Systemen, und vielfach ist auch die Artenzahl in derartigen Villenvierteln keineswegs kleiner als in naturnahen Gebieten. Doch stellen dort Amsel, Haussperling und Kohlmeise vielfach mehr als 90 % der Individuen, und damit ist die Diversität solcher großstädtischer Villengebiete gering (Remmert, 1992).

3.5 Sukzessionen

„Schlaue Menschen beobachten alles,
Dumme haben an allem etwas auszusetzen."
Heinrich Heine (1797–1856)

Die Sukzession zum Klimax-Stadium

Auch Ökosysteme machen eine Entwicklung durch, deren verschiedene Stadien man als Sukzessionen (Aufeinanderfolgen) bezeichnet. Man unterscheidet danach Primärsukzessionen (Erstbesiedlung z. B. auf Gletscher- oder Lavaböden) und Sekundärsukzessionen (z. B. auf Ackerbrachen) und bezieht sich damit auf die Bodenentwicklung vor Beginn der Sukzession. Die verschiedenen Stadien einer Sukzession kann man sehr gut auf frisch aufgeschobenen Böden, die sich dann selbst überlassen bleiben, oder auf Gesteinsverwitterungsbereichen (z. B. Geröllbereiche in den Alpen) beobachten. Mit dem Fortschreiten der Verwitterung siedeln sich meist spezialisierte Flechten und Moose an, die ihrerseits die Verwitterung des Bodensubstrats weiter fördern und zur ersten Humusbildung führen.

Dieses Stadium kann durchaus auch übersprungen werden, indem sich gleich Höhere Pflanzen einfinden. Danach erhalten immer mehr Höhere Pflanzen die ihnen entsprechende Lebensgrundlage, so daß sich auch die Tierwelt entfalten kann. Je nach Ausgangssituation entwickelt sich das Ökosystem früher oder später – das kann unter Umständen mehrere hundert Jahre dauern – zu dem, was man als Endstadium oder Klimax-Stadium bezeichnet. Auch dieses Stadium ist wie in allen biologischen Systemen kein starrer, sondern ein dynamischer Zustand. Jeder Standort hat sein charakteristisches Klimax-Stadium. Von einem Fluß abgelagerte Schotterbänke entwickeln sich in unserem Klimabereich stets über verschiedene Sukzessionen – Schilf, Weidengebüsch, Erlen usw. – zu einem Auwald. Ein brachliegender Acker wird in unseren Breiten in der Regel über viele Stufen und Jahre von Ackerkrautgesellschaften, Hochstaudenfluren und Buschstadien schließlich zu einem für den jeweiligen Standort typischen Wald.

Gegen Störungen, die durch Menschen verursacht sind, können sich alle Klimax-Stadien manchmal nur sehr langsam oder womöglich überhaupt nicht mehr wehren. Wenn z. B. tropische Urwälder von Menschen gerodet werden, kommt es zu nicht mehr umkehrbaren Veränderungen – vor allem des Bodensystems. Hier wächst allenfalls ein Sekundärwald nach, der in vielen Jahrhunderten nicht, wahrscheinlich nie mehr, die ursprüngliche Artenvielfalt wiedererlangt. Bekanntes Beispiel sind viele Gebirge im Mittelmeergebiet, die früher reiche Wälder trugen und heute nur noch trockene Buschvegetation entwickeln können. Überließe man die Fichtenwälder, die auf Standorten einer Buchen-Klimax-Gesellschaft stehen, sich selbst, dann würde es sicher oft mehrere Baumgenerationen, d. h. viele hundert Jahre dauern, bis sich wieder ein natürliches Klimax-Stadium einstellt. Die künstlich eingebrachten Fichten nämlich würden sich zunächst infolge ihrer starken Population immer wieder selbst natürlich verjüngen (aussamen), so daß die Buchen nur langsam je nach Entfernung zum nächsten Buchenbestand ihren Standort zurückerobern könnten.

Der Begriff Klimax darf nicht überstrapaziert werden und keinesfalls zu einer statischen Betrachtung verleiten. Zweifellos wäre heute in den überwiegenden Teilen Mitteleuropas der Rotbuchenwald die Klimaxvegetation. Aber auch diese Entwicklung ist nicht abgeschlossen, weil die Zeit seit Ende der letzten Eiszeit nicht ausgereicht hat, um die Rückwanderung der Pflanzen und Tiere zu ermöglichen. In gewissem Sinne ist Klimax eine Fiktion, die man heute mehr und mehr durch Begriffe wie „naturnahe Vegetation" oder „potentiell natürliche Vegetation (pnV)" mit der entsprechenden Tierwelt ersetzt. Aber auch diese Begriffe bleiben Fiktion, weil sie menschlichen Einschätzungen entstammen, also zwangsläufig fehlerbehaftet sind.

r- und K-Selektion

Nach einer grundlegenden Veränderung eines Standortes – z. B. Umbruch einer Waldbodenfläche, durch Sturm beschleunigte Zerfallsphase eines Waldes, durch starke Säureimmissionen oder andere Krankheitsfaktoren erfolgte Disposition einer Waldgesellschaft – läuft die (Wieder-) Besiedlung nach bestimmten Gesetzmäßigkeiten ab. Diese Abfolgen (Sukzessionen) werden seit etwa 1970 nach dem Modell der sog. r- und K-Selektion erläutert. Wenn es auch nicht immer zutrifft, so bietet es doch sprachliche Vereinfachungen für verschiedenste Formen der Konkurrenz, die dabei eine Rolle spielen. Die r-Selektion meint Merkmale, welche die Fähigkeit zu schneller zahlenmäßiger Vermehrung fördern, z. B. geringe Körpergröße, Frühreife, sehr hoher Reproduktionsaufwand mit vielen kleinen Nachkommen, kurze Generationszeit. Nach dem Anfangsbuchstaben r von Reproduktion spricht man in der Ökologie von r-Strategen. Arten mit einem hohen r-Wert vermehren und verbreiten sich also schnell und haben dadurch eine große Fähigkeit zur schnellen Besiedlung eines Habitates Dies ist ihr Konkurrenzvorteil.

Dagegen betrifft die K-Selektion Merkmale, welche die Fähigkeit fördern, einen großen proportionalen Beitrag zu einer Population zu leisten, die sich nahe der Kapazität befindet. Unter der Kapazität einer bestimmten Umwelt versteht man die maximale, dauerhaft tragbare Populationsgröße, bei der durch intraspezifische Konkurrenz die Nettoreproduktionsrate gegen Null tendiert (Begon et al., 1991). Nach dem Anfangsbuchstaben K von Kapazität spricht man in der Ökologie von K-Strategen. Die Besiedlung durch K-Strategen verläuft wesentlich langsamer und führt eher zum End- oder Dauerstadium einer Besiedlung. Die Merkmale sind generell z. B. bedeutendere Körpergröße, Spätreife, kleiner Reproduktionsaufwand mit wenigen großen Nachkommen, intensive und lange Brutpflege, Langlebigkeit. Die Überlebenswahrscheinlichkeit eines Individuums ist hier wesentlich größer, während bei den r-Strategen die geringe Überlebenswahrscheinlichkeit eines Individuums durch die große Vermehrungsrate ausgeglichen wird. Das Konzept ging ursprünglich aus dem Gegensatz zwischen den Arten hervor, die gut und schnell Inseln besiedelten (r-Arten), und Arten, die sich gut auf Inseln halten konnten, wenn erst einmal viele Besiedler angekommen waren (K-Arten). Langfristig siegt, wer besser drängelt, also der auf Dauer besser Angepaßte, der Spezialist.

Typische r-Strategen sind z. B. kleine kurzlebige Insekten mit hohen Reproduktionsleistungen. Typische K-Strategen sind z. B. unsere Waldbäume: ziemlich groß, langes Leben, spät reif, geringe Reproduktionsleistungen, hohe Samengewichte. Zwischen r- und K-Strategen gibt es natürlich fließende Übergänge. Dennoch kann man sich über diese Modelle die Sukzession einer Besiedlung unserer Standorte leichter vorstellen: Die höchsten K-Werte haben unsere Waldbäume, d. h., alle Standorte tendieren in der unbeeinflußten Sukzession zum Wald mit den Baumarten, die evolutionär vorgegeben auf diesen oder jenen Standort gehören. Das gilt auch für jeden Garten, jede Kiesgrube, jeden Park, jede Wiese und natürlich auch für alle noch so ausgeräumten landwirtschaftlichen Flächen.

Die Erstbesiedlung dagegen erfolgt je nach Sukzessionsstadium (z. B. frisch gepflügter Acker, englischer Rasen im Park oder Hochstaudenflur am vor einigen Jahren von standortfremden Fichten befreiten Bach) zuerst durch Pflanzen mit dem höchsten r-Wert, also durch einjährige Wildpflanzen, durch mehrjährige Krautpflanzen oder durch Sträucher. Nach sinkendem Reproduktionsaufwand (also geringerem r-Wert bei diesem Merkmal) und steigendem Samengewicht (also höherem K-Wert bei diesem Merkmal) kann man etwa folgende Sukzession in der Besiedlung z. B. einer Ackerbrache erwarten:

- einjährige Wildpflanzen
- mehrjährige Krautpflanzen und Gräser
- Waldrandpflanzen, Waldbodenflora

- Waldsträucher
- frühe Waldbäume in der Sukzession (z. B. Weiden, Birken, Ebereschen)
- späte Waldbäume in der Sukzession (Klimaxstadium)

Je weiter am Anfang einer Sukzession ein mehr oder weniger künstlicher Pflanzenbestand steht, desto höher ist in der Regel auch der künstliche – also unnatürliche – Aufwand (auch finanziell), dieses Stadium zu erhalten. Einjährige Pflanzen sind als typische r-Strategen in großer Zahl nur über regelmäßigen Bodenumbruch, Wiesengesellschaften nur über regelmäßige jährliche oder zweijährige Mahd zu erhalten. Auch innerhalb der Waldbäume gibt es viele Abstufungen. Ein vergleichsweise hohen r-Wert haben z. B. Birken, Ebereschen oder auch Weiden, die von Natur aus in unseren Wäldern in bestimmten Sukzessionsphasen einer Urwalddynamik wesentlich stärker vertreten wären, als es die Wirklichkeit der Wirtschaftswälder unter zu hohem Wilddruck oder unnatürlichem Dichtschluß einer einzigen Baumart zeigt. Auch die Erhaltung standortfremder Ziergehölze, etwa in Parks, erfordert in der Regel einen hohen Aufwand im Kampf gegen die natürliche Sukzession. Die höchste Artenvielfalt ist übrigens nicht mit der Klimaxgesellschaft erreicht, sondern zu dem Zeitpunkt, an dem sich schon viele, meist hochspezialisierte Klimaxarten angesiedelt haben, die Pionierarten aber noch nicht völlig verdrängt sind (Straaß, 1990).

In diesen Sukzessionen spielen zudem bestimmte Tierarten als Kontrollorganismen eine Rolle; sie können eine weitere Sukzession verhindern oder auch fördern. Ein einfaches Beispiel: Die Bemühung um den Ausschluß von Kaninchen aus Gebieten eines floristisch sehr reichen Kalkrasens in Südengland ließ die ursprünglich artenreiche Gesellschaft degenerieren und führte schnell zu monotonen Beständen, die durch Gräser dominiert wurden, die zuvor die bevorzugte Nahrung der Kaninchen waren. Derartige Erkenntnisse sind z. B. auch bei der Schalenwildregulierung zu berücksichtigen (vgl. Kap. 3.4).

Fließgleichgewicht, negative und positive Rückkoppelung, Regelkreis

In einem Ökosystem sind alle Baustoffe und Glieder nur relativ im Gleichgewicht, vergleichbar mit einem Gefäß, in dem sich Zu- und Abfluß stets etwa die Waage halten. Man spricht deshalb von einem Fließgleichgewicht. Zwischen allen belebten und unbelebten Bausteinen unserer Umwelt wirken ähnlich wie bei Angebot und Nachfrage in unserer Wirtschaft gegenläufige Mechanismen. Ein zuviel an Stoff, Energie, Tier oder Pflanze führt in einer stabilisierenden Wechselwirkung zu einer negativen Rückkoppelung, indem der Überschuß schnell wieder durch eine andere Reaktion abgebaut wird (deshalb negativ). Eine Massenvermehrung irgendeiner Pflanze oder eines Tieres in der Natur wird z. B. dadurch bald ausgeglichen, daß sich die Freßfeinde oder auch Parasiten schneller vermehren und dadurch das Fließgleichgewicht im Organismus oder in der Lebensgemeinschaft wieder herstellen. Dies ist das entscheidende Grundprinzip aller Regelkreise. Je mehr Insekten von einer Vogelart gefressen werden und je mehr sich diese Vögel dadurch zunächst vermehren, um so weniger Insekten gibt es. Die Nahrung für die Vögel wird knapp, und ihre Zahl verringert sich wieder. Solche negativen Rückwirkungen regieren praktisch alle Gleichgewichte im System der Natur. Nur wenn wir die normalen Regulatoren in der Natur beseitigt haben, müssen wir versuchen, deren Funktion – z. B. durch Jagdregulation des Schalenwildes infolge des Fehlens des Großraubwildes – zu ersetzen. Bei den Vögeln funktionieren dagegen die negativen Rückkoppelungsmechanismen in der Regel ohne unser Zutun.

Die positive Rückkoppelung dagegen führt um so mehr Stoff oder Energie zu, je mehr davon bereits vorhanden ist, bis das Beziehungsgefüge zusammenbricht. Das ist in der Natur selten, in der Kulturlandschaft allerdings häufig zu beobachten: So werden Insekten, die mit chemischen Mitteln bekämpft werden, um so unempfindlicher, je mehr Insektizide – häufig unsachgemäß – gegen sie eingesetzt werden. Die genetische Rückkoppelung durch Koevolution mit dem Insektizid führt dazu, daß immer mehr Insektizid benötigt wird, um noch eine Wirkung zu erzielen. Das schaukelt sich auf bis zum Zusammenbruch des Systems.

Fließgleichgewicht und Rückkoppelung zeigen sich sehr anschaulich in einem abgeschlossenen Behälter mit gesundem Seewasser, in dem sich kleinste pflanzliche und tierische Organismen (Plankton) tummeln und in dem Nährstoffe gelöst sind. Bleibt ein solcher Behälter an der Luft und am Licht stehen, kann sich ein Gleichgewicht einstellen: Algen wachsen und produzieren Sauerstoff, der vom tierischen Plankton verbraucht wird. Abgestorbene Lebewesen werden durch Bakterien zersetzt, wobei Nährstoffe wieder frei werden. Aus diesem Vorgang beziehen die Bakterien ihre Lebensenergie. Aus den Nährstoffen bauen die Algen unter Nutzung der Lichtenergie neue Körpersubstanz auf, wobei sie das Kohlendioxid verwenden, das von den Bakterien und dem tierischen Plankton (z.B. Urtierchen) abgegeben wird. Schließlich entsteht zwischen Algen, Urtierchen und Bakterien einerseits, den Nährstoffen im Wasser und in den Körpern sowie dem Kohlendioxid- und Sauerstoffgehalt andererseits ein Fließgleichgewicht, das von der Sonnenenergie aufrecht erhalten wird. Dieser Regelkreis kann uns als einfaches Modell recht gut die Vorgänge in einem gesunden Gewässer veranschaulichen.

Natürliche Störungen – Ungleichgewichtstheorie

Die Aussagen zu Sukzessionen, r- und K-Strategen, Fließgleichgewichten und Regelkreisen machen deutlich, daß auch natürliche Störungen wichtige Steuerungskriterien unserer Ökosysteme sind. Wenn wir eine naturnahe Artenvielfalt erhalten wollen, müssen wir dafür sorgen, daß auch die natürlichen Störungen als solche erhalten bleiben. Störungen sind die wirksamste Weise, Diversität zu schaffen.

Die Wirkungen von Tieren auf eine Lebensgemeinschaft gehen oft weit über das einfache Abernten ihrer Beute hinaus. Alle grabenden Tiere (wie z. B. Wildschweine, Maulwürfe, Füchse, Regenwürmer, Kaninchen) erzeugen Störungen. Ihre Aktivitäten liefern lokale Veränderungen, die Standorte für neue Besiedler und für den Ablauf von Mikrosukzessionen einschließen. Größere, weidende Tiere führen zu einem Mosaik von nährstoffreichen Stellen, als Ergebnis von Kotabsetzung und Urinieren. In diesen wird das lokale Gleichgewicht von anderen Arten grundlegend geändert. Sogar der Fußabdruck einer Kuh auf einer nassen Weide kann die Mikro-Umwelt so ändern, daß sie nun durch Arten besiedelt wird, die es ohne diese Störung nicht gegeben hätte (Harper 1977). Störung der einen oder der anderen Art ist sosehr die Norm in natürlichen Lebensgemeinschaften, daß es wirkliche Gleichgewichtssituationen kaum geben kann.

Allein die Tatsache, daß Pflanzen in sich eine strukturelle Vielfalt aufweisen, die sich infolge des Wachstums auch ständig ändert, ist schon Ursache dafür, daß Konsumenten, die „etagen- und abschnittsweise“ spezialisiert sind, wechselnd reagieren. Bei Insekten gibt es z. B. Spezialisierungen auf Pollen, Fruchtknoten, Samenanlagen, alte oder junge Blätter, Stengel, Borke, Wurzeln oder dergleichen. Das gleiche gilt für Pilze, parasitische Insekten, Nematoden, Bakterien. Daher können Bäume tendenziell mehr Insektenarten ernähren als Sträucher, die wieder mehr Arten ernähren als Kräuter. Diese Reihenfolge von Pflanzentypen zeigt eine Abnahme in der Größe, der Vielfalt der angebotenen Mikrohabitate, der Anzahl der Module (zum Beispiel Blätter) pro Individuum, der Vielfalt von Pflanzenteilen und eine Abnahme in dem Insekten zur Verfügung stehenden Ressourcenspektrum.

Die Auswirkung von Störungen in Ökosystemen ist ganz unterschiedlich und steht in deutlichem Zusammenhang mit der natürlichen Artenvielfalt. Artenreiche Systeme können Störungen wesentlich besser abpuffern. Das Düngen erhöhte die Primärproduktion in den artenarmen Feldern in New York deutlich (+53 %), veränderte aber die Produktion in artenreichen Feldern nicht signifikant (+16 %). Beweidung in der Serengeti verringert die „Standing Crop“ der Biomasse in den artenarmen Steppen signifikant (–69 %), aber die der artenreichen Felder nur geringfügig (–11 %). Mit anderen Worten, eine komplexere Struktur scheint die Stabilität dieser Gesellschaften gefördert zu haben (Begon et al., 1991).

Nach heutigen Erkenntnissen gibt es in funktionierenden Ökosystemen kein Gleichgewicht. Es handelt sich durchweg um dynamische Gleichgewichte (Ungleichgewichte), um Sukzessionen mit einseitig ausgerichteten Prozessen, die im einzelnen eher als Reaktionen zu bezeichnen sind und die gewissen Zyklen folgen.

3.6 Population = Gruppe artgleicher Lebewesen

„Gleichheit ist kein Naturgesetz.
Die Natur hat nichts gleich gemacht.
Ihr höchstes Gesetz ist Unterordnung und Abhängigkeit.“
Luc de Clapiers Vauvenargues (1715–1747)

Man nennt Gruppen artgleicher Lebewesen innerhalb eines bestimmten Raumes Population. Der Bezug zur Raumeinheit – d. h. zu einem Ökosystem – wird deshalb hergestellt, weil die Evolution (Entwicklung der Lebewesen) zu genetischen Unterschieden z. B. zwischen der Auerwildpopulation des Schwarzwaldes und der Auerwildpopulation in Schweden geführt hat wegen der unterschiedlichen Entwicklungsbedingungen in beiden Gebieten. Der Populationsbegriff bewährt sich bei der Beschreibung der Nahrungskonkurrenz, die um so schärfer ist, je ähnlicher die Nahrungsansprüche der Konkurrenten sind; die zur gleichen Art gehörenden Individuen haben die ähnlichsten Nahrungsansprüche. Die Nahrungskonkurrenz zwischen den Mitgliedern einer Population und das nicht zuletzt auch damit zusammenhängende Sozialverhalten beeinflussen deshalb das System der räumlichen Verteilung.

Populationsökologie

Populationsökologie behandelt in der Hauptsache die Frage, warum die Populationen von Mikroorganismen, Pflanzen und Tieren sich nicht unbegrenzt vermehren, sondern warum sie auf bestimmter, etwa gleichmäßiger Höhe bleiben.

Um eine Lebensgemeinschaft (Biozönose) wirklich zu verstehen, müssen wir nicht nur die einzelnen Organismen und Arten, sondern auch ihre

Beziehungen untereinander sowie zur unbelebten Natur berücksichtigen. Dabei ist zunächst festzustellen, daß im Prinzip jede Population zu exponentiellem Wachstum fähig ist. In jeder Organismenart von der Bakterie bis zur Alge, von der Blattlaus bis zum Vogel, von der Feldmaus bis zum Menschen, steckt daher der Keim einer Populationslawine, die Tendenz zur Bevölkerungsexplosion. Die Entwicklung der Menschheit liefert dafür ein dramatisches Beispiel. Parallel zum exponentiellen Wachstum der Menschheit verläuft die Kurve der ausgerotteten Säugetierformen. Entsprechend verläuft die Kurve bei den krankheitserregenden Bakterien oder Viren, die sich mit großer Geschwindigkeit exponentiell vermehren können, wenn ihre Antagonisten ausgerottet worden sind. Das verdeutlicht, welch immense und unkalkulierbare Gefahr der Zündsatz des exponentiellen Wachstums einzelner Arten bei Verdrängung anderer Arten darstellt.

In der Regel kann eine Tier- oder Pflanzenpopulation in einem für sie freien Lebensraum zunächst mit größter Wachstumsrate exponentiell ansteigen, während vom Punkt der Halbsättigung des Lebensraumes an mit weiterer Zunahme ein immer stärker begrenzender Druck von Konkurrenten auf sie einwirkt und ihre Wachstumsrate zunehmend mindert, bis sie praktisch auf Null absinkt. Dann hat die Population die Tragekapazität des Lebensraumes für diese Art voll ausgefüllt. Zu diesen populationsdichteabhängigen Faktoren kommen dann häufig dichteunabhängige Begrenzungsfaktoren – etwa Winterfrost, Sommerdürre, Überschwemmungen, Waldbrände, aber auch Gifteinsätze und andere Umweltverschmutzungen –, die stets die Tragekapazität der Umwelt für diese Arten zeitweise oder auf Dauer dramatisch senken.

1. Jede Population ist in ihrer Dichte energie- und rohstoffbegrenzt. Dabei spielen in erster Linie Nahrungsfaktoren, aber auch Wasser, Licht, Kohlensäure, Sauerstoff eine Rolle. In Sonderfällen wirken auch ökologische Nischenfaktoren wie Nistplätze oder Schutzbereiche, die ähnliche Grenzen setzen. (Hier setzt der Artenschutz ein durch Aufhängen von Nistkästen wegen fehlender Höhlenbäume oder durch Verschließen der Überwinterungsquartiere von Fledermäusen in alten Stollen gegen Gesteinssammler.)
2. Kein Individuum und auch keine Population besitzen eine Ressource auf Dauer allein zum Eigenverbrauch. Arteigene und artfremde Konkurrenten fordern ihren Teil. Konkurrenz vielfältigster Art ist ein Fundamentalregelmechanismus des Daseins aller Lebewesen. Er wirkt auch über den Streß, eine Übererregung des Körpers mit einer Vielzahl physiologischer Folgen, die von erhöhten Hormonausschüttungen bis zu Unfruchtbarkeit und Kannibalismus reichen. Gewöhnlich aber äußert sich Konkurrenz unter Tieren (auch Menschen) in aggressiver Auseinandersetzung um Ressourcen und ressourcenträchtige Gebiete. Je nach Nahrungsangebot und Konkurrenz sind die Gebiete, die aggressiv verteidigt werden, unterschiedlich groß. Besonders elegant – und für uns Menschen akustisch so erfreulich – ist die Revierverteidigung vieler Singvögel, deren Gesang für Männchen der gleichen Art eine für Distanz sorgende Signalwirkung hat.
3. Raubtiere, Parasiten, Krankheitserreger sind ebenfalls Begrenzungsfaktoren, die den Überschuß regulieren, in der Regel mit um so größerem Erfolg, je dichter die Beutepopulation ist. Hier stellt sich meist zwischen Freßfeind und Beute oder Parasit und Wirt nach einiger Zeit ein mehr oder weniger stabiles Gleichgewicht ein.

Eingriffe haben immer auch Nebenwirkungen, meist unvorhergesehen: Vernichtet man eine bestimmte Stechmückenart, die im Larvenstadium ein Zikadenfresser ist, so vermehren sich möglicherweise die Zikaden in Gewässern und werden zu Krankheitsüberträgern, die jeder Kontrolle entgleiten können. Noch verheerender wirken Breitbandeingriffe: Wenn wir mit desinfizierenden Mundwässern oder Zahncremes die Zusammensetzung unserer aus gut 80 Bakterienarten bestehenden Mundflora komplett verändern, kann das zur Verringerung der absoluten Bakterienzahl von den Mikroorganismen führen, die sich im ursprünglichen System gegenseitig in Schach hielten. Nun vermehren sich womöglich gerade die anaeroben Organismen sprunghaft, gewinnen die Oberhand und fördern den Kariesbefall, der hatte verhindert werden sollen (Olschowy, 1981). Statt diese Denk- und Handlungsweise zu ändern, glauben wir, punktuell und mit immer größerem Energieeinsatz all der Schäden und Rückschläge einzeln Herr werden zu können, die dieses unbekümmerte Draufloswirtschaften für unseren vernetzten Lebensraum mit sich bringt. Dadurch sind wir in das typische immer schnellere Aufschaukeln einer „positiven Rückkoppelung“ geraten, wie sie unweigerlich zum Zusammenbruch desjenigen Systems führen muß, in dem dies stattfindet.

Streßhormone steuern einige Selbstregulationen

Viele Tierarten haben im Laufe ihrer Evolution interessante Strategien der Selbstregulation entwickelt, die streßhormonell gesteuert sind.

Für den nordamerikanischen Weißwechselhirsch ist z. B. belegt, daß in einem Gebiet mit geringer Dichte dieser Wildart über 90 % aller Weibchen erfolgreich beschlagen wurden und 33 % dieser Tiere später Einzelkitze, 60 % Zwillinge und 7 % gar Drillinge setzten. In einem anderen Gebiet dagegen mit hoher Dichte dieser Wildart blieb die Vermehrungsrate weit unter dem, was theoretisch möglich gewesen wäre: 25 % der Weibchen wurden nicht trächtig, die trächtigen Tiere setzten zu 81 % Einzeljunge und nur zu 18 % Zwillinge (Straaß, 1990).

Ähnliche Reaktionen wurden bei Kohlmeisen festgestellt, als man versuchte, die geringe Meisendichte über Nistkästen etwas anzuheben. Die Anzahl der Kohlmeisen-Brutpaare wuchs zwar auf das Dreifache, nicht aber die Zahl der ausgeflogenen Jungen. In dichter besetztem Gebiet wurden im Durchschnitt zwei Eier weniger bebrütet, und die meisten Brutpaare verzichteten auf eine zweite Brut. Vorher hatten 64 % der Meisenpärchen zweimal gebrütet, danach nur noch 16 %. Erwünschte Arten lassen sich also nicht ohne weiteres beliebig verdichten.

Beim europäischen Reh erfolgt eine entsprechende Reaktion auf die Wilddichte über das Geschlechterverhältnis. Bei geringer Rehwilddichte in Relation zur Lebensraumkapazität werden auf ein männliches Kitz zwei weibliche Kitze geboren, so daß der Bestand relativ schnell ansteigen kann. Bei hoher Rehwilddichte werden dagegen dreimal so häufig Bockkitze geboren wie weibliche Kitze. Folglich geht der Zuwachs zurück. Darüber hinaus kann es in dichtbesetzten Rehrevieren mehrere Jahre dauern, bis sich die Jungtiere ihrerseits an der Vermehrung beteiligen, der Zeitpunkt der Geschlechtsreife wird um Jahre herausgezögert, während in dünnbesiedelten Lebensräumen gelegentlich schon einjährige Rehe mitmischen (Straaß, 1990).

Der Bayreuther Verhaltensforscher von Holst fand in den Tupaias, den südostasiatischen Spitzhörnchen, besonders leicht erkennbare „Streßmesser", bei denen sich Erregung im Schwanzsträuben äußert. Je länger prozentual sich das beobachtete Tier mit gesträubtem Schwanz zeigt, desto höher ist der Streßwert, und je mehr Streß, desto drastischer sind die körperlichen Ausfallerscheinungen. Bei 10 % verlangsamt sich das Wachstum, bei 20 % fressen die Weibchen ihre Jungen, bei 50 % sind die Weibchen steril und wehren die Männchen ab, bei 70 % sind die Männchen steril und bei 90 % sterben die Tupaias an Harnstoffvergiftung, weil unter dem Einfluß von Dauerstreß und der begleitenden Hormondusche die Nieren zu blutleeren, funktionslosen Körperteilen werden und sich dadurch der Körper selbst vergiftet (Straaß, 1990).

Es ist sicher nicht zulässig, artspezifische Erkenntnisse der Streßforschung auf andere Arten zu übertragen, dennoch gibt es inzwischen eine Vielzahl von ähnlichen Nachweisen für verschiedenste Tierarten. Auch die typischen Krankheiten der auf engem Raum eingepferchten Nutztiere – Magengeschwüre, Arteriosklerose, Bluthochdruck, Kreislaufschäden, Herz- und Nierenleiden, Federpicken, Kannibalismus u. a. – entsprechen diesen Streßbeobachtungen. Die im Tierschutzgesetz vorgeschriebene artgerechte Haltung erscheint dadurch in neuem Licht. Und auch viele menschliche Zivilisationskrankheiten erinnern sehr an Dichtestreßsymptome. Remmert (1992) kommt zu einer Hypothese, die in vielen Bereichen der menschlichen Zivilisation und Tierbehandlung zum Nachdenken anregt:

„Ein territoriales Tier wird in einem nahrungsarmen Gebiet mehr und weitere Strecken auf der Suche nach Nahrung unterwegs sein als in einem nahrungsreichen Areal. Bei gleichhoher Dichte dieser Tierart pro Flächeneinheit werden sich bei geringer Nahrungsmenge mehr soziale Kontakte (notwendigerweise durchweg mit Aggressionsverhalten) ergeben als in einem sehr nahrungsreichen Areal. Damit wird bei Nahrunsarmut der Streß, der ja unmittelbar von sozialen Kontakten abhängt, größer sein. Die Reviergröße wird also nicht in Längen-, Breiten- oder Flächenmaßen festgelegt, sondern in der Zahl der tolerierbaren noch nicht streßauslösenden sozialen Kontakte. Bei dauernder Fütterung im Labor wird daher Streß erst bei sehr viel höherer Dichte als unter Freilandbedingungen ausgelöst."

Die soziale Förderung wird durch natürliche Selektion nicht gefährdet

Steigende Populationsdichte kann das Sicherheitsempfinden von Tieren steigern, so daß relativ mehr Zeit zur ruhigen Nahrungsaufnahme zur Verfügung steht und weniger für die Aufmerksamkeit und Fluchtbereitschaft gegenüber Räubern aufgewendet werden muß. Störungen der Sozialstrukturen von Rudeltieren können bei einer unangemessenen Reduktion z. B. des Rotwildes dessen Konstitution beeinträchtigen und Schälschäden fördern. Die Berücksichtigung von naturgemäßen Sozialstrukturen bei der jagdlichen Selektion von Rudeltieren ist sicherlich von größerer Bedeutung als die Befolgung von menschengemachten Kriterien, die sich in erster Linie an Trophäen oder Zahlen („Zahl vor Wahl") orientieren. Da in der Natur durch Raubwild in erster Linie junge und unerfahrene Stücke oder alte und kranke mit dem geringsten Aufwand erbeutet werden, ist das Verwaisen von Kälbern oder das Erbeuten von Leittieren eher die Ausnahme, so daß auch „moderne" Jagdmethoden – wie z. B. sog. Anrührjagden – die naturgemäßen Selektionsmechanismen keinesfalls vernachlässigen dürfen. Drückjagden, die diese althergebrachten Rahmenvorgaben der Waidgerechtigkeit und andere Tierschutzaspekte in irgendeiner Form vernachlässigen, sind nach heutigen wildbiologischen und ökologischen Erkenntnissen abzulehnen.

Konkurrenz – auch eine populationsbegrenzende Einflußgröße

Die entscheidende Populationsbegrenzung ist in den meisten Fällen bei genauerem Hinsehen in der Nahrungsbasis (Ressourcen von Nährstoffen, Energie, Wasser usw.) zu finden. Sind die Nahrungsressourcen groß, bestehen gute Voraussetzungen für die Entwicklung der davon abhängigen Konsumenten. Sinken die Nahrungsressourcen, schwinden auch die Lebensgrundlagen der Konsumenten. Diese eher selbstverständliche Abhängigkeit hat über die Evolution zu vielen verschiedenen bemerkenswerten Begrenzungsreaktionen geführt. Eine davon ist die Konkurrenz, die definiert wird als „Wechselbeziehung zwischen Individuen, die sich aus einem gemeinsamen Anspruch auf eine begrenzte Ressource ergibt und die zu einer Beeinträchtigung des Überlebens, des Wachstums und/oder der Vermehrung der beteiligten Individuen führt" (Begon et al., 1991). Man unterscheidet interspezifische Konkurrenz (zwischen Individuen verschiedener Arten) und intraspezifische Konkurrenz (zwischen Individuen gleicher Art).

Konkurrenz führt mit zunehmender Dichte der Konkurrenten zu reduzierten Wachstums- und Entwicklungsraten der einzelnen Individuen, einer Reduktion der gespeicherten Reserven und einer erhöhten Gefahr, Räubern zum Opfer zu fallen, also letztlich zu geringerer Lebensdauer und verminderter Reproduktionsleistung. Für eine Populationsentwicklung ist dies auch evolutionsbiologisch wichtig, weil schwache Konkurrenten eher einen kleinen oder gar keinen Beitrag zur nächsten Generation leisten, während der Beitrag starker Konkurrenten dagegen kaum beeinträchtigt wird. Die Wirkungen der intraspezifischen (innerartlichen) Konkurrenz auf alle Individuen sind um so stärker, je mehr Konkurrenten vorhanden sind. Die Auswirkungen sind also dichteabhängig, wobei es unter- wie überkompensierende Dichteabhängigkeiten gibt, d. h., ein Anstieg z. B. der Eizahl von Käfern kann zu einem relativ größeren Anstieg der Sterblichkeitsrate führen. Derartige Abhängigkeiten sind auch bei Vögeln bereits nachgewiesen.

Für Jäger hat das eine ganz praktische Bedeutung: Es gibt wahrscheinlich eine ganze Reihe von bejagbaren Wildtierarten, bei denen es gar keine Veranlassung zur Regulation gibt, bei denen möglicherweise eine Bejagung andererseits auch keine wesentliche Populationsbegrenzung bewirkt. Bei Schalenwild (z. B. Rotwild) ist bekannt, daß es auf erhöhte Dichte oberhalb der Umweltkapazität mit stärkeren Schäden, geringeren Körpergewichten, höherer Krankheitsanfälligkeit und geringerer Reproduktionsrate reagieren kann. Wenn es der Jäger versteht, durch regulierende Eingriffe die Schalenwilddichte nahe der ökologischen Umweltkapazität – unter Berücksichtigung der gesamten Vegetation – einzupendeln, dann kann er damit gleichzeitig Gesundheitszustand, Fleischansatz im Jugendstadium und Geburtenrate optimieren. So gesehen ist ökologische Schalenwildregulierung nutzungsorientiert und zugleich eine optimierte Form der Fleischgewinnung, die aus der Sicht des Tierschutzes allen anderen Formen der Tiermast meilenweit überlegen ist. Die Nettozuwachsrate der Population bei mittleren Dichten ist nämlich unterhalb der Umweltkapazität am größten.

Eine verbreitete Form der Konkurrenz ist die Territorialität, bei der ein spezielles Gebiet (das Territorium) gegenüber Eindringlingen verteidigt wird. Individuen ohne eigenes Territorium vermehren sich oft nicht, so daß auf diese Weise ebenfalls eine Populationsregulation erfolgt. Die Zahl der Territorien kann von Jahr zu Jahr wechseln und wird weitgehend von den Umweltbedingungen (z. B. Nahrungsmenge) bestimmt. Es kann jedoch auch sein, daß sich territoriale Tiere besser gegen Räuber schützen. Eine derartige Strategie ist bei Kohlmeisen nachgewiesen worden, bei denen die Männchen am Winterende Zeit und Energie investieren, um ein Territorium abzugrenzen. Denn die von Räubern ausgehende Gefahr ist um so kleiner, je größer das Territorium ist. Freilich überlappen sich Konkurrenz um Raum, Nahrungsaufnahme und Sicherheit häufig.

Sehr häufig führt Konkurrenz zwischen verschiedenen Arten zum Verschwinden einer Art. Dies wird bei Betrachtung des Nischenkonzeptes deutlich: Zwei um gleiche Ressourcen konkurrierende Arten können miteinander koexistieren, wenn ihre realisierten Nischen in irgendeiner Form differenziert sind. Wenn eine solche Differenzierung nicht erfolgt oder das Habitat sie nicht zuläßt, dann wird eine Art die andere verdrängen. Dies nennt man Konkurrenzausschluß (Begon et al., 1991). Er erklärt auch, warum nach Ausschaltung einer Pflanze durch Pflanzengifte plötzlich andere Pflanzen auftauchen, die vorher gar nicht vorhanden waren. Ähnliche Reaktionen sind auch bei Insekten zu erwarten, so daß grundsätzlich jedem unnatürlichen Eingriff mit Skepsis begegnet werden sollte. Die beste Voraussetzung für die Koexistenz vieler Arten bietet eine reiche und naturnahe Nischendifferenzierung. Heterogenität (räumliche, zeitliche, individuelle) hat einen stabilisierenden Einfluß auf ökologische Wechselbeziehungen.

Das Wechselspiel von Koexistenz verschiedenartiger Konkurrenten und Nischendifferenzierung kann am Beispiel von fünf Meisenarten in englischen Laubmischwäldern illustriert werden, wie es Begon (1991) aufgrund von Untersuchungen des Engländers Lack beschreibt:

„Blaumeise, Kohlmeise, Sumpfmeise, Weidenmeise und Tannenmeise. Vier dieser Arten wiegen zwischen 9,3 g und 11,4 g im Durchschnitt, die

Kohlmeise wiegt 20,0 g; alle Arten haben kurze Schnäbel und suchen ihre Nahrung hauptsächlich auf Blättern und Zweigen, manchmal auch auf dem Boden; alle fressen während des ganzen Jahres Insekten, im Winter auch Samen; und alle nisten in Baumhöhlen. Trotzdem koexistieren alle fünf Arten in den untersuchten Laubmischwäldern ... Alle fünf Arten füttern ihre Jungen mit blattfressenden Raupen, und alle, bis auf die Sumpfmeise, nutzen die Bucheckernmast ... Die kleine Blaumeise sucht ihre Nahrung hauptsächlich an Eichen, wo sie sich wegen ihrer Beweglichkeit im wesentlichen auf dünne Zweige und Blätter im Kronenbereich konzentriert. Sie entfernt auch Rinde, um Insekten zu fressen, die sich darunter befinden. Im allgemeinen frißt sie Insekten von weniger als 2 mm Länge. Sie frißt, mit Ausnahme von Birkensamen, die sie am Baum erntet, kaum andere Samen. Die Kohlmeise sucht ihre Nahrung dagegen hauptsächlich am Boden, besonders im Winter. Die meisten Insekten, die sie erbeutet, sind über 6 mm lang; sie frißt mehr Eicheln, Nüsse der Edelkastanie und Blutampfersamen als die anderen Arten, und sie ist die einzige Art, die auch Haselnüsse frißt. Die Sumpfmeise liegt mit ihrer Nahrungswahl zwischen diesen beiden Arten. Sie sucht ihre Nahrung in der Strauchschicht und an Bäumen in Zweigen unter 6 m Höhe oder auf Kräutern. Auch in der Größe liegt sie zwischen den beiden anderen Arten, und sie erbeutet bevorzugt Insekten zwischen 3 und 4 mm Länge. Zusätzlich frißt sie Früchte und Samen von Klette, Pfaffenhütchen, Geißblatt, Veilchen und Blutampfer. Die Tannenmeise ist eine andere kleine Art, die auf Eichen frißt, später im Jahr jedoch auch auf Eschen. Sie wird auch öfter als andere Arten auf Nadelbäumen angetroffen. Im allgemeinen frißt sie Insekten, die noch kleiner sind als jene, die die Blaumeise bevorzugt, und sucht ihre Nahrung hauptsächlich an unteren Zweigen und nicht in der Krone. Die Weidenmeise ähnelt der Tannenmeise, sucht ihre Nahrung aber meist auf Birken, in geringerem Umfang auf Vogelbeerbäumen und auf Kräutern. Im Gegensatz zur Tannenmeise meidet sie Eichen und frißt kaum Samen. Lack zog aus seinen Beobachtungen folgende Schlußfolgerungen: Die fünf Meisenarten sind während des größten Teils des Jahres durch die Plätze ihrer Nahrungssuche, die Größe ihrer Beuteinsekten und die Härte der Samen, die sie fressen, getrennt. Diese Trennung ist auf ihre unterschiedliche Größe und die Größe und Form ihrer Schnäbel zurückzuführen. Trotz ihrer Ähnlichkeit nutzen sie etwas unterschiedliche Ressourcen auf etwas unterschiedliche Art und Weise."

3.7 Prädation = Räuber-Beute-Beziehungen

„Wer einen Menschen beherrschen will, ist schon besiegt."
Aikido-Lehrsatz

Von den Energieflüssen und Nahrungsketten in Ökosystemen kommen wir automatisch zu den Räuber-Beute-Beziehungen, die prinzipiell alle Abhängigkeiten betreffen, bei denen ein Organismus (oder ein Teil von ihm) gefressen und damit getötet (oder geschädigt) wird. Diese Prädation gilt generell, also z. B. auch für den Wasserfloh, der Phytoplankton frißt, für das Eicheln fressende Eichhörnchen, für Kräuter äsendes Rehwild oder für Hasen reißende Füchse. Beute-Räuber-Beziehungen sind in der Natur außerordentlich kompliziert, weil sich häufig verschiedene Abhängigkeiten überdecken, ihre Einzelwirkungen wechseln oder sich summieren können. Dennoch muß jeder, der in Naturabläufe eingreift und regulieren oder ernten will, einige Grundregeln kennen. Sie haben Bedeutung in der Beziehung „Pflanze – Pflanzenfresser", „Beute – Räuber" und „Wirt – Parasit". Früher hat man geglaubt – und dieser Irrtum ist heute noch weit verbreitet –, daß Raubtiere ihre Beute regulieren, indem sie den Bestand kleinhalten und kranke Tiere fangen. Moderne Untersuchungen haben jedoch belegt, daß der Räuber nur einer von vielen Faktoren ist, die regulierend auf den Bestand wirken, und daß es im Gegenteil die Beute – also die Nahrung – ist, die regulierend auf den Bestand der Räuber einwirkt.

Umfangreiche Untersuchungen des russischen Forschers Pawlow haben gezeigt, daß z. B. Füchse keine Bedrohung der Hasenbestände darstellen, sondern im Gegenteil die Gesundheit der Hasen sichern. An Stellen mit wenigen Füchsen vernichtete regelmäßig die Hasenpest fast den gesamten Bestand, und die Erholung erfolgte äußerst langsam, während in Gebieten mit zahlreichen Füchsen bedeutend weniger Verluste durch Krankheit eintraten und der Bestand sich auch rascher erholte (Kurt, 1977). Die Zahl des räumlichen Überschusses reguliert in Form der kümmernden, schwachen und kranken Tiere die Zahl der Füchse, weil sie diese am leichtesten erwischen können, wodurch bei den Hasen der Besatz gesund und auf einem höheren Niveau gehalten wird. Allein in diesem einfachen Beispiel wirken aber bereits mindestens drei Begrenzungsfaktoren zusammen:

- die Stärke der Fuchspopulation,
- die Krankheitserreger und deren Lebensbedingungen,
- das Verhältnis zwischen Hasenbesatz und sei-

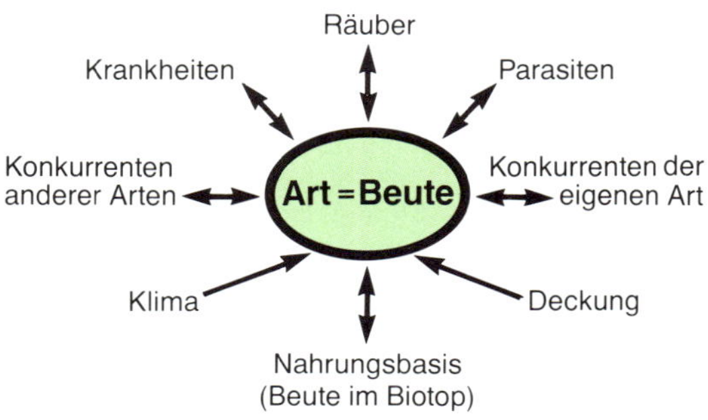

Abb. 6. Einige ökologische Einflüsse auf eine Art (= Beute) innerhalb eines Ökosystems.

ner Umwelt, das die Krankheitsanfälligkeit erst ermöglicht (Dichte, Altersaufbau, Lebensraumqualität, Witterung u. a.).

Die natürlichen Räuber-Beute-Beziehungen bilden also nur einen Teil eines Beziehungsgefüges, in dem noch viele andere Faktoren auf eine Art einwirken wie z.B.:

Im Laufe der Evolution haben sich viele Wechselbeziehungen entwickelt, die mehr oder weniger speziell zwischen zwei oder mehr Arten bestehen. Änderungen bei einer Art können dadurch Änderungen im Leben der anderen auslösen, und jede Art kann damit selektive Kräfte hervorbringen, welche die Evolution der anderen Art lenken. In einem solchen koevolutionären Prozeß kann sich die gegenseitige Abhängigkeit immer weiter spezialisieren. So kommt man bei genauerer Betrachtung zum Ergebnis, daß der Räuber (Freßfeind) eine wichtige Funktion als Selektionsfaktor für seine Beute hat.

Laienhafte Eingriffe in Ökosysteme waren und sind sehr verbreitet, und Fehlentwicklungen entlarven heute derartige Eingriffe als riskant. In bester Absicht hat der Mensch z. B. versucht, Räuber wie Marder, Füchse, Wölfe, Habichte, Adler, Falken auszurotten, um damit Konkurrenten auszuschalten. Die Ergebnisse in Form von Ungleichgewichten in der Natur sind bekannt. Heute begnügt man sich mit kleineren Schritten und siedelt z. B. Ameisenkolonien in Wäldern an oder um, um damit Insektenbekämpfung zu betreiben. Doch auch das kann ins Auge gehen:

Abgesehen davon, daß Ameisen nicht zwischen für den Menschen schädlichen oder nützlichen Insekten unterscheiden können und über 99 % der Insekten zumindest unschädlich sind, können Ameisen die sehr reiche und wichtige Spinnenfauna am Boden gefährden. Die Spinnen aber sind, anders als die Insekten, selbst bei sehr niedrigen Temperaturen aktiv, und sie leben im Winter weitgehend von überwinternden Insekteneiern und Insekten sowie deren Raupen, die sich im Waldboden oder im Blattwerk des Waldes verstecken. Ihr Effekt ist daher möglicherweise viel größer als der der Ameisen, denn eine Reduktion im Winter, wenn sich die Tiere nicht fortpflanzen können, ist natürlich effizienter als eine Reduktion im Sommer, wenn die nächste Fortpflanzungsperiode der Schädlinge vor der Tür steht. Außerdem: Insbesondere Grün- und Grauspechte leben zeitweise von Roten Waldameisen. Mit dem Gitter über dem Ameisenhaufen, das wir häufig zum Schutz der Ameisen im Wald sehen, werden die Spechte einer Nahrungsquelle beraubt (Remmert, 1990).

Wenn wir in der Ökologie auch stets umfassend und vernetzt in Abhängigkeiten denken müssen, so lassen sich doch vereinfacht drei Gesetzmäßigkeiten darstellen, die nach dem italienischen Biomathematiker Volterra (1926) sowie nach Lottka (1932) als „Lottka-Volterrasche Gesetze" bekannt sind. Zunächst wird nach dem Lottka-Volterra-Modell angenommen, daß eine Beutepopulation in Abwesenheit von Räubern exponential wächst. Tatsächlich werden jedoch Beuteindividuen durch Räuber entfernt, und das erfolgt mit einer Rate, die von der Häufigkeit des Zusammentreffens von Räubern und Beute abhängt. Umgekehrt verlieren Räuberindividuen in der Abwesenheit von Beute (Nahrung) an Gewicht und verhungern, nehmen also theoretisch ebenfalls exponential ab.

Unter der Voraussetzung einer unveränderten Beziehung zwischen beiden Partnern wird der Räuber bei guter Entwicklung der Beutetiere ebenfalls zahlenmäßig zunehmen, wobei er aber je nach Schnelligkeit seiner Vermehrung stets etwas hinter der Häufigkeitskurve seiner Beute nachhinkt. Irgendwann wird er dann so zahlreich, daß die Zahl der Beutetiere wieder abnimmt. Bei weniger Beute unterliegt nun der Räuber einer höheren Sterblichkeit, so daß wiederum mit zeitlicher Verzögerung auch der Bestand der Räuber abnimmt. Durch den Rückgang des Räubers erholt sich die Beute wieder, und das Spiel beginnt von vorn (Abb. 7). Diese Art interspezifischer Konkurrenz wird auch als gegenseitiger Antagonismus bezeichnet:

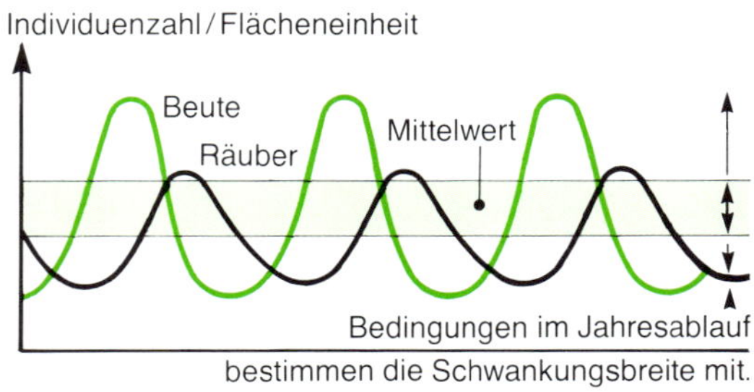

Abb. 7. Das 1. und 2. Volterrasche Gesetz.

Stark vereinfachtes Schema einer engen Räuber-Beute-Beziehung.

1. **Volterrasches Gesetz:** Ernährt sich eine Art von der anderen, so ergeben sich für Beute und Räuber zwei phasisch gegeneinander verschobene Häufigkeitskurven.
2. **Volterrasches Gesetz:** Die Häufigkeit sowohl der Beute als auch des Räubers schwankt jeweils um einen Mittelwert (der wesentlich von den Lebensraumbedingungen bestimmt wird).
3. **Volterrasches Gesetz:** Vermehrter Schutz nur der Beute läßt die Häufigkeit beider Arten zunehmen, da der Räuber immer davon profitiert. Nach einer gleich starken Verminderung beider Arten nimmt die Individuenzahl der Beute schneller als die des Räubers wieder zu.

Diese Gesetzmäßigkeiten haben bei der heutigen Kultivierung von Nutzpflanzen und -tieren in Monokulturen große Bedeutung, weil diese Mechanismen auch für Parasiten gelten. Kultivierung bedeutet in den Wachstumsphasen extremer Schutz der „Beute" vor den Räubern, was zu einer Vermehrung z. B. der Pflanzenschädlinge in Monokulturen (u. a. Getreidefelder) führt. Ohne Gegenmaßnahme kann das zu einer Kalamität führen, lange bevor sich die „hinterherhinkenden" Räuber etablieren können. Bei der Bekämpfung der Schadinsekten durch Chemikalien werden auch die natürlichen Feinde der Schädlinge getroffen, so daß nach der zweiten Aussage des 3. Volterraschen Gesetzes der Schädling wieder schneller zunehmen kann. Deshalb muß man auch in Obstplantagen durch dicht aufeinanderfolgende Spritzungen den sich schneller erholenden Schädlingen dauernd „nachlaufen".

Übertragen auf Garten, Park, Wald heißt das: dem Räuber etwas mehr Zeit zur Entwicklung lassen. Wenn wir gegen Insekten oder Mäuse mit Gift angehen, ehe sich deren Räuber (oder Krankheiten) überhaupt etablieren können, werden uns die Selbst-Regulationsmechanismen der Natur immer weniger helfen. Wenn wir die Grundpopulation („stand-by-Population") der Räuber quasi verhungern lassen, weil wir ihre Beute und Nahrung, also unsere Schädlinge, sofort bekämpfen, dann dürfen wir uns über deren Ausbleiben nicht beschweren. Ein bißchen mehr Gelassenheit und Zeit und ein bißchen weniger Aktionismus in der Natur, und schon hilft sie uns ganz von selbst und kostenlos.

Ähnliches spielt sich z. B. bei gezüchtetem Niederwild ab, denn diese Gesetze sind auch auf das Aussetzen von Tieren – z. B. Fasan, Rebhuhn, Ente – übertragbar. Da es sich dabei durchweg um „Verhaltenskrüppel" handelt, die einem in freier Natur aufgewachsenen und geprägten Tier immer unterlegen sein müssen, greifen die Volterraschen Gesetze besonders „zielsicher". Jeder Beutegreifer – sei's Fuchs, sei's Habicht – bevorzugt ja naturgemäß die Beute, die er am leichtesten erwischen kann. Die phasenverschobene Zunahme der Räuber ist also programmiert und wird unter Umständen sogar noch dadurch beschleunigt, daß Räuber aus weniger nahrungsreichen Gebieten zuwandern und hier am „reichen Tisch" geduldet werden, weil die Reviergröße des „einheimischen" Räubers auch von der Nahrungsmenge mitbestimmt wird.

Deshalb kann ich in Gebieten ohne besonders gefährdete Tierarten (z. B. Auer- oder Birkhuhn) jedenfalls solange keine Regulierung etwa beim Habicht gutheißen, wie derartige Aussetzungen oder/und Biotopzerstörungen die Beutetiere immer wieder für den Räuber disponieren und damit seine Zunahme stimulieren. Für alle Räuber gilt, daß sie sich ihrer Beute funktionell anpassen. Diese Anpassung erfolgt aber nicht nur, weil sich Räuber und Beute häufiger begegnen, sondern weil bei hoher Beutedichte das einzelne Beutetier auch konditionell geschwächt oder von Krankheitserregern befallen und demzufolge auch leichter zu erlegen ist.

Wenn eine Herbivorenpopulation (z. B. Hasen) in ihrer Dichte schwankt, kann das auf Wechselbeziehungen zu ihren Nahrungspflanzen oder zu ihren Prädatoren (z. B. Fuchs oder Parasiten) zurückzuführen sein. Über die Nahrungspflanzen muß nicht absoluter, sondern kann auch relativer Nahrungsmangel (d. h. Mangel an hochwertiger Nahrung) zu Hunger, schwacher Konstitution und folglich erhöhter Gefährdung durch Räuber führen. Das dürfte bei unseren kultivierten, also verarmten Verhältnissen häufiger zutreffen, als wir wahrhaben wollen. Wenn daher die Populationsrückgänge durch große Anzahlen von Hasen in schlechter Verfassung charakterisiert sind, die von Räubern erbeutet werden, dann ist zweifellos die schlechte Verfassung, d.h. der Nahrungsmangel, die Ursache für den Populationsrückgang und nicht die Prädation (Begon et al., 1991).

Ein auf europäische Verhältnisse durchaus übertragbares Beispiel hat Sinclair (1975) beschrieben, der den Einfluß der Grasqualität (Rohproteingehalt) auf Gnus in der Serengeti in Tansania untersucht hat. Obwohl die Gnus eiweißhaltige Pflanzen auswählten, mußten sie in der Trockenzeit Nahrung zu sich nehmen, deren Eiweißgehalt wesentlich geringer war, als für ihren Unterhalt nötig gewesen wäre (5 bis 6 % Rohprotein). Den erschöpften Fettreserven bei toten Bullen nach zu urteilen, war dies eine Hauptursache der Sterblichkeit. Außerdem ist wesentlich, daß der Eiweißbedarf der Kühe in der späten Phase der Trächtigkeit und während der Säugezeit (beim Gnu Dezember bis Mai) drei- bis viermal höher ist als sonst.

Dieses Beispiel zeigt, daß der Mangel an qualitativ hochwertiger Nahrung (nicht Nahrungsmangel an sich) einen entscheidenden Einfluß auf das Wachstum, das Überleben und die Vermehrung eines Konsumenten haben kann. Besonders für Herbivore gibt es Situationen, in denen sie unter Nahrungsmangel leiden, obwohl anscheinend reichlich Nahrung vorhanden ist.

Wie bereits erwähnt, betreffen derartige Mechanismen auch die Beziehung „Wirt-Parasit". Das führt dazu, daß bei unseren Wildtieren die eine Abhängigkeit die andere ablösen kann. Wenn der Fuchs ausfällt, dann werden die Parasiten die Reduktion beim Hasen auf das ökologisch zuträgliche Maß (die natürliche Wilddichte) übernehmen. Man nennt diese Erscheinung die „kompensatorische Sterblichkeit", die auch besonders von Witterungsbedingungen und der Umwelt beeinflußt wird. So kann eine starke Reduktion des Fuchsbesatzes zu einer Einpendelung des Hasenbesatzes auf einem höheren Niveau führen. Um die Ursache dafür zu erahnen, muß man sich einmal den Jahresablauf einer Hasenpopulation auf einer intensiv genutzten landwirtschaftlichen Fläche vorstellen: Bis zur Ernte mögen sehr gute, jedenfalls aber überdurchschnittliche Bedingungen geherrscht haben. Der Tisch war relativ reich gedeckt, die Hasen waren gut geschützt und konnten sich entsprechend vermehren. Dadurch hat sich eine große, für die durchschnittlichen Umweltbedingungen übergroße Population entwickeln können. Zur Zeit der Ernte auf großen Flächen werden diese Bedingungen schlagartig schlechter. Nun verlieren die Hasen, ob alt und stark oder jung und schwach, ihre Reviere. Die Zahl der besitzlosen Todeskandidaten steigt umgehend. Greifen in diese „Flaschenhalssituation" nun viele Füchse rasch genug ein, könnten sie tatsächlich auf die Anzahl der Hasen einwirken. Wenn dann aber die neue Vegetation relativ rasch nachwächst oder wenn es den Hasen gelingt, Ersatzlebensräume zu besiedeln, bevor die „kompensatorische Sterblichkeit" infolge Hunger, Parasitenbefall oder Streß voll greifen kann, dann bleibt in diesem Beispiel der Hasenbesatz relativ hoch. Das gilt vor allem dann, wenn der Fuchs infolge starker Bejagung oder Tollwutreduktion keine wesentliche Auswirkung auf den Bestand der kranken und geschwächten Hasen in dieser kritischen Periode haben konnte. Der wesentliche Faktor ist dann aber nicht so sehr der Fuchs als die „Wirtlichkeit", die in der Umwelt relativ schnell wieder eintritt.

Man wird allgemein bei der Feststellung bleiben müssen, daß der Biotop insgesamt und der davon abhängige „Flaschenhalseffekt in Notzeiten" in Wechselwirkung mit der Witterung weitgehend die Hasenpopulation bestimmt und Überschüsse durch die kompensatorische Sterblichkeit (Parasiten, Räuber) abgeschöpft werden. Wer viele Hasen ernten will, muß sich in erster Linie um den Biotop, um die ganzjährige Lebensraumanreicherung mit abwechslungsreicher Deckung und Nahrung (Kräuter) kümmern und jagen, bevor die Mechanismen der kompensatorischen Sterblichkeit greifen können. Dann ist die Regulierung der Räuber von mindestens untergeordneter Bedeutung. Man darf eben in dieser Betrachtung nicht außer acht lassen, daß jeder Lebensraum stets nur eine maximale Bestandsdichte an Tieren verträgt (= Kapazität) und daß diese Besatzdichte von der Vielfalt und Nahrungsmenge abhängig ist. Da diese wiederum im Jahr schwanken, muß sich auch die Maximalbesetzung unterschiedlich und stets auf den Minimumfaktor gerichtet einpendeln. Räuberbejagung und Fütterung bleiben bei allen Wildtieren weitgehend untaugliche Hilfskrücken, wenn der Lebensraum verarmt ist.

Natürliche Bedingungen sind heute selten. So hat die Landwirtschaft mit ihren monotonen, artenarmen Großstrukturen dazu beigetragen, daß Räuber begünstigt werden. Wenn z. B. Rebhühner auf ausgeräumter Agrarsteppe hocken, dann sitzen sie für Prädatoren wie auf einem Präsentierteller. In diesem Fall findet der Habicht alle, mögen sie auch noch so gesund sein. Letaler Faktor ist die fehlende Deckung.

Das Konkurrenzverhalten verschiedener Tierarten gegeneinander oder gleicher Tierarten untereinander beeinflußt also die Tragfähigkeit des Biotops für eine Art. Durch das Territorialverhalten vieler Tierarten hat die Natur gut vorgesorgt und sichergestellt, daß die kompensatorische Sterblichkeit ebenso funktioniert wie der erforderliche Genaustausch über große Entfernungen hinweg, vorausgesetzt, der Lebensraum ist nicht isoliert (unüberwindbare Straßen, Zäune, Städte, große Felder, völlig artfremde Vegetation u. a.). Ein gestörtes Konkurrenzgefüge – z. B. bei Faunenverfälschung durch Aussetzen – stellt das Bestehen einer Art oder einer Lebensgemeinschaft mehr in Frage als eine gestörte Sozialstruktur oder eine gestörte Räuber-Beute-Beziehung. Die Konkurrenz wirkt sich nämlich auf die absolute Steuergröße, auf die ökologische Nische der Art, auf die Tragfähigkeit des Biotops – zur jeweiligen Zeit – aus, also auf die alles entscheidenden Lebensgrundlagen, während sich die Steuergrößen der Räuber (Beutegreifer, Parasiten) lediglich auf ihre Beute und deren überschüssige Vertreter, also auf Konsumenten und nicht auf den Biotop auswirken können.

Wenn wir einseitig Räuber bejagen und dezimieren, Parasiten mit Medikamenten im Kunstfutter zu Leibe zu rücken oder die Sozialstruktur innerhalb einer Wildart (einschließlich Geschlechterverhältnis) beeinflussen, dann kurieren wir immer an Symptomen herum und werden die Krankheit so lange nicht heilen, wie wir uns nicht um den Biotop bemühen. Der Biotop bestimmt das Niveau der natürlichen Wilddichte über seinen – jahresweise und jahreszeitlich schwankenden – Minimumfaktor (Nahrungsmangel, Deckungsmangel, Wassermangel oder Wasserüberschuß, Schutz

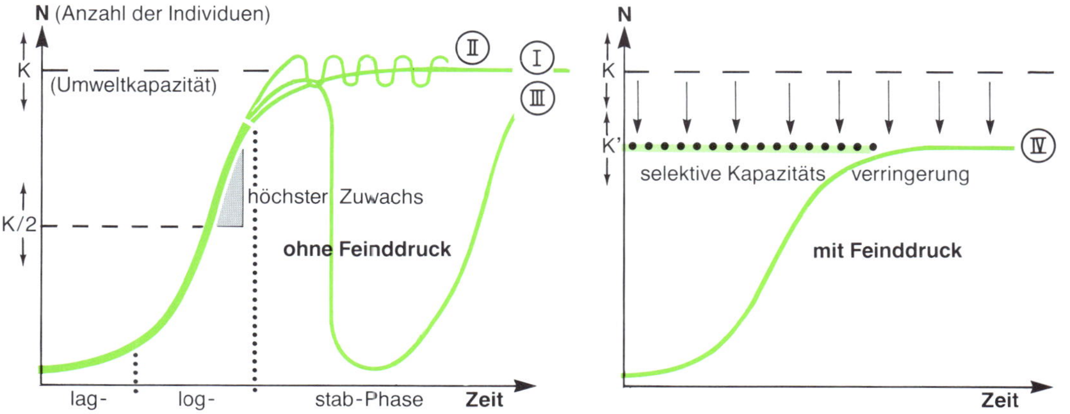

Abb. 8. Feindwirkung, quantitativ und qualitativ (nach Reichholf, 1989, verändert).

vor Witterungseinflüssen u. a.). Die Jagd sollte den Sterblichkeitsfaktoren bei der Nutzung zuvorkommen und zeitlich vor dem Wirksamwerden der Minimumfaktoren einsetzen. Da die Beute den Räuber reguliert, stellt sich dann – sofern nicht auf Ersatzbeute ausgewichen werden kann – auch eine Reduktion der Räuber (z. B. Habicht) ganz von selbst ein. Für den Naturschutz ist es von Bedeutung, daß selten gewordene Arten in beeinträchtigten Biotopen stets einem erhöhten Feinddruck ausgesetzt sind.

In der Praxis ergibt sich also oft eine verwirrende Vielfalt von Beziehungen und Wechselwirkungen, die uns nur bei vernetzter, kybernetischer Betrachtungsweise verständlich wird. Dies führt uns zu einem allgemein gültigen weiteren Denkmodell, nach dem jede Population von Organismen theoretisch zwar zu exponentieller Vermehrung neigt, in Wirklichkeit jedoch dem Muster einer sigmoiden Wachstumskurve folgt:

Die sigmoiden Bestandsentwicklungskurven einer Population entwickeln im Bereich der Umweltkapazitätsgrenze einen labilen Gleichgewichtszustand. Darin können sowohl die Population als auch K schwanken (z.B. Kurve I Population stabil ohne Überschreitung von K, Kurve II um K pendelnd). In diesem Grenzbereich ist jede Population besonders in Gefahr, durch eine Krankheit (z.B. Parasiten) weitgehend unselektiv stark reduziert zu werden (z.B. Kurve III); danach schwenkt sie wieder in die sigmoide Bestandsentwicklungskurve ein. Unter Feinddruck (z.B. Fuchs-Hase-Beziehung) ist die Umweltkapazität K' je nach Räuberzahl geringer. Die Räuberwirkung ist weitgehend selektiv (weil kranke Stücke leichter erbeutet werden) und hilft, Populationszusammenbrüche (wie bei Kurve III) zu vermeiden und den Bestand nahe K' zu halten (z B. Kurve IV).

Die vom Nahrungsangebot oder Raumbedarf gesetzte Grenze der Umweltkapazität K ist artbezogen und die Bemessungsgrundlage dafür, wie viele Individuen einer Art im umgrenzten Raum längerfristig leben und überleben können. Sie gibt also das „Fassungsvolumen" der betreffenden Umwelt für die betrachtete Art wieder. Für die Funktion des Freßfeindes/Räubers ist wichtig, daß es drei Phasen in der Bestandsentwicklung gibt, in denen sich die Population jeweils recht verschieden verhält. In der ersten, der **lag-Phase,** kommt das Wachstum nur zögernd in Schwung. Sie wird daher als „Verzögerungsphase" bezeichnet. In der zweiten wächst der Bestand sehr schnell und stark, nämlich mehr oder minder exponential an. Das ist die **logarithmische Phase.** In ihr befindet sich jener Bereich (K/2), in dem der Bestand die höchste Produktivität entfaltet. Würde das Wachstum an diesem Punkt ungebremst weiter gehen, müßte der Bestand in kürzester Zeit die Kapazitätsgrenzen durchstoßen und damit seine eigene Existenzgrundlage gefährden. Doch die Gegensteuerung setzt, je nach populationsökologischem Typ – ob K- oder r-selektiert –, mehr oder minder rasch ein und bremst das Wachstum ab, bis es mit geringen oder stärkeren Schwankungen auf die Umweltkapazität einschwenkt und sich hier stabilisiert **(stab-Phase).**

Unterliegt die Art einem stärkeren Feinddruck, findet die Stabilisierung deutlich unterhalb der Umweltkapazität statt (K). Das Ausmaß der Abweichung ist groß, wenn es sich um ein artenarmes System handelt, und gering, wenn zahlreiche Arten beteiligt sind, da sich nun die „Last" des Feinddruckes entsprechend verteilen kann. Jedenfalls bedeutet ein ausreichender Feinddruck die Einhaltung eines sicheren Abstandes zur Kapazitätsgrenze, deren Überschreitung unvermeidlicherweise mit Nachteilen für die Population (massive Rückschläge in der Bestandsent-

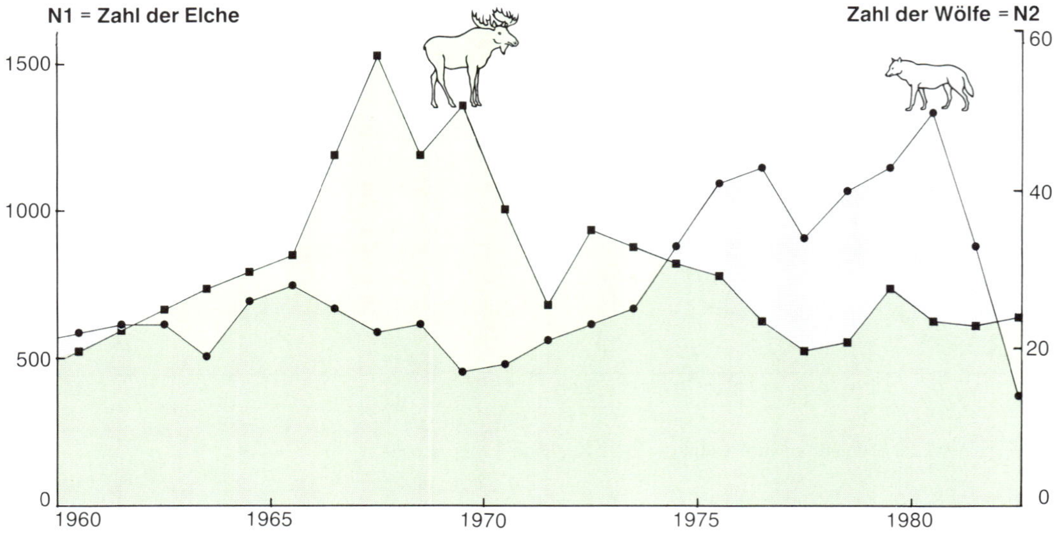

Abb. 9. Bestandsfluktuation von Elchen und Wölfen auf der Isle Royale, USA (die Skala für die Wölfe ist 25fach überhöht; nach Reichholf, 1989, verändert).

wicklung) verbunden wäre (Reichholf, 1989). Auf diese Weise können sich einfache Räuber-Beute-Systeme in Form von Regelkreisen nach den Lottka-Volterraschen Gesetzen durchaus stabilisieren und langfristig erhalten. Sie finden sich regelmäßig bei hochgradigem Spezialistentum, was bei „normalen" Räuber-Beute-Beziehungen eher die Ausnahme, bei Parasiten und Krankheiten eher die Regel ist.

Wie wirkt sich nun der Prädator auf seine Beute aus? Man unterscheidet:

a) **Frequenzabhängige Reaktion:** Bei dieser wird die Beute entsprechend ihrer Häufigkeit gefangen. Dies ist oft der Fall und folgt der Energiesparregel, mit wenig Aufwand möglichst viel Erfolg zu erlangen. Wird die Beute seltener, steigt der Aufwand zur Erbeutung, also wird sie auch seltener erbeutet. Dies hat manche zu der nicht immer zutreffenden Aussage verleitet, daß ein Räuber seine Beute niemals ausrottet. Er kann sie durchaus ausrotten, wenn z. B. auch für die letzten Beutetiere durch Biotopzerstörung der Faktor „Deckung" stark beeinträchtigt worden ist oder wenn die Beutepopulation unter eine kritische Zahl gedrückt wird und dann etwa Klimaschwankungen oder andere Minimumfaktoren nicht mehr abfangen kann.

b) **Funktionelle Reaktion:** Aus Gründen des Energieaufwandes, der für die oft kräftezehrenden Fangversuche einzusetzen ist, muß die Beute eine bestimmte Mindesthäufigkeit erreichen, damit sie verfolgt oder überhaupt gefunden werden kann. Deshalb tritt keine Prägung der Räuber an unprofitabel selten gewordene Beute ein. Mit abnehmender Zahl der Beutetiere und steigender Fitness der überlebenden Beutetiere steigt die Überlebenswahrscheinlichkeit, jeweils in Abhängigkeit von der Biotopqualität.

Tatsächlich fördern diese Reaktionen der Beute auf die Räubereinwirkung den Artenreichtum. Da nämlich die Umweltkapaziät mit Feinddruck (K', siehe Abb. 8) stets kleiner als K ist, bleibt auf diese Weise auch stets für konkurrenzschwache Arten Existenzraum übrig. Viele Studien haben inzwischen belegt, daß der Räuberdruck die Koexistenz von Arten durch Unterdrückung der dominanten Konkurrenten fördert. Wenn also z. B. auch Schalenwild als „Räuber" eine bestimmte dominierende Grasart (die Beute) unter die Kapazitätsgrenze drückt, dann wird gleichzeitig Raum frei für konkurrenzschwächere Krautarten, die sonst verdrängt würden. In ökologisch angemessener Zahl fördert der Räuber die naturnahe Artenvielfalt. Diese Aussage sollte sowohl den Jägern zu denken geben, die meinen, mit einer äußerst intensiven Fuchsbejagung das sog. Hasenproblem lösen zu können, als auch denen, die mit einer dem Ökosystem nicht angepaßten Reduktion aller Schalenwildarten einen „ökologischen Auftrag" zu erfüllen glauben.

Freßfeinde werden prinzipiell auf der gleichen „Ebene" tätig wie die Parasiten und die Krankheiten und wirken mit diesen „Verminderungsfaktoren" zusammen, freilich nicht in additiver, sondern in sehr komplexer Weise; in vielen Fällen sogar einander entgegengerichtet. So senken die von den Räubern verursachten Verluste die Auswirkungen von (zu starkem) Parasitenbefall oder verhindern den Ausbruch von Krankheiten. Die Sterblichkeit, die sich insgesamt ergibt, kann daher ganz unterschiedlich zusammengesetzt sein und in hohem Maße kompensatorisch wirken. Das gilt insbesondere für konkurrierende Räuber. So wurde beispielsweise bei Untersuchungen an Schwanzmeisen versucht, die sehr hohen Nestverluste (bis über 70 %) durch Eichelhäher, Elstern und Krähen durch Maschendraht-Abschirmung auszuschalten. Die Schwanzmeisen störten sich an den kugelig ausgeführten „Einzäunungen" ihrer Nester überhaupt nicht, die Verlustquote sank dennoch nicht nennenswert. Nun waren Mäuse, Eichhörnchen, Hermeline und besonders die Unbilden der Witterung die Ursachen für die Verluste. Ob eingezäunt oder nicht, die Gesamtverlustquote blieb praktisch gleich. Der Freßfeind hatte hier also rein kompensatorisch gewirkt (Reichholf, 1989).

Wir müssen uns also hüten, Räuber-Beute-Beziehungen einseitig aus der Warte des Nutzers oder Freundes dieser oder jener Art zu betrachten. Die sog. kompensatorische Sterblichkeit nämlich verläuft in ihrer Wirkung sehr differenziert; Räuber und Krankheiten wirken quantitativ äußerst unterschiedlich. Räuber nutzen selten mehr als 10 bis 12 % der Beutepopulation. Die Räuber selektieren in erster Linie „qualitativ", weil sie einmal nur rund 10 % nutzen und dies nach der Energie-Aufwand-Optimierungs-Regel mit möglichst wenig Energieeinsatz tun. Ganz anders setzen Krankheiten an, die „quantitativ" mit hohen Sterberaten wirken. Dafür gibt es bereits sehr viele durch Wissenschaft und Praxis belegte Beispiele, von einem solchen berichtet Reichholf (1989):

„Im Sommer 1982 entnahm ein Rohrweihen-Paar für sich und zur Aufzucht ihrer vier Jungen an einem der Stauseen am unteren Inn über einen Zeitraum von vier Monaten rund 720 junge Lachmöwen und etwa 60 Krickenten dem vorhandenen Bestand. Das machte ziemlich genau 10 % des Lachmöwenbestandes und 4 % der kleinen Enten aus. Ein Ausbruch von Wasservogel-Botulismus hingegen erfaßte bei mehr als einem Dutzend Arten die vorhandenen Bestände so massiv, daß zwischen 40 und 98 % getötet wurden ... Die Untersuchung der Botulismus-Opfer ergab, daß sich die Vögel keineswegs in schlechter Kondition befunden hatten. So wogen 39 frischtot aufgesammelte Krickenten 334 ± 40 Gramm, was sogar deutlich über den für die Jahreszeit (August/September) zu erwartenden Normalgewichtswerten liegt, die sich auf etwa 305 g berechnen lassen. Hohe Mortalitätsraten durch Krankheiten sind daher in der Regel die letzten Regulationsmechanismen bzw. Kontrollen der Bestandsentwicklung, wenn subtilere nicht mehr wirken. Dazu gehören die Freßfeinde, da sie in ungleich stärkerem Maße ‚qualitativ' in die Bestände eingreifen als die Krankheiten. Sie dienen daher im Prinzip der Erhaltung der Kondition, die allerdings nicht einfach mit dem Gewicht gleichgesetzt werden darf. Vielmehr bezeichnet die ‚Kondition' einen umfassenden Zustand, der sich aus Leistungsfähigkeit, Reaktionsvermögen, Verhaltenssicherheit und der Fähigkeit, kristische Perioden oder Umweltverhältnisse zu überdauern, zusammensetzt."

Es kann also durchaus der Fall eintreten, daß eine zu starke Reduktion der Prädatoren – z.B. Fuchs, Marder, Wiesel, Greifvögel – infolge von dadurch nicht verhinderten Krankheitsausbrüchen die Beutetierpopulation stärker schädigt als die Prädatoren selbst. Für die verbleibende Beutetierpopulation ist es daher durchaus von Bedeutung, ob die Ausfälle im Bestand durch Krankheiten (quantitativ) oder durch Räuber (qualitativ) verursacht werden. Letztlich bleibt der Bestand relativ stabil im Bereich der Lebensraumkapazität, und Räuber, Krankheiten oder andere Verlustursachen (z.B. Witterung) müssen den Zuwachs ausgleichen. Erfolgt die Regulation vorwiegend über Räuber, herrscht „qualitative Selektion" vor. Überwiegen dagegen Krankheiten, wird eine „quantitative Regulation" wirksam, die für die Population wesentlich negativer zu beurteilen ist.

Zahlreiche Arten vermeiden letztere durch hochkomplizierte Sozialsysteme, welche die Vermehrung vorzeitig senken, so daß sich der Bestand „in sicherer Distanz" von der Kapazitätsgrenze K einreguliert. Solche Arten werden treffend als K-selektierte Arten bezeichnet. Allein die Tatsache ihres Vorhandenseins bekräftigt die positive Seite des Räubers, denn für solche K-selektierte Arten genügt zumeist die von den Freßfeinden verursachte Ausfallquote, um die geringe Überschußproduktion an Nachwuchs auszugleichen. Räuber und K-Selektion vermindern durch ihr Zusammenwirken den Fortpflanzungsaufwand und senken die auf die Krankheiten entfallenden Verluste (Reichholf, 1989). Diese Aussage ist ökologisch von zentraler Bedeutung für die Wirkungsweise der Räuber (Prädatoren), sie hat nämlich auch einen evolutionsbiologischen Aspekt. Selektion in diesem Sinne ist eine Auslese nach Eigenschaften oder Fähigkeiten, die letztlich die Überlebensqualität in einem Ökosystem bestimmen. Der Mensch als Jäger dagegen ist allenfalls zu einer möglichst naturnahen quantitativen Reduktion fähig. Zuchtgedanken nach menschengemachten Kriterien (z.B. Körpergröße, Geweihstärke) erscheinen in diesem Zusammenhang eher fragwürdig, besonders wenn Biotopzerstörungen, Ausrottung oder extreme Reduktion der Prädatoren, überzogene Mastfütterungen und dergleichen noch hinzukommen.

Ein praktisches Beispiel, das sehr bekannt, in

der Bedeutung aber noch wenig erkannt ist, finden wir bei den Stockentenmischlingen in den Städten. Nach eingehenden wissenschaftlichen Untersuchungen weisen die Gewässer in Großstädten bereits zum Teil weit über 50 % Bastarde auf. Diese Anteile gehen bereits an der Peripherie der Städte stark zurück und erreichen an den etwas weiter entfernten Naturgewässern mit Freilandbedingungen Werte von weniger als 1 Promille. Hier dürfte der Feinddruck zumindest eine wichtige Rolle bei der Erhaltung des Wildtyps spielen.

Wenn man den Räuberdruck und dessen Auswirkungen langfristig betrachtet und damit evolutionäre Zeitdimensionen – also viele Generationen – einkalkuliert, dann wird klar, daß in dem wechselseitigen Reagieren von Räubern und deren Beute wesentliche Triebkräfte und Regulationsmechanismen der Evolution zu sehen sind. So sind z.B. die Pferde aus ursprünglich hasengroßen Waldtieren über die Selektion durch Prädatoren entstanden, und heutige durch Räuber verursachte Mortalitätsraten von weniger als 10 % reichen aus, um den Zebras und Wildeseln die Kondition zu erhalten. Wo diese Selektion fehlt, wie bei den amerikanischen (verwilderten) Mustangs, setzt sofort eine erhebliche Variation mit unterschiedlicher Fitneß ein. Der jagende Mensch wirkt eher wie die (verheerenden) Krankheiten, die weitgehend unselektiv eingreifen und die Bestände rein quantitativ beeinflussen. Er selektiert zudem nach Äußerlichkeiten wie Geweih oder Körpermasse. Zu der diffizilen Selektion, wie sie der im System integrierte Räuber vornimmt und dabei gleichzeitig selbst mitreguliert und -selektiert wird, fehlen ihm die Möglichkeiten.

Menschengemachte Regulation ist Steuerung von außen, keine Selbstregulation und keine stabilisierende oder den Evolutionsprozeß antreibende Selektion. Die Funktion des Freßfeindes als unabdingbarer Partner im Beziehungsgefüge kann der Mensch infolgedessen vom Prinzip her nicht übernehmen. Denn das hervorstechendste Kennzeichen eines Freßfeindes ist sein geringer Erfolg. Auf 10 Versuche, Beute zu machen, kommen in der Regel 8 bis 9 erfolglose. Diese Versuche haben die Kondition der Beute getestet und dadurch den selektiven 10. Versuch erst funktionell sinnvoll gemacht. Wer möchte glauben, solches nachmachen zu können? (Reichholf, 1989)

Bei dieser Betrachtung relativiert sich übrigens ein anderer, gegenwärtig in einigen Forst- und Jagdkreisen häufig diskutierter Wunsch, nämlich den Jagddruck beim Schalenwild zu reduzieren. Es ist sicher richtig, den menschlich verursachten Störstreß durch permanentes „Verstänkern“ der Wildtierlebensräume zu reduzieren. Für eine völlige Streßausschaltung und Verringerung des Jagddruckes auf wenige Tage „Gewalteinsatz“ im Jahr mit dann zwangsläufiger Vernachlässigung der Tierschutzgedanken (z. B. Zerstörung der Sozialstruktur) besteht jedoch ökologisch keine Rechtfertigung. Prädatoren wirken ganzjährig, Feindvermeidungsstrategien sind überlebenswichtig und der Wunsch, Wildtierlebensräume ohne natürliche Prädatoren nahezu völlig zu beruhigen, wird jedenfalls dann suspekt, wenn Fragen des wildbiologisch angepaßten Tierschutzes – der sog. Waidgerechtigkeit – dadurch vernachlässigt werden. Ziel muß eine Optimierung aller Grundforderungen sein:

- Annäherung an die Selektion der natürlichen Prädation
- Strenge Gewährleistung der Tierschutzforderungen
- Erhaltung der Sozialstrukturen
- Hohe Effektivität der Regulation

3.8 Beispiele verbreiteter Fehleinwirkungen

„Wer nichts für andere tut, tut nichts für sich.“
Johann Wolfgang von Goethe (1749–1832)

Bioindikatoren – Biologische Frühwarnsysteme

Das System der Nahrungsketten bzw. Nahrungsnetze erklärt die Problematik der Summationsgifte. Betroffen von tückischen Anreicherungen sind vor allem Endkonsumenten wie Greifvögel und Säugetiere (z. B. Seehund). Sie gelten deshalb auch als besonders empfindliche Bioindikatoren oder biologische Frühwarnsysteme. Je höher eine Tierart in der Nahrungspyramide steht oder je spezialisierter die Lebensraumansprüche einer Tier- oder Pflanzenart sind, desto empfindlicher reagiert sie auf jede Beeinträchtigung der ökologischen Basis. Jede verlorene oder gefährdete Art bedeutet ein Alarmsignal. Besonders gilt das für unsere Vogelarten, deren Verschwinden wir meist noch am ehesten bemerken. Diese Bioindikatoren lassen sich auch nicht durch technische Meßinstrumente ersetzen, weil diese nur das anzeigen, wonach man sucht. In unserer Umwelt befinden sich aber bereits Zehntausende künstlicher chemischer Verbindungen, deren Gefährlichkeit einzeln und besonders in Verbindung mit anderen nicht bekannt ist. Neben akuten Gefahren weisen uns die biologischen Frühwarnsysteme auch auf zunächst harmlos erscheinende ökologische Veränderungen hin, wir müssen sie nur deuten können und deuten wollen. Bereits Ende der 50er Jahre sind z. B. einige Flechten in einigen Gebieten drastisch zurückgegangen oder sogar verschwunden – deutliche Signale der zunehmenden Luftverschmutzung. Wir haben schon damals die Mahnung verstanden, sie aber törichterweise in den Wind geschlagen.

Unkräuter – Schädlinge – Bekämpfungen – Nutzungen

Ohne Menschen gäbe es keine „Schädlinge" oder „Unkräuter". Gewisse Arten werden es erst, weil sie mit dem Menschen in irgendeiner Form um Nahrung, Rohstoffe, Behausungen, Wohlbefinden oder Raum konkurrieren. Klassische Schädlinge sind r-Strategen mit plötzlichen Massenvermehrungen. Meist sind es Arten, die der Kontrolle durch ihre speziellen Gegenspieler (Antagonisten) „entkommen" sind – nur allzu oft mit menschlicher Hilfe: Er hat sie ohne ihre natürlichen Regulationsfaktoren in Gebiete außerhalb ihres natürlichen Verbreitungsgebietes verschleppt, oder er hat die natürlichen Feinde eliminiert oder in ihrer Wirkung eingeschränkt. Ohne Einfluß der Gegenspieler werden Arten zu Schädlingen (Begon et al., 1991).

Leider spielen in diese Entwicklungen auch Modetrends, menschliche Geltungsbedürfnisse und falsches Ordnungsdenken hinein. Die von Garten-Centern geförderte Vorliebe für fremdländische Ziergehölze und standortfremde farbenprächtige Zuchtprodukte bereiten in Parks und Gärten erhebliche Probleme. Sie müssen nämlich gegen die immer wieder einsetzenden natürlichen Sukzessionen mit immer mehr Gift (oder Arbeit) verteidigt werden – woran die Garten-Center noch mal verdienen. Aus ökologischer Sicht wäre da wohl oft eher der Anbau von Kunststoff-Pflanzen ratsam. Die „totgepflegte" Monotonie in vielen Prestigegärten, Parkanlagen und an innerstädtischen Straßenrändern liefert uns überall Negativbeispiele für ökologisch falsche und ökonomisch kaum vertretbare Fehlentwicklungen, die meist noch nicht einmal ästhetischen Mindestanforderungen genügen.

Wenn wir ein Stück Land für ein Blumenbeet umgraben oder ein ganzes Feld umpflügen, schaffen wir ein ideales Habitat für opportunistische Strategen von Arten, die wir nicht wollen. Dagegen sind die Blumen und Kulturpflanzen, die wir pflanzen, in keiner Weise für solche Habitate besonders geeignet und sind der Konkurrenz durch allerlei „Unkräuter" ausgesetzt. Wenn wir dagegen einen dichtwachsenden Rasen anlegen, dann schaffen wir ein Habitat, das am besten von hartnäckigen K-Typen von Arten genutzt werden kann, die sich auch bei intensiver Konkurrenz halten können – z. B. Löwenzahn, Gänseblümchen. Wie viele aus eigener Erfahrung wissen, sind Gärtner fortwährend ebenso damit beschäftigt, den Gräsern in ihrem Rasen die Oberhand zu garantieren, wie sie sich bemühen, Gräser am Überschreiten der Rasengrenze zu hindern (Begon et al., 1991). Ziel von Bekämpfungsmaßnahmen ist in der Regel eine Reduzierung der Schädlingspopulation auf ein Niveau, auf dem weitere Reduzierungen unrentabel wären. Dies nennt man die „ökonomische Schadensschwelle" (ÖSS) für den Schädling oder – wenn soziale und andere Aspekte berücksichtigt werden – die ästhetische Schadensschwelle.

Hier könnte und sollte ökologische Fortbildung einsetzen, die dazu beiträgt, zumindest diese ästhetische Schadensschwelle bei Menschen mit überzogenen, im Wortsinn unnatürlichen Ordnungsvorstellungen anzuheben. Je ärmer unsere Ökosysteme werden, desto größer wird die Wahrscheinlichkeit, daß Arten zu Schädlingen werden, die heute noch durch natürliche Feinde unterhalb der ÖSS gehalten werden. In den extrem artenverarmten Agrarflächen sind heute schon Schädlinge zu bekämpfen, die vor 30 Jahren noch gar nicht bekannt waren. Von praktischer Bedeutung ist die Bekämpfungsschwelle (BS), also die Schädlingsdichte, bei der bekämpft werden sollte, um eine bevorstehende Massenvermehrung zu verhindern, d.h. die Schädlingspopulation an der Überschreitung ihrer ÖSS zu hindern. Dafür gibt es bereits eine ganze Reihe von Zahlen (Anzahl Blattläuse pro Stengel oder Zahl der Marienkäferlarven pro 50 Blattläuse usw.). Die Problematik liegt allerdings in der Überwachung und dem Wissensstand des Überwachers. Aus ökologischer Sicht ist jedenfalls eine regelmäßige Präventivbekämpfung primitiv.

Wirtschaftlich gesehen kann „Schädlingsbekämpfung" auch Nutzung einer Population sein, wie Laborversuche mit australischen Schafgoldfliegen zeigen, die abgesammelt, also beerntet wurden. In dem Maß, in dem sich die Ernterate erhöhte, nahmen Puppenproduktion und Schlupfrate der Fliegen zu, und die natürliche Sterberate der Fliegen sank (was zu einer längeren durchschnittlichen Lebensdauer der belassenen Fliegen führte). Das heißt, die Nutzung reduzierte die Dichte und somit auch die intraspezifische Konkurrenz, wodurch die Überlebensrate und die Reproduktionsleistung der verbleibenden Fliegen erhöht wurde. Obwohl die Größe der Fliegenpopulation weit unter die Umweltkapazität herabgedrückt wurde (bis auf 878 im Verhältnis zu 2520 ohne Nutzung), stieg der Ernteertrag bis zu einer Nutzungsrate von 90 % an. Hohe Ernteerträge können somit von Populationen gewonnen werden, die unterhalb der Umweltkapazität gehalten werden. Der entscheidende Punkt ist jedoch, daß die Reaktionen einer genutzten Population und der erzielte Ertrag von der Verminderung intraspezifischer Konkurrenz abhängen, die durch die Nutzung verursacht wird (Begon et al., 1991).

Derartige Erkenntnisse können durchaus auf angemessene Nutzung bestimmter Wildtiere übertragen werden. Die Zuwachsrate ist hoch bei geringer Populationsdichte und gering bei intensiver innerartlicher Konkurrenz. Sie ist Null bei Erreichen der Umweltkapazität K. Die Populationsdichte mit der größten Netto-Zuwachsrate hängt von der innerartlichen Konkurrenz ab. Sie liegt stets mehr oder weniger unterhalb K, bei Insekten z.B. relativ weit unterhalb und bei Großsäugern nur relativ wenig unterhalb K. Eindeutig können Ernten am häufigsten bei mittleren Dichten erfolgen, bei denen die Wachstumsrate am höchsten ist (vgl. Abb. 8). Das sei auch betont wegen der gegenwärtig bei manchen Naturfreunden grassierenden Nutzungsabneigung gegenüber Wildtierpopulationen. Sie übersehen, daß es durchaus angemessene Nutzungsmöglichkeiten bei bestimmten Wildtieren gibt, die der Population selbst und ihrer ökologischen Wirkung nicht wesentlich schaden. Die Nutzung kann im Gegenteil dem Naturschutz durch Motivation der Nutzer dienen und tierschutzwidrige Formen der Fleischproduktion ersetzen.

Bei geschickter Nutzung von Wildtierpopulationen wird man die größtmögliche Ernterate anstreben, welche die Population durch eigenen Zuwachs ausgleichen kann. Diese Rate wird deshalb als die maximal nachhaltig zu nutzende Ernte („maximum sustainable yield", MSY) bezeichnet und hat ein Gleichgewicht zwischen Unter- und Übernutzung zum Ziel. Die MSY wird dadurch erreicht, daß die Population auf eine Dichte unterhalb K reduziert wird, bei der die Reproduktionsrate am höchsten ist (Begon et al., 1991). Dabei muß man allerdings auch die Schwächen einkalkulieren, die dieses MSY-Konzept zweifellos hat, und muß quasi als Sicherheitsfaktoren auch Größen- und Altersklassen, unterschiedliche Wachstums-, Überlebens- und Zuwachsraten sowie Umweltveränderungen einbeziehen. MSY kann nur eine wichtige Komponente sein im Managementplan z. B. bei Fischerei, Forstwirtschaft und Nutzung von Wildbeständen, der möglichst alle Faktoren der Populationsdynamik berücksichtigt.

Reine Rechenmodelle sind fehlerbelastet und ohne Einschätzung örtlicher, ökosystemar wirkender Folgen abzulehnen. In der realen, sich ständig wandelnden Umwelt sind feste Erntequoten äußerst gefährlich und können nach oben wie nach unten katastrophale Folgen haben. Der ständige örtliche, fachlich qualifizierte Bezug (z. B. Vegetationszustand) ist unbedingt erforderlich und sicherlich auch im Rahmen der Jagd verbesserungsfähig. Politiker, Ökonomen wie auch die Fischer und Jäger selbst müssen ihren Beitrag leisten, damit die genutzten natürlichen Populationen angemessen weiterbestehen können. Schließlich ist festzustellen, daß die kontrollierte, dauerhafte Nutzung natürlicher Populationen wesentlich vom Fortschritt abhängen wird, den zukünftige Ökologen in ihrer Arbeit machen. Grundsätzlich eine „Nichtnutzung" zu fordern ist – soweit dies nicht Artenschutzaspekte erfordern – eher wirklichkeitsfern und ökologisch kaum begründbar.

Der Einsatz von Pestiziden – Ökologische Gefahren durch Laien

Eigentlich sollen z. B. Insektengifte (Insektizide) nur einen bestimmten Schädling an einem bestimmten Platz vernichten. In Wirklichkeit sind diese chemischen Stoffe aber für einen vielfach größeren und buchstäblich unübersehbaren Kreis von Organismen giftig (toxisch), und das über lange Zeit, weil sie recht dauerhaft wirksam (persistent = nicht abbaubar) sind. Die Giftigkeit von ausgewählten Insektiziden auf nicht schädliche Organismen und ihre Wirkungsdauer geht aus Tabelle 15 hervor. Dabei reichen die Bewertungen der Giftigkeit von 1 (die Ungiftigkeit einschließen können) bis zu einem Maximum von 5. Am schädlichsten und gefährlichsten sind Insektizide mit langer Wirkungsdauer und zugleich akuter Giftigkeit für nicht schädliche Organismen.

Tabelle 14: Giftigkeit einiger Insektengifte auf andere Organismen (steigende Giftigkeit von 1 bis 5, nach Begon, 1991)

	Giftklasse				
	Ratte	Fisch	Vogel	Honigbiene	Persistenz
Permethrin (Pyrethroid)	2	4	2	5	2
DDT (chlorierter Kohlenwasserstoff)	3	4	2	2	5
Lindan (chlorierter Kohlenwasserstoff)	3	3	2	4	4
Ethyl-Parathion (Phosphorsäureester)	5	2	5	5	2
Malathion (Phosphorsäureester)	2	2	1	4	1
Carbaryl (Carbamat)	2	1	1	4	1
Diflurbenzuron (Chitinsynthese-inhibitor)	1	1	1	1	4
Methopren (Juvenilhormon-analog)	1	1	1	2	2

Es gibt in der Literatur unzählige Beispiele für negative Kettenreaktionen, die auf die Ausbringung von als „harmlos" oder „unschädlich" eingestuften Insektiziden gefolgt sind und bis zur Vergiftung von Vieh, Kleinsäugern und sehr vielen Vogelarten reichen. Bei den chlorierten Kohlenwasserstoffen kommt das gefährliche Problem der

Anreicherung in der Nahrungskette mit zunehmenden Trophiestufen hinzu in ebenfalls unüberschaubarer Dimension. Wie aus Tabelle 15 hervorgeht, sind die meisten Insektizide mit breitem Wirkungsspektrum auch für Honigbienen hochgiftig. Da über die Reduktion derartiger für die Bestäubung wichtiger Arten auch die Vermehrung vieler darauf angewiesener Pflanzen (auch Kulturpflanzen wie Äpfel, Birnen, Kirschen) gefährdet wird, reichen Auswirkungen auch weit in deren Konkurrenzverhältnisse.

Bei Pflanzengiften (Herbizide) wird die toxische Wirkung allgemein nicht als so schwerwiegend betrachtet, weil viele Herbizide eine sehr spezifische Wirkung auf Prozesse der Pflanzenphysiologie haben. Doch auch diese verharmlosende Einschätzung ist mit Vorsicht zu genießen. Es gibt durchaus viele Herbizide – z. B. Deiquat und Paraquat – mit hoher Säugetiertoxizität, für die es bei Vergiftungen keine Gegenmittel gibt. In den 60er Jahren wurde die mögliche Humantoxizität von 2,4,5-T und 2,4-D heruntergespielt, die zwischen 1962 und 1964 in Kombination („Agent Orange") zur Entlaubung von Sümpfen und Wäldern in Vietnam eingesetzt wurden. Inzwischen ist nachgewiesen, daß auch geringe Dosen von 2,4,5-T hohe Mißgeburtsraten bei Labortieren verursachten, vermutlich als Folge von sehr geringen Anteilen einer produktionsbedingten Verunreinigung eines Dioxins, TCCD. Mißbildungen bei Kindern von Vietnamveteranen und sehr seltene Krebserkrankungsarten bei ihnen selbst weisen mit hoher Wahrscheinlichkeit auf dieselbe Ursache. Spätere Untersuchungen legten die carzinogene Wirkung von 2,4-D nahe, ein Wirkstoff, der in über 1500 von Bauern und Kleingärtnern benutzten Herbiziden vorkommt. Unkrautbekämpfungsmaßnahmen wirken neben dem „Zielunkraut" meist auch auf eine Anzahl weiterer Pflanzen. Als Ergebnis verschwanden viele attraktive Arten der Ackerbegleitflora, die niemals eine Bedeutung als Unkräuter hatten. So wurden in England der Feldrittersporn, das Adonisröschen, die Kornrade und die Kornblume nahezu ausgerottet (Begon et al., 1991).

Beim Einsatz z. B. von Insektiziden muß man stets bedenken, daß es neben einem Hauptschädling meist noch eine Anzahl potentieller Schädlinge gibt, die nur deshalb nicht schädlich werden, weil sie durch ihre natürlichen Feinde kurzgehalten werden. Wenn ein Insektizid eine Vielzahl von Räubern und Parasitoiden abtötet, können bisher unschädliche Arten sich schnell vermehren und zu sekundären Schädlingen werden. Dafür gibt es heute in der Landwirtschaft, beim Weinbau oder auch in Kleingartenanlagen viele Beispiele, hier nur eins:

In den Baumwollanbaugebieten Mittelamerikas begann man 1950 mit der massiven Anwendung organischer Insektizide gegen zwei Primärschädlinge: den Baumwollkapselkäfer und die Baumwollblattraupe. Die anfänglich weniger als 5mal jährlich angewandten chlorierten Kohlenwasserstoffe und Organophosphate waren äußerst erfolgreich und bewirkten einen steilen Anstieg der Ernten. Um 1955 gab es jedoch drei Sekundärschädlinge: einen Nachtfalter, die Baumwollblattlaus und einen Tagfalter. Die Anzahl der jährlichen Behandlungen stieg auf8 bis 16. Das führte zwar zur Begrenzung der Blattläuse sowie der Tagfalter, aber gleichzeitig zum Auftreten von fünf weiteren Sekundärschädlingen. Um 1960 gab es statt 2 nun 8 Schädlingsarten und durchschnittlich jährlich 28 Insektizidanwendungen (Begon et al., 1991).

Der Pestizideinsatz bedeutet zudem eine schneller als normal verlaufende Selektion, die uns in Form von Pestizidresistenz ein Beispiel aktiver Evolution beschert. Existieren in einer Population, die dem Pestizid ausgesetzt ist, Individuen mit gewisser Resistenz (z.B. weil sie ein Enzym haben, welches das Pestizid entgiften kann), dann kann sich diese Resistenz sofort ausbreiten, zumal die Faktoren der innerartlichen Konkurrenz durch Abtötung der nichtresistenten Individuen entfallen sind. Bei wiederholtem Pestizideinsatz wird jede darauffolgende Generation einen größeren Anteil resistenter Individuen aufweisen. Nachfolgende Mutationen können die Resistenz weiter erhöhen. In aufeinanderfolgenden Generationen wird der Anteil resistenter Individuen zunehmen, und die Wirksamkeit der Resistenz kann sich erhöhen. Und weil Schadinsekten oft über eine große Vermehrungspotenz verfügen, können einige wenige Individuen in der darauffolgenden Generation sich hundert- oder tausendfach vermehren, d.h. die Resistenz kann sich innerhalb einer Population schnell ausbreiten.

Weltweit hatten 1987 etwa 500 Insektenarten, 150 Pflanzenpathogene, 50 Pilzarten, über 50 Unkräuter und 10 Kleinsäugerarten (meist Ratten) Rassen, die gegen ein Pestizid oder gegen mehrere Pestizide resistent waren (Begon et al., 1991). Auch dieses Problem nimmt weltweit sehr rasch zu und vergrößert sich zusätzlich durch sog. Kreuzresisentenz, indem die resistenten Arten auch gegenüber verwandten Pestiziden mit gleicher Wirkungsweise resistent werden. So tendieren Lindan-resistente Insekten dazu, Dieldrin zu tolerieren und Parathion-resistente Insekten tolerieren Malathion. Noch viel schlimmer ist die sich ebenfalls aufschaukelnde multiple Resistenz, d. h. die Resistenz von Arten gegenüber mehreren Pestiziden mit unterschiedlicher Wirkungsweise. Weltweit hat z. B. die Stubenfliege Resistenz praktisch gegenüber allen gegen sie eingesetzten Chemikalien entwickelt. Im Gebiet der oben genannten Baumwollschädlingsbekämpfung wies z. B. eine Malaria übertragende Stechmücke viel höhere Grade von Insektizidresistenz auf als außerhalb dieser Gebiete.

Die Herbizidresistenz entwickelte sich sehr viel langsamer, hat jedoch ebenfalls längst eingesetzt. Neuerdings werden auch schon Beispiele multipler Resistenz bekannt.

Man versucht, dem durch Anwendung von höheren Dosen und von anderen Pestiziden zu begegnen. Beides bietet keine Lösung, sondern nur den Einstieg in eine gefährliche Spirale, die stetig zu mehr Problemen und höheren Kosten führen muß. In diesem Pestizid-Teufelskreis stecken viele Landwirte, Weinbauern, Gärtner, Kleingartenbesitzer bereits recht tief. Der Anreiz, aus diesem Dilemma herauszukommen, ist relativ gering, weil zur Zeit noch das Kosten-Nutzen-Verhältnis günstig ist, solange soziale Kosten der Pestizidanwendung (wie Auswirkungen auf die allgemeine Gesundheit) nicht berücksichtigt werden. Durch Anwendung von Herbiziden wurden nicht nur direkte ökonomische Gewinne durch geringe Unkrautpopulationen und die damit verbundenen geringeren Ernteverluste erzielt. Die Ablösung der Hacke als hauptsächliches Hilfsmittel zur Unkrautbekämpfung machte es möglich, Kulturen ohne Störung des Bodens wachsen zu lassen, und hatte Einsparungen von Arbeitskraft, Traktoreneinsatz, Treibstoffen und Investitionsmitteln zur Folge bei gleichzeitiger Konservierung der Bodenfeuchtigkeit (Begon et al., 1991).

In die Beurteilung des Kosten-Nutzen-Verhältnisses muß man auch einbeziehen, daß Moden und Trends den Pestizideinsatz geradezu forcieren. So wurden die Konsumenten der reicheren Länder z. B. dazu verleitet, optisch perfekte und völlig schädlingsfreie Nahrungsmittel zu fordern. Schädlinge müssen daher praktisch ausgerottet werden, um ästhetischen oder kosmetischen Ansprüchen zu genügen, statt sie auf ein Niveau zu reduzieren, auf dem lediglich ein Verlust an Nährwert vermieden wird. Noch beunruhigender ist der chemische Kampf gegen Hungerkatastrophen und Seuchen in ärmeren Ländern. Der Moment-Effekt überwiegt langfristige Bedenken. So werden in Ländern der Dritten Welt hochgiftige, aber billige Chemikalien verbreitet eingesetzt, deren Gebrauch in den Heimatländern der Produzenten verboten oder eingeschränkt ist. Grundproblem all dieser Entwicklungen bei der Pestizidausbringung ist die Tatsache, daß diese Mittel bequem erhältlich und ausbringbar sind. Der freie Handel mit Hilfe moderner Werbestrategien verleitet zwangsläufig dazu, die Vorteile zu glorifizieren, zumal die Ausbringenden meist arglose Laien sind. Solange dem ökologischen Grundgesetz „naturnahe Artenvielfalt als beste Vorsorge gegenüber der Massenvermehrung von Schädlingen" nicht stärker zum Durchbruch verholfen wird, bleiben wir weiter im Pestizid-Teufelskreis.

Es ist höchste Zeit, den Pestizideinsatz konsequent zu reduzieren und auf das unbedingt erforderliche Maß zu beschränken:

- Der freie Handel mit diesen ökologischen Massenkillern ist nicht vertretbar. Es ist unlogisch, per Gesetz bestimmte Lebensräume oder Arten streng zu schützen, aber Pestizide frei und unbegrenzt nahezu überall ausbringen zu lassen, die diese Schutzintentionen unterlaufen. Ähnlich wie bei Medikamenten erscheint ein Verordungs- oder Überwachungssystem denkbar, das allen Pestizideinsätzen vorzuschalten ist.
- Aufklärung sollte der Bevölkerung bewußt machen, daß überzogene Qualitätsanforderungen im Hinblick auf das Aussehen von Nahrungsmitteln den Pestizideinsatz forcieren, den Nährwert, die Geschmacksfülle und den Vitamingehalt beeinträchtigen und die Gefahren durch Rückstände erhöhen.
- Die anerkennenswerte Ökologisierungswelle, die von allen deutschen Landesforstverwaltungen in Gang gebracht und in Bewegung gehalten wird, erscheint erst dann wirklich überzeugend, wenn konsequent auch im Interesse einer Vorbildfunktion auf die Ausbringung von Pestiziden verzichtet wird.
- Stadtgartenämter, Straßenbauverwaltungen, Regierungen, Kirchenämter und alle sonstigen öffentlichen Verwaltungen sollten positive Beispiele setzen und – von Pressekampagnen begleitet – keinen Pestizideinsatz auf ihrem Grund mehr zulassen. Die von manchen Stadtvätern oder Ratsmüttern so gefürchteten, nach Ordnung rufenden Leserbriefschreiber sind nur durch Aufklärung zu bremsen.
- Die meisten privaten Gärten und Schrebergartenanlagen sind wahre „Giftdeponien" geworden, in denen der gutgemeinte, aber durch Werbung völlig fehlgeleitete Pestizideinsatz zur Artenverarmung beiträgt und bereits ins Grundwasser durchschlägt.
- Es sind oft die gleichen Menschen, die im Winter Vögel über die Notzeit füttern und ihnen im Sommer durch Pestizide die Nahrungsbasis entziehen. Sie sind durch Information rasch zu gewinnen.

Luftverschmutzung und pflanzenfressende (herbivore) Insekten

Überproportionale Gefahren drohen unseren Pflanzen bei gleichzeitiger Schädigung durch Luftschadstoffe – z. B. Schwefeldioxid, Stickoxid, Ozon, Schwermetalle – und durch Herbivore. Es gibt bisher nur wenige direkte Nachweise für die Auswirkung der kombinierten Einwirkung von Herbivoren und Schadstoffen auf das Wachstum, die Fruchtbarkeit und das Überleben von Pflanzen. So wurde festgestellt, daß der Mexikanische Bohnenkäfer 75 % der Blattfläche von Sojabohnen in einer Atmosphäre mit 135 ppm SO_2 schädigte, während nur 45 % der Blattfläche von Kontrollpflanzen befallen wurden; und andere Untersuchungen wiesen einen Anstieg der Blattlauspopulation auf Erbsen in Anwesenheit von 50 bis 80 ppm SO_2 nach, der gegenüber den Kontrollpflanzen zu einem zehnprozentigen Ernteverlust führte. Es gibt viele Hinweise darauf, daß die Dichte von herbivoren Insekten in Anwesenheit von Schadstoffen ansteigt.

Von der Ablagerung giftiger Schwermetalle über die Luft ist bekannt, daß sie zu einer dramatischen Reduzierung der für den Abbau des Bestandsabfalls zuständigen Tiere führt und den Abbau um viele Jahre verzögern kann. Dadurch kann die Dicke der Schicht mit unzersetztem Bestandsabfall so stark zunehmen, daß abfallender Samen nicht mehr keimen oder der Keimling keinen Bodenanschluß mehr erhalten kann. Dadurch entfällt die natürliche Verjüngung des Waldes, so daß er ohne menschliches Zutun sterben oder sich drastisch verändern muß.

3.9 Größe von Ökosystemen

Biotopverinselung – Biotopvernetzung – Territorialität

„Was man im Großen nicht kann,
soll man im Kleinen nicht unversucht lassen."
Adolf Kolping (1813–1865)

Die Forderung nach Erhaltung der Artenvielfalt und damit von Ökosystemen wirft zwangsläufig die Frage nach Mindestgrößen von zu schützenden Ökosystemen auf. Dabei spielen einerseits die Mindestareale der verschiedenen Tierarten und andererseits die Gefahren von Biotopisolierungen durch Verinselung die entscheidende Rolle. Fortschreitender Nutzungswandel an den Randzonen größerer Ökosysteme, großflächige land- und forstwirtschaftliche Intensivnutzung, Straßen, Siedlungen, verschmutzte Gewässerabschnitte trennen heute Ökosysteme immer mehr voneinander. Diese Biotopverinselung ist der erste Schritt zum Aussterben von Arten. Allein Verkehrsstraßen trennen die Habitate verschiedener Tierpopulationen unüberwindbar in Inselhabitate. Bei wissenschaftlichen Untersuchungen konnte z. B. weder für die Rötelmaus noch für die Gelbhalsmaus ein Überqueren einer verkehrsarmen Kreisstraße nachgewiesen werden. Alle befestigten Wege (auch Forstwege), jede Siedlung, jeder Kanal, jedes intensiv genutzte Agrarland hat Trenneffekte von schwer abschätzbarer Bedeutung. Einzelne kleinflächige Landschaftsstrukturen (Hecken, Knicks, Feuchtwiesen) können von den Randzonen her (Chemikalien, Immissionsbelastung, Strukturverarmung) zu Habitatinseln werden. Dieser negativen „Salamitaktik" gegenüber der Natur leisten wir gegenwärtig noch überall Vorschub (vgl. Abb. 10).

Je kleiner die Habitatinsel, desto größer der Flächenanteil der Randzonen an der Gesamtfläche und desto geringer der Anteil der wichtigen Kernzone. Ein Grundwert ist dann überschritten, wenn die Randzoneneinflüsse die gesamte Fläche überstreichen und die biotoptypische Kernzone verlorengeht. So sind allein aus mikroklimatischen Überlegungen heraus inselartige Waldbestände, die einen Minimaldurchmesser von 80 m nicht überschreiten, nicht mehr als Biotop für Waldtiere anzusprechen. Parallel zu den Besiedelungsprozessen der Randzonen mit weniger spezialisierten und wanderungsfreudigen, oft auch kulturbegün-

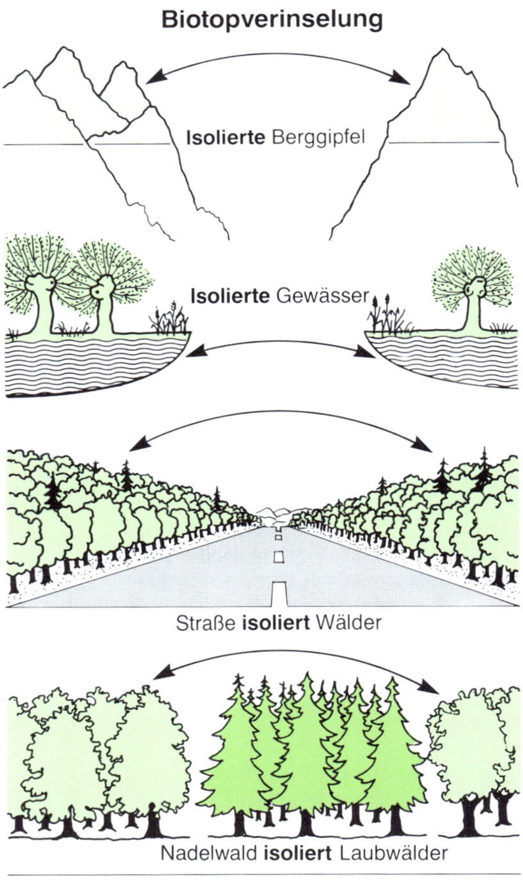

Abb. 10. Beispiele für die Entstehung isolierter Lebensräume, die von verschiedenen Organismen im Austausch nicht mehr erreicht werden können (nach Mader, 1979, verändert).

stigten Arten und der Verdrängung der biotoptypischen Arten verändert sich zudem das Artenspektrum der Kernzonen. Andererseits wird eine 500 m vom Rand eines großflächigen Waldes gelegene Waldinsel über intensiv bewirtschaftete Feldfluren von einem großen Teil der Waldfauna bereits nicht mehr erreicht. Umgekehrt kann man allgemein feststellen, daß mit zunehmender Biotopfläche auch die Artenzahl steigt.

Daher ist auch die weitestgehende Vernetzung oder Verbindung möglichst großer Biotopflächen durch ökologisch naturnahe Randbiotope so wichtig. Diese Randbiotope bilden ihrerseits ein Netz von Orientierungslinien und Leitbahnen in der Landschaft (z. B. für Singvögel, Tagfalter, Libellen, Wanderamphibien, pirschende Raubsäugetiere). Die außerordentlich hohe Aktivitätsdichte insbesondere von Räubern und das besonders hohe Angebot an Futter- und Wirtspflanzen sind die Grundlage für die Verknüpfung von Nahrungsketten in den Saumzonen. Von hier aus kontrollieren viele Räuber ihre Beute in der Kulturlandschaft. Hier ist die Siedlungsdichte vieler Schädlingsvertilger (z. B. Marderartige, Vögel, Ameisen, Sandläufer, Schlupfwespen) und Bestäuber (z. B. Hummeln, Erdbienen) erhöht. Sogar Nahrungsdepots werden angelegt (z. B. Würger, Totengräber). Dies alles zusammen führt zu einer hohen Beziehungsdichte zwischen den Ökosystemgliedern, zu einer Vielfalt an landschaftsstabilisierenden Energieflußwegen (Haber, 1979). Dazu gehört, daß von Natur aus stark vernetzte Ökosysteme – wie serienmäßig zueinander gelegene Seen, Fließgewässersysteme, Feuchtgebiete in Flußniederungen, Ufersäume, Waldränder – in möglichst großem Umfang in ihrer natürlichen Vernetzung erhalten oder wiederhergestellt werden müssen.

Einige Beispiele sollen dies verdeutlichen:

- **Ein Baum.** Schon ein einziger Laubbaum mit reifem Fruchtansatz, hohem Anteil von Sonn- und Schattblättern, abgestorbenen Ästen, besonnten und beschatteten Rindenpartien, bemoosten Rindenflächen, zum Teil flechten- und algenbewachsen, wassergefüllten Baumhöhlen, trockenen Asthöhlen, Wurzelhöhlen und verschiedenartigem Pilzbewuchs stellt ein vielseitiges und schützenswertes System dar.
- **Minimalareal eines Laufkäfers.** Ein großer Laufkäfer (z. B. der Goldlaufkäfer) kann am Tag eine Strecke von etwa 100 m laufen, zum Teil recht gradlinig. Diese Strecke muß aber im artgemäßen Biotop verlaufen. Der Laufkäfer berührt dabei nur etwa 2 m^2 Bodenoberfläche bei nur 2 cm Spurbreite. Da die Strecke zufällig ist, muß an einem Tag ein Gebiet von mindestens 100 x 100 m Seitenlänge = 1 ha Fläche angeboten werden. In 30 Tagen Lebenszeit (als Käfer) entfernt sich der Laufkäfer oft um 200 bis 250 m vom Geburtsort. Wenn diese Strecken im typischen Biotop liegen sollen, muß das ökologisch artgemäße Areal für diesen Laufkäfer also mindestens etwa 5 ha groß sein.
- **Minimalareal eines Erdhummelvolkes.** Die Arbeiterinnen eines Erdhummelvolkes benötigen die Blüten einer etwa 20 ha großen Wiese (400 x 500 m groß). Die Jungköniginnen breiten sich im Herbst über 5 km Entfernung bis zum nächsten Wiesenbestand aus und brauchen zum Überwintern trockene Baumstümpfe am Waldrand und Mauselöcher.

Nahrung und Raum (Aufzuchtbereich, Deckung, Klimaschutz u. a.) sind also zwei besonders wichtige Faktoren, die begrenzende Funktion für Populationen haben. In unterschiedlicher Weise haben

Tabelle 15: Individuelle Minimalareal-Ansprüche einiger Tierarten in ha

Minimalareale von Greifvögeln			
Steinadler	10000–14000	alpine Biotope an der oberen Waldgrenze	
Uhu	6000–8000	große Laub- und Nadelwaldbiotope	
Habicht	3000–5000	Nadel- und Laubwaldbiotope, vernetzt mit offenen Biotopen	
Rohrweihe	1500–3000	Sumpf- und Moorbiotope, Röhrichtzonen	
Sperber	700–1000	offene Biotope, vernetzt mit Gehölzbeständen	
Wiesenweihe	500–700	Feuchtwiesen, Sumpfbiotope	
Mäusebussard	400–800	Laub- und Mischwald, vernetzt mit baumarmen Biotopen	
Waldkauz	200–400	lichte Laubwald-, Park- und Siedlungsbiotope	
Wanderfalke	4000–5000		
Turmfalke	100–400	baumarme Biotope, vernetzt mit Gehölzgruppen	
Minimalareale von Säugetieren			
Reh	10–100	Waldmaus	0,15
Fuchs	200–300	Waldspitzmaus	4,00
Rotwild	200–500		
Minimalareale von Amphibien			
Erdkröte	ca. 500	Grasfrosch	ca. 100
Springfrosch	ca. 200	Teichmolch	ca. 50

sich verschiedene Tierarten darauf eingestellt. Dank der Telemetrie – der Fernortung von Tieren mittels Minisendern – ist man heute vielen evolutionär entwickelten Strategien auf die Schliche gekommen. Vom Habicht glaubte man z. B. noch in den 60er Jahren, daß er strikt territorial sei und sein durchschnittlich 3000 bis 5000 ha großes Habitat mit allen Mitteln verteidige. Heute weiß man, daß der Habicht allenfalls zur Brutzeit und auch dann nur in der Nähe des Horstes territorial lebt.

Andererseits stand es damals schlecht um den Habicht, seine Nahrungsgrundlage (Rebhühner, Fasan, Kaninchen, Tauben) wurde schmaler durch Pestizideinsatz, und die Jäger verfolgten ihn als Räuber noch recht intensiv. Der Habicht wurde selten, und die wenigen Überlebenden hatten keinen Anlaß, Jagd- und Wohnsitz mit Artgenossen zu teilen. Doch dank ganzjähriger Schonung von 1971 an, zurückgehenden Einsatzes von gefährlichen Summationsgiften sowie besseren Nahrungsangebots (z. B. durch leicht zu schlagende Haus- und Wildtauben sowie Zuchtfasanen) erholten sich die Bestände schnell. Hätten in dieser Situation der schnellen Vermehrung die Altvögel weiterhin ihr großes Territorium verteidigt, wären sie bald an Erschöpfung zugrunde gegangen. Sie hätten nämlich bei großem Konkurrenzdruck ständig an den Grenzen patrouillieren müssen, um Eindringlinge in die Flucht zu schlagen. Doch dies blieb aus, denn Tiere haushalten mit ihrer Energie. Sie wollen mit möglichst geringem Aufwand möglichst viel erreichen. Die Tiere passen in der Regel die Größe ihres Nahrungsterritoriums dem Futterangebot an (Straaß, 1990). Territorialität ist also biotopabhängig und entsprechend variabel. Deutlich zu sehen auch beim Rehwild: Es verhält sich die meiste Zeit des Jahres ausgesprochen territorial, seine Territoriumsgrößen sind sehr biotopabhängig und steigen mit abnehmender Nahrungsqualität (z.B. bei zunehmender Höhenlage) und Deckung an.

Eine andere Strategie der Anpassung an eine bestimmte Lebensraumgröße können uns Untersuchungen an Katzen erläutern: Eigentlich sind Katzen Einzelgänger. Ist nun aber Nahrung im Überfluß vorhanden – z. B. Fischabfälle einer Fabrik, ständige Futterquelle in einem Stadtpark aus der Tüte gutmeinender Tierfreunde, Mülldeponie oder Milchschüssel auf einem Bauernhof – bilden sich schnell weibliche Katzengruppen. Bei Nahrungsüberfluß ist Territorialität Energieverschwendung. Innerhalb dieser Gruppen herrscht weitgehend freundschaftliche Toleranz. Gegenüber Katzen aus fremden Gruppen reagiert man dagegen ausweichend oder aggressiv. Sendermarkierte Kätzinnen in einem kleinen Schweizer Dorf lieferten überzeugende Zahlen: Innerhalb der Gruppen überlappten sich die Streifgebiete der Mitglieder durchschnittlich zu 55 %, zwischen Mitgliedern fremder Gruppen dagegen zu nur 4 % (Straaß, 1990). Streifgebiete von Kätzinnen schwanken in Abhängigkeit von der Nahrung zwischen 0,1 und 200 ha. Kater dagegen wählen Lage und Größe ihrer Reviere nach dem Angebot an paarungsbereiten Weibchen. Ihre Gebiete sind im Schnitt daher etwa dreimal so groß wie bei den Kätzinnen.

Territorialität hat bei einem auf Energiesparung bedachten Tier demnach nur Sinn, wenn die umkämpfte Sache auf der zu verteidigenden Fläche relativ gleichmäßig verteilt ist und wenn sie für den Verteidiger kalkulierbar ist. Darin steckt die Erklärung für eine wechselnde Territorialität. An Habichten und zur Jagd freigelassenen Fasanen hat man dies in Schweden nachgewiesen: Die Fasanen aus Gefangenschaftszuchten (in Ungarn gibt es Brutanstalten mit mehreren 100 000 Stück pro Jahr) können kein ausreichendes Feindvermeidungsverhalten haben und wirken auf Habichte wie Futterhäuschen auf Meisen. In kurzer Zeit fanden sich daher viele Habichte in diesem Schlaraffenland ein und zeigten keinerlei Territorialverhalten mehr. Für den Fasan belegt dieses Beispiel, daß ausgeprägte Geselligkeit dem Überleben oft nicht dienlich ist (Straaß, 1990):

Der holländische Verhaltensforscher Nikolas Tinbergen hat Suchstrategien von Krähen untersucht. Er versteckte unterschiedlich markierte Hühnereier als Beute in unterschiedlicher Dichte auf Probeflächen. Bei dichter versteckten Eiern war die „Sterblichkeit“ dieser Beute wesentlich höher, weil die Krähen immer dort besonders gründlich nach weiterer Beute suchten, wo sie bereits fündig geworden waren. Daher überleben die Bruten vieler Kleinvögel mit um so größerer Wahrscheinlichkeit, je weiter sie voneinander entfernt sind.

Englische Versuche hatten zum Ergebnis, daß Kohlmeisengelege in weniger als 30 m Abstand zur nächsten Meisen-Nisthöhle zu 45 % Mauswieseln zum Opfer fielen. Mit zunehmender Territorialgröße wurde die Überlebenschance besser. Bei Gelegen mit mindestens 100 m Abstand betrug der Verlust durch Wiesel weniger als 5 %. Kohlmeisen haben daher ein ganz eigenartiges Territorialverhalten als Überlebensprinzip: Sie markieren ihr Revier in der Brutzeit durch Gesang und wechseln ihr Repertoire mit bis zu acht verschiedenen Strophen, damit ein Eindringling glaubt, das Revier sei nicht von einem, sondern von acht Männchen besetzt. Dieser Eindruck wird dadurch verstärkt, daß sich singende Männchen für jede Strophe einen neuen Sitzplatz suchen. Da auch zuwandernde Meisenmännchen zu enge Siedlungsdichten meiden, weichen sie lieber aus und suchen ein geeigneteres Bruthabitat.

Für die Größenkalkulation eines Gebietes ist daneben zu bedenken, daß eine Kohlmeisenpopulation bei uns innerhalb weniger Jahre je nach Witterung zwischen 50 und 200 Brutpaaren auf einer Fläche schwanken kann. Bei Insekten liegen diese Schwankungen um Zehnerpotenzen höher. Will man die Art erhalten, so ist der höchste Wert eines Gebietes als normal anzusetzen, selbst wenn dieser nur selten erreicht wird. Wenn jedoch widrige Umweltverhältnisse den Bestand einmal zusammenbrechen lassen, so schrumpft er dann von 200 auf nur 50 Paare und nicht von 50 auf 0. Es muß also eine gewisse Pufferung da sein (Remmert, 1990).

Man muß derartige Erkenntnisse auf den Lebensraumschwund der Arten übertragen und wird dann schnell zu dem Ergebnis kommen, daß einerseits die Arten besonders bedroht sind, die einen ganz speziellen Lebensraum benötigen, und andererseits die Arten, die sehr große Flächen brauchen. Beim Luchs fanden Wildbiologen heraus, daß männliche Luchse bis zu 600 km^2 (Extremwerte) und weibliche Tiere ein Streifgebiet von rund 200 km^2 benötigen (Wanderentfernungen von über 1000 km sind nachgewiesen), Gebiete also, die zugleich Wanderern, Autofahrern oder Skiläufern zur Verfügung stehen. Und da Mindestpopulationen unter 50 Stück (besser 500) schon aus genetischen Gründen langfristig kaum eine Überlebenschance haben, sind Ökosystem- und Artenschutz zunehmend auch eine Frage der Größe der Schutzgebiete. Sollen Reservate ihren Zweck erfüllen, sollte die Distanz zum nächsten möglichst naturnah überbrückt werden können, also in einem „Biotopverbundsystem“ mit kleinen Schutzgebieten als sog. Trittsteinen oder besser mit naturnahen, giftfreien und nicht überdüngten Streifen als Korridoren. Mit zunehmender Grenzlänge nehmen bei Schutzgebieten die Störungen von außen zu. Langgestreckte und schmale Reservate fördern Störeinflüsse, so daß auch die äußere Form in der Schutzpraxis eine Rolle spielt. Ein kompaktes, rundes Schutzgebiet hat die geringsten Grenzlinieneinflüsse. Bei all dem spielt auch das Wanderverhalten verschiedener Tierarten eine Rolle, das evolutionär vorgegeben und artspezifisch ist und eine ganz spezielle Form der Raumnutzung bedeutet:

Schneehuhnpopulationen z.B. wandern in Ostsibirien in großen Kreisen. Die Schneehühner brüten in einem Jahr in einem bestimmten Gebiet relativ dicht zusammen; sie übernutzen ihre Nahrung, Weidenknospen, sehr stark, und sind daher im nächsten Jahr in einem etwas anderen Gebiet anzutreffen. So zieht diese Schneehuhnpopulation im Zehnjahreszyklus durch die Tundra und scheint einen regelmäßigen riesengroßen Kreis mit einem Durchmesser von über 1000 km zu durchwandern. Ähnlich gibt es bestimmte Zyklen bei Wölfen in Kanada, die nur alle paar Wochen in ein Gebiet zurückkehren. Ausschlaggebend ist jeweils die Nahrungs- und Trinkwasserlage. Afrikanische Elefanten verhalten sich ähnlich, weshalb die Gründung der Nationalparks mit ihren scharfen Grenzen sich für Elefanten zwar als die einzige Rettung erwies, gleichzeitig aber Wanderwege kappte. Alle Elefanten müssen nun im gleichen, scharf abgegrenzten Gebiet bleiben. Sie übernutzen es während der Trockenzeit und müssen (!) dann dezimiert werden. Selbst Schutzgebiete von der Größe Hessens – wie etwa Etoscha-Pfanne, Krüger Park, Tsavo Park, Serengeti – sind so gesehen zu klein (Remmert, 1990).

Naturschutzstrategien haben also grundsätzlich mit Inselbiotopen zu rechnen und damit, daß die von Natur und Evolution vorgesehenen Regulationsmechanismen auch an der Begrenztheit der zur Verfügung stehenden Räume scheitern können. Deshalb kommen wir ohne ein angemessenes Naturschutz-Management und ohne Ersatzregulation nicht mehr aus.

Je nach Arteninventar und Minimalarealen der Arten brauchen die zu schützenden Ökosysteme eine Mindestgröße und dürfen nicht zu weit voneinander entfernt liegen. Bei gleichmäßiger Verteilung lägen die deutschen Naturschutzgebiete bei einer Durchschnittsgröße von nur rund 180 ha etwa 15 km voneinander entfernt. Damit sind sie zu klein und zugleich viel zu verinselt. Bei einer anzustrebenden Gesamtflächensicherung von etwa 10 % der Bundesrepublik muß eine Herabsetzung der Distanz der Naturschutzgebiete voneinander auf durchschnittlich 2 bis 3 km Entfernung erreicht werden (Heydemann). Dazwischen kommt allen verbindenden Naturrequisiten (angefangen bei Strauch und Baum) eine Vernetzungsfunktion zu, zu deren Schutz eigentlich fast jeder beitragen kann.

Founder- und Inzuchteffekte, Fitneßverluste durch Verinselung

Überlegungen zu natürlichen Lebensraumgrößen von Wildtieren und deren Populationsdichten müssen stets der Erkenntnis unterliegen, daß alle Arten biologische Systeme darstellen. Sie erfahren aufgrund des ständigen Austausches mit ihrer belebten Umwelt Veränderungen und müssen sich also fortwährend anpassen. Andererseits führen die Kräfte der Selektion (z. B. Nahrung, Klima, Räuber, Krankheitserreger, intra- und interspezifische Konkurrenz) zur Konstanz der einzelnen Formen. Anpassung an sich ändernde Umweltbedingungen und Konstanz als Ergebnis optimaler Anpassung ist nur in Freiheit im natürlich angestammten Lebensraum möglich, weil nur dort alle Faktoren der in Jahrmillionen erprobten Systeme der Evolution wirksam werden. Es ist nicht möglich, ein solches System künstlich zu schaffen, also einen wirklich artgemäßen Zustand herzustellen, der langfristig die naturentsprechende Arterhaltung garantiert.

Somit stellen Arten- und Lebensraumschutz

eine untrennbare Einheit dar, die allgemeingültig ist und auch für die „Art" Mensch gilt. Nicht wenige Fachleute sehen deshalb in den generationenlang in Gehegen gezüchteten Tierarten (z. B. Zootiere) allenfalls noch die „Karosserie" ihrer Vorfahren. Aufgabe des Artenschutzes muß es daher in erster Linie sein, das Original in seinem Lebensraum zu erhalten (Straaß, 1990). Die biochemische Genetik kommt derartigen Zusammenhängen immer detaillierter auf die Spur: Serumproteine oder Enzymsysteme liefern mit Methoden der Elektrophorese gute Angaben zur Feststellung des Ausmaßes an genetischer Variabilität innerhalb von Populationen sowie für die Ermittlung der genetischen Differenzierung zwischen Populationen, Rassen oder Arten (Hartl, 1989). Das Maß der genetischen Variabilität ist von Art zu Art sehr unterschiedlich. Beim ehemals fast ausgerotteten Alpensteinbock wurde z. B. im Vergleich zur Gemse eine geringe Zahl von Enzympolymorphismen gefunden, wohl Folge der ehemals so starken Populationsreduktion. Untersuchungen an Wildschweinpopulationen in Gattern deuten darauf hin, daß mit zunehmender Dauer der Isolation die genetische Variabilität abnimmt.

Derartige Erkenntnisse geben zu denken, ebenso wie hohe genetische Distanzen zwischen Schwarzwildpopulationen oder zersplitterten oder verinselten Rotwildvorkommen. Bei kleinen Populationen können rezessive „Negativ-Erbanlagen", die jeder Organismus trägt und die in reinerbigem Zustand Schäden, Krankheiten oder den frühen Tod des Tieres bewirken, schnell dominant werden. Bei Inzucht, etwa durch die isolierte Entwicklung eines Bestandes mit geringen Individuenzahlen, kann es relativ kurzfristig zur sog. Inzuchtdepression kommen, die die Population oft schwer beeinträchtigt oder auch zu ihrer Auslöschung führt (Hartl, 1989). Zunächst führen derartige Entwicklungen zu Fitnessverlusten einer Population wie abnehmender Fruchtbarkeit, Vitalität oder Schwächung der Feindvermeidungsstrategien und Anpassungsverlusten in der Stoffwechselplastizität oder im immunologischen Reaktionsspektrum. Isolation und Reduktion freilebender Tierpopulationen lassen eine Verringerung der genetischen Variabilität innerhalb der Populationen sowie eine verstärkte genetische Differenzierung zwischen den Populationen erwarten. Beide Effekte wirken in der Evolution wie bei der Artbildung. Eingriffe des Menschen führen immer mehr zur Zersplitterung der Populationen, also zu einer Beeinträchtigung des Genpotentials der ganzen Art. Mit dem Anstieg der genetischen Drift spielt der Zufall bei der Veränderung der genetischen Zusammensetzung einer Population gegenüber der Selektion eine immer größere Rolle.

Grundsätzlich ist nach dem derzeitigen Kenntnisstand die Erhaltung einer größeren Zahl miteinander in Verbindung stehender, ausreichend großer Populationen unter natürlichen Selektionsbedingungen die einzige Möglichkeit, das Auftreten von Foundereffekten (Einengung des Genspektrums durch Genverluste) oder Inzuchteffekten (Dominanz von „Negativ-Genen") zu verhindern.

Andererseits sind die genetische Variabilität innerhalb von Populationen und die genetische Differenzierung zwischen Populationen gute Indikatoren für die Eignung eines Lebensraumes und die Tauglichkeit von Wildbewirtschaftungs-, Arterhaltungs- und Naturschutzmaßnahmen aus populationsgenetischer Sicht. Maßgebliche Einflußgrößen sind vor allem die Isolation von Populationen sowie starke und wiederholte Bestandesreduktionen oder die Neugründung von Beständen, ausgehend von geringen Individuenzahlen. Genverluste aufgrund von Engpässen in den Bestandesgrößen wurden mittels biochemisch-genetischer Methoden etwa beim Alpensteinbock, beim Damhirsch, beim Wisent und beim Geparden belegt. Bei den Geparden stieß man auf biologische Auswirkungen von genetischer Verarmung: z. B. Fruchtbarkeitsstörungen, erhöhte Krankheitsanfälligkeit und reduzierte physiologische Regulationsfähigkeit (Hartl, 1989). Naturschutz- oder Jagdmanagementvorgaben müssen das ins Kalkül ziehen. Eine Grundfrage wird darin bestehen, welche Mindestgröße eine Population haben muß, um auch langfristig weiterhin lebens- und vor allem entwicklungsfähig bleiben zu können. Relevant ist dabei der Anteil der sich tatsächlich fortpflanzenden Tiere (sog. effektive Population), die durch Veränderungen im Geschlechterverhältnis, der Sozialstruktur und im Altersaufbau einer Population stark beeinflußt werden.

Genetiker und Wildbiologen schätzen, daß für die langfristige Erhaltung einer Säugerpopulation mindestens 500 Individuen notwendig sind und eine Population mit weniger als 50 bis 100 Tieren

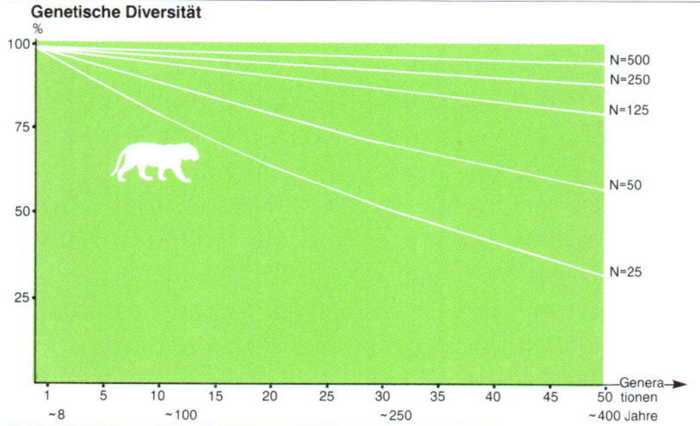

Abb. 11. Verlust der genetischen Diversität infolge genetischer Drift unterschiedlicher Populationsgrößen (N = Größe der Population) am Beispiel des Sibirischen Tigers (nach Foose u. Seal 1981, aus Wegener, 1991).

in unmittelbarer Gefahr ist und genetische Hilfsmaßnahmen für den Fortbestand benötigt. Bei Vögeln sind in Abhängigkeit von Körpergröße und Spezialisation vermutlich noch größere Bestände notwendig. Beim Grislybär ist man zu dem Ergebnis gekommen, daß eine Population von 30 bis 70 Bären mit 95%iger Wahrscheinlichkeit innerhalb von 100 Jahren aussterben würde. Selbst große Schutzgebiete können deshalb oft für Großsäuger, insbesondere für große Beutegreifer in hinreichender Zahl keine angemessene Lebensgrundlage mehr bieten (Havelka, 1989). Wir werden schnellstens lernen müssen, im kooperativen Naturschutz- und Jagdmanagement in den größeren, langfristig gültigen Dimensionen von Natur und Evolution zu denken. Dann relativieren sich die erhofften Erfolge von Ausbürgerungen (z. B. Luchs, Auer- oder Birkwild), von Aussetzungsaktionen zum Zwecke der Jagd (z.B. Fasan) oder von trophäenorientierten Selektionsvorgaben recht schnell. Und unsere Schutzgebiete erweisen sich meist als viel zu klein, zu verstreut und zu verinselt.

3.10 Unser Ziel: Naturnahe Artenvielfalt in naturnahen Ökosystemen

„Du verlierst nichts, wenn Du mit Deiner Kerze die eines anderen anzündest.“
Dänisches Sprichwort

Vielfalt fördert Selbstregulation und stabilisiert das Ökosystem

Aus den Problemen mit künstlichen Monokulturen haben wir viel über die Bedeutung der Artenvielfalt in einem natürlichen Ökosystem gelernt. Die Vielfalt trägt entscheidend zur Stabilisierung gegenüber inneren und äußeren Störungen bei. Das geschieht nach dem Prinzip des Gleichgewichts durch gegenseitige Kontrolle. Von einer einzigen älteren Eiche in einem gesunden Mischwald können in einem Sommer über 250 Insektenarten mit vielen tausend Individuen leben. Trotzdem nimmt der Baum keinen Schaden,

- weil jede Insektenart etwas andere Nahrungsgewohnheiten hat und dadurch der Baum nicht einseitig belastet wird,
- weil bei einem so vielfältigen Insektenbestand immer auch eine Vielzahl von Insektenräubern vorhanden ist.

In einem natürlichen Ökosystem entsteht zwischen allen Pflanzen und Tieren ein Gleichgewicht von Angebot und Nachfrage, weil auf jede Veränderungen – z. B. des Lichtfaktors bei Entnahme eines Baumes – jeweils spezialisierte Arten prompt reagieren. Vielfalt bewirkt also Flexibilität und diese wiederum Stabilität des Gleichgewichts. Die wichtigste allgemeine Forderung aus der Sicht des Umwelt- und Naturschutzes ist daher: Erhaltung oder Wiederherstellung der natürlichen Vielfalt, wo immer dies möglich ist, und so weitgehend, wie es die örtlichen Rahmenbedingungen zulassen.

Wenn wir den Grundsatz befolgen, immer bei den niedrigsten Organismen, z. B. im Boden oder im Wasser, zu beginnen, dann haben wir gedanklich schon einen entscheidenden Schritt vollzogen. Und wenn wir uns dann immer wieder fragen, wie würde die Natur von selbst reagieren, wenn wir eine Maßnahme unterlassen, tun wir den nächsten Schritt in die richtige Richtung. Die Regelmechanismen der Natur müssen gerade in bezug auf die natürliche Vielfalt unsere Leitschnur werden. Wenn wir den Schutz von Vögeln, Amphibien, Libellen oder Schmetterlingen fordern, dann setzen wir gedanklich schon zu hoch in der Vielfalt unserer Nahrungsnetze an. Diese Vielfalt ist nur möglich, wenn wir die natürliche Vielfalt aller Glieder unterhalb dieser sichtbaren Tiere bei Pflanzen wie Tieren berücksichtigen.

Die Insekten spielen dabei eine große Rolle. In Mitteleuropa leben etwa 600 Wirbeltierarten, dagegen mehr als 40 000 Arten der sog. niederen Tiere. Dazu gehören z. B. mehr als 800 Spinnenarten, von denen wir meist nur die Winkelspinne, die in unseren Kellern und Wohnungen lebt, oder die radnetzbauende Kreuzspinne kennen. Wissenschaftler haben errechnet, daß die in Deutschland lebenden Spinnen jedes Jahr so viele Insekten und andere Beutetiere verzehren, daß deren Gewicht dem der gesamten deutschen Bevölkerung entspricht.

Natürlich haben wir nicht nur die Vielfalt der Arten, sondern auch die Vielfalt und die Häufigkeit der Genotypen einer Art (erblich bedingte Unterschiede innerhalb einer Art) zu berücksichtigen. Die Vielfalt der Genotypen bildet das Genreservoir für die Zukunft. Artenvielfalt funktioniert nur auf der Grundlage von Genvielfalt. Die rein ökonomische Bevorzugung bestimmter hochproduktiver Genotypen etwa bei Haustieren, Kulturpflanzen in der Landwirtschaft oder Bäumen in der Forstwirtschaft wird in dem Augenblick gefährlich, in dem dadurch die Genvielfalt der Art verlorengeht. Die Evolution arbeitet ja immer weiter, und niemand kann vorhersagen, welche wichtigen genetischen Anlagen diese oder jene Tier- oder Pflanzenart morgen haben muß, um fortbestehen zu können. Arten müssen also in den verschiedenen Populationen genetisch vielseitig sein, um ständige ökologische Anpassungen zu leisten.

- Der Naturschutz muß die Erhaltung der Vielfalt sowohl der Arten als auch innerartlich deren Genotypen als Basis der Überlebensstrategie auf unserem Planeten allgemein als oberstes Ziel fordern.

- Ökosysteme werden aus den Beständen von Arten, die wiederum genotypisch differenziert sind, aufgebaut. Keine Art kann ohne den Bezug auf das Ökosystem leben, und auch kein Ökosystem existiert ohne eine bestimmte Basis von Arten. Arten- und Ökosystemschutz einschließlich des Schutzes der Grundlagen Wasser, Boden, Luft sind die entscheidenden Voraussetzungen.

Anregungen zur Erhaltung der Artenvielfalt

Wie ein roter Faden münden alle Naturschutzempfehlungen dieses Buches in Anregungen zur Wiederherstellung einer standortgemäßen und naturnahen Vielfalt. In den folgenden Kapiteln sind diese Hinweise speziellen Bereichen zugeordnet, dennoch müssen wir auch ganz allgemein ein Gespür dafür entwickeln, wie wir der Gefahr einer weiteren Verarmung unserer belebten Umwelt vorbeugen können.

- Kein Eingriff in die Natur ohne zwingenden Grund!
- Ständige Berücksichtigung der ökologischen Zusammenhänge in der Natur!
- Verantwortung gegenüber der gemeinsamen Geschichte aller Lebewesen, nicht nur gestern, sondern auch morgen!

Die Verpflichtung zum maßvollen Umgang mit der Natur ist eine moralische Norm, die als gesellschaftspolitisches Grundpostulat akzeptiert werden muß, wenn wir uns die Rückkehr zu den gnadenlosen Bedingungen der natürlichen Selektion (Seuchen, Vergiftungen, Hungerkatastrophen usw.) ersparen wollen (Küppers, 1982).

Gefährdungen der Artenvielfalt durch Biotopveränderungen sind an der Tagesordnung. Sie können unabsehbare Folgen haben (nach „Jahrbuch für Naturschutz und Landschaftspflege", Band 30, verändert):

- **Totale Biotopveränderungen** geschehen beispielsweise durch Straßenbau, Siedlungserweiterung, Eindeichung, Kahlschlag, Entwässerungen, Umbruch des Bodens, Entsalzungen, Gewässerausbau, Umformung einer Wiese in „englischen Rasen", Verwendung nicht standortgemäßer Baumarten und dergleichen. Hierbei werden jeweils Hauptfaktoren des bisherigen Biotops entscheidend geändert, so daß bis zu 100 % der Arten bei Flora und Fauna beseitigt werden können. Hier besteht keine kurzfristige Renaturierungsmöglichkeit mehr.
- **Weitgehende Biotopveränderungen** sind die Folgen der Umwandlung von Wiesenflächen in Weide, teilweiser Entwässerung von Feuchtwiesen, der Umwandlung von Vorland-Salzwiesen in Binnenland-Salzwiesen, des Mähens von Wegrändern, des Einsatzes chemischer Mittel, des Besatzes von Gewässern mit zu großen Populationen fremder Raubfischarten und dergleichen. Hierbei werden meist 50 bis 70 % des typischen Artenbestandes von Flora und Fauna verdrängt. Es bestehen mittelfristig noch Renaturierungsmöglichkeiten.
- **Teilweise Biotopveränderungen** ergeben sich durch mäßigen Erholungsbetrieb an Seeufern (Vertritt und Störungen), durch stärkeres Befahren (z. B. auch Surfen) von kleineren Gewässern, durch Entnahme von Baumstümpfen und der Fällung von Bäumen, durch Beseitigung abgestorbener stehender Altbäume aus Waldbiotopen, durch Abmähen des kleineren Strauchwerks an den Seiten von Wallhecken, durch Ausmähen von Gewässerrändern, durch Beseitigung des Laubabfalls, durch Mähen von Wiesen vor der Hauptblüte. Hierbei werden meist 30 bis 50 % des typischen Arteninventars der Flora und Fauna verdrängt. Zugleich werden wie bei der weitgehenden Biotopveränderung die Häufigkeitsanteile innerhalb der Arten weitgehend umgestaltet. Renaturierung ist meist noch kurzfristig möglich.
- **Strukturveränderung einzelner Biotope** geschehen durch das Mähen von Teilbereichen an der Schilfzone im Winter, durch partielle Beweidung von Salzwiesenflächen, durch Verhinderung der Entwicklung von reichem Unterwuchs in Waldsystemen, durch Beseitigung der Krautschicht, durch Vertritt und dergleichen. Hierbei werden meist 20 bis 40 % der typischen Arten von Flora und Fauna verdrängt. Je nach Spezialisationsgrad der verdrängten Arten und der Isolierung des Standorts kann die Wiedereinwanderung 5 bis 10 Jahre und mehr beanspruchen.
- **Veränderung des Faktors Windstärke:** Der Windfaktor hat auf die Ausbreitung von Insekten, Spinnen, Milben, Pflanzen u.a. hohen Einfluß. Die Verringerung des Windschutzes durch Beseitigung von Feldgehölzen, Hecken, Einzelbäumen, Hochstauden, durch Straßenverbreiterungen, Abholzen aller Birken in Heide und Moor u.a. kann große Arten- und Populationsverluste bewirken. Andererseits können Windschutzpflanzungen in Bereichen, wo sie von Natur aus nicht vorkommen, spezialisierte Lebensgemeinschaften behindern. Das gilt z. B. für Feuchtbiotope in Küstennähe, deren typische Wirbellosen-Arten oft nur konkurrenzfähig sind, wenn windempfindliche Binnenlandarten nicht zur Entwicklung kommen können. Ähnliches gilt für viele Enten, Gänse, Watvögel, Möwen und Seeschwalben, die meist eine unverminderte Sicht über den flachen Horizont benötigen, um sich sicher zu fühlen.
- **Veränderung des Faktors Feuchtigkeit:** Anders als bei den abiotischen Faktoren Licht, Temperatur und Wind wirken sich Veränderungen des Faktors „Feuchtigkeit" noch kilometerweit von der eigentlichen Störquelle aus.

- **Veränderungen des Faktors Licht** können ein gesamtes Ökosystem in seinem Arteninventar total umwandeln. Beispielsweise wird durch die Aufforstung von Grenzertragsböden, trockenen Heiden, sauren Magerrasen, Kalktrockenrasen, Abbruchkanten, Steilhängen oder durch die Beseitigung von Weiden und Erlen an Fließgewässern eine bis zu hundertprozentige Verdrängung der typischen Tier- und Pflanzenarten bewirkt.
- **Veränderung des Faktors Raumstruktur:** Die Raumstruktur eines Biotops kann entscheidenden Einfluß auf die Artenvielfalt haben. Ein vielseitig geschichteter Wald mit stärkerer Streuauflage, mit guter Kraut- und Strauchschicht, mit differenzierter Stammschicht und verschieden hohen Kronenräumen hat allein durch diese Unterteilung eine Vervielfältigung der Artenkombination und der Populationsdichte der einzelnen Arten zur Folge. Das sollte bei der Behandlung von Gärten, Parks, Kleingehölzen und Wäldern berücksichtigt werden. Was im gut geschichteten Wald für Vögel und Säugetiere gilt, gilt übertragen auf die Kraut- und Hochstaudenflur ebenso für viele Insekten.
- **Veränderungen der chemischen Beschaffenheit eines Standortes** kommen durch Immissionen aller Art, durch Giftstoffe, Wasserbelastungen (z. B. durch Waschmittel) sowie organische und anorganische Dünger zustande. Einfluß auf die Artenvielfalt haben alle Stoffe, die für Naturbiotope untypisch sind. Giftstoffe wirken sich vor allen Dingen in Gewässerökosystemen über Hunderte von Kilometern von der eigentlichen Schadensquelle aus, während Bodenvergiftungen mehr in Schadquellennähe auftreten. Herbizide (Pflanzengifte) können – in Gräben zur chemischen Entkrautung angewendet – in den nachfolgenden Seenbereichen im Sediment eingelagert auftreten, bevor sie abgebaut werden. Hormonmittel können nicht nur auf die bekämpften Pflanzen, sondern auch auf den Stoffwechsel von Vögeln, Säugetieren, Insekten Einfluß haben.

  Das Auftreten von Schädlingsmassen ist allgemein die Antwort der Natur auf künstliche Monokulturen und chemische Schädlingsbekämpfung. In der Regel werden ja nicht nur die Schädlinge, sondern auch deren natürliche Feinde vernichtet. Untersuchungen haben sogar gezeigt, daß sich nach Spritzungen mit breitenwirksamen Insektiziden der prozentuale Anteil der Schädlinge verdoppeln, der Anteil der Nützlinge aber auf ein Viertel zurückgehen kann. Manche Arten – wie z. B. die Obstbaum-Spinnmilbe – sind überhaupt erst durch Vernichtung der natürlichen Feinde Schädlinge geworden.

  Die Anwendung von Giften in der Natur führt zu einer rasanten Verarmung der Artenvielfalt. Da das ökologische Gleichgewicht aber von der Artenvielfalt abhängt, werden alle chemisch behandelten Ökosysteme zunehmend störanfälliger. Man ist auf immer größere Giftmengen oder immer stärkere Gifte angewiesen, deren ökologische Nebenwirkungen und gesundheitliche Gefahren meist unbekannt sind. Vergleiche mit einer Sucht erscheinen naheliegend. Jeder, der in irgendeiner Form auf den Einsatz von chemischen Mitteln in seinem Einflußbereich verzichtet oder ihren Einsatz einschränkt, trägt zur Erhaltung der Artenvielfalt bei: Das beginnt beim Insektenspray in der Wohnung und im Garten, bei der Verwendung schädlicher Waschmittel, bei der richtigen Beseitigung von Lösungsmitteln und Arzneien (beide gehören nicht in den Ausguß) und reicht weiter über den Verzicht möglichst aller chemischen Mittel in Gartenanlagen, Parks, an Weg- und Straßenrändern, an Fließ- und Stehendgewässern bis zum Verzicht in Waldgebieten bzw. der weitgehenden Einschränkung in der Landwirtschaft und im Weinbau.
- **Veränderung der historischen Komponente:** Der Altersgrad eines Standorts und die Dauer des Unterlassens einer Maßnahme haben auf die Artenvielfalt großen Einfluß. Von bestimmten Tierarten werden nur solche Baumarten als Wirtspflanzen verwendet, die über 100 bis 200 Jahre alt sind. Hier spielt die historische Stabilität eines Ökosystems eine wichtige Rolle. Der Forstmann tut deshalb gut daran, wenn er stets einige Altbäume – lebende wie abgestorbene – in gleichmäßiger Verteilung so lange wie möglich erhält. Die Beseitigung alter liegender Baumstämme gefährdet z. B. viele Bockkäferarten, die Entfernung alter Steinhaufen gefährdet Reptilienarten, die Fällung von speziellen Horstbäumen gefährdet Greifvogelarten. Dabei ist wieder zu bedenken, daß die einzelnen Habitate meist sehr unterschiedlich zu bewerten sind. Alte Fichtenbaumstubben werden anders besiedelt als alte Eichenstubben usw.; Stubben in Feuchtbereichen werden wiederum anders besiedelt als Stubben in Trockenbereichen. Stets finden sich andere spezialisierte Tier-, Pilz-, Moos-, Algen- und Flechtenarten, die zusammen ein eigenes Subsystem bilden.

● In Mitteleuropa ist mit etwa 10 000 parasitischen Tierarten zu rechnen. Etwa 75 % gehören zur Gruppe der parasitischen Schlupfwespen und Fliegen, die in anderen Insektenarten leben und als Stabilisatoren in Ökosystemen genauso große Bedeutung wie die sonstigen Räuber haben. Auch davon fallen Arten aus, wenn die Wirtstierart, z. B. durch Beseitigung einer Wirtspflanze, verdrängt wird. Meist werden bei uns 5 bis 8 Nahrungsstufen in einer Nahrungskette gezählt. Bei Ausrottung einer Tier- oder Pflanzenart unterer Stufen ist also der „Mitreißeffekt“ wie ein „Laufmascheneffekt“ durch sämtliche übergeordnete Nahrungsstufen zu berücksichtigen.

- Es wächst die Gefährdung durch gezieltes Sammeln einzelner Arten für Hobby- und Schauzwecke, für Belegsammlungen, zum Tausch in Vereinen, zur Dekoration und nicht zuletzt auch zum Handeln. Gerade letzteres ist ein trauriges Kapitel, da mit zunehmender Gefährdung einer Art deren Sammlerwert und damit die Verleitung auch zur widerrechtlichen Aneignung in der Natur steigt. So gibt es in Deutschland eine regelrechte illegale Eier-Börse, bei der seltene ausgeblasene Vogeleier gehandelt werden. Für Eier von besonders gefährdeten Vogelarten werden sehr hohe Preise gezahlt. Auch hier verdirbt wieder das verlockende Geld den Charakter und verleitet zu unverantwortlichem Verhalten, während der Kontrollseite meist die Hände gebunden sind und die geringen Strafen das Risiko nicht wesentlich erhöhen. Auch der Handel mit Großinsekten aus den Tropen verletzt den internationalen Artenschutz-Gedanken.
- Leider droht auch das Fotografieren von seltenen Vögeln und Säugetieren ebenso zur Manie zu werden wie die Tendenz zum Abschießen seltener Tierarten in Ländern, in denen diese Arten noch nicht unter Schutz stehen. Da gerade die seltenen Arten einen besonderen fotografischen Wert haben, werden diese überproportional gestört.
- Auch beim speziellen Artenschutz spielt der Zeitfaktor oft eine große Rolle. Gerade diejenigen Arten sind oft sehr gefährdet, die für ihre Entwicklung längere Zeit beanspruchen. Beispielsweise kommen die gefährdeten Bockkäfer, Hirschkäfer, Steinflügler und Libellen oft nur auf Zyklen von einer Generation in 2 bis 5 oder mehr Jahren. Da die Larven-Stadien der meisten Arten kaum beweglich sind, muß wenigstens in dieser Zeit ihr Habitat unverändert bleiben. Das Fällen des letzten „Hirschkäfer-Baumes“ in einem Waldgebiet bewirkt durch die Larvenvernichtung das Aussterben dieser Art in großem Umkreis, da keine Hirschkäferlarve nach Beseitigung des Nahrungsbaumes zu einem neuen Standort wandern kann.
- „Ein Unkraut ist eine Pflanze, deren Vorteile noch nicht entdeckt wurden“, heißt es schon beim amerikanischen Philosophen Emerson (1803–1882). Bei Schädlingen ist es genauso; wir kennen sie ja nur in künstlich geschaffenen Systemen – z. B. in der Land- und Forstwirtschaft, im Weinbau oder auch in unseren Wohnungen –, wenn die Verbindungen zu den Kontrolleuren durchschnitten sind oder einzelne Arten neu in großer Zahl kultiviert werden. Erst die Verschiebung von Gleichgewichten, die durch Trennung von Kreisläufen entsteht, schafft über die natürlichen Feinde und Konkurrenten hinaus das, was wir Schädlinge nennen.

4 Menschliche Lebensraumansprüche als Resultat evolutionärer Entwicklung – Mißachtung unseres Psychotops rächt sich

„Die Tiere leiden und erfüllen mit ihrem Seufzen die Lüfte.
Die Wälder fallen der Vernichtung anheim.
Die Berge werden geöffnet und ihrer Metalle beraubt,
welche in ihren Adern wachsen.
Aber das menschliche Verhalten ist schnell,
jene zu loben und zu ehren,
welche durch ihr Tun der Natur wie der Menschheit
den größten Schaden zufügen.“
Leonardo da Vinci (1452–1519)

Noch in den 50er Jahren waren alle landwirtschaftlichen Flächen in der Umgebung der Städte und Dörfer selbstverständliche Naherholungsräume. Doch dann wurden zwecks Steigerung der Produktivität durch Flurbereinigungen in beiden Teilen Deutschlands weite Gebiete ausgeräumt und vereinheitlicht. Die landschaftliche Vielfalt, Schönheit und Attraktivität blieben dort völlig auf der Strecke, wo die Monotonie der Großmaschinenflächen als höchste Erhebung bis zum Horizont quasi nur noch ein Rübenblatt duldete. Ergebnis ist hüben wie drüben eine De-facto-Aussperrung der Bevölkerung aus ihren angestammten Lebensräumen, ohne daß irgendwo ein Verbotsschild steht. 50 % der landwirtschaftlichen Nutzfläche sind so gründlich ausgeräumt worden, daß sie praktisch niemand mehr zur Erholung aufsucht; sie tragen also auch nicht mehr zur emotionalen Ortsbezogenheit der Menschen (Heimatgefühl) bei. Betroffen ist eine Fläche, die etwa dem gesamten Waldgebiet Deutschlands entspricht. Der für die Bevölkerung nutzbare Lebensraum ist also um etwa ein Drittel geschrumpft, obwohl – und dies muß betont werden – dieser Effekt eigentlich gar nicht beabsichtigt war. Man stelle sich einmal vor, der gesamte Wald würde für Erholungssuchende gesperrt. Das Ergebnis wäre in der Flächenbilanz vergleichbar, doch die Bevölkerung würde sofort revoltieren. Warum? Was veranlaßt Menschen, bestimmte Räume zu bevorzugen und andere zu meiden?

Seit Konrad Lorenz (1903–1989) kann es keinen Zweifel mehr geben, daß sich auch menschliches Verhalten und Wohlbefinden evolutionär entwickelt hat, also genetisch fixiert und gesteuert ist. Das betrifft nicht nur Momentreaktionen, sondern ganze Verhaltenskomplexe, ganze Strategien. Natürlich variieren sie individual-genetisch erheblich, genauso wie andere genetisch bedingte Merkmale wie Haarfarbe oder Körpermaße (Sjölander, 1988). Viele Arbeiten aus verwandten Fachrichtungen – z. B. der Psychologie, Soziologie, Anthropologie, Philosophie, Medizin, Touristik, Kriminologie – geben inzwischen ähnliche Hinweise. Unser „Psychotop“, d. h. der seelisch optimale Lebensraumes ist Resultat einer evolutionären Entwicklung. Seine Ausstattung braucht natürliche „Bausteine“, wenn wir nicht psychisch oder physisch Schaden nehmen wollen. Sicherheits- und Konkurrenzdenken, Streßreagieren, Wohlbefinden, Heimatbezug oder Individualitätsstreben des Menschen sind durchaus nicht allein verstandgesteuert, sondern noch in vielen Facetten – individuell sehr unterschiedlich – Instinktvorgaben. Stammesgeschichtliche Untersuchungen oder auch nur ein Hineindenken in unsere Evolution und Koevolution im Wechselspiel mit unserem über Jahrmillionen natürlich entwickelten Lebensraum führen uns zu besserem Verständnis der Beziehungen zwischen Umgebung und Verhalten.

Wir sind aus unserer ökologischen Nische in die aller anderen Arten eingebrochen und haben unsere Umgebung, einschließlich der sozialen, in unerhörter Weise umgestaltet. Unser angeborenes Verhalten paßt jedoch nur zum ursprünglichen, unveränderten Lebensraum, im neuen geht es fehl, bedroht, ja zerstört die äußeren Voraussetzungen für unser Überleben: Verschmutzung von Boden, Wasser und Luft, Vergeudung der Bodenschätze, Bevölkerungsexplosion, ständig wachsende soziale Spannungen, barbarische Kriege. Immer mehr, aber immer noch viel zu wenige Menschen erkennen den Teufelskreis, in dem wir gefangen sind. Wir haben uns in eine Lage manövriert, aus der uns nur besseres Verständnis und davon gesteuerte Umkehr zu richtigem Verhalten retten können (Tinbergen, 1989). Allerdings wird uns weder die typisch menschliche Neigung, sich in ausweglos erscheinenden Situationen in Wunschwelten zu flüchten, noch schwärmerische Naturmystik einer Problemlösung näherbringen. „Wir haben keine Alternative zur Zivilisation, ohne ihre Früchte ist auch die ökologische Krise der Gegenwart nicht zu lösen", betont der Freiburger Biologe Hans Mohr. Und genauso warnt er vor illusionären Erwartungen: „Der derzeit vorherrschende Menschenverstand ist nicht dazu geschaffen, das Verhalten komplizierter Sozialsysteme und die damit einhergehenden Rückkopplungen zu begreifen. Folglich ergibt sich kein intuitives Verständnis dafür, wie gefährdet unsere Welt ist." (Brügge, 1990)

In den 80er Jahren kam der Begriff „Ökosozialprodukt" auf. Er bewertet nicht nur ökonomische Faktoren der Wertschöpfung, sondern auch Umweltbedingungen, Gesundheit oder Zufriedenheit der Bevölkerung einer Volkswirtschaft, also die soziale Lebensqualität. Damit reagiert er auf die Evolutionäre Erkenntnislehre von Konrad Lorenz und versucht, den Blick zu schärfen für die ökologischen Folgen wirtschaftlichen Tuns. Der Anpassungsdialog zwischen der Natur um uns und der Natur in uns währte einige Millionen Jahre und formte unser Verhaltensmuster. Auch den heutigen Menschen prägt seine biologische Evolution, die sich ausschließlich im Naturmilieu abgespielt hat (Lötsch, 1988). „Menschen sind Tiere", sagt der Harvard-Paläontologe Stephen Jay Gould, einer der großen modernen Evolutionsforscher, „und alles, was wir tun, liegt in unserem biologischen Potential."

Durch welches biologische Programm aber sollten menschliche Wahrnehmungen und menschliches Handeln heutzutage reguliert, gelenkt, beschränkt werden? Nach Hans Mohr gibt „die in unseren Genen akkumulierte Erfahrung der Stammesentwicklung" den Ausschlag. Das heißt: In unseren Reflexen, Wahrnehmungen, Begierden, Ängsten und Urteilen äußert sich permanent ein uraltes Programm, das Ergebnis einer Mutationskette von einigen hunderttausend Generationen. Mohrs Bezugspersonen im Pleistozän, die Cromagnon-Menschen, hatten mit konkurrierenden Sippen und der Knappheit natürlicher Ressourcen fertig zu werden. Daran mußten sie ihre Fortpflanzung, ihre Brutpflege, ihren Verhaltenskodex anpassen (Brügge, 1990). Sie lebten anders als der moderne Mensch in einem „Urbiotop", in dem sich das genetisch fixierte Verhaltensinventar des Menschen entwickelt hat und der dem ähnelt, den wir als artgemäße Ökosysteme für Pflanzen und Tiere fordern müssen. Auch der Mensch ist an einen naturnahen, artenreichen, bunten und reich strukturierten Lebensraum mit vielfältiger Pflanzenwelt angepaßt. Eibl-Eibesfeldt (1985) spricht von ausgeprägter Pflanzensehnsucht des Menschen, die genetisch fixiert ist und sich täglich und fast überall in Form von hilfesuchenden Substitutionshandlungen äußert. Die Gartencenter leben nicht schlecht davon.

Die Zeiteinheit der Evolution ist nicht das Jahr, sondern die Generationenzahl. Mensch und Affen haben sich von ihren gemeinsamen Vorfahren vor etwa 5 Millionen Jahren getrennt, also bei angenommenen 25 Jahren Generationsdauer vor 200 000 Generationen. Das gibt eine Vorstellung davon, wie lange der koevolutionäre Wechselprozeß „Mensch – natürlicher Lebensraum" etwa gedauert hat, ohne daß der Mensch seinen Lebensraum hätte verändern oder gar zerstören können. Intensiv und großflächig tut er das erst seit der Industrialisierung, also höchstens seit 150 Jahren. Das sind gerade 6 Generationen.

Genetisch hat sich während dieser wenigen Generationen, in denen wir unwissend, wertblind, technokratisch, natur- und de facto – wenn auch ungewollt – menschenverachtend unseren Lebensraum verbetonieren (Festetics, 1988) und monotonisieren, natürlich nichts verändern können. Seit Konrad Lorenz wissen wir, daß es einen tiefen, verhängnisvollen Zusammenhang von technomorphem Denken, Umweltkrise und Schönheitsverlust, von menschlicher Lebensraumdenaturierung und seelischer Instabilität gibt. „Schönheit der Natur und Schönheit der menschengeschaffenen kulturellen Umgebung sind offensichtlich beide nötig, um den Menschen geistig und seelisch gesund zu erhalten. Die totale Seelenblindheit für alles Schöne, die heute allenthalben so rapide um sich greift, ist eine Geisteskrankheit, die schon deshalb ernstgenommen werden muß, weil sie mit einer Unempfindlichkeit gegen das ethisch Verwerfliche einhergeht." (Lorenz, 1973) Hierher gehören die unakzeptablen Formen gefühlloser Massentierhaltungen ebenso wie die Feststellung von Hundertwasser, daß die heutige Architektur als Resultat von Bauvorschriften unsere engeren Wohnbereiche kriminell sterilisiert.

Der „kleine oder große Asphaltkümmerer" im 11. Stock eines monotonen Wohnsilos – Lorenz spricht 1973 von „Batterien von Ställen für Nutzmenschen" – träumt wie alle Kinder und Erwachsenen von uriger Natur, von bunten Wiesen oder abwechslungsreichen Wäldern, von Schmetterlingen, sanften Rehen oder wilden Ungeheuern. Das Träumen vom „Urbiotop" ist genauso genetisch fixiert, wie die neurotische, depressive oder gar kriminelle Reaktion vorhersehbar ist, wenn unser Wohlbefinden durch Denaturierung unseres Lebensraumes gar zu sehr in Mitleidenschaft gezogen wird. Eine ungeheure Herausforderung und Verantwortung, der sich heute Stadtökologen, Landschaftspfleger, Landwirte, Forstleute und andere in unserem Lebensraum wirkende Personen eigentlich stellen müßten.

Statt dessen wird weiter, ja immer mehr einer technischen Funktionalität nachgejagt in verheerender Mißdeutung einer pflegeleichten Ästhetik, die manchmal zu einer Art „Techno-Brutalismus" ausufert und die Gesetze unserer Evolution sträflich mißachtet. Wir alle brauchen eine Mindestausstattung an echter, artenreicher, bunter, duftender, also riech- und sogar hörbarer Natur in unserem engeren Lebensbereich. Der eine mehr, der andere weniger, alle jedoch viel mehr, als wir bisher wahrhaben wollten.

Die 1985 vom Amerikaner Roger S. Ulrich zusammengestellte wissenschaftliche Literatur aus dem englischen Sprachraum über „Ästhetische und emotionale Einflüsse der Vegetation“ müßte alle Stadtväter, Gartenämter, Kommunalpolitiker, Industrievertreter, Landschaftsgestalter, Forstverwaltungen, Jäger, Fremdenverkehrsexperten, Mediziner, ja uns alle aufrütteln und zum Umdenken motivieren. Eindeutige Zusammenhänge zwischen naturnaher Artenvielfalt, unserer „inneren Bio-Ästhetik“ und emotionalen wie physiologischen Einwirkungen auf Menschen sind wissenschaftlich vielfältig belegt. Die Schönheit wilder Blumen, der erhabene Adlerflug, die Eleganz unserer Wildtiere, die Friedlichkeit eines Sommernachmittags mit Vogelgesang, Bienengesumm und dem Gegaukel von Schmetterlingen: Diese Freuden steigern in hohem Maße die Lebensqualität all derer, die Gesundheit und Muße haben, es zu genießen. Und alle diese Menschen leiden unter dem regionalen oder globalen Verlust seltener Arten oder dem Rückgang jener Arten, die noch nicht selten sind (Begon et al., 1991).

Wir sind alle Freunde der Natur, nicht zu verwechseln mit der pflegeleichten Dekorationsmonotonie der völlig naturfremden Bodenbedecker in vielen Stadtlebensräumen. Naturanblicke haben anders als die meisten städtischen Szenarien positive Einflüsse auf den emotionalen und physiologischen Zustand der Menschen, insbesondere wenn sie streßgeplagt sind. Der bloße Anblick alter Bäume und anderer naturnaher Vegetation kann gesundheitsfördernd sein und ist daher auch ein ökonomischer Faktor – ein wichtiger Grund mehr zur Pflege der Stadtbäume, die von engen Baumscheiben, Bodenversiegelung, Laubabfallentnahme und Luftverschmutzung bedroht sind. Ulrich (1985) hat unterschiedliche Reaktionen auf natürliche und urbane Landschaften untersucht und festgestellt, daß Natur eine „natürliche psychologische Kategorie“ ist. Die Probanden unterschieden sehr bereitwillig Natur von menschengemachter Umgebung, schon wegen bestimmter stimulierender Besonderheiten wie krummlinige Konturen und ständiger Wechsel von Gestalt und Farbe. Stark negativ reagierten sie auf Menschengemachtes in natürlichen Bereichen. Telegrafenmasten und Energieleitungen scheinen dabei die Attraktivität in größerem Maß zu reduzieren als andere Typen gebauter Elemente.

Die negativen visuellen Einwirkungen von baulichen Elementen stechen besonders an den Grenzlinien von „Wildland“ und urbaner Umwelt ins Auge. Es verstärken sich Beweise, daß die unterschiedlichen Reaktionen auf natürliche und urbane Bilder weit über die ästhetischen Präferenzen hinausreichen und andere Affekte in der neurophysiologischen Aktivität einschließen. In einer schwedischen Studie wurden den Untersuchungspersonen große Farbdiapositive gezeigt und Gefühlsreaktionen untersucht unter Messung gehirnelektrischer Aktivität über sog. Alpha-Ströme: Natürliche Szenen förderten Aufmerksamkeit und Interesse deutlich stärker, als es Stadtbilder taten. Die Hirnstromkurven zeigten zudem deutlich höhere Alpha-Amplituden, wenn die Probanden Bäume oder andere Vegetation sahen, als wenn sie Städtisches gezeigt bekamen. Das stützt die Vermutung, daß Menschen sich stärker bewußt entspannt fühlen, während sie Vegetation und Wasserkomplexe anschauen. Andere Untersuchungen belegen, daß Naturbilder verglichen mit urbanen Anblicken Streß oder Aufregung reduzieren. Die Gegenüberstellung mit Naturbildern verringerte spürbar Angstgefühle und verstärkte positive Affekte, wie Zuneigung und gehobene Stimmung. Im Gegensatz dazu riefen die urbanen Darstellungen eher Erregung hervor und steigerten Gefühle der Traurigkeit. Herkunft oder Geschlecht der Testpersonen hatten keinen Einfluß auf die Ergebnisse.

Ulrich (1985) erläutert daneben eine andere, hochinteressante Studie, die in einem Vorstadtkrankenhaus in Pennsylvania durchgeführt wurde, um therapeutische Einflüsse von Naturkomplexen zu untersuchen. Testpersonen waren Chirurgiepatienten, weil sie gewöhnlich beträchtlichem Streß und gesteigerter Erregung unterliegen und weil sich ihre Kontakte mit der Außenwelt fast ganz auf Blicke aus dem Fenster beschränken. Die Genesungsdaten wurden bei Paaren von Patienten erhoben, die dieselbe Operation hatten mit gut übereinstimmenden Variablen wie Alter, Geschlecht, Gewicht, Tabakgenuß und vorherige Krankenhausaufenthalte. Man brachte die Patienten in Räumen unter, die sich nur in der Aussicht unterschieden: Der eine schaute auf eine Gruppe Laubbäume (gemischte Harthölzer), während der Vergleichspartner einen Blick auf eine braune Backsteinwand hatte. Die „Baum-Ausblick-Patienten“ hatten deutlich kürzere Nach-Operations-Aufenthalte als die „Wand-Ausblick-Patienten“, waren pflegeleichter und weniger anfällig für Komplikationen. Außerdem brauchten die „Wand-Ausblick-Patienten“ wesentlich stärkere Schmerzmittel. Die positiven therapeutischen Einflüsse des Naturanblicks auf die Patienten waren unübersehbar. Zieht man daraus die richtigen Konsequenzen für die Anlage von Krankenhäusern, eröffnen sich ungeahnte Möglichkeiten zur Kostendämpfung im Gesundheitswesen.

Ebenso bedeutsam sind die Erkenntnisse natürlich für die Gesunden: Naturnähe beugt Erkrankungen vor und hebt die Lebensqualität. Viele Untersuchungen belegen, daß die Stadtbewohner nur mäßig positiv auf leere, grasbedeckte Flächen ohne Bäume und Büsche in ihrer Nachbarschaft reagieren. Deutlich besser sind die Werte bei abwechslungsreicher Bepflanzung und am besten beim Anblick kräftiger Bäume, was natürlich Folgen für den Wohnwert der entsprechenden Gegend hat. Schon der Eigennutz sollte uns dazu anhalten, alte Stadtbäume ebenso konsequent wie Baudenkmale zu schützen. Das schließt selbstverständlich eine möglichst große Baumscheibe, das Belassen des Laubabfalls und das Verhindern unnatürlicher Einflüsse ein.

All dies unterstreicht, daß der Mensch entsprechend seiner evolutionären Entwicklung in seinem genetisch fixierten Verhaltensmuster und Anforderungsprogramm an seinen artangepaßten Lebensraum (Psychotop) der tatsächlichen Entwicklung weit hinterherhinkt und wesentlich mehr biologisch wirksame Naturbausteine in seiner unmittelbaren Umgebung benötigt, als man bisher gemeinhin wahrhaben wollte. Kein Wunder also, daß die großen ausgeräumten Feldfluren praktisch von keinem Menschen mehr zur Erholung aufgesucht werden, ohne daß es eines Sperrschildes bedarf. Der menschliche Psychotop ist über Gebühr derart zerstört worden, daß der Mensch instinktiv mit Verweigerung reagiert.

Dies ist wohlgemerkt kein Vorwurf an eine auf Rationalisierung bedachte Landwirtschaft, sondern eine Feststellung aufgrund wissenschaftlicher Erkenntnisse und eine Aufforderung zur staatlichen Hilfestellung für dauerhafte Lösungen. Mit vorübergehenden Grünbrache- oder Randstreifenprogrammen ist wenig auszurichten. Die motorisierten Freizeitströme in Richtung naturnaher oder vermeintlich naturnaher Räume (meist Waldgebiete) sind jedenfalls zum Teil nichts anderes als Fluchtbewegungen von Menschen, die in ihrem engeren Lebensraum die naturnahe Mindestausstattung nicht mehr finden, auf die sie genetisch fixiert sind. Dieser Effekt wird durch die „Unwirtlichkeit der Städte" (Mitscherlich) in vielerlei Hinsicht geradezu provoziert: Schnurgerade Trapezprofile mit „Flußleichen in Betonsärgen" (H. v. Ditfurth), sterile Parkanlagen mit Wasserbecken als Krüppelfragmente einstiger Naturoasen, totgepflegte Gärten als Folge neurotischer, anerzogener Ordnungsliebe und andere kümmerliche Naturreste in unseren städtischen Lebensräumen zeugen von ökologischen Sünden. Vor ihnen fliehen wir nun. Ihren Urlaub verbringen in diesen für die menschliche Psyche weitgehend zerstörten Lebensräumen nur die Menschen, die nicht fliehen können.

Das Bedenken dieser Probleme ist um so wichtiger geworden, seit man auch in der allgemeinen Medizin erkannt hat, daß an der Entstehung der meisten Krankheiten seelische Komponenten beteiligt sind.

„Die Selbstbewertung des normalen Menschen fordert mit vollem Recht die Behauptung seiner Individualität. Der Mensch ist nicht, wie eine Ameise oder eine Termite, von seiner Phylogenese so konstruiert, daß er es erträgt, ein anonymes und durchaus austauschbares Element unter Millionen völlig gleichartiger Wesen zu sein. Man betrachte einmal offenen Auges eine Siedlung von Schrebergärten und beobachte, welche Auswirkungen der Drang des Menschen nach Ausdruck seiner Individualität dort hervorbringt. Dem Bewohner der ‚Nutzmenschenbatterie' steht nur ein Weg zur Aufrechterhaltung seiner Selbstachtung offen: Er besteht darin, die Existenz der vielen gleichartigen Leidensgenossen aus dem Bewußtsein zu verdrängen und sich vom Nächsten fest abzukapseln." (Lorenz, 1973) Die eigentlich vorhersehbare Folge des Raubbaus in unserem menschlichen Lebensraum ist der Drang der Menschen in die Natur, die damit selbst in den letzten Rückzugsbereichen in arge Bedrängnis gerät. Die meisten Naturschutzgebiete in Deutschland sind durch touristische Übernutzung gefährdet.

Die Evolutionäre Erkenntnislehre deckt diese Zusammenhänge auf und nimmt diejenigen in die Verantwortung, die im menschlichen Lebensraum handeln. Über den eigentlichen ökologischen Ansatz hinaus, nämlich naturnah funktionierende Ökosysteme mit reicher Artenvielfalt wiederherzustellen, kommt damit z. B. den Forstleuten die Verantwortung zu, die naturnahe biologische Belebung auch für den Menschen zu forcieren. Gegenwärtig kann – das Freizeitverhalten zeigt dies sehr deutlich – nur der Wald eine flächenmäßig entscheidende Ausgleichsfunktion bieten. Die Ziele der Renaturierung betreffen jedoch unseren gesamten Lebensraum. Die flächenhafte Konzentration des Naturschutzes auf Naturschutz- und Landschaftsschutzgebiete ist eher fragwürdig geworden. Wir sind in den Städten, auf den Feldern, an den Gewässern, in den Wäldern, eigentlich überall gefordert, wieder eine naturnahe Artenvielfalt anzustreben und damit auch unseren Psychotop zu sanieren. Je biologisch belebter – d. h. je reicher an natürlichen Pflanzen und Tieren – unsere Umwelt, unsere Landschaft, unser Ökosystem als menschlicher Lebensraum ist, desto größer ist auch unser Wohlbefinden und damit die Erholungseignung. Stadt- wie Landbevölkerung brauchen Naturgenuß und haben ein Recht darauf. Die Schönheit, die in der Artenvielfalt begründet liegt, hat einen engen Bezug zur menschlichen Seele. Naturnahe Artenvielfalt ist daher kein ökologischer Luxus, sondern ein existentielles Überlebensprinzip, dem wir alle als Teil des Ganzen unterliegen.

Optimaler Artenschutz ist stets der Schutz von naturnahen Lebensräumen der Arten. Das gilt für alle Arten, auch für die Spezies Mensch. Die Feststellung, daß unser genetisch fixiertes biologisches Basisprogramm und Verhaltensgrundmuster auch von einer vorgegebenen Natur-Ästhetik geprägt ist,

ist Verantwortung und Chance zugleich. Ohne Natur-Ästhetik keine Umwelt-Ethik! Bei Menschen mit verschüttetem ästhetischen Potential hat ein Ethos des Umweltschutzes keine echten Chancen, weil Umweltgestaltung dann leicht zu technologischem Management und zur Verplanung entartet. Öko-ästhetische Bildung ist eine Versicherung gegen den Trend zur Verunstaltung unserer Erde (Rock, 1986). Das hat nichts mit schwärmerischer Naturromantik oder gar kitschiger Idylle zu tun. Hier sind schlicht Ausbildung und ständige Verfeinerung des Sinnes für schöne und echte Natur gefordert, die für sich selbst wirbt und hilft, naturferne und funktionslose Verirrungen etwa in Form standortfremder Dekorationsgrüns und monotoner pflegeleichter Bodendecker in öffentlichen Anlagen zu verhindern.

Die öko-ästhetische Einstellung reagiert wie ein Seismograph sensibel auf Beeinträchtigungen unserer ökologischen Behausung. Wir müssen auf alle Maßnahmen verzichten, deren Folgen wir (noch) nicht abzuschätzen vermögen, sonst gefährden wir um kurzfristiger Vorteile willen die Lebensgrundlagen unserer Nachkommen. „Arnold Gehlen bezeichnete den Menschen als das ‚riskierte Wesen'. Das ist eine sehr treffende Charakterisierung seiner Situation. Unsere Chancen zu verunglücken sind groß – aber ebenso unsere Möglichkeiten zu weiterer Entfaltung. Der Gedanke, daß eine Spezies, die sich ihrer selbst so weit bewußt wurde, daß sie ihre Zukunft planen kann, diese Herausforderung nicht aufgreift, ist in höchstem Maße beunruhigend." (Eibl-Eibesfeldt, 1987) Der menschliche Geist schafft Verhältnisse, denen die natürliche Veranlagung des Menschen nicht mehr gewachsen ist (Lorenz, 1983). Diese Aussage ist im Unterschied zum heute weitverbreiteten Kulturpessimismus eine aus der Naturgeschichte des menschlichen Verhaltens begründete Einsicht. Sie enthält ein moralisches Postulat zur aktiven Selbstverbesserung des Menschen: Um überleben zu können, müssen wir „menschlicher" werden (Oeser, 1988).

Zum evolutionär vorgegebenen Verhalten, von dem sich die Menschen gefährlich entfernt haben, gehört die angeborene Tötungshemmung. Sie ist durch die Tötungsentfernung weittragender Waffen (z.B. Gewehre, Kanonen, Raketen) oder fernwirkender Mittel (z.B. chemische oder biologische Kampfstoffe) weitgehend außer Kraft gesetzt. Schließlich ist in dieser Aufzählung von Entfremdungsbeispielen für die Trennung von Mensch und Natur ein weiteres Kernstück neurotischer Störungen zu nennen: Streß wird in seiner evolutionären Herkunft als Überlebensmechanismus immer noch verkannt:

Man stelle sich einen Urmenschen vor, der plötzlich den Schatten eines gefährlichen Tieres erkennt. Jedes Denken wäre jetzt Zeitvergeudung (eine Erklärung für die mit Streß gekoppelten Denkblockaden). In den Kreislauf des bedrohten Menschen ergießen sich Hormone, die den Herzschlag beschleunigen und den Blutdruck ansteigen lassen. Zucker- und Fettreserven werden mobilisiert und an die Muskeln abgegeben, wo sie wie eine Traubenzuckerspritze wirken und sozusagen Vollgas geben. Dagegen werden Verdauungsprozesse wie Sexualfunktionen augenblicklich ausgeschaltet, so daß die Energie ungeteilt auf die Begegnung mit der Gefahr gerichtet werden kann. Der Blutgerinnungsfaktor steigt schlagartig an, damit sich bei eventuellen Verletzungen Wunden rascher schließen. Rote Blutzellen überschwemmen die Arterien, um dem Körper zu mehr Sauerstoff zu verhelfen und den Ausstoß von Kohlendioxyd zu steigern (Vester, 1988).

Daran hat sich nichts geändert. Nur kann der moderne Mensch bei Bedrohung infolge zivilisatorischer Auflagen natürlich nicht mehr den instinktiven Impulsen des Angriffs, der Verteidigung oder der Flucht folgen, obwohl er genetisch darauf programmiert ist. Die Alarmreaktion wird nun nicht mehr abgebaut und der Streß von kurzer Notbereitschaft zu einer Art Daueralarm mit ständiger und immer neuer Erregung bei räumlicher Enge und Reizüberflutung. Erholung davon wird in den denaturierten Lebensräumen immer schwieriger. Die Vereinsamung des Stadtmenschen (Tiere als Ersatzpartner) verschärft das Problem, da wir eigentlich soziale Wesen mit Sicherheitsempfinden in der menschlichen Gemeinschaft sind. Aus dem Überlebensprinzip Streß ist so in unserer Industriegesellschaft ein Krankmacher geworden. Was läuft dabei ab?

Die nicht verbrauchten Fettsäuren werden nach Umwandlung in Cholesterin direkt in die Gefäßwände eingebaut und beschleunigen die Arteriosklerose. Die Verschiebung des Hormonhaushaltes bedeutet Kreislaufbelastung und erhöht das Risiko eines Herzinfarkts. Das gleiche gilt für die erhöhte Blutgerinnung, die zu Thrombosen führen kann. Die Streß-Begleiter Unsicherheit und Nervosität stören hormonell die Regulation des vegetativen Nervensystems, regen den Magen zu erhöhter Salzsäureproduktion und den Darm zu Verkrampfungen an. Die die körpereigene Abwehr stärkenden Sexualfunktionen lassen nach, der Körper wird anfälliger für Infekte und immer schwerer mit Umweltgiften und Abgasen fertig. Der Herzmuskel aber hat unter Streß einen stark erhöhten Sauerstoffbedarf, der wegen der Abgasbelastung immer schwerer zu decken ist. Hinzu kommt, daß die bei Streß erhöhten cortisonähnlichen Hormone das für den Herzmuskel so wichtige Elektrolytgleichgewicht stören und die körpereigene Abwehr weiter schwächen (Vester, 1988).

Nicht nur die Lebensqualität wird dadurch vermindert, Streß verkürzt auch die Lebenszeit. Als 1970 die durchschnittliche Lebenserwartung der

Bundesbürger trotz medizinischer Fortschritte erstmals wieder absank, erschienen die rapide angestiegene Umweltbelastung sowie die erhöhte Streßbelastung in einer Verkettung physiologischer, psychologischer und evolutionär vorgegebener Verhaltensfaktoren von ursächlicher Bedeutung. Bei folgenden internationalen Untersuchungen der ältesten Menschen auf verschiedenen Erdteilen wurde ermittelt, daß weder eine strikte Kaloriendiät (selbst ausgesprochen fettleibige Hundertjährige wurden gelegentlich angetroffen) noch Abstinenz jeglicher Art (etwa von Alkohol und Tabak), noch die Abwesenheit von Krankheit (manche der Untersuchten hatten schon mehrere Herzattacken erlebt), noch eine besonders schonende Lebensweise, noch Knoblauch und Joghurt die Ursache waren für das hohe Alter. Dagegen erwies sich das Verhältnis dieser Menschen zur Umwelt und in Kontakt mit der Gemeinschaft von ausschlaggebender Bedeutung. Bei allen untersuchten Gemeinden und zigtausend Fällen ergab sich ein ähnliches Bild in der Beziehung zur Umwelt. Die Lebensweise entsprach auffallend genau denjenigen Bedingungen, bei denen über Freude, Erfolgserlebnisse, körperliche Tätigkeit und Erotik die hormonelle Regulation in Gang gehalten wird; Bedingungen, die typische Stressoren unserer Leistungsgesellschaft und ihrer zwischenmenschlichen Beziehungen gar nicht erst aufkommen lassen.

Neben diesen Faktoren ist es immer wieder eine gesunde Portion Leistungsstreß, der, im Unterschied zu dem zu Ausweglosigkeit, Angst und Frustration führenden Konfliktstreß, zur Aktivierung des Nerven- und Hormonsystems und damit zur Gesunderhaltung beiträgt. Zu einem gesunden Streß gehört offenbar auch die Wechselwirkung mit äußeren Umweltreizen, wie sie die freie Natur in Form von Kälte, Wärme, Wind, Wasser und abzuwehrenden Krankheitserregern bietet. Wenn wir nicht lernen, mit dem Streßproblem fertig zu werden, unser Verhalten, unsere Berufs- und Sozialstruktur den biologischen Bedingungen unseres Organismus besser anzupassen, dann werden durch Leistungsminderung, Produktionsausfall, Krankentage und andere Soziallasten die Kosten allmählich ins Astronomische steigen. Und letztlich ist sogar die Spezies Mensch gefährdet, denn der ursprünglich überlebenswichtige Streßmechanismus hat sich mit immer größerer Populationsdichte in der modernen Zivilisation ins Gesundheitsschädigende und Lebensfeindliche verzerrt (Vester, 1988). Wiederanreicherung unseres Lebensraumes mit Naturbausteinen und Wiederannäherung unseres Verhaltens an evolutionär vorgegebene Mechanismen bieten sich als Auswege förmlich an.

4.1 Prägungsgesetzmäßigkeiten erfordern Berücksichtigung der Naturstimulation schon bei Kleinkindern

„Wenn der Mensch täglich seine Streicheleinheiten bekommt, strahlt er, wenn nicht, verkümmert er."
Ruth Knebel

Unsere Kinder wachsen immer naturfremder auf, sie werden, biologisch ausgedrückt, für die Art Mensch immer denaturierter geprägt. Wie soll ein Stadtkind heute erkennen können, was ihm unter dem Vorwand angeblicher Sachzwänge genommen wird? Wie sollen Kinder, die Tiere nur als Sklaven der Menschen kennenlernen, Mitgefühl entwickeln für ihre Mitgeschöpfe, wie sollen sie einmal kämpfen können für deren Recht auf Leben und Lebensraum (Kalas, 1988)? Konrad Lorenz hat immer wieder betont, daß sich das Verhaltensrepertoire eines Tieres nie in einer künstlichen Umwelt in seiner ganzen Vielfalt erkennen läßt. Bestenfalls könne damit ein spezieller Verhaltensaspekt genauer betrachtet und eventuell manipuliert werden. Prinzipiell gilt das natürlich auch für den Menschen.

Aus der Hirnforschung wissen wir, daß sich vorgegebene Strukturen nur dann voll zu entwickeln vermögen, wenn sie durch adäquate Reize von außen stete Anregung erfahren. Katzen, in einem bestimmten Abschnitt ihrer Entwicklung durch eine Milchglasscheibe am klaren Sehen gehindert, werden nie mehr die Fähigkeit zu räumlichem Sehen erwerben, auch wenn später die Milchglasscheibe entfernt wird. Der australische Hirnforscher und Nobelpreisträger Eccles hat bereits in den 50er Jahren nachweisen können, daß bestimmte psychische Leistungen elementarer Art, z.B. Wahrnehmungsprozesse, im frühen Lebensalter im Mikroskop sichtbare anatomische Veränderungen an den für diese Leistungen „zuständigen" Nervenzellen bewirken. Das jugendliche Gehirn läßt sich in dieser Lebensphase mit psychischen Anforderungen ähnlich trainieren wie Körpermuskulatur. Entscheidend ist, daß sich diese Veränderungen nur während einer bestimmten Frist in diesem ersten Lebensabschnitt hervorrufen lassen und daß sie offenbar von bleibender Natur sind. Wenn die sensible Frist zur Erzeugung dieser Trainingseffekte einmal verpaßt war (etwa indem man den Versuchstieren die entsprechenden Sinneseindrücke vorenthielt), dann ließen sie sich nicht mehr erzeugen.

Ein kanadischer Gehirnanatom ließ neugeborene Katzen in der „sensiblen Phase“ teils im Dunkeln und teils im Hellen aufwachsen. Als er danach die Zahl der Synapsen in den Sehzentren der Gehirne seiner Versuchskatzen auszählte, fand er dramatische Unterschiede: In den Gehirnen der im Hellen aufgewachsenen Tiere gab es bis zu hundertmal mehr Kreuz- und Querverbindungen zwischen den einzelnen Sehzellen als in den Hirnen der Tiere, denen er die zur Ausreifung dieses Hirnteils offensichtlich unentbehrlichen Wahrnehmungsreize durch den Aufenthalt im Dunkeln während der entscheidenden Entwicklungsphase vorenthalten hatte.

Andere Versuche mit kleineren Unterschieden in der Umwelt folgten und hatten zum Ergebnis, daß z. B. beim Aufwachsen während der ersten Wochen nach der Geburt in einer Umgebung mit nur querverlaufenden oder aber nur horizontalen Konturen lebensentscheidende Unterschiede irreversibel festgelegt wurden. Die Kätzchen, deren frühkindliche Welt keine waagerechten Konturen enthalten hatte, erwiesen sich als nahezu unfähig, eine gewöhnliche Treppe herauf- oder herunterzulaufen, weil sie offensichtlich blind waren für die querverlaufenden Kanten der Stufen. Die Kätzchen der anderen Gruppe zeigten sich als außerstande zu begreifen, daß man als Katze einen senkrechten Baumstamm ohne sonderliche Mühe hinaufklettern kann. Wenn ihre Altersgenossen ihnen beim Spiel auf diesem Wege davoneilten, blieben sie reglos am Fuß des Stammes sitzen und sahen ihnen verständnislos nach. Die experimentell erzeugten Unterschiede erwiesen sich in allen Fällen als im nachhinein absolut unkorrigierbar. Wenn die abnorme Prägung einmal erfolgt ist, wenn die optischen Umweltreize einen ihren Besonderheiten angepaßten Schaltplan im Sehzentrum des Gehirns erst einmal haben entstehen lassen, bleibt dieser unwiderruflich lebenslang unverändert bestehen.

Vergleichende anotomische Untersuchungen haben ergeben, daß im menschlichen Gehirn vom Augenblick der Geburt an Nervenzellen en masse zugrunde gehen. Etwa 30 bis 50 % der im Augenblick der Geburt im Kopf eines Säuglings vorhandenen Gehirnzellen sterben in den folgenden Monaten und Jahren ab. Am raschesten verschwinden sie in den ersten zwei bis drei Lebensjahren. Danach verlangsamt sich der Prozeß, setzt sich jedoch mindestens bis in die beginnende Pubertät hinein fort. Es sieht so aus, als ob das Säuglingshirn der Außenwelt zunächst ein „Angebot“ macht. Aus diesem Angebot wird bei der Begegnung mit der Welt dann in der Weise ausgewählt, daß jene Zellverbindungen gleichsam bestätigt werden und dadurch erhalten bleiben, die durch die Verarbeitung regelmäßig „auftretender Umweltreize und Reizkombinationen immer wieder beansprucht werden. Nervenzellen, für die das nicht zutrifft, verkümmern dagegen allmählich und sterben ab.“ (Ditfurth, 1985)

Die sensitive Phase, während der allein ein bestimmter Prägungsvorgang stattfinden kann, ist von Art zu Art und von Reaktion zu Reaktion sehr verschieden (Lorenz, 1978). Jeder erfahrene Hundeausbilder weiß das. Daß derartige „Prägungsgesetze“ auch für junge Menschen gelten und früher für die Art Mensch überlebensentscheidend waren, darüber machte man sich lange wenig Gedanken. Unser tragisches Defizit besteht darin, daß unsere heutige Instinktausstattung und Prägungsbereitschaft im wesentlichen der Anpassung an die Bedingungen einer Welt entsprechen, die einige hunderttausend Jahre zurückliegt. Damals hatten es unsere Ahnen nicht nur mit körperlich weit überlegenen Raubtieren zu tun, sondern mußten sich vor allem auch gegen fremde Stämme eigener Artgenossen behaupten, mit denen sie um die gleichen Nahrungsquellen konkurrierten. Demgegenüber trifft der junge Mensch in den sensitiven Phasen heute auf eine Umwelt, in der die Mindestausstattung an „Naturrequisiten“ oft unter eine kritische Grenze gefallen ist.

Das Verhaltensrepertoire muß in einer künstlichen Umwelt verarmen. Die Formenvielfalt der Natur, ihre Gerüche, Farben, Lichtspiele, das Fehlen jeglicher mechanischer Regelmäßigkeit vermag unsere taktilen, visuellen, akustischen und olfaktorischen Sinne in einer Weise zu stimulieren, die sie anregt und beruhigt zugleich, die sie zur Entfaltung führt, ohne sie zu erschöpfen. Unsere künstliche Umwelt erzeugt hingegen sinnlose Reizüberflutung, die unsere Sinne auslaugt und erschöpft, die sie reizt, ohne sie zu nähren. Wer aber eine Stunde das Spiel der Wellen betrachtet oder dem Rauschen eines Wasserfalls lauscht, fühlt sich entspannt und erfüllt, obwohl die Summe der Reize intensiver sein mag als die in einer künstlichen Umgebung erzeugten (Lohmeyer, 1988).

In den ersten Lebensmonaten entsteht ein inneres Abbild der jeweiligen Umwelt, in der sich der neue Erdenbürger später zurechtfinden muß. Das kindliche Gehirn empfängt also in dieser ersten Zeit eine Art Orientierungsnetz, das von der jeweiligen Umwelt fest eingeprägt wird. Durch diese Gestaltung unseres Denkapparates findet die jeweilige Umwelt später in unserem Gehirn automatisch Assoziationsmöglichkeiten. Es entstehen Vertrautheit und Verständnis – wichtige Grundbedingungen des Lernens, des Sichzurechtfindens in dieser Welt (Vester, 1988). Auch Heimatbezug oder „Lebensraumtreue“ rühren daher. „Was Hänschen nicht lernt, lernt Hans nimmermehr“, sagt das Sprichwort. Prägungsgesetzmäßigkeiten bestätigen es und lassen in geradezu dramatischer Weise deutlich werden, welche Folgen die Zerstörung unseres eigentlichen menschlichen Lebensraumes, unseres Psychotops, haben muß.

Eine Vernachlässigung von Naturbausteinen und ökologischer Zusammenhänge wirkt über die Schäden in der Natur selbst auf das Verhalten der Menschen und nimmt über die Prägungsgesetzmäßigkeiten gefährliche Dimensionen an. Defizite im Wohlbefinden des Menschen in seinem denaturierten Lebensraum können verschiedenste Folgen haben: steigende Suizidraten vor allem bei Kindern, Jugendlichen und Alten, Zunahme neurotischer Störungen, psychosomatischer Krankheiten, angstbetonter Depressionen, der Magersucht bei jungen Mädchen, der Hoffnungslosigkeit bei einem erschreckend hohen Teil der Jugendlichen mit Entwicklungen bis zum Drogenkonsum (Lohmeyer, 1988).

Natürlich spielen dabei auch soziale, ökonomische und politische Faktoren eine Rolle. Doch letztlich steht dahinter die Entfremdung, der Verlust natürlicher Bezogenheit. Psychologen sehen in der Überbetonung äußerer Werte, in der Zurschaustellung eines „falschen Selbst" bereits deutliche Symptome dieser Entfremdung. Karen Honrney, eine der bedeutendsten amerikanischen Psychiaterinnen, spricht von „der neurotischen Persönlichkeit unserer Zeit" und meint damit den von unbewußter Angst und Beziehungslosigkeit geplagten Zeitgenossen, der dieser Angst durch immer neue Vergnügungen, Erwerbungen, Bekanntschaften, Hobbies vergeblich zu entrinnen sucht. Denn es ist die Getrenntheit von seinem Natur-Ursprung, die ihn stets mit neuer Angst und Verlorenheit erfüllt. Wer die Natur beherrschen will, muß ihr gehorchen, sagte einst Francis Bacon. Die Ökologie gibt ihm heute hundertprozentig recht.

Dieses Buch befaßt sich in erster Linie mit Anregungen zu eigenem Durchdenken örtlicher Situationen und praktischen Hinweisen zum Naturschutz. Es will zeigen, was man wo tun und verbessern kann oder soll. Grundsätzlich dabei zu bedenken ist, daß Renaturierung auch das Suchen eines „ökologischen Miteinanders" (Mensch-Natur) bedeutet und daß dies über biologische Grundmuster und Prägungsgesetzmäßigkeiten auch sehr viel mit menschlichem Wohlbefinden, ja mit menschlicher Lebenserwartung zu tun hat. Unsere Abhängigkeit von der Naturausstattung unseres Lebensraumes ist genetisch fixiert und damit ein biologisches Grundgesetz. Es läßt uns keine andere Wahl, als schnell, zielstrebig und möglichst flächendeckend – d. h. wo es nur geht und wo wir Chancen dazu haben – der Natur wieder zu ihrem Recht zu verhelfen. Eine Beschränkung auf Naturschutzgebiete oder dergleichen kann nicht der richtige Weg sein. Gerade in den denaturierten Räumen besteht das verhängnisvolle Defizit.

5 Hinweise zur Verbesserung der Naturschutzstrategie

„Wer lächelt, statt zu toben, ist immer der Stärkere."
Japanisches Sprichwort

5.1 Umdenken auf ganzer Fläche

„Es ist unmöglich, Staub wegzublasen, ohne daß jemand zu husten anfängt."
Prinz Philip

Die Erkenntnisse aus den vorangegangenen Kapiteln fordern konsequentes Umdenken. Mit dem bisherigen Naturschutzgebietsdenken ist angesichts von Umweltzerstörung und Artenschwund eine wirkliche Problemlösung nicht zu erreichen. Die ökologischen Rahmenbedingungen für die Funktion von Ökosystemen als Basis einer naturnahen Pflanzen- und Tierartenvielfalt sowie die weitblickende Vorsorge gegen genetische Verarmung in kleinen Populationen müssen uns vom einseitigen und verhängnisvollen Segmentdenken wegführen. 1 bis 2 % Naturschutzgebietsflächen als Alibi-Paradiese mit Insellage inmitten einer mehr oder weniger lebensfeindlichen Kulturwüste können den dramatischen Aussterbeprozeß von Pflanzen- und Tierarten langfristig nicht einmal abbremsen. Artenschutz muß im Grunde auf 100 % der Fläche betrieben werden (Erz, 1981), und ein zentrales Naturschutzziel müßte eine für den gesamten Naturhaushalt verträgliche und auf ökologische Erfordernisse abgestimmte Nutzung der Gesamtfläche der Bundesrepublik sein (Haarmann, 1985). Aus Naturinseln in Natur- und Landschaftsschutzgebieten müssen wieder vernetzte Systeme werden, die über naturnahe Gewässer-, Straßen- und Waldränder, Hecken und Brachflächen einen Arten- und Genaustausch möglichst im ganzen Land gewährleisten. Diese Forderung ergibt sich auch aus den Erkenntnissen über die Evolution des Menschen, seine Naturprägung und seinen Naturbedarf. Die krankmachenden Wirkungen von Übernutzung oder gar Zerstörung der engeren Lebensräume fordern zielbewußtes rasches Handeln.

Die Erkenntnisse sind eindeutig, die Lösungsrichtung ist vorgezeichnet, nur das tatsächliche Handeln hinkt immer noch zu weit hinterher, als daß wirkliche Verbesserungen in Form einer positiven Bilanz der Natur um uns zu verzeichnen wären. Die Einsichtsfähigkeit des Menschen nimmt ständig zu, die Fähigkeit, nach diesen Einsichten zu handeln, nimmt jedoch ab. Woran liegt es, daß bei einer Fernsehumfrage „Ist die Erde noch zu retten?" 75 % mit nein antworteten und dennoch alle so weitermachen wie bisher (Spiegel, 1992)? Der Mensch ist als Art evolutionär offenbar nicht zum Verzicht auf Vorteile geschaffen und demokratische Regierungssysteme tun sich mit unpopulären Lösungen grundsätzlich schwer. Die Politiker müssen sich alle paar Jahre zur Wahl stellen, die Erhaltung der natürlichen Umwelt aber verlangt langfristiges Denken. Dennoch dürfen wir keinesfalls von vornherein die Hoffnung darauf aufgeben, daß sich Einstellungen ändern lassen, daß Erziehung zu Pflicht, Scham, Ehre, Wohlverhalten und Verantwortung möglich ist. Wahrscheinlich wird – so der Naturphilosoph Jonas (1992) – uns schließlich die Angst vor dem nahen Verderben, das sich für jeden sicht- und fühlbar ankündigt, zur Umkehr zwingen, die die Vernunft nicht durchsetzen konnte. Jonas setzt auf die Erziehung durch Katastrophen, die eventuell noch rechtzeitig eine heilsame Wirkung haben können.

In diesem Buch werden Schwerpunkte gesetzt auf die Empfehlung praktischer Maßnahmen, die unsere Natur mit großen Schritten voranbringen können. Zunächst werden Hinweise gegeben, wie in der Bevölkerung allgemein, bei verantwortlich Handelnden oder gar bei völlig andersdenkenden Naturschutzkritikern positives Umdenken gefördert werden kann. Für eine bessere Strategie des Naturschutzes bedarf es aller bewährten Finessen der Werbung, der Rhetorik, der Überzeugung und der Gewinnung von immer mehr Verbündeten aus allen sympathisierenden Richtungen, um das demokratische Kräftespiel wirksam zu nutzen. Didaktisch geschickte Aufbereitung positiver Beispiele kann dabei hilfreich sein. So waren auch die Nationalparke international wie national zu keiner Zeit so wichtig wie heute (Scherzinger, 1990), weil sie in Sachen „Natur-Ästhetik, Ökologie, naturnahe Artenvielfalt" lawinenartige Mitreißeffekte auslösen können, die Menschen zum Handeln im eigenen und engeren Lebensraum positiv motivieren. Wilde, wirkliche Natur besitzt eine eigene Autorität, deren Ausstrahlung alle Menschen anspricht und deren Schutz eher selbstverständlich wird, wenn die entsprechenden Informationen dazu geschickt angeboten und dadurch auch angenommen werden. Eine gewisse „Wildnis-Ethik" in uns muß wieder geweckt und bewußt gemacht werden.

5.2 Einigkeit macht stark – Bündelung aller ähnlichen Interessenvertretungen für den Naturschutz

„An den kleinen Dingen muß man sich nicht stoßen, wenn man zu großen auf dem Wege ist."
Friedrich Hebbel (1813–1863)

Die Umweltlobby ist schon recht mächtig geworden, ja es mehren sich die Stimmen, die sagen: „Zu mächtig!" Das darf sich nicht verstärken, denn Sympathieverlust ist gleichbedeutend mit Einbußen in der Naturschutzbilanz. Die Ursache für die Imageprobleme liegt in erster Linie in kleinlichen und verbissenen Aktionen von manchen behördlichen, politischen oder privaten Naturschutzvertretern, die oft außerordentlich engagiert sind, zugleich aber einen Alleinvertretungsanspruch geltend machen und so tun, als hätten sie den Naturschutz erfunden oder gepachtet. Der gute Wille, das sei betont, soll keinem dabei abgesprochen werden. Doch wird es höchste Zeit, deutliche Symptome von Abwehrhaltungen potentieller Sympathisanten aus dem Bereich der Industrie, der sonstigen Behörden, der Grundeigentümer u. a. als vermeidbare und höchst unerwünschte Reibungsverluste zu entlarven. Wir laufen Gefahr, eine Kontrahentensituation zu schaffen, Industrie gegen Umweltschützer. Es hat etwas von Arroganz, wenn Umweltgruppen behaupten, nur sie sorgten sich um die Zukunft. Industrielle haben auch Kinder und Enkel (Warmer, 1991). Eine gesunde und erfolgreiche Wirtschaft kann mittelfristig gar nicht bestehen, wenn ihr Resultat eine kranke und zukunftslose Natur ist. Investitionen der Industrie im Umwelt- und Naturschutzsektor werden schon bald Wettbewerbsvorteile darstellen.

Ebenso schon im Grundsatz falsch ist die herbeigenörgelte Frontstellung zwischen „Naturnützern und Naturschützern". Der Mensch ist und bleibt ein Nutzer der Natur, wie jedes andere Säugetier auch. Er muß Pflanzen und Tiere konsumieren, um selbst existieren zu können. Vergessen wir auch nie, daß Naturschutz letztendlich vor Ort praktiziert werden muß. Keine Ordnungsakrobatik, kein Gesetz, keine Verordnung kann ohne die Mithilfe und Umsetzung der Naturschutzverbände, Forstleute, Jäger, Angler, ja letztlich nicht ohne die Mithilfe der vor Ort lebenden und in der Natur arbeitenden Menschen als Nützer und Schützer verwirklicht werden (Bauk, 1991).

Interessanterweise funktioniert die dringend anzumahnende Zusammenarbeit aller auch nur irgendwie für den Naturschutz engagierten Verbände auf der Ortsebene meist schon ganz gut. Sie wird nur oft gestört durch brunnenvergiftende Äußerungen verschiedenster Funktionäre in Verbandsblättern oder durch übereifrige, auflagenorientierte Redakteure in Fachblättern oder auch durch schwarze Schafe, die es in allen Gruppierungen gibt. Davon kann sich keine Seite freisprechen, und auch im Naturschutzsektor gibt es bereits Trittbrettfahrer, die unter dem Mäntelchen ideeller Aufopferung in erster Linie persönliche Vorteile pflegen. Dies alles ist menschlich und sollte uns gerade deshalb nicht blenden. Es wird höchste Zeit, die kompromißfähige Zusammenarbeit aller Verbände zu realisieren. Angesichts der Dimension der Umwelt- und Naturschutzproblematik einerseits und der demokratischen Gesetzmäßigkeiten andererseits ist es völlig unverantwortlich, weiterhin Gräben aufzureißen, wo Brücken gefordert sind. Wie können wir von unseren Politikern unpopuläre Entscheidungen erwarten, wenn wir durch lauthals vorgetragene Rechthabereien eventuelle Wählerstimmenverluste signalisieren?

Wenn wir wirklich Entscheidendes im Naturschutz bewegen wollen, dann ist Zusammenarbeit aller oberstes Gebot. Es geht um Mehrheiten (leider nicht immer gleichbedeutend mit Wahrheiten). Dazu müssen alle Verbände selbst mit all ihren Funktionären, alle Verbandsblattredakteure, alle Herausgeber von Fachzeitschriften ebenso beitragen, wie Behördenvertreter oder Politiker aller Ebenen und Parteien, die Zugang zu diesen Verbänden haben und positive Entwicklungen möglicherweise selbst initiieren können. Erfreulich vielen Jägern ist z. B. inzwischen klar, daß nur eine Zusammenarbeit mit den Naturschutzorganisationen die ökologischen Ziele des Jagdwesens zu erreichen hilft, und ebenso haben viele Naturschützer den Wert erkannt, den Nutzungsinteressen der Jäger für Renaturierungsmaßnahmen haben können. Das gilt im kleinen wie im großen: Während der Konferenz über das Washingtoner Artenschutzübereinkommen im März 1992 im japanischen Kyoto äußerten Naturschützer selbst Zweifel, ob ein Handelsverbot das geeignete Instrument zum Schutz aussterbender Arten sei. Hier fanden unterschiedliche Auffassungen im Interesse der übergeordneten gemeinsamen Sache zusammen. Gefördertes Eigeninteresse ist die beste Motivation für Schutzaufgaben, national wie international.

Hauptursache dafür, daß die Naturschutzverbände im weitesten Sinne in Deutschland noch kein Machtfaktor sind wie etwa der ADAC oder die Ärztevereinigungen, ist die mangelnde Zusammenarbeit und der dadurch nur schwache Wählerdruck. Im Grunde verspielen sie damit den Vertrauensvorschuß, den sie in der Bevölkerung haben. Eine Untersuchung in Nordrhein-Westfalen hat ergeben, daß bei Tausenden von Stellungnahmen der anerkannten Verbände nur 7 % einen behördlich geplanten Eingriff in die Natur haben verhindern können (Cornelsen, 1992). Hier besteht ein erhebliches und im Interesse des Gemeinwohls unverantwortliches Effizienzdefizit. Wenn mehr Verbände zusammenarbeiten, können sie sich die Arbeit teilen und dadurch Kapazitäten für wichtigere Dinge freisetzen. Und dazu gehört in erster Linie, mit Mitteln der Demokratie unter Ausnutzung der Marktwirtschaft, die gegenwärtig noch Umweltplünderei belohnt, sowie der Technik Spielregeln zu entwickeln, die Plünderer in Gärtner verwandeln. Wenn der Plünderer die kurz- und langfristigen Kosten des Plünderns tragen muß, erweist sich Gärtnern schnell als ökonomischere Alternative. Betriebswirtschaftler nennen das „Rücküberwälzung externer Kosten auf den Betrieb oder den Verbraucher" (Hespeler, 1992).

Daneben ist sicherlich die Zusammenarbeit zwischen ehrenamtlichem und behördlichem Naturschutz verbesserungsbedürftig. Beiderseitiges Mißtrauen oder gar selbstgefällige Überheblichkeit, nur sich selbst im Besitz der Wahrheit zu wähnen, sollte als Vorurteil entlarvt werden.

Häufig leidet der amtliche Naturschutz an Überlastung und kommt kaum mehr dazu, das Wichtige vom Unwichtigen zu unterscheiden. Eine Menge Zeit wird etwa dafür verschwendet, sich um wertvolle, aber heute gar nicht mehr gefährdete Landschaftsbestandteile zu kümmern, statt sich in zerstörten Lebensräumen um Verbesserungen zu bemühen. So reibt sich der amtliche Naturschutz immer wieder an den Staatsforstverwaltungen und spart die Innenstädte oder Landwirtschaftsflächen statt dessen bei der Tätigkeit fast völlig aus. Die Staatsforstverwaltungen haben heute sehr fundierte, langfristige ökologische Waldbauplanungen, die kaum Wünsche offenlassen. Sie verfügen über immer besser geschultes und engagiertes Personal, so daß es an der Zeit ist, bei Personalknappheit im amtlichen Naturschutz der Forstverwaltung mehr Vertrauen zu schenken. Die freiwerdende Kapazität der Unteren wie Oberen Naturschutzbehörden könnte und sollte auf die wirklichen Problembereiche unserer Lebensräume konzentriert werden.

Doppel- und Mehrfachzuständigkeiten erzeugen Reibungsverluste und lenken ständig von der eigentlichen Aufgabe ab, weil Territorialverhalten geschürt wird. Wenn also mehr und mehr Land an Gewässerrändern oder inmitten landwirtschaftlicher Flächen in öffentliches Eigentum übergeht (oder in die Obhut der großen, wohlorganisierten Verbände), dann darf Renaturierung nicht an Personalmangel scheitern, bloß weil sich zu viele Einzelkämpfer am gleichen Objekt festbeißen und das Gesamtziel aus dem Auge verlieren.

Mit möglichst wenig Aufwand möglichst viel erreichen, lautet die Devise. Das setzt Vertrauen und Zusammenarbeit voraus. Die Klagen mehren sich, daß der behördliche Naturschutz übers Ziel hinausschießt. So kritisiert Remmert (1990) z. B., daß die neuen Naturschutzgesetze verhindern, daß ein Kind Grashüpfer, Käfer oder Kaulquappen aufheben und mit nach Hause nehmen darf. So kann bei strenger Befolgung ein Kind nie die Zerbrechlichkeit der freien Natur erfahren, „alles ist verboten". Es muß möglich sein, daß Kinder Pflanzen und Tiere im Freien erfassen im wahrsten Sinne des Wortes. Der Naturschutz ist angewiesen auf viele Fachleute, die das unendliche Heer der Pflanzen und Tiere genau kennen. Ohne genaue Artenbestimmung sind ökologische wie naturschützerische Aussagen vielfach sinnlos, und diese Fachleute werden als junge Naturfreunde gewonnen.

Eine gründliche Ausbildung im praktischen Naturschutz, in ökologischen Belangen sowie im menschlichen Führungsverhalten ist dringend geboten für alle, die uns weiterbringen sollen. Der menschliche, ökologische, naturschützerische und auch wirtschaftliche Sachverstand ist gefordert, wenn wirklich abgewogene Entscheidungen auf Kommunal-, Kreis- oder Regierungsebene gefällt werden sollen. „Nur wer über eine solche Ausbildung verfügt und dann nicht voller Emotion kompromißlos Beliebiges verteidigt, was sich ökologisch nicht verteidigen läßt, sollte im Naturschutz Verantwortung tragen. Der Versuch von emotionsgeladenen Naturschützern in Mitteleuropa, das Rad der Geschichte kompromißlos und vollständig anzuhalten oder gar zurückzudrehen, ist von vornherein zum Scheitern verurteilt. Eine verläßliche Zusammenarbeit politischer und wirtschaftlicher Planung ist für unser Überleben genauso wichtig wie ein verläßlicher und sicherer Naturschutz, der ein qualitatives Wirtschaftswachstum fördert, aber eine pathologische Landschaftsvernichtung verhindert. Ökologen treffen naturwissenschaftliche und nicht politische Entscheidungen. Mehrheitsentscheidungen spielen hier keine Rolle, ebenso wie die Entscheidung von Umweltexperten über die Schadstoffbelastung von Wasser, Boden und Luft als naturwissenschaftliche Entscheidungen keine Mehrheitsentscheidungen von Vereinen und Verbänden sein können. Der derzeitige emotionsgeladene Naturschutz wird zurückstecken müssen, um stärker, um glaubwürdiger zu werden, um von Naturschwärmerei zu Naturschutz zu kommen". (Remmert, 1990)

In eine gemeinsame Dachorganisation, die politisches Gewicht haben kann, gehören alle in den Grundzielen ähnlich gelagerten Verbände, die sich heute größtenteils noch an untergeordneten Kleinigkeiten aufreiben: alle Pflanzen-, Tier- und Naturschutzorganisationen einschließlich der Naturlandstiftungen, aber auch z. B.:

- die Jagd- und Fischereiorganisationen,
- die kommunalen Spitzenverbände,
- die Heimatverbände,
- die dem Gemeinwohl verpflichteten Stiftungen der Parteien

und warum nicht auch:
- Sportvereine,
- Feuerwehrverbände,
- Rotes Kreuz, Bergwacht.

5.2.1 Tierschutz und Naturschutz müssen sich unterstützen

„Der untrüglichste Gradmesser für die Herzensbildung eines Volkes und eines Menschen ist, wie sie die Tiere betrachten und behandeln."
Berthold Auerbach (1812–1882)

„Wo immer ein Tier in den Dienst des Menschen gezwungen wird, gehen die Leiden, die es erduldet, uns alle an."
Albert Schweitzer (1875–1965)

Auf den ersten Blick hat Tierschutz nichts mit Naturschutz zu tun. In extremen Auswüchsen ist Tierschutz sogar eher als naturschutzfeindlich anzusehen. Wenn Tierschützer beispielsweise aus Nerzfarmen die Tiere „befreien", so ist dies übelste Tierquälerei, weil „befreite" Nerze in der Freiheit keinerlei Überlebenschancen haben und elendig zugrunde gehen. Falls aber einer unter Hunderten einmal überleben sollte, so stört er eindeutig das ökologische Beziehungsgefüge (Remmert, 1990). Und wenn Tierschützer nur die Jagd als Tierquälerei brandmarken, so ist das einäugig, weil etwa bei der Massentierhaltung auf engstem Raum oder der „Sport"-Fischerei viel mehr Tierquälerei begangen wird. Genauso wirklichkeitsfern und wirkungslos ist der Missionseifer mancher vegetarischer Tierschützer, die jedes Töten von Tieren ablehnen, alle Pelzmoden grundsätzlich verteufeln, aber natürlich Lederschuhe, Lederjacken oder dergleichen tragen. Worin besteht aus Tierschutzsicht der Unterschied zwischen einem Rindslederhandschuh, einer Krokodilledertasche von Zuchtkrokodilen und einer Bisamfellmütze, die aus den Fellen erlegter Bisamratten (ein Fremdimport-Tier mit hoher Schadenspotenz in unseren Ökosystemen) hergestellt worden ist?

Unkritische Extrempositionen führen uns nicht weiter und versperren uns den Blick für die vielen Gemeinsamkeiten der infolge von Funktionärsaktivitäten auseinanderdriftenden Tier- und Naturschutzbewegungen. Der Mensch ist nun einmal – evolutionär vorgegeben – ein „Allesfresser", also ein Konsument pflanzlicher und tierischer Kost. Demonstrative Ablehnung jeglicher Jagd ist naturschutzfeindlich und alles andere als tierschutzkonform. Fehlender Regulationsersatz gegenüber ausgerotteten Prädatoren bedeutet in nicht mehr funktionierenden Ökosystemen, z. B. bei den Schalenwildarten, de facto schlimme, unnatürliche Tierquälerei, während andererseits jedes waidgerecht (= tierschutzgerecht) erlegte Wildtier zuvor naturnah gelebt hat und dann im Idealfall ohne vorherige Angst plötzlich durch Schuß getötet wird. So gesehen ist jagdliche Wildtierregulation allen anderen, meist sehr naturfernen und tierquälerischen Fleischproduktionsformen der 100mal mehr Tiere tötenden Massentierhaltungsindustrie meilenweit überlegen.

Ich selbst halte die Tierschutzbewegung in den Grundzügen für wichtiger denn je und möchte dazu auffordern, daß auch hier tragfähige Brücken gebaut werden, um über die dringend erforderliche Bündelung auf demokratischem Wege endlich Verbesserungen zu erreichen.

Die Einstellung und das Verhalten gegenüber Tieren ist im Wandel begriffen, doch vollzieht sich dieser Wandel nur langsam. Noch beteiligen sich die meisten Mitbürger gedankenlos an der skrupellosen Ausbeutung der Tiere und begehen damit ein himmelschreiendes Unrecht. „Ein Gesetzgeber, der sich zwar zu ethischen Grundsätzen bekennt, das Gesetz aber so ausgestaltet, daß überall im Lande ‚Tier-KZs' straffrei betrieben werden können, und überdies Experimente erlaubt, die für Tiere mit schwersten Leiden verbunden sind – ein solcher Gesetzgeber heuchelt" (Erich Größer, Theologe, Bonn). „Der Tierschutz wird in wenigen Jahren den Umwelt- und Naturschutz an Stellenwert eingeholt, wenn nicht sogar überholt haben," betonte der niedersächsische Landwirtschaftsminister Funke 1991 vor Journalisten. Außerdem lehne er aus ethischen Gründen und aus Verantwortung für ein Mitgeschöpf jede Form von Tierquälerei ab, sei es in der Massentierhaltung, im Freizeitbereich oder auch bei der Jagd.

Es wird allerhöchste Zeit, daß sich die Allgemeinheit über die Hintergründe derartiger Aussagen konkretere Gedanken zu machen beginnt:

Die Rechtslage erscheint nach deutschem Tierschutzgesetz vom 12.8.1986 ausreichend:

§ 1 Zweck dieses Gesetzes ist es, aus der Verantwortung des Menschen für das Tier als Mitgeschöpf dessen Leben und Wohlbefinden zu schützen. Niemand darf einem Tier ohne vernünftigen Grund Schmerzen, Leiden oder Schäden zufügen.

§ 2 Wer ein Tier hält, betreut oder zu betreuen hat,
1. muß das Tier seiner Art und seinen Bedürfnissen entsprechend angemessen ernähren, pflegen und verhaltensgerecht unterbringen,
2. darf die Möglichkeit des Tieres zu artgemäßer Bewegung nicht so einschränken, daß ihm Schmerzen oder vermeidbare Leiden oder Schäden zugefügt werden.

Demgegenüber ist das Artenschutzrecht durch das Ineinandergreifen von EU-, Bundes- und Landesrecht, von Naturschutz,- Jagd- und Fischereirecht eines der kompliziertesten Rechtsgebiete. Für den Vollzug sind Naturschutzbehörden, Polizei und Zoll zuständig, bei deren Personal für diese wichtige Aufgabe ein deutlicher Mangel sowohl quantitativ (Personalstärke) als auch qualitativ (Kenntnisstand) besteht. Nicht selten werden Verfahren wegen Geringfügigkeit eingestellt, Bußgelder und Strafen schöpfen den gesetzlich vorgegebenen Rahmen nicht aus, so daß sich Verstöße gegen das Artenschutzrecht häufig noch immer rentieren. Die Delikte nehmen international zu. Die Täter haben dabei immer perfektere, international arbeitende Organisationen aufgebaut. Sie arbeiten mit den modernsten Mitteln der Telekommunikation genauso wie mit Strohmännern. Der Vollzug hält mit dieser Entwicklung nicht Schritt. Notwendig sind der Einsatz besserer Techniken im Vollzug, eine bessere internationale Zusammenarbeit auch auf EDV-Basis und spezielle vollzugserleichternde EDV-Programme mit den entsprechenden Geräten bei allen mit Artenschutz befaßten Dienststellen (Natur + Recht, Heft 5, 1992 S. 226–227).

Tierschutzrecht und Artenschutzrecht sind hier bewußt nebeneinander gestellt. In der Praxis sind sie oft nicht zu trennen und Überschneidungen so häufig, daß eine Zusammenarbeit der verschiedensten Verbände geboten ist, die sich um das Gemeinwohl bzw. um Tier-, Natur- oder z. B. auch Jagdschutz bemühen.

Internationaler Artenschutz

Seit dem Washingtoner Artenschutzübereinkommen von 1973 hat sich die Zahl der Spitzmaulnashörner Afrikas von 60 000 auf 4000 verringert. Die Zahl der Elefanten ging seitdem in Kenia und Uganda um 85 %, in der Zentralafrikanischen Republik um 90 %, in Tansania und Zaire um 50 % zurück. Weltweit kommen jährlich bis zu 20 Mio. Wildvögel in den Handel, die zur Deckung des Bedarfs der Heimtierindustrie bestimmt sind (Brooke, 1991). Noch immer werden 40 000 Papageien in die Bundesrepublik eingeführt. Die EU ist der weltweit größte Verbraucher von wildgefangenen Vögeln und importiert trotz Verbots der kommerziellen Ausfuhr der heimischen wildlebenden Vogelarten etwa 3 Mio. Tiere pro Jahr. Untersuchungen in Mexiko, Argentinien und im Senegal beweisen, daß die Hälfte aller gefangenen Wildvögel sterben, ehe sie das Land verlassen.

Großbritannien importierte 1990 175 967 Vögel (576 Arten), von denen 3543 bei Ankunft tot waren und 18 138 in der Quarantäne starben. Es müssen also – so die wohl kaum übertriebene Rechnung – drei Vögel gefangen werden, damit einer lebend beim Käufer eintrifft. Jeder Natur- und Tierfreund kann sich ausmalen, welch bestialische Quälereien mit diesem Handel verbunden sind. Die Kampagnen von internationalen Natur- und Tierschutzorganisationen zum Stopp des Wildvogelhandels sind durchweg förderungswürdig. Über 40 internationale Fluglinien weigern sich inzwischen, Wildvogelfrachten zu befördern. Sie haben ihre Verantwortung für die Umwelt erkannt. Das wirkte sich unmittelbar in gesunkenen Einfuhrzahlen der Vögel aus, die in die EU und in die USA gelangten. Es wird Zeit, daß die Abnehmerländer ihre Verantwortung erkennen und jeglichen Import von Wildfängen untersagen.

Entsprechendes gilt für den in keiner Weise vertretbaren Zugvogelfang in benachbarten EU-Ländern. 300 Mio. Vögel müssen allein in Italien Jahr für Jahr sterben, in Belgien sind es immer noch rund 500 000, und dies alles, obwohl die EU-Vogelschutzrichtlinie den Vogelfang in der gesamten Europäischen Gemeinschaft verbietet. Die ermordeten Vögel dienen nicht etwa zur Ernährung des armen Volkes, sondern als Gaumenreiz für Schlemmer; 25 Rotkehlchen = 1 Mahlzeit, Preis: umgerechnet 35 DM und mehr. Die Bundesrepublik gilt als Hauptabsatzgebiet für belgische Vogelfänger, die einen illegalen schwunghaften Handel mit Singvögeln für die Stubenvogelhaltung betreiben (DNR, 1986).

Aber werfen wir die Steine nicht zu weit. In Deutschland leben rund 1 Mio. Singvögel hinter Gittern. Ein nicht unerheblicher Teil stammt aus illegalen Wildfängen, weil die Zucht des kleinen Federviehs beschwerlich und häufig erfolglos ist. Es muß sogar festgestellt werden, daß der Wildvogelfang die Voraussetzung dafür ist, daß die Gefangenschaftszucht nicht als Folge einer Inzuchtdegeneration endet. Trotz Strafandrohung gibt es auch bei uns noch im verborgenen den Waldvogelfang und die Waldvogelhaltung von nicht gezüchteten Exemplaren wie Fichtenkreuzschnabel, Hänfling, Kernbeißer, Erlenzeisig, Birkenzeisig, Girlitz, Stieglitz, Grünling, Dompfaff, Mönchsgrasmücke, Gartengrasmücke usw. Im übrigen ist ein Verkauf wegen Verstoßes gegen ein gesetzliches Verbot nichtig (§ 134 BGB), wenn es sich bei den verkauften Vögeln um Wildfänge handelt. Der Käufer kann vom Vogelhändler den Kaufpreis zurückverlangen. Es gibt inzwischen zahlreiche Belege dafür, wie durch gewaltsame Nachberingung über gebrochenen Zehen aus Wildfängen angebliche „Zuchttiere“ werden können. Es wird höchste

Zeit, daß derartigem Treiben ein Ende bereitet wird. Anzeige solcher Delikte ist nicht Denunziantentum, sondern Pflicht, denn der Staat braucht hier die Unterstützung der Bevölkerung.

Seit Jahren fordert der DNR von der Bundesregierung ein vollständiges Import-, Handels- und Besitzverbot für alle Waldvogelarten. Anders ist dieser verwerflichen Unsitte nicht beizukommen. Tierliebhaber sind aufgerufen, keine Waldvögel, sondern nur sicher nachzüchtbare Arten wie Kanarienvögel oder Wellensittiche zu halten (DNR, 1986).

Haustierfreunde – potentielle Motoren der Tier- und Naturschutzbewegung

In jedem zweiten Haushalt Westdeutschlands gibt es mindestens ein Haustier. Darunter nehmen die Fische den größten Anteil ein (7,8 Mio. Vögel; 5,5 Mio. Katzen; 4,8 Mio. Hunde). 1991 gaben die westdeutschen Bundesbürger für ihre Heimtiere rund 6,5 Mrd. DM aus. Dieser Haustierboom, der zum Teil auch eine Substitutionshandlung als Folge der Lebensraumverarmung und der sozialen Vereinsamung darstellt, hat positive, aber auch problematische Seiten:

Die Katzenhaltung hat sich innerhalb von 20 Jahren auf etwa 5,5 Mio. verdreifacht. Weiterhin aber gilt es als selbstverständlich, Katzen in unbeschränkter Menge und in jedem Lebensraum zu halten und ihnen völlige Freiheit zuzubilligen (die heute kein anderes Haustier mehr haben kann). Auch in dicht besiedelten Gebieten kann jeder Katzen frei umherlaufen lassen. Das hat zu starken Hauskatzenpopulationen in Gärten, Parkanlagen, auf Friedhöfen usw. geführt. Unkontrollierte Vermehrung der Tiere verursachte in manchen Großstädten bereits eine regelrechte Plage durch herrenlose Tiere (Lübeck 2000, München 3000). Die Tierheime sind zum Teil hoffnungslos überfüllt.

Die Zersiedelung der Landschaft läßt Hauskatzen bis in die letzten Refugien auch sehr stark gefährdeter Vogelarten der Roten Listen vordringen (Neuntöter, Gartenrotschwanz, Wendehals, Dorngrasmücke u. a., auch für den Eisvogel gilt die Hauskatze als einer der verbreitetsten Räuber). Nicht nur, daß sie ihre Beutetiere töten oder verletzen (es trifft keineswegs zu, daß sie nur alte, schwache und kranke Exemplare erwischen) – sie bedeuten schon durch ihre bloße Anwesenheit vor allem während der Fortpflanzungsperiode einen erheblichen Streßfaktor für die Altvögel, der den Bruterfolg ernsthaft in Frage stellen kann. Untersuchungen in Großbritannien und Irland haben ergeben: Von 2496 tot gefundenen Rotkehlchen waren 31,2 % Opfer von Katzen, von 2117 toten Kohlmeisen waren es 28,8 %, von 5625 Blaumeisen 21,6 % und von 2430 Amseln 16,8 %. Selbst unter 1348 toten Rauchschwalben waren noch 6,2 % Katzenbeute. In Bad Segeberg wurden innerhalb eines Jahres 60 von ca. 300 in den Kalkberghöhlen überwinternden Fledermäusen durch Hauskatzen getötet. Vorschläge für eine kontrollierte Katzenhaltung:

1. Pflicht zur Kennzeichnung und Registrierung aller Katzen.
2. Volles Auslaufverbot in der Zeit vom 15. März bis 15. August.
3. In der übrigen Zeit des Jahres Auslaufverbot zwischen Sonnenuntergang und Sonnenaufgang.
4. Während der genannten Sperrzeiten dürfen auf öffentlichen und privaten Grundstücken streunende Katzen unversehrt eingefangen werden. Nicht gekennzeichnete Katzen werden sofort von Amts wegen untergebracht, gekennzeichnete Katzen unter Verhängung eines Bußgeldes ihren Besitzern zurückgegeben (Hofmann, 1986).
5. Zwangskastrierung bei Wiederholungsfängen in Sperrzeiten.

Andererseits ist es unsere Pflicht, jungen Menschen Beziehungen zur Tierwelt zu ermöglichen und ihnen damit neue Grundlagen für freie Entscheidungen zu anderen Formen von Zivilisation zu ermöglichen. Tierschutz als Lehrstoff könnte helfen, Beziehungen zwischen Mensch und Tier aufzubauen, und dafür sorgen, daß das Tier in seiner Identität und Autonomie respektiert wird. Das ist Voraussetzung für ein Weltbild, in dem Mensch und Tier, Kultur und Natur Platz haben. Der junge Mensch kann so lernen, daß es keine Entscheidung und keine Wertung ohne ethische Normen gibt.

Katzen und Hunde haben heute eine sehr große Bedeutung für die Bevölkerung allgemein und für Kinder im besonderen. Sorge für und Zusammenleben mit Tieren stärken Selbständigkeit und Pflichtbewußtsein der Kinder. Das spontane Spiel bleibt heute im durchorganisierten Alltagsleben bei Kindern allzu oft auf der Stecke. Der Umgang mit Tieren kann ein Korrektiv für diese familiären und gesellschaftlichen Unzulänglichkeiten darstellen. Kinder sehen in Hunden ideale Spielkameraden und verläßliche Partner, weil sie Zuneigung, Sympathie, Liebe, Schutz und Geborgenheit vermitteln. Kinder sagen: „Mein Hund hat immer Zeit für mich" und: „Er hört auch zu" oder: „Er tröstet mich, wenn ich traurig bin" und: „Er nimmt mich für voll". Der Hund schärft nach den Untersuchungen von Bergler (Direktor des Psychologischen Instituts der Universität Bonn) zudem die Beobachtungsgabe des Kindes. Durch das unbewußte Kommunikationstraining mit dem Hund lernen Kinder, die Feinheiten nonverbalen Verhaltens – Mienen, Gesten, Gebärden – zu beachten. Dies steigert ihre soziale Sensibilität und Wahrnehmungsfähigkeit. Hunde prägen, fordern und fördern Kinder. Sie sind Lehrer der Kinder, ohne daß dies von den Kindern bemerkt wird.

Diese positiven Auswirkungen sind durchweg erwünscht, wenn es um die „Wiedersensibilisierung" der Kinder für Vorgänge in der Natur geht. Hier greift eins ins andere, und wenn wir einen großen gesinnungsethischen Umschwung erreichen wollen, müssen wir gerade auch bei Kindern ansetzen.

Soziologen sollen zudem herausgefunden haben, daß Herzinfarktpatienten, die ein Haustier besitzen, nach der Entlassung aus dem Krankenhaus wesentlich besser durchs Leben kommen als Patienten ohne Tier: Die Anwesenheit eines Tieres wirkte sich danach nicht nur positiv auf Psyche und Konstitution, sondern auch senkend auf den Blutdruck und stabilisierend auf den Kreislauf aus.

Kehrseite des Haustierbooms: Rund 200 000 Hunde und 400 000 Katzen werden Jahr für Jahr allein in den alten Bundesländern trotz Bußgeldandrohung (bis 50 000 DM) ausgesetzt.

Tiertransporte

Viehverfrachtung von Polen nach Süditalien oder auch von Dänemark nach Portugal ist keine Seltenheit mehr. Der Tierschutzbund Basel hat errechnet, daß jährlich etwa 250 Mio. Tiere die europäischen Grenzen überqueren. Zumindest auf dem Papier verpflichten EU-Richtlinien die Mitgliedsstaaten, Ruhepausen vorzuschreiben, die Tiere alle 24 Stunden zu versorgen, den Transport beim Grenzübertritt zu prüfen und bei Mißständen sofort einzuschreiten. Kontrollen aber sind selten und Tierquälereien auf den Transporten daher an der Tagesordnung. Vor allem in der Tatsache, daß es viel billiger ist, lebende Tiere zu transportieren als tiefgekühltes Fleisch, sehen die Tierschützer die Hauptgründe für die ständige Zunahme der „endlosen Fahrten in den Tod" (Spiegel Spezial, 1/1992). Hier ist die Deutsche Tierschutzbewegung ebenso gefordert wie jeder Verband, der sich Tieren wie Natur verpflichtet fühlt. Schnelles Handeln ist geboten (nach Gesetzentwurf, Wien, 1992):

- Tiere müssen auf dem nächstgelegenen Schlachthof getötet werden.
- Kranke, verletzte und hochträchtige Tiere sind vom Transport ausgenommen.
- Be- und Entladen ist nur mit flachen, rutschfesten Ladeklappen mit Seitengeländern erlaubt, damit die Tiere nicht stürzen.
- Um Aggressionen und Rangkämpfe zu vermeiden, müssen Tiere nach Art, Alter, Herkunft und Geschlecht getrennt verladen werden.
- Fahrzeuglenker müssen eine spezielle Schulung nachweisen, um eine Tiertransportberechtigung zu erhalten.
- Ein Mindestbedarf an Ladefläche wird vorgeschrieben, der im Zulassungsschein eingetragen wird.
- Ausreichende Versorgung mit Futter und Wasser muß gewährleistet und die Transporter müssen mit Trennwänden und rutschfestem Boden ausgestattet sein.
- Verantwortlich für die Einhaltung dieser Vorschriften sind Polizisten, Zollbeamte, Grenztierärzte und spezielle Kontrolleure, die Zuwiderhandelnde mit hohen Strafen belegen sollen.

Kupieren von Hunderuten

Kurz vor der Verabschiedung des Tierschutzgesetzes 1986 haben es Hundeverbandsvertreter gegen die Sachverständigen und die Tierärzteschaft doch noch geschafft, das eigentlich vorgesehene generelle Kupierverbot aus dem Gesetzentwurf herauszunehmen. Auch dies ist ein nachdenklich stimmendes Zeichen dafür, wie schwer es ist, eingefahrene Gleise zu verlassen. Die meisten Rassestandards mit derartigen Verstümmelungsvorschriften stammen aus dem 19. Jahrhundert und sind mit heutigen ethischen Normen in keiner Weise mehr vereinbar. Der einzige früher ernstzunehmende Denkansatz kam aus den Reihen der Jäger, deren kurzhaarige Hunde sich im Dauereinsatz in dichtem und dornigem Gehölz oder im Schilf an der Rute verletzen konnten. Die Bedingungen dafür sind inzwischen praktisch kaum noch gegeben, und Veterinärmediziner stempeln diese Aussage heute als „blanken Unfug" ab. Wenn hier und dort für einzelne Hunde doch noch eine Verletzungsgefahr gegeben ist, dann ist es ohne weiteres möglich, diese Hunde – und nur diese! – im jagdeinsatzfähigen Alter durch Tierärzte kupieren zu lassen. Bei sicherlich über 95 % der Fälle trifft dies nicht zu, wie die verschiedenen kurzhaarigen Hunderassen mit langen Ruten (z. B. Pointer) belegen.

Wir haben kein Recht, Tiere nach unseren Vorstellungen zu verstümmeln, indem wir Hängeohren in Stehohren oder Schwänze in Stummel umwandeln. Die Gemütslage des Hundes wird großteils durch die Schwanzhaltung zum Ausdruck gebracht. Das hat auch etwas mit Rangordnung und Sozialverhalten zu tun. Der amputierte Hund ist dieser Ausdrucksmöglichkeit brutal beraubt. Am besten ergreifen die Verbände, die für das Streichen des Kupierverbots aus dem Tierschutzgesetz verantwortlich waren, selbst als versöhnenden Schritt in Richtung Tierschutz die Initiative für eine entsprechende Novellierung des Tierschutzgesetzes.

Ein kleines Beispiel sofortiger Zusammenarbeit von Tier- und Naturschutz: Vorbeugung gegen Vogeltod an Glaswänden

Vögel können durchsichtige Glaswände – z. B. von Lärmschutzwänden oder Wartehäuschen – und spiegelnde Fensterscheiben nicht erkennen und fliegen sich daran millionenfach zu Tode. Das darf und muß nicht sein. Glaswände werden durch fein eingefräste, aufgeklebte oder aufgestrichene dezente (kaum sichtbar für das menschliche Auge) Querstreifen als eine Art „Gardine" für alle Vögel sichtbar. Die Abhilfe wirkt hundertprozentig. Greifvogelsilhouetten haben sich auf Dauer an großen Scheiben nicht bewährt. Besser wirken an Hausfenstern z. B. an Fäden aufgehängte kleine Gegenstände wie Fichtenzapfen oder dergleichen, die sich leicht im Wind bewegen, vom anfliegenden Vogel auch bei einer Aufhängung in relativ großem Abstand respektiert werden und den freien Blick durch die Fenster für die Bewohner in keiner Weise beeinträchtigen. Gerade Schulen sollten gleich damit beginnen, die Greifvogelbilder an großen Scheiben wirkungsvoll zu ersetzen.

Tierversuche – die meisten sind nicht zu rechtfertigen

Angesichts der Leiden von Tieren durch die Massentierhaltung scheint eine Steigerung kaum noch möglich, und doch gibt es sie: Tierversuche setzen die Opfer unvorstellbaren Qualen aus. Weltweit werden jährlich ca. 300 Mio. Tiere im Namen der Wissenschaft (für die Pharma-, Chemie-, Rüstungs- und Kosmetikindustrie) im Experiment gequält und getötet. Das sind pro Arbeitstag 1 Mio. Tiere. In Deutschland werden rund 14 Mio. Versuchstiere (das ZDF mutmaßte 1993 in einer Sendung bis zu 35 Mio.) Jahr für Jahr zu Tode gebracht. In keine Statistik gehen die Tierquälereien ein, die in kommerziell unter Konkurrenzdruck arbeitenden Versuchstierzuchtanstalten vielmillionenfach gegen jede gesetzliche Vorschrift ständig geschehen. Diese Größenordnung des Versuchstierwesens erscheint in keiner Weise akzeptabel. Es liegt mir fern, Tierversuche in Bausch und Bogen zu verdammen. Die Extremforderung nach einer Null-Lösung ist zur Zeit sicher nicht realistisch. Durchaus denkbar erscheint jedoch die schnellstmögliche Abschaffung der meisten Tierversuche, 90 % sind sicherlich überflüssig oder durch andere Verfahren ersetzbar. Die Ersatzlösungen sind weiter zu verbessern.

- Für jedes Medikament, das auf den Markt kommt, werden 100 000 Versuchstiere geopfert. Um 1 Medikament auf den Markt zu bringen, werden 8000 Moleküle durchgetestet („screen testing"). Von 8000 getesteten Substanzen kommt eine heraus mit anwendbarer Wirkung.
- Es gibt in der Bundesrepublik Deutschland rund 140 000 zugelassene Arzneimittel. Ein Arzt kommt gewöhnlich mit höchstens 300 verschiedenen Arzneimitteln aus. Die Weltgesundheitsorganisation (WHO) sieht lediglich 200 Arzneimittel als notwendig an.
- Alle Neuzulassungen sind am Tier erprobt, obwohl nur 16 % aller Neuzulassungen Medikamente mit neuen Wirkstoffen sind. 30 % der Gesamtkosten in der Pharmabranche entfallen auf das Marketing. Marktgesetze und Haftungsausschlußbestrebungen der Firmen bestimmen also das Geschehen.
- 62,3 % der in „Bittere Pillen" (Langbein, 1984) bewerteten Medikamente sind „wenig zweckmäßig" oder von ihnen ist „abzuraten". 30 % aller Krankenhausaufenthalte sind medikamentenbedingt. 25 % aller organischen Erkrankungen, 61 % aller Mißbildungen, 88 % aller Totgeburten sind durch Medikamente verursacht worden, durch Medikamente, die im Tierversuch an Millionen von Tieren erprobt wurden.
- Nach jüngsten Statistiken des Bundesverbandes der Allgemeinen Ortskrankenkassen haben die schweren Krankheiten zwischen 1975 und 1985 wie folgt zugenommen: Herz- und Kreislauferkrankungen um 41 %, Tumore aller Arten um 80 %, Gesamtzahl der Krankenhausbehandlungen um 80 %, rheumatische Erkrankungen um 114 %, Krankheiten bei Schwangerschaft, Geburt und Wochenbett um 227 %. Also waren die jahrzehntelangen milliardenfachen Torturen der Tiere „zum Wohle des Menschen" entweder überflüssig, oder sie wurden falsch interpretiert („Ärzte gegen Tierversuche", 1992).
- Die WHO hat ein 665seitiges Werk herausgegeben, wonach bis 1985 mehr als 6500 Medikamente und Substanzen wegen schwerer und tausendfach tödlicher Nebenwirkungen vom Markt genommen werden mußten. Alle diese Fremdstoffe wurden im qualvollen LD-50-Test an Tausenden von Tieren auf ihre Anwendungssicherheit hin überprüft und für unbedenklich befunden.
- Die Abschaffung des sog. LD-50-Testes wurde erst kürzlich auf der Internationalen Konferenz für Harmonisierung in Brüssel erreicht, an der die Vertreter aus den EU-Staaten, USA, Japan, Kanada, den EFTA-Staaten sowie Vertreter der WHO und der Pharmaindustrie teilgenommen haben. Trotz dieses Fortschritts muß betont werden, daß bereits 1982 das Bundesgesundheitsamt den LD-50-Test als unnütz bezeichnet und daher zur Abschaffung vorgeschlagen hat. Seitdem wurde der Test in der Bundesrepublik auch nicht mehr gefordert, dennoch jedoch häufig wegen der „Anwendungssicherheit" aus Haftungsgründen fortgesetzt. (Der LD-50-Test wird ohne Betäubung durchgeführt und ist einer der qualvollsten Tierversuche überhaupt. Er gibt an, bei welcher Dosis einer Chemikalie nach einmaliger Gabe 50 % der Versuchstiere sterben. Auch unter den Pharmakologen und Toxikologen hielten nach einer WHO-Umfrage 43 % diesen weit verbreiteten Test für „wenig oder gar nicht relevant".)
- Der Draize-Test wird fortgesetzt. Er soll die mögliche Schadwirkung eines Stoffes auf das

menschliche Auge festhalten. Dafür werden ausschließlich Kaninchen genommen, weil sie keine wirksamen Tränendrüsen besitzen (also die Testsubstanz nicht verdünnen können) und weil sie mit 0,36 mm im Vergleich zum Menschen (0,51 mm) eine dünnere Hornhaut aufweisen und deshalb besonders empfindlich sind. Zur Durchführung des Draize-Testes wird eine Reihe von Kaninchen in Bändigungsapparaten festgeschnallt. Dann hebt man das untere Lid und gibt in die so entstehende Fülltasche die Prüfsubstanz (z. B. Kosmetika, landwirtschaftliche Chemikalien, Industriechemikalien etc.). Nach 24, 48, 72 Stunden wird die Reaktion des Auges registriert und die Schädigung anhand einer genormten Tafel beurteilt. Jeder, der einmal etwas Seife oder ähnliches in die Augen bekommen hat, weiß, wie schmerzhaft das ist; wie müssen dann erst die Kaninchen leiden, die drei Tage lang derartige Stoffe im Auge zu ertragen haben. Der Draize-Test, der inzwischen in den USA verboten ist, wird bei uns immer noch routinemäßig durchgeführt, obwohl es bereits eine Reihe brauchbarer Alternativen gibt. Erfolgversprechend sind vor allem Zellkulturtests mit L 929 (Bindegewebszellen von Mäusen) und mit menschlichen Krebszellen. Weitere mögliche Alternativen sind die Verwendung menschlicher und tierischer Hornhäute, Hornhautgewebekulturen und für Organkulturen präparierte Augenlinsen.

– Aufgrund anatomischer, physiologischer, biochemischer und verhaltensmäßiger Unterschiede können die Ergebnisse von Tierversuchen nicht ohne weiteres auf den Menschen übertragen werden. Tierversuche sind keine ausreichende Sicherheitsbarriere – im Gegenteil: Sie erleichtern die Marktzulassung von Stoffen, die – wie vielfach bewiesen – bei Prüfung an menschlichen Zell-, Gewebe- und Organkulturen nicht auf den Markt gekommen wären. Nur an diesen Zell-, Gewebe- oder Organkulturen können wichtige Verträglichkeiten geprüft werden, also Cancerogenität, Mutagenität, Teratogenität, Toxizität, Embryotoxizität, Ökotoxizität, Allergenität und anderes mehr. Bei Kulturen vom Menschenmaterial fällt die Übertragungsschranke weg, und man kommt bezüglich dieser Verträglichkeiten auf ein optimales, weitgehend risikolos verwertbares Ergebnis. Eine „Nachprüfung" am Tier ist ein wissenschaftslogischer Unsinn. Neben den genannten Verträglichkeiten müssen die Substanzen auch hinsichtlich ihrer Wirkung im Organismus getestet werden. Nach der Vorprüfung in den angeführten Kulturen kann die Wirkungsprüfung am Menschen weitgehend risikolos durchgeführt werden. Kein noch so gearteter Tierversuch erlaubt eine Aussage darüber, ob der Mensch in gleicher Weise reagiert. Das gilt für jedes Tierexperiment, das somit den Menschenversuch nicht nur nicht verhindert, sondern unerläßlicherweise fordert. Selbst der Gesetzgeber hält die einfache Übertragung der Versuchswerte für ein unzumutbares Risiko. Darum fordert er für die Zulassung jedes Medikamentes und jedes Medizinverfahrens den Nachweis über Verträglichkeit, Wirksamkeit und Unbedenklichkeit am Menschen (Hartinger, 1992).

Zahllose prominente Wissenschaftler halten Tierversuche ganz oder zum größten Teil für unsinnig: „Tierversuche sind abschreckend, barbarisch und vor allem nutzlos" (C. G. Jung); „Tierexperimente werden viel eher zur Befriedigung von behördlichen Verordnungen durchgeführt als mit der Absicht, auf den Menschen übertragbare Ergebnisse zu finden" (G. Zbinden); „Tierversuche haben lediglich eine Alibifunktion und dienen in Wahrheit der Erlangung von Geld, Ruhm und Titeln" (H. Evers); „Tierfolter wird solange bestehen, wie wir sie dulden" (J. Ude); „Wir handeln falsch, weil wir falsch denken. Das neue Denken hat aber in der Verhaltensforschung, in der Tierschutzbewegung bereits begonnen: Das Ziel ist der Frieden mit der Natur, von der wir ein Teil sind und die Tiere auch" (Mayer-Abich).

Es muß in jedem Fall wesentlich gründlicher als bisher abgewogen werden, ob Tierexperimente der Gesellschaft wirklich nützen und das Leiden dem Tier bei Anlegung eines strengen Maßstabes zugemutet werden kann.

Wie so oft sind auch in Sachen Tierschutz „Schema F" und rigide Bürokratisierung höchst unangebracht: Wenn etwa deutsche Chirurgen nach Moskau fahren, um dort unter Umgehung hiesiger bürokratischer Schranken an Hunden und Schweinen bestimmte Operationstechniken zu üben, und wenn verkürzte Genehmigungsverfahren in anderen europäischen Ländern den „Forschungsstandort Deutschland" gefährden, dann ist der Sache in der „Netto-Bilanz" nicht gedient.

Es kommt darauf an, unnötige Tierquälereien z. B. unter eigendynamischen Marktmechanismen und überholten Absicherungsbestrebungen zu unterbinden und Tierquälereien konsequent auf das wirklich unvermeidbare Maß zu beschränken. Der Forscher R. Jungk formulierte: „Ethik gegenüber Menschen und Rohheit gegenüber Tieren lassen sich nicht vereinbaren, denn Grausamkeit gegen Tiere geht nahtlos in Grausamkeit gegen Menschen über."

5.3 Umwelterziehung – ein Weg zu mehr Naturbezug für Kinder, Jugendliche und Erwachsene

„Wer den Hafen nicht kennt, in den er segeln will, für den ist kein Wind günstig."
Seneca (4 v. Chr. – 65 n. Chr.)

Wenn man das ökologisch orientierte Denken und Handeln in der Bevölkerung verändern will – und man muß es! –, braucht man einen langen Atem. Die Erkenntnisse über Prägungsvorgänge, frühkindliche und jugendliche Motivation belegen eindeutig, daß heutigen Verhaltensweisen auch zu einem großen Teil tradierte Gewohnheiten zugrunde liegen. Es ist evolutionär vorgegeben, daß Kinder Nachahmer der Erwachsenen sind und erst allmählich immer selbständigere Schritte in die „feindliche" Umwelt wagen. Umweltschützer werden nicht einfach geboren. Naturschutzstrategie muß bei Kindern und Jugendlichen ansetzen; und dies ist nicht nur ein Appell an die Schulen. In der Schule und anderen Bildungseinrichtungen kann nicht alles repariert und aufgearbeitet werden, was Gesellschaft und Elternhaus nicht leisten. Umwelterziehung muß greifen, wo es irgend geht. Anläßlich der UNO-Konferenz 1972 in Stockholm wurde Umwelterziehung erstmals in aller Deutlichkeit als der Weg benannt, auf dem sich Einsichten auf den langen Marsch zur Tat bringen lassen.

Seit Jahren betonen Politiker und Wissenschaftler, wie wichtig es ist, Kindern das rechte Umweltverständnis zu vermitteln. Allein Erziehung, schrieb der „Club of Rome" 1979, könne die Veränderungen herbeiführen, die der Menschheit das Überleben sichern. 1980 wurde „Umwelterziehung" in die deutschen Lehrpläne aufgenommen – allerdings nicht als eigenes Fach, sondern als „fächerübergreifendes Prinzip", das „den gesamten Unterricht durchdringen" soll:

Erwünscht sind alle Bildungsanstrengungen, die im weitesten Sinne „die Umwelt" zum Thema haben, z. B. Einführungen in den Bio-Obstbau, Jagd nach Köcherfliegenlarven, die sauberes Bachwasser anzeigen, oder Debatten über das Ozonloch. Die Lehrer sollen nicht nur ökologische Zusammenhänge erklären, sondern auch die Lebenshaltung der Schülerinnen und Schüler beeinflussen: Kinder sollen lernen, fordern die Kultusminister, „Naturgüter verantwortungsvoll zu nutzen" und „Gefährdungen der Lebensgrundlagen abzuwehren". Die Schule hat die Erwartungen bisher nicht erfüllt. Auch wenn engagierte Lehrer mit ihren Schülern Ökoteiche anlegen und Mülltrennung oder Wasserverschmutzung auf den Stundenplan setzen, werden die meisten Kinder eher selten mit der Umweltproblematik konfrontiert. Das Kieler „Institut für die Pädagogik der Naturwissenschaften" zählte 1988 durchschnittlich acht Umwelt-Stunden pro Jahr in der Grundschule und 20 in den höheren Klassen. Die Lehrer behandeln das Thema vorwiegend in Sachkunde, Biologie, Chemie und Geographie. Doch normaler Schulunterricht, klagen die Experten, vermittle nur wenig „umweltrelevantes Wissen". Er helfe den Kindern nicht, positive Gefühle zur lebendigen Natur aufzubauen. Nur äußerst selten wecke er die Bereitschaft, sich aktiv für den Schutz natürlicher Lebensräume einzusetzen (Paulsen, 1992).

Der Biologieunterricht fristet an bundesdeutschen Schulen ein Schattendasein. Trotz des wissenschaftlichen Höhenfluges der biologischen Forschung streichen die Schulbehörden seit Mitte der 70er Jahre die Biologiestunden in vielen Bundesländern drastisch zusammen. In manchen Schuljahren wird Biologie überhaupt nicht mehr unterrichtet oder nur noch eine Stunde in der Woche. Kein Wunder, daß Professoren den Kenntnisstand der Studienanfänger in Biologie beklagen. Trotz Oberstufenreform und deutlich besserer materieller Ausstattung des Biologieunterrichts ist das biologische Wissen von Schulabgängern heute geringer als vor einem Jahrzehnt. Die Stundentafel in unseren Schulen ist in ihrer „Ausgewogenheit" nicht mehr zeitgemäß. Es geht nicht darum, daß von allen Wissensbereichen ein bißchen unterrichtet wird, es geht darum, den Kindern zusammenhängende und nachvollziehbare Kenntnisse zu vermitteln, die für das Überleben unserer Zivilisation unentbehrlich sind (Furtmayr-Schuh, 1985).

Von allen Naturwissenschaften verzeichnete die Biologie in den letzten Jahren den größten Wissenszuwachs. Weltweit, vor allem in den USA und in Japan, wird Zukunftstechnologie auf der Basis biologischer Verfahren entwickelt. Währenddessen entlassen unsere Schulen Jahr für Jahr biologische Analphabeten. Dabei sind fast alle globalen Probleme, mit denen die Menschheit zu kämpfen hat, vor allem mit biologischem Wissen überwindbar: Rohstoff- und Energieverknappung, Unterernährung, Krankheit und Umweltschäden. Umweltschutzprogramme nützen aber wenig, wenn außer ein paar Hohepriestern der Wissenschaft niemand in der Bevölkerung weiß, worauf es in der belebten Natur ankommt. Der Mensch aber wird letztlich nur das schützen, was er auch kennt.

Für die Öko-Ausbildung von Lehrern aller Fachrichtungen, Kindergärtnerinnen, Eltern und allen anderen Personen mit Zugang zu Kindern ist also eine möglichst praxisnahe Didaktik zu fordern, damit diese ihrer Multiplikatorfunktion und -verantwortung gerecht werden können:

- Ein Mindestmaß an Kenntnissen über Freilandbiologie und Naturschutz muß zum Standard der Biologie-, Geographie-, Chemie- und Physikausbildung der Lehramtsanwärter gehören. Durch praxisnahe Freiland-Veranstaltungen (wie botanische, zoologische und ökologische Exkursionen, Bestimmungsübungen und -prüfungen) sind die Studierenden systematisch an das Freiland heranzuführen, damit sie Einblicke in Struktur und Funktion von Ökosystemen sowie Formen- und Artenkenntnis erhalten (Zucchi, 1987).
- Fundierte Öffentlichkeitsarbeit muß zu einer tragenden Säule des gesamten Naturschutzes werden. Sie darf nicht von wenigen Einzelkämpfern, sondern muß in Zusammenarbeit und Aufgabenteilung auf Gemeinde- und Kreisebene von allen geeigneten Gruppierungen geleistet werden. Dabei hat die Sache und nicht Selbstdarstellung im Vordergrund zu stehen. PR-Leute in Sachen Naturschutz dürfen keine „Steinewerfer", sondern müssen „Brückenbauer" sein, die praktische Öffentlichkeitsarbeit leisten: Amtliche Naturschutzvertreter, Forstleute, Mitglieder in Naturschutzverbänden, Tierschutzanhänger, Jäger usw. Auch hier gilt es, Freilandveranstaltungen mit theoretischer Wissensvermittlung pädagogisch sinnvoll zu verknüpfen.
- Auch die neu entstehenden Biosphärenreservate und Nationalparke bieten allerbeste Chancen, die Umwelterziehung und Naturschutzmotivation bei der Bevölkerung voranzutreiben. Sie können durch attraktive Ziele für Naturerlebnisausflüge mit individueller Betreuung für jung und alt und für alle Bildungsstufen werben. Zu Naturschutz kann man verführen! Ein altes Sprichwort aus China lautet: „Sagst du es mir, so vergesse ich es. Zeigst du es mir, so merke ich es mir vielleicht. Läßt du mich teilhaben, so behalte ich es!" „Rucksackschulen" (vgl. Trommer, 1991) sollten die Sensibilisierung der Besucher in der Natur fördern.
- Über einen interessanten Ansatz des Naturschutzzentrums NRW wird in den LÖLF-Mitteilungen (1/90) berichtet: Durch die Herausgabe eines neuartigen Materialheftes „Natur-Kinder-Garten" wird darum geworben, die Umweltbildungsarbeit im Bereich der Kindergärten zu intensivieren. Es ist außerordentlich wichtig, über die Zielgruppe der Erzieherinnen und Erzieher, Kleinkinder in einem Alter zu erreichen, in dem eine positive Haltung zur Natur und Umwelt begründet wird und noch nicht anerzogene Angst- und Ekelgefühle dominieren. In dem Heft wird die Umgestaltung der verfügbaren Freiflächen zu „Naturerlebnisgärten" angeregt, in die tägliche „Forschungsreisen" unternommen werden können. Wenn bereits Kleinkinder lernen, daß unsere heimische Natur etwas Wertvolles, Liebenswertes und damit Schützenswertes ist, dann sind die Grundlagen für späteres umwelt- und naturbewußtes Handeln gelegt. Biologische Stationen und Umweltzentren auf Kreisebene können auch den Schulen und anderen Einrichtungen umweltpädagogisch zuarbeiten. Seit 1992 rollt z.B. „Lumbricus" (= Regenwurm), der Umweltbus als mobiles Klassenzimmer für Naturschutz durch Nordrhein-Westfalen. Er verfügt über 24 Arbeitsplätze und ein Labor mit Meßgeräten für Wasser-, Luft- und Bodenproben. Neueste Umweltdaten des Landes werden per Bordcomputer anschaulich dargestellt. Das 1 Mio. DM teure Gefährt (finanziert von Daimler-Benz u. IBM) bietet sehr gute Möglichkeiten, örtliche Initiativen „mitreißend" zu unterstützen.
- Freiflächen der Bildungseinrichtungen (Schulen, Universitäten), Behörden (z.B. Kreisverwaltungen als Untere Naturschutzbehörde) und Kasernen sollten ganz gezielt nicht nach Pflegeleichtigkeit (monotoner Messerhaarschnittrasen oder Cotoneaster-Bodendecker) und nicht mit unnatürlichen Zwangshandlungen (Laubsaugen, sturer Fassonschnitt der Hecken), sondern nach ökologisch-ästhetischen Gesichtspunkten entwickelt und gepflegt werden. Wie soll der Bürger ökologisches Bewußtsein entwickeln, wenn ihm öffentliche Einrichtungen das Gegenteil vorführen? Sonderbiotope, Trockenmauern, Rankgewächse, Fassadenbegrünungen, Hecken, standortgemäße Bäume, Einzelsträucher gehören in alle Anlagen öffentlicher Einrichtungen.
- Bemerkenswert ist die Initiative „BioNet" des Verbandes Deutscher Biologen mit dem programmatischen Etikett „Jugend, Umwelt, Zukunft". Ihre Hauptaufgabe besteht darin, das Wissen und die Kompetenz von engagierten Jugendlichen und Lehrern zu fördern, zu koordinieren und für Umweltaktivitäten zusammenzufassen. Grundlage ist die regionale Freilandarbeit und Datenerhebung von Schulen; die Daten werden über „BioNet" zusammengefaßt und ausgewertet. Mittels EDV können die Schulen untereinander kommunizieren und Anregungen verbreiten oder Informationen abrufen. Über den Aufbau und die weitere Entwicklung des Hardware-/Software-Netzes lassen sich z.B. für Fließgewässersysteme interessante, praxisnahe und verwertbare Empfehlungen erarbeiten, wobei die Jugendlichen ebenso wie ihre Lehrer an der aktuellen Verbesserung teilhaben. Eine pädagogisch wirksame Verknüpfung der Umweltproblematik mit den Möglichkeiten moderner Informatik (Weigelt, 1990). In eine ähnliche Richtung zielen Vorschläge, zwischen den Schulen und ihren Schülerzeitungsredakteuren einen Artikeldienst über Ökologie und Umweltschutz aufzubauen.

5.4 Wie sind Andersdenkende zum Mitmachen zu gewinnen

„Wer sich vornimmt, Gutes zu wirken,
darf nicht erwarten, daß die Menschen
ihm deswegen Steine aus dem Weg räumen,
sondern muß auf das Schicksalhafte gefaßt sein,
daß sie ihm welche draufrollen."
Albert Schweitzer (1875–1965)

Wer in Sachen Umwelt- und Naturschutz jemals versucht hat, eine unpopuläre Entscheidung durchzusetzen oder überhaupt etwas zu bewegen, was von der „Normallinie" abweicht, kennt das Gefühl, gegen eine unsichtbare Gummiwand zu rennen. Gerade bei jungen, noch relativ lebensunerfahrenen, fachlich aber besonders engagierten Mitstreitern ist häufig eine kämpferische „Entweder-oder-Haltung" zu bemerken, die dann in „schöner" Regelmäßigkeit zu einem unbefriedigenden „Weder-noch-Ergebnis" führt. Mit Enttäuschung und resignierendem Handtuchwerfen reagiert der eine, der andere flieht in verbohrte Abwehrhaltung, obwohl eine „Sowohl-als-auch-Lösung" beide hätte voranbringen können. Diese Situationen sind alltäglich, typisch für das Aufeinandertreffen von Andersdenkenden und leider eine wesentliche Ursache für die noch viel zu geringe Effektivität der Naturschutzbewegung. Viele hoffnungsvolle Fachleute haben deswegen schon aufgegeben. In der Bevölkerung, bei fachfremden Verwaltungen oder auch in der Industrie ist auf diese Weise oft eine deutliche Abwehrhaltung gegenüber dem Naturschutz genährt worden. Auf der Strecke bleibt dann regelmäßig der „ökologische Nettogewinn", der eigentlich möglich wäre.

Es ist allerhöchste Zeit, daß alle im Umwelt- und Naturschutz engagierten Menschen über die Ursache der häufigen „Patt-" oder „Verlierer-Situation" nachdenken.

5.4.1 Schulungen ergeben nichts, wenn das Wollen nicht gefördert wird

„Die schönsten Pläne sind schon zuschanden geworden
durch die Kleinlichkeit von denen,
die sie ausführen sollten."
Bertolt Brecht (1898–1956)

In normaler Rede werden etwa 50 % der Botschaft über den verbalen Inhalt und 50 % über den gefühlsmäßigen Ausdruck mitgeteilt (Lay, 1989). Das mag viele Menschen zunächst verblüffen, gehört aber längst zum „Handwerkszeug" geschulter Gesprächsführung. Derartige Erkenntnisse reichen jedoch noch viel weiter. Für geschulte Manager oder Führungspsychologen ist es längst kein Geheimnis mehr, daß die Effektivität eines Menschen allenfalls zu 50 % von seinem Wissen und Können bestimmt wird, während die anderen 50 % Ergebnis seiner Außenwirkung, seines Auftretens, seiner rhetorischen Überzeugungskraft usw. sind. Und entsprechend wird die Leistung von Mitarbeitern oder Mitstreitern nur etwa zur Hälfte durch ihr Können gesteuert und zur anderen Hälfte durch ihr Wollen. Wer was tun will, findet einen Weg; wer nichts tun will, findet eine Ausrede.

Von Exupéry stammt die weise Empfehlung: „Wenn du ein Schiff bauen willst, dann trommle nicht Männer zusammen, um Holz zu beschaffen, Aufgaben zu vergeben und die Arbeit einzuteilen, sondern lehre sie die Sehnsucht nach dem weiten, endlosen Meer!"

Die Bedeutung der Außenwirkung oder des Wollens läßt sich grafisch veranschaulichen:

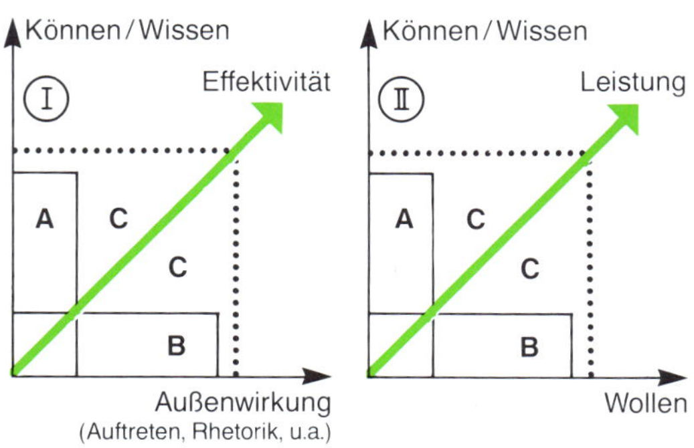

I, A: Fachlich gut qualifiziert, Außenwirkung mäßig, Effektivität: steigerungsfähig.
II, A: Wenn ein fachlich qualifizierter Mitstreiter nicht will (demotiviert ist), bewegt er wenig.
I, B: Gute Außenwirkung, fachlich mäßig: Effektivität steigerungsfähig.
II, B: Ein motivierter, aber fachlich wenig qualifizierter Mitstreiter bewegt ähnlich wenig.
I, C: Fachlich gut qualifiziert, Außenwirkung gut: größte Effektivität.
II, C: Nur fachlich qualifizierte und hoch motivierte Mitstreiter bringen die besten Leistungen.

Abb. 12. Bedeutung der Außenwirkung bzw. des Wollens.

Dreidimensional zusammengefügt ergeben all diese Faktoren etwa das Ziel, das wir anstreben müssen, wenn wir mehr bewegen wollen. Jeder Mitarbeiter, Chef, jedes Teammitglied kennt die Rahmenbedingungen, macht sie sich häufig jedoch nicht bewußt und steuert dann verbissen, ärgerlich, ehrgeizig, nörgelnd oder diktatorisch von einer „Pleite" in die nächste. Wenn wir im Umwelt- und Naturschutz unsere Leistung und Effektivität steigern wollen, dann müssen wir derartige Zusammenhänge beachten lernen. Ich halte heute die Schulung von Naturschützern im menschlichen Führungsverhalten für unbedingt empfehlenswert, ja für erforderlich. Wir brauchen Strategien zur Konfliktminimierung. Jeder Tag ist Motivationszeit, und viele kleine Anmerkungen, Gesten oder Verhaltensweisen bewirken beim Gegenüber äußere und/oder innere Reaktionen, über die man etwas wissen sollte. Das ist alles natürlich leichter gesagt als getan, und es mangelt oft nicht so sehr an gutem Willen, es fehlt ganz einfach die Zeit. Motivation kostet nämlich Zeit! Diejenigen, die führen, müssen bei denjenigen, die geführt werden, Vertrauen genießen. Und dieses Vertrauen fliegt einem Chef in der Regel nicht zu, sondern muß geduldig erarbeitet werden. Akzeptanz und Vertrauen wächst etwa zu gleichen Teilen auf dem Boden der fachlichen und der menschlichen Qualifikation. Dabei ist auch die Wirkung einer gewissen Vorbildfunktion zu bedenken:

Ein positives Vorbild wirkt langsam und wenig,
ein negatives Vorbild wirkt schnell und stark!

Keinem Chef (Vereinsvorsitzenden o.ä.) kann – schon aufgrund seiner knapp bemessenen Zeit – die Mitarbeiter- oder Mitgliedsmotivation immer optimal gelingen. Es muß jedoch eindringlich vor den Folgen autoritären Führungsstils und vor den demotivierenden Wirkungen eines „Verlierer- und Streßkonzepts" bei Mitarbeitern/Mitstreitern gewarnt werden:

Demotivationstreppe:

Stufe 1: Das Wollen wird gebremst, der engagierte Einsatz geht zurück; die persönliche Leistungsbremse führt ganz automatisch zu Dienst nach Vorschrift.

Stufe 2: Ständige Frustration führt zu unterschwelligen Obstruktionserscheinungen, zu übler Nachrede hinter vorgehaltener Hand, zu Cliquenbildung und Aufhetzung der Kollegen („Mobbing").

Stufe 3: Krankmeldungen nehmen zu, Krankfeiern, „innere Kündigung".

Stufe 4: Kündigung oder Versetzung.

Es braucht nicht weiter betont zu werden, daß in unserer schnellebigen Zeit viele Menschen auf den Stufen 1 und 2 dieser Demotivationstreppe zu finden sind. Das ist veränderbar und deutlich zu verbessern, wenn alle (!) Beteiligten die Ursachen kennen und an deren Lösung mitarbeiten. Motivation setzt voraus, daß man weiß, wie man sein Gegenüber motivieren kann, wenn man also etwas über dessen ganz persönliche Bedürfnisstruktur weiß. Trotz großer individueller Unterschiede und Ausprägung dieser oder jener Wünsche gibt es eine Grundstruktur, deren Kenntnis einige Erleichterungen im täglichen Miteinander, aber auch und gerade beim Durchsetzen dieser oder jener Wünsche für den Naturschutz bei Andersdenkenden ergeben.

5.4.2 Nachdenkliches zur menschlichen Bedürfnisstruktur

„Der Frosch trinkt den Teich nicht aus,
in dem er lebt."
Indianisches Sprichwort

Das Durchdenken der menschlichen Bedürfnisstruktur ist für jedes menschliche Miteinander, also auch für das Durchbringen von Wünschen der Naturschützer und für die Umwelterziehung von grundlegender Bedeutung. Auch bei evolutionärer Betrachtungsweise der hierarchischen Ordnung unserer Bedürfnisstruktur und Verhaltensgrundmuster und bei Vergleichen mit Rudeltieren ergeben sich Parallelen.

Grundsätzlich haben befriedigte Bedürfnisse für den Menschen keine oder kaum noch motivierende Wirkung. Das Wollen und Wünschen richtet sich sogleich auf Neues, das man noch nicht hat. Das ist im ganzen Leben so, Zuwachs und die gesamte Werbung in der Wirtschaft leben davon. Aus der Vielzahl stets verbleibender Bedürfnisse wirken die besonders reizvoll, die als nächste als dringlich und wichtig empfunden werden. Aufgrund eingehender Untersuchungen hat z. B. Maslow eine entsprechende Bedürfnispyramide mit fünf Bedürfniskategorien aufgestellt. Diese hierarchische Ordnung besagt, daß der Mensch immer in erster Linie nur für die nächsthöhere Kategorie ansprechbar und motiviert ist, wenn die Kategorie darunter wenigstens zum Teil befriedigt ist. Andererseits bedeutet diese Hierarchie, daß in dem Augenblick, in dem ein bisher befriedigtes Bedürfnis plötzlich nicht mehr befriedigt ist, alle „höheren" Motive in ihrer Ansprechbarkeit blockiert sind (Abb. 13). Das sollten wir durchschauen, weil unser Handeln in der Natur allgemein damit zu tun hat: der übertriebene Trophäenkult von „spä-

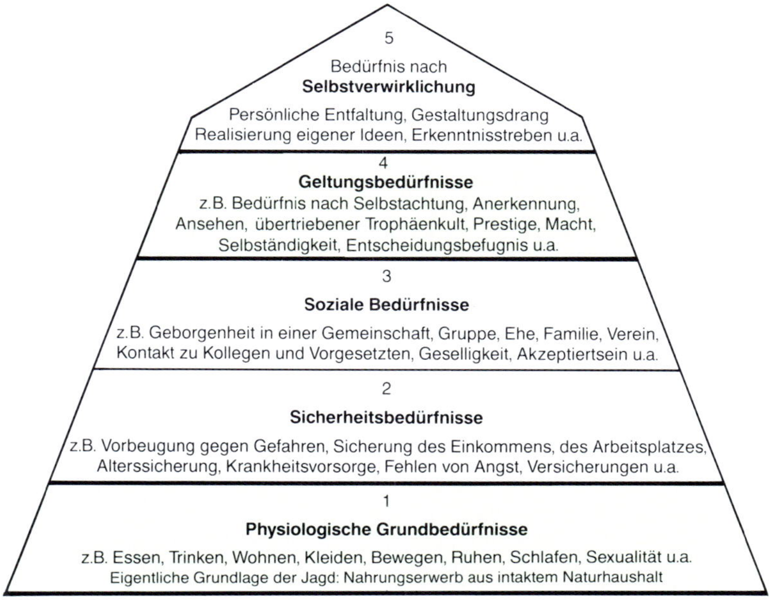

Abb. 13. Menschliche Bedürfnispyramide nach Maslow.

ten Neujägern", „Erfindern" neuer Sportarten, der Drang ins Rekordbuch, das Auffallenwollen um jeden Preis in den Medien usw. sind geradezu klassische Beispiele für die 4. Ebene. Der Mechanismus steckt auch hinter dem Hang zur „Erjagung" von Plaketten, Ehrenzeichen, Urkunden (z. B. bei Volksmärschen, Crossläufen, Sternwanderungen); er war wohl noch nie so verbreitet wie heute.

Über die Bedürfnispyramide und deren hierarchische Ordnung findet übrigens auch der berühmte Ausspruch Bert Brechts „Erst kommt das Fressen, dann kommt die Moral" seine realistische Deutung (1. Ebene). Oder mit Ernst Bloch gesprochen: „Der Magen ist die erste Lampe, auf die Öl gegossen werden muß". Die Extremsituation chronischen Hungers reduziert den Menschen, jeden Menschen, auf eine rein vegetative Existenz. Sie läßt ihn auf eine Stufe des Daseins zurückfallen, auf welcher der Raum für Verhaltensweisen rapide schrumpft, die wir als spezifisch menschlich ansehen. Tief unterhalb der Bewußtseinsebene funktionierende archaische Reflexe und angeborene Handlungsanleitungen übernehmen nun das Regiment und unterwerfen alle Antriebe immer ausschließlicher dem Ziel der Nahrungsbeschaffung (v. Ditfurth). Genetischem Erbe von Lebewesen ganz generell entspricht auch der Drang nach Absicherung gegen alle Arten äußerer Gefahr (2. Ebene). Ganz alltäglich und werbewirksam wird damit heute ein „Supermarkt der Surrogate" betrieben. Da gilt dann das Lockwort „Sicherheit" für den Handel mit Allesklebern, Breitreifen, Deodorant, Wertpapieren, Windelhosen oder Sterbegeld. So maskierbar ist das Angebot an einen lebensdienlichen Sicherungs- und Angstinstinkt.

Das Streben nach Gruppenzugehörigkeit, Rang und Eigenart erwächst ebenfalls aus genetischen Anlagen – und das nicht nur beim Säugetier Mensch (3. Ebene). Es schillert, wenngleich bis zum Aberwitz verkleidet, aus allen wirtschaftlichen, sozialen, modischen Lebensäußerungen industrieller Zivilisation.

Die „Maslowsche Regel", nach der mit der Befriedigung lebensnotwendiger materieller Bedürfnisse psychische Bedürfnisse nach Liebe, Anerkennung und Selbstverwirklichung stärker in den Vordergrund treten, begegnet uns ständig im täglichen Leben (4. Ebene). Wer einigermaßen verdient, kann mit Geld nicht mehr so sehr „hinter dem Ofen hervorgelockt" werden, wohl aber mit der Aussicht auf Prestige und Ansehen. Werbung arbeitet häufig mit dem Versprechen von Prestigezuwachs oder der Verbesserung zwischenmenschlicher Beziehungen. Diese Strategie sollten wir im Interesse der Gesellschaft auch dem Umwelt- und Naturschutz dienstbar machen.

Die Suche nach kompetenten und engagierten Mitgliedern mit der Bereitschaft, Führungs- und Verantwortungsposten zu übernehmen, wird z. B. für Vereine immer schwieriger. Ein bedauerliches, jedoch im Trend der Bedürfnispyramide liegendes Zeitzeichen. Verbesserte Lebens- und Arbeitsverhältnisse, verändertes Freizeitverhalten, Zufriedenheit im eigenen Wirkungskreis wirken als

Motivationsbremse und führen zur Zurückhaltung von Vereinsmitgliedern bei der aktiven Mitarbeit oder gar bei der Vergabe von Funktionsposten. Viele haben eben schon die 4. Ebene erreicht und streben nach Geltung, ein Problem, das uns im Umwelt- und Naturschutzbereich in Sachen „Mitstreiter", „Überzeugung Andersdenkender" oder „Auftreten neuer Naturschäden" zu schaffen macht. Kinder nehmen dabei übrigens – genau wie bei Wildtierarten im Rudel – die elterliche Ebene (entsprechend Rangordnung) ein und sehen daher, wenn nicht erzieherisch konsequent und rechtzeitig gegengesteuert wird, häufig nur wenig Veranlassung, sich um „tiefer" gelegene Bedürfnisse zu kümmern. Ursachen und gleichzeitig Verbesserungsansätze finden sich nicht selten in folgenden Symptomen:

- Manche Mitstreiter sind nur noch dann im Vereinsleben zu intensiver Mitarbeit zu motivieren, wenn sie einen Geltung verheißenden Vorstandsposten einnehmen oder häufig in der Zeitung stehen können. Das Beförderungswesen in der Feuerwehr basiert letztlich ebenso auf diesen Zusammenhängen wie die Flut von Ehrungen, die Vereine vornehmen (müssen).
- „Andersdenkende" kann man auf der 4. Ebene am leichtesten dadurch gewinnen, daß man dezent ihrer Eitelkeit schmeichelt. Das öffentliche Lob, ein Behördenvertreter, ein Politiker oder eine Firma habe sich irgendwo erfolgreich für den Umwelt- und Naturschutz eingesetzt, wirkt Wunder. Verbandsvertreter, die wirklich etwas für den Naturschutz bewegen wollen, müssen lernen darauf zu achten, daß bei Ortsbesichtigungen mit positivem Ergebnis immer die entscheidenden Personen ins rechte „Presse-Bild" gerückt werden; sachmotivierte Naturschützer können sich dabei durchaus im Hintergrund halten.
- Neue Naturschäden treten auf auch als Folge des Mangels an Geltungsbefriedigung, den zunehmend viele Menschen empfinden, die die 4. Ebene erreichen, dort nicht das finden, was sie suchen, und dann auf ganz ausgefallene Ideen kommen. Die vielen neuen Freizeitbeschäftigungen mit immer neuen Öffentlichkeitseffekten (ohne diese geht der Reiz schneller verloren), speziellen Auszeichnungen, Leistungsrekorden, Kombinationen verschiedener Sportarten sind deutliche Zeichen für diese Entwicklung und gehen nicht selten zu Lasten der freien Landschaft und Natur. Der Trend dahin wird sich weiter verschärfen, weil noch längst nicht alle Menschen die 4. Ebene erreicht haben. Letztlich „lebt" auch ein wesentlicher Teil des Automarktes von dieser menschlichen Bedürfnisstruktur.

Dies alles soll nicht kritisiert, sondern lediglich aufgedeckt und als Rahmenbedingung festgestellt werden. Es muß klar gesagt werden, daß die arg in Bedrängnis geratene Natur nicht länger als Kulisse zum Austoben von zuwachsträchtigen Geltungsbedürfnissen herhalten kann.

5.4.3 Die Gewinner-Gewinner-Strategie hilft jedem

„Der Weise gewinnt mehr Vorteile durch seine Feinde als der Dummkopf durch seine Freunde."
Benjamin Franklin (1706–1790)

„Wer im öffentlichen Leben Entscheidungen herbeiführen muß – und das gilt für die gesamte Umwelt- und Naturschutzbewegung – wer Probleme kommunikativ erfolgreich bestehen will, für den ist die ‚Kunst des Überzeugens' unerläßlich."
Eibl-Eibesfeldt bei Cialdini,1992

Die meisten Menschen, die mit jemandem in irgendeiner Form verhandeln, fixieren sich auf das unmittelbare Sachziel. Obwohl die Art und Weise, wie wir miteinander umgehen, von großer Bedeutung ist, erscheint sie oft weniger wichtig als die Sache (Fisher, 1989). Klartext: Häufig reden Menschen (nicht selten aus ungeschulten Reihen der privaten, kommunalpolitischen oder behördlichen Naturschützer) in Auseinandersetzungen, als ob sie an folgende „Theorie der Überzeugungskunst" glauben würden: Je mehr man den Standpunkt des Gegners als völlig irrsinnig oder bösartig in schlechtem Licht erscheinen läßt und je mehr man dem Gegner selbst Irrsinn und Bösartigkeit unterstellt, um so eher wird er bereit sein, einen solchen Standpunkt zu verlassen und sich dem eigenen anzuschließen (Schulz v. Thun, 1989). Das ist im täglichen Miteinander leider eher der Regelfall und der sicherste Weg, trotz guter Argumente eine Bauchlandung zu machen.

Häufig hört man auch: „Mir geht es nur um die Sache." Das ist sicher gut. Doch je eindringlicher diese Versicherung geäußert wird, um so mehr Zweifel sind angebracht. Menschen sind keine Computer, und wenn Menschen miteinander kommunizieren, geht es selten wirklich nur um die Sache. So gut wie immer sind Gefühle beteiligt, spielen Motive mit wie: das Gesicht wahren, recht behalten wollen, sich produzieren, sich rächen, sich lieb Kind machen oder es dem anderen zeigen wollen usw. Tatsächlich gelingt es hierzulande höchst selten, eine Sachkontroverse ohne Feindseligkeit und Herabsetzung zu führen: Der Meinungsgegner wird viel zu oft als Feind und lästiges Übel erlebt und entsprechend behandelt (Schulz v. Thun, 1989). Es ist äußerst bedauerlich, daß gerade auf Kommunal- und Kreisebene häufig nach „Kampfriten“ undurchdachter Verliererkonzepte verhandelt und diskutiert wird, was nur zu Frontstellungen und Verhärtungen im menschlichen Miteinander führt. Das geht so weit, daß selbst in kleinen Städten und Dörfern die Vertreter von Parteien oder Verbänden nicht mehr privat miteinander reden, geschweige denn ein Bier zusammen trinken können. Auf der Strecke bleibt die Sache, um die allein es angeblich geht. In zwei Sätzen hat Lay (1989) gesagt, wie das zu ändern ist:

- „Wer andere Menschen groß macht, wird selber groß; wer andere klein macht, wird selber klein!“
- „Lerne auf den Sieg zu verzichten, um gewinnen zu können! Nicht wenige Anfänger in der Dialektik haben sich schon zu Tode gesiegt.“

Eine sehr erfolgreiche amerikanische Anwältin hat einmal über ihre berufliche Strategie berichtet: „Mein Geheimnis ist Empathie. Ich versuche nicht nur, die Jury dahin zu bringen, daß sie mit mir und meinem Mandanten fühlt, sondern ich fühle mich auch in die Jury ein. Ich versetze mich an ihre Stelle, und deshalb verstehe ich, wie sie auf mich reagieren wird. Deshalb versuche ich, in den ersten Gesprächen soviel wie möglich über die einzelnen Geschworenen in Erfahrung zu bringen. Ich möchte sehen, ob sie sich in meinen Mandanten einfühlen werden, klar, aber es geht auch darum, daß ich mich in sie einfühlen kann.“ (Fast, 1992) All diese Denkansätze münden letztlich in der sog. Gewinner-Gewinner-Strategie, die für uns im täglichen Miteinander und ganz besonders in allen Verhandlungen von großer Bedeutung ist. Sie gibt den anderen die Chance, zusammen mit uns zu gewinnen. Ein knallharter Geschäftsmann erntet beim Verhandlungspartner statt Zustimmung eher Feindseligkeit und Verstimmung, ein kumpelhafter Typ wird schnell übervorteilt und ein gewissenloser Taktiker und dialektischer Trickser büßt seine Glaubwürdigkeit ein (Reck, 1990). Wer beim Tennis verliert, möchte beim nächsten Spiel gegen den gleichen Gegner gewinnen. Das ist völlig normal, gilt prinzipiell jedoch auch bei Verhandlungen, in der Reaktion auf Kritik, auf Lob, auf Geschenke u.a. und bringt uns aber nur scheinbar voran. Die Gewinner-Gewinner-Strategie verfolgt einen völlig anderen Weg. Dabei geht es nicht etwa um eine komplizierte Geheimstrategie, sondern um eine Verhandlungsform, die man intuitiv anwenden, aber auch offen als beiderseitigen Gewinnplan vereinbaren kann (nach Reck, 1990):

1. Eigene Ziele beim Partner/Gegner akzeptabel darstellen;
2. die Ziele des Kontrahenten bestimmen und verstehen;
3. Bereiche abstecken, in denen möglicherweise Übereinstimmung gegeben ist;
4. beiderseitige Gewinnlösungen für die Bereiche entwickeln, in denen wahrscheinlich Meinungsverschiedenheiten bestehen.

So kann man sich übrigens auch gut auf Verhandlungen vorbereiten. Voraussetzung zur Durchführung ist das Aufbauen von Vertrauen, das Worthalten, das Entwickeln einer persönlichen Beziehung, die beiderseitige Fairneß usw., alles Dinge, die man im Gespräch auch anmahnen kann. Am Ende steht, und das wird oft vernachlässigt, der Mensch, der für die Ausführung sorgt. Selbst ein Gesetz kann korrektes Handeln nicht garantieren, da weder Gesetze noch Vereinbarungen, sondern nur Menschen tätig werden. Deshalb ist wichtig: Jeder Verpflichtung folgt die Tat, und für deren Durchführung sind ebenfalls Gewinnerstrategien, Motivationsregeln und Emotionalisierungshilfen erforderlich. Stärkste Motivation für Menschen ist ein zweckgebundenes Feedback – oft genügt schon ein Anruf. Menschen, die zu Leistungen verpflichtet sind, fühlen sich ganz besonders verpflichtet, wenn sie wissen, daß sie gut sind und sie das Gefühl haben, daß ihre Bemühungen auch wirklich gewürdigt werden. Das ist besonders dann der Fall, wenn die Erfüllung einer Vereinbarung nur mit äußerster Anstrengung möglich ist. Konsequent angewandt, erzielt man mit der Gewinner-Gewinner-Strategie nicht nur bessere Ergebnisse, sie macht auch das Leben lebenswerter.

Dazu gehört der Aufwind der mitmenschlichen Beziehungen, andernfalls herrscht auch sachliche Flaute. Ein großer Teil unsachlicher Impulse ist gar nicht aus der (Seelen-)Welt zu schaffen, sie sind Teil der Realität, die man auch in Verhandlungen einkalkulieren muß, sonst wird eine „Schein-Sachlichkeit“ schnell zum Vehikel persönlicher Auseinandersetzungen (Schulz v. Thun, 1989). Auch Drohungen, die zu den meistverwendeten Taktiken bei Verhandlungen gehören, entfallen bei der Gewinner-Gewinner-Strategie. Drohungen können Gegendrohungen provozieren und eine Spirale in Gang setzen, die eine ganze Verhandlung aus dem Gleis bringt und sogar die persönlichen Beziehungen zerstören kann. Drohungen sind eine Form von Druck, und Druck erzeugt oft nichts als Gegendruck. Gute Verhandler haben Drohungen und Druck nicht nötig (Fisher, 1985). Thomas A. Harris beschreibt in seinem bekannten Buch „Ich bin o. K. – Du bist o. K.“ vier Arten der Beziehung zu anderen, die auf neuralgische Punkte aufmerksam machen (nach Zunin, 1989):

1. **Ich bin o. k. – Du bist o. k.:** Eindeutig die ideale Identitätseinstellung, die jemanden porträtiert, der sich selbst achtet, Menschen mag und akzeptiert und zu einer positiven Beurteilung der Menschheit neigt: Grundlage der Gewinner-Gewinner-Strategie.
2. **Ich bin o. k. – Du bist nicht o. k.:** Im Prinzip die Position dessen, der zwar ein gutes Selbstkonzept hat, aber im allgemeinen findet, daß „die

Leute nichts taugen". Dieser Mensch schätzt eine Handvoll Freunde, Verwandte und Vertraute, sieht aber sonst die Menschheit in einem ungünstigen Licht: Neigung zum Belehren, Ermahnen, Besserwissen, Zurechtweisen und damit zur Demotivation.

3. **Ich bin nicht o. k. – Du bist o. k.**: Hier haben wir eine Versageridentität, gekoppelt mit dem Eindruck, der Rest der Menschheit sei glücklich und erfolgreich. Das Minderwertigkeitsgefühl beschert einem Mitarbeiter, die alles zurückdelegieren, also Entscheidungen meiden. Hier liegt auch das Anspruchsdenken gegenüber der Gesellschaft begründet.
4. **Ich bin nicht o. k. – Du bist nicht o. k.**: Diese Menschen sind der Ansicht, daß die ganze Menschheit nichts taugt, sie selbst eingeschlossen. Ständige Konflikte sind programmiert.

In welche dieser vier Kategorien würden Sie sich einordnen? Je mehr Sie von sich halten, desto mehr halten Sie auch von anderen. Daraus folgt, daß es mit Ihren Kontaktchancen trübe aussieht, wenn Sie meinen, die meisten anderen Menschen seien Ihnen überlegen. Das Bedürfnis nach verbalem Umgang ist eine der stärksten Triebfedern des Menschen. Wenn man seine Bewußtheit, die Art zu sprechen verbessert und lernt, umfassend und klar mit anderen zu kommunizieren, ist schon eine große Hürde zum erfolgreichen Verhandeln überwunden. Jeder Mensch braucht ein gesundes Maß Selbstachtung, will sich anziehend und wichtig fühlen. Wenn andere uns nicht achten, sind wir wütend und verletzt. Und wenn wir selbst von uns nichts halten, sind wir unsicher und unglücklich (Miller, 1988). Normalerweise bringen wir Selbstwertgefühl und Kommunikation nicht miteinander in Verbindung. Doch es besteht ein enges und entscheidendes Band zwischen beiden, wie in Worten, Tonfall, Körperhaltung, Gesichtsausdruck und Gesten offenbar wird. Sie spiegeln unser Selbstvertrauen und beeinflussen den Respekt, den uns andere entgegenbringen – oder eben nicht.

Gesundes Selbstwertgefühl äußert sich in der Bereitschaft, Verantwortung für sich und seine Handlungen zu übernehmen, statt die Schuld dafür dem Wetter, dem Ölpreis, der Herzlosigkeit der Bank, der Dickköpfigkeit des Partners oder den unvernünftigen Anforderungen des Chefs zu geben. Akzeptanz und Selbstverantwortung haben einen gewaltigen Einfluß auf die Qualität unserer Kommunikation. Nur wenn man sich selbst gegenüber gerecht und voller Achtung ist, ist man zu offener Kommunikation fähig und kann andere mit Gerechtigkeit und Achtung behandeln. Ziel ist die Art von Kommunikation, mit der die Menschen zeigen, daß sie von sich und ihrem Partner eine hohe Meinung haben. Ohne diese Grundlage gegenseitiger Achtung kann man nicht aufrichtig miteinander verkehren. Die Fähigkeit, Wertschätzungen aufzubauen oder zu zerstören, bleibt in unserer Hand. Auch wenn wir keine Selbstachtung bei unserem Partner schaffen können, können wir doch eine helfende Hand reichen und eine Beziehung anregen, die Wertschätzung fördert, statt sie zu vernichten (Miller, 1988). Von großem Vorteil ist dabei, eine Art „Wir-zählen-beide-Position" mit dem Partner, dem Mitstreiter oder dem Kontrahenten schrittweise aufzubauen.

Folgende „Goldene Regeln" lassen sich nach Fisher (1989) zu Verhaltens- und Verhandlungsgrundsätzen zusammenfassen, die jeder Anwender der Gewinner-Gewinner-Strategie schnell als die eigenen akzeptieren kann:

1. **Vernunft.** Da ich möchte, daß Ihr Handeln auf Ihrer Symphatie für mich basiert, lasse ich mich bei meinem Handeln nicht von Vernunft, sondern von meiner Sympathie für Sie leiten.
2. **Verständnis.** Da ich möchte, daß Sie meine Einschätzung der Situation für richtig halten, akzeptiere ich Ihre Einschätzung.
3. **Kommunikation.** Da ich Sie nicht mit meinen Problemen behelligen möchte, ist es nicht erforderlich, daß wir uns über unsere Meinungsverschiedenheiten unterhalten.
4. **Vertrauenswürdigkeit.** Da ich möchte, daß Sie vollkommenes Vertrauen zu mir haben, vertraue ich Ihnen vollkommen.
5. **Druck/Überzeugung.** Da ich möchte, daß Sie meinen Forderungen nachgeben, gebe ich den Ihren nach.
6. **Akzeptieren.** Da ich möchte, daß Sie meine Interessen und Ansichten als vorrangig akzeptieren, erkenne ich die Ihren als vorrangig an.

Grundlage ist die sog. Vergeltungsregel, die positiv im Sinne von „Gib und nimm", negativ im Sinne von „Wie du mir – so ich dir" wirkt. Der Automatismus sich zu revanchieren und das Gefühl des Verpflichtetseins, das Hand in Hand mit ihm geht, herrscht überall. Es gibt keine menschliche Gesellschaft, die sich dieser Regel nicht unterwirft. Die Werbung macht sich das zunutze: Ein Hersteller, der Gratisproben verteilt, kann den üblichen Zwang des Sich-revanchieren-Müssens freisetzen. Er verschenkt etwas und tut so, als wolle er lediglich die Kunden informieren. Vielen, denen im Supermarkt ein Käsehäppchen angeboten wird, fällt es schwer, nur den Zahnstocher zurückzugeben und dann weiterzugehen. Statt dessen kaufen die Leute etwas, auch wenn ihnen das Produkt vielleicht nicht einmal sonderlich geschmeckt hat (Cialdini, 1992). Es gilt in der menschlichen Zivilisation eine Verpflichtung zu geben, eine Verpflichtung zu nehmen und eine Verpflichtung zu vergelten. Diese Verpflichtung ist als soziale Gesetzmäßigkeit evolutionär vorgegeben, sie beherrscht unser Leben und ist letztlich eine Grundlage für die Funktion der Gewinner-Gewinner-Strategie unter Beachtung unserer Bedürfnisstruktur.

Darin liegt eine Art Lebensmaxime begründet,

die wir nicht mißachten und schon gar nicht mißbrauchen dürfen. Die Mittel der Dialektik müssen dieser Maxime unterworfen bleiben. Dialektik darf nicht individuellem oder kollektivem Egoismus dienen (Verein, Partei oder dergleichen).

Diese Form der Dialektik schadet auf Dauer nur dem „Sender" und nicht zuletzt auch der gesellschaftlichen Ordnung. Der Ruf der endenden 60er Jahre nach Entmachtung der Manipulateure sollte uns warnen. Verantwortungsvolle Dialektik muß sittliche Normen stets einschließen:

1. Will ich das Verhalten oder die Einstellung des anderen zu seinem Schaden verändern, ist solches Tun in jedem Fall sittlich verwerflich.
2. Bedenke ich einen möglichen Schaden des anderen mehr oder weniger fahrlässig nicht, so handle ich ebenso sittlich verwerflich.
3. Lasse ich den Schaden des anderen zu, muß ich dafür wichtige Gründe haben – etwa seinen größeren Gesamtnutzen oder einen erheblichen Nutzen des Gemeinwesens oder den Nutzen vieler anderer Menschen. Überzeugungsdialektik wird nur in den Händen einer sittlich-gebildeten Persönlichkeit sittlich sein. Der Dialektiker wird sich also stets nach der sittlichen Verantwortbarkeit seines Tuns fragen müssen (Lay, 1989) und ehrlichen Herzens auf die Menschen zugehen, sie nach der Art der Gewinner-Gewinner-Strategie behandeln und auf ihre Bedürfnisse eingehen.

Wer Menschen nicht da abholt, wo sie ihre Interessen (Grundbedürfnisse, siehe Maslow), Stimmungen, Erwartungen ansiedeln, wird sie kaum irgendwohin begleiten können. Und alle Dialektik bedeutet doch, ein Stück Wegs gemeinsam zu gehen (Lay, 1989).

Man kann im zwischenmenschlichen Umgang „Liebe" als Wegweiser interpretieren, der für all das steht, was Gegensätze überwindet und miteinander aussöhnt: das Akzeptieren und Geltenlassen des Mitmenschen auch und gerade in seiner Andersartigkeit; das Bemühen, sich einfühlend in seine Welt zu versetzen; der Mut, sich zu öffnen und anzuvertrauen, mit dem Risiko, verletzt zu werden (es muß ja nicht gleich „seelischer Striptease" sein). Dazu gehört in distanzierten Beziehungen wohl auch jene Höflichkeit, die den anderen nicht abwertet, was auch immer man von ihm halten mag (Schulz v. Thun, 1989). Ein auf Verständnis und Versöhnlichkeit gerichtetes Prinzip gilt übrigens auch für harte Auseinandersetzungen, für die Bereitschaft, Gegensätze und Konflikte wenn nötig unerbittlich auszufechten. Streiten verbindet, allerdings nur – und das muß betont werden – in „liebendem Kampf". Andernfalls droht jene ungebremste Eskalation von Kränkungen, die nach den Verpflichtungsregeln in blanken Haß und gegenseitige Zerfleischung mündet. Diese Gefahr kennt jeder, weniger bekannt ist die „Gegengefahr", die sich aus zuviel Friedlichkeit und Höflichkeit ergibt und die Schulz von Thun (1989) recht treffend als „Friedhöflichkeit" bezeichnet hat.

Die Gewinner-Gewinner-Strategie ist bei großen und kleinen Problemen des menschlichen Miteinanders die überzeugendste, am leichtesten erlernbare und effektivste Strategie zur Konfliktminimierung. Sie ist der gesamten Umwelt- und Naturschutzbewegung zu empfehlen, deren Mitglieder aus dem Stadium des „Gegen-eine-Gummiwand-Anlaufens" herauskommen müssen. Sie ist ein ausgesprochenes Positivkonzept. Ganz im Gegensatz dazu steht ein autoritärer Führungs- und Verhandlungsstil, der eindeutig den Verlierer- und Streßkonzepten zuzuordnen ist, während der ebenfalls verbreitete Gleichgültigkeitsstil (alles laufen lassen) letztlich auch nur ein Verlierer-Verlierer-Konzept darstellt.

5.4.4 Die pluralistische Gleichgültigkeit – eine „normale" Rahmenbedingung für Umwelt- und Naturschutzstrategien

„Wie ohnmächtig auch die guten und gerechten Menschen sein mögen, sie allein machen das Leben lebenswert."
Albert Einstein (1879–1955)

Eine gruppendynamische Erscheinung, die die erschreckende Reaktionsarmut der Bevölkerung auf den Arten- und Lebensraumschwund ein wenig erhellt, ist die Gleichgültigkeit als konditionierter Reflex bei den Menschen in Großstädten gegenüber dem Nachbarn und seinen Problemen.

Zwei amerikanische Psychologieprofessoren sind dem unerklärlich erscheinenden Vorfall nachgegangen, bei dem in New York eine Frau überfallen wurde, 38 Zeugen zusahen und niemand zum Telefon griff. In einem Millionenmeer von Menschen bleibt einem schon aus Gründen des seelischen Selbstschutzes offenbar fast nichts anderes übrig, als sie möglichst weitgehend zu ignorieren. Die beiden Professoren fanden heraus, daß niemand geholfen hatte, gerade weil es so viele Beobachter gegeben hatte. Dafür fanden sie zwei Hauptgründe: Wenn mehrere potentielle Helfer in der Nähe sind, verringert sich die persönliche Verantwortung des einzelnen. „Vielleicht gewährt oder holt jemand anders Hilfe, vielleicht hat es auch schon jemand getan." Wenn also jeder denkt, daß irgendein anderer hilft oder schon geholfen hat, tut es letztlich niemand.

Der zweite Grund ist der psychologisch interessantere. Er basiert auf dem Prinzip der gesellschaftlichen Bewährtheit und dem Effekt der pluralistischen Unwissenheit. Sehr oft ist ein Notfall nicht auch ohne weiteres als solcher zu erkennen. Ist der Mann, der auf der Straße liegt, das Opfer eines Herzanfalls oder ein Betrunkener, der seinen Rausch ausschläft? Sind die kurzen, harten Geräusche auf der Straße Pistolenschüsse oder die Fehlzündungen eines Autos? Ist der Aufruhr nebenan ein Angriff auf einen Menschen, der die Anwesenheit der Polizei erfordert, oder lediglich ein besonders lauter Ehekrach, bei dem ein Eingreifen unangebracht und unerwünscht wäre? In solchen Augenblicken der Unsicherheit besteht die natürliche Neigung zu schauen, was die anderen machen. Aufgrund des Verhaltens der anderen Zeugen können wir feststellen, ob es sich bei dem Vorfall um einen Notfall handelt oder nicht. Was jedoch leicht vergessen wird, ist, daß auch alle anderen, die den Vorfall beobachten, wahrscheinlich nach dem sozialen Augenschein gehen. Und da wir alle im Beisein anderer gern gefaßt und ruhig wirken, werden wir mit kurzen, verstohlenen Blicken auf die Umstehenden nach solchen Anzeichen suchen. Daher wird wahrscheinlich jeder jeden gleichmütig und untätig sehen. Das Ereignis wird folglich nach dem Prinzip des gesellschaftlich Bewährten als im großen und ganzen nicht gefährlich bewertet. Dies ist der Zustand der pluralistischen Unwissenheit, bei dem jeder entscheidet, daß alles in Ordnung ist, da niemand Besorgnis zeigt.

Fazit: Für das Opfer eines Notfalls kann der Gedanke der „Sicherheit durch die Zahl“ oft völlig falsch sein. Durchaus denkbar, daß jemand, der dringend Hilfe braucht, eine bessere Überlebenschance hätte, wenn nur ein Zuschauer in der Nähe wäre und nicht eine ganze Gruppe.

Um diese ungewöhnliche These zu überprüfen, führten die beiden Professoren ein eindrucksvolles Forschungsprogramm durch: Sie inszenierten Notfälle, die entweder von nur einer Person oder einer ganzen Gruppe beobachtet wurden, und registrierten, wie oft das Opfer unter den gegebenen Umständen Hilfe erhielt. Beim ersten Experiment erhielt ein New Yorker Student, der scheinbar einen epileptischen Anfall hatte, in 85 % der Fälle Hilfe, in denen nur ein Passant zugegen war, aber nur in 31 % der Fälle, in denen fünf Zuschauer anwesend waren. Da fast alle Einzelzuschauer halfen, spricht wenig für die Behauptung, wir lebten in einer „kalten Gesellschaft“, in der sich niemand um den notleidenden Menschen kümmere. Offenbar hatte es mit der Anwesenheit anderer Umstehender zu tun, daß in so beschämend wenigen Fällen Hilfe geleistet wurde.

In anderen Studien wurde die Bedeutung der gesellschaftlichen Bewährtheit als Ursache für die verbreitete „Teilnahmslosigkeit“ von Zeugen untersucht. Das geschah, indem man in eine Gruppe von Zeugen eines möglichen Notfalls Personen schleuste, die die Anweisung hatten, so zu tun, als ob kein Notfall vorläge. Es meldeten zum Beispiel 75 % der Einzelzeugen, daß sie Rauch unter einer Tür hatten hervorquellen sehen; bestanden Gruppen aus drei Personen, wurde der Rauch in vergleichbaren Situationen nur in 38 % der Fälle gemeldet. Am wenigsten Umstehende griffen ein, wenn sich in der Dreipersonengruppe zwei Personen befanden, die die Anweisung hatten, den Rauch nicht zu beachten; unter diesen Bedingungen wurde der Rauch in nur 10 % der Fälle gemeldet. In einem ähnlichen Versuch in Toronto leisteten Einzelzeugen in 90 % der Fälle Hilfe, aber nur in 16 % der Fälle, wenn ein Zeuge im Beisein zweier anderer Zeugen war, die untätig blieben. Die Chancen eines Unfallopfers auf Hilfe sinken mit der Zahl der Umstehenden, also vor allem in der Stadt:

1. Im Gegensatz zu ländlichen Gegenden sind Städte lärmendere, aufreibendere und sich schneller wandelnde Plätze, an denen es schwerfällt, Sicherheit über die Art eines Vorfalls zu erhalten.
2. In Städten ballen sich die Menschen; folglich ist es wahrscheinlicher, im Beisein anderer zu sein, wenn man Zeuge einer möglicherweise gefährlichen Situation wird.
3. Die Stadtbewohner kennen einen sehr viel kleineren Prozentsatz ihrer Mitbürger als die Menschen in Kleinstädten; die Wahrscheinlichkeit ist demnach größer, daß Stadtbewohner in einer Gruppe Fremder stehen, wenn sie einen Notfall beobachten.

Diese drei natürlichen Eigenarten des städtischen Umfeldes – die verwirrende Hektik, die vielen Menschen und das geringe Maß der Bekanntheit untereinander – passen sehr gut in das Bild geringerer Hilfsbereitschaft bei Umstehenden, das die Untersuchungen ergeben haben. Ohne also Zuflucht zu so finsteren Konzepten wie „urbane Entpersönlichung“ und „großstädtische Entfremdung“ nehmen zu müssen, können wir erklären, warum es in unseren Städten so viele Fälle von Hilfeblockaden gibt (Cialdini, 1992).

Im übertragenen Sinn haben diese Beobachtungen und Forschungsergebnisse auch etwas mit „Gruppendruck“ (eine wichtige Ursache des Alkoholismus) zu tun. Alle reden vom Naturschutz, aber keiner tut was! Letztlich steckt Gruppendruck dahinter, der den Großteil der Bevölkerung in überlegen scheinender Teilnahmslosigkeit verharren läßt, obwohl jeder einzelne gerade für Naturschutzdinge durchaus sehr ansprechbar ist.

Auch dies ist eine sehr wichtige Rahmenbedingung für eine Natur- und Umweltschutz-Strategie, die nur schrittweise zum Erfolg kommen kann:

- Einzelne und kleine Gruppen müssen mobilisiert werden. Darauf wird sich die Umweltbildung einzustellen haben.
- Stark frequentierte Nationalparke und Biosphärenreservate entwickeln Naturkleinodien und regen zur Nachahmung an (Mitreißeffekte).
- Positive Beispiele (sehen und erleben für jedermann) werden an mehr und mehr Orten auch im Kleinen geschaffen.
- Der Gruppendruck beginnt sich bei den positiven Beispielen bemerkbar zu machen und „zwingt" zu Nachahmeffekten.
- Selbsterziehung als Folge des Gruppendrucks sorgt für weitere Multiplikatoreffekte. Störungen im menschlichen Lebensraum in Sachen Umwelt- und Naturschutz müssen von der Mehrheit geächtet werden; der einzelne wird sich dann immer schwerer tun, sein verwerfliches Handeln beizubehalten.

5.4.5 Weitere Einzelempfehlungen zum Gewinnen von engagierten Verbündeten

„Ich bin ich und du bist du.
Ich bin nicht auf der Welt, um so zu sein,
wie du mich haben willst –
und du bist nicht auf der Welt,
um so zu sein, wie ich dich haben will."
Fritz Perls

Aktives Zuhören ermöglicht das wichtige Eingehen auf den Gesprächspartner. Das flache Geplätscher vieler Unterhaltungen hat seine Ursache im „Aneinander-vorbei-Hören" (Walters, 1990). Unterbrechende Fragen zeugen von aktivem Zuhören. Sie sollten möglichst nicht mit ja oder nein beantwortet werden können, sondern mehr Spielraum für den anderen bieten. Also z. B. nicht: „Gefällt Ihnen Hamburg?", sondern: „Was mögen Sie an Hamburg?" (W-Fragen: was, warum, wann, wo usw.) Auch die Rückmeldung über das, was gesagt wurde, ist als Zwischenfrage gut geeignet, z. B. „Habe ich Sie richtig verstanden, Sie wollten sagen..." (Fisher, 1985). Die Grundprinzipien des aktiven Zuhörens und des daraus resultierenden zwischenmenschlichen Kontakts gelten auch für Ärzte, Psychotherapeuten, Zahnärzte, Sozialarbeiter, Architekten, Anwälte und Geistliche und ihre Patienten, Klienten oder Gemeindemitglieder. Bewußte Menschen in diesen Berufen lernen, ihre Privatprobleme daheim oder in der Schreibtischschublade zu lassen und sich um Menschen zu kümmern, die mit Ängsten, Geldsorgen, Krankheit, Trauer oder Familienkrisen zu ihnen kommen (Zunin, 1989).

Angst gehört zu unseren evolutionsbiologisch vorgegebenen Überlebensprinzipien. Als Streßvariante bremst sie die Haupthirnfunktion (Angst macht dumm) und aktiviert den Adrenalin-Haushalt des Körpers (riechbar übrigens z. B. für Hunde, deren Aggressionshaltung manchmal dadurch stimuliert wird). Ängste abzubauen (lockern, lächeln) gehört zu den Grundanliegen einer motivierenden Gesprächsführung.

Andere Meinungen führen selbstverständlich zu Widersprüchen. Darauf darf niemand beleidigt reagieren. Gegen diese Gesprächsregel wird wohl besonders oft verstoßen. Sehr deutlich läßt sich die Wurzel solchen Verhaltens bis in die Kindheit zurückverfolgen. Zugrunde liegt nämlich die Art und Weise, in der wir als Kinder Kritik empfangen und empfunden haben. Sehr oft kritisieren Eltern nicht die mehr oder weniger schlimmen Missetaten ihrer Kinder, sondern die Kinder als Personen. Für Kinder bedeutet solche Kritik ein Infragestellen ihrer ganzen Existenz, und sie reagieren dann auch als Erwachsene in der entsprechenden Weise auf Widerspruch. Die Meinung des anderen verdient die gleiche Achtung und Beachtung wie unsere eigene. Ansichten sind das Ergebnis von Erfahrungen. Manchmal ziehen wir die falschen Schlüsse aus unseren Begegnungen mit der Umwelt, da aber die Erfahrungen in jedem Fall „echt" waren, gibt es keinen Grund zur Mißachtung des betreffenden Menschen (Walters, 1990).

Appelle können Urhebererlebnisse praktisch ausschließen, weil sie demotivierend wirken. Sie spielen in der Mitarbeiterführung eine problematische Rolle. Ein 14jähriger Junge, dessen Eltern das Wochenende auswärts verbringen wollten, hatte sich vorgenommen, den Garten umzugraben, um seinem heimkehrenden Vater eine freudige Überraschung zu bereiten. Beim Abschied sagte der Vater: „... und solltest du ganz große Langeweile haben, dann kannst du ja vielleicht einmal den Garten umgraben." Ein innerer Aufschrei der Enttäuschung – alles war verdorben. Der Junge konnte den Garten nicht umgraben, da ihm diese Handlung durch den Appell entwertet war. Allgemein ausgedrückt: Eine Handlung ändert ihre psychologische Qualität, sobald sie appellgemäß erfolgt. Es scheint ein grundlegender Wunsch von Menschen zu sein, sich zumindest in einigen Lebensbereichen als Urheber der eigenen Handlung zu fühlen. Der gut gemeinte Appell beraubt den Empfänger dieses Urhebererlebnisses (Schulz von Thun, 1989). In der Praxis bedeutet das, daß der engagierte Mitarbeiter (Verbündete) einen (appellfreien) Spielraum haben muß, um diese Urhebererlebnisse zu haben, und daß er auch Fehler machen darf, die der Vorgesetzte mitträgt. Wer viel bewegt, macht viele Fehler, nur wer nichts bewegt, macht keine Fehler. „Wer seiner Führungsrolle gerecht werden will, muß genug Vernunft besitzen, um die Aufgaben den richtigen Leuten zu übertragen, und genug Selbstdisziplin, um ihnen nicht ins Handwerk zu pfuschen." (Theodore Roosevelt)

Begeisterung läßt schnell Funken überspringen. Je enthusiastischer man ist und je mehr dem Gesprächspartner verbunden, um so sicherer und mitreißender wirkt man bei positiver Grundausstrahlung. Man beschränke sich deshalb auf Themen, mit denen man wirklich verbunden ist, und konzentriere sich im übrigen auf aktives Zuhören. Redner mit einer umfassenden Allgemeinbildung, Redner, die gewöhnt sind, viel zu lesen, besitzen meist beides – Enthusiasmus und Sicherheit.

Besserwisserei ist mit dem Ausdruck „Besser-Wessi" in den Ruf gekommen, der dieser Einstellung gebührt. Niemand mag „Besserwisser", obwohl diese es doch meist gut meinen. Die Ursache liegt darin, daß typische „Besserwisser" eine Akzeptanz gar nicht erst aufbauen, nicht zuhören, nicht nach Ursachen forschen, sondern gleich spontan und ungefragt betonen, wie man es besser machen könnte.

Blickkontakt ist ein wichtiger Teil der Zuwendung im Gespräch oder in der Verhandlung. Beim Zuhören wird er dauernd angeboten oder nur aus Gründen unterbrochen, die der Sprecher versteht. Beim Sprechen wird er nur in Phasen zwischen 5 und 10 Sekunden aufgenommen und seitlich weggenommen – eine Wegnahme nach oben oder nach unten bedeutet in aller Regel Distanzvergrößerung (Lay, 1989). Bei naher Gesprächsdistanz schaut man dem Partner in ein Auge (nicht zu häufig hin und her wechseln), bei Distanzen von über 150 cm zielt der Blick zwischen die Augen.

„Brainstorming" (= Ideensammeln) ist in einer Gruppe sehr motivationsfördernd, wenn die Grundregel, jegliche Kritik und Bewertung von Ideen streng zu vermeiden, auch wirklich eingehalten wird. Nichts schadet der Erfindungskraft so sehr wie kritischer Sinn, der nur darauf wartet, die Kehrseite der neuen Idee vorzuführen (Fisher, 1985). Kein Teilnehmer darf Angst haben, daß er als „dumm" oder „exzentrisch" dasteht. Erst am Schluß erfolgt über die Gruppe eine Markierung der aussichtsreichsten Ideen, dann die Suche nach Verbesserungen der aussichtsreichsten Ideen und erst dann die Entscheidung über das weitere Vorgehen.

Distanzen spielen – ähnlich wie in der Tierwelt – auch beim Menschen eine große Rolle und müssen eingehalten werden. Der Anthropologe Hall hat vier fest umrissene Distanzen und Zonen definiert, die für die meisten Menschen gelten (nach Zunin, 1989; Lay, 1989):

1. Intime Zone: Gesicht, Körper plus ca. 10 bis 20 cm. Für das Wohlbefinden und die Sicherheit wichtige Zone, in die man beim Gesprächspartner nicht eindringen darf.
2. Persönliche Zone: Bereich, in dem man nahe bei jemandem stehen kann, ohne in die intime Zone einzudringen (ca. 20 cm bis 1 m).
3. Soziale Zone: Abstand von ca. 1 m.
   Zone für:
   a) persönliche Gespräche (ca. 80 bis 150 cm),
   b) sachliche Gespräche (ca. 1 bis 3 m),
   c) Vorgesetztengespräche (ca. 2 bis 4 m).
4. Öffentliche Zone: Distanz, in der man anderen nicht nahe ist, sich wohl aber ihrer Anwesenheit bewußt ist.

Das Erscheinungsbild übermittelt die Botschaft. Die Anthropologin Margaret Mead gab einmal US-Präsident Carter folgenden Rat: „Es spielt keine Rolle, was Sie sagen. Wie Sie aussehen, darauf kommt es an." (Fast, 1992) Es beweist sich – leider – immer wieder: Kleider machen Leute. Unkonventionelle Kleidung signalisiert einen lockeren Lebensstil. Eine spießig aufgemachte Person, ein Punk, Frauen mit strenger Frisur oder losem Haar, Männer mit Schnauzer oder Vollbart, ein Mädchen im kurzen Rock und Netzstrümpfen – sie alle zeichnen ein Bild von ihrer Persönlichkeit und ihrem Lebensstil, auf das wir reagieren (Zunin, 1989). Das kann man nun positiv oder negativ beeinflussen, und das zu wissen, ist dadurch auch für alle Naturschützer von Bedeutung, die Multiplikatoreffekte erzeugen oder positive Verhandlungsergebnisse erzielen wollen. Sozialwissenschaftler sprechen von „Halo-Effekten", wenn eine positive Eigenschaft eines Menschen die Sicht beherrscht, die andere von dem Betreffenden haben. Von zwei Experimenten in Amerika hinsichtlich der Wirkung von verschiedener Kleidung berichtet Cialdini (1992):

Ein Bittsteller hielt in einer Stadt Fußgänger an und zeigte auf einen Mann, der etwa 15 Meter entfernt an einer Parkuhr stand. Der Bittsteller, mal zivil gekleidet, mal in der Uniform eines Wachmannes, sagte jedesmal das gleiche: „Sehen Sie den Mann da drüben an der Parkuhr? Seine Parkuhr ist abgelaufen, aber er hat kein Kleingeld. Geben Sie ihm ein 10-Cent-Stück!" Der Bittsteller drehte sich dann um und ging um die nächste Ecke, so daß er, als der Fußgänger die Parkuhr erreichte, außer Sicht war. Fast alle Passanten folgten der Anweisung, wenn der Bittsteller Uniform trug, aber nicht einmal die Hälfte tat es, wenn er zivil gekleidet war.

Auch ein Anzug hat einen Autoritätsstatus und kann bei völlig Fremden Ehrerbietung auslösen. Bei Untersuchungen in Texas mißachtete ein 31 Jahre alter Mann die Verkehrsregeln und überquerte die Straße mehrere Male bei Rot. In der Hälfte der Fälle trug er einen frisch gebügelten Maßanzug und Krawatte, in der anderen Hälfte ein Arbeitshemd und Hosen. Die Wissenschaftler sahen aus der Ferne zu und zählten, wie viele der ebenfalls an der Kreuzung wartenden Fußgänger ihm über die Straße folgten. Wie dem Rattenfänger von Hameln folgten dem Verkehrssünder im Maßanzug dreieinhalbmal so viele Fußgänger. Anzug und Uniform sind also eine Art Autoritätstracht.

Fehler sollte man nur dann entlarven, wenn die Entlarvung ohne Sympathieverlust möglich ist oder wenn der Sympathieverlust nach einer Güterabwägung in Kauf genommen werden kann (Lay, 1989).

Eine freundliche Miene fördert stets positive Reaktionen und muntert effektvoll auf. Ein echtes Lächeln ist wie der Bug eines Eisbrechers, der sich durch eine potentiell feindliche Umwelt bewegt. Es schafft Wohlwollen (Zunin, 1989). Die alten Volksweisheiten „Kopf hoch" oder „Mach ein glückliches Gesicht", „keep smiling" sind tatsächlich berechtigt. Sie schaffen ein freudiges, auf Erfolg programmiertes Klima (Fast, 1992).

Der Gesprächsstart bestimmt die Grundatmosphäre der gesamten Verhandlung. Besonders wichtig sind die ersten vier Minuten, in denen man am besten immer die drei Ps berücksichtigt: positiv, persönlich, passend. Innerhalb von vier Minuten können zwei Menschen erreichen, daß sie sich behaglich und akzeptiert fühlen (Zunin, 1989). Man sollte gerade zu Beginn alles vermeiden, was den Partner abstoßen könnte, z. B. Imponiergehabe, zu saloppe oder förmliche Kleidung, Egozentrik, Langatmigkeit, Anbiedern (kumpelhaftes Benehmen), Mißlaunigkeit, Meckern, verbissene Mimik usw. (Lay, 1989).

Gleichberechtigung (Ebenbürtigkeit) bietet in der Wirkung eine gute Gesprächsrichtschnur. Jede Demonstration der Überlegenheit (in dialektischer Taktik, in intellektuellen Fähigkeiten, Einfluß und Macht, Einkommen usw.) erzeugt Abwehr (Lay, 1989). Jede Form der Rechthaberei ist zu vermeiden.

Grundlegende Orientierungen bestimmen entscheidende Wesensmerkmale der Menschen. Zunin (1989) kommt zu dem Schluß, daß es vier grundlegende Orientierungen gibt:

1. Menschen, die nur das Negative sehen.
2. Menschen, die nur das Positive sehen.
3. Menschen, die beides sehen, zuerst aber nach dem Negativen suchen.
4. Menschen, die beides sehen, aber zuerst nach dem Positiven suchen.

Menschen der vierten Kategorie sind seelisch gesünder, glücklicher und am angenehmsten im Umgang.

Gruppengrößen begründen eigene Gesetzmäßigkeiten. Bei größeren Gruppen und längeren Diskussionen kommen zwingend über psycho-soziale Mechanismen gruppendynamische Prozesse in Gang, die Verhandlungen erschweren und gute Ergebnisse herauszögern. Die 2er-Gruppe ist eine „Intimgruppe". Die 3er-Gruppe ist instabil, weil einer oft deplaziert ist. Die Leistung sinkt bei 3 häufig gegenüber 2. Der Einfluß zielt immer auf den einzelnen, von einzelnen kommt auch die Rückkopplung z.B. in Form von Leistung. Die günstigste Teilnehmerzahl bei Verhandlungen ist 4 oder 6 (den Leiter nicht eingerechnet). Sollte die Zahl der Teilnehmer größer sein müssen, ist eine Vordiskussion mit entsprechend kleinem Teilnehmerkreis gegebenenfalls empfehlenswert. Bei der Wahl der Sitzposition in einer wichtigen Verhandlung ist übrigens der Platz rechts oder halbrechts vom Leiter (Lay, 1989) oder gegenüber vom vermeintlichen Gegner am günstigsten zu beurteilen.

Klatsch macht leicht viele Gesprächsteilnehmer zu passiven Mittätern, solange diese nichts dagegen unternehmen. Mit einer positiv-freundlichen Bemerkung sollte man versuchen, das Thema zu wechseln. Klassisch ist der Spruch, den man anbringt, wenn ein gemeinsamer Freund heruntergemacht wird – „Komisch, er hat über Sie immer nur Gutes zu sagen" (Zunin, 1989).

Kritik sollte nur mit äußerster Zurückhaltung geäußert werden. In der Regel ist sie der zwischenmenschlichen Beziehung nicht förderlich. Funktionieren mag sie bei gut aufeinander eingespielten Personen, wenn beide einverstanden sind und ihr Ziel die Intensivierung der Beziehung ist. Auf jeden Fall findet Kritik rund um uns herum statt. Fast alle sind wir ihr regelmäßig ausgesetzt und revanchieren uns, oder wir lassen sie ungefragt auf Freunde und Vertraute los. In seiner Schrift „Wie man Freunde gewinnt" betont Dale Carnegie die Sinnlosigkeit von Kritik:

„Erkennen wir, daß Kritik wie eine Brieftaube ist – sie kommt immer wieder zurück. Erkennen wir, daß die Person, die wir kritisieren und verdammen, sich wahrscheinlich rechtfertigen und uns dann ihrerseits verdammen wird. Vergessen wir beim Umgang mit Menschen nicht, daß wir es nicht mit logischen Geschöpfen zu tun haben. Wir haben es mit Gefühlswesen zu tun, die von Vorurteilen nur so starren und von Stolz und Eitelkeit angetrieben werden. Und Kritik ist ein gefährlicher Funke, der in der Pulverkammer des Stolzes leicht eine Explosion auslösen kann – eine Explosion, die manchmal zum vorzeitigen Tod führt. Jeder Narr kann kritisieren, verdammen und meckern – die meisten Narren tun das auch." Carnegie fand Kritik nutzlos, weil „sie den Menschen in die Defensive treibt und ihn zur Rechtfertigung zwingt. Kritik ist gefährlich, weil sie ihn in seinem kostbaren Stolz verletzt, ihn in seiner Bedeutung herabsetzt und seinen Groll anstachelt."

Kritik unter Freunden und Vertrauten kann nützlich sein, wenn sie taktvoll und höflich vorgebracht wird und nichts anderes als Hilfe oder Verständnis beabsichtigt. Dies scheint am besten zu klappen, wenn der andere um Kritik bittet.

Kritik stellt sich gewöhnlich als eine Form der Ablehnung dar, als eine nahe Verwandte der Feindseligkeit während der ersten vier Kontaktminuten. Vermeiden Sie sie. Sie wird wahrscheinlich das Potential für eine zufriedenstellende Beziehung zerschmettern (in Zunin, 1989).

Die Namensnennung bei der Anrede vermittelt Akzeptanz, Respekt (Fast, 1992) und fördert jede Gesprächsatmosphäre. Gegebenenfalls den Namen aufschreiben oder die Person bitten, ihn aufzuschreiben, und dann den Zettel sorgsam in Innen- oder Brieftasche stecken (Zunin, 1989).

Persönliche Angriffe sind grundsätzlich zu unterbinden. Jeder, der im Umwelt- und Naturschutz etwas bewegen will (muß), sollte sich streng vor dieser gerade bei jungen engagierten Leuten verbreiteten Falle hüten. Wer seinen Gesprächspartner persönlich angeht, zeigt, daß er für seine eigene Meinung keine oder nur schlechte Argumente besitzt (Walters, 1990).

Reden sollte man erst, wenn auch wirklich jemand zuhört. Das besonders bei kleineren Gruppen verbreitete Phänomen, daß alle wild aufeinander einreden, weil keiner warten will, ist wenig konstruktiv und gefährdet die Wirkung guter Argumente (Walters, 1990).

Ruhig bleiben ist ein wichtiges Gebot. Selbst wenn der Gesprächspartner ausfallend wird, kühlen Kopf behalten und Herr der Situation bleiben. Provozierte neigen zu unbedachten Äußerungen, ungeschickter Abwehr und Gegenprovokation (Provokationseskalation).

Schnattertechnik ist ein Mißbrauch des Zuhörers und verschließt früher oder später dessen Ohren, d.h., er hört gar nicht mehr zu. Es ist eine häufige Crux vieler Familien und Arbeitsteams, daß die Kommunikation immer von jenen bestimmt wird, die mit dem schnellen Schnabel vorneweg sind. Inhalte und Anliegen, die mehr aus der Tiefe kommen, sind dagegen eher mit ungeschlüpften Entlein vergleichbar; sie können am Geschnatter noch gar nicht teilnehmen, sondern wollen noch ausgebrütet werden, und trauen sich erst dann aus der schützenden Schale heraus, wenn geduldig und mit viel Wärme auf sie gewartet wurde – und wenn sie sicher sein können, daß nicht nur strahlende Prachtenten, sondern auch häßliche junge Entlein willkommen sind (Schulz v. Thun, 1989). Es ist die Kunst des Gesprächsleiters oder der Gruppe selbst, schnatterndes Dominanzgebaren zu kanalisieren und den Entlein aus der Schale zu helfen.

Unausgesprochenes kann jede Kommunikation stark belasten („dicke Luft"). Unausgedrückte Gefühle verwandeln sich leicht in Gifte, die Leib und Seele von innen angreifen. Ausgedrückte Gefühle ermöglichen bei angemessenem Vortrag eine Veränderung der emotionalen Realität: Erst wer Haß, Ärger, Abneigung ausgedrückt hat, kann auch wieder Liebe fühlen (Schulz v. Thun, 1986).

Vorurteile begegnen einem allüberall; jeder Umwelt- und Naturschützer muß sich an sie gewöhnen, weil sie sehr weit verbreitet sind und alle Menschen mehr oder weniger beherrschen. „Störe mich nicht in meinen Vorurteilen!" lautet ein verbreitetes Scherzwort – eine Herausforderung für die Gewinner-Gewinner-Strategie.

6 Wiederbelebung unserer Fließgewässer

„Wir gehören einer Zeit an, deren Kultur in Gefahr ist, an den Mitteln der Kultur zugrunde zu gehen."
Friedrich Nietzsche (1844–1900)

Aus Zeitmangel begnügt sich womöglich mancher engagierte Leser mit der Lektüre nur der ihn praktisch interessierenden Kapitel. Das wäre schade, weil es zur Unterschätzung der eigenen Einflußchancen führen kann. Für das Erkennen der eigenen Möglichkeiten und das Einordnen der persönlichen Argumente empfehle ich sehr, zunächst Kapitel 1 bis 4 zu verarbeiten. Manche Vorurteile gegenüber dem Umwelt- und Naturschutz entpuppen sich dann schnell als unverantwortliche Egoismen. Auch Kapitel 5 hat Wertvolles zu bieten, denn die persönliche Wirkung hängt nicht bloß vom fachlichen Wissen ab, sondern genauso sehr von der Fähigkeit, Mitmenschen – Freunde wie Gegner – für die eigene Sache zu motivieren.

Jeder Leser kennt Fließgewässer und ihr vielfach trauriges Schicksal. Landschaftsbestandteile, die eigentlich unsere schönsten sein könnten, sind vielfach grausam zerstört. Nach heutigem Kenntnisstand leben in europäischen Fließgewässern viele tausend Tierarten und davon mindestens 3105 eng auf dieses Ökosystem spezialisierte. Die Aufteilung der Arten auf die einzelnen Bereiche geht aus Tabelle 17 hervor.

Damit gehören Fließgewässer zu den biologisch reichhaltigsten und vielfältigsten Landschaftselementen überhaupt. Sie sind gewissermaßen das ökologische Rückgrat unserer Landschaft und prägen Landschaftshaushalt (z. B. Kleinklima), Landschaftscharakter, Landschaftsbild und nicht zuletzt die Erholungseignung der Landschaft. Davon ist nicht viel geblieben. Die wesentlichen Fehler bestanden in folgenden Maßnahmen:

- übertriebene Verbauungen und Befestigungen sowie Anstauungen,

Abb. 14. Wenn Fließgewässer bei Schneeschmelze oder nach hohen Niederschlägen über die Ufer treten, können in kurzer Zeit enorme Schäden entstehen. In bestimmten Gebieten häufen sich neuerdings derartige Hochwässer. Das ist nicht selten eine Folge sowohl der großen Flächenversiegelung (Straßen, Plätze, Bebauung) als auch der Verbauung und Begradigung der Vorfluter, die das Versickern großer Niederschlagsmengen verhindern und eine Beschleunigung der Wasserabgabe bewirken (Foto: Hemker).

Tabelle 16: Lebensgemeinschaft in Quellen, Bächen und Flüssen in Europa, nach Tierarten aufgeschlüsselt

	Quellen	Bäche	Flüsse
Hydropolypen	0	3	1
Strudelwürmer	141	117	24
Rädertierchen	20	11	79
Nematoden	22	4	22
Schnecken	248	87	62
Muscheln	1	16	25
wenigborstige Würmer	3	6	1
Bärtierchen	0	14	0
Milben	119	421	9
Krebse	210	131	193
Eintagsfliegen	3	163	117
Steinfliegen	8	345	52
Libellen	4	62	38
Wanzen	2	34	5
Käfer	63	288	72
Schlammfliegen	0	7	9
Köcherfliegen	173	558	130
Zweiflügler	467	986	251
Fische	0	143	260
Lurche/Kriechtiere	9	16	1
Vögel	0	5	132
Säugetiere	0	28	33

Anzahl der Tierarten aus verschiedenen systematischen Gruppen, die in Europa in Quellen, Bächen und Flüssen vorkommen. Zusammengestellt nach Brehm & Meijering (1982): „Limnofauna Europaea“. Diese Auflistung ist aber noch keineswegs vollständig. Es sind noch viele Neufunde zu erwarten. Bereits jetzt sind nach Angaben o. g. Autoren insbesondere bei den Zweiflüglern, Strudelwürmern und Wenigborstern eine Reihe von Arten nachzutragen, die in der „Limnofauna Europaea“ noch keine Berücksichtigung gefunden haben (nach Blab, 1984).

- Begradigungen (Folgen: Erhöhung der Fließgeschwindigkeit, Erosion, Ablagerungen und Hochwasserschäden an größeren Gewässern),
- Verdrängung des Baumbewuchses an den Ufern,
- falsche Baumartenwahl an den Ufern (z. B. Nadelgehölze),
- Beseitigung der Altwässer und Altarme,
- Fassung von Quellen, Verrohrungen, übertriebene Drainagen,
- unangemessene Unterhaltungsmaßnahmen,
- Einbringung von Abwässern und Abwärme,
- starker Bootsverkehr (besonders Motorschiffe),
- Besatz mit standortfremden Fischarten und Fischrassen und dadurch Gefährdung des Artenspektrums und der genetischen Identität.

Allein von 1960 bis 1970 wurden im alten Bundesgebiet 25 000 km Bachläufe ausgebaut, d. h. begradigt, verrohrt, in Betonschalen verlegt und ihres Uferbewuchses brutal entledigt (Hutter, 1985). Natürlich mäandrierende Fließgewässer existieren nur noch in weniger als 10 % ihrer ursprünglichen Länge. Die restlichen natürlichen Fließgewässer reichen nicht mehr für das Überleben der typischen Tierarten aus: Libellen, Frösche, Molche, Fische, Feuchtgebietsvögel. Und noch immer geht die Zerstörung der Fließgewässer weiter, immer noch tragen wir zur weiteren Verarmung dieser Ökosysteme bei, ja die meisten von uns haben sich bereits an die armseligen Kanäle gewöhnt, die praktisch keine Selbstreinigungskraft, kein Leben und keinen Erholungswert mehr haben.

Bundesweit sind 76 % aller im Süßwasser vorkommenden Fischarten gefährdet oder bereits ausgestorben. Allein durch Begradigung (also ohne Sohlbefestigung) verarmt die Lebewelt unserer Fließgewässer schlagartig. So wurden in regulierten Bächen des Sauerlandes 241 Tierarten (rund 50 %) und 450 Individuen (rund 14 %) pro Quadratmeter gezählt, gegenüber 486 Arten und 3180 Individuen je Quadratmeter in natürlichen Bachläufen (Dittmar, 1955). In Bayern fand man an einem regulierten Bachabschnitt 55 verschiedene Wasserinsekten gegenüber 148 Arten an einem ursprünglichen Bach (Engelhardt, 1973). Dabei stellte sich heraus, daß durch die Regulierung die ursprüngliche Fauna fast vollständig von einer

Abb. 15. Ein vielsagendes Spiegelbild unserer sehr verbreiteten und unwissend lebensfeindlichen Ordnungsliebe: Ein 1984 (!) für über 1 Mio DM fertiggestellter Ausbau eines Dorfbaches im Rahmen einer sogenannten Dorfsanierungsmaßnahme. Man hat es gut gemeint und Natursteine – fein verfugt – im Sohl- und Uferbereich eingebaut, und aus eigener Initiative fegt ein Anwohner die ihn störenden feinen Sandablagerungen wieder aus dem Bachgrund heraus ... Der Dorfbach ist zu einem toten Kanal degradiert worden, das Dorf hat seinen biologisch potentiell reichsten Lebensraum und wertvollsten Naherholungsbereich eingebüßt (Foto: Verfasser).

neuen ärmeren Artengemeinschaft abgelöst wurde. Nur zwei Arten kamen in beiden Gewässern vor.

In naturnahen Bächen bildet das Fallaub (nicht etwa die schwer zersetzbaren Nadeln!), das von den Mikroorganismen zu feinen Partikeln, dem Detritus, abgebaut wird, die wichtigste Nahrungsgrundlage der Fauna. In belasteten Gewässern ist die Biomasse der Makrophyten, Algen, Bakterien und Pilze größer als im unbelasteten Abschnitt. Durch ein erhöhtes Nahrungsangebot steigen die Anteile der Pflanzen- und Detrituskonsumenten. Der mikrobielle Abbau verschlechtert die Sauerstoffversorgung. Eine besondere Bedeutung kommt dem Hohlraumsystem unter der Stromsohle zu. Zahlreiche Insektenarten besiedeln das Lückensystem während der frühen Larvenstadien und sind auf einen kontinuierlichen Wasserdurchstrom angewiesen.

Heitkamp (1993) kennzeichnet diesen wichtigen Lebensbereich für Mittelgebirgsbäche: „Auf und unter der Stromsohle finden sich zwei Lebensraumtypen, die fließend ineinander übergehen. Unter der Bachsohle existiert das Kieslückensystem (hyporheisches Interstitial), das von kleinen und kleinsten Formen bewohnt wird. Typische Gruppen sind vor allem Einzeller (Protozoen), Rädertiere (Rotatorien), Wenigborster (Oligochaeten), Wassermilben (Hydrachnellen) sowie Muschel- und Ruderfußkrebse (Ostracoden, Copepoden). Einen großen Anteil nehmen auch frisch geschlüpfte und junge Insektenlarven der Makrobenthosfauna ein. Das Interstitial ist einmal ein Lebensraum einer spezifischen Zoozönose, zum anderen ist es ‚Kinderstube' für viele Fließgewässerarten und bietet bei Hochwasserereignissen einen gewissen Schutz für die auf der Stromsohle lebenden Arten, die in dieser Phase in das Lückensystem ausweichen. Auf der Bachsohle lebt auf dem Fels, unter Steinen und Kies sowie in Moospolstern die Makrobenthosfauna, die sich vor allem aus Strudelwürmern, Schnecken, Flohkrebsen, Eintagsfliegen, Steinfliegen, Wasserkäfern, Köcherfliegen und Zweiflüglern zusammensetzt. Die Fische sind mit der Groppe und Bachforelle, die Vögel z.B. mit der Wasseramsel vertreten. Die Wasseramsel ist die einzige heimische Vogelart, die ihre Nahrung, die vorstehend aufgeführten Wirbellosen, unter Wasser laufend auf der Stromsohle erbeutet."

Durch ein erhöhtes Bakterien- und Algenwachstum wird der Wasserdurchstrom behindert, und es kommt zu einem Ausfall der empfindlichen Formen, z.B. der Steinfliegen (Waßmann, 1984). Der biologische Zustand wird durch Veränderung der Wasserführung und der Ufervegetation stark beeinträchtigt. In naturnahen Bächen findet sich durch abwechslungsreiche Strömungs- und Substratverhältnisse eine Vielzahl unterschiedlicher Lebensräume. Diese Vielfalt wird in ausgebauten Gewässern mit einheitlichem Querschnitt weitgehend nivelliert. Vollends zerstört werden Fließgewässer durch Verrohrungen. Nach Freier (1979) sind die kleinen Fließgewässer in Schleswig-Holstein im Landesdurchschnitt um 25 %, regional bis zu 75 % durch Verrohrung zurückgegangen, in Flurbereinigungs- bzw. Gutsbezirken stellenweise sogar bis zu 100 %.

Abb. 16. Ein mit Beton kanalisierter Bergbach (oder auch Betriebsgraben) mit fast ebenso „totem Messerhaarschnittrasen" im Uferbereich inmitten eines sonst idyllischen Fremdenverkehrsortes: Biologische Belebung und biochemische Selbstreinigungskraft des Gewässers sind hier zerstört worden, Erholungssuchende meiden diesen sogar gefährlichen Bereich. Da die Attraktion und der Erholungswert einer Landschaft mit zunehmender biologischer Belebung steigen und natürliche Fließgewässer zu den biologisch reichsten Landschaftselementen zählen, hat dieser Fremdenverkehrsort eine wichtige Entwicklungschance vertan (Foto: Verfasser).

Es liegt mir fern, die Verantwortlichen für bisherige biologische Fehlbehandlungen zu kritisieren. Die meisten haben sicher in guter Absicht und in Erfüllung nicht ausreichend definierter gesetzlicher Vorschriften (z. B. Forderung nach ungehindertem Wasserabfluß) gehandelt. Für neuere Maßnahmen – in vielen Gebieten läuft die Gewässerzerstörung ungebremst weiter – kann man die Entschuldigung allerdings nicht mehr gelten lassen. Moderne Handbücher über Fließgewässerunterhaltung (z. B. „Ökologische Aspekte bei Ausbau und Unterhaltung von Fließgewässern", DVWK-Merkblätter, Verlag Paul Parey, 1984) haben längst den weitgehenden Konsens mit ökologischen Grundforderungen hergestellt. Die Praxis erreichen diese Erkenntnisse leider viel zu langsam.

Vorsicht vor negativen Kettenreaktionen

Artenvielfalt und Individuendichte werden insbesondere durch folgende Faktoren bestimmt:

- Fließgeschwindigkeit des Wassers,
- Korngröße und Lagerungsstabilität der Substrate,
- Licht- und Temperaturverhältnisse,
- Sauerstoffhaushalt,
- Wasserchemismus (z. B. Kalk- und Nährstoffgehalt, pH-Wert und dessen Schwankungen),
- Wasserbelastungen, z. B. durch organische, giftige, trübende, sedimentierende, düngende oder andere unnatürliche Substanzen.

Wir müssen daher lernen, daß jeder Eingriff in ein Gewässer negative Kettenreaktionen auslösen kann, die niemand beabsichtigt oder heute noch verantworten kann. Nach einer unnatürlichen Querschnittsverengung eines Fließgewässers können z. B. folgende Kettenreaktionen ablaufen: Beschleunigung der Fließgeschwindigkeit, Änderung der Schleppkraft, Änderung der Korngrößenzusammensetzung des Gewässerbettes, Wasservertiefung, Änderung der Belichtungs- und Temperaturverhältnisse, Änderung der Assimilationsbedingungen der Wasserpflanzen, Änderung der Erosionsbedingungen und damit möglicherweise Programmierung weiterer negativer Eingriffe, Veränderung der Lebensbedingungen der Mikroorganismen sowie der gesamten sonstigen Flora und Fauna usw.

6.1 Biologisch-physikalische und biologisch-chemische Wechselwirkungen

„Um an die Quelle zu kommen,
muß man gegen den Strom schwimmen."
Stanislaw Jerzy Lec (1909–1966)

Strömung

Die Strömung ist gewöhnlich der bedeutsamste Faktor im Fließgewässer. Er bestimmt maßgeblich die Lebensbedingungen aller Organismen. Da kein Organismus auf Dauer gegen die Strömung anschwimmen kann, sind die Fließgewässerorganismen in vielfältiger Weise an das Leben unter diesen Bedingungen durch Körperbau oder Lebensweise angepaßt (z. B. durch Abplattung des Körpers, Hafteinrichtungen und Aufenthalt in strömungsarmen oder strömungstoten Bereichen). So werden die Organismen nicht abgetrieben, genießen aber die Vorteile der Strömung mit dauerndem Wasseraustausch, der Sauerstoff und Nährstoffe rasch befördert. Das schnell fließende Wasser im Bachoberlauf und Berglandbach schürft vor allem die Bachsohle ein. Dabei schleppt es das feine Substrat in Stillwasserbereiche und verebnete Bachabschnitte. Die verbliebenen Kiese, Gerölle und Blöcke sowie darauf wachsende Bachmoosrasen überwiegen in der Bachsohle. Die Kleinlebewesen, z. B. Algen, Fliegenlarven, Bachmilben und Flohkrebse, finden vor der kräftezehrenden Strömung nur Schutz (s. Abb. 17):

- an der wenige Millimeter starken, durch Reibung des Wassers am Substrat strömungsarmen Grenzschicht zum Gewässerbett,
- im stillen, sogenannten Totwasserbereich, hinter und unter Geröllen, Pflanzenpolstern und anderen Hindernissen sowie
- im wassergefüllten Lückensystem des Untergrunds.

Im Kontaktbereich mit der Stromsohle treten Schereffekte zwischen dem frei strömenden Wasser und dem festen Substrat auf, die zur Verwirbelung des Wassers führen. In diesem Totwasserbereich finden die meisten Fließwasserbewohner Schutz vor der Strömung. Die Tiefe dieser biologisch wichtigen Zone hängt von der Rauhigkeit der Stromsohle ab: Je feinkörniger das Substrat, desto dünner der Totwasserbereich, der somit großräumig gesehen flußabwärts an Ausdehnung verliert. Im Geschwindigkeitsbereich von 10 bis 100 cm/s, der in Gebirgsbächen am häufigsten auftritt, beträgt die Dicke der strömungsarmen Grenzschicht einige Millimeter. Die Körperhöhe der Organismen, die sich direkt an den überströmten Steinen aufhalten, liegt meist unter 4 mm, und die Tiere drücken sich um so mehr an die Unterlage, je höher die Fließgeschwindigkeit ist; sie folgen damit gewissermaßen der dünner werdenden Grenzschicht, die ein wichtiger Strömungsschutz für sie ist.

Für Mikroorganismen als wichtige Selbstreinigungsträger, d.h. Bakterien, Algenschwärmer und Protozoen (einzellige Tiere), ist die Grenzschicht ein Stillwasserbereich mit freier Beweglichkeit, also eine ihre Effektivität bestimmende Zone. Die Strömung wirkt sich also nicht nur direkt auf die Organismen, sondern auch indirekt über die Struktur und Mobilität der Stromsohle auf die benthische Besiedlung (= Besiedlung der Gewässersohle) aus (Lange, 1986) und damit auch auf die

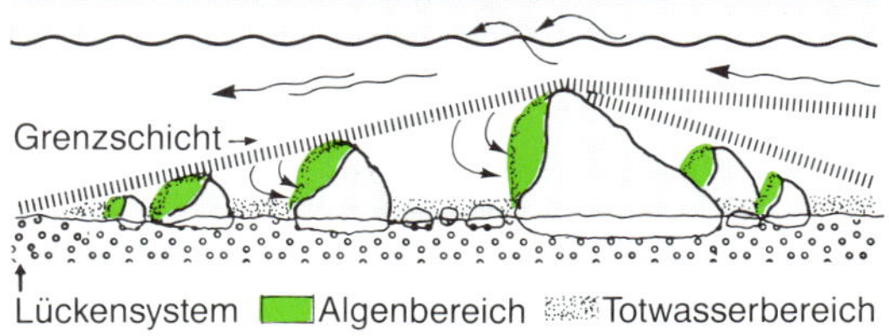

Abb. 17. Grenzschicht, Totwasserbereich und Lückensysteme der Sohle eines Baches im Längsschnitt.

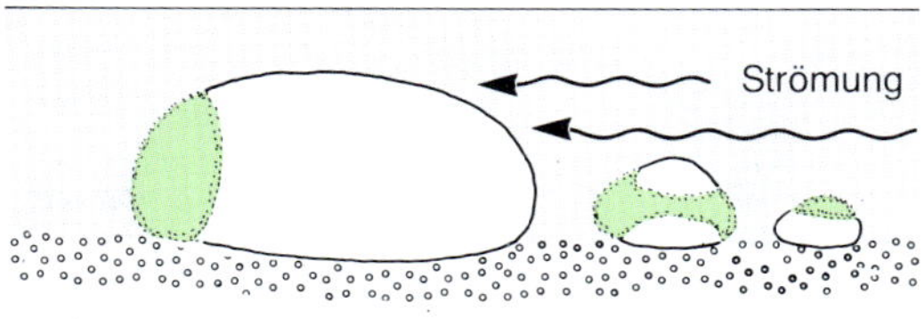

Abb. 18. Besiedlung verschieden großer Steine mit Algen im Bach.

Selbstreinigungskraft. Jede Änderung der Abflußverhältnisse, etwa durch Laufverkürzung oder Querschnittveränderung des Gerinnes, führt zu einer Veränderung der Sohlenstruktur mit entsprechenden Folgen für die Besiedlung.

Aufwuchsalgen besiedeln die Oberseite der Steine und größerer Gerölle, wobei oft bestimmte strömungsgeschützte Areale bevorzugt werden. Kleinere Gerölle werden auf der gesamten Oberfläche besiedelt, sobald sie in den Totwasserbereich eintauchen (Abb. 18). Alle diese Algen behaupten sich in der Strömung, indem sie dem bewegten Wasser möglichst wenig Widerstand bieten und/oder sich fest auf dem Untergrund verankern.

In Stillgewässern und sehr langsam fließenden Gewässern haben die Algen große Bedeutung für die Planktonbildung. Das Phyto- und Zooplankton, das in schneller fließenden Gewässern wegen der Verdriftung allerdings relativ unbedeutend ist, spielt wiederum eine große Rolle bei der Selbstreinigung der Fließgewässer. Viele der Fließwassertiere, besonders die Algenfresser unter den Insektenlarven, die tagsüber im strömungsgeschützten Totwasser leben, werden in der Abenddämmerung aktiv und verlassen das Strömungsrefugium, um auf der Oberseite der Steine die Algen abzuweiden. Die Tiere drücken sich mit der Unterseite um so mehr gegen die Steinfläche, je stärker die Strömung ist, und gelangen so in den Strömungsschutz der Grenzschicht. Trotz dieser Verhaltensweise und ihrer morphologischen Disposition (Abflachung des Körpers) werden sie häufig mit der Strömung von der Steinoberfläche weggerissen. Daher gilt es, strömungsschützende Areale in Fließgewässern zu fördern: Totwasser zwischen den Geröllen der Stromsohle, Pflanzenpolster, Gangsysteme und Lückenräume der Lockergesteine im Bereich der Stromsohle.

Auch Amphibien und Libellen benötigen Bereiche mit geringer oder ohne Strömung. Betonierte Sohlen, Ufer und Verrohrungen schließen eine Besiedelung mit Organismen weitgehend aus und stellen ökologische Barrieren dar, weil Kleinstlebewesen diese Bereiche zum Ausgleich der Strömungsabdrift bachaufwärts nicht wieder überwinden können. Außerdem verhindern sie Vertikalwanderungen der Bodenfauna im Lückensystem des Bachuntergrundes zum Schutz gegen Frost, Trockenheit und Abdrift. Der Porenraum unterhalb der Gewässersohle (Stein- und Sandlückensystem) ist allgemein ein biologisch bedeutsamer Lebensraum. Insbesondere in Bergbächen ist er als ein Refugium für die jüngsten Stadien von niederen Tieren und Fischen wichtig.

Das berücksichtigen die Richtlinien des Landesamtes für Wasser und Abfall in Nordrhein-Westfalen (1980) für den naturnahen Ausbau und die Unterhaltung von Fließgewässern:

„Der ständige Gefällewechsel und das unstete Fließen von natürlichen Gewässern müssen auch nach der Umgestaltung gegeben sein, denn nur bei einem ständigen Wechsel der Wassertiefe und Fließgeschwindigkeit können die Gewässer durch naturnahe Weiterentwicklung ihrer Pflanzen- und Tierwelt die ihnen zukommende Rolle im Naturhaushalt voll erfüllen. Dementsprechend sind alle Maßnahmen, durch die ein wechselvolles Fließverhalten erreicht wird, in Einklang mit den gewässerökologischen Erfordernissen zu bringen. Dazu gehört auch, daß der natürlicherweise vorhandene Charakter des Gewässers nicht unnötig verändert wird.“

Für kleine Organismen wie Aufwuchsalgen, Insektenlarven, Bachflohkrebse, Würmer und Schnecken sind bei ausreichender Rauhigkeit des Gewässerbettes (Steine, Wasserpflanzen, Störsteine) bereits gute Entfaltungsmöglichkeiten gegeben. Für Fische jedoch werden meist ausgedehnte Stillwasserzonen benötigt, die als Stand-, Ruhe-, Zufluchts-, Nahrungs-, Laich- und Aufwuchsplätze dienen. Fehlen solche Ruhezonen, kann der gesamte Bachabschnitt für Fische unbesiedelbar sein (Abb. 19). Auf grobem Sediment in Schnellen werden z.B. ausgewachsene Groppen angetroffen, in feinerem Sediment bei langsamer Strömung halten sich Jungtiere auf; in monotonem Schotter bei gleichbleibend starker Strömung sind keine Fische nachzuweisen (Blab, 1984).

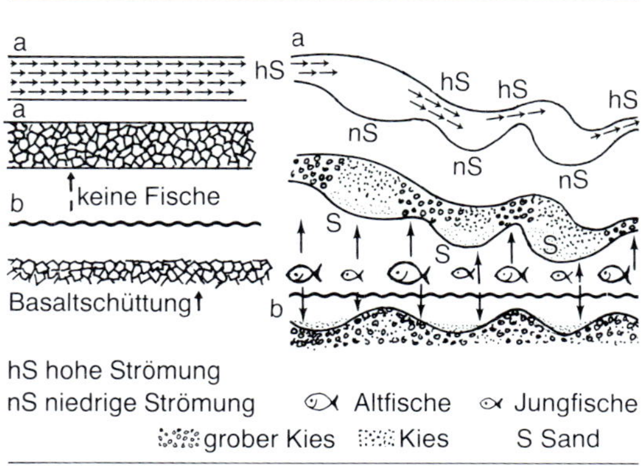

Abb. 19. Schematisiert Aufsicht (a) und Längsschnitt (b) eines begradigten und eines natürlichen Bachabschnittes und ihr Wert als Fischbiotop (nach Bless, 1981, verändert).

Temperatur – Sauerstoffgehalt

Alle natürlichen Fließgewässer werden von geschlossenen Ufergehölzen (Erlen, Weiden) begleitet, die je nach Aufwuchs- oder Zerfallsphase das Gewässer mehr oder weniger stark beschatten. Im Gegensatz zur ganzjährigen Beschattung – z. B. durch grundsätzlich nicht standortgemäße Fichten – ist diese Beschattung vornehmlich im Sommer gegeben. In engem Zusammenhang mit der Beschattung steht der Temperaturhaushalt der Gewässer. Beschattung bremst die Erwärmung. Die Temperatur und insbesondere auch deren Schwankungen sind aber von großer Bedeutung für die Verbreitung der Süßwassertiere. Die van't Hoffsche Regel – nach der die Geschwindigkeit der chemischen Reaktionen bei mittleren Temperaturen verdoppelt bis verdreifacht wird, wenn sich die Temperatur um 10 °C erhöht – gilt auch für die Lebensvorgänge im Körper der Bachtiere. Z. B. entwickeln sich Eintagsfliegenlarven abhängig von der Wassertemperatur. Sinkt im Herbst die Temperatur auf einen bestimmten Wert, stellen die Larven jegliches Wachstum ein und überwintern in der bis dahin erreichten Größe. Die kritische Temperatur nennt man auch den „Entwicklungsnullpunkt". Erst bei steigender Temperatur im Frühjahr beginnt das Wachstum wieder. Offensichtlich benötigt jede Art zur Entwicklung vom Ei zur schlüpfenden Imago eine bestimmte Wärmesumme.

Im kälteren Oberlauf eines Mittelgebirgsbaches steht eine geringere jährliche Gesamtwärmemenge zur Verfügung als im Mittellauf mit seiner im Sommer größeren Erwärmung. Daher werden auch die Gewässerstrecken von unterschiedlichen Arten besiedelt. Eine unnatürliche Erwärmung der Oberläufe bringt unter Umständen typische Arten zum Aussterben. Auch durch Entfernen der beschattenden Ufergehölze – häufigster Fehler an unseren Fließgewässern – sowie durch Verbreitern des Gewässerbettes und durch Verlängern der Fließzeit wird die Erwärmung des Wassers gefördert. Dadurch kann z. B. ein natürliches Forellengewässer in einen fischereilich weniger wertvollen Zustand versetzt werden. Entsprechendes gilt für alle Gewässerabschnitte, auf die sich auch in Abhängigkeit von der Temperatur bestimmte Organismen spezialisiert haben. Das wird besonders augenfällig bei den Quellen. Ihnen gemeinsam ist die annähernd gleiche Temperatur während des ganzen Jahres; die Schwankungen betragen in der Regel nur 2 bis 4 °C, während kleine Stauteiche zwischen Sommer und Winter Temperaturunterschiede von oft weit über 20 °C aufweisen können.

Höhere Wassertemperaturen beeinflussen auch den Sauerstoffgehalt erheblich: Mit zunehmender Temperatur ist weniger Sauerstoff im Wasser löslich. Da der Sauerstoffverbrauch der Organismen bei zunehmender Temperatur ansteigt, summieren sich die negativen Auswirkungen von Temperaturerhöhungen und organischer Belastung – z. B. in landwirtschaftlichen Bereichen –, denn die temperaturbedingte Intensivierung der Selbstreinigung hat einen erhöhten Sauerstoffverbrauch der Bakterien in abwasserbelasteten Strecken zur Folge. Dies kann in kritisch belasteten Gewässern zu Fischsterben durch Sauerstoffmangel führen. Verminderung der Beschattung von Erlen und Weiden kann also den Temperaturhaushalt unnatürlich erhöhen und damit den Sauerstoffgehalt unnatürlich verringern. Mit zunehmendem Sauerstoffdefizit, auch wenn es nur gelegentlich und kurzzeitig auftritt, sinkt die Artenzahl der Wassertiere schnell ab. Insbesondere verschwinden die an hohen Sauerstoffgehalt gebundenen Reinwasserformen, z. B. Forellen und Äschen. Die Verarmung der Lebensgemeinschaft kann dadurch im Extremfall zur völligen Verödung des Gewässers führen. Bei stärkerer Erwärmung (z. B. durch Abwärmebelastung) schlüpfen die Larven etwa von Köcher-, Eintags- und Steinfliegenlarven vorzeitig, so daß die ausgewachsenen Tiere infolge der unwirtlichen Winterbedingungen außerhalb des Gewässers umkommen. Nicht zuletzt ist der Faktor „Temperatur" über den Faktor „Sauerstoffgehalt" auch mit dem Faktor „Säuregrad = pH-Wert" in vielfältiger Weise gekoppelt.

Sauerstoff wird aus der Atmosphäre eingetragen, wobei die Sauerstoffaufnahme vor allem von der Größe der Wasseroberfläche, der Wassertemperatur, dem Sättigungsdefizit, der Luftbewegung und der Wasserturbulenz abhängt. Sauerstoff wird auch bei der Photosynthese der Wasserpflanzen freigesetzt. Dadurch können Sauerstoffübersättigungen auftreten. Beim natürlichen Abbau organischer Stoffe im Wasser wird durch die Tätigkeit der Mikroorganismen und die Atmung von Tieren und Pflanzen Sauerstoff verbraucht. Dies kann zu Sauerstoffmangel im Gewässer führen. Die Sauerstoffkonzentration im Gewässer, die im Lösungsgleichgewicht mit der Atmosphäre steht, wird als „Sättigungswert" bezeichnet (bei 0 °C 14,6 mg/l und bei 20 °C 9,1 mg/l O_2). Als „fischkritischer Wert" gilt der Mindestgehalt von 4 mg/l O_2. Unterhalb dieses Wertes können empfindliche Fischarten Schaden nehmen.

Der Biochemische Sauerstoffbedarf (BSB5) gibt an, wieviel Sauerstoff in einer bestimmten Zeit (innerhalb von 5 Tagen bei BSB5) unter konstanten Bedingungen (bei 20 °C und Dunkelheit) von den im Wasser lebenden Organismen für die Oxidation der in der Wasserprobe vorhandenen abbaubaren Substanz verbraucht wird. Er gibt einen Hinweis auf die Belastung des Sauerstoffhaushaltes im Gewässer (Umweltbundesamt, 1992).

Licht

Augenfällig ist der Einfluß des Lichtes auf die Bachpflanzen, für deren Assimilation es unentbehrlich ist. Im vollbelichteten Wiesenbach (den es in einer Naturlandschaft allenfalls in kleinen Abschnitten gäbe) entwickeln sich die Algen und höheren Pflanzen viel stärker als im beschatteten Waldbach. Das unter Lichteinfluß reichere Nahrungsangebot gibt einer entsprechend größeren Zahl von Tieren Lebensmöglichkeit. Die Eiablage und das Schlüpfen mancher Wasserinsekten, z. B. der Eintagsfliege (Ephemerella belgica), wird durch die Lichtintensität beeinflußt. Köcherfliegen schlüpfen vorzugsweise bei unbedecktem Himmel, schlüpfreife Puppen „warten", bis sich günstiges Flugwetter einstellt. Temperatur und Licht sind zwei Faktoren, die durch Bepflanzungsmaßnahmen am Gewässerrand beeinflußt werden.

Vom Licht und vom Trübungsgrad des Wassers ist die Dicke der biologisch produktiven Wasserschicht abhängig. Da Licht die Assimilation der Wasserpflanzen steuert und dadurch den Kohlendioxid- und Sauerstoffgehalt des Wassers wesentlich beeinflußt, ändert sich damit auch der Säuregrad (pH-Wert) des Wassers, was bei zunehmendem Säureeintrag durch Immissionen von aktueller Bedeutung ist (s. Abb. 20). Allerdings muß festgestellt werden, daß immissionsbedingte Säureschübe nach starken Niederschlägen oder bei schneller Schneeschmelze diese positiven Vegetationswirkungen überdecken können. Der pH-Wert hat auf die Lebensbedingungen aller Organismen auch in den Ökosystemen der Fließgewässer großen Einfluß. Bei pH-Wert-Messungen 1983/84 an der Oder im Harz, einem typischen Gebirgsbach mit Quellregion in Hochmoorbereichen, wurde in Abhängigkeit von der Wasserführung ein pH-Wert von 4,4 bis 5,1 festgestellt. In einem von der Oder gespeisten, altwasserähnlichen Feuchtbiotop mit kleinen Flachwasserflächen unmittelbar neben dem Fließgewässer betrugen die Werte dagegen 5,6 bis 6,0, im Durchschnitt also infolge des Substrates, der Temperatur und des starken Pflanzenwuchses jeweils erheblich mehr.

Verschmutzte (trübe), durch Erosionsfracht belastete Gewässer schlucken das meiste Licht bereits nahe der Wasseroberfläche. Für das Wachs-

Abb. 20. Eine typische Situation an eutrophierten Gewässern, denen der natürliche Erlen- oder Weidensaum als Schattenspender genommen worden ist: Der Nährstoffreichtum läßt die Vegetation im Gewässer und am Ufer „explodieren", so daß das Gewässer leicht „zu- oder hochwächst" und dann der normale Wasserabfluß nicht mehr gewährleistet ist. Anstatt die beschattenden Gehölze wieder einzubringen, besteht die Reaktion darauf häufig in der regelmäßig wiederkehrenden Anwendung intensiver technischer, kostspieliger und tieretötender Verfahren, vom Einsatz verschiedenster Mähgeräte bis zur besonders bedenklichen „Notbremse" in Form von Grabenfräsen (Foto: Wennrich).

tum der Wasserpflanzen und des Phytoplanktons in den tieferen Schichten wird hier das Licht zum sog. Minimum-Faktor. Im Rhein bei Koblenz erfolgen z.B. über 80 % der pflanzlichen Sauerstoffproduktion bis zur Tiefe von nur 1 m. Bei 2 m Tiefe ist die Lichtintensität bereits so weit zurückgegangen, daß keine Nettoproduktion von Sauerstoff mehr möglich ist. Beispiel (nach Bundesverband der Bürgerinitiativen, 1979):

Ausgangslage: Kanalisierter Fluß von 4 m Tiefe mit senkrechten Spundwänden. Fließgeschwindigkeit 1 m/s; das Phytoplankton produziert pro m^3 Wasservolumen durchschnittlich 1,15 g Sauerstoff. Kompensationsebene = Bereich, bei dem aufgrund der begrenzten Lichtintensität keine Nettoproduktion von Sauerstoff mehr möglich ist, soll bei 2 m Tiefe liegen. Unter solchen Bedingungen spielt die Sauerstoffzehrung durch Atmung eine dominierende Rolle. – Änderung durch Böschungsabflachung: Wird das ursprünglich senkrechte Ufer auf beiden Seiten bis zu einer Böschungsneigung von 1 zu 3 abgeflacht, so nimmt bei gleichem Abflußquerschnitt die durchlichtete Oberflächenzone stark zu. Dies hat zur Folge, daß die zusätzliche Sauerstoffproduktion bei einer angenommenen Tagesfließstrecke von 86,4 km mehr als 4 t beträgt. Diese 4 t Sauerstoff genügen, um die Abwässer von fast 70 000 Einwohnern biologisch abzubauen.

Alle natürlichen Bäche sind von Natur aus relativ stark beschattet. Daraus resultiert eine Leitlinie bei Renaturierungs- und Unterhaltungsmaßnahmen, die sich grundsätzlich an potentiell natürlichen Zuständen orientieren sollten. Aufgrund ihrer evolutionären Entwicklung meiden die meisten typischen Bachtiere helles Tageslicht. Selbst in beschatteten Bächen verbringen sie – weitgehend inaktiv – den Tag unter überhängenden Ufern, im Wurzelgeflecht der Gehölze oder auf der Unterseite von Grobsubstrat (Steine, Kies, Fallholz). Erst mit Beginn der Abenddämmerung, bei Lichtwerten von wenigen Lux, werden sie aktiv und verlassen die Tagesverstecke. Das Ausweichen vor hellem Tageslicht ist bei den unterschiedlichsten Tiergruppen zu beobachten, z.B. bei Wassermilben, Bachflohkrebsen, zahlreichen Insekten und einer ganzen Reihe von Fischen (Bachschmerle, Quappe, Groppe u.a.). Alle diese Tiere zeigen, daß sich die Evolution der Bach-Biozönose in von Auewald begleiteten bzw. überragten Gewässern vollzogen hat (Böttger, 1990). Die natürlichen Säume der Ufergehölze filtern in hohem Maße die Wärmestrahlung der Sonne. Sie halten dadurch die sommerliche Erwärmung gering und garantieren gleichbleibend hohe Sauerstoff-Konzentrationen (Schua, 1974). Außerdem sorgen die natürlichen Gehölzsäume mit ihrer Bioenergie – Laub, Holz, Blütenteile, Pollen, Früchte, herabfallende Insekten – ganz wesentlich für die Ernährung der Bachökosysteme.

Aus negativen Erfahrungen lernen

Ziel des Ausbaues von Gewässern kann nicht sein, eine nur scheinbar optimale Lösung im Kompromiß nur dekorativ bepflanzter Ausbaustrecken zu suchen. Das Ziel muß vielmehr sein, eine Lösung zu finden, die den abflußregelnden Gewässerausbau mit der biologischen Gesunderhaltung (Bepflanzung, naturnahe Gestaltung der Sohle) verbindet und damit das Gewässer zugleich in die Landschaft einbindet. Es gilt, aus den Fehlern der Vergangenheit im herkömmlichen Wasserbau im gleichen Maße zu lernen wie aus Beobachtungen in der freien Natur an Wildgewässern:

Die in den folgenden Abschnitten a) bis d) dargestellten Entwicklungen beruhen zwar vornehmlich auf Erfahrungen aus dem Bereich der Gewässer II. Ordnung, veranschaulichen aber, was eine technisch überzogene und nicht naturnahe Behandlung von Fließgewässern allgemein anrichten kann. Die Hauptursachen für diesen Teufelskreis sind ungehinderter Lichteinfluß (keine Bäume) sowie Erwärmung und künstliche Eutrophierung des Wassers (aus Düngung der Nachbarflächen und aus Siedlungsabfällen):

a) Breit ausgebaute, offen in der Sonne liegende Gewässer erwärmen sich stark und verkrauten sehr rasch durch massenreiche Staudenfluren. Der Grad solcher Verkrautungen richtet sich bis zu einem gewissen Grade nach der Fließgeschwindigkeit bei Niedrigwasserführung: Langsam fließende Gewässer, besonders Gräben und Wasserläufe im landwirtschaftlichen Bereich, können in kurzer Zeit vollständig zuwachsen.
b) Zu starke Verkrautung schränkt den Lebensraum des biologisch aktiven Planktons ein und verschlechtert damit den Gewässerzustand. Starke Verkrautungen und Verschilfungen beeinträchtigen daher den Fischbestand und das biologische Gleichgewicht seiner Nahrungskette. Absterbende Pflanzenmassen führen zu unerwünscht hoher organischer Belastung des Gewässers und verschlechtern auch damit seinen biologischen Zustand.
c) Verkrautete Gewässer verschlicken allmählich randlich beiderseits einer Niederwasserrinne unter Bildung einer Mittelwasserberme, die zwar der Verkrautung selbst meist ein Ende setzt, zugleich aber den geplanten Abflußquerschnitt erheblich verringert.
d) Mittelwasserbermen, -zungen oder -inseln sind bei offen daliegenden Gewässern bevorzugte Ansiedlungspunkte für Hochstauden und Weiden, die ihrerseits den Hochwasserabfluß beeinträchtigen und weitere Aufschlickung begünstigen. Kolke, Uferabrisse, Durchbrüche und Bettverlagerungen sind die Folge.

Sieht man die Dinge in diesem natürlichen Zusammenhang, so wird klar:

– Jeder Gewässerausbau, der das Stadium a) be-

Abb. 21. Eine häufige Ausgangslage: Aus privaten Interessen sind die natürlichen und zuverlässigen Ufersicherungsgehölze (Erlen und Weiden) beseitigt worden. Auf Kosten der Allgemeinheit sind damit das „ökologische Rückgrat" sowie der Erholungswert der Landschaft und die biochemische Selbstreinigungskraft des Gewässers stark beeinträchtigt und die Ufer der Erosion preisgegeben worden, so daß eine intensive Verbauung oft unvermeidlich wird. Die dann anfallenden „hausgemachten" und recht hohen Kosten trägt wiederum meist die Allgemeinheit (Foto: Hemker).

wirkt, verursacht regelmäßige und teure Räumaktionen, weil dies die Stadien b) bis d) einleitet.

– Jede Räumung, die das Stadium a) wieder herstellt, führt wiederum zum offen in der Sonne liegenden Gewässer und zu breitem Niedrigwassergerinne und damit zu den Stadien b) bis d). Ein teurer Teufelskreis mit regelmäßigen Gegenmaßnahmen, die biologisch unsinnig sind: Ausbaggern, Entkrauten und Mähen haben, was den Wasserpflanzenbesatz angeht, nur einen geringen Wirkungsgrad, denn die meisten Hydrophyten verfügen sowohl über eine reichliche Samenproduktion als auch über eine starke vegetative Vermehrung.

Nur durch Ufergehölze ausreichend beschattete Gewässer verkrauten nicht oder kaum, insbesondere wenn sie über ein natürliches oder baulich geschaffenes echtes Niedrigwassergerinne verfügen. Insofern ist der Teufelskreis, in dem viele Grundeigentümer (Landwirte) oder Gewässerverbände stecken, nur durch Renaturierung, insbesondere durch eine Bepflanzung mit standortgemäßen Baumarten (besonders Erlen, teilweise auch Weiden) zu durchbrechen. Der Schatten, den die Roterle (Weide) bei beidseitig geschlossenem Bewuchs wirft, hält jeglichen Stauden- und Gräseraufwuchs kurz und die Fließrinnen krautfrei. Mähen und Räumung erübrigen sich. Bisamratten verlieren eine ihrer Hauptnahrungsquellen: Wasser- und Uferpflanzen. In seiner Dissertation hat Anselm bereits 1975 nachgewiesen, daß die Unterhaltung von Gewässern mit einem standortgemäßen Gehölzbewuchs langfristig auch billiger ist.

Physikalisch-chemisch-biologische Wechselwirkungen

Neben unsachgemäßen Gewässerbaumaßnahmen beeinträchtigen Abwässer Fließgewässer am stärksten, zu erkennen an der veränderten Besiedlung mit Kleintieren wie Larven von Eintags-, Ufer- und Köcherfliegen, Bachflohkrebsen u. a. Tageszeit, Strömung und Temperatur beeinflussen den Sauerstoffgehalt des Wassers. Er schwankt in einem Fließgewässer mit der Temperatur zwischen einem Niedrigwert am Morgen und dem Höchstwert am frühen Nachmittag. Fließgewässer mit rascher Wasserbewegung und geringer Wassertiefe sind sauerstoffreicher als langsam fließende oder stehende Gewässer. Die Zufuhr organischer Stoffe

(z. B. Abwasser) in Gewässer verschlechtert ihre Sauerstoffbilanz. Gerade die Querschnittswahl kann auch über den Sauerstoffgehalt die Gewässergüte und Selbstreinigung eines Fließgewässers stark beeinflussen. Bei einem stärker belasteten Gewässer kann die Verringerung der Flußbreite und die damit verbundene Vergrößerung der Wassertiefe die Sauerstoffversorgung so stark beeinträchtigen, daß schließlich die Sauerstoffkonzentration zum alles andere bestimmenden Faktor wird. Standortgemäße Laubbäume (Erlen, Weiden) fördern mittelbar die Sauerstoffsättigung und damit das Selbstreinigungsvermögen der Fließgewässer erheblich.

Der pH-Wert natürlicher Fließgewässer liegt in der Nähe des Neutralpunktes pH 7. Er schwankt meist bei kalkarmen Gewässern zwischen 6 und 7, bei mittlerer und höherer Wasserhärte zwischen 7 und 8,5. In Moorgewässern liegt der pH-Wert zwischen 5 und 6,5. Extrem niedrige und hohe pH-Werte rufen Fisch- und Kleintiersterben hervor.

Eine starke Herabsetzung des pH-Wertes – zum Teil bis unter 4 – kann in kalkarmen Fließgewässern durch saure Immissionen und Schneeschmelzen hervorgerufen werden. Dagegen wirken die meisten Abwassereinleitungen aufgrund ihrer stofflichen Zusammensetzung den Versauerungseffekten entgegen. Neben spezifischen Abwassereinleitungen kann auch die Kohlensäureaufnahme von Wasserpflanzen bei der Photosynthese tagesrhythmische Erhöhungen des pH-Wertes bis auf Werte über 10 (bei Stillgewässern) hervorrufen (Umweltbundesamt, 1992).

Der Kalkgehalt bestimmt das Säurebindungsvermögen eines Gewässers. Erst wenn der Kalkgehalt zur Abpufferung von eingetragenen Säuren aufgebraucht ist und weiter Säure einwirkt, sinkt der pH-Wert. Deshalb bewirken die Hauptsäurebildner in der Luft (SO_2, NO_x) gegenwärtig nur in kalkarmen Gewässern Versauerungen (Jens, 1985). Die Anzahl der Tier- und Pflanzenarten in einem Gewässer nimmt mit sinkendem pH-Wert ab. Arten mit hohen Ansprüchen an den Lebensraum machen weniger empfindlichen, säuretoleranten Arten Platz. In sauren Bächen und Seen wird das eigentlich artenreiche Nahrungsgefüge schnell einseitig und artenarm. Das ganze System wird anfälliger gegenüber Störungen. Das Problem der Gewässerversauerung ist sehr drastisch zuerst in Tausenden von skandinavischen Seen durch völliges Verschwinden jeglichen Fischlebens aufgefallen, weil die flachgründigen Einzugsbereiche auf saurem Grundgestein (Granit) nur ein sehr geringes Säurebindungsvermögen haben. In der Bundesrepublik gibt es bereits ähnliche Entwicklungen. Der pH-Wert der beiden Arberseen im Bayerischen Wald lag früher bei 5,5 und ist mittlerweile auf 4,7 gesunken und hat damit die für Fische zuträgliche Schwelle des pH-Wertes unterschritten (Jens, 1985). Die mit der Versauerung des Wassers steigende Lösungsfähigkeit von Metallen löst auch hier Kettenreaktionen bei der Fauna aus. Enthält z. B. das Quellwasser Eisen in gelöster Form, so schlägt sich dieses auf den alkalischen Kiemen der Jungfische als Eisenocker nieder, was zum Erstickungstod der Jungfische führen kann.

Tabelle 17: Belastung von Quellen in Abhängigkeit von ihrer Immissionslage

1. Ostabdachung, Immissionsschutzlage, 11 Quellen	
pH-Werte	6,75–7,8
kein Eisen, Mangan oder Aluminium	
organische Substanz	1,50–3,5 mg C/l
2. Westabdachung, Staulage der westlichen Winde und damit Immissionslage, 10 Quellen	
pH-Werte	3,75–4,40
Eisen	0,03–0,37 mg/l
Mangan	0,40–1,70 mg/l
Aluminium	2,60–7,00 mg/l
organische Substanz	5,50–30 mg C/l

Die stark versauerten Böden können außer Blei keines der anderen Schwermetalle mehr zurückhalten, geben Kobalt sowie in geringeren Mengen Nickel, Kupfer und Cadmium mit dem Sickerwasser ab und belasten dadurch das Wassersystem. Das Forscherteam Krieter, Schoen und Wright untersuchte im Frühjahr 1983 zur Zeit der Schneeschmelze Mittelgebirgsbäche auf ihren Gehalt an Säurebildnern: Im Bayerischen Wald und im Schwarzwald waren die Bäche mit Sulfat und Nitrat so belastet wie die in Südskandinavien. Die Gewässer im Kaufunger Wald, Knüllgebirge, Hunsrück und Taunus wiesen wesentlich höhere Gehalte auf, als in Kanada und Südskandinavien gemessen worden waren. Nur das Säurebindungsvermögen dieser Gewässer hat bisher drastischere Auswirkungen bei der Gewässerfauna verhindert.

Durch Versauerung im Wasser gelöste Metalle können auch unmittelbar toxisch wirken, wobei wegen der weiten Verbreitung besonders an das Aluminium zu denken ist, dritthäufigstes Element im Boden (Jens, 1985). Das Freiwerden von Aluminium-Ionen führt dazu, daß mehr Aluminium und organische Verbindungen im Sickerwasser „verschwinden“ und damit früher oder später im Quellwasser und in der Grundwasserspende zu erwarten sind. Tatsächlich ist diese Entwicklung im Kaufunger Wald bereits im Quellwasser nachgewiesen worden. Ulrich hat dort 21 Quellen auf ihre chemischen Eigenschaften untersucht.

1. Ostabdachung, Immissionsschutzlage, 11 Quellen

pH-Werte	6,75 – 7,8
kein Eisen, Mangan oder Aluminium	
organische Substanz	1,50 – 3,5 mg C/l

2. Westabdachung, Staulage der westlichen Winde und damit Immissionslage, 10 Quellen

pH-Werte	3,75 – 4,40
Eisen	0,03 – 0,37 mg/l
Mangan	0,40 – 1,70 mg/l
Aluminium	2,60 – 7,00 mg/l
organische Substanz	5,50 – 30 mg C/l

Die tödliche Giftigkeit für die Bachforelle wird mit 0,1 mg Al/l bei einem pH-Wert von 4,8 angegeben, während Bachforellenbrut bei einem pH-Wert von 5,0 noch 0,2 mg Al/l toleriert (Schoen, 1984). Regenbogenforellen vertragen so niedrige pH-Werte nicht, und Krebse, Flohkrebse, Schnecken, Muscheln sterben bereits bei pH-Werten von 6,5 bis 6,0. Diese Werte müssen jeden aufhorchen lassen, denn damit weisen diese Quellen – die eigentlich Trinkwasser liefern könnten – Werte auf, die das 26- bis 70fache der Giftigkeitsschwelle für Bachforellen erreicht haben. Da mit steigender Höhenlage sowohl die Waldfläche als auch die Niederschlagsmenge steigt, tragen unsere Mittelgebirge entscheidend zur Grundwasserneubildung bei. Daher muß man nach diesen Daten damit rechnen, daß früher oder später das Grundwasser in seiner Qualität durch giftige Metallionen-Konzentrationen gefährdet ist.

Nur ein naturnahes Gewässer mit entsprechendem Quer- und Längsprofil sowie standortgemäßer Ufervegetation kann die physikalisch-chemisch-biologischen Wechselwirkungen optimieren.

Für Tiere, die in Bächen, Teichen und Seen leben, gilt Ähnliches. Generell sinkt die Artenvielfalt in saurem Gewässer. Versauerung kann auf dreierlei Weise wirken: 1. direkt, indem sie die Osmoseregulation, die Enzymaktivität oder den Gasaustausch durch atmende Oberflächen stört; 2. indirekt, indem sie die Konzentrationen toxischer Schwermetalle erhöht, speziell von Aluminium durch Kationenaustausch mit den Sedimenten; 3. indirekt, indem sie für Tiere die Qualität und das Angebot von Nahrung reduziert, z. B. geringeres Pilzwachstum bei niederem pH und fehlende oder ärmere Wasserflora (Begon et al., 1991).

Hochproblematisch ist die unnatürliche Nährstoffzufuhr (Eutrophierung) in den Oberflächengewässern. Der Stickstoffeintrag in die Oberflächengewässer im alten Bundesgebiet wird auf rund 77 000 t/Jahr geschätzt. Haupteintragsquellen sind Landwirtschaft mit 45,8 % und kommunale Kläranlagen mit 30,5 %. Stickstoff tritt in Gewässern in Form von Ammonium (NH_4) und Nitrat (NO_3) auf. Bei der Biomassenbildung durch Algen wird der pflanzenverfügbare anorganische Stickstoff aufgenommen und in organisch gebundenen Stickstoff (Proteine) überführt. Ammonium kann in höheren Konzentrationen erheblich zur Belastung des Sauerstoffhaushaltes beitragen, da bei der mikrobiellen Oxidation (Nitrifikation) von 1 mg Ammonium-Stickstoff zu Nitrat rund 4,5 mg Sauerstoff verbraucht werden. Dieser Prozeß ist stark temperaturabhängig. Erhebliche Umsätze erfolgen nur in der warmen Jahreszeit. Bei der Nitrifikation, also der Oxidation von Ammonium (NH_4) in Nitrat (NO_3) entsteht als Zwischenprodukt Nitrit (NO_2), das direkt toxisch wirkt und nur in äußerst geringen Konzentrationen in Gewässern vorhanden sein darf. Toxikologische Bedeutung kann das Ammonium bei Verschiebung des pH-Wertes in den alkalischen Bereich erlangen, wenn in Gewässern mit hohen Ammoniumgehalten das fischtoxische Ammoniak freigesetzt wird.

Der Phosphoreintrag in die Oberflächengewässer im alten Bundesgebiet wird auf rund 74 100 t/Jahr geschätzt. Haupteintragsquellen sind auch hier Landwirtschaft mit 40,5 % und kommunale Kläranlagen mit 39,1 %. Phosphor ist ein Nährstoffelement, das unter bestimmten Bedingungen Algenmassenentwicklungen in Oberflächengewässern verursachen kann. Algen nehmen C, N und P im atomaren Verhältnis 106 zu 16 zu 1 auf (nach Massen 41 zu 7,2 zu 1) (Umweltbundesamt, 1992). Stickstoff-Phosphor-Kalium-Dünger wurden in Mitteleuropa 1965 mit 100 bis 500 kg/ha und 1989 mit bis zu 700 kg/ha Land ausgebracht (OECD, 1986). Außerdem fallen bei hoher Fleischproduktion extrem viele Nährstoffe in Form tierischer Exkremente an, die als Gülle in großen Mengen auf die Felder gebracht werden mit katastrophalen Folgen für die angrenzenden Gewässer (Krambeck, 1989).

Betroffen durch derartige Düngungsbelastungen sind insbesondere bei höheren Temperaturen die obersten Wasserschichten. Durch die starke Algenblüte in diesem Bereich wird es wenige Dezimeter unter der Oberfläche sehr dunkel, so daß hier keine Algen mehr gedeihen können. Sehr viele Algen sinken in den dunklen Bereich und verfaulen dort. Der Fäuleprozeß verbraucht Sauerstoff. Da aber in diesem Bereich nun kein Sauerstoff mehr durch die Photosynthese der Algen produziert wird, sinkt der Sauerstoffgehalt dramatisch, und damit sterben auch die Tiere dieses Bereiches. Sie faulen ebenfalls und verbrauchen weiteren Sauerstoff. Eine Düngung führt zu einer sehr deutlichen Grünfärbung des Wassers in den obersten Zentimetern des Gewässers durch eine sehr starke Algenblüte und zum Tod der Lebewelt des Gewässers unmittelbar unter dieser dünnen Oberflächenschicht. Gewässer mit sehr geringem Nährstoffgehalt haben dagegen Licht bis in die Tiefe und daher Algenwachstum, Photosynthese der Algen, Sauerstoffproduktion und entsprechende Zersetzung bis dorthin (Remmert, 1990).

Viele Libellenarten und andere Insekten, Amphibien und Fische sind in ihrer Entwicklung und ihren Nahrungsansprüchen auf nährstoffarme (oligotrophe) Gewässer spezialisiert und durch die Belastungen mit Nährstoffeinträgen gefährdet (Kaule, 1986). Auch Schilf ist ein Sorgenkind der

Eutrophierung. Bei hohem Phosphatangebot wachsen die Stengel so schnell, daß sie unstabil werden und bei Belastungen (z. B. Wellenschlag von Booten) brechen (Klötzli, Grüning, 1976). Bei der Fauna ist z. B. die Flußperlmuschel sehr empfindlich gegenüber zusätzlichem Phosphatgehalt.

Biologische Selbstreinigungsvorgänge

An der biologischen Selbstreinigung sind die jeweils vorkommenden naturnahen Biozönosen entscheidend beteiligt. Da die meisten Wasserorganismen Sauerstoff benötigen, ist der Sauerstoffgehalt des Wassers einer der wichtigsten Faktoren für das Selbstreinigungsvermögen.

Trinkwasser muß bei wachsender Verknappung in großen Mengen auch an Flüssen aufbereitet werden. Da schon ein gering verunreinigtes Flußwasser 5mal mehr krebserregende Stoffe als das Grundwasser enthält, wird die Förderung der biochemischen Selbstreinigung der Fließgewässer zu einer hochrangigen ökologischen Aufgabe. Der überwiegende Teil (ca. 70 %) der biologischen Selbstreinigungsvorgänge spielt sich nicht im freien Fließgewässer selbst, sondern in den ufernahen Flachwasserrändern und im Grundbereich ab, also dort, wo menschliche Eingriffe besonders häufig sind (Uferlinie, Bewuchs, Befestigungen u. a.). Wesentliche Vorgänge laufen bereits im nicht oder kaum sichtbaren biochemischen und biologischen Bereich ab und finden eine entscheidende Grundlage im naturnahen Gewässerzustand und der richtigen Gewässerpflege. Daher sollen auch – in Auswahl – die Anfangsglieder der Nahrungskette in den Fließgewässern grob vereinfacht vorgestellt werden.

Bakterien sorgen in erster Linie für eine biochemische Gewässerreinigung. So werden z. B. Fette zunächst hydrolytisch in Glyzerin und Fettsäuren gespalten, die in der Endstufe zu Kohlendioxid und Wasser zerlegt werden. Darüber hinaus zersetzen Bakterien neben Eiweiß auch Kohlenhydrate stufenweise zu Kohlendioxid und Wasser.

Urtierchen stellen in der Nahrungskette die nächste Stufe dar und fressen in erster Linie Bakterien, manche Arten auch kolloidal gelöste Stoffe. Sie bewirken die Ausflockung und Adsorption der Kolloide. Der Einfluß dieser Urtierchen (Protozoen) auf Abwässer ist also am stärksten in bezug auf die Klarheit des Wassers, jedoch gering in chemischer Hinsicht.

Algen kommen auch als Phytoplankton vor – mikroskopisch kleine, freischwebende Algen. Sie nehmen aus gelösten organischen Verbindungen Kohlenstoffverbindungen und organischen Stickstoff auf. Sie verarbeiten außerdem Fettsäuren, Aminosäuren, Harnstoffe und Peptone. Bedeutung haben alle chlorophyllhaltigen Algen wie die höheren grünen Wasserpflanzen auch durch die Erzeugung von Sauerstoff während der Assimilation, den u.a. die Reduzenten zum Abbau der organischen Verunreinigungen benötigen. Algen dienen u. a. Urtierchen, Rädertierchen, Weichtieren, Würmern, Kleinkrebsen und den Larven vieler Wasserinsekten und Fischen als Nahrung. Bei Massenentwicklungen grüner Algen kommt es während hoher Lichteinstrahlung infolge verstärkter Assimilation zu starkem Ansteigen des pH-Wertes. Während der Dunkelheit verbrauchen die Algenmassen durch die Atmung so viel Sauerstoff, daß besonders in den frühen Morgenstunden leicht Sauerstoffmangel im Wasser auftritt. Jede dieser Erscheinungen für sich allein kann Fischsterben auslösen.

Höhere Wasserpflanzen wirken wie Filter. Sie halten die festen, im Wasser treibenden Stoffteile zurück und setzen sie dem im Wasser enthaltenen bzw. durch die Assimilation erzeugten Sauerstoff aus. Außerdem bilden die Wasserpflanzenbüschel und -dickichte die Wohnstätten zahlloser Tiere und haben meist auch noch Algenüberzüge. Die „herausgefilterten" Schmutzteile werden so der Einwirkung dieser Lebewesen in erhöhtem Maße ausgesetzt. Höhere Wasserpflanzen bieten für Krautlaicher die Voraussetzung zum Ablaichen. Auch die Fischbrut findet in der „weichen" Unterwasserflora (Laichkräuter) Nahrung und Schutz. Überstarke Bestände können jedoch ebenfalls zu den bei den Algen erwähnten negativen Erscheinungen führen.

Röhrichte und Seggenrieder nehmen große Mengen Mineralsalze aus dem Wasser auf. In besonders hohem Maße gilt das für eine Segge (Carex elata All.) und für die Flechtbinse (Scirpus lacustris L.). Bei Versuchen vermochten Flechtbinsen außerdem bis zu 600 mg/l Phenol aus dem Wasser restlos zu entfernen. Auch hinsichtlich der Beseitigung von Schwermetallen und von pathogenen Keimen aus dem Abwasser haben größere Bestände von Flechtbinsen einen Reinigungsgrad erzielt, der den von herkömmlichen Kläranlagen wesentlich übertrifft. Nach neuesten Erkenntnissen sind z. B. Schilf, Wasserschwertlilie und vor allem die Flechtbinse in der Lage, in kürzester Zeit Industrieabwässer aus dem sauren oder alkalischen Bereich in den Neutralbereich zu bringen. Die Pflanzen gedeihen allerdings nur in vollem Licht gut, also besonders in breiten Tieflandflüssen und Stillgewässern. Flußuferröhrichte bieten einer vielgestaltigen Pflanzen- und Tierwelt Lebensraum und tragen zum Schutz seltener Arten bei. Die „harte" Wasserflora der Röhrichtzone bietet besonders auch vielen Wasservögeln Brut-, Schutz- und Nahrungsraum. Auch viele Libellen sind auf diese Pflanzen angewiesen.

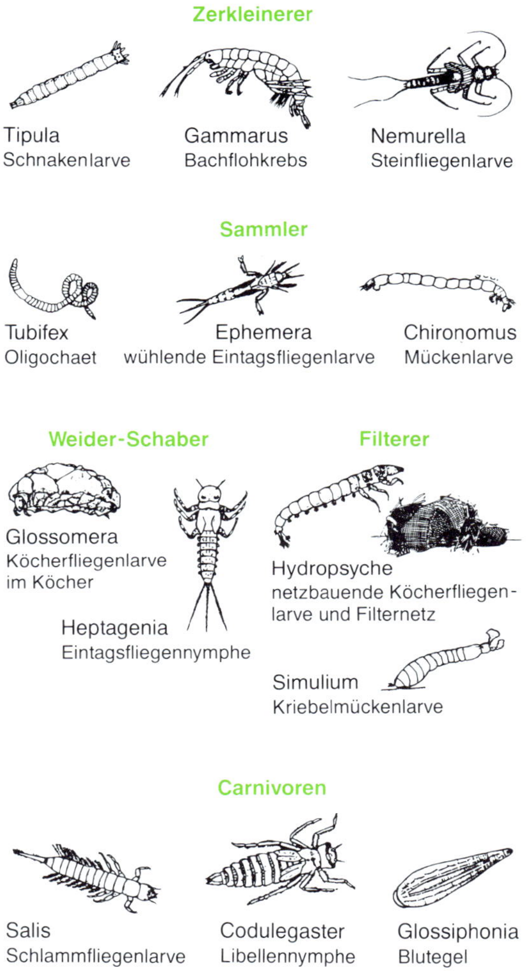

Abb. 22. Beispiele der verschiedenen Typen von wirbellosen Konsumenten im Süßwasser (nach Begon, 1991).

Weichhölzer der Uferbereiche beschleunigen die Selbstreinigung eines Gewässers, was vor allem für Erlen und Weiden gilt. Die Sauerstoffsättigung des Wassers erfolgt, wie Freilandversuche ergaben, im Vergleich zu Wasserläufen ohne Uferbestand in einem um 86 bis 95 % kürzeren Zeitraum. Offenbar nehmen die Ufergewächse, die mit ihren Wurzeln in die Gewässersohle reichen, dort mit dem Wasser gelöste Verbindungen auf. Sie bieten Fischen Verstecke und Laichplätze. Die Fische profitieren darüber hinaus vom Insektenregen, der von Bäumen und Sträuchern ins Wasser fällt. Natürliche Fließgewässer werden bei uns stets durch einen Erlen-/Weiden-Baum- und -Buschgürtel begleitet. In relativ steilen Taleinschnitten der Mittelgebirge reicht besonders auch die Esche dicht an die Wasserkante heran.

Kleine Wassertiere sind in ihren Lebensgrundlagen von den oben genannten Anfangsgliedern der Nahrungskette abhängig und dienen ihrerseits als Nahrung für die Endglieder der Nahrungskette (Fische, Vögel). So sind z. B. die Muscheln (Teich-, Fluß-, Kugel-, Erbsenmuscheln) als Wasserfiltrierer wichtig. Fast ohne Unterlaß filtrieren diese Tiere, die in verhältnismäßig großer Zahl den Gewässergrund bevölkern, Schwebstoffe aus dem Wasser und führen sie nach entsprechender Umsetzung dem Bodenschlamm zu. Ein einziges Tier einer nordamerikanischen Teichmuschelart hat bei einem Versuch in einer Stunde 42 l Wasser durchfiltriert. 10 000 Dreiecksmuscheln filtern pro Stunde 10 m³ Wasser (Bless, 1980). Auch die Süßwasserschwämme gewinnen ihre Nahrung durch Filtration und tragen damit zur Reinigung des Wassers bei.

Nach der Art des Nahrungserwerbs schuf Cummins (1974) eine Klassifizierung, die vier Typen von Wirbellosen-Konsumenten in Bächen unterscheidet:

1. **Zerkleinerer** sind Detritivoren, die an grobzerteiltem organischem Material (über 2 mm Größe) fressen und dieses dabei zerkleinern. Sie fressen an den Blättern, die in den Bach gefallen sind und auf deren Verarbeitung sie durch ihre Evolution eingestellt sind, also an Blättern der standortgemäßen Baumarten (z. B. Erlen- und Weidenblätter), nicht aber an Fichtennadeln, die es an einem Gewässer von Natur aus nie gegeben hat. Beschattete Bäche (ein Naturzustand!), die aus Lichtmangel im Wasser keine nennenswerte Photosynthese zulassen, erhalten die meiste Energiezufuhr in Form von Blättern, die von Bäumen abgeworfen werden.
2. **Sammler** fressen das feiner zerteilte organische Material (unter 2 mm Größe) entweder im oder auf dem Sediment (Einsammler) oder im freien Wasser (Sammelnde Filterer).
3. **Weider – Schaber** fressen die an Felsen und Steinen haftende Schicht aus Algen, Bakterien, Pilzen und totem organischen Material.
4. **Carnivoren** leben von den Erstkonsumenten, sind also Prädatoren der Detritivoren.

Je reicher ein Gewässer – im Wasser und am Ufer – an natürlich vorkommenden Pflanzen und Tieren ist, desto größer ist die biologische Selbstreinigungskraft. Falsche Maßnahmen (Entfernung der Gehölze oder Anpflanzung falscher Gehölze, z. B. Nadelbäume) beeinträchtigen die biologische Selbstreinigungskraft erheblich. Auch die Abwechslung der physikalischen Faktoren ist für die Artenvielfalt und damit die biologische Selbstreinigungskraft von großer Bedeutung: Form des Flußbettes, Durchflußmenge, Durchflußgeschwin-

Abb. 23. In der Natur – und besonders in einem Gewässer – ist jede gerade Linie unnatürlich und lebensfeindlich. Gegenüber Beton und dem häufig verwendeten Wasserbauholz Bongossi als Ufersicherung hat diese Steinschüttung den Vorteil, daß sie den ökologischen Zusammenhang zwischen Bach und Ufer nicht völlig unterbricht, weil sie eine durchgehende Begrünung nicht ausschließt. Dennoch reduziert die Strukturmonotonie auf Dauer die biologische Belebung auf einen Bruchteil – meist unter 10 % – des von Natur aus vorhandenen Arten- und Individuenreichtums. Wenn wir so weiterbauen, werden viele der an Fließgewässer gebundenen Pflanzen- und Tierarten aussterben. Und wenn in Flurbereinigungsverfahren natürliche Gewässer begradigt oder verlagert werden, sind derartige, heute unverantwortliche Entwicklungen vorprogrammiert (Foto: Hemker).

digkeit (bei Fließgeschwindigkeiten unter 10 bis 20 cm/s wird z. B. die Sedimentation organischen Materials zu einem wichtigen Faktor durch Bodenschlammehrung bis hin zu anaeroben Verhältnissen der Gewässersohle), Temperatur des Wassers, Turbulenz, Mengenverhältnis zwischen eingeleitetem Abwasser und Wasser des Vorfluters, Korngröße des Bodensubstrates u. a.

6.2 Naturnahe Fließgewässer sichern Artenvielfalt

„Sagst Du's mir, so vergesse ich es.
Zeigst Du's mir, so merke ich es mir leicht.
Läßt Du mich teilhaben, so behalte ich es!"
Altes chinesisches Sprichwort

Bei der Bewältigung der Fließgewässerproblematik sollten wir uns stets an dem Zustand orientieren, den uns die Natur vorgäbe. Die Frage: „Wie sähe das Gewässer ohne menschlichen Einfluß aus?" führt uns in der Regel auf den richtigen Weg. Je näher man dem natürlichen Zustand kommen kann, desto mehr Artenvielfalt ist zu erwarten (vgl. Abb. 24), desto größer wird die biologische Selbstreinigungskraft, desto landschafts- und damit auch erholungsdienlicher wird das Gewässer.

Die möglichen Schritte zur Renaturierung müssen sich nach den örtlichen Gegebenheiten richten. Die folgenden Erläuterungen zu Beispielen von naturnahen Fließgewässern, zu Quer- und Längsprofilen, zu Uferneigungen und Bepflanzungen können daher nur Anregungen geben.

Naturnahe Fließgewässer im Querprofil

Fließgewässerschutz ist ohne Einbeziehung der Seitenräume nicht möglich, denn ein Gewässer-

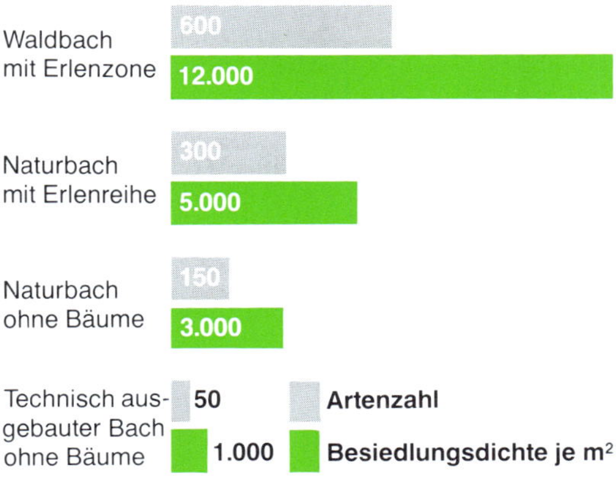

Abb. 24. Artenvielfalt und Besiedlungsdichte in Fließgewässern (nach Hess. Landesprogramm „Naturnahe Gewässer", 1984). – Nicht darstellbar sind betonierte, ausgemauerte oder verrohrte Bäche, da Besiedlung fast oder gleich Null ist.

lebensraum setzt sich aus dem aquatischen, amphibischen und dem terrestrischen Bereich zusammen (Krause, 1991). Verschiedene Gewässerbewohner benötigen Teillebensräume sowohl im Wasser als auch am Ufer für ihre Entwicklung. Die Eier der Eintagsfliegen z. B. entwickeln sich im Interstitial, d.h. im Gewässerboden. Die Larven leben auf der Bachsohle, wo sie z. B. Algenbewuchs von Steinen abweiden. Zum Schlüpfen verlassen sie das Gewässer und klettern im Uferbereich auf Steine oder Pflanzen. Die ausgewachsenen Tiere (Imagines) halten sich dann überwiegend auf dem Pflanzenbewuchs am Ufer auf.

Nur wenn alle für den gesamten Lebenszyklus einer Art notwendigen Teillebensräume vorhanden sind, ist der Fortbestand der Population gesichert. Die Veränderung eines Faktors oder der Ausfall eines Teilhabitats (z. B. Vernichtung der Flußaue und Umwandlung in Ackerland, Verdrängung der Erlen- und Weidengehölze im Hochwasserprofil durch Fichten) führt im allgemeinen zu starken Veränderungen der Lebensgemeinschaft bis hin zum Aussterben von hochspezialisierten Arten (Heitkamp, 1992).

1. Laichkrautzone im Bereich der Niedrigwassergrenze, annähernd ganzjährig unter Wasser (echte Wasserpflanzen):

Aquatische Zone

Diese Biozönose soll optimale Voraussetzungen als Aufenthalts- und Fortpflanzungsstätte für die meisten wasserbewohnenden Tiere bieten: Mollusken, Krebse, Insektenlarven, Fischnährtiere wie Bachflohkrebse und Hüpferlinge, Amphibien, Reptilien, Wasservögel und Säugetiere.

2. Röhricht- und Großseggenzone im Uferbereich

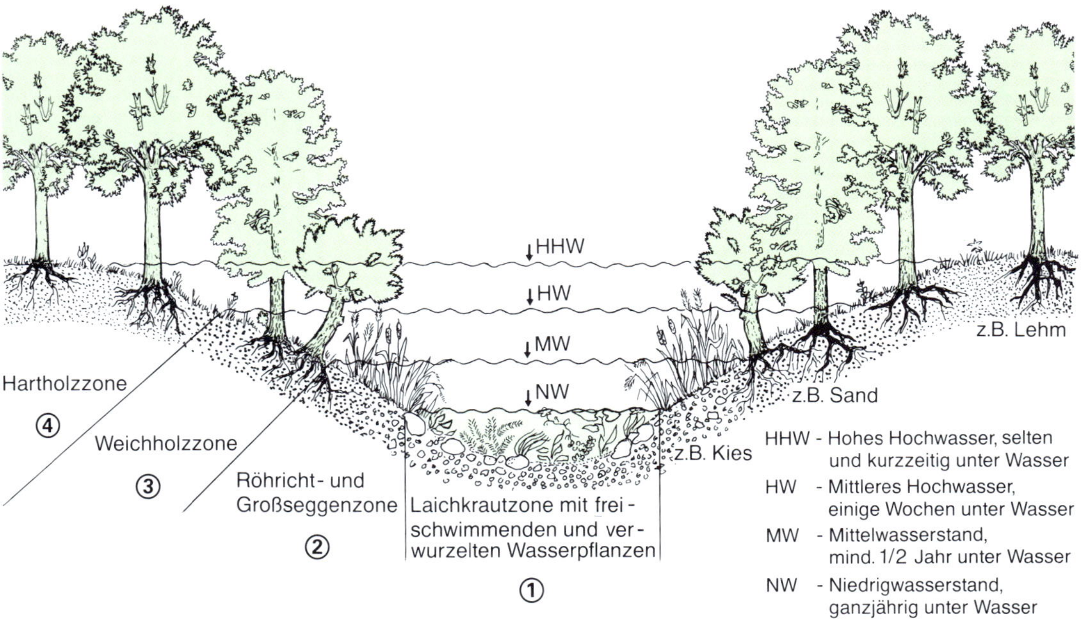

Abb. 25. Schema des Querprofils eines Flachlandfließgewässers mit naturnahen Vegetationszonen. Diese Zonen sind in Längs- und Querrichtung sehr unterschiedlich und heute durch Nutzung bzw. Verbauung stark eingeschränkt. Mehr oder weniger ausgeprägt sollten diese Zonen an allen Fließgewässern vorhanden sein bzw. wiederhergestellt werden (nach Bittmann, verändert).

zwischen Niedrig- und Mittelwassergrenze (Wasserbedeckung mindestens 1/2 Jahr). Ersatzgesellschaften: Riedgräser, Anpassungsmöglichkeit an variierenden Wasserstand:
Amphibische Zone
Schutzfunktion besonders durch Schilf; als Ersatz in eutrophierten Gewässern Flechtbinse. Auch Wasserschwaden, Kalmus und Wasserschwertlilie stellen wertvolle Uferschutzpflanzen dar.
3. Weichholzzone zwischen Mittelwasser und mittlerem Hochwasser (Wasserbedeckung höchstens einige Wochen, gewöhnlich nur im Winterhalbjahr):
Terrestrische Uferzone
Bewuchs mehr aus Roterlen bei kurzzeitigen Hochwässern und mehr aus Weiden bei längeren Hochwässern.
4. Hartholzzone uferwärts anschließend, gewöhnlich durch Eschen, Ulmen, Stieleichen, Ahorn, Hainbuchen gekennzeichnet.

Die Ausbildung der einzelnen Zonen ist natürlich im Oberlauf anders als im Unterlauf, mehr oder weniger verändert treten sie jedoch praktisch überall auf. Wesentlich ist, daß alle Fließgewässer von den Mittelgebirgslagen bis zur Mündung von einem Erlen- und Weidensaum begleitet werden und daß deren Wuchsbereich in der Weichholzzone unmittelbar über der Mittelwasserlinie beginnt. Diese sehr wichtige Feststellung ist inzwischen auch Lehrmeinung der Wasserbauingenieure, hat aber vielerorts die Praxis noch nicht erreicht, weil früher nach dem Grundsatz: „Das Hochwasserprofil muß frei von allen Hindernissen sein!“ ausgebildet worden ist. Heute wird allgemein anerkannt, daß der wichtige Gehölzbewuchs in der Weichholzzone in die Hochwasser-Profilberechnung einbezogen werden muß und das Mindestprofil entsprechend größer zu dimensionieren ist. Die Uferneigung wird im wesentlichen von der Standfestigkeit des Bodens bestimmt. Möglichst flache Neigungen (z. B. 1 zu 5 bis 1 zu 3) sind zu empfehlen, um Raum für Hochwasser, Pflanzenbewuchs, Lebensraum für Tiere und Auflandungen zu lassen.

Gerade Röhrichte, die an Ufern langsam fließender Gewässer typisch sind, benötigen sehr flache Ufer, weil sie außerordentlich lichtbedürftig und empfindlich sind. Röhrichte sind stark zurückgegangen, z. B. an der Havel in Berlin von 1962 mit einer durchschnittlichen Wassertiefe von 1 m auf 0,6 m im Jahr 1978 (Ursachen: starker Sportbootverkehr und Wellenschlag, ungeordneter Bade-, Camping- und Angelverkehr). Die Röhrichtarten benötigen eine gute Verbindung zum trockenen Ufer, damit sie den gesamten Pflanzenkörper einschließlich der weit ins Wasser vordringenden Rhizome mit Sauerstoff versorgen können. Jede Halmknickstelle unterbricht die Sauerstoffversorgung nicht nur für den einzelnen Halm, sondern auch für das dazugehörige Wurzel- und Rhizomwerk, so daß sich ein oberirdisch nicht sofort erkennbarer Schadensumfang auf die Nachbarschaft und die neue Halmgeneration auswirkt. Viel Abwechslung auch in der Uferneigung und eine möglichst lange Linienführung (Wechsel der Breiten- und Tiefenverhältnisse) erhöhen die Zahl ökologischer Nischen und steigern damit die Artenvielfalt. Biologisch wichtig ist eine ausreichende Wassertiefe in Niedrigwasserzeiten. Dies kann durch eine muldenförmige, aber möglichst rauhe und durch Kolke bereicherte Sohle, durch Leitsteine (Buhnen) oder auch durch Doppelprofil mit ein- oder zweiseitiger Berme für Niedrigwasser- bzw. Hochwasserführung erreicht werden.

Im kleinen Berglandbach (Abb. 26) genügt ein durchgehender Roterlenbewuchs an der Mittelwasserlinie. Größere Erosionen können durch einzelne Steinpackungen gemindert werden. Die Unterhaltung beschränkt sich auf gelegentliches Auf-den-Stock-Setzen der Erlen.

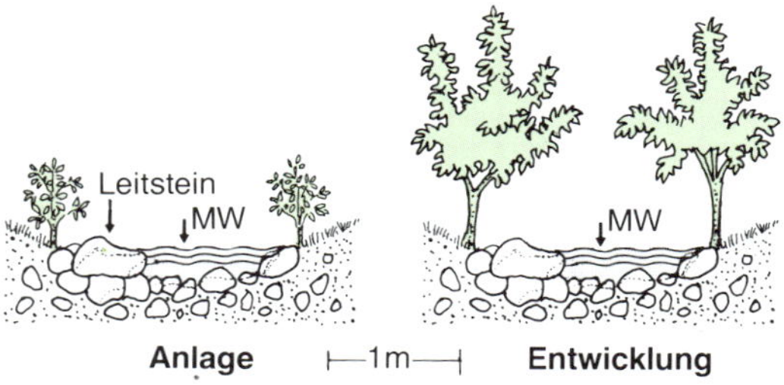

Abb. 26. Kleiner Berglandbach – schematischer Querschnitt (nach LWA NRW 1980, verändert). Keine Bedrängung durch Nadelbäume auf mindestens 5 m Breite nach beiden Seiten!

Bei größeren Berglandbächen (Abb. 27) ist das Ufer den Örtlichkeiten entsprechend zu gestalten. Uferausspülungen werden aufgefüllt und vorübergehend mit Steinschüttungen, später durch Ufervegetation gesichert. Weiche Sohlen können mit Schotter befestigt werden. Der herangewachsene, meist zweizeilige Roterlen- und Baumweidenbewuchs macht eine regelmäßige Unterhaltung überflüssig.

Kleine Flachlandbäche und -gräben (Abb. 28) sind wegen der erwünschten Vorflut und des feinkörnigen Substrats oft besonders tief. Die Böschung sollte mindestens 1 zu 2 geneigt und zunächst mit Rasen gesichert werden. Die Sohlenerosion ist durch Steinschüttung zu mindern. Roterlen oder Baumweiden übernehmen auf Dauer den Ufer- und Sohlenschutz.

Größere Flachlandbäche (Abb. 29) erhalten meist ein Doppelprofil und einen Unterhaltungsstreifen. Je nach Wassermenge, Fließgeschwindigkeit, Hochwasserlage, Boden, Lage im Längsver-

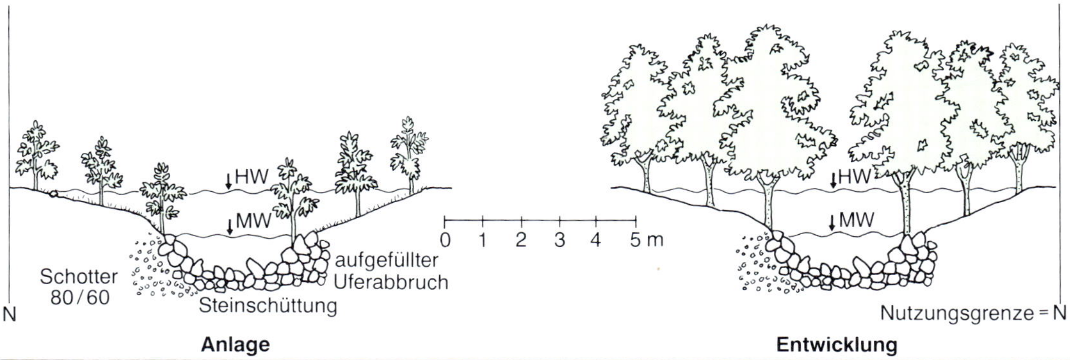

Abb. 27. Größerer Berglandbach – Beispiel eines Querschnittes (nach LWA NRW 1980, verändert). Keine Bedrängung durch Nadelbäume auf mindestens 10 m Breite nach beiden Seiten!

lauf (Gerade, Innen- oder Außenkurve), angrenzender Nutzung, Unterhaltungsnotwendigkeit usw. sind verschiedene Querschnitte notwendig.

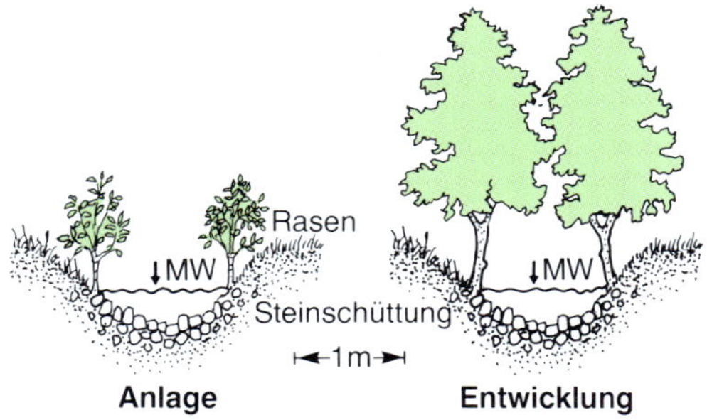

Abb. 28. Kleiner Flachlandbach oder -graben mit Grundsicherung in sandig-lehmigem Substrat. Beispiel eines Querschnittes (nach LWA NRW, 1980, verändert). Keine Bedrängung durch Nadelbäume und andere Nutzungen auf mindestens 5 m Breite nach beiden Seiten.

Neben dem Bewuchs sind mögliche Sandablagerungen bei der Festlegung des Durchflußquerschnittes zu berücksichtigen.

Naturnahe Fließgewässer im Längsprofil

Kennzeichnend für Fließgewässer ist von Natur aus

- ein ständiger Stoffdurchlauf gewässerabwärts; Abtransport im gesamten Einzugsgebiet (im Gegensatz zu einem Stoffkreislauf bei Stillgewässern),
- ein ständiger Individuenaustausch auf- und abwärts,
- eine enge Verzahnung durch Stoff- und Individuenaustausch mit der Aue (Rasper, 1991).

Nach der Jahrestemperaturschwankung und Struktur der Gewässersohle kann man die Fließgewässer in Quelle, Oberlauf (Berglandbach) und Unterlauf (Flachlandbach) untergliedern (große Flüsse werden nicht dargestellt).

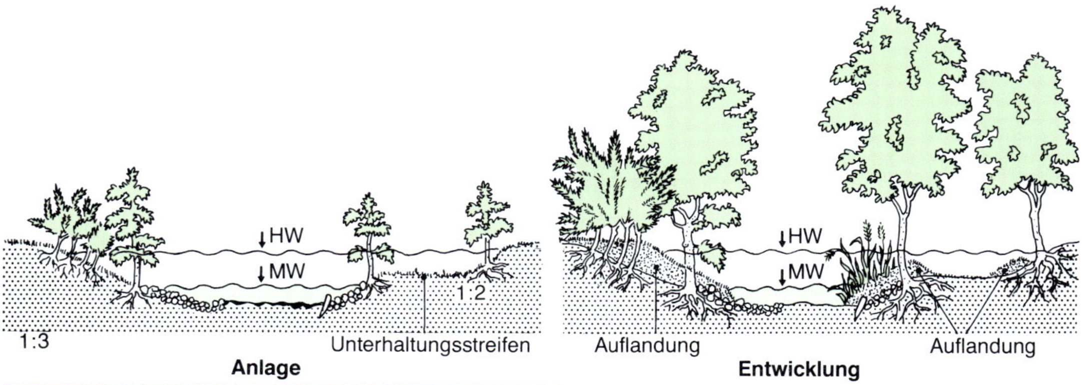

Abb. 29. Größerer Flachlandbach (oder Fluß) mit einseitig gebrochenem Querprofil und Unterhaltungsstreifen (nach Hessischem Landesprogramm „Naturnahe Gewässer", 1984, verändert). Keine Bedrängung durch Nadelbäume auf mindestens 10 m nach beiden Seiten.

Quellen (Krenal = Quellzone) sind Lebensraum für an gleichmäßig niedrige Temperaturen (8 bis 12 °C) gebundene Tiere. Der Sauerstoff- und Nährstoffgehalt des Quellwassers ist noch gering. Kalkarmes Wasser reagiert meist sauer und kann z. B. den Eintrag von saurem Regen nicht abpuffern. Bei Sturz- und Sprudelquellen strömt das Wasser sofort talwärts. Die meist schmale Quellsohle ist frei von Bewuchs. Bei den Sicker-, Sumpf- und Tümpelquellen bildet sich ein größerer nasser Quellbereich mit zum Teil kleinen Wasserflächen. Die Quellen besitzen jeweils typische Lebensgemeinschaften. Sie sind von Natur aus selten und von großer ökologischer Bedeutung. In europäischen Quellen wurden rund 1500 Tierarten festgestellt, wovon 465 Arten reine, d.h. hochspezialisierte Quellbewohner zu sein scheinen (Blab, 1984). Die meisten Quelltiere leben von vermoderten Pflanzen. In Quellzonen können z. B. Strudelwürmer, Quellschnecken, Wassermilben, Köcherfliegenlarven und Feuersalamander angetroffen werden. Fische fehlen meist. Die im folgenden aufgezählten Gefährdungsarten geben zugleich Anregungen zu möglichen Korrekturen:

- Absenken des Grundwassers läßt zahlreiche Quellen versiegen,
- Quellfassungen zur Ableitung des Wassers (dazu gehören auch gutgemeinte, aber nicht vertretbare Fassungen in Erholungsgebieten zur Erfrischung der Gäste),
- Anlage von Fischteichen,
- Drainage von Sumpfquellen, Entwässerungsgräben,
- private Brunnenbohrungen und Vermüllung,
- Beeinträchtigung durch Dünge- und Pflanzenschutzmittel,
- falscher Gehölzanbau (Nadelbäume – Fehlbestockungen ergeben potentielle Sturmlöcher, sind also auch aus waldbaulichen Gründen zu unterlassen. Näheren Quellbereich am besten der natürlichen Entwicklung von Quellfluren, Erlen, Birken und Weiden überlassen),
- Wege- und Straßenbau, Betreten durch Erholungsuchende.

Abb. 30. Quellbereiche sind wertvolle Lebensbereiche mit meist hochspezialisierten Pflanzen- und Tierarten, die bereits auf Roten Listen geführt werden. In vielen Erholungswäldern sind Quellen in guter Absicht aus Unwissenheit durch Naturfreunde oder Wandervereine gefaßt und damit viele seltene Pflanzen- und Tierarten verdrängt worden. Hier sollte ein Umdenkungsprozeß schnell Taten folgen lassen. Jede beseitigte Fassung und der natürlichen Entwicklung überlassene Quelle ist ein wertvoller Naturschutzbeitrag (Foto: Archiv Forstamt Oderhaus).

Bachoberläufe (Berglandbäche) (Rhithral = Gebirgsbachzone)

sind die Salmonidenregion (Lachsartige), d. h. die Region der Bachforellen und Äschen als Freiwasserbewohner und der Groppen als typische Bodenfischart. Dieser Bereich ist durch großes Gefälle, schnelle Strömung und relativ geringen Abfluß und Tiefe gekennzeichnet. Die Gewässersohle ist steinig, die Rauheit der Sohlenstruktur greift mit klotzigen Steinen bis an die Gewässeroberfläche durch, der Abfluß ist daher stark verwirbelt (Lange, 1986). Es ist nur eine Besiedlung der Gewässersohle möglich. Typisch sind Algen, Flechten und Moose an den Steinen, Temperaturamplitude bis 18 °C.

Bachoberläufe sind durch die Wasserbewegung, das ziemlich kalte Wasser und die geringe Wassertiefe sauerstoffreicher als langsam fließende oder stehende Gewässer. Saures Wasser (pH unter 6) mit geringem Kalkgehalt ist in der Regel nährstoff- und artenärmer, beherbergt aber viele seltene Arten. Der Lauf ist meist abwechslungsreich gestaltet, die Ufer sind unregelmäßig, flache Stellen wechseln mit tiefen Gumpen, sandige Bänke mit kiesigen Halden, grober Schotter mit großen Blöcken ab. Die schnellen Wasser brechen sich schäumend an zahlreichen Hindernissen. Höheres Pflanzenleben fehlt meist noch.

Zwischen den Blättchen und Stengeln der Moospflanzen schlagen sich ständig die vom Wasser mitgeführten Zerfallstoffe pflanzlicher und tierischer Herkunft nieder. Die Algenentwicklung, vorwiegend Kiesel- und Grünalgen, ist auf und zwischen den Moosrasen besonders reichlich. Daher finden in den Moosbüscheln zahlreiche Arten von Detritus- und Algenfressern beste Ernährungsmöglichkeiten, anderen Tieren bietet dieser Kleinlebensraum strömungsgeschütze Wohnräume. Besonders bedeutungsvoll ist jedoch die durch die verästelten, beblätterten Moosstengel bewirkte, im Vergleich etwa zu unbewachsenen Steinen sehr beträchtliche Oberflächenvergrößerung. Die Besiedlung der Bachmoosrasen ist daher oft ganz überraschend hoch. In einem Sauerlandbach fand man auf Rasen des Mooses *Scapania undulata* von nur 0,119 m² Fläche und 4,98 g Trockengewicht 4309 Tiere! Trotz der vielfältigen Anpassung an das Leben in der Strömung werden natürlich doch immer wieder Tiere der Bergbäche vom Wasser losgerissen und talwärts geschwemmt. Sobald sie jedoch irgendwo einen Halt gefunden haben, schaffen sie es, sich stets gegen die Strömung zu stellen oder der Strömung entgegenzuwandern. So wird es den Bachtieren ermöglicht, sich in den meisten Fällen in ihrem Lebensraum zu behaupten oder ihn wieder zu erreichen, sofern dies nicht durch unnatürliche Hindernisse unmöglich gemacht wird.

Gerade die Gebirgsorganismen haben über ihre Evolution ganz eigenartige Mechanismen entwickelt, einer strömungsbedingten organischen Drift entgegenzuwirken und dadurch auch die Gewässeroberläufe weiterhin zu besiedeln. So werden viele Larven von flugfähigen Insekten im Laufe ihres Lebens flußabwärts getrieben und schlüpfen im Unterlauf des Baches. Die Imagines fliegen dann bachaufwärts („Kompensationsflug"), um im Oberlauf des Gewässers den Zyklus mit der Eiablage neu zu beginnen. Eine andere Strategie ist die sogenannte positive Rheotaxis, d.h. das aktive Rückwandern gegen den Strom. Diese Taktik wird besonders von nicht-flugfähigen Wirbellosen wie z. B. Kleinkrebsen (u. a. von Bachflohkrebsen) und Insektenlarven und von Fischen angewandt (Heitkamp, 1992).

Sämtliche Salmoniden – die typischen Fischarten der Bachoberläufe – sind Kieslaicher; das Weibchen schlägt mit dem Schwanz eine Laichgrube in den Untergrund und legt in diese die Eier. Der sofort vom Männchen besamte Laich wird mit Kies bedeckt und entwickelt sich darunter.

Bachunterläufe (Flachlandbäche) (Potamal = Zone der Tieflandflüsse und Ströme)

haben langsamer fließendes Wasser. In der breiten Bachaue mit feinkörnigem Substrat nehmen Seitenerosion einerseits und Aufschüttung andererseits und damit die Bachwindungen zu. An den Prallhängen entstehen tiefe Kolke. Die Bachsohle ist noch abwechslungsreich. Sand und Schlamm lagern sich auf ruhigen Teilstrecken ab. Hier können vermehrt höhere Wasserpflanzen neben Kiesel- und Blaualgen Fuß fassen. Kann sich das Hochwasser in der Aue ungestört ausbreiten, entwickeln sich die im Bachoberlauf nur teilweise anzutreffenden Vegetationszonen im Querprofil schon besser, in der natürlichen Flußlandschaft vollständig. Temperatur und Sauerstoffgehalt wechseln jahreszeitlich und streckenweise stark. Wegen der vielfältigen Ausprägung des Bachbodens, des reichen Nahrungsangebotes (Pflanzen), der ausgeglichenen Wasserführung und geringen Strömung, die keine so ausgeprägte Anpassung verlangt, ist der Niederungsbach artenreicher und andersgeartet als der Gebirgsbach. Bodenschlamm und Bachgrund sind z. B. von Fliegenlarven, Würmern, Muscheln, Schnecken, Wasserasseln, Käfern und Wasserpflanzen besiedelt.

Hier beginnt die Region der Äsche. Auch die Äsche und die Barbe benötigen zum Laichen kiesigen Untergrund, haben aber eine höhere Vorzugstemperatur als die Bachforelle und der Bachsaibling. Die Äschenregion ist bevorzugtes Laichgebiet für Fischarten aus der Flußzone. Das Wasser ist immer noch reich an Sauerstoff, die Temperaturen aber steigen, erreichen jedoch im Jahresmittel höchstens 17 bis 18 °C. Neben der Äsche als Leitfisch sind außer den Fischen der Forellenregion Cypriniden (Weißfische) zahlreich vertreten.

Untere Abschnitte der Tieflandflüsse weisen schon recht viele Ähnlichkeiten mit Seen auf, wie auch die wenig typische Fischbesiedlung zeigt, die ebenso in Seen vorkommt: Hecht, Flußbarsch, Aal, Brachsen, Rotfeder, Rotauge, Schleie u. a. Die wenigen noch nicht ausgebauten Flachlandstrecken sollten nachdrücklich erhalten und gepflegt werden. Einer stark abflußhemmenden Verkrautung und Grundräumung ist durch standortgemäße Bestockung aus Weich- und Harthölzern vorzubeugen. Die bewaldete Aue darf nicht durch Stichgräben entwässert werden.

Im Bereich der Flachlandbäche stehen von Natur aus im Hochwassereinzugsgebiet sog. Auewälder (Abb. 31), das sind Laubwälder auf zeitweise überfluteten Standorten in Bach- und Flußauen. Sie zeichnen sich meist durch eine sehr artenreiche Kraut- und Strauchschicht aus und bieten in naturnaher Ausbildung einen Artenreichtum, der mit dem des tropischen Regenwaldes zu vergleichen ist. Kennzeichnend dafür ist die hohe Stabilität im System. Der Öffentlichkeit muß bekannt werden, wie ungemein wichtig nicht nur die Erhaltung der wenigen restlichen Auewälder ist, sondern auch die Neuentwicklung in geeigneten Gebieten für den Landschaftshaushalt und nicht zuletzt auch für den Erholungswert. Man unterscheidet Weiden-Auewälder, Erlen- und Hartholz-Auewälder und Eichen-Hainbuchenwälder im Auebereich oder ± außerhalb der Aue.

Kennzeichnende Arten

- **Baumschicht:** Silberweide, Bruchweide, Schwarzpappel, Schwarzerle, Grauerle, Traubenkirsche, Esche, Feldulme, Flatterulme, Stieleiche, Hainbuche u.a.
- **Strauchschicht:** Purpurweide, Mandelweide, Korbweide, Haselnuß, Gewöhnlicher Schneeball, Weißdorn, Faulbaum, Traubenkirsche, Schwarzer Holunder, Pfaffenhütchen, Rote Johannisbeere, Stachelbeere u. a.
- **Krautschicht:** Rohr-Glanzgras, Große Brennessel, Wald-Ziest, Rasenschmiele, Hainmiere, Entferntährige Segge, Mädesüß, Wechselblättriges

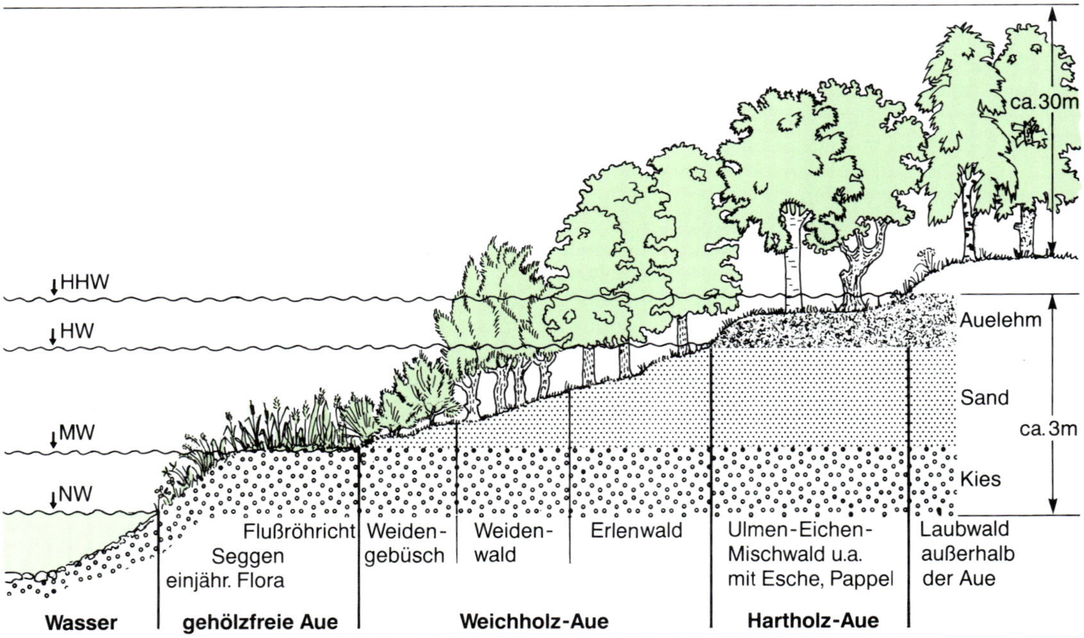

Abb. 31. Schematischer Schnitt durch die Fluß- und Stromaue (Ebene bis Mittelgebirge; nach Ellenberg, 1978, verändert).

Milzkraut, Riesen-Schwingel, Wald-Gelbstern, Scharbockskraut, Moschuskraut, Hohler Lerchensporn, Dunkles Lungenkraut u. a.

- **Tierarten:** Da Eichen und Weiden die meisten Phytophagenarten (Pflanzenfresser) unter allen einheimischen Baumarten besitzen, gehören Hartholz- und Weichholzauewälder zu den tierartenreichsten Lebensräumen unserer Landschaften. Die Tierwelt der von Weiden beherrschten Weichholzaue setzt sich ganz deutlich von den Tierbeständen aller anderen Waldgesellschaften ab. Vor allem auf dem Weidenlaub findet sich eine Vielzahl besonderer Tierarten ein, so z. B. Blattwespen, sehr viele Schmetterlingsarten, ebenso zahlreiche Blatt- und Rüsselkäfer. Im Weidenholz entwickeln sich der Weidenbohrer und eine Reihe von Bockkäferarten. Zahlreiche räuberisch (z. B. viele Singvogelarten) und parasitisch (z. B. viele Hautflügler) lebende Tierarten nutzen dieses reiche Beutetierangebot.

Quelle – Mündung: Untergrund – Oberfläche = ein System

Zwischen allen Lebensbereichen der Fließgewässer herrscht von Natur aus ein starker Stoff- und Organismenaustausch durch Abdrift sowie durch flußauf- und abwärts gerichtete Wanderungen von Fischen und von anderen Organismen. Während das Plankton die Abdrift durch Produktion ausgleicht, geschieht das bei verschiedenen Insektenarten durch Wanderungen im Larvenstadium am rauhen Untergrund oder als Imagines durch die Luft (z. B. bei einigen Libellenarten). Die Fische, bei denen alle flußbewohnenden Arten wandern, sind dabei jedoch gänzlich auf einen ununterbrochenen Flußlauf angewiesen (Laichwanderung, Nahrungswanderung, Bestandsdichte-Ausgleichswanderung). Alle Wanderungen sind instinktgesteuert. Ihre Unterbindung (z. B. durch Staustufen, Wehre, verrohrte Abschnitte, Betonsohlen, Talsperren) hat nachteilige Folgen für die Erhaltung und Nachbildung der Gewässerfauna und damit für das ganze System Fließgewässer (Dahl, 1976). Auch die Teichmuschel ist auf die Wanderungsmöglichkeit der Fische angewiesen, da ihre Larven durch Fische verbreitet werden.

Nachgewiesen ist, daß z. B. die Trennung von Laich- und Nahrungsplätzen zu einem Populationsrückgang führt. Die Eiablage in optimalen Substraten (Kies) sowie bei optimalen Temperaturen (<10 °C) und Sauerstoffgehalten und die Ausschaltung von Konkurrenz und Räuber-Beute-Beziehungen zwischen alten und jungen Forellen muß gewährleistet sein (Heitkamp, 1993).

Im Prinzip gilt die Forderung nach Erreichbarkeit aller Gewässerabschnitte durch die Fauna auch innerhalb des Bodensubstrates. Feine wie grobe Substrate (Blöcke, Geröll, Baumwurzeln) haben für die Lebensgemeinschaft eines Oberlaufes oder Baches große Bedeutung. Grobe Substrate vergrößern zum einen den benetzten Querschnitt des Gewässers bis auf das Fünffache, was Aufwuchsalgen und haftenden Tierarten Siedlungsfläche bietet, zum anderen liegen in ihrem Bereich die lebenswichtigen Ruhezonen. Bereiche mit feinem Substrat sind Laichgründe für viele Fische und Lebensraum einer speziellen Bodenfauna. Für alle ist hier eine Verbindung in der Flußsohle zum Untergrund wichtig, dem sog. hyporheischen Interstitial (Schwoerbel, 1971, nach Dahl, 1976), eine Zone, die weder vom Hochwasser noch vom Geschiebe beeinflußt wird. Hierhin ziehen sich die Bodenorganismen bei Hochwasser zurück, von hier aus wird die Flußsohle nach einem starken Hochwasser wieder neu besiedelt. Das hyporheische Interstitial bietet außerdem vielen Fließwassertieren nicht nur Schutz vor der Strömung, sondern ist zugleich Temperaturrefugium, da sich in 20 bis 30 cm Tiefe unter der Flußsohle das Porenwasser selbst bei extremen Minustemperaturen nicht unter 3 bis 4 °C abkühlt.

In Hochgebirgsbächen mit starker Geschiebeführung ist das hyporheische Interstitial ein wichtiger Schutzbiotop, der bis über 70 cm Tiefe reichen kann und fast der einzige Bereich ist, der dauerhaft besiedelt werden kann (Schwoerbel, 1962). Auch die Salmoniden (Lachs, Forellen) entwickeln sich in den ersten Wochen im hyporheischen Interstitial. Eine Schädigung dieses Lebensraumes dezimiert rasch den Bestand (Lange, 1986).

Alle größeren Querwerke (z. B. Mauern, Wehre, Sohlabstürze zum Erosionsschutz, Grundbetonierungen), die eine Wanderung entgegen der Fließrichtung (bzw. in den Untergrund) wegen des Mangels an strömungsgeschützten Kleinbereichen für Kleinlebewesen und Fische begrenzen, bedeuten also eine ökologisch höchst problematische Segmentierung des Fließgewässers. Fischtreppen helfen dann – wenn sie überhaupt funktionieren – auch nur wenig, weil sie für Kleinlebewesen nicht passierbar sind. Einen Ausgleich können Sohlgleiten schaffen, die in Form von groben Steinschüttungen unterhalb des Querwerkes ein Gefälle von 1 zu 10 bis 1 zu 30 im Bachgrund herstellen (Abb. 32). Die Korngröße des Schüttmaterials richtet sich nach der größten Schleppkraft des Fließgewässers, die Oberfläche soll so rauh und abwechslungsreich wie möglich sein. Der Sauerstoffeintrag wird dadurch verbessert. Fischtreppen werden überflüssig. Sie sind Biotechnik von vorgestern, weil der Bau von Sohlgleiten fast immer möglich ist. So fordert das Programm für ein Niedersächsisches Fließgewässerschutzsystem, gerade im Hinblick auf die biologischen Funktionen eines Fließgewässers alle Wanderungshindernisse in den Gewässern zu beseitigen (Rasper, 1991). Die Aufhebung von Verrohrungen, Entfernung oder ökologische Umgestaltung von Durchlässen, Beseitigung von Stauhaltungen und Umwandlung von Sohlabstürzen in geeignete Sohlgleiten wird vom Land Niedersachsen finanziell gefördert (Nds. MU, 1992).

Entsprechendes gilt für Betonfurten, Widerlager unter Brücken, Beton- und Metallrahmendurchlässe aus Fertigteilen und für alle auch kurzen Bachverrohrungen aus Beton, z. B. unter querenden Wegen (Durchlässe). Hier fehlen die strömungsarmen Bereiche am Grund, die ein Passieren gegen die Fließrichtung für die meisten Bachtiere ausschließen und so z. B. oft die Forellen, Flußneunaugen und Groppen am Erreichen ihrer Laichgewässer in entfernten kiesigen Seitenbächen hindern. In vielen Fällen ist es dann möglich, in den Betongrund oder in den Beton auf Metallgrund unterschiedlich große Steine ähnlich den Sohlschwellen mit einzubringen, die aus dem Beton herausragen, so daß sich auch dazwischen wieder feineres Material absetzen kann. Wichtig ist dabei, daß sich durchgehend genug strömungsarme Bereiche ergeben. Alle unvermeidlichen Verrohrungen und Brückendurchlässe müssen möglichst kurz sein, einen Mindestdurchmesser von 70 cm und eine Mindestwassertiefe von 25 cm haben, um für alle Organismen passierbar zu bleiben. Auch der Luftraum unmittelbar über dem Fließgewässer muß gut durchgängig sein, da viele

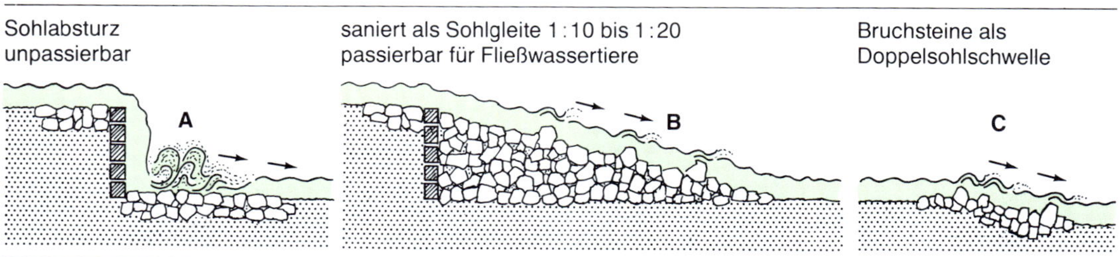

Abb. 32. (A) Der Sohlabsturz ist entgegen der Fließrichtung für kleine Fließwassertiere und – je nach Höhe – auch für Fische nicht passierbar. (B) Durch Hinterschüttung mit Fluß- oder Bruchsteinen in Form einer Sohlgleite (Steinrampe) mit der Neigung 1:10 bis 1:20 wird dieses Querwerk (A) für alle Fließwassertiere passierbar. Am Fuß ist wie bei Sohlabstürzen ein Tosbecken möglich. (C) Glatte Gründe (z. B. Beton o. Metall) können durch einfache oder Doppelsohlschwellen aus Bruchsteinen (keine Pflastersohle!) so aufgerauht werden, daß die entstehenden strömungsarmen Bereiche allen Fließwassertieren ein Wandern entgegen der Fließrichtung ermöglichen.

Abb. 33. Jeder Sohlabsturz (Foto), jeder grundbetonierte Abschnitt, jeder abwasserbelastete Bereich, jede Teilverrohrung segmentieren ein Fließgewässer unnatürlich in Einzelteile, weil sie für Kleinstlebewesen entgegen der Fließrichtung nicht passierbare Barrieren darstellen. Die daraus resultierenden Verinselungserscheinungen tragen stark zur Verarmung der Gewässerfauna bei und verhindern – z. B. bei Fischen – oft eine natürliche Reproduktion. Fischtreppen (rechts im Bild) lösen das Problem nicht, weil sie die Kleinstlebewesen nicht berücksichtigen. Diese Kleinstlebewesen können nicht frei im Wasser gegen die Strömung schwimmen, sondern vermögen nur direkt an der Oberfläche der Steine bzw. in der strömungsarmen Grenzschicht des reich strukturierten Bodensubstrates bachaufwärts zu wandern (Foto: Hemker).

Wasserinsekten als Imagines bachaufwärts gerichtete Schwärmflüge mit Orientierung am Wasser durchführen und dabei durch zu enge Verrohrungen und andere naturfremde Anlagen empfindlich gestört werden. Auch Abwassereinleitungen segmentieren übrigens ein Fließgewässersystem in der Längsrichtung, weil die im Einlaufbereich oft tödlichen Konzentrationen die Wanderung der Gewässerorganismen entgegen der Fließrichtung in diesem Abschnitt verhindern.

Wenig besiedelbare Fließgewässerabschnitte, die infolge irgendwelcher Maßnahmen in der Korngrößenzusammensetzung im Grund sowie im Uferbereich zu einheitlich sind und deshalb kei-

Abb. 34. Wenn bei Brückenbauten der Bachgrund befestigt werden muß, sollte die Grundbefestigung möglichst tiefer als 50 cm unter Grund erfolgen, damit sich darüber wieder normale Verhältnisse einstellen können. Bei Rahmenfertigteilen (hier gewellte Stahlteile) kann die ökologische Barrierewirkung ausgeglichen werden, indem der Grund betoniert wird und in den frischen Beton möglichst viele, abwechselnd große Steine eingesetzt werden. In diesem Beispiel hat sich bald nach Fertigstellung Feinsubstrat zwischen den Steinen abgesetzt, die Steine sind durch Algen und Moose besiedelt worden, Kleinstlebewesen und Fische können entgegen der Fließrichtung wandern. Im Brückenbereich können allerdings Kleinstlebewesen infolge des Betons nicht tiefer in den Untergrund ausweichen (Foto: Archiv Forstamt Oderhaus).

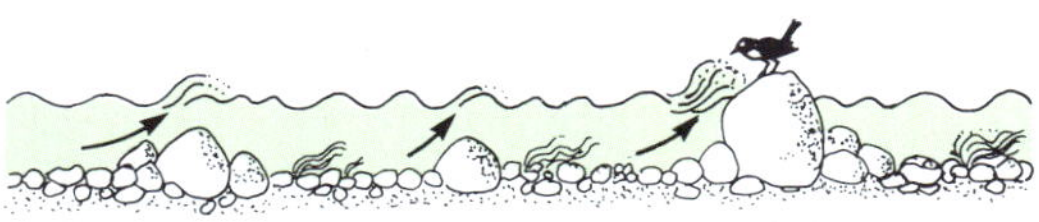

Abb. 35. Störsteine (Größe je nach Fließgeschwindigkeit und Schleppkraft) brechen die Strömung und steigern die Vielfalt der Lebensbedingungen im Sohlbereich. Außerdem verlängern und vertiefen sie – in Gruppen angeordnet (Buhnen) – den Niedrigwasserfluß.

nen Strömungsschutz bieten, können durch größere Störsteine biologisch aufgewertet werden. Sie verbessern auch die Wasserbelüftung (Abb. 35).

Das ökologisch wichtige Ziel, Fließgewässer von der Mündung bis zur Quelle mit allen Seitenarmen wieder zu einem System zu verbinden, verbietet die Anlage von Stauteichen oder angestauten Feuchtbiotopen grundsätzlich. Jede Förderung der Wanderungsmöglichkeit gegen die Strömung und von der Oberfläche in den Untergrund ist ein Schritt zur Wiederbelebung naturnaher Fließgewässer.

Nur Roterlen und Weiden als Uferschutzgehölze

Ein 19 m breiter, vorherrschend aus Roterlen zusammengesetzter Uferwald reduziert den Stoffeintrag bei Gesamtstickstoff um 78 %, bei Gesamtphosphor um 70 % und bei abfiltrierbaren Stoffen von Ackerboden um 90 %. Ein Hektar Roterlenuferwald kann 50 kg Nitratstickstoff bei entsprechenden Randbedingungen binden (Jährling, 1991). Die richtige Baumartenwahl an den Ufern unserer Gewässer ist also auch angesichts der Immissionen von besonderer Aktualität.

Von allen Pflanzen an Fließgewässern haben Erlen und Baumweiden die größte Uferschutzbedeutung. Wichtig ist, daß sie in den unteren Böschungsteil unmittelbar oberhalb der Mittelwassermarke eingebracht werden. Nur dort kann das Wurzelwerk die gefährdeten Uferzonen optimal schützen und der Gehölzschatten den Krautwuchs im Wasser und auf den Böschungen kurz halten. Die Erle ist hinsichtlich ihres Standortes (ob lehmig, sandig oder torfig) wenig wählerisch, vorausgesetzt, sie verfügt über genügend Bodenwasser und ein Mindestmaß an Nährstoffen. Die Grau- oder Weißerle herrscht in der Hochlage nahe der Baumgrenze, die Rot- oder Schwarzerle an den sonstigen Bächen darunter vor. Offenbar verhindert die Erle auch, daß Bisamratten Baue graben. Die Baumweiden übernehmen den Uferschutz an Flüssen, die längere Zeit Hochwasser führen. Von der Linie des sommerlichen Mittelwasserstandes stoßen Erle und Weide wie sonst keine anderen Holzarten mit ihrem palisadenartigen Wurzelwerk bis zu 1,50 m unter den Wasserspiegel in den dauernd durchfeuchteten Boden vor (Abb. 36).

Der seitliche Erosionsschutz durch Erlen reicht bis etwa 2,50 m, daher sollte stets im Abstand von maximal 5 m gepflanzt werden. Die in den Weichholzauen der Unterläufe durchaus standortgemäßen Pappeln schützen dagegen den ständig nassen Böschungsfuß nicht ausreichend. Ihre Wurzeln vertragen zwar vorübergehende Überschwemmungen, meiden aber dauernd vernäßte Bodenhorizonte. Die dort nur flachwurzelnden Pappeln werden dann leicht unterspült (s. Abb. 36). Ihr geringer Schattenwurf reicht in nährstoffreichen Gewässern meist nicht aus, den Massenaufwuchs von Hochstauden und Gräsern zu unter-

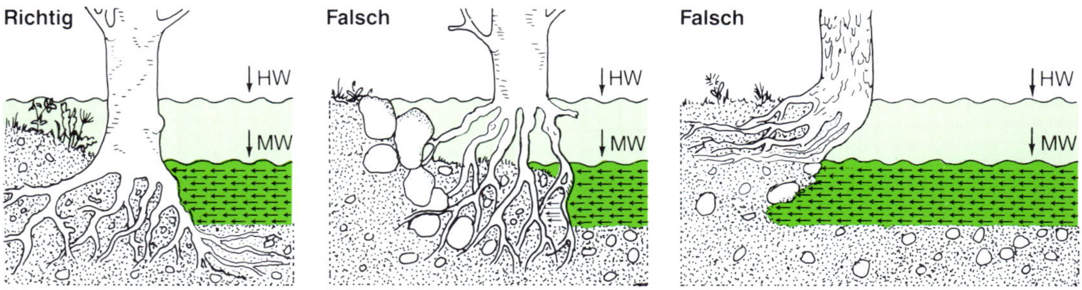

Abb. 36. Schematische Wurzelbilder von Schwarz- (= Rot) Erle/Weide sowie Pappel und Fichte am Fließgewässer im Querschnitt. Bei B werden die Wurzeln freigespült, so daß sie mangrovenartig in der Luft stehen. Bei C werden die Wurzeln ganz unterspült. B und C führen früher oder später zum Kippen der Bäume (Hebelkräfte!), so daß die Wurzeln ein großes Loch in die Uferböschung reißen können. Nur Erlen und Weiden können über ihre Belaubung bzw. über die Wurzeln innerhalb des Hochwasserprofils ihre natürliche ökologische Funktion erfüllen.

drücken. Auch die Wurzeln der Stieleiche, der Esche (obwohl im Mittelgebirge in relativ steilen Taleinschnitten als „Bach-Eschenwälder“ durchaus standortgerecht) und besonders natürlich der Nadelbäume biegen an der Grenze zum dauernd vernäßten Unterboden in die Waagerechte um. Ihre Wurzeln haben daher auf den Gewässerchemismus keinen Einfluß. Da sie leicht unterspült werden, steigt mit zunehmendem Alter (größere Höhe, stärkere Hebelkraft) die Windwurfgefahr, so daß in Waldgebieten die richtige Baumartenwahl auch dem Schutz der nachgelagerten Bestände dient.

Nach etwa 15 bis 20 Jahren kann die Roterle – sofern sie nicht forstwirtschaftlich genutzt wird – dicht über dem Boden gekappt werden. Dann ist gewährleistet, daß sie schnell und kräftig wieder austreibt und neuer den Wasserlauf samt Böschung beschattender Gehölzbewuchs aufkommt. Ziel der Pflege muß eine Art Dauerwald sein, in dem unterschiedlich hohe Erlen oder Weiden nebeneinander stehen. Allerdings ist der Verzicht auf Pflege (Kostensenkung!), das Dulden einer naturgemäßen und völlig unbeeinflußten Eigendynamik (einschließlich Totholz) ein positiver Beitrag zur Naturschutzbilanz. Erlen und Weiden tragen mit ihrem leicht zersetzbaren Laub als Nahrung der Flohkrebse, die wiederum wichtige Fischnährtiere sind, zur Primärproduktion bei. An den Wasserläufen mit höchstens einigen Tagen Hochwasser ist als Hauptholzart die Roterle zu empfehlen. Zur Belebung und Steigerung der Artenvielfalt kommen als „Initialzündung“ besonders Silberweide (Salix alba), Fahlweide (Salix rubens) und Bruchweide (Salix fragilis) in Frage. Bei den Wasserläufen mit längeren Hochwassern in der Vegetationsperiode herrschen die baum- und strauchförmigen Schmalblattweiden vor, weil die Roterle sehr lange Überflutungen nicht so gut verträgt. In die Überschwemmungsbereiche außerhalb der Ufersicherungszone gehört dann von Natur aus auch die Schwarzpappel. Erst ausreichender Uferbewuchs mit diesen Baumarten markiert weithin sichtbar den Verlauf eines Fließgewässers. Wo er fehlt, büßen Flüsse und Bäche ihre Rolle als landschaftsgliederndes Element ein. In landwirtschaftlich intensiv genutzten Bereichen bieten fast nur die Gewässerufer auf Dauer Platz für Baum- und Strauchbewuchs. Hier sind sie auch als Lebensstätte und Deckung für viele Vögel und Säugetiere besonders wichtig. Gewässerbegleitende Gehölzpflanzungen sollen möglichst eine Verbindung zu vorhandenen Gehölzbeständen (Hecken, Gebüschen, Baumgruppen, Feldgehölzen, Waldsträuchern) erhalten.

Zur Steigerung der Abwechslung in geeigneten Uferabschnitten kann an hydraulisch wenig beanspruchten Gleithängen auch einmal auf Ufergehölz verzichtet werden, wenn Pestwurz mit ihrem reich verzweigten, ausdauernden und dicht unter der Oberfläche hinziehenden Rhizomgeflecht die Stabilisierung übernimmt. Erst im höheren Böschungsbereich sowie in der weiteren Bachaue sollten je nach Standort neben Erle oder Weide auch andere Baumarten treten. Doch Vorsicht: Sie dürfen nicht die Erlen und Weiden am Wasser ausdunkeln. Die vielen früher entwickelten und bewährten Lebendverbauweisen sind wegen ihres hohen Arbeitsaufwandes heute oft nur noch ausnahmsweise durchführbar. Es ist jedoch zu betonen, daß Böschungen auch mit Buschlagen aus Strauchweiden sehr gut gesichert werden können.

Nach dem spätsommerlich-herbstlichen Laubfall wird als erstes das zarte Laub der Erlen (enges C zu N-Verhältnis!) gefressen. Anschließend, etwa vom nachfolgenden Frühjahr an, gewinnt das resistentere Buchenlaub an Bedeutung. Die den einstigen natürlichen Gegebenheiten entsprechende Baumartenzusammensetzung ist insofern ökologisch wichtig (Pechlaner, 1987). Insgesamt können härtere Blätter z. B. von Hybridpappeln, Buchen, Eichen usw. schlechter abgebaut werden, und energetisch sind sie weniger effektiv (Haeckel et al., 1973). Manchmal hört man die Vermutung, in natürlichen Buchenwaldgesellschaften hätte die Erle (bzw. auch die Esche) an kleinen Bächen insbesondere in relativ steilen Taleinschnitten keine Chance. Dem ist zu entgegnen, daß man sich von der Vorstellung großer, alter, einförmiger und alle Konkurrenten herausdunkelnder Buchenhallenwälder lösen muß. Es gibt durchaus auch in Buchenwaldgesellschaften Zeitabschnitte, in denen sich die Erle (bzw. Esche) über längere Zeit behaupten kann, so daß auch hier keine Veranlassung besteht, auf die Erle waldbaulich völlig zu verzichten.

Interessanterweise spielt auch der Pilzbesatz für die Zersetzung der Blattnahrung eine maßgebliche Rolle. So nutzten z. B. Gammariden (Flohkrebse) nur 17 bis 19 % des Energiegehaltes von sterilen Ulmen- und Ahornblättern, der Rest wurde mit dem Kot ausgeschieden. Wenn den Tieren jedoch eine Kultur aquatischer Pilze angeboten wurde, die gewöhnlich auf Blättern im Wasser lebt, betrug der Ausnutzungsgrad 74 bis 83 % (Bärlocher u. Kendrick, 1975). Die Mikroorganismen (Pilze, Bakterien) haben für Detritusfresser praktisch die Funktion eines ausgelagerten Zusatzmagens (Straaß, 1990). Da diese wiederum vom pH-Wert des Wassers stark abhängig sind, liegen die komplexen Abhängigkeiten auf der Hand.

Generell gilt: Alle Renaturierungsmaßnahmen müssen sich an noch vorhandenen naturnahen Fließgewässerstrecken in der jeweiligen naturräumlichen Region orientieren. Gewässerrenaturierung ist in erster Linie Gewässerentwicklungshilfe, die eigendynamischer Entwicklung genügend Spielraum läßt (Nds. MU, 1992). Die Rückdrängung einer Übermacht von Nadelgehölzen aus

Abb. 37. Die Folge falscher Baumartenwahl am Gewässer: Da außer Erlen und Weiden alle Baumarten (hier Pappeln) mit ihren Wurzeln oberhalb der Mittelwasserlinie bleiben, werden sie mit zunehmender Höhe infolge der großen Hebelkräfte leicht vom Wind geworfen. Die Sanierung derartiger Schadstellen ist oft sehr kostspielig und führt aufgrund technischer „Lösungen" zur weiteren biologischen Verarmung (Foto: Hemker).

Abb. 38. Hohe senkrechte Spundwände – gefährliche Fallen auch für größere Tiere und Menschen! – und „Messerhaarschnittrasen" degradieren dieses Gewässer zu einem trostlosen und biologisch verarmten Kanal, der auch innerörtlich keine Naherholungsbedeutung hat. Eine wesentliche Aufwertung erscheint hier denkbar, wenn die Spundwände durch große, in abwechselnder Linie verlegte Wasserbausteine ersetzt, die Ufer im Boden stärker strukturiert und in unterschiedlicher Intensität durch Erlen und Weiden bepflanzt werden. Die Rasenpflege sollte in möglichst großen Bereichen weitgehend unterbleiben. Im Sohlbereich können große Störsteine u. dgl. die Strömungsverhältnisse variieren und damit ebenfalls viele neue ökologische Nischen schaffen (Foto: Dahl).

Auebereichen muß allerdings recht konsequent erfolgen. Es kommt nur die Verwendung standortheimischer Gehölze in Frage, die genetisch aus der näheren Umgebung (Wuchsraum) stammen. Die Mengen herabfallenden Laubes sind mit über 1 kg Trockengewicht pro Jahr und Quadratmeter Bachoberfläche beträchtlich (Nahrungskettenmodell: 1 kg Erlenblätter ergeben 100 g Bachflohkrebse, diese ergeben 10 g Fisch und dann 1 g Vogel). Der Fortfall dieses allochthonen Materials nach Entfernung der Ufergehölze hat also grundlegenden Einfluß auf die Bach-Biozönose (Böttger, 1990). Hinsichtlich des Zusammenhangs von Ufergehölz und Vogelfauna hat Karthaus nachgewiesen, daß bis zu einer Breite von je 15 m auf beiden Seiten die Abundanz steil ansteigt. Sehr hohe Revierdichten werden bei mehrschichtigen Gehölzen (Strauch- und Baumschicht) mit ca. 200 % Gesamtdeckung erreicht. Hat der Ufergehölzsaum eine strauchige Prägung, wirken sich einzelne durchgewachsene Bäume sehr positiv auf die Arten- und Revierzahl aus.

In anthropogen überfremdeten Stadtstrukturen schaffen naturnahe Ufergehölzsäume oft die Voraussetzung für eine Besiedlung der Stadtzonen durch anspruchsvollere Vogelarten, z. B. Zaunkönig, Gartenbaumläufer, Weidenmeise und Gelbspötter.

6.3 Weitere Anregungen zum Naturschutz an Fließgewässern

„Wer will, daß die Welt so bleibt, wie sie ist, der will nicht, daß sie bleibt."
Erich Fried (1921–1988)

Renaturierungsprogramme

Auf allen Ebenen sind konsequente Renaturierungsprogramme sehr empfehlenswert zum Rückbau von ausgebauten Gewässern, zur Förderung der Mäanderbildung – verbunden mit Grundstückserwerb –, zur naturnahen Gestaltung der Uferbereiche, zur Erhöhung der ökologischen Vielfalt, zur Reaktivierung oder Erhaltung ökologisch wichtiger Altarme, zur Bereicherung von Gewässern in Ortslagen, zur Erhaltung artenreicher Feuchtwiesen an Fließgewässern, zur Wiederfreilegung und Belebung von Verrohrungsstrecken. Diese Maßnahmen erfordern allerdings auch Mut, weil sie das Eingeständnis früherer Fehler bedeuten. Aber diesen Mut wird man bei anderen Natur- und Umweltschutzbelangen ebenso brauchen.

Verwaltungen und Ökologen

Angesichts leerer Kassen stellt der Mangel an ökologisch besonders geschultem Personal bei Gemeinden, Wasserbehörden, Wasserwirtschaftsämtern und Unterhaltungsverbänden ein erhebliches Problem dar. Um so mehr ist enge Zusammenarbeit der Verwaltungen mit privaten Spezialisten oder Verbänden anzustreben. Unschöne Konfrontationen mit Bürgerinitiativen sind dann meist vermeidbar. Größere Verwaltungen und Verbände werden darüber hinaus zunehmend hauptamtliche Ökologen benötigen.

Altwässer

Die Erhaltung und Verbindung von Altwässern zum Fluß sind auch deshalb wichtig, weil bei kanalisierten Fließgewässern in den Altwässern aufgrund der Wasserpflanzenvorkommen und günstigeren Strukturverhältnisse das Flußplankton erzeugt wird, weil Altwässer Refugialbiotope sind und Zentren für die Wiederbesiedlung von Flußabschnitten mit Gewässerorganismen sein können und weil hier viele krautlaichende Fische – z. B. der Karpfen – ihre Brut absetzen. An Altarmen sind – sofern sie nicht durch Nutzungen (z. B. Boote, Surfer) beeinträchtigt werden – oft auch noch größere Röhrichtzonen zu erhalten.

Ökologische Nischen

Problembereiche, die eigentlich in ein naturnahes Gewässer gehören und auf die eine Vielzahl von Lebewesen spezialisiert sind – z. B. Kies- und Schlammbänke, Kolke, Steilufer, Untiefen, neue Uferabbrüche, Überflutungsbereiche – sollten auch bei Gewässerschauen im Naturschutzinteresse wohlwollend beurteilt, als ökologische Nischen erkannt und möglichst unverändert belassen werden. Sie fördern durch Abwechslung die Artenvielfalt unserer Fließgewässer.

Sohlräumungen möglichst unterlassen

Jede Sohlräumung von Fließgewässern zerstört den Lebensraum für unzählige Wasserlebewesen, die im Boden zwischen Geröll und Schlamm oder unter der Gewässersohle ständig leben und dort Hochwasser und strenge Winter überdauern, laichen, ruhen, sich verstecken oder sich verpuppen. Bei nicht schiffbaren Flüssen und Bächen sollte man Sohlräumungen möglichst ganz unterlassen. Bei Aufschwemmungen mit Rückstau wäre es ökologisch zu begrüßen, wenn die überschwemmten Gebiete aus der Nutzung ausgespart würden (ggf. Entschädigung). Bei wirklich unvermeidbaren Grabenräumungen sollten pro Jahr nur eine Seite oder nur jeweils abschnittsweise etwa 50 m geräumt werden, damit die geräumten Strecken schneller von den ungeräumten aus wieder besiedelt werden können. Auch in den geräumten Abschnitten können meterweise kleine Bereiche unangetastet bleiben. Am naturschonendsten wird von Hand geräumt. Baggerräumung verursacht größere Schäden, und extrem folgenschwer ist eine Räumung durch Fräsen, wodurch alle größeren Lebewesen abgetötet werden. Eine Räumung sollte nur etwa Mitte September bis Anfang Oktober erfolgen, weil zu der Zeit Amphibien ihre Winterruheplätze im Schlamm noch nicht aufgesucht haben. Vorher muß sehr genau festgelegt werden, daß nicht zu tief und nicht zu breit geräumt wird, um noch stärkere Entwässerungen zu vermeiden (Hutter, 1985). Es empfiehlt sich, derartige Maßnahmen besonders kritisch durch ökologisch geschultes Fachpersonal zu beaufsichtigen.

Höchstens eine Seite bearbeiten

Bei unumgänglichen Ausbau- oder Pflegemaßnahmen sollten natürliche Uferabschnitte so weit wie möglich erhalten werden. Die Beschränkung der Maßnahme auf nur eine Uferseite ist stets einem Gesamteingriff vorzuziehen. Mindestens die sonnenseitige Böschung und die Prallhänge sollten durchgehend mit Gehölzen gesichert werden.

Eine weitgehende Bachbeschattung und die dadurch verminderte Verkrautung und Reduktion des Unterhaltungsaufwandes werden erreicht, wenn die südseitig gepflanzten, mehrreihig angelegten Gehölze in der Höhe etwa das Doppelte der zu beschattenden Gewässerbreite betragen (Anselm, 1976). Prallufer müssen bei gefährdetem Hinterland in Höhe, Länge und Breite dicht und geschlossen bepflanzt werden. Besonders im Mittelwasserbereich dürfen keine Lücken entstehen als Angriffspunkte für das strömende Wasser.

Grabenfräsen – ein teurer Unsinn?

Die Nichtbepflanzung von Gräben, die in Agrarlandschaften meist einhergeht mit Nutzung bis an die Grabenkante, zieht die Notwendigkeit regelmäßiger Räumungen nach sich. Dies um so mehr, als die Grabenböschungen meist so steil sind, daß sie ständig erodieren und dadurch weitere Sedimentationen und Auflandungen verursachen, die neue Räumungsmaßnahmen initiieren. Diese Zwangsabfolge wird durch den Einsatz von Fräsen erheblich verstärkt: Böschungsvegetation wird vernichtet – Böschungserosion wird verstärkt – Ablagerung des Frässchlamms im Uferbereich fördert weitere Entrophierung und Verstärkung der Wiederverkrautung – Abflußverringerung – weiter verstärkte Räumungsnotwendigkeit (Löderbusch, 1994). Die Artenverarmung auch bei der Fauna direkt und in der weiteren Folge ist extrem. Statzner (1983) empfiehlt als ökologisch und ökonomisch sinnvolle Alternative die durchgehende Erlenbepflanzung größerer Gräben. Man kann z. B. für Libellen auch einige geeignete Abschnitte von Wiesengräben unbeschattet lassen. Grabenfräsen, die in der Art der Grabenpflege die katastrophalsten Folgen haben, sind heute nicht mehr zu verantworten. Die Alternative der naturnahen Bepflanzung und Beschattung ermöglicht ökologisch, ökonomisch und landschaftsästhetisch wesentlich günstigere Lösungen, so daß die Forderung nach Mechanisierbarkeit mehr einem Streben nach (teurer!) Bequemlichkeit entspringt, die oft andere, nämlich Anliegergemeinschaften zu bezahlen haben.

Abb. 39, 40. Der Einsatz von Grabenfräsen in Gewässerbereichen (oben) ist außerordentlich bedenklich und tötet unkontrollierbar unzählige Tiere (unten: z. B. Frösche, Molche, Kleinfische) ab, die auf Roten Listen der vom Aussterben bedrohten Tierarten geführt werden (Foto: Hemker).

Ankauf statt Ausbau – Vorsicht vor falschem Aktionismus

Größere Ausbau- und Ufersicherungsmaßnahmen sind teuer. Sofern sie zum Schutz überschwemmungsgefährdeter Bereiche unumgänglich sind, sollte überlegt werden, ob nicht ein Anpachten oder Ankauf der gefährdeten Bereiche billiger ist und so die Maßnahme im Interesse des Naturschutzes unterlassen werden kann. Das Gewässerrandstreifenprogramm des Bundes (und z.T. der Länder), das überwiegend für den Flächenankauf, die Pflege- und Entwicklungsplanung sowie für die Durchführung einmaliger biotoplenkender Maßnahmen eingesetzt wird (Umweltbundesamt, 1992), sollte durch eine intensivierte Nachfrage der Ortsebene schnellstmöglich auf alle Gewässerkategorien ausgedehnt werden und möglichst breite Streifen oder ganze Auebereiche erfassen. In der weiteren Betreuung der Flächen ist Flexibilität erwünscht. Örtliche Behörden (z.B. Forstämter, Gartenbauämter) wie Verbände oder Firmen im sog. Vertragsnaturschutz können auch befristet eingesetzt und danach erneut verpflichtet werden, wenn ihnen der angemessene Ausgleich zwischen Naturschutz, Hochwasserschutz und Erholungseignung gut gelingt.

Vor falschem Aktionismus muß gerade in und an Gewässern gewarnt werden. Umgestaltungs- oder Unterhaltungsmaßnahmen greifen immer in biologische Sukzessionen und Prozesse ein. Die Beseitigung von Fehlern darf freilich nicht herausgezögert werden. Es kommt darauf an, mit den Fakten eines bestimmten Gebietes auf wissenschaftlich-ökologische Weise umzugehen (Wiegleb, 1991). Eine Renaturierung ist langfristig nur dann erfolgreich, wenn sie vor Ort von allen Beteiligten getragen wird. Sie alle – z.B. Gemeinden, Unterhaltungs- und Naturschutzverbände, Forstämter, Landwirte – sollten unbedingt in Planungen und Ausführungen eingebunden sein.

Generell setzt sich die Erkenntnis durch, daß die Intensität von teuren Unterhaltungsarbeiten an Fließgewässern im umgekehrten Verhältnis zur Naturnähe steht. Naturnahe Gewässer erfordern kaum Unterhaltungsaufwand. Naturferne, eutrophe Gewässer brauchen angesichts der Nutzungsansprüche intensive Unterhaltung (je nach Gewässer bis zu dreimal jährlich) (Gaumer, 1991). Das bedeutet, daß mit zunehmender Renaturierung der Unterhaltungsaufwand – allerdings erst mittelfristig – sinkt. Dies heißt aber auch, daß Anlieger (z.B. Landwirte), die trotz gesetzlicher Verpflichtung (Wasserhaushaltsgesetz) eine Renaturierung verhindern, an den dadurch anfallenden, vermeidbaren Mehrkosten nach dem Verursacherprinzip beteiligt werden müßten. Ökologisch-ökonomischer Schaden dieser Art sollte nicht mehr auf die Allgemeinheit abgewälzt werden. Von Entkrautungen, die immer noch in großem Stil durchgeführt werden, und entbehrlichen Unterhaltungsmaßnahmen müssen wir schnellstmöglich wegkommen. Diese Maßnahmen kosten Milliarden von Kleintieren das Leben, dabei auch besonders geschützte Arten, die nach dem Bundesnaturschutzgesetz nicht beschädigt oder zerstört werden dürfen (Umwelt, 1987).

Es gibt bezeichnenderweise innerhalb der charakteristischen Bachfauna keine Konsumenten für das lebende Gewebe von großen Wasserpflanzen, ein deutliches Zeichen, wie unnatürlich die Gewässerverkrautung ist. Auch indirekt wirkt die Verkrautung tödlich für viele Gewässertierchen, weil die reduzierte Strömung in der Krautschicht zu einer verstärkten Sedimentation von Feinmaterial führt. Dadurch geht das ökologisch so wichtige Lückensystem der Sohle verloren. Schließlich verursachen die dichten Krautbestände eine verhängnisvolle Veränderung der chemisch-physikalischen Wasserbeschaffenheit. Es kommt zu einem Anstieg des pH-Wertes bis in den stark alkalischen, verätzenden Bereich (besonders bei Stillgewässern) und zu weiten Amplituden der Sauerstoffkonzentration. Dabei sind nicht nur Defizite, sondern auch Übersättigungen („Gasblasenkrankheit") lebenseinschränkend (Böttger, 1990). Nur mit einer naturnahen Uferbepflanzung durch Weiden und/oder Erlen können wir derartigen Folgen und stets wiederkehrenden Maßnahmen zur Abflußsicherung begegnen.

Wasserwirtschaftsämter – Unterhaltungsverbände – sonstige Unterhaltspflichtige

Die in der Bundesrepublik Deutschland immer noch gültige Klassifizierung des Wassers der Bäche, Flüsse und Kanäle nach insgesamt 7 Güteklassen ist ökologisch heute nicht mehr ausreichend. Zu sehr steht der Grad der Wasserverschmutzung im Vordergrund, während die Naturnähekriterien nur indirekt Berücksichtigung finden. Dieses System vermittelt lediglich Anreize zur Reduktion von Verschmutzungen, kaum aber zu ökologisch angemessenen Renaturierungsmaßnahmen. Wir brauchen dringend ein bundesweit gültiges und flächendeckend für alle Fließgewässer (vom kleinsten „Pieselbach" bis zum schiffbaren Kanal) realisierbares Kartiersystem. Es muß eine sehr differenzierte ökologische Klassifizierung (ca. 10 Stufen) zulassen und alle Negativfaktoren im Verhältnis zum natürlichen Zustand berücksichtigen. Aufsichtsbehörden, Unterhaltungsverbände und sonstige Unterhaltspflichtige wären dann vielleicht selbst bestrebt, höhere Bewertungen durch angemessene Maßnahmen zu erreichen. Geschickte Wettbewerbe für alle (!) Gewässerkategorien können stimulierend wirken. Die Klassifizierung ermöglicht durch segmentweise (z.B. km-Abschnitte) Einstufung ein Belohnungssystem, das in der Öffentlichkeit Anerkennung findet. Rasper, Sellheim und Steinhardt (1991) haben ein Bewertungssystem entwickelt, das alle Positiv- und Negativpunkte berücksichtigt. Eine entsprechende Weiterentwicklung in ein ca. 10 Stufen umfassendes Rastersystem ist aus psychologischen Gründen (vgl. Kap. 5) anzuraten. Ein „Gewinner-Gewinner-Konzept" muß auch zeitlich gewährleisten, daß man durch aktive Maßnahmen eine nächsthöhere Kategorie und damit die Belohnung erreichen kann.

Erholungswert der Fließgewässer

Der Erholungswert einer Landschaft steigt mit der biologischen Belebung. Das wird gerade an Fließgewässern deutlich. Je naturnäher und daher abwechslungsreicher und artenvielfältiger die Fluß- und Bachläufe sind, desto größer ist ihre Anziehungskraft auf Menschen. Je naturferner die Menschen leben, desto mehr werden sie von reichen Naturlandschaften angezogen. Deshalb suchen gerade Stadtmenschen diese „Stücke unverdorbener Natur", wie man am Verhalten der Wanderer und Spaziergänger, der Sportfischer, der Badenden, der Camping- und Bootsfreunde leicht beobachten kann. Auch das gibt Veranlassung, die Natur an den Fließgewässern wieder konsequent zu fördern. Allerdings gebietet die Förderung naturnaher Artenvielfalt, daß sich auch die von den Erholungsuchenden ausgehenden Störungen in Grenzen halten. Spazierwege sollten nur einseitig an Gewässern entlang führen und einige Bereiche überhaupt nicht erschließen. Die Schaffung von Totalreservaten mit strengen Schutzbestimmungen und Betretensverboten kann durchaus auch dem Erholungswert der Landschaft dienen, da sich die zu erwartenden Bereicherungen auch auf Nachbarzonen positiv auswirken. Auch Angler sollten besondere Schonbereiche zumindest in der Brutzeit scheuer Vogelarten nicht betreten.

Der Pkw gehört auf den Parkplatz und nicht ans Gewässer. Straßen sollten möglichst weit ab von Fließgewässern verlaufen. Der Europarat entwarf 1977 einen „Grünen Plan für Europa", in dem u. a. die Städtebau- und Freizeitplaner ermahnt werden, die Uferregionen von Seen und Flüssen vor dem Campingwesen zu schützen. Auch innerhalb der Siedlungen und Städte sind die Fließgewässer die potentiell besten Naherholungsgebiete. Wenn es die Stadtväter verstehen, Fließgewässer auch innerörtlich wieder naturnah zu entwickeln, werden sie ungeahnte Steigerungen des Lebenswertes und der Attraktion der Städte erzielen.

Anregungen für Forstleute

Als Mitglied eines Wasserunterhaltungsverbandes, als Naturschutzbeauftragte oder als Berater können auch Forstleute auf die Gestaltung der Gewässer 2. Ordnung Einfluß nehmen. Ihnen obliegt daneben meist die Unterhaltung der Waldbäche als Gewässer 3. Ordnung im eigenen Revier. Waldbäche sind meist noch nicht ausgebaut und nicht verschmutzt. Sie müssen als letzte naturnahe Fließgewässer besonders gepflegt werden. Das schließt die konsequente Rücknahme von bis zu etwa 30jährigen Nadelbäumen auf mindestens 10 m Breite auf beiden Seiten der Ufer und Ersatz vorrangig durch Erlen (z. T. auch einige Weiden) ein. Damit schützt man zugleich nachgelagerte Nadelbaumbestände gegen spätere Windwurfgefahr. Bei älteren Nadelbaumbeständen kann die Rücknahme nur schrittweise erfolgen, weil sonst die nachgelagerten Bestände labilisiert werden. Entscheidend ist, daß Fichten die Bachfauna nicht ernähren können, also ein extremes Artendefizit verursachen, und als Monokultur gleichzeitig eine Barriere (Verinselung) für die Bachfauna darstellen (Hering et al., 1993). Der Schlagabraum von Fichten muß aus den näheren Bachbereichen bei Renaturierungsmaßnahmen beseitigt werden.

Außerdem sollten Forstleute darauf bedacht sein, alle Sohlabstürze und Durchlässe in Fließgewässern so zu gestalten, daß sie für alle Organismen entgegen der Fließrichtung passierbar sind. Renaturierungsmaßnahmen gerade in Staatswaldgebieten lassen sich manchmal noch beschleunigen. Es ist wenig glaubhaft, wenn die Länder zunehmend Renaturierungsprogramme außerhalb von Waldgebieten mit erheblichen Geldsummen fördern, auf landeseigenen Waldflächen das Gegensteuern jedoch nur relativ schwerfällig in Gang kommt.

Bachpatenschaften

Zur Renaturierung der Gewässer, zur Aufwertung der Landschaft und zur Förderung des persönlichen Engagements und der Verantwortung der Bürger könnten Bachpatenschaften Entscheidendes leisten. Alle Gewässerbereiche reagieren schnell und besonders dankbar und motivieren damit nach der Gewinnerstrategie weiter. Als Paten in Frage kommen Schulen, Verbände, Service-Clubs und Vereine, wenn fachliche Betreuung gewährleistet ist. Aufgerufen ist eigentlich die gesamte Bevölkerung. Einen praxisnäheren Biologieunterricht für jedermann vor der Haustür gibt es nicht.

Fischbesatz

Der Besatz von Gewässern mit fremden Fischarten oder -rassen oder der Überbesatz mit einheimischen Raubfischarten ist außerordentlich bedenklich. Er bedeutet eine erhebliche Faunenverfälschung, deren Auswirkung auf das gesamte Ökosystem kaum abzusehen ist. Jede Selbstbeschränkung der Angler dient dem Naturschutz. Biotopschutz und naturnahe Bereicherung zur Förderung der Selbstregeneration ist in jedem Fall besser, Kalkdüngungen von Fließgewässern zur Erhöhung des fischereilichen Wertes sind wegen nicht einschätzbarer biochemischer Kettenreaktionen abzulehnen. Es empfiehlt sich, Fließgewässer nur abschnittsweise zu verpachten und dazwischen lange Schonzonen ohne jede Bewirtschaftung vorzusehen. Naturschutzfeindliche Formulierungen – z. B. Verpachtungsgebot an Fischereigewässern – sollten schnellstmöglich aus den entsprechenden Gesetzen der Länder entfernt werden. Sie sind ökologisch nicht mehr zu verantworten.

Öko-Vlies mit Kunststeinen

Grundbetonierungen und Verrohrungen sind ein sehr weit verbreitetes Übel. Sofern aus Kostengründen in absehbarer Zeit kein Rückbau oder Ersatz durch Großdurchlässe mit einem eigenen tiefen Bachgrund und großem Lichtraumprofil möglich ist (grundsätzlich wäre dies stets vorzuziehen), ist der Einbau des sog. Öko-Vlieses (seit 1992 mit Europa-Patent der Firma Harzer Wald- und Wegebau GmbH, Altenau und Darlingerode) mit ca. 8 cm hohen, individuell anzuordnenden Kunststeinen (Fließhemmer) als preiswerte Verbesserung zu empfehlen. Der PVC-freie, temperatur- und säurebeständige, fadenbeschichtete Kunststoffgrund fängt sehr schnell Bodensubstrat auf, so daß sich auf Betonboden auch in Betonröhren ein naturähnlicher Grund mit strömungsarmen Zonen kostengünstig nachahmen läßt.

Auch mit dem Öko-Vlies bieten sich gute Möglichkeiten für örtliche Initiativen, weil die Wiederherstellung der Passierbarkeit von Fließgewässern gegen die Strömung sehr schnell sichtbare Erfolge hat. Heitkamp (1993) hat nachweisen können, daß das Öko-Vlies bereits nach relativ kurzer Zeit zwischen 51 bis 67 % von den in den Bächen lebenden Arten besiedelt und passiert werden kann. Die Gruppen mit den größten Häufigkeiten in den mit Öko-Vlies in Durchlässen untersuchten Harzbächen waren Flohkrebse (Gammariden), Eintagsfliegen (besonders Vertreter der Gattung Baëtis), Steinfliegen (Leuctriden, Nemouriden), Köcherfliegen (besonders Limnephilinen) und Zuckmücken (Chironomiden). Heitkamp (1993) kommt zum Ergebnis:

„Das Öko-Vlies kann vor allem in bestehende Rohr- und Rahmendurchlässe eingebaut werden oder in neu zu bauende dort, wo aufgrund der Geländemorphologie ein zu starkes Gefälle nicht vermieden werden kann. Es kann kurzfristig zur Überbrückung von Wehren, Sohlschwellen, Auskleidung von Beton- und Halbschalen etc. eingesetzt werden, bis derartige Eingriffe durch geeignete wasserbauliche Maßnahmen, z.B. Anlage von Sohlgleiten, ausgeglichen worden sind. Mit dem Einbau von Öko-Vliesen wird die Barrierewirkung von Wegdurchlässen und anderen Querverbauungen in Bächen und kleinen Flüssen zu einem wesentlichen Teil beseitigt. Die Gewässer werden für die Fauna wieder durchgängig, Wanderungen können wieder durchgeführt werden und die Vernetzung bisher getrennter unterer und oberer Bachabschnitte wird wiederhergestellt."

Kanäle mit Spundwänden

Alle Kanäle mit aus dem Wasser herausragenden Spundwänden sind bösartige Todesfallen, aus denen es für Säugetiere und flugunfähiges Wassergeflügel (Jungtiere) kein Entrinnen gibt. Spundbauweise widerspricht damit nicht nur ethischen Grundsätzen, sondern auch dem Tierschutzgesetz (Wölfel, 1989). Aber auch wegen der ökologischen Zerschneidung der Landschaft und Isolierung der Säugetierpopulationen sind Spundwände über längere Strecken nicht mehr akzeptabel. Es muß beschleunigt auf naturnahe, flache und begrünbare Ufer auch an Schiffskanälen hingearbeitet werden. Verbände sollten gemeinsame Forderungen vertreten.

Wer kann etwas tun?

Da die Fließgewässer eine ökologisch so außerordentlich große Bedeutung haben und über 90 % mehr oder weniger stark beeinträchtigt sind, sollten wir uns alle zur Hilfe aufgerufen fühlen. Gewässerverbände und staatliche Forstverwaltungen sind von ihrer Aufgabenstellung her in ihren Bereichen zuständig. Bürgermeister, Stadtdirektoren, Gartenämter sollten erkennen, welche Möglichkeiten zur Förderung der Naherholung, des Wohn- und Lebenswertes in der Renaturierung stecken. Angler hätten ein gutes persönliches Motiv, weil jede biologische Förderung auch ihren Schützlingen, den Fischen, zugute kommt. Entsprechendes gilt für die Jäger, denn naturnaher Gehölzbewuchs an den Fließgewässern dient dem Wild als Lebensraum, vom Schalenwild bis zur Ente. Jäger wie Angler und Naturschutzspezialisten sollten mit den örtlich zuständigen Gewässerverbänden eng zusammenarbeiten und sachkompetente Vertreter zu allen Gewässerschauen entsenden, denn dort fallen vor Ort die Entscheidungen.

Wie wäre es mit einer finanziellen Förderung z. B. durch den örtlichen Fremdenverkehrsträger? Der Fremdenverkehr lebt schließlich in den meisten Fällen von der Landschaft und dürfte deren Verarmung nicht tatenlos zusehen. Biologische Arbeitsgemeinschaften oder Leistungskurse höherer Schulen könnten regelmäßig bestimmte Gewässer untersuchen und die Ergebnisse in der örtlichen Presse publizieren. Auch den Gemeinden fällt mit ihrer Planungshoheit die Verantwortung für die Biologie unserer Gewässer zu. Flurbereinigungsbehörden sollten alte Fehler schnellstmöglich bereinigen und z. B. verrohrte Fließgewässer wieder ausbuddeln. Initiative und Zusammenarbeit aller sind gefragt. Die Renaturierung der aus Unkenntnis stiefmütterlich behandelten Fließgewässer macht unsere Umwelt naturnäher, vielfältiger, schöner und damit lebens- wie liebenswerter.

7 Wiederbelebung und Neuanlage von Stillgewässern

„Ethik ist ins Grenzenlose erweiterte Verantwortung gegen alles, was lebt."
Albert Schweitzer (1875–1965)

Aus Zeitmangel begnügt sich womöglich mancher engagierte Leser mit der Lektüre nur der ihn praktisch interessierenden Kapitel. Das wäre schade, weil es zur Unterschätzung der eigenen Einflußchancen führen kann. Für das Erkennen der eigenen Möglichkeiten und das Einordnen der persönlichen Argumente empfehle ich sehr, zunächst Kapitel 1 bis 4 zu verarbeiten. Manche Vorurteile gegenüber dem Umwelt- und Naturschutz entpuppen sich dann schnell als unverantwortliche Egoismen. Auch Kapitel 5 hat Wertvolles zu bieten, denn die persönliche Wirkung hängt nicht bloß vom fachlichen Wissen ab, sondern genausosehr von der Fähigkeit, Mitmenschen – Freunde wie Gegner – für die eigene Sache zu motivieren. Die Lektüre des Kapitels 6 ermöglicht den ökologischen Einstieg in die biologischen, chemikalischen und physikalischen Grundlagen der Gewässerproblematik.

7.1 Allgemeines zur Situation

„Jedes Tier hat seine besondere Stelle, an der es gestreichelt werden will."
Friedrich Nietzsche (1844–1900)

Unter Stillgewässern werden alle Stehendwasserflächen – vom kleinsten Tümpel bis zum großen See – verstanden, denen ein nur langsamer Wasseraustausch – Wochen bis unter Umständen Jahre dauernd – gemeinsam ist. Ähnlich den Fließgewässern gehören diese Arten von Feuchtbiotopen im naturnahen Zustand zu den biologisch reichsten und vielfältigsten Landschaftselementen. Kleinklima, Wasserhaushalt, Gestalt, Bodenfruchtbarkeit, biologische Vielfalt und Erholungseignung (Psychotop) unserer Landschaft prägen sie entscheidend. Sie sind Lebensraum für eine Fülle von Pflanzen- und Tierarten, deren Rückgang ein Alarmsignal für Umweltschäden ist. Heute gehören Feuchtgebiete mitsamt den in ihnen lebenden Pflanzen- und Tierarten zu den gefährdetsten Naturbereichen.

Bezeichnend für das ganze Bundesgebiet mag dafür die Untersuchung von Raabe (1979) sein, die er für die Gemeinde Heikendorf bei Kiel angestellt hat: Von ehemals (Vergleichsjahr 1880) 291 Kleingewässern sind zwischenzeitlich 119 völlig verschwunden, 94 teilweise aufgefüllt und von den verbleibenden 78 können infolge fortgeschrittener Wasserverschmutzung lediglich noch 13 (4 %) als biologisch einigermaßen gesund gelten. Aufgrund vergleichender kartographischer Aufnahmen weist auch Feldmann (1976) einen Schwund von Kleingewässern in bestimmten westfälischen Meßtischblättern von 50 % in nur 10 Jahren nach. Derartige Kartierungsarbeiten mit Vergleichen zu früheren Zuständen sind allen Landkreisen zu empfehlen, weil sie wertvolle Ansätze zur Aufspürung möglicher Altlasten, für Renaturierungs- und Ersatzmaßnahmen bieten und daneben die Bevölkerung aufrütteln können.

So nimmt es nicht wunder, daß bundesweit etwa 76 % aller Fischarten gefährdet sind. Das betrifft insbesondere die kleinen Fischarten, die früher in unvorstellbaren Mengen vorgekommen sind, z. B. Bitterlinge in Rheinaltwässern oder Moderlieschen in Seen, Tümpeln und Teichen. Meist stellten die kleinen Fische die Hauptbiomasse der Fische überhaupt dar und waren entsprechend wichtig in den Nahrungsketten der Gewässersysteme. Der Zusammenhang zwischen Mückenplagen und dem Fehlen von Kleinfischmengen liegt ebenso auf der Hand wie das Zurückgehen z. B. des Eisvogels und des Graureihers durch das verminderte Nahrungsangebot. Auch bei den Fischen gilt schließlich der ökologische Grundsatz, daß der Bestand der Beutetiere – also die Nahrung – den Bestand der Räuber begrenzt. Das Ausweichen des Graureihers auf Fischzuchtanlagen ist insofern ebenfalls ein Indikator für den traurigen Zustand unserer einheimischen Fischfauna. Das Verschwinden der Bitterlinge deutet noch auf eine andere Misere hin: Muscheln sterben schon bei geringerer Wasserbelastung aus als der Bitterling, der sie quasi als „Gefäß" für den Laich benötigt. Stirbt die Muschel, so kann sich auch der Bitterling nicht mehr fortpflanzen und stirbt aus.

Die wichtigsten Ursachen der katastrophalen Situation der Feuchtgebiete liegen in folgenden Fehlbehandlungen und Beeinträchtigungen:

- Komplette, immer noch ungebremste Biotopvernichtung durch Beseitigung (z. B. Einplanieren, Müll- und Bauschuttverfüllung, Entwässerung).
- Überdüngung (Eutrophierung) und Belastung mit chemischen und organischen Abfallprodukten: Die biochemische Selbstreinigungskraft wird zerstört oder geschwächt, Abbauprozesse verzehren Sauerstoff, das Wasser wird trüber, Wasserpflanzen erhalten weniger Licht und produzieren weniger Sauerstoff, Sauerstoffarmut entzieht den Wassertieren die Lebensmöglichkeit. Als Folge heißt es durchaus nicht selten „Baden verboten". Schilf leidet unter mechanischen Einwirkungen (z. B. Wellengang durch Bootsbetrieb), aber indirekt auch durch die Zufuhr von zu vielen Nährstoffen. Durch sie werden die Schilfhalme zwar dicker, brechen aber leichter und schädigen die Luftversorgung der Schilfpflanzen. Außerdem fehlen die abgebrochenen Schilfhalme im nächsten Jahr als Schutz für die besonders empfindlichen, frisch ausgetriebenen Halme (Hutter, 1985).
- Zerstörung und Beeinträchtigung der Uferbereiche und deren Verlandungsvegetation, die den Hauptteil der Artenvielfalt stellen und die biochemischen Selbstreinigungsprozesse fördern (vgl. Kapitel 6.1). Röhrichte sind z. B. um weit über die Hälfte zurückgegangen. Verursacher sind nicht nur die Badegäste, sondern auch Bootfahrer, Surfer, Sammler (Eiersammler, Terrarianer), Fotografen, Naturbeobachter.
- Überbesatz an standortfremden Fischarten und -rassen durch die in vielen Bundesländern noch gesetzlich vorgesehene Bereitstellung von Gewässern an Angelvereine (es gibt über 1,5 Mio. Angler in der Bundesrepublik). Das gilt zwar besonders für Raubfischbesatz, aber auch Friedfische können sich durchaus ungünstig auswirken. Manche Karpfenarten fressen gerade die aufkommende Unterwasservegetation ab, die eigentlich erst das Gewässer „lebendig" machen. Oft genug wird z. B. über das Aussetzen fangreifer Fische und den Verkauf von Angelkarten ein schwunghafter Handel auf Kosten der Natur und damit der Allgemeinheit betrieben. Es wird höchste Zeit, daß auf gesetzlichem Wege diesem verbreiteten Unfug, der mit Tier- und Naturschutzanliegen in keiner Weise vereinbar ist, ein Ende gesetzt wird. Die Natur kann gerade in gefährdeten Biotopen kein Selbstbedienungsladen mehr für jedermann sein. Der Rückgang der Amphibien korreliert z. B. eng mit der Dichte und dem Artenspektrum des Fischbesatzes der Laichgewässer. Ich kenne Gewässer, in denen wegen zu geringer Ufervegetation keine Jungente mehr heranwachsen kann, weil sie zu schnell Opfer großer Raubfische (z. B. Hechte) wird. Besonders schädlich sind auch das Beseitigen der Verlandungszonen zur Vergrößerung der Flächen für die Fischproduktion, das Zufüttern von Nahrung (Eutrophierung), das periodische Trockenlegen des Teiches, das Kalken, die Beseitigung der Ufervegetation, in der sich die Angelschnur verheddert, der Störeinfluß (es wird rund um die Uhr geangelt!) sowie die Verfolgung von Nahrungskonkurrenten wie z. B. Graureiher und Eisvogel (Blab, 1984).

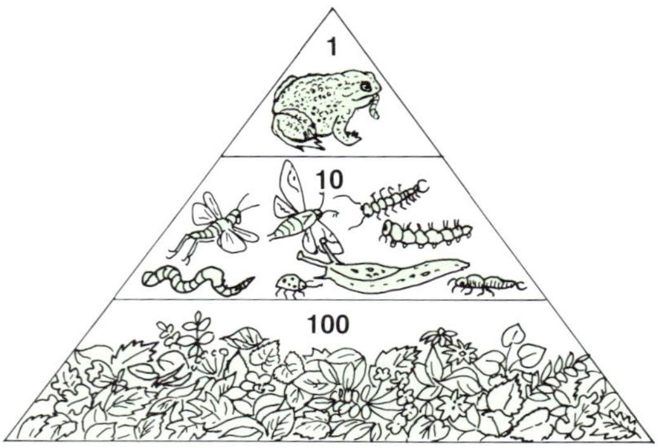

Abb. 41. Beispiel einer Nahrungspyramide für Amphibien.

Auch bei den Feuchtbiotopen ist die wieder dringend benötigte Artenvielfalt ohne Sicherung und naturnahe Entwicklung der Lebensstätten von ausreichender Größe und Qualität nicht zu erreichen. Artenschutz ohne Biotopschutz ist auch hier illusorisch. Allein etwa 320 in Deutschland vorkommende höhere Tierarten hängen in ihrer Existenz vom Wasser in ausreichender Menge und Güte ab. Dazu gehören die Fische, fast alle heimischen Frösche, Kröten, Molche sowie alle Sumpf- und Wasservögel. Allein im Röhricht leben über 20 gefährdete Vogelarten.

Eine wesentliche Basis für den Reichtum unserer Feuchtgebiete stellen die über 2000 Arten von Insekten, Schnecken, Muscheln, Kleinkrebsen und Würmern dar. Sie bilden zusammen mit den Pflanzen ein komplexes System wechselseitiger Abhängigkeiten von Produzenten, Konsumenten und Destruenten, in dessen Funktion wiederum die höheren Tiere eingebunden sind. Wichtige Bindeglieder sind die Amphibien (= Lurche), die von niederen Tieren leben. So können Kröten auf die Schadinsektenfauna der Kulturpflanzen stark regulierend wirken; der BUND kalkuliert: Eine mittelgroße Amphibienpopulation mit ca. 1000 Kröten und Fröschen, die jährlich ziehen, wiegt etwa 60 kg. Zusammen mit den Erwachsenen und Jungtieren, die nicht wandern, kann man das Gesamtgewicht auf 90 kg schätzen (die Weibchen der Erdkröte wandern nur jedes zweite Jahr). Bei einem „Umsetzverhältnis" von 1 zu 10 (vgl. Kapitel 3) haben die 90 kg Amphibien rund 900 kg Insekten und sonstiges Kleingetier gefressen, die ihrerseits rund 9000 kg Pflanzen vertilgt haben

(Abb. 41). In dieses System greifen wir ein, wenn wir durch Belastungen oder Zerstörungen der Feuchtgebiete die Laichmöglichkeiten der Amphibien reduzieren. Dadurch kann es zu einer starken Zunahme der Insekten kommen, die wir zum Teil als Schädlinge ansehen, so daß erneuter Pestizideinsatz programmiert ist. So gesehen ist der Schutz der Amphibien auch ein Beitrag zur biologischen Schädlingsbekämpfung (Selbstregulation naturnaher Ökosysteme).

Ihrerseits bieten die Amphibien Nahrung für andere Tiere (nach Glandt, 1981, verändert):

- als Laich für Enten,
- als Larve für räuberische Wirbellose im Wasser (z. B. Gelbrandkäfer oder Libellenlarven) sowie für Fische (selbst kleine Arten wie Elritze und Sonnenbarsch können der Amphibienpopulation stark zusetzen),
- als Lurch für Fische (z. B. Forellen, Saiblinge, Barsche, Hechte, Aale), Wasservögel (z. B. Reiher, Storch, Rohrdommel, Zwergdommel), Landvögel (z. B. Uhu, Waldkauz, Bussard, Rohr- und Wiesenweihe), Säuger am Wasser (z. B. Iltis, Wasserspitzmaus, Otter), Säuger auf Land (z. B. Igel), Schlangen (z. B. Ringelnatter, Kreuzotter).

7.2 Wie naturnahe Stillgewässer (wieder)hergestellt werden sollten

„Die Natur versteht keinen Spaß!"
Johann Peter Eckermann (1792–1856)

Für die Entwicklung und Besiedlung eines naturnahen Stillgewässers durch unterschiedlich spezialisierte Pflanzen- und Tierarten sind wichtig: Art und Menge der Wasserführung bzw. des Wasseraustauschs, Nährstoffgehalt, Wasserqualität, Gewässerchemismus, Temperatur (Beschattung durch Bäume!), Sauerstoffgehalt, der kleinstandörtliche Wechsel (z. B. Uferstruktur, Halbinsel) sowie Art und Häufigkeit der Beeinträchtigungen. Je nach Mischung entwickeln sich recht unterschiedliche Ökosysteme. Allein nach Nährstoffgehalt unterscheidet man folgende Typen:

- **oligotroph** = nahrungsarm, im wesentlichen arm an gelösten Nitraten und Phosphaten,
- **dystroph** = nahrungsarm, aber reich an gelösten Humussäuren,
- **eutroph** = nahrungsreich, im wesentlichen reich an gelösten Nitraten und Phosphaten.

Diese Voraussetzungen beeinflussen die Zone der offenen Wasserfläche wie die Uferzone:

Zone der offenen Wasserfläche

Millionen kleiner Tiere und Pflanzen schweben in den obersten biologisch aktiveren Wasserschichten der Zone der offenen Wasserfläche. Sie bilden das sog. Plankton, das aus Lebewesen von der Größe eines Millimeterbruchteils bis etwa 4 bis 5 mm besteht. Es handelt sich um einzellige Algen, Rädertierchen, Wasserflöhe, Mückenlarven u. a.; Art, Menge und Dichte dieses Planktons kennzeichnen den Zustand eines Stillgewässers. Anreicherung mit Nährstoffen führt zur Vermehrung des pflanzlichen Planktons, und davon hängt wieder die Menge der von den Pflanzen lebenden Tiere ab. Bei starker Planktonbildung trübt sich das Wasser, Sonnenlicht reicht nicht mehr so tief und die biologisch aktivere Wasserschicht nimmt ab. Unterwasserpflanzen können nur noch in den Wassertiefen gedeihen, in die mindestens 1 % des auf die Wasseroberfläche treffenden Lichtes gelangt. Die nicht mehr belichteten Pflanzen sterben ab, sinken zu Boden und bilden Schlamm, in dem durch Zersetzungsvorgänge Sauerstoff verbraucht wird. In stark verschmutzten Gewässern kann dadurch der Sauerstoffvorrat ganz aufgebraucht werden; das Gewässer „kippt". Im Faulschlamm ist dann kein Leben mit Sauerstoff mehr möglich, die biochemische Selbstreinigung ist am Ende, das Gewässer ist tot, reichert sich schnell weiter an mit Schadstoffen und wird gefährlich auch für den Menschen („Baden verboten").

Uferzone

Hauptlebens- und Fortpflanzungsbereich der Pflanzen und Tiere ist die Uferzone. Hier spielen sich nicht nur entscheidende Lebens- und Selbstreinigungsvorgänge ab, von hier aus beleben sich auch unsere Stillgewässer mit höheren Organismen. Die Uferneigung und damit die Fläche der besiedelbaren Bereiche spielen dabei eine große Rolle. Am weitesten in die Tiefe reichen die kalküberkrusteten Armleuchteralgen und auch einzelne Blütenpflanzen wie das Hornblatt. Meist endet aber bei unseren Gewässern in einer Tiefe von 4 m die Besiedlung assimilierender Pflanzen. Wo das Wasser allmählich flacher wird, können immer mehr am Grund wurzelnde Pflanzen die Wasseroberfläche erreichen. Deren Blätter schwimmen z. T. auf der Wasseroberfläche wie bei den See- und Teichrosen oder den Laichkräutern. Weiter zum Ufer hin folgt ein dichter Gürtel von Binsen und Schilf. Die grünen Halme der Seebinse können auch unter Wasser noch das Sonnenlicht zum Wachsen ausnutzen. Schilf mit Halmen von insgesamt über 3 m Länge ist dagegen ganz auf die Blätter über dem Wasser angewiesen, da diese Pflanzen Luftsauerstoff benötigen. Schilf kann daher nur bis zu einer Wassertiefe von etwa 1,50 m

Abb. 42. An naturfremd befestigten Stillgewässern (z. B. verfugte Pflastersteine, Spund- und Pallisadenwände u. a.) täuschen die wenigen störunempfindlichen, futterheischenden Wasservogelarten eine heile Natur vor. In Wirklichkeit sind von Ufer- und Flachwasservegetation künstlich entblößte Gewässer biologisch und ästhetisch extrem verarmte Fisch-Hälterbecken, aus denen viele seltene Pflanzen- und Tierarten verdrängt worden sind. Derartig verbaute Gewässer (z. B. Parkteiche) könnten durch Renaturierung der Uferstruktur und eine gewisse Abschirmung von Ruhebereichen sowohl biologisch im Artenreichtum als auch im Erholungswert für die Bevölkerung außerordentlich aufgewertet werden (Foto: Wennrich).

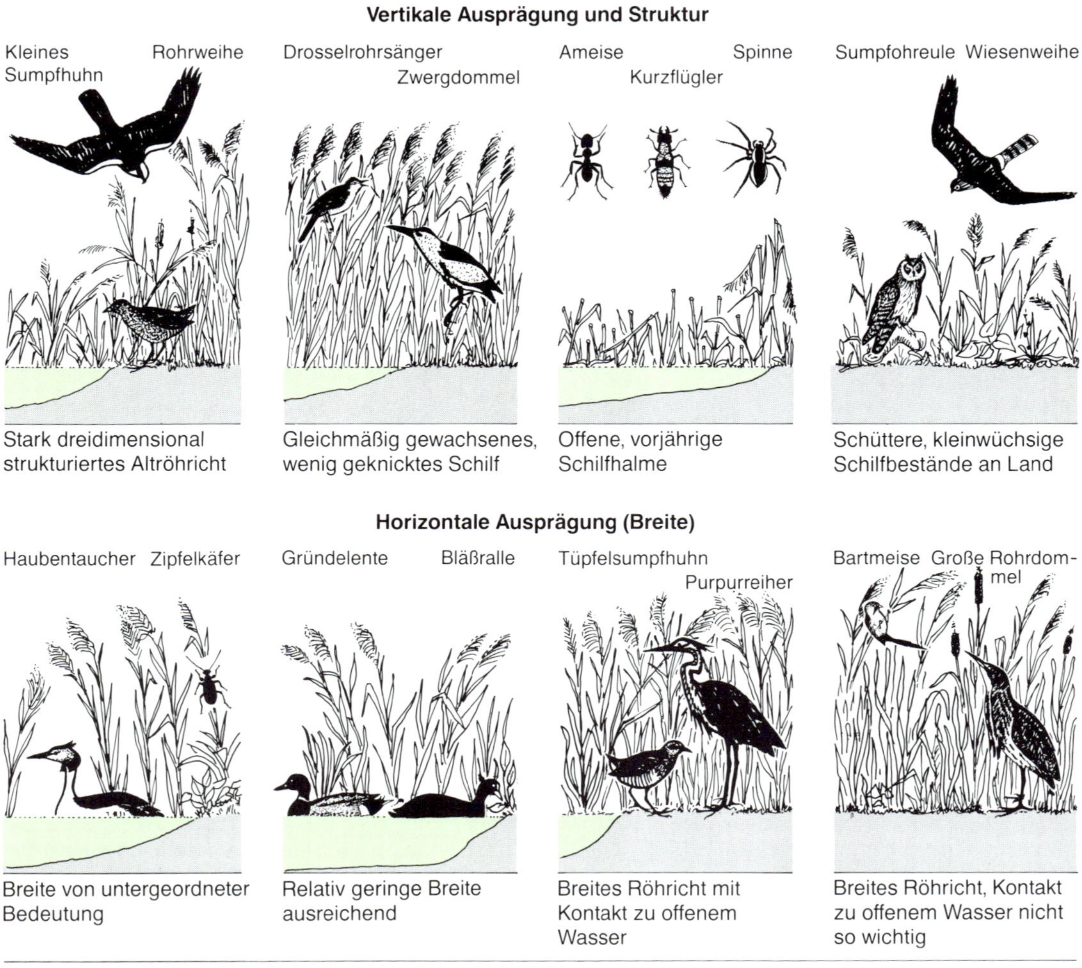

Abb. 43. Besiedlungsbestimmende Strukturmerkmale des Röhrichts einschließlich einiger typischer Tierarten (nach Blab, 1984).

vordringen, so daß nur flache Uferneigungen breite Schilfgürtel ermöglichen. An einem natürlichen oder naturnahen Ufer bauen Röhrichte verschiedener Art die im Wasser gelösten Schadstoffe ab (vgl. Kap. 6.1) und schützen den Uferbereich vor Erosion. Sie dienen als Laich-, Jungfisch- und Vogelbrutgebiet und schaffen die natürliche Pufferzone zwischen Land und Wasser. In offenen, vorjährigen Schilfhalmen brüten und überwintern zahlreiche Insektenarten (Abb. 43). Die Lebensgemeinschaft des Röhrichts ist gegenüber schädigenden Einflüssen besonders empfindlich.

Hinter dem Schilfgürtel folgen uferwärts meist Seggenarten und dann, wie bei Fließgewässern, die Weichholzzone mit Weiden und Erlen. Die Uferzone aller natürlichen und naturnahen Stillgewässer mit ihrem unterschiedlichen Pflanzengürtel ist so reich an Pflanzen und Tieren wie kaum ein anderer Lebensraum unserer Heimat. An der Uferzone erkennt man demnach den biologischen Wert der Gewässer und nicht an der Größe der offenen Wasserfläche. Fische, Kröten, Frösche, Molche, Libellen, Vögel benötigen gerade diesen Lebensraum (Abb. 44). Leider werden die meisten Stillgewässer in Naherholungszonen, Stadt- und Kurparkanlagen ihrer ökologisch wie ästhetisch so wichtigen natürlichen Uferzone beraubt und fallen immer wieder einem ordnungsneurotischen „Pflege“-Zwang zum Opfer – eine blödsinnige Verschwendung von Steuermitteln.

Hinweise zur Anlage und Gestaltung von naturnahen Stillgewässern – Grundregeln

- Die Erhaltung, Verbesserung und Pflege der vorhandenen Feuchtbiotope einschließlich aller Feuchtwiesen, Aue- und Bruchwälder müssen Vorrang vor Neuanlagen haben. Jede Maßnahme an und in einem Feuchtgebiet oder in dessen Nähe kann unabsehbare und weitreichende Folgen für Wasser und Boden, für Pflanzen und Tiere haben. Es besteht die Gefahr, daß eine andere wertvolle Lebensgemeinschaft zerstört wird. Deshalb muß jede Maßnahme vorher sorgfältig unter Hinzuziehung von Spezialisten auf ihre Verträglichkeit mit ökologischen Erfordernissen geprüft werden. Das schließt die behördliche Genehmigung ein. Naturnahe Feuchtbiotope sind heute generell als Sonderbiotope durch Bundes- und Landesnaturschutzgesetz geschützt. Vor Eigenmächtigkeiten in vorhandenen Anlagen ist also dringend zu warnen. Bei naturgerechten Neuanlagen und Wiederherstellung sind dagegen auch über die Behörden meist schnell Verbündete und finanzielle Förderer zu gewinnen.
- Auf keinen Fall dürfen Fließgewässer – auch nicht kleinste Rinnsale, die ganzjährig Wasser führen – angestaut werden. Jeder Anstau zerstört die Fließwasserbiologie (vgl. Kap. 6).
- Gewässerdurchmesser nicht zu groß wählen

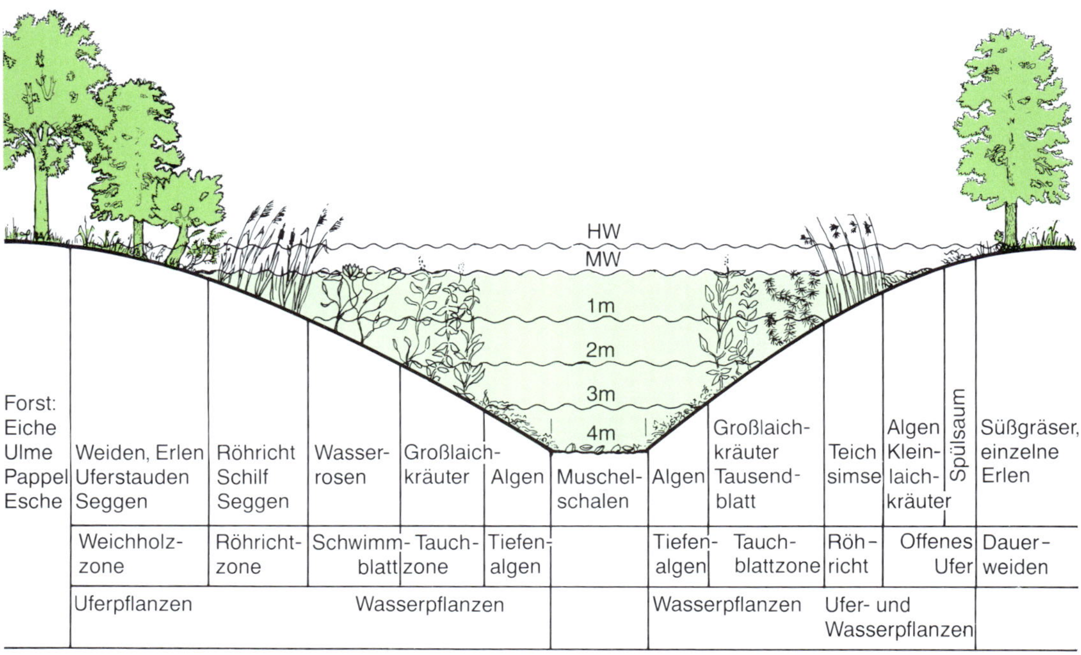

Abb. 44. Schema der natürlichen Zonierung eines Stillgewässers (nach E. Schmidt, 1974, verändert).

und Mindesttiefe von 1 m (wegen Frostgefahr) vorsehen. Wegen des hohen Ufer- und damit größeren Lebensraumanteils sind viele kleine Gewässer im räumlichen Verbund einem großen vorzuziehen. Dies dient auch dem Schutz von Fischen, Kröten und Molchen, weil sich die Larven dieser Tiere gegenseitig weitgehend ausschließen. Nur bei mehreren kleinen Teichen können alle Arten nebeneinander existieren (Remmert, 1990). Allerdings sollten die Gewässer auch nicht zu schnell zuwachsen können, so daß eine Mindestgröße von ca. 30 m² in der freien Landschaft empfehlenswert ist. Ein kleiner Gartentümpel kann dagegen auch bei geringerer Größe nützlich sein.

- Die Vernetzung eines Gebietes mit vielen kleinen Feuchtbiotopen anstreben und einen Zusammenhang schaffen zu reichen Lebensräumen in der Nachbarschaft (Brachflächen, Hecken, Wälder), die als Wanderungs- und Lebensraum (Biotopgürtel!) geeignet sind.
- Stets bereits in der Planungsphase das gesamte ökologische Umfeld, also auch die wechselnden Habitate der zyklisch wandernden Arten und die Wanderungswege berücksichtigen. Frösche, Kröten und Molche führen eine jährlich wiederkehrende Wanderung durch zwischen ihrem Laichhabitat im Wasser und dem übrigen Habitat am Land.
- Große Abwechslung in der Gestaltung der möglichst langen Uferlinie (Normalneigung 1 zu 10, teils flacher oder steiler bis zu einer senkrechten Wand, Buchten, Halbinseln, Inseln) ergibt schon allein über die unterschiedliche Sonneneinstrahlung vielfältige ökologische Nischen mit Artenvielfalt und hoher Besiedlungsdichte. Alles sollte möglichst „wild" gestaltet werden. Erdaushub muß nicht einplaniert werden. Gerade dazu muß der Maschinenführer besonders angehalten werden, da er sonst gewohnt ist, „saubere" Arbeit streng nach Reißbrettplanung zu liefern. Freilich dürfen auch nicht rund um die Wasserfläche Bodenaushubwälle entstehen, Vögel müssen die Umgebung übersehen können.
- Möglichst schon in der Planungsphase divergierende Interessen berücksichtigen: Totalreservat, Verbotszonen, Badegäste, Boote, Surfer, Kraftverkehr, Reiter, Angler, Camping, Wohnmobile, Wegeverlegung, Schwimmbalken als Schutz des Röhrichts vor Wellenschlag, dünge- und pestizidfreie Gürtel, Kontrolle der Schutzvorschriften, Aufklärung, Betreuung.
- Weder Wasserpflanzen noch Tiere einbringen;

Abb. 45. Bruthilfen für „wilde" Stockenten, dicht bei dicht: Eine gutgemeinte Fleißarbeit, die dem verbreiteten Nutz-Schaddenken entspricht und damit ökologisch leider falsch ansetzt. Die Bevorzugung einer Art setzt populationsdynamische Kettenreaktionen in Gang, die zum Verschwinden gefährdeter Tier- und Pflanzenarten beitragen und deshalb heute unverantwortlich sind. Konzentrieren wir Jäger uns auf naturnahe Biotopgestaltungen, und freuen wir uns über die natürliche Überschußproduktion der Natur, die wir angemessen nutzen können (Foto: B. Winsmann).

hier macht man meist nur Fehler, die unnötige Kosten verursachen. Lediglich in der Weichholzzone sollte je nach Bedarf mit Pflanzung von standortgemäßen und einheimischen (!) strauch- und baumförmigen Weiden sowie mit Roterlen nachgeholfen werden (Beschattungseffekt und Steuerungsmöglichkeit zur Verminderung von Störungen sowie Versteckmöglichkeiten für Tiere beachten).

- Keinen Mönch oder irgendeine andere Ablaßvorrichtung einplanen. Das verführt nur zum Ablassen des Wassers und schädigt so die entwickelte Lebensgemeinschaft und ist obendrein unnötig teuer.
- Überhaupt ist vor Aktionismus zu warnen. Jede Maßnahme ist ein Eingriff in eine Sukzession, die dadurch gestört wird. Biotoppflege sollte auf das allernötigste Maß begrenzt oder, wenn irgend möglich, unterlassen werden. Voraussetzung ist ein in sich stimmiges Schutzkonzept mit klaren Schutzzielen. Sonst verkommt Biotoppflege leicht zu einer Spielwiese von engagierten Umweltdekorateuren, die jedes Jahr etwas Neues machen möchten. Es geht nicht um eine Optimierung für möglichst viele Tierarten, sondern um die Optimierung eines Systems mit naturnaher Artenvielfalt und ungestörten Sukzessionsabläufen. Einmal angelegte Tümpel sollten mindestens 10 Jahre unberührt bleiben (Remmert, 1990).
- Gleich sicherstellen, daß keine Entenfutterstellen oder Bruthilfen eingerichtet werden. Derartige gutgemeinte, aber dem Biotopschutz abträgliche Einrichtungen dienen meist nur der Stockente, die damit den gefährdeten und zu fördernden Arten die Entwicklungsmöglichkeiten nimmt. Gerade bei der Stockente ist der Anteil der tierischen Nahrung (z. B. Libellenlarven) sehr hoch. Sie verzehrt den Laich aller Froschlurcharten und ist ein Feind der Amphibien an Kleingewässern. Außerdem führt Futter für Enten zur Eutrophierung des Gewässers und damit zu Sauerstoffzehrung. Gegen eine angemessene Bejagung der Stockenten ist in den meisten Feuchtbiotopen dann etwas einzuwenden, wenn andere seltene Vogelarten zu stark gestört werden. Das ausufernde Ankirren von Enten zur Verbesserung der jagdlichen Erfolgsaussichten ist ökologisch unverantwortlich.
- Bei Dammbauten (durch Bagger oder Laderaupen) stets berücksichtigen, daß spätere Reparaturen sehr zeitaufwendig und teuer sind und meist Handarbeit bedeuten. Ungeeignete Dammbaumaterialien sind Bauschutt, Straßenaufbruch, Kiese, gebrochenes Material, gefrorener Boden, Erdmaterial mit Stubben, Wurzeln und anderen organischen Stoffen. Vor dem Anschütten des Dammaterials ist der wasserführende Boden an der Dammsohle bis zur wasserhaltenden Schicht abzuschieben und so der unterirdische Abfluß zu unterbinden. Gegebenenfalls von vornherein wasserseitig eine möglichst dicke Lehm- oder Tonschicht (eventuell im feuchten Zustand durch Eintreten mit Stiefeln verdichten) als Dichtung auftragen. Dammhöhe meist mindestens 1,50 m für eine Mindestwassertiefe von 1 m. Die Dammkrone sollte so breit sein, daß der Damm durch die Maschine lagenweise verdichtet werden kann. Wird das Material für den Damm durch Ausschieben der zu überstauenden Fläche gewonnen, muß darauf geachtet werden, daß die wasserhaltende Bodenschicht nicht zerstört wird. Besonders in kiesigen Bereichen ist hier äußerste Vorsicht geboten. Undichte Stellen können durch Einschwemmen von Feinmaterial oder Einbringen von Lehm oder Ton abgedichtet werden.
- Den Überlauf eines Dammes entweder im gewachsenen und nicht erosionsgefährdeten Boden vorsehen oder aber künstlich befestigen (am besten gemauerte Bruchsteinrinnen, sonst Kunststoffrohre). Kunststoffrohre haben sich insofern bewährt, als sie vom Maschinenführer ohne Hilfe und damit preiswert eingebaut werden können. Allerdings verstopfen Rohre relativ leicht. Deshalb müssen sie auch zur Wasserseite deutlichen Abstand zum Damm haben. Die Überlaufsicherung muß sofort eingebaut werden, am nächsten Tag könnte der Damm bereits durch Überlaufwasser durchschnitten sein. Sofern das Wasser luftseitig beim Überlauf wasserfallartig herunterstürzt, muß der Aufschlag zur Verhinderung einer Rückerosion durch größere Steine gesichert werden (Abb. 46). Die Lage des Überlaufes bestimmt im Gewässer den Wasseraustausch und die Ausdehnung des Bereiches, der infolge mangelnder Strömung stärker erwärmt wird. Viele Überlaufsicherungen können einige Jahre nach der Maßnahme, wenn sich der Boden gesetzt und die Oberfläche durch Bewuchs gefestigt hat, wieder entfernt werden.

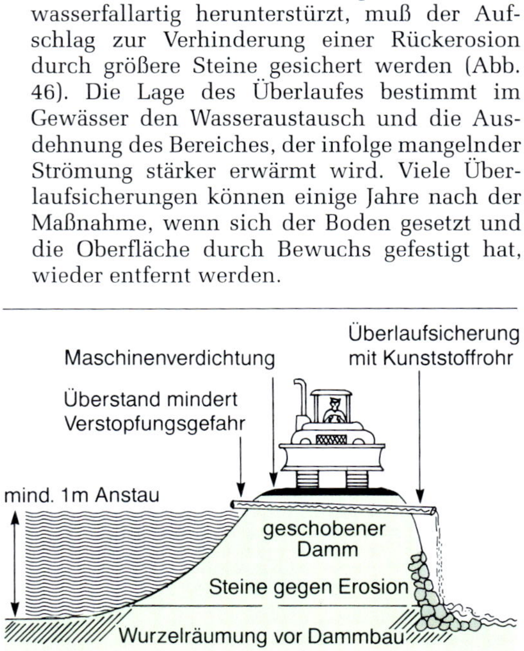

Abb. 46. Schnittbild eines geschobenen Dammes.

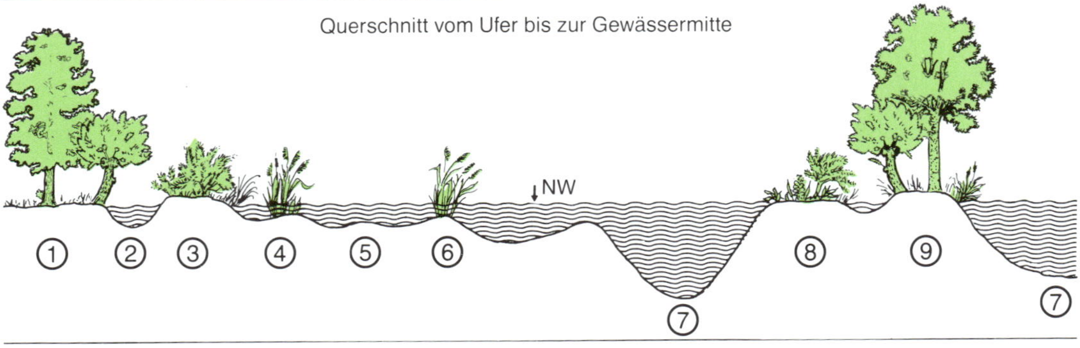

Abb. 47. Querschnittsbeispiel eines grundwasserabhängigen Stillgewässers mit gestalteter Standortvielfalt: 1 Teilweise Randbepflanzung (z. B. Erlen, Weiden) als Sichtschutz, Lebensraum und Gestaltungselement – 2 Ringgraben als Schutz vor Zugang und als Amphibienbiotop – 3 Aushubwall wechselnd steil und hoch, nur teilweise z. B. mit Weiden bepflanzt – 4 Versumpfter Uferbereich mit natürlich ankommender Vegetation (Biotop z. B. für Amphibien, Insekten, Vögel) – 5 Ausgedehnter Flachwasserbereich für Watvögel und als Laichgewässer – 6 Landzunge (teilweise mit Röhricht) zur Abgrenzung des Flachwasserbereiches (Erwärmung!) – 7 Tiefer Wasserbereich (Lebensraum für Tiefwasserorganismen und für Tauchtiere), nicht zuwachsend und in der Tiefe frostsicher – 8 Flache Insel, wechselnd unter Wasser, mit natürlich ankommender Vegetation – 9 Höhere Insel mit wechselnden Uferneigungen, teilweise z. B. mit Weiden oder Erlen (bei höherer Lage je nach Größe auch mit Schwarzpappeln, Stieleichen, Ulmen, Eschen u. a.) bestockt.

- Kunststoffplanen zur Damm- und Grundabdichtung sind teuer, problematisch im Einbau und empfindlich gegen spitze Steine und Zerstörung durch Tiere. Sie verhindern außerdem den biologischen Zusammenhang zum Untergrund. Für Naturschutzprojekte halte ich sie nur dann für bedingt geeignet, wenn eine sehr starke Bodenüberdeckung (über 0,50 m) möglich ist. Ökologisch sind Tonabdichtungen in jedem Fall vorzuziehen.
- Feuchtbiotopgestaltungsmaßnahmen mit Maschinen sollten grundsätzlich nur in der vegetationsarmen Zeit (Oktober bis Februar) durchgeführt werden, also außerhalb der Laichzeit.

Grund- oder regenwasserabhängige Stillgewässer (Abb. 47)

Stillgewässer im Entwässerungsgraben

Man hat früher viele Waldgebiete mit Hilfe aufwendiger Grabensysteme so stark entwässert, daß standortfremder Nadelbaumanbau möglich wurde. Ähnliches geschah in landwirtschaftlichen Bereichen zur Vergrößerung der Anbauflächen. Sofern derartige Entwässerungsgräben nicht ständig Wasser führen und biologisch nicht den Fließgewässern zuzuordnen sind, können die Gräben meist problemlos durch Dämme wieder angestaut werden. Hintereinander kann sich dann eine zum

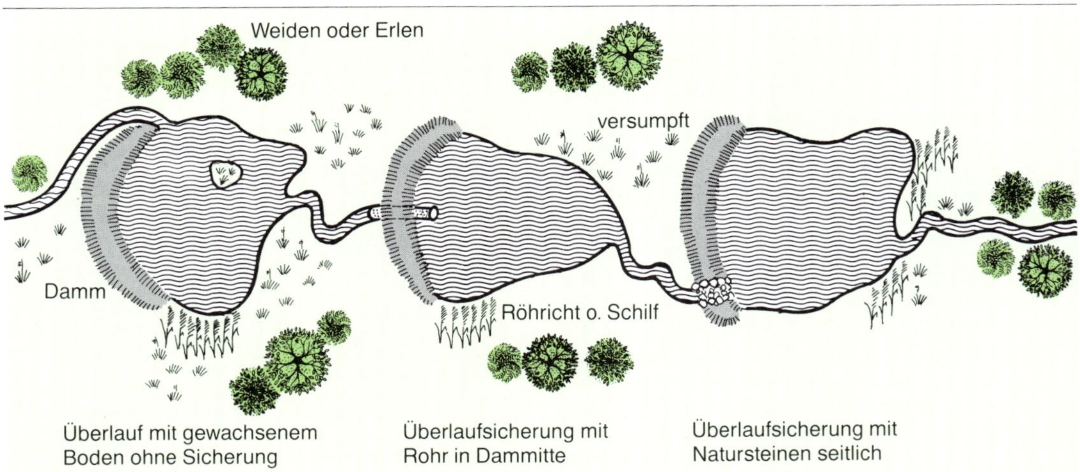

Abb. 48. Stillgewässerkette im Entwässerungsgraben, der nur zeitweilig Wasser führt (Aufsicht).

Teil recht lange und vielgestaltige Kette von Stillgewässern ergeben (Abb. 48).

Stillgewässer neben einem Entwässerungsgraben

An alljährlich austrocknenden Gräben lassen sich durch Zurücknahme eines Ufers und Vertiefung der Sohle kolkartige strömungsarme Ausbuchtungen anlegen. Die Sohle des Kolkes muß niedriger liegen als der tiefste zu erwartende Grundwasserstand, damit bei Austrocknung des Grabens eine Restwasserfläche erhalten bleibt.

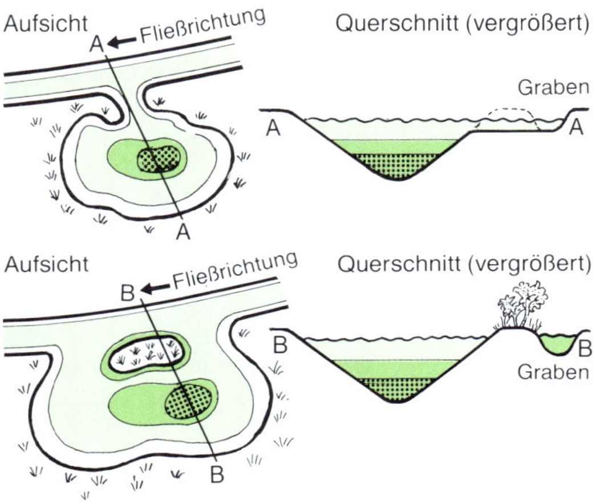

Abb. 49. Anlage von Kolken seitlich von Entwässerungsgräben, die nur zeitweilig Wasser führen (nach Nds. Landesforstverwaltung, 1982).

Stillgewässer am Zusammenfluß von Entwässerungsgräben

An Blößen, Wiesenflächen usw. ergibt sich unter Umständen die Möglichkeit, einen Entwässerungsgraben hinter dem Zusammenfluß zweier Arme aufzustauen und die Wasserfläche durch die Herausnahme der Halbinsel zu vergrößern (Abb. 50).

Stillgewässer neben einem Fließgewässer

An einem Fließgewässer dürfen Stillgewässer nur außerhalb des Fließgewässers angelegt werden (vgl. Kap. 6.1). Aus dem Fließgewässer darf nur eine relativ geringe Wassermenge abgeleitet werden, damit die Fließgewässerbiologie nicht nennenswert beeinträchtigt wird und auch nicht zu große Wassermengen durch die Stauanlagen geleitet werden. Enge und steile Täler sind für derartige Maßnahmen nicht geeignet (Abb. 51 und 52).

Das Fließgewässer wird durch eine Sohlgleite aus Steinschüttung leicht angestaut, so daß die Tierwanderung entgegen der Fließrichtung möglich bleibt. Innerhalb dieses Rückstaus wird der Ableitungsgraben zum Tümpel gebaut. Eine Wand aus Rundhölzern im Ableitungsgraben schützt den Tümpel vor Hochwasser. Die Wassermenge, die durch die Ritzen zwischen den Rundhölzern hindurchfließt, kann durch Verstopfen mit Grassoden verringert oder durch Öffnung mit einer Motorsäge vergrößert werden. Meist ist es nur in den ersten Monaten notwendig, regulierend einzugreifen, bis sich die richtige Öffnungsweite eingestellt hat (Abb. 53).

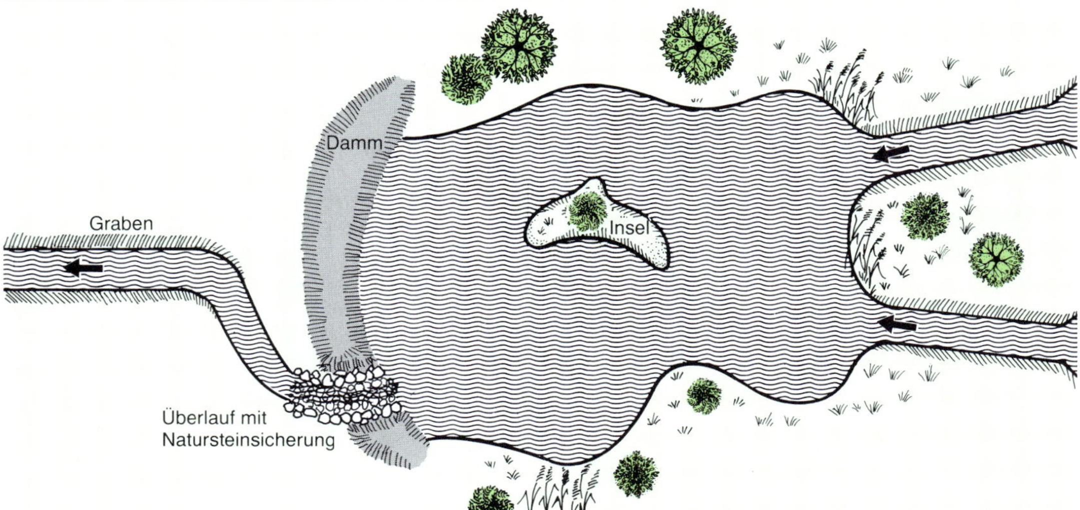

Abb. 50. Stillgewässer am Zusammenfluß von zwei Entwässerungsgräben, die nur zeitweilig Wasser führen (nach Nds. Landesforstverwaltung, 1982).

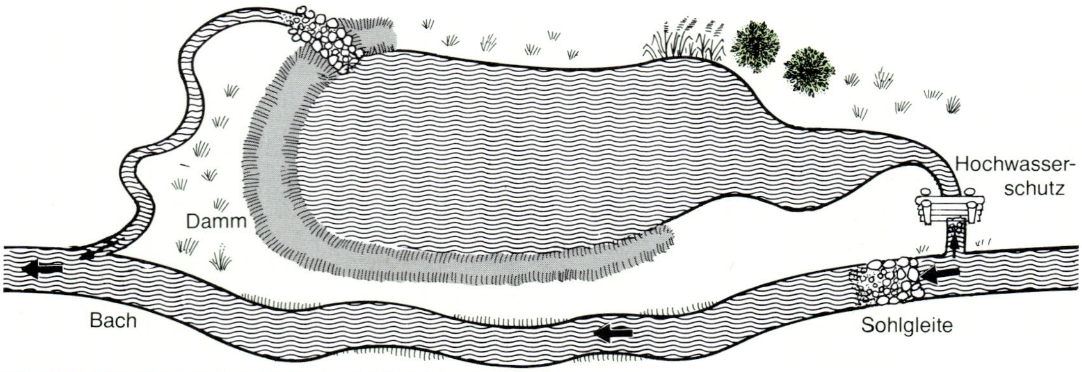

Abb. 51. Stillgewässer neben einem Fließgewässer mit seitlicher Dammsicherung, Sohlgleite im Bach zur Niveauregulierung im Abteilungsbereich und Hochwasserschutz aus Rundhölzern (nach Nds. Landesforstverwaltung, 1982, verändert).

Stillgewässer im Stauwurzelbereich von Talsperren und Teichen

Bei allen größeren angestauten Teichen und Talsperren sind die Stauwurzeln, d. h. die Zuläufe der Fließgewässer, biologisch besonders interessant. Sofern sich dort kein Auenwald entwickeln läßt, kann der Bereich durch die seitliche Anlage vieler Stillgewässer biologisch weiter aufgewertet werden. Das erschwert oder unterbindet zugleich ein Betreten durch Ausflügler (Abb. 54).

Stillgewässer in Abbaugebieten – Renaturierung statt Rekultivierung

In kaum einem Bereich der behördlichen Naturschutzarbeit hat sich der Mangel an qualifizierten und verhandlungsgeschickten Biologen so nachteilig ausgewirkt wie bei der Rekultivierung von Ton-, Sand-, Kiesgruben und Steinbrüchen. Immer wieder treten die gleichen Zielkonflikte auf:

- Angelverein will Fischgewässer;
- Bürgermeister will Fremdenverkehr (Baden, Surfen, Segeln);
- ein Teil der Öffentlichkeit will Wiederherstellung der ursprünglichen Landschaft;

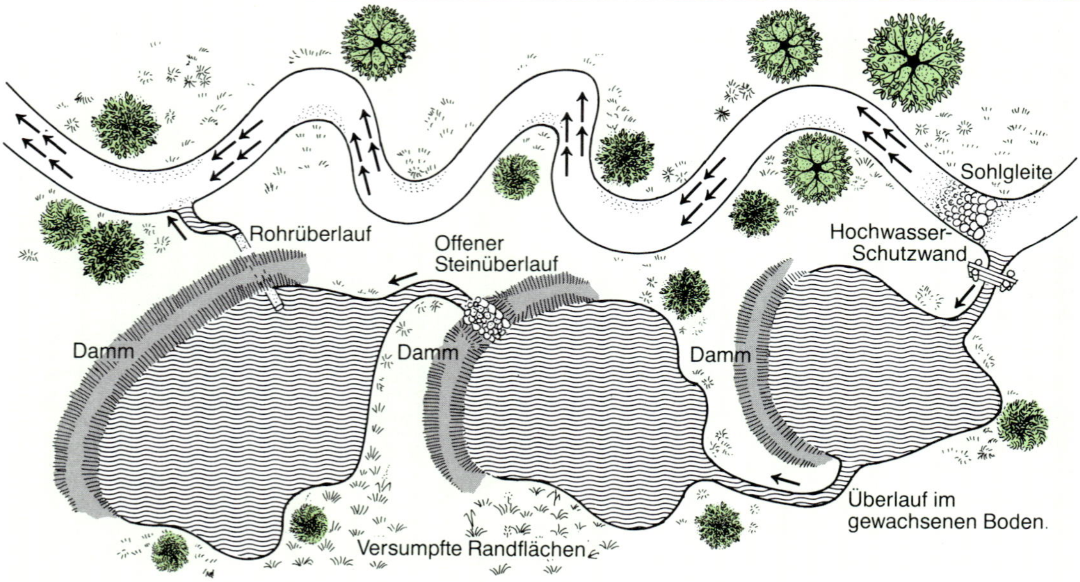

Abb. 52. Stillgewässerkette neben einem Fließgewässer – z. B. auf der Fläche einer entfernten Fichtendickung.

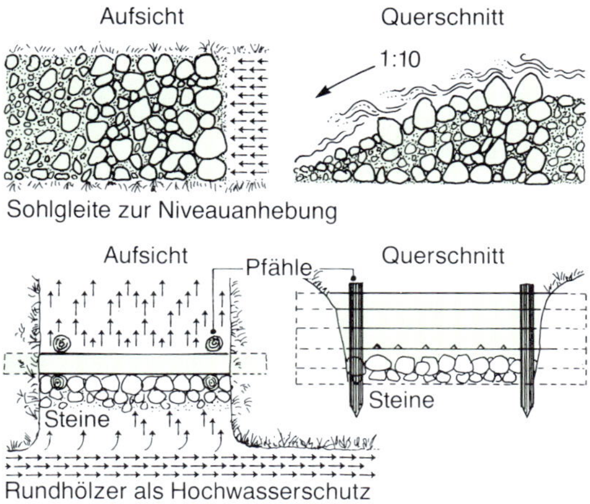

Abb. 53. Einfaches Ableitungsbauwerk. Durch eine Sohlgleite aus groben Steinen wird der Wasserstand etwas angehoben, damit auch bei Niedrigwasserführung gleich viel Wasser durch die Hochwasserschutzwand hindurch abfließen kann. Die Regulierung des Wasserdurchlasses kann über Steine, gesägte Schlitze in den Rundhölzern oder ähnlich erfolgen.

- Motorrad-Club will Motocross-Piste;
- amtliche Stellen wollen Deponie für unverrottbare Abfälle;
- Industrie will Bebauung;
- Privatleute wollen Campingplatz und Wochenendgrundstücke;
- Grundbesitzer will landwirtschaftliche Nutzung;
- Naturschutz will Tier- und Pflanzenreservat.

Fast immer gewinnen auch heute noch persönliche Nutzplanungen die Oberhand. Nach einer Untersuchung von Mickley (1974) wurden im Freiburger Raum von etwa 40 Kiesgruben nicht einmal 3 % der Fläche als vollwertige biologische Regenerationszellen zur Verfügung gestellt. So forderte die Deutsche Sektion des Internationalen Rates für Vogelschutz bereits 1972 zu Recht, daß mindestens 20 % der Flächen der ausgebeuteten Kies-, Sand- und Braunkohlengruben als Schutzgebiete bereitgestellt werden. Die Forderung sollte heute auf mindestens 30 bis 50 % angehoben werden, da derartige Abbaugebiete oft gerade besonders stark gefährdeten Arten Ersatzlebensraum bieten können. Häufig haben die Gebiete einen besonders günstigen Wärmehaushalt (z. B. abstrahlende Wände in Steinbrüchen). Ganz besonders wertvoll sind nahrungsarme Kiesgruben angesichts der zunehmenden Eutrophierung der gesamten Landschaft. Gerade diese armen Lebensräume beherbergen eine Vielzahl von spezialisierten und deshalb bedrohten Arten. Rechtzeitig lassen sich gerade für Kiesgruben schon im Abbau- oder Betriebsplan sehr differenzierte Gestaltungsziele festlegen, die dann Zug um

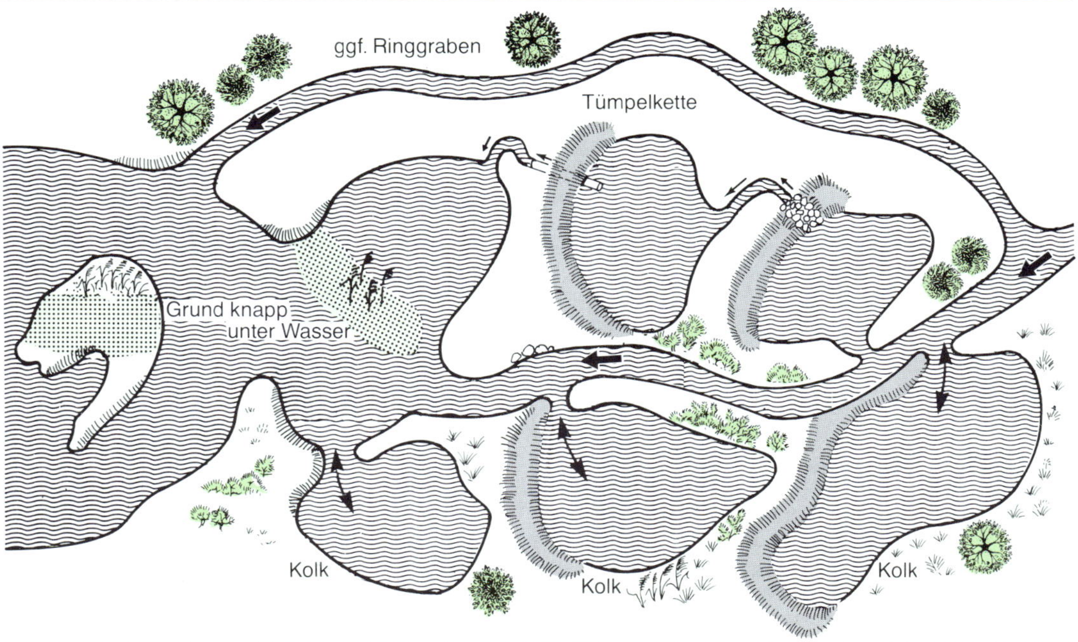

Abb. 54. Tümpelkette, Kolke und ggf. Ringgraben als mögliche Bereicherung im Stauwurzelbereich von Teichen und Talsperren bei gleichzeitiger Abschirmung gegen Störungen durch Betreten.

Zug mit dem Fortschreiten des Abbaus unter Verwendung des zwischengelagerten Mutterbodens realisiert werden können:
- freie Wasserflächen für Schwimm- und Tauchvögel (Enten, Taucher),
- Flachwasserzonen für Watvögel (Strandläufer, Schnepfen, Wasserläufer),
- Zonen für Schwimmblattpflanzen (Seerosen, Laichkräuter),
- Zonen für Röhricht (Schilf, Rohrkolben),
- Zonen für Sumpfgelände, Seggenwiesen,
- Zonen für pflanzenreiche Weiher für Amphibien, Libellen und andere Kleintiere,
- Zonen für vegetationsarme Weiher und Tümpel mit Kies- und Sandböden für Kreuzkröte, Unke u. a.,
- Zonen mit vegetationsfreien Kies- und Sandflächen als Brutplatz für Flußregenpfeifer und Biotop für Ödlandpflanzen,
- Zonen für Sanddorn-Gebüsch,
- Zonen für Bruchwälder mit Weiden, Erlen, Schwarzpappeln u.a.,
- Zonen für Steilufer als Brutplatz für Uferschwalbe, Eisvogel, Wildbienen, Grabwespen u. a.,
- Zonen für Inseln als Sicherheitsräume gegen Beutegreifer,
- Zonen für die Naherholung, deutlich abgesetzt von den Naturschutzbereichen.

Wenn dies alles festgelegt wird, ehe die Flächen für mehr oder weniger private Nutzungen interessant werden, dann ist damit nicht nur dem Naturschutz gedient, sondern ein größeres Gebiet für den Naturbedarf der Allgemeinheit gerettet.

Naturnahe Stillgewässer bereichern Dorf- und Stadtbild

Wasserflächen üben die größte Anziehungskraft auf Menschen aus und haben mit Abstand den größten Erholungswert. Je naturnäher und damit vielgestaltiger und artenreicher ein Gewässer auch innerhalb eines Dorfes oder einer Stadt gestaltet ist, desto größer ist der Erholungswert. Leider sind die meisten Dorf- und Stadtteiche wegen fehlgeleiteter Ordnungsliebe ihrer naturnahen Ausstattung weitgehend beraubt worden. Statt dessen wird an den verbauten Ufern (Stein- oder Betonmauern, Palisadenränder) zwischen einigen Parkbäumen in stupider Regelmäßigkeit englischer Rasen mit hohem Kostenaufwand „gepflegt". Man hat sich daran gewöhnt und findet das auch noch schön, weil es eben in der Nähe nichts Schöneres gibt. Ein naturnaher und deshalb tausendfach artenreicherer Teich in der Nähe würde die Menschen unbewußt stärker anziehen. Sie fänden dort reichhaltige Abwechslung bei den Pflanzen, Sträuchern und Bäumen der Ufervegetation und viele zu beobachtende Tierarten (z. B. Libellen, Schmetterlinge, Vögel), sie könnten dem vielstimmigen Vogel- und Froschkonzert lauschen und ein Stück Heimat gewinnen. Jedes Dorf, jede Stadt ist gut beraten, wenn sie die Renaturierung innergemeindlicher Stillgewässer in Angriff nimmt. In vielen Fällen wird es sogar an kleinen Kurparkteichen von nur 50 m Durchmesser möglich sein, durch geschickte Ufergestaltung und Wegeführung eine gewisse Trennung von Erholungs- und Naturzone zu schaffen, deren Artenvielfalt dann auf das übrige Gewässer ausstrahlt.

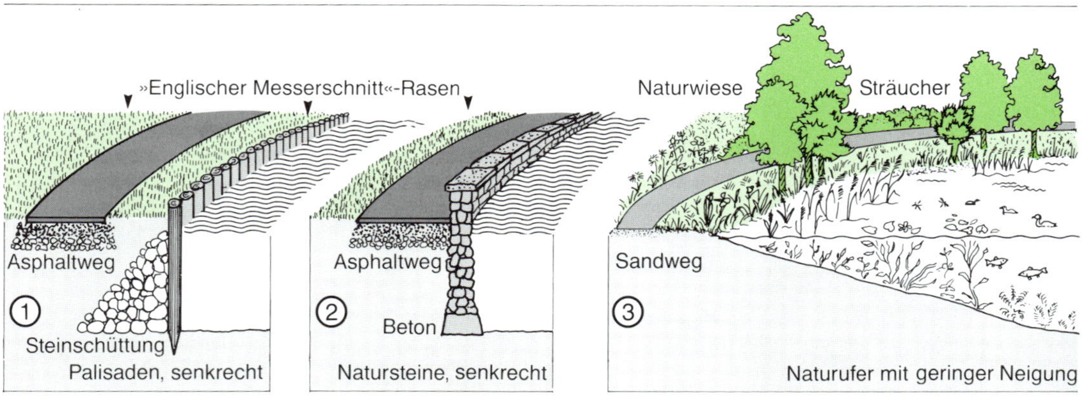

Abb. 55. Die Ufergestaltung bestimmt den Biotop- und Erholungswert auch innerörtlicher Stillgewässer. (1+2) Schlechte Beispiele von Stillgewässern, wie sie häufig in Städten und Dörfern zu finden sind: Befestigte Ufer mit senkrechten Wänden, Asphaltwegen und Kurzrasen. Keine biologisch aktive Zone an Land, am Ufer, im Wasser. Extrem arm an Lebewesen, geringes Selbstreinigungsvermögen, keine Biotopbedeutung, sehr geringer Erlebnis- und Erholungswert. (3) Ein naturnahes Ufer mit wechselnd flacher Neigung und standortgemäßer, vielfältiger Flora und Fauna sowohl an Land als auch im Wasser. Kein künstlicher Fischbesatz. Sehr große Biotopbedeutung, sehr hoher Erlebnis- und Erholungswert. Anlage und Unterhaltung meist wesentlich kostengünstiger als 1 und 2.

Der Magistrat der Stadt Plön stellt mit Recht fest, daß der besondere Reiz des Stadtbildes darin liegt, daß naturnahe Landschaftsteile und Ufer sowie Gewässer mit Schilf bis in die bebauten Zonen hineinreichen. Mit Erfolg wirbt man bei der Bevölkerung darum, die Ufer auch in den Privatbereichen naturnah zu erhalten, weitere standortgemäße einheimische Bäume (keine Nadelhölzer) zu pflanzen, sumpfige Gebiete wiederentstehen zu lassen und sich beim Zugang an das Gewässer auf schmale Stege zu beschränken (Abb. 55).

Entscheidend für die Renaturierung innergemeindlicher Stillgewässer ist die Uferform. Bei einem runden Teich mit 50 m Durchmesser und 50 cm hohen senkrechten Spundwänden an den Ufern bedeutet rein rechnerisch die Rücknahme des Ufers um 2,5 m (Böschung 1 zu 5) einen Gewinn von 412 m^2 biologisch produktiver Uferfläche, bei Rücknahme um 5 m (Böschung 1 zu 10) gar einen solchen von 864 m^2. Wird die Böschung einfach teichwärts vorgelagert, ergeben sich bei Böschung 1 zu 5 auch noch 373 m^2, bei Böschung 1 zu 10 noch 707 m^2 zusätzliche Uferfläche. Bei einer Gesamtfläche des Teiches von 1964 m^2 sind das immerhin nennenswerte Anteile, die eine wesentliche Bereicherung bei Pflanzen und Tieren ermöglichen. Eine lockere Erstbepflanzung mit einigen Uferpflanzen ist zu empfehlen; wenn dazu dann noch strauch- und baumförmige Weichhölzer gepflanzt werden, auf Düngung, Pestizideinsatz, Rasenpflege und Laubharken in der Nähe verzichtet wird, dann sind eigentlich schon die entscheidenden Schritte getan. Eine Wegeführung mit wechselndem Uferabstand, eine dezente Abwehr des Betretens der Ufer und gegebenenfalls die Aufstellung einer dekorativen Informationstafel runden die Maßnahme insgesamt ab (Abb. 56).

Vorkehrungen gegen menschliche Störungen an Stillgewässern

Praktisch alle Wasservogelarten haben gegenüber dem Menschen eine große, meist über 100 m reichende Fluchtdistanz (außer Stockente, Bläßhuhn, Höckerschwan): Bei Störungen unterhalb dieser Marge werden Gelege verlassen, sinkt der Bruterfolg unter eine kritische Schwelle, geht im Winter bei der Flucht unnötig Energie verloren, vermindert sich der Wasservogelbestand schnell bis auf unempfindliche Allerweltsarten. Die biologisch uneingeschränkt zur Verfügung stehende Nettofläche geht bei Erholungsnutzung stark zurück (vgl. dazu Kap. 14). Reichholf (1975) hat in einem Wasservogelbrutgebiet nachgewiesen, daß allein durch Angler der Brutbestand von Wasservögeln auf weniger als 20 % gedrückt wurde. Wildermuth (1978) berichtet von noch alarmierenderen Ergebnissen beim Bruterfolg des Haubentauchers, der durch stärkeren Bootsverkehr auf 2,5 % (!) gedrückt wurde. Auch bei zu häufiger Bejagung

Abb. 56. Vollendet gestalteter Dorfteich mit Informationstafel (aus: „Save the village pond", London 1974).

überwinternder Entenarten wurde ein Vertreibungseffekt nachgewiesen, so daß nur noch 15 % statt normalerweise etwa 90 % der verfügbaren Biomasse (vor allem Zuckmückenlarven und Schlammröhrenwürmer) von den Enten geerntet wurden, während der Anteil der fäulnisfähigen Biomasse erheblich anstieg (Blab, 1984).

Ein besonderes Problem stellen alle Formen des Bootfahrens dar (vom Surfen bis zum Segeln und Motorbootfahren), weil Individualisten mit Vorliebe in die ruhigsten Bereiche eindringen und dort ungeahnte Schäden verursachen. Einschränkungen des Bootsverkehrs mit partiellen Verbotsregelungen haben meist nur Sinn bei regelmäßiger Kontrolle. Anregungen für Lenkungsmaßnahmen an Stillgewässern:

- Ständige Aufklärung der Bevölkerung, auch über die Presse, über Störungen und Fluchtverhalten, Bruterfolg, Folgen von Vegetationszerstörungen (knickende Halme beim Schilf) usw; Hinweistafeln für Schutzgebiete mit Erläuterungen. Wenn immer mehr Leute die Zusammenhänge begreifen, beginnt der „Erziehungsprozeß" sich zu verselbständigen, wie man bei Reaktionen auf widerrechtliches Befahren von gesperrten Forststraßen beobachten kann.
- Strengster Schutz während der Hauptgefährdungszeiten: Brutzeit: April bis Juli; Überwinterungszeit: Dezember bis April.
- Bei kleineren Gewässern neigen viele Besucher zu einem Rundumspaziergang. Der weit überwiegende Teil übrigens im Uhrzeigersinn. Durch geschickte Wegeführung und begleitende Maßnahmen (Unzugänglichkeit in Teilbereichen) ist eine Lenkung möglich, die das Ufer auf etwa einem Drittel der Gesamtlänge schützt.
- Zentralisierung des gesamten Erholungsverkehrs (Baden, Lagern, Surfen, Bootfahren, Angeln) durch attraktive Maßnahmen, wie Lagerflächen mit guter Besonnung, Bade-,

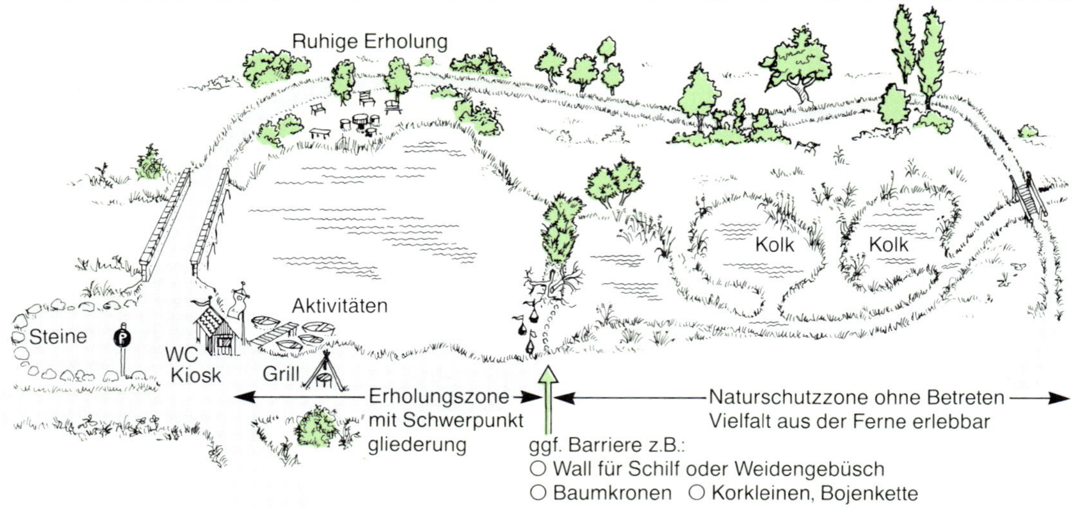

Abb. 57. Beispiel zur Trennung von Erholungs- und Naturschutzzonen (schematisch) an einer kleinen Talsperre.

Boots- und Anglerstege, Spielflächen; Anziehungspunkte wie Schutzhütten, Spielgeräte, Sitzgruppen, Ausblicke lenken ab.
- Absperrungen und Markierungen auf der Wasserfläche: dichte Bojenkette einschließlich Beschilderung, Schwimmleinen oder Schwimmbalken, fest verankerte sperrige Baumkronen.
- Absperrungen an Land: Umlaufgräben, Dornengestrüpp und Brennesseldickichte, Handläufe aus einfachen Holzstangen, Versumpfung (Mücken), Reisigwälle mit Schlagabraum, dichte Weidenbepflanzung, Kulturgatter (Abb. 57).
- Angler und Jäger sind für den Naturschutz in den meisten Fällen sehr gut zu engagieren. Das erreicht man nicht durch „Konfrontationskurs", sondern durch Gespräche im Sinne der „Gewinner-Gewinner-Strategie" (vgl. Kap. 5.4).
- Eine dezente Beschilderung – z. B. „Biotopschutzbereich. Bitte nicht betreten. Das Forstamt" – wird von vielen Menschen durchaus respektiert.

7.2.1 Wiederbelebung unserer Moore

„Die Schurken sind immer praktisch tüchtiger als die ehrlichen Leute, weil ihnen die Mittel gleichgültig sind."
Franz Grillparzer (1791–1872)

Moore sind nur in einem sehr weiten Sinn Stillgewässer (z. T. waren sie es), gehören aber zu den besonders wichtigen Feuchtbiotopen und deshalb hierher. Es handelt sich dabei um Anhäufungen von Pflanzenresten, die infolge von Sauerstoffmangel in der vernäßten Oberfläche nur unvollständig abgebaut werden. Moore bestehen aus unterschiedlichen Torfschichten. Die Sauerstoffarmut verhindert den Abbau organischer Substanz im Untergrund, so daß heute noch aus der gut erhaltenen Zusammensetzung der Pollenarten in den Moorschichten die Artenzusammensetzung der Wälder der letzten 20 000 Jahre (Nacheiszeit) in der Umgebung abzulesen ist. Fast unversehrt erhaltene Moorleichen geben Auskunft über vorschriftliche Epochen und haben zum Mythos der Moore beigetragen. Als extreme Lebensräume haben sie einen festen Platz in Schauergeschichten und Balladen und wegen ihres landschaftlichen Reizes auch in der Malerei. Man unterscheidet zwei Hauptformen:
- **Niedermoore** liegen im Einflußbereich des Grundwassers. Sie gehen gewöhnlich aus der Verlandung nährstoffreicher (eutropher) Stillgewässer hervor. Niedermoore sind relativ artenreich und enthalten viele Pflanzen- und Tierarten der „Roten Liste".
- **Hochmoore** haben keine Verbindung zum Grundwasser, werden ausschließlich über das Niederschlagswasser gespeist und können nur im kühlen Klima und nur dort entstehen, wo die gleichmäßig im Jahr verteilte Niederschlagsmenge größer ist als der Wasserverlust durch Verdunstung und Abflüsse. Die charakteristi-

schen Pflanzengesellschaften der Hochmoore sind stets auf Nährstoffarmut angewiesen (daher gefährdet durch Immissionen). Wegen der besonders hohen Spezialisierung enthalten sie außerordentlich viele Pflanzen- und Tierarten der „Roten Liste". Vorherrschend sind Torfmoosarten (Sphagnum), die allmählich einen eigenen Moorkörper bilden und im Laufe der Zeit ein so mächtiges Torflager bilden, daß sich das Moor uhrglasförmig über die Umgebung erhebt (Jahreswachstum ca. 1 mm).

Aufgrund von Trockenlegungen und der vielfältigen wirtschaftlichen Nutzungen (z. B. Torfgewinnung als Heiz- und Düngematerial; Kultivierung landwirtschaftlicher Böden; Forstflächen; Torf-Aktivkohle für chemische Industrie) hat sich die Fläche deutscher Moore drastisch (auf unter 10 %) reduziert.

Die größte Gefährdung geht zunächst von den nutzungsbedingten Entwässerungsmaßnahmen aus. Mit sinkendem Wasserstand verschwindet die charakteristische Vegetation und mit ihr die spezialisierte Fauna. Die durch Vorentwässerung und Torfstich veränderten Moore können durch Wiedervernässungsmaßnahmen (Verschluß der Entwässerungsgräben) relativ leicht regeneriert werden. Bei den industriell abgetorften Flächen bedarf es schon umfangreicherer Biotopgestaltungsmaßnahmen. Die kultivierten Moore sind für eine Regeneration ungeeignet, können jedoch renaturiert und als Feuchtbiotope im Sinne einer Pufferzone und als Lebensraum für die Vogelwelt der Moore dennoch wertvoll werden.

Abb. 58. Die Fläche unserer Moore mit ihren hochspezialisierten Pflanzen- und Tierarten und dazu noch erdgeschichtlich unersetzbarem Wert hat sich drastisch verringert. Niedersachsen z. B. – einst der moorreichste Landschaftsraum Mitteleuropas – hat heute kein einziges ungestörtes Hochmoor mehr. Durch Einschränkung der Torfverwendung und Ersatz z. B. durch die wesentlich günstigere Komposterde helfen wir mit, die letzten Moore zu erhalten und abgetorfte Moore schneller wieder zu renaturieren (Foto: Dahl).

Einschränkung der Torfverwendung – Torf gehört ins Moor!

Jeder, der Torf verwendet, nimmt damit an der weiteren Vernichtung unserer Moore teil. Ein Verzicht sollte insofern leicht fallen, als Torf zur Bodenverbesserung durch wesentlich Besseres ersetzbar ist. Torf ist zur Bodenverbesserung durchaus nicht so geeignet, wie oft angenommen wird. Er besteht nämlich fast nur aus den abgestorbenen Moosfasern, die in einem belebten Boden sehr schnell in die Bausteine Kohlenstoff, Sauerstoff und Wasserstoff zerlegt werden. Torf verschwindet deshalb im belebten Bodenmilieu schnell. Man darf nicht vergessen, daß der Torf gerade unter nährstoffarmen Verhältnissen erwachsen ist.

Dagegen ist Kompost aus dem eigenen Garten der kostengünstigste, wirksamste und ökologisch sinnvollste Torfersatz. Je nach Verwendungszweck kann dieser Kompost mit Tonmineralien oder dergleichen angereichert werden. Zunehmend kommt auch zerkleinertes Rindenmaterial – das bei der Holzverarbeitung ohnehin anfällt – oder industriell hergestellter Kompost auf den Markt. Rindenhumus läßt den Boden – anders als beim Torfeinsatz – nicht versauern, und der höhere Nährstoffgehalt ermöglicht eine sparsamere Anwendung als beim Torf. Rindenhumus lockert und belüftet den Boden, verbessert den Wasserhaushalt und begünstigt mit ausgeprägter Langzeitwirkung das Leben der Bodenorganismen.

Steuerung der Moortouristen

Moore sind außerordentlich trittempfindlich. Mit jedem Schritt sinkt der Besucher ein und zerreißt zarte Torfmoospflanzen. Außerdem wird sauerstoffhaltiges Wasser der Oberfläche in tiefere sauerstofffreie Zonen transportiert, so daß sofort ein Zersetzungsprozeß initiiert werden kann. Unter allen Umständen müssen Touristen z. B. durch Leitzäune, Aufklärungsschilder, Bohlenstege oder Aussichtsplattformen vom Betreten von Mooren abgehalten werden. Moore erlebt man am besten von außen.

Abb. 59. Abgetorfte Moore sollten schnellstmöglich wieder renaturiert werden und dadurch neue Feuchtbiotope ergeben, die gegen Betreten abgeschirmt werden müssen. Als Folge der Wiedervernässung kehren moortypische Pflanzen wieder „heim", wie hier das Wollgras (Foto: Zentrale Informationsstelle Torf und Umwelt [ZJT], Frankfurt).

Wer kann etwas tun?

Auch der Moorschutz ist eine Aufgabe für uns alle: Einstellung der Torfverwendung im Garten oder Stadtpark, finanzielle Unterstützung von Moorankaufsprogrammen für Naturschutzzwecke; Stadtgartenämter sollten ein Beispiel geben und die Verwendung von Torf in öffentlichen Anlagen beenden.

7.3 Weitere Anregungen zum Naturschutz an Stillgewässern

„Laßt uns durch die Taten zeigen, was wir können."
Ovid, 43 v. Chr.–17 n. Chr.

Altlastenbewältigung

In der Vergangenheit wurden sehr viele Tümpel, Weiher, Feuchtwiesen bei landwirtschaftlichen Intensivierungsmaßnahmen verfüllt, nicht selten als Müllkippe mißbraucht, eingeebnet, drainiert oder auf andere Weise zerstört. Feuchtgebietsflora und -fauna sind dadurch schwer gefährdet worden. Heute ist es daher ein besonderes Anliegen, bei Flächenstillegungen, Umwandlungs- und Extensivierungsmaßnahmen alte Fehlentwicklungen wieder zurückzunehmen: Wiederöffnung möglichst vieler eingeebneter Tümpel; Ausbuddeln, Entfernen und geordnetes Deponieren der wilden Müllkippen; vorsichtige Beseitigung von Faulschlammschichten, die durch Überdüngung entstanden sind; Sicherung breiter Vegetationszonen an den Ufern gegen Viehtritt und -verbiß; Zerstörung entbehrlicher Drainagen u. a.

Angler

Angler sind im Grunde Naturfreunde, die es gut meinen, aber aus Unwissenheit leicht Fehler mit weitreichenden Folgen begehen. Es empfehlen sich Bestandsaufnahmen der noch vorhandenen heimischen Fischfauna und Überlegungen, welche Verbesserungen realisierbar sind. Ein Pachtpreisnachlaß bei öffentlichen Verpächtern zur Förderung von Schutzgebieten ist gemeinsam sicher leicht zu erreichen. Mit Verständnis kann sicher auch die Forderung rechnen, daß Pachtgewässer möglichst nicht oder nur kurz in der Zeit zwischen September und November abgelassen werden und auf Kalkung verzichtet wird, damit die Larvenentwicklung und Überwinterung von Insekten und Amphibien so wenig wie möglich gestört wird. Ersatzbiotope – auch zur Ablenkung z. B. von Graureihern und Eisvögeln – können gemeinsam angelegt werden. Das beste Ergebnis einer Zusammenarbeit wird erzielt, wenn der Fischbestand nach Artenspektrum und Menge auf das ökologisch verträgliche Verhältnis zur Wassergröße abgestellt und so gepflegt wird, daß die übrige Natur keinen Schaden nimmt.

Straßenunterführungen für Amphibien

Es ist geradezu beglückend mitzuerleben, wie sich die Bevölkerung mit wachsendem Engagement dafür einsetzt, daß nicht so viele Amphibien bei ihrer Laichwanderung überfahren werden. Abfang- und Sammelaktionen sind schon fast überall üblich. Meist haben Presseappelle ausgereicht, viele Menschen zu mobilisieren. Die Sympathie der großen Mehrheit ist diesen Menschen sicher, und die Öffentlichkeit bekommt ein immer ausgeprägteres Gespür für negative Abläufe in unserer Natur. Die Wanderstrecken unserer Amphibien können beträchtlich sein (Abb. 60). Die dabei infolge der Standorttreue zu angestammten Laichplätzen zu überwindenden Straßen bedeuten für sehr viele Amphibien den Tod. Nach einer Untersuchung in den Niederlanden starben 30 % der Erdkröten auf einer Straße, obwohl dort nur alle 6 Minuten ein Auto fuhr.

Besser als bloße Sammelaktionen auf Straßen sind das Aufstellen von unüberwindbaren Fangzäunen und das regelmäßige Leeren der Sammelbehälter. Langfristig allerdings kann auch das nicht die Lösung sein. Vielmehr erscheint es erforderlich, ausreichend Ersatzbiotope abseits der Straße anzulegen oder bei der Straße selbst technische Vorkehrungen zu schaffen, die ein Unterwandern der Straße durch kleine Tunnel und Zwangspässe ermöglichen. Beidseitig (wegen der Rückwanderung) muß dafür der Rand der Straßenkörper – z. B. durch Einbau von nach außen gerichteten, U-förmigen Betonfertigteilen (AFZ, 7/1985) – so gestaltet werden, daß die Amphibien nicht auf die Straße gelangen können und dann im Abstand von höchstens 50 m einen nicht zu engen Rahmendurchlaß (mit Geröll und möglichst etwas Wasser in der Sohle) finden, den sie passieren können. Einem vermehrten Auftreten von Freßfeinden kann z. B. durch entsprechende Bepflanzung sowohl an den Wanderungsrändern als auch an den Tunnelein- und -ausgängen der Straße vorgebeugt werden. Straßenbauverwaltungen sind heute für derartige kostenaufwendige Vorkehrungen durchaus zu gewinnen.

Löschwasserteiche

Jede Gemeinde muß für ausreichende Löschwasserreservoire sorgen und ist damit auch für die Anlage von Löschwasserteichen zuständig. Damit ergibt sich sowohl für die Gemeinde als auch für die Feuerwehr – insbesondere für die Jugendfeuerwehr – eine pädagogisch sehr wertvolle Chance, nicht nur Menschen und Sachen zu schützen, sondern auch einen positiven Beitrag zum Naturschutz zu leisten, an dem alle Beteiligten Freude haben. Natürlich muß ein Löschwasserteich funktional für Brandeinsätze gestaltet sein. DIN 14210 schreibt vor: mindestens 1000 m^3 Löschwasser, 2 m Tiefe, leichtes Gefälle zur jederzeit zu erreichenden Entnahmestelle, Saughöhe nicht über 5 m – d. h. ca. 4,5 m von der Wasseroberfläche bis zur Aufstellfläche der Pumpe – , Reinheit des Wassers, ständige Zugänglichkeit; DIN 14090 fordert

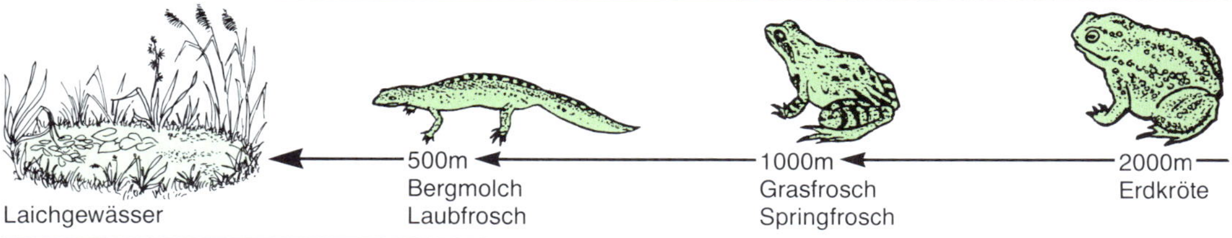

Abb. 60. Richtwerte für maximale Wanderstrecken einiger Amphibien vom Lebensraum zum Laichgewässern (nach BUND).

ständig funktionsbereite Zufahrt. Das läßt sehr viel Spielraum für Naturschutzmaßnahmen: Jede derartige sicherheitstechnische Einrichtung kann so ausgelegt oder umgestaltet werden, daß sie einen wertvollen Lebensraum für Pflanzen und Tiere ergibt.

Da die Wasserspiegelsenkung nur selten und auch dann so gut wie nie bis zur Trockenlegung erfolgt und der Löschwasserteich im Regelfall nach kurzer Zeit wieder aufgefüllt ist, sollte eigentlich jeder erkennen, daß eine Anlage als Biotop auf Widerruf stets besser ist als ein toter Tümpel (z. B. mit Betonboden). Flachwasserzonen sollten unbedingt vorgesehen werden, wegen ihrer Verlandungsdynamik jedoch nicht in die Wassermengenberechnung eingehen. Betongrundierungen und Betonufer sind grundsätzlich zu vermeiden. Erforderliche Bodenabdichtungen erfolgen mit Ton. Die Wasserentnahmestelle kann – wenn Schlammansammlung droht – durch Betonringe oder -schächte gefaßt werden. Schlammabsaugungen kommen nur notfalls und dann nur im Herbst oder Winter in Frage. Bis auf die zweckmäßige Randbepflanzung an den geeigneten Uferabschnitten mit Weiden und Erlen verzichte man grundsätzlich auf Anpflanzungen und ebenso auf Ansiedlungen von Wassergeflügel oder Nutzfischen. Wenn Löschwasserteiche zu wertvollen Biotopen werden sollen, dürfen sie keine Angelteiche sein. Die weitere Betreuung kann eine wertvolle Zusammenarbeit von Gemeinde-Feuerwehr-Naturschutzverein leisten, die, geschickt „verkauft", beispielgebend für die gesamte Bevölkerung ist.

Jäger fördern Stillgewässer als Hegeteiche

Sobald Jäger den biologischen Wert von Stillgewässern erkennen und die ökologischen Zusammenhänge begreifen, sind sie besonders leicht zur Mitarbeit zu engagieren:

Als Brutbiotope sowohl für Enten wie auch für andere Vogelarten sind Gewässerränder wegen des Wildwuchses als Deckungsschutz hervorragend geeignet. Auch das Kleinklima wird verbessert, indem z.B. mehr Tau entsteht. Tau ist auch erforderlich für den Bruterfolg von Hühnern, da die Henne mit dem feuchten Brustgefieder, das sie nach ihrem Ausgang zum Gelege mitbringt, auch den Eiern die nötige Brutfeuchtigkeit verleiht. Bei „Steppenklima" ohne Tau – z.B. in ausgeräumten Fluren – läßt das Schlupfergebnis merklich nach. An den Gewässern müssen für die Enten ausreichend Sitzmöglichkeiten vorhanden sein. Sie sind wichtiger als die Schwimmquadratmeter pro Tier. Wasserwild schwimmt nur dann mehr, als daß es sitzt, wenn es Sicherheitsprobleme hat. Wichtig sind besonders auch die Insekten, die sich an Hegeteichen einstellen. Ein großer Teil der Insekten, welche die Lebensgrundlage für unsere Hühner bilden, sind heute Gewässerinsekten und nicht etwa Insekten des „warmen Landes".

Auf Anfüttern muß grundsätzlich verzichtet werden. Ein rein nutzungsorientierter Ausbau von Stillgewässern zu Ententümpeln oder Fischhälterbecken ist nicht zu verantworten.

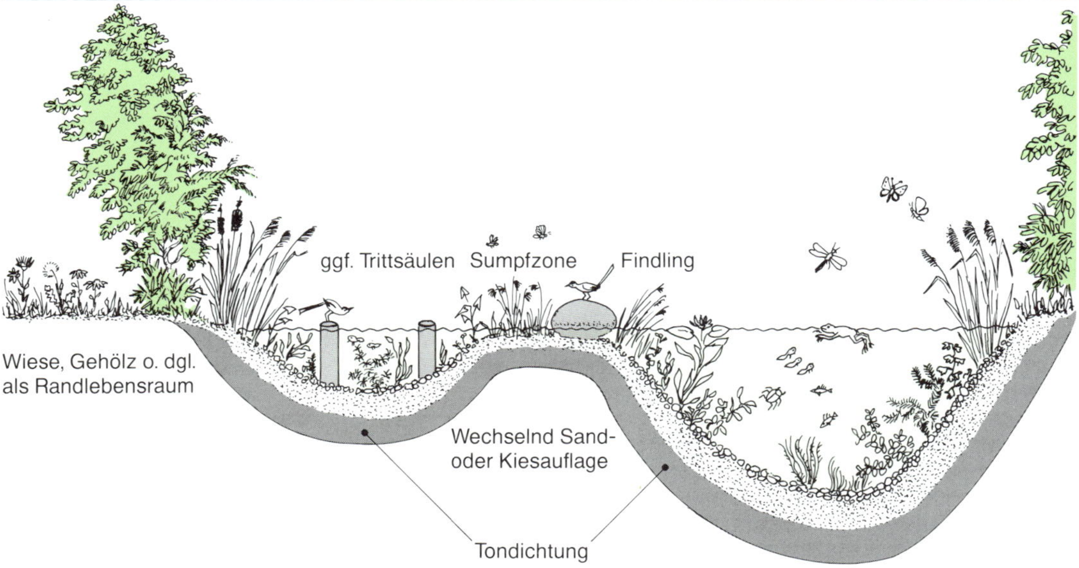

Abb. 61. Abwechslungsreich gestalteter Schulweiher oder Gartentümpel mit Ton-Grundabdichtung. Natürliche Vielfalt bei Flora und Fauna, ausreichend Lebensraum im Randbereich.

Stillgewässer als Schulweiher oder Gartentümpel

Da gerade Kinder unbedingt an die Natur herangeführt werden sollen, sind naturnahe Schulweiher oder Gartentümpel (für die Familie) immer empfehlenswert, wenn im Umfeld auch ein hinreichender Lebensraum für die sich einstellenden Tierarten entwickelt werden kann. Schon Kleinstanlagen von nur wenigen Metern Durchmesser können bereichernd sein. Lehrer können praxisnahe Unterrichtsinhalte für Kinder aller Altersgruppen – von einfachen Bestimmungsübungen und Lebensraumuntersuchungen bis zu biochemischen Wasseranalysen – entwickeln, die Kinder bei pädagogisch richtiger Gestaltung ein Leben lang prägen (Abb. 61).

Wer ist aufgerufen?

- Der Teichwirt profitiert von der Ablenkung der Graureiher, wenn das Naturgewässer störungsfrei und Fischnahrung besser als in der Fischzuchtanlage erreichbar ist.
- Den Angler interessiert die Erhaltung der Kleinfischarten als notwendige Glieder der Lebensgemeinschaften im Wasser.
- Der Jäger freut sich über Stockenten an Tümpeln, über Deckung, Suhlen, Tränken und Nahrung, die hier Fasanen, Rebhühner, Schnepfen und Schalenwild finden.
- Der Biologe findet ein Objekt des Forschens.
- Der Lehrer findet die Möglichkeit zu praxisnahem Biologieunterricht.
- Kinder finden über die Lebensfülle eines Tümpels wieder Zugang zur Natur.
- Forstleute, Botaniker, Ornithologen, Fledermauskenner, Aquarianer freuen sich über die Artenvielfalt.
- Der Fremdenverkehr freut sich über den höheren Erholungswert von naturnaher Gewässerlandschaft.
- Segler und Surfer wollen naturnahe Gewässer und nicht stumpfsinnige Wasserbecken.
- Bürgermeister, Stadtdirektoren und Kommunalpolitiker freuen sich, wenn sie etwas für die Daseinsvorsorge und Lebensqualität der Menschen tun können.
- Der Naturparkträger weiß, daß über naturnahe Stillgewässer der Wert der Landschaft erheblich zu steigern ist.
- Behörden, Flurbereinigungs- und Wasserbauämter sowie Bürgerinitiativen finden ein dankbares Feld für fruchtbare Zusammenarbeit im Interesse der Allgemeinheit.

Diese Reihe könnte man beliebig weiterführen. Im Grunde wollen wir alle das gleiche, wir wissen bloß oft nicht genau genug, daß Eigennutzdenken die Optimallösung blockiert. In Sachen Stillgewässer haben wir in der Natur sehr viel wiedergutzumachen.

8 Naturschutz durch Angler

„Alles ist relativ. Für den Regenwurm sind Erdarbeiten etwas wesentlich Vergnüglicheres als Angeln!“
Anonym

Aus Zeitmangel begnügt sich womöglich mancher engagierte Leser mit der Lektüre nur der ihn praktisch interessierenden Kapitel. Das wäre schade, weil es zur Unterschätzung der eigenen Einflußchancen führen kann. Für das Erkennen der eigenen Möglichkeiten und das Einordnen der persönlichen Argumente empfehle ich sehr, zunächst Kapitel 1 bis 4 zu verarbeiten. Manche Vorurteile gegenüber dem Umwelt- und Naturschutz entpuppen sich dann schnell als unverantwortliche Egoismen. Auch Kapitel 5 hat Wertvolles zu bieten, denn die persönliche Wirkung hängt nicht bloß vom fachlichen Wissen ab, sondern genausosehr von der Fähigkeit, Mitmenschen – Freunde wie Gegner – für die eigene Sache zu motivieren. Die Kapitel 6 und 7 behandeln die Gewässer-Lebensräume und sind deshalb Anglern anzuraten.

Wunsch und Wirklichkeit

Vom Eifer, Zeit- und Geldaufwand sowie von der großen Anhängerschaft (1,5 Mio. in Deutschland) her existiert neben der Gruppe der Jäger kaum eine andere, für die aktiver Naturschutz so bedeutsam ist oder doch sein sollte wie für die Angler. Denn die Freunde der Fischwaid sind auf intakte Gewässer angewiesen. Insofern kommt es darauf an, die ökologischen Zusammenhänge immer gründlicher und immer mehr Anglern so zu verdeutlichen, daß auch Ornithologen und andere Naturschützer gerade bei Anglern in der Praxis zahlreiche tatkräftige Verbündete finden. Schließlich zählen Natur- und damit auch Vogelschutz zu den satzungsgemäßen Aufgaben und traditionellen Idealen der Angler. Noch vorhandene Konfliktpotentiale müssen schleunigst durch die Angler selbst, durch verantwortungsbewußte Verpächter oder auch durch Behörden gemeinsam abgebaut werden. Dann erübrigen sich konfliktträchtige einseitige Privilegierungen von Vereinen schon aus Überzeugung der Mitglieder konkurrierender Interessenvertretungen, weil durch aktive Zusammenarbeit letzte Naturoasen am besten vor Übernutzung, Faunenverfälschung oder Zerstörung geschützt werden können.

Abb. 62. Vom entspannt am idyllischen Gewässer hockenden und sich in die Natur angemessen einfügenden Angler zum Bau von völlig naturfremden Hälterbecken mit Riesenmengen von Zuchtfischen, mit einträglicher Ausgabe von Angelkarten, Einzäunung gegen Unbefugte, Abwehrmaßnahmen gegen Graureiher, Geräteschuppen und anschließendem Wochenendhaus bedarf es heute dank technischer Möglichkeiten nur weniger Schritte. Ob mit oder ohne Genehmigung oder gar Förderung durch besondere persönliche Beziehungen auf der Ortsebene, auf der Strecke bleibt stets die Natur. Molche, Frösche, Kleinfische, Libellen, Feuchtgebietsvögel und viele andere Arten haben hier keine Überlebenschance. Auf der Strecke bleibt somit stets auch das Naturerlebnis für die Angler selbst und für alle anderen Erholungssuchenden (Foto: Dahl).

Tatsächlich gibt es wohl nur wenige von der Natur abhängige Vereine in der Bundesrepublik, deren Hobby in den letzten 30 Jahren einen derartigen Aufschwung erfahren hat, wie die Angelvereine. Leider sind dabei – besonders in der Anfangsphase – etliche Naturschutzprobleme entstanden, weil sich die Interessen und Mehrheitsmeinungen verlagert haben und auch Angler nicht von kommerziellen Entwicklungen, Massentrends und Prestigedenken (vgl. Kap. 5) verschont bleiben konnten. Sicher dürfte vielen – insbesondere älteren – Anglern gerade diese Entwicklung selbst ein Dorn im Auge sein.

Schon die Bezeichnung „Sport“-Angeln hatte früher eine andere Bedeutung, nämlich aus dem Englischen übernommen mehr im Sinne von Sport = fair, also Fairness gegenüber Kreatur und Natur. Heute ist demgegenüber das Verständnis in der Allgemeinheit mehr in Richtung „Leistungssport“ abgedriftet, und diese Denkrichtung hatte beim

Angeln, dem stillen Genießen der Natur am Gewässer, eigentlich nichts verloren. Man fühlte sich eins mit der Natur, man hegte, pflegte und schützte sie und freute sich über seinen Fisch am Haken, den die Natur hat wachsen lassen. Wie selbstverständlich fügte man sich ein in das reiche natürliche Geschehen am Ufer und im Wasser, genoß das vielstimmige Konzert der Frösche und Vögel, deren Brut und Lebensräume man mied. Demgegenüber hatte sich einiges geändert: Durchaus zum Leidwesen vieler Mitglieder und der ökologisch informierten Spitzenvertreter der Angel-Verbände stieg mit der Mitgliederzahl der Druck auf die Gewässer. Vom Kleinstgewässer angefangen, wurde besonders in der Anfangsphase praktisch alles durch die Vereine in Pacht genommen, was zu kriegen war, und dann mit Fischen besetzt, wie sie der Markt gerade preiswert hergab: Arten, Rassen, Mengen spielten damals häufig zunächst keine große Rolle. Und wo die natürlichen Gewässer nicht ausreichten, dort legte man vor Einführung gesetzlicher Bremsen eben neue an. Die im Bundesgebiet zigtausendfach zu beobachtende Abfolge

- Bächlein oder Quellhorizont in der Wiese
- Maschine her und Tümpel angelegt
- billige Fische von irgendwo eingesetzt
- Abwehrdrähte oder Netze gegen Graureiher
- Zaun drum, damit auch niemand klaut
- kleines Hüttchen „nur" für die Geräte
- kleiner Anbau für ein Bett
- nach einigen Jahren steht ein ansehnliches Wochenendhaus, geeignet sogar zur Vermietung mit Angelmöglichkeit usw....

paßte ebenso in diesen Trend, wie die um sich greifende Kommerzialisierung. Mit zunehmender Mitgliederzahl und steigendem Absatz von Angelkarten – inzwischen ein lukrativer Touristenzweig – stieg der Umsatz. Man kann es sich leisten, immer mehr fangreife Fische (z. B. Regenbogenforelle oder Bachsaibling, um nur zwei Einwanderer zu nennen) oder Riesenmengen von Jungfischen auszusetzen und auch mit Futter nicht zu sparen: Mehr Petri-Heil, mehr Geld! Dabei blieb in vielen Fällen die Biologie unserer Gewässer auf der Strecke.

De facto hört Naturschutz heute noch an der Wasserlinie auf. Rund die Hälfte der früher in Deutschland einheimischen Fische sind inzwischen bei uns ausgestorben, 76 % stehen auf der Roten Liste. Keine andere Tiergruppe Mitteleuropas hat so schnell so viele Arten verloren (Remmert, 1990). Das ist bei steigender Wasserqualität und gegebener Zuchtmöglichkeit aller bedrohten Arten – insbesondere der wirtschaftlich uninteressanten und daher vernachlässigten Kleinfischarten – vermeidbar und daher bei heutiger Kenntnis ökologischer Zusammenhänge völlig unverantwortlich. Die entscheidenden, von Seiten der Angelvereine zu vermeidenden Gefährdungsursachen sind nach Remmert (1990):

- Überbesatz mit Fischen in Dichten, die es im Freiland nie gegeben hat (negative Kettenreaktion bis zur Vernichtung der Wirbellosenfauna, Störung der biochemischen Selbstreinigung, Entnahme der Nahrungsbasis von vielen Vogelarten, Eutrophierungen durch unnatürliche Zufütterungen u.a.).
- Faunenverfälschung durch Besatz mit nicht heimischen Fischarten (z. B. Regenbogenforellen, die als anspruchslosere Tiere bei Überbesatz unsere heimischen Bachforellen aus vielen Bereichen herauskonkurrieren). Faktisch wird dieser ökologisch längst nicht mehr tragbare Vorgang durch gewisse Privilegierungen von Angelvereinen z. T. sogar noch gesetzlich forciert.
- Einseitige Förderung gut nutzbarer Fische auf Kosten einheimischer Arten und Rassen. Die besonders in den 70er Jahren erfolgte Aussetzung der langlebigen chinesischen Graskarpfen führte in vielen Gewässern zu einem fast vollständigen Abfressen der Wasservegetation. Manche Angler begrüßten das, da sich nun die Angelhaken nicht mehr an Schwimmpflanzen festhängen konnten und die Fischhaltung für den Angelsport dadurch überschaubarer wurde. Doch: Durch die Graskarpfen wird Fröschen, Kröten und Molchen die Existenzgrundlage genommen, und selbst einst weit verbreitete Vogelarten wie Teichhühner, Bläßhühner oder Zwergtaucher verschwinden, weil sie weder Nistplatz noch Nahrung finden.
- Die Lebensräume unserer natürlichen Gewässer sind zum Teil einem „Sport" zur Betreuung überlassen, der Faunenverfälschung und Tierquälerei in einem bisher völlig unbeachteten Maße betreibt.

Diese Entwicklung dürfte vielen Vereinen selbst gegen den Strich gehen, ein Gegensteuern ohne straffere Gesetze und Kontrollen – u. a. auch gegen die kommerzielle Hälterangelei – ist jedoch äußerst schwierig. Es duldet aber keinen Aufschub, und auch der behördliche Naturschutz wird sich mehr um die beangelten Ökosysteme kümmern müssen.

Gemeinsam mit ökologisch informierten Anglern lassen sich Besserungen erreichen – viele gute Ansätze von eigenverantwortlich und weitsichtig handelnden Angelvereinen ermuntern dazu. Was allerdings im Interesse der Angler selbst zu vermeiden ist, soll ein zum Glück nicht mehr ganz aktuelles, die latenten Gefahren jedoch recht plastisch schilderndes Beispiel zeigen (nach Tamm, 1981):

300 m langer Altarm der Lahn: Bis 1978 sehr reicher Lebensraum mit vielen seltenen Pflanzen- und Tierarten der Roten Liste. Besonders reiche Flora bei Laichkräutern, Schwimmblattpflanzen und Röhricht. Ein üppiger Erlenbewuchs schirmte

das Gebiet vom Umland ab. Das Verfahren zur Naturschutzgebietsausweisung lief bereits. Da beantragte der Sportfischerverein, einen Teil des Altarms vom übermäßigen Pflanzenbewuchs befreien und das Gebiet geringfügig vertiefen zu dürfen. Die Naturschutzbehörde genehmigte das. Ergebnis: 90 % der Fläche wurden ausgebaggert, der Altarm wurde durch Absteilung der Uferböschung verbreitert. Die gesamte Wasser- und Ufervegetation war vernichtet, die Ufererlen wurden gerodet. Die steile Uferböschung wurde mit Rasen angesät. Der Altarm lag nun nackt und steril wie eine Badewanne in der Landschaft. Geangelt wurde nur noch, was vorher eingesetzt worden war. Man könnte die Fische ebenso im Betonbecken oder im Aquarium halten. Sie waren keine Wildtiere mehr in natürlicher Lebensgemeinschaft eines intakten Gewässers, sondern vegetierten wie Mastschweine im Stall. Alle Naturschutzpläne waren hinfällig, alle Pflanzen- und Tierarten der Roten Liste waren verschwunden. Proteste des Naturschutzes fanden beim Sportfischerverein kein Verständnis. Dieser besonderen Spielart von Petrijüngern schien es wichtiger zu sein, mit dem Auto direkt bis ans Wasser fahren zu können und aus offener Tür heraus bei eingeschaltetem Autoradio angefütterte Haustier-Karpfen in großer Zahl zu fangen, als in der Ruhe eines letzten Stückes Gewässerwildnis echter Fischwaid auf natürlich aufgewachsenes Schuppenwild nachzugehen.

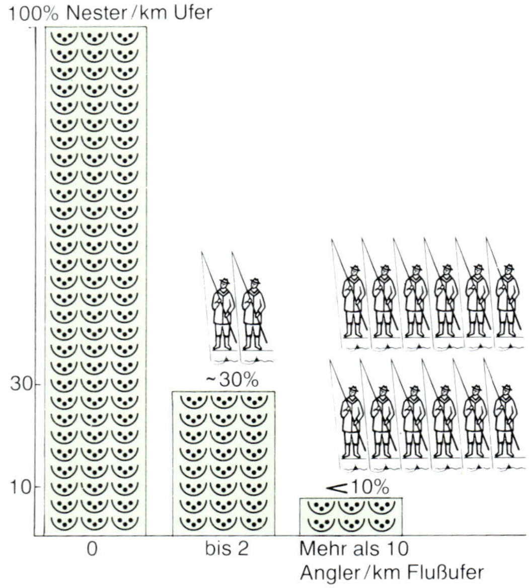

Abb. 63. Zahl der Wasservogelnester in Abhängigkeit von der Anwesenheit von Anglern (oder anderen Menschen) im Vogelschutzgebiet Hagenauer Bucht (nach Reichholf, 1979).

Es geht, bei Lichte besehen, um viel mehr als nur um Vögel oder um Schilf, es geht um ganze Ökosysteme, die hochgradig gefährdet sind und für die Allgemeinheit große Bedeutung haben (vgl. Kap. 2). Bei Kenntnis der ökologischen Zusammenhänge werden Angler z.B. brütende oder überwinternde Entenarten in naturnahen Gewässern geradezu begrüßen, da das Kurzhalten der Wasserpflanzenvegetation – das Nahrungsangebot bestimmt die Entenmenge – für das Ökosystem lebenswichtig ist. Das gelingt nur, wenn die Enten ungestört sind. Die überwinternden Gastenten erscheinen erst, wenn die Pflanzen ihr höchst mögliches Wachstum erreicht haben, und fliegen nach Hause in den hohen Norden, wenn sie alles abgeerntet haben. Ohne diesen Kahlfraß würden die Wasserpflanzen an den Grund der Gewässer sinken, dort verfaulen und dem Wasser Sauerstoff entziehen. Indirekt sind also die Enten einem hohen Fischbestand dienlich (Kurt, 1982). Das gilt besonders dort, wo infolge von Abwassereinleitungen die Eutrophierung groß ist.

Richtiges Verhalten und Handeln am und im Gewässer erfordert allerdings eine recht genaue Kenntnis darüber, was die rapide Artenverarmung unserer Gewässer und der anschließenden Feuchtgebiete ökologisch bedeutet (vgl. Kap. 3 bis 4) und welche Gefahren damit verbunden sind. Dazu gehört nicht zuletzt das Einschätzenkönnen der Wirkungen von Störungen, die unbewußt und ungewollt von jedem Angler ausgehen können (vgl. Kap. 14). Ein gut informierter Angler wird von sich aus alles für die ökologische Verbesserung unserer Gewässer tun. Er weiß dann auch, daß z.B. ein Graureiher durchaus nicht nur Fische, sondern gewichtsmäßig ein Mehrfaches an Insekten, Würmern, Amphibien und Mäusen frißt und nur dann an einem Gewässer lästig wird, wenn es im Übermaß voller behältergezüchteter Verhaltenskrüppel steckt, die keine naturnahe Deckung (z.B. Unterstände; Röhrichtzone) mehr annehmen können. Die lästige Konkurrenz zwischen Graureiher und Fischereiinteressen läßt sich am besten durch konsequente Renaturierung der Gewässer beseitigen (Staub, 1985).

Scheue Wasservogelarten haben häufig eine Fluchtdistanz von 100 m (vgl. Kap. 14), und selbst ein ruhig sitzender Angler stört in einer Schilfzone die Vogelwelt während der Brutzeit in einem Umkreis von mindestens 50 m so gravierend, daß beim mehrstündigen Aufenthalt das Gelege und damit der gesamte Jahresnachwuchs aufgegeben werden kann. Ein Petrijünger, der das weiß, wird selbst dafür sorgen, daß während der Brutzeit – April bis Juli – der gesamte Brutbereich nicht nur nicht durch Angler, sondern auch durch andere Besucher möglichst nicht betreten wird (die Wasservögel zählen zu den meistgefährdeten Vogelarten in Deutschland).

Ganz bewußt sollte der Angler den Rat des örtlichen Vogelschutzbundes einholen (Abb. 63). So ergeben sich von selbst Anknüpfungspunkte zu einer fruchtbaren und heute so wichtigen Zusammenarbeit. Sollte es sich bei dem Angelgewässer um ein wichtiges Überwinterungsquartier handeln, werden auf diesem Wege sicher auch wertvolle Hinweise für Schutzvorkehrungen zu erreichen sein (Dezember bis April). Eine Einschränkung auf bestimmte Hauptzeiten oder auch auf bestimmte Uferzonen ist meist nur eine Frage des guten Willens. Allerdings ist zu betonen, daß jeder Bootsverkehr (also auch das Angeln vom Boot aus) gerade auch die Gastvögel empfindlich stören kann (vgl. Kap. 14) und deshalb streng zu begrenzen sein wird.

Gemeinsam mit den Ornithologen und z. B. auch den am Naturschutz interessierten Jägern lassen sich auch Regelungen finden, den Boots- und Surfbetrieb, der allen Interessen sehr schaden kann, räumlich (z. B. durch Bojenketten oder Korkleinen) oder zeitlich zu beschränken. Die Angler werden bei richtiger Information über alle ökologischen Zusammenhänge und bei einiger Bereitschaft zu angemessener Selbstbeschränkung schnell erkennen, daß es viele Interessengruppen auf Ortsebene gibt, mit deren Hilfe sie gemeinsame Ziele besser erreichen. Nicht zuletzt dient auch dies der eigenen Imagepflege gegenüber einer immer kritischer werdenden Allgemeinheit.

Zur gesetzlichen Aufgabe der Angler

Bei Jägern wie Anglern gibt es leider unübersehbar schwarze Schafe. Mit ihnen werden Verbände nicht fertig, solange es keine Zwangsmitgliedschaft gibt und ein Verbandsausschluß Lizenzentzug bedeuten würde. Jeder aktive Naturschützer muß wissen, daß nur etwa die Hälfte der Angler in Deutschland organisiert ist. Insofern könnten bei Verstößen von Anglern gegen wichtige Ziele des Naturschutzes die organisierten Angler mit anderen Verbänden durchaus gemeinsam gegen die Übeltäter vorgehen. Die meisten Wünsche der Naturschützer sind ja in Fischereigesetzen bzw. in den Artenschutzprogrammen der Anglerverbände enthalten.

Nach den Artenschutzprogrammen ist jeder Fischer verpflichtet, mit aller Kraft dafür einzutreten, daß für die gefährdeten Fischarten wieder naturnahe Lebensräume geschaffen werden. Bei der fischereiwirtschaftlichen Nutzung der Gewässer müssen die ökologischen Erfordernisse vor den wirtschaftlichen Erwägungen rangieren. Wie sehen denn unsere Gewässer heute aus? Begradigt, verbaut, betoniert, verrohrt, verschmutzt, verschlammt, versandet, giftbelastet, entblößt von natürlicher Vegetation, zerstückelt durch zahlreiche Wehre und andere unpassierbare Einbauten, Bach- und Flußstaue, störende Nachbarflächen (Straßen, Landwirtschaft, Campingplätze, Bebauung) usw. Das schädigt auch die Angler selbst; sie sind daher bei richtiger Information die besten Verbündeten. Mit ihnen gemeinsam kann man Biotopverbesserungen fordern, weil es den gesetzlich und verbandsmäßig festgelegten Zielen entspricht. Der praktische Naturschutz wird erkennen, daß er die Angler zur Arterhaltung und kontrollierten Wiedervermehrung der gefährdeten Fischarten unbedingt benötigt.

Allerdings wird ein Fischbesatz mit gefährdeten Arten nur Sinn haben, wenn

a) die übrigen Fischpopulationen art- und mengenmäßig angepaßt sind,
b) der Fischbestand durch ein einmaliges Fischsterben ausgerottet und die Ursache beseitigt worden ist,
c) ein neuer Lebensraum entstanden und naturnah gestaltet worden ist und die natürliche Besiedelung nicht in kurzer Frist zu erwarten ist,
d) der Zugang zu den Laichplätzen gestört ist,
e) ein ursprünglich weitgehend zerstörter Lebensraum durch wasserbauliche und abwassertechnische Maßnahmen und biologische Randgestaltungen renaturiert worden ist und nun wieder besiedelt werden kann (Stein, 1981).

Naturschützer und Angler brauchen einander. Das zeigen Erläuterungen zu gesetzlichen Vorgaben im „Merkblatt über die Grundzüge der fischereilichen Bewirtschaftung von Gewässern" (Haß; Nds. Landesverwaltungsamt-Binnenfischerei, 1984):

- Fischereiberechtigte und Fischereipächter sind verpflichtet, einen der Größe und Art des Gewässers entsprechenden Fischbestand zu erhalten und zu hegen. Zu einem solchen Fischbestand gehören auch die fischereilich nicht genutzten sowie die seltenen oder bedrohten Arten, so daß Hege und Artenschutz nicht trennbar sind.
- § 42 des Niedersächsischen Fischereigesetzes erweitert die Pflicht zum Artenschutz sogar auf alle Tier- und Pflanzenarten. Artenschutz aber kann nur dann gelingen, wenn sich die fischereiliche Bewirtschaftung eines Gewässers auf die Fischarten stützt, die bereits darin vorkommen. Eine „Bereicherung" des Artenspektrums durch Einbürgerung anderer Arten hat zu unterbleiben. Das Aussetzen von nicht heimischen Fischarten entspricht weder den Vorstellungen der organisierten Fischer noch den Normen der Fischereigesetzgebung. Es gefährdet die Fischbestände (Krankheiten oder Parasitenbefall) und die Gewässerflora (z. B. durch den Grasfisch).
- Fang und Bestandsergänzungen müssen sorgfältig aufeinander abgestimmt werden. Zwischen Befischungsintensität und Nachwuchsrate muß ein Gleichgewicht bestehen. Gleichbleibender jährlicher Routinebesatz ohne Berücksichtigung der tatsächlichen Bestandsentwicklung ist abzulehnen.

- Durchschnittsgewicht und Stückzahl der gefangenen Fische – für jede Art gesondert betrachtet – geben die Kontrollwerte, nach denen der Fang zu erhöhen oder zu verringern ist. Allgemein gilt: Durchschnittsgewicht der gefangenen Fische zu gering – stärker befischen, damit weniger Fische im Gewässer zurückbleiben und das einzelne Individuum mehr Nahrung bekommt. Gegebenenfalls auch den Besatz verringern. Durchschnittsgewicht der gefangenen Fische zu hoch – schwächer befischen, damit mehr Fische im Gewässer zurückbleiben und möglichst alle Naturnahrung auch genutzt wird. Gegebenenfalls auch Besatz erhöhen, jedoch unter allen Umständen Überbesatz vermeiden.
- Fischereiliche Bewirtschaftungsmaßnahmen sind Eingriffe in die natürliche Bestandsentwicklung. Man will die Häufigkeit der einzelnen Fischarten innerhalb des Gesamtbestandes zugunsten der besonders gefragten Arten verschieben. Dabei muß äußerst vorsichtig vorgegangen werden, da keine der zur natürlichen Lebensgemeinschaft gehörenden Fischarten im Bestand zu sehr verringert oder gar ausgerottet werden darf. Wer z. B. in einen Bach so starken Salmonidenbesatz einbringt, daß durch Nahrungskonkurrenz oder Wegfraß Arten wie Mühlkoppe oder Elritze selten werden oder verschwinden, hat die zulässigen Grenzen überschritten und verstößt gegen die gesetzlich vorgeschriebene Hegepflicht. – Bei Einführung neuer Tier- und Pflanzenarten ist die Gefahr negativer Wirkungen auf vorhandene Lebensgemeinschaften besonders groß. Fischereiliche Bewirtschaftung eines Gewässers muß daher gewöhnlich mit den bereits vorkommenden Fischarten erfolgen. – Überbesatz wie Überfischung sind nicht mit der Hegepflicht vereinbar. – Oft werden Fische eingesetzt, die ihr Hauptwachstum bereits hinter sich haben und fangreif sind. Sie nehmen im Gewässer nicht mehr zu und „warten“ nur darauf, daß sie jemand wieder herausfängt. Bei dieser sog. Hälterangelei wird wiederum gegen den Grundsatz der möglichst guten Ausnutzung der Naturnahrung für den Zuwachs verstoßen. Sie ist daher im Regelfall abzulehnen. – Bei Veranstaltungen sind die am und im Gewässer lebenden Tiere und Pflanzen besonders zu berücksichtigen, damit sich der Eingriff möglichst schonend gestaltet. Durch Anfüttern der Fische darf keine Verschmutzung entstehen. Für sinnvolle Verwertung der gefangenen Fische muß gesorgt sein. – Die Öffentlichkeit erwartet und kann darauf vertrauen, daß sich die beiden deutschen Anglerverbände – VDSF (ca. 630 000 Mitglieder) und DAV (ca. 400 000 Mitglieder) in der Praxis nicht nur um die Einhaltung der gesetzlichen Bestimmungen bei Mitgliedern und Gästen kümmern, sondern auch um die Verbesserung deren ökologischen Grundwissens bemüht ist.

8.1 Weitere Anregungen zum Naturschutz durch Angler

„Man muß Ärger aushalten können.
Wenn man ihm aus dem Weg geht, erreicht man nichts.“
Theodor Fontane (1819–1898)

Ufervegetation

Die Ufervegetation (unter Wasser, am Wasserrand und außerhalb der Gewässer) ist der entscheidende Lebensbereich der Gewässerökosysteme (vgl. Kap. 6 und 7). Die Angler sollten alles daran setzen, diese Zonen naturnah zu gestalten und streng zu schützen. Das kann von der Herstellung weiter Flachufer bis zur Anlage von geschützten Inseln reichen. Auf die Empfindlichkeit bestimmter Pflanzen (z. B. Schilf) ist durch besondere Schutzvorkehrungen (z. B. gegen Betreten oder gegen Wellenschlag vom Wasser) Rücksicht zu nehmen. Schilfverlandungsbereiche sind ökologisch außerordentlich wertvoll. Sie dienen im übrigen der natürlichen Reproduktion der Fischbestände. „Säuberungsaktionen“ an den Ufern (Freischneiden von Gehölzen; Auskoffern von Schilfbereichen; Beseitigung sonstiger Ufervegetation) sollten unbedingt unterbleiben.

Gewässerschauen von Unterhaltungsverbänden

Regelmäßig halten die Wasserunterhaltungsverbände ihre Gewässerschauen ab. Dabei werden die Fließgewässerabschnitte von einer Kommission durchgehend begangen und vor Ort etwaige Maßnahmen besprochen und entschieden. Das ist der beste Zeitpunkt, mit den Entscheidungsträgern einvernehmlich ökologisch gute Regelungen festzulegen. An allen Schauen sollten unbedingt ökologisch gut informierte Angler teilnehmen, am besten Angler, Jäger, Ornithologen und andere Naturschutzvertreter gemeinsam.

Entwicklung neuer Gewässer

Angler sollten sich rechtzeitig in die Planung und Entwicklung neuer Teiche (z. B. Kiesabbau) einschalten und uneigennützig auf die Entwicklung großer Biotopschutzzonen von mindestens 30 bis 50 % Anteil hinarbeiten. Sie sind vielfältig zu gestalten (vgl. Kap. 7) und sollten von vorn herein so geplant werden, daß Begehen der Ufer (z. B. Umlaufgräben) und Störungen vom Wasser her (z. B. durch dem Ufer vorgelagerte Flachbereiche, die sich begrünen) ausgeschaltet werden können.

Gewässerverschmutzungen

Die Aufdeckung und Verfolgung von Gewässerverschmutzungen ist eine hochrangige Naturschutzaufgabe für Angler. Für diese wichtige Aufgabe sind bei den anderen Verbänden (Jäger, Ornithologen, Naturschutzvereine u. a.) sicher weitere Helfer zu gewinnen.

Hälterangelei

Eigentlich sollte der bloße Gedanke, dutzendweise frisch ausgesetzte Einheits-Portions-Forellen aus einem sterilen Fischhälterbecken zu ziehen, auch in Anglerkreisen ähnlich geächtet werden wie in Jägerkreisen das Schießen auf Wild in Kleingattern. Nach Wendt (Verlag P. Parey, pers. Mittlg. 1995) ist die „Put and Take-Fischerei" heute bei der absoluten Mehrheit der Angler als „Forellenpuff" äußerst verpönt und z.T. durch Fischereigesetze bereits verboten.

Das sind dekadent-neurotische und von Geschäftemachern forcierte Zeiterscheinungen, die ethisch wie tierschützerisch nicht zu verantworten sind. Auch Fische empfinden wohl so etwas wie Schmerz: Ihre Kopfnerven funktionieren denen der Menschen analog, außerdem verfügen sie über Neurotransmitter, die auch bei Säugetieren und Vögeln für die Schmerzübertragung sorgen. Wenn Fische am Haken zappeln, krümmen sie sich vor Schmerz und auch, weil sie nur mühsam atmen können. Außerdem sind Fische, deren Schleimhäute und Schuppen beschädigt wurden, Bakterien, Parasiten und Wasserverunreinigungen schutzlos ausgeliefert. Maulverletzungen durch Haken und Hakenlöser sind sicherlich auch nicht als „Streicheleinheiten" zu verharmlosen ...! Auch in der Presse sollten Angler – möglichst gemeinsam mit anderen Interessenvertretern – gegen Hälterangelei Sturm laufen.

Fischbesatz

Oberstes Ziel ist, alle Gewässer biologisch so zu beleben, daß sich auch Fische selbst wieder reproduzieren können. In Gewässern mit entsprechenden Laich- und Schutzzonen dürfte dieses Ziel schrittweise zu erreichen und dann auch ein Verzicht auf jegliches Aussetzen möglich sein. Das Verhältnis Pachtgewässergröße/Mitgliederstand muß ausgewogen sein.

Selbstbeschränkung

Angler sollten zusammen mit den Jägern, Ornithologen und anderen Naturschützern gewisse Selbstbeschränkungen anstreben, die dann auch gemeinsam gegenüber konkurrierenden Interessen – z. B. Wassersport – praxisnah durchgesetzt werden können. Eine Beschränkung der Zahl der Standplätze, zeitliche oder räumliche Aussparungen, Verzicht auf Stege in bestimmten Zonen sollten künftig im Interesse des Naturschutzes, im Interesse der Allgemeinheit und im eigenen Interesse keine Ausnahme mehr sein. Bei mehreren nah beieinanderliegenden kleineren Gewässern lassen sich mit den anderen Interessenten sinnvolle Regelungen treffen, die mal das eine, mal das andere Gewässer freigeben. Bei der Bewirtschaftung von Fließgewässern empfiehlt sich neben der Zusammenarbeit mit fachfremden Verbänden (einschließlich der Wasserunterhaltungsverbände) auch die Koordination mit Anglern anderer Gewässerabschnitte. In vielen Gebieten wurden früher in alle Gewässerabschnitte der verschiedenen Angelvereine zentnerweise fast fangreife Forellen ausgesetzt, meist nur wenige Kilometer voneinander entfernt. Dadurch kann der Bestand an Kleinfischen und Wasserinsekten dramatisch abnehmen. Ein natürliches Gleichgewicht zwischen Räuber (Forelle) und Beute (Kleinfisch) kann sich nicht einstellen, da aus Nahrungsmangel abwandernde Forellen immer wieder durch Neueinsetzungen ergänzt werden. Dieses Ungleichgewicht entzieht u. a. dem Eisvogel, der auf Kleinfische und Wasserinsekten angewiesen ist, die Nahrungsgrundlage. Er kann also selbst bei Brutmöglichkeiten diese Bachabschnitte nicht besiedeln und sie auch nicht als Überwinterungsrevier nutzen.

Heute zeigt der erfreuliche Trend in die Richtung, daß sich Vereine bzw. Pächter von Fließgewässern zu Besatzgemeinschaften zusammenschließen, um derartigen Problemen zu begegnen.

Kleinfische

Es ist nicht mehr entschuldbar, daß fast alle Kleinfischarten (Bachneunauge, Koppe/Groppe, Elritze, Schmerle, Steinbeißer, Schlammpeitzger, Gründling, Dreistachliger und Neunstachliger Stichling, Bitterling, Moderlieschen u.a.) mehr oder weniger hochgradig vom Aussterben bedroht sind. Ihre Nachzucht gelingt doch problemlos und viele Gewässer könnten bei angemessener fischereilicher Nutzung diesen Arten Lebensraum und damit vielen spezialisierten Tierarten (z. B. Vögeln) Nahrung bieten. Im Rahmen des Fischartenschutzes müssen künftig vor allem auch die Kleinfischarten in den Gewässern erhalten und gefördert werden. Gerade auch bei diesen Arten ist Biotopschutz der wirkungsvollste Fischartenschutz (Gaumert, 1986). Dem Überleben dieser Arten in noch/wieder biologisch geeigneten Gewässern könnte sogar eine gewisse Bioindikatorfunktion dafür zukommen, ob die Fischereiausübenden ihrer gesetzlich vorgeschriebenen Hege im Rahmen des Fischartenschutzes genügen oder nicht. Bei eindeutiger Nichterfüllung muß Lizenzentzug auch tatsächlich durchgesetzt werden. Das dient schließlich einer ökologisch qualifizierten Hege und Pflege und damit letzlich dem Image der Angler selbst und schränkt den finanziellen Verdrängungswettbewerb ein. Er hat über kapitalertragsbezogene Besatz- und Unterverpachtungsmaßnahmen die Misere der Süßwasserfischfauna mit verursacht.

Wiederbesatzmaßnahmen kommen nur innerhalb des historischen Verbreitungsgebietes und nur nach Beseitigung der Ursachen des Erlöschens der Population in Frage (Späh, 1986). Dabei ist unbedingt anzustreben, möglichst nur Tiere aus dem gleichen Gewässersystem oder aus identischen Populationen zu verwenden, da noch angepaßte Standortrassen oder Stämme vorhanden sein können. In Oberläufen von Bächen herrschen oft extreme Lebensbedingungen. Deshalb ist eine genetisch selbständige Entwicklung von quellnahen Randpopulationen eher zu erwarten als von Populationen im Unterlauf, wo eine stärkere Vermischung durch bessere Wanderungsmöglichkeiten stattfindet. Es ist folglich zu erwarten, daß Bestände von stationären Fischen im Unterlauf eines Flußsystems genetisch vielfältiger sind, während sie sich in dessen Quellregion zu eigenen Stämmen entwickelt haben (Barandun, 1990).

Die erforderliche Betreuung der Kleinfischarten fördert bei den Fischereiberechtigten ganz automatisch das Streben nach Beseitigung von Ausbreitungsbarrieren (Sohlabstürze, Schwellen, grundbetonierte Abschnitte, Meßwehre u. a.).

Verpachtung von Gewässern in öffentlichem Eigentum

Es ist leider immer noch eine weit verbreitete Unsitte, daß auch Gewässer aus öffentlichem (z. B. Land, Stadt) oder kirchlichem Eigentum nach dem Meistgebotsverfahren verpachtet werden und daß deswegen der Naturschutz auf der Strecke bleibt. Dies ist mit dem Wohl der Allgemeinheit, dem diese Verpächter auch unter den Argusaugen der Rechnungshöfe verpflichtet sind, nicht mehr vereinbar. Die Allgemeinheit darf wenigstens die gleichrangige Behandlung von Naturschutzbelangen erwarten. Das kann sich durch die Beschränkung auf nur einen Abschnitt der Gewässer oder eine vertragliche Fixierung von Naturschutzauflagen (z. B. Zeiten, Angelbereiche, Angelkartenbegrenzung, Besatzregulierung, Kleinfische usw.) zeigen. Auch das Aufstellen von Reusen und Stellnetzen, in denen z. B. Säger, Tauchenten oder Fischotter ertrinken können, sollte in derartigen Gewässern durch Pachtauflagen konsequent unterbunden werden. Vor einer denkbaren Fehlentwicklung muß allerdings gewarnt werden: Es könnte sein, daß sich ein Pachtverein äußerst intensiv um die Renaturierung eines im öffentlichen Eigentum stehenden Pachtgewässers verdient gemacht hat, dann zur „Belohnung" der behördliche Naturschutz auftritt und die Tendenz verfolgt, gerade diesen besonders verdienstvollen Verein zu verdrängen. Das könnte behördenintern sogar relativ leicht gelingen, wäre aber im Interesse der „Maximierung des ökologischen Nettogewinns" äußerst kontraproduktiv, demotivierend auch für andere Vereine und alles andere als die in Kap. 5 dargestellte Gewinner-Gewinner-Strategie.

Naturschutzwart

In jeder Vereinshierarchie hat der gesamte Vorstand eine herausragende und richtungsweisende Bedeutung. Dies impliziert gerade in Vereinen, die Naturgüter nutzen und zugleich schützen wollen, besondere Verantwortungen und Chancen zugleich. Insofern ist allen Angelvereinen heute dringend anzuraten, besonders qualifizierte und menschlich überzeugende (vgl. Kap. 5) Naturschutzwarte im engeren Vorstand einzusetzen. Diesen wichtigen Posten sollte dann nicht nur der praktische Naturschutz (z. B. Organisation von Bepflanzungspraktiken), sondern auch die Förderung ökologischen Wissens (z. B. Durchführung von Schulungen u. a. auch durch Gastreferenten) und die gezielte Zusammenarbeit mit anderen dem Naturschutz verbundenen Vereinen der Region (z. B. BUND, NABU, Jägerschaft) zugeordnet werden.

9 Grüne Wiederbelebung unserer Dörfer und Städte

„Und wenn ich wüßte, daß morgen die Welt unterginge, so würde ich doch heute noch mein Apfelbäumchen pflanzen.“
Martin Luther (1483–1546)

Aus Zeitmangel begnügt sich womöglich mancher engagierte Leser mit der Lektüre nur der ihn praktisch interessierenden Kapitel. Das wäre schade, weil es zur Unterschätzung der eigenen Einflußchancen führen kann. Für das Erkennen der eigenen Möglichkeiten und das Einordnen der persönlichen Argumente empfehle ich sehr, zunächst Kapitel 1 bis 4 zu verarbeiten. Manche Vorurteile gegenüber dem Umwelt- und Naturschutz entpuppen sich dann schnell als unverantwortliche Egoismen. Auch Kapitel 5 hat Wertvolles zu bieten, denn die persönliche Wirkung hängt nicht bloß vom fachlichen Wissen ab, sondern genausosehr von der Fähigkeit, Mitmenschen – Freunde wie Gegner – für die eigene Sache zu motivieren.

Es gibt keine Alternative

Die Beachtung evolutionär vorgegebener und genetisch fixierter menschlicher Lebensraumansprüche ist stadtplanerisch von sehr großer Bedeutung (vgl. Kap.4). Da die gebaute Umwelt auf Psyche und Verhalten des Menschen wirkt, dürfen wir nicht nach bloß vordergründig kostengünstigsten oder nach spektakulären Lösungen suchen, sondern nach den humanökologisch sinnvollsten, die unseren Psychotopansprüchen am ehesten gerecht werden. Die meisten Planer unserer bebauten Umwelt aber berücksichtigen weder die Streßwirkung der Isolation noch die Streßwirkung bei zu großer Dichte oder mangelnder Diversität und Kleinräumigkeit. Dabei wissen wir längst, daß wir solche Planungen eben nicht nur Architekten oder Städtebauern oder Verkehrsexperten überlassen dürften, sondern immer auch Biologen und Ökologen hinzuziehen müßten (Vester, 1988).

In Deutschland leben über 50 % der Menschen in den großen Verdichtungsräumen (7 % der Landesfläche) und über 80 % in Orten mit mehr als 20 000 Einwohnern. Die Erfahrungswelt der Jugend ist also im wesentlichen die Stadt. Im Vorschulalter ist die Welt der Kinder an der Straßenblockecke zu Ende, und noch im frühen Schulalter weitet sie sich nur um ein paar Straßen. Hier wird die Persönlichkeit entwickelt, hier wird entschieden, ob sich technokratisch orientierte gefühlsarme oder emotional wache Menschen mit Sinn für das Lebendige formen. Es ist eindeutig bewiesen, daß die Menschen in naturfernen Stadtverhältnissen mit hoher Bevölkerungsdichte und ständiger Reizüberflutung stärker als in ländlichen Gebieten unter psychischen und sozialen Störungen leiden wie Konzentrationsschwäche, Aggressionen und Depressionen, die in Sucht, Kriminalität und andere asoziale Verhaltensweisen münden können. Andererseits belegen die Erkenntnisse aus der Entwicklungspsychologie, daß gerade naturnahe Freiräume von entscheidender Bedeutung für die Frühsozialisation von Kindern und die Entwicklung von Phantasie, Kreativität, Konfliktfähigkeit und Konfliktlösungsbereitschaft sind. „Wo für einen Baum kein Platz ist, da ist auch keiner für Kinder und alte Menschen“, sagt der Volksmund (vgl. Kap. 4).

Das ist lange, vor allem zugunsten des Straßenverkehrs vernachlässigt worden. Die funktionale und räumliche Trennung von Wohn-, Arbeits-, Bildungs-, Kultur-, Erholungs-, Einkaufs- und Industriebereichen ermöglichte es, Versorgungs- und Entsorgungsstruktur den jeweiligen Anforderungen rationell anzupassen und führte betriebswirtschaftlich bedingt zur Entwicklung von Zentren mit Monofunktionen: Wohn-, Einkaufs-, Bildungs-, Kultur-, Verwaltungszentren usw. Mit der Größe der Zentren wächst auch ihr Einzugsbereich, so daß von mehr Leuten größere Entfernungen zurückgelegt werden müssen, der Verkehr also stark anschwillt. Die Isolierung in den Wohnzentren und das ständige Pendeln zwischen den funktional getrennten Zentren erlauben nur flüchtige soziale Kontakte. Die Mitmenschlichkeit kommt buchstäblich unter die Räder.

Dabei gehören die Freude an der landschaftlichen und biologischen Vielfalt, das Erlebnis der Natur und die damit verbundene Entspannung, Ruhe und Besinnung zu den Wurzeln menschlichen Wohlbefindens (vgl. Kap. 4). Psychologen, Psychiater und Soziologen betonen, daß das Naturerlebnis beim streßgeplagten Stadtbewohner eine seelische Ausgleichsfunktion erfüllt. Biologische Belebung steigert daher auch innerstädtisch die Erholungseignung. Dorf und Stadt sind physischer, biologischer und geistiger Lebensraum, sind Heimat. Wer in Dorf oder Stadt Ganzheit gestalten will, muß daher die Einzelteile und deren Wesen erkennen und die Geschichte, die natur- und kulturräumliche Vielfalt und deren physische, biologische und kulturelle Komponenten beachten. So gesehen, muß auch das Bauen, Gestalten und biologische Beleben bei Dorferneuerung grundsätzlich anders als bei Stadterneuerung aussehen. In ländlichen Siedlungen die typische Dorfökologie zweifelhaften Stadtvorbildern zu opfern, bedeutet Vernichtung von Heimat.

Wenn sich unser Lebensraum immer einförmiger, steriler, gerader, lebloser, lauter und dadurch in jedem Fall biologisch artenärmer entwickelt, ist Antriebslosigkeit und Bewegungsfeindlichkeit der Bewohner programmiert. Wo biologische Vielfalt fehlt, wird das Geschenk der Freizeit mehr durch Bewegungsarmut mißbraucht als dort, wo abwechslungs- und artenreiche Natur zu Spaziergängen und sonstigen entspannenden Tätigkeiten anregt, die Erholung, Vorbeugung und Heilung von Krankheiten des Kreislauf- und Nervensystems fördern.

Mit jeder zusätzlichen natürlichen Pflanzenart, die wir in unseren Dörfern und Städten wieder heimisch werden lassen, geben wir 5 bis 25 Tierarten eine Lebensgrundlage; die biologische Belebung potenziert sich also schnell. In der Innenstadt von Berlin mit nur einzelnen Straßenbäumen leben z.B. nur noch 7 Säuger: drei Feldmausarten, die Wanderratte, die Hausratte, die Hausmaus und der Steinmarder. Von den über 100 Vogelarten Berlins sind in der Innenstadt nur noch wenige zu finden: Haussperling, Mauersegler, Haustaube, Dohle, Amsel, Hausrotschwanz, Turmfalke, Grünfink. Sie sind fast alle Gebäudebrüter. Nimmt man die Wohnanlagen mit etwas Grünflächen hinzu, so steigt die Artenzahl sofort um weitere vier Säugetierarten und auf doppelt so viele Vogelarten.

Die humane Stadt ist grün! Und „grün" meint nicht kunststoffähnliches Einheitsgrün, sondern „Vielfaltsgrün" von möglichst vielen standortheimischen Kräutern, Sträuchern und Bäumen. Nicht exotische Exzentrik, sondern heimische Normalität bringt Leben in unsere Grünflächen. Die Natur ist viel reicher, wenn wir Kosten sparen, sie in Ruhe lassen und unser hektisches und neurotisches Getue, z. B. in den innerstädtischen Grünflächen, durch Gelassenheit und Freude über ihre Reaktion ersetzen. Blattläuse, Schnecken und „Unkraut" – oft die letzte einheimische Natur in Parks und Gärten – haben wir mit viel Mühe, Geld und Chemie ausgerottet und dabei kaum bemerkt, daß es auch um die Schmetterlinge geschehen ist und daß die Vögel verstummt sind. Wir haben ihnen mit fremdländischen Zuchtpflanzen die natürliche Nahrung entzogen oder ihnen mit Gift den Garaus gemacht. Die Vielfalt ist unserer Sauberkeitsneurose zum Opfer gefallen (Horst Stern), sterile Bodendeckerpflanzungen (z. B. Cotoneaster) haben die Städte erobert.

Der wohnungsbezogene oder wohnungsnahe grüne Freiraum sollte sich in erster Linie durch Ruhe und saubere Luft auszeichnen und Impulse für menschlichen Kontakt geben. Er darf deshalb nicht auf ein Minimum reduziert und vom Auto besetzt werden. Wo sollen die Menschen Kontakt finden? Sicher nicht in der Anonymität der Wohnsilos, viel eher durch das Gespräch auf der Bank oder das gemeinsame Spiel vor der Haustür. Diese Dinge sind entscheidend für die Lebensqualität, man hat sie bei der früher propagierten „verkehrsgerechten" Stadt vergessen und ihre Bedeutung unterschätzt. Die ökologische Sanierung unserer Wohn- und Arbeitsumwelt ist die eigentliche Herausforderung in unseren Dörfern und Städten, an der sich Planungs- und Entscheidungsträger der Gemeinden ebenso wie wir alle messen müssen.

9.1 Stadtklima durch Bäume und Grünflächen verbessern

„Die Seele wird vom Pflastertreten krumm;
mit Bäumen kann man reden wie mit Brüdern
und tauscht bei ihnen seine Seele um."
Erich Kästner (1899–1974)

Zwischen Stadtklima und menschlichem Wohlbefinden gibt es eine Reihe von Zusammenhängen, die durch höheren Grünflächenanteil sehr positiv beeinflußt werden können. Was das bedeutet, soll ein tabellarischer Vergleich durchschnittlicher Klimadaten von Städten mit denen ihrer ländlichen Umgebung zeigen:

Allgemein herrscht in der Stadt ein reizarmes Schonklima, das den Menschen verweichlicht, Erkältungskrankheiten begünstigt und die Widerstandskraft der Stadtbewohner schwächt. Es fehlt eben die Stimulation der Landluft wie Frische, Luftbewegung, Kurzwelligkeit des Lichtes usw.

Der Mensch fühlt sich nur in einem bestimmten Temperatur-Feuchte-Milieu behaglich. Liegt die Wärmeabstrahlung des Körpers unter der zugeführten Wärmemenge und das bei hoher Luftfeuchtigkeit, treten vermehrt Hitzschläge und andere Gesundheitsschäden auf. Wird zur Lufttemperatur (in °C) der doppelte Wert des Dampfdrucks (in mm Quecksilbersäule) addiert, ergibt sich die sog. Äquivalenttemperatur. Sie wird heute allgemein zur Kennzeichnung von Schwüle und Hitzestreß verwendet. Werte über 49 °C Äquivalenttemperatur gelten als gefährlich. Die Tabelle 21 zeigt, daß innerhalb einer Auswahl deutscher Städte die Anzahl der Schwületage stark variiert. Das beruht zum einen auf der Häufigkeit von

Tabelle 18: Klimaelementwerte im Vergleich von Städten und ländlicher Umgebung

Klimaelemente	Veränderungen des Stadtklimas gegenüber dem Klima der ländlichen Umgebung (= 100 %)	Bemerkungen
Strahlung		
Gesamtstrahlung auf horizontaler Oberfläche	80 %	Folgen der Luftverschmutzung an Smogtagen: Bis zu 50–60 % niedrigere Einstrahlungswerte. Geringerer UV-Anteil führt zu: stärkerer bakterieller Belastung; Häufung von Bindehautentzündungen; verminderter Anregung der Stoffwechselvorgänge; verzögerter Knochenreife und Begünstigung der Rachitis bei Kindern (Verminderung der Vitaminbildung im Körper). Geringe Sonnendauer beeinträchtigt die Leistungsfähigkeit des Menschen und der Pflanzen, führt zu Depressionen.
Ultraviolett im Winter	60 %	
Ultraviolett im Sommer	90 %	
Beleuchtung		
sichtbares Licht im Winter	85 %	
sichtbares Licht im Sommer	95 %	
Bewölkung		
Wolken	110 %	Größere Partikelkonzentrationen bedeuten höhere Zahlen an Kondensationskernen mit der Folge der Zunahme von Bewölkung und Nebel.
Nebel im Winter	200 %	
Nebel im Sommer	130 %	
Gewitterhäufigkeit	13–63 mehr Gewittertage im Jahr	
Niederschlag		
Gesamtbetrag	110 %	In Abhängigkeit von Energieumsatz, Reflexions- und Wärmespeicherfähigkeit der Hauswände, Relief und Bodenversiegelung und besonders vom Anteil der Grünflächen stellen die Städte Wärmeinseln dar. Steigerungsrate im Stadtzentrum Wien gegenüber der Umgebung von 0,5 °C (1954) auf 1,6 °C (1976).
Tage mit mindestens 5 mm Niederschlag	110 %	
Gewitterhäufigkeit	115 %	
Tau-Niederschlag	35 %	
Temperatur		
Jahresmittel	1–2 °C höher	
Winterminima	1–3 °C höher	
maximale Temperaturunterschiede	3–12 °C	
Verdunstung		
Gesamtbetrag	40–70 %	Fehlende Vegetationsdecke und rascher Abfluß der Niederschläge. Dagegen können z. B. je m^2 Boden unter Wald 50–200 l Wasser gespeichert und dann langsam verdunstet werden.
Relative Feuchtigkeit		
Jahresmittel	94 %	
Wintermittel	98 %	
Sommermittel	92 %	
Windgeschwindigkeit		
Jahresmittel	75 %	
Spitzenböen	85 %	
Windstillen	113 %	
Inversionen	160 %	Abhängig vom Grünflächenanteil.
Schadstoffbelastung		
Staubpartikel (z. B. Ruß, Benzpyren, Aerosole)	1000 %	Hauptursache: Verbrennung von primären Energieträgern (fossile Brennstoffe). Der Staubgehalt der Luft beeinflußt die jährliche Gesamtsterblichkeit sehr deutlich, vor allem bei den 50- bis 69jährigen.
Schwefeldioxid	500–1000 %	
Kohlenmonoxid	2500 %	
Kohlendioxid	1000 %	

Quelle: nach Angaben bei Landsberg & Fortak, aus Grohe, 1982 (verändert)

Hitzewetterlagen (Oberrheinebene) und zum anderen ganz wesentlich auf den innerstädtischen Windverhältnissen und dem Anteil von Grünflächen am gesamten Baukörper (nach Grohe, 1982).

Erhöhte Wärme- und Schwülebelastung mit

Tabelle 19: Durchschnittliche Häufigkeit der Tage mit Schwülebelastung (>40 °C Äquivalenttemperatur)

Ort	Anzahl der Tage mit mehr als 49 °C Äquivalenttemperatur
Lübeck	14,7
Berlin	18,1
München	19,5
Stuttgart	22,2
Bonn	24,4
Frankfurt	27,8
Mannheim	29,0
Karlsruhe	33,7

Quelle: Deutscher Wetterdienst 1950–1969 (aus Grohe, 1982)

Wärmestaus und Hitzeschäden führen zu Herz- und Kreislauferkrankungen, häufigeren Verkehrsunfällen, Migräne und Kopfschmerzen, Schlafstörungen, Leistungs- und Konzentrationsschwächen. Zwar stellen die Menschen individuell unterschiedliche Ansprüche an den Temperaturhaushalt, das Mikroklima der Umgebung, dennoch lassen sich gewisse Abhängigkeiten zum Wohlbefinden graphisch darstellen (Abb. 64).

Die städtische Oberflächenstruktur verändert mit Zunahme der überbauten und versiegelten Flächen dieses Klima. Während Pflanzen selbst bei stärkster Sonneneinstrahlung im Sommer durch Transpiration Blattemperaturen von maximal 25 °C halten können, erwärmen sich dunkle Bauten, Dächer und asphaltierte Straßen auf über

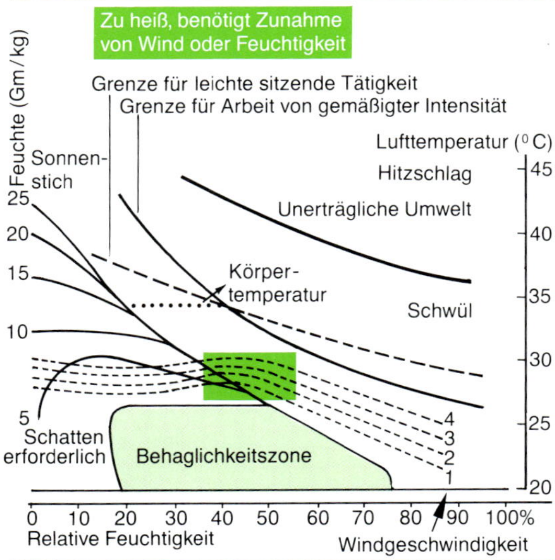

Abb. 64. Auswirkungen von Temperatur, Wind und Feuchtigkeit auf den Menschen (Grohe, 1982, verändert).

60 °C. Die Lufttemperaturen über solchen Oberflächen steigen überproportional an. Unsere Städte haben vom Typus her oft ein Steppenklima, da mit so zunehmender Lufttemperatur beim Fehlen von transpirierender Vegetation die relative Luftfeuchtigkeit sinkt. Hinzu kommt die städtische Schadstoffbelastung: Wie dem „Luftreinhalteplan Rhein-Main" zu entnehmen ist, steigen die Werte für Kohlenmonoxid, Schwefeldioxid, organische Gase und Dämpfe, Stäube im unmittelbaren Bereich des Kfz-Verkehrs drastisch an. Häufigste durch Luftverunreinigungen hervorgerufenen Erkrankungen sind (vgl. Kap. 2.1):

- Reizungen der Augen sowie der Luftwege durch Schwefeldioxide und Stickoxide, triefende Augen und Nasen, Hals- und Kopfschmerzen,
- Erkältungskrankheiten,
- Entzündliche Veränderungen der Lungen, verursacht ebenfalls durch Schwefeloxide in Verbindung mit Staubpartikeln,
- Allergien,
- Zellschädigungen durch Metalle und Ruß,
- Störung des Sauerstoffaustausches des Blutes durch Kohlenmonoxid (chronische CO-Vergiftung),
- Tumore infolge der Einwirkung einiger Kohlenwasserstoffe, z. B. Bronchialcarcinome, verursacht durch polyzyklische Aromate,
- psychosomatische Schäden in Form allgemeiner Leistungs- und Konzentrationsschwächen sowie Schlafstörungen,
- Herz-Kreislauf-Schäden mit erhöhter Sterblichkeit, vor allem bei akuten Smogwetterlagen,

(aus: „Städtebauliche Klimafibel" Innenministerium Baden-Württemberg).

Man hat Gründe zur Annahme, daß bei Verringerung der Luftvermutzung um 50 % die Sterblichkeit durch Lungenkrebs um 25 % und durch Herz- und Kreislaufkrankheiten um jeweils 20 % vermindert werden könnte (Schulz, 1982). Besonders brisant wird die Lage für die städtische Bevölkerung aufgrund des ungesünderen Klimas in Verbindung mit der Luftverschmutzung, wenn die Schadstoffimmissionen bei länger anhaltenden Inversionswetterlagen zu hohen Konzentrationen führen (vgl. Abb. 65).

Neben diesen krassen Auswirkungen bestimmter Wetterlagen muß vor allem auch die höhere Zahl der Erkrankungen von Säuglingen und Kindern zu denken geben. So wurden – neben Verzögerung der Knochenreife bei Schulkindern, niedrigerem Hämoglobingehalt des Blutes und weiteren krankhaften Erscheinungen – bei Säuglingen im Ruhrgebiet festgestellt:

	Stadtkinder	Landkinder
Rachitisschäden	15,10 %	7,60 %
Bronchitis	3,53 %	2,49 %
Augenschäden	6,60 %	1,70 %

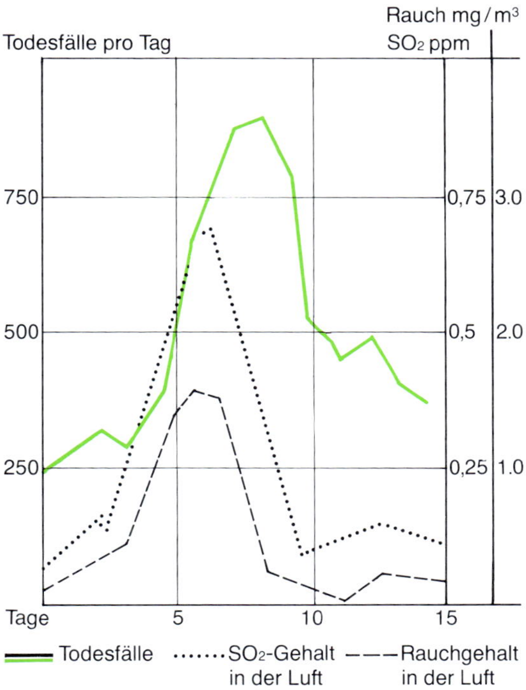

Abb. 65. Todesfälle pro Tag in Abhängigkeit von der Luftverschmutzung (aus Grandjean/Gilgen, 1973, in Städtebauliche Klimafibel, Innenministerium Baden-Württemberg).

derum hängen die Luftreinigungsleistungen der Vegetation ab, und daher müssen die thermischen Einflüsse bekannt sein (Abb. 66).

Zwischen Asphaltflächen oder Teerpappendächern einerseits und Rasenflächen andererseits können Temperaturunterschiede von über 20 °C entstehen. Grünflächen dämpfen die Aufheizung.

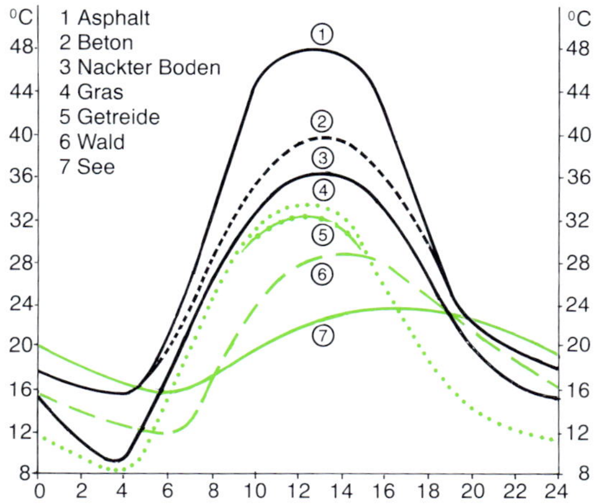

Abb. 66. Temperaturentwicklung bei unterschiedlicher Bodenbedeckung (nach Fezer, 1975, aus Städtebauliche Klimafibel, Innenministerium Baden-Württemberg).

Außer durch Ausschaltung der Ursachen können in diesem Zusammenhang wesentliche Verbesserungen durch Grünanlagen in den Städten erreicht werden. Grünflächen wirken hier außerordentlich klimaregulierend. Infolge der geringeren Rückstrahlung von 5 bis 20 % (Hauswand 30 bis 80 %, Straßen 20 bis 40 %) entnimmt die Biomasse der Einstrahlung einen höheren Energiebetrag als die Baumassen, indem sie die Energie für die Photosynthese und zur Verdunstung von Wasser nutzt. Dabei entsteht Verdunstungskälte, die sich temperaturmindernd auf das Mikroklima der Umgebung auswirkt. Aufgabe eines klimagerechten Städtebaus sollte es daher künftig sein, aus den vorgegebenen Eigenarten des Reliefs, der Bodenart und der Hydrologie des jeweiligen Standortes ein Maximum an Verstärkung günstiger und an Abschwächung ungünstiger Klimabedingungen herauszuholen.

Temperatureinflüsse durch verschiedene Vegetationsformen

Die Aufheizung unserer Städte bestimmt andere Klimadaten wesentlich mit, und lokal unterschiedliche Erwärmungen ergeben kleinörtlich sehr differenzierte Luftströmungen. Davon wiederum hängen die Luftreinigungsleistungen der Vegetation ab, und daher müssen die thermischen Einflüsse bekannt sein (Abb. 66).

Demzufolge sollten z. B. Parkplätze nicht mehr als Asphaltflächen, sondern, wo irgend möglich, als Pflasterrasen hergestellt oder als unterirdische Stellplätze unter begrünten Flächen angeordnet werden. Aber auch kleinräumig bei Pflasterung und Gehwegplatten ist es mikroklimatisch von Bedeutung, die temperaturmildernde Wirkung der unscheinbaren Ritzenvegetation zwischen den Fugen als luftstromfördernd zu erkennen, wie Messungen von Hard, 1982, an einem heißen, schwachwindigen Sommertag im Stadtgebiet von Osnabrück belegen:
- Fahrbahn aus Granitpflaster: Kopf der Pflastersteine 38 °C,
- etwas vertiefte Fuge, völlig vegetationslos 43 °C,
- vertiefte Fuge, z. B. mit Mastkraut oder Wegerich 32 °C,
- Gehweg aus eng verlegten Betonplatten (Oberfläche) 40 °C,
- breitere Fugen mit niedrigem Bestand von natürlich aufkommenden Gräsern und Kräutern 30 bis 36 °C,
- breitere Fugen mit natürlich aufkommenden Kräutern, die sich einige dm weit über die Betonplatte legen 25 °C.

Messungen haben ergeben, daß vor allem Wälder und Wiesen für die Entstehung von Kaltluft

Abb. 67. Beispiel einer ökologisch sinnvollen Alternative zur dichten Asphalt- oder Betonversiegelung von Plätzen, Wegen und Einfahrten: Ausreichende Befestigung nur der Belastungsbereiche; die Ritzen- und Randvegetation mindert deutlich die hohe Aufheizung, bindet Staub, ermöglicht Regenversickerung, fördert das örtliche Kleinklima in gesunder Weise und ist dazu auch noch ästhetisch schön (Foto: Czypionka).

bedeutsam sind. Soweit zur Stadt hin geneigte Hänge bereits bewaldet oder für eine Bewaldung vorgesehen sind, ist deshalb zwischen Waldrand und Bebauung eine ausreichend große Fläche erwünscht, die einen guten Abfluß der bei Tag besonders wertvollen Kaltluft aus dem Stammraum des Waldes ermöglicht. Grünes Freiland (Wiesen, Felder, Brach- und Gartenland) wird bei Tag recht warm, kühlt aber bei Nacht stark ab. Der Stammraum des Waldes ist dagegen bei Nacht wärmer als die bodennahe Luftschicht im Freiland, bei Tag aber kühler als diese. Freiland ist daher bei Nacht, Wald bei Tag als Kaltluftlieferant anzusehen.

Anreicherung der Luftfeuchtigkeit durch Bäume

Unsere Innenstädte sind gerade während der Sommermonate zu trocken („Betonwüsten-Milieu"). Die Differenz der relativen Feuchte kann gegenüber dem Umland mehr als 10 % betragen. Hier und da hilft man sich mit teuren Springbrunnen und Beregnungsanlagen. Viel natürlicher und billiger erzielen Bäume denselben Effekt. Eine 85jährige, rund 43 m hohe Douglasie muß für einen Jahreszuwachs von ca. 0,3 m^3 Holz während einer Vegetationsperiode – also etwa von Mai bis August – rund 90 000 Liter Wasser aufnehmen und davon mehr als 99 % durch Transpiration an die Luft abgeben. Beim Transpirationsvorgang entsteht im Baumbereich Verdunstungskälte. 1 ha Buchenwald gibt an einem einzigen Tag bis zu 40 000 l, das sind 40 t = m^3 Wasser, an die Luft ab. Messungen in Grünflächen ergaben einen Wiederanstieg der relativen Luftfeuchtigkeit gegenüber dem Siedlungsbereich um 5 bis 6 %, also eine Annäherung an die Werte auf dem freien Land. Dies ist ein nicht zu unterschätzender Vorteil, da die extrem niedrigen Luftfeuchtigkeitswerte der Stadt Krankheiten des Nasen- und Rachenraumes begünstigen. Außerdem kann 1 ha Buchenwald jährlich über 50 t Staub binden (Kirschbaum, 1992).

Luftaustausch und Luftreinigung durch Bäume

Nach jüngsten Prognosen dürfte der Autoboom in der Bundesrepublik erst um die Jahrtausendwende abebben. Will man in den Städten dieser Entwicklung nicht noch weitere Lebensqualität opfern, werden schnellstmöglich weitreichende Konsequenzen zu ziehen sein. Baumförderung in den Städten zur Verbesserung des Stadtklimas sowie zur Luftreinigung sollte dabei ganz obenan stehen. Bäume regen in ihrer näheren Umgebung die Luftzirkulation (wärmere Luft steigt, kühlere Luft fällt) an und damit den Luftaustausch. Dadurch können ständig neue belastete Luftmassen an der riesigen Blattoberfläche vorbeistreichen, die wie ein Filter wirkt (Abb. 68).

Bei Parkbäumen, Straßenbegleitgrün u. a. wird die mit feinen Stäuben und Kernen angereicherte Luft weitgehend am Blatt- und Astwerk sedimentiert und dann durch Regen in den Boden gespült. Selbst unbelaubte Pflanzungen besitzen noch einen Filterwert von 60 % des Sommers. Staubmessungen in Frankfurt haben ergeben, daß eine baumfreie Straße gegenüber einer baumbestandenen Straße im Mittel 3- bis 4mal so stark belastet ist. Ein innerstädtischer Park hat 5mal weniger Staubteilchen in der Luft als das Stadtzentrum, und Waldluft gar hat 200- bis 1000mal weniger Staub und Ruß (Kondensationskerne). Entscheidend für diese Wirkung der Bäume ist ihre staubabfangende riesige Oberfläche. Während die Gesamtoberfläche aller Pflanzen, die auf 1 m^2 Acker wachsen, 5 m^2 und auf 1 m^2 Rasen schon 10 m^2 beträgt, entwickelt schon ein einzelner Strauch auf der gleichen Fläche eine Gesamtoberfläche von 100 m^2. Ein freistehender Baum besitzt über diesem Bodenareal eine Gesamtoberfläche von 1000 m^2. Deshalb kann zum Beispiel eine nur 30jährige Roßkastanie mit ihrem Laub jährlich bereits 120 kg trockenen Staub und 80 kg mit Flüssigkeiten vermischte Aerosole binden.

Eine etwa 100 Jahre alte Buche mit 800 000 Blättern verarbeitet in der Stunde 2,35 kg Kohlendioxid, erzeugt rund 1,7 kg Sauerstoff und reinigt 5000 m^3 Luft. (Die Werte gelten brutto, d. h., der

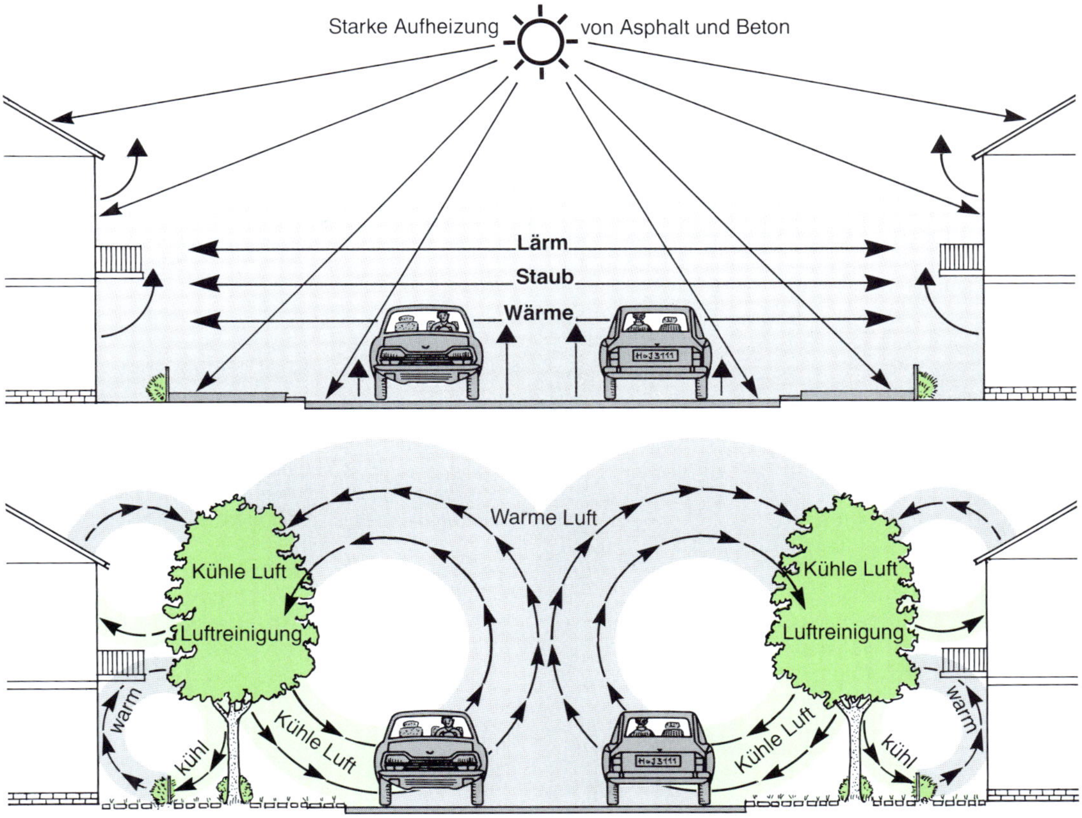

Abb. 68. Straßen mit Bäumen werden wesentlich weniger aufgeheizt. Die kleinörtigen Temperaturunterschiede bewirken zwischen Bäumen und Straße bzw. zwischen Bäumen und Häusern Luftzirkulationen. Dadurch streichen ständig neue Luftmassen durch die Blätter, an denen sich feinste Schmutzteilchen ablagern. Die „Baumwäsche" erfolgt durch Regen. Bäume – möglichst ergänzt durch Sträucher – schützen Fußgänger und Hausbewohner vor Staub, dienen als Lärm- und Schmutzvorhänge für die Wohnungen und fördern ein angenehmes Kleinklima. Bis zu 80 % der Aerosole und Stäube werden „ausgekämmt". Bei einer „autogerechten Straße" kann die Konsequenz dieser Erkenntnis darin bestehen, z. B. die Straße im Querschnitt zu verengen (Einbahnstraße, Anliegerstraße) und Bäume einschließlich Sträucher zu pflanzen.

O_2-Verbrauch beim späteren Abbau der Biomasse und bei der Atmung ist nicht abgerechnet.) Eine 100jährige Buche filtert so im Jahr den Luftinhalt von 800 Einfamilienhäusern. Wird sie gefällt, so müßten 2700 mannshohe Jungbäume gepflanzt werden, um die ökologische Bedeutung der getöteten „Baumpersönlichkeit" zu ersetzen. Diese Jungbäume – Kauf, Pflanzung, dreijähriges Anwachs- und Pflegerisiko eingeschlossen – würden wohl über 1 Mio. DM kosten. Eine 25 m hohe Buche hat eine Gesamtblattfläche von ca. 1600 m² und setzt täglich etwa 7000 l Sauerstoff frei – das entspricht dem Tagesbedarf von 50 Menschen (Kirschbaum, 1992).

Nach H. Landsberg von der Universität Maryland besteht die wichtigste Maßnahme zum Ausgleich des denaturierten Stadtklimas in Erhalt und Anlage möglichst vieler Grünflächen. Eine Stadt ist so reich, wie ihre Bäume zahlreich sind – diese Volksweisheit müßte man angesichts der vielen kranken Bäume heute abwandeln: Eine Stadt ist so reich, wie die gesunden Blätter an ihren Bäumen zahlreich sind.

Neue Bäume in Straßenbereichen und Verkehrsberuhigung

Es ist noch gar nicht lange her, daß man zur vermeintlichen Förderung der Verkehrssicherheit großzügig Straßenbäume gefällt hat. Dabei hat man übersehen, daß durch Straßenbäume der Verlauf einer Straße deutlicher wahrnehmbar wird und sich auch Entfernungen leichter abschätzen lassen. Das Kuratorium für Verkehrssicherheit in

Wien hat mehrere Streckenabschnitte in einer Gesamtlänge von 63 km vor und nach dem Fällen der Straßenbäume untersucht: Vor der Entfernung der Bäume betrug die Zahl der Unfälle 109, nach dem Abholzen stieg sie auf 202. Die Zunahme der Unfälle wird mit dem Wegfall des Baumbestandes als optisches Führungsinstrument begründet (Meyer, 1984). Insofern stehen der Wiedereinbringung von Straßenbäumen Sicherheitsaspekte nicht nur nicht entgegen, sondern sie unterstützen sogar die Forderung danach.

Die verkehrsbedingten Probleme (Luftverunreinigung, Lärmbelastung und Grünflächenarmut) lassen sich nur mit Maßnahmen zur Verkehrsberuhigung und zur Erhöhung des Grünflächenanteils mildern. Fußgängerzonen haben sich bewährt, können aber die Forderung nach flächenhafter Verkehrsberuhigung nur punktuell erfüllen. Der motorisierte Verkehr muß in wesentlichen Teilbereichen der Stadt – insbesondere in den Wohnbereichen – eingeschränkt werden. Dazu können Verkleinerungen der Straßenquerschnitte zugunsten von Grünstreifen (Hecken, Bäume) oder punktuelle Grünflächen empfohlen werden, weil das Grün die positiven Aspekte der Verkehrsberuhigung potenziert. Fahrrad- und Fußwege (möglichst ohne Asphaltversiegelung!) lassen sich dabei integrieren. Die Leitvorstellungen müssen konsequent von den bisher euphorisch vertretenen Thesen der „autogerechten" Stadt schrittweise abrücken und dafür die ökologische Qualität des Wohnfeldes in den Vordergrund stellen. Seit den 60er Jahren gab es wohl kaum eine Straßenbaumaßnahme, die nicht zugleich – so ganz nebenbei – auch eine Verschlechterung für den Fußgänger mit sich gebracht hat:

- Gehwege wurden in immer stärkerem Maße zu Fahrbahnnebenstreifen.
- Gehwege wurden immer häufiger als Parkplätze benutzt.
- Fußgängerüberwege wurden demontiert.
- Das Angebot des öffentlichen Personenverkehrs hat sich verschlechtert. Stadt- und Strukturplanung zwangen die Bundesbürger ins Auto.

Rund ein Drittel des innerstädtischen Autoverkehrs ist Kurzstreckenverkehr (oft weniger als 3 km). Obwohl im Durchschnitt etwa 40 % aller Wege in Städten zu Fuß zurückgelegt werden (größter Anteil überhaupt!), werden bei Verkehrszählungen die Fußgänger fast nie mitgezählt und dementsprechend bei Baumaßnahmen auch nicht gleichberechtigt berücksichtigt: Eine 24stündige Fußgängerzählung ergab, daß im untersuchten Straßenabschnitt doppelt so viele Fußgänger auf dem 2,50 m breiten Gehweg vorbeiliefen, wie Menschen auf der 9 m breiten Fahrbahn im Auto vorüberfuhren (Michelsen, 1984). Es sollten daher immer mehr Straßen für den Durchgangsverkehr unattraktiv gemacht werden durch Sackgassen, Einbahnstraßenringe, Reduktion der Anschlüsse

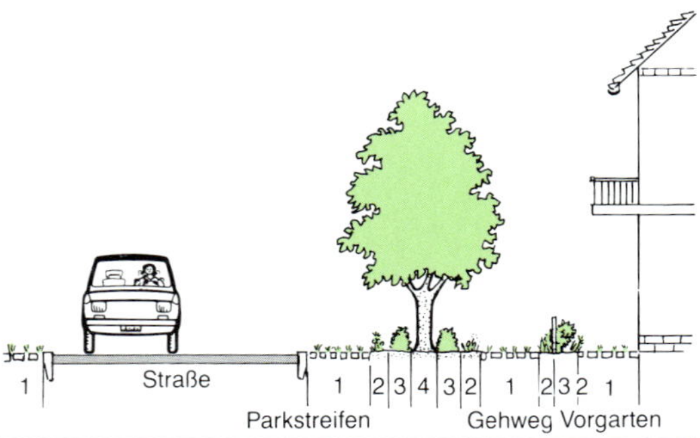

1 Pflasterritzenvegetation (Pflaster, Klinker, Platten)
2 Saumvegetation 3 Hecken, Straucharten, Ranker 4 Bäume

Abb. 69. Schematische Gliederung der Bereiche intensiver und nachlassender Nutzungsintensität mit typischer Vegetationszonierung. Jede Vegetation – von der Pflasterritzenvegetation bis zu den Bäumen – bindet Staub, fördert die Abkühlung und verbessert das örtliche Kleinklima.

an übergeordnete Straßen, Unterbrechung von Straßenverbindungen, Verlangsamung der Fahrgeschwindigkeit durch Profilverengungen, Bodenwellen, Straßenmöblierung u. a.

Eine differenzierte Planung wird dabei nicht nur Anreicherungen mit Bäumen vorsehen, sondern auch die Fußgängerbereiche durch unterschiedliche Pflasterung, Teilentsiegelung und Begrünung mit standortgemäßer Vegetation zur Verbesserung der mikroklimatischen und optischen Bedingungen einbeziehen. Das kann bedeuten, daß der Gehweg in Bereiche geteilt wird: Intensiv begangener Mittelteil mit weniger begangenen und entsprechend weniger ausgebauten – d. h. weniger versiegelten – Randbereichen. Der weit verbreiteten Unsitte, Kübel oder Beetpflanzen anstelle weitgehend pflegeunabhängiger und standortgemäßer Vegetation vorzusehen, sollte man schon aus Kostengründen von vornherein vorbeugen. Von „Unkräutern" kann man hier ja nicht reden, weil es keine Ernte zu schützen gibt. Die sich von selbst einstellende und erhaltende Vegetation, die sich in ihrer Artenzusammensetzung der unterschiedlichen Trittintensität anpaßt, ist hier ökonomisch wie ökologisch vorzuziehen. Wo immer möglich, sollten keine versiegelten Oberflächen (Beton, Bitumen) verwendet werden, sondern Beläge mit hohem Anteil luft- und wasserdurchlässiger Materialien (Böse, 1984) wie z. B.:

- Stellplätze aus Pflaster mit hohem Fugenanteil,
- durchgehende Streifen aus wassergebundener Decke mit Baumpflanzungen,
- Gehwege aus Platten, Klinker, Pflaster und sich begrünenden Fugen,
- unbefestigte Saumstreifen an Fassadenrändern, Hecken und Mauern (häufig wenig betreten und Wuchsraum für eine üppige, bunte Ruderalflora).

Damit verlagert sich die Arbeit des Stadtgärtners von der „Automatik-Pflege" zur sorgfältigen, individuell abgestimmten Standortvorbereitung und Auswahl der Materialien. Die Bevorzugung der sich selbst einstellenden Vegetation erfordert ein Umdenken bei Gärtnern wie bei Auftraggebern und Nutzern, da sie eben nicht mehr „normgerecht" und „schlüsselfertig" geliefert werden kann, sondern sich erst mit der Zeit einstellt. Da das wirklich standortgemäße Saatgut nicht bekannt ist, sollte allenfalls eine lockere Erstaussaat erfolgen, die eine Entwicklung stabiler, artenreicher und den ökologischen Standortverhältnissen entsprechender Pflanzengesellschaften nicht durch zu hohe Erstbesiedelungsdichten erschwert. Insofern sind gegebenenfalls auch übliche Gewährleistungsansprüche „naturgerechter" zu formulieren. An einer Straße ohne Fahrradweg könnte z.B. eine Gliederung, wie sie Abbildung 69 zeigt, vorgesehen werden.

Flankierend sollte immer auch der Individualverkehr vermindert werden, so daß der verkehrsbedingte Flächenverbrauch schrittweise sinkt und der Anteil der Bodenversiegelung zurückgeht. So kann wieder mehr Wasser in den Boden sickern und den Grundwasserspiegel anheben, was sich positiv auf das Stadtklima auswirkt. Vermehrte Sickermöglichkeiten beugen zudem der Hochwassergefahr auf natürliche Weise vor; Regenrückhaltebecken können dann sogar entbehrlich werden. Sollten dennoch Rückhaltebecken gebaut werden müssen, ist unbedingt die Chance zu nutzen, durch flachen Dauerstau (ca. 20 bis 100 cm) kleine Feuchtbiotope anzulegen, die naturnah gestaltet und sich dann selbst überlassen werden. Bei Hochwasser wird dieser Niedrigstau kurzzeitig zwar erheblich überschritten, doch kann sich die Natur darauf einstellen. Bereits gebaute sterile Becken sollte man schnellstmöglich sanieren; sie dokumentieren nur ökologisches Unwissen und könnten doch so entscheidend zur Bereicherung und dringend erwünschten Vernetzung der städtischen Naturräume beitragen.

Abb. 70. Phantasielose, mit Rasenpflastersteinen nur grün kaschierte Regenrückhaltebecken sind häufige Folgen übertriebener und ebenso phantasieloser Flächenversiegelungen, die selbst mittlere Niederschläge manchmal schon zu Vorflutproblemen werden lassen. Wenn schon die schrittweise Entsiegelung der Einzugsgebiete und damit eine Förderung u. a. des städtischen Klimas und Grundwasserkörpers nicht möglich sind, dann sollte wenigstens das Regenrückhaltebecken biologisch aufgewertet werden können: Der Vorfluter kann z. B. naturnah als Fließgewässer (vgl. Kap. 5) oder das Becken als Flachwasserbiotop (vgl. Kap. 6) mit niedrigem Dauerstau gestaltet werden, so daß ein kleiner, durchaus recht artenreicher und gesunder Naherholungsbereich entstehen kann (Foto: Hemker).

9.2 Lärmschutz durch Bäume

„Daß soviel Ungezogenheit gut durch die Welt kommt, daran ist die Wohlerzogenheit schuld."
Marie von Ebner-Eschenbach (1830–1916)

Neben den Luftverunreinigungen stellt heute der Lärm eine der gravierendsten Umweltbelastungen dar (vgl. Kap. 2.5). 60 % der Menschen empfinden Lärm, insbesondere Verkehrslärm, als Qual, die Wohn- und Lebensqualität beträchtlich eingeschränkt. Schlafforscher von der Technischen Universität Berlin vermuten, daß bereits von 40 bis 45 dB (A) an die Traumphase gestört wird. Dies könne auf Dauer zu seelischen und körperlichen Schäden führen. Knapp 30 Mrd. DM betragen nach fundierten Schätzungen die straßenlärmbedingten Wertminderungen von Immobilien jährlich allein in den alten Ländern. Weitere Lärmquellen wie Schienen- und Flugverkehr, Baustellen, Freizeitaktivitäten und Geräusche aus der Nachbarschaft sind in dieser Verlustschätzung nicht einmal enthalten (Wicke, 1986). Die Senkung des Schallpegels gehört zu Hauptaufgaben auch der innerörtlichen Landschaftspflege. Allerdings dürfen die Erwartungen an die Lärmminderung durch Bäume nicht zu hoch geschraubt werden. Pflanzbreiten von 25 bis 30 m wären erforderlich, um die Wirkung eines nur 2 m hohen Lärmschutzwalles zu übernehmen. Dabei ist jedoch zu betonen, daß schon der optische Schutz durch Pflanzen ganz wesentlich das individuelle Lärmempfinden dämpft. Lärmschutzwände an Fernstraßen engen dagegen ein und wirken beklemmend. Wo irgend möglich, sollte daher im Widerstreit zwischen Technik und Natur zugunsten der Natur entschieden und bepflanzten Lärmschutzwällen der Vorzug gegeben werden (Meyer, 1984). Neuere Forschungsergebnisse belegen die schallmindernde Wirkung von Bäumen eindeutig, so daß einige Hinweise gegeben werden können:

- Die Lärmdämmung durch Grüngürtel ist stark frequenzabhängig. Die wesentlich belastenderen und Lärmschwerhörigkeit erzeugenden hohen Frequenzen werden stärker gedämmt als tiefe. Wegen dieses Effektes führt bereits eine einfache Baumreihe entlang einer Straße zu einer deutlichen Lärmminderung. Meister (1969) empfiehlt, quer zur Ausbreitung des Lärms Riegel aus Bäumen und Sträuchern anzubringen, und schreibt jedem einzelnen Pflanzenriegel eine Dämmwirkung von 1 bis 2 dB (A) zu.
- Die stärkste pegelmindernde Wirkung der Nadelbäume liegt im Durchschnitt etwa zwischen 500 und 2000 Hz und die der Laubbäume zwischen 2000 und 8000 Hz.
- Die Schalldruckpegeldifferenz pro 1 m Kronendurchmesser liegt im Durchschnitt zwischen 0,40 und 0,80 dB (A) bei Einzelbäumen. Eine stärkere Baumkrone kann also durchaus mehr als eine Schallhalbierung bewirken. Die Lärmschutzwirkung einzeln stehender Bäume in dicht bebauten Wohnstraßen ist relativ gering. Durch Minderung des zwischen den Häuserfronten auftretenden Flatterechos sind aber auch einzeln stehende Bäume nützlich.
- Schallschutz von Einzelbäumen ist 2- bis 6mal größer als der, der von Waldstreifen ausgeht, die mit derselben Baumart bepflanzt sind. Das geht wahrscheinlich auf die sehr großen Unterschiede in der Belaubung und im Kronenaufbau von freistehenden und im Wald gewachsenen Bäumen zurück.
- Die artenspezifische Lärmminderung ist abhängig von Belaubungsdichte, Blattstellung, Blattgröße und davon, ob es sommer- oder immergrüne Blätter sind. So kann eine Bepflanzung mit dem großblättrigen und dicht belaubten Bergahorn 10 bis 12 dB (A) abschirmen, im Gegensatz zu einer Bepflanzung mit kleinblättrigen Bäumen, die bei gleicher Pflanzbreite nur etwa 2 dB (A) abhalten. Auch Strauchunterwuchs ist von großer Bedeutung (Schandinischky, 1982).
- Nadelbäume mit geschlossenen und dichten Kronen – z. B. Zypressen und Lebensbäume – dämmen den Schall stärker als die übrigen Nadelbäume. Das kann bei der Bepflanzung von Friedhöfen von Bedeutung sein.
- Dichte, vielstrukturierte und mindestens 6 m hohe Hecken haben eine besonders gute Schalldämmwirkung und sind darüber hinaus biologisch sehr reichhaltig.

9.3 Ständige Orientierung an der Natur – möglichst in der ganzen Stadt

„Es ist nicht genug zu wissen, man muß es auch anwenden; es ist nicht genug zu wollen, man muß es auch tun!"
Johann Wolfgang von Goethe (1749–1832)

Bei der Gestaltung von innerstädtischem Grün ist die möglichst weitgehende Orientierung an dem, was die Natur aus einem Standort machen würde, eine geeignete Richtschnur. Sie führt zwangsläufig zur Abkehr von überflüssigen oder gar schädlichen Maßnahmen, zu denen wir in unserer Gestaltungsmanie – Gifteinsatz, Rasenpflege, Laubharken, Aufräumen, Pflanzenwahl u. a. – neigen. Es gibt kaum einen Bereich, in dem uns die Befragung der Natur nicht in irgendeiner Form weiterhelfen würde. Deshalb halte ich hier auch wenig von Normen oder Vorschriften, die eher einer unnatürlichen Monotonisierung oder Typisierung Vorschub leisten. Auch Laienbefragungen erscheinen mir jedenfalls dann problematisch, wenn sie als Planungsgrundlage Verwendung finden sollen. Dafür ist das allgemeine Naturverständnis einfach noch zu wenig entwickelt. Wenn Bürger einen stadtnahen, weitgehend denaturierten und aus standortfremden Bäumen bestehenden Wald besonders lieben, dann liegt das daran, daß sie einen naturnahen kaum kennen und über dessen Vorzüge einfach zu wenig wissen. Dennoch enthalten bei richtiger Interpretation viele Befragungen Hinweise darauf, daß wir in innerstädtischen Grünanlagen oft nicht nur an der Natur, sondern auch am Bürger vorbeihandeln.

In einer Befragung (Nohl, 1975) über Freiraumbesuchsgründe kam heraus, daß die meisten Bürger vom Staub und Lärm der Straße wegkommen, Ruhe von der Hetze des Alltages finden und sich Bewegung verschaffen wollen; nur die wenigsten (0,6 %) wollen den Rasen als Spielplatz nutzen. Darin sehe ich in erster Linie eine Bestätigung dafür, daß der Wunsch nach Nähe zu „echter" Natur ausgeprägt ist. Der Trittrasen wird also gar nicht so sehr benötigt. Dennoch neigen Freiraumplaner dazu, bei der Entwicklung räumlicher Konzepte von Aktivitäten als den grundlegenden Programmelementen auszugehen. Tagtäglich werden neue Aktivitäten erfunden, so daß danach geplante Freiräume bloße Träger von bunten Aktivitäten-Potpourris werden. Darüber hinaus büßen sie auch noch ihre Individualität zugunsten einer gleichförmigen Ausstattung ein. Diese Entwicklung leistet über Ökonomisierung und Normierung der weiteren Verarmung unserer städtischen Umwelt Vorschub (Nohl, 1975).

Freiraumplaner und Stadtgartenämter halten – wie leider häufig zu beobachten – zu sehr an herkömmlichen, monotonen und artenarmen Grünstrukturen fest. Das entspringt allerdings nicht in jedem Fall der bequemen und initiativlosen „Es-war-schon-immer-so-Mentalität", sondern sicher nicht selten auch der Sorge vor Kritik aus der Bevölkerung, dem Rat oder der Stadtverwaltung. Beim allgemeinen dürftigen Kenntnisstand kein Wunder. Dennoch wird der Bürger – besonders nach guter Aufklärung – bei wirklichen Elementen der Natur bereit sein, ein positives ästhetisches Urteil abzugeben. Während der Mensch in der Betrachtung eines Kunstwerkes häufig befangen ist, beeinflussen in der Betrachtung der Natur Ordnung und Proportion das ästhetische Urteil auch des Laien viel weniger. Vielfalt der Arten und Formen der unverfälschten Natur werden in unseren Grünanlagen vom Bürger wesentlich unvoreingenommener akzeptiert, als viele meinen.

Natursensibilisierung im Kindergarten

„Kein Abenteuerspielplatz, keine Spielstraße, keine Wochenend- und Ferienlandschaft kann jene Summe von stimulierender Vielfalt geben, hat jenen Aufforderungscharakter an die erste ästhetische Welteroberung des Kindes wie ein kleines Stück zusammenhängend gewachsener Natur nicht weit vor der Haustür." (G. G. Jedicke) Warum das so ist, wurde in Kapitel 4 dargestellt. Es muß also viel mehr als bisher zu einer Naturschutzstrategie werden, bereits Kleinkindern über Begegnungen mit der Natur eine positive Haltung zu Natur und Umwelt zu vermitteln. Nur so werden wir junge Menschen heranbilden, die Pflanzen und Tiere in unserer heimischen Natur als wertvoll, liebens- und schützenswert erleben. Einen Teil des Außengeländes möglichst aller Kindergärten sollte man daher zu Naturbegegnungsstätten umfunktionieren und Eltern wie Erzieherinnen, Kindergartenträger wie Nachbarn dafür begeistern, zum frühestmöglichen Zeitpunkt die Natursensibilisierung zu fördern. Gerade im Kindergartenalter bilden sich durch Motivations- und Trainingseffekte dauerhafte Verhaltensmuster. Kinder lernen begreifen, daß Pflanzen, Tiere und Menschen miteinander leben und aufeinander angewiesen sind. Behutsame „Entdeckungsreisen" in die Natur vermitteln eine positive Beziehung zu Pflanzen und Tieren. Durch Beobachten, Riechen, Fühlen, Tasten, Lauschen und Erkennen schärft sich das sinnliche Wahrnehmungsvermögen. Die bei der spielerischen Beobachtungs- und Untersuchungsarbeit im Gelände erworbene Sachkompetenz trägt entscheidend zur Verbesserung der Ich- und Sozialkompetenz bei (Stichmann, 1991).

Man braucht eigentlich nicht viel: ein paar Bäume, unter denen das abfallende Laub liegenbleiben kann, ein kleines Stückchen Wiese oder Wildnis ohne ordnungsneurotisches Totpflegegebaren, einige Sträucher oder gar eine kleine Hecke, vielleicht einen Komposthaufen oder auch einen kleinen Tümpel. Diese Requisiten reichen schon, wenn die Erzieher oder Eltern genügend Phantasie und eigenen Forscherdrang haben, einigen kleinen Naturabläufen nachzuspüren. Eigenes positives Tun wird bei Kindern wesentlich mehr bewirken als Appelle, Aufforderungen oder gar Ermahnungen. Erwachsene müssen sich selbst auf das spielerische Erkunden einlassen, alle Experimente mitmachen, den rücksichtsvollen Umgang mit Tieren und Pflanzen selber praktizieren und Vorurteile gegenüber weniger beliebten Tieren (z. B. Spinnen) abbauen. Kinder kennen die falschen Unterteilungen in „gut", „böse", „eklig", „niedlich" noch nicht und sollten sie am besten auch nie kennenlernen (Niemeyer-Lüllwitz, 1991). Ein Stückchen Natur bietet immer und überall etwas zum Entdecken, und ein Kleinkind, das darauf frühzeitig und spielerisch sensibilisiert worden ist, wird diese Neugier der Natur gegenüber beibehalten und Verantwortungsbewußtsein unserem Lebensraum gegenüber entwickeln. Deutsche Nationalparke in touristischen Zielgebieten berücksichtigen derartige Erkenntnisse in ihren Umweltbildungskonzepten für Kinder im prägungsfähigen Vorschulalter.

Auch Spielplätze benötigen Naturelemente

Spielplätze sind nur allzu oft völlig denaturierte „Abstellplätze für Kinder" mit normierten Spielgeräten, die streng an Unfallverhütungsvorschriften ausgerichtet sind. Sie lassen der kindlichen Entwicklung wenig Raum und kümmern sich nicht um den wichtigen Erfahrungsfaktor Natur. Von Maria Montessori stammt die Beobachtung: „Kinder spielen nicht, sie arbeiten." Wenn „Spielen" gleichwertig wie „Lernen" und „Arbeiten" ist, brauchen wir vielfältige Spielbereiche, die gezielt möglichst reichhaltige Naturrequisiten einbeziehen:

1. *Soziologisch-pädagogische Zielsetzung:* Kinder üben das Sozialverhalten (Kontakte mit anderen Kindern, Toleranz, Einordnung, Konfliktfähigkeit), Lernprozesse werden eingeleitet wie Abschätzen von Gefahren und allgemeine Umwelterfahrungen. Rücksicht auf Pflanzen und Tiere wird geschult, Identifikationen zu bleibenden Naturelementen werden geprägt (der Baum steht auch nach 30 Jahren noch dort).
2. *Physisch-psychische Zielsetzung:* Spielerisch-turnerische Bewegungsabläufe wie Laufen, Springen, Klettern, Kriechen bis hin zur Erholung und zur Naturbeobachtung (z. B. Schmetterlinge, Vögel, Frösche).
3. *Formale Ausstattung der Spielplätze:* Platzgröße, Geländeformung, Naturausstattung und schließlich Materialwahl und Art der Spielgeräte. Der ganze Spielplatz muß „Spielgerät" sein. Besonders wichtig sind raumbildende Elemente wie Mauern, Erdwälle, Wasserflächen, Wildflächen und Bäume zum Klettern.

Das läßt sich nur einlösen, wenn man statt der herkömmlichen, abgegrenzten Spielplätze multifunktionale, verkehrsfreie und grünreiche Freiräume schafft, in denen Kinder das tun können, was ihnen Spaß macht, und nicht das, was Erwachsene wollen. Hauptstörfaktor ist auch hier wiederum der Verkehr. Schon deshalb ist zu überlegen, ob der Verkehr immer so wohnungsbezogen sein muß, ob Straße und Parkplatz direkt jedem Wohnhaus zugeordnet sein müssen oder ob statt dessen in Wohnungsnähe nicht besser Grün, Spiel und Erholung stattfinden sollten. Sehr oft sind in Wohnungsnähe die attraktivsten Freiflächen mit Parkplätzen buchstäblich zugepflastert. Ein Pkw braucht allein ca. 25 m^2 an Fläche einschließlich Zufahrt. Kindern wird höchstens ein Zehntel davon, nämlich 2,5 m^2 pro Kind, zugebilligt. Wir brauchen zwar Bereiche, wo Kleinkinder ungestört und sicher spielen können, noch mehr brauchen wir aber Bereiche im Wohnumfeld, in denen ganze Familien in das Spiel einbezogen werden können. Das gelingt nur auf größeren verkehrsfreien Flächen vor der Haustür mit möglichst vielfältigen, naturgemäßen Elementen. Naturnahes Grün, vor allem in der Nähe der Wohnung, ist für die Sozialisation von Kindern äußerst wichtig. Besonders die natürlichen Rhythmen (Wachsen, Blühen, Verwelken, Jahreszeiten) und das Lebendige (Vögel, Kleintiere) sind Stimulation für die Entwicklung von Selbstbewußtsein, Kreativität und Phantasie, von sozialer Kontakt- und Konfliktfähigkeit. Vielfältiges Grün erhöht für alle die Qualität der innerstädtischen Lebensbedingungen (Grohe, 1982).

Schulhöfe

Schule ist nicht nur Unterricht, sondern auch Freizeit vor und nach dem Unterricht. Sie verbringen die Schüler in Freiräumen der Schule, die dem Bildungsauftrag folgend auch nach pädagogischen, ökologisch-ästhetischen Gesichtspunkten gestaltet werden sollten. Keinesfalls dürfen Schulhöfe nur nach Zweckmäßigkeits- und architektonischen Ordnungsprinzipien und schon gar nicht nach Parkraumüberlegungen für den Nachmittagsverkehr angelegt werden. Der Schulhof sollte vor allem soziale Kontakte und Erholung fördern. Dafür sind weder Asphalt- noch Betonflächen mit Blumenkübeln als dekorative Zweckelemente geeignet, sondern nur im Wortsinn natürlich ausgestattete Freiräume: Standortgerechte Bäume und Sträucher, Trittrasenbereiche und Wildwuchszonen und möglichst auch ein naturnaher „Öko-Tümpel". Nicht Reißbrettmonotonie ist gefragt, sondern kreative Selbsthilfe von Schülern und Lehrern, die mit Hilfe einheimischer Baum- und Straucharten naturgemäße Eindrücke und biologische Abläufe erleben wollen. Da exotische Arten in der Regel biologisch unwirksam oder zumindest wirkungsarm sind, ist der Frage der Pflanzenauswahl besondere Sorgfalt zu widmen. Die Entsiegelung von Schulhöfen sollte sofort in Angriff genommen werden; sie ermöglicht Grundwasserneubildung, erhöht die Oberflächenwasserableitung und fördert ein gedeihliches Kleinklima. Die folgende Begrünung und ökologische Entwicklung danach jedoch darf nur schrittweise und ökologisch durchdacht vorgenommen werden. Das alles muß nicht viel kosten, wenn sich biologische Leistungskurse, fachkundige Eltern und Lehrer engagieren und auch selbst mit Hand anlegen.

Naturschutz und Naherholung auf Friedhöfen

Insbesondere für ältere Menschen sind Friedhöfe heute noch Orte der Ruhe und Besinnung und eine Stätte der Begegnung. Warum nicht für alle?

Die städtebaulichen Richtwerte für Friedhofsanlagen betragen rechnerisch 4 bis 5 m^2 pro Einwohner. Daran „knabbert" kein Bodenspekulant, weil die Verpflichtung, unseren Toten eine würdige Ruhestätte zu geben, eine Kulturkonstante ist. Doch unsere Friedhöfe müssen heute auch andere Funktionen wahrnehmen. Sie gehören in das öffentliche Grünsystem, weil sie über einen sehr reichhaltigen Bestand an Bäumen und Sträuchern verfügen und damit oft wesentliche klimatische Ausgleichsfunktionen und Lärmschutzaufgaben erfüllen und zugleich für den innerörtlichen Naturschutz von großer Bedeutung sind. Tatsächlich stellen heute viele ältere Friedhöfe Naturoasen dar, die sich in den naturnahen Zonen und den hohen Schichten alter Bäume durch große Artenvielfalt auszeichnen. Sie resultiert aus dem kleinflächig eng verzahnten Mosaik unterschiedlicher Lebensbereiche, Standorte, Pflanzen, aus der unterschiedlichen Pflegeintensität und schließlich auch aus dem Alter der Anlage. So wurden auf den Friedhöfen der Stadt Köln 459, der Stadt Essen 511 und der Stadt Berlin (West) 690 wildwachsende Farn- und Blütenpflanzenarten gefunden, darunter auch gefährdete Arten der Roten Liste. Reichhaltig entwickelt sich die Vogelwelt. Auf den Berliner Friedhöfen wurden 43, auf dem Essener Südwestfriedhof 38 und auf dem Sennefriedhof in Bielefeld mehr als 40 Brutvogelarten festgestellt (LÖLF-Mittlg., 2/92).

Ältere Menschen wissen die damit verbundene Naturschönheit, den Gesang der Vögel und in den Abendstunden den Ruf des Waldkauzes zu schätzen. Sie finden zudem in der Grabpflege, im Friedhofsbesuch, im Kontakt mit Menschen ähnlichen Schicksals Trost und Abwechslung. Auch Jüngere können in der Konfrontation mit dem Tod neue Erfahrungen und in der Naturumgebung des Friedhofs neue Energien für den Alltag gewinnen. Kleinere zu Fuß erreichbare Friedhofseinheiten verteilt über das Stadtgebiet könnten das fördern. Die Bestattungsbereiche sollte man dabei so konzentrieren, daß durch Verzicht auf übertriebenes, meist standortfremdes Rahmengrün und durch behutsames Zusammenfassen genügend Raum für naturnahe Strukturen – Park, Wald, Stillgewässer – gewonnen wird. Dort ist dann Raum für Spaziergänge, Begegnungen und Gespräche. Der individuelle Ausdruck durch das Grabmal könnte durchaus erhalten bleiben, doch müßten flächenbeanspruchende strauchartige Pflanzungen um jedes Grab – für den Naturschutz sind diese Dekorationen meist wertlos – zugunsten des Flächengewinns (bis zu 30 % sind möglich) für naturnahe Strukturen unterbleiben. Bei den Wegen durch den Friedhof müssen Grünverbindungen zu den angrenzenden Stadtbereichen entwickelt werden. Vorteile einer derartigen Konzeption:

- Eine große Fläche steht einer naturnahen Gestaltung zur Verfügung, die innerhalb einer Stadt Lebensraum für viele Tier- und Pflanzenarten bietet und damit hohen Erholungswert gewinnt.
- Der häufig übertriebene, kurzatmige und anonymisierte Totenkult erhält wie früher einen Platz im Alltag. Der Friedhof wird wohnungsnah wieder auf die Lebenden bezogen.
- Innerhalb der Stadt kommen auch die wichtigen stadtklimatischen Funktionen des grünen Friedhofs für jeden Bürger besser zur Wirkung.

Generell gilt: Überzogene Pflege, Versiegelung durch Pflasterung und Asphaltierung sowie monotone Gestaltung verhindern auch auf Friedhöfen die wünschenswerte Ansiedlung heimischer Tier- und Pflanzenarten. Immer mehr Kommunen und Kirchengemeinden als Träger von Friedhöfen berücksichtigen mittlerweile bei der Pflege und Gestaltung von Friedhofsanlagen die Ziele des Naturschutzes. Jeder kann dazu beitragen, indem er auf Herbizide verzichtet, Rindenhumus statt Torf verwendet, als Bodendecker heimische Arten wie Heide, Immergrün oder Efeu verwendet und bei der Grabbepflanzung heimische Blütenpflanzen bevorzugt, die für die Tierwelt als Nahrungspflanzen attraktiv sind (LÖLF-Mittlg., 2/92).

Naturschutz durch Gartenfreunde

Haus- und Kleingärten (Schrebergartenanlagen, „Laubenkolonien") könnten „grüne Lungen" sein und als „ökologisches Rückgrat" belasteter Siedlungsräume dienen. In Büchern genießen Naturgärten inzwischen auch schon ein hohes Ansehen, aber in Wirklichkeit ist die ökologische Wende in den deutschen Gärten bislang ausgeblieben (Niemeyer-Lüllwitz, 1986). Steril-gepflegte Rasenflächen mit einer Ansammlung exotischer oder standortfremder einheimischer Pflanzen (z. B. Nadelbäume in Krüppelform) spiegeln fehlgeleitetes Ordnungs- und Prestigedenken. Immer noch werden Millionenbeträge für Insekten- und Wildkrautvernichtung ausgegeben. Allein für Rasenchemikalien werden in Deutschlands Privatgärten weit über 100 Mio. DM aufgewandt. Je mehr exotische oder standortfremde Pflanzen wir in unserem Garten haben, desto weniger Tiere werden wir beobachten können. „Warum stellen Menschen freiwillig Gärten her, die sie selbst nicht nutzen können?" fragt Gudrun Baudisch-Theodor (1986) nach einer Beschreibung dieser trostlosen Situation. „Optisch sind sie zu mager, für den Aufenthalt zu ungemütlich, für Kinder und Jugendliche zu langweilig, sauber und kontrollierbar. So zeigen diese Gärten die absurde situative Verzerrung, daß sie als der Wohnung am nächsten gelegene Erholungsflächen versagen, selbstbestimmten vielfältigen Tätigkeiten und Nutzungen keinen Raum geben, keine ökologischen Ausgleichsfunktionen übernehmen und statt dessen zu weiteren repressiven Orten gegen Pflanzen und Menschen werden."

Noch vor 50 Jahren gab es in Kleingärten praktisch keine Rasenflächen, inzwischen sind durchschnittlich 30 bis 50 % aller Gartenflächen mit diesem artenarmen Einheitsteppich zugedeckt. Potentiell artenreiche Ökozellen – in der Gesamtheit umfassen sie in Deutschland eine Fläche von der Größe des Landes Schleswig-Holstein (also wesentlich mehr als unsere Naturschutzgebiete) – werden mit viel Geld, Geduld und Gedankenlosigkeit von einem Millionenheer aktiver Gartenfreunde mit eigentlich guter Absicht zu Prestigematten degradiert. Ein Beispiel von Tausenden mag die negativen Kettenreaktionen derartigen Handelns kennzeichnen:

In unsere Gärten gehören eigentlich Hunderte von Schwebfliegenarten, die den Wespen ähneln, aber völlig harmlos sind. Durch diese Ähnlichkeit, Mimikry genannt, schützen sie sich vor dem Gefressenwerden durch Vögel. Auch viele Menschen fürchten sich deswegen vor ihnen, meiden sie aber nicht, sondern bekämpfen sie mit Chemie. Dabei sind diese Schwebfliegen im Kampf gegen Blattläuse unsere Verbündeten. Die ausgewachsenen Tiere leben von Nektar und Pollen, sind also auf verschiedene Wildpflanzen angewiesen, nur die Larven fressen bis zu 50 Blattläuse pro Tag. Vernichten wir die Wildkräuter, verlieren die Schwebfliegen ihre Lebensgrundlage und wir damit die Larven als natürliche Prädatoren der Blattläuse. Genauso ist es, wenn wir mit Insektengiften gegen Blattläuse vorgehen, weil damit Schwebfliegen oder ihre Larven ebenfalls vernichtet werden (vgl. Kap. 3). Nach den Volterraschen Gesetzen erholen sich danach die Blattläuse schneller, und ihre Schadwirkung ist um so größer. Wenn man dagegen biologisch richtig vorgeht, kann man in die Nähe von blattlausgefährdeten Nutzpflanzen – z.B. zwischen die Bohnen – Ringelblumenarten pflanzen. Deren Blüten locken die Schwebfliegen an. Wenn an den benachbarten Pflanzen Blattläuse auftreten, legen die Schwebfliegen ihre Eier bevorzugt dort ab, damit sich die Larven von den Blattläusen ernähren können.

Ähnlich nützlich und wichtig im ökologischen Gefüge sind übrigens Wespen, die ebenfalls gegenüber vielen Insektenarten antagonistisch wirken. Eine Lehmwespe kann z.B. bis zu 15 Rüsselkäferlarven pro Zelle in ihr Nest tragen. Von diesen Larven leben dann die Larven der Lehmwespe.

Noch sind viele Wildkrautsamen in unseren Böden keimfähig vorhanden. Wenn die Bedingungen stimmen, kommen viele von ihnen ganz von selbst wieder zum Vorschein. Experimente haben ergeben, daß einen Meter tief vergrabene Breitwegerichsamen noch nach 21 Jahren zu 84 % keimfähig waren. Stumpfblättriger Ampfer hatte noch 83 % Keimfähigkeit, und Schwarzer Nachtschatten keimte sogar nach 39 Jahren unter der Erde noch zu 83 %. Sehr viel kann die Natur von selbst regulieren, wenn wir ihr nur etwas Zeit lassen. Während der ersten Wochen nach Anlegen eines kleinen Gartenteiches können im Sommer die Larven der Hausmücken darin überhandnehmen. Das gibt sich, wenn wir nicht gleich wieder Gift einsetzen. Wenn sich im Teich eine vielfältige Tierwelt eingestellt hat, werden nur wenige Mückenlarven überleben und sich zum fertigen Insekt entwickeln können, das uns laue Sommerabende verderben kann. Großlibellen leben z. B. als Larven im Wasser, und die Libellen selbst ernähren sich u.a. von Mücken, die in Schwärmen über dem Wasser schweben.

Alle Hobbygärtner dokumentieren durch ihre zeit- und kostenaufwendige und zudem schweißtreibende Tätigkeit ihre Liebe zur Natur, und es ist nicht verwunderlich, daß der Wunsch nach einem Garten mit der Entwicklung der Industrie und dem Bau trostloser Mietskasernen stark zugenommen hat. Potentiell bieten Gärten ausgezeichnete Möglichkeiten, ein großes Netz von Ökozellen zum Schutz von Pflanzen und Tieren und zur Kleinklimaregulierung der Städte aufzubauen. Es dürfte kaum eine andere Zielgruppe geben, die nach Zahl, Verteilung und privatem Hobbyaufwand in den Stadtbereichen so viel dazu beitragen könnte. Davon sind wir allerdings sehr weit entfernt, weil ein großer Teil der Gartenfreunde in Unkenntnis der biologischen Zusammenhänge und in Unterschätzung von Gefahren (z. B. bei der Giftausbringung) naturwidrigen Modetrends folgt. Der Teufelskreis von Zerstörung und Reparatur durch Chemie wird von gewissenlosen Geschäftemachern bewußt in Gang gehalten.

Wer erkennt, daß ein naturnaher, ökologisch funktionierender und alle menschlichen Sinne ansprechender Garten schon deshalb keine Marktlobby haben kann, weil er kaum Umsatz verspricht, der befindet sich gedanklich schon auf dem richtigen Weg. Er wird sich Individualwünsche erfüllen, die nicht im organisierten Trend liegen. Wenn wir Schmetterlinge, Vögel, Froschkonzert, Grillenzirpen und nicht zuletzt auch giftfreies Gemüse aus eigenem Garten haben wollen – und wer will das nicht ? –, müssen wir die Grundgesetze der Natur (vgl. Kap. 3) beachten lernen und den fehlleitenden Verführungskünsten der Gartenindustrie widerstehen. Dazu gehört auch eine gewisse Toleranz gegenüber unerwünschten Kräutern, die man gedanken- und respektlos als „Unkräuter" bezeichnet.

Die bunten Prospekte der umsatzfreudigen Gartencenter gaukeln oft eine schillernde Scheinwelt vor, der nicht selten auch öffentliche Gartenämter folgen. Nicht in diesen Prospekten steht, daß fremdländische Gewächse hiesige Tierarten verdrängen oder daß intensive Düngungen und vor allem Giftausbringungen unzählige Organismen töten. Wo bleibt nur der Verstand, wenn viele Menschen im Winter die Vögel mit großem Eifer füttern und die gleichen Menschen mit noch größerem Eifer bei den ersten Frühlingsboten damit beginnen, all das zu vernichten, was diese Vögel zum Leben im Sommer benötigen? Nach getaner Arbeit erregen sich dann wieder dieselben Menschen bei der Zeitungslektüre im Sessel darüber, daß im Süden wieder Millionen von Zugvögeln gefangen worden sind. Was Gartenfreunde und Gartenämter anrichten, ist sicherlich besser gemeint, im Ergebnis aber viel schlimmer.

Wandel deutet sich zum Glück mancherorts an. Auch die westdeutschen Friedhofsgärtner haben bei einem Verbandssymposium in Mainz die „ökologische Bedeutung" naturnaher Biotope erkannt: „Totensilo oder humaner Grünraum?" war Thema ihrer Tagung. „Mut zur Wildnis" empfiehlt Bayerns Umwelt-Staatssekretär den Schrebergärtnern, eine kleine Portion „natürlich-kreatives Chaos" mit Wildkräutern tue jedem Garten gut. In einer Gratisbroschüre „Umweltschutz im Garten" fordert der Hamburger Umweltsenator dazu auf, „vordergründigen Ordnungssinn einmal zu unterdrücken". Auch die Rechtsprechung tendiert heute dazu, die Verwilderung aus ökologischen Gründen zu tolerieren (Hutter, 1985). Die häufigen Horrormeldungen hinsichtlich der Schadstoffbelastung unserer Nahrungsmittel haben die Neigung vieler Gartenfreunde gefördert, selbstangebaute, schadstoffarme Früchte zu ernten. Wenn das konsequent und richtig betrieben wird, kommt auch diese Entwicklung dem Naturschutz im Garten sehr entgegen. Innerhalb weniger Jahre finden sich von selbst wieder viele Pflanzenarten ein, die Lebensgrundlage für ein Vielfaches von Tierarten sind (einschl. Schmetterlinge und Vögel) und die aus einem stupiden artenarmen Katalog- und Prestigegarten eine reichhaltige erlebbare Ökozelle mit hohem Erholungswert werden lassen. Noch nie war es so leicht wie heute, sich bequem in den Liegestuhl zu legen, einen Garten verwildern zu lassen und dennoch an der Spitze des Fortschritts zu stehen. Dazu folgende Anregungen:

Natürliche Artenvielfalt im Garten

Die natürliche Artenvielfalt im Garten (vgl. Kap. 3) ist Voraussetzung dafür, daß sich wieder ein vielfältiges Beziehungsgefüge aufbauen kann, in dem sich die Organismen gegenseitig kontrollieren und in dem somit auf Gifteinsatz verzichtet werden kann. Umgekehrt kann sich dieses Beziehungsgefüge nur wieder entwickeln, wenn auf den Einsatz aller Pflanzen-, Pilz- und Insektengifte konsequent verzichtet wird. Dazu bedarf es unter Umständen bei der Artenarmut der Ausgangssituation einiger Jahre Geduld. Je größer die Vielfalt im Garten, desto größer ist auch die Chance, daß sich ein natürliches Gleichgewicht zwischen Pflanzen- und Tierwelt einstellt, ohne daß der Mensch ständig mit Schneiden, Jäten, Düngen und Spritzen nachhelfen muß. Mit jeder sich neu einstellenden Pflanze sind auch die Tiere wieder zu erwarten, deren Leben an diese gebunden ist und die wir vielleicht schon lange vermissen:

- Mit dem Faulbaum kann der Zitronenfalter wieder leben.
- Wenn die Raupen auf Doldengewächsen (z. B. Möhren) im Zierrasen geduldet werden, kann der herrliche Großschmetterling Schwalbenschwanz wieder auftauchen.
- Eine Naturwiese ernährt rund 20 Vogelarten, ein kurzgeschorener Zierrasen höchstens 4 (meist nur Amseln und Stare).
- Die beliebtesten Schmetterlingsarten – Landkärtchen, Kleiner Fuchs, Tagpfauenauge, Admiral, insgesamt rund 25 Arten – ernähren sich in ihrer Raupenzeit von der Brennessel, während die ausgeschlüpften Falter vom Nektar der Distel leben. (Brennesseln liefern übrigens ein wohlschmeckendes und vitaminreiches Gemüse und ihre getrockneten Blätter einen heilenden Tee.)
- Der Wegerich ernährt die Raupen von 48 Schmetterlingsarten, und der Löwenzahn ist Wirtspflanze für 41 verschiedene Falterraupen.
- Die Ackerkratzdistel sichert 100 Insekten das Überleben, und andere Wiesenpflanzen wie Natterkopf, Dost, Weidenröschen und Klee sind während der blütenarmen Jahreszeit lebensnotwendige Futterpflanzen der Bienen.
- Leere Samenkapseln dienen anderen nützlichen Tieren im Garten als Unterschlupf; z. B. nistet sich der im Garten unentbehrliche – weil läusefressende – Ohrwurm in leeren Lupinenschoten oder Mohnkapseln ein.
- Auch an größere Gartentiere sollten wir denken. Fledermäuse – wertvollste nächtliche Insektenjäger – lieben Dachböden als Winterquartiere: Wir sollten für sie einen Spalt zum Haus- oder Laubendach offenlassen. Der Igel verkriecht sich gern unter Laub-, Reisig- oder Holzhaufen, die nicht immer weggeräumt werden sollten. Für Vögel sollten wir die Samenstände der ausgeblühten Stauden als Nahrungsquelle für den Winter stehenlassen. Eidechsen benötigen größere Steinhaufen in sonniger Lage, überhaupt hat jeder große Stein in sonniger Lage seine eigene Bedeutung. Er ist z. B. für die Eidechse so etwas wie für uns ein Kachelofen. Er speichert die Sonnenwärme und gibt sie an die daraufliegende Eidechse wieder ab. Der Stein leitet die Wärme aber auch in den Boden, und

hier baut die Eidechse ihre Höhle, hier legt sie ihre Eier und läßt sie von der weitergegebenen Sonnenwärme ausbrüten.

- Auch sinnvolle Artenkombinationen helfen, Schädlinge auf natürliche Weise in Schach zu halten (gute Gartenbücher enthalten dazu viele Empfehlungen): So helfen Dill, Rosmarin, Pfefferminze, Kapuzinerkresse und andere Kräuter gegen den Kohlweißling. Günstige Kombinationen sind Kohl und Tomaten oder Kohl mit Kräuter-Randbepflanzungen; so wirkt Knoblauch allgemein gegen Bakterien und Pilze und auch gegen Mehltau und sollte deshalb überall als Zwischenpflanzung angebaut werden. Geeignet dafür ist auch Schnittlauch; Thymian, Zwiebeln, Knoblauch und Kapuzinerkresse wirken gegen Schnecken; man pflanzt Möhren neben Zwiebeln, Blumenkohl neben Sellerie, Tomaten neben Petersilie und Rettich oder Radieschen neben Salat.
- Allgemein sind mit Kräutern mehrere Fliegen mit einer Klappe zu schlagen. Mit ihnen können viele Schadorganismen abgehalten werden, sie liefern wertvolle Geschmacksstoffe und Vitamine zur menschlichen Ernährung und wirken in verschiedenen Formen auf natürliche Weise heilend.
- Die natürliche Artenvielfalt wird auch im Garten durch kleine Stillgewässer (vgl. Kap. 7) wesentlich gesteigert. Sie können das Gartenerlebnis bereichern und auch für Kinder eine Fülle von Anschauungsobjekten bieten.
- Wenn im Garten die natürliche Reliefbildung (Bildung von Mikroklimaten) zu langsam fortschreitet, dann kann diese durch Hinzufügung von Materialien (Steine, Baumstämme, Baumstümpfe usw.) bewußt stimuliert werden. Legt man Steine zwischen die abgefallenen Blätter und Pflanzenreste, dann wirkt sich das günstig auf den Umsetzungsprozeß aus (höhere Temperaturen, besserer Feuchtigkeitszustand, Unterschlupf für Schnecken, Tausendfüßler, Eidechsen und Käfer). Da sich auf all diesen hinzugefügten Materialien fast immer Moos bildet, wird die Zahl der Pflanzenarten im Garten auf natürliche Weise vergrößert. Dadurch suchen wiederum mehr Insekten den Garten auf. Die Natur multipliziert die Vielfalt von selbst.

Zugegeben, ein Naturgarten kostet zuerst etwas Mut gegenüber den Nachbarn, aber es geht um viel mehr als um diesen möglichen Ärger, und vielleicht macht ja der Nachbar nach einem Gespräch gleich mit. Ein naturnaher, artenreicher Garten kann ein kleines Naturschutzgebiet für sich sein.

Verzicht auf alle Gifte im Garten und Park

Auf Dauer hat der Gartenfreund, der mit Kopf und nicht mit Gift arbeitet, den größeren Erfolg und lebt in jedem Fall gesünder. Und wer meint, doch einmal gegen irgendwelche Schädlinge vorgehen zu müssen, kann sich auf alte bewährte und biologisch sinnvolle Hausmittel beschränken:

Gegen Blattläuse, Rote Spinnen und Ameisen hilft z.B. die Brennesseljauche: 500 g frische oder 100 g trockene Brennesseln in 5 l Wasser ansetzen, einige Tage stehenlassen, bis die Brühe gärt. Danach 1l dieser Jauche mit 10 l Wasser verdünnen und damit den Wurzelbereich der Pflanzen oder die Blätter begießen.

Das Land Hamburg hat – um nur ein Beispiel zu nennen – zur Sicherung der biologischen Vielfalt im öffentlichen Grün – d.h. in allen Parks und Grünanlagen – den Einsatz von Herbiziden verboten und diese wichtige Maßnahme mit guten aufklärenden Gratisbroschüren den Bürgern zur Nachahmung empfohlen (Umweltschutz im Garten; Stadt Hamburg, 1982). Allen Stadtvätern auch kleinerer Orte sei dringend empfohlen, einmal in den Garten- und Friedhofsämtern den Umgang mit Giften gründlich zu überprüfen und möglichst sofort beenden zu lassen. Eine Befragungsaktion 1983 in vielen Gartenbau-Berufsschulen im Ruhrgebiet hat bei 259 angehenden Gärtnern ein Ergebnis erbracht, das auch heute noch nachdenklich stimmen muß (Schürmann, 1983):

- 52 % brachten Gifte aus ohne vollständige und funktionierende Schutzkleidung.
- 64 % hatten völlig unzureichende Informationen über den Pflanzenschutz erhalten.
- 74 % bestätigten die Verseuchung der Pflanzen und der Umwelt.
- 25 % mußten die übrigbleibenden Reste der angesetzten Spritzbrühe nochmals „drüberhalten“.
- 49 % kippten die Restmengen in den Gully oder einfach ins Gelände.
- 37 % der leeren Packungen landeten in der Mülltonne.
- 48 % sprachen von einem überflüssigen und viel zu großzügigen Umgang mit Pflanzenschutzmitteln in ihrem Betrieb.
- 57 % hatten Angst (berechtigt!), mit Pflanzenschutzmitteln zu arbeiten.

Ebenso nachdenklich für alle Gartenfreunde muß eine Stellungnahme des Pflanzenschutzamtes Hamburg stimmen: „Des öfteren werden Pflanzenschutzmittel auch unkontrolliert eingesetzt und als Waffe gegen alles angesehen. Es gibt z. B. Leute, die auf Deubel komm raus gegen Mehltau mit E 605 und Metasystox spritzen.“ Beide Stoffe sind hochgiftig und unwirksam gegen Mehltau.

Sicherlich hat sich heute vieles verbessert, aber immer noch viel zu wenig. Örtlich käme der Naturschutz einen großen Schritt weiter, wenn Kleingartenvereine die Satzungen so änderten, daß die Mitglieder nicht mehr zum Spritzen von Chemikalien, sondern zur naturgemäßen Wirtschaftsweise verpflichtet werden.

Kompost statt Dünger oder Torf

Küchen- und Gartenabfälle gehören auf den Komposthaufen. Ein Sortieren der Abfälle zwischen Mülleimer und Komposthaufen lohnt sich. Wirkliche Gartenfreunde verzichten auch auf das Verbrennen von Gartenabfällen, weil damit viele Bodenorganismen und spezialisierte Konsumenten abgetötet oder ihrer Lebensgrundlage beraubt werden. Durch Belassen der ausgeschnittenen Gehölze direkt im Garten oder über die „Zwischenlagerung" auf dem Komposthaufen kommt die Biomasse wieder in den Kreislauf und damit den Gartenpflanzen zugute. Innerhalb von nur einem Jahr wird aus dem Kompost dunkler, wertvollster Humus. Wichtig ist, daß durch wechselnde Schichten (Baum- oder Heckenmaterial, organische Stoffe aus Garten und Küche – Gras, Laub, welke Blumen, Essensreste, Eierschalen, Kaffeesatz –, Erde, tierische Dünger wie Horn-, Blut- oder Knochenmehl sowie Mist von Haustieren) eine gute Luftzirkulation sichergestellt wird. Gegenüber anderen Möglichkeiten ist eigene Komposterde immer die beste Lösung. Auch verglichen mit dem sterilen und äußerst nährstoffarmen Torf hat Kompost wesentlich bessere Nährqualitäten sowie eine größere Wasserhaltekraft, er ist billiger, und der Verzicht auf Torf dient gleichzeitig dem Moorschutz. Im Gegensatz zu Mineraldüngern enthält der Kompost auch alle Spurenelemente, die das Gemüse braucht, nicht nur für den gesunden Wuchs, sondern auch für die Ausbildung eines kräftigen Aromas. Wo es nur geht, läßt man auch fallendes Laub am besten unter Hecken und Gehölzpflanzungen liegen. Es bietet als natürliche Bodenbedeckung vielen Kleintieren Winterschutz, nach denen im übrigen viele Vögel suchen, und wird im kommenden Jahr bereits zerlegt und zu düngendem Humus verarbeitet.

Gartenumgraben? Es gibt sinnvollere Ausgleichsarbeiten

Manche Gartenfreunde schieben das anstrengende Umgraben längere Zeit vor sich her, ehe sie das vermeintlich Unvermeidliche tun. Der wesentliche Sinn dieser Maßnahme liegt in der körperlichen Ausgleichsarbeit, dem Ökosystem Garten schadet sie dagegen. Man darf nicht vergessen, daß der Boden ein höchstkompliziertes lebendes Wirkungsgefüge (vgl. Kap. 3) ist und aus verschiedenen Schichten besteht, denen unterschiedliche Arten von Kleinstlebewesen angehören, die nur in bestimmten Schichten leben können. Insgesamt leben z. B. in den obersten 15 cm auf 1 ha eines landwirtschaftlich genutzten Bodens mittlerer Qualität ca. 10 t Bakterien, 10 t Pilze, 4 t Regenwürmer, 370 kg Urtierchen, 140 kg Algen, 17 kg Insekten und 6 kg Springschwänze. Alle diese Organismen sind von größter Bedeutung für die Fruchtbarkeit unserer Böden. Das Graben zerstört die natürliche Schichtung, die verschiedenen Arten werden z. T. in für sie lebensfeindliche Umweltbedingungen befördert. Der Boden braucht dann einige Zeit, bis er sich wieder auf natürliche Weise regeneriert. Ebenso werden beim Graben die zersetzenden Organismen aus dem Oberboden in den Unterboden befördert und damit praktisch begraben. Besser als das Umgraben ist die Beschränkung auf ein Belüften. Dabei reicht es aus, mit einer Forke oder Grabegabel Löcher in den Boden zu stechen und das Gerät leicht hin- und herzubewegen. Ein sehr geeignetes Bodenlockerungsgerät ist der sog. Sauzahn, der durch den Oberboden gezogen wird. Auch dabei wird der Boden nur durchlüftet, die natürliche Schichtung bleibt erhalten. Grundprinzip der Bodenpflege ist ausschließlich die Belebung des Bodens.

Keine fremdländischen Ziergehölze

Man sollte dem unterschwelligen Drang nach Exklusivität, dem Wunsch nach besonderen und exotischen Gehölzen im Garten widerstehen. Die starke Verbreitung fremder, vielfach sogar außereuropäischer Arten (Essigbaum, Blaufichte, immergrüner Schneeball usw.) und deren häufige Verwendung in völlig denaturierten Monokulturen (Cotoneaster, immergrüne Lonicera, Feuerdorn usw.) führen unweigerlich zum Verlust der Vielfalt von wildlebenden Pflanzen und Tieren in den städtischen Freiräumen, zumal in solchen Anlagen aufgehende Wildarten (Ahorn, Esche, Holunder, Weißdorn usw.) und einheimische Kräuter („Unkräuter") rigoros vernichtet und damit mögliche Lebensgrundlagen von wildlebenden Tieren unterdrückt werden. Während an Eichen, Birken und Weiden über 200 und an Weißdorn und Schlehe über 100 Insektenarten leben, findet man an der Platane überhaupt kein Insekt. Sie stammt nämlich aus Nordamerika, und die heimische Natur ist auf sie nicht „programmiert" (Hutter, 1985). Ähnlich verhält es sich übrigens mit der eingebürgerten Roßkastanie, die ebenfalls oft auf einen Eichenstandort gepflanzt wird. Gegenüber rund 300 Insektenarten und 28 Vogelarten auf der Stieleiche leben von der Roßkastanie nur noch 4 Insekten- und 2 Vogelarten (Kirschbaum, 1992).

Nur einheimische Gehölze gehören also in unser Ökosystem, und nur sie können mit anderen Organismen (Pflanzen, Moosen, Flechten, Pilzen, Insekten) in Gemeinschaft leben. Bei fremdländischen Ziergehölzen können sich derartige Lebensgemeinschaften nicht bilden. Einige Organismen können sich aber auf sie spezialisieren (z. B. Wolläuse auf Blaufichten), finden dort keine Widersacher und können sich demzufolge leicht unkontrollierbar vermehren. Der Griff zur Giftspritze erscheint dann verführerisch einfach, und schon werden weitere negative Kettenreaktionen ausgelöst.

Tabelle 20: Bedeutung der einheimischen Wildsträucher mit ihren Früchten für die reiche Vogelfauna bzw. Säugetierfauna

Wildstrauch	Anzahl der fruchtfressenden Vogelarten	Säugetiere
Vogelbeere	63	31
Schwarzer Holunder	62	8
Traubenholunder	48	5
Gemeiner Wacholder	43	18
Waldhimbeere	39	20
Faulbaum	36	11
Wilde Rote Johannisbeere	34	2
Eingriffeliger Weißdorn	32	5
Zweigriffeliger Weißdorn	32	17
Wildbrombeere	32	14
Wildbirne	24	29
Roter Hartriegel	24	8
Europäisches Pfaffenhütchen	24	14
Gemeine Traubenkirsche	24	16
Gemeine Eibe	24	8
Gewöhnlicher Schneeball	22	11
Gemeiner Liguster	21	10
Schlehe	20	18
Wildapfel	19	35
Gemeine Berberitze	19	7
Kreuzdorn	19	8
Sanddorn	16	4
Wolliger Schneeball	15	6
Wilde Stachelbeere	14	5
Haselnuß	10	33
Rote Heckenkirsche	8	12
Wilde Schwarze Johannisbeere	3	3
Weiden	3	16

Alle Arten können auch im Garten als Einzelsträucher oder in Heckenform gepflanzt werden. Mischhecken aus mindestens zehn Arten sind zu empfehlen (Naturschutzbund Deutschland; bei Kirschbaum, 1992).

Eine Hecke gehört in jeden Naturgarten

Hecken haben eine außerordentlich hohe Bedeutung im Haushalt der Natur (vgl. Kap. 11). Sie dienen der Klimaverbesserung, filtern Staub und giftige Aerosole ab, dämmen den Lärm, bieten Erosionsschutz an Böschungen und Sichtschutz an Rändern, sind Lebensraum für etwa 1500 Tierarten, stabilisieren das ökologische Gleichgewicht auch in der Umgebung und können dort Schädlingsbefall geringhalten und sind bei vielartiger Zusammensetzung – je mehr, desto besser – auch eine ästhetische Bereicherung für jeden Naturgarten. Selbst Miniaturhecken lassen den Vogelbestand eines Grundstücks schnell ansteigen. Auch bei der Pflege einer Hecke sollten wir uns an der Natur orientieren und nicht unnötig viel eingreifen. So gehört in eine Hecke durchaus auch stehendes Totholz. Es gibt eine ganze Reihe von Organismen (Flechten, Pilze, Insekten, Vögel, u. a.), die gerade auf stehendes Totholz spezialisiert sind. Und mit dem Rasenmäher sollten wir auf keinen Fall bis unter die Gehölze der Hecken fahren.

Englischer Rasen – eine Tiere tötende Torheit

Es ist schon paradox: Wir schwärmen von der entschwundenen Natur unserer Kindheit, spenden für die Erhaltung seltener Tiere in fernen Ländern, genießen die Ferien in ländlichen Gebieten im Süden, wo noch Wildwuchs den Weg säumt und Gemäuer überwuchert, und zu Hause stürzen wir uns mit schweißtreibendem Eifer, teuren Pflegegeräten, jeder Menge Gift und Wasser auf das vermeintliche Prunkstück unserer privaten oder öffentlichen Grünanlagen, den englischen Rasen, in dem ein Gänseblümchen ein Schandfleck ist, ganz zu schweigen von einem Löwenzahn oder gar dem fast ehrenrührigen Sauerampfer. Ein englischer Rasen ist fast so tot wie eine Kunststoffmatte und als Prestigeobjekt kaum noch geeignet. Im Gegenteil: Wie ein selbstbewußter Mensch auf einen großen „Schlitten" als Statussymbol verzichten und aufs Fahrrad umsteigen kann, sollten wir es uns leisten können, wieder eine buntblühende Wiese zu genießen. Wenn man bedenkt, daß von normalerweise 60 bis 80 Pflanzenarten einer Wiesengesellschaft (mit rund 1500 darauf angewiesenen Insektenarten; Hutter, 1985) nur wenige Grasarten den 15- bis 25maligen militärischen Messerschnitt überleben und daß mit jeder verdrängten Pflanzenart mindestens 5 bis 25 Tierarten ihre Lebensgrundlage verlieren, dann kommt man rasch zu astronomischen Zahlen von Tieren, die man mit dem teuren, lärmenden, energieverschwendenen Rasenmäher direkt oder indirekt tötet.

Einen beispielhaften Weg geht seit einigen Jahren die Stadt Augsburg: Hier wurden im Rahmen einer Biotopkartierung systematisch die wichtigsten Lebensräume wildwachsender Pflanzen erfaßt. Die insgesamt 286 Flächen sollen bei zukünftigen Planungen möglichst geschont und entsprechend (wenig) gepflegt werden. Die Bevölkerung zeigt Verständnis und Interesse. Magerwiesen kommen wieder zur Blüte, bislang durch häufigen Schnitt unterdrückt. Besonders augenfällig ist neben dem bunten Wiesenaspekt der Reichtum an Insekten wie Schmetterlingen und Bienen. Auch die bislang „besenrein" gehaltenen Gehölzbestände werden entsprechend gefördert, insbesondere die Entwicklung einer intakten Krautschicht. Auch hier nimmt die Artenzahl zu, wobei Pflanzen wieder auftauchen, die in der freien Landschaft selten geworden sind. Zur weiteren Artenanreicherung werden Initialexemplare der

Abb. 71. Ein typisches Beispiel eines „totgepflegten" Kur- oder Stadtparks: Biologisch extrem verarmter Messerhaarschnitt-Rasen, der tunlichst nicht betreten werden sollte, und darüber viele exotische Gehölze, mit denen fast keine hiesigen Organismen (z. B. Insekten, Vögel) vergesellschaftet werden können. Eine bunte Wiese mit natürlich wechselnder und sogar riechbarer Farbenpracht und einige standortgerechte Sträucher und Bäume würden dieses Beispiel biologisch deutlich aufwerten und dazu die Artenvielfalt der Tiere (z. B. Schmetterlinge, Vögel), ihre Töne (z. B. Heuschrecken, Vögel) und insgesamt die Naturschönheit erlebbar werden lassen. Die Wirkung wäre wesentlich erholungsintensiver und infolge natürlicher, wohl mehr als tausendfacher Artenvielfalt auch gesünder (Foto: Verfasser).

standortgemäßen Wildflora ausgebracht, um die zu großen Entfernungen zu Standorten mit vielseitigen Pflanzengesellschaften zu überbrücken (Info zur Raumentwicklung, 10/1982). Die sich einstellende Artenvielfalt dient allen (vgl. Kap. 3), weitere Vorteile werden gratis mitgeliefert:

- Wiese bindet besser Staub (Begünstigung der Sedimentation und Verhinderung der Wiederaufwirbelung) als Kurzrasen und trägt damit zur Luftreinigung bei.
- Wiese bildet reiche Farbkontraste zur bebauten Umgebung.
- Wiese senkt an strahlungsreichen Sommertagen die Lufttemperatur durch eine im Vergleich zu den Gebäuden geringe Wärmespeicherung und thermische Zirkulation (Fleming, 1979).
- Kosten werden gesenkt. Bei der Finanznot der Gemeinden ist die Bekämpfung der spontanen Vegetation ohnehin widersinnig.
- Wiese verträgt dosiert durchaus auch Ausflügler und Kinderspiel. Die Art der Pflege ist das Entscheidende. Nutzungsspuren, z. B. ein Trampelpfad, beeinflussen die Lebensgemeinschaft einer Wiese weit weniger als eine wöchentliche „Rasur".
- Der Erholungswert einer Wiese hängt nicht in erster Linie von der Strapazierfähigkeit der Fläche ab, sondern viel mehr von ihrem Erlebnisangebot.

Man darf allerdings nicht vergessen, daß alle Blumenwiesen erst durch menschliche Waldrodung und Bodenkultivierung entstanden sind. Insofern sind sie Pflanzengemeinschaften unter menschengemachten Bedingungen. Jährliche Mahd oder Beweidung hält sie offen, so daß Gehölze diese Flächen nicht besiedeln können. Bis auf wenige Standorte sind die heutigen Wiesen- und Weideflächen in unserem Klima potentielle Waldstandorte. Früher oder später würde der Wald diese Flächen also wieder erobern. Eine gewisse Pflege ist deshalb erforderlich. Sie sollte individuell erfolgen und auf Düngung verzichten, weil diese viele an Nährstoffarmut gebundene Pflanzenarten verdrängt und dafür andere, an Nährstoffreichtum gebundene Arten fördert (die deshalb auch nicht so gefährdet sind). Das Schnittgut sollte daher zur Verringerung des Nährstoffangebots grundsätzlich abgefahren werden. Ein Mulchen kann deshalb nicht mehr empfohlen werden.

Generell sollte sich die Pflege nach der Art der Nutzung richten und Ziele des Naturschutzes berücksichtigen. Viele ökologisch aufgeschlossene

Städte haben inzwischen die Erfahrung gemacht, daß über die Hälfte der bisher häufig gemähten Rasen in Wiesen umgewandelt werden können, ohne daß die Freiraum-Benutzung beeinträchtigt worden und ohne daß es zu Bürgerprotesten gekommen wäre. Die differenzierte Pflege von Rasen und Wiesen wird akzeptiert. Dabei ist eine Mähgutentfernung mit Saugmähern aus Naturschutzsicht abzulehnen, da hierdurch die oberirdische Kleintierlebewelt zum großen Teil vernichtet wird (Info-Dienst Naturschutz Niedersachsen, 1/1986). Nach meiner Meinung sollten Saugmäher wie Laubsaugegeräte schnellstmöglich aus dem Verkehr gezogen, aus Naturschutzsicht sogar verboten werden. An den Rändern von Sträuchern, Gebüschen u.a. sollten die Säume von der Mahd generell ausgenommen werden, damit sich eine standortgemäße und langlebigere Kraut- und Hochstaudenflora entwickeln kann. Diese Kleinsäume stellen für Wirbellose bedeutsame Lebensräume dar. Wichtig ist, daß alle Verantwortlichen und alle Bürger erkennen, daß einheitliche, kalendermäßige Intensivpflege weder den Freiraumansprüchen der Bewohner noch den Zielen des Naturschutzes dient. Insofern dürfen Kostengesichtspunkte nicht ausschlaggebend sein; meist sprechen sie ohnehin für die naturnahe Pflege. Wir brauchen ein flächendeckendes Pflegekonzept, das alle Intensitätsstufen von „Pflege nur alle paar Jahre, keine Laubentfernung, keine Mahd" bis zu „Vielfachschnittflächen mit Mähgut- und Laubentfernung" umfaßt.

In Glatthafer- und Goldhaferwiesen ist zur Erhaltung von artenreichen und buntblühenden Pflanzenbeständen zumindest ein jährlicher Schnitt etwa im Juli nötig. In Halbtrockenrasen, Borstgrasrasen und Pfeifengraswiesen dagegen dürfte in der Regel ein Schnitt nur alle 2 bis 3 Jahre ausreichen, Halbtrockenrasen im Juli, Borstgrasrasen und Pfeifengraswiesen im August (Schiefer, 1983). Damit möglichst viele Tierarten überleben (überwintern), kann auch alternierende und Teilpflege empfohlen werden, indem jeweils eine Teilfläche unbehandelt bleibt. Die artenreiche Magerwiese wird nur höchstens einmal im Jahr (Juli, im Bergland August) gemäht, während die nährstoffreiche Fettwiese auch zweimal geschnitten werden kann.

Es gibt drei Möglichkeiten, einen artenarmen englischen Rasen wieder in eine reich blühende Dauerwiese zu überführen (nach Schwarz, 1980; verändert):

1. Man überläßt den Rasen einfach sich selbst und wartet mit sehr viel Geduld, was passiert. Die Artenanreicherung kommt sehr langsam in Gang. Erst nach etwa 10 Jahren hat sich bei extensiver Pflege ein reichhaltigeres Artenspektrum an Wiesenpflanzen weitgehend stabilisiert. Ausmagerung ist Voraussetzung für eine Belebung.
2. Bei weniger Geduld kauft man Saatgut von standortgemäßen Wiesenmischungen und sät dieses locker aus. Es entwickelt sich daraus eine Initialvegetation, die sich unter der richtigen Pflege allmählich verändert wie beim ersten Verfahren.
3. Bei noch weniger Geduld wird der Rasen voll umgebrochen und sich dann selbst überlassen oder ebenfalls mit einer geeigneten Wiesenmischung (aus der Umgebung) als Initialvegetation eingesät.

Bei allen Verfahren kann man auch Kleinstflächen als Saatbeet bereitstellen und dort Samen und Früchte säen, die man in einer standörtlich entsprechenden Wiese in der Nähe gesammelt hat. Die neuen Arten breiten sich danach vom Saatbeet auf die Dauerwiese aus. Das klappt allerdings nur, wenn man wirklich standortgemäße Arten gesammelt hat; andere werden wieder verdrängt.

In öffentlichen Grünanlagen gelingt eine derartige „Ökologisierung" nur bei intensiver Aufklärung der Bevölkerung über die Medien. Andernfalls veranlassen „wütende" Leserbriefe die Verwaltung bzw. die gewählten Volksvertreter wieder dazu, zur gewohnten „Ordnungsneurose" zurückzukehren.

Kletterpflanzen an Hauswänden – zu Unrecht vergessen!

„Mut zu grünen Wänden" heißt eine Broschüre, die der Berliner Senator für Stadtentwicklung und Umweltschutz 1982 herausgegeben hat. Es ist wohl kein Zufall, daß diese Arbeit in einer Stadt entstanden ist, die bemüht ist, mit ihrem Grün pfleglich umzugehen. In allen Städten jedoch ist jeder Raum für Grün kostbar, und Schling- und Kletterpflanzen an Mauern und Hauswänden können preiswert aus heute noch trostlosen Häuserfassaden morgen schon lebende und blühende Flächen machen, die viele Vorteile in sich vereinen. Grün an Häuserwänden ist überall möglich, wo Menschen wohnen und arbeiten, an Wohnhäusern, Wohnblöcken, Bürosilos, Schulen, Krankenhäusern, Fabriken, Garagen oder Parkhäusern. Die Kletterpflanze an der Hauswand ist viel mehr als nur Kosmetik. Sie gibt einer allzu glatten Architektur Individualität und Wärme und den Menschen ein Gefühl der Geborgenheit. Lebende grüne Wände sind gut für die Seele.

Am meisten kommt Fassadengrün denen zugute, die das engere Wohnumfeld noch nicht oder nicht mehr ohne weiteres verlassen können: Kindern und älteren Menschen. Den Kindern bringen Pflanzen an Fassaden in Großstädten oft das einzige Naturerlebnis in ihrem unmittelbaren Lebenskreis. Pflanzen bieten hier das wichtige Mindestmaß an Stimulanz, das von klein an Interesse und Verständnis für Naturabläufe weckt und fördert. Die Natur neben und über der Haustür kann so als elementare Erfahrungserweiterung und als Gegenpol zur Beschäftigung mit technischer Stadtumwelt bedeutsam werden. Aber noch eine ganze Reihe weiterer handfester Vorteile kann abwechslungsreiches Fassadengrün bieten:

- Langweilige und häßliche Zweckbauten werden kaschiert.
- Das Stadtklima (vgl. Kap. 9.1) wird verbessert.
- Bioklimatisch ungünstige Hausflächen werden in wohnklimaverbessernde Wände verwandelt, die durch Temperatur- und Luftfeuchteausgleich sowie Luftaustausch und Luftfilterung behaglichkeitssteigernd wirken. Der Schatten der Blätter vermindert das sommerliche Aufheizen der Fassaden, durch Wasserverdunstung wird die Stadtluft gekühlt und die trockene Luft mit Feuchtigkeit spürbar angereichert, die große Blattoberfläche filtert Luftverunreinigungen aus.
- Die großen Blätter mindern Lärmwirkungen im Haus wie außerhalb durch verminderte Reflexion.
- Die Fassade wird vor Wind, Wetter und Schadstoffimmissionen geschützt. Wand und Putz bleiben trocken, ihre Lebensdauer erhöht sich. Es ist ja bekannt, daß die Immissionen inzwischen an Bauten Schäden in Milliardenhöhe verursachen. Kletter- und Schlingpflanzen können die Säurebildung auf der Wand verhindern. Zu gleicher Zeit in gleicher Lage in Berlin gebaute Wohnblocks aus den 30er Jahren zeigen, daß unbegrünte Häuser mittlerweile mehrmals ausgebessert oder neu verputzt werden mußten, während begrünte Häuser heute noch in ihrem ersten Putzüberzug stecken.
- Pflanzen an Fassaden senken den Energiebedarf. Im Sommer kühlen sie das Haus, im Winter wirken sie wärmedämmend. Man rechnet mit 3 bis 25 % Energieeinsparung, bei technisch gut isolierten Wänden tritt diese Bedeutung gegenüber den übrigen Vorteilen zurück.
- Mit einem alten Vorurteil muß aufgeräumt werden: Die Kletterpflanzen wurzeln nicht in, sondern haften nur an der Wand. Auf einen Berührungsreiz hin sondern die Haftorgane ein Schleimtröpfchen ab, das die Haftscheibe oder Wurzel mit der Mauer verklebt. Die Wand kann dadurch nicht leiden. Die häufige Frage nach möglicher Schädigung einer Fassade durch Kletterpflanzen kann für intakte Fassaden klar verneint werden. Wenn überhaupt, dann können nur durch Efeu, Wilden Wein oder Kletterhortensien Schäden entstehen, dies jedoch nur dann, und das ist zu betonen, wenn die Fassade verwittertes Mauerwerk oder gerissenen, abbröckelnden Putz aufweist, also vorgeschädigt ist. Nur in diesen Fällen können nämlich Triebe, die passiv (d.h. dem Platz folgend) in vorhandene Risse oder Spalten hineinwachsen, Schäden durch das folgende Dickenwachstum verursachen. Bei einer intakten Fassade besteht keinerlei Veranlassung für derartige Sorgen. Durch Wurzeln werden Hausmauern auch nicht feucht. Die Haftorgane geben niemals Wasser in die Wand ab, das gesamte Wasser zur Versorgung des Laubwerks wird immer aus dem Boden aufgenommen. Die Blätter halten im Gegenteil den Regen von der Wand ab. Sie wirken gewissermaßen wie ein Wettermantel, der die Fassade vor Feuchtigkeit schützt.
- Begrünte Fassaden sind Lebensraum und Nahrungsspeicher zahlreicher Tierarten, z.B. für Schmetterlinge und Vögel. Gimpel und andere Vogelarten können im Fassadengrün brüten. Daß Schädlinge in die Wohnung eindringen können, ist schlicht ein Vorurteil. Unter fast 24 000 Gliederfüßern, die an wildem Wein und Efeu gesammelt wurden, befanden sich so gut wie keine Schädlinge.

Es können empfohlen werden:

- *Wilder Wein* klettert selbst auf glatten Wänden bis 15 m Höhe; robust, raschwüchsig, bunte Laubfärbung im Herbst.
- *Efeu* klettert bis 30 m Höhe; robust, wächst langsamer, immergrün, bevorzugt schattige Plätze; kann auch Wände herunterwachsen.
- *Knöterich* klettert bis 15 m Höhe; als „Klettermaxe" bekannt; gehört zu den anspruchslosesten und schnellwüchsigsten Schlingpflanzen überhaupt.

Da Kletter- und Schlingpflanzen in jedem Fachhandel preiswert zu erhalten sind und wenig Raum brauchen, bieten sie vielen die Chance, morgen schon mit dem praktischen Naturschutz zu beginnen. Man muß nur den Boden gut vorbereiten (Mineralboden, höchstens 20 % Humuszuschlag, die Pflanzen lieben alkalische Böden), einen großen Durchwurzlungsbereich bereitstellen (nicht nur eine Bodenplatte beseitigen) und eventuell eine Rankhilfe bauen (am besten aus Holz), die dauerhaften Halt gibt. Generell gilt auch bei Kletterpflanzen: Möglichst nur einheimische Arten und keine Exoten verwenden.

Dachbegrünung

Als neue Form der kleinklimatischen Verbesserung und bioästhetischen Bereicherung haben sich inzwischen bei Flachbauten (Industrie, Gewerbe, Garagen, Schulen) verschiedene Verfahren von Dachbegrünungen bewährt. Je nach Flächenbelastung und Anlagekosten wird zwischen der extensiven Begrünung (Last ab ca. 40 kg/m^2) und der intensiven Begrünung (Last ab ca. 100 kg/m^2) unterschieden. Beiden Verfahren gemeinsam ist dachseitig die sichere Trennschicht und darüber die für Wasserdampf nach oben durchlässige Wurzelschicht. Darüber folgen in unterschiedlicher Stärke die Drainschicht (Kies) und die eigentliche Vegetationsschicht, die durch eine Filterschicht

(Vlies) voneinander getrennt sind. Die extensive Variante, die auch bei normalen Dachneigungen noch möglich ist, entwickelt entsprechend ihrer relativ dünnen Schichten Trockenbiotope (Trockenrasen und Halbtrockenrasen). Sie ist für neutrales bis alkalisches Bodenmaterial zu empfehlen. Je intensiver eine Begrünung ist, um so größer ist meist auch die Nutzungsvielfalt der Dachfläche.

Intensiv begrünte Dachflächen sind durchaus mit Gärten vergleichbar, die neben vielfältiger Blumenpracht auch hochwachsende Busch- und Baumarten aufweisen. Grundsätzlich sollten alle Begrünungsformen nicht gedüngt (Magerrasenarten!) und nicht bewässert werden. Es empfiehlt sich, ausschließlich natürliche Sukzessionen (etwa 150 Pflanzenarten kommen in Frage) anzunehmen, also der Natur freie Hand zu gewähren. Sonst muß auch auf diesem sehr speziellen Standort ein aussichtsloser permanenter „Kleinkrieg“ gegen die Natur geführt werden. Die Temperaturhöchstwerte auf dem Dach verringern sich durch Begrünung von ca. +80 °C auf ca. 38 °C.

Für Dachbegrünungen sprechen: Grünflächengewinn, Mehrfachnutzung teurer Grundstücke, Verbesserung städtischer Wohnanlagen, Verbesserung der Wohnqualität für die Hausbewohner bei gartenartiger Nutzung des Daches, Luftkühlung und Sauerstoffproduktion, Regulierung der Luftfeuchtigkeit und Staubbindung, Regenwasserspeicherung, Artenschutz für eine Vielzahl von Pflanzen- und Tierarten, Wärme- und Schallschutz, Reduzierungen von Temperaturbelastungen an Dächern u. a.

Aktion „Unser Dorf soll schöner werden“

Der 1961 begonnene Wettbewerb „Unser Dorf soll schöner werden“ ruft die Entscheidungsträger dazu auf, den Geist der Mitverantwortung, die bürgerliche Identifikation mit dem Dorf, den Gemeinschaftssinn zu fördern und zweckmäßige Aktivitäten und Initiativen der Bürger zusammen mit ihrer Gemeinde zu entwickeln. Die Ziele sind hochgesteckt und setzen gute Kenntnisse der Akteure wie der Jury hinsichtlich der jeweiligen Dorfökologie voraus. Daran aber mangelte es offenbar in manchen Fällen. Besonders wichtig erscheint mir, daß die Ziel- und Bewertungskriterien so flexibel sind, daß sie sich aktuellen ökologischen Erkenntnissen und diesen zuwiderlaufenden Entwicklungen stellen können. Schließlich ist davon auch der Wohnwert betroffen.

Wir haben nicht mehr die Situation wie noch vor 20 Jahren. Die Roten Listen verlangen schnelles und kompetentes Handeln. Die Verschönerungsaktion soll sicherlich die Identifikation mit dem „eigenen Dorf“ stärken. Womit will sich die Mehrzahl der Bürger innerörtlich identifizieren? Neben der historischen Bausubstanz wird der Bürger in erster Linie die Bereiche als „sein“ annehmen, die naturnah abwechslungsreich und zugleich harmonisch gestaltet sind. Dazu gehört sicher nicht ein versiegelter und zugeparkter Dorfgemeinschaftsplatz – sei er auch noch so sehr mit Blumenkübeln und Bänken kaschiert – und auch kein monotoner englischer Rasen mit fremdländischen Koniferen und gut gemeintem unnatürlichen Dekorationsgrün. Der Bürger erwartet – bewußt oder unbewußt – mehr. Die natürliche Wildflora trägt wesentlich zur Identifikation des Bürgers mit seinem Wohnumfeld bei.

So erscheint mir die Aktion „Unser Dorf soll schöner werden“ – möglichst ergänzt durch ähnliche Aktionen für kleinere Städte und auf der Ebene größerer Städte auch für Stadtteile – bestens geeignet, die besonders wichtigen Aspekte der natürlichen Bereicherung unserer Lebensumgebung voranzutreiben, z. B. durch:

- naturnahe Belebung aller Gewässer, Park- und Naherholungsanlagen,
- Entschärfung der Störfaktoren Verkehr und Industrie durch standortgemäße Begrünung, angemessenen Rückbau und Teilentsiegelung von Straßen und Plätzen zugunsten einer wohnwertsteigernden Bepflanzung (Luft- und Klimaverbesserung, Lärmschutz, ästhetische und biologische Anreicherung),
- naturnahe Bereicherung der Gartenanlagen,
- Einbindung der Dorf- und Stadtrandbereiche sowie der angrenzenden Feldmark, in der fast überall erhebliche ökologische Aufwertungen (Gewässer, Hecken, Baumalleen, Kleingehölze u. a.) möglich sind,
- Förderung der alten Obstgärten, konsequente Erhaltung der Obstbäume.

Da heute die Aufgaben „Umwelt- und Naturschutz“ höchste Priorität genießen müssen, sind diese Aspekte bei allen Bewertungen besonders stark herauszustellen und für negative Entwicklungen bei der Bewertung hohe Abzüge vorzusehen. Daher müssen Naturschutz- und Umweltschutzspezialisten wesentlich an der Bewertung beteiligt werden. Dorf- und Städteplaner werden später nicht daran gemessen, wie extravagant und rentabel sie geplant und gehandelt haben, sondern wie menschlich.

9.4 Weitere Anregungen zum Naturschutz in Dörfern und Städten

„Umweltbewußtsein ist Generationsbewußtsein."
M. Rock

„Der eine wartet, bis die Zeit sich wandelt,
der andere packt sie kräftig an und handelt."
Dante (1265–1321)

Baumschutz

Je größer ein Baum, desto größer sein ökologischer Gesamtwert für einen Ort (Abb. 72). Die Summe der Vorteile ist so groß, daß Bäume einen wertbildenden Faktor eines Grundstücks darstellen und im Falle von Schadenersatzprozessen erheblich zu Buche schlagen. So hat das OLG Celle 1982 im Falle des Totalschadens einer 15- bis 20jährigen Stieleiche die zu ersetzenden Kosten mit 5200 DM beziffert. Es kann nur dringend empfohlen werden, von der Möglichkeit, zu erlassen, Gebrauch zu machen. Aufklärungsaktionen sollten sie flankieren. Viele Städte haben bereits gute Erfahrungen damit gemacht. Ausreden, man habe von der Baumschutzsatzung nichts gewußt, werden nicht anerkannt, wie ein Urteil des OLG Düsseldorf von 1981 zeigt.

Staatlicher Baumschutz darf allerdings auch nicht in „Verwaltungsgängelei" ausarten. Hier geht es um hochrangige Interessen der Allgemeinheit, so daß die „Gewinner-Gewinner-Strategie" (vgl. Kap. 5.4.3) gerade auch hier angebracht ist. Wenn der entscheidende Sachbearbeiter einer Verwaltung die Fällung einer 100jährigen Eiche untersagt, deren Krone die beiden Kronen der gleich alten Nachbareichen beeinträchtigt, diese Bäume also schwächt, dann ist der Sinn des Baumschutzes ins Gegenteil verkehrt. Andererseits erleichtert eine Baumschutzsatzung die Zurückweisung der leidigen Nachbarforderung nach Zahlung einer „Laubrente", wenn das Laub eines großen Baumes auf das Nachbargrundstück fällt. Nach Auffassung des Oberlandesgerichts Frankfurt (Urteil v. 13. 6. 1991 – 1 U 122/89) ist die Beeinträchtigung der Nachbarsituation durch eine örtliche Baumschutzsatzung auch mit der Eigentumsgarantie des Grundgesetzes vereinbar. Es liegt nämlich im Interesse der Allgemeinheit, daß auch in Wohngebieten Bäume stehen und ihre Umgebung mit Sauerstoff und Feuchtigkeit versorgen und als Entgaser dienen. Ein benachbarter Grundstückseigentümer muß das im Sinne der Sozialbindung des Eigentums hinnehmen (Otto, 1992).

Gerade bei der Anreicherung der Dörfer und Städte mit Bäumen sehe ich gute Gelegenheiten, die Bevölkerung aktiv an der Gestaltung des eigenen Wohn- und Lebensmilieus teilhaben zu lassen. Man muß nicht immer auf die Stadtverwaltungen warten. Auch das ist ein Stück Mitverwaltung, Mitverantwortung und tätiger Heimatliebe.

Für alte Stadtbäume wird vielerorts verglichen mit Programmen wie „Kunst am Bau", „Baudenkmalpflege", „Stadtstraßenbau" erschreckend wenig getan. Das rührt her von der Unwissenheit der Bevölkerung, die sich gerade deshalb zu wenig wehrt, und der Passivität der Stadtväter und Medien. Statt dessen werden in fast neurotisch-ängstlicher Hektik alte Stadtbäume zur Verringerung des Haftungsrisikos beschnitten. Streusalzausbringung ist laut BMI in „bis zu 90 %" Ursache des Straßenbaumniederganges. Natrium- und Chlorkonzentrationen in Straßennähe haben in manchen Städten unverantwortliche Extremwerte erreicht. Salzbedingte Korrosionsschäden an Fahrzeugen und Verkehrswegen kosten alljährlich viele Mrd. DM.

Je mehr der gesunde Boden um einen Baum in der Ausdehnung der Kronentraufe entspricht, desto größer ist seine Vitalität und seine Fähigkeit, Verletzungen auszuheilen. Wenn Wasser- und Nährstoffaufnahme im Boden nicht der Assimilationsfläche entspricht, sind Baumschäden unvermeidbar. Und an diesen Baumschäden mit teurer Baumchirurgie herumzudoktern ist pure Verschleuderung von Steuermitteln, wenn der Wurzelbereich weiterhin vernachlässigt wird. Die Wirklichkeit sieht fast immer völlig anders aus. Der aufgrund schädlicher Umwelteinflüsse (von der Luftverschmutzung bis zur Verdichtung durch Befahren der Baumscheibe und Erstickung der

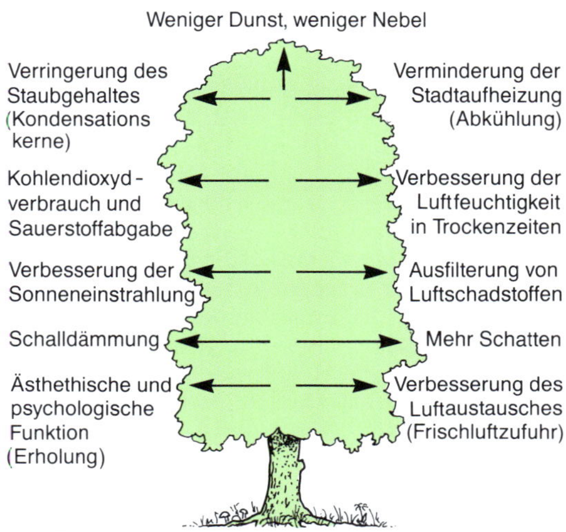

Abb. 72. Die Bedeutung unserer Bäume in der Stadt.

Wurzeln) rapide verlaufende Gesundheitsverfall beginnt häufig mit Astabbrüchen und endet mit Fällung aufgrund der Verkehrssicherungspflicht. Erst dann wird vielen Mitbürgern die besondere ökologische, stadtklimatische und ästhetische Bedeutung der Bäume bewußt, die ein Stück Lebensqualität in der Stadt bedeuten. Doch dann ist es zu spät.

Wollen wir den alten Bäumen wirklich helfen, müssen wir versuchen, ihren Lebensanforderungen zu entsprechen. Dazu gehört ganz wesentlich die möglichst große Baumscheibe und das Belassen des Laubabfalls auf dieser Fläche. Dieses Laub liefert die naturgemäße Bioenergie für die Bodentiere. Sie sind im Rahmen des Zersetzungs- und Mineralisierungsprozesses für die mechanische Zerkleinerung und chemische Aufbereitung des Bestandesabfalls, die Durchmischung und Lockerung des Bodens sowie die Verbesserung der Lebensbedingungen für andere Zersetzer und die Mineralisierer von Bedeutung. Der Prozeß der Streuzersetzung verläuft in dem Beziehungsgefüge zwischen Bodentieren und Mikroflora.

Die Struktur des Bodens und damit die Grundlage für bodenverändernde Prozesse wird vor allem von Regenwürmern geprägt (Eichhorn, 1991). Sie haben im Boden eine Schlüsselfunktion. Etwa 10 Arten kommen in Städten vor. Nach einer Brüsseler Studie stellen sie die größte Biomasse unter allen Tieren und rangieren noch vor Hunden und Katzen. Regenwürmer wenden bei intakten humusreichen Böden innerhalb von 12 bis 15 Jahren die obersten 10 cm vollständig um und erzeugen Jahr für Jahr 10 bis 90 t/ha wertvollsten Dünger. Der Regenwurmkot enthält Nährstoffe in hohen Konzentrationen, zum Beispiel zweimal soviel Phosphor, dreimal soviel Kalium, siebenmal soviel Stickstoff, zweimal soviel Kalzium und sechsmal soviel Magnesium wie die umgebende Erde. Der Regenwurm ist also ein richtiger Düngerfabrikant, der zudem einen Teil der in tiefere Bodenschichten ausgewaschenen Nährstoffe wieder nach oben bringt. Die Ausscheidungen enthalten Ton-Humus-Komplexe mit Quellkörpern (Kolloide), die nicht nur Wasser und Nährstoffe festhalten; auch für uns bedenkliche Schwermetalle werden im Kristallgitter gebunden. Gerade die Regenwürmer hinterlassen dauerhafte Gänge (bis über 2 m Tiefe) und tragen wesentlich zur Bildung von Großporen bei, die auch von Pflanzenwurzeln genutzt werden und die die Bodenlüftung erhöhen. In ihrer Dissertation „Einfluß von Regenwürmern auf verdichteten Boden – Modellversuche" hat Monika Joschko an der TU Braunschweig 1989 nachgewiesen, daß Regenwürmer selbst bei stärkster Verdichtung (40 % Porenvolumen) überwiegend vertikale Gänge anlegen und in der Lage sind, eine simulierte „Pflugsohle" zu durchbohren. Die Wasserleitfähigkeit wurde durch Regenwürmer in verdichteten Böden maximal bis um das 50 000fache erhöht. Sie wirken Bodenverhärtungen auf natürlichem Wege entgegen. Im Prinzip wirken Regenwürmer auf zwei Arten:

1. Sie legen mit ihren Gängen ein Röhrensystem an. Über dieses System wird die Wasseraufnahme des Baumes in Abhängigkeit vom Kronenvolumen (= Wasserpumpe) verbessert und zugleich der „verschwenderische" Oberflächenabfluß verringert.
2. Über den Regenwurmkot bilden sich stabile Teilgefüge aus Mineralboden und Humus, die auch ihrerseits die Lagerungsdichte des Bodens mit entsprechenden Großporen bestimmen, die Durchsetzung des Bodens mit Bakterien u. a. gewährleisten und eine baumnutzbare Lockerung auch verhärteter Böden bewirken (Joschko, 1989).

Dafür muß jedoch der natürliche Kompost über den Blattwurf des Baumes stets aufs neue die nötige Bioenergie liefern, da sonst die meisten Bodenlebewesen und mit ihnen recht schnell die Regenwürmer quasi verhungern. Entweder lassen wir also das Laub künftig auf der möglichst großen Baumscheibe – im Optimalfall so groß wie die Baumkrone –, oder aber wir unterbrechen diesen Kreislauf, kompostieren das Laub und reichern den Humus des Baumes regelmäßig – also jährlich – durch ausgebrachten Kompost wieder an. Ein teurer und überflüssiger Umweg.

So gesehen ist Laubabsaugen ohne Kompostrückführung gleichbedeutend mit aktivem Verdrängen von alten Bäumen aus den Stadtbereichen, wo sie gerade für die Lebensqualität heute so wertvoll sind. Die künstliche und teure Bodenbelüftung, wie man sie heute in den Städten sehr oft vorfindet, ist auf Dauer kein Ersatz und als untauglich abzulehnen. Regenwürmer müssen ständig und überall „arbeiten", ihr fein verteiltes Röhrensystem muß auch die äußersten Wurzelspitzen erreichen.

Regenwürmer führen übrigens kein völlig unterirdisches Dasein. Man kann sie in lauer Sommernacht nach einem Regenschauer bei ihren Aktivitäten beobachten. Die Würmer bleiben mit dem Hinterende im Tunnel verankert, damit sie sich bei Gefahr sofort zurückziehen können, und suchen dann die Umgebung nach toten Blättern und anderem organischen Material ab, das sie in ihre Röhre ziehen. Einiges davon fressen sie, einiges bleibt im oberen Bereich der Röhre liegen und dient so anderen Lebewesen als Nahrung. Sollte die Pflegemanie bereits zur Verdrängung von Regenwürmern geführt haben, muß man sie mit gesundem Kompost wieder einbringen und dann mit dem Laubabfall auf natürlichem Wege „füttern". Sollte übrigens die immissionsbedingte Versauerung die Regenwürmer weitgehend sogar aus Stadtböden verdrängt haben (wegen des Vorhandenseins basenreicher Substanzen allerdings eher

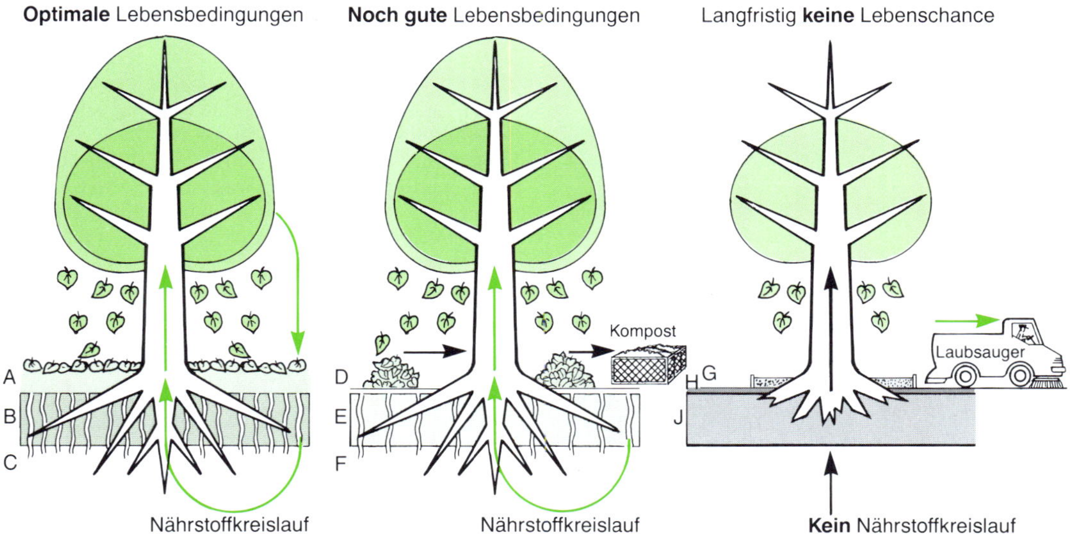

Abb. 73: Alte Stadtbäume sterben sehr selten an natürlicher Altersschwäche

A. Strukturierte Laubreste von 1 bis 5 Jahren; Lebens-, Schutz- und Nahrungsraum für viele Organismen. Regenwürmer transportieren Laubreste in tiefere Bodenschichten.
B. Ständig neu aufgelockerter Humus mit zahlreichen Regenwurmgängen, die der Durchlüftung des Bodens, seiner Wasserleitung und dem Nährstofftransport der Blattbiomasse zu den Wurzeln dienen.
C. Mineralboden mit stabilen Ton-Humus-Komplexen und vielen Regenwurmgängen, die die Nährstoffnachlieferung fördern und die Wasserleitfähigkeit bis zum 50 000-fachen in verdichteten Böden erhöhen können.
D. Gesammeltes Laub wird abtransportiert, zentral kompostiert und als „Humus aus Kompost" zurückgebracht. Strukturierte Laubreste als Nahrung für viele Zerkleinerer und große Regenwürmer fehlen weitgehend.
E. Humus aus Kompost gewährleistet das Leben für die meisten Bodenorganismen, die gute Durchlüftung und Wasserleitung des Bodens sowie die Nährstoffrückführung der Blattbiomasse. Infolge des Fehlens strukturierter Laubreste reduzierte Regenwurmgänge vom Oberboden in tiefere Lagen.
F. Reduzierte Auflockerung und Durchmischung im Grenzbereich zwischen Humusschicht und Mineralboden.
G. Aus Platzgründen meist viel zu enge Baumscheibe behindert den Luft-, Wasser- und Nährstofftransport.
H. Übertriebene Verdichtung (z. B. durch Befahren, Beparken, Asphaltierung und Beflasterung) zerstört das Kapillarsystem des Bodens. Maschinen saugen nicht nur Milliarden von Bodenorganismen der Auflage und damit die Nahrungsgrundlage vieler Vogelarten auf, sondern mit dem Laub auch die Biomasse, die über die Ernährung der Bodenorganismen die Rückführung des größten Teils der aufgenommenen Nährstoffe sicherstellt. Auch Regenwürmer müssen praktisch verhungern, so daß eine natürliche Auflockerung des Bodens nicht mehr erfolgen kann.
J. Je mehr der Boden verdichtet wird, desto stärker wird die Luft-, Wasser- und Nährstoffzufuhr behindert. Wurzeln und Kronenteile sterben schrittweise ab, das von der Natur vorgegebene Verhältnis zwischen Kronen- und Wurzelmasse wird zunehmend gestört, die Widerstandskraft gegen Parasiten oder Immissionen sinkt, schließlich stirbt der Baum ab. Meist muß er aus Verkehrssicherheitsgründen gefällt werden. Siehe auch Kapitel 3.3!

Für den Denkmalschutz wird heute erfreulicherweise viel getan. Denkmale fördern Geschichtsbewußtsein, Identifikation und Heimatbezug, ja auch die Lebensqualität. Mindestens ebenso wichtig – es geht ja auch um die Gesundheit der Stadtbewohner – ist die Erhaltung der alten Stadtbäume. Sie tragen wesentlich zu Wohlbefinden, Entspannung und Heimatbindung bei. Eine Mindestausstattung an alten Bäumen gehört zu unserem Psychotop. Motorisierung, Parkraumnot, Straßen-, Tief- und Hochbau, Rationalisierung bei der Grünflächenpflege, übertriebenes Ordnungsdenken, Verkehrssicherungszwänge und Nachbarforderungen führen zur Vernachlässigung der Sorgfalt bei der Erhaltung dieser altehrwürdigen Lebewesen, denen eine dem Denkmalschutz entsprechende Fürsorge gebührt. Wir müssen unseren alten Stadtbäumen wieder nach Regeln der Natur helfen lernen und das Kurieren an Symptomen (z. B. Baumchirurgie) als nachhaltig ungeeignet entlarven.

unwahrscheinlich), kann die Kompensationskalkung zu einer starken Vermehrung der Regenwürmer führen (Eichhorn, 1991).

Abb. 74. Grüngürtel zwischen Wohngebiet und Industriebereich.

Stadtgrün und alte Menschen

Großstadtbewohner sind zu mehr als 20 % alte Menschen. Zählungen zeigen, daß sie die über das Stadtgebiet verteilten Grünanlagen am intensivsten nutzen. Die Suche nach Kontakten, das Bedürfnis nach Bewegung in frischer Luft, das Unbehagen gegenüber verkehrsreichen Straßen, der Wunsch nach neuen Eindrücken regen ältere Menschen zum Spaziergang im Park an. Die Muße des arbeitsfreien Lebensabends gibt vielen die Zeit dazu, und sie sind durch ihre Herkunft oft noch mit dem Land und der Natur verbunden und haben eine innere Beziehung zum Rhythmus der Jahreszeiten. Er berührt sie körperlich und seelisch stärker als andere Altersgruppen. Für sie bedeuten die optischen Erlebnisse blühender Kirschen und Kastanien, die Herbstfärbung der Blätter, denen sie jedes Jahr neu begegnen, auch Erinnerungen, gedankliche Beschäftigung mit Stationen ihres Lebens. Solche Erlebnisse können nur sinnvoll gepflegte Stadtbiotope, artenreiche ökologische Ausgleichsflächen bieten.

Lampen als Todesfallen

Ein Teil der zunehmenden Lichtflut unserer Städte dient der Verkehrssicherheit oder dem Schutz vor Einbrüchen. Ein großer Teil ist jedoch rein wirtschaftlich (z.B. Reklame) oder ästhetisch-dekorativ (z.B. Anstrahlung von Baudenkmälern) begründet. Hier ist Bremsen angebracht, nicht nur zur Energiesparung, sondern besonders im Artenschutzinteresse. Von den fast 40 000 Insektenarten Mitteleuropas ist ein großer Teil nachtaktiv. Ihre Facettenaugen sind auf äußerst geringe Beleuchtungsstärken „geeicht", starke Lichtquellen führen zum Zusammenbruch ihres Navigationssystems. Bei den nachtaktiven Schmetterlingen ist die Wahrnehmung überdies in den ultravioletten (UV-) Teil des Spektrums verschoben: Sie reagieren am stärksten auf Licht, das der Mensch gerade noch als Violett wahrnimmt, aber auch auf die kurzwelligen UV-Strahlen, die für uns schon unsichtbar sind. Viele Lampen, die neben dem sichtbaren auch dieses UV-Licht ausstrahlen, ziehen deshalb Nachtfalter und andere Nachtinsekten besonders stark an und locken sie in riesigen Scharen aus ihren eigentlichen Lebensräumen. Aus dem Bannkreis der Lampen gibt es für die Insekten meist kein Entrinnen mehr.

Dies führt zu Populationszusammenbrüchen bei vielen Insektenarten in den Städten und deren Randbereichen. Die Landesanstalt für Ökologie, Landschaftsentwicklung und Forstplanung in NRW (LÖLF) empfiehlt daher, naturnahe Randbereiche der Siedlungen geringer auszuleuchten (insbesondere Parks, Grünanlagen mit Bäumen, Kleingartenbezirke, Bahndämme, Gewässer), Ersatz von starken Lampen an hohen Masten mit großer Fernwirkung durch mehrere schwächere und niedriger angebrachte Lampen, Einsatz von Abblend-Konstruktionen bei Objektbeleuchtungen zur Reduktion von Seitenabstrahlungen, drastische Verminderung der Beleuchtung in der zweiten Nachthälfte. Außerdem sollten alternative Leuchttypen eingesetzt werden: Nachrüstung von HQL-Lampen mit Filtern für den Spektralbereich unter ca. 450 nm; Natrium-Niederdrucklampen mit gelber Strahlung im Bereich von ca. 580 nm (aus Artenschutzsicht ideal); Natrium-Hochdrucklampen mit verbreitertem Spektrum und weißgelbem Licht, dessen UV-A-Anteil viel geringer ist als der von Quecksilberdampflampen (LÖLF-Mitteilungen, 3/1992).

Weitlockende Lampen mit elektrischer Tötungsanlage, die alle anfliegenden Insekten „verbrutzeln", um den abendlichen Freisitzgenuß zu maximieren, verbieten sich für aufgeklärte Naturfreunde von selbst (vergl. Kap. 3) und gehören eigentlich generell aus dem Verkehr gezogen!

Übertriebene Haftungsansprüche

Die Erlanger Empfehlungen der Internationalen Föderation der Landschaftsarchitekten zur Landschaftsentwicklung in der Stadt (1980) beklagen juristische Hürden für den Naturschutz:

„Aus übertriebenen Haftungsansprüchen wird in den Städten die Pflanzung von Bäumen oft unmöglich gemacht: Der Honigtau der Linden, das Fallen von Blättern, das Abbrechen morscher Äste läßt manche Städte vom Pflanzen von Bäumen leider völlig zurückschrecken. Um die hohe Qualität alter Bäume zu erhalten und die Neuanpflanzung von Bäumen zu ermöglichen, sollten die Städte umfassende Haftpflichtversicherungen abschließen. Durch Rechtsgutachten in Zusammenarbeit von Juristen, Verwaltungsfachleuten und Landschaftsarchitekten sollten diese Probleme in allen Städten gelöst werden."

Dieser Empfehlung möchte ich hinzufügen, daß die Angst vor Haftungsansprüchen wichtige Naturschutzbestrebungen in vielen Bereichen unangemessen belastet. Daran ist eine Rechtsprechung nicht unschuldig, die die Bedeutung der Natur für die Allgemeinheit noch nicht erfaßt hat.

Ein ähnliches Problem stellt die Verkehrs-

Abb. 75. Traurige Zeugen der unverstandenen Bedeutung von Stadtbäumen für unsere Lebensqualität. Übertriebenes, ängstliches Sicherheitsdenken hat aus stattlichen Bäumen astarme Skelette werden lassen, die nur einen Bruchteil ihrer eigentlichen ökologischen Bedeutung für die Allgemeinheit erfüllen können: Die für unsere Gesundheit so wichtige Kleinklimaregulierung (Temperaturausgleich, Luftbefeuchtung, Luftzirkulation bei „stehender" Hitze), die wertvolle Luftreinigung von belastenden Schadstoffen und die nicht zu unterschätzende psychologische Wirkung sind auf ein Minimum reduziert. Die große Flächenversiegelung und extrem engen Baumscheiben ergänzen die negativen Kettenreaktionen, die alle Einwohner – unbewußt – belasten (Foto: Tüxen, Archiv Norddeutsche Naturschutzakademie).

gefährdung dar durch umfallende Bäume, herabfallende Äste und durch die Einengung des Lichtraumprofils in Waldgebieten. Der Risikofaktor ist auch durch peinlichste Sorgfalt von den Waldbesitzern kaum zu vermindern. Straßenbauämter sind – veranlaßt durch BGH-Urteil vom 8. Juni 1979 (VZR 46/78; in Agrarrecht, 1979, S. 279) und in Anwendung des nachbarrechtlichen Anspruchs aus BGB § 1004 auf Beseitigung des sog. Überhangs – dazu übergegangen, von Forstbetrieben das Freimachen der Lichtraumprofile an Straßenabschnitten im Wald und die Beseitigung aller abgestorbenen Äste im Straßenbereich zu verlangen. Das würde nach einer Kalkulation eines Forstamtes auf einem nur etwa 400 m langen Straßenteilstück alle 5 Jahre ca. 30 000 DM kosten. Man schlägt daher vor, die stärksten Bäume am Straßenrand zu beseitigen. Das ist genau das, was angesichts der ökologischen Schäden durch Straßen nicht passieren darf! Forstleute müssen heute regelmäßig die Waldränder an Straßen, Parkplätzen, stark begangenen Wegen, Stadträndern und Erholungsschwerpunkten auf von Bäumen ausgehende Gefahren hin kontrollieren. Im Zweifel lassen sie dann unsicher erscheinende Bäume fällen. Sie entfernen damit oft ökologisch wie ästhetisch besonders wertvolle Randbäume, reißen den schützenden Waldmantel auf und riskieren erhebliche biologische Folgeschäden im angrenzenden Bestand, und das alles nur, um einem denkbaren Haftungsanspruch zu begegnen.

Aber zurück zur Stadt. Dort gefährden Haftungsansprüche den Baumbestand mehrfach: Möglicherweise abbrechende Äste führen hier nämlich auch häufig zur Baumfällung, zumindest aber zu einer derart intensiven Astkappung – „damit man nicht gleich im nächsten Jahr wiederkommen muß" –, daß viele Bäume zu Peitschenstangen degradiert werden und ihre ökologische Funktion für die Allgemeinheit einbüßen. Ähnlich ist es bei der Salzausbringung: Daß man sich anders als in Nachbarländern (z. B. Österreich, Schweden) davon nicht lösen kann, ist in erster Linie Folge übertriebener Haftungsansprüche. Viele Stadtväter würden der Umwelt und des Wohn- und Erholungswerts ihrer Städte wegen lieber heute als morgen die gefährliche Salzausbringung einstellen lassen. Sie wagen es nicht aus Haftungsgründen.

Diese Sorge wird durch ein Urteil vom Oberlandesgericht Hamm (AZ: OLG Hamm, 9 U 259/84) entkräftet; danach wird eine durchgehende Streupflicht im Winter auf allen Straßen verneint. Eine Streupflicht gilt innerhalb von Städten und Gemeinden nur an gefährlichen Stellen (Kreuzungen, Einmündungen, Gefällestrecken) von Hauptverkehrsstraßen. Außerorts muß nach der Entscheidung nur an „besonders gefährlichen Stellen" gestreut werden. Keine Streupflicht besteht nach Auffassung des Gerichts dort, wo im allgemeinen mit Glätte gerechnet werden muß, z. B. auf Brücken oder auf Straßen durch Wälder.

Die Mauer – Kunstfelsen in der Stadt

Trockenmauern mit tiefen Fugen können als Sonderbiotope ein regelrechtes Sammelsurium von Flora und Fauna beherbergen. Je nach Art und Schichtung des Gesteinsmaterials, nach Umgebung, Lage und Besonnung haben sich ganz spezielle Klein-Ökosysteme entwickelt. Viele seltene Pflanzen- und Tierarten aus Felsregionen haben Trockenmauern als Ersatzbiotope besiedelt. Sogar für den Zaunkönig und andere insektenfressende Vögel bietet die Mauer viel Nahrung. Wenn sie durch eine dichte Vegetation geschützt ist, wird sie manchmal sogar als Nistplatz benutzt. In Löchern nisten dort z. B. Zaunkönig, Gartenrotschwanz, Grauschnäpper und auch mal das Rotkehlchen. Vielfach mußten diese interessanten Refugien Neubau- und Sanierungsmaßnahmen weichen. Damit verschwanden binnen Stunden Elemente, die jahrhundertelang das Ortsbild geprägt hatten. Beton oder dichtverfugte Natursteinmauern sind kein Ersatz, und es nützt auch wenig, wenn diese monotonen Wände dann mit Cotoneastern verhängt werden. Verbliebene Trockenmauern sind unbedingt schützenswert, neue sollten angelegt werden. Bei unumgänglichen Betonsicherungen in Natursteinmauern sollte man sich auf einzelne, tief im Mauerwerk versteckte Bereiche beschränken. Wichtig ist die Erhaltung eines verbreiteten und möglichst durchgängigen Lückensystems. Bei neuen Stützmauern sind sog. Gabionen zu empfehlen, Drahtschotterkörbe mit Natursteinpackungen. Ist Beton unvermeidlich und auch eine Verblendung mit Natursteinen nicht möglich, sollte die Oberfläche möglichst rauh strukturiert sein, damit sich wenigstens Algen, Moose und Flechten ansiedeln können.

Stellung der städtischen Grünplanung

Die Gemeinden haben als Träger der Planungshoheit im Bereich Umwelt- und Naturschutz eine sehr starke Stellung. Sie entscheiden maßgeblich über die künftige Entwicklung von Natur, Landschaft und Umwelt. Die große Bedeutung der ökologischen Bereicherung unserer Städte zur Wohnwertverbesserung fordert neben dem schrittweisen Abrücken vom Ziel einer „autogerechten" Stadt ganzheitliches Vorgehen, das in der Verwaltung alle Fachressorts und daneben auch die Öffentlichkeit ständig einbezieht.

Dabei wird einer fundierten Grünplanung innerhalb aller Städte und der Landschaftsplanung in angrenzenden Bereichen erhebliches Gewicht beizumessen sein. Die meist schwache Stellung der Grünplanung (finanziell, personell, rechtlich, fachlich) – das gilt besonders für kleine Städte ohne fachkompetentes Personal – und das Festhalten an traditionellen Aufgaben – gärtnerische Gestaltung und Pflege städtischer Grünanlagen – geben ökologischen Argumenten noch nicht das Gewicht, das ihnen von der Sache her zusteht (Grohé, 1982). Im Gegensatz zu vielzitierten „Sachzwängen" sind ökologische Sachzwänge heute in Politik und Verwaltung noch lange nicht akzeptiert. Dies wird man sich nicht länger leisten können. Bei der Bedeutung des Stadtklimas für das Wohlbefinden der Bewohner sind sowohl sichere Kenntnisse über die Wirkungszusammenhänge als auch die konsequente Umsetzung des Wissens in die Praxis erforderlich.

Dabei ist die Ökologie nicht etwa Planziel, sondern Planwerkzeug; und Stadtökologie ist weder Ideologie noch „grünes Beiwerk", sondern eines der wichtigsten Instrumente zur Gestaltung menschlicher Lebensräume (Müller, 1984). Für die dringend erforderlichen Umweltverträglichkeitsprüfungen benötigen die Städte heute ein möglichst weitreichendes stadtökologisches Informationssystem, das nicht nur die noch naturnahen Elemente und deren Vernetzungsmöglichkeiten (Naturkataster) berücksichtigt, sondern auch die Belastungen der Böden (Bodenkataster) und der Luft (Luftkataster, Staubkataster), die Klimawerte (Stadtklimakataster), die Gewässer (Gewässerkataster), die Lärmbelastung (Lärmkataster), die Streusalzbelastung im Winterdienst und andere ortstypische Rahmenbedingungen. Es ist an der Zeit, daß Gemeinden, Bürger, Planer und Politiker neue Wege beschreiten, wenn es um die Natur in Stadt und Dorf geht.

Die Landesnaturschutzminister der alten Bundesländer haben 1988 über den Deutschen Städtetag eine Empfehlung „Grün im Siedlungsraum" gegeben. Darin heißt es: „Die Bürger suchen neue Bezüge zur Natur... Durch fortschreitende Flächenversiegelung in den Städten wird auch Tieren und Pflanzen mehr und mehr der Lebensraum entzogen... Grünflächen sind anderen städtebaulichen Nutzungsansprüchen wie z. B. Wohnen, Industrie und Verkehr in ihrem Wert gleichzusetzen, um damit ökologischen Erfordernissen und denen von Freizeit und Erholung im Siedlungsbereich ausreichend Rechnung zu tragen... Die Gemeinden sollten insbesondere die Chance nutzen, die ihnen die Landschaftsplanung nach den Grundsätzen zur Verwirklichung der Ziele des Naturschutzes und der Landschaftspflege in den Siedlungsbereichen bietet." (Schmidt, 1990)

Es ist den Mitarbeitern der Stadtgarten- oder Grünflächenämter nur zu wünschen, daß sie sich der ökologischen Stadtsanierung wesentlich forscher als bisher widmen dürfen und auch in kleinen Gemeinden vom Verwalten, vom gekünstelten Dekorieren, vom „Totpflegen", vom Normdenken wegkommen und zum Sanieren, Renaturieren, Vernetzen übergehen. Es setzt intensive Öffentlichkeitsarbeit, mitreißende Begeisterung voraus, wenn Pestizide grundsätzlich aus dem Verkehr der öffentlichen Grünbehandlung gezogen werden sollen, wenn Laubsaugegeräte nur noch auf Straßen und Wegen eingesetzt werden dürfen, wenn trostlose Bodendecker durch einheimische Sträucher ersetzt werden, wenn die Rasenpflege nur noch bedarfsgerecht und flächenweise individuell erfolgen soll, wenn Baumscheiben deutlich auf Kosten der Verkehrsräume vergrößert werden, wenn eine Laubentnahme weitgehend unterbleibt usw. Wer etwas ändern und verbessern will, hat zunächst immer die Mehrheit gegen sich (vgl. Kap. 5.4); das darf nicht schrecken.

Autochthone Sträucher und Bäume von örtlichen Betrieben verwenden

Die bei den forstlichen Wirtschaftsbaumarten längst bekannte Bedeutung der Autochthonie, also der einheimischen Standortrassen, ist sicherlich auch in der Stadt bei allen Strauch- und Baumarten von großer Bedeutung. Seit vielen Jahren sind die Forstverwaltungen bedacht, jeweils möglichst nur die

Beispiele naturnaher Fließgewässer als Orientierungshilfen für die biologische Sanierung beeinträchtigter Wasserläufe: Großer Reichtum an spezialisierten Pflanzen- und Tierarten, größte biochemische Selbstreinigungskraft, sicher gegen Uferzerstörungen und deshalb geringer Pflegeaufwand, besonders reizvolle Landschaftselemente mit höchstem Erholungswert für Menschen aller Herkunftsbereiche.

❶ Auewaldbereich im Bergvorland mit nachlassender Fließgeschwindigkeit und mäanderartigen Schotterablagerungen, auf die ebenfalls viele Tierarten spezialisiert sind.

❷ Breiter Bach mit strukturierter Sohle, ausgeprägter Röhricht- und Großseggenzone, dichtem Weichholz- und anschließendem Hartholzgürtel.

❸ Mäandrierender Heidebach mit Erlen, deren Schattenwurf ein Verkrauten des Gewässers und der Ufer verhindert.

❹ Reich strukturierter Auewald bei Hochwasser. Derartige Auewälder sind so lebensreich, daß sie mit tropischen Regenwäldern zu vergleichen und außerordentlich schutzwürdig sind. Wir sollten wieder neue Auewälder begründen können (Fotos: Dahl).

Die Natur zeigt, wie Gefällbrüche strukturiert sein müssen. Abwechselnd große Steine – von der Strömung unterschiedlich in einer Durchschnittsneigung flacher als 1:10 abgelagert – ergeben eine Fülle von strömungsarmen Bereichen, die von vielen Pflanzen- und Tierarten besiedelt werden. Derartige natürliche Sohlgleiten sind für Fische und Kleinstlebewesen entgegen der Fließrichtung passierbar, erübrigen also auch jede Fischtreppe. Sie sind in einem Fließgewässer natürlich und sehen so reizvoll aus, daß sie einen Bach oder Fluß auch innerörtlich anstelle von Sohlabstürzen nicht nur biologisch, sondern auch ästhetisch wesentlich aufwerten (Foto: Markmann).

Da alle Fließgewässer innerörtlich oder in der freien Landschaft unnatürliche Barrieren enthalten, die entgegen der Fließrichtung nicht von Kleinstlebewesen bzw. Fischen passiert werden können, bietet sich ein weites Feld für Naturschutzaktionen, z. B. lokaler Vereine. Bei dem Fotobeispiel hat ein örtlicher Industriebetrieb rd. 600 t Wasserbausteine gestiftet, die vom Lions-Club „Goslar-Kaiserpfalz" in Handarbeit eingebaut werden und zwei Sohlabstürze von rd. 1 m Höhe biologisch sanieren (Foto: Verfasser).

Bereits 6 Monate nach Abschluß der Aktion sind viele Steine mit Algen und Moosen überzogen, Kleinstlebewesen und Fische können entgegen der Fließrichtung wandern, das Gewässer hat auch ästhetisch so gewonnen, daß sich die örtliche Bevölkerung daran erfreut. Der sicht- und erlebbare Erfolg ermuntert zu weiteren Naturschutzaktionen (Foto: Verfasser).

Häufige Situation von Bächen in Waldgebieten: Für den unkundigen Betrachter wirkt der Bach noch schön, obwohl seine biologische Vielfalt bereits stark eingeschränkt ist und künftig noch weiter reduziert wird, da die Fichten die wenigen Erlen verdrängen werden. In diesem Alter können die dicht an das Gewässer herangepflanzten Fichten noch radikal auf etwa 10 m nach beiden Seiten beseitigt und durch standortgemäße Erlen (uferwärts anschließend ggf. auch Ahorn, Esche, Ulme u. a.) ersetzt werden. Die in diesen Bächen u. a. meist vorhandenen Flohkrebse – wichtige Fischnährtiere! – benötigen z. B. die Erlenblätter (und nicht Fichtennadeln!) als Nahrungsgrundlage (Foto: Archiv Forstamt Oderhaus).

Jedes Stillgewässer lebt biologisch entscheidend von seiner vielstrukturierten Uferzone und nur zu einem geringen Teil von seiner offenen Wasserfläche. Die natürlichen Zonen der Großlaichkräuter, Schwimmblattpflanzen, Röhrichte (Schilf, Seggen), Weich- und Harthölzer ergeben zusammen einen außerordentlich reichen, bunten und ästhetisch schönen Lebensraum mit großer Erholungswirkung für den Menschen. Die beiden Fotos vermitteln einen Eindruck, welche Vielfalt an Stillgewässern die Natur entwickelt, wenn der Mensch ihr nur Zeit und Raum läßt (Foto oben: Archiv Forstamt Oderhaus, Foto unten: Dahl).

Ein künstlich in einem nur zeitweilig Wasser führenden Graben angelegtes Feuchtgebiet. Dem Grundsatz folgend, keine Bepflanzung und keinen Tierbesatz vorzunehmen, hat die Natur von selbst in kurzer Zeit einen artenreichen und auch ästhetisch schönen Lebensraum entwickelt, ein biologisches Kleinod in einer sonst verarmten Landschaft. In der Bildmitte ein Dammbereich mit infolge der steilen Uferneigung schmaler Vegetationszone (Foto: Markmann).

Auch ohne Autos erkennt man sofort die „teure Wohngegend": Mehrere Menschengenerationen haben hier das gleiche gewollt, die natürlichen Bäume (Berliner Kieferngebiet) und damit den Parkcharakter erhalten und den Schattenwurf bzw. Nadel- oder Laubabfall nicht als störend empfunden. Das Lokalklima ist hier gesünder, die Luft infolge der Filterleistung der Bäume sauberer, die Lebensqualität höher und damit das Wohngebiet bei der Bevölkerung beliebter als „ausgeräumte" Stadtbereiche (Foto: Czypionka).

Beispiel zurückhaltender Versiegelung im Fußgänger- und Parkbereich und Förderung einer Straßenallee. Die sich selbst einstellende Trittvegetation kann sich weitgehend ungestört durch Pflegeeingriffe und relativ artenreich entwickeln. Lokalklima, Luftreinheit und biologische Belebung steigern hier die Wohnqualität erheblich (Foto: Czypionka).

Fassadengrün schützt Wände vor Wind, Wetter und Schadstoffimmissionen (Säurebildner der Luft), hält Wände und Putz trocken und verlängert deren Lebensdauer, läßt durch die Verdunstungskälte auch bei „stehender" Hitze die Luft zirkulieren, gleicht Temperaturextreme aus, reinigt die Luft, verringert Lärmwirkungen, kaschiert häßliche Bauwerke – ob zu Hause oder am Arbeitsplatz –, belebt biologisch sonst tote Wände und trägt wesentlich zur psychischen Wohnwertverbesserung bei. Bei großzügiger Bodenbereitstellung im Wurzelbereich und dauerhafter Kletterhilfe kann Fassadengrün über Menschengenerationen unseren engeren Lebensbereich ökologisch wesentlich verbessern (Foto: Czypionka).

Eine reich strukturierte Landschaft mit Feldern, Hecken und bunten Wiesen bildet einen attraktiven Übergang von der Kleinstadt zur Umgebung. Biologische Vielfalt und Erholungseignung ergeben hier eine gesunde Harmonie, die instinktiv jeden Menschen zum Wiederkommen anregt. Dazu bedarf es keiner Einrichtungen, keiner Grill- oder „Rummel"-Stelle und auch keiner Hinweise. Eine biologisch intakte Landschaft wirkt stets für sich (Foto: Archiv Forstamt Oderhaus).

Glatte, dicht verfugte Mauern bleiben tote technische Bauwerke. Dagegen können sich unverfugte, Hohl- und Feinerdebereiche enthaltende Trockenmauern mit ihren eigentümlichen Lebensbedingungen mit extrem spezialisierten Pflanzen- und Tierarten besiedeln und dann ein reich belebtes, anheimelnd buntes Mosaik ergeben. Bei ausreichend Boden am Mauerfuß kann sich Ruderalflora einfinden und ggf. zusammen mit Fassadengrün, das die Mauer herab- oder heraufwächst, das Bild der Mauer noch weiter verschönern. Jeder offene Teilbereich kann wesentlich zur Belebung einer Mauer beitragen. Je rauher und unregelmäßiger die Oberfläche, desto größer ist die Zahl der ökologischen Nischen und die zu erwartende Artenvielfalt (Foto: Tüxen, Archiv Norddeutsche Naturschutzakademie).

Dicht versiegelte Straßen verinseln unsere Landschaft, weil sie durch viele Tiere bis zur Kleinsäugergröße nicht passiert werden. Jede Verinselung beschleunigt Aussterbereaktionen in der Natur. In der Längsrichtung besteht dagegen die Möglichkeit, durch ökologisch ausgerichtete Böschungsgestaltung biologische Ausgleichsbereiche miteinander zu vernetzen. Ein vielartiges und reichstrukturiertes Mosaik von standortgemäßen Kraut-, Strauch- und Baumarten (einschl. einiger Nadelgehölze) kann auf langen Böschungen einer vielartigen Fauna Lebensraum bieten, während z. B. fremdländisches Dekorationsgrün dagegen biologisch extrem arm ist. Zur Anlage und biologisch richtigen Pflege sollten die Straßenbaulastträger Fachleute einstellen (Foto: Verfasser).

Ein schöner Beitrag zur Steigerung der Artenvielfalt im Böschungsbereich: Stehengebliebene Felsen mit reich strukturierter Oberfläche bieten vielen Arten (z. B. Flechten, Moose, Farne und daran gebundene Insekten) speziellen Lebensraum und vergrößern durch Kleinklimabeeinflussung der näheren Umgebung die Zahl der ökologischen Nischen (Foto: Verfasser).

Alte Alleen bereichern ästhetisch die Landschaft, mindern die Schadstoffbelastung der Luft, fördern eine angepaßte Fahrweise und reduzieren dadurch das Unfallaufkommen. Nur die Verwendung von standortgerechten Baumarten ergibt eine biologische Belebung, während „Fremdländer" kaum Nahrungsgrundlage für einheimische Tierarten sein können. Während z. B. an Eichen mehrere 100 Insektenarten (Nahrungsgrundlage z. B. für Vögel) leben können, werden an der fremdländischen Platane keine Insekten festgestellt. Die Straßenbaulastträger sollten systematisch neue Alleen – wie früher sehr verbreitet – begründen (Foto: Tüxen, Archiv Norddeutsche Naturschutzakademie).

Die Segetal- und Ruderalflora, also die natürliche Pflanzenwelt der Äcker, Gärten, Weinberge, Raine, bäuerlichen Siedlungen, Schuttplätze, Brachflächen usw., ist ohne Biozid- und Düngemitteleinsatz außerordentlich artenreich, bunt und ästhetisch schön. Sie bietet Lebensraum für eine Fülle von nützlichen Insekten und Nahrungsgrundlage für viele Vögel und Säugetiere. Diese Flora gehört auf biologischen Ausgleichsflächen – über Randbereiche miteinander vernetzt – in alle landwirtschaftlichen Gebiete. Diese Flächen sind wertvoll auch für Erholungssuchende, bedürfen aber einer angemessenen Pflege, die auch kleinere landwirtschaftliche Betriebe gegen Kostenerstattung für die Allgemeinheit erbringen können (Foto: Markmann).

Innerhalb der beiden intensiv bewirtschafteten Getreidefelder rechts und links ist nur der schmale Steinwall bzw. die Hecke in der Mitte eine kleine, unzureichende ökologische Ausgleichszone. Noch kann die Natur dankbar farbenprächtig (Foto) und artenreich reagieren, wenn auf einem zusätzlichen Randstreifen der Biozideinsatz unterbunden wird. Bieten sich dadurch nicht eine Fülle von Möglichkeiten des Aufeinanderzugehens von Landwirtschaft und Naturschutz, der Wiederbegründung von Naherholungsmöglichkeiten für die Bevölkerung? (Foto: Markmann).

Trotz gegensteuernder Bemühungen und landwirtschaftlicher Überproduktionen werden jährlich immer noch mehrere 1000 km Hecken in der Bundesrepublik Deutschland beseitigt und damit reichhaltige Lebensräume für nützliche Insekten, Vögel und Säugetiere zerstört. Neben ihren direkten biologischen Vorteilen fördern Hecken den Wasserhaushalt der Umgebung, schützen gegen Wind, ermöglichen Ertragssteigerungen, filtern schadstoffhaltige Luft und schützen vor Erosionen. Sie bestimmen den Erholungswert landwirtschaftlicher Gebiete. In Randbereichen sollten, wo es nur geht, Hecken neu begründet werden. Optimal sind Doppelhecken – wie auf dem Foto – an beiden Seiten von Wegen, die ihrerseits nicht befestigt sind und deshalb diese Lebensräume nicht verinseln (Foto: Archiv Norddeutsche Naturschutzakademie).

Alte, extensiv genutzte Obstwiesen sind ästhetisch besonders attraktiv, erholungswirksam und prägen unsere dörfliche Landschaft. Gegenüber intensiv genutzten Obstplantagen werden sie nicht mit Gift behandelt und sind biologisch vielfach reicher – z. B. enthalten sie einen 13fachen Vogelbestand – und gesünder (Foto: St. Meyers).

Alte Einzelbäume sind in der freien Landschaft und besonders in einer ausgeräumten Agrarwüste Kleinodien, die ökologisch wie ästhetisch besonders wertvoll sind. Wir haben nur noch wenige davon, wir sollten sie wie unseren Augapfel hüten (Foto: Dahl).

Ein reich strukturierter, standortgemäßer und gleichwertig nach ökologischen wie ökonomischen Kriterien entwickelter und gepflegter Wald ist für die Allgemeinheit von unersetzbarem Wert und darf nicht durch Umweltbelastungen, kurzfristige ökonomische Zwänge oder Technikhörigkeit vergewaltigt werden. Ein naturnah zusammengesetzter Wald ist eine artenreiche, schöne und stets gesunde Quelle für die menschliche Erholung (Foto: Archiv Forstamt Oderhaus).

Reich zerklüftete und strukturierte Oberflächen von Felsen aus dem gleichen Grundgestein zeigen – läßt man sie nur möglichst lange unberührt – die reiche Reaktionsmöglichkeit der Natur auf feine Standortunterschiede. Flechten (Entwicklungszeit z. T. mehrere hundert Jahre!), Algen, Pilze, Moose, Farne u. a. bilden die Grundlage für eine vielfältige und schöne Lebensgemeinschaft. Kein standortfremder Wald sollte diese wertvollen Bereiche unnatürlich beeinträchtigen (Foto: Markmann).

Ein gut entwickelter Waldrand ist stets infolge seiner besonderen Randbedingungen biologisch besonders artenreich und deshalb auch sehr erholungsintensiv. Über die Vielfalt der Waldinnenränder (Foto oben) und Waldaußenränder (Foto unten) und damit über sehr bedeutende Landschaftselemente entscheidet der Forstmann bereits im sehr jungen Bestandesalter, indem er z. B. den späteren Abstand der Wirtschaftsbaumarten vom Weg oder von der Außengrenze festlegt, Kraut-, Strauch- und Mischbaumarten fördert und ständig herauspflegt und sehr frühzeitig den geschlossenen Schutzmantel (Trauf) anstrebt. Unterlassungen und Fehler im jungen Bestandesalter sind später mindestens für die nächsten hundert Jahre kaum reparabel (Foto oben: Verfasser, Foto unten: Markmann).

Der letzte Rest eines zersetzten und wieder dem Kreislauf zugeführten Baumes. Schönheit auf kleinem Raum, von natürlicher Artenvielfalt „kostenlos" immer wieder gestaltet (Foto: Markmann).

Ein verantwortungsbewußter Jäger mit guten Jagdhunden reguliert gewissenhaft die Wildbestände, die keine natürlichen Feinde mehr haben (z. B. Schalenwild), vermeidet Seuchen und Krankheiten (z. B. Fuchsreduktion gegen Tollwut), nutzt vorsichtig eine Überschußproduktion der Natur (z. B. Stockenten, Hasen) und sorgt ständig für den Schutz der freilebenden Tierwelt in seinem Revier. Dafür benötigt er viel Zeit und vor allem die Möglichkeit, fast täglich im Revier zu sein (Foto: Markmann).

Der Fasan ist ein farbenprächtiger Vogel, der schon vor einigen hundert Jahren in Deutschland eingebürgert worden ist. Als beliebtes Jagdwild wird er leider in zunehmendem Maße ausgesetzt. Als Volierenzuchtprodukt ist er weitgehend fluchtverhaltensgestört und wird deshalb eine leichte Beute seiner Feinde, die sich durch diesen ständig künstlich gedeckten Tisch unnatürlich stark vermehren können . . . Große Aussetzungsaktionen setzen in der Natur unkalkulierbare Kettenreaktionen in Gang (u. a. Nahrungskonkurrenz für andere Vogelarten), die aus Natur- und – besonders beim Aussetzen kurz vor der Jagd – auch aus Tierschutzsicht unverantwortlich sind (Foto: St. Meyers).

Die Vermeidung von menschlichen Störungen sichert in vielen Lebensräumen (z. B. Feuchtgebieten) empfindlichen Tierarten sowie in winterlichen Notzeiten zahlreichen scheuen Tierarten das Überleben. Eine geschickte Kanalisierung von Touristenströmen gehört deshalb zur unbedingt notwendigen Naturschutzstrategie, die niemand mißachten sollte. Wenn der Fremdenverkehr eigennützig und rücksichtslos Landschaften für sich in Beschlag nimmt, verdrängt er schnell die natürliche Artenvielfalt und zerstört sich damit seine eigene Grundlage (Foto: Archiv Norddeutsche Naturschutzakademie).

Unsere Bevölkerung trauert dem Weißstorch nach, der eigentlich vielzahlig in unsere Landschaft und in dörfliche Lebensgemeinschaften gehört. Wenn er heute hier oder dort auftaucht, steht das schon in der Zeitung, und viele Gemeinden halten in rührender Ausdauer künstliche Nisthilfen bereit. Das nutzt nichts, denn wir haben den Storch wie viele andere Tierarten in erster Linie durch Nahrungs- und Lebensraumzerstörung verdrängt. Wenn in gemeinsamen Aktionen mehrerer Gemeinden in Grünlandgebieten Drainagen wieder verstopft, Wiesen versumpft und Überschwemmungsflächen wie auf dem Foto angelegt werden können, kommt auch der Storch wieder! Und ein Dorf mit vielen besetzten Storchennestern hätte nicht nur wegen der Störche erhebliche Fremdenverkehrschancen, sondern auch wegen der sich wieder belebenden Natur in der nahen Umgebung (Foto: Markmann).

örtlichen Rassen oder diesen entsprechende Rassen der einheimischen Baumarten zur Nachzucht zu verwenden. Bei den Baumarten bestehen mehr oder weniger deutliche Rassenunterschiede zwischen den verschiedenen Wuchsbezirken. Da diese genetischen Unterschiede auch ökologisch wichtig sind, wird beim Waldbau für die ökologisch optimale Artenzusammensetzung auch deren Herkunft, also deren Rassenzusammensetzung berücksichtigt. Diese Konsequenz gibt es gegenwärtig im Garten- und Landschaftsbau in der Praxis weder bei Bäumen noch bei Sträuchern. Beim Trend zum Einkauf in Billigländern finden nicht nur exotische Arten, sondern bei Forderung nach einheimischen Arten auch fremde Rassen bei Sträuchern und Bäumen Verwendung (z. B. Kirschkerne aus russischen Marmeladenfabriken, Nüsse aus asiatischer „Studentenfutterfabrikation“ u. ä.). Das ist ökologisch außerordentlich bedenklich. Da diese Entwicklung zudem die räumlich weit entfernte Monopolisierung im Landschaftsbau-Gehölzhandel auf Kosten der örtlichen Betriebe fördert, sind sich aufschaukelnde Negativentwicklungen programmiert.

Gartenbauämter, Naturschutzbehörden, ja die örtlichen Gartenbaubetriebe sollten mit Aufklärungs- und Werbekampagnen, mit finanziellen Anreizen den einheimischen Standortrassen wieder zum Durchbruch verhelfen. Eine relativ schnelle Möglichkeit bietet die konsequente Forderung bei allen Beteiligungsverfahren (z. B. Böschungsbegrünung im Straßenbau). Eine sichere Gewährleistung bei der Nachzucht einheimischer Standortrassen, also der über die Evolution angepaßten Strauch- und Baumrassen, ist wohl nur über örtliche Betriebe zu realisieren. Einheimische Arten und Rassen werden am ehesten mit gravierenden und nicht einschätzbaren Standortveränderungen (z. B. Klimaerwärmung durch Treibhauseffekt) fertig, weil sie sich an die übrigen Bedingungen am besten angepaßt haben.

Ein stadtökologischer Lehrpfad

Der städtische Normalbürger versteht von Stadtökologie, Lebensqualität und Daseinsvorsorge leider immer noch viel zu wenig. Deshalb sind Verbesserungen im demokratischen Kräftespiel nur sehr schwer zu realisieren, und es müssen wesentlich mehr Strategien einer wirksamen Öffentlichkeitsarbeit entwickelt werden. Von einem Konzept für einen stadtökologischen Lehrpfad in Köln aufgrund positiver Erfahrungen u.a. in Stolberg und Erlangen berichtet Dimter (1991). Im Sinne einer Gewinner-Strategie werden 20 Positivbeispiele an verschiedenen Stationen einer 15 km langen Tour erläutert: renaturierter Teil eines Grüngürtels, Baulücke als wertvoller Inselbiotop, Verkehrsberuhigung, Straßen- und Fassadengrün, Baumschutz, Pflasterfugenvegetation, Kleingärten als Teil eines radialen Grünzugs, ökologische Bedeutung von Straßenbäumen, Vegetationszonen einer Flußaue, Natursteinmauer, Vegetation einer Dachbegrünung, Einrichtung zur Umweltpädagogik, artenreiche Baumscheibenvegetation an einer Allee usw. Dieses Beispiel sollte Schule machen. Es gibt tausend Möglichkeiten, Positivbeispiele schnell so zu entwickeln, daß sich eine Darstellung in einem solchen Lehrpfad lohnt. Mehrere Fliegen lassen sich mit einer Klappe schlagen: Die Öffentlichkeitsarbeit wird bereichert; Verbände lassen sich in die Strategie gern einbinden; die Darstellung zwingt zur Forcierung von Positivbeispielen; ein Mangel an geeigneten Objekten kann einen Motivationsschub zu Verbesserungen ergeben; die Presse wird jede Station gern aufgreifen.

Der Golfplatz am Stadtrand

Der Bedarf an Golfplätzen steigt ständig, die Gefahr privilegierten Landschaftsverbrauchs ist offenkundig. Der Flächenverbrauch für eine durchschnittliche Mitgliederzahl von 500 ist erheblich, so daß ökologische wie landschaftsästhetische Gesichtspunkte und Interessen der Allgemeinheit besonders behutsam gegeneinander abzuwägen sind: Der „Internationale Meisterschaftsplatz“ weist 18 Löcher und ein Mindestgelände von 60 ha auf, der „Nationale Meisterschaftsplatz“ umfaßt ebenfalls 18 Löcher mit einem Mindestflächenbedarf von 50 ha, während 9-Loch-Plätze wenigstens 25 ha Fläche benötigen. Nur ein Teil der Flächen eines Golfplatzes werden tatsächlich für das Spiel benötigt, 35 bis 50 % der Gesamtfläche können ohne jegliche Nutzung bleiben und vom jeweiligen Verein individuell gestaltet werden (nach Ziese, 1988):

Greens: Die intensivste Pflege benötigen die Greens mit je ca. 400 bis 800 m^2 auf 2 bis 5 % der Gesamtfläche. Speziell gezüchtete Grasarten werden durch tägliches Mähen auf einer Höhe von bis zu 0,5 cm gehalten. Oft müssen dafür spezielle Drainagen und Heizungssysteme eingebracht werden. Regelmäßige Bewässerung, Düngung und Behandlung mit Pflanzenschutzmitteln sind erforderlich.

Fairways: Die Spielbahnen sind durchschnittlich ca. 300 m lang und 40 m breit, umfassen je Loch also 1 bis 1,5 ha. Auch diese Flächen werden sehr intensiv gepflegt, alle 1 bis 2 Wochen gemäht (Rasenhöhe 2 bis 3 cm) und mit Düngemitteln sowie Pflanzenschutzmitteln behandelt und gegebenenfalls bewässert.

Die Intensität der Pestizidbehandlung und Düngung ist bei den Greens und den Fairways fast doppelt so hoch wie bei intensiv ackerbaulich genutzten Gebieten (Schreiber, 1987).

Semi rough: 2 bis 3 m breiter Streifen beidseitig der Spielbahnen. Hier wird der Rasen alle 14 Tage auf 5 cm Höhe gestutzt.

Rough: Das angrenzende eigentliche Rough wird 4- bis 8mal jährlich auf etwa 8 cm Höhe geschnitten.

Hardrough: Das Hardrough wird wiesenähnlich genutzt und nur 1- bis 2mal jährlich gemäht (Wolf, 1986).

Insgesamt läßt die Intensität der Pflege und Nutzung im Grundsatz keine Golfplatzanlage im Zusammenhang mit besonders geschützten Biotopen zu (z. B. Moore, Sümpfe, Röhrichte, Naßwiesen, naturnahe Gewässer, Block- und Geröllhalden, Heiden, Borstgrasrasen, Trockenrasen, Wälder und Gebüsche trockenwarmer Standorte, Bruch- und Auwälder, Felsen, Dünen usw.). Schon von der erforderlichen Fläche her fallen viele gewünschte Areale aus. Die Manipulation bei Flora und Fauna ist derart intensiv, daß die Bedingungen denen einer landwirtschaftlich genutzten Fläche nahekommen. Außerdem wird ein Clubhaus mit entsprechender Parkraumkapazität gebraucht, und es dürfen die erheblichen Immissionen der Motorgeräte (Mähgeräte, Düngerstreuer, Transportfahrzeuge, Bodenbelüftungsgeräte, Kehrmaschinen, Schreddergeräte u. a.) nicht unterschätzt werden. Eine Umweltverträglichkeitsprüfung muß daneben die Bedürfnisse der erholungsuchenden Bevölkerung und auch die weitere Entwicklung der Landschaft im Sinne einer Renaturierung und ökologischen Vernetzung bedenken.

Um den gesamtökologischen Nettogewinn, auch unter Einbeziehung humanökologischer Kriterien, schon frühzeitig zu optimieren, werden vor allem ausgeräumte Agrarsteppen für neue Golfplätze in Frage kommen. Dabei müssen die individuell gestaltbaren Zonen so renaturiert und ökologisch aufgewertet werden, daß sie sich langfristig als Ausgleich für die Intensivflächen zu wertvollen Ökozellen entwickeln, die auch der wieder zu verbessernden Landschaft und ihrer Vernetzung (Hecken, Waldparzellen, Ersatzbiotope, Wiesenlandschaft u. a.) dienen. Zugänglichkeit (partiell) für die Allgemeinheit und Spielmöglichkeit für externe Spieler müssen gewährleistet bleiben (Ziese, 1988).

Gemeinden als Verpächter

Jede Gemeinde muß sich im klaren darüber sein, daß gesamt- wie humanökologische Kriterien vor kurzfristigen monetären Vorteilen zu rangieren haben. Das gilt nicht nur für das in Eigenregie zu behandelnde „Kommunalgrün", sondern auch für zu verpachtende Flächen, z.B. Schrebergartenanlagen oder Jagdflächen. In NRW gab es 1986 insgesamt 3,1 Mio. Gärten, davon rund 1500 kommunale Kleingartenanlagen mit rund 113 000 einzelnen Gärten von 300 bis 400 m².

Der zusätzliche Bedarf liegt bei 315 000 (Niemeyer-Lüllwitz, 1986), ein deutlicher Hinweis darauf, welch große Flächen als ökologische Ausgleichsgebiete den Städten zur Verfügung stehen.

Als Verpächter haben die Gemeinden nicht nur die Chance, sondern aus heutiger Sicht auch die Pflicht gegenüber der Allgemeinheit, auf eine naturnahe Pflege mit standortgemäßen Baum- und Heckenanteilen, Feuchtgebieten, Trockenmauern, Blumenwiesen usw. hinzuwirken. Dies kann vertraglich, durch Informationsveranstaltungen, Wettbewerbe, kostenlose aktive Maschinenhilfen bei echten Ökologisierungsvorhaben oder auch durch Zur-Verfügung-Stellen standortgemäßer, ökologisch wertvoller Sträucher und Bäume einheimischer Rassen geschehen, die als Ersatz für die Verdrängung von Exoten und ökologisch wertlosen Ziergehölzen zweckgebunden zu verwenden sind.

Auch bei der Verpachtung von Jagdflächen erliegen die Gemeinden oft Milchmädchenrechnungen, nicht selten allerdings auch örtlicher Vetternwirtschaft. Eine Jagdpachteinnahme mit z. B. 10 DM/ha, aber angemessener Wilddichte kann unterm Strich zu einem wesentlich höheren Gewinn für die Allgemeinheit führen als eine Einnahme von z. B. 80 DM/ha, aber überhöhtem Schalenwildstand. Er verursacht nämlich ökologisch negative Kettenreaktionen mit vielfacher Artenverarmung und forstwirtschaftlichem Schaden von 150 bis 250 DM/ha (vgl. Kap. 13). Aus sehr gutem Grund gibt es inzwischen schon eine beachtliche Zahl von Jagdgenossenschaften und Kommunen, die ihre Jagden in Eigenregie betreiben. Die Vergabe von nur jährlich gültigen Erlaubnisscheinen mit Bonusgewährung bei guter Erfüllung der Regulationserfordernisse, die Bevorzugung ortsansässiger Jäger (notfalls im Wechsel), die Beschäftigung eines Berufsjägers als Stadtangestellten (der daneben eine ganze Reihe praktischer Renaturierungsarbeiten übernehmen kann), die Vergabe von wenigen Einzelabschüssen zweckgebunden zur Finanzierung ökologischer Verbesserungen usw. – all das ergibt eine Fülle von Möglichkeiten, die gesamtökologische Bilanz für einen Ort zu optimieren.

Die zweckmäßigen Lösungen werden in jedem Ort anders aussehen, weil man es mit vielen Individualisten einerseits zu tun hat und mit unterschiedlichen ökologischen sowie wildbiologischen Bedingungen andererseits. Gegenwärtig klaffen hier noch extreme Informationsdefizite bei den Verantwortlichen in den Städten über die Wertigkeit ökologischer Verantwortungen. Auch für Gemeindegrundstücke beginnt der Naturschutz vor der Haustür.

10 Naturschutz beim Straßenbau

„Alle wollen zurück zur Natur, aber keiner zu Fuß."
W. Mitsch

Aus Zeitmangel begnügt sich womöglich mancher engagierte Leser mit der Lektüre nur der ihn praktisch interessierenden Kapitel. Das wäre schade, weil es zur Unterschätzung der eigenen Einflußchancen führen kann. Für das Erkennen der eigenen Möglichkeiten und das Einordnen der persönlichen Argumente empfehle ich sehr, zunächst Kapitel 1 bis 4 zu verarbeiten. Manche Vorurteile gegenüber dem Umwelt- und Naturschutz entpuppen sich dann schnell als unverantwortliche Egoismen. Auch Kapitel 5 hat Wertvolles zu bieten, denn die persönliche Wirkung hängt nicht bloß vom fachlichen Wissen ab, sondern genausosehr von der Fähigkeit, Mitmenschen – Freunde wie Gegner – für die eigene Sache zu motivieren.

So wie wir Pflanzen und Tiere heute nicht mehr isoliert als Einzelwesen sehen, sondern als wichtige Teile von Lebensgemeinschaften (Biozönosen) verstehen, beginnen wir, den einzelnen Landschaftsfaktor – Oberflächengestalt, Grundgestein, Boden, Wasser, Klima, Vegetation und Tierwelt – als Teil eines empfindlichen Wirkgefüges zu begreifen. Deshalb sehen wir Straßenneubau, Ausbau und Unterhaltung inzwischen mit ganz anderen Augen als noch vor wenigen Jahren. Die Aufgabe besteht nun darin, diesen Bewußtseinswandel und die ökologischen Erkenntnisse den Praktikern vor Ort so deutlich zu machen, daß sie auch danach handeln.

Allgemeine statistische Daten

In Nordrhein-Westfalen fahren mehr Autos als in Afrika, in Schleswig-Holstein mehr als in China, in Rheinland-Pfalz mehr als in Indien!

Die Gesamtstraßenlänge in Deutschland beträgt rund 621 000 km. Straßen nehmen mit rund 5 % Flächenanteil gut 2,5mal soviel Fläche in Anspruch wie alle Naturschutzgebiete zusammen. Mit 1,74 Straßenkilometern je km² Fläche hat die Bundesrepublik Deutschland nach Belgien, Japan und den Niederlanden die vierthöchste Straßendichte der Welt. Der Anteil unzerschnittener verkehrsarmer Räume (UZV-Räume) hat im alten Bundesgebiet 1977 bis 1987 um 18,3 % abgenommen (Schupp, 1991). Als UZV-Raum wird eine Fläche von mindestens 100 km² bezeichnet, der nicht von Verkehrsstraßen mit einer Belastung von über 1000 Fahrzeugen zerschnitten ist. Diese Zahl dient damit weniger ökologischen Aspekten (z. B. Verinselung) als vielmehr der Erholungsvorsorge, weil innerhalb solcher Flächen Tageswanderungen unternommen werden können, die vom Verkehr weder akustisch noch visuell gestört werden.

Das alte Bundesgebiet wies 1987 insgesamt nur noch 18,5 % UZV-Räume auf. Und nach dem Bundesverkehrswegeplan 1992 sind bis zum Jahr 2010 weitere 191 Mrd. DM für den Straßenbau geplant (Schiene 195 Mrd. DM), im „vordringlichen Bedarf" stehen über 3000 km neue Autobahnen und mehr als 6000 km neue Bundesstraßen (Unser Wald, 5/1992). Zu den öffentlichen Straßen kommen mehrere hunderttausend Kilometer versiegelter Feld- und Waldwege. Viele Bürger haben inzwischen erkannt, daß das Bundesgebiet mit Straßen übererschlossen ist.

Der Mineralölverbrauch der Welt betrug 1983 rund 2770 Mio. t (bisheriger Höchststand 1979 mit rund 3171 Mio. t). 1983 gab es vier Länder auf der Welt, in denen jeweils mehr als 100 Mio. t Öl verbraucht wurden: USA, UdSSR, Japan und die Bundesrepublik. Die bestätigten Erdölreserven der Welt ohne das in Sänden und Schiefern enthaltene Mineralöl reichen nur noch etwa bis zum Jahr 2030 (Erlbeck, 1993). Es ist also sparsamster Umgang mit diesen Ressourcen erforderlich. Außerdem erhebt sich die Frage, ob umfangreiche Neutrassierungen von großen Straßen im Hinblick auf die damit verbundene zunehmende Belastung von Mensch, Natur und Umwelt überhaupt noch zu verantworten sind. Gegen eine weitere Förderung des Individualverkehrs spricht auch, daß Pkw und Lkw für die gleiche Verkehrsleistung rund viermal so viel Energie wie der Schienenverkehr verbrauchen.

Jeder verfahrene Liter Benzin endet als 2,3 kg CO_2 in der Atmosphäre.

Das Verbrennen von 10 l Benzin im Motor verschlingt 20 000 l Sauerstoff. Erfolgt diese Verbrennung innerhalb einer Stunde, verbraucht unser Auto tausendmal so viel Sauerstoff wie der Fahrer. Da lohnt es sich schon, den Motor vor einer Bahnschranke einmal abzustellen, denn in nur 4 Sekunden spart der Autofahrer dadurch seinen Sauerstoffbedarf für eine Stunde ein.

Wildunfälle

Etwa 30 Verkehrstote, 1500 Verletzte, über 200 000 dem Jagdrecht unterliegende getötete Wildtiere, 10 Mio. DM Wildbretverlust, über 400 Mio. DM Sachschaden – so lautet die traurige Bilanz der jährlichen Wildunfälle auf Deutschlands Straßen (DJV-

Handbuch, 1993). Hinter dieser nüchternen Statistik verbergen sich weit über 100 000 Tiertragödien und vermeidbare Tierquälereien, weil das Versicherungswesen dem Autofahrer als Verursacher neben einer formlosen Bescheinigung von der Polizei (oder dem Revierinhaber) praktisch keine Pflichten abverlangt. Von vielen Wildunfällen erfährt der Revierleiter viel zu spät, in der Ortsangabe oder in der Unfallschilderung zu ungenau oder auch gar nicht. Sehr viele Wildtiere müssen sich dann mit schweren Verletzungen oft monatelang quälen, ohne daß der Jagdausübungsberechtigte eine Chance gehabt hätte, dieses Problem zu lösen. Und eine differenzierte Auswertung aller Wildunfälle als Voraussetzung für zweckmäßige Vorbeugung an Wildunfallschwerpunkten ist ebenfalls nicht möglich, weil die zuständigen Behörden wegen der oft unter 3000 DM liegenden Schadenssumme nur bedingt Kenntnis erhalten.

Wüßte die Bevölkerung von der Konsequenz dieser insgesamt recht laschen Handhabung, wären längst gesetzliche Vorgaben durchgesetzt, die die Tierquälerei drastisch reduzieren könnten. Nach dem Verursacherprinzip müßten nach einem Wildunfall Forderungen an den Autofahrer gestellt werden, ohne deren Erfüllung die Versicherung nicht zum Schadensersatz verpflichtet ist: z. B. schnellstmögliche Benachrichtigung der Polizei oder des Revierinhabers sowie exakte Zeit- und Ortsangabe und möglichst genaue Schilderung des Unfallherganges. Auch die Zahl der Betrugsfälle ließe sich damit senken. Der ADAC hat 1989 mit dem Deutschen Jagdschutz Verband (DJV) ein modernes, EDV-unterstütztes Meldesystem entwickelt. Der darin vorgesehene Unfallmeldebogen könnte wertvolle Grundlagen liefern für vorbeugende Maßnahmen (z. B. Schilder, Warnreflektoren, Geschwindigkeitsbegrenzungen, Straßenrandgestaltungen) zur Verminderung von Wildunfällen. Auch diesbezüglich sollte ein Autofahrer zur Mithilfe verpflichtet werden, wenn er seine Versicherung in Anspruch nehmen will. Jedem Autofahrer sollte bewußt sein, daß Tierquälerei kein Kavaliersdelikt ist.

Inzwischen gibt es an den Bundesautobahnen und Fernstraßen bereits über 2000 km Wildschutzzäune, eine umstrittene Einrichtung, weil sie auch für das Schalenwild die Verinselungseffekte fördert. Die Trennung von Tierpopulationen bedroht ihre genetische Vielfalt und schädigt die evolutionär vorgegebenen Mechanismen zur Verhinderung inzuchtbedingter Degenerationen (Kap. 3). Vor unüberwindbaren Wildschutzzäunen muß daher besonders dann eindringlich gewarnt werden, wenn spezielle Wildunterführungen oder Überführungen nicht gebaut werden. Nach Erkenntnissen von Ueckermann (1989) nimmt das Schalenwild Überführungen weit seltener als Unterführungen an. Beim Schwarzwild ist z. B. die Benutzung von 3 m breiten, 3 m hohen und 30 m langen Unterführungen unter Autobahnen belegt. Schließlich ist auch davor zu warnen, einseitig nur jagdlich interessante Tierarten, nicht aber z. B. Kleinsäuger oder Amphibien bei der Gestaltung von solchen „Grünbrücken“ zu berücksichtigen. Sie sind freilich kein Allheilmittel und dienen vielfach nur als ökologisches Alibi. „Politische Grünbrücken“ zur Entschärfung von Bedenken gegen neue Straßen sind nicht zu verantworten. Im übrigen würde die Problematik der Wildunfälle nicht bestehen, wenn man auf allen besonders gefährdeten Straßen in Waldgebieten die Fahrgeschwindigkeit auf 60 km/h reduzierte. Olbrich (1984) stellt diese reaktionsbedingte Gefährdungsgrenze heraus und weist darauf hin, daß ein Reh bei Abblendlicht auf ca. 45 bis 60 m erkennbar ist und der Anhalteweg bei einer Geschwindigkeit von 65 km/h ca. 60 m beträgt. Geschwindigkeitsbegrenzungen zu Nachtzeiten sollten überall dort durchgesetzt werden, wo es bekanntermaßen oft zu Wildunfällen kommt.

In England rechnet man mit einem jährlichen Verlust von 2,5 bis 3 Mio. Vögeln an den Straßen. Ähnlich sieht es bei uns aus. Vierjährige Untersuchungen haben ergeben, daß an einer einzigen Straße bei Marburg 48 Vogelarten Einbußen durch Straßentod erleiden. Bei Insekten gibt es nur grobe Schätzungen. Man hat einmal die Zahl aller bei der Durchfahrt eines einzigen Autos auf einem Kilometer getöteten Insekten mit 100 bis 3000 ermittelt.

10.1 Ökologische Randwirkungen der Straßen

„Wirtschaftliches Wachstum ist nicht nur unnötig, sondern ruinös.“
Alexander Solschenizyn

Straßen dürfen nicht nur nach ihrer Länge beurteilt werden, entscheidend ist ihre Fläche und insbesondere die Ausdehnung der Bereiche, die sie negativ beeinflussen.

Trennungs- und Verinselungseffekt

Der Flächenverbrauch durch Straßen ist mit 5 % der gesamten Landfläche schon sehr hoch und nimmt weiter zu. Der tatsächliche Landschafts- und Lebensraumverlust ist um ein Vielfaches größer. Im waldreichen Erholungsgebiet des mittleren Schwarzwaldes sind rund 60 % der unzerschnittenen Restflächen kleiner als 10 km^2, im landwirtschaftlich intensiv genutzten Raum um Donaueschingen herum sind sogar über 60 % der Restflächen kleiner als 5 km^2, und im Verdich-

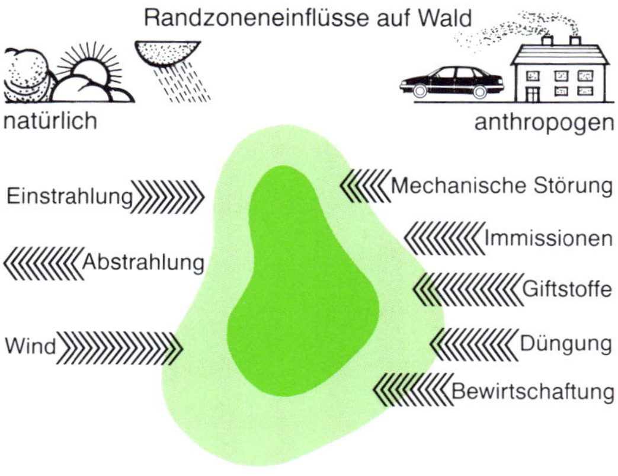

Abb. 76. Die Randzonen sind natürlichen und anthropogenen Einflüssen stärker ausgesetzt als die Kernzonen, so daß der Biotopwert für Waldtiere mit abnehmender Waldgröße überproportional sinkt (Mader, 1980, verändert).

tungsbereich Villingen-Schwenningen bleiben über 50 % der Restflächen schon unter 2 km² (Reichelt, 1979). Das hat schwerwiegende ökologische Wirkungen, weil Straßen für die meisten bodenbewohnenden Arten, z. B. Gliedertiere und Insekten, die im Ökosystem eine Schlüsselrolle spielen, unüberwindbare Schranken darstellen. Erstaunlicherweise reicht der negative Trennungseffekt bis zu Säugetieren von Mausgröße. Mader (1979) hat dies z. B. für Gelbhals- und Waldwühlmäuse nachgewiesen, die eigentlich Aktionsräume von bis zu 200 m haben, aber eine 6 m breite Straße als 100%ige Trennungslinie „respektieren".

Keinesfalls sind also die an sich schon bedenklich geringen Restflächen ökologisch intakte, unbelastete Nettoflächen. Diese ergeben sich erst aus der Größe der Maschenweite des Straßennetzes abzüglich der Reichweite aller Belastungen, die vom Straßenverkehr (oder auch den Siedlungen) ausgehen. Inzwischen haben auch die Umweltminister aller Länder darauf hingewiesen, daß eine nicht mehr vertretbare Zerschneidung der Landschaft eingetreten ist.

Unter dem Aspekt der zunehmenden Verinselung muß jeder weitere Ausbau des Straßennetzes – auch in noch einigermaßen intakten Forstökosystemen! – gesehen werden. Bündelung der Verkehrswege ist dringend geboten. Beim allgemeinen Straßenbau wie beim landwirtschaftlichen wie forstlichen Wegebau muß vor dem Anlegen neuer Trassen gründlich geprüft werden, ob nicht durch den Ausbau schon vorhandener Straßen oder Wege das Einbringen einer neuen Trennlinie in der Landschaft vermeidbar ist. Ökonomie sollte sich hier ökologischer Verantwortung unterordnen (vgl. Kap. 3).

Verinselung und Restwaldfläche

Beim Wald nimmt mit Schrumpfung der Inseln der Randeinfluß zu. Bei unter 80 m Durchmesser ist ein Wald aus mikroklimatischer Sicht schon gar nicht mehr als Biotop für Waldtiere anzusprechen (Abb. 76). In sechs zwischen 0,5 und 63 ha großen Eichenwäldern, die inselartig in der Ackerflur liegen, konnte Mader (1981) zeigen, daß in den kleinen Inseln seltene Waldarten bereits ganz fehlen und die Populationsgrößen gegenüber der großen Insel bei den Laufkäfern nur noch 1/180, bei bodenbewohnenden Spinnen nur 1/100 betragen. Zur Arterhaltung errechnete er Minimalareale für diese Spinnen von etwa 10 ha, für die Waldkäfer von 3 ha. Bei Tieren in der Spitze der Nahrungspyramide muß das Minimalareal entsprechend höher sein (vgl. Kap. 3).

Ähnlich wie in der Stadt (vgl. Kap. 9) haben auch in der freien Landschaft versiegelte Flächen kleinklimatische Auswirkungen, deren ökologische Folgen gar nicht bis in alle Einzelheiten zu erfassen sind. Sie sind meßbar z. B. bei den Faktoren Einstrahlung, Bodentemperatur und Evaporation (Verdunstung). Damit und mit der höheren Luft-

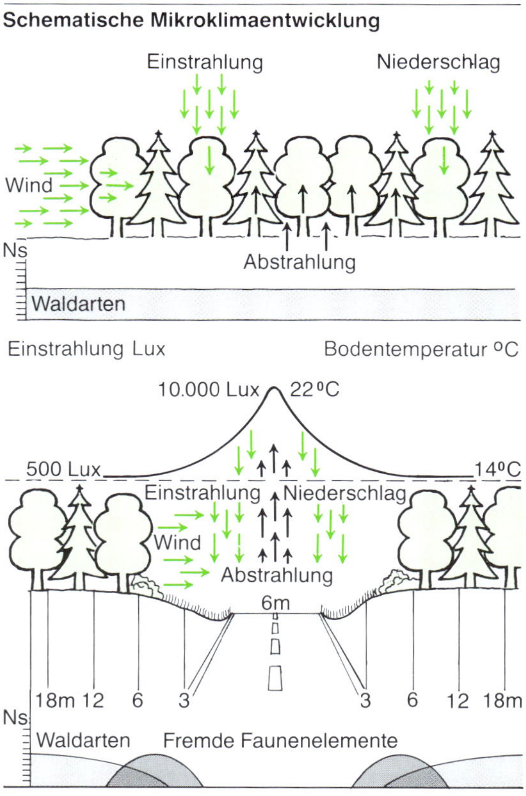

Abb. 77.

verschmutzung (Staubpartikel als Kondensationskerne) hängt z.B. eine größere Nebelhäufigkeit und Niederschlagsmenge zusammen (Abb. 77).

Meist weisen die Straßenbereiche Mikroklimaverhältnisse von Extremstandorten auf. Die nachteiligsten Auswirkungen sind insbesondere durch Dammbauten zu erwarten, die durch Talniederungen und Geländeeinschnitte geführt werden. Hier kann es zu sehr schädlichen Kaltluftstauen kommen (Olschowy, 1981).

Immissionen in Straßennähe

Klocke (nach Reichelt, 1979) nimmt einen Belastungsgürtel I an mit erkennbaren Schäden an der Vegetation beidseitig 50 m vom Straßenrand. Der Belastungsgürtel II mit deutlich erhöhten Immissionswerten, aber nicht unmittelbar erkennbaren Schäden folgt in weiteren 50 m. Das ergibt ein von einer Straße ausgehendes Schadstoffband von über 200 m Breite. Aber auch das ist noch zu niedrig angesetzt, bedenkt man, daß je nach Boden, Bewuchs und Relief Streusalzschäden über 200 m beiderseits von Straßen nachgewiesen worden sind (Evers, 1974). Auch über dem Grenzwert liegende Bleibelastungen sind in 200 m Entfernung von Straßen nachgewiesen worden. Odzuck (1978, nach Reichelt, 1979) fand noch in 100 m Entfernung 25 ppm Blei im Boden. Eine Anreicherung von Cadmium, das im Dieselkraftstoff enthalten ist, ist bei Regenwürmern bis 50 m vom Straßenrand belegt.

Ein Waldmantel filtert stark, daher ist hier eine rascher abnehmende Schadstoffkonzentration zu beobachten. Dennoch wurden auch im Wald in Entfernungen von 50 bis 100 m Bleibelastungen gemessen, die nach EU-Norm die Höchstgehalte (10 ppm) für Futtermittel überschritten (Abb. 78). In der Nahrungskette gelangt Blei als Zellgift in tierische Organismen: Gehäuseschnecken (Blattfresser) hatten den zweifachen Bleigehalt des Blattes. Streuzersetzer (Regenwürmer, Asseln, Tausendfüßler u. a.) hatten 20 bis 680 ppm. Spitzmäuse direkt an Straßen hatten 14mal soviel Blei wie in 600 m Entfernung.

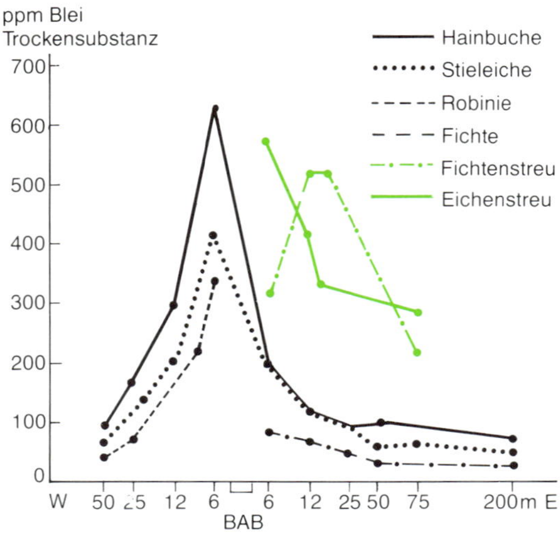

Abb. 78. Bleigehalte in Blättern und Bäumen und in der Bodenstreu bei unterschiedlicher Entfernung von der Fahrbahn. 50 000 KFZ/Tag (Wasner, 1981).

Flächenbelastung durch Verlärmung

Lärmbelastungen des Verkehrs vernichten die Erholungsfunktion des Waldes auf einem 400 m breiten Band und beeinträchtigen die Erholungseignung auf einem weiteren Band von je 200 m Breite beiderseits anschließend. Man muß sich diese Größenordnungen durch Zahlen verdeutlichen. Eine im Durchschnitt 20 m breite zweispurige Bundesstraße verbraucht selbst je Kilometer etwa 2 ha Fläche, die Erholungsfunktionen der angrenzenden Waldbestände werden darüber hinaus aber auf 40 ha vernichtet und auf weiteren 40 ha beeinträchtigt, d. h., der Erholungsverlust ist etwa 20- bis 30mal so hoch wie die direkte Flächenbeanspruchung. Es ist zu fragen, warum nicht auch in Erholungsgebieten – z. B. in Waldbereichen – begrünte Lärmschutzwälle angelegt werden dürfen.

10.2 Böschungsgrün – eine Naturschutzaufgabe für Straßenmeistereien

„Es gibt keine Lage, die man nicht veredeln könnte durch Leisten oder Dulden!“
Johann Wolfgang von Goethe (1749–1832)

Flächen für Naturschutzspezialisten?

An den Straßenrandflächen haben Flora und Fauna Lebenschancen, die ihnen auf benachbarten Intensivnutzungsflächen oft nicht geboten werden (Krause, 1982). Hier kann sich spontan – d. h. ohne menschliches Zutun – ein Wildpflanzenbewuchs entwickeln, der ökologisch wertvoll und zudem schön ist. Mit ein wenig Fingerspitzengefühl und Zurückhaltung seitens der Straßenmeister und deren Mitarbeiter kann er besonders arbeitsextensiv gehalten werden. Der Straßenmeister trägt damit biologische Verantwortung, auf die er als Techniker und Verkehrsspezialist meist nicht ausreichend vorbereitet ist. Das sollten auch die Straßenbauämter erkennen. Angesichts der erheblichen ökologischen Schäden, die Straßen anrich-

Abb. 79. Betonausspritzungen zur Böschungssicherung sind auffallende Armutszeugnisse biologischer Phantasielosigkeit. Grundsätzlich sollten alle Böschungen so gesichert und begrünt werden, daß das biologisch maximal Mögliche „herausgeholt" wird. Auch Drahtbespannungen sollten mit großer Zurückhaltung vorgesehen werden, weil ihre mechanische Wirkung einschließlich ihrer Wärmeleitfähigkeit vielen Arten der natürlichen Pflanzen- und Tiergesellschaft keine Überlebenschance bieten. Die Gabionen (oben rechts) – Drahtkörbe mit Schotter oder gesetzten Natursteinen ohne (!) Betonzusatz – sind an Steilböschungen ober- und unterhalb von Straßen oft geeignete, biologisch belebbare, technische Lösungen, die eine Schonung bestehender Substanz (z. B. ältere Bäume) beim Bau ermöglichen. (Foto: Verfasser)

ten und um deren Minderung sich Straßenbauämter bemühen, erscheint für mehrere Straßenmeistereien zusammen die Einstellung eines Biologen oder Landespflegers ratsam. Er kann die Straßenmeister bei allen Grünarbeiten beraten, dem Personal praktische Anleitungen geben und vor allen Dingen wichtige Initiativen zur ökologischen Bereicherung entwickeln. Wenn der ökologische Trenn- und Verinselungseffekt der Straßen auch nicht zu beheben ist, so sollte doch eine ökologisch sinnvolle und streng an der Natur orientierte Gestaltung und Unterhaltung aller Straßenrandbereiche zu biologischer Vernetzung in der Längsrichtung der Straßen beitragen. Dies kann auch auf bewirtschaftete Nachbarflächen in der Land- und Forstwirtschaft positiv ausstrahlen.

Auch hier und da notwendige Bepflanzungen zur Minderung der Immissionen, zur Lärmdämmung, Klimaverbesserung, Ausschaltung von Windgefahren und nicht zuletzt zur ästhetischen Verbesserung sollten von vornherein von Spezialisten geplant, durchgeführt und betreut werden. Der Drang nach Personaleinsparung und rein betriebswirtschaftlich ausgerichteter Pflege ist gerade beim „Straßenbegleitgrün" nicht mehr zu akzeptieren. Schon die scheußliche Bezeichnung „Begleitgrün" spiegelt die Zweitrangigkeit der Natur in dieser Kalkulation und die Überbewertung der Mechanisierung.

Während eine ökologisch orientierte Pflegeextensivierung im Gehölzbereich dringend geboten ist, erscheint im näheren Straßenbereich eine ökologisch sehr differenzierte, nach Zeitpunkt und Verfahren abgestufte und in keinem Fall hochmechanisierte Pflege angebracht. Letztere bedeutet bei Personal- und Kosteneinsatz im Verhältnis zum Einsatz von Großmaschinen eine erhebliche Intensivierung. Sie ist jedoch angesichts der enormen ökologischen Schäden, die alle Straßen und der Verkehr verursachen, unbedingt zu vertreten und schließlich nichts anderes als eine „permanente Ausgleichsleistung" der

Straßenbauverwaltungen. Sie sind schließlich nach § 3 Bundesnaturschutzgesetz verpflichtet, die Ziele von Naturschutz und Landschaftspflege zu unterstützen. Der nutzungsfreie Seitenraum ist bei allen Grünflächen an den Straßenrändern geradezu prädestiniert, vorrangig nach ökologischen Kriterien angelegt, entwickelt und gepflegt zu werden. Das Verursacherprinzip erfordert eine Kostenabwälzung – z. B. auf den Straßenbenutzer über den Kraftstoffpreis. Die externen Kosten des Autoverkehrs erreichen nämlich nach Angaben des Heidelberger Umwelt-Prognose-Instituts (UPI) in einer für das Ministerium für Stadtentwicklung und Verkehr von Nordrhein-Westfalen erstellten Studie 1991 rund 215 Mrd. DM pro Jahr. Umgerechnet subventioniert jeder Bürger den Kfz-Verkehr nach dieser Studie mit 3600 DM pro Jahr. Durchschnittlich verursacht ein PKW pro Jahr rund 6000 DM externe Kosten, die auf die Allgemeinheit abgewälzt werden. Umgerechnet auf den Liter Benzin sind dies 4,50 DM (Teufel, 1991).

Böschungsanlage

Fehler hinsichtlich der Anlage künftigen Böschungsgrüns werden fast immer schon bei der Profilgestaltung gemacht. Die dort vorgesehenen streng einheitlichen Neigungswinkel sind eine extrem unnatürliche Planungsentscheidung, die sowohl beim Straßenbau als auch beim Wasserbau verbreitet ist. Raupen- und Baggerführer, Sprengingenieure und Bauverantwortliche begreifen nur schwer, daß möglichst große Abwechslung in der Profilgestaltung die Voraussetzung dafür ist, daß sich kleinörtlich viele verschiedene ökologische Nischen (vgl. Kap. 3) entwickeln. Die Techniker sind über Jahrzehnte so erzogen worden, daß der Neigungswinkel „hinten und vorne stimmen" muß. Die Böschungsneigung ist in der Regel behördlich vorgegeben, und danach wird geplant, berechnet, ausgeschrieben und pro Kubikmeter bewegter Bodenmasse abgerechnet. Wechselnde Böschungsneigungen und nicht plan geschobene Oberflächen lassen sich nicht eindeutig abrechnen, und daher wird eben einer unverantwort-

Abb. 80. Ein häufiger, aber meist vermeidbarer Fehler bei der Böschungsgestaltung: Technisches Ordnungs-, Ausschreibungs- und Abrechnungsdenken (bewegte Bodenmasse) führt i. d. R. zu maßgerechten und geraden Böschungen. Da kleinste Standortunterschiede (Wechsel von Neigung, Beschattung, Temperatur, Wasserhaushalt u. a.) die Vielfalt ökologischer Nischen und damit die spätere natürliche Artenvielfalt bestimmen, programmieren diese geraden Böschungen Artenarmut geradezu vor. Das kann auch durch abwechslungsreiche Bepflanzung nur sehr begrenzt ausgeglichen werden. Die maschinelle Gestaltung (bzw. Sprengung) von später möglichst artenreich und naturnah zu entwickelnden Böschungen (auch Felsen!) kann im Prinzip nicht abwechslungsreich genug sein. (Foto: Verfasser)

lichen „Geradeausmentalität“ auch in Außenbereichen gehuldigt. Die Natur antwortet mit relativer Artenarmut.

Deutlich wird dies häufig an gesprengten Felsböschungen, an denen stets auf Erstbegrünung und oft auch auf Drahtsicherung verzichtet werden kann. Jeder Laie erkennt, daß der „nackte“ Fels dort am schnellsten und vielartigsten durch Algen, Flechten, Moose, Gräser, Kräuter und Kleingehölze besiedelt wird, wo seine Struktur möglichst abwechslungsreich ist durch Wölbungen, Buchten, Vorsprünge, Überhänge, Flach- und Steilpartien von jeweils bis zu mehreren Metern Ausdehnung. Sicherungen durch Spritzbeton sind unsinnig; solche „Negativdenkmale“ sollten beseitigt werden (Abb. 79). Eine naturnahe abwechslungsreiche und landschaftstypentsprechende Böschungsgestaltung muß beim Erstellen des Leistungskataloges und bei der Ausschreibung berücksichtigt werden. Normböschungen sind Visitenkarten ökologischer Ignoranz.

Tragen einerseits Straßen besonders im Wald zur Isolierung vieler Waldtierpopulationen bei, so fördern die Straßenränder andererseits die Ausbreitung von Waldrand- und Freilandarten im Wald. In intensiv genutzten und ausgeräumten Ackerbaugebieten bilden sie sogar die einzige belebte Verbindungslinie zwischen naturnahen Restbiotopen, z. B. Feldgehölzen, das allerdings nur, wenn die Ränder standortgemäß und abwechslungsreich mit Kraut-, Strauch- und Baumflora begrünt sind und nicht durch Gifte beeinträchtigt werden (Abb. 81). Naturnah unterhaltene Böschungen können auf relativ kleinen Flächen bis zu einem Drittel des regionalen Gesamtarteninventars enthalten. Naturnahe Pflege bedeutet beim Gehölzschnitt, daß möglichst viel Material der Laubbäume und Sträucher wenig zerkleinert und ungeschreddert an der Böschung zum Verrotten abgelegt wird.

Abwechslungsreiche Bestände ausdauernder Hochstauden können sich nur dann optimal entwickeln, wenn sie wenig gestört werden. Sie sollten grundsätzlich erst von Ende September an und möglichst nicht jährlich, sondern im Abstand von 2 bis 3 Jahren gemäht werden. Am besten schneidet man diese Flächen abschnittsweise jährlich wechselnd. So reift wenigstens ein Teil der Samen aus, und den Tieren bleiben Nahrungsquellen, Rückzugsgebiete und Überwinterungsquartiere (z. B. auch in Stengeln) erhalten. Die rückwärtig anschließenden Flächen (Böschungen, Feldraine, Grabenränder) sollten ebenfalls nur selten und nicht vor Ende September geschnitten werden. Ziel muß immer sein, ein vielseitiges, buntes Mosaik zu erhalten, das nach hinten wie in der Längsrichtung gestuft ist (vgl. Kap. 12.3). Direkt am Bankett reicht wegen der Verkehrssicherheit möglicherweise auch mal nur ein platzweises Ausmähen der Leitpfosten. Der Einsatz von Herbiziden ist bereits weitgehend gesetzlich verboten. Schon darauf hat die Natur schnell und dankbar mit vielfältiger Blüte einer immer üppiger werdenden Vegetation (teilweise Ruderalflora) reagiert.

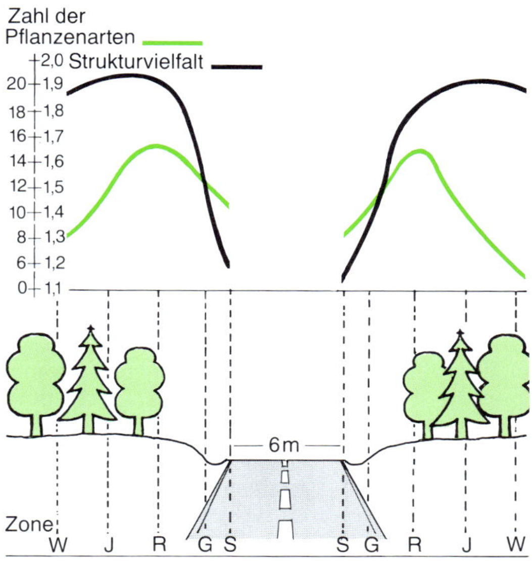

Abb. 81. Kurven der Zahl der Pflanzenarten und Strukturvielfalt im Übergang ‚Straße – Wald‘. Meßwerte gemittelt aus 91 Fallenstandorten, bezogen auf die Zonen W, J, R, G und S. (nach Mader, 1979)

So darf bei aufgeschlossener Hilfe der Straßenmeistereien für die Böschungen festgestellt werden:

- Sie sind wichtige Lebensstätten für viele, auch gefährdete, Pflanzen- und Tierarten (z. B. Schmetterlinge).
- Sie dienen vielen verdrängten Arten der intensiv genutzten Kulturflächen als Rückzugsgebiet.
- Sie fördern als Saumbiotope in der Längsrichtung die Vernetzung und Verbindung von sonst getrennten Pflanzen- und Tierarten.
- Sie bereichern die Landschaft, steigern das Naturerlebnis für die Autofahrer und regen diese vielleicht an, zu Hause ebenfalls etwas Wildwuchs zu fördern.
- Die naturnahe artenreiche Anlage und Pflege der Gehölzpflanzungen dient der Kleinklimaverbesserung, der Immissionsminderung, dem Artenreichtum und dem Landschaftsbild.
- Sofern bei Böschungsänderungen und Trassenverbreiterungen Sträucher entfernt werden müssen, bietet sich oft Ausgraben mit dem Bagger an, der auch Wiedereinpflanzen an geeigneter Stelle ermöglicht. Sträucher benötigen oft viele Jahre bis zur vollen Entfaltung; sie sollten nur im Notfall beseitigt werden.

Man erkennt allmählich, wie wichtig Wiesengesellschaften und die naturschutzkonforme Pflege im Straßenrandbereich im Hinblick auf den Arten- und Biotopschutz sind. Bei meist nur 2,5 m Breite auf beiden Seiten der Straßen in Deutschland gibt es immerhin rund 310 000 ha Straßenrand, fast die halbe Fläche aller unserer Naturschutzgebiete. Mederake und Schmidt (1989) haben bei Pflegeversuchen auf Straßenbegleitflächen immerhin ca. 520 Pflanzenarten in rund 8 Straßenrand-Gesellschaften feststellen können; angemessene Pflege kann also sicherlich über 10 000 Tierarten (besonders Insekten) ein Überleben sichern. Alle Untersuchungen belegen, daß man durch geeignete Pflege, zugeschnitten auf die jeweilige Lebensgemeinschaft, vielgestaltige und für den Naturraum typische Vegetation (Wasner, 1987) mit ihrer Kleintierfauna an den Straßenrändern etablieren und erhalten kann. Schon einmalige Mahd mit Entfernung des Mähgutes erhöht die Artenvielfalt der Pflanzenbestände, weil konkurrenzschwächere Grünlandkräuter, die durch die Intensivierung der Wiesen und Weiden zurückgehen, auf den nutzungsfreien Straßenböschungen Lebensraum finden. Damit auf den durch den Oberbodenauftrag eutrophierten Straßenrändern Extensivgrünland entsteht und sich gefährdete Arten ansiedeln können, ist allerdings stärkere Aushagerung der Flächen notwendig. Bei der guten Stickstoffversorgung der Oberböden, dem hohen Nährstoffeintrag durch globale Luftverunreinigungen, von angrenzenden landwirtschaftlichen Flächen und der Fahrbahn her, kann eine durchgreifende Nährstoffverarmung der Böden durch eine ein- bis zweimalige Mahd mit Entfernung des Mähguts freilich nur langfristig gelingen (Mederake und Schmidt, 1989).

Straßenränder bleiben als Lebensraum gleichwohl immer nur Notbehelf und zweite Wahl angesichts des fortschreitenden Verlustes an ökologisch wirklich noch intakten Lebensräumen (Wasner, 1987). Generell gilt bei der Pflege der Kraut- und Grasflora, daß ein bodennaher Schnitt unter 10 cm für die Kleintierfauna schlagartig verheerende Folgen hat: Das Kleinklima ändert sich sehr stark, die Luftfeuchtigkeit sinkt, es wird heller, wärmer und windiger. Viele kleine Insekten und ihre Larven, Spinnen und Schnecken der Krautschicht vertrocknen bei zu kurzer Vegetation oder werden – weil deckungslos – schnell Opfer ihrer Konsumenten. Außerdem sollte man das Mähgut möglichst erst 1 bis 3 Tage später entnehmen, um vielen Tieren eine Flucht aus dem plötzlich unwirtlich gewordenen Lebensraum zu ermöglichen. Bei nicht vermeidbarer Mechanisierung kommt es also darauf an, ein Aufnahmegerät einzusetzen, das diese Arbeitstrennung ohne Saugeffekt (!) und das Bergen des Mähguts unabhängig von der Mahd ermöglicht (Wasner, 1987). Die Entfernung des Mähgutes ist außerordentlich wichtig zur Förderung der auf Nährstoffarmut spezialisierten, lichtliebenden und schwachwüchsigen Krautarten und zur Erhaltung der potentiell sehr reichen Kleintierfauna.

Eine Anreicherung der Saatmischungen mit Kräutern ist nach Wasner (1987) keinesfalls erforderlich. Schon wenige Jahre nach der Erstsaat bestimmt die Vegetation der Umgebung den Samennachschub und damit das Artengefüge der Straßenrandvegetation. Wasner empfiehlt eine Mahdstaffelung in Zone I „Intensivbereich" unmittelbar am Straßenrand mit früh einsetzender bis zu dreimaliger Mahd bei Vorrang der Verkehrssicherheit, Zone II „Wiesenzone" mit später beginnender zweimaliger Mahd nach vorrangig ökologischen Gesichtspunkten und Zone III „Ruderal- und Hochstaudenflora/Gehölzsäume" mit nur herbstlicher Pflege und Mahd nur alle 2 bis 3 Jahre. Dann können sich zahlreiche Insekten, z. B. viele Schmetterlingsraupen, und sogar bodenbrütende Vögel ungestört entwickeln. Schlegel-Saugmäher sind schärfstens abzulehnen, auch wenn sie wirtschaftlicher arbeiten. Die fatale Funktionskette Mähen-Häckseln-Saugen-Abtransport richtet ein extremes Artenmassaker an und unterhöhlt weitgehend die Ersatzbiotopfunktion der Straßenrandflora und ihre Vernetzungsfunktionen. Pflegerationalisierung auf Kosten möglicher Flora und Fauna ist nach meiner Ansicht nicht mehr mit der Negativbilanz zu vereinbaren, die der Straßenverkehr verursacht.

Alte Alleen – bewahrte Kleinodien

Gleich nach der Wende 1989/90 bildete sich eine erfolgreiche Lobby zum Erhalt der rund 9000 km Alleen in Ostdeutschland. Schutzaktionen reichten von Spontandemonstrationen bis zu Sturmläuten von Kirchenglocken, von der Einrichtung gelber Allee-Alarmtelefone bis zu zielgerichteten Kooperationen großer Verbände (z. B. Schutzgemeinschaft Deutscher Wald, ADAC, Kuratorium „Alte liebenswerte Bäume"). Der Erfolg macht Mut zum Versuch, auch andere verhängnisvolle Trends umzukehren. Inzwischen stehen alle Alleen der neuen Bundesländer unter besonderem Schutz, sie sind in einem flächendeckenden, EDV-gestützten Verzeichnis kartiert. Im Landkreis Haldensleben, dem ersten Landkreis mit einer systematischen Inventur der Alleen (Unser Wald, 3/1992), fand sich bei einer 300jährigen Eichenallee ein besonderes Positivbeispiel: Als vor etwa 60 Jahren der Verkehrsraum zwischen den Eichen nicht mehr ausreichte, wurde die neue Straße neben der Allee gebaut und eine neue Baumreihe mit Eichen gepflanzt. Nun gibt es dort eine dreireihige Allee mit hervorragenden Bedingungen für den Biotopverbund. Höchst nachahmenswert. Wie wäre es, wenn man bei Flächenstillegungen in der Landwirtschaft großzügige Randstreifen neben den Straßen den Alleen zuschlüge, um zumindest die

Baumscheiben außerhalb der Straßen dem Kronendurchmesser von Altbäumen anzupassen, pflegeextensive Randbereiche zu schaffen (Herbstlaub bleibt liegen!) und durch ergänzende Anpflanzungen von standortgemäßen Sträuchern die ökologische Vernetzungswirkung zu optimieren? Könnte dieser Motivationsschub aus den neuen Bundesländern nicht alle Landkreise veranlassen, in Zusammenarbeit mit den Straßenbauverwaltungen ein Alleekataster zu erstellen, das Erhaltungs-, Sanierungs- und Erweiterungskonzeptionen enthält?

Wichtig wäre dabei vor allem die Erweiterung – sowohl in der Länge als auch in der Breite – und die Zusammenarbeit zwischen den Trägern der Straßenbaulast und den Naturschutzbehörden, wie sie z.B. ein gemeinsamer Erlaß des Umweltministeriums und des Wirtschaftsministeriums von Mecklenburg-Vorpommern vorsieht. Bei regelmäßigen gemeinsamen Baumschauen vor Ort, während derer Verkehrssicherungs- und Unterhaltungsmaßnahmen, Baumfällungen und Ersatzpflanzungen fachkundig erörtert und festgelegt werden, ergeben sich die besten Möglichkeiten für Verbesserungen, die von routinemäßigen „Totpflegeeingriffen" der Straßenkolonnen behutsam wegführen. Nachdem die Allgemeinheit erkannt hat, daß Alleen großen Erholungs- und Erlebniswert haben, landschaftsgliedernde und vernetzende Elemente schaffen, hohe Filterwirkung bieten und als Kultur- und Naturdenkmale Teil der Heimat sind, sollten Kooperationen zwischen Naturschutz und Straßenbau eigentlich überall möglich werden. So ließen sich Schäden durch falsche Pflege, Straßenausbau, übertriebenen Winterdienst mit Salz, Tiefbaumaßnahmen, Bodenverdichtungen der Randstreifen, unzureichende fachliche Qualifikation und mangelnde Motivation beim Straßendienstpersonal deutlich minimieren.

Einheimische Gehölze verwenden

Im allgemeinen Naturschutz, in der Landschaftsgärtnerei und ganz besonders bei der Böschungsbepflanzung im Straßenbauwesen wird der Frage der natürlichen Anpassung von Gehölzen (Bäumen und Sträuchern), also der zweifellos vorhandenen Differenzierung in Standortrassen, sträflicherweise kein Gewicht beigemessen. Es ist Zeit, daß wissenschaftliche Erkenntnisse in die Praxis umgesetzt werden. Dabei geht es nicht nur darum, daß einheimische Gehölzarten, sondern sogar örtliche Herkünfte bei Anpflanzungen vorgeschrieben und kontrolliert durchgesetzt werden. Im forstlichen Bereich ist dies bei den Wirtschaftsbaumarten längst gesetzlich vorgeschrieben. Außerforstlich gilt es jedoch weder für Bäume noch für Sträucher, bei denen das für die Anzucht verwendete Saatgut häufig aus dem süd- und osteuropäischen Raum mit Billiglöhnen stammt. Die genetische Differenzierung führt dazu, daß hier dann z. B. Schlehen im Winter erfrieren oder kümmern, Weiden zu früh blühen usw. Die Vermehrung standortheimischer Gehölze muß über die örtlichen Baumschulen forciert werden, wenn anders die Herkunftsfrage nicht sicher gewährleistet werden kann.

10.3 Weitere Anregungen zum Naturschutz beim Straßenbau

„Es gibt Autofahrer, die das Vorfahren so lange nicht lassen können, bis sie ihren Vorfahren nachfahren können."
Curt Goetz (1888–1960)

Maßnahmen zum Schutz, zur Sanierung, Ergänzung oder Neueinbringung von Straßenbäumen

- Herstellung von größeren – mindestens 6 m², möglichst wesentlich größeren – Baumscheiben (unbedeckter Boden im Stammfußbereich) mit unbelasteter, nährstoffreicher und gut durchlüfteter Erde im Oberboden.
- Schutz dieser Baumscheiben durch Hochborde oder andere Vorrichtungen, die gleichzeitig die Bäume vor parkenden Autos schützen. Im Bereich der Baumscheibe Beendigung der Laubentnahme, da die Bioenergie der Blätter Lebensgrundlage für die Bodenorganismen (z. B. Regenwürmer) ist (vgl. Kap. 9).
- Neuanpflanzung von Bäumen, möglichst mit geschlossenem Unterwuchs (Sträucher, kein Rasen).
- Vermeidung aller Kanal- und Erdarbeiten im Einflußbereich des Wurzelraumes (entspricht etwa der Kronentraufe), auf keinen Fall näher als 3 m vom Wurzelhals entfernt.
- Allgemeines Streusalzverbot auf Gehwegen und Aufstellung von Streukästen, aus denen sich der Bürger mit Sand, Splitt oder Granulat frei bedienen kann.
- Aus- und Fortbildung der Fahrer von Streufahrzeugen.

Straßen in Gewässernähe

Gerade in der Nähe von Gewässern sind Straßen ökologisch schädlich, weil sie hier mit ihren Emissionen auf besonders empfindliche Ökosysteme einwirken. Überall dort, wo die Straßen bereits an Flüssen oder Seen entlangführen, sollten die schädlichen Einflüsse durch eine funktionsbezogene Randbepflanzung – d. h. Hecken und Bäume am Straßenrand und Ufergehölze am Gewässerrand – gemildert werden. Das Bauverbot für Hochbauten in einer Tiefe von 50 m, das z. B. im Landschaftsgesetz von Nordrhein-Westfalen, im Wassergesetz von Schleswig-Holstein und im Naturschutzgesetz von Baden-Württemberg festgelegt ist, sollte auch auf Verkehrsbauten ausgedehnt und auf das ganze Bundesgebiet erweitert werden (Olschowy, 1981).

Amphibienschutz an Straßen

Mitte der 70er Jahre wurden Amphibien gewissermaßen zu Modeobjekten für eine zunehmend in Sachen Naturschutz engagierte Öffentlichkeit. Wie ein Lauffeuer griffen die Krötensammel- und -fangaktionen mit immer besseren Leit- und Schutzzäunen um sich, meist initiiert von örtlichen Naturschutzvereinen, von Forstleuten und zunehmend dann auch von Straßenbauverwaltungen, ja sogar von Sportvereinen oder Jugendfeuerwehren. Ich selbst habe auch einige Aktionen „angezettelt" und sehe sie auch heute noch als einen willkommenen Notbehelf, der Fristen bis zu technischen Verbesserungen überbrücken hilft, gleichzeitig aber Menschen praktische Hilfsmöglichkeiten im Naturschutz eröffnet, die motivierend und prägend wirken. Nicht zuletzt können die sichtbaren Krötenschutzzäune auch beim verantwortungsbewußten Autofahrer ökologische Denkprozesse in Gang setzen.

Amphibien erfüllen wichtige Aufgaben im Naturhaushalt. Sie leben von Insekten und Schnecken und sind ihrerseits Nahrungsgrundlage für Störche, Reiher, Greifvögel. Sie sind zur Fortpflanzung auf Wasserlebensräume angewiesen, während sie zur Nahrungsaufnahme und Überwinterung vorwiegend Landlebensräume aufsuchen. Zwischen diesen Lebensräumen wandern die Tiere, während der Hauptlaichzeit im zeitigen Frühjahr besonders intensiv (BMV, 1987). Arten mit ausgeprägtem Drei-Komponenten-Lebensraum (Sommer-, Winterquartier und Laichgewässer) sind aufgrund ihres Verhaltens als „Explosionslaicher" (Ablaichen sämtlicher fortpflanzungsbereiten Individuen einer Population in Laichgewässern innerhalb weniger Tage) am häufigsten Opfer des Amphibienmassakers im Straßenverkehr. Es handelt sich vor allem um Erdkröte, Grasfrosch und die verschiedenen Molcharten (Polivka, 1991).

Während man neue Straßen, die offensichtlich lebenswichtige Aktionszentren verschiedenster Tierpopulationen trennen, grundsätzlich vermeiden sollte, sieht die Situation beim Ausbau vorhandener Straßen oder beim Radwegeneubau grundsätzlich anders aus. Hier lassen sich im Rahmen der Planfeststellungsverfahren vorhandene Gefahrenpunkte für Amphibien und die übrige Tierwelt beseitigen (Podloucky, 1990). Meist ist die an sich vorrangige Lösung unpraktikabel, auf der Grundlage des § 45 StVO zwecks Arten- und Biotopschutz die Benutzung einer Straße zu beschränken (z. B. Sperrung in ca. 10 Nächten zwischen 19 Uhr abends und 7 Uhr morgens) oder ganz zu verbieten. Dann bietet sich als Alternative die Anlage von Ersatzlaichgewässern an. Die Umgewöhnung läßt sich notfalls beschleunigen, indem man laichbereite Altkröten in das Ersatzgewässer bringt und dort in Zwangsablaichbehältern laichen läßt oder indem man temporäre, unüberwindbare Schutzzäune für 3 bis 5 Jahre baut (Piel, 1991).

Untersuchungen belegen eine hohe Besiedlungsbereitschaft in Ersatzlaichgewässern sowohl beim Grasfrosch als auch bei der als besonders ortstreu geltenden Erdkröte. Letztere war bereits im dritten Jahr nach der Entstehung zu 75 % eingewandert (Podloucky, 1990). Als letzte technische Möglichkeit bietet sich der Bau von Tierdurchlässen (Krötentunnel) an, die allerdings die Hin- und Rückwanderung der ausgewachsenen Erdkröten und den Durchzug abwandernder Jungtiere nach der Metamorphose gestatten müssen. Weil diese drei Voraussetzungen oft nicht konsequent bedacht worden sind, gibt es viele nicht funktionsfähige Tunnelanlagen. Dies muß beim erheblichen Investitionsaufwand ebenso vermieden werden wie die Durchsetzung derartiger Bauten dort, wo gar keine Amphibien wandern. Die Glaubwürdigkeit von Naturschutzforderungen darf nicht aufs Spiel gesetzt werden. Bewährt haben sich inzwischen weiträumige (über 60 cm Durchmesser) Zweiwegedurchlässe mit Zwangseinfallschächten (Hin- und Rückwanderung durch getrennte Rohre) und etwa 20 cm frei über dem Boden liegenden Rohrmündungen bzw. sog. ACO-Tunnels, jeweils konsequent zickzackförmig mit ACO-Leitzäunen ergänzt. Diese Leiteinrichtungen sind über die gesamte Laichwanderungsstrecke nötig, sie müssen mindestens 40 cm hoch sein und jeweils schräg zu den maximal 50 m auseinanderliegenden Durchlässen leiten. Da dies sowohl für die Hin- als auch für die Rückwanderung gilt, wird klar, welche Eingriffintensität und welche Kosten mit derartigen Maßnahmen verbunden sind.

Flexibilität der Bauvorschriften und Umweltverträglichkeitsprüfung

Die Straßenbauvorschriften und technischen Regelwerke (Radien, Böschungen, Breiten, Sichtdreiecke, Zuständigkeiten, Lärmschutzvorkehrungen u. a.) erschweren oft unangemessen das Erarbeiten von ökologisch zuträglichen Lösungen oder schließen sie gar aus. Eine flexible und ortsangepaßte Handhabung sollte weitgehend ins Ermessen der Straßenbauämter gelegt werden. Die sog. Umweltverträglichkeitsprüfung kann diese Flexibilität nicht ersetzen, allenfalls ergänzen. In der Praxis gibt es ja meist nur begrenzt objektive Bewertungskriterien im Naturhaushalt, die Gutachter sind meist von Folgeaufträgen abhängig und die Gefahr von sog. „Auftragsgutachten" mit „Feigenblattfunktion" bleibt trotz aller guten Absicht bestehen.

Ich habe beste Erfahrungen bei Verhandlungen mit Straßenbauverwaltungen vor Ort dadurch machen können, daß bei Ausbaumaßnahmen in einem frühen Planungsstadium die Reißbrettplanung mit Fluchtstangen in die Wirklichkeit übertragen wurde. Sehr schnell konnte man sich so auf Modifikationen z. B. in Kurvenradien, Ausbaubreiten oder Böschungsgestaltungen einigen, die erst in der Praxis von den Planern selbst erkannt wurden und dann den Landschaftsschaden erheblich verringern halfen.

Das Fahrrad als Verkehrsmittel

Das Fahrrad ist das umweltfreundlichste, gesündeste und preisgünstigste Verkehrsmittel. Seine Bedeutung für den Berufs-, Einkaufs- und Freizeitverkehr wächst ständig. Wir sind aber noch weit von seiner angemessenen Integration in unser Verkehrssystem entfernt. Es sollte in Verkehrsberuhigungszonen und weitläufigeren Fußgängerbereichen der Städte als Verkehrsmittel bewußt bevorzugt behandelt werden, damit gerade auch das Einkaufen mit dem Fahrrad gefördert wird. Denkbar ist z. B. auch der Einbau von speziellen Induktionsschleifen in Radwegen, die dem Radler an Ampeln schneller grünes Licht geben.

Im Interesse der großzügigen Förderung der Radfahrer sowohl in der Stadt als auch in der freien Landschaft und im Bergwaldgebiet (Mountainbike) erscheint mir Gleichbehandlung der Haftungsfrage (wie beim Moped), die konsequente Diebstahlserschwerung und insbesondere die Verbesserung der Disziplin unbedingt geboten. Diese Forderungen sind wohl nur durch Nummernschilder zu realisieren. Fußgänger können sich dann gegen Radfahrrüpel wehren – die gibt's natürlich auch bei den Pedaltretern. Sie gefährden die Förderung für Radfahrer und provozieren Unfälle. Das Problem spitzt sich gegenwärtig bundesweit zu, besonders auch in Bergwaldgebieten. Nummernschilder könnten zur Disziplinierung beitragen. Empfehlenswert erscheint mir eine entsprechende Initiative der Fahrradlobby selbst, die über den Fachhandel und Versicherungen eine praktikable Lösung entwickeln und marktwirtschaftlich organisieren könnte. Sicherlich wären auf diese Weise sonst aus Gefahrenabwehrgründen zunehmende Teilsperrungen von Fußgängerzonen und Waldbereichen zu vermeiden.

Schienenverkehr

Verlagerung des Straßenverkehrs auf die Schiene dient der Energieeinsparung (75 %) und entlastet die Umwelt. Zu den Förderungen des Schienenverkehrs gehören deshalb auch alle Maßnahmen, die den „notorischen" Autofahrer verleiten, wenigstens zeitweise auf die Bahn umzusteigen.

Verlagerung der Straßenbaumittel

Die stellenweise überhöhte Planungskapazität der Straßenbauämter, die ein wichtiger Punkt für überzogene Straßenbauplanungen ist (DNR, 1981), sollte gezielt dafür eingesetzt werden, das gesamte Straßennetz ökologisch aufzuwerten und die Umweltbelastungen zu reduzieren. Dazu sollten in vielen Bereichen durch Ankauf auch Randgebiete herangezogen werden zur Entwicklung angemessener Schutzbereiche. Die dazu erforderlichen Arbeiten sind lohnintensiv, schaffen Arbeitsplätze und können dem Lebenswert der Bevölkerung sehr dienlich sein, z. B.:

- weitere Anlage von Park-and-Ride-Plätzen an Zubringerhaltestellen (Bus und Schiene),
- Verkehrswegekonzentrationen (z. B. neben Schienen),
- Förderung von Fußgängerzonen und Verkehrsberuhigungsbereichen,
- Erschwerung (Verteuerung) des Parkgeschehens in unerwünschten Bereichen,
- Entsiegelung von Großparkplätzen,
- finanzielle Förderung gemeinsamer Pkw-Benutzung der Pendler (Auslastung nur 1,2 Personen/Pkw),
- weitgehende Ausstattung der Straßen mit Bäumen, die vollständige Rekultivierung überflüssig gewordener Straßen (Beseitigung der gesamten Befestigung),
- biologische Sanierung von Fließgewässerdurchlässen (vgl. Kap. 6),
- Verbot jeglicher Giftausbringung an allen Straßen und Ersatz dieser Maßnahme durch Handarbeit usw.

In einer Zeit knappster öffentlicher Kassen wäre auch zu erwägen, ob die Grünrandpflege bei den Straßenbauverwaltungen so gut aufgehoben ist oder ob neuzuschaffende Grünämter nicht geeigneter sind. Sie könnten alle landeseigenen Flächen (Forsten, Gewässerränder II. Ordnung, Straßenränder, Stillegungsflächen, Naturschutzgebiete, Küstenschutzzonen u. a.) von Fachpersonal betreuen und weiterentwickeln lassen. Naturschutz und Erholungswert kämen dann besser zur Geltung und Kosten sänken. In Waldgebieten liegt eine Ausdehnung der Forstzuständigkeiten nahe.

11 Naturschutz in der Landwirtschaft – Ansätze zu lokalen Konfliktlösungen

„Arm ist ein Land, von Übeln ganz umstellt, wo Reichtum zunimmt, doch der Mensch verfällt."
Oliver Goldsmith (1728–1774)

Aus Zeitmangel begnügt sich womöglich mancher engagierte Leser mit der Lektüre nur der ihn praktisch interessierenden Kapitel. Das wäre schade, weil es zur Unterschätzung der eigenen Einflußchancen führen kann. Für das Erkennen der eigenen Möglichkeiten und das Einordnen der persönlichen Argumente empfehle ich sehr, zunächst Kapitel 1 bis 4 zu verarbeiten. Manche Vorurteile gegenüber dem Umwelt- und Naturschutz entpuppen sich dann schnell als unverantwortliche Egoismen. Auch Kapitel 5 hat Wertvolles zu bieten, denn die persönliche Wirkung hängt nicht bloß vom fachlichen Wissen ab, sondern genausosehr von der Fähigkeit, Mitmenschen – Freunde wie Gegner – für die eigene Sache zu motivieren.

Allgemeine statistische Daten

Noch 1989 umfaßte die Landwirtschaftsfläche im alten Bundesgebiet rund 13,4 Mio. ha (= 53,7 % der Gesamtfläche) und in der DDR rund 6,2 Mio. ha (= 57 % der Gesamtfläche). Insgesamt wurde also 1989 Deutschland auf 19,6 Mio. ha (= 54,7 %) landwirtschaftlich genutzt. Der Agrarbericht der Bundesregierung 1992 weist dagegen – u. a. infolge der Bereinigung unterschiedlicher Erhebungsmethoden vor der Wende – nur noch rund 16,9 Mio. ha als Landwirtschaftsfläche aus, bewirtschaftet von 600 543 Betrieben, davon 49 % im Vollerwerb, 43 % im Nebenerwerb und 8 % im Zuerwerb.

Bei einer Gesamtbevölkerung von 80 Mio. Einwohnern entfallen 2114 m² Landwirtschaftsfläche auf jeden Einwohner. Die Ackerfläche allein betrug 1993 mit stillgelegten Flächen 11,7 Mio. ha. Nachwachsende Rohstoffe wurden 1993 auf 68 000 ha angebaut (62 000 ha allein Raps). Die Rohstoffe dienten der Gewinnung von Biodiesel, technischen Ölen, Farben, Lacken, Arzneimitteln, Schmierstoffen, Wasch- und Düngemitteln. Von den 36,3 Mio. Erwerbstätigen sind in Deutschland nur noch 1 227 000 (= 3,4 %) in der Landwirtschaft tätig. Die Wochenarbeitszeit betrug 1992 dort 57,8 Stunden. 392 712 Höfe (= 65 %) sind 1 bis 20 ha groß, 147 209 Höfe (= 25 %) sind 20 bis 25 ha und 60 622 Höfe (= 10 %) sind über 50 ha groß. Laut Spiegel Spezial, 1/1992, gibt es im europäischen Vergleich hinsichtlich der durchschnittlichen Betriebsgröße (Daten 1991) und des durchschnittlichen Einkommens je Vollzeitkraft in DM (Daten 1988/89, Deutschland nur alte Bundesländer) erhebliche Unterschiede (s. Tabelle 20 a).

Die Zahlen verdeutlichen erhebliche strukturelle Probleme, die viele Landwirte um ihre Existenz fürchten lassen, zumal die EU-Produktion den Selbstversorgungsgrad weit übersteigt: bei Eiern 2 %, Wein 3 %, Geflügelfleisch 5 %, Gemüse 6 %, Käse 6 %, Butter 12 %, Getreide 21 %, Zucker 30 % (Spiegel Spezial, 1/1992). Dieser „Erfolg" hat viele ökologische Gefahren heraufbeschworen.

1950 mußte ein Haushalt 47 Pfennige von jeder ausgegebenen Mark für Nahrungsmittel verwenden, 1970 noch 25 und 1985 nur noch 18 Pfennige. Der Rationalisierungsgewinn ist also auch den Verbrauchern zugute gekommen. Wollte man das Rad zurückdrehen und mit Methoden von 1950 die Nahrungsmittelmenge von 1980 im alten Bundesgebiet produzieren, brauchten wir 7 Mio. Arbeitskräfte, 2,2 Mio. Pferde, 700 000 Zugkühe und Ochsen und eine doppelt so große landwirtschaftliche Fläche. Dagegen wird die Hauptarbeit mit 1,5 Mio. Ackerschleppern geleistet. Die Produktion hat sich seit 1950 weit mehr als verdoppelt.

Von 30 hochgezüchteten Pflanzenarten hängt heute international die Ernährung der Menschheit ab. Dabei liefern die ersten vier (Weizen, Reis, Mais, Kartoffel) mehr Nahrung als die folgenden

Tab. 20 a: Landwirtschaftliche Betriebsgrößen und Einkommen im europäischen Vergleich

	Durchschnittliche Landwirtschaftsfläche je Betrieb in Hektar (1991)	Einkommen je Vollzeitkraft in DM (1988/89)
Großbritannien	69,9	36.645
Luxemburg	33,2	35.187
Dänemark	32,5	47.971
Frankreich	30,7	30.768
Irland	22,7	26.104
Deutschland	17,6	28.750
Belgien	17,3	50.602
Niederlande	17,2	60.628
Spanien	16,0	14.443
Portugal	8,3	4.392
Italien	7,7	17.462
Griechenland	5,3	10.165

26 zusammen (Haaf, 1981). Im wesentlichen nutzen wir nur 5 Getreidearten, 2 Hackfruchtarten (Kartoffel, Rübe), 10 Hauptgemüsearten, 13 Hauptarten im Obstbau, 5 wichtige Grasarten für die Viehweide und 2 Tierarten für den Fleischkonsum (Kaule, 1986). 98 % der Nahrungsmittelerzeugung wird von sehr wenigen Arten und Sorten übernommen – eine bedenkliche Zahl, denn gerade die Arten und Sorten mit wenig Anteil am Gesamtverbrauch haben oft besonders wertvolle Inhaltsstoffe. Der marktwirtschaftliche Trend zur Hochzucht und genetischen Verarmung gefährdet die genetische Vielfalt als Voraussetzung für eine evolutionäre oder auch züchterische Weiterentwicklung.

Die durchschnittliche Zahl der die Kulturart begleitenden Höheren Pflanzen auf den Äckern ging von 30 bis 50 pro Ar (100 m^2) auf 4 bis 5 schwer bekämpfbare Arten zurück, die Zahlen der Bodenkäfer auf 1 % gegenüber der Ausgangssituation. Im Grünland, früher eine ausgewogene Mischung von 25 bis 50 Pflanzenarten pro Ar, kommen jetzt noch 5 Hauptarten vor. Eine als nicht mehr zeitgemäß eingestufte Hochstamm-Obstwiese beherbergte neben alten Kultursorten bis 100 Höhere Pflanzenarten, zahllose Insekten (Käfer, Spinnen, Schmetterlinge, Flor- und Schwebfliegen) sowie zahlreiche Brut- und Gastvögel. Eine Intensivanlage wird nur von einem Bruchteil dieser Arten angenommen (Kaule, 1986). Während im Jahr 1800 vier Bauern sich und eine weitere Person ernährten, konnte 1926 ein Bauer 7 Menschen und 50 Jahre später, im Jahr 1976, bereits 40 Menschen ernähren.

Der Fleischverbrauch pro Kopf und Jahr hat sich seit Beginn des Jahrhunderts bis 1980 auf rund 87 kg verdoppelt und stieg bis 1992 nochmals auf 97,3 kg (Rindfleisch 20,1 kg, Schweinefleisch 56,0 kg, Kalbfleisch 1,0 kg, Geflügel 12,9 kg und sonstiges – z.B. Wild – 7,3 kg). Der Verbrauch an Brot und Kartoffeln hat sich dagegen halbiert.

Landwirte in der Zwickmühle

Bis auf wenige Extremstandorte war unser Land ehemals von Natur aus mehr oder weniger dicht bewaldet. Der lieblich bunte und abwechslungsreiche Landschaftstyp aus Zeiten der Dreifelderwirtschaft hat durchweg seine Prägung vom Menschen erhalten. Der Berufsstand der Bauern war derjenige, der diese Kulturlandschaft geschaffen und damit die Voraussetzungen dafür entwickelt hat, daß diese Landschaft durch viele wärme- und sonnenhungrige Pflanzen- und Tierarten in üppiger Vielfalt besiedelt werden konnte. Das ging über ein Jahrtausend gut, von Generation zu Generation wurden Naturverbundenheit, Erfahrung und eine gesunde Landschaft weitergegeben, man war gewohnt und gezwungen, mit der Natur zu wirtschaften. Heute ist gerade der Berufsstand der Landwirte in eine Zwickmühle geraten. Geblieben sind Traditionsbewußtsein und bei vielen auch noch ein Gespür für die Verantwortung den Vorfahren, Nachkommen und der Allgemeinheit gegenüber. Eine Studie der Agrarsozialen Gesellschaft stellt fest, daß rund 50 % der Landwirte „eine Gesellschaft, die bestrebt ist, die Natur so zu erhalten, wie sie ist" befürworten und grundsätzlich bereit sind, auf Intensivierungsmaßnahmen zugunsten des Naturschutzes zu verzichten, 14 % davon sogar ohne Entschädigung.

Die Kehrseite: Preisdruck, Rationalisierung, Konzentration, Zwang zur Ertragssteigerung machen dem Landwirt das Leben schwer. Die ungünstige Entwicklungsperspektive führt häufig zu einem Verzicht auf die Hofnachfolge. Sie ist laut Agrarbericht 1988 bei etwa 50 % der Betriebe nicht gesichert. Dieser Strukturwandel birgt die Tendenz zu großbetrieblichen Formen und damit zu weiterer ökologischer Verarmung in der Landschaft (LÖLF-Mitteilungen, 1/1990).

Dazu kommt die Strategie der Industrie, mit massiver Werbung einkommensträchtige Verbesserungen zu versprechen. Ethische Vernunft steht in marktwirtschaftlichen Systemen von vornherein auf schwächeren Füßen. Der Wirkmechanismus des Marktes verschafft im Wettbewerb zwischen den Anhängern unterschiedlicher ethischer Auffassungen immer denjenigen Vorteile, die technisch-ökonomische Möglichkeiten am unbedenklichsten nutzen und die daher am günstigsten produzieren können (Weinschenck, 1986). Im Extrem liefern Massentierhaltungsformen den Beweis dafür, wie sich Skrupellosigkeit am Markt auszahlt. Finanzielle Egozentrik wird über ethische Normen immer siegen, solange sich die Allgemeinheit nicht wehrt und zuläßt, daß sie die Gemeinkosten tragen muß – sei es nun z.B. in Form von Giftrückständen in Nahrungsmitteln, von Verlust an Landschaft, von Artenvielfalt oder durch Erosion von Grundwerten.

Maßnahmen, die zu einer spürbaren Verbesserung der Umweltqualität führen, sind meist mit Produktionseinbußen und/oder Minderung der Produktionseffizienz verbunden. In den Überflußgesellschaften ist die hohe Intensität der Landschaftsausnutzung – anders als in dicht besiedelten Entwicklungsländern – nicht nur unvernünftig, sondern auch unmoralisch aus ökonomisch-anthropozentrischer wie aus der Sicht biozentrischer Ethik (Weinschenck, 1986). Und trotzdem werden Steuern dazu mißbraucht, landwirtschaftliche Exporte zu subventionieren. Sie verhindern so den Aufbau wettbewerbsfähiger Produktionen in Entwicklungsländern, ohne die eine Verbesserung der wirtschaftlichen Lage dieser Länder nicht möglich ist.

Diese Entwicklung wird an ihre Grenzen stoßen: Die Agrarfinanzen verschlingen zwei Drittel aller EU-Einnahmen, weil sich die Agrarproduktion nicht nach der Marktlage, sondern nach von der Gemeinschaft festgesetzten Mindestpreisen (Interventionspreise meist weit über Weltmarkt-Niveau) richtet. Es wird alles angekauft, was sich zu diesen Preisen nicht am Markt unterbringen läßt. Diese Strategie der Nahrungsmittelverschleuderung oder -vernichtung ist langfristig völlig unverantwortlich. Allein 1989 veranschlagte die EU-Kommission z.B. die bis spätestens zum Beginn der nächsten Ernte zu vernichtenden Apfelüberschüsse auf 626 000 t. Bei der ausufernden Preis- und Subventionspolitik der EU muß endlich „der Stöpsel in die Badewanne", sagte schon 1987 die damalige Premierministerin Thatcher (Bellinghausen, 1988).

Vorübergehende Flächenstillegungen sind dagegen auf lange Sicht kein Rezept. Man drückt sich damit nur vor dem „Eisernen Marktwirtschaftsgesetz", nach dem Angebot und Nachfrage den Preis bestimmen, also nur eine restriktive Preispolitik die ausufernden Agrarkosten eindämmen kann. Die ökologischen Probleme werden allerdings auch dadurch nicht gelöst, denn ein Rückgang gerade der kleinbäuerlichen Struktur als marktwirtschaftlich bedingte Reaktion auf sinkende Preise führt zwangsläufig zu um so intensiverer Bewirtschaftung der verbleibenden Großflächen. Ebensowenig ist die Fiktion zu halten, ordnungsgemäß betriebene Landwirtschaft sei per se Umweltschutz (Landwirtschaftsklausel im Naturschutzrecht) und Flächenstillegungen seien ein aktiver Beitrag zum Natur- und Umweltschutz (Bellinghausen, 1988). Im übrigen bemängeln die Südländer der EU zu Recht, daß mit der Flächenstillegung dem Subventionsbetrug Tür und Tor geöffnet werde, weil die Kontrolle EU-weit gar nicht sicher funktionieren kann.

Schaffte man alle Interventionspreise ab – und die Tendenz dazu wird sich langfristig von selbst ergeben –, wäre ein großes Höfesterben und damit die Entwicklung zu „Agrarfabriken" programmiert. Unwirtschaftliche Flächen würden in großem Stil aufgeforstet, auf den verbleibenden landwirtschaftlichen Flächen würde intensiver denn je produziert. Das kann niemand gutheißen, schon gar nicht ein Naturschützer, weil damit das Aussterben der an agrarische Ökosysteme gebundenen Pflanzen- und Tierarten beschleunigt würde. Nutzungsfeindliche Vorurteile gefährden hier den ökologischen Nettogewinn, weil sie verkennen, daß immense Artenvielfalt in agrarischen Ökosystemen letztlich ein Kulturprodukt ist. Wollen wir hier die Vielfalt erhalten, müssen wir die zugehörige Kulturform ebenfalls bewahren und Rahmenbedingungen schaffen, die einer herkömmlichen landwirtschaftlichen Entwicklung möglichst nahekommen.

Solange Landwirte nach Höchsterträgen streben müssen, sind Interessenkonflikte zwischen

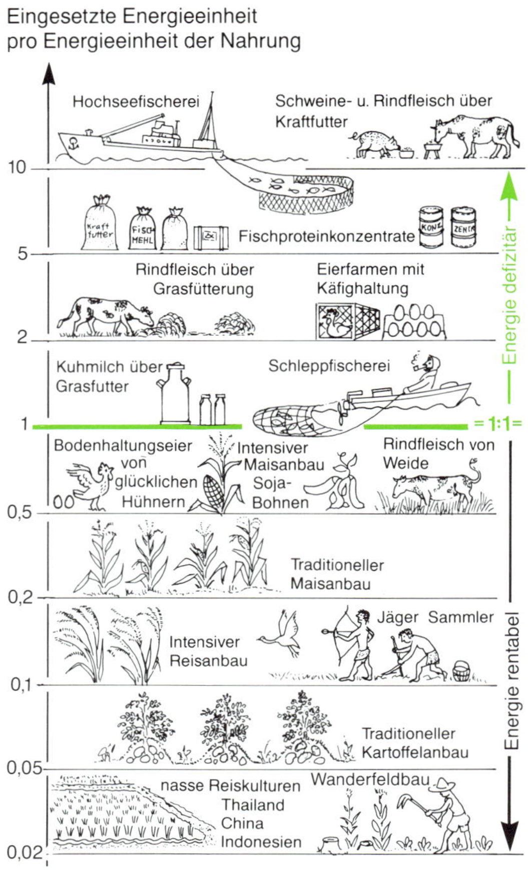

Abb. 82. Energieaufwand für die Produktion verschiedener Erzeugnisse. Von der Arbeits- bzw. Energieintensität der Wirtschaft wird bestimmt, ob die Produktion energierentabel (= es wird mehr Energie gewonnen, als zur Produktion benötigt wird) oder energiedefizitär ist. Bei Subventionen muß sich so etwas noch nicht im Preis auswirken, mit steigenden Energiekosten ist das jedoch auch eine Frage der Zeit. (nach Haaf, 1981, verändert)

Ökonomie und Ökologie unvermeidbar. Arten- und Genvielfalt ist das entscheidende Überlebensprinzip der Natur, die kreative Quelle der Evolution zur Anpassung an sich verändernde Bedingungen und der Kontrollmechanismus gegenüber Massenvermehrungen, die in artenverarmten Systemen mit dem Grad der Verarmung immer wahrscheinlicher werden. Nicht umsonst stand das Thema „biodiversity" – die wichtigste Ressource der Erde – ganz oben auf der Tagesordnung der UN-Umweltkonferenz 1992 in Rio de Janeiro. Wenn Landwirte als Produzenten unserer Nahrung die erforderliche Vielfalt erhalten, müssen wir sie auch dafür bezahlen, aber ebenso konsequent belangen, wenn sie diese Ressource gefährden.

Energieumsatz und Pestizidausbringung

Langfristig ist der steigende Energiebedarf zur Erzeugung der menschlichen Nahrung höchst kritisch zu beurteilen. Eine Energieeinheit auf den Teller des Verbrauchers zu bringen, verschlingt einschließlich Verarbeitung und Verpackung neun Einheiten aus fossiler Energie (vornehmlich Erdöl). Energieintensiv sind vor allem die Agrochemikalien (Düngemittel, Pestizide). Mit schwindenden Energievorräten (die bekannten Mineralölreserven reichen nur bis zum Jahr 2035) werden sich auch die landwirtschaftlichen Methoden wieder ändern müssen. Einsparung von Energie in der Landwirtschaft ist gleichbedeutend mit der Ausnutzung naturnäherer Verfahren. Langfristig wird sich das Energieproblem auch auf die Preisentwicklung der verschiedenen Veredelungsstufen der Nahrungsmittel und damit auch auf die Eßgewohnheiten auswirken. 7 kg Getreide sind im Durchschnitt nötig, um auf dem Umweg über das Rind 1 kg Fleisch zu erzeugen. Äßen alle Menschen so viel Fleisch wie Nordamerikaner oder Westeuropäer, reichte die Welternte nicht einmal für die Hälfte der Menschheit. Einen Vergleich der verschiedenen Intensitätsstufen und Energiebilanzen ermöglicht die Graphik, die auf Untersuchungen amerikanischer Wissenschaftler beruht (Abb. 82).

Steinzeitliche Bauern mit ihrem Wanderfeldbau oder indonesische Reisbauern wandten nur 2/100 Energieeinheiten in Form von Muskelkraft auf, um eine Energieeinheit zu ernten. Fleisch von Weideland-Kühen und Eier von freilaufenden Hühnern erfordern schon den Aufwand einer halben Energieeinheit für jede Energieeinheit Nahrung. Küstenfischerei und Milch von grasgefütterten Kühen liefern Produkte, die so viel Energie enthalten, wie in sie hineingesteckt wurde. Bei Rindfleisch und Eiern aus Eierfabriken ist die Bilanz schon negativ: Für jede Nahrungsenergiemenge muß doppelt so viel Energie in die Produktion gesteckt werden. Die Fänge der Hochseefischerei sowie die intensive Rindermast verschlingen 10mal mehr Energie, als sie in Form von Lebensmitteln liefern.

Zwischen 1960 und 1979 stiegen die Hektarerträge bei Weizen im Durchschnitt von etwa 30 auf 45 dz. Dabei muß berücksichtigt werden, daß in der gleichen Zeit der Aufwand an Mineralstickstoff um das 4fache, der Aufwand an Pestiziden sogar um mehr als das 5fache stieg und sich der Aufwand an Maschinen und Geräten verdoppelte. Allein zwischen 1971 und 1974 hat sich der Verbrauch an Pestiziden bei uns verdoppelt, während sich die landwirtschaftliche Produktion in der gleichen Zeit nur um 7 % erhöhte. 1987 verbrauchten die Landwirte gegenüber 1960 – um einen längeren Zeitraum zu vergleichen – 4mal soviel Pflanzenschutzmittel, nämlich 2,7 kg statt 0,7 kg je ha (Unser Wald, 2/1990). Allein der Energieaufwand zur Herstellung von Stickstoffdünger ist so groß wie derjenige zur Herstellung, Unterhaltung und zum Betrieb der Maschinen zusammen.

11.1 Ökologische Folgen der landwirtschaftlichen Intensivierung

„Wer rudert, sieht den Grund nicht."
Wilhelm Busch (1832–1908)

Stickstoffeinträge – Verarmung durch Überschuß

Der Einsatz stickstoffhaltiger Mineraldünger hat sich in der deutschen Landwirtschaft zwischen 1950 und 1985 von 25,6 kg je ha auf 126,1 kg je ha verfünffacht (Dierßen, 1989). Niedrige Energie- und damit Düngemittelpreise lassen es ökonomisch zu, auch die letzten Ertragssteigerungen herauszuholen. Tatsächlich hat sich der Getreideertrag von 1960 bis 1988 von 28,7 auf 54,7 dz/ha verdoppelt. Der Anreiz ist so verlockend, daß beim Getreideanbau erst eine Verdreifachung der Energiepreise zum Abbau der Spitzenintensität führen würde (Kaule, 1986). In die Stickstoffbilanz sind einzubeziehen die Einträge aus Verbrennungsabgasen (vgl. Kap. 2) und die Güllebelastungen in der Umgebung von Massentierhaltungsanlagen. Nach dem Verkehr (rd. 46 %) ist die Landwirtschaft mit etwa 36 % Hauptverursacher der gefährlichen Stickstoffimmissionen unserer Ökosysteme. Im übrigen ist übermäßige Gülleausbringung, die nur deshalb erfolgt, weil der Landwirt Gülle loswerden will, rechtlich gesehen Abfallbeseitigung.

Etwa ein Drittel des Stickstoffüberschusses entweicht aus begüllten Wirtschaftsflächen in Form von Ammoniak oder Stickoxiden in die Luft, so daß auch fernab der Ackerflächen landwirtschaftlich ausgebrachte Nährstoffe vom Himmel regnen. Das gilt besonders für die weitere Umgebung der Mastviehzentren in Norddeutschland und Holland. Eine Schweinemästerei mit 10 000 Plätzen produziert etwa ebensoviel Gülle wie eine Stadt mit 18 000 Einwohnern (Begon et al., 1991). Beim Rind betragen die täglichen Ausscheidungen immerhin 8 bis 9 % des Körpergewichts, beim Schwein sogar 10 bis 11 %. Viele hunderttausend Tonnen an Stickstoff gelangen allein schon über die Luft in die Nord- und Ostsee, vom Gewässereintrag ganz zu schweigen. Inzwischen ist die Eutrophierung (Nährstoffanreicherung) zum gravierendsten Problem für den Naturschutz in Mitteleuropa geworden (Ellenberg, 1989). Etwa drei Viertel der Rote-Liste-Arten der Flora können sich nur auf stickstoffarmen Standorten behaupten.

Die vielen Pflanzen der Magerstandorte sind also in erster Linie deshalb in ihrer Existenz bedroht und in den Roten Listen gelandet, weil sie als lichtbedürftige Hungerkünstler bei besserer Ernährungsbasis durch schneller und höher wachsende Wettbewerber überwuchert werden. Das beschleunigt sich, wenn die unnatürlich übervorteilten Arten nicht in irgendeiner Form genutzt werden (z. B. Ausmagerung durch Mahd und Abtransport, Abfressen durch Vieh oder Wild). Die Konsequenz für die Fauna multipliziert sich: Alle an die gefährdeten Krautpflanzen gebundenen Tierarten geraten ebenfalls in Existenznot, weil ihnen die Nahrungsbasis oder ein Lebensquartier entzogen wird. Außerdem ändert sich in den höher wachsenden Gras-, Kraut- und Hochstaudengesellschaften das Kleinklima, es wird schattiger, kühler und feuchter. Arten, die es warm und trocken lieben – z. B. Heuschrecken oder Eidechsen –, werden deshalb verdrängt. In der Landwirtschaft sind 99 % der Insekten bedroht (BUND, 1984). Außerdem verzögert Stickstoffüberschuß den Vegetationsabschluß und setzt die Frostresistenz vieler Pflanzen herab (Meyer-Spasche, 1988).

Rein sachlich sind die Landwirtschaftsklauseln in den Naturschutzgesetzen („ordnungsgemäße Landwirtschaft dient den Zielen des Naturschutzgesetzes") mit der Eutrophierung nicht mehr zu vereinbaren, die ja längst bis zum Grundwasser durchschlägt. Daran kann der einzelne zunächst wenig ändern. Doch sollte die Einsicht bei den Verantwortlichen ein Umdenken erzwingen und Fortschritte ermöglichen. Vielleicht setzen ja auch öffentliche Verpächter in den Pachtbedingungen (inkl. Pachtzinsminderungen) neue positive Vorbildzeichen?

Artenverarmung im Bodengefüge

Wie in Kapitel 3.3 dargestellt, ist das biologische Bodenleben von Natur aus enorm arten- und individuenreich. Das Gleichgewicht der Bodenorganismen stellt gewissermaßen das Fundament dessen dar, was wir in der Natur sehen und erleben. Die Steigerung der Produktivität in der Landwirtschaft hat erhebliche Veränderungen im Bodengefüge verursacht, über deren Folgen wir uns in der Praxis oft zu wenig Gedanken machen.

Kein anderer Wirtschaftszweig breitet in solcher Menge und auf so großer Fläche Stoffe aus, die Organismen töten sollen und zugleich Veränderungen des Standortes bewirken. Die schleichenden Veränderungen spielen meist eine größere Rolle als direkte Eingriffe in die Vegetation. Beim Einsatz von naturfremden Pestiziden ist bei der so wichtigen Bodenmikroflora mit unkalkulierbaren Folgen um so eher zu rechnen, je weiter man sich von natürlichen Grundprozessen entfernt und je tiefer man in das biochemische Stoffgefüge eingreift. Die Mikroflora macht 75 bis 95 % der Biomasse des Bodenlebens aus. In einem Gramm Boden können sich mehrere Milliarden Bakterien und Pilze befinden. 60 bis 90 % der mikrobiellen Biomasse im Boden wird von Pilzen gebildet (Stölzer, 1990). Aber auch bei größeren Bodentieren ist mit kritischen Auswirkungen zu rechnen (vgl. Kap. 3). Milben werden z. B. von allen drei Wirkstoffklassen der Insektizide (Chlorierte Kohlenwasserstoffe, Organophosphorverbindungen, Carbamate) geschädigt. Dabei werden Raubmilben besonders drastisch reduziert, so daß sich nun Schaderreger – wie Spinnmilben – überproportional vermehren. Auch Collembolen profitieren von der Reduktion der Raubmilben, resistentere Arten neigen zu starken Vermehrungen.

Ähnliches zeigt sich beim Einsatz von regenwurmtoxischen Fungiziden in Apfelobstanlagen. Der große Regenwurm ist dort hauptsächlich verantwortlich für den Abbau der Bodenstreu. Durch das Einziehen von Faullaub in den Boden durch die Regenwürmer werden auch die auf den abgefallenen Blättern überwinternden Sporen des Apfelschorfes nachhaltig reduziert. Wenn man die Regenwürmer durch die Fungizide zurückdrängt, kann das indirekt zu einer Förderung gerade der Pilzkrankheiten beitragen, zu deren Bekämpfung die Fungizide eingesetzt wurden. Bei einmaliger Anwendung wird die Regenwurmpopulation um 80 % reduziert, bei häufiger Anwendung kann der große Regenwurm die behandelten Flächen nicht wiederbesiedeln (Kula, 1990).

Die Agrarchemie hat den Humus nur wenig beachtet. Man düngt mit Nährsalzen, die in Lösung gehen, wobei der Boden als „Stützkorsett für Pflanzen" praktisch nur Trägerfunktion hat. Die Mineralsubstanz des Bodens selbst wird dadurch weitgehend inaktiviert und nicht genutzt. Das hat geradezu katastrophale Folgen für die Bodenbiozönose. Unter dem Mikroskop stellt man in einem mineralisch gedüngten Boden gegenüber einem organisch gedüngten ein stark reduziertes und spezialisiertes Bodenleben fest. Vor allem fehlen die humusaufbauenden Organismen, weil sie der hochkonzentrierten Nährlösung nicht gewachsen sind und weil ihnen selbst die organische Nährsubstanz fehlt. Mit ihrer Tätigkeit erfolgt der Aufschluß der Bodenmineralien in dem Maße, wie sie nach oben in die Pflanze abwandern. Wie groß der Humusschwund ist (man rechnet mit nur noch 1,5 % der Bodenmasse), zeigt jeder Acker nach einem Regen: Er verschlämmt und verkrustet.

Was hat das mit der Agrarlandschaft zu tun?

Zunächst geht die Wasserkapazität des Bodens parallel mit dem Humusverlust zurück (steigende Hochwassergefahren!). Mindestens ebenso gravierend ist die Reduzierung der Destruenten im Hinblick auf den Stoffkreislauf. Die Destruenten (Abbauer) bilden die Nahtstelle des Kreislaufs, in dem sie schließlich wieder Kohlendioxid und Wasser liefern und Mineralstoffe freisetzen, die ohne diesen Prozeß dem Kreislauf entzogen werden (Quirbach, 1978). Der Humus mit seiner stabilen lockeren Krümelstruktur ist Voraussetzung für eine leistungsfähige Luft- und Wasserführung des Bodens. Von den bei Humusmangel vermehrt oberflächlich abfließenden Niederschlägen wird der Boden mangels Zusammenhalt mit vielen Nährstoffen abgeschwemmt. Die Erosion kann zu einem ernsten Problem werden: Allein in den USA sind seit 50 Jahren rund 40 % des ackerfähigen Bodens durch Bodenerosion verlorengegangen.

Man darf also über Liebigs Kunstdünger nicht Liebigs Minimumgesetz vergessen: Derjenige Faktor begrenzt die Bodenfruchtbarkeit, der im Minimum vorhanden ist. Mit Ausnahme der klassischen Grünlandgebiete ist der Humus überall im Schwinden begriffen. Das liegt auch am Einsatz von Großmaschinen (auch in der Forstwirtschaft), der zur Verdichtung der Böden beiträgt. Das Niederschlagswasser staut sich dann an der Oberfläche, ohne eindringen zu können. Die Böden verlieren trotz guter Nährstoffversorgung ihre Leistungsfähigkeit wegen mangelnder Versorgung mit Wasser und Luft. Und selbst aufwendige Maßnahmen wie Untergrundlockerungen helfen nur vorübergehend. Infolge des Humusrückganges, der Bodenverdichtung oder Bodenumwälzung, der Mineraldüngung und Pestizideinbringung geht der übrige Organismenbestand im Boden drastisch zurück. Das wird schon bei den Regenwürmern deutlich. Ohne nachschaffende Bioenergie in Form verrottender Pflanzenteile oder organischer Dünger müssen sie verhungern (siehe Kap. 3 und 9). Die Landwirtschaftswissenschaft hat als bestes Gegenmittel gegen die Bodenverdichtung durch schwere Maschinen den guten alten Regenwurm wiederentdeckt. Er wird am zweckmäßigsten mit Haustiermist mit modernen zusätzlichen Hilfsmit-

Abb. 83. Mit Subventionen von Schutzgehölzen entblößte und vergrößerte Schläge, infolge einseitiger Bewirtschaftung an Humus verarmend, werden zunehmend von Wind- und Wasser-Erosionen betroffen. Der Bodenabtrag ist gebietsweise alarmierend. In derart ausgeräumten Fluren kann kaum ein Tier überleben. Die Öffentlichkeit, die diese Entwicklung finanziell subventioniert, meidet derart unwirtliche Gebiete und strömt zur Naherholung in die letzten noch naturnahen Bereiche . . . (Foto: Dahl)

teln, aber gemäß uralter Erfahrungen gefüttert (Graff, 1990). Ob damit freilich grundlegender Wandel zu schaffen ist? In Bayern rechnet man nur noch mit durchschnittlich 5,5 Individuen pro m^2, was auf lange Sicht – selbst bei gutem „Wurmmanagement" – kaum ausreicht, wieder stabile Regenwurmpopulationen aufzubauen. Und von einem solchen „Wurmmanagement" ist die Landwirtschaft – trotz vieler guter Ansätze – noch meilenweit entfernt (Kalberlah, 1990). Unbestritten aber ist, daß wir den Bodentieren auch im landwirtschaftlichen Bereich wieder mehr Aufmerksamkeit schenken müssen (Joschko, 1990) und daß dem Boden als Nahrung für die Bodentiere wieder ausreichend „naturnahe Kost" in Form pflanzlicher Bioenergie geboten werden muß.

Biotopverarmung

Alte landwirtschaftliche Kulturlandschaften waren geprägt von einem Mosaik aus Feldern, Grünland, Waldresten, Obstbäumen, Hecken, Alleen, Feldrainen, Steinhaufen, Gräben, Tümpeln, Dornengebüschen und Brachland. Diese vielfältige Feldflur in enger Vernetzung mit den Naturlandresten bot eine heute fast unvorstellbare Mannigfaltigkeit von Lebensräumen für Wildtiere. Eine ganze Reihe von ihnen wanderte aus anderen Lebensräumen bei uns ein, weil sie ähnliche, durch Menschen „nachgeahmte" Biotope fanden: Die Großtrappe kam aus den Steppen des Ostens, das Kaninchen kam erst im 12. Jahrhundert aus Nordspanien. Ebenso siedelten sich Hamster, Feldlerche, Haussperling und Birkhuhn an. Die Vielfalt der Strukturen, geschaffen durch die kleinflächige landwirtschaftliche Nutzung, hat erst den Artenreichtum dieser Biozönosen ermöglicht.

Von Natur aus wachsen auf dem Acker nicht nur die erwünschten Feldfrüchte, sondern auch „Unkräuter", also Wildgräser und Wildkräuter. Über 300 davon gibt oder gab es in Deutschland. Sie sind lebenswichtig für Wildtiere. Das Rebhuhn z. B. frißt über 50 Arten davon. Wird das Nahrungsangebot zu einseitig, verschwinden die Rebhühner. Schuld daran sind also nicht Raubtiere oder Greifvögel, sondern der Verlust von Ernährungsmöglichkeiten. Die vielen oft sehr kleinflächigen Feuchtstellen in den Wiesen beherbergen etwa 65 spezialisierte Pflanzen, viele davon sind heute auf der Roten Liste der gefährdeten Pflanzenarten. Mit ihnen leben viele Tierarten (z. B. Insekten) vergesellschaftet, die wiederum Nahrungsgrundlage für Vögel sind.

Durch die Landwirtschaft wird oder wurde gerade diese von ihr einst geschaffene Vielfalt der Lebensräume durch Ausräumung der Feldflur grundlegend verändert:

- Hecken, Knicks und Baumgruppen wurden beseitigt. In der Landschaft Angeln im Norden Schleswig-Holsteins z. B. sind zwischen 1877 und 1979 die Knicks von 133,4 m je ha auf 29,1 m pro ha (= 22 %) geschrumpft. Mit den Rainen und Hecken verschwanden Dorngrasmücken und Goldammern, verloren Igel, Hase, Rebhuhn und Fasan Nahrung und Deckung, die sie vor allem benötigen, wenn der Wind über abgeerntete Felder weht. Wo Grünland in Acker umgewandelt wird, fallen auch die letzten Gebüsche, Hecken und Einzelbäume der Axt zum Opfer. Oft werden höhere Kräuter und Sträucher an den Feldrändern auch durch Flämmen und mit Hilfe von Herbiziden beseitigt. Von den mehr als 7000 Tierarten der Feldgehölze und Knicks in Schleswig-Holstein verschwinden nach Erz 1200 Arten schon „durch das Ausmähen der Ränder dieser Wallhecken oder durch deren Behandlung mit Pflanzenvernichtungsmitteln".
- Trockenlegung von Mooren, Sümpfen, Rieden, Brüchen, Quellhorizonten. Die ehemals verbreiteten Feuchtwiesen und Feuchtweiden haben zwischen 70 und 90 % abgenommen.
- Die ausgeräumte Agrarlandschaft weist zuviel einseitige saisonale „Kunst-Krautschicht" und zuwenig vielartige natürliche Kraut-, Strauch- und Baumschicht auf. Automatisch verringert sich damit die Tierwelt beträchtlich. Es kommt zu nicht nur vorübergehender, sondern permanenter Störung des Gleichgewichts. Der geschaffene Lebensraum ist künstlich auf hohen und wirtschaftlichen Ertrag zugeschnitten. Mit Schädlingsexplosionen versucht die Natur, das Gleichgewicht wiederzugewinnen.
- Der Einsatz von Bioziden verdrängt neben den Organismen, auf die „gezielt" wird, eine Vielzahl weiterer Arten, die gar nicht „gemeint" waren, und darüber hinaus alle Organismen, die mit den verdrängten Arten in Vergesellschaftung leben. Das gilt für alle Lebewesen im Boden wie darüber. Die Biologische Bundesanstalt Braunschweig ist der Frage nachgegangen, weshalb so viele Schadstoffe – wie Rückstände von Pflanzenschutzmitteln – sich sogar in so abgelegenen Gegenden wie dem Polareis finden. Ihre Experimente ergaben, daß sich die auf Pflanzen gespritzten Mittel schon nach 3 Stunden zu 60 % in der Luft befanden. Nach 6 Stunden war die Konzentration in der Luft über dem Versuchsfeld auf 80 % gestiegen (LÖLF-Mitteilungen, 2/1992). Flora und Fauna, aber auch die Menschen in der Nachbarschaft pestizidbehandelter landwirtschaftlicher Flächen oder Gärten sind davon bedroht.
- Wiesen degenerieren immer mehr zu Grasplantagen. Kräuter aller Arten verschwinden. Das schädigt offensichtlich die Gesundheit der davon lebenden Tiere. Selbst Wegränder werden mit Hilfe der „chemischen Sense" von Kräutern befreit. – Der starke Rückgang des Hasenbestandes und die Zunahme von Wild-

Abb. 84. Weit und breit nur eine Wirtschaftsfrucht, alle anderen Pflanzenarten sind durch Biozide und Düngemittel verdrängt worden. Nur weiter wandernde Tierarten können hier vorübergehend Nahrung und Deckung finden. Alle extrem einseitigen Systeme neigen zu Massenvermehrungen der auf diese Kulturpflanzen spezialisierten Insektenarten, die nur durch immer mehr Gift in „Schach" gehalten werden können, weil die an andere Pflanzenarten gebundenen „Regulator-Insekten" fehlen. Bei der Mahd bricht in dieser Monokultur schlagartig die einzige Nahrungs- und Deckungsgrundlage zusammen, so daß z. B. der nicht weit wandernde Hase Hunger leidet und schnell krankheitsanfällig wird. (Foto: Archiv Wild und Hund)

erkrankungen werden auch darauf zurückgeführt, daß bestimmte Kräuter fehlen, die für die Gesundheit der Tiere notwendig sind. Eine Analyse von 900 Hasenmägen hat ergeben, daß die Tiere im Sommer zu 57 % Wildkräuter des Grünlandes und zu 31 % Wildkräuter der Kultursteppe zu sich nehmen. Es bestehen also 88 % der Sommeräsung des Hasen aus „Unkräutern" (DJV, 3/1983).

- Seit den ältesten Zeiten werden Kräuter zur Heilung von Krankheiten verwendet. Der Aufwand zur Entwicklung neuer Medikamente wird immer größer, der Erfolg immer fragwürdiger. Jetzt besinnt man sich auf die überlieferten Heilkräuter. Man erkennt langsam, daß die Natur der Chemie weit überlegen ist.
- Bei intensiver Grünflächenpflege im Frühjahr verschwinden die ersten Gelege der Bodenbrüter unter den schweren Walzen, die über den Wiesenboden gezogen werden. Die Nachgelege als Ersatz für den Verlust fallen dem Schnitt für Silage- und Heugewinnung zum Opfer. Dem tödlichen Rasierschnitt moderner Kreiselmäher entrinnt kein Bodenbrüter.
- Die Normierung der Landschaft vermindert unmittelbare Kontakte zwischen unterschiedlichen Lebensräumen. Damit geht der sog. Grenzlinieneffekt („Edge-Effekt") verloren, nachdem dort, wo verschiedene Biotope wie in der alten Feldmark zusammenstoßen, die Artenvielfalt besonders groß ist.
- Kulturpflanzenmonotonie ist lebensfeindlich. Das kann man am Beispiel der Maisäcker gut studieren, die inzwischen riesige Flächen einnehmen. Mais gehört zu den ertrag- und damit gewinnträchtigsten Futterpflanzen der Landwirtschaft. In Reihen gepflanzt, regelmäßig gespritzt und maschinell geerntet, ist er ein Paradebeispiel einer unkomplizierten Feldfrucht. Aus der Sicht des Feldhasen, des Rebhuhns und anderer Feldtiere ist ein Maisacker ein zerstörter Lebensraum.

Artenverarmung

Wie aus der Zusammenstellung der Roten Listen (Kap. 2) und aus der Erläuterung der ökologischen Grundlagen (Kap. 3) hervorgeht, ist der Rückgang der Artenvielfalt ökologisch alarmierend. Die moderne Landwirtschaft hat daran nach der Gesamtheit der Luftverschmutzer den Hauptanteil.

Die weitere Entwicklung ist rasant. Noch 1975 waren in der Bundesrepublik rund 50 000 Biotope als höchst schutzwürdig kartiert worden. Mindestens 20 000 dieser Lebensräume erwiesen sich bereits im Sommer 1982 als entweder ganz zerstört oder so sehr geschädigt, daß sie den auf diese Standorte angewiesenen Tier- und Pflanzenarten keine Lebensgrundlage mehr bieten konnten. In einem Bericht des britischen „Nature Conservancy Council" vom Mai des Jahres 1977 ist zu lesen:

„Falls alle landwirtschaftlichen Betriebe vollkommen modernisiert wären, hätte dies das Verschwinden von 80 % aller Vogelarten und rund 95 % der Schmetterlingsarten zur Folge." (Olschowy, 1977) Ein Heidelberger Biologiedoktorand hat die Zahl der Laufkäferarten auf einem noch naturnahen Areal mit der auf flurbereinigten Flächen verglichen – mit verblüffendem Resultat: Die Artenzahl nimmt um so stärker ab, je länger die Flurbereinigung zurückliegt. Im noch nicht umgemodelten Flurstück fand der Käferforscher 47 Arten. Lag das Verfahren zwei Jahre zurück, war die Zahl auf 32 gesunken. Auf einer seit 15 Jahren intensiv bewirtschafteten Fläche lebten nur mehr 10 Arten – ein Rückgang um 79 %. Verschwunden waren sogenannte Spezialisten, Tiere, die ganz bestimmte Lebensbedingungen benötigen. Die Flurbereinigung überlebt hatten die Allerweltsarten, die anpassungsfähigsten Kulturfolger.

Auch die Entwässerung hat sich besonders negativ ausgewirkt. Riesige Flächen wurden trockengelegt oder leergepumpt. Viele Wiesen mußten Weizen- oder Maisäckern Platz machen. Uferschnepfe, Bekassine, Brachvogel, Rotschenkel, Kampfläufer, Alpenstrandläufer, Weißstorch, Graureiher, Wiesenweihe, Sumpfohreule, Löffelente, Knäkente, Neuntöter und Braunkehlchen sind nur einige Namen der Verlierer dieser landwirtschaftlichen Revolution. Wenn naturnahe Streuobstwiesen – in denen noch gefährdete Vögel wie Wiedehopf, Wendehals und Steinkauz brüten – in Obstplantagen (durchschnittlich 16 Spritzungen pro Jahr) verwandelt werden, schrumpft die Zahl der Vogelarten auf 7 %, die der Bienen auf 6 %.

Bilanzierend muß man feststellen, daß Verkehr, Siedlung und Industrie der Tier- und Pflanzenwelt weniger geschadet haben als die Landwirtschaft (Erz, 1977). Insofern sind die erzielten Ertragssteigerungen der Landwirtschaft ökologisch zu teuer erkauft

- mit ständiger Erhöhung des Energie- und Rohstoffbedarfs,
- mit ständig steigendem Bedarf an Mineraldünger,
- mit der Zerstörung der Böden und mit Gewässerverschmutzung,
- mit ständig steigendem Einsatz von Bioziden,
- mit höherer Anfälligkeit von Pflanzen und Tieren,
- mit dem Verlust der Artenvielfalt, dem Rückgang freilebender Pflanzen und Tiere,
- mit der Anreicherung von Schadstoffen in den Lebensmitteln,
- mit dem Verlust an Erholungseignung der Landschaft (Psychotop),
- mit der Einbuße moralischer Werte gegenüber der Natur,
- mit steigendem Bedarf an Subventionen, die zur Sanierung des Naturhaushaltes dringend benötigt werden,
- mit der zunehmenden Gefahr, daß sich infolge der Artenverarmung Organismen (Bakterien, Viren, Insekten u. a.) unkontrollierbar vermehren können.

Es wurde vorgeschlagen, die 500 botanischen Gärten auf der Erde (55 in Deutschland) mit der Erhaltung von Pflanzen zu beauftragen. In den USA werden bereits 90 000 Arten Pflanzensamen tiefgekühlt aufbewahrt (Fort Collins, Colorado), in der ehemaligen UdSSR sogar 400 000 Samenarten (Kuban, Kaukasus).

Industrielle Tierproduktion und Tierhaltung

Täglich werden auf unserem Planeten rund 50 Mio. Tiere zu Nahrungszwecken getötet. Konzentrieren wir uns auf Deutschland, wo in den alten Ländern 1987 rund 38 Mio. Schweine, über 5 Mio. Rinder und über 700 000 Kälber geschlachtet wurden. Dabei geht es um das „Wie", das mit Tier- und Naturschutzproblemen eng verflochten ist. Es dürfte kaum einen Bundesbürger geben, den nicht zumindest ein schlechtes Gewissen plagt, wenn nicht gar Entsetzen packt, wenn er einmal Tieren in die Augen sieht, die unter schlimmsten Bedingungen nach rein ertragsorientierten Gesichtspunkten gehalten werden. Hier hat sich ein Zynismus breitgemacht, der gar nicht scharf genug kritisiert werden kann. Gesetzlich wird ein Tierelend geduldet, wie es die Geschichte bisher nicht gekannt hat. Für den industriellen Nutztierhalter ist das Tier kein Lebewesen, sondern eine Maschine, die er um des Profits willen rücksichtslos ausbeutet. „Das Mitleid bleibt immer dasselbe Gefühl, ob man es für einen Menschen oder für eine Fliege empfindet", hat Leo Tolstoi einmal gesagt. Dem Zoologen Grzimek wurde schon 1976 gerichtlich gestattet, weiter von „KZ-Hühnern" und „KZ-Eiern" zu sprechen. Und der Verhaltensforscher und Nobelpreisträger Konrad Lorenz schreibt, „daß die mit der Batteriehaltung befaßten Eierfabrikanten von unleugbarer Gefühlsabstumpfung, ja Verrohung befallen werden: Derartige Grausamkeiten gegen Tiere sind nicht nur unmenschlich, sondern auf die Dauer auch entmenschend wirksam."

Die einheimische Eierproduktion erfolgt in Lege-Fabriken unter Bedingungen, die Sachverständige als „grobe Tierquälerei" brandmarken. Schon das Tierschutzgesetz vom 24. 7. 1972 sagt: Ein Tierhalter „darf das artgemäße Bewegungsbedürfnis eines Tieres nicht dauernd und nicht so einschränken, daß dem Tier vermeidbare Schmerzen, Leiden oder Schäden zugefügt werden". In der Hühner-Batteriehaltung werden je 4 Legehennen in Käfigen von 40 x 43 cm untergebracht für ihre Lebenszeit von 12 bis 14 Monaten. Der Fußboden besteht aus einem 2-mm-Drahtrost. In der Enge zanken sich die Hühner, reißen sich die Federn aus. Es tritt Kannibalismus auf. Fast alle haben eine entartete Fettleber. Das DLG-Merkblatt 87: „Hygiene-Maßnahmen für die Aufzucht von Legehennen" enthält einen Impfplan gegen eine Reihe von Krankheiten, beschreibt die Zufuhr von Medikamenten über das Futter, den Einsatz von Desinfektionsmitteln und die Gabe von Farbstoffen, mit denen 15 verschiedene Tönungen für das Eigelb erzielt werden können. 20 % der Hühner sterben jedes Jahr in den Käfigen oder müssen notgeschlachtet werden (Moll, 1980). In Dänemark ist die Käfighaltung seit 1952 verboten. Aufgrund einer Volksabstimmung (!) – ähnliche Ergebnisse wären sicherlich in Deutschland zu erwarten – hat die Schweiz seit Anfang 1992 Legebatterien verboten. Damit endete eine zehnjährige Übergangsfrist, die das Tierschutzgesetz den Erzeugern zur Umstellung ihrer Produktion auf andere Haltungssysteme gewährt hatte. Auch in Schweden läuft bereits eine derartige Übergangsfrist.

Meist gehören die Großbetriebe der „Intensiv-Stallhaltung" nicht mehr den Landwirten, sondern völlig fachfremden Fabrikanten oder Abschreibungsgesellschaften, und man könnte auf den ersten Blick fragen, warum dieses finstere Thema überhaupt in diesem Buch aufgegriffen wird. Der Grund ist naheliegend: Hier bestehen enge Verflechtungen zur Landwirtschaft (Futterlieferung, Verdrängung der Grünlandnutzung, Gülleabnahme), diese Betriebe treiben die Landwirtschaft zu weiteren umweltschädigenden Rationalisierungsmaßnahmen durch Preis- und Konkurrenzdruck, und gerade hier sollte das Verursacherprinzip zur Abgeltung der Umweltbelastungen (z. B. Trinkwasser) greifen. Tierschützer formieren sich zunehmend gegen Massentierhaltungen. Sie wenden sich gegen eine landwirtschaftsfremde, von der Fläche losgelöste Industrie mit externen, also von der Allgemeinheit zu tragenden Kosten, gegen die ein Landwirt mit artgerechter und flächenbezogener Haltung ökonomisch nicht ankommen kann.

Die im Tierschutzgesetz fixierte Formulierung „artgerecht" muß sich auf alle Stadien bis zur Schlachtung der Tiere beziehen. Kaum eine Haustierart wird heute noch artgerecht gefüttert, man ernährt sie „leistungsgerecht". Ein Rind, das ligninreich gefüttert wird, produziert eine weitaus harmlosere Gülle (auch auf Phenole, Benzoate, Karbonsäuren bezogen) als ein Rind, dessen Futter nur nach Energiewerten berechnet ist. Auf Stroh gestellte Tiere liefern mit dem Stallmist nach Kompost den besten organischen Dünger, der verglichen mit Gülle problemlos ist. Das Gülleproblem wird nicht auf dem Acker, sondern nur im Stall gelöst (Quirbach, 1987).

Grzimek schilderte den Besuch einer Intensiv-Kälbermästerei: „In einer Halle lebten 2500 Kälber bei 37 °C in völliger Dunkelheit, von ihrer Geburt bis zu ihrer Schlachtung im Alter von drei Monaten. Sie standen in engen hölzernen Boxen, in denen sie sich nicht umdrehen und kratzen, nur aufstehen und sich niederlegen können. Durch die Hitze haben sie ständig Durst und werden gezwungen, übermäßig viel einer milchähnlichen Nährflüssigkeit mit 20 % Fettgehalt zu trinken. Diese ist eisenfrei, damit ihr Fleisch weiß bleibt. Sie sind daher blutarm (Anämie) und leiden unter Atemnot. Eine Streu aus Stroh fehlt, Kot und Harn werden mit Wasser weggeschwemmt." (nach Moll, 1980) Gegen solchen Irrsinn sollte der Verbraucher Front machen: Eine klare Nachfrage nach Fleisch aus Freilandhaltung, nach Eiern von „glücklichen Hühnern" und eine ebenso klare Ablehnung der Massenprodukte können Umdenken und alternative Haltungsmethoden fördern.

Ganz konsequent sollte man auf Gänse- und Entenleberpastete verzichten. Trotz vieler Proteste von Tierfreunden werden in Frankreich, besonders aber in Ungarn, Polen, Bulgarien, Marokko und Israel Gänse und Enten gestopft. Durch einen Trichter preßt man ihnen Futter in den Hals. Nach 6 Wochen sind die Gänse so fett, daß sie sich nicht mehr fortbewegen können, die Leber ist bis auf das 2- bis 3fache angeschwollen. Die Tiere werden, kurz bevor sie ersticken, geschlachtet. Nach Aussage von Fachleuten wie Konrad Lorenz ist die Gänsemast eine extreme Tierquälerei.

Insgesamt subventioniert der Steuerzahler sowohl auf EU-Ebene als auch in Deutschland über die industrielle Tierproduktion immense Überschüsse. M. Witt, früherer Direktor des Max-Planck-Instituts für Tierzucht und Tierernährung, erklärte: Der Überschuß „stammt nicht aus Futtermitteln der eigenen Bodenproduktion, sondern wird mit importierten Kraftfuttermitteln (Getreide, Soja-Eiweiß) erzeugt, die an sich weitgehend als Primärkalorien für den unmittelbaren menschlichen Konsum in den Entwicklungsländern geeignet wären. Unsere Landwirtschaft wandelt mit ihren Milchviehbeständen Soja-Eiweiß, das den Entwicklungsländern vorenthalten wird, weil sie es nicht bezahlen können, unter großen Verlusten in das biologisch wertvollere Milcheiweiß um. Den sich dabei in Form von Magermilchpulver ergebenden Überschuß aber läßt man nicht den eiweißhungrigen Menschen in den Entwicklungsländern zukommen, sondern verfüttert ihn, mit dem Ergebnis, daß dieser Eiweiß-Stickstoff in Form von Gülle oder Jauche über Boden, Pflanze und Tier seinen Kreislauf von neuem beginnt." (Moll, 1980)

Um die unvorstellbaren Güllemengen ausbringen zu können, sind die Mastbetriebe auf landwirtschaftliche Nutzflächen angewiesen. Zu diesem Zweck sind in waldarmen Gebieten zusätzlich sogar große Waldflächen gerodet und mit Mais bestellt worden. Durch die Überdüngung sind inzwischen bereits viele Grundwasserbereiche so hoch mit Nitrat belastet, daß sie als Trinkwasserlieferant wegen erheblicher Gesundheitsgefährdung ausscheiden. Die Kosten für die Erschließung weiterer Trinkwasservorkommen trägt dann wieder die Allgemeinheit. Auf dem Gebiet der ehemaligen DDR haben Heinsdorf und Krauß (1991) Zusammenhänge von Massentierhaltungen und Waldschäden untersucht. Neben den direkten NH_3-Einträgen mit der Abluft der Massentierhaltungsstätten wirken sich die hohen Gülleeinträge auf landwirtschaftlichen Flächen als NH_3-Quellen für die umliegenden Waldbestände aus und tragen in erheblichem Umfang zur schleichenden Eutrophierung bei. Die Umweltkosten werden so auf die Allgemeinheit abgewälzt.

Ebenso trägt die Allgemeinheit das zunehmende Risiko, das vom steigenden Medikamentenaufwand ausgeht. Tierkrankheiten, für die Industrie-Hühner, -Schweine und -Rinder besonders anfällig sind, müssen mit wachsendem Pharmaeinsatz bekämpft werden. Zur Erhöhung des Fleischansatzes (inkl. Wasseranteil) werden Hormonpräparate verfüttert. Mehr als die Hälfte der Weltjahresproduktion von Antibiotika erhalten die Nutztiere. Die Gefahr schädlicher Rückstände im Kotelett oder in der Hühnerkeule wächst bei der lückenhaften Kontrolle (Stichprobenanteil nur 1 %). Das Problem verschärft sich durch Entwicklung von immer mehr resistenten Krankheitserregern, die mit neuen Arzneien bekämpft werden müssen. Außerdem sind Industrie-Tiere, vor allem Schweine heute oft so labil, daß sie Mittel zur Beruhigung brauchen, damit sie den Transport zum Schlachthaus überhaupt überleben. Durch den jahrzehntelangen leichtfertigen Gebrauch von Antibiotika in der Tierhaltung ist für die Humanmedizin unabsehbarer Schaden entstanden. Durch schwer nachweisbare Restmengen im Fleisch können sich auch beim Menschen resistente Erregerstämme bilden. In England starben 41 Kleinkinder an Magen- und Darmerkrankungen, da die übliche Antibiotikatherapie nicht mehr anschlug. In den USA untersuchte das vom Verbraucheranwalt R. Nader gegründete „Center for Study of Responsive Law" zahlreiche Fleisch-, Milch- und Eiprodukte. 80 % enthielten Bakterien, Pflanzenschutzmittel, Antibiotika und Hormone.

Verlust der Erholungseignung

Die Ausräumung und Monotonisierung der landwirtschaftlichen Flächen hat die Größenordnung des Gesamtwaldes in Deutschland erreicht. Hecken, Kleingehölze, naturnahe Bäche, markante Einzelbäume und Alleen an Feldwegen sind verlorengegangen, die reichhaltige Begleitflora auf den Wirtschaftsflächen geht ständig zurück. Dies alles hat zwangsläufig die Erholungseignung der Landschaft für die Bevölkerung drastisch gemindert. Unmerklich sind evolutionär entwickelte und genetisch fixierte, individuell natürlich unterschiedlich ausgeprägte Grundanforderungen an unseren Psychotop hinsichtlich seiner Mindestausstattung mit Naturrequisiten unterschritten worden. Das gilt für die landwirtschaftlichen Flächen als potentielle Naherholungsräume wie für die innerdörflichen Lebensräume (vgl. Kap. 4).

Zahlreiche Gemälde früherer Zeiten stellen die Feldflur mit Hecken, Feldgehölzen, bunten Feldern und weidendem Vieh dar. Volkslieder, Märchen, Gedichte, Trachten, Feste und Bräuche haben eine vielfältige gesunde Feldmark als Hintergrund. Das hat sich grundlegend geändert. Rigorose Räumaktionen und Begradigungen haben die Landschaft in kurzer Zeit monotonisiert und ihren Erholungswert zerstört. Über die Hälfte der landwirtschaftlichen Flächen ist inzwischen optisch so trist und steril, daß sich dorthin kaum noch ein Mensch verirrt. Der Erholungsbetrieb konzentriert sich heute weitgehend auf die Wälder und hinterläßt dort oft entsprechende Spuren. Die Verkehrsströme der Feierabend- und Wochenendfreizeit sind mehr und mehr Fluchtbewegungen aus denaturierten Lebensräumen in einigermaßen naturnah erscheinende Ersatzlebensräume. Diese hausgemachte Ungleichverteilung in der Freizeit mit entsprechender Verkehrserzeugung, die stark eingeschränkten Naherholungsmöglichkeiten in noch nicht totgepflegter Ordnungsmonotonie, der Anspruch auf heimatliches Wohlbefinden, auf dörfliche Identität verlangen nach Maßnahmen zur Renaturierung, die auch ökologisch unumgänglich ist.

Bei ausreichender Kenntnis der Zusammenhänge wollen also alle eigentlich dasselbe. Die mit weit über 2000 DM pro ha subventionierte Landwirtschaft sollte dies als Chance verpflichtend erkennen. Erholungseignung, ökologische Grundgesetze, Heimatschutz, phänologische und sensitive Vielfalt in Farben, Formen und Belebungen für die Bevölkerung, Wohlbefinden und Identifikation mit dem eigenen Lebensraum für jeden einzelnen, Biotop- und Psychotopschutz, Artenschutz und Wildtierhege, biologische und optische Vernetzung statt Isolation und Oberflächenversiegelung, lebende und „funktionierende" Natur statt toter Dekorations- und Alibibegrünung, dörfliche Würde und kulturelle Behutsamkeit, Fremdenverkehrsattraktion und Lebensvorsorge – all dies geht in dieselbe Richtung und alle an.

Abb. 85. Ein Dorf verliert seine strukturelle Vielfalt, seinen Lebensreichtum, seinen Erholungswert, seine Identität ...

Friedhausen am Entenbach 1960

Große Abwechslung bei den Kulturpflanzen; viele Hekken und Bäume an den naturfesten Wegen; Krautreichtum an den Wegerändern; ein naturnaher Bach mit hoher Selbstreinigungskraft und erlebnisreicher Struktur; wechselnde und stets reiche Blütenpracht; beste Lebensgrundlagen für viele Tierarten; geringer Pestizideinsatz, weil die Eigenregulation durch Artenvielfalt noch "funktioniert" und das Risiko von Massenvermehrungen minimiert; bester Erholungswert auch für die örtliche Bevölkerung; attraktiv auch für zahlende Gäste ...

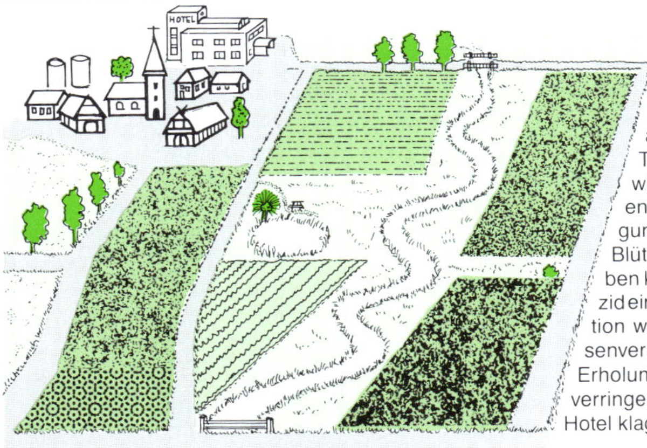

Friedhausen am Entenbach 1970

Geringe Abwechslung bei den Kulturpflanzen; die meisten Hecken und Bäume sind beseitigt; die Wege sind aus "Grüne-Plan-Mitteln" asphaltiert und verinseln viele Tierpopulationen; die Krautvielfalt an den Wegerändern wird mit begiftet und beseitigt; der von Erlen und Weiden entblößte Bach hat nur noch eine sehr geringe Selbstreinigungskraft und eine erlebnisarme Struktur; nur noch wenige Blütenpflanzen beleben die Landschaft; viele Tierarten haben keine Lebensgrundlage mehr und sterben aus; der Pestizideinsatz wird höher, weil die Möglichkeit zur Eigenregulation wegen Artenveramung stark eingeschränkt ist und Massenvermehrungen von Schadorganismen häufiger werden; Der Erholungswert auch für die örtliche Bevölkerung ist wesentlich verringert; die Attraktivität für zahlende Gäste schwindet, das neue Hotel klagt über mangelnde Bettenauslastung ...

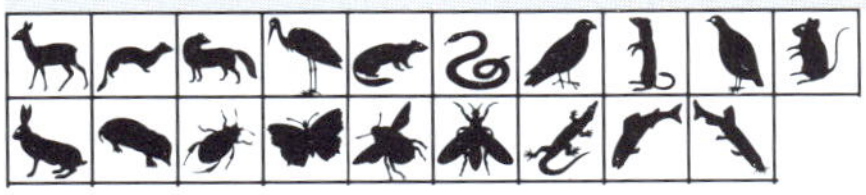

Gülle 6
OT Friedhausen am „Kanal" 1980

Reines Ackerland; keine Abwechslung bei den Kulturpflanzen; alle Naturreste sind bis auf drei Bäume als "Feigenblatt-Naturschutz" beseitigt; der Entenbach ist kanalisiert und hat praktisch keine Selbstreinigungskraft und auch keinen Erlebniswert mehr; nur wenige Tierarten können hier die häufigen Nahrungs- und Deckungsengpässe überleben; Schadorganismen neigen zu Massenvermehrungen, so daß der Pestizideinsatz maximiert wird, weil infolge der Artenverarmung eine Eigenregulation nicht mehr möglich ist. Diese Landschaft hat keinen Erholungswert mehr, auch die örtliche Bevölkerung "flieht" zur Kurzzeiterholung in andere, noch naturnahe Gebiete und trägt dort zur Massierung bei. Das Hotel ist pleite und steht leer ...

11.2 Ökologische Stabilisierungsmaßnahmen

„Wer die Wahrheit liebt, will sie sehen.
Wer sie fürchtet, hat sie gesehen."
H. Kudszus

Integrierter Pflanzenschutz – ein Verbesserungsansatz

Im integrierten Pflanzenbau ist der integrierte Pflanzenschutz gewissermaßen eine Teildisziplin eines komplexen Systems, in dem sich die ökonomischen Bedürfnisse in die ökologischen Erfordernisse einfügen – eben integrieren. Kein Wirtschaftszweig, keine gesellschaftliche Gruppe kann es sich auf Dauer leisten, das eigene Denken und Handeln im Widerspruch zur Meinung der Bevölkerungsmehrheit stehen zu lassen (Nieder, 1990). In einer Gesellschaft, in der Umweltfragen einen immer höheren Stellenwert genießen, muß dies zu Änderungen im Umweltverhalten führen – sei es erzwungen durch mehr Vorschriften oder freiwillig durch mehr Einsicht. Dabei ist eine Strategie der kleinen Schritte zu empfehlen, da Maximalforderungen nur zu Abwehrhaltungen führen und kaum Raum für wirkliche Überzeugungsarbeit lassen.

Ein Drittel der Welternte wird Jahr für Jahr durch verschiedene Organismen und Pflanzenkrankheiten vernichtet (13 % durch Insekten, 12 % durch Krankheitskeime, 8 % durch Wildkräuter). Andererseits muß die Resistenzentwicklung vieler Organismen ernst genommen werden. 1979 waren weltweit bereits 400 Insekten und Milbenarten gegen Insektizide immun geworden, mehr als doppelt so viele wie 1965 (Haaf, 1981). Und für 1987 stellt Begon (1991) fest, daß weltweit etwa 500 Insektenarten, 150 Pflanzenpathogene, 50 Pilzarten und über 50 Wildkräuter sowie 10 Kleinsäugerarten (meist Ratten) Rassen aufwiesen, die gegen ein oder mehrere Pestizide resistent waren (vgl. Kap.3).

Nur integrierter Pflanzenschutz kann dem Problem begegnen. Sein Hauptziel besteht darin, das blinde chemische Spritzen nach Kalender – von der Industrie mit geschickter Werbung propagiert – durch eine gezielte, jeweils auf den Einzelfall abgestimmte und möglichst schonende Maßnahme zu ersetzen. Mit aller Deutlichkeit muß gesagt werden, daß eine auf Umsatz der chemischen Industrie ausgerichtete Praxis, unerwünschte Organismen einfach zu vergiften, auch wenn sie noch gar nicht schaden, ökologisch verwerflich und für einen von der Natur abhängigen Wirtschafter konzeptionell primitiv ist. Der integrierte Pflanzenschutz, der von allen Spitzenvertretern der Landwirtschaft heute bereits propagiert wird, duldet die Schädlinge bis zur wirtschaftlichen Schadensschwelle und greift nach Ausnutzung aller natürlichen Bekämpfungsmethoden erst dann zu Chemikalien, wenn der zu erwartende wirtschaftliche Schaden vermutlich größer ist als der Aufwand, der zur Bekämpfung erforderlich ist. So selbstverständlich dies klingt, so schwierig ist es in der Praxis. Es setzt nämlich fachkundige Kontrolle des Schädlingsbefalls voraus, die den voraussichtlichen Entwicklungsgang taxiert und einen gewissen Mut zum Risiko erfordert.

Die Beratung durch Phytomediziner und verkaufsunabhängige (!) Sachverständige ist unbedingt notwendig (Begon et al., 1991). Nach der FAO-Definition dieser neuen Strategie verwertet der integrierte Pflanzenschutz alle wirtschaftlich, ökologisch und toxikologisch vertretbaren Maßnahmen, um Schadorganismen unter der wirtschaftlichen Schadensschwelle zu halten, wobei die bewußte Ausnutzung natürlicher Begrenzungsfaktoren im Vordergrund steht. Dazu gehören folgende Grundsätze:

- Volle Ausschöpfung aller auch heute noch realisierbaren acker- und pflanzenbaulichen Möglichkeiten zur Herabsetzung der Schadenswahrscheinlichkeit, die teilweise in Vergessenheit geraten sind, z. B. Fruchtfolge, Bevorzugung widerstandsfähiger Sorten: Je vielseitiger die Fruchtfolge – neben- und hintereinander –, desto geringer die Gefahr der Massenvermehrung bestimmter Schadorganismen. Beim Verstoß gegen schulmäßige Fruchtfolgeregeln gibt es heute zwar chemische Mittel, die die Bestände schützen, sie verursachen aber – etwa bei der Nematodenabwehr – Kosten, die größer sein können als der Rationalisierungseffekt extremer Fruchtfolgevereinfachung. Die Sorte entscheidet nicht nur über Ertrag und Qualität, sondern auch über Anfälligkeit oder Empfindlichkeit gegen Krankheiten oder Schädlinge (Resistenz bzw. Toleranz).

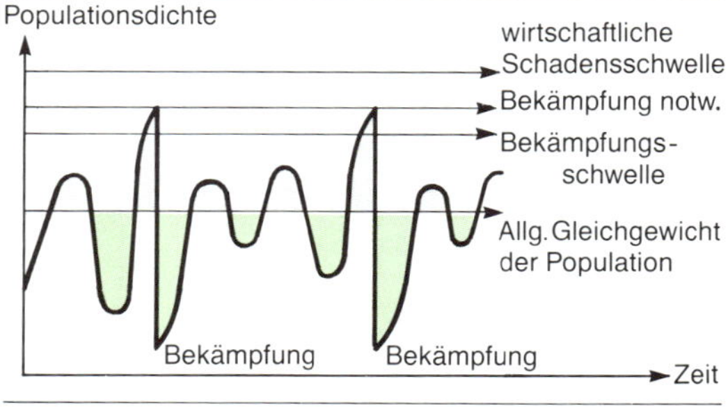

Abb. 86. Zeitliche Schwankung einer Schädlingspopulation (z. B. Rübenfliege). (nach Diercks, DLG-Merkblatt 1980)

- Anwendung bewährter Prognosemethoden auf der Basis wirtschaftlicher Schadensschwellen (Abb. 86). Nach diesem Verfahren ist eine Bekämpfung erst dann lohnend, wenn z. B. bei den Rüben 20 % der Pflanzen durch Moosknopfkäfer oder 6 bis 8 Eier/Larven der Rübenfliege je Pflanze im 4-Blattstadium gefunden werden. Oft werden diese Schwellenwerte im Feldinnern nicht erreicht, so daß auch eine termingerechte Randbehandlung genügt. Nach Aussage der Biologischen Bundesanstalt können z. B. 20 Acker-Fuchsschwanz-Pflanzen oder 40 zweikeimblättrige „Unkräuter" je m^2 im Wintergetreide geduldet werden, ohne daß es in der überwiegenden Zahl der Fälle zu Verlusten kommen wird (DJV-Nachrichten, 7/1981). Die DLG-Merkblätter enthalten bereits viele dieser wichtigen „Schwellenzahlen". Voraussetzung für die Bewährung des Schadschwellenprinzips ist ein intensiver, von der chemischen Industrie unabhängiger Prognose- und Warndienst. Dennoch bleibt ein gewisses Restrisiko, das aber langfristig geringer ist als der Schaden durch zunehmende Verdrängung von Organismenarten.
- Verwendung ökologisch-selektiver Mittel und partieller oder punktueller Einsatz (Randbehandlung, Saatgutbehandlung, Bandspritzung u. a.), wodurch große Teile des Ökosystems geschont bleiben. Möglichst keine Mittel mit großer Breitenwirkung mehr verwenden, bewußt die Nützlinge bei Pflanzen und Tieren schonen.
- Anwendung direkter biologischer Bekämpfungsverfahren – soweit praktisch schon möglich.
- Für die Wahl des Saat- oder Pflanztermins sind nicht nur der Zustand des Bodens und die Ansprüche der Pflanze an Temperatur und Vegetationsdauer maßgebend, sondern auch das Ausmaß der Schadenswahrscheinlichkeit durch parasitäre und nichtparasitäre Schadfaktoren oder Belastungen. Zeitige Frühjahrsbestellung z.B. mindert das Risiko von Verlusten durch Mehltau, Fritfliege und Nematoden im Getreide, Rübenvergilbung und Viruskrankheiten im Pflanzkartoffelbau. Im Herbst hingegen kann zu frühe Aussaat des Wintergetreides die Schadenswahrscheinlichkeit erhöhen, während spätere Saat vorbeugend wirkt gegen Schäden durch Fußkrankheiten, Mehltau, Gelbrost, Fritfliege, Zwergsteinbrand, Typhula-Fäule (Gerste) und Schneeschimmel (Roggen) (Dierks, 1980).
- Schutz der Nachbarkulturen und der nicht genutzten Randflächen (ökologische Ausgleichszellen) vor Abdriftschäden. Lieber einige Meter Randbreite zu wenig behandeln als nur einen Meter zuviel.
- Richtige Bodenbearbeitung und ausgewogene Düngung nehmen Rücksicht auf die Entwicklung von sich gegenseitig regulierenden Lebensgemeinschaften. Überdüngungen haben weitreichende, nicht kalkulierbare ökologische Folgen nicht nur im Boden, sondern auch im Oberflächen- und Grundwasser (vgl. Kap. 2). Auch bei der Ausbringung organischer Dungstoffe ist streng auf die Menge abzustellen, die von den Pflanzen benötigt wird. Die obere Grenze liegt im Durchschnitt bei 3 DGV pro ha und Jahr; 1 DGV ist der Dung von 7 Mastschweinen oder 1,5 Rindergroßvieheinheiten pro Jahr (v. Heimburg, AID, 1980). Möglichst kleine Düngergaben im Herbst; für die Ausbringung größerer Mengen Vegetationsperiode bevorzugen.
- Strenge Einhaltung der Verbote bei Tierarzneimitteln und Futterzusatzstoffen, da nicht auszuschließen ist, daß durch Hormone oder antihormonal wirkende Stoffe in der tierischen Erzeugung der menschliche Organismus in Mitleidenschaft gezogen wird und von ihnen Erbschäden und krebserregende Wirkungen ausgehen.
- Strohverbrennen auf dem Feld ist der Humusbildung abträglich, weil organische Stoffe zerstört werden, und daher zu unterlassen. Die Förderung der Humusbildung ist für die Nachhaltigkeit unserer Böden außerordentlich wichtig (vgl. Kap. 3). Wer flämmt, beeinträchtigt oder zerstört die Bodendecke, vernichtet die den Oberboden bewohnenden Kleinlebewesen und damit das ökologische Gleichgewicht. Auch den Samen von Wildkräutern vernichtet das Feuer und läßt die ohnehin artenarme Flora weiter verarmen.

Inzwischen sind die Ziele des integrierten Pflanzenschutzes auch in Regierungsprogramme übernommen worden. Modellversuche der Biologischen Bundesanstalt (BBA) haben den ökonomischen Wert des Schadschwellenprinzips bereits 1981 nachgewiesen. Bei den BBA-Versuchen in Südost-Niedersachsen wurden das übliche Verfahren der chemischen Unkrautbekämpfung und die gezielte Bekämpfung nach dem Schadschwellenprinzip mit der Nichtbehandlung (= 100 %) verglichen. Das Ergebnis zeigt Tabelle 21.

Bei der Bekanntgabe der Versuchsergebnisse betonte damals Staatssekretär Gallus im Bundeslandwirtschaftsministerium, daß der integrierte Pflanzenschutz zugleich ökonomischen und ökologischen Zielen dient. Er appellierte an die Land-

Tabelle 21: Ertragssteigerung/-minderung gegenüber Nichtbehandlung in DM/ha

Getreideart	konventionelle Unkraut-bekämpfung	Behandlung nach Schad-schwellen
Wintergerste	+ 180	+ 325
Winterweizen	+ 100	+ 190
Sommergerste	– 70	– 2

wirtschaft, zu ihrem eigenen betriebswirtschaftlichen Vorteil diese Erkenntnisse zu nutzen und damit zugleich einen Beitrag zum Umweltschutz zu leisten. Das Ministerium werde alle Anstrengungen unternehmen, um den integrierten Pflanzenschutz weiterzuentwickeln und auf breiter Basis einzuführen. Das war 1981! Wie langwierig der Umdenkungsprozeß in der Praxis ist, lehrt das Negativbeispiel eines Insektizideinsatzes in einem Bohnenfeld 1984 (Mader, 1984):

Auf einem 8 ha großen Bohnenfeld wurde im Juni 1984, als die ersten Bohnen zu blühen begannen, gegen vereinzeltes Auftreten der schwarzen Bohnenlaus ein verbreitetes Pflanzenbehandlungsmittel in einer Dosierung von 1,2 l/ha eingesetzt. Das Mittel enthält u.a. den Wirkstoff Endosulfan, einen chlorierten Kohlenwasserstoff. „Erfolg“: 121 000 Laufkäfer, 95 000 Kurzflügelkäfer, 51 000 Marienkäfer, etwa 4000 Bienen und mehrere Tausend Florfliegen wurden getötet. Die Klassifizierung der durch diesen Insektizideinsatz vernichteten Tiere nach Nützlings- und Schädlingskategorie wies einen Anteil von rund 94 % Nützlingen aus! Eklatanter lassen sich die Lügen in den Werbe-„Botschaften“ kaum entlarven, in denen es hieß: „Das neue Insektizid bekämpft mehr als 400 Schädlingsarten und schont dabei die Honigbiene und andere Nutz-Insekten, so daß es auch bei blühenden Kulturen gespritzt werden kann. Es wird heute wegen seiner hervorragenden Eigenschaft weltweit in der Land- und Forstwirtschaft, im Obst-, Gemüse-, Reis-, Baumwoll- und Zierpflanzenanbau eingesetzt.“ Die getöteten Marienkäfer hätten pro Tag bis zu 1,5 Mio. Blattläuse verzehrt: Mit einem Verhältnis von 1 zu 18 zwischen Marienkäfern und Blattläusen bestand vor dem Insektizideinsatz keinerlei Anlaß zu Blattlaus-Sorgen. Ohne Schadschwellenorientierung ist dennoch die Behandlung vorgenommen worden mit dem Ergebnis, daß sich 6 Wochen nach der Behandlung des Feldes das Verhältnis Nützling : Schädling um den Faktor 5 verschlechtert hat.

Angesichts der fortgeschrittenen Artenverarmung in der Kulturlandschaft und der Einbußen der Selbstregulationsfähigkeit müssen die vorgestellten Ergebnisse alarmieren. Nur biologische Schädlingsbekämpfung vermag langfristig die Lebensgemeinschaften der Agrozönosen zu stabilisieren. Integrierte Schädlingsbekämpfung wird als Übergangsstadium unvermeidbar sein, vorausgesetzt, es findet eine echte Schadschwellenorientierung unter Berücksichtigung der Nützlinge statt. Mit fortschreitenden ökosystemaren Erkenntnissen wird man auch über das Schadschwellenprinzip hinaus die ökologischen Vorteile der Insekten wie der Wildkräuter in eine Gesamtkalkulation einbeziehen.

Gradmesser der Gesundheit und Stabilität unserer Agrarlandschaft kann die Artenvielfalt der Tierwelt sein. Aus den Nahrungsketten läßt sie auf eine intakte Landschaft schließen. Ohne die verschiedenen vertikalen Habitate gibt es jedoch keine vielartige Tierwelt, die in der Landwirtschaft regulierend wirken kann. Kraut-, Strauch- und Baumschicht müssen sein, und zwar aus Pflanzen der örtlichen Vegetation mit genügend Futterträgern. Dabei wird man bestrebt sein, Standorte zu wählen, die den Landbau wenig beeinflussen: Wegebegleitung, Raine, unförmige Teilstücke, Nutzungsgrenzen (Acker/Grünland), Bachläufe, Vorfluter usw. Durch ihre intensive Nutzung können Obstplantagen naturnahe Flurgehölze auf keinen Fall ersetzen. Über das Regulationsvermögen der Tierwelt kommt man automatisch zu einer hohen Bewertung auch der kleineren Wildpflanzen, die in der Landwirtschaft der Erosion vorbeugen und der Bodenverbesserung dienen. Es sind wichtige Bodenanzeiger, die weit genauer als Chemie und Physik zeigen können, wie es um den Boden steht.

Abb. 87. Finger weg von jedem Feldrand! Das mindeste, was die subventionierende Öffentlichkeit von den Landwirten sofort erwarten kann, ist, daß die ohnehin nicht nutzbaren Feldränder ihrer weitgehend natürlichen Entwicklung überlassen und nur von Zeit zu Zeit extensiv gepflegt (Mahd, Beweidung, Heckenschnitt) werden. Düngemittel- und Biozidausbringung sollte diese Bereiche streng aussparen. (Foto: Archiv Norddeutsche Naturschutzakademie)

Alternative Landwirtschaft – ökologisch lehrreich

Immer dann, wenn Lehrmeinungen zu Ideologien stilisiert werden, geht der Blick für Kompromisse, die Bereitschaft zur Annahme von Erkenntnissen anderer verloren. Das gilt besonders auch für das Verhältnis der „normalen“ zur „alternativen“ Landwirtschaft. Da wesentliche Ertragssteigerungen nur noch mit unverhältnismäßigem Energieaufwand möglich sind, verlangt schon die Energiefrage die Förderung der „Bio-Bauern“. Sie erhalten und pflegen altes bäuerliches Kultur- und Erfahrungsgut, aus dem künftige Landwirte werden lernen können und müssen.

Eigentlich ist der Begriff „alternativ" – alle ökologisch-ausgerichteten Methoden von „biologisch-dynamisch" bis „organisch-biologisch" umfassend – irreführend. Denn herkömmlich ist der landwirtschaftliche Betrieb, wie wir ihn heute kennen, keineswegs. Noch unsere Großväter wirtschafteten ganz anders, nämlich aus heutiger Sicht alternativ und aus damaliger Sicht konventionell. Das war harte Knochenarbeit und entsprechend lohnintensiv. Aber aus der Sicht des Natur- und Umweltschutzes waren damit folgende Vorteile verbunden:

- Die strukturelle und biologische Vielfalt der Landschaft blieb erhalten und wurde gepflegt (Feldhecken, naturnahe Waldränder, Feldraine usw.), da nur Artenvielfalt in der Lage war, Schädlinge in Schach zu halten.
- Große Erholungseignung der Landschaft für die Bevölkerung.
- Die natürlichen Kreisläufe der Stoffe wurden beachtet, Fremdenergie war kaum erforderlich.
- Die Gewässer wurden nicht durch überhöhte Düngegaben belastet. Stalldünger und Gründüngung ergänzten den erntebedingten Nährstoffverlust (Leguminosenanbau wie Luzerne, Wicken, Klee lieferten bis zu 100 kg Stickstoff/ha).
- Die wildlebenden Pflanzen und Tiere wurden nicht durch Biozide gefährdet, Schädlinge wurden durch Vielfalt und Fruchtfolge angegangen.
- Die Dauerfruchtbarkeit des Bodens bewahrte man durch gezielte Humuspflege.

Grundlage allen Wirtschaftens war im damaligen konventionellen und ist heute im alternativen Landbau ein gesunder Boden als lebendiges Ökosystem mit großem Humusanteil, stabiler Krümelung und reichem Bodenleben. Die besonders in den 60er Jahren fortschreitende Entwicklung zur Monokultur erreichte zwar ein Höchstmaß an Produktivität, aber zugleich ein Minimum an Stabilität.

In dem Durchtrennen wichtiger innerbetrieblicher Zusammenhänge und in der Spezialisierung liegt ein wesentlicher Unterschied moderner Betriebe zu heutigen Alternativ-Unternehmen. Alles, was früher noch genutzt wurde, kann heute nämlich eine Last sein, z. B. Gülle. Seit 1993 gelten für ökologisch wirtschaftende landwirtschaftliche Betriebe und für Verarbeiter von Öko-Erzeugnissen neue gesetzliche Bestimmungen. In der EU-Verordnung 2092/91 werden Mindestanforderungen an eine ökologische Agrarwirtschaft definiert. Immerhin hat sich die Zahl der Öko-Betriebe in Deutschland seit 1989 mehr als verdoppelt (LÖLF-Mitteilungen, 1/93). Allein von Mitte 1989 bis Anfang 1990 haben im Bundesgebiet über 3000 Betriebe mit einer Gesamtfläche von mehr als 65 000 ha auf ökologische Landwirtschaft umgesattelt. Als erstes Bundesland hat das Saarland die 1-%-Marke überschritten (Koch, 1991). Die Hauptursache für diese Entwicklung ist im EU-Extensivierungsprogramm zu suchen, das seit Mitte 1989 die Umstellung auf alternativen Landbau finanziell unterstützt, um die Überschußproduktion abzubauen. Das Land Sachsen-Anhalt förderte z. B. 1993 den ökologischen Landbau mit 5,2 Mio. DM in 142 Betrieben mit einer Gesamtfläche von 15 000 ha. Auf dem wachsenden Markt für Bio-Produkte gelten von 1993 an EU-einheitliche Maßstäbe. Begriffe wie „biologisch", „ökologisch" oder „organisch" dürfen nur bei Erfüllung der EU-Normen verwendet werden. Die Einhaltung wird in allen Stufen der Erzeugung und Verarbeitung überwacht.

Vergleichsuntersuchungen von moderner Intensivlandwirtschaft und alternativem Landbau haben zu differenzierten Ergebnissen geführt. Sie sind sehr standortabhängig, durch das unzureichende Vertriebssystem der alternativ hergestellten Bioprodukte verzerrt und wegen der Finanzierung durch die Industrie mit Vorsicht zu genießen. Inzwischen gibt es Untersuchungen aus den USA, den Niederlanden, Frankreich, der Schweiz und Deutschland, auch solche von Universitäten und staatlichen Kommissionen. Alle stimmen darin überein, daß die durchschnittlichen Hektarerträge – „modern" und „alternativ" – meist in etwa gleich sind. Besonders gründlich wurden 32 Betriebe in einem Getreidegürtel der USA bilanziert, 16 ökologisch und 16 konventionell arbeitende. Die ökologische Gruppe erzielt dort fast den gleichen Ertrag und genau den gleichen Marktwert pro ha wie die konventionelle. Allerdings benötigt die Monokultur-Gruppe infolge des hohen Einsatzes von Bioziden, Industriedüngern und Maschinen den dreifachen Energieaufwand gegenüber der ökologischen Gruppe und hat um 50 % höhere Betriebskosten pro ha. Anders ausgedrückt: Der Energieverbrauch ließe sich bei Umstellung auf ökologischen Ackerbau auf ein Drittel senken und die Betriebskosten auf die Hälfte bei gleichen Erträgen (Arche Noah 2000).

Freilich ist die Arbeitsintensität auf Öko-Höfen wesentlich größer als in hochmechanisierten Intensivstbetrieben. Aus ökologischer Sicht sind im Gegensatz zur Intensivlandwirtschaft bei der alternativen praktisch keine Wünsche anzumelden. Die hohen Umsatzsteigerungen auf dem Bio-Markt sind auch ein Ausdruck der wachsenden Skepsis gegenüber Hormon-, Antibiotika-, Pestizid- und Mineraldüngerprodukten. Bei der Verbraucheraufklärung (Nachfrage regelt den Markt!) und der Absatzförderung (über ein geschütztes Gütezeichen, über Vermarktungsgemeinschaften, über Werbung für Direktverkäufe „ab Hof", über Angebotsausweitungen in „ganz normalen" Läden oder Bäckereien usw.) besteht jedoch immer noch

Nachholbedarf. Angesichts der offenen Grenzen und des EU-weiten Prinzips der gegenseitigen Anerkennung gibt es keine bessere Möglichkeit des Verbraucherschutzes. Eines ist klar: Die Sympathien der Bevölkerung gehören den Alternativen. Eine klare Mehrheit sieht die Chemie-Landwirtschaft heute als Umweltbelaster an und fühlt sich durch unser Nahrungsmittelangebot schleichend vergiftet (v. Alvensleben, 1990).

Die Bedeutung aller naturnahen Verfahren liegt langfristig in der Energieeinsparung und kurzfristig in der Chance, aufbauend auf alten Erfahrungen, immer wieder neu von der Natur zu lernen. Die These, die Vorteile lägen bei den Großbetrieben, ist ersichtlich falsch. Sie liegen auf lange Sicht bei dem mittleren Misch-Betrieb als einem lebendigen Organismus, der den ökologischen Belangen nachhaltig besser und vielseitiger entsprechen kann als ein Monobetrieb. Gegenwärtig besteht noch ein paradoxes Problem: Kleinbäuerliche Betriebe haben den ökologischen Landbau vorangetrieben und kämpfen gegen allerlei Hemmnisse und Vorurteile im Markt an. Sie profitieren nicht – weil sie ja nicht umstellen – von den Subventionen der Extensivierungsprogramme, über die zunehmend auch größere Höfe in den ökologischen Landbau einsteigen. Diese gefährden dann die kleinen Vorkämpfer im Wettbewerb um die Nachfrage nach Ökoprodukten, die noch zu wenig ausgeprägt ist. Dennoch haben die Extensivierungsprogramme und die dringenden Naturschutzforderungen nach Rückführung der Stickstoffeinträge und Pestizidbelastungen der alternativen Landwirtschaft einen erheblichen Aufschwung beschert. Es ist deutlich geworden, wie Fortschritte auf dem Weg zu einer naturverträglichen Landwirtschaft erzielt werden können (Ziesemer, 1990). Immer mehr Fortbildungszentren nehmen sich dieser Fragen an. Die Zeit arbeitet für die Alternativen, im Landbau wie in der Tierhaltung. Und über die Geschwindigkeit, mit der dies geschieht, können alle als Verbraucher mitbestimmen.

Bezahlung ökologischer Leistungen statt „Subventionstropf"

Machen wir uns nichts vor: Die Mühlen der Änderung zur Verbesserung der ökologischen Nettobilanz mahlen sehr langsam. In großem Stil und rasch wird sich in der Landwirtschaft erst dann wirklich etwas ändern, wenn es gelingt, den ökonomischen und ökologischen Ansatz nach der Gewinner-Gewinner-Strategie in einer „ökologischen Marktwirtschaft" zu versöhnen. Unsere arg gebeutelten Landwirte müssen durch finanzielle Anreize aus dem „Subventionsdschungel" gelockt und zu ökologischer Landbewirtschaftung geleitet werden, die für alle – insbesondere für die bezahlende Allgemeinheit – Vorteile bringt. Die Bevölkerung ist langfristig – da sollte sich niemand falschen Hoffnungen hingeben – sicher nicht mehr bereit, Subventionen ohne angemessene Gegenleistung aufzubringen, wenn ihr nicht garantiert wird, daß die Produktion auf ökologische Erfordernisse umgestellt worden ist: Natur- und Umweltschutz, Artenvielfalt, Grundwasserschutz, Abwechslung und Erholungseignung der Landschaft durch entsprechende Flurgestaltung, Pestizidfreiheit der Nahrung, Bodenschutz usw.

Dambroth (1993) hat dafür einen ökonomischen Ansatz diskutiert, wie ihn für die Forstwirtschaft Bergen (1991) und Brabänder (1992) – vgl. Kapitel 12.2 – vorgeschlagen haben. Er empfiehlt – so schwierig das im Detail auch sein mag – die Entwicklung von „Öko-Punkten", an Hand derer alle Betriebe nach Kriterien einer von der Allgemeinheit gewünschten Form der Landwirtschaft – für jedermann transparent – individuell bewertet und entsprechend honoriert werden. Die daraus resultierende Bezahlung (statt Subvention!) orientiert sich damit an „Öko-Leistungen", fördert eine gerechtere Entlohnung des Landwirts und ist drakonischen Verordnungen allemal vorzuziehen, die in der Praxis doch nicht zu kontrollieren sind. In dieser Richtung sollte man beschleunigt weiterdenken.

Wildpflanzenschutz in Landwirtschaftsgebieten

Bei den Wildpflanzen in Landwirtschaftsgebieten ist ein konservierender, also im herkömmlichen Sinne „behütender" Naturschutz ohne menschliche Eingriffe falsch. Diese Pflanzen sind in ihrer Existenz auf den mehr oder weniger regelmäßigen Eingriff des Menschen angewiesen. Das gilt insbesondere für die Segetal- und Ruderalflora, also die Pflanzenwelt der Äcker, Gärten, Weinberge, Raine, bäuerlichen Siedlungen, Schuttplätze, Brachflächen usw. Infolge der Intensivierung der Landwirtschaft und der fortschreitenden Verstädterung unserer Dörfer stehen inzwischen 110 Arten der Segetal- und Ruderalpflanzen auf der Roten Liste. Es droht also eine kritische Verarmung unserer Umwelt, weil damit vielen Schmetterlingen, Raubinsekten, Käfern, Spinnen, Bienen und anderen Tieren die Lebensgrundlage entzogen, das landwirtschaftliche Ökosystem entsprechend destabilisiert und steigender Biozideinsatz programmiert wird. Die Erhaltung eines gewissen Teils an Ackerwildkräutern ist Voraussetzung für Fortschritte des integrierten Pflanzenschutzes.

Segetalflora

Der Begriff „Segetalflora" ist abgeleitet vom Lateinischen „sages" (= Saat, Saatfeld) und umfaßt alle Getreide, Hackfruchtwildkräuter und Wildgräser, die in der früheren giftfreien und düngerarmen Landwirtschaft typisch waren. Durch den jährlichen Umbruch des Ackers kommen immer wieder neue, zum Teil jahrzehntelang keimfähige Samen an die Bodenoberfläche, wo sie dann als Lichtkeimer bei geeigneten Lebensbedingungen und bei ungestörter Entwicklung nicht selten in dichten Beständen auftreten. Zur Segetalflora gehören als bekannteste Arten Klatschmohn, Kornblume, Rittersporn, Kornrade und echte Kamille. Die Ackerwildkräuter haben meist eine hohe Samenproduktion. Im Oberboden von Äckern können bis zu 10 000 Wildkrautsamen pro m^2 vorhanden sein. Hört der Ackerbau auf, verschwinden die meisten Ackerwildkräuter innerhalb weniger Jahre.

Ein großer Teil der rund 260 Arten der Segetalflora ist gefährdet und – wenn überhaupt – meist nur noch in den Randzonen der Äcker zu finden, wo die Lichtverhältnisse günstig sind. Schutzmaßnahmen kommen für die Segetalflora nur in Kombination mit dem Anbau von Getreide oder Hackfrüchten (inkl. Weinreben) in Frage. Allein der Verzicht auf Herbizide hat in Versuchen von Schumacher (1980) auf Schutzflächen und Randzonen die Artenzahl in kurzer Zeit verdoppelt bis verdreifacht und die Individuendichte teilweise sogar verfünffacht. Einschränkung der Düngung ergibt eine weitere wesentliche Steigerung der Artenzahl. Auch begleitende Versuche zur Ansiedelung seltener, gebietsweise schon verschwundener Arten scheinen sich bewährt zu haben. Alle Pflanzen konnten sich nach Einsaat aus eigener Kraft behaupten. Randstreifenprogramme sind in diesem Sinne reine Artenschutzprogramme.

Die zur Produktionsdrosselung gedachten Stilllegungsprogramme (z. B. Dauerbrache, Rotationsbrache, Extensivierung, Aufforstung u. a.) kommen nur dann der Segetalflora und der an sie gebundenen Fauna zugute, wenn regelmäßig umgebrochen wird. Durch Verbot von Pestizideinsätzen und Verzicht auf Düngung ist seltenen und bedrohten Ackerwildkräutern nachweislich zu helfen. Die Landwirte der Bundesrepublik haben z. B. 1991/1992 insgesamt 794 000 ha gegen Prämien stillgelegt. Das entspricht einem Anteil von 7,0 % an der Ackerfläche und von 12,2 % an der Getreidefläche des Bundesgebietes. Die Ernte 1992 wurde damit – bei einem Durchschnittsertrag von rund 409 Dezitonnen je ha – um gut 3 Mio. t entlastet. Mit rotierenden Flächenstillegungen auch im Umfang von 15 % läßt sich freilich die zunehmende Intensivierung auf den übrigen Flächen nicht verhindern. Berechnungen des Instituts für Agrarökonomie der Universität Göttingen haben belegt, daß eine 15%ige Flächenstillegung nur zu einer Anbaueinschränkung von 3,5 % führt. Die Produktion bei „normaler“ Produktionssteigerung bleibt also in etwa auf dem gleichen Niveau wie heute. Dennoch sind die Entschädigungen von über 1000 DM/ha überzeugender als die Vernichtung von Agrarprodukten. Nichtproduktion ist billiger, vermeidet Umweltbelastungen, hilft dem Naturschutz, gestaltet die Kulturlandschaft bereits im ersten Jahr bunter und wird von Imkern und Jägern begrüßt (Trichterborn, 1990). Zunächst gleicht das Ergebnis allerdings in der Landschaft eher einem Flickenteppich, der flurordnerischer und vor allem ökologischer Planung bedarf. Wissenschaftliche Untersuchungen haben inzwischen den artenschützenden und ökologischen Wert derartiger Programme belegt. Forche (et al., 1990) hat nachgewiesen, daß die Artenzahlen in folgender Richtung ohne Berücksichtigung der Pflegevarianten abnehmen:

- dreijährige Selbstbegrünung (ca. 70 Arten) besser als...
- zweijährige Selbstbegrünung (ca. 60 Arten) besser als...
- einjährige Selbstbegrünung (ca. 50 Arten) besser als...
- ein- oder mehrjährige Begrünung (ca. 10–30 Arten) besser als...
- konventionelle Hauptfrucht (ca. 1–10 Arten) besser als...
- Schwarzbrache

Bei den Pflegevarianten führt das Abweiden einer Begrünung zu deutlich höheren Artenzahlen im erneuten Aufwuchs, während dem mechanischen Pflegen (nicht unter 20 cm) in den gleichen Varianten eine Abnahme der Artenzahlen folgt. Auch bei der Tierbesiedlung erreichten die Selbstbegrünungen durchweg die höchsten Arten- und Individuenzahlen. Abweiden wirkt offenbar anziehend auf nahrungssuchende Laufkäfer.

In der Krautschicht herrscht reges Kleintierleben. Neben Feldmäusen und Grasfröschen finden dort bodenlebende Jagdspinnen, räuberische Laufkäfer, Bodenwanzen und Ameisen Schutz und Nahrung. An den Kräutern sind Raupen, Baumwanzen, Blatt- und Rüsselkäfer sowie Marienkäfer zu finden. Zwischen den hochgewachsenen Kräutern hat die Kreuzspinne ihr Fangnetz aufgespannt. Beim Durchschreiten der Brachen, aber auch der Randstreifen läßt sich besonders auf den blühenden Kräutern eine erstaunliche Fülle von Insekten beobachten: Weichkäfer, Schwebfliegen, Blumenfliegen, Wildbienen, Hummeln und auffällige Schmetterlingsarten. Allein an der Acker-Kratzdistel finden über 100 Insektenarten Nahrung. Nach Schätzungen sind durch den Rückgang der Ackerbegleitflora inzwischen 90 % der ca. 1200 an Ackerwildkräutern lebenden Insektenarten fast völlig verschwunden. Brachen und Ackerrandstreifen sind als Lebensraum und Rückzugsgebiete für eine vielfältige Kleintierwelt gar nicht zu überschätzen. Unter dem Nutzaspekt betrachtet, sind auch die in Randstreifen und Feldrain lebenden Insekten ein wertvolles Reservoir für die biologische Schädlingsbekämpfung (Bolz, 1991).

Das Lichtklima ist innerhalb der Pflanzbestände ein wichtiger Konkurrenz bestimmender Faktor. Es hängt ab von der Dichte der Pflanzenbestände und der Stickstoffversorgung. Eine Reduzierung dieser Produktionsfaktoren hat unmittelbare Auswirkungen auf die Segetalflora (Strotdrees, 1992). Ziel eines Ackerschon-Streifenmanagements ist eine Produktionstechnik, die sich nach der maximalen Artenzahl bzw. Diversität richtet, wobei das Ausmaß eine unbekannte Größe von Ursache-Wirkungs-Beziehungen ist. Eine höhere Diversität bedeutet längere Nahrungsketten und mehr Symbiosefälle (Odum, 1983). Untersuchungen von Molthan und Ruppert (1988) sowie Kühner (1988) zeigen, daß sich durch hinreichend breite Feldraine und Ackerschonstreifen die Dichte der blütenbesuchenden Nützlinge erhöht. Dabei konnten in Ackerschonstreifen gegenüber herbizidbehandelten Randstreifen ein deutlich reduzierter Blattlausbefall sowie ein erhöhter Schwebfliegenanteil festgestellt werden. Dies gilt allerdings nicht bei grasartiger Ausprägung des Schonstreifens.

Eine hohe Artenzahl der Segetalflora mit einer stabilen Entwicklung kann nur bei ausreichendem Lichtangebot im Kulturpflanzenbestand erreicht werden. Diese Bedingungen werden bei extensiver Produktion durch Verringerung der Aussaatmenge der Kulturpflanze und durch Verzicht auf Stickstoffdüngung geschaffen (Strotdrees, 1992). Waldhardt und Schmidt (1990) konnten nach 5jähriger Untersuchung extensiv bewirtschafteter Ackerränder im Raum Göttingen feststellen, daß so der Schutz gefährdeter Arten und Gesellschaften möglich ist. Sie fanden 35 gefährdete Arten und befürworten weitere Extensivierungsmaßnahmen zum Erhalt der Artenvielfalt in der Agrarlandschaft. Die positiven Ergebnisse der Randstreifenprogramme mit Verzicht auf Düngung und Herbizideinsatz sollten jeden Landwirt aufhorchen lassen. Eine reichhaltige Segetalflora mit der von ihr abhängigen Tierwelt bietet den entscheidenen ökologischen Ansatz beim integrierten Pflanzenschutz, nicht zu vergessen der ökonomische Vorteil, wenn der dosierte Verzicht auf Kulturpflanzensaatgut, Herbizide, Insektizide und Stickstoffdünger mehr einspart, als der Konkurrenzdruck der Segetalflora gegenüber der Kulturpflanze an Ertragseinbuße bewirkt.

Ruderalflora

Der Begriff „Ruderalflora“ ist abgeleitet vom Lateinischen „rudus“ = Schutt, Ruinen, Mörtelmassen. Er umfaßt alle Wildkräuter und Wildgräser, die auf Ödlandflächen im weitesten Sinne vorkommen, also auf Acker- und trockenem Grünland, Wegrainen, Müll- und Schuttflächen, wenig genutzten Flächen in Siedlungen, Industriebereichen, Steinbrüchen, Sand- und Kiesgruben, Bahndämmen usw. Oft handelt es sich um sehr stickstoffreiche Standorte. Ruderalpflanzen sind Brennessel, breitblättriger Ampfer, weißer Gänsefuß, Kleb-Labkraut, Hecken-Knöterich, Königskerze, Beifuß, Rainfarn, Acker-Kratzdistel, Steinklee, Gänsemalve, Eisenkraut, Kompaßlattich, Nachtkerze, strahllose Kamille, glänzende Melde u. a. Die Ruderalpflanzen sind zum Teil erst in Begleitung des Menschen nach Mitteleuropa gekommen. Ihr Zusammenschluß zu eigenen Gesellschaften in Abhängigkeit von der Siedlungstätigkeit des Menschen machen sie interessant für die Denkmalpflege. Sie gehören in die Umgebung denkmalwürdiger Bauten in dörflichen Strukturen ebenso wie in den Bereich von Burgen oder Ruinen. Auch bei diesen Pflanzen ist der Verzicht auf Herbizidanwendung und Düngung Voraussetzung für ihr Wiedererscheinen. Hier ist Nichtstun bester und preiswertester Naturschutz. Auch künstlich angelegte – meist sehr bunte – Ruderalfloren bedürfen nur geringer Pflege: gelegentliche Beseitigung des Gehölzanflugs und hin und wieder eine Verwundung der Bodenoberfläche für die einjährigen und wenig beständigen Ruderalfloren.

Samen vieler Pflanzenarten können Jahrzehnte oder gar Jahrhunderte im Boden ruhen. Dies ist besonders für einige Ruderalarten nachgewiesen. Zahlreiche Ruderalarten besitzen jedoch kein solches Depot langlebiger Samen und sind deshalb auf kontinuierlichen Diasporennachschub angewiesen. Nach Bodenstörungen können auf diese Weise Populationen von Arten erscheinen, die vorher dort nicht bekannt waren (Fischer, 1988). Aufgrund der unterschiedlichen Lagerungsdauer der Diasporen können keine generellen Pflegemaßnahmen empfohlen werden. Die Simulation früherer Eingriffe setzt meist recht unterschiedliche Eingriffe in Handarbeit voraus und gelingt deshalb meist nur kleinflächig. Großflächig bleiben die Standortbedingungen der einzelnen Ruderalgesellschaften nur solange erhalten, solange eine bestimmte, meist verkehrsbezogene oder industrielle Nutzung durch den Menschen stattfindet. Eine floristische Auffrischung ruderaler Bestände gelingt möglicherweise durch gezielte Eingriffe in die Bodenstruktur zur Aktivierung im Boden vorhandener Samenbänke (Fischer, 1988). Spezielle Ruderalgesellschaften lassen sich langfristig nicht schützen. Nur Standorte für spontane Vegetation kann man anbieten, die sich aber in ihrer Standortqualität und damit floristischen Zusammensetzung im Laufe der Zeit ändern. Die Entstehung einer Ruderalflur setzt immer die vorherige Einwirkung des Menschen voraus. Die mit der Ruderalflora einsetzende Sukzession führt irgendwann – möglicherweise erst nach Jahrzehnten oder gar Jahrhunderten – zielsicher zu einem geschlossenen Wald.

So wird bei aufgegebenen Steinbrüchen heute im Rahmen der Rekultivierung in guter Absicht oft zuviel geplant, beeinflußt und gepflanzt. Allgemein setzt von Natur aus eine Renaturierung mit Ruderalfloren ein, die im Hinblick auf den Naturhaushalt den menschengemachten Maßnahmen meist weit überlegen ist. Häufig erliegt man der Versuchung einer Bepflanzung mit standortfremden oder sogar exotischen Pflanzenarten. Die Planung sollte zumindest Bereiche einbeziehen, die konsequent einer natürlichen Entwicklung überlassen werden können. Die spätere Pflege kann man darauf abstellen, diesen oder jenen Sukzessionszustand zu erhalten.

Trockenrasen

Gras- und krautreiche Pflanzenformationen auf trockenen, oft sandigen oder kalkhaltigen Standorten – besonders in Südlage – werden als Trocken- oder Magerrasen bezeichnet. Meist sind diese Gesellschaften auf nährstoffarmen Böden durch extensive Schafweide oder einmalige jährliche Mahd ohne Düngung entstanden. Die Flora der Trockenrasen ist außerordentlich vielfältig. Sie umfaßt rund 585 Pflanzenarten, das sind über 20 % der Gesamtartenzahl (2651) in Deutschland, darunter 164 gefährdete Arten. Dazu gehören viele attraktive Liebhaberpflanzen, z. B. eine Vielzahl von Orchideen. Als Lebensgemeinschaften beherbergen die Trockenrasen eine sehr große Zahl von Tierarten – besonders Tagfalter und Wildbienen –, die oft sehr streng an diese Standorte gebunden sind. Akustisch auffälligste Insekten sind die verschiedenen Heuschreckenarten, die hier in großer Zahl vorkommen. Die beste Möglichkeit der Pflege besteht unter Erhaltung der Nährstoffarmut in einer extensiven Beweidung oder Mahd im Spätsommer im ein- oder zweijährigen Rhythmus. Dann erübrigt sich auch meist das Herausschlagen überhandnehmender Gehölze oder das Kurzhalten der größeren Arten, die die typischen Trockenrasenarten erdrücken könnten. Gerade die bunten Trockenrasen in Sonnenlage können vielen erholungsuchenden Menschen Freude und Entspannung bringen. Ihre Pflege sollte deshalb nicht nur Naturfreunden, sondern z. B. auch Fremdenverkehrsträgern am Herzen liegen.

Sonstige Dauer-Brachflächen

Immer noch haftet dem Wort „Brachland" häufig ein unverdient negativer Beigeschmack an. Grundsätzlich sind Brachflächen ökologisch hinsichtlich der potentiellen Pflanzen- und Tierartenzahl und der sich aus der Vielfalt ergebenden Erholungseignung höherrangig einzustufen als „moderne" Acker- und Grünlandbereiche oder forstliche Monokulturen mit standortfremden Baumarten. Bei einem Lebensraum-Vergleich „Kulturland und Brache" nach Artenzahl und Vielfalt wird die „gehölzfreie Brache" lediglich übertroffen von der „Brache mit Gehölzen", diese wiederum von standortgemäßen „Feldgehölzen und Feldhecken" und diese nur noch vom „standortgemäßen Mischwald".

Schon im „Umweltgutachten 1978" heißt es: „Sich selbst überlassene oder nach entsprechenden Erfordernissen gepflegte Brachflächen, auf denen Düngemaßnahmen und Pestizidanwendung entfallen, können wertvolle Refugien für bedrohte Tier- und Pflanzenarten darstellen. Insofern bieten Brachflächen eine große Chance für den Naturschutz... Erstrebenswert wäre ein kleinräumiger Wechsel zwischen landwirtschaftlicher Nutzfläche, Wald und Brache, um deren Arten bestmögliche Lebensbedingungen zu bieten." Rund 70 % der Schmetterlingsnährpflanzen sind z. B. häufige Brachpflanzen, so daß Brachen auch ein bedeutender Gewinn für die Vielfalt der Schmetterlingsfauna darstellen.

Auch auf die Vogelfauna wirken sich Brachflächen positiv aus. Von den etwa 220 Vogelarten, die in der Bundesrepublik brüten, profitieren rund 100 Arten von den verschiedenen Formen der Brache, davon werden rund 35 in den Roten Listen geführt. Die am stärksten durch Beerenpflanzen der Brache geförderten Vögel sind die Drosselarten (Wacholder-, Mistel-, Singdrossel und Amsel) und die Rauhfußhühner (Auer-, Birk- und Haselhuhn). Daneben sind die Brachen für die Finkenvögel – d.h. die Körnerfresser – wichtig. Die meisten Arten (Grünlinge, Hänflinge, Buchfinken, Girlitze, Bergfinken, Zeisige, Goldammern, Stieglitze) nehmen jedoch im Frühling und Frühsommer oft mehr als die Hälfte ihres täglichen Nahrungsbedarfs in tierischer Form zu sich (Insekten, Spinnen, Schnecken usw.), was der Stoffwechsel zur Brutzeit und in der Jugendphase offensichtlich braucht. Das erforderliche Kleintierleben ist in der Brachfläche

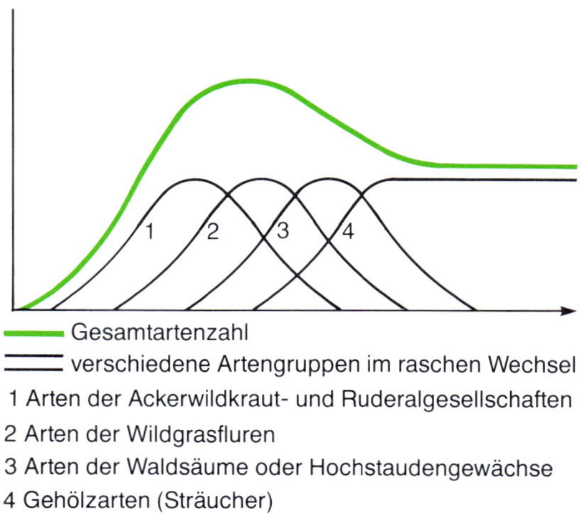

Abb. 88. Sukzession einer Ackerbrache.

meist sehr reichhaltig und im Jahreslauf im Gegensatz zu Kulturflächen wesentlich ausgeglichener. Rund 80 % der von Finkenvögeln aufgesuchten Pflanzen sind Arten der Brachvegetation. Ähnliches gilt für das Rebhuhn, und auch für Rehwild, Hasen und Fasanen sind kraut- und deckungsreiche Brachen sehr günstig.

Bei der Vegetationsentwicklung auf Brachflächen findet man zumindest bei mittleren Standortbedingungen die normalen Merkmale sekundärer Sukzessionen: hohe Anfangsgeschwindigkeit der Entwicklung und rascher Aufbau geschlossener Bestände; ruderale und artenreiche Anfangsstadien mit relativ raschem Artenwechsel und Verschiebungen im Mengenanteil der einzelnen Arten; frühes Nachlassen der anfänglichen Entwicklungsgeschwindigkeit – oft schon im 2. Jahrfünft – und in vielen Fällen ein typisches Anhalten der Vegetationsentwicklung in relativ langlebigen, fast stabilen Zwischenstadien. Die Entwicklung der Gesamtartenzahl im Verlauf einer typischen Sukzession wird als stark idealisierende und vereinfachende Modellvorstellung aus Abbildung 88 deutlich (nach Hard, 1976, verändert).

Arten der Wiesen, Säume, Wälder wandern in vielen Fällen auch bereits zu Beginn ein, spielen aber erst später eine dominierende Rolle (Schmidt, pers. Mitteilung, 1994).

Je nachdem, welches Sukzessionsstadium erhalten werden soll, muß die Pflege extensiv (z.B. Mahd alle 5 bis 10 Jahre) oder intensiver in kürzeren Zeitabständen ansetzen. Die Mahd (mit Abräumen des Mähgutes) sollte möglichst spät im Jahr und dann nicht geschlossen auf ganzer Fläche vorgenommen werden zur Förderung des Überwinterns verschiedener Tierarten in den oberirdischen Pflanzenteilen. Das gilt analog auch für die Pflege durch Beweidung.

Je nach Termin, Art und Intensität eines Pflegeeingriffs wird also die Pflanzengesellschaft einer Brache gesteuert. Früher Schnitt fördert die mahdverträglichen Wiesenpflanzen, während herbstlicher Schnitt eher den ausdauernden, hochwüchsigen Ruderalpflanzen, die häufig Speicherrhizome besitzen, zugute kommt. Biozideinsatz und Düngung sind grundsätzlich zu unterlassen, lediglich die Intensität der Pflege bestimmt die Artenvielfalt, Farbenpracht und den ökologischen Wert brachfallender Flächen. Die höchsten Artenzahlen besitzen die sich selbst überlassenen und nur gezielt im Artenschutzinteresse genutzten Flächen.

Feuchtwiesen

Schon 1978 ergab die Untersuchung von Sukopp, daß 34 % bzw. 41 % der gefährdeten Arten in Feuchtwiesen und Trockenrasen zu Hause sind. Gerade die Extreme Wassermangel und Wasserüberschuß sind wirtschaftlich störende Eigenschaften, die man in der Landwirtschaft gern nivelliert hat. Beim Wasserüberschuß fiel dies durch Entwässerung, Regelung der Vorflut und flächige Drainage technisch relativ leicht. Heute sind sehr viele Arten der Pflanzengesellschaften von Feuchtwiesen sowie von Röhricht- und Seggen-Beständen gefährdet. Allein in Norddeutschland wurden 60 bis 70 von Nässe abhängige Arten verdrängt (Kaule, 1986). EU-Entwicklungen haben diese Negativbilanz weiter forciert. Grünlandbewirtschaftung wurde immer unwirtschaftlicher. Von 1970 bis 1988 verringerte sich das Dauergrünland allein in Nordrhein-Westfalen um etwa 274 000 ha (36 %). Dadurch nahm der Bestand der auf Grünland brütenden Limikolen wie Uferschnepfe, Bekassine und Brachvogel stark ab (Woike, 1989). Es gilt, im Rahmen von Biotopgestaltungsmaßnahmen diesen Trend in geeigneten Bereichen umzukehren. Vielleicht könnten auf landeseigenen Grünlandflächen oder Ländereien der öffentlichen Hand und der Kirche Vorbildaktionen durchgeführt werden, z.B. Schaffung kleiner Wiesengewässer (Flachwasserbereiche), Zerstörung von Drainagesystemen, Rückstau von künstlich geschaffenen Vorflutern, Verfüllung von Binnengräben, Rückumwandlung von Acker in Grünland. Mahd und Abtransport des Mähgutes dienen der Ausmagerung und ermöglichen schon nach wenigen Jahren vielen auf Nährstoffmangel angewiesenen Arten eine Rückkehr.

11.3 Mehr Hecken – Gewinn für alle

„Die meisten Menschen haben zwei Arten von Moral: Eine für sich, die andere für die anderen."
Curt Goetz (1888–1960)

Mit jeder verschwindenden Hecke wird unsere Heimat ärmer. Die Hecken gehören traditionell ins Mosaik der deutschen Kulturlandschaft. Schon im 12. Jahrhundert verwendeten die Franken das Wort „Haga", aus dem sich später das deutsche Wort „Hag" oder „Hecke" entwickelte.

Die Knicks in Schleswig-Holstein, das sind die ökologisch besonders wertvollen, einschließlich der Säume 9 bis 15 m breiten Wallhecken, stammen zum größten Teil aus dem 18. Jahrhundert. Sie wurden nach einer im Jahr 1766 erlassenen Verordnung als Umgrenzung der Fluren errichtet, damit der Raubbau in den Wäldern unterbleiben konnte. Gleichzeitig wollte man damals dauerhafte Einfriedungen schaffen, um das Vieh auf den Koppeln zu halten.

Gegen die Hecken setzte in den letzten drei Jahrzehnten ein gigantischer Feldzug ein, der in vielen Gebieten tabula rasa gemacht hat. Er ist zwar merklich gebremst, geht aber leider immer noch weiter. Gegen Hecken wird eingewandt, daß sie bei der Bewirtschaftung großer Flächen stören und den Einsatz der Maschinen behindern. Man befürchtet Ertragsminderung durch Schatten und Wurzelkonkurrenz, Behinderungen bei der Grabenräumung, Nachteile durch Ausflügler oder Anlocken von Wild, ja man hält Gehölze für Brutstätten von Schadinsekten und Herde für Unkrautflug. Derartige Befürchtungen sind nach heutigen Erkenntnissen gegenstandslos. Die großen ökologischen und ertragssteigernden Vorteile hat man leider nicht beizeiten erkannt, so daß wir eine traurige Bilanz ziehen müssen: Allein in Schleswig-Holstein waren von den 75 000 km Wallhecken 1950 schon 30 Jahre später nur noch 46 000 km vorhanden (Landesamt für Naturschutz und Landschaftspflege, Kiel, 1984). Dadurch werden pro Jahr mehr als 3 Mio. Vögel weniger ausgebrütet, ein Verlust, der fast die Dimension der von italienischen Vogelfängern jährlich getöteten Zugvögel erreicht.

Artenvielfalt der Hecken und kleiner Feldgehölze

Zu den unterschiedlichen Stockwerken der Pflanzengesellschaften in einer natürlichen Hecke gehört die entsprechend spezialisierte Tierwelt. So brüten Vogelarten hoch in den Bäumen, niedrig in den Sträuchern oder gar direkt am Boden. Nach Zwölfer (1984) sind es insgesamt 68 Arten. Von den angrenzenden Feldern kommen z. B. die Rebhühner zur Hecke, wo sie Schutz und Insektennahrung für die Küken finden. Gerade die Strukturvielfalt in den Hecken, die wechselnden Licht-, Temperatur- und Feuchtigkeitsverhältnisse begründen den Artenreichtum. Über 7000 Tierarten leben in naturnahen Hecken, und in einer einzigen Wallhecke in Schleswig-Holstein zählt man 1600 bis 1800 Tierarten. Die Biomasse der blattfressenden Insekten kann auf gleicher Flächengröße bis zu zehnmal höher sein als beispielsweise in einem Buchenwald (Zwölfer, 1989), doch stellen die wenig spezialisierten Arten den größten Anteil der Heckenfauna. An Schlehe und Weißdorn in Hecken in Bayern fanden Zwölfer et al. (1984) 76 Schmetterlingsarten, davon 17 % Nahrungsspezialisten und 24 % Arten, die nur an Rosaceen leben. Die Tierartenzahl einer Hecke steigt mit der Gehölzartenzahl.

Die Vielseitigkeit der Randeffekte ergibt die Vielartigkeit der Lebensgemeinschaft und den Wert der durch sie geprägten Landschaft. Auffällig ist die reiche Singvogelwelt. Im Durchschnitt brüten 30 Vogelpaare in 1 km Knick, in einem Doppelknick kann die Brutdichte sogar bis auf das 6fache steigen. Die Bestandsdichte der Vögel ist in Hecken und Kleingehölzen durchschnittlich 3,5mal größer als in zusammenhängenden Wäldern. Es gibt sogar Untersuchungen, die einen Durchschnittsbesatz von 10 bis 15 Vogelnestern je 100 m Hecke belegen (Costa, 1978).

Die landwirtschaftsbedingte Verdrängung von Pflanzen- und Tierarten und die damit verbundene ökologische Destabilisierung kann durch Hecken nachhaltig gemildert werden, die von Natur aus wieder viele Regulatoren stellen. So sind in der abwechslungsreichen Heckenlandschaft Schleswig-Holsteins Massenvermehrungen von Mäusen weitgehend unbekannt, während in anderen Gebieten die kleinen Nager regelmäßig zur Plage werden. Zauneidechsen können, wenn sie in einer Häufigkeit von 50 bis 60 Tieren pro km in einer Hecke vorkommen, die anliegenden Felder in einer Tiefe von 20 m weitgehend von Schadinsekten freihalten. Unscheinbar, aber noch wichtiger sind vor allem die Insekten selbst, die die wenigen schädlichen Arten allein in Schach halten können. Die wichtigsten, von naturnahen Kleinstrukturen in Hecken abhängigen nützlichen Tiergruppen sind (nach Schemel, 1982):

Raub-, Tanz- und Schwebfliegen sind räuberische Arten, die sich von Blattläusen ernähren. Die häufigen Florfliegen vertilgen ebenfalls Blattläuse und andere weichhäutige Insekten. Als Räuber sind weiterhin viele Wanzenarten, Spinnen und Hundertfüßler tätig. Mehrere Laufkäferarten erbeuten Insekten vom Gehölzbiotop aus bis 50 m tief in der Feldflur. Schädlingsregulierend und daher nützlich wirken auch die parasitisch lebenden Arten der Schlupfwespen und Schmarotzerfliegen. In Hecken leben 110 Arten der Schlupfwespen und 20 Arten der Schmarotzerfliegen. Das erklärt sich aus den hier besonders günstigen Lebensbedingungen für sie: Wirte zur Eiablage, nektarspendende Blütenpflanzen sowie Wärme und Windschutz. Ihre Wirkung beruht darauf, daß sie ihre Eier in den Körpern von Schädlingen ablegen und sich daraus Larven entwickeln, die den Schädling von innen her auffressen. Die Wirte der Schlupfwespen sind Insektenlarven und Spinnen, die der Schmarotzerfliegen sind Schmetterlingslarven, Käfer- und Blattwespenlarven, Käfer und Wanzen. Da sich die beiden Parasiten stark vermehren und sich damit den Populationsschwankungen ihrer Wirte schnell anpassen können, spielen sie als Regulativ der genannten Schädlinge eine große Rolle.

Hecken sind zudem Lebensräume für Wildbienen und Hummeln. Als Blütenbesucher haben die etwa 600 für Deutschland bekannten Wildbienenarten große Bedeutung für die Bestäubung zahlreicher Pflanzen und nicht zuletzt auch der Kulturpflanzen (besonders: Raps, Klee, Luzerne und andere Pflanzen zur Saatgutgewinnung). Beutetiere der bei uns vertretenen Grabwespenarten

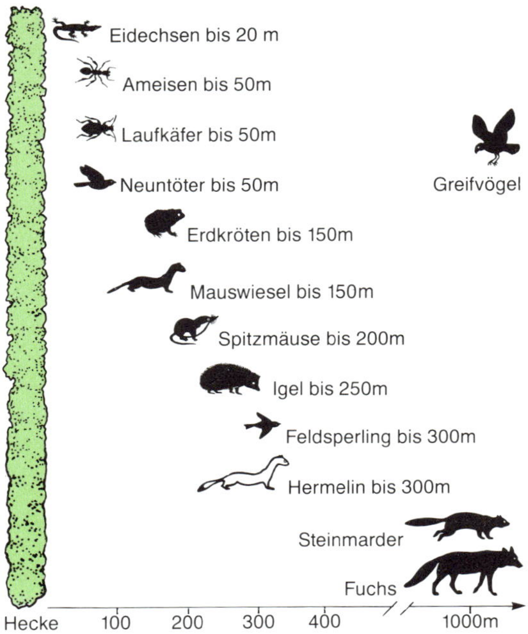

Abb. 89. Wechselbeziehungen einiger Heckenbewohner zur benachbarten Feldflur. Die Zahlenangaben bezeichnen grob die größten Entfernungen, die diese fleischfressenden Arten auf der Nahrungssuche in den Feldern unternehmen, wo sie demnach regulierend wirken. (nach Wildermuth, 1978, verändert)

sind: Heuschrecken, Zikaden, Wanzen, Rüsselkäfer, Blattwespenlarven, Blattläuse. Auch die Faltenwespen vertilgen Larven verschiedener Insektengruppen. Von jeder Art werden jeweils nur ganz bestimmte Beutetiere in die Nester eingetragen. Im Bau einer Art der Grabwespengattung Psen werden meist 50 bis 60 Zikaden gefunden. Lediglich eine Wespenart, der Bienenwolf, erbeutet auch Honigbienen. Hecken und Feldgehölze sind heute für diese Insekten schon Rückzugsräume, obwohl viele Kulturpflanzen von ihrer Bestäubung abhängig sind. Mancherorts sind diese wichtigen Insekten schon zum Mangelfaktor geworden.

Auch Kleinsäuger suchen ihre Nahrung auf angrenzenden Feldern und Wiesen und wirken so der Massenvermehrung von Schädlingen entgegen. Das Mauswiesel jagt Feldmäuse, und die Spitzmäuse vertilgen Insekten. Der Igel ist ein heckenbewohnender Insektenfresser, und die Erdkröte macht sich als Vertilger von Nacktschnecken nützlich. Fasane und Rebhühner nähren sich zum großen Teil von Kleintieren. Im Kropf eines im November erlegten Fasanenhahns wurden 1365 Drahtwürmer (Larven von Schnellkäfern) gefunden, in dem eines anderen 3914 Larven der sehr schädlichen Gartenhaarmücke und im Kropf eines dritten 250 Ackerschnecken. Andere Untersuchungen ergaben große Mengen von Engerlingen, Maikäfern, Kartoffelkäfern. Der Aktionsradius der in Hecken brütenden Feldsperlinge beträgt etwa 300 m, bei den anderen Hecken-Singvögeln liegt er zwischen 100 und 200 m. Die Nahrung der in Hecken nistenden Vögel umfaßt ein breites Beutespektrum. Bei Magenuntersuchungen an Feldsperlingen wurden neben Körnern 11 verschiedene Wanzenarten und andere Insekten festgestellt.

Die gezeichnete Darstellung kann nur ein kleiner optischer Hinweis dafür sein, wie weit sich bestimmte Tierarten normal von einer Hecke entfernen und dadurch auf Lebewesen der angrenzenden Lebensräume einwirken (Abb. 89). Hecken sind eine Voraussetzung für Fortschritte beim integrierten Pflanzenschutz. Da die Wechselbeziehungen zwischen der Fauna von Feldfluren und Biotopen, speziell zwischen Nützlingen und Schädlingen, im wesentlichen von den Randzonen ausgehen, ist der Effekt vieler kleiner Feldgehölze und ein Netz von Hecken oder Windschutzstreifen für die biologische Bereicherung der Kulturlandschaft größer als wenige große Wälder entsprechender Gesamtfläche.

Natürlich können Angaben über Aktionsradien der größeren Tiere nur einen Anhalt vermitteln. Regulationsmechanismen etwa innerhalb der Insekten überdecken die Wirkungen der größeren Tiere vollkommen. Zum Beispiel sind in Heckengebieten 30 bis 40 % der Schädlinge von Schmarotzern befallen, in heckenlosen Gegenden nur 1 %.

Auch die ökologischen Zusammenhänge bei Pflanzenfressern erschließen sich erst bei umfassender Betrachtung. Für Rebhühner z. B. sind die Unkrautsämereien der Feldkräuter, die Insekten der Kräuter wie der Hecken (Schlehen = Schwarzdorn sind z. B. sehr insektenreich), das Kleinklima und die Deckung ausschließlich der Hecken und Feldgehölze von Bedeutung. Dort finden sie genügend offenen Boden zum Hudern und haben andererseits im bodenberührenden Zweigwerk so viele Lücken, daß sie blitzschnell und ungehindert flüchten oder abstreichen können, wenn ein Beutegreifer auftaucht. Wenn Habichte heute in der Feldflur mit besonderem Erfolg jagen, dann wegen der Ausräumung des Geländes. Das gilt auch für Hasen. Untersuchungen in Österreich zeigen, daß in Monokulturen der Landwirtschaft nicht, wie zu erwarten, im Winter die größte Hasensterblichkeit eintritt, sondern im Hochsommer, wenn die Ernte die Nahrung knapp, schlecht und einseitig werden läßt. Auch hier können Hecken und reich strukturierte Feldgehölze vieles ausgleichen (Abb. 90).
Daß Hecken Unkraut streuen, ist ein Vorurteil. Die meisten Ackerunkräuter sind kurzlebige Pionierpflanzen, die praktisch nur auf regelmäßig bearbeiteten Flächen vorkommen. Fällt die Boden-

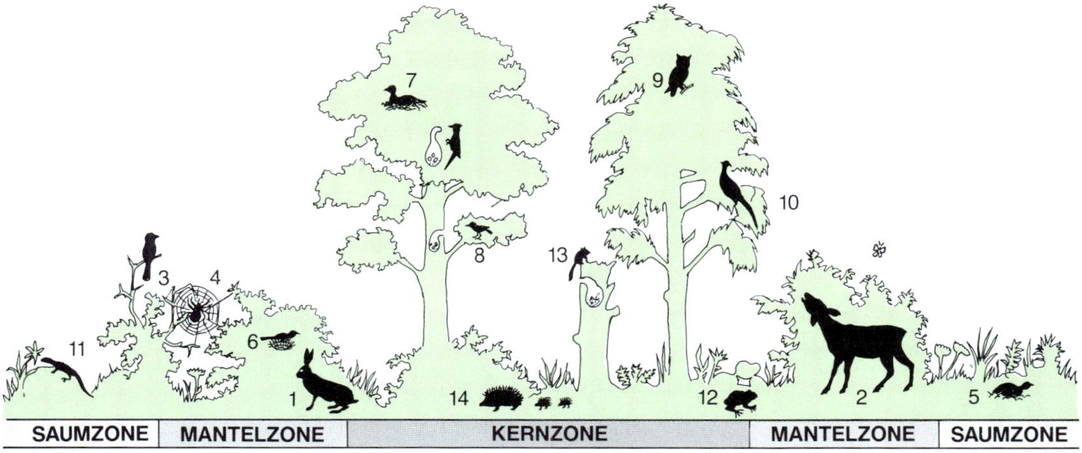

1 Deckung für Niederwild (z.B. Hase)
2 Äsung für Niederwild (z.B. Reh)
3 Sitzplätze für Lauerjäger (z.B. Raubwürger)
4 Dickicht für Fallensteller (z.B. Kreuzspinne)
5 Nistplätze für Bodenbrüter (z.B. Rebhuhn)
6 Nistplätze für Buschbrüter (z.B. Dorngrasmücke)
7 Nistplätze für Baumbrüter (z.B. Ringeltaube)
8 Baumhöhlen für Höhlenbrüter (z.B. Star)
9 Schlafplätze für Nachtaktive (z.B. Waldohreule)
10 Schlafplätze für Tagaktive (z.B. Fasan)
11 Sonnige Plätze für Reptilien (z.B. Zauneidechse)
12 Schattige Verstecke für Amphibien (z.B. Erdkröte)
13 Winterquartiere für Bilche u.a. (z.B. Haselmaus)
14 Kinderstube für Kleinsäuger (z.B. Igel)

Abb. 90. Profil eines Feldgehölzes und Beispiele für die ökologische Einnischung tierischer Bewohner. (nach Müller, 1978)

bearbeitung aus, werden sie von längerlebigen Pflanzen verdrängt. Daher kommt auch eine Brache vom 2., spätestens vom 3. Jahr an als Quelle für eine Verunkrautung bewirtschafteter Nachbaräcker nicht mehr in Frage (Holzner, 1990). Die klassischen Ackerunkräuter sind recht ausgeprägte Lichtpflanzen und wachsen in der Hecke daher bestenfalls mit verringerter Vitalität. Sie sind in den meisten Artenlisten von Hecken gar nicht oder nur selten vertreten (Knauer, 1986).

Hecken und Wasserhaushalt

Wir müssen mit allen Mitteln die natürlichen Wasserspeicherkräfte des Bodens nutzen. Der Wasserabfluß in einer heckenlosen, offenen Agrarlandschaft ist doppelt so hoch wie in einer Heckenlandschaft. Alle Flur- und Feldgehölze halten Bodenwasser zurück und geben es durch Verdunstung langsam an die Luft ab. Wenn das Niederschlagswasser im Boden versickert, wird es teilweise von den Wurzeln aufgenommen und steigt dann mit dem Transpirationsstrom in die Blätter, an deren Oberfläche es verdunstet. Infolge der erhöhten Luftfeuchtigkeit kann sich während der nächtlichen Abkühlung als erneut verfügbares Wasser Tau bilden. Die lockere Humusschicht des weitverzweigten Wurzelwerkes von Bäumen und Sträuchern hält das Wasser wie ein Schwamm zurück. Dabei sind Laubhölzer 6mal wirksamer als Nadelbäume. Im Schutz der Hecken nimmt unter dem Einfluß der geringeren Windstärke (Minderung bis 60 %) die Niederschlagsmenge zu, was besonders bei Schneefall sichtbar wird. Taubildung und Bodenfeuchtigkeit steigen im Windschatten ebenfalls. Gleichzeitig wird die Verdunstungsgeschwindigkeit des Bodenwassers herabgesetzt (bis zu 50 %). Die relative Luftfeuchtigkeit erhöht sich um 5 bis 10 %. Hecken regulieren also den Wasserhaushalt in vielfältiger Weise sehr positiv (Abb. 91).

Windschutz und Ertragssteigerung durch Hecken

Eine Hecke bietet optimalen Windschutz, wenn sie nur zu etwa 50 bis 70 % geschlossen ist. Dann entstehen keine störenden Luftwirbel oder Windbeschleunigungen durch Düsenwirkungen an den Randbereichen, wie wir es an starren massiven Hindernissen bemerken. Die Windgeschwindigkeit wird durch Hecken um bis zu 60 % vermindert. Der Windschutzbereich hinter einer Hecke erreicht in der Breite das 10- bis 25fache der Heckenhöhe, kann also durchaus 100 m übersteigen. Die Hecke muß am Boden möglichst geschlossen sein (Grundsatz: unten dicht, oben licht), damit auch dort keine Düsenwirkung entsteht. Auch vor der Hecke kann der Wind gebremst werden bis zu einer Entfernung, die etwa dem 5fachen der Heckenhöhe entspricht (vgl. Abb. 91). Bedarf an Windschutz ist natürlich eher bei stärkerem

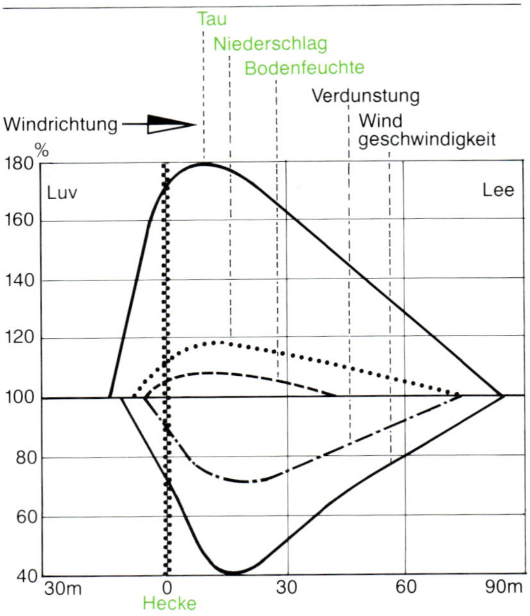

Abb. 91. Wirkung einer nur 3 m hohen Windschutzhecke auf wichtige Klimawerte unserer landwirtschaftlichen Flächen. (nach Wildermuth, 1978, verändert)

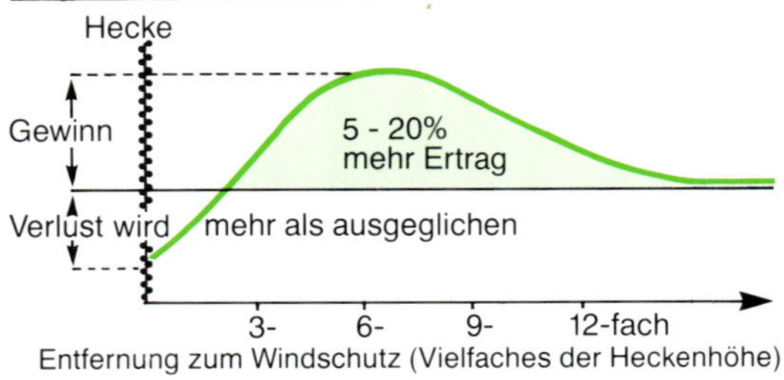

Abb. 92. Ertragssteigerungen bei Feldfrüchten im Schutz einer Hecke. In direkter Heckennähe ist zunächst durch Schatten, Wurzelkonkurrenz und Luftwirbel der Ertrag geringer. Spätestens in einer Entfernung, die der zweifachen Heckenhöhe entspricht, werden diese Verluste schon ausgeglichen. Bis in eine Entfernung, die dem 12- bis 15fachen der Heckenhöhe entspricht, gibt es stellenweise einen Mehrertrag bis zu 60 %. Insgesamt beträgt die Ertragssteigerung 5 bis 20 % gegenüber einer ungeschützten Fläche. (nach DNR, verändert)

Wind gegeben, und zwar in Abhängigkeit von

- den physikalischen Eigenschaften des Bodens, insbesondere von seiner wasserhaltenden Kraft (u. a. Humusanteil),
- den Niederschlagsverhältnissen und dem Grundwasserstand,
- der zu schützenden Kultur (Anbauplanung).

Besonders gefährdet sind leichte, trockene und vor allem sandige Ackerböden und kultivierte Moorflächen, aber auch manche Lößböden. Je nach Bodenart setzt die Winderosion schon bei einer Windgeschwindigkeit von 5 m/s (in 2 m Höhe gemessen) ein. Windschutz bedeutet in der Landwirtschaft Ertragssteigerung. Das scheint wenig bekannt zu sein, ist aber unbestritten, sogar mit Zahlen belegbar und biochemisch leicht zu erklären: Die Kulturpflanzen der Landwirtschaft nehmen für ihr Wachstum das Kohlendioxid über die Spaltöffnungen aus der Luft auf. Dabei verdunsten sie Wasser und sind stets in Gefahr auszutrocknen. Je windiger es ist, desto stärker muß die Pflanze ihre Spaltöffnungen schließen (um nicht zu vertrocknen), desto weniger Kohlendioxid kann sie aufnehmen und desto schlechter wächst sie. Diese Zusammenhänge belegt Abbildung 92 mit Zahlen.

Derartige Ertragssteigerungszahlen sind bereits in den 60er Jahren belegt worden, sie gelten im Getreide- wie im Hackfruchtanbau. Erst bei mehr als 100 m Hecke je ha sind weitere Ertragssteigerungen nicht mehr feststellbar. Windschutz bedeutet in der Landwirtschaft übrigens auch Hemmung bei der Verbreitung von Pilzkrankheiten. Ein 6jähriger Windschutzversuch der Bodenkulturstelle Ingolstadt zusammen mit dem Wetterdienst ergab auf humosen Sandböden des Donautals einen durchschnittlichen Mehrertrag von 15 bis 20 % im Schutz einer erst 15jährigen Pflanzung (Costa, 1978). Auch mechanische Schädigungen der Pflanzen durch Sturm und Windböen entfallen bei Heckenschutz. Schäden durch Lagerfrucht, Ernteverzögerungen in Schutzanlagennähe oder Pilzbefall der Kulturpflanzen und Mindererträge in der Randzone treten bei ausreichender Winddurchlässigkeit des Schutzstreifens nicht auf. Maxhofer und Schuch haben in einer 6jährigen Versuchsreihe für bayerische Verhältnisse die Auswirkungen von Windschutzpflanzungen auf die Ertragslage von Dauergrünland, Getreide, Kartoffeln und Futterrüben ermittelt: Ertragssteigerung im Bereich der Schutzpflanzungen zwischen 20 und 40 %. Mazek-Fialla hat die Untersuchungsergebnisse zusammengestellt, die in verschiedenen Ländern zu Wirkungen des Windschutzes und zu Ertragseffekten vorliegen. Sie werden in Tabelle 22 auszugsweise wiedergegeben (Durchschnittswerte im Schutzbereich; nach Schemel, 1982).

In waldarmen Landstrichen anderer Länder setzt man diese Erkenntnisse systematisch um, zum Beispiel in der russischen Steppe, im Rhônetal oder auch in Dänemark. Man nimmt die Gefahren des Windes ernst. Windschutzpflanzungen wurden und werden systematisch angelegt zum Zweck der Bodenbindung, zur Verhütung von Flugerdebildung, zur Verzögerung der Schnee-

Tabelle 22: Wirkung von Windschutzstreifen

	Niederösterreich	BR Deutschland
Reichweite der Schutzwirkung im Lee je nach Windstärke und Bestandsdichte (H = Höhe des Schutzstreifens)	6 H bis 14 H	10 H bis 15 H
Abstand der Schutzanlagen	180–350 m	250–500 m
Breite der Schutzanlagen	5–7 m	5–14 m
Anteil an der Gesamtfläche	1,5–2 %	2–3 %
Ertragssteigerung:		
Sommergetreide	5 % (8 %)*	25 %
Wintergetreide	8 % (14 %)	25 %
Mais	9 % (16 %)	
Hackfrüchte	12 % (21 %)	19 %
Klee, Gemüse, Obst	30 % (60 %)	57 %

* gemessen in feuchten Jahren; 1. Zahl = Schutzbereichsmittelwert, 2. Zahl (in Klammern) = Höchstwert

schmelze, zur Erhaltung der Feuchtigkeit und Herabsetzung der Verdunstung und damit insgesamt zur Ertragssteigerung. In Rußland hat man durch 8 bis 10 m hohe und etwa 300 m voneinander entfernt stehende Windschutzstreifen eine durchschnittliche Erhöhung der Ernteerträge um 25 % erzielt, in Trockenjahren sogar um mehr als 100 % (Bibelriether, 1979).

Hecken als Luftfilter

Bäume und Sträucher verändern durch Verdunstungskälte die umgebenden Temperaturabläufe, lassen an der großen Blattoberfläche schadstoffbelastete Luft vorbeistreichen und reinigen diese dadurch von Staub und giftigen Aerosolen. Ein 6 m breites Laubgehölz am Straßenrand „schluckt" z. B. über 80 % des giftigen Bleis, das mit Autogasen frei wird. Im übrigen schützen Hecken Haus und Hof gegen Sonne, Wind und Wetter und kaschieren störende Schadbereiche und Bauwerke.

Hecken und Erosionsschutz

Böschungssicherung wird am besten durch dicht und tiefwurzelnde Hecken betrieben. Mit den Wurzeln verhindern die Hecken, daß Wind und Wasser die Böschung mehr und mehr abtragen. Das Problem der Winderosionen in der Landwirtschaft ist nicht neu. In den USA mußten aus dem Gebiet der Great Plains 1935 bis 1939 etwa 350 000 Farmerfamilien wegen der Winderosion abwandern. Die fruchtbare Bodenschicht wurde in den USA für 1740 auf durchschnittlich 22,5 cm, für 1940 nur noch auf 15 cm Tiefe geschätzt. Bei einer Windstärke von 10 m/s werden mineralische Körner von 1 mm Durchmesser mitgerissen, bei doppelter Windgeschwindigkeit schon solche von 3 mm Durchmesser. 1 cm fruchtbaren Bodens kann unter günstigen Bedingungen erst im Laufe von 100 bis 400 Jahren entstehen (Kurt, 1982).

Da Hecken die Windgeschwindigkeiten um bis zu 60 % senken, kann es keine Frage sein, wie man Winderosionsproblemen auch bei uns begegnen muß. Erinnern wir uns an die Schneekatastrophe 1978/79 in Norddeutschland: Viele Dörfer waren abgeschnitten, Straßen für Tage verstopft. Weniger die Gesamtschneemenge als die Tatsache, daß der Schnee ungehindert über Land geblasen wurde, hat die verheerenden Folgen hervorgerufen. Deutlich war, daß die Straßen besonders in ausgeräumten Fluren ohne jeden Heckenschutz zugeweht wurden. Insofern war auch diese Katastrophe – ähnlich wie die zunehmenden Hochwasserereignisse – vornehmlich hausgemacht.

Hecken und Erlebniswert der Landschaft

Die natürliche Ausstattung eines Landschaftsraumes steht mit unserem Wohlbefinden in Wechselwirkung über:

1. sinnliche Wirkungen, vor allem optische Eindrücke als Träger des Landschaftserlebnisses, der Formen, Linien, Maße, Licht- und Schatteneffekte, Farben, Bewegungen, Faunenvielfalt;
2. physische Einflüsse auf den menschlichen Organismus, wobei besonders kleinklimatische Wirkungen in Heckennähe von großer Bedeutung sind;
3. den Eindruck der Benutzbarkeit für den Menschen als Voraussetzung für das Landschaftserlebnis und für die Umsetzung des Erholungswertes.

In diesem Zusammenhang hat die Vielfältigkeit (= V-Wert nach Kiemstedt) einer Landschaft wichtige Weiserfunktion. Mit zunehmender extensiver Bewirtschaftung wächst der V-Wert, und je höher er ist, desto größer ist die natürliche Erholungseignung. Nachgewiesen ist z. B. auch, daß mit zunehmendem V-Wert auch die mittlere Aufenthaltsdauer in einem Erholungsgebiet steigt, ob es sich nun um Nah-, Wochenend- oder Ferienerholungsgebiete handelt. Bei zu hoher landwirtschaftlicher Nutzungsintensität sinkt der V-Wert, unterschreitet schnell eine Attraktivitätsschwelle und zerstört damit seine Erholungseignung völlig. Ohne Hecken wird unsere Landschaft also nicht nur ärmer, sondern auch enger, weil sich mehr Menschen weniger Restfläche teilen müssen.

Praktische Hinweise zur Neueinbringung von Hecken

Die positiven Wirkungen von Hecken (und kleinen Feldgehölzen) machen eines klar: Der bisherige Raubbau war aus ökologischer Sicht unverantwortlich und kurzsichtig. Wir – Landwirte und die Bevölkerung gemeinsam – müssen versuchen, diese Fehler durch Neueinbringung von Hecken wieder auszugleichen. Dazu stichwortartig einige Anregungen:

- Am schnellsten realisierbare Möglichkeiten bestehen meist in Randbereichen, d. h. an Eigentumsgrenzen, Wegerändern, Gräben, Bächen u. a.
- Ökologische Vernetzung aller naturnahen Elemente anstreben. Hecken verbinden Lebensräume wie Wälder, Trockenrasen, Tümpel, Feldgehölze. Ein Anteil von 80 lfdm/ha an „Bunten Knicks“ wird in Schleswig-Holstein als Leitzahl genannt. Eine Hecke sollte möglichst keine Insel sein, sondern sich an andere anschließen, damit auch weniger bewegliche Heckenbewohner nicht von ihrer Umwelt abgeschnitten werden.
- Bei der Pflanzenwahl die Abstufung der Baum- und Strauchschichten („3 Etagen“), die Standortbedingungen, das Konkurrenzverhalten, die Pflegeleichtigkeit, den besonderen Wert für erwünschte Tierarten (Bienenweide, Früchte, Vogelfutter, Farbvielfalt, Brennholz u. a.) beachten. Eine gute Krautschicht entwickelt sich von selbst, wenn die Felder nicht zu dicht an die Hecke heranreichen.
- Die Straucharten stets gruppenweise mischen, da sich nur so auch schwächere Arten längerfristig durchsetzen können.
- Durch Einbringen vieler Dornengewächse das Betreten durch Ausflügler erschweren. Viele Tierarten benötigen dringend kleine Ruhebereiche.
- Zur Vorbeugung gegen Bodenverwehungen stehen die Hauptschutzpflanzungen senkrecht zur Hauptwindrichtung. Diese werden mit Nebenschutzpflanzungen von doppeltem Abstand untereinander verbunden. Die so eingekammerten Bereiche (Kleinklimaräume) sollten 10 ha Größe nicht überschreiten (Kaltluftabfluß und Winddüsenwirkung an Feldzufahrten beachten).
- Die Ausstrahlung der artenreichen Heckenlebensgemeinschaften in die Felder beträgt nur wenig über 200 m. Daher sollten entsprechend geringe Abstände angestrebt werden. Für Heckenvögel, Kleinsäuger, Insekten sind 400 bis 800 m das Äußerste an überwindbarer Entfernung zu benachbarten Hecken. Das ergibt bei Einhaltung dieser Abstandskriterien ca. 2 bis 5 % Fläche für Flurgehölze (Kaule, 1978).

Weber (1975) hat das expositionsbedingte Verhalten von Gehölzen in Hecken untersucht und daraus wertvolle Hinweise für eine standort- und kleinklimagerechte Artenwahl abgeleitet:

In jeder Exposition geeignet: Feldahorn, Blutroter Hartriegel, Hainbuche, Eingriffeliger und Zweigriffeliger Weißdorn, Pfaffenhütchen, Zitterpappel, Schwarzdorn (Schlehe), Schwarzer Holunder, Salweide, Roterle, Faulbaum, Esche, Vogelbeere, Stieleiche.

Nicht auf W-Seiten in stark windexponierten Lagen: Hasel, Wald-Geißblatt, Sandbirke, Brombeere, Himbeere.

Besonders geeignet für W-Seiten: Ein- und Zweigriffeliger Weißdorn, Rotbuche, Schwarzdorn (Schlehe), Stieleiche, Hundsrose, Schneeball, Blaugrüne Rose, Feldahorn, Hainbuche, Blutroter Hartriegel.

Besonders geeignet für O-Seiten: Hasel, Esche, Wald-Geißblatt, Brombeere.

Nicht auf N-Seiten: Stieleiche, Wildrose, Brombeere, langblättrige Weidenarten.

Besonders geeignet für N-Seiten, nicht geeignet für S-Seiten: Hasel, Zweigriffeliger Weißdorn, Rotbuche, Faulbaum, Stechpalme, Wald-Geißblatt, Himbeere, Öhrchenweide, Grauweide.

Besonders geeignet für S-Seiten: Sandbirke, Stieleiche, Wildrosen, Brombeere, langblättrige Weiden, Schneeball.

Krause und Lohmeyer (1980) haben die Rechtsverordnung des BML vom 10. 5. 1973, wonach die zuständigen Behörden Beschränkungen beim Weißdorn oder Schwarzdorn anordnen können, näher untersucht. Sie kommen zum Schluß, daß es keinen triftigen Grund gibt, generell auf einzelne Wildsträucher zu verzichten, die sich bis jetzt gut bewährt haben. Angesichts der bereits vorhandenen Vorkommen dieser beiden Dornensträucher fallen zusätzliche Pflanzungen so gut wie nicht mehr ins Gewicht und Obstbäume und Ziersträucher, darunter Cotoneaster, gelten ebenfalls als Wirtspflanzen von möglichen Krankheitserregern. Gerade Weißdorn und Schwarzdorn bieten eine Lebensgrundlage für Hunderte von Insekten, so daß auf sie in einer vielartigen Hecke nicht verzichtet werden sollte.

Benjes-Hecke

Benjes hat die „Gestrüppmethode“ des Chirurgen Bier, der damit vor ca. 60 Jahren aus einem mageren Kiefern-Stangenholz einen gesunden Mischwald begründete, aus der geschichtlichen Versenkung geholt und auf die Anlage von Hecken über-

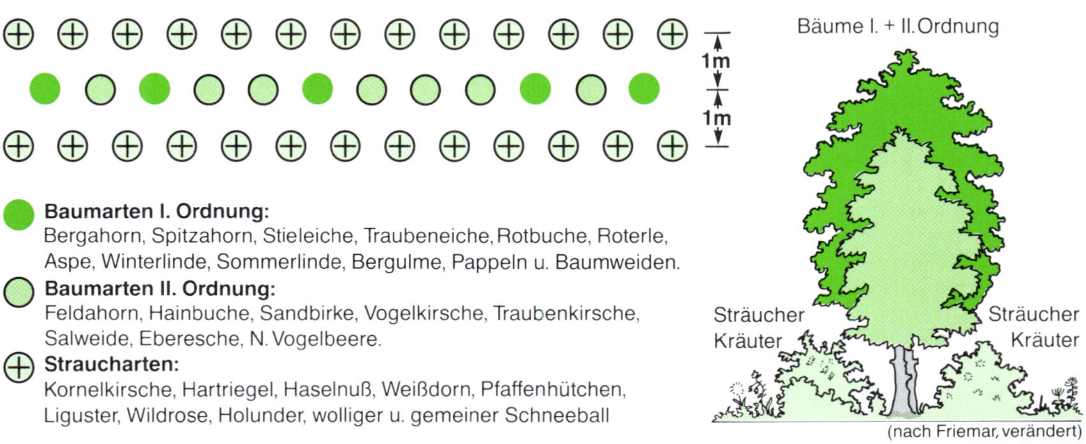

Abb. 93. Verband 1×1 m (jeweils auf Lücke gepflanzt). Pflanzenarten je nach Standort und Zweck.

tragen. Die Methode ist einfach, preiswert und schon deshalb ökologisch interessant, weil sie der Sukzession Zeit und Spielraum läßt. Es sind vielfältigste Varianten möglich von der im folgenden skizzierten „Standardhecke":

Mit Streifenpflug Grasnarbe beseitigen, maschinell Gestrüpp, Baumschnitt (z. B. von Straßenmeistereien erhältlich) u.a. im Reihenabstand von etwa 30 bis 50 cm ablegen und dann pro m eine Pflanze setzen. Gesamtbreite ca. 4 m, Höhe ca. 1 m. Angepflanzt werden Gehölze, die durch Wind oder Vögel nicht in die Hecke getragen werden können, weil in der näheren Umgebung nicht vorhanden. Das Gestrüpp hält Schalenwild fern – erübrigt also einen Zaun –, schafft gutes Kleinklima und ist schon im ersten Jahr ein Lebensraum für sich, z. B. Brutraum für bodenbrütende Vögel. Im Schutz des Gestrüpps gedeihen sehr schnell Kräuter, die dann zunehmend durch Sträucher – z. B. Brombeere – verdrängt werden. Das dauert zwar alles seine Zeit, ist aber dafür auch besonders preiswert.

Praktische Hinweise zur Versetzung von Hecken

Wenn die Entfernung einer Hecke wirklich unumgänglich ist, sollte man sie nach Möglichkeit umsetzen. Neuanpflanzungen erreichen erst nach langer Zeit die gleichen biologischen und optischen Wirkungen von alten, entwickelten Hecken oder Rainen. Insofern ist eine Heckenversetzung stets einer Neuanpflanzung vorzuziehen. Das rechnet sich auch, da Neuanpflanzungen mit Zaunschutz in der Regel wesentlich teurer als Versetzungen im Umkreis von 500 m sind. Dazu können nach Unger (1981) Hinweise gegeben werden:

- Der Anteil von großen Bäumen sollte nicht zu hoch sein. Reine Baumhecken sind zur Verpflanzung ungeeignet. Wertvolle Baumbestände besser am alten Standort belassen.
- Versetzung nur im unbelaubten Zustand.
- Am neuen Standort mit Bagger, Radlader oder Laderaupe einen etwa 60 bis 80 cm tiefen Pflanzgraben ausheben in der Breite des Fußbereichs der künftigen Hecke. Als Maß empfiehlt sich die Schaufelbreite der Maschine oder ein Vielfaches davon.
- Maschine frontal in den ausgehobenen Graben fahren und in dieser Richtung auch die Hecke entnehmen. Auf diese Weise ist der Wurzelballen besser abzusetzen, und die Ballen zerfallen nicht so leicht. Außerdem stehen die Gehölze fester und gerader. Der Heckenbestand läßt sich dann geschlossener wieder zusammenfügen.
- Beschädigte Gehölze zurechtschneiden, größere Wunden mit Wundschutzmitteln behandeln.
- Je nach Witterung ist kräftiges Gießen nach dem Umsetzen und während der ersten Vegetationsperiode angebracht.

Praktische Hinweise zur Heckenpflege

Hecken brauchen Pflege, da sonst ein Verdrängen der Sträucher durch Bäume zu befürchten ist:

- Stets nur wenige Bäume fällen, damit sich über 30 bis 40 Jahre die Hecke erneuern kann und ständig Ausweichräume für Kleinsäuger, Vögel, Reptilien und andere Tiere erhalten bleiben. Radikalkuren beim Zurückschneiden verdrängen die faunistischen Lebensgemeinschaften. Pflegeaktionen sollten alle 5 bis 15 Jahre vorgesehen werden. Nutzungsmerkmal einer Hecke ist das regelmäßige Zurücksetzen auf den Stock.
- Als Geräte sind Freischneidegeräte mit Kreissägezusatz, hydraulisch durch Schlepper betrie-

bene Kreissägen, Motorsägen und auch die Axt geeignet.
- Bei Knickgehölzen den Stamm eine Handbreit über dem Boden so dicht wie möglich am Stockausschlag–Stubben abtrennen.
- Zäune mindestens 1 m von der Hecke entfernt halten (besser mehr), um der wichtigen Krautflora Entwicklungsraum zu lassen. Keine Drähte an der Hecke befestigen. Dennoch Schutzfunktion für das Weidevieh berücksichtigen.
- Einzelne Bäume als „Überhälter“ im Abstand von 10 bis 15 m erhalten und durchwachsen lassen.
- Keine Heckenpflege in der Brutzeit (15. März bis 15. September).
- Totes Holz nur beseitigen, wenn dadurch der Neuaustrieb behindert wird oder reine Brennesselstandorte erzeugt werden. Meist kann das Holz – schonend niedergelegt – an Ort und Stelle bleiben.
- Kein Anpflügen der Heckenfüße, die seitliche Krautflora ist wichtiger Bestandteil der Lebensgemeinschaft einer Hecke.
- Kein Ausbringen von Bioziden oder Düngemitteln in Hecken- oder Knicknähe.
- Kein Abbrennen von Holz oder Abfällen in Heckennähe.
- Nachpflanzung nur mit heimischen Gehölzen.

11.4 Flurbereinigung – Wirklichkeit heute, aber Chance zur Flurbereicherung

„Bitter ist es, das heute zu müssen, was man gestern noch wollen konnte.“
Karl Gutzkow (1811–1878)

Die früher betriebene und z. T. heute noch praktizierte Flurbereinigung hat schwerwiegende Schäden in rund 50 % der Landwirtschaftsbereiche verursacht, also auf einer Fläche, die fast unserer Gesamtwaldfläche entspricht. Gerade auch in dieser Hinsicht haben uns die riesigen LPG-Flächen erhebliche Probleme vererbt. Diese Gebiete sind meist extrem ausgeräumt worden und biologisch verarmt. Diese Fehler werden heute von Landwirtschaftsministerien wie Landwirtschaftsorganisationen durchaus erkannt. Aufgrund des 1976 novellierten Flurbereinigungsrechtes versucht man, Landwirtschaft wie Öffentlichkeit, Naturschutzorganisationen wie Jagdverbände, Gemeinden wie Kreise zu ermuntern, von den neuen ökologischen Vorgaben und Möglichkeiten der Flurbereicherung Gebrauch zu machen. Dennoch gerät die Flurbereinigung immer wieder ins Kreuzfeuer der ökologischen Kritik engagierter Bürger einerseits und Verfechter der Intensivstlandwirtschaft andererseits. Daran wird sich so lange nichts ändern, wie beide Seiten die wechselseitigen Abhängigkeiten ignorieren und die Gefahr besteht, daß infolge von Interessenfilz die Gleichwertigkeit der gesetzlich vorgegebenen Ziele in der Praxis unterlaufen wird.

Alles in allem machten die 1980 für landespflegerische Zwecke – also Naturschutz im weitesten Sinne – bereitgestellten Areale lediglich 0,32 % der gesamten Flurbereinigungsfläche aus, winzige Inseln inmitten riesiger intensiv bewirtschafteter Flächen. Das ist billigster „Feigenblattnaturschutz“ und nicht das, was der Gesetzgeber gewollt und die Allgemeinheit verdient hat.

Häufig, so kritisiert Max Amberg in seinem Buch „Naturschutz – Die große Lüge“, gingen Flurbereiniger mit dem Grünbestand um „wie mit einem Dekorelement der Innenarchitektur“: Hier ein grüner Längsriegel, dort ein Querriegel, zwischendurch, in den Zwickeln von Feldwegkreuzungen, die anders ohnehin nicht zu nutzen sind, die „obligatorischen kleinen Baumgruppen, deren Artenmischung sich nach bewährtem Rezept in gleicher Form xmal wiederholt“. Wo die Flur-Ingenieure früher Flora und Fauna brutal ausräumten, da gestalten sie nun vielfach in unbekümmertem Planungshochmut die Landschaft neu – und zerschlagen oft erst einmal gewachsene Strukturen, um dann, bar ökologischer Kenntnisse, am Reißbrett konzipierte Biotope anzulegen. Die bessern dann zwar die Statistik auf, sind aber kaum mehr als grüne Alibis. Noch immer seien, klagt Amberg, die Zeiten nicht vorbei, in denen nach Bachbegradigungen Buschpflanzungen als Ersatz angeboten werden. Offeriert würden absurderweise auch „Vogelschutzgehölze“ als Surrogat für eine trockengelegte Feuchtwiese, Ruhebänke am neu gebauten Wanderweg als Ersatz für die Zerstörung einer Flußaue oder eine schön grün rekultivierte Naßbaggerung, in der man unter dem Etikett Landschaftspflege die Brutplätze für Flußregenpfeifer und Steinschmätzer zerstörte. Und selbst noch „das EU-Einheitsgrün von flurbereinigten Feuchtwiesen“ werde bisweilen „als erstrebenswerte Naturschutztat“ hingestellt. Eine Wiese, betont Amberg, „ist bunt, nicht grün“.

Gesetzliche Vorgaben und vollmundige Absichtserklärungen von Spitzenvertretern der Landwirtschaft sagen wenig über das, was in der Praxis geschieht: Ständig laufen etwa 5000 Verfahren und jährlich werden jeweils etwa 300 Verfahren neu eingeleitet oder abgeschlossen – zu rund 80 % aus Steuermitteln finanziert. In den nächsten 20 Jahren wird sich entscheiden, ob auch die zweite

Hälfte der Landwirtschaftsfläche, also ein weiteres Viertel Deutschlands, ökologisch verarmt und ausgeräumt oder aber belebt und aufgewertet wird.

Dabei darf die Hauptfrage nicht darin bestehen, wieviel „Natur“ die Landwirtschaft abtreten muß, sondern wieviel Landwirtschaft die Natur erträgt. Nach übereinstimmenden Aussagen der deutschen Ökologen sind 10 bis 20 % naturnahe Flächen in angemessener Vernetzung nötig, um den Fortbestand der Arten einigermaßen zu sichern. Diese Zahl klingt zunächst utopisch. Sie ist jedoch nicht identisch mit der landwirtschaftlichen Nutzfläche, die dafür benötigt wird, sondern resultiert aus der Summe aller nicht unbedingt zu bewirtschaftenden Sonderstandorte, zu denen auch Gewässer, Hecken, Moore, Naßwiesen, Trocken- und Magerrasen gehören. Daran wird man sich auch in der Flurbereinigung zu orientieren haben. Im Rahmen der weiteren Stillegung, ökologischen Vernetzung und Aufforstung zur Begrenzung der EU-Überschußproduktion wird die Flurbereinigung sich neuen Aufgaben und Herausforderungen zu stellen haben. Sie kann die Erwartungen nur durch ökologische Flurbereicherung erfüllen, die mit der Existenzsicherung angemessener landwirtschaftlicher Betriebseinheiten eine Synthese bildet.

Ökologische Schulung muß vorangehen

Wenn die Landwirte – deren Mehrheit durchaus naturverbunden ist – erkennen, daß bestimmte Naturschutzmaßnahmen zugleich im betriebswirtschaftlichen Interesse liegen und Voraussetzung z. B. für den kostensparenden und ertragssteigernden integrierten Pflanzenschutz nach dem Schadschwellenprinzip sind, dann werden sich gerade sie gern an einer Flurbereicherung beteiligen. Eine Synthese aller wirtschaftlich, ökologisch und toxikologisch angestrebten Methoden unter gezielter Ausnutzung natürlicher Regelungsmechanismen ist freilich nur dann realisierbar, wenn die Naturrequisiten dafür erhalten bleiben oder neu geschaffen werden.

Die positiven Auswirkungen naturnaher Kleinstrukturen überwiegen bei weitem alle denkbaren negativen Effekte, und dies nicht nur durch Begünstigung der Nützlinge als Regelfaktoren, sondern auch in ihrer Funktion: Erosionshemmung, Klimaregulierung, Windschutz, Wasserhaushalt, Humus usw. Untersuchungen belegen, daß fast völlige Verluste der Regenwurmpopulation infolge Ackerbearbeitung durch Einwanderung neuer Individuen von Rainen, Gehölzen und ähnlichen Biotopen her ausgeglichen wurden (Schemel, 1982).

Biotopverbundsystem als Ergänzung zur Extensivierung

Eine Mindestextensivierung der Landwirtschaft auf ganzer Fläche (Reduktion von Düngung, Pestizidausbringung und Bearbeitungstiefe sowie Erhöhung des Humusanteils) ist Grundvoraussetzung für die Erhaltung der Artenvielfalt und das Funktionieren agrarischer Ökosysteme und damit auch für Erfolge des integrierten Pflanzenschutzes. Das Überleben aller Arten ist damit allein nicht zu sichern, geschweige denn sind die Mindestanforderungen an den menschlichen Psychotop damit so zu erfüllen, daß die Bevölkerung die landwirtschaftlichen Flächen wieder als Naherholungsgebiete annimmt. Dazu und zur Vorbeugung gegen Inzuchtdegeneration müßten Kleinflächigkeit und Isolation naturnaher Ökosysteme überwunden sowie Mindesthabitatgrößen und Mindestzahlen von Tierpopulationen erreicht werden. Vergessen wir nicht, daß für das kurz- bis mittelfristige Überleben höherer Säugetierpopulationen mindestens 50 und für das langfristige Bestehen mindestens 500 Individuen errechnet wurden, Zahlen, die für Vögel und wirbellose Tiere noch viel höher liegen (Mader, 1985). Konsequenzen von unüberwindbaren Lebensraumgrenzen nämlich sind:

- Die Begrenzung des artgemäßen Nahrungsangebots setzt auch der Populationsgröße jeder Art Grenzen und engt die ökologische Nischenvielfalt ein.
- Je kleiner der Lebensraum, desto größer der Grenzlinieneinfluß fremder Lebensräume und desto zahlreicher die Zuwanderung biotopfremder Arten, also desto gravierender die Überfremdung und Belastung des Artenspektrums.
- Je kleiner der Lebensraum, desto höher der Artendurchsatz (dynamisches Gleichgewicht zu- und abwandernder Arten im Verhältnis zur Lebensraumgröße).

Entscheidend sind stets die Flächengrößen und der Isolationsgrad, d.h. die Wirksamkeit der Trenneffekte lebensfeindlicher Räume. Daher sind einige Nationalparke mit strengem Schutz der natürlichen Eigendynamik quasi als Keimzellen und viele relativ großflächige Naturschutzgebiete (Großschutzgebiete) zu fordern als weitgehend funktionsfähige Ökosysteme und eine ökologische Verbindung durch naturnahe Korridorsysteme, also ein Biotopverbundsystem. Diese Vernetzung, die auch auf die Nutzflächen ausstrahlen sollen, besteht im landwirtschaftlichen Raum sowohl aus linienartigen Lebensräumen, z. B. aus Hecken, „ökologisierten“ Randstreifen, Fließgewässern mit naturnahen Uferzonen, Waldsäumen, Baumreihen, Wegrainen, Böschungen, naturnah bepflanzten Straßenrändern als auch aus flächigen Lebensräumen wie Feldgehölzen, Auebereichen, Stillgewässern, Feuchtwiesen, Magerrasen, Streuobstwiesen oder von jeglicher Nutzung freigestellten Sukzessionsflächen, daneben aber auch aus Einzeltrittsteinen in Form z. B. von einzelnen standortheimischen Bäumen. Der häufige Wechsel der standortheimischen Arten sowie die Strukturvielfalt werden zweckmäßigerweise wenigstens z. T. am Mosaik-Zyklus-Modell der Waldökosysteme (vgl. Kap. 12) orientiert, das Verinselungen auf natürliche Weise vorbeugt.

Die Überlebenschancen z. B. eines Grasfroschs, der ein Minimalareal von ca. 100 ha beansprucht und einen Aktionsradius von 800 m hat, hängen auch davon ab, wie er von einem Teillebensraum zum anderen gelangt. Biologisch haben vernetzende Kleinstrukturen neben der Korridorfunktion große Bedeutung als Lebensraum für Arten, die nicht in Intensivflächen leben können (Saumpflanzen, Sträucher, Spinnen, viele Insekten) oder als Teillebensraum (z.B. Nahrungsbiotop) mit Ausstrahlung auf die Wirtschaftsflächen für Arten, die dort nisten, überwintern o. ä. Nach Kaule (1986) sind mit 500 m Ackerlänge die maschinellen Rationalisierungseffekte in der Landwirtschaft weitgehend ausgeschöpft. Lange und möglichst schmale Rechtecke mit ca. 10 m breiten artenreichen Randstreifen (ohne Stickstoffdüngung und Pestizidbelastung) sind daher ökonomisch und ökologisch anzustreben. Da 250 m Breite nur noch von wenigen Organismen überwunden werden kann, sollte die Obergrenze für landwirtschaftliche Schläge bei rund 250 x 500 m (12,5 ha) – nach Möglichkeit jedoch wesentlich darunter – liegen. Je höher die Nutzungsintensität und Lebensfeindlichkeit der zu durchdringenden Flächen sind, desto ausgeprägter, dichter und raumgreifender muß das Verbundsystem sein. Je mehr extensiv genutzte Flächen eine Landschaft aufweist, desto weniger aufwendig muß das Verbundsystem ausgestaltet werden (Mader, 1985). Die ökologische Vernetzung sowohl im großen – z. B. in Regionen, Waldgebieten, Grüngürteln – als auch im kleinen – z. B. auf landwirtschaftlichen Flächen, innerhalb der Wälder – ist weit wichtiger als die Berücksichtigung nur einzelner Komponenten. Vernetztes Denken führt zudem zu einem anderen Bewußtsein, zu einem anderen Verhältnis zur Natur (Vester, 1985). Langfristig ist der Aufbau eines Systems großer Schutzflächen aus populationsökologischen und inselbiogeographischen Erwägungen mit entsprechendem Biotopverbundsystem oberstes Ziel (Mader, 1985).

Flächengröße

Die Erosionsprobleme müssen bei der Flurbereinigung zu einer Begrenzung der Schlaggrößen führen. Denn das Erosionsgeschehen wird durch Länge und Neigung der Hänge besonders beeinflußt, wobei Kleinstrukturen diese Faktoren stark herabsetzen können. Die Bayerische Landesanstalt für Bodenkultur und Pflanzenbau hat in der Hallertau Starkregen simuliert und festgestellt, daß bei heftigem Gewitter in herkömmlich bearbeiteten Hopfengärten ein Bodenabtrag von 7 t je ha anfällt. Das entspricht einer Bodenprofilkürzung von 0,5 mm. Bei den Niederschlagsverhältnissen in der Hallertau muß in hängigen Hopfengärten bereits in wenigen Jahren mit einem Verlust von mehreren Zentimetern wertvollen Bodens gerechnet werden, mit dem erhebliche Nährstoffmengen abgeschwemmt werden. Die Versuche erbrachten Werte von etwa 10 kg N, 7 kg P_2O_5, 5 kg K_2O und 300 kg Humus je ha und Niederschlag (Schemel, 1982).

Bodenabtrag in dieser Größenordnung ist nicht mit dem Prinzip der Nachhaltigkeit vereinbar. Diese Einschätzung vertreten Ökologen und Agrarwissenschaftler gleichermaßen. So etwa betont Hepting (1980) aus der Perspektive der Landwirtschaft die mittelfristig gravierenden Auswirkungen des intensiven Maisanbaus und fordert gegenüber der Erosion die kompromißloseste Haltung. Schwertmann (1980) weist darauf hin, daß die Flurbereinigung vielfach zu längeren Schlägen geführt hat. Da bei einer durchschnittlichen Betriebsgröße von 17 ha im Bundesgebiet und bei einer normalen Vielfalt der Betriebszweige und Fruchtfolge jeder Betrieb mindestens etwa 4 bis 5 Teilstücke benötigt, dürften auch die 30-ha-Betriebe nur maximale Schlaggrößen von 6 bis 8 ha entstehen lassen. Das entspricht etwa den Biotopschutzerfordernissen, die noch eine sinnvolle Vernetzung ermöglichen, da hier der durchschnittlich mögliche Heckenabstand bei etwa 250 m liegt. Allerdings gibt es Landschaften, die wesentlich kleinteiliger strukturiert sein müssen, damit die dort wirksamen ökologischen Funktionen nicht nachhaltig gestört werden, wie z. B. in Hanglagen (Schemel, 1982).

Landschaftspflegerischer Begleitplan

Kernstück in jedem Flurbereinigungsverfahren ist aus der Sicht des Naturschutzes der im Flurbereinigungsgesetz vom 16.3.1976 rechtsverbindlich vorgeschriebene landschaftspflegerische Begleitplan, gegliedert in drei Aufgabenbereiche:

1. Mitwirkung bei der räumlichen Gesamtplanung durch die Beurteilung der Nutzungsverträglichkeiten in bezug auf den Landschaftshaushalt und das Landschaftsbild.
2. Fachplanung für freiraumbezogene Erholung.
3. Fachplanung für Naturschutz.

Dabei ist frühe und gleichwertige Integration zu fordern, da sonst immer wieder die Gefahr einer nur nachträglichen „Gründekoration" besteht. Zudem könnte eine übergeordnete Naturschutzrahmenplanung ebenso hilfreich sein wie eine großzügig bemessene Mindestvorgabe der für den ökologischen Ausgleich erforderlichen Flächenbilanz. Unbedingt erforderlich ist eine genaue

Kartierung der vorhandenen Öko-Zellen, die als Bestand gesichert und planerisch mit geeigneten Linien-, Rand- und Kleinflächenstrukturen zu einem System vernetzt werden müssen. Dafür dürfen nicht nur land- und forstwirtschaftlich uninteressante Flächen zur Verfügung stehen. Das ist zwar bequemer, erfüllt aber nicht die ökologischen Mindestanforderungen einer Vernetzung.

Entscheidend sind ökologische Kriterien. Argumente der weitverbreiteten und aus Unwissenheit resultierenden „Saubermann-Mentalität" müssen zurückstehen. Großräumige Funktionstrennung – hier Intensivlandwirtschaft, dort Naturschutz – ist in diesem Sinne negativ, das Ökosystem muß überall funktionieren. Deshalb ist eine Vernetzung unumgänglich. Zur Beachtung innerhalb der landschaftspflegerischen Begleitplanung können für die Praxis ergänzend einige Anregungen gegeben werden:

Beteiligung von Ökologie-Spezialisten

Zur Aufklärung benötigen die Verantwortlichen eines Flurbereinigungsverfahrens vollständige und differenzierte Information über alle örtlichen Besonderheiten. Unabhängig davon, wie in den einzelnen Ländern die Beteiligung der Öffentlichkeit und der Verbände geregelt ist, sollte man in keinem Verfahren die örtlichen Spezialisten übergehen. Es ist oft erstaunlich, welches Fachwissen auf der Ortsebene vorhanden ist und nicht selten in bescheidener Zurückhaltung „schlummert". Betroffene Jäger sollten eine Mittlerfunktion übernehmen; sie haben ja selber ein Interesse an der Wiederanreicherung der Lebensräume des Wildes. Da z. B. die Jungvögel der meisten Arten – besonders bei Rebhuhn und Fasan – in den ersten Lebenswochen fast ausschließlich auf Insekten als Proteinquelle angewiesen sind, empfehlen sich Biozidreduktionen, Steigerung der Artenvielfalt bei der Wildflora, Fortschritte bei Vernetzungen u. a. schon aus Nutzungsinteresse. Von einer umfassenden Beteiligung profitiert nicht nur das Verfahren, sondern bei geschickter Förderung auch die spätere Annahme durch die Bevölkerung (vgl. Kap. 5.4.3).

Waldränder

Waldränder sind infolge des Grenzlinieneffektes von Natur aus besonders belebt. Sie leiden häufig darunter, daß die Felder unmittelbar an die Ränder heranreichen und damit die Entwicklung eines besonders vielgestaltigen Saumes mit Sträuchern und Bäumen zweiter und dritter Ordnung unterbinden. Anzustreben ist ein etwa 20 bis 30 m breiter schräg abgestufter Saum, der dauerwaldartig zu pflegen und damit vom nachgelagerten Waldbestand weitgehend unabhängig ist (vgl. Kap. 12).

Abb. 94. Ein artgemäßer Biotop führt automatisch zur natürlichen Vermehrung unserer Wildtiere! Rebhühner benötigen viele Kräuter als „Samen- und Insektenträger", gute und ganzjährige Deckung gegen Beutegreifer, Regen und Wind, insgesamt also eine reich strukturierte Feldlandschaft mit naturbelassenen Ödlandbereichen, Kleingehölzen und vielartiger, ausgedehnter Krautschicht. (Foto: B. Winsmann)

Streuobstflächen

Alle alten Streuobstflächen sollten erhalten werden. Sie sind Lebensraum für eine außerordentlich hohe Zahl z. B. von Insekten (über 1900 Arten) und für zahlreiche bedrohte Vogelarten wie Steinkauz, Würgerarten, Turteltaube, Grünspecht, Wiedehopf und Wendehals, daneben aber auch für gefährdete Säugetiere wie Garten- und Siebenschläfer sowie Fledermäuse. Allein an Apfelbäumen der alten Obstbaumwiesen waren – und sind stellenweise heute noch – ca. 1000 Arten von Insekten, Spinnen und verwandten Tiergruppen festzustellen. Den 300 Arten, die direkt vom Apfelbaum leben, standen über 400 natürliche Feindarten gegenüber: 200 als direkte Vertilger und 200 Arten als Parasiten (Hutter, 1985). Eine extensiv genutzte Obstwiese übertrifft eine intensiv bewirtschaftete Obstplantage beträchtlich (nach Mader, 1982):

- in der Ressourcennutzung durch Vögel um das 13fache,
- in der Artenzahl der Spinnen um 85 %,
- in der Artenzahl der Laufkäfer um 50 %,
- in der Individuenzahl der Spinnen um das 3fache,
- in der Gesamtzahl der gefangenen Fluginsekten um das 6fache,
- in der Zahl der Bienen um das 16fache.

Extensive Grünlandnutzung in Verbindung mit Obsterzeugung führt zur Bildung vielfältiger Nischen. Dementsprechend entstehen reiche Lebensgemeinschaften, die bis zu 3000 Arten umfassen können (Lemb, 1989).

Soweit die Gegebenheiten es zulassen, sollten bei Flurbereinigungsverfahren auch neue Streuobstflächen und Obstbaumreihen vorgesehen werden. (Ortsübliche harte Sorten verwenden, die wenig Pflege brauchen und widerstandsfähig sind.) Bei Einstellung der Pflegeschnitte verlieren die Obstbäume zunehmend an Bedeutung für die freibrütenden Arten. Auch hier gilt: Je vielfältiger die Strukturen, desto reichhaltiger die Lebensgemeinschaften (monotone Intensivobstanlagen sind allein schon durch ihre regelmäßige Struktur für den Artenschutz praktisch wertlos, ganz abgesehen vom Pestizideinsatz). Wie wäre es mit Obstbaum-Patenschaften (Privatleute, Vereine, Schulen) zur Sicherstellung der Mindestpflege?

Materialentnahmestellen

Abbaugebiete von Kies, Sand, Ton, Mergel, Stein etc. im Trocken- oder Naßabbau können sehr große Bedeutung für die Pflanzen- und Tierwelt erlangen. Deshalb ist zu empfehlen, daß für mindestens 30 % jeder solchen Materialentnahmestelle als Folgenutzung Naturschutz – oft reicht Eigensukzession – festgelegt wird.

Wegebau – Wegeränder

Allein in den alten Bundesländern umfaßt das landwirtschaftliche Wegenetz etwa 260 000 km. Bei nur 1 m breiten Randstreifen beidseitig ergibt sich eine Fläche von 52 000 ha Wegraine. Eine Befestigung von landwirtschaftlichen Wegen in Form von Asphalt- oder Betonversiegelungen ist nach heutigen ökologischen Erkenntnissen (vgl. Kap. 9) nicht mehr vertretbar. Wenn aber Befestigungen stellenweise nicht zu vermeiden sind und die Förderung naturharter Wege oder kornabgestufter Decken wie im forstlichen Wegebau nicht in Frage kommen, dann sollte zumindest die Möglichkeit einer Teilbefestigung der Fahrspuren geprüft werden, zwischen denen Ruderalflora existieren kann, so daß der Verinselungseffekt vermindert wird.

Eine Initiative zur Überprüfung und Wiedergewinnung von „überackerten“ Wege- und Straßenrändern ergab, daß in 78 von 100 Fällen die Wegegrundstücke in einer Größenordnung von 0,5 bis 7,5 m überpflügt waren. Die Breite der Überackerung durch den Landwirt betrug durchschnittlich 2,5 m (AJD, 1992). Auch diese Form der „Landgewinnung“ geht zu Lasten des Artenschutzes und der ökologischen Vernetzungswirkung von Wegerändern. Nicht von ungefähr enthalten alle Naturschutzgesetze Schutzbestimmungen für die Feldraine. Weit über 1000 Tierarten können in pestizidfreien, ungedüngten und extensiv gepflegten Wegerandbereichen überleben. Viele größere Tierarten profitieren von dieser reichen Kleinfauna, z. B. die Rebhühner. Entscheidend für die Erhaltung der Artenvielfalt ist der Mähzeitpunkt im Verhältnis zur Hauptblüte der Kraut- und Grasarten sowie die Mähtechnik. Schlegel-Saugmähgeräte sind grundsätzlich abzulehnen. Das Mähgut sollte einige Tage liegenbleiben, damit die überlebende Fauna in ungemähte Bereiche überwechseln kann. Schnitthöhe nicht unter 10 cm, einzelne Streifen ganz stehen lassen. Das Mulchen ist unerwünscht (AID, 1992).

Artenreiche Feldraine dienen dem integrierten Pflanzenschutz, viele Prädatoren von potentiell schädlichen Insekten können hier überleben, z.B. Schlupfwespen, räuberische Laufkäfer oder Spinnen. Sie brauchen genügend Beutetiere. Nur dadurch können diese Antagonisten von potentiellen Schadorganismen überleben und sich schnell vermehren, wenn eine Beutetierart drastisch zunimmt (vgl. Kap. 3). Eine Marienkäferlarve verzehrt z. B. während ihrer einmonatigen Entwicklung zum Käfer rund 600 Blattläuse. Ein Weibchen kann 800 Eier legen. Die Nachkommen nur eines Weibchens könnten also theoretisch über 480 000 Blattläuse vertilgen (AID, 1992).

Nachträgliche Sanierung

Bei unvermeidbaren, schwerwiegenden Eingriffen in den Naturhaushalt muß der Verursacher nach dem Bundesnaturschutzgesetz und dem Flurbereinigungsgesetz gleichwertigen Ersatz (oder Ausgleich) schaffen. Die Ersatzmaßnahmen fallen unter die Ausführungskosten der Flurbereinigung. Das war in früheren Verfahren mangels gesetzlicher Vorgaben noch nicht üblich. Angesichts der negativen Ergebnisse und der Überschußproduktion scheint eine nachträgliche ökologische Sanierung in Form von Flurbereicherungen auf Kosten der einstigen Verursacher angemessen.

11.5 Ökologisch fundierte Agrarstrukturverbesserung auf ganzer Fläche

„Wir sind bestrebt, die uns durch Gott geschenkte Gesundheit der Luft durch unsere Vorsorge, so weit uns dies möglich, rein zu erhalten. Wir verfügen deshalb, daß es niemandem gestattet ist, in Gewässern, die weniger als eine Meile von einer Ansiedlung entfernt liegen, Flachs oder Hanf zu wässern, weil dadurch die Beschaffenheit der Luft ungünstig verändert wird."
Kaiser Friedrich II. anno 1231

Heute werden jährlich bereits mehrere Mrd. DM zur Verbesserung der Agrarstruktur ausgegeben, die Landwirte können mit einer erheblichen Aufstockung der Aufforstungsbeihilfen – gestaffelt nach Bodenqualität – rechnen und umweltschonende Produktionsweisen wie die extensive Nutzung von Grünland, Ackerland und Dauerkulturen werden von Bund und Ländern ebenfalls gefördert (LÖLF-Mitteilungen, 1/1993). Damit sind bereits einige ermutigende Weichen gestellt. Von echten Problemlösungen sind wir freilich noch entfernt, und die Diskrepanz zwischen der vom Steuerzahler subventionierten Wirklichkeit und dem von der Allgemeinheit erträumten Wunschbild der Agrarlandschaft wird weiter wachsen. Dieser offene Konflikt schadet der gemeinsamen Sache einer umweltgerechten Landwirtschaft und nicht zuletzt auch dem Image der Landwirte selbst und trifft nicht die eigentlichen Verursacher, nämlich den anonymen Agrarmarkt, die übers Ziel hinausschießenden Flurbereiniger und die profitorientierten Maschinen- und Gifthändler. Wirtschaft und Gesellschaft haben sich vor ihrer globalen Verantwortung hinsichtlich Ökonomie und Ökologie allzu lange gedrückt beim Streben nach immer mehr Wohlstand. Dennoch muß eindringlich davor gewarnt werden, „Verlierer-Strategien" (vgl. Kap. 5.4.3) als Ausweg auch nur anzudenken.

Landwirtschaftsvertreter warnen gern vor „einer unter dem Decknamen Ökologie und Naturschutz aufkommenden, äußerst akuten Bedrohung des Eigentums, die von den meisten Bürgern noch weitgehend unbemerkt geblieben zu sein scheint" (v. d. Borne, 1990). Das sollte bei den Ökologen die Alarmglocken läuten lassen, weil der zu optimierende ökologische Nettogewinn auf dem Spiel steht. Eine „Gewinner-Gewinner-Strategie" bedeutet in der mit immerhin über 2000 DM pro Jahr und Hektar subventionierten Landwirtschaft, daß einige Grundforderungen zu erfüllen sind. Sie haben nichts mit Gängelei, Bevormundung, zuviel Fremdbestimmung oder gar Enteignung zu tun, sollten aber Subventionen aus öffentlichen Mitteln von Gegenleistungen für die Allgemeinheit abhängig machen. Eine umweltschonende Bewirtschaftung von Agrarlandschaften läßt sich nicht gegen den Willen von Landwirten, sondern nur im Einvernehmen mit ihnen durchsetzen (Weinschenck, 1986). Diesem Grundsatz folgend sind die Nutznießer der „Gewinner-Gewinner-Strategie" zu definieren:

1. Der leistungsfähige bäuerliche Betrieb

Tragendes Element moderner umweltverträglicher Landwirtschaft ist der bäuerliche Betrieb, wie er in Deutschland vorherrscht. Zu dessen Erhalt müssen auflagenbedingte Einkommensminderungen und -ausfälle sowie besondere, über die ordnungsgemäße Landbewirtschaftung hinausgehende Leistungen bezahlt werden. Diese vom ehemaligen Bundeslandwirtschaftsminister Kiechle (1990) formulierten Grundsätze sind genauso wichtig wie seine weiteren Leitlinien: „Wir wollen in Zukunft keine Agrarfabriken,
- die Tausende von Tieren unter Mißachtung des Tierschutzes in zu engen Ställen halten,
- die verantwortungslos mit Arzneimitteln, Chemikalien und Gülle umgehen,
- die gesetzliche Lücken und wirtschaftliche Vorteile ohne Rücksicht auf die Umwelt ausnutzen.

Wir können uns aber auch keine Kümmerexistenzen leisten. Im Ergebnis stelle ich mir vor, daß zukünftig Formen der Landwirtschaft
- mit geringerem Einsatz an Düngemitteln auskommen,
- weniger Pflanzenschutzmittel benötigen,
- mehr Flächen ungenutzt belassen oder extensiver bewirtschaften,
- weniger Tiere je Flächeneinheit halten und
- große zusammenhängende Nutzflächen durch Hecken und Biotope stärker auflockern."

Diese Leitlinien müssen sich auf alle landwirtschaftlichen Flächen beziehen. Sie bedeuten Extensivierung auf ganzer Fläche, konsequente Anwendung des Verursacherprinzips bei Schäden durch Agrarfabriken und Massentierhaltung und Honorierung aktiver Naturschutzmaßnahmen z. B. im Rahmen des Vertragsnaturschutzes. Allerdings sind zudem EU-weite Umweltstandards zu fordern als Vorsorge gegen Ökodumping (LÖLF-Mitteilungen, 1/1990). Die Unterhaltung von Hecken, Kleingehölzen, Biotopen, ökologischen Vernetzungslinien, Segetal- und Ruderalflora und anderen nicht einkommenswirksamen, aber naturschutzrelevanten Anlagen muß leistungsgerecht bezahlt werden. Auch die Bereitstellung von Flächen für diese Zwecke erfordert Ausgleichszahlungen. Der Landwirt sollte diese Flächen auch zu angemessenem (ggf. verlockendem) Preis an die öffentliche Hand verkaufen können. Eine Internalisierung auch der Umweltkosten in die landwirtschaftliche Produktion müßte ebenfalls

EU-weit eingeführt werden nach folgenden Grundsätzen:

- Bindung der Tierhaltung an die Fläche durch Viehbesatzobergrenzen,
- strengere Regeln artgerechter Tierhaltung,
- verschärfte Zulassungsbestimmungen für Pflanzenschutzmittel im Hinblick auf die vielfältigen Gefährdungen der Biosphäre,
- Einführung einer Abgabe auf synthetische Stickstoffdüngemittel.

Wie kaum ein anderes Instrument erscheint die Stickstoffabgabe geeignet, die ökologischen Probleme der Intensivierung und Spezialisierung des Ackerbaus marktkonform zu entschärfen: Angepaßte und vielfältige Fruchtfolgen, die sorgfältige Verwendung organischen Düngers und weniger intensive Produktionsverfahren gewinnen an Wettbewerbskraft; umweltabträgliche betriebliche und regionale Spezialisierung verliert ihre Rentabilität. Eine Politik der Internalisierung von Umweltkosten in die Produktion würde sowohl die Überschüsse verringern als auch die Produktionskosten und damit – bei funktionierenden Märkten – die Agrarpreise erhöhen. Umweltverträgliche Landwirtschaft könnte so wieder rentabel werden. Höhere Verbraucherpreise würden die Gesellschaft weitaus geringer belasten als die ökologischen Reparaturkosten der heute eingeleiteten agrarpolitischen „Reformen" (Grafen, 1990).

Die Erhaltung der familienbäuerlichen Landwirtschaft muß nicht nur ein gesellschafts- und raumordnungspolitisches Ziel sein, sondern auch ein naturschutzpolitisches Anliegen. Dafür müssen ausreichende Mittel für Entschädigungsleistungen bereitgestellt werden, was aber nicht mit zusätzlichen Aufwendungen verbunden sein muß, sondern auch eine Frage der Prioritäten und damit der Umschichtung im Haushalt ist (Reichel, 1990). Der Abbau von letztlich auf Kosten der Umwelt erfolgenden Subventionen (z. B. bei Massentierhaltungen) gehört dazu. Ohne den durch fehlende Umweltvorsorge (Grundwasserverseuchung, Gewässereutrophierung, Ammoniakemissionen u. a.) „subventionierten" Wettbewerbsvorteil der Massentierhaltungen würden Produkte aus tiergerechter und umweltverträglicher Haltung nicht so leicht vom Markt gedrängt (Grafen, 1990). Der Sachverständigenrat für Umweltfragen hat schon in den 80er Jahren gefordert, die Landwirtschaftsklauseln des Bundesnaturschutzgesetzes und der entsprechenden Ländergesetze aufzuheben und statt dessen in diesen Gesetzen Betreiberpflichten für Landwirte einzuführen und gewissermaßen ein Regelwerk für umweltschonende Landbewirtschaftung zu erarbeiten. Genauso hat er schon damals Ausgleichzahlungen für ökologische Leistungen, aber auch Verteuerungen für umweltbelastende Produktionsmittel (z. B. Stickstoffabgabe) gefordert (Weinschenck, 1986).

2. Die ökologische Optimierung

Artenschutz, integrierter Pflanzenschutz, Erzeugung qualitativ hochwertiger Nahrungsmittel, Grundwasserschutz usw. verlangen nach raumdeckender Extensivierung der Flächennutzung in der Landwirtschaft. Dort, wo das ökologische Defizit am größten ist, also in den fruchtbarsten Ackerbaugebieten, in denen mit höchster Intensität gewirtschaftet wird, muß der Anfang gemacht werden. Es kann nicht Ziel der wirtschaftlichen und technischen Entwicklung sein, die landwirtschaftliche Produktion aus Gebieten zu verdrängen, in denen die relativ extensive Landbewirtschaftung integraler Bestandteil des Ökosystems ist, während in den Gebieten die Intensität weiter gesteigert wird, in denen die ökologisch vertretbaren Grenzen der Landschaftsausnutzung längst überschritten sind (Weinschenck, 1986). Etwa 10 bis 20 % der Fläche (Ellenberg, 1989) sind aus Gründen des Artenschutzes, der ökologischen Vernetzung, des Überlebens agrarischer Ökosysteme unbefristet aus der landwirtschaftlichen Nutzung herauszunehmen und nach ökologischen Kriterien – gegen Kostenerstattung – zu behandeln. Die Entwicklung in diese Richtung sollte nicht nach dem Zufallsprinzip erfolgen, sondern planerisch aufgrund von Biotopkartierungen unter Ausnutzung ökologischer Vernetzungsmöglichkeiten einerseits und Berücksichtigung landwirtschaftlicher Erfordernisse andererseits.

Auf der Basis definierter Umweltqualitätsziele müssen Zielkonzepte erarbeitet und umgesetzt werden. Hierzu gehören Umwandlung von Intensiv- in Extensivgrünland, Feuchtgrünland, Streuwiesen, Ackerumwandlungen in Grünland, Ackerrandstreifen, Streuobstwiesen, Uferrandstreifen, Programme für Mager- und Trockenstandorte, Feldgehölz- und Heckenprogramme, Ackerwildkräuterprogramme, Aufforstungs- wie Eigensukzessionsflächen usw. Das Konzept darf kein „ökologisches Kunstgebilde aus dem Bereich der Naturschutzphantasie" sein, sondern muß z. B. Populations-Minimumareale von verschiedenen Größengruppen der Fauna (vgl. Heydemann, 1981) optimal vereinen. Das erfordert fachlich und menschlich (vgl. Kap. 5.4.3) qualifizierte Planer. Für den Artenschutz in Heckengebieten sind z. B. 80 bis 100 m pro ha erforderlich, damit optimale Werte hinsichtlich in Hecken brütender Vogelarten erreicht werden. Bei mindestens 5 m Heckenbreite sind das schon allein ca. 5 % (Kaule, 1989). Im Ergebnis ist auf diesem Weg der „ökologische Nettogewinn" zu optimieren. Und wenn man sich dazu noch den Forderungen der „Gemeinsamen Stellungnahme zu den Agrarreform-Vorschlägen der EU" von „Brot für die Welt", „Ev. Bauernwerk" und „BUND" aus Baden-Württemberg annähert, dann findet auch der Bürger als Abnehmer landwirtschaftlicher Produkte seine Wünsche erfüllt:

„Wir halten eine Stickstoffbegrenzung durch eine Steuer bzw. Abgabe für unerläßlich. Außerdem müssen bestimmte Betriebsmittel und Produktionsverfahren verboten werden wie z. B. Wachstumsregulatoren, wasser-, bienen- oder gesundheitsgefährdende Pestizide, tierquälerische Haltungs- und Transportformen, von der Fläche unabhängiger Viehbestand. Wir fordern strengere Grenzwerte für Rückstände in Nahrungs- und Futtermitteln und verbesserte Kontrollen. Die erhöhten Umwelt- und Qualitätskosten müssen in die Preisbildung miteingehen. Verbesserte Handelsregelungen, wie z.B. Ursprungsangaben, Kennzeichnungspflicht für wertbestimmende Bestandteile (wie z.B. Vitamine, Mineralstoffe), neue Handelsklassenverordnungen, Markenzeichen, Verbraucheraufklärung, sind für die Überwälzung der wahren Umweltkosten auf die Endverkaufspreise von Nahrungsmitteln sehr wichtig. Die Importbestimmungen müssen den hohen internen Umwelt- und Verbraucherstandard absichern und vor Ökodumping-Importen schützen."

Erfreulich ist, daß zunehmend auch landwirtschaftliche Berufsvertretungen diese Richtung einschlagen. Gemeinsam läßt sich auch den Gefahren begegnen, die aus einer Favorisierung der nachwachsenden Rohstoffe („Bio-Öl" aus der Landwirtschaft) resultieren und leicht zu weiterer Intensivierung auf großen Flächen führen könnten.

3. Die Öffentlichkeit bezahlt

Die menschlichen, evolutionär vorgegebenen Mindestanforderungen an unseren Psychotop (vgl. Kap. 4), die instinktive Meidung ausgeräumter Ackerfluren und die statt dessen erfolgende Fluchtbewegung mit dem Auto in vermeintlich naturnähere Ersatzlebensräume lassen im dichtbesiedelten Deutschland mittelfristig keine andere Lösung zu, als landwirtschaftliche Flächen wieder so zu beleben, daß sie der Bevölkerung auch zur Erholung dienen können. Unsere Kulturlandschaft wird ein Prüfstein für die Akzeptanz der bäuerlichen Tätigkeit in der Gesellschaft sein. Die kulturellen, psychologischen, evolutionären, also nicht rechen-, meß- oder wägbaren Aspekte spielen dabei eine wachsende Rolle. Demgegenüber erscheinen bäuerliche Bedenken gegen behördliche Gängelei, Fremdbestimmung oder gar Angst vor Beteiligung und Ansprüchen der Bürger jedenfalls dann nachgeordnet, wenn diese Wünsche mit Augenmaß verfolgt werden. Schließlich unterstützt die Bevölkerung die Landwirtschaft mit enormen Subventionen und darf dafür eine Gegenleistung erwarten. Rund 50 % seines Einkommens verdankt der Landwirt in der EU staatlichen Subventionen und Marktstützungsmaßnahmen. Die Erhaltung der Bäuerlichkeit und der vergleichsweise noch intakten Lebensverhältnisse in unseren Dörfern ist identitätssichernd für die ländliche Heimat und Kultur und lebenserhaltend für unsere Gesamtgesellschaft. Dieses breite Bewußtmachen der Bäuerlichkeit wäre eine Riesenchance für die Akzeptanz der Landwirte und zur Überwindung einer defensiven und depressiven Haltung (Magel, 1992). Gerade diese Kombination von Dorferneuerung und Landschaftsgestaltung wäre die optimale Lösung für ein gleichberechtigtes Miteinander von bäuerlichen und öffentlichen Interessen.

Keinesfalls geht es dabei um den Herrschaftsmißbrauch selbsternannter „ästhetischer Päpste" (Nohl, 1992), sondern um ein Angebot, das aus der Ökologisierung der Landwirtschaft resultiert. Eine ökologisch gesunde, biologisch vernetzte und abwechslungsreiche Agrarstruktur wird von der Bevölkerung ganz automatisch angenommen und deshalb auch gern angemessen honoriert. Es kann nicht oft genug betont werden, daß die Ziele des Naturschutzes und der erholungssuchenden Bevölkerung, also des Fremdenverkehrs, im Grundsatz identisch sind! Die Synthese ökologischer und ökonomischer Erfordernisse auf ganzer Fläche hat viele positive Aspekte. Land- und Forstwirtschaft müssen sich rasch in enger Kooperation mit Naturschutz, Städte- und Straßenbau, Wasserwirtschaft und Raumordnung auf den Weg machen, ein „ökologisch orientiertes Überlebensnetz" für ganz Deutschland zu konzipieren, das modernen Erkenntnissen des Ökosystem- und Artenschutzes sowie der menschlichen Lebensraumgestaltung gerecht wird.

4. Aufforstung – auch eine Teillösung

Auf der Erde wird es wärmer. Zu etwa 50 % ist das Kohlendioxid an diesem Treibhauseffekt als Verursacher beteiligt. Klimatologen rechnen derzeit mit einem Temperaturanstieg von 2 bis 5 °C bis zum Jahr 2100, wenn die Emissionen im gleichen Maße ansteigen (Schmidbauer, 1993). Die Folgen wären katastrophal und nur zu erahnen: Während der letzten Eiszeit vor ca. 18 000 Jahren war es global z. B. nur 4–5 °C kälter als heute; Eisbären jagten nördlich von Hamburg, in Frankfurt grasten die Mammuts, der Meeresspiegel lag ca. 100 m tiefer, von Frankreich hätte man nach England zu Fuß gehen können. Die vorausgesagte Erwärmung wird ca. 50mal so schnell passieren wie nach dieser Eiszeit, Wetterextreme, Dürren, Stürme und Überschwemmungen häufen sich, labile „Kunstökosysteme" geraten zuerst in existentielle Gefahren. Neben der konsequenten Reduktion aller CO_2-Emissionen sind alle Maßnahmen zur Reduktion der bereits vorhandenen Treibhausgase gefragt. Dazu gehört neben dem ursprünglichen Ziel der Forstwirtschaft – nämlich Holz zu produzieren – auch die Bindung von überschüssigem CO_2 im Speicher Biomasse durch

Erhöhung der Vorräte an Holz (und dauerhaften Holzprodukten) in den bestehenden Wäldern und durch Schaffung von neuem Wald durch Aufforstung. Damit ist mehr zu erreichen, als gemeinhin vermutet: Im Bundesgebiet ist gegenwärtig der Holzeinschlag um 20 Mio. m^3 geringer als der Zuwachs, und allein dadurch werden jährlich 5 bis 6 Mio. t Kohlenstoff im Wald festgelegt. Würden bei uns in der Landwirtschaft ernsthaft – z. B. ca. 55 000 ha pro Jahr – aufgeforstet, könnten jahrzehntelang der Atmosphäre jährlich etwa 3 Mio. weitere t Kohlenstoff entzogen werden. Würde man die gesamte nicht mehr benötigte Agrarfläche mit Wald bestocken (was ökologisch wie landschaftskulturell weit übers Ziel hinausschösse), so könnten sogar jährlich etwa 13 Mio. t Kohlenstoff im Wald über den Assimilationsvorgang (vgl. Kap. 3) festgelegt werden. Es entstünde also eine Senkwirkung recht großen Ausmaßes für das Treibhausgas CO_2 (Burscheln, Weber, 1993). Eigentlicher Ansatzpunkt muß natürlich die Ursache des Problems sein.

Nach v. Geldern (1993) haben alle Maßnahmen zur Verbesserung der Qualität von Luft, Wasser und Boden höchste Priorität. Dazu gehört auch, Verkehr von der Straße auf die Schiene zu bringen. Abgase schädigen nachhaltigden Kohlenstoffspeicher Wald. Forstliche Gegenmaßnahmen kurieren nur am Symptom, bleiben aber nötig. Ökologische Kriterien müssen dabei Voraussetzung für gestaffelte finanzielle Förderungen sein. Das bedeutet im Klartext: Keine Aufforstung und daher auch keine Förderung in Gebieten mit ohnehin sehr hohem Waldanteil und besonders attraktive Förderung in Räumen, in denen Aufforstung besonders erwünscht ist. Höhe und Dauer der finanziellen Förderung sollten nach dem ökologischen Wert des entstehenden Waldes bemessen werden. Daneben sollte man auch Dauersukzessionsflächen ausscheiden, in denen auch das „konsequente Nichtstun“ finanziell gefördert wird.

11.6 Weitere Anregungen zum Naturschutz in der Landwirtschaft

„Wenn genug zuwenig ist, dann ist nichts genug.“
Epikur (341–271 v. Chr.)

Einzelbäume als landschaftliche Gestaltungselemente

Einzeln und frei stehende alte Bäume – Solitäre genannt –, die sich ungestört entwickelt haben, gehören zu den auffallendsten und attraktivsten lebenden Elementen unserer Kulturlandschaften. Viele von ihnen sind vor Generationen gepflanzt, gehegt und gepflegt worden. Sie waren gedacht als Schattenspender, als Windbrecher in Randbereichen menschlicher Siedlungen, als Orientierungspunkte und Markierungszeichen für Wegekreuzungen, Rastplätze, Grenzverläufe, Bildstöcke und Betkapellen. Sie sind typisch für unsere Landschaften und Kulturdenkmäler, die zu erhalten und zu ergänzen uns Verpflichtung sein sollte auch im Blick auf kommende Generationen. Was ist eine neue Trasse, eine Wegeverbreiterung oder Feldbegradigung gegen einen Baumveteran, der schon den 30jährigen Krieg überstanden hat und weit und breit seinesgleichen sucht?

Uneigennützige Vorsorge aber ist vielen abhanden gekommen: Die Bilanz im Bestand dieser Bäume ist weiterhin negativ. Es ist an der Zeit, systematisch Eichen, Buchen, Bergahorn, Birken, Baumweiden, Ulmen, Linden, Hainbuchen, Feldahorn, Erlen und je nach Standort auch einzeln stehende Nadelbäume zu pflanzen, in Dörfern und gerade auch in ländlichen Kulturlandschaften. Entsprechende Namensgebung kann alte Flurnamen erhalten. Natürlich muß ein stabiler Kleinzaun den Baum während der ersten Jahrzehnte gegen Vieh- und Wildverbiß und gegen menschliche Einwirkungen schützen. Baumschutzsatzungen könnten auch auf Bäume in der freien Landschaft und sogar auf die uralten Hutebäume in den Forsten ausgedehnt werden.

Erhaltung von Kopfbäumen, dankbare Aufgabe für Naturschutzaktionen

Fachfremde Gruppen und Institutionen lassen sich besonders gut bei der Erhaltung alter Kopfbäume beteiligen, die ohne Pflege relativ schnell aus unserer Landschaft verschwinden. Die im Laufe der Jahrhunderte durch die Schneitelwirtschaft entstandenen Kopfbaumbestände bestehen vor allem aus Weiden (*Salix viminalis, Salix fragilis* und Bastarde). Aber auch Pappeln, Eschen, Eichen und sogar Buchen wurden je nach Gegend als Kopfbäume beschnitten und zeigen nach dem alle 5 bis 7 Jahre vorgenommenen Abschneiden der Äste die typische Kopfform (Loske, 1978). Bei mangelnder Pflege durch sachgerechten Kopfschnitt wachsen die Äste zu hoch und zu breit in den Himmel, die Bäume brechen unter der Kopflast auseinander oder behindern Nutzflächen durch Schattenwurf. Schließlich greift der Landwirt zur Selbsthilfe und beseitigt die Baumreihen. Da Kopfbäume meist sehr alt und ausgehöhlt sind, haben sie eine wichtige nistökologische Funktion für zahlreiche Vogelarten, sind Lebensraum für

Tabelle 23: Pflanzenliste von Blütenpflanzen zur Ansaat in verschiedenen Typen von Saumbiotopen

1. Einjährige Arten, die Problemunkräuter unterdrücken können:		**4. Für schattige Säume:**	
Weißer Steinklee	K, B	Knoblauchsrauke	K, -
Echter Steinklee	K, B	Wiesen-Kerbel	K, -
Büschelschön, Bienenfreund	-, B	Acker-Glockenblume	-, B
		Nesselblättrige Glockenblume	-, B
2. Arten für besonnte, nicht eutrophe Wiesenstreifen		Hecken-Kälberkropf	K, B
Schafgarbe	-, B	Pyrenäen-Storchschnabel	-, -
Wiesen-Glockenblume	-, B	Ruprechtskraut	-, -
Gemeine Flockenblume	-, B	Wiesen-Bärenklau	K, B
Skabiosen-Flockenblume	-, B	Weiße Taubnessel	-, -
Wiesen-Pippau	-, B	Rote Lichtnelke	-, -
Möhre	-, B	Wald-Ziest	-, -
Acker-Witwenblume	-, B	Gemeiner Baldrian	-, B
Wiesen-Platterbse	-, -		
Rauher Löwenzahn	-, B	**5. Für feucht- und nährstoffreiche Säume**	
Margerite	-, B	Wiesen-Kerbel	K, -
Gemeiner Hornklee	-, B	Wasserdost	K, B
Futter-Esparsette	-, B	Wiesen-Storchschnabel	-, B
Wiesen-Salbei	-, B	Wiesen-Bärenklau	K, B
		Gefleckte Taubnessel	-, -
3. Für sonnige Säume		Rote Lichtnelke	-, -
Schafgarbe	-, -	Gemeiner Baldrian	-, B
Kleiner Odermennig	-, -	Gemeiner Beinwell	-, -
Acker-Glockenblume	-, B	Wiesen-Pippau	-, B
Skabiosen-Flockenblume	-, B	Gemeiner Klettenkerbel	K, -
Bunte Kronwicke	-, B		
Wilde Möhre	-, -	**6. Rohbodensäume**	
Wiesen-Bärenklau	K, -	Schafgarbe	-, B
Rosen-Malve	-, B	Gemeine Flockenblume	-, B
Dost, Wilder Majoran	-, B	Wilde Möhre	-, -
Pastinak	K, -	Natternkopf	-, B
Rainfarn	K, B	Margerite	-, B
Mittlerer Klee	-, B	Weißer Steinklee	K, B
		Echter Steinklee	K, B
		Wiesen-Salbei	-, B
		Taubenkropf	-, -

K = besonders konkurrenzstark, daher Unterdrückung von Problemkräutern
B = besonders auffällige Blüten und lange Blütezeit, daher Bienenweide, dies erhöht die Akzeptanz bei den Anrainern (aus Kaule: „Arten- und Biotopschutz", Verlag Ulmer, Stuttgart, 1986).

sehr viele Insekten und Tag- und Überwinterungsquartiere für unsere so wertvollen und gefährdeten Fledermäuse.

Pflege alter Kopfbäume sollte durch Neuanlage ergänzt werden, schon weil viele Kopfbaumbestände biologisch überaltert sind. Die Junganpflanzungen lassen sich meist mühelos schaffen, da die bei der Schneitelung anfallenden Äste der Weiden hierzu problemlos verwendet werden können. Die Erhaltung, Pflege und Neuanlage von für unsere Landschaft typischen Kopfbaumbeständen ist landschaftsökologisch, artenschützerisch wie kulturhistorisch geboten.

Erstansaat verschiedener Saumbiotoptypen – falls erforderlich

Gerade in Randbereichen von Wirtschaftsflächen – in Saumbiotopen der Äcker, Wiesen, Wälder, Gärten u. a. – ist der natürlichen Sukzession Vorrang zu gewähren, sofern naturnahes Artenspektrum spontan überhaupt noch zu erwarten ist. Auch bei Rohböden, bei denen deutliche Nährstoffabstufungen zum Umland bestehen, sollte man im Grundsatz nicht dem Begrünungs-Aktionismus verfallen und nicht von vornherein Mutterboden aufbringen. In den meisten Fällen wird man der Natur mit etwas Geduld noch vertrauen können. Dennoch kann eine Ansaat zweckmäßig sein. Kaule (1986) hat eine empfehlenswerte Pflanzenliste veröffentlicht (s. Tabelle 23).

Im übrigen ist zu betonen, daß die Natur je nach standörtlichen Rahmenbedingungen auch bei Ansaat dieser Arten eigene Wege gehen wird, so daß sich ein naturnahes Artenspektrum früher oder später von selbst einstellt.

Ein Gedanke beim Zaunbau

Der Drang nach Ausnutzung auch der kleinsten Randflächen bestimmt meist die Trassierung landwirtschaftlicher Zäune für das Weidevieh. Hier wäre viel erreicht, wenn Landwirtschaft und Naturschutz gemeinsam Aktionen zur Umsetzung von Zäunen starten würden. Einige Meter zurück vom Ufer eines Gewässers oder Grabens, wenige Meter zurück von einer Hecke, einer Böschung oder eines Wegerandes – damit wäre schon viel gewonnen und Erfolg bereits im ersten Jahr sichtbar.

Menschlicher Psychotop – optisch-ästhetische Vernetzung zu Lebensräumen der Bevölkerung in Dorf und Stadt

Der Mensch braucht aufgrund seiner evolutionären Prägung die Einbindung in die Natur, sie gehört zu seinem Psychotop (vgl. Kap. 4), de facto aber ist er ausgesperrt aus den Agrarsteppen, die keine Erholungseignung mehr und große Teile der Landschaft verschlungen haben. Ein guter Teil des Imageverlustes der Landwirtschaft resultiert daraus, daß hier unsichtbare Grenzen nicht beachtet worden sind. Kein Betreiber einer extrem ausgeräumten Flur wird auf längere Sicht bei den Steuerzahlern, die die Mittel für die Subventionen aufbringen, Verständnis finden. Er wird sich im Gegenteil darauf einstellen müssen, daß die Bevölkerung zunehmend ihr Recht fordert. Es liegt im Interesse der Landwirte wie der Einwohner, diesen Dissens baldmöglichst zu entschärfen. Eine ökologisierte Landwirtschaft mit einer Mindestausstattung an Bäumen, Hecken, Gebüschen, abwechslungsreichen Feldrainen und Gewässerufern wird von der Bevölkerung wieder als Teil ihres Lebensraumes, ihrer Heimat akzeptiert und verteidigt. Eine optisch-ästhetische Vernetzung muß den Menschen also auch „Begangsachsen" zwischen dem Wohnbereich und der freien Landschaft schaffen. Das dient nicht zuletzt auch der Verkehrsminderung, weil Fluchtbewegungen in Ersatzlebensräume mit Naturrequisiten abnehmen. Zugleich werden die überfluteten Naturschutzgebiete von Kurzzeittouristik entlastet. Der ökologische Landbau ist da auf dem richtigen Weg. Seine direkte Förderung und die Subvention der Umstellung auf ökologischen Landbau – wenn auch zunächst nur schrittweise auf Teilflächen – berücksichtigt das noch nicht hinreichend. Dabei wäre gerade der „Kielwassereffekt" der Öko-Betriebe zu honorieren.

Vertragsnaturschutz – bäuerliche Landschaftspflege

Auch geduldige Subventionspolitik wird weitere Konzentrationen und Betriebsaufgaben nicht verhindern. Während diese Entwicklung für kleine und standörtlich benachteiligte Betriebe nicht aufzuhalten ist, bietet sich für Höfe im existentiellen Grenzertragsbereich (zu klein oder ungünstig, um ohne zusätzliche Einnahmen existieren zu können, aber zu groß und vital, um aufzugeben) die Chance, im Vertragsnaturschutz Arbeiten zur Neuentwicklung und Pflege von biologisch wichtigen Lebensräumen zu übernehmen. Bauern können so ausgelastet und finanziell abgesichert werden. In unseren Breiten stehen praktisch alle Land-Lebensräume in einer fortwährenden, mehr oder weniger schnell verlaufenden Sukzession zum Wald (übrigens mit kleinen Wiesenflächen in gewissen Zerfalls- oder Übergangsstadien, die einige Zeit lang durch Pflanzenfresser „gepflegt" werden, vgl. Kap. 12). Die Erhaltung irgendeines Stadiums davor ist daher mit Arbeit verbunden. Wenn die herkömmliche Bewirtschaftung diesen Einsatz nicht mehr leistet, muß eine Ersatzlösung gefunden oder aber die Entwicklung zum Wald akzeptiert werden. Vielfältigste örtlich sehr individuelle Möglichkeiten bieten sich an, die vertraglich und finanziell abzusichern sind, z. B.

- Standortgemäße Pflege artenreicher Bergwiesen von der biologisch ausgerichteten Mahd über die Nutzung des Mähgutes bis zur örtlichen Vermarktung besonders schmackhafter und gesunder Milch. Der Pflegebeitrag umfaßte 1993 je nach Aufwand und Topographie zwischen 600 (Normallage) und 6000 DM/ha (extreme Steillage).
- Erhaltung von Wirtschaftswiesen als Lebensraum für wiesenbrütende Vogelarten, deren Bestand gefährdet ist, z. B. Großer Brachvogel, Uferschnepfe, Rotschenkel, Bekassine.
- Erhaltung von Feuchtflächen (z. B. Streuwiesen, Auwälder, wechselfeuchte Wiesen) als Lebensraum zahlreicher bedrohter Pflanzen- und Tierarten durch naturschonende, extensive Bewirtschaftung.
- Erhaltung der Mager- und Trockenstandorte in ihrem charakteristischen Zustand durch die Fortsetzung der traditionellen Nutzung, z. B. durch Mahd oder durch Wanderschäferei.
- Pflege von Segetal- oder Ruderalflora durch Nachahmung der herkömmlichen bzw. Durchführung einer neuartigen, auf die naturnahe Erhaltung eines bestimmten Zustandes ausgerichteten Methode.
- Pflege von Streuobstwiesen, Hecken, Niederwäldern, Kopfweiden, Wegrainen, Alleen und sonstigen ökologischen Vernetzungslinien, eventuell bis in Stadtgebiete hinein.
- Aufforstung von landwirtschaftlichen Flächen nach wirtschaftlichen und (!) ökologischen Kriterien. Das Aufforstungspotential beträgt in Deutschland in den kommenden Jahren mehrere Mio. ha (Stillegung, Förderung der Kohlenstoffbindung u. a.).

Der Umfang all dieser Arbeiten nimmt ständig zu und ist bei mindestens 10 % Flächenanteil naturnaher Flächen, die laut Sondergutachten des Rates von Sachverständigen für Umweltfragen (1985) zu fordern sind, auch auf Dauer ganz erheblich. Viel Phantasie, Aktivität und Kooperationsbereitschaft mit den Naturschutzbehörden und Verbänden sind gefragt, daneben aber auch Zuverlässigkeit und ökologisches Einfühlungsvermögen. Das wird darüber entscheiden, wer langfristig den Vertragsnaturschutz übernimmt. Neue Berufe entwickeln sich, Landschaftsbaubetriebe und andere Firmen drängen auf den Markt, die mit dem Landwirt in Wettbewerb treten werden. Der gegenwärtige Wettbewerbsvorteil durch Ortsansässigkeit, Maschinenausstattung, persönliche Beziehungen und freie Kapazitäten bietet enorme Chancen.

12 Naturschutz in der Forstwirtschaft

„Glaube mir, du wirst mehr in Wäldern finden als in Büchern. Bäume und Sträucher werden dich lehren, was kein Lehrmeister dir zu hören gibt.“
Bernhard von Clairvaux (um 1090–1153)

Aus Zeitmangel begnügt sich womöglich mancher engagierte Leser mit der Lektüre nur der ihn praktisch interessierenden Kapitel. Das wäre schade, weil es zur Unterschätzung der eigenen Einflußchancen führen kann. Für das Erkennen der eigenen Möglichkeiten und das Einordnen der persönlichen Argumente empfehle ich sehr, zunächst Kapitel 1 bis 4 zu verarbeiten. Manche Vorurteile gegenüber dem Umwelt- und Naturschutz entpuppen sich dann schnell als unverantwortliche Egoismen. Auch Kapitel 5 hat Wertvolles zu bieten, denn die persönliche Wirkung hängt nicht bloß vom fachlichen Wissen ab, sondern genausosehr von der Fähigkeit, Mitmenschen – Freunde wie Gegner – für die eigene Sache zu motivieren. Für den praktizierenden Forstmann außerdem wichtig: Kapitel 6 und 7, 13 und 14.

Tabelle 24: Wald in der Bundesrepublik Deutschland (Fläche nach AFZ 16/1993)

	1000 ha	Waldanteil (rd.)
Schleswig-Holstein	155,0	10 %
Niedersachsen	1068,0	23 %
Nordrhein-Westfalen	873,1	26 %
Hessen	869,5	41 %
Rheinland-Pfalz	812,5	41 %
Baden-Württemberg	1352,6	38 %
Bayern	2526,3	36 %
Saarland	90,3	35 %
Berlin	14,9	16 %
Bremen	0,7	2 %
Hamburg	3,4	4 %
Mecklenburg-Vorpommern	500,0	21 %
Brandenburg	1100,0	35 %
Sachsen	500,0	27 %
Sachsen-Anhalt	474,0	23 %
Thüringen	550,0	34 %
Bundesrepublik Deutschland	10 890,3	30 %

Tabelle 25: Aufteilung der Waldanteile (AID 2514, 1993)

	alte Bundesländer	neue Bundesländer
nach Besitzarten in %		
Staatswald	30,4	42,6
Körperschaftswald	24,1	7,9
Privatwald	45,5	49,5
Privatwald nach Flächengröße in %		
Kleinprivatwald (unter 200 ha)	32	
Mittlerer Privatwald (200–500 ha)	4	
Großer Privatwald (über 500 ha)	6	
Gemeinschaftswald	3	

Allgemeine statistische Daten

- Der Holzvorrat beträgt in den neuen Bundesländern rund 170 Vorratsfestmeter pro ha und in den alten Bundesländern rund 300 Vorratsfestmeter pro ha (Unser Wald, 6/1991).
- Wegen der sich abzeichnenden Probleme der Holzrohstoffversorgung und der langen Anlaufzeit der Holzproduktion ist es schon heute dringend geboten, die Waldfläche zu vergrößern. Bei der landwirtschaftlichen Überschußproduktion kommen agrarpolitische wie ökologische Argumente hinzu.
- Der Trend zur Holzverwendung nimmt nach neuen Studien zu: Massive Möbelstücke (Schrank, Tisch, Bett, Stuhl) werden bevorzugt, die Nachfrage nach Stahl- und Plastikmobiliar sinkt, Holz im Bau gewinnt verlorene Positionen zurück. Holz verbraucht bei Gewinnung, Verarbeitung und Einbau weniger Energie als andere Baustoffe. Setzt man für Holz 1 Energieeinheit, so ergeben sich für Zement 4, Kunststoff 6, Stahl 24, Aluminium 126. Angesichts der vorhersehbaren Energieverteuerung (eventuell Sonderbesteuerung) müssen wir vorsorgen.
- Der Umsatz der Forstwirtschaft macht nur 0,1 % des Bruttosozialproduktes aus, und dieser geringe Anteil wird nicht einmal auf rentable Weise erarbeitet. Demgegenüber steht die große Bedeutung der Zuständigkeit für rund 30 % der Landfläche der dicht besiedelten Bundesrepublik (Burschel, 1989). Der Wert des Holzes steigt in den industriellen und handwerklichen Verarbeitungsstufen bis auf das 30fache des forstlichen Ausgangsprodukts. Die Holzwirtschaft setzt etwa 110 Mrd. DM um, wodurch sie mit rund 5 % zum Bruttosozialprodukt beiträgt. Heute liegt der jährliche Holzeinschlag im Bundesgebiet bei rund 30 bis 40 Mio. m^3 Holz. Der Holzverbrauch liegt etwa doppelt so hoch. Der Papierverbrauch stieg im alten Bundesgebiet von 32 kg pro Kopf (1950) auf 216 kg (1990; neue Bundesländer 1990: 117 kg). Die Zahlen für die EU sehen ähnlich aus: Das

Holzdefizit entspricht insgesamt einem Wert von bis zu 20 Mrd. ECU oder 46 Mrd. DM! Nach dem Öl ist die Holzeinfuhr wertmäßig der größte Einfuhrposten in der EU wie in Deutschland. Schon aus volkswirtschaftlichen Gründen liegt es daher nahe, die Eigenversorgung mit Holz zu verbessern. Nach Prognosen der FAO dürfte die Nachfrage nach Holz jährlich um 2 % steigen, das Angebot nur um 1 %. Die bisherigen Prognosen dieser Organisation wurden von den Entwicklungen immer übertroffen (Erlbeck, 1993).

- Baumartenverteilung (1992):
  Buche mit Edellaubholz und sonstigem Laubholz 25,5 %
  Eiche 8,5 %
  Fichte, Tanne, Douglasie u.a. Nadelhölzer 36,0 %
  Kiefer, Lärche 30,0 %
- 18 % der Bäume sind über 100 Jahre alt; nur 1,3 % sind älter als 160 Jahre.
- Waldschäden, Schadstufen 2 bis 4, 1993: 23 % der Waldfläche in Westdeutschland und 29 % der Waldfläche in Ostdeutschland sind deutlich geschädigt. In abnehmender Reihenfolge sind die Baumarten Eiche, Kiefer, Buche, Fichte besonders betroffen.
- Im Jahr 1878 entfielen auf 100 Einwohner Deutschlands noch 32 ha Wald, heute nur noch 13,4 ha.
- Die Fichte und Douglasie werden mit 80 bis 120 Jahren hiebsreif, die Buche und Kiefer mit rund 120 bis 160 Jahren, eine Eiche mit 150 bis 300 Jahren, zur Gewährleistung der nachhaltigen Kontinuität müssen also mindestens 5 bis 15 Generationen von Waldbauern das gleiche wollen!
- Ein Fichtenbestand hat rund 4 Mrd. Nadeln pro ha, das entspricht fast der Gesamtzahl aller Menschen der Welt. Eine einzige Hochwaldfichte trägt rund 10 Mio. Nadeln und entwickelt entsprechende Filterwirkung.
- Ein Kubikmeter Luft enthält über Industriestädten bis 500 000, über offener Landschaft etwa 5000 Staub- und Rußteile, im Wald aber nur 500.
- 5 % der Wälder stehen unter Naturschutz, 33 % sind Landschaftsschutzgebiete, und 25 % sind Naturparke.
- Ein Hektar Nadelwald produziert im Jahr 30 t Sauerstoff, ein ha Laubwald 15 t, ein ha Garten- und Ackerland 2 bis 10 t. Eine hundertjährige Buche hat eine Blattoberfläche von etwa 1600 m². Alle Blattzellen zusammen haben die hundertfache Fläche, also 160 000 m². Je Stunde produziert diese Buche 1,7 kg Sauerstoff brutto, d. h. ohne Atmungs- und Abbauabzug. Das entspricht dem Sauerstoffbedarf von 10 Menschen. Ein Düsenflugzeug „frißt“ je Stunde 3500 kg Sauerstoff, ein Auto bei 10 l Benzinverbrauch 35 kg.
- Der Wald bildet zur Atmosphäre eine großflächige, im aerodynamischen Sinne außerordentlich rauhe Grenzschicht aus. Die Rauhigkeit ist nicht direkt meßbar, sondern muß aus dem Strömungsverhalten der Luft über einer gegebenen Oberfläche hergeleitet werden. Sie wird durch den Rauhigkeitsparameter ausgedrückt (Burschel) (vgl. Tab. 26).

Tabelle 26: Aerodynamische Rauhigkeit von Landschaften

Art der Oberfläche	Rauhigkeitsparameter in cm
Wasser	0,01
Sand	0,2
Grünland	5
Getreide	10
Wald	300

Diese Rauhigkeit verursacht schon bei geringstem Wind Turbulenzen, so daß die strömenden Luftmassen über dem Wald tief durchmischt werden, Voraussetzung für die Abgabe der Verdunstungskälte an die Landschaft, für Klimaregulierung und Luftreinigung. Bei Sturm wird die Rauhigkeit allerdings zum Problem für die Bäume, auf die dann große Hebelkräfte einwirken (Tab. 26).

- Trockengewichte von Waldökosystemen im Vergleich zu einer Wiese in Zahlen (nach Burschel) zeigt Tabelle 27.

Tabelle 27: Trockengewichte von Waldökosystemen im Vergleich mit einer Wiese (nach Burschel)

	Fichte	Buche	Buche	Gras
Alter (Jahre)	87	122	80	
Baumzahl/ha	595	243	1200	
Baumhöhe (m)	25	27	20	
Blätter*	18	3	3	
Äste*	28	32	26	
Stämme*	198	239	130	
Bodenvegetation*	0	0,1	0	3
Auflagehumus*	49	30	39	–
Wurzeln*	72	37	22	12
Bodenhumus*	190	190	212	–
durchwurzelter Mineralboden*	10 000	10 000	10 000	10 000
gesamte lebende org. Substanz*	312	311	181	15
oberirdischer Zuwachs/Jahr*	9	11	10	3
gesamte lebende und tote organ. Substanz*	555	531	432	–

* in t/ha

- Wald ist flächenmäßig wie hinsichtlich Biomasse das Hauptökosystem der Erde. Der Biomassenvorrat erreicht durchschnittlich etwa das 30fache der jährlichen Produktion. Der Nutzeffekt des Strahlungsstromes der Sonne für die photosynthetische Produktion beträgt weltweit 0,13 %. Für die Wälder liegt er bei 0,5 %, für die Ozeane bei 0,07 % und für Landökosysteme bei 0,3 %. Er erreicht in bewirtschafteten Wäldern örtlich im optimalen Zuwachsalter 3 % und mehr (Baumgartner, 1982). Forstlicherseits werden Holzmassenleistungen von Baumarten oder Waldbeständen üblicherweise nach Festmetern (= m³) dargestellt. Das produzierte Holz wird dabei nach Qualität und Quantität immer exakter gemessen und erfaßt. Selten sind Daten über die gesamte biologische Leistung des Waldes zu finden. Um so erfreulicher, daß die so stark auf Holzmassenertrag ausgerichtete Forstwirtschaft der ehemaligen DDR ein großes Forschungsprogramm durchgeführt hat zur Erfassung und Quantifizierung der gesamten Biomasse-Leistung von potentiellen und tatsächlich vorhandenen Waldtypen (nach Brandl, 1989). Überraschendstes und vielleicht wichtigstes Ergebnis: Die Wälder in der DDR produzierten Mitte der 80er Jahre mit 0,6 t oder 1,2 m³ je Jahr und ha weniger Holz, als bei einer potentiell natürlichen Vegetation erwartet werden könnte – eine interessante Betrachtungsweise innerhalb der Diskussion um weltweite Probleme von Waldökosystemen, wie Tropenwaldzerstörung, CO_2-Anreicherung der Atmosphäre mit dem Treibhauseffekt (s. Tabelle 28).

Brandl (1989) kalkuliert bei der 7,4 t Biomassenproduktion eine durchschnittliche Energieausbeute von rund 40 000 kWh je Jahr und ha, unterstellt für die technische Umformung einen Verlust von 70 % und leitet so immer noch ein Äquivalent an elektrischer Energie von rund 12 000 kWh pro Jahr und ha her. Wollte man diese Energiemenge mit Solartechnik erzeugen, wären rund 12 000 bis 24 000 DM je ha erforderlich (Kosten von 1 kWh über Solartechnik z. Z. rund 1 bis 2 DM). Sänke der Preis je kWh durch Solartechnik auf 0,20 DM, wären noch rund 2400 DM aufzubringen. Diese Zahlen belegen die energetischen Leistungen des Waldes. Sie erreichen Größenordnungen, die um den Faktor 10 bis 20 über den Werten liegen, die bei der wirtschaftlichen Verwertung des Rohstoffes Holz erzielbar sind (Vergleichsbasis: Bruttoertrag je Jahr und ha rund 1000 DM (Brandl, 1989). Da in einem Festmeter Holz rund 250 kg reiner Kohlenstoff gebunden werden und der Anstieg der Kohlendioxidkonzentration in der Atmosphäre zum Treibhauseffekt führt, dem „Kardinalproblem der Menschheit" (Klopries, 1989), gewinnt Waldnutzung neue hochaktuelle Bedeutung. Holz, das geerntet und zu langlebigen Produkten verarbeitet wird, setzt die ursprüngliche CO_2-Speicherwirkung im Wald als Produkt fort. Damit ergeben sich auch neue Argumente, eine dauerhafte Holzverwendung zu forcieren. Allein die deutsche Forst- und Holzwirtschaft kann den Kohlenstoffhaushalt um mindestens 15 bis 25 Mio. t C pro Jahr entlasten (Burschel, 1993). Die Photosyntheseleistungen des Ökosystems Wald müssen sehr komplex gesehen, verstanden und entsprechend weitsichtig verantwortungsvoll genutzt werden. Eine umfassende Gesamtverantwortung für das Ökosystem Wald sollte bemüht sein, Ökonomie als die Kultivierung der Ökologie aufzufassen (Ulrich, 1986). Dies schließt Übernutzung, Ausbeutung, Vergiftung und Zerstörung aus. Und wenn wir die Begriffe „Kultur" und „kultivieren" in ihrem ursprünglichen, den Menschen voranbringenden, helfenden und unterstützenden Sinne verstehen, wird auch die Ökonomie mit neuen zukunftsweisenden Inhalten gefüllt werden können (Brandl, 1989).

- Der Wald gibt gasförmige Duftstoffe in die Atmosphäre ab. Schon bei normalen Temperaturen verflüchtigen sich bestimmte Bestand-

Tabelle 28: Oberirdische Nettoprimärproduktion in t Trockensubstanz pro ha und Jahr ausgewählter natürlicher Waldökosysteme in der DDR (Hofmann, 1986)

Vegetationsform	gesamt	Holz	davon Laub/Nadeln	Bodenvegegation
Eschen-Buchenwald	11,5	7,0	3,6	0,9
Goldnessel-Buchenwald	10,7	6,5	3,5	0,7
Bingelkraut-Auwald	9,6	5,5	3,2	0,9
Mädesüß-Erlen-Eschenwald	9,6	5,5	3,2	0,9
Traubeneichen-Buchenwald	7,3	4,2	3,0	0,1
Knäulgras-Ei-Hbu-Wald	6,9	3,6	2,7	0,6
Waldreitgras-Kie-TrEi-Wald	5,8	3,3	1,8	0,7
Flechten-Kie-Wald	4,7	1,4	3,0	0,3
Heidekraut-Ei-Gehölz	3,8	1,4	1,8	0,6
natürl. Höchstwert für Wälder auf dem Gebiet der ehemaligen DDR:	15,0			

teile der Harze, nämlich Terpene, ätherische Öle. In einigen Verbindungen werden sie gasförmig und gelangen durch die Spaltöffnungen der Blätter in die Luft. Diese Duftstoffe fördern die „Riechatmung" und verleihen der Waldluft ihre Würze. Sie enthalten sog. Phytonzide, keimtötende Stoffe, die ähnlich wie Antibiotika wirken und die Entwicklung von Pilzen hemmen oder diese gar abtöten. Der Wald schafft sich damit gewissermaßen selbst eine schützende Atmosphäre, die das Risiko von Pilzkrankheiten an Bäumen erheblich verringert. Daraus ergeben sich ökologische Nah- und Fernwirkungen, die den Menschen zugute kommen (Schütt, nach Burschel). Terpene der Wälder sind für den Menschen anregend und therapeutisch nutzbar (Baumgartner, 1982). Es sollen etwa 175 Mio. t Terpene sein, die die Vegetation an die Luft abgibt, also das 6fache der gasförmigen Schadstoffe, die unsere Zivilisation in die Atmosphäre entläßt. Dazu bedarf es vor allem geschlossener Wälder, denn eigenes Waldraumklima beginnt nicht am Waldrand, sondern erst in Distanzen von zwei bis drei Baumlängen im Waldinnern. Jede Öffnung der Bestände, z.B. durch Straßen, Trassen oder Kahlschlag löst das Waldinnenraumklima bis zum 5fachen der Störungsfläche auf (Baumgartner, 1982).

- Holz als erneuerbarer Rohstoff und Energielieferant wird künftig verstärkt zur Erzeugung von Chemikalien, Hefen, Proteinen und Zucker herangezogen. Aus zellulosehaltigen Rohstoffen lassen sich Alkoholausbeuten von 250 bis 280 l Ethanol oder 500 l Methanol pro t Holz erzielen (Bernhardt, 1981). Insofern schädigt der Kfz-Verkehr durch seine Schadstoffemissionen den Wald als einen möglichen Treibstofflieferanten im kommenden Jahrhundert.

12.1 Forstwirtschaft und Naturschutz – eigentlich beste Voraussetzungen

„Er mußte erst mit dem Kopf gegen die Bäume rennen, ehe er merkte, daß er auf dem Holzwege war."
Wilhelm Busch (1832–1908)

Angesichts des bedrückenden Artenschwundes und der anhaltenden Denaturierung in Stadt und Land ist es nicht verwunderlich, daß sich die „Ökologie-, Natur- und Tierschutzbewegung" mit ihrer erfreulich anwachsenden Anhängerschaft zunehmend auf den Wald konzentriert. Er beherbergt 2- bis 15mal mehr Arten als eine artenreiche Wiese und wohl über 60 % aller Brutvogelarten.

Es mag auch heute noch manchem Forstmann unbequem, ja lästig sein, wenn Laien seine Arbeit kritisch betrachten, und nicht selten sind überzeichnende Reaktionen von beiden Seiten geradezu programmiert. Eigentlich überflüssige Auseinandersetzungen – Konflikte gehen meist zu Lasten der Sache, in diesen Fällen zu Lasten der Natur! – werden solange eher zunehmen, wie man sich nicht darauf besinnt, daß alle Beteiligten letztlich dasselbe wollen, daß niemand ökologische Erkenntnisse gepachtet hat und daß die „Gewinner-Gewinner-Strategie" gerade im Interesse der Maximierung des ökologischen Nettogewinns konstruktive Zusammenarbeit erfordert. Gute Ratschläge und Diskussionen sollten stets willkommen sein. Dazu gehört freilich die Bereitschaft zur Lösung von Vorurteilen.

Hocherfreulich ist daher die enorme „Ökologisierungswelle", die seit Bekanntwerden der Dimension der Schadstoffimmissionen als Ursache des Waldsterbens die Landesforstverwaltungen erfaßt hat. Innerhalb von 10 Jahren hat ein Umdenkungsprozeß – gefördert über unzählige Schulungsprojekte – eingesetzt und sich in praktischen, sehr kostenaufwendigen Walderneuerungs-, Renaturierungs- und Biotopgestaltungsprogrammen bereits bewährt. Sehr viele neue Positivbeispiele machen Mut und sollten davor bewahren, zweifellos noch lange bestehende Mängel zu überzeichnen. Langlebige Ökosysteme, wie sie unsere Wälder darstellen, erfordern behutsames Vorgehen. Sie reagieren ähnlich langsam wie ein Ozeanriese auf Ruderausschläge. Tatsache ist, daß sich Forstleute jeden Alters der Ökologisierungswelle geöffnet haben. Dies gilt es, gemäß Gewinner-Strategie (vgl. Kap. 5.) weiter zu nutzen. Dann kommt jedenfalls in Staatswald- und weitsichtig geführten Privatwaldflächen der Naturschutz stetig voran. Eine Schwerpunktverlagerung des Naturschutzes auf wirkliche Problemflächen außerhalb dieser Flächen bietet sich schon aus Kostengründen an. Wir können es uns nämlich nicht leisten, große Teile unserer menschlichen Lebensräume zu vernachlässigen oder gar für den Naturschutz abzuschreiben. Wir kümmern uns viel zu wenig um landwirtschaftliche Bereiche, um Stadtlebensräume, um die Natur vor unserer Haustür – immerhin liegen drei Viertel der Fläche Deutschlands außerhalb des Waldes! Die Ökologie wird zumindest im öffentlichen Waldbesitz inzwischen als vorrangiges Postulat der Langzeitökonomie begriffen und durchgesetzt. Sparzwänge, Mechanisierungspläne und Rationalisierungsbestrebungen müssen sich dieser Maxime unterordnen und an ihr messen lassen.

Obenan beim forstlichen Handeln steht der Grundsatz der Nachhaltigkeit, die auf zeitlich unbegrenzte Erhaltung der Wälder, der langlebig-

Abb. 95. Wenn die sog. Preiskostenschere (hohe Kosten für die Aufarbeitung schwacher Holzsortimente und geringe Verkaufserlöse) heute auch öffentlichen Waldbesitz dazu verleitet, durch Einsatz von zu schweren und „ruppigen" Großmaschinen hier und dort den Wald über Gebühr zu verwüsten und durch nicht standortgemäße Monokulturen – basierend auf heutiger Ertragskalkulation – extrem an Arten zu verarmen, dann wird der „nachhaltig größtmögliche Nutzen für die Allgemeinheit" als gesetzlicher Auftrag gefährdet. Dann wird es aus der heutigen ökologischen Krise heraus Zeit, daß der öffentliche Waldbesitz – koste es, was es wolle – in der Finanz- und Personalausstattung so aufgestockt wird, daß der „ökologische Generationenvertrag" mit allen Waldfunktionen wieder besser erfüllt werden kann. (Foto: Archiv Forstamt Oderhaus)

sten und höchst entwickelten Ökosysteme der Erde, gerichtet ist. Nur mit ökologischen Mitteln können wir das ökonomische Ziel „Nachhaltigkeit" erreichen. Das wichtigste dabei ist die ununterbrochene Erhaltung einer dem Boden angepaßten Waldvegetation. Wer das für eine waldbauliche Marotte hält, hat vom Forstwesen noch keinen Hauch verspürt (Kremser, 1982). Das bedeutet, daß ein Forstmann ständig Rücksicht auf die Natur nehmen und kurz- wie langfristig ökologisch denken muß. Insofern sind Ökonomie und Ökologie gerade im Wald eng verflochten. Wenn dies heute einigen Forstleuten infolge einseitiger Erziehung etwas „aus dem Ruder gelaufen" ist, dann ändert das an dem – auch gesetzlich – vorgegebenen Auftrag nichts und darf auch nicht zu Pauschalurteilen führen: „Kein Handwerk kann man an seinen Pfuschern messen." (Kremser, 1982) Allerdings zwingt oft auch die Gesellschaft manchen Forstmann in ein ihm fremdes Korsett, indem sie ihn naturwidrigem Leistungsdruck und Gewinnstreben aussetzt und ihm oft auch noch die Möglichkeit nimmt, überhöhte Wildbestände wirksam regulieren zu können. So entsteht eben ein Holzacker, der andere Funktionen nur bedingt und unzureichend erfüllen kann.

In keinem Landesforstgesetz steht, daß der Wald vorrangig Profit zu erzielen hat. Insofern gilt besonders für die Staatswälder, daß sie vorrangig dem allgemeinen Nutzen zu dienen haben. Das ist gesetzlich fixiert, und darauf wies auch Volquardts (1985) hin, als er die Grundsätze der Preußischen Staatsforstverwaltung (nach v. Hagen-Donner, 1883) zitierte:

„Die Preußische Staatsforstverwaltung bekennt sich nicht zu den Grundsätzen des nachhaltig höchsten Bodenreinertrags unter Anlehnung an eine Zinseszinsrechnung, sondern sie glaubt, im Gegensatz zur Privatforstwirtschaft, sich der Verpflichtung nicht entheben zu dürfen, bei der Bewirtschaftung der Staatsforsten das Gesamtwohl der Einwohner des Staates ins Auge zu fassen und dabei sowohl die dauernde Bedürfnisbefriedigung in Beziehung auf Holz und andere

Waldprodukte als auch die Zwecke berücksichtigen zu müssen, denen der Wald nach so vielen anderen Richtungen hin dienstbar ist. Sie hält sich nicht für befugt, eine einseitige Finanzwirtschaft, am wenigsten eine auf Kapital- und Zinsgewinn berechnete reine Geldwirtschaft mit den Forsten zu treiben, sondern für verpflichtet, die Staatsforsten als ein der Gesamtheit der Nation gehörendes Fideikommiß so zu behandeln, daß der Gegenwart ein möglichst hoher Fruchtgenuß zur Befriedigung ihres Bedürfnisses an Waldprodukten und an Schutz durch den Wald zugute kommt, der Zukunft aber ein mindestens gleich hoher Fruchtgenuß von gleicher Art gesichert wird.“

Besser sind die umfassenden Ziele der Staatsforsten auch nach den heutigen Gesetzen über 100 Jahre später kaum zu kennzeichnen.

Nachhaltiger Waldbau verlangt Respektierung ökologischer Gesetze, Beachtung ethischer Grundwerte, Zusammenwirken von Wissenschaft und Technik, und immer auch ist das Engagement des Forstmannes gefordert. Alle Aspekte sind gleichrangig für den angemessenen und zukunftsorientierten Umgang mit Menschen, Pflanzen und Tieren, mit höchst komplizierten Lebensgemeinschaften und mit Wetter, Wind, Wolken, Boden und Wildbestand. In einer Epoche der Überbetonung des Materiellen bleibt das Geistig-Sittliche und das Natürliche des Lebens leicht auf der Strecke (Köstler, 1954). Wer mit Wald als fundamentalem ökologischen Faktor umzugehen versteht, der wird auch Mitmenschlichkeit großschreiben. Nur als Ganzes hat der Wald individual- und sozialethische Relevanz.

Waldsterben bedeutet Versiegen von Quellen des Menschseins; sterben die Bäume, nehmen die Menschen Schaden an der Seele. Waldtod untergräbt ästhetische Sensibilität; Waldsterben ist ein Fanal der in die Krise geratenen Ethik. So trifft denn der Biologe und Anthropologe Illies den Kern der Sache, wenn er formuliert: Die sterbenden Wälder um uns herum sind ein letztes Notsignal und halten uns einen Spiegel vor für das, was in uns an Wäldern zu sterben droht (Rock, 1982). Eigentlich bestehen in der Forstwirtschaft allerbeste Voraussetzungen zu ökologisch ausgerichtetem, standortgemäßem, dem Naturschutz verpflichtetem Waldbau. Der gesetzliche Auftrag, die Langfristigkeit der Entwicklung, die Seltenheit störender Eingriffe prädestinieren dazu. Ökologie und Naturschutz sind tragende Säulen überkommener wie moderner Waldbaulehre. Die Öffentlichkeit kann und muß von jedem Forstmann erwarten, daß er auch Naturschützer ist.

Allerdings sind auch die Gefahren zu erwähnen, denen ein streßgeplagter Forstmann leicht erliegen kann, aber eben nicht erliegen darf (u. a. nach Mayer, 1982):

- Überbetonung technischer, kurzfristig ökonomischer, jagdlicher oder sonstiger Teilaspekte;
- waldbauliche Inaktivität durch weniger mühsame und rasch erfolgreiche ökonomisch-technische Anstrengungen;
- Tendenzen zum großflächigen Holzackerbau mit chemischer Unkraut- und Schädlingsbekämpfung und anderen von der Öffentlichkeit unerwünschten Begleiterscheinungen (Leibundgut, 1973);
- unzureichende nachhaltige Ausnützung der standörtlichen Ertragsfähigkeit durch ungünstige Mischung oder durch standortwidrige Fichten-Reinbestände mit Schnee-, Sturm- oder Insektenkatastrophen (z. T. erreicht der schadensbedingte Zwangsanfall beim Holzeinschlag heute Werte von über 40 %);
- ungenügendes bestandesindividuelles Entwicklungsvermögen durch mangelnde Pflege, schlechte Ausformung, Verlichtung infolge von zu großem Betriebsrisiko, falsche Herkunft der Baumarten, Wildschäden (Schälschäden), Rotfäule;
- Mangel an ausreichenden, qualitativ gut ausgebildeten und ständig ökologisch fortgebildeten Arbeitskräften in allen Bereichen, vom Waldarbeiter bis zum Forstbeamten in Aufsichtsbehörden;
- landeskulturell nicht tragbare Wildschäden infolge zu hoher Schalenwilddichten;
- zu niedrige Holzpreise, die kaum Waldbauinvestitionen erlauben;
- kurzfristig kalkulierter Waldmaschineneinsatz mit nicht tragbaren mittel- und langfristigen Folgeschäden am Waldboden und in den Pflegebeständen;
- industriekonforme ökonomische Kurzzeitbeurteilung einer langfristigen Produktion mit lebenden Waldbeständen; Hauptursache: die Preisschere (1955 reichte der Durchschnittserlös für einen Kubikmeter Rohholz noch aus, um in Bayern einem staatlichen Waldarbeiter für 43,5 Stunden den Lohn zu bezahlen, 1975 reichte es nur mehr zum Entgelt von 3,4 Lohnstunden);
- teilweise unnötige Arbeiten (z. B. Herbizideinsatz, Grasfreischneiden in Fichtenkulturen u. a.);
- Reviervergrößerungen und kurzfristige Rationalisierungszwänge, die dem Forstmann kaum noch Zeit zum Überlegen lassen. Beim alltäglichen waldbaulichen Handwerk werden ihm viel zu wenig die sich summierenden positiven oder negativen landeskulturellen Auswirkungen bewußt. Kulturelle Schöpfungen und landeskulturelle Leistungen erfordern auch Zeit für konzentrierte geistige Arbeit.

Demgegenüber steht der Auftrag an die Forstwirtschaft, durch Waldbau für die Zukunft viele Funktionen zugleich zu erfüllen. Die Weichen dazu werden heute gestellt:

- Zunahme der Mehrzweckwälder, wobei mit

wechselndem Schwerpunkt wirtschaftliche und überwirtschaftliche Funktionen erfüllt werden müssen: Wasserspeicherung, Ausgleich der Hochwasserspitzen, Verhinderung von Erosion, Wasserfiltrierung, Kontrastreichtum der Landschaft, Schonklima im Wald, Produktion von Duftstoffen, Klimastabilisierung (Wärme- und Wasserhaushalt, Wälder als Kühlflächen im Sommer und Warmflächen im Winter), Filter für Gase, Stäube, Nebel, Geräusche und Strahlen infolge der Oberflächenvergrößerung, die bei einem Buchenbestand im Sommer etwa das 14fache, bei einem Fichtenbestand ganzjährig bis zum 26fachen der Bodenfläche ausmachen kann (als Filterkapazität für Staub werden bis zu 60 t/ha beobachtet), Entfernung und Neutralisierung karzinogener Aromate in belasteten Gebieten.

- Zunahme der Rohstoffunktion durch Rückgang der Holzimportmöglichkeiten (Steinlin, 1976), steigender Holzverbrauch in Europa, überdurchschnittliche Nachfrage nach Qualitätsholz und stärkeren Spezialsortimenten. Dem Rohstoff Holz wird eine große Zukunft vorausgesagt.
- Zunahme aller Sozialfunktionen des Waldes als Erholungsraum, als landschaftsökologisches Stabilisierungselement. Dabei wird der standortgemäßen Vielfalt eine wesentliche Bedeutung zukommen.

Kritiker dürfen allerdings nicht außer acht lassen, daß die heutigen Waldbilder auch Ergebnisse von Rahmenbedingungen sind, die noch im vergangenen Jahrhundert die Forstwirtschaft bestimmt haben. Man denke z.B. an folgende Fakten:

- Der gleichaltrige Bestand ist Ergebnis der Waldweide. Ein Achtel, erst seit Mitte des 19. Jh. ein Fünftel der potentiellen Waldweidefläche, durfte zur Nachzucht des Waldes eingefriedet werden. Erst mit dem Fernbleiben des Viehs konnte der Wald wachsen – und es wuchs ein gleichaltriger Wald, während man ja früher geplentert hatte (Einzelstammentnahme).
- Die einförmigen, reinen Buchenbestände ohne Mischbaumarten sind auch ein Ergebnis der Brennholzberechtigung. Alle nichtmasttragenden Bäume, also alle außer Eiche und Buche, konnten bis in die zweite Hälfte des 19. Jh. von der Bevölkerung entnommen werden. Das brachte eine Verarmung der Baumartenpalette mit sich.
- Fichte und Kiefer blieben häufig die Baumarten, die den durch Viehweide, übermäßige Holznutzung, Streurechen und Plaggenhieb angerichteten Schaden überhaupt noch heilen konnten (Wegener, 1981).

Die Produktionsprinzipien eines Naturwaldes müssen Leitschnur für den Waldbau schlechthin werden. Das natürliche Ökosystem ist im Gegensatz zu künstlichen Holzackern relativ stabil gegen abiotische und biotische Katastrophen. Der naturnahe Wirtschaftswald soll aufgebaut sein aus so vielen ökologisch-biologisch stabilisierenden Baumarten wie nötig zur Aufrechterhaltung der standörtlichen Produktionskraft und aus so vielen wirtschaftlich erwünschten Baumarten wie möglich zur langfristig optimalen Ausschöpfung der standörtlichen Ertragsfähigkeit und zur Förderung der Rentabilität des Forstbetriebs. Das setzt eine Ökologisierung des Waldaufbaus voraus (Mayer, 1982), und dazu gehört eine schnelle Lösung der immer noch zunehmenden Wildprobleme im Wald. Warten in der Wildfrage gefährdet nicht nur die Natur, sondern auch die Sicherheit und Stabilität aller Wälder.

Angemessene Reh-, Rot- und Damwildbestände sind im Interesse einer artenreichen Gehölz- und Bodenflora eine Naturschutzforderung höchsten Ranges. Wie verheerend sich überhöhte Wildbestände auswirken, hat Förster (1975) für ein wildreiches Revier eindrucksvoll dargestellt. 80 % der Gras- und Krautarten fehlten dort gegenüber den unbelasteten Vergleichsflächen, die Vegetationsdecke in den Beständen war fast vernichtet.

Einseitiger Trophäenkult, Freizeitjagd als Prestige- oder Geschäftsobjekt, Übertragung der Verantwortung für die Wildregulation auf ökologische Laien und kurzatmige ökonomische Ausrichtung der Jagdwirtschaft gefährden die Aufgaben des Waldbaues. Bei langfristig angelegten betriebswirtschaftlichen Kalkulationen unter Einbeziehung auch der Langzeitschäden, der Schutzmaßnahmen, der Zuwachsverluste, der Wertminderung, der Schadensverluste durch Baumartenverarmung ergab sich für den Jagdbetrieb in Bayern (Rösner, 1972) ein alarmierendes Ergebnis: Die Schäden sind 5fach höher als die Einnahmen. Jagden mit hohen Wilddichten sind nicht nachhaltig rentabel zu führen, also unökonomisch und – schlimmer noch – unökologisch (Mayer, 1982). Dabei sind die Verarmung der Flora und Kleintierfauna, die Gefahren für die biologische Vielfalt und ökologische Standortstabilität noch ebensowenig berücksichtigt wie die Beeinträchtigung der Erholungseignung. Man wird in Zukunft immer weniger Verständnis dafür aufbringen, daß die jagdliche Leidenschaft durch einen ökologischen Aderlaß auf Kosten aller bezahlt werden muß. Je eher die Jäger diese wichtigen Zusammenhänge erkennen und in der Praxis befolgen, desto besser für das Wild, für den Wald, für die Allgemeinheit und letztlich für die Jagd.

12.2 Eine Gleichrangigkeit forstlicher Zielsetzungen beinhaltet eine Fülle von Verpflichtungen

„Die Natur ist unser aller oberste Schule.
Du mußt ihr nach und sie dir nit.
Sie folgt dir nit, du mußt ihr folgen!"
Paracelsus (1493–1541)

Da natürliche Wälder einerseits in Deutschland potentiell so gut wie flächendeckend dominieren würden, also praktisch alle vorhandenen Vegetationsformen mehr oder weniger dazu neigen, sich wieder zu Wald zu entwickeln, und andererseits auch in Staatswäldern gerade zu Zeiten leerer Kassen immer wieder die Gefahr aufkommt, daß die Gleichrangigkeit der zeitlichen Zielsetzungen im Sog politischer Begehrlichkeiten aus dem Ruder gerät, ist dieses Thema auch ökologisch von besonderer Bedeutung.

Wunsch und Wirklichkeit klaffen in der Forstwirtschaft aufgrund extrem ungünstiger Marktbedingungen auseinander. Geringe Produktpreise und hohe Produktionskosten zwingen zu äußerster Rationalisierung und Mechanisierung und in allen Besitzarten nicht selten zu Entwicklungen, die übergeordnete ökologische Zielstellungen gefährden. Jeder Waldbesitzer, Forstmann, Ökologe und Naturschützer müßte sich tagtäglich neu die Bedeutung der Gleichrangigkeit aller Ziele des Waldes klarmachen. In Worten und Programmen sind wir davon nicht mehr weit entfernt, die Taten jedoch werden flächendeckend folgen müssen:

Es ist sogar bei der Konferenz der Vereinten Nationen für Umwelt und Entwicklung (UNCED) vom 3. bis 14. 6. 1992 in Rio de Janeiro gelungen, eine gemeinsame Erklärung über Bewirtschaftung, Schutz und nachhaltige Entwicklung der Wälder der Erde zu verabschieden, und dies nicht zuletzt durch intensive Überzeugungsarbeit der deutschen Delegation. Obwohl diese Erklärung kein völkerrechtlich verbindliches Dokument ist, haben sich die an UNCED teilnehmenden Staaten doch politisch verpflichtet, ihre Grundsätze bei der Bewirtschaftung ihrer Wälder zugrunde zu legen.

Die Präambel der Walderklärung führt aus, daß alle Arten von Wäldern weltweit angesprochen sind, daß Wälder vielfältige Funktionen für Menschen und Umwelt erfüllen, daß die Staaten sich zur Umsetzung der folgenden Grundsätze in Übereinstimmung mit allgemeinen Umwelt- und Entwicklungsgesichtspunkten verpflichten und daß die Grundsätze hinsichtlich ihrer Zweckmäßigkeit künftig überprüft werden sollen. Die eigentlichen Grundsätze besagen schwerpunktmäßig:

- Wälder sind nachhaltig im Blick auf gegenwärtige und künftige Generationen zu bewirtschaften und zu erhalten. Dabei sind alle Erzeugnisse und Funktionen der Wälder und alle Bedürfnisse der im und vom Wald lebenden Menschen zu berücksichtigen.
- Bei Entscheidungen über Eingriffe in Wälder sollen die wirtschaftlichen und außerwirtschaftlichen Werte des Waldes und die umweltbezogenen Kosten und Nutzen des Eingriffs bedacht werden.
- Alle Länder, insbesondere die Industrieländer, sollen ihre Waldfläche durch Aufforstung, Waldschutz und alle Arten von Baumpflanzungen im ländlichen Raum erhalten und vergrößern („greening of the world").
- Nationale politische Maßnahmen und Gesetze zu Waldschutz und -bewirtschaftung sollen zugleich den Belangen des Artenschutzes dienen.
- Die Umweltverträglichkeit von Eingriffen in Wälder soll überprüft werden.
- Waldschädigende Luftschadstoffe sollen lokal, national und weltweit vermindert werden.

Der Wert des Dokuments liegt in erster Linie darin, daß zum ersten Mal überhaupt eine solche Erklärung abgegeben worden ist, die eine tragfähige Grundlage für konkrete Maßnahmen ist. Der Europäische Rat von Lissabon (26./27. 6. 1992) hat sich zur Umsetzung der Beschlüsse von UNCED dazu verpflichtet, nationale Programme zur Durchführung der Waldgrundsätze zu veröffentlichen und für die Schaffung eines internationalen Verfahrens zur Überprüfung der Einhaltung der Waldgrundsätze einzutreten. Der Weltwirtschaftsgipfel hat am 7. 7. 1992 ebenfalls dazu aufgerufen, die Waldgrundsätze einzuhalten und bald in einen Dialog über geeignete internationale Übereinkommen einzutreten. Dabei wird es darauf ankommen, die zögernden Entwicklungsländer davon zu überzeugen, daß der tragfähige, rechtlich gesicherte Rahmen einer Konvention sowohl ihren Ansprüchen nach dauerhafter Nutzung ihrer nationalen Ressourcen, dem Absatz der dabei gewonnenen Produkte, als auch der internationalen Zusammenarbeit im Waldbereich dient. Im übrigen werden sich alle Länder der Erde – und nicht nur die Tropenwaldländer – bei ihrer Waldbewirtschaftung an den Grundsätzen der UNCED messen lassen müssen (Hoenisch, BML, 1992).

Die Schutz- und Erholungsfunktion (Infrastrukturleistungen) des Waldes ist langfristig sicherlich sogar noch wichtiger als die Nutzfunktion. Das hat vor allem im Privatwald Deutschlands ganz besondere Bedeutung (Mantau, 1993). Hier müssen nach der Gewinner-Gewinner-Strategie ökologische Fortschritte finanziell interessant gemacht werden. Ethisches und ökonomisches Handeln nämlich sind in der Praxis nicht zu trennen, weil rational begründete Normen als Handlungsprinzipien nur sinnvoll sind, wenn sie auch ökonomisch durchführbar sind (Mantau, 1993). Eine Harmonisierung aller Ziele (wie Holznutzung, Erholungswald, Biotope, Wasserwirtschaft, Luftfilter, CO_2-Bindung u. a.) gelingt, wenn sie sich unterm Strich rechnet.

Mit Sprich und Waldenspuhl (1991) kann festgestellt werden:

- „Kein Land kann auf die forstliche Nutzung seiner Wälder verzichten. Holzproduktion muß auf der gesamten Waldfläche (mit Ausnahme spezieller, möglichst großer Schutzgebiete) erfolgen. Das Motto ‚Holz kann man importieren, Wohlfahrtsfunktionen nicht' ist angesichts der weltweiten Energie- und Rohstoffsituation unverantwortlich.
- Arten- und Biotopschutz bedeuten Ökosystemschutz. Bezogen auf den Wald, der auf seiner ganzen Fläche genutzt wird, bedeutet dies die Notwendigkeit eines umfassenden Ökosystem-Managements; d. h. die Erhaltung, Sicherung und Entwicklung der Dynamik des Ökosystems Wald in all seinen Raum-Zeit-Phasen. Hierbei ist die Bewirtschaftung dann als optimal anzusehen, wenn zwar geringfügige Verschiebungen zwischen den ökosystemtypischen Arten, Biotopen, Biozönosen, Pflanzengesellschaften und Regelmechanismen eintreten, aber keine von Ihnen in ihrer Existenz gefährdet wird, soweit die Forstwirtschaft dies selbst in ihrer Hand hat (z. B. Immissionen).
- Die Kombination von Holzproduktion und Ökosystemschutz erfordert zwangsläufig einen möglichst naturnahen Waldbau.
- Optimaler Ökosystemschutz bei gleichzeitiger Nutzung erfordert Gesamtverantwortung und nicht geteilte Zuständigkeit. Dieser Gesamtverantwortung muß sich die Forstwirtschaft stellen. Angesichts der Komplexität des Ökosystems Wald ist die Zusammenarbeit und Abstimmung mit Experten spezieller Fachbereiche unerläßlich, um die Sachkompetenz zu wahren. Innerhalb der Forstbetriebe müssen deshalb Verwaltungsstrukturen und betriebliche Schwerpunkte neu überdacht werden. Für die ständig steigenden Aufgaben in diesem Bereich ist eine Personalaufstockung notwendig."

Es wäre grundfalsch und für den ökologischen Nettogewinn langfristig höchst abträglich, die Nutzfunktion forstlichen Handelns zu vernachlässigen. Der Treibhauseffekt z. B. liefert gravierende ökologische Argumente zur Nutzung von Wald, weil dauerhafte Holzprodukte im Gegensatz zur Zersetzung im Kreislauf eine ebenso dauerhafte CO_2-Senke bewirken (Burschel, 1993).

Die Nutzung von Bäumen ist - anders als in den Tropen – unter den klimatischen Verhältnissen der gemäßigten Breiten ohne eine nachhaltige Zerstörung des Waldes als Ganzes realisierbar. Dadurch entsteht hier gewissermaßen eine ökologische Verpflichtung, Holzproduktion zu betreiben. Der unter schwierigen wirtschaftlichen Bedingungen erzeugte Rohstoff Holz könnte nur durch Konkurrenzprodukte der Industrie zurückgedrängt werden. Sie aber bedeuten bedenklichen Ressourcenverbrauch und bescheren uns Recycling- oder Beseitigungskosten, die bislang in den Marktpreis nicht eingerechnet werden. Da unsere ökologischen Verhältnisse im Vergleich zu anderen Erdteilen trotz aller Probleme noch relativ stabil sind, muß Holznutzung in den gemäßigten Breiten so intensiv, wie ökologisch vertretbar, betrieben werden. Dies gebietet die Rücksichtnahme auf die Partner in anderen Klimazonen, wo Holznutzung Raubbau ist. In unseren Breiten bestimmen Forstgesetze, daß Wald nur so genutzt werden darf, daß die anderen Funktionen nicht gefährdet sind. Nirgendwo sonst als in Mitteleuropa ist eine so weitgehende Sozialpflichtigkeit des Waldeigentums gesellschaftlicher Konsens (Dertz, 1991).

Gleichrangigkeit betrifft natürlich ebenso Naturschutzforderungen. Biotopschutz muß seiner Aufgabe im dichtbesiedelten Mitteleuropa ganz überwiegend in der Kulturlandschaft – also flächendeckend! – und nur in Ausnahmefällen in speziellen Reservaten gerecht werden. Er kann daher im Wald nur über eine konsequente Gewinner-Gewinner-Strategie Erfolg haben. Bisherige Berührungsprobleme, Kompetenzgerangel und Reibungsverluste zwischen Forst- und Naturschutz müssen dringend abgebaut werden, damit sie nicht die gemeinsame Sache gefährden.

Pauschale Vorwürfe wegen des Artenrückgangs etwa an „die Forstwirtschaft" sind daher wenig hilfreich, simplifizierende „Gefährdungsarithmetik" führt nicht weiter (Reif, 1992). Man muß differenzieren und immer auch an die praktisch vor Ort handelnden Menschen denken. Wenn wir Brücken bauen und gemeinsam Fortschritte erzielen wollen auf ganzer Fläche, dann ist es durchaus nicht gleichgültig, was im Naturschutz über die Forstwirtschaft als Verursacher des Rückgangs von Biotopen und Arten gedacht wird; denn die Schlußfolgerungen aus den Befunden in den Roten Listen prägen das Urteil weiter Kreise des Naturschutzes über den Wald und die Forstwirtschaft (Volk, 1990). Das wirkt sich auch auf die Motivation der praktizierenden Forstleute aus und erschwert den Dialog zwischen Naturschutz und Forstwirtschaft:

- Man traut der Forstwirtschaft nicht recht zu, daß sie sich dem Erhalt und der Pflege von Biotopen und Arten wirkungsvoll widmen kann. Dabei nimmt sie sich dieser Aufgabe heute in verstärktem Maße an.
- Der Dynamik der Abläufe im Wald wird zu wenig Verständnis entgegengebracht. Viele hochwertige Biotope brauchen keine Fixierung

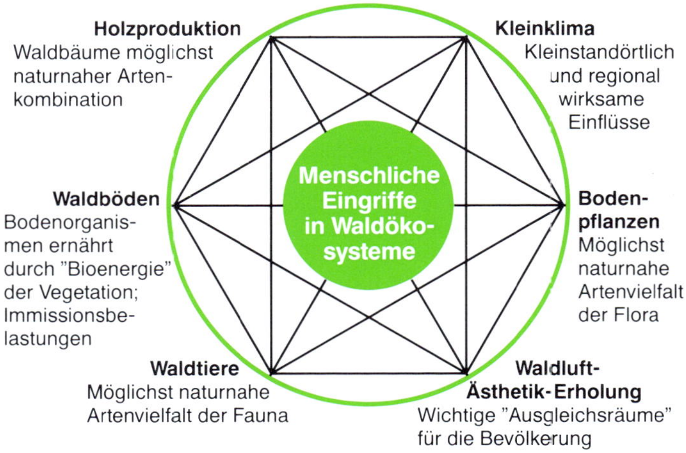

Abb. 96. Eine ökologisch orientierte Forstwirtschaft konzentriert sich nicht nur auf den allgemein benötigten Rohstoff Holz, sondern berücksichtigt auch die vielfältigen Auswirkungen der Wirtschaft auf die Waldökosysteme und deren Erholungseignung für die Bevölkerung. Eingriffe in verschiedene Kreisläufe und Abhängigkeiten sind dabei unvermeidlich und bei behutsamer Intensität und Technik durchaus naturverträglich. Kritisch wird das Zusammenspiel der Kräfte allerdings dann belastet, wenn das Streben nach Holzertragsmaximierung und kurzfristiger Kostenminimierung die übrigen Funktionen vernachlässigt. Das freie Spiel marktwirtschaftlicher Kräfte forciert derartige Gefahren, denen besonders der Privatwald schnell erliegen kann. Auch der öffentliche Waldbesitz ist dagegen nicht „immun", wenn der politisch bzw. von seiten der Rechnungshöfe vorgegebene Sparzwang überzogen wird.

auf eine bestimmte Fläche. Sie sind dort heute vorhanden, vergehen nach einiger Zeit und entstehen an anderer Stelle in gleicher Qualität wieder (Volk, 1990). Die Landschaftsplanung, die einen Vielfrontenkrieg gegen übermächtige Landschaftsverbraucher durchzustehen hat, ist gut beraten, wenn sie ihre Kräfte nicht ausgerechnet in Kontroversen mit Forstleuten verschleißt. Es geht ja beiden im Grund um dasselbe. Offene Diskussion wird bei gutem Willen daher in Kooperation münden (Gewinner).

- Die Forsteinrichtung sollte bei Zielsetzung, Zustandserfassung, Planung und Kontrolle Flexibilität entwickeln und Vertreter des Naturschutzes oder der Landschaftsplanung in den einzelnen Arbeitsphasen der Erstellung des Betriebswerks, insbesondere im Staats- und Kommunalwald, einbeziehen. Der Planungsqualität, der Aktualität der Zielsetzung, der Aussagefähigkeit der erhobenen Grundlagendaten, dem Gesamtnutzen der geplanten Maßnahmen und dem Planungsvollzug kann es nur dienlich sein, wenn die einzelnen Arbeitsschritte nicht routiniert-schematisch ablaufen, sondern kritisch begleitet werden (Gewinner).
- Enge Kooperation am Objekt Wald kann für Fachleute beider Disziplinen eine fachliche Bereicherung bedeuten (Kenneweg, 1989).

Besonders bedrohlich für die Vielfalt der Pflanzen- und Tierarten ist das Schwinden vor allem lichter, trockener oder feuchter Wälder mit alten Laubbäumen, Baumhöhlen, Totholz, Weichlaubbäumen, nektarreichen Blüten, Felsen, Rohböden oder Fließgewässern (Kleinschmit, 1993). Es ist eben wirklich so: „Alles hängt mit allem zusammen" („Ahmaz-Regel"), und die Gleichrangigkeit der Ziele muß generell und konsequent gelten, unterschiedliche Wichtungen ergeben sich nur lokal und standortspezifisch.

Der Mensch greift in innere und äußere Kreisläufe sowie Abhängigkeiten ein.

Neben den äußerst gefährlichen Auswirkungen der Immissionen auf die Waldökosysteme mahnen auch die Sturmkatastrophen der letzten drei Jahrzehnte die Einhaltung ökologischer Rahmenvorgaben an beim Bemühen um Erreichung des ökonomischen Zieles der Nachhaltigkeit: Im ersten Jahrzehnt der letzten 30 Jahre hatten wir weltweit 8, im zweiten 13 und im dritten 29 große Sturmereignisse.

Der Zusammenhang zwischen der Zunahme der Stürme und dem anthropogenen, also vom Menschen verursachten, globalen Temperaturanstieg wird nicht mehr bezweifelt. Erwärmung der Atmosphäre und der Meere führt zwangsläufig zu intensiverem Energieaustausch und zur Verstärkung vertikaler Umlagerungsprozesse. Beides spielt bei der Entwicklung von tropischen Wirbelstürmen und Tornados eine entscheidende Rolle. Sie steigern deren Häufigkeit und Intensität, die Länge ihrer Saison, und sie vergrößern die Fläche der betroffenen Gebiete. Die Häufung europäischer Winterstürme in den letzten Jahren dürfte ebenfalls mit dem Temperaturanstieg zusammenhängen. Schließlich stammt auch bei den außertropischen Stürmen ein erheblicher Teil der Energie aus dem Wasserdampftransport. Eine Erwärmung der Ozeane und eine Verstärkung der Verdunstung fördert folglich auch hier die Entstehung und Intensität von Stürmen (Volz, 1991). Das waldbauliche Ziel, die Stabilität des Ökosystems Wald durch Anbau stabiler Bestände zu sichern, gewinnt rasant an Bedeutung. Standortbezogene Baumarten, kleinräumige Strukturen und stabilitätsorientierte Pflege sind unabdingbar (Weidenbach, 1991) – naturnahe, konsequent ökologisch ausgerichtete Waldwirtschaft ist nach heutigen Erkenntnissen ohne Alternative.

Die schwankende Nachfrage am Holzmarkt kann zwar die kurzfristige Nutzungsmenge, niemals jedoch das Produktionsquantum bestimmen. So ist es vom Grundsatz her falsch, eine bestimmte Roh- oder Wertholzmenge bei maximaler Naturnähe produzieren zu wollen. Umgekehrt wird ein Schuh daraus: Wie kann man bei einer von der Forstwirtschaft angestrebten und definierten Naturnähe eine maximale Wertholzerzeugung erreichen? Das ökologische Prinzip, die Beachtung der Naturnähe, die Bewahrung der Ressource Wald wird zur unbedingten Handlungsvorgabe, der sich die Holznutzung unterzuordnen hat (Volz, 1991). Je näher wir der angestrebten Naturnähe kommen, desto mehr ist Nutzung verantwortbar und damit gerechtfertigt. Die forstwirtschaftliche Krise ist umfassend und nicht durch ökologisch unvertretbare Rationalisierungen zu lösen. Eine Reduzierung dieser Krise auf das ökonomische Problem der Rentabilität der Forstwirtschaft wäre verhängnisvoll: Unterlassene Pflege- und Ökologisierungsmaßnahmen, die Stillegung von Betriebsteilen, die Orientierung an kurzfristig höheren Gewinnen durch Wildüberhege, teure Jagdverpachtung oder Einzelabschußverkauf als Betriebsziel, die Entlassung qualifizierten Betreuungspersonals, die Nutzungsvergabe an hochtechnisierte Einschlagskolonnen gefährden durchweg das Grundziel einer auf Nachhaltigkeit aller Waldfunktionen bedachten Forstwirtschaft. Vielleicht sollte man, wie von Volz (1991) vorgeschlagen, die Naturnähe von Privatwäldern mit „Ökopunkten“ prämieren und entsprechend finanziell fördern. Auch im Staats- und Körperschaftswald könnten sie Grundlage sein für Betriebsabrechnung und Erfolgsbilanz. So käme man zu leistungsgerechter finanzieller Abgeltung – nicht etwa Subvention! – der für die Allgemeinheit erbrachten Leistungen und zur Umsetzung der Gleichrangigkeit aller waldbaulichen Ziele. Das erfordert eine grundlegend veränderte Betrachtung des Forstbetriebes, einen Leistungskatalog ökologischer Waldpflege, die Einbeziehung dieser Leistungen – z. B. im Rahmen der Forsteinrichtung – in die Erfolgsbilanz und eine angemessene Parallelschaltung mit dem Naturschutz im Sinne einer optimierten „Gewinner-Gewinner-Strategie“.

Bergen (1991) macht mit betriebswirtschaftlichen Methoden eine Kalkulation auf, die zunächst utopisch erscheinen mag. Sie sollte aber Forstleuten, die relativ einseitig in Holzmarkt- und Arbeitskostendaten zu nahezu „akrobatischen Kontrollübungen“ neigen, zu denken geben:

„In der amtlichen Statistik etabliert ist die Ermittlung der Nettowertschöpfung der Forstwirtschaft. Für das Jahr 1989 weist sie einen Betrag von gut 2 Milliarden DM aus (Agrarbericht 1990), Pro Hektar Waldfläche sind das 274 DM. Die relative Bedeutung dieses absoluten Betrages kann man durch einen Vergleich mit gesamtwirtschaftlichen Daten abschätzen. Die gesamtwirtschaftliche Nettowertschöpfung pro Hektar Fläche der Bundesrepublik beläuft sich auf 70 479 DM. Die forstliche Flächenwertschöpfung beträgt somit 0,39 % der gesamtwirtschaftlichen Flächenwertschöpfung.“ Nettowertschöpfung ist ein Begriff aus der Volkswirtschaftlichen Gesamtrechnung. In diese Rechnung gehen eben nicht nur die Verkaufserlöse für Rohholz, Nebennutzungen und Wildbret ein, sondern alle sonstigen, monetär bewerteten Funktionen (Boden-, Klima-, Wasserschutz, Luftreinigung, Erholung, Wohnwert u.a). Bergen (1991) über die Sozialfunktionen: „Ihr Wert kann den Rohholzwert leicht um ein Vielfaches übersteigen. Allerdings fehlt es bisher an einer flächendeckenden Bewertung der Sozialfunktionen, so daß nur punktuelle Aussagen durch empirische Untersuchungen gestützt sind. Bestätigt sich die Dominanz der Sozialfunktionen, dann läge es nahe, der Bereitstellung der Sozialfunktionen von seiten der Forstwirtschaft gegen Entgelt in Zukunft eine größere Bedeutung zu geben.“

Brabänder (1992) schlägt eine ähnliche Bilanzierung aller Leistungen eines Forstbetriebes vor, indem er das in der Landwirtschaft bereits gängige Modell des Vertragsnaturschutzes auf den Wald übertragen wissen will. Er beruft sich dabei auf die Begriffsdefinition von Ebersbach (1991):

„Mit der inoffiziellen Bezeichnung Vertragsnaturschutz ist jede freiwillige Verpflichtung eines Grundeigentümers oder Nutzungsberechtigten gemeint, gegen angemessenen Nachteilsausgleich bei der Bodennutzung bestimmte Maßnahmen im Interesse des Naturschutzes zu treffen, zu unterlassen oder zu dulden.“

Als Instrument zur Ergänzung des hoheitlichen Naturschutzes werden mit seiner Hilfe auf der Basis freiwilliger Verträge mit Waldbesitzern gegen entsprechende Vergütung (nicht Subvention!) naturschutzgerechte Bewirtschaftungsmaßnahmen durchgeführt. Der Deutsche Forstverein hat dazu ein „Leistungsverzeichnis“ aufgestellt:

A) Teilweise oder vollständige Einschränkung einer forstwirtschaftlichen Nutzung
B) Einschränkung der Baumartenwahl
C) Vorgabe bestimmter Waldbauverfahren
D) Verbot der Anwendung behördlich zugelassener Pflanzenschutzmittel
E) Verbot oder Einschränkung von Maßnahmen zur Erhaltung oder Verbesserung der Bodenfruchtbarkeit (z. B. Düngung, Melioration)
F) Verbot oder Einschränkung der Walderschließung
G) Sonstige Maßnahmen im Interesse von Naturschutz und Landespflege

Es geht darum, einer auf kurzfristige Rentabilität und extreme Kostensparung zielenden Privatforstwirtschaft attraktive Angebote im Sinne eines aggressiven Marketings zu unterbreiten, die Nachfrage für den Naturschutz begründen soll. Diese ökonomische Lösung folgt der Gewinner-Gewinner-Strategie im Gegensatz zum hoheitlichen Naturschutz, der auf dem Verordnungswege handelt. Nach Brabänder (1992) sollte die Forstwirtschaft selbst entscheidend zur Etablierung des Vertragsnaturschutzes beitragen und damit Dekrete überflüssig machen. Auch nach Brabänder, einem führenden Vertreter forstlicher Betriebswirtschaftslehre, „muß sich die Forstwirtschaft damit abfinden, daß ihr Handeln nicht mehr nach ihren eigenen Wertmaßstäben, sondern nach anderen Beurteilungskriterien gemessen wird. Die Meinung, daß sich eine allen derzeitigen und noch erwartbaren Anforderungen von Natur- und Umweltschutz gerechtwerdende Forstwirtschaft auf der Grundlage der Erlöse aus der Holzproduktion erfolgreich gestalten ließe, ist eine Illusion." Nur faire Honorierung der Leistungen für die Allgemeinheit kann weiteres Auseinanderdriften der ökologischen Qualität der Wälder nach Besitzart verhindern. In der heutigen ökologisch prekären Gesamtsituation spielen Wälder als noch am ehesten naturnah zu optimierende Ökosysteme eine viel zu wichtige Rolle, als daß wir langfristig eine z. T. sogar gesetzlich fixierte Unterscheidung nach Besitzart aufrecht erhalten sollten:

Nach dem Niedersächsischen Waldgesetz (§ 6) „soll der Waldbesitzer seinen Wald nach den Grundsätzen einer ordentlichen Forstwirtschaft bewirtschaften. Er hat dabei zugleich der Bedeutung des Waldes für die Umwelt, insbesondere der Erhaltung seiner günstigen Wirkungen für das Klima, den Wasserhaushalt, das Landschaftsbild und die allgemeine Erholung Rechnung zu tragen." Leitbild dieser auf den Privatwald zugeschnittenen Gesetzgebung ist der gepflegte Wirtschaftswald, weder ein Urwald noch ein parkähnlich angelegter Wald.

Die Pflicht, umweltgerecht zu wirtschaften, ergibt sich aus der Sozialbindung des Eigentums nach Art. 14 GG. Allerdings darf auch die Nutzfunktion nicht im Interesse der Schutz- und Erholungsfunktion gefährdet werden. Höhere Anforderungen stellt das Gesetz an die Landesforsten (§ 7):

„Der Wald des Landes Niedersachsen ist zum höchsten Nutzen für die Allgemeinheit zu bewirtschaften. Die zuständigen Behörden haben

- die günstigen Wirkungen des Waldes für die Umwelt, insbesondere die allgemeine Erholung im Walde, zu fördern,
- einen angemessenen Holzbestand zu erhalten, ihn nachhaltig zu bewirtschaften und die Erzeugnisse des Waldes wirtschaftlich zu verwerten."

Auch hier ist der gepflegte Wirtschaftswald das Leitbild. Aber weitergehender als beim Nichtstaatswald, der den Umweltbelangen im Rahmen der Sozialbindung Rechnung zu tragen hat, wird hier der höchste Nutzen für die Allgemeinheit gefordert und die Gleichrangigkeit der Schutz- und Erholungsfunktion mit der Nutzfunktion festgelegt (Janßen, 1992).

Dieses Beispiel einer gesetzlich vorgesehenen unterschiedlichen Zieldefinition ist in der Praxis künftig immer weniger hinnehmbar. In unserem hochindustrialisierten, äußerst dicht besiedelten und von vielen Umweltproblemen belasteten Land darf die Gleichrangigkeit der Ziele im Wald mittelfristig nicht mehr nach Besitzstruktur differenziert werden. In der Praxis kann örtlich flächenspezifisch differenziert werden, das „eiserne Gesetz des Standörtlichen" ist auch und gerade unter ökologischen Gesichtspunkten zu beachten. So gesehen ist nachhaltig auch ein gedeihliches Neben- und Miteinander von Privat-, Körperschafts- und Staatswald möglich, ohne daß in irgendeiner Richtung eine Gewinner-Verlierer-Situation forciert wird. Immerhin ist 1991 erstmalig in einem Flächenland, nämlich Brandenburg, für den Staatswald der Vorrang der Schutz- und Erholungsfunktion gesetzlich festgelegt worden (§ 30 LWaldG): „Der Staatswald soll dem Allgemeinwohl in besonderem Maße dienen. Er ist daher unter vorrangiger Beachtung der Schutz- und Erholungsfunktion nachhaltig so zu bewirtschaften, daß entsprechend der standörtlichen Bedingungen eine höchstmögliche Erfüllung der Nutzfunktion erreicht wird."

Nicht knappe Kassen dürfen über angemessene Abgeltungen von Leistungen für die Allgemeinheit entscheiden. Die Ökologisierung muß ja auf allen Waldflächen vorankommen. Der Forsthaushalt ist in den Landeshaushalten durchweg nur ein marginaler Posten. Der Leiter der niedersächsischen Landesforstverwaltung Janßen (1992) merkt dazu an:

„Der nur noch in Jahrzehnten zu bemessende Vorrat an Erdöl, der Energieverbrauch in den Industrieländern, die Verschmutzung des Wassers – vom Fluß bis zum Ozean, vom Boden bis zum Grundwasser –, die Übernutzung und Zerstörung der Bodenkraft in weiten Teilen der Welt, die Vernichtung der Wälder vom Himalaya bis zu den tropischen Regenwäldern, die Verschmutzung der Luft, die drohende, vom Menschen verursachte Klimaveränderung – alles das sind sattsam bekannte Tatsachen. Sie müssen – und es sind ja auch Ansätze dazu erkennbar – dazu führen, wegzukommen von schlichten Kosten-/Nutzenrechnungen alter Art, die sich auf die unmittelbaren Produktionskosten beschränken und deren zeitlicher Horizont in der Jahresbilanz oder in der Abschreibung einer Fabrikanlage liegt.

Gefragt ist eine Strategie, die – ohne daß auf eine vernünftige Bedürfnisbefriedigung der jeweiligen Generation zu verzichten wäre – ein langfristiges Überleben der Menschheit sichert. Eck-

punkte einer solchen Strategie sind
- schonende, nachhaltige Nutzung natürlicher Ressourcen,
- eine auf das notwendige Maß beschränkte Nutzung endlicher Ressourcen,
- Ausschöpfung der Möglichkeiten zum Wiedereinleiten des Abfalls in Produktionskreisläufe oder in natürliche Kreisläufe.

Oder kürzer gesagt, die Strategie muß liegen in einer Nutzung der Erde, die dadurch, daß sie die Leistungsfähigkeit des Naturhaushaltes bewahrt, eine dauerhafte Bedarfsdeckung ermöglicht.

Die umweltpflegliche Produktion von Holz, die Möglichkeit der nachhaltigen Nutzung einer natürlichen Ressource unter Erhaltung und Schonung der Bodenkraft, die Produktion eines Rohstoffes, der mit der kostenlosen Sonnenenergie heranwächst und der – bei richtiger Behandlung – in den natürlichen Kreislauf zurückgegeben werden kann, das macht die pflegliche Forstwirtschaft zu einem Musterbeispiel zukunftsweisenden Umganges mit natürlichen Ressourcen. Der Hinweis auf Importmöglichkeiten von Holz – auch Rohholz – kann keine befriedigende Antwort sein. Damit würde das Problem nur auf andere Länder verlagert werden, aber die Welt ist zu klein geworden für diese Art der Arbeitsteilung, wie sie den Reichtum der Industrieländer begründen half. Ein Blick auf die Rolle Japans im ostasiatischen Raum, wo unter Schonung eigener Wälder durch ungebremsten Holzimport wesentlich zum Niedergang der dortigen Regenwälder beigetragen wird, zeigt, daß dieser Weg verhängnisvoll ist...

Wenn Triebfeder der neuen Zielsetzungsdiskussion die ‚ökologische' Optimierung auf der Waldfläche – und nur dort – ist, so muß man der Frage nachgehen, welche Zielvorstellungen des Naturschutzes im Wirtschaftswald nicht oder nur unzulänglich verwirklicht werden und ob sie nicht weitgehend in eine wirtschaftliche Zielsetzung integriert werden können.

Das Niedersächsische Landschaftsprogramm nennt drei Eigenschaften, die sich in den Wirtschaftswäldern nicht ausbilden können:
- die natürliche Baumartenzusammensetzung,
- die natürliche Differenziertheit, die durch forstliche Maßnahmen teilweise vereinheitlicht wird, und
- die Zerfallsphase mit alten, absterbenden und toten Bäumen größerer Dimension.

Diese Elemente können jedoch bei der Bewirtschaftung der Wälder gezielt gefördert werden, sie sind wichtiger Bestandteil der waldbaulichen Richtlinien und Zielsetzungen, wie sie z. B. in Niedersachsen mit dem Landesprogramm ‚Langfristige ökologische Waldentwicklung in den Landesforsten' und der ‚Langfristigen ökologischen Waldbauplanung' festgelegt sind. Andere Bundesländer handeln nach ähnlichen Grundsätzen."

Das mit Kabinettsbeschluß der niedersächsischen Landesregierung im Sommer 1991 verkündete „Programm zur langfristigen ökologischen Waldentwicklung" („Löwe") läßt für den Naturschutz eigentlich keine gravierenden Wünsche offen. Es ist nämlich in voller Übereinstimmung mit der Obersten Naturschutzbehörde im Umweltministerium sowie in Übereinstimmung mit dem Internationalen Verband naturnaher Forstleute – Pro Silvia – sowie mit der Arbeitsgemeinschaft naturgemäßer Waldbau (ANW) verabschiedet worden. Als richtungweisende Zielvorgabe, die Gleichrangigkeit verlangt und grundsätzlich nicht nach Einzelfunktionen trennt, kann dieses Programm beispielhaft und stellvertretend für alle Landesforstverwaltungen als forstliche Leitlinie genannt werden.

Ökologisch begründeter Waldbau läßt in dem Maße, in dem die ökologischen Gesetzmäßigkeiten der Waldökosysteme erkannt und gesteuert werden können, Produktionsrisiken sinken und Wälder an Naturschutzwert und ästhetischem Reiz gewinnen. Ökologischer Waldbau ist also auf Stabilität, Elastizität, Diversität, Nischenreichtum (auch für seltene Arten) und Schönheit des Waldes ausgerichtet, und zwar nicht in einer „Reservats"-Struktur für jede dieser Funktionen, sondern harmonisiert auf ganzer Fläche (Otto, 1992):

Grundsätze der ökologischen Waldentwicklung in den niedersächsischen Landesforsten gemäß Programm „Löwe":
1. Bodenschutz und standortgemäße Baumartenwahl
2. Laubwald- und Mischwaldvermehrung
3. Ökologische Zuträglichkeit
4. Bevorzugung natürlicher Waldverjüngung
5. Verbesserung des Waldgefüges
6. Zielstärkennutzung
7. Erhaltung alter Bäume, Schutz seltener und bedrohter Pflanzen- und Tierarten
8. Aufbau eines Netzes von Waldschutzgebieten
9. Gewährleistung besonderer Waldfunktionen
10. Waldrandgestaltung und -pflege
11. Ökologischer Waldschutz
12. Ökosystemverträgliche Wildbewirtschaftung
13. Ökologisch verträglicher Einsatz der Forsttechnik.

Unter diesen Grundsätzen werden im offiziellen Text folgende Detailziele subsumiert (Auszüge):
- Die natürlichen Standortkräfte sollen nicht nivelliert oder künstlich auf ein höheres Niveau gehoben werden. Dazu gehört auch das Unterlassen dauerhafter Entwässerungsmaßnahmen von Feuchtstandorten bzw. die standortgerechte Uferbestockung von Gewässern mit Erlen und Weiden (vgl. Kap. 6).
- Der Anteil der Laubbaumarten soll langfristig von gegenwärtig 37 % auf 65 % erhöht werden. Aufgrund der Klima- und Bodenbedingungen können 90 % der Landesforsten als Mischwald entwickelt werden. Auch den Nebenbaumarten

wird dabei große Aufmerksamkeit zu schenken sein.

- Die Stabilität des Waldes und das Angebot an ökologischen Nischen sollen auch durch vertikal gegliederte Waldstrukturen erhöht, Kahlschläge möglichst vermieden werden.
- Wald soll alt werden und soweit wie möglich einzelstamm- oder gruppenweise nach Hiebsreife genutzt werden.
- Bei der selektiven Nutzung sollen vermehrt und möglichst flächendeckend alte und starke Bäume einzeln, in Gruppen oder Kleinflächen erhalten bleiben, um Lebensraum für Tiere und Pflanzen der Alterungs- und Zerfallsphasen des Waldes zu sichern (Baumhöhlenbewohner, Insekten, Pilze, Moose, Flechten usw.).
- In angemessenem Umfang und repräsentativer Auswahl sollen Waldflächen für typische und seltene Waldgesellschaften gesichert und nicht oder nur mit besonderen Auflagen bewirtschaftet werden.
- Soweit einzelne Waldfunktionen wie Wasser-, Boden-, Klima-, Sicht-, Immissions-, Lärm- und Biotopschutz sowie die Erholungsfunktion mit der Entwicklung eines ökologischen Waldbaus nicht ohnehin ausreichend gewährleistet werden können, ist die jeweilige, örtlich herausgehobene Funktion besonders zu entwickeln.
- Waldränder sind besonders zu pflegen. Sie sollen in angemessener Tiefe aus heimischen Kraut-, Strauch- und Baumarten abwechslungsreich, zur Feldflur abgedacht, aufgebaut und dauernd bestockt gehalten werden. Die Bestandesränder innerhalb des Waldes entlang von Wegen sind vielgestaltig zu entwickeln.
- Der biologische Waldschutz genießt Vorrang vor technischen Maßnahmen. Dem entspricht die Entwicklung und Pflege einer standortangepaßten, größtmöglichen Arten- und Strukturvielfalt von Mischwäldern. Sie führt zu optimaler Vernetzung. Der Einsatz ökosystemfremder Stoffe zur Abwehr von Schäden ist nur zulässig, wenn eine existentielle Gefährdung besteht.
- In Übereinstimmung mit den jagdrechtlichen Bestimmungen sind angemessene Wildbestände als Teil der Waldlebensgemeinschaft zu hegen. Die Entwicklung des ökologischen Waldbaus darf aber durch überhöhte Wildbestände nicht gefährdet werden. Die Wildbestände sind folglich durch jagdliche Maßnahmen so zu regulieren, daß die Artenvielfalt und Entwicklung des Waldes zu größerer Naturnähe nicht behindert werden. Auf der Grundlage verbesserter wildökologischer Kenntnisse sollen die Jagdmethoden laufend verbessert werden.
- Waldpflege soll behutsam die natürlichen dynamischen Prozesse steuern. Der biologischen Rationalisierung ist also Vorrang einzuräumen. Die Forsttechnik hat sich an den ökologischen Erfordernissen auszurichten. Es sind Verfahren anzuwenden, die die Waldböden und Waldbestände in ihrer Struktur- und Artenvielfalt schonen.
- Ungeeignete Herkunft einer an sich standortgemäßen Baumart ist als genauso gefährlich anzusehen wie eine nicht standortgemäße Art. Deshalb dürfen nur geeignete Herkünfte von Saatgut und Pflanzen verwendet werden.

In Diskussionen um Aufbau und Entwicklung des Waldes werden oft der Plenterwald oder verwandte Waldaufbauformen als ideal und die kahlschlagfreie Wirtschaft als Wertmaßstab eines ökologisch „richtigen" Waldbaus gefordert. Gesicherte ökologische Erkenntnisse weisen aus, daß eine solche verallgemeinernde Vorstellung den vielfältigen Möglichkeiten der Natur nicht gerecht wird.

In mitteleuropäischen Wäldern ist natürliche Tendenz zur Entschichtung eine weitverbreitete Erscheinung in jungen, sich schließenden und in älterwerdenden Wäldern. Je konkurrenzschwächer, d.h. je lichtbedürftiger eine Baumart ist, um so ausgeprägter ist diese Tendenz. Deshalb kann man Eichen, Kirschen oder Eschen kaum längere Zeit in Plenter- oder Femelstruktur halten.

Auch in Naturwäldern kommen gravierende Störungen bis hin zu katastrophalen Zusammenbrüchen vor. Mithin ist auch eine Kahlfläche nicht per se „unökologisch". Bestimmte bedrohte Pflanzen- und Tierarten sind sogar an Freiflächen im Wald gebunden. Im Wechselspiel mit Pflanzenfressern (u.a. Schalenwild) kann sich auch im Urwaldzyklus eine kleinflächige Freiraum- oder Wiesenphase relativ lange halten. Beim ökologischen Umbau des Waldes sind neben Mischungen auch gut gegliederte Waldgefüge ökologisch und ökonomisch vorteilhaft. Das liegt ganz entscheidend an der Herstellung eines guten Waldinnenklimas. Es gilt also für das Waldgefüge,

- daß günstige Waldgefügestrukturen, vor allem gute Vertikalstaffelungen, zwar wünschenswert, aber nicht auf allen Standorten leicht zu erreichen sind;
- daß nicht alle Baumarten sich gleichermaßen gut für Femel- oder gar Plenterstrukturen eignen und folglich auch der Waldbestand im Gleichschluß nicht „unökologisch" ist, daß es insgesamt gleichwohl Ziel bleiben muß, die dem jeweiligen Standort angepaßten Waldgefügestrukturen zu verwirklichen;
- daß Kahlflächen der Natur zwar nicht fremd sind, daß es aber im Sinne einer gleichmäßigen Waldentwicklung und Nährstoffumsetzung in der Regel vorteilhafter ist, Kahlflächen – soweit es geht – zu vermeiden oder einzuschränken.

Aus der Vielzahl in der Natur vorkommender, sukzessional auftretender Waldstrukturen soll der Waldbau also jene zu verwirklichen und zu erhalten trachten, die am risikoärmsten und vielfältigsten sind. Das sind vertikal gestaffelte und kleinflächig sich abwechselnde Bestandsformen.

Außer diesen Detailhinweisen begründet das offiziele Programm auch, warum Gleichrangigkeit der Funktionen postuliert wird:

„Wenn man in anderen Ländern Europas..., vor allem aber in Übersee... die heutige Entwicklung der Forstwirtschaft betrachtet, so ergeben sich zu unserer Konzeption von Waldbau und biologischer Produktion gravierende Unterschiede. In diesen Ländern wird das Bild oft geprägt von einer technokratischen Auffassung, die unter Einsatz aller zur Verfügung stehenden Hilfsmittel einschließlich extremer genetischer Manipulation (Verwendung weniger Baumklone), Düngung, starkem Pestizideinsatz usw. bestrebt ist, in einer möglichst kurzen Zeit maximale Holzmengen zu erzeugen. Die offensichtlich verheerende ökologische Einbuße, die einer solchen Ligninkultur im Vergleich mit Naturwäldern zu bescheinigen ist, liegt bereits offen zutage und wird sich in nächster Zukunft noch deutlicher zeigen. Vor allem die großen Länder in Übersee meinen, diesem Mißstand erfolgreich abzuhelfen, indem sie Nationalparke und Erholungszonen schaffen, also bewußt in eine großflächige Funktionentrennung des Waldes eintreten. Wer dort das Nebeneinander durchaus großzügig bemessener Nationalparke und riesiger Plantagenwälder betrachtet, dem wird klar, daß selbst bei großen Reservaten eine totale Verinselung eingesetzt hat. Sie erschwert das natürliche und ausgewogene Funktionieren der Ökosysteme. Ein Reservatdenken als Handlungsprinzip ist im ökologischen Sinne deshalb nachteilig, weil ein noch so fein erdachtes Vernetzungssystem niemals so effektiv sein kann wie die Verwirklichung eines ökologisch optimierten Land- und Waldbaues auf ganzer Fläche. Die zu Recht zu beklagende ökologische Verinselung in unserer Kulturlandschaft würde durch eine prinzipielle Funktionentrennung nicht gemildert, sondern verschärft... Unbeschadet der Notwendigkeit, seltene sowie repräsentative Teile des Waldes ganz ihrer natürlichen Entwicklung zu überlassen, müssen daher, abgesehen von Extremstandorten, auf der gesamten Waldfläche die verschiedenen Funktionen in der Regel gleichrangig und gleichzeitig erfüllt werden..."

Da Niedersachsen daneben gemäß § 20 c BNatSchG seit 1990 im Landesnaturschutzgesetz praktisch alle Sonderbiotope (§ 28 a BNatSchG) besonders geschützt hat, bleiben für den Naturschutz im landeseigenen Wald kaum Wünsche offen. Zu den besonders geschützten Biotopen zählen u. a.: alle Moore, Naßwiesen, Bergwiesen, Quellbereiche, naturnahe Bach- und Flußabschnitte, naturnahe Kleingewässer, Block- und Geröllhalden, Felsen, Zwergstrauch- und Wacholderheiden, Magerrasen, Wälder und Gebüsche trockenwarmer Standorte, Bruch-, Sumpf-, Au- und Schluchtwälder. Generell dürfen diese Biotope nicht nur nicht zerstört, sondern auch nicht erheblich beeinträchtigt werden. Diese Vorgabe hat auch für die forstliche Bewirtschaftung im Detail erhebliche Konsequenzen (Weigel, 1992) und steht in der Konsequenz ebenfalls mitten im Ziel der „langfristigen ökologischen Waldentwicklung".

Otto (1992), Referent für Waldbau, Waldschutz, Forsteinrichtung und Forschung im Niedersächsischen Ministerium für Ernährung, Landwirtschaft und Forsten, bemerkt als Hauptverfasser dieses Programmes:

„Der Ehrgeiz und die Tradition jeder Generation von Forstleuten war es, den Wald besser zu hinterlassen, als er ihnen überkommen war. Dies ist auch das Ziel des hier besprochenen Waldbauprogramms. Seine Verkündung ist gleichzusetzen mit einer waldbaulichen Willenssetzung der niedersächsischen Landesforstverwaltung. Zur Verwirklichung seiner Ziele wird es der gleichgerichteten Bemühungen mehrerer Generationen von Forstleuten bedürfen. Die Artikulierung ist das eine: Sie setzt gewissermaßen eine Zwischenmarke im Fluß einer langen Entwicklung. Die Realisierung des Programms ist das andere: Ohne die forstliche Praxis läuft hier gar nichts. Sie ist gefordert."

Die Ziele dieses Programms sind hochgesteckt. Sie sind logisch und konsequent, und dennoch wird es einiger Geduld bedürfen, bis sie sich erkennbar für jeden Waldbesucher in die Tat umsetzen lassen. Alle Ebenen der forstlichen Verwaltungshierarchie (Ministerium – Regierung – Inspektion – Forstamt – Revierförsterei) müssen nämlich gleichsinnig (um)denken und entsprechend handeln. Unterbricht nur einer diese Reihe, wird es Verzögerungen geben. Immerhin kann sich die Öffentlichkeit nun auf derartige programmatische Grundsätze berufen, da sie laut Kabinettsbeschluß eine offizielle Regierungsleitlinie darstellen.

Die Gleichrangigkeit der Ziele der Forstwirtschaft hat auch das Bundesverfassungsgericht 1990 dargelegt:

„Der Wald ist nicht nur ein wirtschaftlich bedeutender Lieferant natürlicher Rohstoffe, vielmehr nimmt auch seine Bedeutung für den Boden- und Trinkwasserschutz, den Schutz vor Schnee- und Geröllawinen in den Bergen und als ökologischer Ausgleichsraum für Klima, Luft und Wasser und für die Tier- und Pflanzenwelt sowie für die Erholung der Bevölkerung angesichts zunehmender Umweltbelastungen ständig zu... Neben den wirtschaftlichen Nutzen des Waldes tritt gleichrangig seine Bedeutung für die Umwelt." Die Gleichrangigkeit von Nutz-, Schutz- und Erholungsfunktion ist anläßlich der Beschlußfassung des Waldgesetzes im Bundestag 1974 ausdrücklich festgestellt worden (Nießlein, 1991).

Die ökologische Leistungsfähigkeit des Waldes wird nur erhalten und verbessert werden können, wenn dafür Einnahmen zur Verfügung stehen.

Dabei wird man zwischen Staats-, Privat- und Kommunalwald nicht differenzieren können. Einmal sind die öffentliche Waldbewirtschaftung und die Bewirtschaftung des Privatwaldes miteinander eng verflochten, zum anderen richten sich ökologische Notwendigkeiten nicht danach, wem ein Wald gehört. Ohne Einnahmen aus Holznutzung oder anderen Leistungen werden wir den Wald nicht nachhaltig pflegen und weder seine ökonomische noch seine ökologische Leistungsfähigkeit erhalten oder gar verbessern können (Huber-Stentrup, 1991).

Nicht mit irgendwelchen Kompetenzstreitigkeiten läßt sich die Lösung der heutigen Probleme im Wald erreichen, sondern in einer von der inneren Überzeugung der Forstleute getragenen Weiterentwicklung und Neuorientierung unseres Zielsystems. Diese Zieldiskussion ist wichtig, wenn wir nicht entmündigt werden und nicht wieder einmal wie sooft in der Forstgeschichte zu spät kommen wollen. Wir koppeln uns sonst nämlich immer mehr von den außerhalb der Forstverwaltung ablaufenden Entwicklungsprozessen ab und werden zu einem Staat im Staate ohne Zukunft (Sturm, 1990). Davon kann letztlich – das sei betont – keine Seite mehr profitieren, weil dies auf eine „Gewinner-Verlierer-Situation" hinausläuft und weil wir nachhaltig auf die Erfüllung aller Funktionen angewiesen sind. Wir sollten allerdings nüchtern erkennen, daß die Sorge der Forstleute hinsichtlich der Wertschätzung unseres Tuns durch die Gesellschaft leider nicht unberechtigt ist (Mülder, 1991). In einer Demokratie entscheidet die Mehrheit, und die ist biologisch wie forstlich nicht sonderlich gut informiert:

Die Zeiten sind vorbei, in denen der Wald für die meisten Bürger Bestandteil des unmittelbaren Lebensbereichs war. Für ihre Arbeitswelt und als Grundlage ihrer materiellen Existenz spielt er keine erkennbare Rolle mehr. Fast alle erfahren ihn nur noch als Natur- und Erholungsraum inmitten einer technisch orientierten Zivilisation. Er ist sozusagen zum Freizeitobjekt der Wohlstandsgesellschaft geworden (Otto, 1992).

Man kann zwar alles positive Tun der Forstleute unter der Bezeichnung „Forstwirtschaft" subsumieren, aber tut dies auch die Mehrheit der Bevölkerung? Hört sie beim Wort „Forst" nicht sofort „bewirtschafteter Wald" und übersieht, daß wir doch unser Tun heute auf artenreiche, „funktionierende" Waldökosysteme ausrichten? Aus der Bezeichnung „Forstwirtschaft" geht für Außenstehende die Gleichrangigkeit der Ziele jedenfalls nicht hervor. Wir sind nicht rein zufällig terminologisch ins Schwimmen geraten, wenn wir von „naturgemäßer Forstwirtschaft" oder von „multifunktionaler Forstwirtschaft" sprechen. Aber geben wir uns andererseits auch nicht irgendeinem Irrglauben hin, daß z. B. in bisher intensiv bewirtschafteten Fichtenreinbeständen eine Extensivierung wirtschaftender Eingriffe gleichbedeutend mit Naturschutz sein könnte. Das Gegenteil ist der Fall, die Intensität der Arbeit an den Beständen muß verstärkt, in manchen Wäldern vervielfacht werden (Mülder, 1991), damit tatsächlich ökologisch stabilere, den vielen Anforderungen unserer Gesellschaft besser genügende Wälder entstehen.

Sicherlich ist die Bezeichnung unseres Tuns nachrangig gegenüber dem, was wir wirklich tun, aber kann ein Außenstehender unter dem Begriff „Forstwirtschaft" wirklich die ausgewogene Zielansprache der „langfristigen ökologischen Waldentwicklung" („Löwe") begreifen? Ich möchte die Sache nicht dramatisieren, aber ehe Mißdeutungen forstlichen Tuns zu falschen Schlüssen führen, erscheint es mir doch bedenkenswert, nicht nur die Ziele, sondern auch deren Bezeichnungen zu überdenken.

Eines ist klar: Die Ansprüche an den Wald werden weiter steigen. Bei der Nutzfunktion zeichnet sich ab, daß rückläufige Holzimportmöglichkeiten (z. B. Tropenwald, Bevölkerungswachstum und steigender Eigenbedarf in Holzexportländern) die Nachfrage nach einheimischem Holz vergrößern werden. Die mittelfristig zu erwartende Verknappung von Rohstoffen und Energie sowie Umweltauflagen können zu einer relativen Verteuerung und Verdrängung von Substitutionsprodukten führen. Holz könnte also relativ wertvoller werden und wenigstens einen Teil seines seitherigen relativen Wertverlustes ausgleichen. Im Bereich der Schutzfunktionen sowie des Biotop- und Artenschutzes ist ebenfalls mit steigenden Anforderungen zu rechnen. Die Bedeutung des Waldes für die Sicherung der natürlichen Lebensgrundlagen ist nicht ersetzbar (Schumacher, 1991).

Eine Neuorientierung bedeutet Erkennen und Bekennen unserer Fehler und nicht etwa Vertuschen von Problemen, die jedermann im Wald sehen kann. Fehler führen nur dann auf die Verliererstraße, wenn man sie wider besseren Wissens hartnäckig verteidigt. Es gehört oft mehr Mut dazu, seine Meinung zu ändern, als ihr treu zu bleiben. Ein verantwortungsvoll handelnder Forstmann kann heute so viele ökologische Pluspunkte sammeln, daß er getrost frühere Fehler eingestehen darf. Als Motivation zum Ärmelhochkrempeln führen Fehler immer auf die Gewinnerstraße. Bohn und Krause (1991) von der Bundesforschungsanstalt für Naturschutz und Landschaftsökologie stufen nur etwa 10 % der deutschen Wälder nach strenger Definition als wirklich „naturnah ohne Wenn und Aber" ein. Ich kann dies nicht als Vorwurf an die deutsche Forstwirtschaft verstehen, die schließlich auch nur ein Ergebnis ihrer Geschichte und ihres wirtschaftlichen Rahmens ist.

Weit über die Hälfte der bundesdeutschen Wälder ist durchaus nicht als naturnah zu bezeichnen, das Postulat der Gleichrangigkeit der Ziele muß also noch hart erarbeitet werden. Das ist positive Herausforderung für jeden praktizierenden Forstmann, dem diese ökologische Neuorientierung viel mehr Freude bereitet als eine auf überzogene Rationalisierung, Mechanisierung und Extensivierung abstellende Forstwirtschaft. Die Gleichrangigkeit der Ziele kostet Geld. Daher fordert die Gesellschaft zu Recht:

„Es wäre bei der günstigen Ökobilanz des Holzes nicht nur volkswirtschaftlich, sondern auch umweltpolitisch unverantwortlich, es durch andere, mit hohem Energieaufwand produzierte Rohstoffe zu ersetzen oder über das unbedingt erforderliche Maß hinaus über lange Transportwege aus dem Ausland zu beziehen, zumal es dort häufig weit weniger umweltschonend produziert und geerntet wird als bei uns. Eine Waldbewirtschaftung, die für sich das Attribut ‚naturnah' oder gar ‚naturgemäß' in Anspruch nimmt, ist selbstverständlich verpflichtet, auf Bestandteile des Waldes Rücksicht zu nehmen, die wegen ihrer Seltenheit oder Ursprünglichkeit ökologisch besonders wertvoll sind. Die Erfassung und der Schutz von Sonderbiotopen, von gefährdeten Tier- und Pflanzenarten und Naturwaldrelikten sowie die Förderung seltener Bäume und Sträucher, all das sind Aufgaben, denen sich Waldbesitzer und Förster gleichrangig und gleichsinnig stellen müssen. Es muß alles daran gesetzt werden, um das wirtschaftliche Handeln der für den Wald Verantwortlichen zu motivieren und das aus der Balance geratene Gleichgewicht von Holzproduktions- und Dienstleistungsfunktionen wieder herzustellen." (Otto, 1992)

Nachteile von Monokulturen

Monokulturen ohne standortgemäße Mischungsbaumarten sind im System generell instabil. Besonders kritisch sind standortfremde Nadelholzreinbestände auf armen sauren Böden, die durch Immissionen zusätzlich schwer geschädigt werden. Hier kann der Abbau der Bestandsabfälle erheblich ins Stocken geraten. Die ohnehin schlechten Lebensbedingungen werden für viele Mikroorganismen immer unwirtlicher. Die Detritusnahrungskette des Waldökosystems erleidet dann schwere Störungen. Die Folgen zeigen sich z. B. in Nährstoffauswaschung, Stickstoffmangel und nachlassender Fruchtbarkeit.

Besonders bedenklich ist die Empfindlichkeit der Nadelholzmonokulturen gegen Störungen (z. B. Sturm, Schnee, Feuer und Insektenkalamitäten), wie Tabelle 29 an Beispielen verdeutlicht (nach Burschel).

Standortgemäße, in nicht zu großen Einheiten aufgebaute, naturnahe Mischbestände sind wesentlich widerstandsfähiger. Das gilt insbesondere auch bei Massenvermehrungen von Schadinsekten. Alle Arten haben ihre natürlichen Feinde, die aber ihre speziellen Lebensbedingungen brauchen. Zu den Regulatoren gehören zwar auch Vögel, Fledermäuse und Wildschweine, entscheidend aber sind Viren, Bakterien, Pilze und Parasiten. Besonders wirksam sind Parasiten – ebenfalls Insekten –, die ihre Eier in die Schadinsekten legen. Unter naturnahen Verhältnissen sind diese Parasiten fast immer in ausreichender Zahl vorhanden. Dazu finden sie genügend andere Insektenarten auf den beigemischten Baumarten oder in der Bodenvegetation. Dadurch bleibt die Population der Parasiten immer groß genug, sie steht sozusagen Gewehr bei Fuß, um sich bei beginnenden Massenvermehrungen von Schadinsekten, also bei besserer Nahrungsgrundlage, selbst schnell zu vermehren und damit eine „Explosion" der Schadinsekten wirksam zu verhindern.

Der Forstmann muß in standortfremden Monokulturen ständig reagieren, und dies besonders in immissionsgeschädigten Beständen, die eine ausgesprochen gefährliche Disposition für Käferkalamitäten haben. Die vielen Lockstoffallen in den

Tabelle 29: „Typische" Katastrophen in Nadelholzreinbeständen

Jahr	Ort	Ursache	Umfang des Schadens
1944–1951	Mitteleuropa	Fichtenborkenkäfer	30 Mio. m^3 Holzanfall
1959–1960	Mittel- und Oberfranken	Kiefernbuschhornblattwespe	Befall auf 60 000 ha
1967	alte Bundesländer	Sturm	18 Mio. Festmeter
1972	alte u. neue Bundesländer	Sturm	rund 125 000 ha zerstört, 29 Mio. m^3 Holzanfall
1975	Niedersachsen	Feuer	10 000 ha durch Großfeuer zerstört
1980	neue Bundesländer	Schneebruch	7 Mio. m^3 Holzanfall
1981	neue Bundesländer	Schneebruch	5 Mio. m^3 Holzanfall
1982	alte Bundesländer	Schneebruch	9 Mio. m^3 Holzanfall
1984	Hessen, Rheinland-Pfalz	Sturm	12 Mio. m^3 Holzanfall
1984	neue Bundesländer	Schneebruch	3 Mio. m^3 Holzanfall
1987	neue Bundesländer	Schneebruch	1 Mio. m^3 Holzanfall
1990	alte u. neue Bundesländer	Sturm	73 Mio. m^3 Holzanfall

Wäldern sind für alle Waldbesucher sichtbare Zeichen dafür. Dennoch kommt es hier und da zu Massenvermehrungen mit entsprechenden Folgen. In den großen Nadelholzreinbeständen der jungen Altersklassen, deren Pflege sehr viel mehr kostet, als das Holz einbringt, kann es sich der Forstmann nicht leisten, schwache Sortimente bei Pflegeeingriffen wegen der Käfergefahr liegenzulassen. Statt dessen müssen die Schwachhölzer mit großem Aufwand herausgeschafft werden. Damit verbunden sind hohe Rückeschäden. Dabei wird manchmal aus Angst vor einer Käferkalamität auch übers Ziel hinausgeschossen. Bei einem ausgeglichenen Grundbestand von Nutz- und Schadinsekten in einem naturnahen Wald könnte man eher das Risiko eingehen, „Defizitsortimente" an Ort und Stelle zu belassen.

Große Artenfülle in einer Mischbestands-Lebensgemeinschaft, ein hohes Maß an zwischenartlichen Vernetzungen und Abhängigkeiten, an Feind- und Konkurrenzwirkung macht Massenvermehrungen einzelner Arten weniger wahrscheinlich und wirkt stabilisierend auf die Gemeinschaft (Altenkirch, 1982). Verlust an Vielfalt – z. B. durch Verringerung an horizontaler oder vertikaler Strukturierung und Verarmung der gesamten Vegetation – bedeutet also stets auch Stabilitätsverlust.

12.3 Das Mosaik-Zyklus-Konzept als Modell der Dynamik in Ökosystemen

„Ich kann nicht zugleich dein Freund und dein Schmeichler sein."
Phokion (um 402–318 v. Chr.)

„Wer die Natur beherrschen will, muß ihr dienen!"
Lord Francis Bacon (1561–1626)

Die Erläuterung des sehr verbreitet gültigen Mosaik-Zyklus-Konzeptes als Modell der Ökosysteme mag zunächst recht theoretisch erscheinen. Die Darstellung ist jedoch deshalb so wichtig, weil die Vegetationsformen auch unserer Kulturlandschaften dazu neigen, sich in die standörtlich vorgegebene Sukzession gewissermaßen „einzuklinken" und diese rotierende Dynamik langfristig anzustreben. Die diesem Ablauf zugrunde liegende ökologische Gesetzmäßigkeit gilt daher für alle Standorte und für alle Vegetationsformen, ist also für alle Naturfreunde von Interesse. Es handelt sich hierbei allerdings um ein Modell, von dem die Natur durchaus abweichen kann. Mir kommt es bei der Darstellung auf die Denkrichtung an, die überall zu vielen praxisnahen Anregungen führt.

Natur- oder Urwälder sind für Forstleute Quelle vieler ökologischer Erkenntnisse, die zahlreiche praktikable Anregungen für eine moderne Forstwirtschaft vermitteln können. Leibundgut, Nestor der Schweizer Urwaldforschung (mein hochverehrter Waldbaulehrer in Zürich), schreibt in seinem Urwaldbuch 1982:

„Unsere Beobachtungen in den Resten mittel-, ost- und nordeuropäischer Urwälder ergaben, daß nur auf einem kleinen Teil der Fläche wirklicher ‚Klimaxwald' stockt und daß innerhalb der Urwaldkomplexe ein stetiger Wandel sowohl zu verschiedenen Entwicklungsphasen innerhalb der Schlußwaldgesellschaft als auch zu verschiedenen Stadien von Waldsukzessionen führt. Eine Beschränkung des Urwaldbegriffs auf das klimatisch bedingte Endglied hätte somit zur Folge, daß ein Waldteil abwechselnd bald als Urwald, bald als Nicht-Urwald zu bezeichnen wäre."

Viele Erkenntnisse über das „Mosaik-Zyklus-Konzept" der Urwälder gehen auf Leibundgut zurück. Ein mitteleuropäischer Urwald besteht demnach aus sich zyklisch ändernden Mosaiksteinen, deren Zyklen asynchron ablaufen. Die Stadien eines Zyklus nennt man: „Jugend-, Optimal-, Alters-, Zerfalls- und Verjüngungsphase", wobei die Optimalphase einem europäischen Wirtschaftswald sehr ähnelt (Remmert, 1991). Dieses Zyklus-Konzept betont die Dynamik, die auch in jeder Klimax-Gesellschaft ein ständiges Kommen und Vergehen verursacht (vgl. Kap. 3, „Ungleichgewichtstheorie"):

- Die Optimalphase ist eine Art Altersklassenwald mit sehr einseitigem Altersaufbau, d. h., die Bäume sind ziemlich gleichaltrig. Ein dieser dominierenden Baumart entsprechender Unterwuchs spielt eine vergleichsweise geringe Rolle.
- Das relativ gleiche Alter in der Optimalphase bedingt ein nahezu gleichzeitiges Zusammenbrechen. Es entstehen Baumsturzlücken („treefall-gaps"), die in unseren Wäldern wie in tropischen Regenwäldern je nach Artenzahl kleine (artenreiche Variante) oder große Ausmaße (artenarme Variante) erreichen.
- Beim Sturz eines großen alten Baumes entsteht eine größere Lücke, die dem Sturm neue Angriffsflächen bietet. In dem plötzlich stark belichteten Bereich sterben Schattenpflanzen, weil die vorhandenen Samen, Keimlinge und Jungpflanzen von lichtbedürftigen Bäumen in der Konkurrenzstärke bevorteilt werden und sehr schnell in die Höhe wachsen. Es sind durchweg echte Pionierpflanzen (r-Strategen, vgl. Kap. 3), die in diesen Bereichen die Herrschaft übernehmen, die allerdings nach relativ kurzer Zeit – um 100 Jahre – wieder von den

Urwaldriesen abgelöst werden, die sie unter sich (K-Strategen) oder in ihrem Schutz aufkommen lassen. In dieser Zerfalls- und Verjüngungsphase, also in den Baumsturzlücken ist die größte Diversität festzustellen.
- So ist es typisch, daß in einem Urwald die nur hochschießenden Jungpflanzen oft nicht der ursprünglichen Baumart angehören, so daß auf den Zusammenbruch des „Urwaldaltersklassenwaldes" eine neue Baumgesellschaft folgt, die später wieder von dem ursprünglichen Urwald abgelöst wird.

Störungen gehören also zur „Funktion" eines Waldökosystems von Natur aus. Otto (1991) spezifiziert dies und leitet daraus wichtige praktische Folgerungen für einen naturnahen Waldbau ab:

„Störungen sind immer gerichtet – gewissermaßen ‚spezialisiert' – auf Baumarten, Baumteile, Baumalter und Waldzustände, z. B.:
- viele Insekten und Pilze auf bestimmte Baumarten;
- Pilzbefall auf warme und feuchte Dickungen;
- Schneebruch auf überdichte Nadelholzbestände;
- Waldbrand auf Waldzustände mit viel trockenem Holz usw.

Daraus ist zu folgern:
1. Je homogener in großen Flächen ein Wald nach Arten, Alter und Struktur sich darbietet, um so größer ist die Chance, daß eine bestimmte, hierauf spezialisierte Störung großflächige Wirkungen hervorruft.
2. Je strukturreicher, mischungsreicher und ungleichaltriger ein Wald in kleinflächiger Mosaikstruktur sich darbietet, um so weniger Störungspotential finden verschiedene Störungsarten. Ihre Auswirkungen bleiben kleinflächiger und weniger gravierend.
3. Die zerstörerische Waldkatastrophe, der spontane, großflächige Zusammenbruch bleibt nichtsdestoweniger eine Möglichkeit der Natur. Sie wirkt als Wald-Homogenisierer, da sie Aufbau, Mischung, Alter, Struktur und Zergliederung mit einem Schlag vernichtet.
4. Die häufigere kleine Störung ist ein Wald-Strukturierer, denn sie fördert die Mosaikzerlegung des Waldes. Die einzelnen kleinen Mosaikteile können über Lückendynamik eine Störungsfolge rasch überwinden. Ein großes Waldgebiet in guter Mosaikzerlegung reagiert mithin elastisch auf Einbrüche. Als großes Ganzes gewinnt es an Stabilität, werden Störungen nur noch immer kleinere Teile der Gesamtstruktur treffen können." (Otto, 1993)

Von besonderer Bedeutung ist also die Zeitkomponente. Englische und belgische Arbeiten betonen, daß die Regeneration stark gestörter Waldgesellschaften sogar bei den Gefäßpflanzen 200 bis 800 Jahre dauern kann. Andererseits sollen z. B. Arten wie der Adlerfarn bis zu 240 Jahre mit seinen unterirdischen Sprossen ohne Austrieb im Boden verharren können (Remmert, 1991). Der Anteil wirklich alter Waldflächen liegt z. B. in Niedersachsen bei höchstens 25 % der Waldfläche. So stellt nach heutigen Erkenntnissen aus der Sicht des Pflanzen- und Tierartenschutzes der Vollumbruch eine unnatürliche Katastrophe dar (Kleinschmit, 1993), die jedenfalls auf alten Waldböden nicht mehr zu verantworten ist. Das bestätigen Erkenntnisse über die Wirkung von Energiefluß und Nährstoffkreislauf auf die Elastizität von Ökosystemen. Je größer dieser Fluß ist, desto schneller werden die Wirkungen einer Störung aus dem System „herausgespült". In dem Zusammenhang sind auch Verweilzeiten verschiedener Nährstoffe in den Komponenten von Waldlebensgemeinschaften von Interesse:

Eine Einheit Stickstoff etwa existiert durchschnittlich 109 Jahre im Boden, wird in die Waldbiomasse 88 Jahre lang aufgenommen, fällt in die Streuschicht und verbleibt dort bis zu 5 Jahre, passiert einen Detritivoren innerhalb von nur wenigen Tagen, um ein zweites Mal in die Waldbiomasse aufgenommen zu werden. Wegen dieses effektiven Recyclings neigt Stickstoff dazu, sehr lange Zeit im System zu bleiben (1815 Jahre), bevor er ausgewaschen wird und verlorengeht. Auch Kalzium ist langfristig vorhanden (445 Jahre). Beide stehen im Gegensatz zu kürzer zirkulierenden Elementen wie Caesium (Begon et al., 1991).

Man kommt dem Grundgedanken des Mosaik-Zyklus-Konzeptes wohl am ehesten auf die Spur mit der Frage, wie auf bestimmte Waldstrukturen oder Artenzusammensetzungen spezialisierte, wenig migrationsfähige Tierarten Jahrtausende überlebt haben können. Wie konnten z. B. Laufkäferarten oder Kleinschlangen weiterexistieren, obwohl ihre kleinen Lebensräume durch die Eigenentwicklung der Vegetation stets irgendwann für sie lebensfeindlich wurden? Was bewahrte sie vor Verinselung und daraus resultierendem Aussterben? Remmert (1991) beschreibt den nach seiner Einschätzung denkbaren Zyklus für hiesige Rotbuchenwälder:

„In Deutschland haben wir versucht, aus physiologisch meßbaren Befunden auf mögliche Zyklen in dem vorherrschenden Wald, dem Rotbuchenwald zu schließen. Wir haben die Aufheizung der Borke durch direkte Sonneneinstrahlung gemessen, die Isolationswirkung der Borke und die Aufheizung des Kambiums. Rotbuchen sind dafür bekannt, daß sie während des Sommers keine intensive Sonnenbestrahlung des Stammes ertragen. Unter diesen Bedingungen erleiden sie einen Sonnenbrand. Die Rinde platzt ab und schließlich stirbt der Baum. Damit können die Sonnenstrahlen auf den im Wald folgenden Stamm fallen und er erleidet das gleiche Schicksal. Nach einem Windbruch wird in einem geschlossenen Buchenhallenwald der Wald immer weiter zurückgedrängt. An seiner Stelle sprießen vorwiegend Stauden und dann Birken aus dem Boden... Die weiße Rinde der Birken reflektiert auffallendes Sonnenlicht nahezu vollständig, und so kommt es zu einer vernachlässigbaren Überhitzung des Stammes. Auf Birken folgen dann Bäume, die im erwachsenen Zustand eine sehr rissige Borke besitzen, wie Ulmen, Eschen, Berg- und Spitzahorn, Erle und Wildkirsche... Eichen haben mit ihrer dicken Rinde ein zusätzliches Isolationsmaterial um den Stamm. Gleichzeitig vertragen Eichen, wie die anderen genannten Arten, auch ein Freistellen des Stammes, was Buchen nicht vertragen können. Wir postulieren, daß erst im Schatten solcher Bäume in vielen Urwaldgebieten ein Rotbuchenjungwuchs wieder aufwachsen kann. Die Rinde unserer Waldbäume ist also ein Indikator für die Position der Bäume im Zyklus der Walderneuerung."

Diese Darstellung ist umstritten, doch kommt es hier lediglich auf die „Denkrichtung" an, die auf Zyklen abstellt, die asynchron nebeneinander ablaufen und dadurch Verinselungsgefahren verringern, weil in der Nähe meist wieder vergleichbare Lebensbedingungen zu finden sind.

Die Einstufung der Naturnähe ist nicht gleichbedeutend mit größter Artenvielfalt. Diese stellt sich in bestimmten Phasen ein und ist spezifisch für jede Waldgesellschaft. Wichtig ist, daß die Artenvielfalt „ökologisch angepaßt" und dadurch „funktionsgerecht" ist. Man spricht deshalb von „naturnaher Artenvielfalt" und meint damit eine, die von Natur aus in einer natürlichen Waldgesellschaft in einem bestimmten Sukzessionsstadium zu finden ist. In den Buchengesellschaften Mitteleuropas rechnet man mit rund 7000 Tierarten (20 % der terrestrischen Fauna), davon sollen etwa 1000 stark an die Buche gebunden sein. In einem Buchenbestand des Hochsollings fand man 1500 bis 1800 Tierarten, im benachbarten 100jährigen Fichtenbestand etwa genauso viele (Ellenberg et al., 1986).

Manche Wälder in der Optimalphase sind nur aus einer einzigen Baumart aufgebaut. Das kann nicht nur in Wirtschaftsforsten, sondern auch in Naturwäldern vorkommen, z.B. Birkenwälder Nordeuropas, Buchenwälder Mitteleuropas oder Neuseelands und Südamerikas, Fichtenwälder in Hochlagen der europäischen Mittelgebirge oder in mittelhohen Lagen der Alpen, Mopami-Wälder Afrikas. Ihnen könnte nach einem infolge der Artenarmut relativ schnell und großflächig ablaufenden Zusammenbruch nach der Zerfallsphase eine Wiesenfläche folgen, die ganz fremdartig wirkt. Das Ganze wäre dann kein „Waldsterben", sondern im Zykluskonzept ein für ein einartiges Waldgebiet „normales" Sukzessionsstadium (Remmert, 1991).

Im Nationalpark Bialowieza in Polen hat Falinski (1988) festgestellt, daß eine aus Altersgründen absterbende Baumart in den verschiedensten Pflanzengesellschaften stets durch eine andere Baumart ersetzt wird:

- Kiefern-/Fichten-Wälder durch Sand- und Moorbirke, z.T. Pappelarten;
- Kiefern-/Fichten-/Eichen-Wälder durch Sand- und Moorbirke, Pappel, Salweide;
- Linden-/Birken-Wälder durch Pappel, Salweide, Sand- und Moorbirke, Erle, Eiche, Ahorn und Fichte;
- Erlenwälder durch Moorbirke, Esche, Fichte.

Nach dem Mosaik-Zyklus-Konzept gibt es keine einheitlichen Lebensräume, sondern es stellt sich nach kurzer Zeit in allen Lebensräumen eine mosaikartige Struktur mit entsprechender Artenvielfalt ein. Das ganze System bewegt sich ständig, generell in eine Richtung und stets auf katastrophenartige Zustände zu – etwa den Fall eines Urwaldriesen mit dem anschließenden Sterben der Schattenpflanzen unter ihm. So sind alle in einem Ökosystem denkbaren Katastrophen ebenso wie die Reparatur solcher Katastrophen bereits im System angelegt. Ein ökologisches Gleichgewicht wäre also in Zukunft durch asynchrone Zyklen zu ersetzen. Massenvermehrungen von Schadinsekten, von Nematoden, Pilzen, Viren oder andere Seuchenzüge, wie sie schon oft in naturnahen Systemen (in der Terminalphase) beobachtet wurden, könnten als zum System gehörig anerkannt werden, und die Reparatur ihrer Effekte läge automatisch im System (Remmert, 1991).

Ein wesentlicher Regulationsmechanismus besteht hierbei jeweils im möglichen Lebensalter der Teilglieder, also z.B. im möglichen Lebensalter der Buche, der Birke oder der Ahornarten, und daneben im Konkurrenzverhalten im Kampf um die Nährstoffe oder um das Licht. Unter stark schattenwerfenden Bäumen (z.B. Rotbuche) ist Wachstum erst möglich, wenn das Kronendach löchrig wird. Die junge, lichtbedürftige Buche kann dort in der Regel nicht wachsen. „Windbrüche (also Stürme), Krankheiten, Massenvermehrungen von Schadinsekten können manche Abschnitte des Zyklus stark beschleunigen und damit zu kürzeren Zyklen führen. Auf der anderen Seite ist es auch möglich, daß manche Stadien nicht unbedingt von einem normalerweise folgenden Stadium mit anderen Baumarten abgelöst werden, sondern – etwa im Buchenhallenwald – das gleiche Stadium mehrfach nacheinander auftreten kann. Auf diese Weise wird der Zyklus verlangsamt." (Remmert, 1991) Auch nach Schmidt (1991) ist es noch unklar, ob sich die in Mitteleuropa vorherrschenden Laubwälder vorrangig über kleinere Lücken oder großflächig verjüngen. Forstlich ist bei der Buche beides möglich.

Hieraus ergeben sich auch grundsätzliche Hinweise für Fragen der „Artenvielfalt" oder „Strukturdiversität". Das „Endstadium" (das es in einem Kreislaufsystem genaugenommen gar nicht gibt)

Abb. 97. Das Mosaik-Zyklus-Konzept der Waldökosysteme enthält für die praktische Arbeit aller Naturschützer eine Fülle von Anregungen:
Alle natürlichen Sukzessionen laufen kleinstandörtlich asynchron ab, weil der Zyklus in der Art seines Ablaufes und in der Geschwindigkeit sowohl durch innere Faktoren (z. B. Altersgrenze der Gehölzpflanzen und der Bäume, Standortqualität, Konkurrenz, Äsungspräferenzen der Pflanzenfresser u. a.) als auch durch äußere Faktoren (z. B. Feuer, Wind, Überflutung, Kalamitäten u. a.) gesteuert wird. Der Zyklus ist daher äußerst vielfältig und konkret kaum vorhersagbar (Scherzingen, 1989). Auch die sog. „Klimax-Gesellschaft" (K) der Hauptbaumart stellt in der möglichen Zyklusvielfalt gewissermaßen nur ein Stadium dar,

das durch verschiedene Pionierzyklen (z. B. P_1, P_2) für eine begrenzte Zeit abgelöst werden kann. Und auch diese Pionierzyklen müssen nicht vollständig „rundlaufen", weil relativ früh unter ihrem noch jungen Kronenschutz z. B. die Hauptbaumart wieder einwandern kann. Für einen theoretischen mitteleuropäischen Buchenurwald z. B. nennt Remmert (1991) zwei mögliche Pionierregenerationszyklen nach der Temperaturverträglichkeit der Baumrinde: „Nach Abbsterben der Buchen kommen zunächst Stauden, dann Birken (bzw. Weiden) und unter deren Schutz schließlich Ahorn, Esche und Wildkirschen hoch, die später dann wieder von Buchen abgelöst werden. Normalerweise wird dieser Zyklus verkürzt, indem auch Buchen wieder auf die Zerfalls- und Freiraumphase folgen." Zyklen können also im Falle der Buche durchaus 300–800 Jahre dauern. Entscheidend bei dem ständigen Kommen und Gehen der verschiedenen Sukzessionsstadien ist, daß die Phasen im Natur- bzw. Urwald relativ kleinflächig mosaikartig nebeneinander verteilt sind, so daß spezialisierte Begleitpflanzen, die auf bestimmte Phasen angewiesen sind, und vor allem wenig migrationsfähige Tierarten (z. B. nicht flugfähige Insekten oder Schlangen) vor einer Verinselung und damit vor einem punktuellen Aussterben weitgehend geschützt sind. Nur infolge der relativ engen Vernetzung, also der Mosaik-Struktur, konnten und können viele Arten überleben. Bei großen gleichalten Flächen forciert ein Altersklassenwald Verinselungs- und Aussterbeprozesse. Zu beachten ist die ökologische Funktion der Pflanzenfresser (Herbivoren), die je nach Entstehung eines Freiraumes (z. B. Insektenkalamität, Feuer, Sturm, Überschwemmung, Bruch eines Biberdammes) eine Wiesenphase durchaus 30–50 Jahre und länger erhalten können und dadurch auuch für die Erhaltung dieser Pflanzen- und Tiergesellschaften beitragen, sofern sie infolge einer Überpopulation nicht deren Verschwinden verursachen.

einer natürlichen Vegetation, nämlich die Klimax-Gesellschaft (die in diesem Zykluskonzept am längsten dominiert), ist stets ein Mosaik verschiedener Pflanzengesellschaften, die jeweils einem eigenen Zyklus folgen. Darin sind manche Phasen artenarm (nur eine Pflanzenart dominiert das System, und von entsprechend geringer Vielfalt ist die Fauna) und manche Phasen sehr artenreich. Artenarm ist z.B. die Optimalphase des Buchenhallenwaldes. Die größte Struktur- und Artenvielfalt tritt in der Zerfallsphase nach dem Fallen der Urwaldriesen ein. Derartige Erkenntnisse der Urwaldforschung sind für die ökologisch orientierte Forstwirtschaft selbst und deren Beurteilung durch Außenstehende von großer Bedeutung: Hohe und niedrige Diversität wechseln sich im System ab (siehe Abbildung).

Alle natürlichen Sukzessionen laufen kleinstandörtlich asynchron ab, weil der Zyklus in der Art seines Ablaufes und in der Geschwindigkeit sowohl durch innere Faktoren (Altersgrenze der Gehölzpflanzen und der Bäume, Standortqualität, Konkurrenz, Äsungspräferenzen der Pflanzenfresser u. a.) als auch durch äußere Faktoren (Feuer, Wind, Überflutung, Kalamitäten u. a.) gesteuert wird. Der Zyklus ist daher äußerst vielfältig und konkret kaum vorhersagbar (Scherzinger, 1989). Auch die sog. Klimax-Gesellschaft (K) der Hauptbaumart stellt in der möglichen Zyklusvielfalt gewissermaßen nur ein Stadium dar, das durch verschiedene Pionierzyklen (z. B. P1, P2) für eine begrenzte Zeit abgelöst werden kann. Und auch diese Pionierzyklen müssen nicht vollständig rundlaufen, weil relativ früh unter ihrem noch jungen Kronenschutz die Hauptbaumart wieder einwandern kann. Ebenso ist es möglich, daß die Freiraum- oder Wiesenphase quasi übersprungen wird oder kurz ausfällt. Zyklen können z. B. bei der Buche kleinräumig wechselnd durchaus 300 bis 800 Jahre – ja über Esche und Ahorn auch 1500 Jahre dauern. Entscheidend bei ständigem Kommen und Gehen der Sukzessionsstadien ist, daß die Phasen im Natur- bzw. Urwald relativ kleinflächig mosaikartig nebeneinander verteilt sind, so daß spezialisierte Begleitpflanzen, die auf bestimmte Phasen angewiesen sind, und vor allem wenig migrationsfähige Tierarten (z.B. nicht flugfähige Insekten oder Schlangen) vor Verinselung und damit vor punktuellem Aussterben weitgehend geschützt sind. Nur infolge der relativ engen Vernetzung, also der Mosaik-Struktur, konnten und können viele Arten überleben. Bei großen gleich alten Flächen forciert ein Altersklassenwald Verinselungs- und Aussterbeprozesse. Zu beachten ist die ökologische Funktion der Pflanzenfresser (Herbivoren), die je nach Entstehung eines Freiraumes (z. B. Insektenkalamität, Feuer, Sturm, Überschwemmung, Bruch eines Biberdammes) eine Wiesenphase durchaus 30 bis 50 Jahre und länger erhalten können und dadurch auch für die Erhaltung dieser Pflanzen- und Tiergesellschaften beitragen, sofern sie infolge einer Überpopulation nicht deren Verschwinden verursachen.

Auch das stetige Nachpflanzen der gleichen Baumart Generation für Generation erscheint so in einem anderen Licht, weil es nicht dem asynchron verlaufenden Zyklus-Konzept entspricht. Mit jeder weiteren gepflanzten Baumgeneration dürften sich die Probleme verstärken, weil stets die gleichen Nährstoffe entzogen und die Bäume während der Optimalphase geschlagen, Nährstoffe also nicht im natürlichen Maße rückgeführt werden; auch die unterschiedliche Durchwurzelungsintensität und Wurzelkonkurrenz spielt dabei eine Rolle. Hinzu kommt, daß Blätter verschiedener Bäume sehr unterschiedlich zersetzbar sind. Im Beispiel des europäischen Buchenwaldes haben wir über mehrere hundert Jahre eine Laubstreu aus sehr schwer zersetzbaren Buchenblättern, dann folgt eine kurze Phase mit sich zersetzenden Stauden, es folgen Birkenblätter (bzw. z. B. Weiden- oder Ebereschenblätter) und schließlich die leicht zersetzbaren Blätter des Mischwaldes aus Ulmen, Eschen und Ahorn oder Erlen besonders in Gewässernähe. Wir müssen also mit unterschiedlicher Bodenbildung und unterschiedlicher Bodenlebewelt in den einzelnen Stadien des Zyklus rechnen (Remmert, 1991). Zudem verbraucht der lebende Wald große Wassermengen und senkt dabei den Grundwasserspiegel. Bei Kahlschlägen (bzw. in der Zerfallsphase) steigt dieser dann wieder. Auch dies führt zu einer deutlichen Veränderung der Fauna, wie Herrchen (1989) auf Windbrüchen im Nationalpark Bayerischer Wald zeigen konnte. Während im trockenen Wald an Kleinsäugern vor allem Rötelmäuse und Gelbhalsmäuse dominierten, kamen auf den Windwurfflächen Sumpf- und Wasserspitzmäuse hinzu.

Remmert (1991) überträgt das Zykluskonzept auch auf andere Systeme und folgert, daß eine Begrenzung eines Ökosystems nach menschlichen Kriterien erfolgt: „Während die Verhältnisse im Wald relativ einfach sind und es großer Mühe bedarf, die Optimalphase des Buchenwaldes als nur einen Abschnitt aus einem Zyklus zu betrachten und nicht als Ökosystem zu sehen, ist das Ganze bei krautigen Pflanzen und Stauden viel problematischer. In Wirklichkeit herrscht hier jedoch – ob in der Steppe oder in der baumlosen Tundra – das gleiche System: eine alte Staude stirbt, an ihrer Stelle kommen andere Pflanzen, und erst nach einiger Zeit wird hier wieder eine Staude der ersten Art gedeihen. Das Ganze vollzieht sich jedoch im Quadratmeterbereich, und niemand ist bisher auf die Idee gekommen, derartige Phasen als selbständige Ökosysteme zu bezeichnen. Natürlich gilt das gleiche auch für bestimmte Phasen im Ablauf von Planktongemeinschaften."

Das Mosaik-Zyklus-Konzept liefert auch Erklärungen für das natürliche Vorkommen von Großtierarten in geschlossenen Urwäldern. Dies ist sowohl unter dem Aspekt der heutigen Schalenwildproblematik als auch unter dem Gesichtspunkt der enormen Eutrophierung unserer Ökosysteme über die Luft hochinteressant. Die Eutrophierung fördert unnatürlich und stark viele zur Dominanz neigende Pflanzen, die dann wesentlich stärker als sonst z. B. lichtliebende Krautpflanzen verdrängen. Werden diese Pflanzen nicht durch Herbivoren begrenzt (ähnlich wie artenreiche Bergwiesengesellschaften nur durch Wiesenpflege mit Abtransport des Mähgutes erhalten werden können), dann sind entsprechende Verschiebungen im Artenspektrum durch Eutrophierung ebenso unnatürlich. Ein höherer Pflanzenfresseranteil und daneben ein höherer Raubwildanteil wäre daher in einem unnatürlich eutrophierten System eher wahrscheinlich.

Zur Einschätzung der Zahl führt Remmert (1991) aus: „An den derzeitigen nordamerikanischen und eurasiatischen Wirtschaftswäldern verursachen die vorkommenden Großwildrelikte sehr erhebliche Schäden. Das hat zur Annahme außerordentlich niedriger natürlicher Dichten des Großwildes geführt. Geht man jedoch davon aus, daß z. B. aus den europäischen Wäldern Wildpferd, Auerochse, Wisent und Elch verschwunden sind, und rechnet man mit den üblichen Werten (0,5 bis 1 Stück Großwild/km^2), so kommt man bei sechs Großwildarten (Wildschwein, Rothirsch, Elch, Wisent, Auerochse, Pferd) auf etwa ein Stück jeder Art pro 10 km^2. Dieser rechnerische Wert ist nach dem Sozialverhalten dieser Tiere unwahrscheinlich; in einem natürlichen Urwald wird man mit höherer Dichte rechnen müssen. Bei Annahme von Mosaikstrukturen sind höhere Dichten möglich bei geringsten Verbißschäden. Allerdings wäre keine gleichmäßige, sondern eine extrem ungleichförmige Verteilung der Großtiere vorherzusagen. Sie würden besonders zahlreich an und in den Wiesen und Weichholzbereichen vorkommen, die in jedem Mosaikzyklus auftreten; dagegen würden sie in den Stadien der Optimalphase kurz vor dem Zusammenbruch praktisch völlig fehlen."

Weiser für die ökologisch angepaßte Zahl der Schalenwildarten ist also auch auf der Basis des Mosaik-Zyklus-Konzeptes stets der Zustand der Gesamtvegetation und der Anteil der Pflanzen, die in den auch von Natur aus bevorzugten Mosaiksteinen besonders verbreitet wären. Insbesondere der Anteil der Weichholzarten („Nebenbaumart" ist ein ökologisch unglücklicher Begriff) hat Weiserbedeutung, die von der Forstwirtschaft über Jahrhunderte unterschätzt worden ist. Auch auf Ackerbrachen wird auf kalkreichen Böden die Gehölzentwicklung in den ersten Jahrzehnten durch typische Pionier- bzw. Weichholzarten wie Salweide, Sandbirke, Aspe geprägt (Schmidt, 1991).

Remmert (1991) stellt in seiner Arbeit heraus:

- Ein Urwald ist nicht gleichförmig, sondern besteht aus einem Mosaik verschieden alter Stadien oder sogar aus einem Mosaik verschiedener Baumarten unterschiedlichen Alters, wobei in den Mosaiksteinen jeweils etwa gleich alte Bäume anzutreffen sind. Urwälder sind also eigentlich – mehr oder weniger kleinflächig wechselnde – Altersklassenwälder.
- Während in mitteleuropäischen Wirtschaftswäldern die Umtriebzeit bis zur Nutzung des Holzes zwischen etwa 80 und 200 Jahren liegt, werden die Bäume im Urwald zwischen 400 (Buche) und 1000 (Eiche) Jahre alt. Durch Nutzung wird also eine erhebliche Spanne (zwischen 300 und 800 Jahre) der Entwicklung des Ökosystems ausgeschlossen. Falls es spezifische Pflanzen und Tiere für diesen Altersbereich (und das zugehörige Totholz) gibt, werden sie besonders bedroht sein. Ein Wirtschaftswald gleicher floristischer Zusammensetzung (inklusive Baumarten!) hat eine ganz andere Vogelwelt als der zugehörige Urwald (wie sich

am Beispiel von Bialowieza zeigen läßt). Das zeigt, daß sich der Naturschutz bisher zu wenig um diese Alterungsprozesse gekümmert hat und daß hier besonders große Aufgaben liegen.

- In einem Urwald haben wir daher auch besonders große Mengen von charakteristischem Totholz, das sehr lange lagert.

Schmidt (1991) betont, daß sich die Waldbodenvegetation wegen ihrer großen Artenzahl, ihrer spezifischen Standortsansprüche an Licht, Wasser und Nährstoffe sowie ihrer einfachen Erfassung im Gelände sehr gut für eine Kennzeichnung der im Wald ablaufenden Veränderungen eignet. Allerdings sei es aufgrund der Veränderungen der Standortfaktoren auf kleinem Raum und der starken menschlichen Überformung der mitteleuropäischen Wälder z. Zt. unmöglich, aus einem augenblicklichen räumlichen Nebeneinander auf ein zeitliches Nacheinander im Sinne des Mosaik-Zyklus-Konzeptes zu schließen. Wissensfortschritte sind nur durch die Einrichtung und langjährige Erforschung von großen Waldschutzgebieten zu erzielen, in denen auf jedes direkte menschliche Eingreifen verzichtet wird. Die meisten Naturwaldreservate (oder Naturwälder) der Bundesrepublik sind dafür zu klein. Von bisher 420 in den alten Bundesländern ausgewiesenen Naturwaldreservaten sind die Hälfte kleiner als 20 ha und nur 11 größer als 100 ha.

Deshalb ist der Urwald ohne jede Holznutzung mit den meisten Teillebensräumen auch am artenreichsten. Für den kundigen Waldbesucher ist er infolge dieser Vielfalt ästhetisch besonders ansprechend und damit besonders erholungswirksam. Je mehr es uns gelingt – ob im Wald, im Park oder im eigenen Großgarten –, diese Urwaldbedingungen nachzuempfinden, desto mehr wird die Artenfülle für uns sicht- und erlebbar. Es gibt jedoch zwischen dem Altersklassen-Wirtschaftswald und dem Urwald unzählige Näherungsmöglichkeiten, die den finanziellen Erfolg je nach Erhöhung des notwendigen Aufwandes (z. B. Holzrücken mit Pferd oder Seilkrananlage statt mit Großmaschinen, Förderung nicht nutzbarer Strauch- und Baumarten, Zuwachsverzicht in Freiraumstadien u. a.) verringern. Diese Einbußen muß die Allgemeinheit bezahlen, wenn sie Artenvielfalt, Schönheit, Erholungswert und ökologische Stabilität fördern will.

Für Forstleute, die der Urwalddynamik eine gewisse Leitfunktion beimessen, an der sich einiges tägliches Handeln ausrichten läßt, ist wichtig: Ausgereifte Urwaldbestände der Mischwaldstufe Mitteleuropas sind durch kleinräumigen Wechsel der Mosaikflächen charakterisiert, was ihre außerordentliche Artenfülle (Baum-, Strauch- und Krautarten, Flechten, Pilze, Insekten, Vögel) und damit ihre relative Stabilität gegenüber Störungen von außen durch ein hohes „ökologisches Puffervermögen“ bedingt. Das Urwaldmosaik entspricht

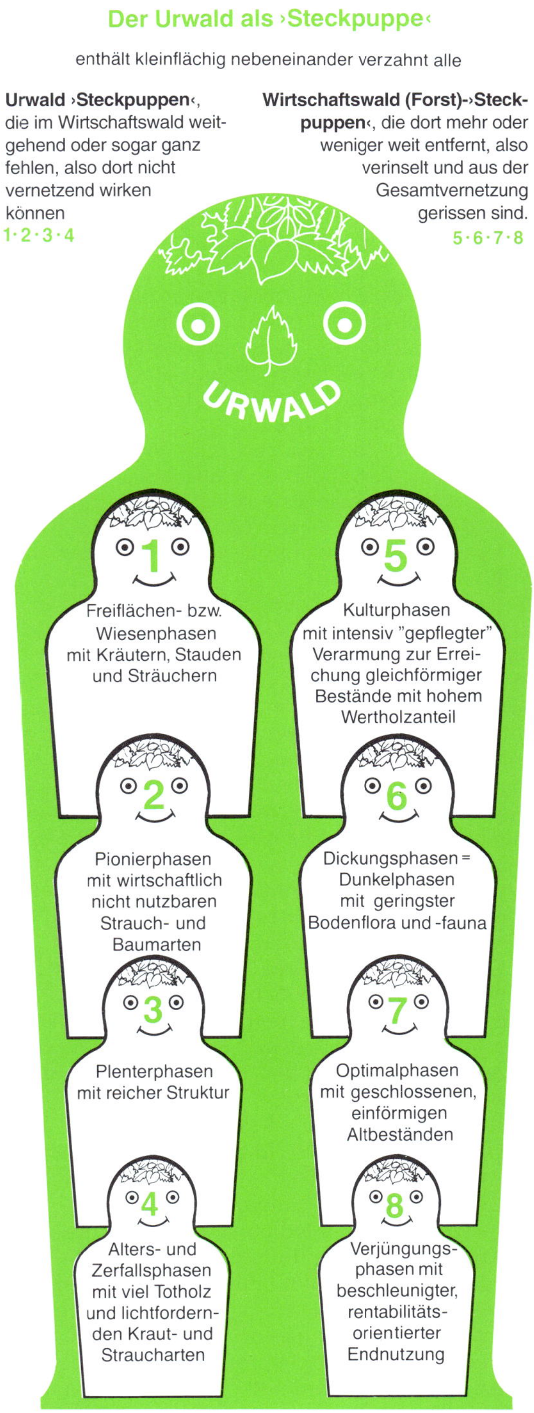

Abb. 98. Der Urwald und Wirtschaftswald als „Steckpuppe“. Sukzessionsstadien, die im Wirtschaftswald/Urwald fehlen.

der „Klimax", in der sich der Wald über große Zeiträume durch innere Verjüngung erneuert, ohne in seinem Gesamtbild zu altern. Diese Idealvorstellung vom Dauerwald wurde Leitbild der naturgemäßen Forstwirtschaft, denn es versprach „Stabilität" trotz hoher Eigendynamik (vgl. Leibundgut, 1982; Bibelriether, 1975; Meister, Schütze u. Sperber, 1984). Nutzungsbedingt können das Tempo der Rotation sowie Größe und Verteilung der Mosaik-patches im Wald zugunsten der Artenvielfalt noch gesteigert werden (Scherzinger, 1991).

Die ökologischen Ausgangsbedingungen für den Artenschutz sind in diesem Rahmen:

1. die Dynamik der Biotopsukzession, von der Vegetationszusammensetzung, Struktur, räumliche Ausdehnung und Veränderungstempo der Einzelflächen abhängen;
2. die periodische bzw. zyklische Wiederkehr des Ablaufes, der meist auch durch katastrophale Zäsuren gekennzeichnet ist und mit einem Wechsel der Leitarten in der Vegetation, der Flächenverteilung und deren Proportionen etc. einhergehen kann;
3. das räumliche Nebeneinander unterschiedlichster Phasen parallel – aber asynchron – laufender Zyklen (Scherzinger, 1991).

In diesem Rahmen ist auch der „monistische Ein-Art-Schutz", der sich aus der jagdlichen Hege ableitet, viel zu einseitig gesehen und als „landwirtschaftliche Mastsimulation" fehlinterpretiert. Artenschutz sollte heute mehr und mehr als Synonym für die Sicherung von Artengemeinschaften durch Biotopschutz verstanden werden. Die Jagd hat dabei als Regulationsersatz eine große ökologische Aufgabe und als zurückhaltende Überschußnutzung auch eine gewisse „Teilhaberfunktion" in einem dichtbesiedelten Kulturland.

Ökologisch bedeutsam ist auch die Artenzusammensetzung der Schalenwildarten, die als unterschiedliche Freßtypen differenzierende Nahrungspräferenzen haben und dadurch die Konkurrenzverhältnisse der Flora unterschiedlich beeinflussen:

1. Konzentratselektierer (z. B. Reh);
2. Gras- und Rauhfutterfresser (z. B. Muffelwild, Auerochse, Wisent);
3. Zwischentyp (z. B. Rotwild).

Insgesamt ist die Waldfauna keine ökologische Einheit, da sich die Biotopqualität des Waldes ständig – zeitlich wie räumlich – ändert und die einzelnen Arten und Artengruppen unterschiedlichen Sukzessionsphasen in diesem Mosaik-Zyklus-System zuzuordnen sind. Der Großteil spezialisierter – und bedrohter – Tierarten lebt in sehr jungen (Zusammenbruchs-, Pionier- und Verjüngungsphase) oder in sehr alten Wäldern (Plenter- und Zerfallsphase), weshalb der Artenschutz möglichst hohe Anteile dieser wichtigen Phasen anstreben sollte (Parker et al., 1979).

Ein Management im Wald sollte sich heute – zur Schließung bisheriger Defizite – auf die künstliche Stabilisierung oder Imitation besonders wertvoller Sukzessionsstadien konzentrieren. Der Arbeitskreis Forstliche Landespflege (1984) hat in diesem Sinne einen Leitfaden zur „Biotoppflege im Wald" herausgegeben, um waldbewohnenden Fledermäusen, Vogelarten, Bockkäfern, Holzwespen und Ameisen dauerhafte Refugien zu sichern. Ganz allgemein wird von einem Mehr an Naturnähe im Wald eine Steigerung seiner artenschützerischen Bedeutung erwartet (vgl. Sinner u. Brünner, 1989; Bergwelt, 1989).

Die grobe Richtung ist damit für die ökologisch ausgerichtete Forstwirtschaft vorgegeben. Das Einschwenken in diese Richtung muß allerdings nicht nur im Wald selbst, sondern vorher in den Köpfen vieler anders ausgebildeter oder über „Kennzifferndenken" einer kurzfristigen Rentabilität nachjagenden Forstleute und auch in den Köpfen vieler Naturschützer erfolgen. Schutzprogramme für Bewohner kurzlebiger Sukzessionsphasen müssen mittelfristig entbehrlich werden. Klassische Pflegeprogramme für den Biotop- und Artenschutz zielen auf Stabilität bzw. Statik. Die natürliche Vielfalt an Lebensräumen und Arten ist aber – evolutiv – aus einem permanenten Entwicklungsprozeß hervorgegangen. Pflege richtet sich damit nicht nur gegen die natürliche Entwicklung, sie kann auch die Fülle an Sonderstandorten, wie sie über natürliche Sukzessionsvorgänge entstehen, weder in ihrer vollen Bandbreite herstellen noch dauerhaft fixieren. Die Sicherung natürlicher Prozesse, das Laufenlassen von Sukzessionen wird daher heute – im Rahmen eines dynamischen Naturschutzkonzeptes – vermehrt gefordert (Scherzinger, 1991).

Die Diskrepanz zwischen dem statisch-orientierten Wunsch nach Stabilität und der hochdynamischen Wirklichkeit im Naturgeschehen hat zu zahlreichen Wirrnissen und Irrtümern in der Naturschutzpolitik geführt (Frank, 1986; Zerle, 1989). Hier sei lediglich auf das mißverständliche Vokabular der Forstleute hingewiesen, die den Naturwald als „stabil", den Wirtschaftswald – wegen seiner rascheren Abfolge der Sukzessionsphasen – hingegen als „labil" einstufen. Dieser Stabilitätsbegriff ist aber mit dem der Ökologie nicht deckungsgleich, sondern – aus der einseitigen Sicht nachhaltiger Holznutzung – auf die Langlebigkeit von Bäumen und die Kontinuität der Waldbestände gemünzt (Bibelriether, 1975; Arbeitskr. Forstl. Landespfl., 1984). Im „stabilen" Wirtschaftswald stehen Zuwachs und Ernte – nicht aber die Energieflüsse – im Gleichgewicht. Entsprechend wird die Sukzessionsphase mit der ökonomisch günstigsten Holzproduktion als „Optimalphase" bezeichnet, die nicht mit dem ökologischen Optimum der Waldentwicklung (Zerfallsphase) übereinstimmt (Scherzinger, 1991).

Einem dynamischen Naturschutzkonzept im Wald steht ein bei Forstleuten wie bei Naturschützern verbreitetes Mißverständnis im Wege: Aus der relativen Langlebigkeit des Klimaxstadiums im Urwald wird nicht nur dessen „Stabilität" und ein Streben aller jüngeren Sukzessionsphasen nach einem Höchstmaß an Stabilität postuliert, sondern in der Klimaxgesellschaft auch ein Endpunkt der Waldentwicklung gesehen (vgl. Remmert, 1990). Daher das Bemühen, den idealen Endzustand auch in gestörten Waldgebieten so schnell wie möglich herbeizuführen und ihn so lange wie möglich zu halten. Diese Zielsetzung wurde selbst im Nationalpark Bayerischer Wald lange Zeit verfolgt (Bibelriether, 1983). Sie ist dort heute überwunden, für den Nationalpark Berchtesgarden aber immer noch gültig (Rall, 1987), obwohl gerade diese Schutzgebietskategorie zur Gänze einer Sicherung natürlicher Dynamik dienen soll. Wenn nur das Klimaxstadium als „eigentlicher Urwald" eingestuft wird, richten sich die Bewertungskriterien für die Naturnähe von Wäldern ebenfalls ausschließlich nach diesem Sukzessionstyp. Als wesentliche Urwaldmerkmale gelten daher: hoher Holzvorrat (auch an Totholz), alte und skurrile Einzelbäume, große Altersspanne bei geringem Verjüngungsanteil, hohe Baumartenvielfalt bei maximaler Durchmischung und ein hoher Strukturreichtum durch Stufigkeit und Schichtung (Scherzinger, 1991). Damit wird eine dynamische Betrachtung verhindert, da die Potenz jüngerer Waldbestände zur natürlichen Entwicklung nicht im selben Maß bewertet wird.

Wir müssen erkennen, daß die Dynamik selbst im relativ kleinflächigen Mosaik der Zyklen ein Grundpfeiler naturnaher Waldentwicklung ist. Daher wird man heute auch die potentielle Biotopqualität als Entwicklungskonzept mit bewerten müssen, wenn man in unseren anthropogen stark veränderten Wäldern Schutzgebietsabgrenzungen vornimmt. Eine puristische Ausrichtung ausschließlich am Status quo aktuell schutzwürdiger Flächen wird dem zu postulierenden Schutzgradgedanken und der Dynamik nicht gerecht. Insofern sind auch gesetzliche Vorgaben, die als Voraussetzung zur Ausweisung z. B. von Nationalparken „vom Menschen nicht oder nur wenig beeinflußte Flächen" fordern, aufgrund der Erkenntnisse nach dem dynamischen Mosaik-Zyklus-Konzept zu relativieren (vgl. Zerle, 1989; Scherzinger, 1991).

Mayer (1986) kalkuliert für die Umtriebszeit eines Zyklus im Bergmischwald (Rothwald in Niederösterreich) 500 bis 700 Jahre. Addiert man z. B. die Lebensspanne für die auerhuhnrelevanten Sukzessionsphasen im Urwald (Zerfallsphase, Verjüngungsphase), so kann dieser typische Bewohner lückiger Altbestände bestenfalls 30 % der Gesamtspanne eines Mosaikfeldes nutzen (Scherzinger, 1991). Große Pflanzenfresser (Rothirsch, Reh, früher Elch, Auerochse,Tarpan) sind auf ca. 10 % der Laufzeit – nämlich auf die Verjüngungszeit – beschränkt. In jedem Fall entscheidet die Vielzahl gleichzeitig laufender Zyklen und deren räumliche Anordnung über die Migrationsmöglichkeiten bei örtlichem Biotopverlust. Je kleinflächiger und zahlreicher die Mosaikflächen in verschiedenen Sukzessionsstadien, desto sicherer funktioniert der ökologische Ausgleich, der naturnahe Biotopverbund, der Verinselungsprobleme verhindert. In großflächig gleichartigen und gleich alten Nadelwäldern ist die Verjüngung über flächige Katastrophen und Zusammenbrüche weitgehend programmiert, wobei standortfremde Monokulturen (Fichte, Kiefer) besonders gefährdet sind (Otto, 1975; Rottmann, 1986). Im montanen Mischwald sind dagegen flächige Zusammenbrüche die Ausnahme. Die Regenerationsflächen betragen im naturnah-gestuften Klimaxwald höchstens eine Baumlänge im Durchmesser (= 0,2 bis 0,3 ha) und im Tropenwald höchstens ca. 1 ha.

Diese Flächenproportionen im natürlichen Mosaik sind für die faunistische Potenz eines Waldgebietes von entscheidender Bedeutung. Je mehr unterschiedlich geformte Mosaikflächen aneinandergrenzen, desto mehr Tierarten können entlang solcher Grenzlinien siedeln. Dieser „edgeeffect" steigert Diversität und Abundanz der Waldfauna (Gossow, 1976), gleichzeitig allerdings auch das Risiko der Prädation.

Wegen der engen Bindung der meisten Tierarten an ganz bestimmte Strukturmerkmale bzw. Reifestadien der Sukzession (Parker et al., 1979) fungiert eine abgegrenzte Mosaikfläche wie ein isoliertes Biotopstück. Je größer die Fläche, desto eher kann sie auch spezialisierte und große Tierarten tragen (z. B. im Bayerischen Wald Schwarzstorch, Auerhuhn, Schreiadler, Habichtskauz, Weißrückenspecht (Scherzinger, 1986).

Für den Auwald am Unteren Inn kalkulierte Reichholf (1986) eine kritische Größe von 80 ha für isolierte Waldparzellen. Dort kann der Artenverlust durch Fragmentierung selbst bei guter Vernetzung der Teilflächen bis zu 80 % ausmachen. Schreiner (1987) empfiehlt daher 200 ha als Richtwert für Schutzgebiete (vgl. 50 ha für Naturwaldreservate und 10 000 ha für Waldnationalparke bei Bohn et al., 1989). Kleine Waldabteilungen können von Beutegreifern wirksam durchsucht werden, weshalb der Feinddruck im stark fragmentierten Wald unverhältnismäßig hoch ist (Eindringen von Rabenvögeln, Effektivität des Habichts).

Die positiven Effekte von Waldflächengröße und Grenzlinien im Wald schließen einander gegenseitig aus. Das relative Optimum liegt nach Parker et al. (1979) bei „patches" mit durchschnittlich 34 ha. Bei sehr kleinen „patches" in enger Verzahnung, wie sie für die Klimax-Phase im Bergmischwald typisch ist, fällt nicht nur der Inseleffekt weg, sondern es wirkt sich der kleinräumige Reichtum unterschiedlichsten Strukturangebotes sehr positiv auf die Artenvielfalt aus (Effekt der „patchiness“) (nach Scherzinger, 1991).

Auch die räumliche Zuordnung der einzelnen Mosaikflächen ist für die Artensicherung von Bedeutung:

„So benötigt der Schwarzspecht im Bergmischwald – als klassische Leitfigur für den Artenschutz im Wald – einerseits alte Buchen zum Höhlenbau, andererseits Nadelwälder mit sonnigen Freiflächen zur Ameisenjagd. Entsprechend findet auch der Sperlingskauz die günstigsten Biotopbedingungen an der Schnittstelle zwischen altem Nadelwald (Bruthöhle), Stangenholz (Deckung/ Schlafplatz) und offenen Freiflächen (Mäusejagd). Der Uhu bevorzugt Kreuzungspunkte von Wald, Fels, Wasser und Wiesen. Die Biotopqualität für Waldhühner ist durch die ‚Strategie der kurzen Wege‘ bestimmt, die gute Deckung, weite Sicht, besonnten Waldboden mit Vaccinien bei geringer Waldverjüngung etc. zur Voraussetzung hat. Die Verschneidung des zeitlichen Ablaufs parallel existierender Zyklen und die räumliche Gliederung der jeweiligen Einzelflächen bestimmt letztlich die Biotopqualität für die Lebensgemeinschaft im Gesamtmosaik. Diese Sichtweise verlangt völlig neue Ansätze an ein Artenschutzkonzept.“ (Scherzinger, 1991)

Bisherige Artenschutzvorstellungen mit fest umschriebenen Örtlichkeiten zur Lebensraumsicherung bedrohter Arten lassen sich mit dynamischen Schutzkonzepten nach dem natürlichen Mosaik-Zyklus-Konzept nicht vereinbaren. Hier ist nämlich alles im Fluß und die Entwicklung nur schwer vorhersagbar. Das gegenwärtige Schutzgebietssystem kann den Artenschwund nicht aufhalten. Schützenswerte Arten verschwinden weiterhin, neue Besiedlungssukzessionen werden durch lebensfeindliche Strukturen (Nutz- und Industrielandschaft u. a.) unterbunden („Verinselung“). Schutzgebiete, die der Sicherung natürlicher Prozesse dienen – etwa Nationalparke – müssen daher sehr großflächig konzipiert werden und ausreichend Einzelflächen im Verbund heranziehen, um jeweils den kompletten Zyklus vorzuhalten (Parker et al., 1979; Wiesner, 1988).

„Die Größe solcher Schutzgebiete läßt sich aus der Dimension der einzelnen Mosaiksteinchen, der Laufzeit der einzelnen Sukzessionsphasen und der Gesamtdauer des standorttypischen Zyklus grob kalkulieren. So erlaubt z. B. die hohe Dichte kleiner ‚patches‘ im Bergmischwald die Beschränkung auf 120 bis 200 ha pro Naturwaldschutzgebiet (derzeit werden für Naturwaldreservate in Bayern durchschnittlich 30 ha [Bergwelt, 1989] ausgeschieden). Im artenarmen Nadelwald der Subalpinstufe wird das Minimumareal bei etwa 100 km² liegen. Für den zoologischen Artenschutz werden aber wegen des Raumbedarfs der Höheren Tiere, deren Population in weitgehend isolierten Schutzgebieten stets über der kritischen Dichte liegen sollten, wesentlich größere Flächen bzw. Verbundsysteme benötigt.“ (Scherzinger, 1991)

Für den Bergwald im Bereich des Nationalparks Bayerischer Wald schätzt Scherzinger (1991) den Flächenbedarf für den Artenschutzauftrag unter natürlichen Entwicklungsbedingungen auf wenigstens 600 bis 800 km² ein (bisher 130 km²): „Natur- und Artenschutz sind als Gegengewicht zu Natur- und Artenverbrauch durch Landnutzung entstanden. Die gegenwärtigen Schutzkonzeptionen können das wachsende Gefährdungspotential nicht mehr kompensieren, selbst wenn die Zahl an Schutzgebieten angehoben würde. Die statisch orientierten Konzepte verlangen steigende Investitionen für Pflege und Gestaltung von Biotopen und bleiben doch ein steter Kampf gegen die Natur. Naturschutz, der ausschließlich auf Management beruht, wird unglaubwürdig.“

Das darf und sollte nicht zu einer Polarisierung zum bisherigen „klassischen“ Naturschutz führen. Vielmehr ist unter Beachtung der Gewinner-Gewinner-Strategie eine vielfältige, praxisnahe, sich ergänzende und vor allem örtlich langfristig tragfähige Lösung anzustreben. Vorstellbar ist ein komplexes Verbundsystem aus Schutzgebieten, die der Sicherung natürlicher Entwicklungen dienen. Sie müßten zur Abfederung drastischer Biotopveränderungen – über ein Zonierungskonzept – mit Managementflächen verbunden sein, die ausschließlich der Sicherung seltener Biotope als Artenschutzmaßnahme dienen. Benötigt wird demnach ein Netzwerk aus Schutzgebieten, Trittsteinen und Korridoren mit großen „Dynamikflächen“ und entsprechenden „Stabilisierungsflächen“ dazwischen (Scherzinger, 1991).

So gesehen ist das Modell des Mosaik-Zyklus-Konzeptes keine Alternative zum herkömmlichen Naturschutz, sondern eine konsequente Erweiterung, damit sich künftig in einem umfassenden Artensicherungsprogramm auf mindestens rund 10 % der Landesfläche Statik und Dynamik der floristischen und faunistischen Besiedlung wirksam ergänzen können. Die Sicherung ausreichender genetischer Vielfalt und damit der evolutiven Anpassungsfähigkeit der gefährdeten Arten muß das zwingende, langfristige Ziel des modernen Naturschutzes sein (Loeschke, 1988). Dabei wird dem Verständnis und der praktischen Umsetzung der Theorie des Mosaik-Zyklus-Konzeptes besondere Bedeutung zukommen. Das sog. ökologische Gleichgewicht bzw. ein Klimaxstadium besteht dann darin, daß asynchrone Phasen eines Entwicklungszyklus räumlich nebeneinander existieren. Die sog. ökologische Stabilität beruht dann – so paradox dies klingen mag – gerade in der Dynamik des gesamten Zyklus und nicht im Status quo irgendeiner dieser Phasen (Bairlein, 1991). Und diese Dynamik sollte flächendeckend über ein Verbundsystem ökologisch angemessen funktionieren.

Die Notwendigkeit zunächst konservierender Maßnahmen für kurz- bis mittelfristige Ziele (z. B. beim Artenschutz) wird dadurch natürlich nicht in Frage gestellt. Jedoch existieren viele noch naturnahe Lebensräume nur mehr als relativ kleinflächige Restbiotope und/oder sind vielfach so weit voneinander entfernt, daß das natürliche Ausbreitungspotential vieler Pflanzen- und Tierarten nicht ausreicht, diese Entfernungen und damit die Isolation zu überwinden. Ihre Kleinflächigkeit verhindert die langfristige Sicherung der erforderlichen Vielgestaltigkeit und der dynamischen Prozesse (Zyklizität). Die ausschließliche Bewahrung solcher Landschaftsreste in Naturschutzgebieten oder Naturdenkmalen im Zuge des traditionellen Naturschutzes würde die Verinselung eher noch verstärken als sie überwinden (Deixler, 1984).

Im Konzept der Vernetzung von Lebensräumen zum Erhalt einer langfristigen „Mosaik-Zyklus-Stabilität" ist deshalb die Entwicklung der Restbiotope zu hinreichend großen Schutzgebieten und die großflächige Neuschaffung von entsprechenden Biotopen eine besondere Herausforderung für den Naturschutz in der Kulturlandschaft (Bairlein, 1991). Zukünftiger Naturschutz wird als Fernziel mehr die Sicherung dynamischer Prozesse als die Bewahrung einzelner Facetten anstreben müssen. Bezzel (1991) fragt in diesem Zusammenhang, ob im Naturschutz durch den „fortgesetzten Kampf gegen die natürlichen Prozesse" nicht auch viel Geld zum Fenster hinausgeworfen wird:

„So gesehen kann das Mosaik-Zyklus-Konzept trotz aller Verunsicherungen möglicherweise auch manche Kapazitäten freimachen, die an anderer Stelle dringend gebraucht werden. Umverteilung mancher Mittel und Möglichkeiten ist sicher ein brauchbarer Ansatz, Naturschutz effizienter zu gestalten. Wir glauben, Zustände oder Systeme zu erhalten, wenn wir mit aller Kraft bestimmte Stadien anhalten und konservieren, ohne zu bedenken, daß Zustände, die scheinbar nichts mit dem erstrebten Ziel gemein haben, Voraussetzung für effizienten Schutz bestimmter Stadien darstellen. Das Mosaik-Zyklus-Konzept fordert daher nicht nur die stärkere Beachtung der Zeitachse, sondern darüber hinaus auch den Blick auf größere Raumeinheiten. Damit wird die Dynamik, die in die Naturschutzpraxis einzuführen so große Schwierigkeiten bereitet, noch viel komplizierter, weil asynchrone Vorgänge nebeneinander zu beachten sind." (Bezzel, 1991)

Es gibt niemanden, der so schnell und konsequent diese Erkenntnisse nach dem Mosaik-Zyklus-Konzept in eigene Ziele einbinden und damit naturschutzgerecht und ökologisch weitsichtig realisieren helfen kann wie die Zunft der Forstleute. Je mehr sie vom ökologisch kurzsichtigen Zwang zu „schwarzen Zahlen" befreit und zu weitsichtigen Investitionen durch ökologische Leistungsabgeltungen ermuntert werden und je schneller die menschlich gebotene Gewinner-Gewinner-Strategie bei der unumgänglichen Zusammenarbeit zwischen Forst- und Naturschutz Früchte trägt, desto rascher kommen wir im Wald wie in künftigen Aufforstungsbereichen der Landwirtschaft weiter.

12.4 Wald und Wild

„Die Natur gab uns einen sehr langen Kredit,
und wir haben ihn bis zum äußersten mißbraucht."
George Bernard Shaw (1856–1950)

Das Mosaik-Zyklus-Konzept der Waldökosysteme hilft auch in der oft kontrovers diskutierten Wildfrage weiter. Danach macht weder zahlenmäßige Überhege (ein weit verbreitetes Problem in unseren Wäldern) noch weitgehende Ausrottung (quasi als „Schädlingsbekämpfung") Sinn.

Unsere Grünlandgesellschaften müssen nicht ausnahmslos „Importprodukte" sein, sondern können z. T. auch natürlichen, mehr oder weniger kleinräumigen Sukzessionsstadien der Naturwälder entstammen. Sie folgten auf Zerfallsstadien, und Pflanzenfresser sorgten dafür, daß sich die Wiederbewaldung um ca. 20 bis 50 Jahre verzögerte. Grünlandgesellschaften in Naturwäldern können z. B. auch durch Blitzschlag und Feuer, Lawinenbahnen oder auch durch gebrochene Biberdämme entstehen. Remmert (1992) vermutet, daß Waldbrände auch in Europa früher eine bedeutende Rolle – ähnlich wie heute noch z. B. in Kanada und Alaska – gespielt haben: „Die sich nach einem Waldbrand ansiedelnde Bodenvegetation kann relativ einfach – durch Abbeißen der Spitzen der nun wieder wachsenden Bäume, durch Beweidung oder durch regelmäßiges Mähen – als selbst produzierender Lebensraum unbegrenzt bestehen. Viele, vielleicht alle Trockenrasengesellschaften Mitteleuropas sind hierher zu rechnen; das gleiche gilt wohl für weite Bereiche der ungarischen Pußta, der Steppen Spaniens und viele Bezirke an der Kampfzone zwischen Steppe und Wald: Ohne das Vorhandensein der Bisons wäre die nordamerikanische Eichensavanne vielleicht ein dichter Eichenwald gewesen; ohne die großen Landsäugetiere der Steppen Afrikas würden größere Gebiete mit Wald bedeckt sein."

Unser Schalenwild hat also auch eine ökologische Funktion für die Erhaltung von gewissen Grünlandgesellschaften in kleinörtigen Sukzessionsstadien. Diese ökologische Funktion naturnah einzupendeln, ist eine große Herausforderung an den Forstmann und Jäger, die sehr viel Fingerspitzengefühl und ökologischen wie vegetationskundlichen Sachverstand erfordert. Langjährige Versuche haben gezeigt, daß sich auf Brachflächen keinesfalls schon nach kurzer Zeit ein harmonisch aufgebauter Wald ansiedelt, sondern je nach Anteil der Konsumenten eine ungeahnte Vielfalt sukzessioneller Erscheinungen. Sie verlaufen von Standort zu Standort verschieden (Schwaar, 1990) in Richtung einer frühen Mosaikstruktur, die allerdings früher oder später in Waldsukzessionsstadien übergehen.

„Ein Charakteristikum der Landökosysteme sind die großen, pflanzenfressenden Säugetiere. Viele davon, so auch die meisten unserer heimischen Schalenwildarten, sind Wiederkäuer mit anaeroben, celluloseabbauenden symbiontischen Pansenbakterien. Mit ihrer Hilfe kann auch die sonst nur schwer verdauliche pflanzliche Fasersubstanz aufgeschlossen werden. Beispiele aus Afrika belegen, daß solche Arten oftmals eine nomadische Lebensweise zeigen. Bei hoher Artendiversität können sie auch vergleichsweise hohe Populationsdichten ohne Überweidung des Lebensraumes aufweisen (Odum, 1980). Diese Feststellung ist natürlich nur dann zutreffend, wenn das Wild tatsächlich die Möglichkeit hat, sich durch Umherziehen an die Äsungsverhältnisse anzupassen. In eingezäunten Arealen oder auch in einer von Verkehrswegen zerschnittenen Landschaft besteht diese Möglichkeit nicht mehr – ein Gesichtspunkt, der in der Diskussion um Wildschäden im Wald berücksichtigt werden muß.“ (Herzog, 1989)

Wesentlich bei der Wirkung der Schalenwildarten (aber auch der Hasen und Kaninchen) ist ihre direkte Einwirkung auf das Ökosystem durch das selektive Äsen bestimmter Pflanzen, deren Artenzusammensetzung sich dadurch drastisch verändern kann. Dieser Effekt ist bei zahlenmäßiger Überhege durch Verdrängung bestimmter Kraut-, Strauch- und Baumarten aus den Ökosystemen außerordentlich gefährlich und weitreichend bis in alle „reiferen“ Waldsukzessionsstadien. Umgekehrt sorgt er in naturnaher Wilddichte dafür, daß bestimmte, z.B. lichtliebende Krautarten erhalten werden, weil konkurrenzstärkere, zum dominierenden Überwuchern neigende Pflanzenarten durch Verbiß kurzgehalten werden. Die ökologisch ausgerichtete Wildregulierung und Wildnutzung ist also gerade im Wald eine schwierige Gratwanderung. Insofern kann auch nicht generell behauptet werden, daß sich Urwälder durch Reichtum oder Armut an Pflanzenfressern (und deren Prädatoren) auszeichnen. Entscheidend ist der Anteil der geeigneten Sukzessionsstadien und verwertbarer Biomasse. Ebensowenig aussagefähig sind pauschale Angaben über Wilddichten für eine ganze Region. Sie sind ökologisch viel zu statisch, zu großräumig, berücksichtigen zu wenig den örtlichen Bioenergieumsatz aller Pflanzenfresser und lassen sich weder objektivieren noch exakt nachzählen. Wir können auf ihrer Basis unserer Gesamtverantwortung dem Waldökosystem gegenüber ökologisch langfristig nicht gerecht werden. Auch Remmert (1988) zufolge kann die „Sage von der Tierarmut des Urwaldes“ nicht aufrechterhalten werden. Vielmehr finden sich in Urwäldern entsprechend dem Mosaik-Zyklus-System relativ kleinräumig nebeneinander mehr oder weniger lebensfeindliche Waldsukzessionsstadien mit z.B. äußerst wenig Schalenwild (weil zu beschattet und nahrungsarm) und durchaus tierreiche, weil stärker besonnte und daher nahrungsreichere Mosaiksteinchen.

Es kann also nur der Zustand der Gesamtvegetation eine Antwort auf die Frage nach ökologischer Zuträglichkeit des Wildstandes geben, und diese Frage ist nur relativ kleinräumig zu beantworten. Der Aktionsradius des Rehwildes (ca. 6 bis 80 ha) oder des Rotwildes (ca. 200 bis 300 ha) ist im Normalfall viel kleiner, als man gemeinhin denkt. Die Gratwanderung bei der ständigen Austarierung der Wald- und Wildfrage ist damit einerseits komplizierter als durch nebulöse Wildstands- und Abschußplanangaben im allgemeinen gehandhabt. Andererseits aber läßt sich die Lage auch anhand der Vegetation so kleinräumig einschätzen, daß sich Forstleute und Jäger nicht hinter überregionalen Problemen verstecken oder die Verantwortung den Nachbarn zuschieben können.

Für ökologisch ausgebildete Forstleute muß ohne Einschränkung gelten, daß die Jagd Teil des ökologisch ausgerichteten Waldbaues ist. Im öffentlichen Waldbesitz ist diese hohe Verantwortung die entscheidende Rechtfertigung für eine Nichtverpachtung des Jagdrechtes (Burschel, 1988). Bejagungsmaßstab ist einzig und allein das ökologisch-waldbauliche Ziel, nicht jedoch die Bejagbarkeit der Wildbestände. Die ökologische Zielstellung umfaßt natürlich auch Forderungen des Natur- und Tierschutzes:

- Keine Tierart darf in ihrem Bestand gefährdet werden!
- Muttertiere, gleichgültig welcher Art, werden zu keiner Zeit vor den Jungtieren erlegt! (Burschel, 1988)

Und sieht man die Jagd im Wald konsequent durch die ökologische Brille auch unter dem Aspekt der immissionsbedingten Waldschäden, der zu erwartenden klimatischen Veränderungen und der entsprechenden Eilbedürftigkeit der Umstellung der Wälder auf naturnahe Artenzusammensetzungen und reiche Strukturen, dann gewinnen auch die ökologischen Funktionen anderer Wildarten an Bedeutung. Die dringend gebotene Ausweitung des Laubholzanbaus wird vielerorts durch Mäuse ganz erheblich erschwert. Schon bei leichter Vergrasung unter noch dichtem Altholzschirm kann es zu so starkem Rinden- und Wurzelverbiß kommen, daß empfindliche Arten wie Eschen, Kirschen, Hainbuchen, aber auch Buchen ausfallen. Feinde dieser Nager sind Füchse und Dachse (aber auch Schwarzwild). Die Dichte nicht bejagter Fuchspopulationen dürfte eng mit der der Nager zusammenhängen. Waldbaulich gesehen, bedürfen daher diese Raubtiere keinerlei Bejagung. Es ist im Gegenteil ganz unverständlich, daß Forstleute ihnen nachstellen (Burschel, 1988). Dem Fuchsbandwurm ist durch intensive Fuchsbejagung nicht beizukommen. Vom Standpunkt des ökologischen Waldbaues gilt eine ähnliche Nichtbejagungsempfehlung z. B. auch für den Eichelhäher. Er ist zwar nicht in der Lage, Eichenbestände zu begründen, deren Aufgabe in zukünftiger Wertholzproduktion besteht. Er sorgt aber dafür, daß sich Eichen (und Buchen) in oft erstaunlichen Mengen überall dort einfinden, wo Zäune sie vor dem Verbiß des Schalenwildes schützen oder wo der Wildbestand dies auch außerhalb der Zäune zuläßt. Ist die Eiche dort waldbaulich nicht bedeutsam, wird sie später meist von anderen Baumarten überwachsen, kommt also über die Rolle einer Zeitmischung nicht hinaus. Wird sie dagegen in der Läuterungs- und Durchforstungsphase unterstützt, kann ein angemessener Anteil auch bis in fortgeschrittene Entwicklungsstadien der Bestände gehalten werden (Burschel, 1988).

Forstleute und Berufsjäger erkennen den ökologischen Auftrag der Jagd am ehesten und auch, daß Beunruhigung des Wildes durch Erholungsuchende in unseren Wäldern zu einer Erhöhung des Jagddrucks verleiten kann. Geschickte Touristensteuerung und mit Augenmaß angestrebte Wildruhezonen (vgl. Kap. 14) sind daher ebenso geboten wie die Konzentration der Jagdzeiten, die flexiblere Gestaltung von tierschutzkonformen Jagdmethoden und die Einbindung ortsansässiger und erfahrener, also kurzfristig verfügbarer Jäger in den Jagdbetrieb.

„Die Wechselbeziehungen zwischen Vegetation und Wild sind so komplex und so vielschichtig, daß sich im Unterschied zu den Zeigerpflanzen für die Boden- und Klimafaktoren noch keine ‚Weiserpflanzen' für die Wilddichte angeben lassen. In analoger Weise gilt dies auch für die vielfach unterstellte Korrelation zwischen der festgestellten Verbißintensität an einer bestimmten Baumart und der Wilddichte. So erhöhen Störungen im Lebensraum, die das Wild an der Nahrungsaufnahme auf offenen Äsungsflächen hindern, die Verbißbelastung für die Waldverjüngung. Die Komplexität der Wechselbeziehungen zwischen Wild und Vegetation verlangt gegenwärtig noch die Kombination verschiedener Methoden der Feldökologie, d.h. indirekter Methoden, wie der Vegetationsaufnahme, und direkter Methoden, wie der Beobachtung des Wildes im Lebensraum." (Petrak, 1992)

Andererseits erscheint es fragwürdig, die Wilddichtebeurteilung allein von der heutigen potentiell natürlichen Vegetation (hpnV) als Ausdruck des biologischen Standortpotentials abhängig zu machen, da deren Einschätzung umstritten bleibt (Schmidt, mdl. Mitteilung, 1994). Geobotaniker, Wildbiologen und Forstwissenschaftler aus Deutschland, Österreich und Belgien kamen bei ihrem 1. Arbeitsgespräch 1992 u. a. zu folgenden Ergebnissen:

- „Eine Analyse der Wechselbeziehungen zwischen dem Schalenwild und der Vegetation muß die Systemzusammenhänge und Regelkreise im Ökosystem berücksichtigen und auch die Differenz und Folgen aufzeigen, die sich aus der biologischen und der wirtschaftlichen Tragfähigkeit des Lebensraumes ergeben. Mit zunehmender Differenz zwischen der biologischen Biotopkapazität und der wirtschaftlichen Tragfähigkeit eines Lebensraumes wird das System störanfälliger.
- Neben den primär wissenschaftlich begründeten Anforderungen an das Erhebungsverfahren, wie z. B. Objektivität der Aufnahme, kommt weiteren Kriterien wie Akzeptanz des Verfahrens bei allen Beteiligten, Praktikabilität und Plausibilität eine besondere Bedeutung zu (z. B. Zähl- und Meßverfahren).
- Da Beziehungen zwischen der Vegetation und dem Schalenwild aus quantitativen Gründen nicht auf der gesamten Fläche vollständig erfaßt werden können, muß sich die Analyse auf Stichproben und essentielle Zusammenhänge konzentrieren. Der Auswahl der Probeflächen und deren Größe kommt damit eine Schlüsselrolle zu.
- Die Auswahl der Flächen kann sowohl nach Rasterverfahren als auch anderen Verfahren erfolgen, so lange diese die Kriterien die Repräsentativität berücksichtigen.
- Soll bereits eine Einzelfläche bzw. ein einzelnes Flächenpaar – gezäunt/ungezäunt – eine Aussage zulassen, muß diese Größe der Flächen dem vegetationskundlich definierten Minimalareal (d. h. bei Waldgesellschaften von 100 m^2 aufwärts) entsprechen. Die Berücksichtigung komplexer Beziehungen setzt im Wald Probeflächengrößen von 15 bis 25 m^2 aufwärts voraus. Die je nach Untersuchungsziel erforderliche Gesamtprobeflächengröße kann auch über eine Vielzahl von Einzelflächen erreicht werden. Eine Vielzahl von Einzelflächen, über den Gesamtuntersuchungsraum verteilt, kann je nach Zielsetzung die räumliche Verteilung ebenso sinnvoll berücksichtigen, wie die Aufnahme von Transekten an repräsentativen Standortausschnitten.
- Sofern mit Vergleichsflächenpaaren – gezäunt/ungezäunt – gearbeitet wird, ist es unbedingt

erforderlich, die erste Referenzaufnahme, die als Bezugsbasis für alle weiteren Aufnahmen gilt, unmittelbar zu Versuchsbeginn zu dokumentieren.
- Eine periodische Wiederholung von Aufnahmen ist dringend zu empfehlen, um neben der räumlichen Verteilung auch die zeitliche Komponente (Sukzessionsverlauf) angemessen zu berücksichtigen.
- Insbesondere bei praxisorientierten Fragestellungen sollte die Auswertung nicht bei einer Wertung der Verbißprozente etc. (z. B. Schälschadensprozente) stehenbleiben. Wesentlich sind vielmehr der relative Anteil des Verbisses an der Gesamtmortalität der Pflanzen sowie die Anzahl der ungeschädigten Pflanzen im Hinblick auf das waldbauliche Ziel."

Die Wildstandsermittlung wird sich also umstellen müssen, so daß in absehbarer Zeit mit örtlich objektiven Ergebnissen zu rechnen ist. Forstleute wie Jäger, die sich ökologischen Kriterien verpflichtet fühlen, sind gut beraten, sich heute schon darauf einzustellen. Die Jagdbehörden werden entsprechend ihrem gesetzlichen Auftrag wegkommen müssen von der überzogenen Akribie bei der Trophäenbewertung und zu Erhebungen der ökologischen Wechselwirkungen von Wald und Wild übergehen. Die praxisnahe Realisierung wird nicht mehr lange auf sich warten lassen und die Jagdbehörden verpflichten, ihrer Verantwortung nachzukommen. Je schneller zur Überhege der Schalenwildbestände und Überbewertung der Trophäen neigende Jäger dies erkennen und daraus ihre Konsequenzen ziehen, desto besser. Stellenweise bestimmt der Wildverbiß die Waldgesellschaft stärker als der Standort (Ellenberg, 1989). Heute, da wir artenreiche und naturnahe Wälder begründen müssen, die zudem dem Klimastreß des Treibhauseffektes ausgesetzt sein werden, kann kein Forstmann oder Jäger mehr die Verantwortung für überhöhte Wildbestände übernehmen. Die Konsequenzen sind in keinem Fall durch Jagdpachtpreise – quasi als Ablaß – weit im voraus abzugelten!

Auch eine winterliche Kompensationsfütterung – ohne Zweifel in Notgebieten als Ersatz für Lebensraumzerstörung erforderlich – darf uns nicht vom ökologischen wie wildbiologischen Ziel abbringen, daß Rinde und Zweige der Bäume und Sträucher gerade der Weichholzarten als natürliche Winteräsung gerade dem Rotwild wieder zur Verfügung stehen müssen. Ihr Anteil macht bei der normalen Äsung des Rotwildes im Winter bis zu 90 %, im Frühjahr bis zu 60 % und im Sommer und Herbst etwa 30 % aus (Reulecke, 1988). Heute sind diese Pionierbaumarten – z. B. Birke, Eberesche, Aspe, Weide – wichtige Weiser des Wildverbisses im Wald. Sie sollten in allen Beständen oder deren Randbereichen mit mindestens 10 % Mischungsanteil vorhanden sein.

Forstkulturgatter dürfen in einem ökologisch betriebenen Waldbau nur vorübergehender Notbehelf sein. Langfristig sind sie bei entsprechender Wildregulation und Wiederanreicherung der Lebensräume überflüssig. Und wenn sich – was recht häufig vorkommt – Rehwild innerhalb der Zäune wohler fühlt (weil die Reviermarkierung ranghöherer Stücke fehlt und dadurch weniger Streß verursacht wird), dann gibt auch das Anlaß zu selbstkritischem Nachdenken über Sinn und Unsinn der teuren Zäune. Gatter sind gegenüber dem Schalenwild auch und gerade aus dem Blickwinkel des Mosaik-Zyklus-Konzeptes der Waldökosysteme Fremdkörper, sind problematisch sowohl aus vegetationskundlicher Sicht (fehlende Mischungsregulierung in der Krautschicht u. a.) als auch nach wildbiologischer Einschätzung (verhinderte Raumnutzung der stärker belichteten Zonen) und nicht zuletzt auch aus ökonomischen Gründen (Neubau- und Unterhaltungsaufwand ca. 20 DM pro lfdm). Sie sind eigentlich nur im Hinblick auf schnelle Wiederanreicherung der verarmten Waldökosysteme mit den standortgemäßen Baumarten (einschließlich Pionierbaumarten) zu rechtfertigen und müssen zunehmend aufgrund der Wildregulation entbehrlich werden.

Keinesfalls rechtfertigen Kulturzäune eine Vernachlässigung von Tierschutzgesichtspunkten. So muß das Austreiben von Wildtieren aus Kulturgattern äußerst behutsam erfolgen. Dies gilt ganz besonders für Setzzeiten. Kulturgatter entschuldigen nicht die Trennung von Muttertieren von ihrem Nachwuchs. Hunde dürfen dabei das ganze Jahr über nicht eingesetzt werden. Die Hetz- und Treibjagd innerhalb von Forstgattern verstößt gegen § 3 Ziff. 8 des Tierschutzgesetzes, weil sie keine waidgerechte Jagdausübung darstellt (Duderstaedt, 1993); das gehetzte Wild verfängt sich häufig panikartig im Gatter, und die Hunde verbeißen sich dann darin. Empfehlenswert sind Gatter ohne spitze Winkel mit einer Scherenzaunseite, die bei Bedarf zum Heraustreiben des Wildes relativ leicht in einem Abschnitt niedergelegt werden kann. Lange Gatterfronten an stark befahrenen Straßen oder an der Wald- bzw. Feldgrenze, die das Wild auf der Flucht am Erreichen der Deckung behindern, erhöhen ebenso die Unfallgefahren wie die Bildung von engen und langen Zwangswechseln zwischen nah beieinander liegenden Kulturgattern. Und ganz unverantwortlich ist die sorglose Einstellung mancher Waldbesitzer gegenüber abgängigen Kulturzäunen, offenbar auch eine Folge davon, daß es für die Erstellung von Zäunen Fördermittel gibt, nicht aber für deren Beseitigung (Duderstaedt, 1993). Dabei sind überflüssige Gatter Abfall, und salzgetränkte oder teerölimprägnierte Pfähle sind Sondermüll (dessen Abnahme rund 2000 DM pro t kosten kann!).

Das Verfangen und langsame Verenden von Wild in schadhaften Forstgattern wird immer wieder beklagt (Arbeitskreis der Tierärztlichen Vereinigung für Tierschutz, 1992). Kein Forstmann und kein Jäger sollte das auf die leichte Schulter nehmen, sondern sich den Tierschutzgedanken verpflichtet fühlen, die traditionell in der deutschen Jagdkultur verwurzelt sind.

Groß- oder gar Heisterpflanzen können Gatter oft kleinräumig ersetzen, weil die Gipfeltriebe bereits zum Pflanzzeitpunkt der Verbißhöhe entwachsen sind. Und wenn die Vegetation einigermaßen entwickelt ist, reichen oft Rehwildzäune auch gegenüber Rotwild aus, da Rotwild bei ausreichender Äsung kleineren Rehwildgattern ausweicht.

12.4.1 Wald und andere Tierarten

„Was zählt, ist die helfende Tat, und was uns einmal fehlen könnte, sind die helfenden Taten, die wir zu tun versäumten."
Curt Goetz (1888–1960)

Die vielfältigste Fauna des Waldes führt im Schutz der Streuschicht aus Laub, Nadeln und Zweigen ein verstecktes Leben. Es sind die Zersetzer (Detritophagen), die sich im Boden von toter pflanzlicher und tierischer Substanz ernähren. Sie sind die mit Abstand wichtigste Tiergruppe des Waldes. In Streu und Humus eines Buchenwaldes hat man auf 1 m² über 150 Mio. Einzeller, Nematoden, Milben, Springschwänze, Kleinkrebse, Insektenlarven und andere Detritophagen gefunden, die zusammen 5 kg Trockengewicht ergaben. Das ist etwa das 200 000fache der Biomasse, die alle Wirbeltiere auf 1 m² produzieren, und das 2,5fache der Insektenbiomasse oberhalb des Bodens (Winter, 1982). Mit Pilzen und Bakterien zusammen arbeiten sie alle am großen ökologischen Werk der Zersetzung. Die Pflanzen und höheren Tiere würden schon nach wenigen Jahren in ihren eigenen Abfällen ersticken und verhungern, wenn es das riesige Heer der Zersetzer nicht gäbe, das aus den Abfällen in vielerlei Stufen zuletzt wieder die Nährstoffe freisetzt, die die Pflanzen brauchen. Die Bodenorganismen leben von den Pflanzen, ihr Gedeihen hängt zudem auch von abiotischen Faktoren ab (z. B. Wärme- und Wasserhaushalt). Daher sollte man bei allen Maßnahmen bedenken, wie sie auf die Bodenfauna wirken, und folgende Grundsätze beachten:

- Weitgehender Verzicht auf Biozidausbringung und Entwässerungsmaßnahmen sowie Unterlassen zweifelhafter Grabenräumungen.
- Bodenschonende Hieb- und Rückemaßnahmen, Vermeidung von Bodenverdichtungen, die nach neuen Untersuchungen auch langfristig sehr schädliche Auswirkungen haben können (Hildebrand, 1982).
- Verzicht auf Bewirtschaftung forstlich wertloser Flächen wie Quellhorizonte, Moore, chronische Schadgebiete, extrem nährstoff- und wasserarme oder auch wasserreiche Standorte.
- Verzicht auf großflächige Kahlschläge, wo immer vertretbar. Kleinflächige Bewirtschaftung ist für die Bodenorganismen natürlicher und erhöht durch stufigen Altersaufbau der Bestände auch die ober- und unterirdische Vielfalt.
- Liegenlassen von Reisig, Stubben und dgl., wo immer dies vertretbar ist.
- Schonung und Förderung der Krautflora: In einem Waldbrandgebiet in der Lüneburger Heide wurden 1978 in einer 2jährigen Kiefernkultur mit spärlicher Krautschicht 388 Insekten pro m² gefangen, in einer forstlich nicht beeinflußten, der natürlichen Sukzession überlassenen Fläche auf gleichem Standort 2930 Individuen pro m². Ähnliches ergab sich bei der Artendichte bei Laufkäfern: In der Kultur 19 Arten, auf der Sukzessionsfläche 28 Arten und in einem dichten Kiefernstangenholz nur 7 Arten pro m² (Winter, 1982).
- Für Waldökosysteme ist auch die Zeit wichtig, in der sich mehr oder weniger unbeeinflußt Stoffkreisläufe haben abspielen können. Das Myzel der Pilze kann z. B. sehr lange leben und bei günstigen Bedingungen die Fruchtkörper – also die für uns sichtbaren Pilze – hervorbringen. So ist auch deren manchmal blitzartiges Hervorschießen in großen Mengen und das Geheimnis der sog. Hexenringe zu erklären, bei denen die Pilze in einem mehr oder weniger großen Kreis (bis über 100 m Durchmesser) angeordnet sind. Sie entstehen, wenn das Pilzgeflecht vom Ort der Sporenkeimung in alle Richtungen wächst und dann nur am äußeren Rand Pilzfruchtkörper bildet. Für Hexenringe hat man ein Alter von bis zu 700 Jahren errechnet! Vollumbrüche auf alten Waldstandorten können daher nach heutigen ökologischen Erkenntnissen in der Regel nicht mehr vertreten werden.
- Verzicht auf ordnungssüchtiges Zupflanzen kleiner Blößen, die den geschlossenen Bestand durchbrechen. Für die meisten Forstleute sind Kulturen, in denen die Pflanzen stehen wie die Soldaten, sichtbarer Beweis gelungener Arbeit, eine Visitenkarte des Reviers. Wenn die Pflanzen dagegen im Unkraut verschwinden, bietet das nach herkömmlichen Maßstäben ein ungünstiges Bild. Hiervon müssen wir uns lösen und nüchtern fragen, ob eine teure Nachbesserung wirklich notwendig ist oder ob nicht die fehlenden Pflanzen durch selbstangesamte Pionier-

baumarten wie Weiden, Vogelbeere oder Birke vorübergehend ersetzt werden können – dem Artenreichtum zum Nutzen, dem künftigen Bestand nicht zum Schaden (Hanstein, 1982).

Je mehr Baumarten und Altersklassen ein Bestand enthält, desto vielfältiger ist in der Regel die Tierwelt. Eine reiche Krautschicht und gut ausgebildete Waldränder fördern zahlreiche Insektenarten und ihre Parasiten. Viele Insektenarten brauchen nektarproduzierende Blütenpflanzen (Verzicht auf Biozide!), darunter Bienen, Hummeln, Wespen, Schlupfwespen. Letztere spielen bei der Regulation von Schadinsekten eine wichtige Rolle. Über den Kiefernspanner wurde in verschiedenen Kiefernforsttypen festgestellt, daß im reinen Kiefernbestand nur 18 % der Eier und 29 % der Puppen parasitiert waren, im Kiefern-Buchen-Bestand mit gut ausgebildeter Krautschicht betrug der Parasitierungsanteil 49 bzw. 43 %. Viele der Blattlausvertilger (z. B. Schwebfliegen) sind auf die Nahrungsspende (Nektar und Pollen) der blühenden Pflanzen angewiesen. Auch die Lebensdauer und Eierproduktion von Schlupfwespen sind unmittelbar vom Blütenbesuch abhängig. Ein wichtiger Parasit des Kiefernknospentriebwicklers, die Brackwespe, besucht bestimmte blühende Pflanzen, darunter die Wilde Möhre. Die Lebensdauer eines Parasitenweibchens betrug ohne Möglichkeit zum Blütenbesuch im Durchschnitt 4 Tage, bei Blütenbesuch aber 20 Tage. 4 Tage aber reichen nicht aus zur Ablage aller Eier. So werden nur die zuerst schlüpfenden Larven des Triebwicklers parasitiert, die späteren nicht mehr. Die Lebensdauer der Parasiten und damit die Parasitierung des Triebwicklers stiegen dort an, wo die Wilde Möhre wuchs. Daneben sind Blütenpflanzen – und nicht nur die blühenden – ein Reservoir für Neben- und Zwischenwirte von Parasiten; ein Beispiel:

Die Raupenfliege (Tachine) ist ein extrem vielseitiger Parasit mit einer Wirtsliste von mindestens 76 Arten von Schmetterlingen, Blattwespen und Forstschädlingen wie Kiefernspinner, Schwammspinner, Großer Frostspanner, Tannentriebwickler, Grüner Eichenwickler, Grauer Lärchenwickler u.a. Zu ihren Wirten zählen aber auch Tagfalter wie Baumweißling, Schwalbenschwanz und Kleiner Fuchs, die ihrerseits an bestimmte Pflanzen („Unkräuter") gebunden sind, nämlich Schlehe, Weißdorn, Doldenblütler, Brennesseln u.a. Die Bedeutung solcher Neben- und Zwischenwirte für die Erhaltung der Parasitenbevölkerung in den Latenzphasen der Schädlingsarten liegt auf der Hand. Von der Birke sind z.B. 87, vom Faulbaum 7 Schmetterlingsarten bekannt, die als potentielle Wirte in Frage kommen, dazu noch für zahlreiche Käfer, Blattwespen usw. (Altenkirch, 1982).

Wir sehen: Nebenbaumarten gehören von Natur aus in die Waldgesellschaften und müssen wesentlich stärker als bisher gefördert werden. Auf Weichhölzern entwickeln sich folgende Schmetterlingsarten: An der Salweide fressen Raupen von mindestens 27 Arten, darunter die gefährdeten Arten Großer Schillerfalter, Trauermantel und Großer Fuchs; an der Aspe 34 Arten mit der gefährdeten Art Großer Eisfalter; an der Birke sogar 87 Arten. Ökologisch besonders wertvoll als Nektarpflanze und Futterpflanze sind außerdem der Faulbaum (7 Arten, u.a. Zitronenfalter und zahlreiche Blütenbesucher), Brennessel, Distel, Schlehdorn u.a. (Winter, 1982). Die Zahl der Insekten in den Kronen alter Laubbäume ist enorm. In einer einzigen Eiche hat man über 1000 verschiedene Insektenarten gezählt. Die Kronenfauna nimmt auch bei der Kiefer insgesamt nach Arten und Individuen vom gleich alten über den ungleich alten Kiefernbestand zum Kiefern-Eichen-Mischbestand hin zu. Einen besonders großen Anteil an der Kronenfauna haben die Spinnentiere. Sie bilden – zusammen mit einigen Käfern und Wanzen – eine starke Gruppe potentieller Gegenspieler von Schädlingen (Altenkirch, 1982).

Nach Heydemann leben von den auf bestimmte Gehölze spezialisierten Insekten des Waldes an den Hauptbaumarten Eiche, Buche, Fichte und Kiefer rund die Hälfte, nämlich etwa 700 von knapp 1400 erfaßten Arten. Die anderen sind auf die übrigen Baum- und Straucharten angewiesen mit entsprechend geringen Überlebenschancen. Wenn der saure Regen noch auf absehbare Zeit die Vitalität, die Lebenskraft und Abwehrkraft unserer Wirtschaftsbaumarten und Bestände schwächt, steigt das Risiko der Massenvermehrung von Schädlingen – nicht nur der üblichen, sondern auch der bisher als harmlos geltenden Arten. Steigerung der Artenvielfalt an Pflanzen, damit an Insekten, damit Stärkung des Bestandes an räuberischen oder parasitären Arten wie Schlupfwespen gehört deshalb zum vorbeugenden biologischen Forstschutz. Viele Tierarten – und das gilt besonders für die Insekten – sind nicht nur auf bestimmte Pflanzen- oder Baum- und Straucharten, sondern auch auf bestimmte „Etagen" im Wald spezialisiert. Durch großflächige Monokulturen werden diese „Etagen" räumlich getrennt. Naturnahe Wälder weisen innig ineinander verschachtelte Lebensräume (siehe Mosaik-Zyklus-System) auf. Manche Arten, die im naturnahen Wald miteinander vorkommen, können im Altersklassenwald nur noch flächenweise getrennt nebeneinander existieren. Das bedeutet eine Biotopverkleinerung für die einzelne Art. Für empfindliche Arten kann das zur gefährlichen Unterschreitung der Mindestzahl an Individuen – die kritische Grenze der Population – führen. Die Art ist dann zum Verschwinden verurteilt. Das bedeutet nicht totale Abkehr vom Wirtschaftswald. An der großen Aufgabe bedarfsangepaßter Holzproduktion wird sich auch in Zukunft nichts ändern. Dennoch muß versucht werden, unter Beachtung auch der wirtschaftlichen Ziele ein möglichst hohes Maß an Biotop- und Artenschutzmaßnahmen zu verwirklichen:

- Weitgehende Orientierung der Baumartenwahl und ihrer Bewirtschaftung an den natürlichen Waldgesellschaften. Das gilt insbesondere auch für die standortgemäßen Nebenbaum- und Straucharten, die im Bestand wie im Waldmantel zu fördern sind. Die in den meisten sog. Betriebszieltypen vorgegebenen Anteile von 10 % in Reinbeständen sollten grundsätzlich voll ausgeschöpft werden.
- Fremdländische Baumarten – wie z. B. Douglasie oder Roteiche – können nur mit wenigen heimischen Pilzen Mykorrhiza bilden. Während an den einheimischen Straucharten Weißdorn und Schlehe über 100 Insektenarten leben, sind es an den Einwanderern Eßkastanie (aus Südeuropa) nur 5 und Platane (aus Nordamerika) überhaupt keine (Hutter, 1985).
- Der Naturwald weist relativ kleinflächig nebeneinander die verschiedenen Altersphasen auf, die Strukturvielfalt in seinen „Etagen“ bewirken:

- Angesichts der unterschiedlichen und begrenzten Aktionsradien von Tieren muß grundsätzlich möglichst eine kleinräumige Strukturierung des Waldes angestrebt werden.
- Ausnutzung der Ungleichaltrigkeit durch geeignete Maßnahmen auf natürlich entstandenen Blößen (sofern man sie nicht unbeachtet lassen kann).
- Ungleichaltrige und vielartige Dauerbestokkung an möglichst vielen Waldaußen- und -innenrändern.
- Erhöhung der Umtriebszeit in ökologisch besonders wertvollen und wirtschaftlich nicht so bedeutenden Altbeständen (besonders im Laubholz).
- Stehenlassen von kränkelnden, absterbenden oder toten Altbäumen (mindestens 2 pro ha).
- Förderung von blütenreichen Wildkräutern durch Beachtung des Licht- und Temperaturfaktors.
- Naturbelassene Restflächen hier und da sich selbst überlassen. Förderung von „Naturwaldzellen“ in genügender Zahl.
- Belassung von Freiflächen, die sich z. B. zu blumen- und insektenreichen Borstgraswiesen weiterentwickeln können. Unterlassung von Aufforstungen kann die natürliche Vielfalt erheblich steigern.

Vielfalt ist forstlicher Vogelschutz

In Deutschland gibt es rund 110 Vogelarten, die auf Wald angewiesen sind. Steigerung der forstlichen Vielfalt schlägt bis zur Vogelfauna durch, so daß Bestandesdichte und Artenvielfalt der Vögel als Bioindikator für die Ökosystemqualität dienen können. Die Zahl der Vogelarten steigt mit Zunahme der Baumarten, des Unterholzes und der Krautschicht, mit dem unterschiedlichen Altersaufbau eines Bestandes und mit der Länge der Waldränder (Grenzlinieneffekt der Innen- und Außenränder). Ein paar Forschungsergebnisse:

- In einem Fichten-Tannen-Buchen-Urwaldrest im Bayerischen Wald leben 55 Vogelarten, in einem benachbarten 40jährigen Buchenstangenholz dagegen nur 5.
- In einem kraut- und unterholzarmen 90jährigen Kiefernbaumholz in Nordniedersachsen werden nur 6 Vogelarten mit einer Brutpaardichte von 1,1 pro ha festgestellt. Bereits der Unterstand mit Fichte bei ebenfalls spärlicher Krautschicht hat 12 Vogelarten mit einer Brutdichte von 1,7 Paaren pro ha angezogen. In einem Kiefernbestand von 70 Jahren, in dem Birken, Eichen und Fichten beigemischt, Strauch- und Krautschicht gut ausgebildet waren, brüteten sogar 19 Arten mit 5,8 Paaren pro ha (Winter, 1982). Reine Fichtenbestände werden nur von 5 bis 10 Vogelarten besiedelt.
- Auch in Laubwäldern konnte Winter (1982) ähnliche Unterschiede ermitteln: Buchenwald, 120jährig mit ausgeprägter Strauch- und Krautschicht: 23 Vogelarten, 6 bis 7 Brutpaare pro ha. Buchenwald ohne Strauchschicht, mit spärlicher Krautschicht: 17 Arten, 2 Brutpaare pro ha.
- Der Anteil der Höhlenbrüter nimmt mit dem Bestandsalter zu. Winter (1982) ermittelte: 50-jähriger Bestand 27 %, 70jähriger 35 %, 90jähriger 50 %, 130jähriger 73 %.
- Bibelriether belegt den Wert alter Bestände für die Vogelfauna im Vergleich zum reich strukturierten Urwald (Tab. 30).

Tabelle 30: Vogelfauna in verschiedenen Waldtypen bzw. Altersklassen

Bestandsalter in Jahren	Zahl der Arten	davon seltene Kulturflüchter
Urwald (Altersklasse)		
1–400	55	14
Wirtschaftswald (Altersklassen)		
1–5	25	2
5–10	20	0
10–30	25	1
30–60	40	8
60–100	45	11
100–150	50	13

Die geschlossene Dickungsphase ist relativ am artenärmsten – also ärmer als die Kulturfläche; die Artenzahl steigt stetig in Abhängigkeit vom Bestandsalter. Das Maximum der Artenzahl mit

Brutvögel	Bestandesalter in Jahren							
	1-3	3-6	6-10	10-15	15-25	25-45	40-60	60-100
Bachstelze	0,5-2							
Steinschmätzer	3							
Heidelerche	0,5-2							
Feldlerche	4	0,5-2						
Baumpieper (1)		0,5-2						
Goldammer		0,5-2	7	3				
Wiesenpieper		4						
Dorngrasmücke		0,5-2						
Hänfling		3	0,5-2					
Fitis		0,5-2	9	12	7			
Klappergrasmücke			0,5-2	4	0,5-2			
Heckenbraunelle			0,5-2	4	0,5-2			
Amsel			0,5-2	5	0,5-2			
Rotkelchen			4	5	4	0,5-2		
Eichelhäher					0,5-2			
Buchfink					4	5	7	7
Haubenmeise					0,5-2	0,5-2	0,5-2	0,5-2
Tannenmeise						0,5-2	3	0,5-2
Misteldrossel							0,5-2	0,5-2
Gartenrotschwanz							0,5-2	3
Baumpieper (2)							4	5
Kohlmeise							0,5-2	0,5-2
Ringeltaube							0,5-2	0,5-2
Waldbaumläufer								0,5-2

Abb. 99: Hauptsächlich vorkommende Brutvögel und ihre Siedlungsdichte pro ha in verschiedenen alten Kiefernreinbeständen der Lüneburger Heide. (nach Dierschke, 1973, verändert)

55 Vogelarten lebt im Urwald, der nicht nur reich strukturiert, sondern auch reich an Totholz ist. Die Verschiebung der Artenzusammensetzung in verschieden alten Kiefernreinbeständen hat Dierschke (1973) untersucht:

Eine auf naturnahe Arten- und Strukturvielfalt bedachte Forstwirtschaft bietet auch beste Lebensraumbedingungen für die Vogelfauna, die ihrerseits eine Steigerung des Erholungswertes und der Erlebnisvielfalt bewirkt. Weitere Empfehlungen zum forstlichen Vogelschutz:

- Jeder Verzicht auf Biozideinsatz hilft, die Nahrungsbasis der Vögel zu erhalten.
- In der Nähe von Horsten und anderen wichtigen Lebensstätten von seltenen Vogelarten sollten zur Brutzeit – März bis August (je nach Art) – keine forstlichen Arbeiten durchgeführt werden.
- Eine Bejagung von Rabenkrähen und Elstern sollte unterlassen werden. Nur über sie kommen unsere Eulen und Falken zu Nestern, da sie selbst keine bauen können.
- Einseitige Förderung von Allerweltsarten, z. B. Nisthilfen und Anfütterung von Stockenten, kann durch den unnatürlichen Populationsdruck zur Verdrängung von seltenen und meist empfindlichen Arten führen.

12.5 Natürliche Waldgesellschaften und einige ihrer Nebenbaum- und Straucharten

„Reich ist man nicht durch das, was man besitzt, sondern durch das, was man mit Würde zu entbehren weiß."
Immanuel Kant (1724–1804)

Die Mehrzahl der natürlichen Waldgesellschaften und viele der in den Wäldern natürlich vorkommenden Pflanzenarten sind gefährdet. Für den Schutz noch vorhandener und die Förderung künftiger naturnaher Waldgesellschaften ist die Kenntnis ihrer Zusammensetzung Voraussetzung: Ohne menschlichen Einfluß entwickeln sich je nach Standortbedingungen (z. B. Höhenlage, Wasser- und Nährstoffversorgung, Kleinklima usw.) bestimmte Waldgesellschaften, die sich aus den konkurrenzstärksten Baum- und Straucharten zusammensetzen. Der Forstmann nennt diese

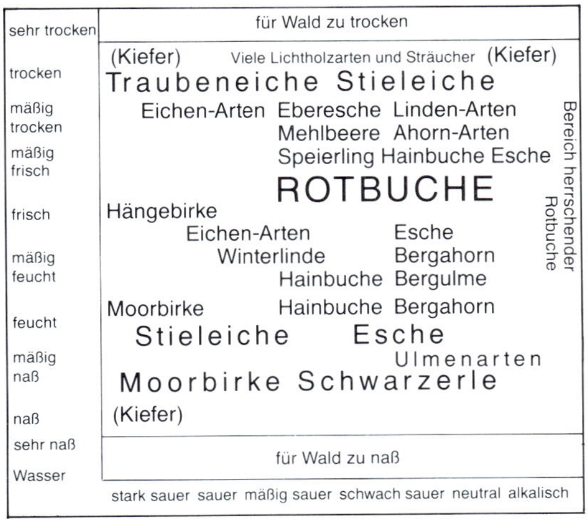

Abb. 100. Wahrscheinliche natürliche Holzartenzusammensetzung der submontanen Stufe des westlichen Mitteleuropas in Abhängigkeit von Wasser und Nährstoffhaushalt. Die Größe der Schrift deutet auf den Anteil an der Baumschicht hin. Eingerahmter Bereich: Standortsbereich mit herrschender Rotbuche. Zwei Faktorengruppen sind hier einander gegenübergestellt (nach Ellenberg, 1978; aus Remmert, 1992)

„Endgesellschaft", die – abgesehen vom Mosaik-Zyklus-Konzept – durch Sukzession keinem wesentlichen Artenwechsel mehr unterliegt, auch „Klimaxgesellschaft".

Pflanzensoziologie als Waldbaugrundlage ist eine sehr differenzierte Wissenschaft, mit der sich ein angehender Forstmann einige Semester gründlich beschäftigen muß. Doch auch dem Laien kann eine grob vereinfachende Übersicht Einblicke in die Möglichkeiten einer biologischen Belebung oder in die Schutzwürdigkeit des Waldes geben. Tabelle 31 vermittelt einen Eindruck, welche Bereicherung durch verschiedene standortgemäße Baumarten allein die Insektenarten erfahren können und welche ökologische Stabilisierung dadurch zu erwarten ist.

Zur Birke schreibt Heydemann: „Gerade die Pionierphase der Birke, also Birkenbestände von etwa 1 bis 5 m Höhe, haben einen besonders reichen Tierbesatz. Die Birkenarten gehören generell zu den für die pflanzenverzehrende Fauna bevorzugten Baumarten mit weit über 150 auf sie spezialisierten Tierarten. Schon eine leichte Beimischung von Birken in Kiefer- und Eichenwäldern erhöht die Artenzahl der Fauna um 80 bis 100 Arten." Der Faulbaum ist wegen seiner ausgedehnten Blütezeit von Juni bis Oktober und freien Nektarzugänglichkeit wichtig als Nahrungsbasis auch für Arten mit kurzen Mundwerkzeugen (z. B. Stechimmen) (Haeseler, 1979). Ähnliches gilt bei anderen Insektenarten für Brombeere und Himbeere, die wegen ihrer langen Blütezeit den Blütenengpaß im Hochsommer überbrücken können. Trockene Zweige von Brombeere, Himbeere und Holunder sind zudem für etliche Hautflügler- und Heuschreckenarten Bruthabitate (Röber, 1951; Ingrisch, 1979; Preuss, 1980).

Tabelle 31: Spezialisierte pflanzenverzehrende Insektenarten auf wichtigen Baum- und Straucharten Mitteleuropas (nach Heydemann, 1982) – Auszug

Bäume und Sträucher	Insekten	davon Tiergruppe					
	Gesamtzahl	Gallwespe	Rüsselkäfer	Bockkäfer	Borkenkäfer	Spannerfalter	Eulenfalter
Aspe	67	–	17	–	9	–	12
Weiden (Gatt.)	218	–	16	38	6	23	25
Roterle	61	–	10	–	–	14	–
Birken	164	–	11	27	10	30	9
Hainbuche	59	–	3	23	14	–	–
Buche	96	–	6	38	19	7	4
Eichen	298	75	16	70	15	22	24
Vogelbeere	26	–	–	2	6	5	1
Fichte	150	–	10	44	44	11	2
Kiefer	162	–	16	42	54	6	1
Pappel	85						
Ulme	79						
Linde	57						
Hasel	76						
Weißdorn	60						
Schlehe	52						
Wildrosen	38						
Faulbaum	17						
Him-/Brombeere	32	1	2	2	–	5	10
Heidelbeere	40	–	–	–	–	18	16

Tabelle 32: Die wichtigsten Waldgesellschaften im nordwestdeutschen Raum (nach Jahn, 1982)

Vegetationsstufe (Höhenlage)	Klimabedingte Waldgesellschaften auf ökologisch mittleren Standorten			Waldgesellschaften auf Sonderstandorten	
	Standorte auf karbonathaltigem Substrat	± basenreichem silikatischem Substrat	basenarmem silikatischem Substrat	blockreiche Steilhänge basenreicher Gesteine u. a.	Bach- bzw. Flußtäler, Mulden
1	2	3	4	5	6
hochmontan (hohes Bergland)	–	–	19 natürliche Fichtenwälder *(Calamagrostio villosae-Piceetum)*	23 Block-Fichtenwälder *(Betulo carp.-Peceetum)*	25 Rauschbeeren-Fichten-Bruchwald *(Vaac. uliginosae-Piceetum)*
obermontan (oberes Bergland)	–	18 Bergahorn-Buchenwälder *(Aceri-Fagetum)*	18 Buchen-Fichtenwälder *(Fago-Piceetum)*	22 auf humidenreichen Standorten: Ahorn/Eschenwälder *(Acer.-Fraxinetum)*	24 Bacheschenwälder je nach Standort Untereinheiten der Spalte 2, 3 oder 4 u. a.
montan (Bergland)	13 mesophile Kalkbuchenwälder *(Lathyro-Fagetum)*	16 Zahnwurz-Buchenwälder *(Dentario bulbiferae-Fagetum)*	17 Hainsimsen-Buchenwälder *(Luzulo-Fagetum)*	21 auf trockenen Kalk-Standorten: thermophile Kalk*buchenwälder* *(Carici-Fagetum)*	
submontan (unteres Bergland)		14 Perlgras-Buchenwälder *(Melico-Fagetum)*	15 Hainsimsen-Traubeneichen-Buchenwälder *(Luzulo-Querco-Fagetum)*		10 Bacheschenwälder *(Carici remotae-Fraxinetum)* Bach-Erlen/Eschenwälder *(Alno-Fraxinetum)*
kollin[1]) (Hügelland)	Starke Aufgliederung nach dem Geländewasserhaushalt			20 Ahorn/Linden-wälder *(Aceri-Tilietum)*	
	grund- und stauwasserbeeinflußte Standorte	1 Hainbuchen/Stieleichenwälder *(Stellario-Querco-Carpinetum)*	4 Buchen- bzw. Birken/Stieleichenwälder *(Fago-Quercetum, Betulo-Querc.)*		8 Weichholzauen *(Salicetum)*
planar[1]) (Ebene)					9 Hartholzauen *(Querco-Ulmetum)*
	nachhaltig frische Standorte	2 Perlgras-Buchenwälder[2]) *(Melico-Fagetum)*	5 Flattergras-Buchenwälder *(Desch.-Fag. milietosum)*		11 Erlenbrücher *(Alnetum glutinosae)*
	mäßig frische bis trockene Standorte	3 Hainbuchen/Trauben-eichenwälder *(Galio-Querco-Carpinetum)*	6 Buchen/Traubeneichenwälder 7 Drahtschmielen-Buchenwälder *(Fago-Quercetum)*		12 Birkenbrücher und Sumpfporst-Kiefern-Bruchwälder *(Betuletum pub. Ledo-Pinetum)*

[1]) Im planaren Bereich und bei subkontinentalem Klimaeinfluß setzen sich eichenreiche Wälder stärker durch, im kollinen Bereich und bei subatlantischem Klimaeinfluß nimmt die Konkurrenzkraft der Buche zu. Bei subkontinentalem Einfluß tritt oft die Winterlinde als Mischbaumart an die Stelle der Buche, und auf anmoorigen sauren Standorten werden Kiefer und Fichte häufiger.

[2]) Diese Buchenwälder sind infolge Mittel- oder Niederwaldwirtschaft häufig in Eichenmischwälder umgewandelt worden.

Traubenkirsche, Schwarzer Holunder (beide mit dichtem Kronendach) und Dornsträucher wie Weißdorn, Schlehe, Rosen, Brombeere und Himbeere werden von den Heckenvögeln zur Anlage der Nester bevorzugt (Riess, 1973). Zwölfer (1981) bezeichnet Weißdorn, Schlehe und Wildrosen wegen ihrer reichhaltigen Insektenfauna und der vielfältigen Nutzungsmöglichkeiten durch Tiere als „Hauptarten". Allein an diesen drei Arten wurden in Franken Schlupfwespen und andere parasitierende Arten nachgewiesen, die für 40 verschiedene Arten von Schadinsekten in der Land- und Forstwirtschaft als natürliche Vertilger bekannt sind (Hutter, 1985). Gisela Jahn vom Institut für

Waldbau der Universität Göttingen hat 1982 für den norddeutschen Raum eine Übersicht der wichtigsten Waldgesellschaften erstellt (Tab. 32).

Auch wenn in der heute üblichen Standortkartierung weiter nach Wuchsgebiet und Standortstyp differenziert wird, bleibt diese Übersicht dennoch ein allgemeingültiger Rahmen. In Richtung Süden rutscht mit günstigeren Klimawerten z. B. die „hochmontane" Lage höher, die sog. Fichtenzwangsstandorte darstellt und auch von Natur aus Fichtenwälder (Ziffer 19 in Tabelle 32) bildet. Während diese hochmontane Lage z. B. im Harz schon bei etwa 800 m Höhenlage beginnt (je nach Exposition und Wärmehaushalt etwas schwankend), finden wir sie in den Alpen erst etwa 1000 m höher. In tieferen Lagen herrschen durch die „Palette" der entsprechenden Waldgesellschaft und gegebenenfalls durch die Arten der höheren Lagen wesentlich bessere Möglichkeiten. So wie die Arten der höheren Lagen in günstigere tiefere Lagen gebracht werden können, sind auch Arten der ärmeren Standorte auf reichere Böden einzubringen. Auf den jeweils günstigeren Standorten finden die Baumarten meist ihr Optimum, auch wenn sie in einem Naturwald kaum vorhanden wären, weil sie durch konkurrenzstärkere Baumarten „herausgedunkelt" werden.

Zu den in der Übersicht dargestellten Waldgesellschaften werden nach Jahn (1982, auszugsweise) ergänzende Hinweise u.a. auch darüber gegeben, welche Nebenbaum- und Straucharten zur Beimischung oder Randbereicherung aus Sicht des Biotop- und Artenschutzes geeignet sind. Immerhin wird heute für alle sog. Betriebszieltypen in den Niedersächsischen Landesforsten ein Mischungsanteil von mindestens 20 % bis zum Abschluß des Haupthöhenwachstums als sog. Zeitmischung vorgesehen. Zum Zeitpunkt der Verjüngung kann dies unter Umständen ein doppelt so hoher Anteil sein. Den Pionieren Birke, Weide, Aspe, Eberesche kommt aus Gründen des Tierartenschutzes eine herausragende Rolle zu (Kleinschmit, 1993):

Ebene und Hügelland

1. **Hainbuchen- und Stieleichenwälder:** Hohe Vielfalt in allen Schichten, reiche Baumartengarnitur, viele Straucharten, Frühjahrsblüher in Krautschicht. Reiche Tierwelt. Schutzbedürftig. Entwässerungsmaßnahmen unterlassen. Nadelbäume fallen hier infolge von Kalamitäten frühzeitig aus. Waldmäntel und Gebüsche edelholzreich. Neben Stieleiche, Esche, Bergahorn, Feldahorn, Kirsche – im subkontinentalen Bereich auch Winterlinde – kommen die Straucharten Hasel, Pfaffenhütchen, Roter Hartriegel, Gemeiner Schneeball, Rosen, Traubenkirsche, Salweide, Schwarzer Holunder im Naturwald vor.
2. **Perlgras-(Waldmeister-)Buchenwälder:** Geringe Vielfalt in der Baumschicht, Strauch- und Krautschicht dagegen sehr vielfältig. Durch landwirtschaftliche Nutzung sowie durch Nadelbaumarten gefährdet. Hierher gehören – besonders im Waldmantel – auch Brombeer-Schlehengebüsche mit Hainbuche, Weißdorn, Traubeneiche und Aspe.
3. **Hainbuchen-Traubeneichenwälder mit Buche:** Mittlere bis hohe Vielfalt. Schutzbedürftig. Heute sehr selten, oft in Nadelbaumbestände umgewandelt; stufiger Aufbau – besonders im Waldmantel – mit Beimischungen von Brombeer-Schlehen-Hainbuchen-Gebüsch und Eberesche, Sandbirke und Salweide.
4. **Buchen- bzw. Birken-Stieleichenwälder:** Mittlere Vielfalt in allen Schichten. Hochgradig schutzwürdig. Durch Entwässerung fast immer stark gestört. Starke Minderung der Vielfalt durch Fichtenanbau. Stufiger Aufbau – besonders im Waldmantel – mit Beimischungen von Eberesche, Birke, Stieleiche, Ohr- und Grauweiden, nach Schafweide auch Holunder.
5. **Flattergras-Buchenwälder:** Geringe Vielfalt in allen Schichten wegen starker Beschattung durch die herrschende Buche. Durch Nadelbaumanbau Erhöhung der Vielfalt, aber Destabilisierung (Windwurf), da fast ausschließlich auf Zweischichtenböden. Beimischungen – besonders im Waldmantel – von Brombeergebüschen mit Aspe, Eberesche und Birke. Für Schlehen mutmaßlich schon zu arm. Wegen großer Seltenheit möglichst durch Naturverjüngung erhalten (Gatter!).
6. **Buchen- und Traubeneichenwälder:** Etwas höhere Vielfalt als in reinen Buchenwäldern. Schutzbedürftig. Nur noch in ehemaligen „Königlichen Holzungen" erhalten. Beimischungen – besonders im Waldmantel – mit Birke, Eberesche, Traubeneichen, Ohrweiden. Nach Schafweide auch Wacholder.
7. **Drahtschmielen-Buchenwälder:** Geringe Vielfalt in allen Schichten. Erhöhung der Vielfalt durch Beimischungen jeglicher Art, da von Natur extrem artenarm. Besonders im Waldmantel Beimischungen mit Brombeere, Faulbaum, Geißblatt, Birke, Eberesche, Eiche, im Westen auch Ginster, nach Schafweide Wacholder.

Sonderstandorte in der Ebene und im Hügelland

8. **Weichholzauen – Silberweiden-/Flußuferwälder:** Hohe Vielfalt. Akut vom Aussterben bedroht, hochgradig schutzbedürftig. Bedroht durch Wiesennutzung, Ackerbau und Baumartenverfälschung, z.B. durch Pappelanbau.

Natürliche Biotope erhalten und Gewässerregulierungen vermeiden (vgl. Kap. 6).

9. **Stieleichen-(Ulmen-)Hartholzauen:** Hohe Vielfalt mit den Baumarten Stieleiche, allen Ulmenarten, Bergahorn, Feldahorn, Esche, Wildobst. Daneben artenreiche Strauch- und Krautschicht. Hochgradig schutzwürdig. Gefährdet durch Wiesennutzung, Ackerbau, Pappelanbau und Deichbau. Im Waldmantel zusätzlich Beimischung von Hainbuche, Weißdorn, Eberesche, Faulbaum, Ohr- und Grauweiden. Wiederherstellung des natürlichen Biotops mit periodischer Überflutung anstreben.
10. **Bacheschenwälder:** Hohe Vielfalt. Mischungen mit Stieleiche, häufiger auch Grau- und Schwarzerle. Gefährdet durch Bachregulierung. Im Waldmantel zusätzlich Beimischung von Hainbuche, Weißdorn, Eberesche, Faulbaum sowie Ohr- und Grauweiden u.a.
11. **Walzenseggen-Schwarzerlenbrücher:** Hohe Vielfalt, besonders in Strauch- und Krautschicht. Gefährdet durch Entwässerung, Pappelanbau und andere nicht standortgemäße Baumarten. Im Waldmantel Beimischung von Schwarzer Johannisbeere, Grauweidengebüschen mit Lorbeerweide, Ohrweide, Salweide u. a.
12. **Moor-Birkenbrücher und Sumpfporst-Kiefern-Bruchwälder:** Mittlere bis hohe Vielfalt im Moor-Birkenbruch mit Moorpflanzen. Schutzbedürftig. Minderung der Vielfalt bei Entwässerung und bei reinem Nadelbaumanbau. Im Waldmantel Beimischung von Grauweidengebüschen, Gagelstrauch, Faulbaum, Ohrweiden.

Bergland

In der submontanen und montanen Stufe herrscht die Buche von Natur aus in nahezu allen klimabedingten Waldgesellschaften vor. Naturbedingt nimmt die Vielfalt von den karbonathaltigen bis zu den basenarmen Standorten ab. Am höchsten ist sie in den Kalkbuchenwäldern mit der Frühlingsplatterbse als Leitpflanze.

13. **Platterbsen-Buchenwälder:** Große Vielfalt, besonders in ehemaligen Mittelwäldern, in Baumschichten und in Krautschicht. Durch Entartung gefährdet (Nadelbaumanbau), in Einzelbeständen schutzbedürftig. Im Waldmantel reiche Beimischungen möglich durch Berberitzen-Dornstrauchgebüsch mit Weißdorn, Schlehe, Kreuzdorn, Roter Heckenkirsche, Rotem Hartriegel, Wolligem und Gewöhnlichem Schneeball, Liguster, Waldrebe und Lichtbaumarten, die im Wald durch die Buche verdrängt werden, wie Feldahorn, Feld- und Bergulme, Esche, Elsbeere, Hainbuche, Stiel- und Traubeneiche. Erhöhung der Vielfalt durch Förderung von Edellaubbäumen im Bestand möglich.
14. **Perlgras-(Waldmeister-)Buchenwälder mit Traubeneiche:** Hohe bis mittlere Vielfalt. Durch nicht standortgemäße Baumartenwahl (z. B. Fichtenreinbestände) gefährdet, schutzbedürftig. Reines Nadelholz vermindert, Beimischung erhöht die Vielfalt. Im Waldmantel Beimischung mit Hainbuchen-Schlehengebüsch, mit Aspe, Hasel, Brombeere, Himbeere und Weißdorn und lichtliebenden Baumarten wie Eiche und Bergahorn.
15. **Hainsimsen-Traubeneichen-Buchenwälder:** Geringe bis sehr geringe Vielfalt. Akut vom Aussterben bedroht infolge Umwandlung in Fichte. Vielfalt bei Nadelbaumbeimischung größer als in der naturnahen Waldgesellschaft. Im Waldmantel Beimischung von Traubeneiche, Eberesche, Birke, Waldgeißblatt, Hirschholunder. Dem natürlichen Randbewuchs genügend Freiraum geben.
16. **Zwiebelzahnwurz-Buchenwälder:** Hohe bis mittlere Vielfalt in Baum- und Krautschicht je nach Untereinheit. Durch nicht standortgemäße Baumartenwahl infolge hoher Fichtenleistung gefährdet, schutzbedürftig. Im Waldmantel Beimischung von Sträuchern, wie Roter und seltener Schwarzer Holunder, Salweide, Himbeere. Einzige von Natur aus großflächig vorhandene Buchenwaldgesellschaft in der montanen Stufe mit Möglichkeit der Edellaubbaumbeimischung bei wirksamem Schutz vor Wild. Reste unbedingt erhalten.
17. **Hainsimsen-Buchenwälder:** Geringe bis sehr geringe Vielfalt in allen Schichten. Gefährdet infolge Fichtenanbau bzw. Fichtenauspflanzung von wegen Wildschadens nicht gelungenen Buchennaturverjüngungen. Im Waldmantel Beimischung von Rotem Holunder, Faulbaum und Salweide. Erhalten durch Naturverjüngung notfalls mit wirksamem Wildschutz.
18. **(Bergahorn)-Buchen-Fichtenwälder:** Höhere Vielfalt je nach Bergahornanteil. Ohne Wilddruck zuweilen „Verahornung". Akut vom Aussterben bedroht, da Buche mit Bergahorn oft durch Wild gefährdet sind. Hochgradig schutzbedürftig. Aufkommen der Verjüngung problematisch, da meist an Steilhängen in schneereichen Lagen, wo Gatterbau technisch schwierig oder kostspielig ist. Minderung der Vielfalt durch reinen Fichtenanbau. Im Waldmantel Beimischung von Eberesche, Birke, Weiden – z. B. Ohrweide –, Roter Holunder. Mit allen Mitteln standortgemäße Laubbaumarten erhalten und fördern.
19. **Natürliche Fichtenwälder:** Geringe Vielfalt in allen Schichten. Einzige nicht gefährdete Waldgesellschaft, da hier keine Alternativbaumart. Beimischung der Eberesche auf

ganzer Fläche als einzige noch gedeihende Laubbaumart.

Sonderstandorte im Bergland

20. **Ahorn-Linden-Wälder:** Hohe Vielfalt. Auf blockreichen Steilhängen mit basenreichem Gestein, sehr selten und unbedingt schutzbedürftig. Im Waldmantel Beimischung einer reichen Strauchschicht mit Weißdorn, Berberitzen, Schlehen, Liguster, Rosen, Kreuzdorn, Schneeball, Rotem Hartriegel u. a.
21. **Wärmeliebende Kalkbuchenwälder:** Vielfalt vergleichsweise am höchsten. Reich an Baum- und Straucharten sowie seltenen Arten in der Krautschicht, z. B. Orchideen. Stark gefährdet u.a. durch Nadelbaumanbau (z. B. Schwarzkiefer) und dadurch Minderung der Vielfalt. Hochgradig schutzwürdig. Meist sehr reichhaltige Strauchschicht auch im Bestand wegen der Durchlässigkeit des Kronendaches und des oft lichten Standes, besonders aber im Waldmantel: wärmeliebendes Berberitzen-Dornstrauchgebüsch mit Weißdorn, Schlehen, Liguster, Rosen, Wolligem Schneeball, Rotem Hartriegel, Pfaffenhütchen, Kreuzdorn, Roter Heckenkirsche, Elsbeere, Feldahorn, Feldulme, Hainbuche. Dichtschluß vermeiden, um Orchideen und andere seltene wärme- und lichtliebende Arten zu erhalten.
22. **Ahorn-Eschen-Wälder:** Schlucht- und Gesteinsblockwälder. Hohe Vielfalt, besonders in der Baumschicht aus Esche, Bergahorn, Bergulme, Sommerlinde, Buche sowie in der hochstaudenreichen Krautschicht. Potentiell gefährdet und schutzbedürftig. Starke Minderung der Vielfalt durch Nadelbaumanbau. Im Waldmantel hoher natürlicher Straucharten-anteil: Schwarzer Holunder, Rote Heckenkirsche, Hasel.
23. **Karpatenbirken-Blockfichtenwälder:** Für Norddeutschland nicht beschrieben.
24. **Bacheschenwälder:** Meist in U-förmigen Tallagen und edellaubbaumreiche Ausbildungen der Perlgras-, Zahnwurz- und Bergahorn/Buchen/Fichtenwälder in V-förmigen Tallagen. Vergleichsweise hohe Vielfalt, oft sich stark abhebend von den angrenzenden, mehr oder weniger eintönigen Hängen. Gefährdet durch „Verfichtung“. Einzelne Fichten erhöhen die Vielfalt, Fichten in Reinbeständen vermindern sie drastisch. Im Waldmantel Beimischung auch von Schwarz- und Grauerle, Weide, beiden Holunderarten. Pflege der natürlichen Baumartenkombination erforderlich.
25. **Rauschbeeren-Fichten-Moorwald und Torfmoos-Fichtenwald:** Vergleichsweise hohe Vielfalt innerhalb der Fichtenwälder. Potentiell gefährdet durch Entwässerung und Erholungsverkehr (z. B. Skilanglauf).

Die empfohlene Vielfalt standortgemäßer Baum- und Straucharten gilt auch innerhalb der Arten hinsichtlich ihrer Genvielfalt. Sie dient der Anpassungsfähigkeit von Waldbaumpopulationen (Hattemer, 1985). Hier kommt es also nicht darauf an, hochgezüchtete Sorten oder Einheitsherkünfte aus Baumschulen zu verwenden, sondern im Gegenteil möglichst heterogenes Material aus dem gleichen Raum zu vermehren.

12.6 Waldränder – dankbare Bereiche für Naturschutzarbeit

„Ihr karrt in ewig gleicher Spur
und narrt euch vor, dies sei Kultur!“
Christian Morgenstern (1871–1914)

Über 90 % unserer Waldränder sind ökologisch nicht befriedigend aufgebaut. Das liegt u.a. an der schlechten Ertragslage der Forstwirtschaft (u. a. hohe Kulturkosten und großer Pflegeaufwand) und an Wildproblemen. Da aber standortgerechte und artenreiche Waldränder Naturhaushalt wie Erholungseignung der Landschaft wesentlich bereichern, ergeben sich hier vielfältigste Möglichkeiten für wertvolle Naturschutzarbeit. Waldränder unterscheiden sich strukturell und funktional deutlich vom geschlossenen Wald:

- Schutz und Sicherung des Waldes im Interesse aller Waldfunktionen,
- Bildung eines besonders artenreichen Lebensraumes, der viele spezialisierte Pflanzen- und Tierarten neben vielen der angrenzenden Ökosysteme (z. B. Feld und Wald) enthält (= Grenzlinieneffekt),
- Bereicherung der Landschaft durch ästhetische Abwechslung und Schönheit mit entsprechendem Erholungswert.

Je nach Lage unterscheidet man

- Waldaußenränder als Grenzbereiche gegenüber anderen Vegetations- oder Nutzungsformen (z. B. Feldflur, Siedlungen, öffentliche Straßen, größere Freiflächen im Wald),
- Waldinnenränder als Grenzbereiche zwischen verschiedenen Waldbeständen, an kleineren Gewässern, Forstwegen und dergleichen. Manche Waldinnenränder an breiteren Forstwegen z. B. quer zur Hauptwindrichtung können als „Sturmfanglinie“ oder zur Steigerung der natürlichen Vielfalt und Förderung der Erholungseignung an stark begangenen Spazier- und Wanderwegen ähnlich wie Waldaußenränder gestaltet werden.

Beim Vorherrschen der lichtdurchlässigen Baumarten Eiche, Birke und Kiefer ist ein vielfältiger Waldrand leichter zu entwickeln als bei den stärker Schatten werfenden Baumarten Buche, Fichte oder Douglasie, die aufkommende Vielfalt leicht „herausdunkeln". Dem kann nur durch rechtzeitige Freistellungen begegnet werden. Vielgestaltig und kontrastreich aufgebaute Waldränder eignen sich sehr gut zur psychologisch durchdachten Steuerung von Touristenströmen, weil der Mensch derartige Strukturen deutlich bevorzugt (vgl. Kap. 4).

Safety first – Sicherheit zuerst

Standstabilität darf kein Forstmann vernachlässigen. Nielsen (1991) unterscheidet für Flachwurzelsysteme (z.B. der Fichte) folgende Verankerungskomponenten:

1. Kohäsion und Gewicht des Wurzelballens sowie Gewicht des Baumes.
2. „Zugwurzelkomponente" der dem Wind zugewandten „Kleinwurzeln".
3. „Stützwurzelkomponente" der dem Wind abgewandten „Stützwurzeln" zur Verstärkung der Wurzelballenkomponente.
4. „Stützwurzelkomponente" der dem Wind abgewandten „Stützwurzeln" zur Verstärkung der Zugwurzelkomponente.

Nielsen (1990) schildert die großen Möglichkeiten zur Beeinflussung der Verankerung durch Stammzahlregulierungen:

„Durch die Pflanzenzahl bzw. durch frühe Läuterungen wird die intraspezifische Wurzelkonkurrenz im Gerten- und Stangenholzalter bedingt. Da die Verzweigungsintensität der strukturellen Wurzelsysteme in diesen Altersphasen fast ‚irreversibel festgelegt wird', kann eine langfristig hohe Zuwachskapazität der Fein-, Schwach- und Grobwurzelmasse nur durch eine Eliminierung der intraspezifischen Wurzelkonkurrenz in diesen frühen Altersphasen erreicht werden. Die Produktion der für die ‚Zugwurzelkomponente' verantwortlichen Kleinwurzeln (zwischen 1 und 20 mm Durchmesser) erhöhte sich zugunsten der weiten Pflanzverbände mit einem Faktor zwischen 1,8 und 3,5 bei vergleichenden Untersuchungen zwischen weit und eng begründeten Fichtenbeständen. Selbst in 100jährigen Beständen konnte ein bedeutender Einfluß des ursprünglichen Pflanzenabstandes nachgewiesen werden."

Nur frühe und starke Eingriffe können alle genannten Verankerungskomponenten positiv beeinflussen. Durchforstungen im mittleren oder späteren Baumholzalter können das Zuwachsniveau der für die Zugwurzelkomponente verantwortlichen „Kleinwurzeln" nicht mehr erhöhen, weil die Verzweigungsstruktur des Wurzelsystems nach der Jugendphase kaum mehr beeinflußbar ist. Das „Kleinwurzel"/Stamm-Biomassenverhältnis ändert sich kaum über verschiedene Durchforstungsgrade. Dagegen reagieren vitale Stützwurzeln noch im höheren Alter auf Freistellungen mit einer Erhöhung des Zuwachsniveaus.

Stammzahlreduzierungen im mittleren und höheren Alter wirken sich folglich nur positiv auf die von der Stützwurzelmasse abhängigen Verankerungskomponenten aus. Ihre Stärkung steigt mit zunehmendem Durchforstungsgrad. Die Sturmfestigkeit nimmt aber nicht notwendigerweise mit zunehmendem Durchforstungsgrad zu, schon gar nicht, wenn die Durchforstungsintensität erst im höheren Alter erhöht wird. Eingriffe im hohen Alter fördern zwar die Verankerung, aber auch die Kronenentwicklung und damit die Sturmexponierung, so daß das Verankerungsmoment/Sturmmoment-Verhältnis durch die späten Eingriffe immer verringert wird (Nielsen, 1991). Die Angriffsdisposition der Krone, die Hebelansatzfläche für den Sturm oder der Rauhigkeitsfaktor des Bestandes wächst mit der Eingriffsstärke im höheren Alter überproportional. Mattheck (1992) hat dies mit Computermethoden simuliert und darauf hingewiesen, daß Bäume äußere Biegebelastungen minimieren, indem sie durch Reaktionswachstum den Kronenschwerpunkt über das Wurzelzentrum bringen. Sturmbelastungen werden also durch Wachstumsanpassung räumlich homogen im Baum verteilt. Das gilt ebenso für Gestaltkorrekturen bei anderen Abweichungen. Freistehende Fichten bilden auf der windzugewandten Seite oft eine besonders zugfeste „Brettwurzel", wenn sie von Jugend an gegen Windlasten trainiert werden. Die volle Länge dieser Horizontalwurzel wird als Hebelarm gegen die Windlast zugseitig aktiviert. Solche Bäume sind durch ihr früh einsetzendes Reaktionswachstum weitestgehend sturmfest und standsicher. Den Bäumen im engen Bestand fehlt dagegen diese mechanische Stimulanz zur Ausbildung von kräftigen Wurzeln und erst recht von Brettwurzeln völlig (Mattheck, 1992).

Die Ziele ergänzen sich, weil nur ein konsequent früh und äußerst weit gestellter Fichtenrand (um eine besonders sturmgefährdete Baumart zu nennen) die Sicherheits- und Stabilitätsanforderungen nachhaltig erfüllen kann und nur dadurch eine ökologische Aufwertung im Randbereich gelingen wird. Die Wirklichkeit sieht als Folge des Kostendrucks und kurzsichtigen Rentabilitätsdenkens leider oft anders aus: Eingeklemmte Nebenbaum- und Straucharten oder gar „Wirtschaftslaubbaumarten" in Waldrändern von Nadelholzkomplexen sind schlechte forstliche Visitenkarten.

Waldaußenränder

Waldaußenränder – und im besonderen Maße Wind und Sonne ausgesetzte Waldmäntel – brauchen besondere Beachtung. Jeder Waldbestand

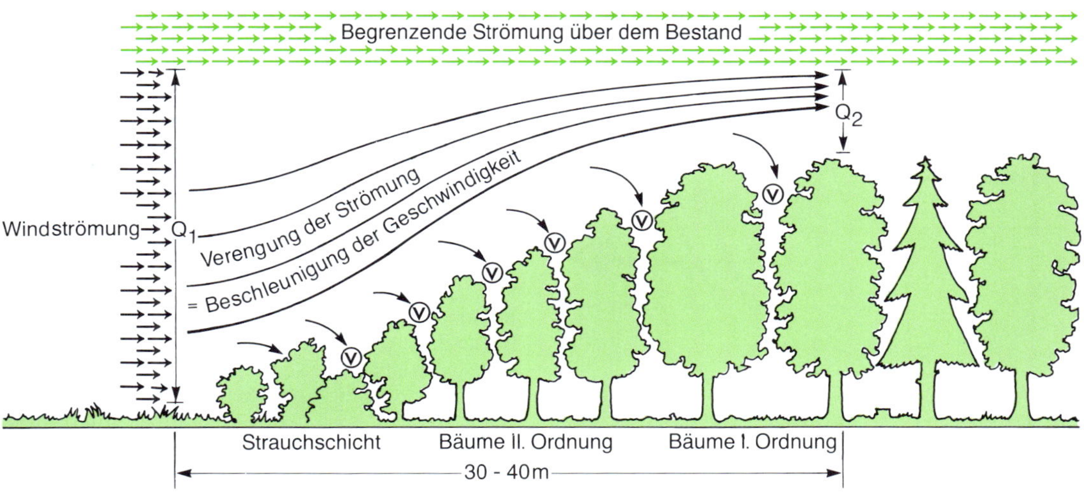

Abb. 101. Wirkung eines Waldaußenrandes mit guter Abstufung gegen den Wind. Von Q1 bis Q2 wird der Querschnitt kleiner, so daß die Luftströme beschleunigt werden. Der lockere Aufbau fängt bei V die dadurch entstehenden Verwirbelungen ab, die in den Bestand eindringen können. Durch frühzeitige Freistellung sind die Randbäume tief beastet geblieben, haben ein festeres Wurzelsystem entwickelt und sich durch eine spezielle Verteilung von Druck- und Zugholz im Stammbereich insgesamt statisch besonders stabil entwickelt. Ein derartiger Außenrand erlaubt ein relativ gleichmäßiges Überströmen und sichert damit den nachgelagerten Bestand am besten.

verschafft sich über den Waldmantel gewissermaßen von selbst ein eigenes Binnenklima mit ausgleichenden Extremen der Temperatur, einer höheren Feuchtigkeit, geringerer Verdunstung und Windruhe. Das wirkt sich positiv auf den Zuwachs der nachgelagerten Bestände aus. Alle Maßnahmen der Zuwachssteigerung (z. B. Durchforstung) oder der Erschließung zur Holzbringung (z. B. Wegebau) werden weitgehend nichtig, wenn die Einzelbestände nicht gegen den Wetterangriff (z. B. Sturm) geschützt sind. Allerdings müssen die wichtigsten Pflegemaßnahmen bereits in sehr jungem Bestandesalter getroffen werden – kosten also viel und bringen keine Erträge. Sie sind später nicht nachholbar, und ihre Hauptwirkung entfalten sie erst 2 bis 3 „menschliche Forstgenerationen" später. Unterlassung der sog. Traufpflege straft stets – z. B. durch Windwurf – andere Menschen. Von Sperber und Crecelius (1987) haben errechnet, daß in der Mehrzahl der Nadelholz- und Nadel-Laubholz-Mischbestände allein die Minderung monetärer Verluste aus Windwurf die zusätzlichen Kosten und Ertragseinbußen funktionsgerechter Waldrandgestaltung wieder aufwiegen oder diese sogar übertreffen.

Kurzsichtige Unterlassung spart also heute Geld, gefährdet aber im höheren Alter die Bestandessicherheit und entspricht nicht dem Nachhaltsprinzip der Forstwirtschaft. Das gilt ebenso für alle forstfremden Eingriffe (Leitungstrassen, Straßenaufhiebe u. a.), die ältere Bestände für immer labilisieren. Der ideale Waldrand steht dem Wind nicht als hohes und dichtes Hindernis im Weg. Recht offen – besonders in der Jugendphase des Bestandes – sollte er sein, aus weit auseinanderstehenden Bäumen gebildet (jeder einzelne fast ein Solitär) und nur allmählich in den dichten Innenbestand übergehend. In einen solchen Rand können die Luftmassen teilweise eindringen und werden langsam abgebremst. Der gefährliche Luftstau mit seinen Turbulenzen wird vermieden (Abb. 101 und 102).

Im Idealfall ist ein Waldaußenrand etwa eine Baumlänge, also rund 30 m – bei starker Windexposition sogar 40 m – breit, wird mit besonderen Baumarten als getrennte waldbauliche Einheit behandelt und durch Dauerbestockung behutsam gepflegt, die niemals kahlgeschlagen wird. Der Landschaftspflegeverband Mittelfranken hat im Rahmen eines vom Bundesumweltministerium finanzierten Pilotprojektes sogar die Waldeigentumsgrenze überschritten und auf den vorgelagerten landwirtschaftlichen Flächen zusätzlich einen 30 m breiten Saum entwickelt, so daß eine rund 60 m breite Waldrandzone entstanden ist. Dieser Saum beginnt mit einer mindestens 10 m breiten extensiv genutzten, nicht gedüngten und nicht gespritzten Pufferzone, geht über in einen blütenreichen Krautsaum von ebenfalls etwa 10 m Breite (gerade Linien werden vermieden!), der in mehrjährigem Abstand gemäht wird und in eine weitere Strauchzone übergeht (Aichmüller, 1991). Er ist

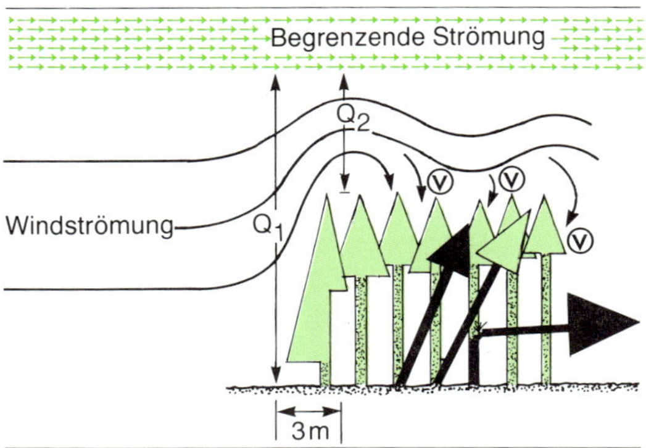

Abb. 102. Wirkung eines zu steilen und zu geschlossenen Waldaußenrandes gegen den Wind.
Die Querschnittsverengung von Q1 zu Q2 erfolgt auf sehr kurzer Strecke. Beschleunigung und Verwirbelungen V sind stärker. Damit verbunden ist auch ein starker Sog, der beim Flugzeug den Auftrieb als Voraussetzung für das Fliegen, bei den Bäumen aber stärkere Turbulenzen erzeugt. Die nachgelagerten Bäume haben nur noch eine hochangesetzte Krone (= wertvolles Bestandesholz), dadurch entwickeln sich stärkere Hebelkräfte, Verwurzelung und Druck- und Zugholzverteilung sind ungünstiger, so daß diese Bäume statisch wesentlich weniger stabil sind und leicht geworfen werden oder sogar brechen. Bei derartig geschlossenen Steilrändern ist es oft – namentlich besonders bei der Fichte – nur eine Frage der Zeit, bis eimmal Sturm und Düsenwirkung ausreichen, um den nachgelagerten Bestand zu zerstören. Ähnlich wie in Windschutzstreifen wird man auch am Beginn der Waldinnenränder frühzeitig eine „geometrische Durchlässigkeit" von 30 bis 50 % anstreben müssen.

der eigentlichen Strauchzone des bisher 30 m breiten Waldrandes vorgelagert. Nach oben sind in der Breite eines ökologisch gestalteten Waldaußenrandes also keine engen Grenzen gesetzt, Untergrenze dagegen tunlichst nicht unter 30 m.

Strauchzone und weitgehend auch die Bäume II. Ordnung sollten nicht nur standortgerecht, sondern bodenständig im engsten Sinne sein, damit der Saum seinen Naturschutzzweck als Refugium für Flora und Fauna erfüllt. Ohne Nutzung kann – anders als im Feld und Wirtschaftswald – eine Florenfälschung streng vermieden werden. Daher: Saumgehölze nicht anpflanzen, sondern ihnen nur Raum geben und sie sich selbst anfinden und entwickeln lassen. Das geht heute leider nur noch eingeschränkt, weil die nötigen „Muttersträucher oder Mutterbäume II. Ordnung" kaum oder gar nicht mehr vorhanden sind, das Wild sie nicht aufkommen läßt und sich die meist standortfremden Wirtschaftsbaumarten – z. B. Fichten – ebenfalls einfinden. Überall, wo diese Probleme beherrschend sind, wird nur durch Pflanzung mit abschnittsweisem Zaunschutz in der empfindlichen Jungwuchsphase eine gedeihliche Entwicklung möglich sein.

Die Dynamik von Ökosystemen findet mehr und mehr das Interesse der ökologischen Forschung, und das Modell des Mosaik-Zyklus-Konzeptes enthält auch für die Pflege von Waldrändern wertvolle Anregungen. Pietzarka und Roloff (1991) haben daher entsprechende Untersuchungen angestellt: 50 bis 60 m breite Sukzessionswaldränder mit dynamisch wechselnder Staffelung und natürlichen Mosaik-Zyklen bieten bei der Erhaltung von Einzelbäumen und Totholz, bei geschwungenem Waldrandverlauf, bei Förderung von Lichtbaumarten in Rändern von Schattenbaumarten und extensiver Pflege Möglichkeiten, Entwicklungen der Natur nachzuempfinden. Solche Waldränder weisen anders als herkömmliche „Ackerwaldränder" ein kontinuierliches „floristisches Gefälle" auf, bei dem es nicht zur Bildung von scharfen Verbreitungsbarrieren für Flora und Fauna kommt. Eine reichhaltigere Gliederung in Form verschiedener Mosaik-Zyklen ergibt eine größere Fülle unterschiedlicher, aber vernetzter Lebensräume. Auch über derartige Waldränder sind biologische Verbundsysteme regional, ja landesweit wesentlich zu fördern.

Waldinnenränder

Für die Innenränder, also die Bestandesränder an Hauptwegen und kleinen offenen Flächen im Wald, gilt das bisher Gesagte nur einschränkt. Man wird sie in geringerer Breite ansetzen müssen und Gebüsche im allgemeinen nur vereinzelt fördern. Sie sind auch keine gesonderte Einheit, sondern werden durch die besondere Art der frühen Durchforstung aus dem jeweiligen Bestand entwickelt. Einige Holzarten der natürlichen Waldgesellschaft, also in der Regel Laubhölzer, sollten auch im Innenrand stets vertreten sein. Leicht sind hier besondere Einzelbäume herauszuarbeiten. Überhältergruppen kann man alt werden lassen oder auf ähnliche Weise für Bereicherung sorgen. Gerade die Ränder sind früh zu pflegen und Einzelbäume so herauszuarbeiten, daß sich ein lockerer Bestandesrand mit tief beasteten Bäumen in ausreichender Tiefe (etwa 10 bis 30 m) ergibt, der auch Raum für einige Krautpflanzen, Sträucher und Mischbaumarten läßt.

Artenreichtum der Waldränder

Die Umweltbedingungen sind im Waldrand meist wesentlich verändert gegenüber denen der Wälder oder Felder:
- andere kleinklimatische Verhältnisse (Licht, Temperatur, Wind, Feuchtigkeit),
- andere Bodenverhältnisse in Wechselwirkung mit den besonderen Klimabedingungen und verstärkt durch andere Vegetation und deren Abfälle,
- starke Geländestufe als Orientierungsziel oder

Ausbreitungshindernis für Tiere; spezielle Raumstruktur,
- ausgeprägte Vegetation, insbesondere Blütensäume.

Diese Diversität der Umweltbedingungen schafft zahlreiche ökologische Nischen für hohe Artendiversität bei Pflanzen und Tieren. Die Randgemeinschaft wird durch Überlappen der tierischen Gemeinschaften der angrenzenden Areale gebildet. Hinzu kommen Arten mit weiten ökologischen Toleranzen, die in beiden Bereichen vorkommen, im Grenzgebiet aber möglicherweise Vorzugsbedingungen finden. So entsteht eine charakteristische Artenkombination. Vielfach ist auch die Zahl der Arten und der Individuen im Grenzbereich besonders groß: Randeffekt (edge-effect) oder Grenzlinienwirkung.

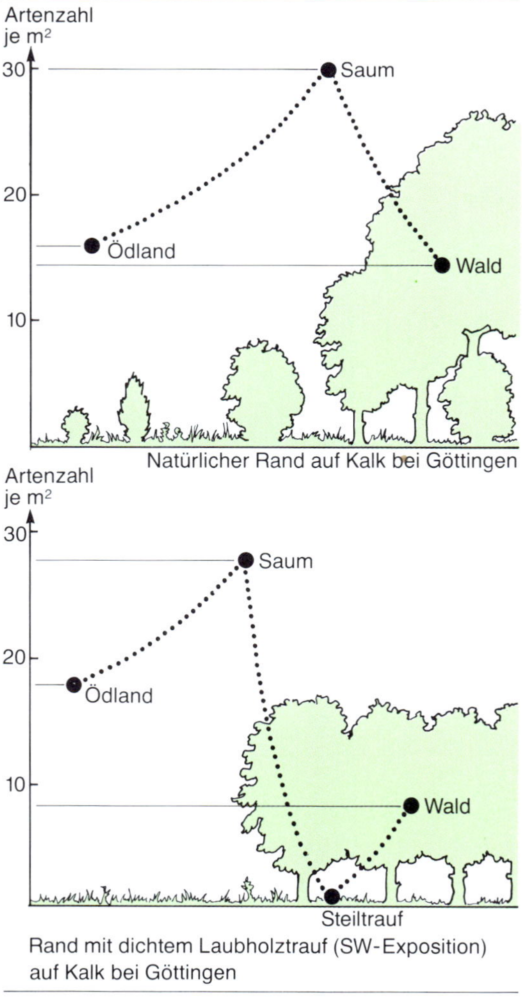

Abb. 103. Artenzahl u. Waldrand. (nach Dierschke, 1974)

Pflanzenwelt

Die Vielfalt der auf Diversität der Randbedingungen reagierenden Pflanzenwelt hat Dierschke 1974 bei Göttingen untersucht (Abb. 103).

Die Säume – oft mit hochstaudenartigen Kräutern – haben auch an Waldinnenrändern eine Bedeutung. Das unterstreicht die Empfehlung, Waldinnenränder der Wirtschaftsbaumarten grundsätzlich mindestens 5 m vor Wegekanten enden zu lassen, da die Saumpflanzen Lebensraum für eine große Zahl von nützlichen Insekten und damit Voraussetzung für einen integrierten Forstschutz und Grundlage für eine reiche Vogelfauna sind.

Tierwelt

Insekten, z.B. Schlupfwespen, die als Insektenparasiten und damit als Feinde auch vieler forstlich bedeutsamer Schadinsekten eine wichtige Rolle spielen, brauchen blühende Pflanzen als Nahrungsspender, die sie vor allem am lichten Waldrand finden. Dort finden sie auch die notwendigen Neben- oder Zwischenwirte. Hügelbauende Waldameisen siedeln gern in der Nähe von – vor allem südexponierten – Waldrändern. Künstliche Ansiedlungen gelingen daher meist dort, während im Bestandesinneren die Ameisenvölker eingehen oder abwandern. Im Interesse des natürlichen Widerstandes gegen Schädlinge und der Vielfalt unserer Insekten im Wald sollte man alle Ränder – mit Betonung auch der Innenränder – vielartig und lichtreich gestalten.

Insekten gedeihen am besten in Lagen mit Süd-, Südost- und Südwestexposition, da die überwiegende Mehrzahl der Tierarten (Wirbeltiere wie Wirbellose) dieses Habitattyps gut durchsonnte Bereiche in windgeschützter Lage bevorzugt. Von den Gehölzpflanzen sind insbesondere die aus der Sicht des Faunenschutzes besonders wichtigen Weiden und Aspen (an denen z. B. mindestens 27 bzw. 34 Arten von Schmetterlingen leben; Winter, 1982) zu fördern, außerdem Himbeeren und Brombeeren (hohle Stengel z. B. als Brutversteck für die Rubusbrüter unter den Hautflüglerarten, reiche Nahrungsquelle für Blütenbesucher) längs der Waldränder und -wege, von den Stauden und Kräutern besonders Witwenblumen, Flockenblumen, Disteln und Pflanzen mit ähnlichem Blütentypus sowie Doldenblütler (Umbelliferen). Die ersteren sind wichtig für Falter und blütenbesuchende Fliegen, die letzteren für Schlupfwespen, viele Bockkäferarten sowie für Fliegen (Blab, 1984). Die Individuendichte – d. h. Brutpaare pro Flächeneinheit – ist bei Vögeln stets am Rand deutlich höher als im Inneren der Bestände. Die Verwandtschaft der Waldrandfauna mit der der Hecken (vgl. Kap. 11) ist unübersehbar.

Tabelle 33: Eigenschaften von Randgehölzen

Pflanzenname	Licht		bes. Verjüngungsmöglichkeiten			natürliche Widerstandkraft gegen							bes. gestalterische Wirkung durch			sonst. besondere Bedeutung für		
	Lichtbedarf	Schattenerträgnis	Stockausschlag	Wurzelbrut	Vermehrung durch Stecklinge	Feuer (hemmend)	Rauch und andere Immissionen	Salz (Schmelz-Spritzwasser)	Trockenheit	Überschwemmung	Spät- bzw. Winterfrost	Wildschäden	Blüten	Früchte	Herbstfärbung	Vogelnahrung	Vogeldeckung u. -brut	Bienenweide (Ziffer = im Monat)
Feldahorn		(+)	+			+			+	+		–			+		+	+ 4–5
Spitzahorn		(+)				+	+		(+)	+	+ W	–	+		+			+ 4
Bergahorn		+	+			+	+	(+)		+		– !			+			+ 5
Roterle		(+)	+ !			+	+			+	+ S	+				+		+ 4
Weißerle	(+)		+ !	+ !		+	+			+	– S	+				+		+ 4
Berberitze	(+)						+		+					+	+	+		
Sandbirke	+		+			(–)		+	+		+ W		+		+	+		
Moorbirke	+		+			(–)		+			+ W	+	+		+	+		
Hainbuche		(+)	+ !			+	+				+ S!	–			+	+		
Kornelkirsche	(+)		+				+		+			+	+	(+)		+		+ 3
Hartriegel				+			+	(+)	+	+					+	+		+ 5
Hasel		(+)	+	+		+	+	(+)	+	+		–	+		+			+ 3
Weißdorn (beide Arten)	(+)						+	(+)	+			–	+	+		+	+	+ 5
Seidelbast		+									+ W		+	+				
Pfaffenhütchen		(+)	+	+			+			+		–		+ !	+	+		
Buche		+	(+)			+	+				– S	–			+			
Esche	(+)		(+)				+	+		+		–						
Sanddorn	+ !		+	+		+	+ !	+	+		+ W		+	+ !		+		
Hülse (Ilex)		+					+				– W			+				
Wacholder	+					–					+SW	–				+	+	
Europ. Lärche	+					+	(+)				– S	–						
Jap. Lärche	+					+ !	+				– S							
Liguster	(+)		+	+	+		+	(+)	+			+		+		+	+	
Heckenkirsche		(+)			+		+		+			–		(+)		+		
Wildapfel	+									+		–	+			+		+ 5
Schwarzkiefer	+					+ !	+ !		+									
Kiefer	+					+ !												
Wildbirne		(+)								+		–	+			+		+ 5
Aspe	(+)			+		(+)	+			+	+SW	–			+			+ 4
Vogelkirsche	(+)		+			+	+				+ W		+			+		+ 5
Traubenkirsche		(+)				+	+	(+)		+		+	+			+	+	
Späte Traubenkirsche	(+)					+	+	(+)	+	+	+ S		+			+		
Schlehdorn (Schwarzdorn)	+			+		–			+				+ !	(+)		+	+	+ 4
Traubeneiche	(+)		+			+	+	+	(+)		+ W	–			+	+		
Stieleiche	+		+			+	+	+		+	+ W	–			+	+		
Roteiche	+		+			+	+		+			–			+ !			
Kreuzdorn	(+)			+					+	+		+						
Faulbaum	(+)			+ !		–	+	+		+		+				+		+ 5–6
Rote Johannisbeere		+								+				+		+		+ 5
Robinie	(+)		+	+		–	+		+			–	+ !				+	+ 4 !
Hundsrose	+		+	+ !		–	+	(+)	+				+ !			+	+	+ 6
Weinrose	+			+			+		+				+ !	+ !		+	+	+ 6
Kratzbeere	+			+		–				+								+ 6
Himbeere	(+)			+ !		–						+		+ !		+	+	+ 6
Brombeere	+			+ !		–	+							+ !		+	+	+ 6
Ohrweide	+				+			(+)				–	+				+	
Salweide	+		+				+	(+)	+	+							+	+ 3–4
Grauweide	+				+		+			+		–	+				+	
Reifweide	(+)				+					+							+	+ 3–4
Bruchweide		(+)			+					+	+ S	–	(+)				+	
Purpurweide	+				+		+			+ !		–	+				+	+ 3–4
Kriechweide	+				+				+ !				(+)					
Korbweide	+				+					+ !	– W	–	+				+	
Schwarzer Holunder	(+)		+ !		+	(+)	+	+ !			+ W		+	+		+		
Traubenholunder	(+)		+		+		+					–		+ !		+		
Besenginster	+			+		–		(+)			– W		+ !					+ 6–7
Elsbeere		(+)							+						+	+		
Eberesche	(+)			+	+	(+)	+	(+)	+				+	+ !	+	+ !		+ 4–5
Eibe		+ !	+								+ S	+		+		+	+	
Winterlinde		+	+			+	+	(+)										+ 7
Sommerlinde		+	+			+	+											+ 7
Ulme (Feld- u. Flatter-)		(+)	+	+			+			+		–						
Wolliger Schneeball	+				+	+	+	(+)	+		+ W		+	+	+		+	
Gemeiner Schneeball	(+)		+		+		+						+	+ !	+	+		

+ = hoch; – = gering; ( ) = weniger ausgeprägt; ! = besonders ausgeprägte Eigenschaft
Mit Ausnahme der Spalten Widerstandskraft gegen Feuer, Frost und Wildschäden sind die Eigenschaften nur positiv bezeichnet.

Besondere Eigenschaften der Randgehölze

Da die Randgehölze ökologisch eine wichtige Funktion haben, ist die Kenntnis ihrer Eigenschaften von Bedeutung (Tab. 33 nach Merkblatt Nr. 3 der Nds. Landesforstverwaltung, 1977).

Anregungen für „Waldrandaktionen" mit Hilfe der Öffentlichkeit

Besser als Lippenbekenntnisse gegen das Waldsterben, besser als jeder „Waldpfennig" ist die praktische Arbeit vor Ort. Waldsäuberungsaktionen – so sehr sie zu begrüßen sind – erreichen nie den Wert, den fachlich begleitete, ökologisch aufwertende Aktionen gerade am Waldrand erzielen können. Über viele Jahre könnten umfangreiche (ABM-)Programme zur Waldrandgestaltung und deren ökologischer Aufwertung laufen. Die Arbeit ist das Teuerste daran. Auch an Ersatzmaßnahmen nach dem Naturschutzgesetz ist zu denken. Bei meiner täglichen Praxis fällt mir immer wieder auf, daß sich viele nichtforstliche Stellen schwertun, die Möglichkeit der Ersatzvornahme nach dem Naturschutzgesetz bei nicht ausgleichbaren Eingriffen zu realisieren. Ihnen fehlt offenbar die Phantasie dafür, wie unsere Landschaft eigentlich aussehen und wieder belebt werden könnte. Die Waldränder sind dabei ebenso dankbare Objekte wie die Wiedereinbringung von Hecken in ausgeräumten Feldfluren. Umgekehrt ist allerdings gerade in touristisch besonders stark genutzten Bereichen vor gut gemeinter Überpflege an Wanderwegen zu warnen, die mit der städtischen Ordnungsneurose unweigerlich auch Artenverarmungstendenzen in Waldgebiete überträgt.

12.7 Alles Totholz begründet neues Leben im Wald – „Totholz lebt"

„Heute ist die beste Zeit!"
Altdeutsches Sprichwort

Mangelndes ökologisches Wissen, „abgehobenes" Nutzungsdenken, überzogene Ordnungsliebe, Ängste vor Risiken und Kritik haben nicht selten zur Beseitigung von Totholz geführt, auch wenn der wirtschaftliche Nutzen sogar negativ war. Erkenntnisse aus dem Mosaik-Zyklus-Konzept, den kleinräumig nebeneinander asynchron ablaufenden Sukzessionen und den Erfordernissen einer Vernetzung messen dem Totholz auch im Wirtschaftswald hohen Stellenwert bei. Zahlreiche Arten können schon Entfernungen von 50 m nicht mehr überwinden; die Verinselungsfolgen für Totholzspezialisten bei üblicher Forstwirtschaft sind daher katastrophal.

Das betrifft auch die genetische Vielfalt; die Fähigkeit, sich Umweltveränderungen anpassen zu können, hängt direkt von ihr ab. Zur kurzfristigen Erhaltung der genetischen Variabilität wird heute als grobe Richtzahl eine Minimumpopulation von 50 Individuen angenommen. Aber bereits nach 100 Generationen entspricht die genetische Vielfalt einer derartigen Population nur noch 36 % des Ausgangsbestandes. Daher wird im langfristigen Zeitrahmen eine Minimumpopulation von 500 Individuen empfohlen, woraus sich z. B. für intakte Spechtpopulationen – um dies zu verdeutlichen – zum Teil gewaltige Flächenansprüche ergeben (Heiß, 1991):

Waldökosystemschutzgebiete müssen also sehr groß sein, damit sie langfristig wenigstens annähernd Mindestanforderungen erfüllen (Heiß, 1991). Totholz – stehendes wie liegendes! – ist Teil einer Sukzession und demzufolge evolutionär vorgegebener Lebensraum für außerordentlich zahlreiche hochspezialisierte Pflanzen und Tiere, die auch für die ökologische Funktion und Stabilität anderer, benachbarter Sukzessionsstadien von großer Bedeutung sind. Die Orientierung am Naturwaldmodell lehrt, daß Totholz von allen natürlich vorkommenden Baum- und Strauch-

Tabelle 34: Flächengrößen für Minimumpopulationen verschiedener Spechtarten

Spechtart	Reviergröße pro Brutpaar	Flächengröße für eine Minimumpopulation von 50 Individuen (MVP = 50)	Flächengröße für eine Minimumpopulation von 500 Individuen (MVP = 500)
Kleinspecht	15 ha	375 ha	3 750 ha
Mittelspecht	50 ha	1 250 ha	12 500 ha
Buntspecht	35 ha	875 ha	8 750 ha
Grauspecht	200 ha	5 000 ha	50 000 ha
Schwarzspecht	400 ha	10 000 ha	100 000 ha
Grünspecht	400 ha	10 000 ha	100 000 ha

arten in allen Altersstufen und in allen Zerfallsstadien wichtig ist, daß aber der Anteil und die ökologische Bedeutung mit dem Alter der Bäume steigt.

Die Nutzung des Holzes vor der Alterungs- und Zerfallsphase hat alle an und vom Alt- und Totholz lebenden Pflanzen- und Tierarten selten werden lassen, viele sind gefährdet. Insbesondere dickstämmiges Faul- und Totholz fehlt in Wirtschaftswäldern. Da andererseits aber auch diese Lebensgemeinschaften auf die der übrigen Wirtschaftswälder erheblich ausstrahlen und mit ihnen in vielfältiger Weise vernetzt sind, müssen bei forstlichen Maßnahmen oder deren Unterlassung auch diese ökologischen Anforderungen wieder stärker berücksichtigt und stehendes Totholz in angemessener Menge erhalten werden. Darauf hat Pfeil (1834), einer der forstlichen Klassiker, Direktor der preußischen Forstakademie in Eberswalde von 1829 bis 1859, bereits vor über 150 Jahren hingewiesen:

„Unsere jetzige rechnende deutsche Forstwirtschaft nivelliert den Wald in einer Art, daß man in kurzer Zeit nichts mehr sehen wird als geschlossene, gleichmäßige Stangenhölzer oder schwache Baumhölzer höchstens, wenn man nach den haubaren Beständen fragt. Mögen allenfalls die alten Bestände geopfert werden, aber die Aufopferung einzelner schöner und merkwürdiger Bäume an viel besuchten Wegen in schönen Landschaften, an Punkten, welche von menschlichen Wohnungen aus sehr in das Auge fallen, zu verhindern, sollte nicht möglich sein. Das materielle Bedürfnis gestattet immer weniger, dem Sinn für das Schöne in der Waldwirtschaft Raum zu geben. Erst verschwinden die herrlichen großen alten Bäume, dann die malerischen einzelnen Baumgruppen, zuletzt verdrängt die einförmige graue tote Kiefer das freundliche lebendige Laubholz. Man kann das beklagen, aber nicht ändern ... Nichts hat die Poesie des Waldes mehr getötet, als das Umherspähen nach jedem Spechtloch und jedem dürren Ast, jedem mit Flechten bedeckten Wipfel, um den Baum, der ihn trägt, als zurückgehend zu benutzen. Damit treiben wir das ganze Vogelheer, das hier seinen Aufenthalt hat, und was so manche Dienste leistet, aus dem Wald und machen ihn still, stumm und öde, während sonst jeder Baumwipfel belebt war ..."

Daran hat sich im Prinzip nur die wesentlich akuter gewordene Aussterberate sehr vieler spezialisierter Pflanzen- und Tierarten geändert, die eine stärkere Einstellung auf die Natur unerläßlich macht. Auch für das Totholz im Wald gilt, daß unterschiedliche kleinstandörtliche Bedingungen – z. B. Baumhöhe, Himmelsrichtung, Beschattung, Windexposition, Wärmehaushalt, Zerfallsgrad, Konkurrenzverhältnisse – an und in den absterbenden oder toten Bäumen differenzierte ökologische Nischen ergeben, die von Algen, Pilzen, Flechten, Moosen, Insekten, Vögeln und Kleinsäugern besiedelt werden.

Flechten

Flechten sind als Symbiosegemeinschaft aus Pilz und Alge(n) nicht mit anderen Organismen zu vergleichen. Infolge z. B. der Widerstandskraft bestimmter Arten gegenüber Temperaturextremen von –196 °C bis zu +80 °C, der generativen und vegetativen Vermehrungsmöglichkeit, der Fixierung auf ganz bestimmte Standortansprüche, der Empfindlichkeit gegenüber verschiedensten Umweltbelastungen, der langen Entwicklungszeit wird den Flechten eine hohe ökologische Funktion beigemessen. Rund 50 % der Flechtenarten gelten heute als ausgestorben oder gefährdet. Das liegt neben den Umweltbelastungen (Luftverschmutzung) besonders auch an den Folgen intensiver Forstwirtschaft. So sind z.B. all die Flechtenarten hochgradig gefährdet, die ausschließlich die Rinde alter freistehender oder absterbender Bäume (meist artspezifisch!) bewohnen. Wirth (1976) nennt allein 70 einheimische Flechtenarten, die auf alte Birken angewiesen sind. Schutz gefährdeter Flechtenarten ist in der Forstwirtschaft ausschließlich Biotopschutz durch Nutzungsunterlassung. Eine Wiedereinbringung einmal verschwundener Arten ist nicht möglich. Im übrigen dient der Flechtenschutz anderen Organismen, die in und von diesen Flechten leben.

Pilze

Im Bundesgebiet sind etwa 4000 Großpilze (Makromyzeten) bekannt, die gut sichtbare Fruchtkörper bilden. Etwa fünfmal so groß ist die Zahl der oft nur mikroskopisch erkennbaren Formen aus den Gruppen der Schimmel-, Hefe-, Rost-, Brandpilze und der völlig eigenen Gruppe der Schleimpilze, über deren Gefährdung man nur wenig weiß. Etwa ein Viertel der Großpilze stehen auf den „Roten Listen" als gefährdet. Der überwiegende Teil davon kommt im Wald vor. Ein einzelner Baum kann mit bis zu hundert höheren und niederen Pilzarten in Wurzelsymbiose leben. Da Pilze, neben der Ernährung der Bäume, auch beim Abbau organischer Substanzen im Wald eine Schlüsselstellung haben, ist die Förderung naturnaher Bedingungen in der Forstwirtschaft auch kleinflächig und punktuell für die Artenvielfalt von großer Bedeutung. Dazu gehört auch die Erhaltung möglichst vieler und gleichmäßig verteilter alter abgestorbener Bäume aller einheimischen Arten und die Verhinderung des Sammelns von Fruchtkörpern am Stamm von Totholz, da z. B. viele Insekten diese Fruchtkörper als Lebensraum und Nahrung benötigen.

Moose

Bei uns siedeln an älteren lebenden und toten Bäumen rund 40 Laub- und 5 Lebermoosarten und auf morschem und faulendem Holz etwa 20 Laub- und 30 Lebermoosarten. Auch davon ist ein großer Teil gefährdet. Die Belassung gleichmäßig verteilter alter Tothölzer – im Bestand wie freistehend an Rändern – ist für viele spezialisierte Moosarten überlebenswichtig. In und von diesen Moosen lebt ein vielfaches Artenspektrum weiterer Organismen (z. B. Insekten, Moderkäfer u. a.).

Insekten

Totholz besiedelnde Insekten leben vom Holz, von Pilzhyphen im Holz, als Räuber von den beiden ersten Gruppen oder als Parasiten von den drei vorgenannten Gruppen. Hautflügler – z. B. Mauerbienen, Blattschneiderbienen und Fliegengrabwespenarten – ziehen ihre Larven in den Fraßgängen der holzbewohnenden Käfer und Riesenholzwespen, aber auch in weißfaulen Ästen z. B. von Linden, Eichen und Buchen auf. Etliche Insekten ernähren sich ausschließlich von Flechten und Moosen auf alten Bäumen (hinzu kommen z. B. baumbewohnende Schnecken, die nur auf sehr alten Baumstämmen vorkommen). Vor dem Einsetzen geregelter Forstwirtschaft stellten kranke Bäume, Tot- und Faulholz, Mulm, rissige Borke u. a. m. ein Massenhabitat dar, auf das sich rund 1400 einheimische Käferarten spezialisiert haben. Von diesen holzbewohnenden Käferarten sind rund 60 % „Rote-Liste-Arten". Dazu kommen zahlreiche Vertreter anderer Gruppen, etwa von Fliegen, Tausendfüßlern, Asseln usw. Einige an alte morsche Laubhölzer gebundene Käferarten aus den Familien der Schnell-, Pracht-, Schwarz-, Bockkäfer und aus anderen Familien gelten bereits als „Urwaldrelikte".

Nadelbäume werden im ersten Sukzessionsstadium während des Absterbens zunächst von Borkenkäfern, Rüsselkäfern und Bockkäfern besiedelt. 1 bis 2 Jahre nach dem Absterben des Baumes wird die Rinde zusehends abgelöst durch Spechthiebe, durch Bockkäfer, durch sekundäre Käferarten und Holzwespen. Der Ameisenkäfer stellt als Larve und als Käfer den Borkenkäfern nach, Larven in Rinde oder Holz werden je nach Größe von Schlupfwespen oder Brackwespen mit Eiern belegt. Die unter der Rinde lebenden Insekten bieten wiederum Meisen und Spechten Nahrung (Winter, 1980).

Buchen und Eichen entwickeln in der Absterbe- und Zerfallsphase vielfältigste Lebensgemeinschaften. Die abgestorbenen Teile werden von einer besonders großen Zahl rinden-, holz- oder moderfressender Wirbelloser genutzt. Alte Weiden, Wildobstbäume, Linden u.a. und deren Totholz sind für Insekten besonders wichtig.

Von zufällig ausgewählten 28 altholzbewohnenden und überwiegend gefährdeten Käferarten siedeln 21 Arten ausschließlich in Laubhölzern, 6 Arten in Laub- und Nadelholz, und nur eine Art ist eng an Nadelholz gebunden (Blab, 1984). Für die Stammbewohner besitzen vor allem stehende Stämme, Starkäste und Wipfel mit Verletzungen oder mit Mulm gefüllte Hohlräume große Bedeutung. Mulm ist für die Larvenentwicklung der Käfer das bei weitem wichtigste Substrat. Heimisch sind bei uns z. B. rund 175 Bockkäferarten, die vorzugsweise im Wald vorkommen.

Hautflügler (Hymenoptera) bilden die zweitgrößte Insektengruppe der Weltfauna. In der Bundesrepublik Deutschland sind sie mit ca. 11 000 bis 12 000 Arten die artenreichste Insektenordnung. Als Unterordnung gehören dazu die Blatt-, Halm- und Holzwespen (Blab, 1984). Charakteristisch ist die Unterbringung der Eier im Pflanzengewebe durch eine „Legesäge" oder einen „Legebohrer" bei den Holzwespen. Die Larven der Holzwespen leben im Trockenholz. Die meisten Arten sind auf bestimmte Futterpflanzen, wie Weichhölzer, bestimmte Straucharten oder Wildkräuter spezialisiert. So wurden an Weide über 70, an Pappel, Erle, Birke, Eiche je ca. 20 und an Kirsche und Hasel je ca. 10 Blattwespenarten gezählt. Gefährdet sind vor allem einige im Nadelholz lebende Holzwespenlarven, z. B. Braungelbe Holzwespe, Schwarze Nadelholzwespe, Riesenholzwespe. Die Ernte des Stammholzes entzieht ihnen einen Teil der Lebensgrundlage. Recht hochgradig gefährdet durch Entnahme alter und hohler Bäume ist auch die Hornisse, die als Großhöhlennisterin ebenfalls zur Lebensgemeinschaft absterbender oder abgestorbener Altbäume in Laubmischwaldbeständen gehört. Hinzu kommt die weitgehend grundlose Verfolgung durch den Menschen (das Gift ist eher geringer toxisch als das von Bienen und Wespen; Nester werden im Herbst für immer verlassen; Verteidigung und Stiche erfolgen nur bis ca. 4 m vom Nest entfernt). Die Hornisse ist ökologisch als Insektenjäger unentbehrlich. Durch die Erhaltung von Altholzinseln und stehendem Totholz alter Laubbäume in nicht zu großem Abstand muß der starke Rückgang der Hornissenpopulation aufgehalten und der hohen Inzuchtanfälligkeit vorgebeugt werden.

Vögel

Von den heimischen Vogelarten können nur wenige in Bäumen Höhlen anlegen. Dazu gehören unsere Spechtarten. Dadurch, daß sie oft jährlich mindestens eine neue Höhle zimmern, schaffen sie für andere Höhlenbrüter Nistmöglichkeiten und für weitere Tierarten (bis zu Kleinsäugern) Lebensstätten. Sie sind also von größter biozönotischer Bedeutung. Wegen dieser „Wegbereiterrolle" wurde der Schwarzspecht zum Vogel des Jahres

1991 erklärt. In den EU-Richtlinien über die Erhaltung der Vögel wird der Schwarzspecht unter den 74 Brutvögeln im Anhang I geführt, für die vorrangig besondere Biotopschutzmaßnahmen zu treffen sind. Der mit Abstand größte Teil (meist um 90 %) der Schwarzspechthöhlen wird in kranken Altbuchen (über 120 Jahre alt) mit hohen astfreien Stämmen angelegt. Das liegt wohl am Mindestbrusthöhendurchmesser von etwa 40 cm, den der Baum zur Sicherstellung der Maße und Innenklimawerte haben muß. Sofern die Höhlen nicht durch Wasser u.a. unbrauchbar geworden sind, werden sie von Hohltaube, Rauhfußkauz, Dohle, Star, Kleinvögeln, Baummarder, Eichhörnchen, Fledermäusen, Bilchen und Bienen belegt. Der Buntspecht dagegen zimmert niedrigere Höhlen, die Blau-, Kohl- und Tannenmeisen, Trauerschnäpper, Gartenrotschwanz, Star, Sperlingskauz, Kleiber und Wendehals – also durchweg kleinere Vogelarten – belegen. Besonders Hohltaube und Rauhfußkauz brauchen den „Vorbohrer" Schwarzspecht und nehmen dann auch kleine Altholzbestände ab 0,1 ha Größe an.

Die Feststellung der Höhlenbäume und ggf. deren Kennzeichnung ist oft nicht einfach und fördert daher die Zusammenarbeit zwischen Ornithologen und Forstleuten. Höhlenbäume können durchaus in Wegnähe stehen. Somit dient der Überhalt von Altbäumen gleichzeitig der Erholungseignung einer Landschaft. Nach einer niederländischen Studie wiesen die Bäume an Verkehrswegen mehr Höhlen auf, was mit dem Unterschied der Kondition der Bäume erklärt werden kann. Die gleiche Untersuchung hat eindeutig belegt, daß die Artenzusammensetzung der Bewohner natürlicher Spechthöhlen viel variabler ist als die in Nistkästen. Bei Höhlen im Schaftbereich ist der Stamm manchmal schon so stark entwertet, daß der Verzicht auf seine Nutzung kein großes Opfer mehr darstellt und die sich dann einstellende Sukzession beim Totholz ökologisch höherwertig einzuschätzen ist.

Fledermäuse

Alle heimischen Fledermausarten sind Winterschläfer. Sie sind dämmerungsaktiv und ernähren sich von fliegenden Insekten, können aber auch kriechende erbeuten. Sie benötigen große Nahrungsmengen und haben somit wichtige ökologische Funktionen. Die Vermehrungsrate der Tiere ist gering – 1 bis 2 Junge pro Jahr – und die Lebenserwartung von bis zu 20 Jahren entsprechend groß. Folgende heimische Fledermausarten benutzen ausschließlich oder zum Teil Baumhöhlen als Sommerquartiere (Knolle, 1982): Kleine Bartfledermaus, Große Bartfledermaus, Fransenfledermaus, Bechsteinfledermaus, Wasserfledermaus, Abendsegler, Kleiner Abendsegler, Rauhhautfledermaus, Mopsfledermaus, Braunes Langohr. Der Bestand aller ist hochgradig gefährdet. Quartiermangel ist eine wesentliche Ursache. Baumhöhlen müssen für hinreichenden Frostschutz Wandstärken von über 10 cm aufweisen. Bevorzugt werden zugluftfreie Baumhöhlen, die im hinteren Bereich um mehr als 5 cm nach oben und unten erweitert sind und die Berührung ein- bzw. ausfliegender Tiere mit ihren Exkrementen verhindern. Da Bachauen in Talzügen für Fledermäuse natürliche Wanderwege darstellen, ist „Entfichtung" dieser Bereiche auch deshalb erwünscht, weil dichte Fichtengürtel für die meisten Waldfledermäuse zwischen Tagesquartier und Jagdbiotop unüberwindbare Barrieren bilden (Fuhrmann, 1991).

Praktische Folgerungen zur Förderung des Totholzanteils im Wald

- Voraussetzung für die natürliche Entstehung starker Totholzbäume ist die Erhaltung von Altbäumen weit über das Nutzungsalter hinaus. Der Schutz reicht vom Einzelbaum über Gruppen bis zu Altholzinseln. Ihr Überhalt prägt für lange Zeit das Waldbild, belebt die Landschaft und steigert deutlich den Erholungswert. Der Zeitfaktor spielt insofern eine große Rolle, z. B. brauchen viele Flechten für ihre Entwicklung Jahrhunderte. Das gilt für Bäume ebenso wie z. B. für die unbeeinträchtigte Belassung von Felswänden. Praktisch in allen Beständen fallen immer wieder Bäume aus, auf deren Nutzung beim sog. Sammelhieb je nach Situation ohne wesentliche finanzielle Einbußen verzichtet werden kann.
- Dickstämmiges Tot- und Faulholz oder dickstämmige kränkelnde Bäume sind wegen ihrer Seltenheit in Wirtschaftswäldern in allen Ausprägungen schutzwürdig, da sie einige hundert darauf spezialisierte Organismen zum Überleben brauchen.
- Der Totholzanteil in unbeeinflußten Naturwäldern beträgt 5 bis 25 % des Holzvorrates. Ein Mindestanteil von 2 % der Masse oder 2 bis 5 abgestorbenen Bäumen je ha sollte auch in Wirtschaftswäldern gesichert werden. Wichtig ist eine ausreichende Zahl und gleichmäßige Verteilung, damit die Vernetzung erhalten bleibt.
- Bei der Läuterung und Durchforstung können zur Erhöhung des Totholzanteils im Herbst einige Bäume geringelt werden. Unbehandelte Zaunpfähle abgängiger Kulturgatter – besonders Eichenpfähle in Nadelholzbereichen – können nach Entfernung des Drahts stehenbleiben. Unrentable Sammelhiebe mit geringem Massenanfall können unterbleiben, sofern keine Forstschutzprobleme zu erwarten sind. Bäume mit Schling- oder Kletterpflanzenbewuchs oder mit vielen Wasserreisern enthalten

Abb. 104. Ein Naturwald enthält insgesamt etwa 20 % der Gesamtmasse Totholz, auf das eine Vielzahl von Organismen (Flechten, Algen, Pilze, Moose, Insekten, Vögel, Kleinsäuger u. a.) spezialisiert und angewiesen ist. Um diesen Arten das Überleben zu sichern, sollten wir mindestens etwa 2 alte Bäume pro Hektar überhalten, auch später nicht nutzen (Brennholzbedarf!) und bis zur völligen Zersetzung sich selbst überlassen. Besonders dicke Laubbäume entwickeln in der Zerfallsphase schnell eine außerordentliche biologische Vielfalt, die auch ästhetisch schön ist. (Foto: Markmann)

besondere ökologische Nischen und sollten möglichst erhalten werden. Entsprechendes gilt für markante, krumme, verwachsene oder sonstwie abnorme Bäume. Generell sollten alle im Bestand vorkommenden, der natürlichen Waldgesellschaft entsprechenden Baumarten auch als Totholz repräsentiert sein.

- Alle Zerfallsstadien, vom kränkelnden Holz über Totholz bis zum Mulm, sind wichtig. Stehendes Tot- und Faulholz ist wertvoller als liegendes, das in Wirtschaftswäldern häufiger ist.
- Wurzelteller von Windwurfbäumen möglichst nicht zurückklappen lassen, sondern einen Teil des Stammfußes erhalten, damit dieses Zurückklappen unfallsicher und dauerhaft verhindert wird. Die dort zu erwartenden Besiedlungssukzessionen sind außerordentlich artenreich und eindrucksvoll. Ebenso sollten Hochstümpfe nach Bruch erhalten werden. Kernfaule Bäume können auch in Brusthöhe gefällt werden.
- Unwirtschaftliche Sonderstandorte eignen sich besonders für die Förderung von Totholz ohne wirtschaftliche Einbußen: Extrem arme, trockene, nasse, steile Standorte mit Bestandesteilen geringer Holzqualität.
- Berücksichtigung von „Totholzanwärtern" bei Durchforstungen: Bäume mit geringem Nutzholzwert oder Schäden, Sonderformen wie extreme Zwiesel, starke Grobastigkeit, bizarre Kronen, soweit sie keine Konkurrenz für Wertholz darstellen, bewußt bis zu ihrem natürlichen Zerfall belassen (Schaper, 1992).
- Sonnenexponierte Lagen sind wertvoller als beschattete, da viele holzbewohnende Insektenarten sehr wärmeliebend sind (Randbäume). Auch in Hecken sollten einige Stämme stehend zerfallen.
- Für den Faunenschutz sind Eichen, Buchen, Linden, Ulmen, Wildobstbäume und Weiden besonders wichtig. Abgestorbene Ulmen können, wenn der Ulmensplintkäfer als Pilzsporenüberträger ausgeflogen ist, bedenkenlos stehenbleiben. Alle Pionierbaumarten sind auch deshalb interessant, weil sie in bestimmten Stadien ein frühes Totholzangebot ergeben. Besonders in Gewässernähe sollten diese Baumarten bei Läuterungen in Hüft- oder Reichhöhe geköpft werden: Brutangebot für spezielle Vogelarten wie Weidenmeise (Schaper, 1992).
- Wenn in Sonderfällen berechtigte Sicherheitsbedenken gegen die Erhaltung alter Bäume sprechen, ist diesen nur bei Gefahren nachzukommen. Oft reicht die Entnahme bruchgefährdeter Äste. Auch ein „Baumstumpf" von mehreren Metern Höhe stellt noch eine wertvolle ökologische Zelle dar.
- Alle Waldarbeiter und Brennholzinteressenten sind darauf hinzuweisen, daß stehendes Totholz von Altbäumen nicht entnommen werden darf. Gegebenenfalls müssen zu erhaltende Altbäume ebenso wie Spechtbäume gekennzeichnet werden.

Bei geschultem und motiviertem Personal sollte dies jedoch entbehrlich sein. Qualifizierte Waldarbeiter können etwaige Gefahren durch Totholz außerdem wesentlich besser einschätzen als Hilfskräfte von Unternehmerfirmen. Brennholzselbstwerbung sollte auf jüngere ausgezeichnete Durchforstungsbestände konzentriert werden. Kritik an Totholz durch Waldbesucher ist ein deutlicher Hinweis auf Defizite in der Öffentlichkeitsarbeit. Schon nach wenigen Jahren spricht Totholz gerade durch seine Lebensvielfalt besonders an, so daß entsprechende Aufklärung Ordnungsvoruteile rasch ausräumen kann. Alte und morsche Bäume sollten allerdings aus rechtlichen Gründen nicht an öffentlichen Straßen, häufig begangenen Wanderwegen, an Erholungseinrichtungen, Parkplätzen oder in der Nähe von Häusern stehengelassen werden.

12.8 Biotopverbund im Wirtschaftswald unter dem Blickwinkel des Mosaik-Zyklus-Konzeptes

„Die Natur liebt es, sich zu verbessern."
Heraklit von Ephesos (um 500 v. Chr.)

Im Naturwald sind alle Sukzessionsstadien nach dem Mosaik-Zyklus-Konzept der Ökosysteme räumlich vernetzt. Eine Vereinheitlichung z. B. durch Bevorzugung bestimmter Kulturpflanzen auf großer Fläche im gleichen Alter löst diese Vernetzung auf und schafft Probleme für den Arten- und Genaustausch von Teilpopulationen und für den Neuaufbau von Ökosystemen (Altenkirch, 1988). Im Optimalfall – in unserer Kulturlandschaft kaum noch zu erreichen und dennoch anzustreben – wird ein Biotop erst dann als regeneriert zu bezeichnen sein, wenn er die Gesamtheit der dynamischen Prozesse räumlich wie zeitlich umfassen kann. Mit anderen Worten: Ein Wald kann erst dann als annähernd regeneriert gelten, wenn bereits Teilflächen so weit entwickelt sind, daß durch natürliche Alterungsprozesse einzelne Bäume oder Teilbestände abgestorben und zusammengebrochen und Bereiche mit Pionierstadien der Waldsukzession erneut vorhanden sind.

Ein naturnaher Waldbestand muß daher so groß sein, daß alle Sukzessionsstadien in hinreichender Flächengröße nebeneinander existenzfähig sind. Für Arten mit hohem bis sehr hohem Raumanspruch wie beispielsweise Schwarzstorch oder Luchs ist Wald als möglicher Lebensraum in weiten Bereichen Deutschlands heute überhaupt nicht mehr entwickelbar, da entsprechende, zusammenhängende Bestände nurmehr in geringer Zahl existieren (vgl. z. B. Fritz, 1984, nach Riecken, 1992).

Zeit-, Raum- und Dynamikkomponenten setzen also optimistischen Begriffen wie „Wiederherstellbarkeit", „Renaturierung", „Ausgleich", „Ersatzmaßnahme" in konsequenter ökologischer Auslegung enge Grenzen. Berücksichtigt man zudem physikalisch-chemische und biologisch-ökologische Dimensionen, dann erscheint die „Machbarkeit der Natur aus zweiter Hand" gegenüber dem Schutz vorhandener Biotope als weit nachrangig. Ein Vollumbruch alter Waldstandorte zur Reduktion der Kulturkosten infolge erzwungener Mechanisierbarkeit ist daher ökologisch nicht mehr zu verantworten. Die nutzungsorientierte Zerschneidung der Landschaft, die Errichtung schwer oder gar nicht passierbarer Barrieren – durch Besiedlung, Transportwege, Industrie oder durch naturferne Intensivnutzungen (Landwirtschaft, Forstwirtschaft, nicht standortangepaßter Baumartenwahl, Tourismus) – und die gravierende Standortveränderung (z. B. Düngung, Entwässerung) haben die gefährlichen Verinselungseffekte weiter potenziert (vgl. Kap. 3). Als Gegenwehrstrategie hat man die verschiedenen Schutzgebiete ausgewiesen.

Im Licht der Erkenntnisse über die Mosaik-Zyklus-Konzepte wird freilich die Fragwürdigkeit dieser Strategie deutlich. Natur läßt sich nur sehr verlustreich in spezielle Zonen aufteilen. Die meisten landschaftlichen Systemteile können Funktionen des Naturhaushaltes nur dann auf Dauer übernehmen, wenn sie groß genug sind und wenn weiche Grenzsäume und Übergangsbereiche – anstelle scharfer Parzellengrenzen – sie mit- und untereinander verknüpfen (Blab, 1992). Die Entwicklung jedoch geht weiter in Richtung „Verschärfung der Verinselung", weil die intensiv genutzten Räume ständig lebensfeindlicher werden.

Unsere Naturschutzgebiete beherbergen nur etwa 30 bis 50 % der gefährdeten Pflanzen- und Tierarten, die gefährdeten Biotoptypen sind in ihnen nur unzureichend repräsentiert. Etwa zwei Drittel aller Naturschutzgebiete Deutschlands sind kleiner als 50 ha, 90 % erreichen keine 200 ha, nur 0,02 % umfassen mehr als 500 ha Fläche, nur rund 1,9 % der Landesflächen stehen überhaupt unter Naturschutz (ein Bruchteil der unter Asphalt und Beton versiegelten Fläche). Selbst wenn 10 % der Fläche unter Schutz gestellt würden, könnten dadurch nach den aus der „Inselökologie" abzuleitenden Prognosen nur etwa 50 % des heimischen Artenpotentials erhalten werden (Blab, 1992).

Großwild – etwa der amerikanische Grizzlybär – benötigt für eine überlebensfähige Population rund 13 000 km^2 (= 1,3 Mio. ha) und Birkwild immerhin noch 15 bis 20 km^2 (= 1500 bis 2000 ha) Fläche bei guter Biotopstruktur. Man versucht heute, u.a. mit dem Konzept der MVP (Minimum Viable Population = kleinste überlebensfähige Population), neue Strategien zu entwickeln:

„Hierbei wird für eine isolierte Population im konkreten Habitat vorhergesagt, wie groß die Individuenzahl mindestens sein muß, um mit einer vorgebbaren Überlebenswahrscheinlichkeit (z. B. 95 % über einen festzulegenden Zeitraum, z. B. 100 Jahre) das Überleben dieser Population zu sichern. In einer Gefährdungsanalyse (PVA = Population Vulnerability Analysis) muß eine Vielzahl von biotischen und abiotischen Faktoren berücksichtigt werden, um dann über den Wert des ermittelten MVP eine entsprechende Angabe des Flächenbedarfs der MVP leisten zu können... Während das MVP-Konzept bei isolierten Populationen in größeren zusammenhängenden Lebensräumen auch in der Praxis seine Anwendung findet, stellt die zunehmende Fragmentierung, die Unterteilung von Lebensräumen auf einzelne Flecken (,patches') in der Landschaft andere konzeptionelle Anforderungen. Hierbei sind insbesondere dynamische Prozesse des lokalen Aussterbens und der Neubesiedlung von Arten in solchen Flecken zu berücksichtigen. Dem trägt das theoretische Konzept der Metapopulation verstärkt Rechnung... Unter Metapopulation wird ein Netz lokaler Populationen verstanden, die untereinander durch migrierende Kolonisten lose verbunden sind. Wird eine einzelne Lokalpopulation durch irgendein Ereignis dezimiert, so können Einwanderer aus anderen Populationen diese Population vor dem Aussterben bewahren (‚rescue-effect') oder nach dem Erlöschen eine Population neu begründen. Darüber hinaus kann in einer solchen Metapopulation – im Vergleich zu einer zusammenhängenden Population gleicher Individualstärke – ein größerer Anteil der genetischen Variabilität erhalten bleiben, was dem langfristigen Evolutionspotential der Art zugute kommt." (nach Blab, 1992)

Damit gewinnen im Rahmen des Mosaik-Zyklus-Konzeptes einerseits alle ökologisch trennenden und andererseits alle ökologisch verbindenden Elemente an Bedeutung. Dazu gehören z.B. auch chemisch-physikalische Komponenten wie etwa die stofflichen Belastungen der Ökosysteme und Biozönosen durch Eutrophierung, Versauerung oder sonstige Schadstoff- und Gifteinträge. Auch diese Veränderungen tragen rasant zur Verinselung bei.

Durch Industrie, Verkehr und Landwirtschaft wird nach Ellenberg (1989) stellenweise eine Stickstoffdeposition aus der Luft von 70 kg pro ha und Jahr (in den Niederlanden z.T. 100 kg) erreicht, also die doppelte bis dreifache Aufwandmenge an Pflanzennährstoffen, wie sie noch in den 50er Jahren für landwirtschaftliche Nutzflächen üblich war. Die Folgen und Trenneffekte dieser Entwicklung auch für Waldökosysteme kann man sich leicht ausmalen (s. Abb. 105 u. Tab. 35).

Nach Ellenberg (1989) lassen sich maximal Einträge von 20 bis 40 kg N pro ha und Jahr durch intensive Pflegemaßnahmen (Plaggen, häufige Mahd etc.) aus dem System entfernen. Selbst bei intensivstem Pflegeeinsatz ist die Bilanz für die Naturschutzbestrebungen also negativ, schon gar bei Biotoptypen, denen man überhaupt keine Pflege im oben genannten Sinne angedeihen lassen kann, ohne die Schutzziele zu gefährden (Riecken, 1992). Das pflanzenfressende Rehwild dürfte ein direkter Nutznießer des Nährstoffüberflusses sein. An der Ausuferung so mancher Rehwildbestände hat die Eutrophierung über die Luft wohl nicht unerheblichen Anteil.

Ein intaktes Funktionsgefüge basiert auf stofflichen und energetischen Austauschprozessen in

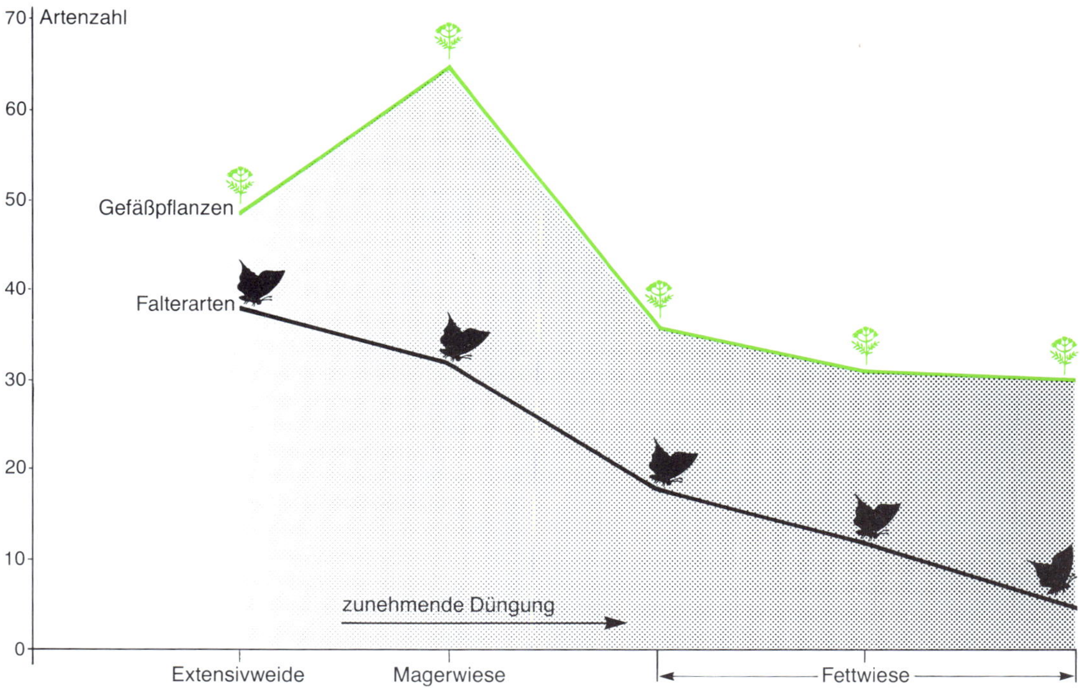

Abb. 105. Artenzahl von Gefäßpflanzen und spezialisierten Falterarten von Grünlandbiotopen im Gradienten der Eutrophierung (nach Erhardt, aus Riecken, 1992)

Tabelle 35: Vergleich der kritischen Depositionswerte von Stickstoff (Nitrat und Ammonium) in NRW (nach Gehrmann, 1990)

Ökosystem	Kritische Depositionswerte („critical load"-Konzept) kg N pro ha und Jahr	Deposition NRW kg N pro ha und Jahr	Überschreitung
Hochmoore	3–5	13–24	2,6- bis 8fach
Zwergstrauchheiden	3–5	13–24	2,6- bis 8fach
Grasvegetation	3–10	13–24	1,3- bis 8fach
Nadelwald	3–15	20–60	1,3- bis 20fach
Laubwald	5–20	15–50	2,5- bis 10fach

alle Richtungen. Wenn also z. B. bestimmte Laufkäfer oder Kleinsäuger infolge irgendwelcher Barrieren (z. B. Wege, Straßen, Kanäle) oder auch nur infolge für sie lebensfeindlicher Sukzessionsstadien (z. B. auch aufgrund zu starker Eutrophierung) nicht mehr wenigstens mit Einzelindividuen von einem Mosaiksteinchen zum nächsten gelangen können, ist der Biotopverbund bereits eingeschränkt. Das gilt im Kleinen wie im Großen:

„Klassische Beispiele für funktionelle Verzahnung von unterschiedlichen Biotoptypen aufgrund spezifischer ökologischer Ansprüche von Tieren sind, neben vielen anderen, die Amphibien (Laich-, Wander-, Sommer-, Winterlebensraum), Fledermäuse (Ruhe-, Jagd-, Überwinterungshabitat), Zugvögel, Wanderfische (z. B. Lachs, Aal, Bachneunauge usw.), blütenbesuchende Insekten (Wildbienen, Schmetterlinge usw.) oder solche mit getrennten Larval- und Adultlebensräumen (z. B. Libellen) usw. Diese Verknüpfung wird dabei entweder durch komplexe Habitatansprüche von Arten (Komplexbesiedler) oder durch jahres- oder tageszeitliche Lebensraumwechsel von Tieren (Arten mit Doppel- oder Mehrfachhabitatbindung) bedingt. Das Beziehungsgefüge kann dabei sowohl klein- und kleinsträumig (z. B. Wildbienen) sein als auch sich großräumig, teilweise über ganze Kontinente hinweg (z. B. Zugvögel) erstrecken." (Riecken, 1992)

Der Erfolg von Regenerationsmaßnahmen ist also sehr vom Umfeld abhängig. Da nur für relativ wenige Arten Erkenntnisse über Ausbreitungsmechanismen vorliegen, ist man bei der Anlage von Biotopverbundsystemen häufig auf gutachtliche Einschätzungen angewiesen. Die Wiederherstellbarkeit von Lebensräumen stößt an Grenzen; der Erhaltung vorhandener, „alteingefahrener" Sukzessionsstadien ist unbedingte Priorität einzuräumen. Das gilt für Ökosysteme sowohl oberirdisch, als auch unterirdisch, ganz besonders für „komplette" Ökosysteme ober- und unterirdisch.

Es ist sicher nicht möglich und auch nicht erforderlich, sich beim praktischen Waldbau überall am Mosaik-Zyklus-Konzept zu orientieren. Je weiter man sich jedoch von dieser Leitlinie entfernt, desto wichtiger sind Detailerkenntnisse daraus in linienhafteren Verbundstrukturen (Waldränder, Gewässerläufe, Kleinstrukturen u. a.) zu beachten, damit im Wald Verinselungseffekten und Artenschwund konsequent vorgebeugt wird. Die abgebildeten natürlichen Sukzessionsstadien des Mosaik-Zyklus-Konzeptes (Kap. 12.3) bieten dazu konkrete Anregungen.

Pionierwaldformen mit Weichhölzern gehören auf jeden Fall in natürliche Sukzessionsstadien. Je unnatürlicher die Standortverhältnisse für die sog. Wirtschaftsbaumarten werden (z. B. zunehmende Höhenlage, geringere Nährstoffversorgung), desto höher im Flächenanteil und länger im Zeitanteil dürften Pionierwaldformen einzuschätzen sein. Wo Wildverbiß diese Anteile völlig verhindert oder „herunterverbeißt", ist Schalenwildreduktion dringend geboten. Wo allerdings durch überzogenen Aushieb dieser Baumarten zugunsten der Wirtschaftsbaumarten gegen natürliche Sukzessionen vorgegangen wird, muß erst einmal der Forstmann umlernen. Es wird darauf ankommen, die Weichhölzer bzw. Pionierbaumarten (Weiden, Faulbaum, Aspe, Birken, Roterle, Eberesche) auch konzeptionell in waldbauliche Verfahren einzubinden. Robust und unempfindlich gegen Einstrahlung und Frost, erleichtern sie die Bestandesbegründung mit anspruchsvolleren, in der Jugend empfindlicheren Baumarten wie z. B. Eiche, Buche, Tanne:

- Ihr Laub zersetzt sich rasch und trägt zur Verbesserung des Oberbodens und der Humusform bei.
- Sie verhindern die waldbaulich gefürchtete, ökologisch jedoch völlig normale Vergrasung und Bodenverwilderung auf ansonsten unbestockten Flächen.
- Ihre bodendeckende Wirkung verhindert Nährstoffverluste im Oberboden infolge von Auswaschungen.
- Ihre vergleichsweise lichte Krone bietet empfindlicheren Hauptwirtschaftsbaumarten Schutz vor Frost, läßt ihnen aber ausreichend Licht und hält nicht zuviel Niederschlag ab.
- Für seltene Schmetterlinge wie z. B. Segel- und Schillerfalter oder den Kleinen Eisvogel sind Weichhölzer die unentbehrliche Nahrungsgrundlage.

Die Vermehrungsenergie der Pionierbaumarten ist mit einer relativ kurzen Lebensdauer der einzelnen Bäume gekoppelt. Dank ihrer guten Regenerationsfähigkeit durch Stockausschlag oder Wurzelbrut können sie vom schützenden Vorwald zum pfleglichen Unterstand umgeformt werden. Auf einigen Standorten sind manche dieser Pionierbaumarten den Hauptwirtschaftsbaumarten überlegen:

- Roterle auf feuchten und nährstoffreichen Standorten,
- Schwarzpappel und Weiden in Auen und Überschwemmungsgebieten,
- Sandbirke auf nährstoffärmeren und trockenen Standorten; Moorbirke auf nährstoffarmen und feuchten Böden.

Mit jährlich 1,5 Mio. Samen je Birke, der ausdauernden Fähigkeit zu Stockausschlag oder Wurzelbrut bei Weiden, Aspe und Roterle stehen diese Baumarten (je nach Standort) praktisch überall zur Verfügung und können als Hilfsbaumarten verwendet werden. Sie lassen sich auch fast beliebig zurücksetzen, da es nicht um ihren Massenzuwachs geht, sondern ihnen eine dienende Rolle zukommt (LÖLF, AFZ 4, 1992).

In den meisten Bereichen würde von Natur aus langfristig die Buche wieder die Oberhand gewinnen. Auf jeden Fall ist ein Übergang zu deutlich höheren Laubbaumanteilen in der Fläche, zumindest aber in unbedingt naturnah zu entwickelnden Verbundbereichen anzustreben. Huss (1992) gibt dazu einige Detailhinweise:

- In Mitteleuropa sind mehr lochartige als flächenhafte Zusammenbrüche in Naturwäldern zu erwarten, die zu einem kleinflächigen Bestandesmosaik führen. Deshalb sind im Wirtschaftswald kleinflächige Texturen durchweg ökologischer als große.
- Es kommen aber auch großflächige Zusammenbrüche nach katastrophischen Ereignissen vor, und es können dann Sukzessionsstadien mit unterschiedlichen Baumartenzusammensetzungen folgen. Aus ökologischer Sicht sind daher alle genannten Stadien, ja sogar Kahllegungen möglich, auch wenn viele Forstleute immer wieder die Schlußwaldausprägungen als naturnäher interpretieren. Allerdings muß man solche „unreifen" Stadien mehr als Ausnahmefälle werten. Um Mißverständnissen vorzubeugen: Solche flächenhaften natürlichen Waldzerstörungen sind ökologisch anders zu werten als Kahlhiebe mit Abtransport des Holzes und Reisigbeseitigung. Dort verbleiben stets (auch nach Brand) erhebliche Biomasse- und Nährstoffmengen und mildern das Freiflächenklima.
- Da die Sukzessionen gerichtet ablaufen, muß man gegensteuern, will man den Wald in einem bestimmten Stadium vor dem Schlußwald halten. Mischwälder mit Pionierbaumarten, auch längerlebigen wie Eschen, Kiefern oder Eichen, brauchen deshalb immer wieder vor allem gegen die nachdrängenden Buchen Hilfe. Forstleute handeln wie Landwirte, die gegen die Sukzessionen ankämpfen, wenn sie beispielsweise Eichensämlinge auf Kahlflächen pflanzen und diese dann von bedrängenden Gräsern kostenträchtig befreien müssen (Unkrautbekämpfung). In einem späteren Sukzessionsstadium würden sich diese dagegen viel leichter zwischen Sträuchern und Pionierbäumen hochziehen oder auch in Bestandslücken weniger von Konkurrenzvegetation behelligt aufwachsen.

Selbst betriebswirtschaftliche „Zwänge" zu schnellen Gatterungen und Pflanzungen der Wirtschaftsbaumarten, zu Vollumbrüchen zwecks Vereinfachung oder Kosteneinsparung bei den Kulturen, zu übertriebener Eile bei der Kultur mit Nachbesserungen oder zur Ausbringung zu hoher Pflanzenzahlen relativieren sich auf diese Weise. Im Schutz von Pionierbaumarten aufwachsende Wirtschaftsbaumarten können mit wesentlich geringerer Zahl qualitativ gleichwertig aufwachsen. Die menschlich verständliche und verbreitete Neigung zu Vereinfachung, Eile, Kostenminimierung und Gewinnmaximierung führt häufig zur Unterschätzung der ökologischen 'oder zur Vernachlässigung der wirtschaftlich nicht so „interessanten" Mosaiksteinchen. Gerade in den Biotopverbundbereichen muß das Schwergewicht auf ökologischem Denken und Handeln liegen, auch wenn damit erhebliche Pflegekosten verbunden sind.

Beispiel: In einem großen, standortfremden Fichtenkomplex will man wenigstens in den Randbereichen die Kraut- und Strauchflora sowie die Pionierbaumarten bzw. die Hauptbaumarten der Klimax-Gesellschaft fördern und entsprechend freistellen. Dazu genügt durchaus nicht immer einfaches Umschneiden und Liegenlassen der jüngeren Fichten mit erheblichem und lange Zeit verdämmendem Schlagabraum, denn die gesamte Biomasse ist in diesem Fall ja standort- und sukzessionsfremd. Hier kann (!) das kostensparende „In-den-Dreck-Schneiden" (so die forstliche Bezeichnung des Umschneidens und Liegenlassens von Bäumen) als ökologisch eher halbherzig manchmal noch nicht der gewünschten Optimierung entsprechen.

In jedem Fall können Forstleute durch „Begünstigungsjagd" auf von Natur aus aufgekommene Laubbäume (und Sträucher) in standortfremden Nadelbaumkomplexen schnell viel erreichen, indem sie diese konsequent von Nadelbaumbedrängern befreien. Am besten im Oktober, weil während der Laubfärbung die Laubbäume z. B. in den Fichtendickungen leichter zu finden sind. Einzelbaumpflege ist zweifellos die teuerste Art der Mischwaldsicherung. Aber sie ist immer noch billiger und sicherer als Mischwaldbegründung.

Über die Jungbestandspflege lassen sich daher riesige Flächen naturferner „Beinahe"-Reinbestände in naturnähere Mischbestockungen verwandeln, und zwar sofort (Huss, 1992).

- „Orientiert man sich an der Dynamik ungestörter Wälder, so ist die Einbringung und Förderung der Fichten sowie die Beseitigung der Laubbäume als eine starke anthropogen gesteuerte Änderung der Waldzusammensetzung zu werten. Ebenso stellt die Plenterstruktur eine in der Natur nur höchst selten vorkommende Waldaufbauform dar. Synökologisch betrachtet, müßte ihnen mithin eine nur geringe Naturnähe attestiert werden, die lediglich durch in kurzen Abständen zu wiederholende Eingriffe erhalten werden kann. Mithin sind sie als waldbauliches ‚Kunstprodukt' einzustufen. Dagegen werden diese Plenterwälder aus naturgemäßer Perspektive wegen des Vermeidens auch kleinster Kahlflächen, wegen der Zielstärkennutzung mit hoher Wertproduktion und wegen der überwiegend praktizierten Naturverjüngung als Idealfall schlechthin gewertet." (Huss, 1992)
- In einem möglichst hohen Anteil der als Biotopverbund geeigneten Bereiche müssen also die standortgemäßen Laubbäume (einschließlich der Pionierbaumarten) erheblich vermehrt, die Mischungen vielfältig strukturiert und die Stabilität gefördert werden, will man – in unserem dichtbesiedelten Kulturland die alternativlose Maxime – Natur und Wirtschaft im Wald möglichst weitgehend wieder in Einklang bringen.
- Huss (1992) mahnt zu mehr „naturnaher Gelassenheit" und zur Integration natürlicher Abläufe in praktisches Handeln: „Wie viele ‚unbrauchbare' natürlich verjüngte Jungwüchse könnten übernommen werden, wenn man sie da und dort sparsam per Pflanzung ergänzte oder Löcher in Pflanzenbeständen sich mit anfliegenden Mischbäumen auffüllen ließe. Es braucht nur wenige Bäume, die den Endbestand erreichen sollen. ‚Mehr pflegen statt pflanzen' kann hier oft Wunder wirken. Auch der gelegentliche Gebrauch einer Ästungssäge hat schon aus manchem Laubbaumprotz einen Z-Baum (Zukunftsbaum) werden lassen... Abschreckende Beispiele bieten die allenthalben auf ‚Teufel-kommraus' zugepflasterten Orkanflächen. Statt zu warten, was alles von selbst kommt, und dann sparsam zu ergänzen, hat man oft genug bis auf den letzten Quadratmeter zugepflanzt..."
- Gute Erfahrungen werden zunehmend mit Heisterpflanzungen gemacht. Aus dem Wildäser herausgewachsene Heister – besonders wenn sie als Wildlinge in nicht zu großer Entfernung geworben und am gleichen Tag wieder gepflanzt werden können – bieten gute Möglichkeiten zu ökologischen Anreicherungen und Förderungen sukzessionaler Initialphasen, wenn entsprechende Mutterbäume zu weit entfernt sind.
- „Ökologisierung" in diesem Sinne – auf ganzer Fläche als Fernziel, im Biotopverbund in Randstrukturen als Nahziel – bedeutet erst einmal intensive Pflege, komplizierte Ernteeingriffe durch geschickte, ortserfahrene und ökologisch geschulte Waldarbeiter. Die „moderne" und „betriebswirtschaftlich durchrationalisierte" Verlagerung auf Leiharbeitsfirmen oder Unternehmerfirmen und eine übertriebene Mechanisierung gefährden diese Zielstellung zunehmend.

Gebraucht werden daneben nach Huss (1992): „Forstleute, die forstliche Phantasie entwickeln, die die ökologischen Folgen ihrer Maßnahmen einschätzen können und ‚multifunktionale Einsichten' haben, kurz: Forstleute, die zum richtigen Zeitpunkt das Richtige tun." Dengler widmete 1930 erstmalig ein ganzes Lehrbuch dem „Waldbau auf ökologischer Grundlage". Im Vorwort heißt es:

„... erst die volle Beherrschung der ökologischen Grundlagen ermöglicht ein richtiges Verständnis der verwickelten Beziehungen im Leben des Waldes und damit auch eine wissenschaftliche Begründung aller waldbaulicher Maßregeln. Ohne diesen Untergrund würde der Waldbau mehr oder minder auf der Stufe des Handwerks stehenbleiben ..."

Nach über 60 Jahren ist das immer noch aktuell und gewinnt infolge der miserablen Holzmarktlage und des Kosten- und Rationalisierungsdrucks noch an Aktualität. Wenn der kostengepeinigte Forstmann in betriebswirtschaftlichen Kennziffern – nach denen er kontrolliert wird! – zu agieren gezwungen wird und der Wald zur Nebenaufgabe wird, dann verträgt sich dieses Defizit immer weniger mit dem, was wir im Wald wollen (müssen). Hier driftet in der Praxis etwas auseinander, was sich in den Köpfen der mehr „Ökologisierung" fordernden Führung gerade umgekehrt konsolidiert.

Deutschland importiert 50 % seines Holzbedarfs. Forstwirtschaft und Naturschutz müssen die Folgegefahren sehen: Je mehr wir auf Plantagenwälder setzen, desto mehr nutzungsfreie Waldreservate müssen geschaffen werden. Je mehr Flächen wir der Holznutzung entziehen, desto mehr Intensivierung der Holzproduktion auf den Restflächen wird erforderlich. Die Lösung kann nur in einem multifunktionalen, ökologisch optimierten Waldbau bestehen (Otto, 1991).

Wenn das Fernziel der Ökologisierung auf ganzer Fläche auch zunächst ein Fernziel bleiben wird, so muß doch mit allem Nachdruck auf das Nahziel Biotopverbund hingearbeitet werden. Dies entspricht unseren Möglichkeiten und zugleich unserer langen forstlichen Tradition, die sich von vielen anderen Ländern wohltuend unterscheidet. Deutschland ist zu klein und zu dicht besiedelt, um sich eine andere Lösung leisten zu können.

Vernetzungen können in den Rändern relativ schnell, in der Fläche erst schrittweise und damit nur relativ langsam zu einem dem Mosaik-Zyklus-Konzept angenäherten, ökologisch funktionierenden Biotopverbund führen. So gesehen ist der Biotopverbund nicht nur in der freien Landschaft (Ackerrandstreifen, Wiesenbrachen, Feuchtwiesen, Hecken), sondern auch im Wald eine Art Hilfsstrategie, die über Arten- und Genaustausch das Überleben von möglichst vielen Tierpopulationen gewährleisten will. Ohne eine weitgehende Ökologisierung möglichst vieler Vernetzungsflächen zwischen großen Schutzkernzellen kann das nicht gelingen. Selbst intensivste Ökosystemanalysen werden uns nicht sagen, wie ein künstlich aufgebauter funktionierender Lebensraumverbund aussehen müßte, der mindestens den mittelfristigen Fortbestand unserer jetzigen Fauna und Flora garantieren könnte. Wir müssen uns also am Gegebenen orientieren und versuchen, davon so viel wie irgend möglich dauerhaft zu sichern (Blab, 1992). Wenn diese Erkenntnisse zu waldbaulichen Grundgesetzen erhoben und im Privatwald nicht nur gefordert, sondern auch bezahlt werden, brauchten wir – abgesehen von einigen weiteren Nationalparken als Keimzellen – im Wald kaum weitere Schutzgebiete. Wichtig ist, daß stets die Art, welche von allen biotoptypischen Arten die höchsten Ansprüche an Lebensraumflächen stellt, eine überlebensfähige Populationsgröße aufbauen kann. Bei größeren Tieren liegt die kritische Zahl kurzfristig bei mindestens ca. 50, langfristig bei mindestens 500 Stück, bei kleineren Tieren jedoch meist wesentlich höher.

Blab (1992) merkt dazu an:

- Die Biotope müssen in genügender Zahl und in so engem räumlichen Verbund liegen, daß der Genfluß bei biotoptypischen Arten – zumindest gelegentlich – problemlos möglich ist. Bestandsgefährdete Populationen müssen durch Zuwanderer gestützt werden können („Netzwerk von Lokalpopulationen"). Dies ist besonders wichtig bei Arten mit geringer Ausbreitungsdynamik und Vermehrungsrate; das sind schätzungsweise wenigstens 30 % der einheimischen Arten.
- Dort wo ein hinreichender Biotopverbund nicht mehr realisierbar ist, sind alle Möglichkeiten auszuschöpfen, die Isolationswirkung von Barrieren durch nachträgliches Einbringen flächen- oder linienhafter Trittsteinbiotope zu reduzieren oder weitgehend aufzuheben. Planerisch setzt dies die Neuanlage oder Erweiterung von Vernetzungsstrukturen voraus.
- Es sollten möglichst kompakte, sich an natürlichen Gegebenheiten orientierende Flächen gesichert werden wegen des günstigen Verhältnisses von Kernzone zu Randzone (Ausnahmen bei ihrem Charakter nach linearen Biotopen wie Bächen, Hecken, Säumen u. a. m).
- Bei Mehrbiotopbewohnern, also Tierarten, die im Laufe eines Jahres in unterschiedlichen Biotopen (z. B. zur Fortpflanzung im Wasser, im Sommer in bestimmten Landbiotopen) leben, ist auch eine ausreichende räumliche Vernetzung der Teillebensräume (innere Zuordnung) zu gewährleisten.
- Unüberwindliche Lebensraum- oder Wanderbarrieren (Straßen, Siedlungsgebiete, landwirtschaftliche Reinkulturen, verbaute Fließgewässer etc.) sind durch Korridore, Trittsteinbiotope oder durch Abbau der Hemmnisse wieder durchgängig zu machen. Ausbreitungsachsen und Biotopinseln dürfen nicht durch Barrieren zerschnitten werden (Areal-Arten-Individuenzahl-Effekt). Unumgängliche Barrieren sind zu bündeln.
- Zum Schutz von Pionierarten bedarf es instabiler, d. h. offener, vegetationsfreier Lebensräume. „Kahle" Flächen sollen deshalb nicht unnötig bepflanzt werden.

Auch Lichtungen gehören zu den typischen Biotoptypen in großflächigen natürlichen Waldgebieten (Remmert, 1990). Insofern war der „horror vacui" (Furcht vor der Leere), den man jedem Forststudenten früher eingetrichtert hat, ökologisch falsch. Nicht jedes Brach- und Ödland gehört aufgeforstet (Reif, 1992). Häufig kann sich – meist infolge von Wildverbiß – durchaus längerfristig eine waldfreie Vegetation von über 20 bis 50 Jahren Dauer einstellen (Leibundgut, 1964; Ellenberg, 1982), die in vielen Mittelgebirgen vor allem von Ericaceen-Zwergsträuchern dominiert wird („Vaccinium-Heiden"). Auch bei diesen Biotoptypen bzw. Sukzessionsstadien spielt das Alter der Lichtungen und die ökologische Verbindung zu anderen eine große Rolle. Völkl (1991) stellt das für die Besiedelbarkeit durch die Kreuzotter, durch bestimmte Heuschreckenarten sowie durch die Mehrzahl der Ameisen und Wildbienenarten eindeutig heraus. Auf neuen Lichtungen wurden 4 bis 7 Jahre nach deren Entstehung erst knapp 50 % des Artenspektrums benachbarter alter Lichtungen nachgewiesen. Dieser Befund ist um so bemerkenswerter, als die Distanzen zwischen den neuen und den alten Lichtungen durchweg unter 250 m lagen. Ein besonders geringes Kolonisationsvermögen für neue Flächen zeigten die Kreuzotter, fast alle Solitärbienenarten sowie zwei kurzflügelige Heuschreckenarten.

Der Standorts- und Vegetationskundler Reif (1992) bemerkt zur Freiflächenproblematik in Waldökosystemen: „Heute bei uns ausgestorbene Tiere wie Auerochse, Wisent und Elch übten auf unsere Wälder einen nur mehr schwer rekonstruierbaren Äsungsdruck aus, der zu Mosaikzyklen mehr oder weniger offener Phasen geführt haben kann. Neben den Baumarten der Oberschicht ist – je nach Standort verschieden – ein Vorkommen von ‚Bäumen zweiter Ordnung' oder einer

Strauchschicht anzunehmen." Hierzu zwei Beispiele:

1. Megaherbivoren wie der Auerochse, Wisent und Elch waren wohl in stark ungleichmäßiger Verteilung in den aufgelichteten „Wiesen- und Weichholzbereichen" der Wälder konzentriert, vielleicht auf ein Achtel der Waldfläche (Remmert, 1985). „Es liegt kein Grund zur Annahme vor, daß Wildrinder wesentlich anders auf Wälder wirken als Hausrinder." (Kaule, 1986) Waldlichtungen werden wohl mit unterschiedlicher Geschwindigkeit wieder zugewachsen sein, etwas schneller auf den frischen Hangfußstandorten, etwas langsamer auf den trockeneren Rücken und Kuppen. In heißen Sommertagen mögen diese Großsäuger auf der Flucht vor lästigen Blutsaugern wie Rinderbremsen diese exponierten, daher windigeren Bergkuppen aufgesucht, dort den Wald bevorzugt aufgelichtet, dort Standorte für lichtliebende meso- und thermophile Saumarten auch dauerhaft offengehalten haben. Um beliebte Lagerplätze herum war der Wald wohl ebenfalls etwas lichter, und Arten unserer heutigen nitrophilen Säume hatten dort vermutlich natürliche Standorte.
2. Der Biber staute auch in Tälern Mitteleuropas Bäche zu Seen auf. Diese verlandeten, in den sich bildenden Pflanzengesellschaften der Verlandungsreihe kamen wohl die Arten unserer heutigen offenen Seggenriede, Naß- und Feuchtwiesen vor (Kaule, 1986). Viele Feuchtgebietsarten, heute selten aufgrund von Entwässerung, Standortveränderung und Eutrophierung, waren damals wohl häufiger. In Sukzessionen entstanden stellenweise Weichholzwälder. Standörtliche Unterschiede, doch auch die Aktivitäten von Wildschweinen und Großsäugern mögen Lichtungen offengehalten haben, in denen sich Staudengesellschaften wie Mädesüß- und Kälberkropffluren einfanden.

Zu einer naturgerechten Waldnutzung im Sinne des Mosaik-Zyklus-Konzeptes gehört also auch der Flächenschutz für alte Lichtungen. Die Reduzierung ihrer Flächenanteile bei Neuaufforstungen führt durch Verringerung innerer Grenzlinien zu Strukturarmut der Wälder und zum Verschwinden typischer Arten oder Artengemeinschaften (vgl. auch Bibelriether, 1978; Völkl, 1992). Lichtungen und nicht zuletzt auch das Schalenwild spielen bei ökologischen Verbundsystemen im Wald somit auch eine Rolle, deren Wichtung am Mosaik-Zyklus-Konzept zu orientieren ist.

12.9 Biozideinsatz in der Forstwirtschaft – noch weiter reduzierbar

„Gott kennt den Frevler.
Gott bestraft seine Verfehlungen bis aufs Blut."
Altägyptische Weisheit (3. Jh. v. Chr.)

Biozide haben in den 50er und 60er Jahren Eingang in die Forstwirtschaft gefunden, dort im Vertrauen auf die amtlichen Prüfungsergebnisse bei einigen kurzfristig ökonomisch denkenden Forstleuten die ursprünglich als Notbremse gedachten Einsatzkriterien schnell übersprungen und zu Verfahren geführt, die – weil erheblich billiger – herkömmliche Methoden verdrängt haben. Das gilt insbesondere für Herbizide, weit weniger für Insektizide und kaum für andere spezielle Gifte. Insgesamt blieb jedoch die Biozidausbringung in der Forstwirtschaft dank der Aversion der meisten Forstleute gegen Chemikalien in der Natur im Vergleich zur Landwirtschaft völlig unbedeutend, hat den Anteil von ca. 1 % an der Gesamtfläche nie überschritten und ist heute infolge des wachsenden Umweltbewußtseins erfreulich rückläufig.

Wulf und Wichmann (1988) kommen zum Schluß, daß sich zwischen 1976 und 1985 der Präparateaufwand, der Wirkstoffaufwand und der Anteil der mit Pflanzenschutzmitteln behandelten Waldfläche in etwa halbiert haben.

Huss (1982) betont, daß viele Bekämpfungsmaßnahmen überflüssig sind, weil die Konkurrenzkraft der Bodenvegetation oft überschätzt wird. Bemerkenswert sind die Zusammenhänge zwischen Rehwildverbiß bzw. Fegeschäden und Unkrautbekämpfung: Bereits am Ende der zweiten Vegetationszeit nach der Pflanzung und verstärkt in den Folgejahren zeigten sich bei den ungeschützten, aber durch Freischnitt oder Herbizide freigestellten Fichten mehr und stärkere Verbiß- und zum Teil auch Fegeschäden als in den Versuchsparzellen ohne Unkrautbekämpfung. Einzelschutzmaßnahmen (durch Schmieren oder Teeren gegen Verbiß) hatten keine Schadensminderung bewirkt. Auch dort waren die Fichten nach Unkrautbekämpfungen stärker angenommen worden. Die Rehe schienen also bevorzugt jene Bäumchen aufzusuchen, die nicht nur von der Konkurrenzvegetation, sondern auch für sie freigestellt und somit besser erreichbar waren. Huss leitet aus seinen Untersuchungen ökologisch bedeutsame Folgerungen für die Praxis ab:

„Unkrautbekämpfungen können zwar, bei Ausschaltung von Wildeinfluß, bestenfalls zu Wachstumsverbesserungen führen. Nachweisbar und praxisrelevant werden sie jedoch nur bei intensiver Freistellung. Dann verursachen sie jedoch hohe Kosten und sind ökologisch nicht unbedenklich. Praxisübliche Freischnitte und Herbizidanwendungen dürften danach nur bei extrem stark entwickeltem Bodenbewuchs in Frage kommen, etwa bei mannshohen Adlerfarn-, Himbeer- oder Reitgrasdschungeln. Wenn die Kulturpflanzen nun zum einen freigestellt werden von der Konkurrenz der Bodenvegetation und zum anderen frei zugänglich sind für das Wild, dann verkehrt sich die Förderung durch die Bekämpfungsmaßnahmen ins Gegenteil: Die vermeintliche Förderung der jungen Fichten führt durch verstärkte Verbiß- und Fegeschäden zu geringeren Höhenzuwächsen und erheblich mehr Stammdeformationen ... Auch bei stärker verunkrauteten Fichtenkulturen sollte also versucht werden, von der Unkrautbekämpfung abzukommen. Dazu bietet sich die Verwendung besonders vitaler und großer Pflanzen an."

Selbstverständlich sind diese Ergebnisse nicht auf alle Laub- und Edellaubholzkulturen zu übertragen, doch auch dort dürften Herbizidausbringungen entbehrlich oder wieder durch mechanische Pflegeverfahren zu ersetzen sein. Wir können noch so viel über die Biozide lernen, in der forstlichen Praxis wissen wir nichts über deren Auswirkungen auf die nachhaltig bedeutendsten Lebewesen im Wald, die Mikroorganismen im Boden, ohne die unsere Wälder nicht leben können. Der Waldarbeiter, der die Mittel ausbringen muß, weiß über die Gefahren überhaupt nichts, und der Pflanzenschutzsachverständige – wenn er ehrlich ist – ebenfalls viel zu wenig. Angesichts der Immissionsschäden müssen gerade wir Forstleuten äußerst behutsam vorgehen und die Wald-Ökologie nicht zusätzlichen Risiken aussetzen. Die Verwaltungen im öffentlichen Waldbesitz sollten Zeichen setzen und ihrer Vorbildfunktion dadurch dienen, daß sie auf den Einsatz von Bioziden grundsätzlich verzichten.

12.10 Forstliche Öffentlichkeitsarbeit geht uns alle an: Sie muß viel mehr wollen als nur Imagepflege!

„Wir sind gewohnt, daß die Menschen verhöhnen, was sie nicht verstehen."
Johann Wolfgang von Goethe (1749–1832)

„Öffentliche Meinungen – private Faulheiten."
Friedrich Nietzsche (1844–1900)

Auf ökologischer Ebene müssen sich gerade im Wald mit seinen vielen, noch relativ naturnahen Ökosystemen verschiedenste umweltstrategische und umweltdidaktische Interessen zu konzertierten Aktionen treffen, um langfristig Mehrheiten zu bewegen.

Trotz immer ausgefeilterer Gesetze und Verordnungen wachsen die Umweltschäden im EU-Bereich immer noch dramatisch an, obwohl drei Viertel der EU-Bewohner Umweltschutz für ein dringendes Problem halten (Bayer, 1988). Keine Frage, Umwelt- und Naturschutz müssen Lernziele werden und in der Natur selbst gelernt werden. Keine Umgebung bietet sich dafür besser an als der Wald, der den Wert von Naturnähe spürbar, erlebbar macht:

Sehen: Farben, Formen, Aufbau wahrnehmen, Strukturen vergleichen, zeichnen, sammeln, betrachten, erkennen, künstlerisch verarbeiten, Schäden sehen ...

Hören: Geräusche wahrnehmen (Vogelstimmen, Insekten, Blätterrauschen), bestimmen, lokalisieren, nachahmen ...

Riechen: Gerüche unterscheiden, Düfte beschreiben, deren Fernwirkung (Insekten, Wild) und Heilwirkung (keimtötend) verstehen, Sauberkeit der Luft, deren Ursache und Wert begreifen ...

Fühlen: mit Händen und Füßen formen, mit verbundenen Augen Oberflächen und deren Temperatur erfassen, mit Händen bestimmen ...

Schmecken: sammeln, verarbeiten, genießen ...

Für den Naturschutz muß in unser aller Interesse die gesamte Tastatur des PR-Klaviers genutzt werden; Verfassen und Verteilen von Faltblättern kann nur ein winziger Anfang sein, denn:

Geschrieben ist noch nicht gelesen.
Gelesen ist noch nicht verstanden.
Verstanden ist noch nicht einverstanden.
Einverstanden ist noch nicht gehandelt.
Einmal gehandelt ist noch nicht Gewohnheit!

Zu sinnvoller PR-Arbeit gehören Regionalisierung und Personifizierung. Nach Umfragen genießt der Förster noch größtes Vertrauen, ist beruflich glaubwürdig und verfügt über hohes Sozialprestige. Es wird daher allerhöchste Zeit, daß sich die Forstleute zusammen mit dem Naturschutz in ein strategisches Öffentlichkeitsarbeitskonzept einbinden, das ihnen den Naturschutz- und Ökologiepart im Wald zuteilt. Der Naturschutz muß(!) heute eine ganzflächige Berücksichtigung seiner Belange ebenso anstreben wie einen strengen Flächenschutz von 10 bis 20 % einschließlich eines Verbundsystems, sonst kann ihm die Aufgabe des

Ökosystem- und Artenschutzes nicht gelingen. Ohne eine Waldschwerpunktförderung ist dieses hochgesteckte Ziel nicht denkbar, und ohne Wald können mit der dringend gebotenen „Gewinner-Gewinner-Strategie“ keine Multiplikatoren und damit keine Mehrheiten erreicht werden. Der Wald kann die Menschen wieder an Naturabläufe heranführen und sie dort so begeistern, daß sie sich daran im häuslichen Milieu, im Garten, im Park, an Gewässern, in der Umgebung der Dörfer und Städte ein Beispiel nehmen oder auch nur auf Umweltbelastungen verzichten.

Der Naturschutz ist auf die Zusammenarbeit mit Forstleuten angewiesen, ebenso wie Forstleute umgekehrt mit ihm zusammenarbeiten müssen. Doppelzuständigkeiten sollten Aufgabenteilung weichen. Die Forstverwaltungen müssen sich allerdings der Verantwortung für ihren Part in der Naturschutzstrategie auch in der Öffentlichkeitsarbeit stellen und ihn vorbildlich spielen. Diese neuen Herausforderungen sind mit „Rucksackschulen“, „Rangersystemen“ oder anderen modernen Formen der PR-Arbeit für den Schutz der Natur wie für die Verbreitung ökologischen Wissens auf der Basis einer geschickten Emotionalisierung überzeugend umzusetzen. Gelingt das nicht, dann wird diese Aufgabe den Forstverwaltungen entgleiten und anderen Organisationen übertragen werden. Das wäre teurer für den Naturschutz, denn Kompetenzüberschneidung bedeutet menschlich stets Reibungsverlust, und der unschätzbare Imagevorteil der Forstleute bliebe ungenutzt.

Erstrebenswert könnte daher eine Forstorganisation sein, bei der die Wälder aller Besitz- und Eigentumsarten von einer Behörde – dem Forstamt – in ökologisch ausgerichteter Planung betreut werden ohne Eingriff in die Besitzverhältnisse. Bei zunehmender Akzeptanz und finanzieller Abgeltung der Leistungen des Waldbesitzers für die Allgemeinheit dürfte eine derartige Vereinheitlichung und Bündelung ökonomisch wie ökologisch optimierend wirken und akzeptabel sein.

Die Umweltproblematik – dessen müssen sich alle Forstleute wie Waldbesitzer heute bewußt werden – stellt gerade in unserem hochentwickelten und dicht besiedelten Land eine außerordentliche Herausforderung an das Bildungssystem dar, die wir anzunehmen haben. Vorrangig geht es dabei darum, daß

- Informationen über Umweltbelastungen allgemeinverständlich vermittelt werden,
- die Konsequenzen des eigenen Verhaltens für die Umwelt durch Anleitung zur Selbstbeobachtung und zur Beobachtung der Umwelt verdeutlicht werden,
- die Einsicht vermittelt wird in das notwendige Zusammenspiel ökologischer, ökonomischer, technisch-wissenschaftlicher und gesellschaftlicher Teilziele je nach Interessen und Prioritäten und daß diese Einsicht in umweltbewußtes Handeln umgesetzt wird.

Aufgrund ihres Bildungs- und Erziehungsauftrages muß auch die Schule die Umweltschutzproblematik heute sehr intensiv behandeln. Es geht dabei um

- die Entwicklung und Erprobung pädagogischer Hilfen zur Sensibilisierung des Umweltbewußtseins bei Kindern und Jugendlichen in Zusammenarbeit mit Eltern und lokalen Einrichtungen;
- die Formulierung eines umweltspezifischen Basiswissens;
- die Entwicklung und Erprobung didaktischer Konzepte und Materialien sowie audiovisueller Medien und Lernhilfen;
- die Einrichtung von Freiräumen in den Schulen zur Durchführung von Projektwochen, Exkursionen, Betriebsbesichtigungen zur Information sowie zur konzentrierten praktischen Erprobung erworbenen Umweltwissens;
- den Aufbau von Kooperationsmöglichkeiten mit außerschulischen Institutionen wie Umweltbildungszentren, Nationalparken, Forstämtern, Landschaftsschutzverbänden u. a.;
- die Entwicklung und Erprobung von handlungsorientierten Konzepten und Materialien für die Aus- und Weiterbildung des Personals, das in der Umwelterziehung tätig ist.

Im Bereich der Hochschulen sind folgende Maßnahmen zu erwägen:

- Einbettung umweltbezogener Angebote ins Hauptstudium als Wahlpflichtfach in bestimmten, auch naturfernen Fächern (z. B. Jura, Soziologie, Wirtschaftswissenschaften, Politologie);
- Verankerung der Umweltbildung als Gegenstand eines besonderen Ergänzungsstudiengangs;
- Einbeziehung umweltrelevanter Inhalte als didaktisches Prinzip in alle Studiengänge;
- Entwicklung und Erprobung eines studienbegleitenden umweltbezogenen Angebotes für Studenten aller Fachrichtungen;
- Entwicklung von umweltspezifischen wissenschaftlichen Weiterbildungsangeboten mit konkretem Berufsbezug;
- Einführung weiterer Umweltstudiengänge mit Ausrichtung auf den technischen, planerischen und ökologischen Umweltschutz.

In der Erwachsenenbildung geht es um folgende Fragen:

- Entwicklung zielgruppengerechter Formen der Bildungswerbung und -beratung zur Ansprache neuer Teilnehmer für Bildungsveranstaltungen im Umweltbereich;
- Entwicklung von Angeboten, Lernformen und Materialien für eine langfristige Verhaltensänderung bei Verursachern und Betroffenen im täglichen Bereich;
- enge Kooperation mit regionalen und lokalen

Institutionen zur Durchführung von Umweltschutzprojekten;
- Berücksichtigung von Umweltfragen in Kursen mit benachbarter Themenstellung, z. B. Gesundheit und Ernährung.

Der kulturelle Bewußtseinswandel muß ein harmonisches Miteinander von Menschheit und Natur, von Ökonomie und Ökologie zum Ziel haben. Darunter ist schonende Naturgüternutzung zu verstehen, die auch künftigen Generationen nachhaltige Nutzungsmöglichkeiten gewährt (Bayer, 1988).

Bei allen Initiativen ist der Wald als Lernobjekt einzubeziehen. Als relativ naturnahe Ökosysteme sind die Wälder unersetzliches naturwissenschaftliches Anschauungsmaterial im dichtbesiedelten Europa. Die Forstwirtschaft hat hier eine Schlüsselaufgabe, kann Weichen stellen und Vorbild sein, wenn sie begreift, daß sich Ökologie langfristig auch ökonomisch rechnet.

Die Niedersächsische Landesforstverwaltung z. B. betreibt bereits seit vielen Jahren 11 Jugendwaldheime, in denen jährlich zwischen 5000 und 6000 Jugendliche überwiegend in Schulklassen für ein bis zwei Wochen aufgenommen und als Gegenleistung mit leichten forstlichen Arbeiten beschäftigt werden. Das ist zwar ein guter Schritt in die richtige Richtung, insgesamt aber nur ein Tropfen auf den heißen Stein. Wenn für Kinder nur noch Erlebnisbereiche in sterilen Gärten mit kurzrasiertem Rasen oder in Parkanlagen mit innerstädtischem Einheitsgrün bleiben, dann kann eine einwöchige Naturerziehung im Wald für weniger als 1 % der Jugendlichen wenig ausrichten. Gerade bei Kindern, die noch am wirkungsvollsten nachhaltig geformt werden können, wird man sehr früh und mit attraktiven Angeboten ansetzen müssen. Sie sind zehn Jahre später Wähler.

Kinder bis zu zwölf Jahren sind in der Regel spontan begeistert, offen und lernfähig. Sie erleben die Natur als etwas Elementares und kennen zum großen Teil noch keine Wertung und keine Scheu vor den natürlichen Lebewesen. Für Kinder ist die Waldführung eine Entdeckungsreise, bei der sie selbst mit all ihren Sinnen beteiligt sind (Reifferscheidt, 1989).

Im Wald – so eine Studie über Schüleraufenthalte in Waldschulheimen und Biologischen Stationen – wurde durch Erleben mehr gelernt als in einem Jahr Biologieunterricht! Forstämter oder Naturparkorganisationen rühmen durchaus mit Recht die Leistung von Landschaftspflegetrupps und verweisen stolz auf die Erstellung von z. B. 50 Holzstegen, 30 Trimmpfaden, 2 Reitwegen, 20 Waldlehr- und Schadenspfade, 2000 Ruhebänken, 75 Schutzhütten, 30 Kinderspielplätzen, 20 Wassertretstellen, 25 Grillanlagen usw. (Eichel, 1991) in der Umgebung einer deutschen Großstadt. Das beleuchtet zwar die vielerorts erforderliche materielle und finanzielle Grundausstattung von Waldgebieten, im Ergebnis aber beschreibt es eigentlich nur die Infrastruktur und Möblierung zur Steuerung und Bindung der Touristenströme, also praktisch nur den Rahmen ohne ökologisch-didaktische Emotionalisierung der Besucher.

In Nordamerika wird die zeitgemäße Umwelterziehung und Naturerlebnispädagogik unter den Begriff „outdoor education“ zusammengefaßt. Sie wird als eine außerschulische Form der Umweltausbildung und Öffentlichkeitsarbeit verstanden, die sowohl der Vermittlung von naturwissenschaftlichem Wissen nach den Grundsätzen der nachhaltigen Nutzung ökologischer Systeme dient als auch der lebendigen Erfahrbarmachung von Natur vor allem für Kinder und Jugendliche (Strecker, 1993). Eine solche erlebnisorientierte Umweltausbildung wird strategisch auch bei uns greifen müssen. Natur- und Waldunterricht muß grundsätzlich offen sein für alle Altersklassen und Zielgruppen, also für Kindergärten, Volksschulen, weiterführende und berufsbildende Schulen, Hochschulen und alle sonstigen Einrichtungen. Erlebnisorientierte Umweltpädagogik soll möglichst früh und breit gefächert Verständnis wecken für die Natur als unsere Lebensgrundlage, für ökologische Zusammenhänge, für den Wald als Beispiel eines funktionierenden Ökosystems. Umwelterziehung soll dazu anregen, naturnahe ökologische Funktionen in häusliche oder städtische Lebensräume zu übertragen.

Wer nicht lernt, wie ein Wald lebt, wird auch nicht verstehen, warum er stirbt (Stecker, 1993). „Selber erleben, ertasten, begreifen weckt Empfindungen, die durch Bücher, Filme und Fernsehen nie vermittelt werden können.“ (Bühler, 1990) Bei sinkendem Kenntnisstand über die Natur und fortschreitender Entfernung von den Naturbedingungen, von denen wir als Konsumenten evolutionär abhängig sind, muß die Vermittlung von ökologischem Grundwissen künftig als Kulturaufgabe öffentlicher Institutionen betrachtet werden (Markl, 1986). Ohne Wissen über Waldpflanzen und -tiere und deren wechselseitige Abhängigkeiten kann sich heute bei nachwachsenden Generationen keine Waldgesinnung mehr einstellen (Seeland, 1991) und folglich auch weniger Verständnis entwickeln für nachhaltig mögliche Holznutzungen bei Berücksichtigung ökologischer Grundforderungen. Der direkte forstliche Nutzen ist somit in Form von Verständnis eher ein gesellschaftspolitisches Zusatzprodukt, weil insgesamt die Waldfunktionen eine höhere Wertschätzung erfahren, unter anderem eben gleichwertig auch die Holzproduktionsfunktion. Nicht zuletzt sei auch betont, daß „Waldcamps“ und „out door biology“ oder „outdoor education“ bestens geeignet sind, auch internationale Kontakte von Jugendlichen zu fördern.

Im Rahmen einer „ökologischen Zukunftsbewältigung" müssen in der forstlichen Öffentlichkeitsarbeit wesentlich weitergehende Ansätze als bisher realisiert werden. Dazu gehört professionelles Marketing, damit man Schritt halten kann mit den Gruppierungen, die an der Naturzerstörung besonders teilhaben. Waldbesitzer wie Naturschützer müssen gemeinsam und miteinander im Sinne einer Gewinner-Gewinner-Strategie – auf keinen Fall gegeneinander mit Verlierer-Konzepten – über modernes Marketing eine „corporate identity", eine Identität nach innen (gegenüber allen Mitgliedern und Teilhabern wie Besitzern) und nach außen (gegenüber Politikern, Spendern, Sympathisanten und der Öffentlichkeit) entwickeln (Dilthey, 1993).

Wer Natur nicht nur liebt, sondern auch seine eigene wirtschaftliche Existenz mit ihr verbindet, neigt in aller Regel eher zu introvertiertem Naturell. In unserer Mediengesellschaft hingegen hat gerade dies keinen Erfolg. Es bedarf plakativer und überdeutlicher Konturen, damit in der Öffentlichkeit überhaupt ein Bild entsteht. Als die Waldschäden eintraten (eine nun wahrhaft existentielle wirtschaftliche Bedrohung) haben nicht die Waldbesitzer, sondern die Naturschützer zuerst wirkungsvoll Alarm geschlagen. Heute sind es zunehmend die Naturschützer und nicht die Waldbesitzer, die in den Augen der breiten Öffentlichkeit Kompetenz in Waldfragen genießen. Das Bild der Waldbesitzer in der Öffentlichkeit entspricht also überhaupt nicht dem Anliegen, das die Waldbesitzer tatsächlich vertreten (Dilthey, 1993).

In der Öffentlichkeit hat sich ein ebenso simples wie falsches, aber dennoch politisch wirksames Denkschema festgesetzt. Danach gibt es zweierlei Arten von Wald, nämlich einerseits „Fichtenmonokulturen", für deren Plantagencharakter die Förster verantwortlich sind und andererseits „gesunde Laubmischwälder", die uns die Natur beschert hat und die nur durch den Eifer von Naturschützern erhalten geblieben sind (Kenneweg, 1989). Derartiger Unsinn dient keinesfalls der Sache. Er droht nämlich die Mitglieder ihrem jeweiligen Verband zu entfremden: bei den Waldbesitzerverbänden, weil sie bisher zu wenig Erfolg hatten und ihre Hauptprobleme „Waldschäden und Markt" noch nicht lösen konnten, bei den Naturschutzverbänden, weil sie „zuviel" Erfolg haben. Je wirksamer sie Politik betreiben, desto ähnlicher werden sie auch den Politikern und geraten damit in deren Glaubwürdigkeitskrise.

So sind alle Verbände wie Verwaltungen – wenn sie die große ökologische wie naturschützerische Herausforderung erkennen und sachlich optimiert lösen wollen – gut beraten, wenn sie auch die Marketingarbeit koordinieren und nicht Profilierungneurosen pflegen. Es geht nur zusammen! Die Föderation der Natur- und Nationalparke Europas, Sektion Deutschland e.V. (FÖNAD) hat in einer Resolution nach einer Fachtagung zum Thema „Nationalparke in Deutschland: Naturschutz trotz Tourismus?" am 3. 12. 1991 konkrete Forderungen gestellt. Sie sollten jedem Praktiker klarmachen, daß Lösungen nur gemeinsam erreicht werden können:

„Es erscheint den Teilnehmern der Fachtagung als Aufgabe von höchster Priorität im deutschen Naturschutz, unverzüglich hauptamtliches Aufsichts- und Betreuungspersonal, zumindest in den großen Schutzgebieten, in ausreichender Zahl einzusetzen. Diese Forderung entsteht vor folgendem Hintergrund:

- Die großen deutschen Naturschutzgebiete, die meisten Nationalparke, Biosphärenreservate und fast alle deutschen Naturparke sind zwar durch Rechtsverordnungen auf dem Papier mehr oder weniger geschützt, es fehlt ihnen aber in der Landschaft weitgehend jede praktische Bedeutung.
- Immer mehr Menschen wollen in ihrer Freizeit Natur erleben und überfluten dabei völlig ungeordnet die Schutzgebiete, wobei die Mehrzahl von ihnen aus Unkenntnis Schutzbestimmungen verletzt, jedoch dankbar wäre für Hinweise und Informationen, die zu einem richtigen Verhalten führen.
- Ehrenamtliches Personal kann, trotz größten Einsatzes, die notwendige Aufsicht und Betreuung weder qualitativ noch quantitativ ausreichend wahrnehmen.
- Von amtlicher Seite wird bestätigt, daß durch unzureichende Betreuung in einem schleichenden Prozeß die Substanz der Schutzgebiete zerstört wird. Die Aussterberate an Pflanzen und Tieren in Deutschland hat eine bisher nicht gekannte Dimension erreicht.
- In den meisten europäischen Ländern ist hauptamtliches Aufsichts- und Betreuungspersonal seit langem selbstverständlich.
- Der beschämende Betreuungsnotstand in Deutschland führt den hohen Anspruch, im Naturschutz eine führende Rolle zu spielen, ad absurdum.
- Es ist unerträglich, daß in einem Rechtsstaat Rechtsverordnungen erlassen werden, sich aber dieser Staat nicht um deren Einhaltung kümmert.

Ohne Aufsicht und Betreuung wird die Ausweisung weiterer Naturschutzgebiete in Deutschland immer fragwürdiger. Ein neuer Berufszweig ist daher dringend erforderlich. Seine Hauptaufgaben sind:

- die Besucher zu informieren, um ihnen den Wert der Natur und die Notwendigkeit der Schutzbestimmungen nahezubringen,
- für die Anwendung und Einhaltung der Schutzbestimmungen zu sorgen,
- den Grundeigentümern bei der Nutzung und Pflege ihrer Flächen beratend zur Seite zu stehen.

Die bisher wenigen Ausnahmen hierzulande, wo hauptamtliche ‚Rangerdienste' arbeiten, unterstreichen eindringlich, daß dadurch die natürliche Substanz unserer Landschaften erhalten, die Attraktivität solcher Gebiete für Besucher erhöht und gleichzeitig Wissen und Verständnis in der Bevölkerung um die Notwendigkeit des Naturschutzes verbessert werden kann. Deshalb ist es logisch und notwendig für einen Staat, der den Anspruch erhebt, neben der Kultur auch die Natur zu schützen, diesen neuen Berufsstand zu schaffen und entsprechend auf- und auszubauen."

Jede Form forstlicher Öffentlichkeitsarbeit sollte auf derartige Entwicklungen reagieren. Wenn eigene Zuständigkeiten von anderen wahrgenommen werden, sind menschliche Reibungsverluste zu Lasten der Sache programmiert. Der immer lautere Ruf nach einem neuen Berufsstand für Deutschland ist den guten Erfahrungen zu verdanken, die in vielen Ländern gemacht wurden. Ohne die (meist so benannten) „Ranger" ist eine Harmonisierung von Erholungsbedürfnissen und Naturschutz dort nicht mehr denkbar (Leppert, 1992).

Die Natur- und Umweltkrise verlangt bildungspolitisches Handeln. Dabei kann es eigentlich „nur" noch um das „Wie" und um die Bereitstellung des Personals und der Sachmittel gehen. Die Forstwirtschaft muß als Sachwalter der größten, relativ naturnahen Ökosysteme dabei in Aufgabenteilung und Zusammenarbeit mit dem Naturschutz eingebunden werden.

12.11 Weitere Gedankensplitter zur Verbesserung der Naturschutzbilanz im Wald

„Wer durch des Argwohns Brille schaut,
sieht Raupen selbst im Sauerkraut."
Wilhelm Busch (1832–1908)

EDV für Biomonitoring und ökologische „Registratur"

Der Scheinkonflikt zwischen Ökonomie und Ökologie wird so lange andauern, wie betriebswirtschaftliche Rationalisierungs- und Mechanisierungsakrobaten nicht begreifen, daß sich Handeln gegen ökologische Grundgesetze früher oder später auch ökonomisch rächt. Solange kurzfristigen Kalkulationen, EDV-Ausdrucken bei Betriebsanalysen und verschlüsselbaren Denkmodellen und Kontrollsystemen für Sach- und Lohnkosten der Vorzug gegenüber ökologischen Denk- und Handlungsrichtungen eingeräumt wird (weil Ökologie nicht verschlüsselbar ist), solange brauchen wir uns nicht zu wundern, wenn auch ökologisch besonders engagierte Forstleute in ein Kostenkorsett gezwängt werden. Und wenn Forstleute buchhalterische Eiertänze vollführen müssen zur Unterbringung von Kosten für ökologische Maßnahmen, statt sich auf die „ökologische Bilanz" zu konzentrieren, dann ist etwas faul in unserer forstlichen Spareuphorie und unserer Auslegung betriebswirtschaftlicher Vorgaben. Wer das Grundpostulat der Nachhaltigkeit angesichts der ökologischen Krise und der unseren Wäldern noch bevorstehenden Streßbelastungen kurzzeitigen EDV-Schönungen opfert, wird seiner Verantwortung nicht mehr gerecht.

Schon aus führungs- und motivationstaktischen Gründen wird es allerhöchste Zeit, die bisherige ökonomische Erfolgskontrolle gleichrangig (!) durch eine ökologische Erfolgskontrolle (bis zum Kontrollkatalog des Inspektionsbeamten) zu ergänzen. Und wenn eine Gleichrangigkeit nicht anders herzustellen ist, dann sollte sie eben auch durch Reduktion der Datenflut des Betriebsablaufes erfolgen, damit sich Forstleute wieder mehr auf das Denken, Entscheiden und Handeln im Wald konzentrieren. Die EDV bietet heute ausgezeichnete Programme für ein ausgefeiltes, sogar grafisch darstellbares Biomonitoring oder für einfache Daten- und Textspeicherung. Forstämter könnten also zu „Ökozentralen" für ihr Gebiet werden, die alle zuverlässigen ökologischen Daten, Messungen, Beobachtungen, Ideen flächenbezogen – z. B. auf die Abteilung oder Unterabteilung – speichern. Daraus entstünde zwangsläufig ein Motivationsschub zur Auswertung und zu praktischen Schlußfolgerungen aus den Daten. Örtliche Spezialisten – ob Ornithologen, Fledermauskenner, Botaniker, Insekten- oder Flechtenfreunde – könnten leicht eingebunden und gefördert werden, wenn die entsprechende Rückkopplung erfolgt. Die Gewinner-Gewinner-Strategie eröffnet hier lokale Möglichkeiten, über die in der Praxis keine andere Stelle verfügen kann. Führungs- und beförderungsmäßig geschickt ausgenutzt, ergäben sich für die Forstämter allerbeste Chancen, alle Forstleute ökologisch zu engagieren, Zusammenarbeit mit örtlichen Spezialisten zu fördern und die ökologische Gesamtbilanz zu verbessern. Allein z.B. eine Kartierung der Fließgewässer oder der Waldränder nach Stand der Renaturierung oder ökologischen Wertigkeit zusammen mit einem örtlichen Naturschutzverband oder mit einem Biologie-Leistungskurs würde schon sehr viel bewegen.

Waldbiotopkartierung

Im Mai 1992 erzielten in Nairobi mehr als 100 Staaten Einigung über den Konventionsentwurf zum Schutz der biologischen Vielfalt. Während der Weltumweltkonferenz in Rio de Janeiro wurde diese Konvention durch 153 Staaten und die EU unterzeichnet. Ziel der Konvention ist der weltweite Schutz von Tier- und Pflanzenarten sowie ihrer bedrohten Lebensräume und des darin geborgenen genetischen Potentials. Der Artenschutz soll möglichst in den natürlichen Lebensräumen erfolgen. Der Konventionstext enthält insbesondere folgende Maßnahmen:

- Die gefährdeten Arten und Biotope wie die Gefährdungsursachen sollen identifiziert und überwacht werden. Dazu sind Daten- und sonstige Informationssysteme vorgesehen.
- Ausweisung von ausreichend großen Schutzgebieten, Entwicklung von Kriterien für die Auswahl solcher Schutzgebiete, Förderung des Schutzes von Ökosystemen natürlicher Lebensräume und der Erhaltung von lebensfähigen Populationen darin, Förderung einer umweltverträglichen und nachhaltigen Entwicklung in den diese Schutzgebiete umgebenden Flächen (Biosphärenreservatsgedanke), Wiederherstellung von beeinträchtigten und zerstörten Lebensräumen und Förderung der Wiederherstellung von lebensfähigen Populationen von bedrohten Arten durch u.a. die Entwicklung von Plänen und Strategien, Regulierung oder Kontrolle der Risiken, die von gentechnisch veränderten Organismen ausgehen, Verhinderung der Einführung oder Auslöschung von nichtheimischen Arten, Anwendung von traditionellen Schutz- und Bewirtschaftungsformen, Entwicklung oder Beibehaltung von Gesetzen oder anderen Regelungen für den Schutz von gefährdeten Arten und Kooperation bei der Finanzierung.

In einigen Bundesländern werden Bedenken gegen eine flächendeckende Waldbiotopkartierung vorgebracht, da im Privatwald Interessenkollisionen befürchtet werden. Daneben werden Überbewertungen statischer Komponenten geargwöhnt, nach denen Biotoppflege ein permanentes Anrennen gegen die natürliche Entwicklung wäre, also ein Naturschutz gegen das Naturgeschehen (Scherzinger, 1991).

Die mit jeder Kartierung verbundene Festschreibung eines Zustandes fördert die statische und hemmt die dynamische Betrachtung der Natur, begünstigt in der Auseinandersetzung der Naturschützer mit den Artenschützern die letzteren (Zerle, 1992). Zum gegenwärtigen Zeitpunkt, in dem sich die Sozialfunktionen gerade für den Privatwaldbesitzer noch nicht angemessen auszahlen, darf die Gefahr des Bogenüberspannens tatsächlich nicht verharmlost werden, weil gerade der Privatwald bei weitem den Hauptanteil stellt und ein Verlassen der „Gewinner-Strategie“ der Naturschutzsache eher schadet. Der grundgesetzliche Schutz des Eigentums verbietet es, die im Bereich der Forstwirtschaft bereits stark ausgeprägte soziale Eigentumsbindung weiter auszudehnen. Eine Übertragung der Wirtschaftsgrundsätze des Staatswaldes, also auch die der „Langfristigen ökologischen Waldentwicklung in den Landesforsten“ (LOEWE, Niedersachsen), auf den Privatwald scheidet damit aus (Janßen, 1992). Solange die ökologischen Leistungen nicht bezahlt werden, ist Waldbiotopkartierung, die Kosten verursacht oder Einnahmen verringert, nur zu empfehlen und nicht zu erzwingen.

Immer noch verlocken Waldbesitzer die hohen Jagdpachteinnahmen zu überhöhten Schalenwildbeständen, denn die Schäden schlagen ja erst langfristig zu Buche. Eine Verbesserung im Waldbau aber ist ohne angemessene Wildstandsregulierung ausgeschlossen. Da die heute von der Gesellschaft über alle Besitzstrukturen einzufordernden Infrastrukturleistungen nur durch eine naturnahe Forstwirtschaft zu optimieren sind und diese Leistungen bezahlt werden müssen, ist die Forderung nach einer verstärkten ökologischen Ausrichtung nicht nur eine waldbaulich-ökologische, sondern vor allem eine forstpolitische Forderung. So gesehen ist es falsch, die Waldbiotopkartierung dafür verantwortlich zu machen, daß sie Dissenzen zwischen ökologischen oder naturschützerischen Zielen und der wirtschaftsbedingten und kostenschonenden Wirklichkeit aufdeckt.

Die während der Weltumweltkonferenz in Rio de Janeiro auch von der EU unterzeichnete Konvention zum Schutz der biologischen Vielfalt sieht weltweit entsprechende Erhebungen vor, so daß eine flächendeckende Waldbiotopkartierung so oder so früher oder später erforderlich wird. Ein integriertes Schutzkonzept zur Sicherung der biologischen Vielfalt wird in Deutschland etwa 10 bis 15 % der Landesfläche umfassen, die vorrangig dem Naturschutz dienen. Verschiedene Studien beziffern den Wert der biologischen Vielfalt zwischen 3,2 und 8 Milliarden DM pro Jahr (Durchschnitt ca. 5 Mrd. DM) für die alten Bundesländer. Für die Flächensteigerung im Naturschutz von rund 2 % auf 10 bis 15 % rechnet man für die gesamte Bundesrepublik mit zusätzlichen Kosten von 1,9 Mrd. DM pro Jahr (Auer, 1992).

Die Waldbiotopbewertung verwendet die Kriterien Naturnähe, Vielfalt, Seltenheit und Gefährdung zur Beschreibung von Zuständen und Abstufungen in den Wäldern. Sie handelt dabei genau so wie die Standortskartierung, die ja auch Standortseinheiten nach qualitativen Merkmalen zu Standortsgruppen zusammenfaßt, oder wie die Forsteinrichtung, die Bestandeswertziffern vergibt (Volk, 1992). Von einer Gleichwertigkeit der Funktionen im Wald kann kaum gesprochen werden, wenn die Grundlagen dazu nicht gleichwertig erhoben und die Folgerungen daraus nicht gleichwertig abgewogen werden können. Die Waldbiotopkartierung muß alle Sonderbiotope im Wald (insbesondere Trocken- und Feuchtstandorte, seltene Waldgesellschaften und gefährdete Tier- und Pflanzenarten) erfassen; diese sollen vorrangig mit forstrechtlichen Mitteln gesichert werden. Hinsichtlich der Darstellung von Ansprüchen für Arten mit großflächigen Lebensräumen erstrebt die Waldbiotopkartierung kein vollständiges Arteninventar. Sie beschränkt sich auf die Ausweisung wichtiger Lebensräume einzelner gefährdeter Arten, geht zur Erfassung jedoch flächendeckend vor. Jede Waldfläche (Unterfläche) wird dabei nach Naturnähe (im Verhältnis zur potentiell natürlichen Vegetation), Vielfalt, Seltenheit und Gefährdung eingeschätzt. Das Bewertungsergebnis wird in einer Zustandskarte, der Waldbiotopkarte, mit Erläuterungen festgehalten.

„Von ausschlaggebender Bedeutung für das Gelingen einer Waldbiotopkartierung ist allerdings, daß die örtlich zuständigen Forstleute vom Sinn der Schutzmaßnahmen persönlich überzeugt sind. Dieser Aspekt des Erläuterns und Begeisterns für die Sache des Naturschutzes kann nicht hoch genug eingeschätzt werden. Wenn dem Einrichter und den Kollegen vor Ort bestimmte Maßnahmen (oder Unterlassungen) als richtiger Weg und die Berücksichtigung der Naturschutzbelange als persönliches Anliegen vermittelt werden können, ist der Schutz . . . gewährleistet . . .“ (Weigel, 1993)

Dieser menschliche Aspekt ist entscheidend und entspricht der Gewinner-Strategie. Mittelfristig muß es möglich werden, bei allen Forstbeamten eine hohe Motivation und Kompetenz für den Naturschutz zu erreichen, so daß sie ganz von selbst die Zusammenarbeit mit seriösen Spezialisten und Verbänden suchen und sich auch dafür einsetzen, permanent alle Besonderheiten zu erfassen und in ökologische Informationssysteme über die EDV zu integrieren, die künftige Waldbiotopkartierarbeiten wesentlich ergänzen, ja im Optimalfall sogar entbehrlich werden lassen. Ökologisch engagierte und kompetente Praktiker, die permanent auf der Fläche präsent und den Forstamtscomputer entsprechend füttern, können im Wald flächendeckend ein beispielhaftes ökologisches Informationssystem entwickeln.

Nicht verzagen angesichts der Kulturkatastrophen Luftverschmutzung, Waldsterben, Treibhauseffekt

Für Forstleute sind die Reaktionsmöglichkeiten auf die globalen fremdverschuldeten Schäden außerordentlich bescheiden. Dennoch müssen diese geringen Chancen konsequent genutzt werden. Das kann sehr frustrierend sein, weil die Luftverschmutzungen nicht schneller reduziert werden können und für wirklich angemessene Reaktionen (bis hin zur Öffentlichkeitsarbeit) die Geldmittel fehlen: „Es ist verzeihlich, Fehler zu machen, wenn man die Einsicht nicht hat. Wenn man aber die Einsicht gewonnen hat, um das Fehlverhalten als solches zu erkennen, dann wäre es unverzeihlich, wenn wir nicht den Fehler und die bisher eingetretenen Folgen korrigieren und so gut als möglich ungeschehen machen würden.“ (Ulrich, 1987) Welche Maßnahmen können getroffen werden?

1. Kompensationskalkung

Der ungeheure Stickstoff- und Säureeintrag hat großräumig zur Auswaschung von austauschbarem Calcium und Magnesium aus dem Wurzelraum geführt. Die daraus und aus Wechselwirkungen mit Schwermetalleinträgen resultierenden Kettenreaktionen im Boden gefährden die Fortdauer der Waldökosysteme, so daß ein Erreichen des Zielalters von 100 bis 200 Jahren der heute begründeten Wälder nicht mehr gewährleistet ist (Ulrich, 1990). Der pH-Wert hat zentrale Bedeutung in der Pflanzenernährung. Er steuert die Nährstoffverfügbarkeit (Spuren-Nährelemente), das Gefährdungspotential durch vorhandene Schadionen (z.B. Schwermetalle und Aluminium) und beeinflußt das Bodengefüge. Stickstoffüberschuß verzögert den Vegetationsabschluß, setzt die Frostresistenz herab und erhöht die Anfälligkeit der Pflanzen (Meyer-Spasche, 1988).

„Die Sanierung bzw. Restauration der Ökosysteme muß am geschädigten Boden ansetzen: die austauschbaren Kationsäuren wie Aluminiumionen müssen wieder durch Calcium und Magnesium ersetzt werden, die Basensättigung muß erhöht werden. Bodenrestauration bedeutet, daß wieder ein chemischer Bodenzustand angestrebt wird, wie er nachweislich in den 30er bis 50er Jahren noch großflächig vorhanden war: mindestens mittlere Basensättigung im tieferen Wurzelraum. Das biologische Ziel der Kalkung ist die Vertiefung des Wurzelraums und des Lebensraums der Bodenorganismen, die Erhöhung der Artenvielfalt von Bodenorganismen und Bodenvegetation sowie die Erhöhung des Deckungsgrads der Bodenvegetation. Alle diese Teilziele sind an eine Erhöhung der Basensättigung gebunden. Soweit hierbei mittlere Basensättigungen nicht überschritten werden, ist nicht mit einer Schädigung der Mykorrhiza zu rechnen... Man macht sich unglaubwürdig, wenn man Emissionsminderungen fordert, aber die Notwendigkeit verneint, daß die eingetretenen Bodenveränderungen (Versauerung) zurückgeführt werden müssen (Kalkung).“ (Ulrich, 1990)

Dessenungeachtet muß der Notbehelfscharakter ebenso betont werden wie die Aussparung von Sonderstandorten, wie Moore, Gewässer oder besonders nährstoffarme Böden.

Inzwischen gibt es eine Reihe von Untersuchungen, die eine stark schädigende Wirkung von Kalkstäuben auf die Insektenfauna – Bienen, Raupenfliegen, Ameisen, Schlupfwespen, Schmetterlingen, Fliegen, Spinnen, Tausendfüßler, Rindenläuse usw. – nachweisen. Da Maßnahmen, die zur Artenverarmung beitragen, heute nicht mehr zu verantworten sind, insbesondere wenn Alternativen möglich sind, empfiehlt Winter (1990), von März bis Ende November auf Ausbringung staubförmiger Kalkdünger (Korngröße unter 0,2 mm) im Wald grundsätzlich zu verzichten und statt dessen nur Granulat oder naturfeuchten Kalk zu verwenden, bei dem der Feinstaubanteil durch 3 bis 5 % Wasseranteil gebunden ist. Da auch während der Wintermonate – sogar bei Schneelage – einige Vogelarten von Insekten leben müssen und z. B. einige Spinnenarten auch zu dieser Zeit aktiv sind, ist man mit einem generellen Verzicht auf eine Kalkstaubausbringung auf der „sicheren Seite".

Schmidt (1992): „Da die Regenerationsfähigkeit der Waldbodenvegetation bei Kompensationskalkungen in Höhe von 3 t pro ha offensichtlich nicht beeinträchtigt wird, kann diese zur Stabilisierung der Wälder eingesetzt werden, solange bis das eigentliche Ziel erreicht ist: eine erhebliche Verminderung der Schadstoffeinträge aus der Luft." Andere Untersuchungen der größeren Bodenfauna stellen fest, daß Kalkungsmaßnahmen zu starker Vermehrung der Regenwürmer führen. Die bakterielle Tätigkeit der Humusauflage wird dadurch in positiver Weise angeregt. Bei Kalkungsexperimenten auf bereits stärker versauerten Waldböden stellten sich allerdings tiefgrabende (mehrere Meter) Regenwurmarten noch nicht wieder ein. Dessenungeachtet werden zur Verringerung des Risikos von Säuretoxizität und deren Folgewirkungen Kompensationskalkungen auch zur Regeneration des Bodenlebens vorbehaltlos empfohlen (Eichhorn/Grabowski, 1991).

2. Einbringung von Mischbaumarten

Zur Stabilisierung des Stoffhaushaltes ist die Bewahrung oder Wiederherstellung der Vielfalt der natürlichen Waldgesellschaften von ganz besonderer Bedeutung. Voraussetzung dafür ist die Lösung bestehender Wildprobleme. Eine naturnahe Baumartenmischung fördert die Zersetzbarkeit der Streu und die Vielfalt von Bodenfauna und -flora. Die Einbringung verschiedener Mischbaumarten – wie Ahorn, Erle, Esche, Hainbuche, Kirsche – wird heute in besonders immissionsbelasteten Gebieten durch Kompensationskalkung oder Pflanzlochstartdüngung (Ulrich, 1990) beschleunigt. Ein hoher Streuanfall mit leicht zersetzlicher Streu garantiert hohen Nährstoffumsatz, der wiederum für ein gleichmäßiges Nährstoffangebot für die Bäume erforderlich ist (Lehringer, 1987).

3. Verzicht auf dicht geschlossene Nadelholzreinbestände

Die Vermeidung des Reinanbaus von Baumarten mit einer ausgeprägten Filterwirkung und hoher Eintragsrate von Stoffen auf unzureichend gepufferten Standorten ist dringend geboten. Insbesondere dichte Fichtenreinbestände können infolge ihrer starken Ausfilterung von Säurebildnern aus der Luft und dem Aufbau von Auflagehumus erhebliche Bodenversauerung verursachen. Alle Möglichkeiten auch der nachträglichen Einbringung von Mischbaumarten z. B. an Rändern von Nadelholzreinbeständen sollten genutzt werden.

4. Besonders pflegliche Holznutzung

Boden- und bestandespflegliche Holznutzung (Vermeidung von Befahrungs- und Rückeschäden), behutsame Beendigung von Dichtstellungen und Vermeidung von Kahlschlägen vermindern zusätzliche Streßsituationen für Boden und Bodenorganismen (Eichhorn, 1991).

Klimahypothese – 2 °C Temperaturzunahme in 50 Jahren

Folgerungen aus dem Mosaik-Zyklus-Konzept gelten auch für vorsorgliche Strategien gegen einen Temperaturanstieg durch den Treibhauseffekt. Es wird nämlich nicht nur durchschnittlich wärmer werden, sondern auch häufiger Trockenperioden geben. Dann ist z. B. die ein ausgeglicheneres und feuchteres Klima bevorzugende Buche, wie im Trockenjahr 1976 drastisch verdeutlicht, schnell erheblich benachteiligt, während artenreiche Mischbestände auch als Wirtschaftsökosysteme in verschiedenen Sukzessionsphasen nebeneinander stabiler sein dürften. Mit jedem Grad Temperaturerhöhung verschieben sich die Vegetationszonen um etwa 100 km nach Norden. Wir werden wohl in 50 Jahren die Atmosphäre um z. B. 2,0 °C aufgeheizt haben, so daß mit einer Verschiebung von 200 km (4 km pro Jahr) zu rechnen ist. Pollenanalysen zur Wiederbewaldung Nordamerikas nach der Eiszeit haben jedoch ergeben, daß keine Baumart pro Jahr mehr als 500 m schaffte. So umstritten diese Zahlenangaben sind, so unweigerlich müssen wir uns vor allem in langlebigen Waldökosystemen derartigen Überlegungen stellen. Ohne Berücksichtigung der entsprechend geänderten Niederschlagssumme und -verteilung, kann schon gesagt werden, daß auf die bestehenden Wälder ein ganz erheblicher Klimastreß zukommt. Daher ist es problematisch, die potentielle natürliche Vegetation (pnV) als Klimax-Gesellschaft hochzustilisieren und den dynamischen Aspekt zu vernachlässigen. Roloff (1992) kommt mit seiner Vorstudie zu praktischen Schlußfolgerungen:

„Wenn die Niederschlagsmenge gleich bleibt,

bedeutet das bei höheren Temperaturen höhere Verdunstung in der Vegetationszeit und damit verringerte nutzbare Wasserkapazität für das Wachstum der Bestände, also mehr Trockenstreß und veränderte Konkurrenzkraft. Über die Beurteilung der beiden wichtigsten Konkurrenzparameter bei Gehölzen – 1. Höhenwachstum, 2. Schattentoleranz – wird die Konkurrenzkraft der Buche und Fichte belegt, die beide den größten Höhenzuwachs und Schattbaumeigenschaften haben. Diese Verhältnisse kehren sich nach Warm-Trockenjahren um: Buche und Fichte reagieren auf trocken-warme Jahre viel sensibler als Esche, Ahorn, Kiefer und Eiche. Die Kiefer wird von einer Klimaänderung am meisten profitieren, gefolgt von Esche/Ahorn und Eiche. Ähnlich dürfte es sich mit der Lärche verhalten. Die Buche wird im Bergland voraussichtlich in höhere Lagen einwandern. Alle Refugien wärmebedürftiger Krautschicht- und Gehölzarten sind zu erhalten bzw. zu vermehren. Dafür bieten sich Waldränder besonders an. Die Bedeutung aller Mischbaumarten wird gegenüber der Buche und Fichte für die Bestandesstabilität zunehmen. Sie stellen gewissermaßen ‚Reservebaumarten' für sich abzeichnende Probleme dar und sind in Zukunft voraussichtlich leichter als bisher gegenüber der Buche zu erhalten. Zu nennen sind hier Esche, Berg- und Spitzahorn und andere Edellaubhölzer, die beiden Eichenarten, aber auch Lärche und Kiefer. Vor allem Beimischungen zu Buche und Fichte sind wichtig. Alle Pionierbaumarten sollten aufgrund ihrer enormen Flexibilität ebenfalls berücksichtigt werden." (Roloff, 1992)

Waldbäche – aus forstlichen Stiefkindern können schnell ökologische Kleinodien werden

Waldbäche könnten und sollten den höchsten Natürlichkeitsgrad aufweisen (vgl. Kap. 6). In unserer Kulturlandschaft mit mehr oder weniger stark veränderten und belasteten Gewässern sind naturnahe, artenreiche Waldbäche nicht zuletzt Überlebens- und Rückzugsraum für eine anspruchsvolle Wirbellosen- und Fischfauna. Forstliche Fehler wie nicht standortgemäße Fichtenwälder in den Uferzonen, Beeinträchtigungen durch nicht natürlichen Schlagabraum und ökologisch falsche Verrohrungen unter Forstwegen haben zu extremer Faunenverarmung geführt.

Die unter Fichten unnatürlich lichtarmen Verhältnisse begrenzen Qualität und Quantität von Algen auf den Steinoberflächen im Bach, weshalb algenabweidende Insektenlarven, viele Eintags-, Stein- und Köcherfliegenarten und einige Wasserkäferarten hier keine Nahrung mehr finden. An organischem Material gerät fast ausschließlich entwicklungsmäßig völlig unnatürliche Fichtenstreu in den Bach, die ein Großteil der Organismen nicht verwerten kann. Die Bachfauna verhungert quasi, weil die evolutionär natürlich vorgegebene Bioenergie in Form von Erlen- oder Weidenblättern u. a. nicht anfällt. Außerdem fördern die Fichten infolge ihrer starken Filterwirkung gegenüber Säurebildnern der Luft die Entstehung von Säureschüben bei Hochwasser. Die minimalen pH-Werte und daraus resultierenden hohen Aluminium- und Schwermetallkonzentrationen lassen die Fauna der Bäche in Fichtenbereichen weiter verarmen. Der Blattflächenindex der Fichte beträgt 20 und mehr gegenüber 14 bis 17 bei Laubbaumarten. Damit und mit der ganzjährigen Dauer des Filtereffektes ist der bis 5mal höhere Sulfateintrag gegenüber Buchenbeständen erklärbar (Schmitt-Vogt, 1986).

„Markant sind die Rückgänge bei den drei typischen Fließgewässerinsektengruppen der Eintagsfliegen, Steinfliegen und Köcherfliegen. Fische und Bachflohkrebse fehlen bzw. können nur während längerer Phasen ohne Säureschübe (hauptsächlich regen- und abflußarme Sommermonate) kurzfristig aufwandern. Der Bachflohkrebs kann einen Versauerungsgrad, der nur wenige Tage unter pH-Werten von 5,4 bis 5,8 liegt, nicht überleben (Brehm u. Meijering, 1982). Die in Quellbächen räuberisch lebenden Larven des Feuersalamanders sind zwar physiologisch relativ säuretolerant, so daß sie auch noch bei pH-Werten von 4,1 bis 4,5 gefunden werden. Sie ernähren sich aber vorzugsweise vom Bachflohkrebs (Thiesmeier, 1990), welcher bei Versauerung fehlt. Darüber hinaus meiden erwachsene Feuersalamander Fichtenwälder als Lebensraum, da sie auf Laubwälder mit genügender Bodenfeuchte angewiesen sind. Somit ist auch diese interessante, nachtaktive und lebendgebärende Lurchart in Fichtenbeständen langfristig in ihrem Bestand bedroht." (Westermann u. Heitkamp, 1992)

Eine häufig beobachtete Nachlässigkeit und typische Folge falschen Kennziffern- und Kostendenkens ist das Zuwerfen von Bachabschnitten mit standortfremdem Schlagabraum. Gerade kleine Quellbäche werden so oft völlig zugedeckt. Allein durch Schlagabraum im Bachbett und an den Ufern kann die Zahl der Wirbellosenarten eines Baches um über 30 % zurückgehen (Westermann u. Heitkamp, 1992). Nadelholzschlagabraum sollte aus Bachbereichen generell entfernt werden. Natürlicherweise anfallendes Totholz der standortgemäßen Baumarten kann – sofern es hydraulisch nicht wesentlich stört – durchaus bachstrukturbereichernd wirken.

Ein Aufwanderungshindernis für die typischen Fischarten von kleinen Waldbergbächen – Bachforelle und Groppe – sowie für das Bachneunauge und die bachbewohnenden Wirbellosen und Insekten stellen die Verrohrungen von Bächen unter Forstwegen dar (Waterstraat, 1989; Bless, 1990). Runde und zu kleine Querschnitte lassen das Wasser oft schießend und ohne Kontakt zum natürlichen Bachbett durch das Rohr fließen. Ein bachaufwärts gerichtetes Wandern der genannten Organismen wird so in vielen Fällen unmöglich. So kann der Bachflohkrebs nur im Schutz des vor starker Strömung und Verdriftung schützenden Substratlückenraumes bachaufwärts wandern. Dieser Kleinkrebs spielt eine zentrale Rolle bei der Verwertung von Pflanzenmaterial im Bach und als Forellennahrung. Seine Verbreitung ist zudem durch Nahrungsarmut und Versauerung in den Bächen der fichtenbestockten Einzugsgebiete bedroht. Gerade wenn das untere Rohrende mit einem Absturz endet, besteht eine starke organismische Isolation des oberhalb gelegenen Bachabschnittes (Westermann u. Heitkamp, 1992).

Die in Kapitel 6 vorgestellten Renaturierungsmaßnahmen zur Beendigung der ökologischen Segmentierung sollten gerade bei Waldbächen konsequent realisiert werden.

Selbstbeschränkung beim Wegebau (Fahr- und Rückewege)

Bei der motorisierten Erschließung unserer Wälder ist die Erschließungsdichte manchmal übertrieben worden. Das muß nach ökologischen Kriterien korrigiert werden. Forststraßen sind in der Regel – heute mehr als früher – auch „Bringungslinien für touristische Störungen“. Zerschneiden sie größere Ruheräume unnötig, sollte auch ein mutiger Rückbau kein Tabuthema sein. Heute gibt es Seilkrananlagen, die beim Schwachholz wie beim Starkholz über lange Entfernungen (durchaus auch über 500 m) eine schonende Holzbringung ermöglichen. Sie und der Einsatz von Rückepferden haben Zukunft, während der „maschinengerechte Waldbau“ eher Folge einer Zwangslage ist, nämlich besonders kostengünstig große Pflegerückstände in Nachkriegsaufforstungen zu bewältigen. Wir werden uns zunehmend davon verabschieden müssen, mit großen sog. Vollerntern auf relativ breiten Bringungslinien bis auf 10 m an jeden Baum heranzufahren, um diesen dann dort maschinell durchaus besonders schonend zu fällen, zu entasten und in Verkaufssortimenten seitlich abzulagern und das Holz dann aber durch besonders schwere Großmaschinen aus dem Wald holen zu lassen. Das ist mit zunehmender Ökologisierung, Strukturierung, Mischung und Abkehr vom Altersklassenwald auf Dauer nicht zu vereinbaren.

Deutlich unterschätzt wurde oft der unter Umständen erheblich störende Einfluß der Forstwege auf den Wasserhaushalt im Hügel- und Bergland. Viele Kleinbiotope, Quellhorizonte sind angeschnitten, beeinträchtigt und Oberhänge deutlich entwässert oder Unterhänge vom Hangwassernachschub abgeschnitten worden. So gesehen gleichen Forstwege im Bergland großflächig wirksamen Drainagesystemen. Zu sparsamer Durchlaßbau und „maschinengerechte Spitzgräben“ an der Bergseite sammeln das Wasser über oft lange Strecken, so daß große Bereiche unnatürlich entwässert und damit entscheidende ökologische Standortbedingungen verändert werden. Das kann in Trockenperioden fatal werden. Ruch (pers. Mitteilung) empfiehlt, die vorhandenen Gräben zu stückeln, d. h. kleinörtig so zu kammern, daß der Wasserabfluß kaskadenartig getrennt und möglichst viel Restwasser gehalten werden kann. Manchmal mag es auch zweckmäßig sein, in Mulden keinen Durchlaß zu bauen und sich dort das Wasser zeitweilig sammeln zu lassen, wenn keine unmittelbare Erosionsgefahr besteht. Alle Möglichkeiten flächiger Wiederversickerung der unnatürlich abgeleiteten Wassermassen sollten genutzt werden.

Waldarbeit durch qualifiziertes Personal

Konsequente Ökologisierung im Waldbau bedeutet – zumindest für die langandauernde Phase der Umstellung – Intensivierung der Pflege, Begrenzung der Mechanisierung und Ablösung der schematisierenden Rationalisierung durch kleinstandörtliche Modifizierungen aller praktischen Arbeiten.

Das heißt Mehrarbeit, Mehrkosten und mehr Köpfchen. Dafür sind handwerklich gut ausgebildete, ökologisch mitdenkende und ortserfahrene Waldarbeiter dringend erforderlich. Das verbreitete Stücklohnsystem, das nicht nur Gesundheit und Sicherheit besonders der jüngeren, auf Leistung und schnellen Verdienst gedrillten Waldarbeiter gefährdet, erscheint für eine naturnahe Waldwirtschaft langfristig nicht geeignet. Wenn wir Inhomogenität, Diversität und kleinstandörtliche Dynamik erreichen wollen, brauchen wir neue Kriterien für eine gerechte Verakkordierung. Wenn Leistungsdenken die geistige Mitarbeit des Waldarbeiters direkt am Objekt beeinträchtigt, ist die ökologische Optimierung gefährdet. Das gilt im Kulturstadium bei der Pflanzung, bei der späteren Pflege und Mischungsregulierung, bei der geschickten Freistellung von Mischbaumarten in Reinbeständen und nicht zuletzt auch bei der schonenden Fällung großer Bäume. Mit höherem Totholzanteil, der relativ schnell zu erreichen ist, steigen auch die Gefahren und damit die Anforderungen an die Waldarbeiter. Insofern dürfte die auch in Staatsforstverwaltungen zunehmend zu beobachtende Reaktion auf Kostendruck, vermehrt Unternehmer- oder Leiharbeitsfirmen mit wenig oder gar nicht ausgebildeten und ökologisch unkundigen Waldarbeitern einzusetzen, längerfristig kaum zu verantworten sein. Übertriebenes Sparen verhindert die angemessene Vorsorge gegenüber zunehmenden Risiken, die unsere heute zu begründenden Wälder erwarten. Auch hier zeigt sich, daß naturnaher Waldumbau, der uns Forstleute sehr lange beschäftigen wird, auch eine politische Komponente hat: In den Haushalten müssen die entsprechenden Mittel für alle vom Wald geforderten Leistungen bereitgestellt werden.

Sprühflaschengraffiti im Wald?

Dauerhafte Farbmarkierungen an Bäumen mögen manchen forstlichen Betriebsablauf erleichtern, und schädlich sind sie sicher auch nicht. Aber müssen sie wirklich sein? Ist Rücksicht auf Waldbesucher nicht wichtiger? Es gibt ja auch andere, allerdings etwas aufwendigere Verfahren (z. B. verrottbare Bändchen), so daß Farbmarkierungen im Wald nur auf vorübergehende Kennzeichnung (Auszeichnen, Holzpolterkennzeichnungen u. a.) beschränkt bleiben sollten. Dauermarkierungen sind eher Sprühflaschengraffiti und widersprechen der erwünschten Gewinner-Strategie gegenüber den Waldbesuchern.

Noch eine Lanze für die Weichhölzer (Pionierbaumarten)

Waldboden- und -innenklima werden von Weichhölzern positiv beeinflußt. Sie können Standorte besiedeln, die den Hauptbaumarten wegen ihrer höheren Ansprüche an Boden, Wasser und Klima normalerweise nicht zugänglich sind. Hier treten die Weichlaubhölzer als Pioniere und Wegbereiter auf und erschließen diese Flächen in Form eines Vorwaldes für die Hauptbaumarten. So vermag die Roterle mit ihrer hohen Wurzelenergie und ihrem dichten Wurzelwerk biologisch träge Böden wirksam nutzbar zu machen. Erleichtert wird ihr dies durch die an ihren Wurzeln lebenden stickstoffbindenden Bakterien. Des weiteren ist das Laub der Weichhölzer leicht zersetzlich, es fördert die Bildung günstiger Humusformen und trägt so wesentlich zur Belebung des Oberbodens bei. Auf derartigen durch Weichhölzer „biologisch" verbesserten Standorten können dann auch die Wirtschaftsbaumarten im Schutz des lockeren Schirmes des Vorwaldes leichter Fuß fassen. Denn die feinastigen Kronen der Weichhölzer sind in der Regel lichtdurchlässiger und halten weitaus weniger Niederschlagswasser zurück als die dicht belaubten Kronen von Buche und Fichte. Den Jungpflanzen der Wirtschaftsbaumarten steht unter Weichhölzern erheblich mehr Licht und Wasser für ihr Wachstum zur Verfügung (LÖLF, 1991). Wenn man z.B. die Verjüngungsfähigkeit der Birke als typische r-Strategin mit ca. 1,5 Mio. Samen pro Baum und Jahr, die Fähigkeit der Roterle zur Stockausschlagbildung und die Möglichkeit der Entwicklung von Wurzelbrut bei Aspe und Weiden betrachtet, stehen Weichhölzer in fast allen Waldbeständen von Natur aus zur Verfügung. Es bedarf nur der Kreativität des Menschen, dieses natürliche Potential mit in waldbauliches Handeln einzubeziehen. Sogar für junge Traubeneichen konnte v. Lüpke (1991) eine überraschend hohe Toleranz gegenüber Weichlaubholzkonkurrenz (z.B. vorwüchsige Birken) feststellen, so daß selbst bei derartigen Baumarten eine vollständige Beseitigung der Konkurrenz nicht sinnvoll ist.

Die „Pionierrolle" im Naturwald ist im Wirtschaftswald in Form der „Vorwaldrolle" recht gut „nachzustellen". In osteuropäischen, skandinavischen und besonders in kanadischen Naturwäldern mit ihrem hohen Anteil an Weichhölzern läßt sich studieren, daß z. B. Elche nur mit Weichholzäsung (Weiden, Aspen u. a.) lange, harte und schneereiche Winter überstehen. Das sollte hierzulande zur gezielten Förderungen dieser ökologisch fälschlicherweise als „Nebenbaumarten" bezeichneten Pionierbaumarten führen. Sie gehören ökologisch als typische Arten bestimmter Sukzessionsstadien mit relativ hohem Anteil (eher über 10 als unter 1 %, wie üblich) und je nach Waldgesellschaft und Größe der „patches" in relativ stetiger Verteilung in alle naturnahen Waldökosysteme, die auch als Wirtschaftswälder dem Naturwald nachgestellt werden. Nicht zuletzt dient die Weichholzförderung unseren Schalenwildarten besonders im Winter und hilft damit, das Problem der Winterfütterung naturnah zu lösen.

Standortrassen und Herkunftssicherung – auch außerforstlich von großer Bedeutung

Die Evolution ruht nicht! Bei wachsender Belastung unserer Ökosysteme wird die Grundforderung nach Erhaltung standortangepaßter Arten- und Genvielfalt immer dringlicher. Standortrassen sind wenigstens auf bestehende Verhältnisse optimal eingestellt und können daher auch am ehesten auf unvorhersehbare Veränderungen reagieren. So mahnt Burschel (1987), auf die Ergebnisse der ertragsorientierten Forstpflanzenzüchtung zugunsten halbwegs natürlicher Baumpopulationen zu verzichten. Der Schwerpunkt muß dabei auf der Erhaltung der natürlichen genetischen Vielfalt liegen, weil sich in der Selektion am besten die flexibelsten Genotypen behaupten. Deshalb gibt es nach Lindgren (1987) gute Gründe für die Annahme, daß Waldbäume nicht nur auf der Populationsebene, sondern schon auf der Individualebene eine große Diversität aufweisen, so daß sie schon als Einzelbäume von Natur aus relativ „gut gepuffert sind". Selektion, wichtigste Triebfeder der Evolution, setzt genetische Variation voraus. Es ist schwer vorauszusagen, wie sich die Konkurrenzverhältnisse bei sich änderndem Klima in den nächsten hundert Jahren entwickeln, für die wir ja schon ständig Entscheidungen treffen müssen. Daher ist es sicher nicht richtig, nur „auf ein Pferd zu setzen" (Richter, 1992), sondern

„verschiedene Eisen im Feuer zu haben“. Das Streben nach Zuchtprodukten mit diesen oder jenen menschlich gewollten Eigenschaften (die ungewollt und unerkannt ökologische Risiken bergen) oder auch die zu enge Fixierung auf Lokalrassen dürfen auf keinen Fall zu Lasten der genetischen Pufferfähigkeit gehen.

Nach dem Gesetz über Forstliches Saat- und Pflanzengut von 1969 und der Richtlinie des Rates der EU von 1975 über den Verkehr mit forstlichem Vermehrungsgut darf nur ausgewähltes und geprüftes Vermehrungsgut in der EU vertrieben und für die Gewinnung von ausgewähltem Vermehrungsgut nur zugelassenes Ausgangsmaterial verwendet werden. Dieses darf nur zugelassen werden, wenn es wegen seiner Güte für die Nachzucht geeignet erscheint. Die Verordnung über Herkunftsgebiete für Forstliches Vermehrungsgut grenzt die Herkunftsgebiete für die 19 Baumarten ab, die dem Gesetz über Forstliches Saat- und Pflanzengut unterworfen sind. Nach einem abgestimmten Arbeitsprogramm führen Bund und Länder darüber hinaus Maßnahmen zur forstlichen Generhaltung durch. Dazu gehören z. B. die Verlagerung von bestimmten Pflanzen in durch Luftschadstoffe unbelastete Gebiete oder die Einlagerung von Saatgut und Pollen in Genbanken (BML, 1992). Nicht die genetische Manipulation ist das Gebot der Stunde, sondern die Konzentration auf die Erhaltung der standörtlich evolutionär natürlich entwickelten Vielfalt.

Die Erhaltung des genetischen Potentials der Waldbäume wird unter dem Einfluß von Umweltbelastungen und anderen anthropogenen Beeinträchtigungen einschließlich der Forstwirtschaft zu einem Schlüsselproblem eines ökologisch orientierten Waldbaues (Braun, 1992). Damit verlagert sich die Zielstellung der Forstgenetik und Forstpflanzenzüchtung ebenfalls deutlich in Richtung der Erhaltung existentieller Grundlagen im Rahmen der Ökologisierung des gesamten Waldbaues. Sie bedient sich dabei der Möglichkeiten der Erhaltung am Ort (in situ) oder der Erhaltung durch Evakuierung (ex situ). Selbstverständlich – und diesbezüglich ist noch einiges nachzuholen – muß es dabei um alle heimischen Baum- und Straucharten gehen.

Man wird konzeptionell bei künstlicher Vermehrung das Saatgut aus bestimmten Wuchsgebieten mit überdurchschnittlich hoher genetischer Diversität bevorzugen müssen, um dem Umweltstreß am sichersten zu begegnen. Eine Verringerung der genetischen Variation vermindert die Fähigkeit von Populationen, variierende Umweltbedingungen ohne Bedrohung ihrer Existenz langfristig zu überstehen (Müller-Starck, Hattemer, 1989). Mehr denn je muß uns heute das „ökologische Variationsmuster“ unserer Bäume und Sträucher interessieren. Wir kennen ja die Umweltbedingungen schon der nächsten Baumgeneration nicht. Am ehesten erfolgversprechend sind dynamische Verfahren der Erhaltung, die der Ressource evolutionäre Anpassungsprozesse erlauben (Finkeldey, 1992). Die Integration genetischer Erkenntnisse in Maßnahmen auch des Artenschutzes gewinnt auch unter diesem Aspekt allgemein an Bedeutung (Hattemer, Gregorius, 1993).

Die FAO schätzt, daß weltweit 400 Baumarten insgesamt oder in wesentlichen Teilen ihres „gene pools“ gefährdet sind. Diese Zahl schließt jedoch solche Arten nicht ein, bei denen örtliche Populationen bereits ausgelöscht oder extrem reduziert sind. Lediglich 400 Baumarten von etwa 50 000, die auf der Welt existieren, sind in Züchtungs- oder Prüfprogramme eingeschlossen. Die Hauptanstrengungen zur Erhaltung werden heute weltweit auf weniger als 140 wirtschaftlich wichtige Arten konzentriert. Nur etwa 60 Baumarten läßt man Ex-situ-Erhaltungsmaßnahmen angedeihen (Kleinschmit et al., 1992).

Über die Gefahren der Bevorzugung billiger Herkünfte sagt Behm (1993): „Bei Sträuchern und Bäumen hat sich der Naturschutz – durchaus zu Recht – gegen den sog. ‚Fremdländeranbau‘ eingeschossen, deren Arten uns aber bei erprobter Umweltverträglichkeit z. T. seit Hunderten von Jahren Schönheit (z. B. Forsythie), Wohlgeruch (z. B. Flieder), Wohlgeschmack (z. B. Walnuß), Wohlgefühl (z. B. Biergarten-Kastanie) oder Baunutzen (z. B. Douglasie) schenken. Diese Arten sind genetisch derartige Außenseiter in unserer Umgebung, daß sie sich meist nicht mit hiesigen Arten kreuzen. Sie konkurrieren also überwiegend nur auf denjenigen Flächen mit der hiesigen Flora, die der Mensch ihnen gewährt. Aus genetischer (!) Sicht kann man ihren Anbau als gefahrlos ansehen. Um so unverständlicher ist daher die Art und Weise, wie mit Vermehrungsgut heimischer Baum- und Straucharten umgegangen wird. In aller Regel wird Pflanzenmaterial z. B. im Landschaftsbau ohne die geringste Beachtung der Herkunft nach dem billigsten Angebot eingekauft. Dabei wird weitestgehend verkannt, welche massiven ökologischen Veränderungen mit solcher Handlungsweise tatsächlich ausgelöst werden. Hier läuft die Florenverfälschung auf höchsten Touren und mit ihr eine unabsehbare genetische Veränderung, weil die standortfernen Herkünfte mit den heimischen Pflanzen hybridisieren.“ (Behm, 1993)

Darin ist im Gegensatz zum Fremdländeranbau die viel größere Gefahr zu sehen. Die Vermischung mit hiesigen, angepaßten Populationen kann die genetische und ökologische Qualität entscheidend beeinträchtigen. Davon betroffen sind z. B. so wichtige Eigenschaften wie Austriebs- und Blühzeitpunkt oder Frostresistenz. Unser Vermehrungsgut stammt nicht nur überwiegend aus Südosteuropa, sondern dort auch aus dubiosen Quellen: Vogelbeersamen kommen z. T. aus Likörfabriken, Haselnüsse als Ausschuß aus „Studentenfutterfabrikationen“ und Kirschkerne aus Marmeladenfabriken. 1990 ging es dabei z. B. um rund 50 Mio. Zier- und Heckengehölze, die in der Bundesrepublik verteilt wurden. Denkt man nur an die ehrgeizige Planung für die Verkehrsinfrastruktur, dürften diese Pflanzenzahlen in den nächsten Jahren eher noch zunehmen (Behm, 1993). Bei dieser Größenordnung sind Änderungen, die vom Naturschutz initiiert werden müssen, unumgänglich.

Daneben sollte jeder informierte Anwender die Eigenverpflichtung erkennen, nach kritischer Prüfung des Angebots Importmaterial abzulehnen und standortheimische Arten und Rassen bei allen Gehölzen (als langlebige Arten) zu verlangen. Dann entstünde zudem ein neuer Markt für hiesige Gartenbau- und Baumschulbetriebe.

Übertriebene „saubere Wirtschaft“ – ökologische Schwächung

Die in Kapitel 3 dargestellten ökologischen Gesetzmäßigkeiten – u. a. die Volterraschen Gesetze – zeigen die Nachteile nichtartspezifischen Insektizideinsatzes und begründen, warum dadurch mittelfristig dem schädlichen Insekt sogar geholfen wird. Insektizideinsatz bekämpft auch die Antagonisten und verhindert ökologische Selbstregulationen. Nicht ganz so drastisch – weil ungiftig –, aber ähnlich wirkt die „saubere Wirtschaft“, die gerade bei großen Reinbestandeskomplexen (insbesondere der Fichte) in der konsequenten Aufarbeitung (Schälen) auch unbrauchbaren, aber käferfängischen Materials die entscheidende Vorsorge gegenüber Massenvermehrungen z. B. von Borkenkäfern sehen muß. Jährlich werden dafür viele Mio. DM ausgegeben, ohne daß dem ein angemessener Holzertrag gegenübersteht. Es bleibt den Forstleuten keine andere Wahl. Dennoch sollte auch das ökologische Kriterium gesehen werden, daß gerade die schnelle Vernichtung käferbruttauglichen Materials auch jede Entwicklung von Antagonisten verhindert. Wenn überhaupt, ist eine sog. „stand by“-Population von Antagonisten demzufolge wahrscheinlich nur äußerst gering vorhanden und deshalb in der Reaktionsmöglichkeit künstlich gebremst. Da natürliche Sterblichkeitsfaktoren der Borkenkäfer nicht nur z. B. in klimatischen Einwirkungen, sondern letztlich ganz sicher auch bei natürlichen Feinden im ökologischen System – von Bakterien bis Schlupfwespen u. a. – zu suchen sind, ist hier und da eine gewisse Gelassenheit und Geduld sicher angebracht, die die Entwicklung von Antagonisten ermöglicht.

Wo könnte die „Reise“ organisatorisch hingehen?

Als Verwaltungen mit vielen Möglichkeiten zur Ökologisierung und Naturschutzöffentlichkeitsarbeit gibt es vor Ort gegenwärtig praktisch nur die Forstämter, die aus dem Landes- oder z. T. auch aus dem Bundeshaushalt unterhalten werden. Für Naturschutzprogramme, die Unterhaltung von Naturschutzgebieten oder auch nur die Pflege von schützenswerten Bereichen in Fremdbesitz („Vertragsnaturschutz“) ist die Naturschutzverwaltung zwangsläufig mancherorts bemüht, neben den Forstämtern eine eigene Verwaltung vor Ort einzurichten. Gewisse parallele Entwicklungen und Bestrebungen gibt es darüber hinaus auch in der Agrarstrukturverwaltung, bei der Gewässerunterhaltung und nicht zuletzt auch beim Straßenbau, der sich auf ökologisch angemessene Randgestaltungen konzentriert.

Wäre es nicht an der Zeit, im Interesse der Maximierung des ökologischen Gesamtgewinns, der ökologischen Qualitätssteigerung sowie der Ausnutzung der Rationalisierungsmöglichkeiten (Zentralisation und Aufgabenteilung statt Dezentralisation und Aufgabenüberschneidung) alle durch den Staat zu leistenden „ökologischen Querschnittsaufgaben“ in einer vor Ort agierenden Einheitsverwaltung zusammenzufassen? Die Forstämter könnten geeignete Keimzellen sein, die durch Eingliederung verschiedener Spezialisten und Facharbeiter sehr viele ähnlich gelagerte Aufgaben (z. B. Naturschutzgebietspflege, ökologische Gestaltung von Gewässer- oder Straßenrändern, Anlage von Verbundsystemen mit Hecken in Agrarbereichen) übernehmen und dadurch dazu beitragen könnten, Reibungsverluste abzubauen und mit geringerem Finanzaufwand mehr Ökologie und Naturschutz zu erreichen. Denkbar ist eine derartige Entwicklung auch über örtliche Naturschutzämter (z. B. in waldarmen Gebieten). Das hieße jedoch oft, das Pferd vom Schwanz her aufzäumen, da es für den Haushalt stets günstiger sein dürfte, bewährte Verwaltungsstrukturen zu übernehmen. Wenn wir es ernst meinen mit der ökologischen Optimierung, der konsequenten Vernetzung, der Bündelung des beruflichen Sachverstands in einer Behörde, muß es erlaubt sein, auch über solche Visionen nachzudenken.

13 Naturschutz durch Jäger

„Die Fähigkeit, heute anders zu denken als gestern, unterscheidet die Klugen von den Starrköpfigen."
John E. Steinbeck (1902–1968)

„Die Suche nach Sündenböcken ist von allen Jagdarten die einfachste."
Dwight D. Eisenhower (1890–1969)

Aus Zeitmangel begnügt sich womöglich mancher engagierte Leser mit der Lektüre nur der ihn praktisch interessierenden Kapitel. Das wäre schade, weil es zur Unterschätzung der eigenen Einflußchancen führen kann. Für das Erkennen der eigenen Möglichkeiten und das Einordnen der persönlichen Argumente empfehle ich sehr, zunächst Kapitel 1 bis 4 zu verarbeiten. Manche Vorurteile gegenüber dem Umwelt- und Naturschutz entpuppen sich dann schnell als unverantwortliche Egoismen. Auch Kapitel 5 hat Wertvolles zu bieten, denn die persönliche Wirkung hängt nicht bloß vom fachlichen Wissen ab, sondern genausosehr von der Fähigkeit, Mitmenschen – Freunde wie Gegner – für die eigene Sache zu motivieren. Für Jäger besonders wichtig: Kapitel 11 und 12 über die naturnahe Lebensraumgestaltung für viele Wildarten.

Allgemeine statistische Daten

Jagdflächen und Anzahl der Jäger
Die Gesamtjagdfläche der Bundesrepublik beträgt rund 32 Mio. ha, davon nur 10 % Staatsjagdflächen von Bund und Ländern. Mit rund 321 000 Jägern hat Deutschland nur wenige Waidmänner im Vergleich zu anderen europäischen Ländern (nach DJV, 1993):

	Anzahl	Jäger je km²	Jäger auf 1000 Einwohner
Belgien	28 000	0,9	2,8
Dänemark	170 000	4,0	33,3
Deutschland			
alte Bundesländer	280 000	1,1	4,4
neue Bundesländer	41 000	0,4	3,5
Finnland	285 000	0,9	58,2
Frankreich	1 850 000	3,4	33,5
Griechenland	350 000	2,7	11,5
Italien	1 450 000	4,8	25,4
Niederlande	33 000	1,0	2,3
Norwegen	200 000	0,6	48,2
Österreich	104 000	1,3	13,9
Portugal	250 000	2,7	24,6
Spanien	1 050 000	2,1	27,1
Schweden	320 000	0,7	38,6

Aus dieser Übersicht wird deutlich, daß
- die Jäger in Deutschland rein zahlenmäßig im demokratischen Kräftespiel einen schweren Stand haben,
- der Slogan der ehemaligen DDR „Die Jagd gehört dem Volke" pure Propaganda war und daß die zu erwartende Angleichung deutliche Zuwachsraten in der Jägerschaft der neuen Bundesländer ergeben dürfte,
- die deutschen Jäger auf europäischer Ebene leicht überstimmt werden können. Rund 280 000 Jäger (= rund 87 %) sind im DJV organisiert. Die Vereinigung der Jagdschutzverbände in der EU – Fédération des Associations de Chasseurs de la CEE (FACE) – nimmt die Interessen der Jagdschutzverbände in der EU wahr, denen weit über 6 Mio. Jäger angehören. Deshalb ist es auf EU-Ebene durchaus nicht undenkbar, daß auch bei uns traditionsreiche Jagdformen einfach „weggestimmt" werden, wie etwa die Brunft- oder Balzjagd.

„Finanz"-Daten
Die deutschen Jäger wenden jährlich zur Durchführung des Jagd- und Wildschutzes weit über 1 Mrd. DM auf. Allein in den alten Bundesländern betrugen 1992 die Kosten für Jagd- und Wildschutz (DJV, 1993):

Jagdscheingebühren einschl. Jagdabgabe	27,1 Mio. DM
Jagdhaftpflichtversicherung	17,0 Mio. DM
Jagdsteuer	57,7 Mio. DM
Jagdpacht	384,8 Mio. DM
Hege und Lebensraumverbesserung*)	160,0 Mio. DM
Jagdschutz*)	48,0 Mio. DM
Wildschadenersatz u. Jagdeinrichtungen*)	80,0 Mio. DM
Jagdausrüstung, Jägeraus- und fortbildung	150,0 Mio. DM
Hundehaltung	40,0 Mio. DM
	964,6 Mio. DM

*) Die Zahlen sind geschätzt und dürften tatsächlich höher liegen.

Bei nachhaltiger Nutzung fällt jährlich Wildbret im Wert von rund 270 Mio. DM an (41 % Rehe, 33 % Schwarzwild, 7 % Rotwild). Man rechnet mit 16 Arbeitsplätzen pro 1000 Jäger.

Tabelle 36: Jahresstrecken der Wildarten (nach DJV)

		nur alte Bundesländer Vergleichsjahr (= 100 %) 1936/1939 Stück	alte Bundesländer 1991 (Stück)	nur alte Bundesländer 1991 zum Vergleichsjahr in %	neue Bundesländer 1991 (Stück)	Bundesrepublik Deutschland insgesamt 1991 (Stück)	Bemerkungen
Schalenwild							
Rotwild		21 112	29 517	140	28 870	58 387	teilw. Gebietsausdehnung u. Überhege
Damwild		3 498	15 576	445	19 559	35 135	Gebietsausdehnung u. Überhege
Schwarzwild		10 121	175 469	173	137 299	312 768	Mastjahre, Nahrungszunahme, Überhege
Rehwild		376 520	772 419	205	152 547	924 966	Überhege, Nahrungsaufnahme (Stickstoff)
Muffelwild	1958:	234	2 052	877	3 581	5 633	Gebietsausdehnung, z. T. Überhege
Haarniederwild							
Hasen		936 744	511 782	55	19 714	531 496	Habitatzerstörung
Kaninchen		857 680	720 487	84	9 301	729 788	Myxomathose
Füchse	1968:	91 584	298 924	326	84 924	383 848	„Schluckimpfung", Bejagungszurückhaltung
Dachse	1968:	2 863	18 498	646	302	18 800	Erholung nach Begasungen
Baummarder			3 821		2 437	6 258	Vollschonung verbreitet
Steinmarder			39 926		33 251	73 177	
Waschbären			2 087		112	2 199	besonders störender Fremdling
Federniederwild							
Fasanen		341 646	278 286	81	13 220	291 506	Habitatzerstörung, Aussetzen wird reduziert
Rebhühner		584 651	18 283	3			Extreme Habitatzerstörung
Enten		134 793	528 930	392	7 262	536 192	Nahrungszunahme (Stickstoff), Präd. gestört
Waldschnepfen	1959:	19 621	5 462	28			Habitatzerstörung, Vollschonung verbreitet
Wildtauben	1959:	150 895	916 549	607	1 478	918 027	Nahrungszunahme, Prädation gestört

Wildunfallstatistik

Die Bilanz der jährlichen Wildunfälle auf Deutschlands Straßen weist etwa 30 Verkehrstote und 1500 Verletzte sowie über 200 000 getötete Wildtiere, 10 Mio. DM Wildbretverlust und 410 Mio. DM Sachschaden aus. Rund 157 200 Schäden bei Zusammenstößen von Fahrzeugen mit Wild wurden 1991 im Rahmen der Vollkasko- und Teilkaskoversicherung abgerechnet, das sind 3,8 % aller Kaskoschäden und 2600 DM Schadensdurchschnitt.

Wildbret

Das Reinaufkommen an Wildbret betrug in Deutschland 1991 insgesamt rund 29 000 t. Wildbret ist durch die hohen Energiereserven und den raschen pH-Wert-Verfall lange haltbar (DJV, 1993). Infolge seines hohen Eiweiß- und niedrigen Fettgehaltes sowie seiner garantierten Freiheit von Medikamentenrückständen ist Wildbret ein sehr gesundes Nahrungsmittel, das Fleischarten aus Mastbetrieben in vielerlei Hinsicht überlegen und auch hinsichtlich seiner natürlichen Produktionsmethode besonders förderungswürdig ist. Neben dem Eiweiß kommen im Wildfleisch die wichtigen Mineralstoffe Calcium, Phosphor und Eisen sowie die Vitamine B_1 und B_2 reichlich vor. 1991 wurden rund 17 000 t Wildbret eingeführt, rund 37 % des Wildbretverbrauchs. Polen, Argentinien, Neuseeland sind die Hauptherkunftsländer. Die immer noch deutliche Abschottung des hiesigen Marktes erschwert die Einfuhr besonders wertvollen Wildbrets z. B. aus Namibia und Südafrika und verhindert dort eine angemessene Marktentwicklung. Die Förderung hiesiger Mastbetriebe zu Lasten der Wildbretproduktion der Natur ist weder aus Verbrauchersicht (Fleischqualität) noch aus Tierschutzgründen (nicht artgerechte Tierhaltung) zu rechtfertigen. Der Bundesbürger verzehrt pro Jahr gegenwärtig nur 0,6 kg Wildfleisch, aber rund 100 kg Schlachttierfleisch. Die zunehmende Produktion von Wild – vorwiegend Damwild – in Gehegen (1991 ca. 4500 Betriebe mit ca. 80 000 Stück Damwild) und die Gefahr, in den gleichen Trend der Mastbetriebe („Industriefutter") zu verfallen, verlangt deutliche Kennzeichnung der Herkunft für den Verbraucher.

13.1 Fehlentwicklungen – nicht verschweigen, nicht beschönigen, sondern aufdecken und vermindern

„Das gute Beispiel ist nicht nur eine Möglichkeit, andere Menschen zu beeinflussen. Es ist die einzige!“
Albert Schweitzer (1875–1965)

Auf Bismarck wird die vielsagende Feststellung zurückgeführt, daß man an der Art der Jagdausübung den Charakter eines Menschen, vielleicht sogar den Charakter einer ganzen Nation erkennen kann. Dies erscheint mir aktueller denn je.

Artgemäße Erhaltung und naturkonforme Förderung von Wildarten basiert auf der Sicherung und Wiederherstellung ebenso artgemäßer und intakter Lebensräume. Die Jagdverbände bemühen sich daher inzwischen in erfreulichem Umfang um Biotophege. Sie haben damit auch finanziell dokumentiert, daß eine übertriebene Unterstützung jagdlicher Randbereiche – z. B. Jagdhunde-„Sport“ oder jagdlicher Schieß-„Sport“, nicht zu verwechseln mit der notwendigen Schulung und Übung – heute anders gesehen werden muß als noch vor 20 Jahren. Die Landesjagdverbände beteiligen sich an Naturlandstiftungen zum Ankauf oder zur Anpachtung von gefährdeten Lebensräumen, Renaturierungsprogrammen nach dem Motto „Deckung rettet Leben“, Feldholzinsel- und Heckenprogrammen, der Anlage von Feuchtbiotopen, Wiedervernässungen von Mooren, Hilfsprogrammen für Rebhühner, Birk- und Auerwild, Graureiher, Seeadler, Uhu, Fischotter, Seehunde usw. Auch wenn nicht alles gelingt, ist diese Entwicklung doch außerordentlich begrüßenswert und geeignet, im Interesse der Allgemeinheit bundesweit eine „Lawine“ der Naturbelebung in Gang zu bringen. Angesichts der Umweltbelastung (vgl. Kap. 2) sind solche Aktivitäten freilich allenfalls ein Tropfen auf den heißen Stein.

Die deutschen Jäger sind bei entsprechender Information und gründlicher Schulung prädestiniert für die praktische Umsetzung weitreichender Naturschutzanliegen:

- Sie sind außerhalb der Städte auf der gesamten Fläche der Bundesrepublik präsent, weil alle Bereiche zu einem Jagdbezirk gehören.
- Sie sind besonders motiviert, weil die Erlangung irgendeines Gewinns – in diesem Fall die Beute und/oder das Naturerlebnis – immer noch die stärkste Triebfeder für menschliches Tun ist.
- Sie haben passionierte Vertreter in allen Berufen, Schichten und Vereinigungen der Bevölkerung und bilden damit eine starke Lobby, die zu Grundeigentümern, Politikern und Industriellen ebenso Zugang hat wie zu den Helfern vor Ort, die bereit sind, Zeit und Arbeit in die Bewältigung anstehender Probleme zu investieren.

Dennoch darf im Interesse der Erhaltung unseres traditionsreichen Jagdwesens nicht verschwiegen werden, daß es auch unter uns Jägern – mit der Zahl wenig berufener Neujäger zunehmende – Probleme gibt, die aufgrund demokratischen Kräftespiels und abnehmender ökologischer Kenntnisse zu bedenklichen Entwicklungen führen könnten. Insofern halte ich nichts davon, diese Probleme zu beschönigen oder gar das ausufernde Treiben weniger mit dem Mäntelchen der Nächstenliebe zuzudecken.

Mit Verschleierungspolitik werden wir nur unglaubwürdig und signalisieren Neuinteressenten, man könne bei uns „Prestigewünsche“ oder „Geschäftsinteressen“ ausleben. Die Bildung von alternativen Jagdverbänden zeigt, daß eine zunehmende Zahl von Jägern immer weniger bereit ist, Fehlentwicklungen zu tolerieren. Wer solche verschweigt und immer nur das Gute herausstellt, betreibt kontraproduktive Propaganda. Solide Öffentlichkeitsarbeit verschweigt die kritischen Punkte nicht! Im übrigen ist kein Verband sicher vor „schwarzen Schafen“. Doch nur wenn deren Sünden angemessen geahndet und offengelegt werden, findet man in der Öffentlichkeit Verständnis.

Selbstkritisch müssen wir erkennen, daß wir zunehmend von Jagdscheininhabern unterwandert und in der Öffentlichkeit repräsentiert werden, die die Landschaft als Kulisse und komplizierte Ökosysteme zum Ausleben eigener Vorstellungen mißbrauchen. Die Sachkenntnisse vieler „Neu- und Wochenendjäger“ über heimische Tiere und Pflanzen erreichen oft kaum Grundschulniveau. In den Fächern „Artenkenntnis“ und „Ökologie“ werden wir die Jägerprüfungen noch erheblich erweitern müssen. Erfreuliche Ansätze dafür gibt es zunehmend. Doch ebenso unweigerlich, wie Jägerprüflinge infolge mangelnder Kenntnisse auch in diesen Fachbereichen durchfallen müssen, sollten Jäger ihren Jagdschein für entsprechende Fehlgriffe so lange einbüßen, bis sie ihren Wissensstand auf Vordermann gebracht haben.

Aus täglicher Berufspraxis und häufigen Begegnungen mit Jägern von altem Schrot und Korn weiß ich, daß die heute noch überwiegende Mehrzahl der Jäger auch künftig nach altem Brauch auf echte Wildtiere jagen möchte. Das bedeutet waidgerechte, d. h. art- und tierschutzgerechte wie naturschutzkonforme Jagd, Nutzung und Regulation von natürlicher Produktion des Schalenwildes einer möglichst naturnahen Landschaft, nicht aber Schießen auf gehegegezüchtete, gemästete oder angekirrte Tiere. Wenn feinfühlige Jäger schon hier und dort dazu neigen, die Flinte ins

Abb. 106. Eine ausgeräumte Landschaft ohne Möglichkeit für die natürliche Reproduktion von jagdbaren Wildtierarten als trostlose Kulisse für eine Jagd auf große Mengen ausgesetzter Fasanen. Ein unverantwortlicher Widerspruch, den wir Jäger selbst generell unterbinden sollten. Wie so oft im Leben machen ausufernde Extreme wegen mangelnder Kontrollmöglichkeit generelle Lösungen unumgänglich. (Foto: B. Winsmann)

Korn zu werfen und die Jagd aufzugeben, dann ist das bezeichnend, aber genau der falsche Weg. Die Öffentlichkeit und insbesondere die erfreulich starke, von vielen Jägern unterstützte ökologische Bewegung steht den meisten Zielen der Jägerschaft durchaus positiv gegenüber, erwartet aber mit Recht klare Aussagen von uns zu Problemen.

Die großen Umwelt- und Naturschutzverbände (wie z. B. WWF, Greenpeace, BUND, NABU, Tierschutzbund sowie Dachorganisationen wie DNR oder FÖNAD) und viele staatliche Stellen (nicht zuletzt die Vogelschutzwarten) leisten ausgezeichnete Naturschutzarbeit, bewegen immer mehr und sollten gute Jäger zum Mitdenken und Mithandeln beflügeln. Dazu gehört auch selbstkritisches Hinterfragen liebgewordener Traditionen: Ist eine Niederwildjagd mit 50 Gästen bei einer Strecke von 8 Hasen („Naturproduktion") und 28 Fasanen („Kunstproduktion") noch zeitgemäß? Entspricht der Schuß in ein angekirrtes „Entenmix" wirklich dem Ehrenkodex der Jäger? Ist die blinde Bekämpfung vermeintlicher Konkurrenten (z. B. Iltis, Marder, Mauswiesel) mit dem ökologischen Auftrag der Jagd zu vereinbaren, oder geht es beim sog. ökologischen Gleichgewicht doch um ganz andere Kriterien? Gibt es nicht doch eine Tendenz, auch übergeordnete Schutzgebiete (sogar Wildschutzgebiete gem. § 6 BJagdG) mit Egoismen zu gefährden und als Gebiete gewünschter Privilegien zu mißbrauchen?

Trophäenkult

Der übertriebene Trophäenkult – nicht die Freude an Erinnerungstrophäen – mit Maßband, Bucheintragungen (Phallussymbolik) oder persönlichen Streckenrekorden (Sport- und Prestigedenken) scheint mir die Wurzel fast allen Übels bei unseren Problem-Jägern zu sein. Zu den stellenweise unverantwortlichen Schalenwilddichten hat er entscheidend beigetragen. Was soll der Drang nach immer mehr Trophäen mit immer mehr Punkten, wenn die Hauptaufgabe der gesetzlich vorgeschriebenen Schalenwildregulierung vernachlässigt und der ökologische Schaden der Allgemeinheit überlassen wird? Was ist Naturvergewaltigung durch Kraftfuttermästerei nach Haustierregeln anderes als primitive Selbstdarstellung?

Deutsche Berufsjäger im Ausland berichten immer wieder von erschreckenden Jagderlebnissen mit europäischen und amerikanischen Jägern. Was da geschieht, ist mit der deutschen Jagdkultur in keiner Weise zu vereinbaren, doch steht zu befürchten, daß es auch hier nicht zuletzt als Folge der Pachtpreisentwicklung Schule macht. Das Hinstürzen auf soeben erlegtes, noch schlägelndes Wild mit dem Maßband, das Bestechen einheimischer Führer zwecks Liegenlassen einer untermaßigen Trophäe und Erbeutung von weiteren auf gleicher Lizenz, das bequeme Schießen vom Auto aus, das Schießenlassen von gefährlichen oder zu beschwerlich erbeutbaren Wildtieren, das „Hecheln“ nach besonders vielen Stücken in kurzer Zeit, das Bestehen auf Garantieerfolg, das nicht selten zu Gatterjagden, Aussetzen von Gehegetieren und ähnlichen Perversionen führt, sind nur einige, jedoch recht typische und verbreitete Abartigkeiten. Sie nehmen zu und verletzen gute Berufsjäger in ihrem Ethos, zumal solche „Heldentaten“ besonders gern weitererzählt werden. Die Problematik ist größer, als daß man sie als Einzelausreißer abtun kann.

All dies – das muß immer wieder betont werden – widerspricht der deutschen Jagdkultur und -tradition zutiefst. Ich halte die Brandmarkung und ständige Bloßstellung derartiger Auswüchse gerade durch die Jagdpresse für unbedingt geboten. Vor dreißig Jahren waren es sicherlich nur wenige deutsche Jäger, die man heute als „schwarze Schafe“ hätte titulieren können, heute ist der Anteil deutlich steigend – und morgen? Einsicht in die menschliche Bedürfnisstruktur (vgl. Kap. 5) kann helfen, die gefährliche Eigendynamik zu erkennen, die keineswegs auf Jäger beschränkt ist.

Viele Menschen sehen in der Jagd eine Möglichkeit zum Streben nach Prestige und Geltung, daher der Zulauf und daher der verhängnisvolle Trend zu Rekorden und Statussymbolen. Nach der 4. Ebene der Maslowschen Bedürfnispyramide (vgl. Kap. 5), in der es um Anerkennung, Ansehen, Prestige, Macht usw. geht, wird ein Neujäger nach immer weiteren Steigerungen – insbesondere nach immer mehr und stärkeren Trophäen – streben. Nur wenige steigen in die 5. Ebene auf und damit – bildlich gesprochen – vom „Cadillac“ (dem „Frack aus Blech“) auf ein Fahrrad um. Die eigene Jagd dient bei diesen wenigen dann nicht mehr so sehr dem Prestige als vielmehr dem Drang nach der Realisierung eigener Ideen. Bei Kenntnis ökologischer Zusammenhänge könnten biotopanreichernde und wertvolle Maßnahmen dabei herauskommen. Doch leider sind es meist „Mästideen“ beim Schalenwild, riesige Volieren beim Federwild oder eine unnatürliche Wasserfläche mit Bergen von Kirrfutter für den „geliebten Landeanflug“ der Enten. Auf der Strecke bleibt die Natur und die Sorge um das Wild, das keine Trophäen liefert. Und damit wird der übertriebene Trophäenkult gefährlich für unser gesamtes Jagdwesen, zumal die nichtjagende Bevölkerung immer kritischer reagiert.

Durch „protzige“ Trophäenschauen mit Punkten und Namen oder Katalogen laufen wir Gefahr, den beabsichtigten Lehrcharakter zu untergraben. Für nicht wenige ist die Trophäe schon zu einem Fetisch, einem Phallussymbol mit magischen Eigenschaften geworden. Daß sich jagende Spitzenvertreter ohne jede Hegearbeit oft die nach Punkten stärkste Trophäe vorbehalten, ist ebenso Folge dieser Entwicklung wie die Unsitte, schwer zu erlangende Trophäen durch Führer schießen zu lassen. Wenn der Markt dann hier nichts mehr hergibt, geht man eben ins Ausland und initiiert dort gegen Devisen „haustiergerechte“ Mäst- und Jagdmethoden, die es hier zum Glück in diesem Ausmaß noch (!) nicht gibt. Sehr plastisch schildert Kalchreuter (1984) entsprechende Auswüchse aus Amerika:

„Es begann mit der Veröffentlichung der zehn stärksten Trophäen aller nordamerikanischen Wildarten durch die Waffenfirma Remington um 1932 ... Vorher hatte der Hunter gejagt aus Freude an der Jagd in unberührter Wildnis mit ihren goldgelben herbstlichen Wäldern, ihren klaren Flüssen und Seen, bizarren Felsgebirgen und schwermütiger Tundra ... Aber nun wurde die Großwildjagd zur Prestigesache, die Trophäe zum Statussymbol. Es wurde ‚in‘, ins Buch zu kommen, und dazu war jedes Mittel recht. Um so mehr, als ‚Rekordtrophäen‘ recht selten vorkommen, in Alaska im Schnitt von 5000 Schneewiddern nur 17. Die Wilderei in Nationalparken nahm zu, da dort bei fehlendem Jagddruck noch wirklich altes und damit starkes Wild heranwachsen konnte. Gefundene oder gekaufte Hörner wurden als selbsterlegte Trophäen angemeldet, Horn und Geweih wurden eingefroren oder in Wasser gelagert, um das Schrumpfen zu verhindern, bis die aus diesem Grunde erforderliche Wartezeit von 60 Tagen bis zur offiziellen Vermessung verstrichen war. Und selbst namhafte Präparationsfirmen bieten sich an, das zu kurze Widderhorn durch Kunstharzprothesen zu verlängern und damit ‚buchfähig‘ zu machen ...

Zwar gibt es in Europa kein Rekordbuch, und damit ist der Erleger nicht so sehr in den Vordergrund gerückt, doch neigt man auch hier dazu, ein Stück Knochen, genannt Trophäe, wesentlich mehr zu verehren als das Wild und das jagdliche Erlebnis. Spezialfütterung, besser gesagt Mästung, soll dem Hirsch zum Medaillengeweih verhelfen, und die chemische Industrie baut den Trophäenfetischismus erfolgreich in die Wurmmittelreklame ein: Das Kapitalgehörn erst nach Entwurmung mit Thibenzole!“

Die Entwicklung geht weiter. Rekordbücher mit verschiedensten Herleitungsmethoden sind inzwischen entstanden, und immer neue Strategien werden entwickelt, damit man ja möglichst häufig in ein „Buch“ kommt. In Amerika hat ein reicher „Trophäenkranker“ einen ganzen Zoo aufgekauft, um in ihm gleich eine ganze Reihe internationaler „Spitzentrophäen“ erbeuten zu können.

So was scheint bei uns noch undenkbar, doch

zeichnet sich ein ähnlicher Trend ab. So fördern einige deutsche Jagdzeitungen wenigstens indirekt Rekordperversionen und Überbewertungen der Trophäen durch Schilderungen, Bilder und Anzeigen. Sie gefährden damit letztlich ihre eigene wirtschaftliche Existenz. Mit zunehmendem Gewicht der Ökologie- und Tierschutzbewegung kann ein unglaubwürdiger werdendes Jagdwesen nur verlieren, und das gilt dann auch für die traditionelle Jagdpresse, weil andere Fachzeitungen den Markt erobern werden.

Zum internationalen Trophäenjagdtourismus bezieht der WWF „in Kenntnis und Würdigung der moralischen und ethischen Gedanken gegen die reine Trophäenjagd" überzeugend Stellung (WWF, 1992):

„Der WWF sieht in der naturverträglichen, also kontrollierten und wissenschaftlich überwachten Jagd auf Wildtiere in Drittländern eine Chance, den Schutz der Natur in Einklang zu bringen mit dem Recht der dortigen, sprunghaft wachsenden Bevölkerung auf ein menschenwürdiges Dasein mit gesicherter Ernährungsgrundlage.

Trophäenjagd als spezielle Nutzungsform ist also in Ausnahmefällen tolerierbar. Hierzu müssen insgesamt fünf Voraussetzungen gleichzeitig erfüllt sein:

1. Die Trophäenjagd ist nur eine Ausweitung eines ohnehin bestehenden, umfangreichen Naturschutzmanagementplans. Eindeutiges Ziel muß die Erhaltung von Lebensräumen und der sie bewohnenden Arten sein. Es muß der wissenschaftlich fundierte Nachweis erbracht werden, daß die Jagd keine negativen Auswirkungen auf die betroffenen Arten hat, weder lokal noch im gesamten Verbreitungsgebiet. Dies muß von Behörden kontrollierbar sein.
2. Es gibt in der Region keine alternative Nutzungsform zur Trophäenjagd, um die für das Naturschutzmanagement notwendigen Einnahmen zu erwirtschaften.
3. Die zur Jagd freigegebenen Quoten werden ständig überprüft, um diese anzupassen beziehungsweise gegebenenfalls jederzeit zu stoppen.
4. Die Trophäenjagd wird unter Aufsicht professioneller Wildhüter durchgeführt, und zwar mit Methoden, die den Tieren unnötige Qualen ersparen.
5. Es ist sichergestellt, daß die betroffenen ländlichen Kommunen direkt den Großteil des Erlöses aus den Jagdlizenzen erhalten – als Ergänzung zu anderen, bestehenden Erwerbsquellen."

Aus der Sicht eines betroffenen Landes äußert sich dazu der Minister für Naturschutz und Tourismus Namibias (Bessinger, 1992):

„Die Trophäenjagd durch ausländische Jagdgäste ist für Namibia die wichtigste, weil schonendste und einträglichste Form der Wildnutzung, zu der wir uns ausdrücklich bekennen. In wohl weltweit einmaliger Form haben wir das Schutz- und Nutz-Prinzip natürlicher Ressourcen sogar in unserer Verfassung niedergelegt, wohl wissend, daß mancher emotionale ‚Naturschützer' aus der ‚ersten Welt' dies nicht nachvollziehen kann. Ein junges Land der ‚Dritten Welt' aber kann es sich nicht leisten, auf die Nutzung seiner Naturgüter zu verzichten, weil es in den satten Zivilisationsgesellschaften Europas oder Nordamerikas ‚modern' geworden ist, gegen Jagd und Jäger Stellung zu nehmen. Es käme einer Vergeudung unserer knappen Mittel gleich, würden wir unsere Chancen nicht mit viel Augenmaß wahrnehmen, um mit der Wildnutzung Arbeitsplätze zu schaffen, zur Fleischversorgung beizutragen, Tourismus und Handel zu fördern. Diese Einkünfte versetzen uns als Staat, aber auch unsere privaten Landbesitzer, erst in die Lage, uns den ‚Luxus' eines so reichen Wildbestandes zu leisten, ja weiter aufzubauen. Steuern und Abgaben aus der Jagd ermöglichen den Unterhalt der Nationalparke und einer effektiven Naturschutzbehörde, machen Mittel frei für Forschungsvorhaben und helfen mit, Namibia voranzubringen."

Während gegen die Freude an einer verdienten(!) Trophäe und gegen deren Erinnerungswert nichts einzuwenden ist, muß eindringlich vor den Gefahren einer aus dem Trophäenkult resultierenden Entwicklung gewarnt werden. Nicht erfüllte Regulation z.B. beim weiblichen Schalenwild, das ja im nächsten Jahr wieder Trophäenträger „liefern" könnte, „Stalldenken", „Postkartenabschüsse" (weil nur auf dem Papier erfolgt), unnatürliche Anlockungen verschiedenster Wildarten mit mehr oder weniger verbotenen Methoden und Abschöpfungen nur der Trophäenträger bei Schonung der „Zuwachsträger" setzen unverantwortliche Kettenreaktionen bei Flora und Fauna in Gang, die das ökologische Gefüge aushebeln können.

Eigentlich ist die Trophäe ein ganz privates Erinnerungsstück, dessen Wert ein Außenstehender kaum nachempfinden kann. Erst wenn durch Konkurrenz und öffentliche Würdigung die Trophäe Selbstzweck wird, führt der Kult um sie vom ökologischen Auftrag der Jagd weg. Die Jagdverbände und die Jagdzeitungen, die die Bedeutung der ökologischen Einordnung der Jagd und des gewinnenden „Brückenbauens" zu verwandten (!) Organisationen der Natur- und Tierschutzbewegung erkannt haben, sollten auf die Darstellung von prestigefördernden, aber das Ansehen und den ökologischen Auftrag der Jagd gefährdenden Darstellungen verzichten.

Wer einmal mit einem nichtjagenden Natur- oder Tierfreund oder gar einem ökologisch geschulten Verbandsmitglied oder auch „nur" seinem Lebenspartner oder einem Kind eine Jagdzeitung durchblättert, spürt die ablehnende Reaktion auf Bilder von frisch erlegtem Wild (womöglich noch mit Gewehr darauf, dem knieenden Schützen und „bewundernden“ Mitjäger daneben). Mit toten Tieren kann man heute bei Nichtjägern keine Sympathie mehr wecken, ob wir das nun als „zimperlich“ oder als „ganz normal“ einstufen. Die Zeiten haben sich eben geändert, und sie werden sich, wollen wir das Ruder in der Natur wirklich herumreißen, noch ganz erheblich ändern (müssen!).

Nichts gegen solche Bilder, aber sie gehören ins private Erinnerungsalbum und nicht in die Öffentlichkeit. Eine Gewinner-Gewinner-Strategie (vgl. Kap. 5) gegenüber der Natur- und Tierschutzbewegung, der wir uns zugehörig fühlen müssen, sollte uns selbstkritisch auf derartige Dinge verzichten lassen.

Wildaussetzen zur Jagd

Das Aussetzen von Niederwild (bei uns vor allem Fasanen) zur Anreicherung der Jagdstrecke aus Prestige-, „Sport-“ oder Geschäftsgründen hat in einigen Gebieten Formen angenommen, die mit dem Selbstverständnis eines Jägers und seinem gesetzlichen Auftrag nichts mehr zu tun haben. Niemand wird die genauen Aussetzungszahlen je ermitteln können, da nicht nur die vielen großen nach Geschäftsprinzipien geführten Fasanerien, sondern auch die verbreiteten „Hinterhofvolieren“ wenig auskunftsfreudig sind. Die Zahl der ausgesetzten Beute dürfte bei Fasanen die Jahresstrecke übertreffen.

Den Trend macht uns das Ausland vor, wo „Sport-“Jäger zu einer Gesellschaftsjagd reisen und in Plastikkäfigen die Fasanen gleich mitbringen. In östlichen Ländern steckt dahinter Devisenhunger.

Abb. 107. Die Zucht großer Zahlen von Fasanen, Rebhühnern, Enten und Truthühnern ist nur noch eine Frage des Geldes und verleitet dazu, die nachlassende Reproduktionsrate der Natur durch Volierenzucht auszugleichen und z. T. sogar gegenüber dem auch bei intakter Natur möglichen Zuwachs zu vervielfachen. Es geht dabei bereits um Größenordnungen, die – zumindest beim Fasan – die Jahresstrecken übertreffen dürften. (Foto: J. Vogeltanz)

Dort kann man große Gesellschaftsjagden mit garantiert mehreren tausend Fasanen buchen, die – für die Schützen unsichtbar – in die Luft geworfen werden. Enten, die frisch aus den Transportkisten kommend nicht fliegen wollen, werden über eine abgedeckte, sprungschanzenähnliche Rampe hochgeschickt, die sie erklettern müssen, weil von hinten die Enten nachdrücken; oben fallen sie dann hinunter oder fliegen zum ersten – und meist letzten – Mal im Leben. Sie fliegen dann direkt zu den nahen Seen, wo die „ahnungslosen“ Jagdgäste gegen hohes Entgelt auf den reichen Entenstrich einer naturnahen Jagdlandschaft warten.

Auch dies hat mit einem ordentlichen Jagdverständnis nichts zu tun, ist aber schon deshalb besonders verwerflich, weil mit diesem „Sport“ auch noch Tierquälerei (viele Tiere werden nur krankgeschossen) verbunden ist. Durch die unnatürliche „Anreicherung“ der Lebensräume werden autochthone Tiere mit gleicher Nahrungsgrundlage verdrängt und den Beutegreifern der Tisch überaus reichlich gedeckt, so daß durch deren starke Vermehrung das System weiter durcheinandergerät. Ähnliche Tendenzen gibt es längst auch bei uns. Was soll man als ökologisch orientierter Jäger dazu sagen, wenn auf einer Nordseeinsel über 4000 Fasane ausgesetzt werden, eine Weile als Verhaltenskrüppel ohne Feinde sogar in den Hausgärten herumlaufen und dann prominenten Jägern des Festlandes als „reiche Naturbeute“ dienen? Das hat ökologische Rückwirkungen, zumal auf diesen Inseln in sorgfältig gehegten Naturschutzgebieten hochgradig gefährdete Limikolenarten (Watvögel) leben, die im Frühjahr gerade bei der Jungenaufzucht einen Engpaß an tierischer Eiweißnahrung haben, auf die sich auch die künstliche Überpopulation der Fasanen stürzt.

Himmelsjagd auf dem Futterhaufen

Aus Gründen der Waidgerechtigkeit ist bei uns die Nachtjagd und das Schießen an der Fütterung verboten und entsprechend verpönt. Und dennoch gibt es Jagdpächter, die im Flachland in versteckter Revierecke zur herbstlichen Jagdzeit mit Hängerladungen voll Rüben, Getreide und Mastfutter so hohe Futterberge auftürmen, daß sie aus dem Erdsitz gegen den helleren Himmel – nur auf Trophäenträger versteht sich – schießen können. Dem Nachbarjäger locken sie so das Wild weg, behindern ihn in der Erfüllung seiner Wildregulationsaufgaben und bescheren ihm auch noch Wildschaden, indem sie die Fütterung zum Ende der Jagdzeit wieder einstellen. Sind das nur extreme Einzelbeispiele? Es scheint, als unternähme niemand etwas dagegen, weil das nur „böses Blut“ macht, dem „schwarzen Schaf“ aber doch nicht die Jagd nimmt. Doch die Schäden sind riesig: Die Wildregulierung wird verhindert, der Neid von Nachbarn geschürt, die Wildschäden

Abb. 108. Ob Fasanen, Rebhühner, Enten oder Truthühner: In Brutschränken ausgebrütet, unter Wärmestrahlern aufgepäppelt, in überbesetzten Volieren aufgezogen und dann in eine unwirtliche Natur mit Nahrungs- und Deckungsmangel ausgesetzt, in der viele Gefahren lauern . . .; welches Schicksal erwartet sie? Werden sie verhungern, schnelle Beute ihrer natürlichen Feinde, zu deren unnatürlicher Vermehrung sie beitragen, oder sollen sie „Kanonenfutter" für die Flinten kapitalkräftiger „Neujäger" sein, denen das Tontaubenschießen nicht mehr reicht? Bei letzteren kann man ihnen nur wünschen, daß sie als lebende „Sportscheibe" nicht auch noch krankgeschossen werden und dann unnötig leiden müssen . . .! Mit den altüberlieferten Grundsätzen der deutschen Waidgerechtigkeit sowie den Zielen des Natur- und Tierschutzes ist diese „Sportentwicklung" bei der Vogeljagd unvereinbar! (Foto: Archiv Wild und Hund)

werden konzentriert, viele Pflanzen- und damit auch Tierarten verdrängt, die natürliche Lebensgemeinschaft des Waldes gerät aus den Fugen und die ganze „jagdliche Innung" in ein schiefes Licht. Hundert gute Jäger haben es schwer, das wieder wettzumachen, was ein extremer Vertreter unserer „Zunft" verdirbt.

Nein, all dies hat mit „sauberer" Jagd und ihren Zielen nichts zu tun. Wenn Kritiker „schwarze Schafe" aufs Korn nehmen, dann sollten sie bedenken, daß sich die große Mehrheit der deutschen Jäger schon lange vor dem Einsetzen der Ökologiebewegung der Natur- und Tierschutzaufgabe der Jagd gestellt hat und auch weiterhin stellen will. Bereits 1971 hat die Internationale Jagdkonferenz versucht, den Begriff der Waidgerechtigkeit zu definieren (Englaender, 1984). Danach gilt

– das Gebot, im Wild ein Geschöpf der Natur zu achten,
– das Gebot, dem Wild unnötige Qualen zu ersparen.

Das Tierschutzgesetz hat diese Grundsätze aufgegriffen und auch vom Jagdrecht gelernt, nach dem es verboten ist, mit Schrot oder zu schwachen Waffen auf Schalenwild zu schießen, tierquälerische Fallen, elektronische Zielgeräte, künstliche Lichtquellen anzuwenden oder die Jagd vom Auto oder Motorwasserfahrzeug aus zu betreiben usw. Jeder verantwortungsbewußte Jäger wird sich mit Leib und Seele den Forderungen des Schutzes gefährdeter Arten stellen und bereit sein, auch einschränkende Konsequenzen für die Jagd in Kauf zu nehmen, wenn er die ökologischen Zusammenhänge kennt.

13.2 Der ökologische Auftrag der Jäger steht an erster Stelle

„Macht ist Pflicht, Freiheit ist Verantwortlichkeit."
Marie von Ebner-Eschenbach (1830–1916)

Der naturbewußte Jäger weiß, daß grundlegende Änderungen erforderlich und zu erwarten sind. Der Lebensraum- und Artenschwund um uns, die wachsenden ökologischen Kenntnisse und das sich erfreulich schärfende Problembewußtsein der Bevölkerung haben einen Gegenzug in Bewegung gesetzt, der Jäger mit Anspruchsdenken von gestern überrollen wird. Er eröffnet aber ökologisch orientierten, einer ökosystemgerechten Wildtierbehandlung verpflichteten Jägern vielfältigste Aufgaben und Möglichkeiten. Der Deutsche Jagdschutzverband (DJV) ist ein nach § 29 Bundesnaturschutzgesetz anerkannter Naturschutzverband. Das kann natürlich kein Ruhekissen sein, sondern muß laufend neu verdient werden (Kolodziejcok, 1991). Aber nur wenn die Mehrheit der Mitglieder auf den Zug aufspringt, können wir die Richtung mitbestimmen, andernfalls werden dies nach demokratischem Kräftespiel andere Gruppen der Natur- und Tierschutzbewegung tun (müssen).

Insofern wird sich der Jäger auch immer wieder die Frage stellen müssen, woher er das Recht nimmt, eine Kreatur zu töten. Wer die Jagd verteidigen will, muß wissen, daß es Jäger gibt, die sie in Mißkredit bringen (Müller, 1991). Und wer allzusehr auf die Eigentumsgarantie des Grundgesetzes pocht und daraus Fehlinterpretationen des Jagdrechtes ableitet, gerät schnell aufs Glatteis, weil er die Sozialbindung des Eigentums übersieht. Sie gilt auch für die Jagdreviere. Der heutige Begriff der Waidgerechtigkeit muß, als Jagdethik verstanden, Tier-, Natur- und Ökosystemschutzgerechtigkeit einschließen (Müller, 1991). So gesehen ist Jagd auch heute noch die tierschutzgerechteste Form der Fleischgewinnung, wie sie es für den Menschen über Millionen Jahre gewesen ist. Es ist nicht zu leugnen, daß die Jagd einen atavistischen Rest der ökologischen Räuber-Beute-Beziehung bildet, deren Teil früher auch einmal der Mensch – als Räuber – war (Nowak, 1987). Das Rudeltier Mensch ist immer ein Allesfresser gewesen, der auf die Jagd zum Erwerb der Nahrung und anderer tierischer Stoffe für den Eigenbedarf angewiesen war. Das Verspeisen der Beute ist auch heute noch ein wichtiger Teil der persönlichen Kultur des Jägers. Es wäre unbiologisch, diese Eigenverwertung der Jagdbeute als evolutionär vorgegebene Legitimation zur Jagd, als Rest von natürlichen, primären Verhaltensweisen des Menschen grundsätzlich abzulehnen. Es wäre heuchlerisch, diese Ablehnung mit Tierschutzgedanken zu begründen, gleichzeitig aber mit dem Verzehr eines Steaks oder Masthähnchens oder dem Tragen von Lederschuhen oder Lederjacken die inakzeptable Massentierhaltung (vgl. Kap. 5) indirekt zu fördern.

Gegenüber diesem ursprünglichen Sinn des Jagens kann auch ein extremer Anti-Jagd-Tierschützer keine überzeugenden, biologisch begründbaren Argumente vorbringen. Ohne Töten kann kein Ökosystem funktionieren. Prädation ist eine fundamentale ökologische Grundfunktion, der Mensch ist seit Millionen von Jahren für bestimmte Tierarten ebenfalls ein Prädator. Evolutionär vorgegeben ist das Festhalten der meisten Menschen, insbesondere der Jäger, am intensiven Kontakt zur Natur. Hier zeigt sich ein Verlangen, das allem menschlichen Handeln zugrundeliegt (vgl. Kap. 4). Es wird zunehmend überdeckt und daher dem modernen Menschen immer weniger bewußt, verliert deshalb jedoch nicht an Bedeutung. Die Jäger könnten und sollten dazu beitragen, hier Unbewußtes wieder bewußt zu machen: Der wieder herzustellende Kontakt des Menschen zur Natur ist zentraler Inhalt und wichtigste Voraussetzung für den Sinn und den Erfolg aller Naturschutzbemühungen.

Die ökologischen Abhängigkeiten des Menschen von der Natur kennt niemand besser als der verantwortungsbewußte Jäger. Was liegt näher, als ihn noch besser auszubilden, weiter ökologisch zu engagieren und ihn dabei zu unterstützen, „schwarze Schafe" bloßzustellen und aus jagdlichem Tun auszuschließen?! Die große Mehrheit unserer Jäger kennt ihren Auftrag und ist hochmotiviert, einen positiven Beitrag im Rahmen der Ökologie- und Tierschutzbewegung zu leisten. Wenn verhetzte Jagdgegner heute von Tiermord reden, ist das gezielte Verleumdung, die den natürlichen Beutetod in der Wildnis mit verbrecherischer Tötung aus unlauteren Motiven verwechselt. Natürlich löst der Moment des Tötens der Beute im Gewissen eines normalen Jägers Unruhe aus, eben weil er ein zivilisiertes Wesen, ein Mensch und kein animaler Räuber ist (Nowak, 1987). Ich selbst bekenne gern, daß mir jedes erlegte Stück Wild leid tut und daß ich manchmal dieses zur Verweigerung verleitende Gefühl auch mir selbst gegenüber dem ökologischen Auftrag „zwangsweise" unterordnen muß. Ich weiß, daß viele Jäger ähnlich empfinden. Die wichtigste Folgerung daraus sollte darin bestehen, kein Tier ohne überzeugenden Grund (Regulation als Prädationsersatz, Beuteanteil an einer Überschußproduktion, Krankheitsverhinderung) zu töten.

Das Anti-Jagd-Argument, Wild sei zu verschonen, weil der Handel genug Fleisch anbiete, ist als tierschutzfeindlich abzulehnen: Haustiere aus Fleischproduktionsbetrieben führen ein grausames Leben und erleiden einen noch grausameren Tod. Es ist wesentlich tierschutzfreundlicher, sich durch Jagd mit Fleisch zu versorgen oder dieses in den Handel zu geben. Ebenso unredlich und undurchdacht ist die künstliche Polarisierung von Naturnützern und Naturschützern. Wir Menschen sind alle Naturnützer, ob essend oder reisend, fernsehend oder lesend. Offenbar haben bestimmte Kreise in unserer Bevölkerung ein vitales Interesse daran, ständig „Nebenkriegsschauplätze“ zu eröffnen, um die große Allianz aller am Natur- und Tierschutz interessierten Bewegungen möglichst lange zu verhindern. Solange Zwietracht zwischen den Verbänden herrscht, wird kein Politiker unpopuläre, aber für die Natur dringend erforderliche Entscheidungen treffen (können). In einer Demokratie entscheiden Mehrheiten. Zu Mehrheiten kommen wir nur durch Brückenschlagen, nicht durch Brückeneinreißen.

Der bekannte Ökologe Howard (1991) von der Universität in Kalifornien, der sich Jahrzehnte mit Fragen des Zusammenlebens von Mensch und Wildtier in einer veränderten Umwelt befaßt hat, sagt zum Problem Jagd und Tierschutz:

„Ich habe Verständnis für diejenigen, die aus höherer imperativer Sicht gegen das willkürliche Töten von Tieren sind. Ich bringe Verständnis für das Töten von Tieren auf, solange dies nach ethischen Grundsätzen geschieht, also ohne Brutalität oder unnötiges Leiden... Der Mensch kann und sollte eine humanere Rolle als Prädator bzw. Verursacher von Sterblichkeit spielen, als die ‚Natur‘ in einer veränderten Umwelt.

Ist es für den Menschen natürlich, Tiere als Haustiere zu lieben, als Lastenträger, zum Sport, als Nahrung und für andere Produkte zu nutzen? Würden wir dies nicht tun, wären die meisten dieser Tiere gar nicht geboren worden. Die Pferde wären wahrscheinlich tatsächlich ausgestorben, wären sie nicht domestiziert worden. Viele Leute haben nichts dagegen, Tiere für Nahrungszwecke zu töten, obwohl wir das Fleisch zum Überleben nicht brauchen. Sie haben aber etwas dagegen, Tiere zur Herstellung von Pelzmänteln zu töten. Wo liegt der Unterschied? Aber auch der Vegetarier tut sich schwer in der Argumentation, wenngleich viele ‚Tierrechtler‘ denken, die Menschheit sollte vegetarisch leben. Die Vegetarier können sich nicht nur von Pflanzen ernähren, die natürlich und ungepflegt wachsen...

Wir müssen uns hüten vor egoistischen Auswüchsen unserer liebevollen Einstellung zu Tieren, wenn sich diese nur an unserem Gewissen und unseren Gefühlen orientiert. Der Wunsch, die Tiere in einer Art zu behandeln, die uns innerlich warm werden und glühen läßt, ist verständlich. Doch zu oft leidet darunter das wirkliche Verständnis für ein Tier oder dessen Population. Der Versuch, alle Tiere vor einem frühen Tod oder Leiden zu schützen, kann in Wirklichkeit gegen das wahre Wohlergehen und die humanen Prinzipien sein, um die sich jemand bemüht. Die Harmonie oder ‚das Gleichgewicht‘, das man in ungestörter Natur findet, ist eine Summe von Interaktionen aller dort lebenden Organismen, um zu überleben und sich zu vermehren. Es ist ein komplexes Zusammenspiel von Geburt und Tod aller Organismen. Das Nahrungsangebot der Natur basiert auf einer Überproduktion aller Arten, um ihr Überleben zu sichern. Wer die Natur nicht der Brutalität beschuldigt, muß auch den Tod durch die Natur oder durch menschliche Eingriffe als Teil der Ganzheit des Lebens akzeptieren.

Was ist natürlich? Ein Prozeß, d.h. die Folge von Eingriffen, die nicht durch den Menschen verursacht sind? Unglücklicherweise ist es wie ein Gesetz, daß die Menschen, wie alle Arten, ihre Umgebung nutzen und so die ausgleichenden Komponenten verändern, um zu überleben. Um in einer ausgewogenen Umgebung bestehen zu können, müssen die Tierarten hohe Sterblichkeitsraten haben, um übermäßigen Populationszuwachs zu verhindern, der ihr Habitat auf Dauer verändern könnte. In der Natur sind alle Arten, einschließlich der Menschen, in ihren Erbanlagen so programmiert, daß sie sich zu stark vermehren. Die erfolgreichen Arten haben ihre Wettbewerber verdrängt, die nicht so angepaßt waren. Arten, die auch in vom Menschen veränderten Habitaten überleben, können diese veränderte Umwelt weiter beeinflussen, was sich auf das Wohlergehen anderer Arten vorteilhaft, schädlich oder neutral auswirkt. Alle Versuche, eine Gemeinschaft wieder zu stabilisieren, einschließlich der Forderung keiner weiteren menschlichen Aktion – seien sie noch so wertvoll und wünschenswert –, können Nebenwirkungen haben, die wir alle als unerwünscht ansehen.

In modifizierter Umwelt ist es o.k., der Natur ihren Lauf zu lassen, wenn man bereit ist, zu akzeptieren, daß nur die stärksten Tiere überleben und schwächere verloren werden. In vielen Fällen würde dies den Verlust von empfindlichen, bedrohten oder gefährdeten Arten und ihrer Habitate bedeuten. In veränderter Umwelt können wir uns entscheiden, entweder hinzunehmen, welches Gleichgewicht sich ‚natürlich‘ entwickelt, oder diese ‚Natur‘ in humanem Sinne zu beeinflussen und den Arten zu helfen, die wir als wünschenswert erachten.

Es ist jedoch oft nicht einfach, Tieren wirklich zu helfen. Wenn eine fürsorgliche, aber nicht ausgebildete Person versucht, einem Säugetier, das aus seinem normalen Habitat vertrieben wurde, eine neue Lebenschance zu geben, in dem sie es dahin bringt, wo bereits zahlreiche Tiere der gleichen Art leben, so empfindet sie dabei ein gutes Gefühl. Unter dem Aspekt wirklichen Mitgefühls wäre es jedoch vernünftiger, so ein Tier human zu töten. Solche Säugetiere suchen meist vergeblich nach ihrem angestammten Lebensraum und haben wenig Aussicht, eine freie Nische und einen Partner zu finden... Man stelle sich nur das Trauma vor, dem so ein ausgesetztes Tier bei wieder einsetzenden Rangordnungskämpfen ausgeliefert ist, die fast unvermeidbar zu seinem Tod führen. Forschungen über freigelassene, umgesetzte Tiere ergaben hohe Mortalitätsraten."

Der Jäger hat heute zuallererst einen umfassenden ökologischen Auftrag zu erfüllen. Es steht allerdings auf einem anderen Blatt, ob er diesen Auftrag bereits in seiner ganzen Tragweite erkannt hat. Wenn überhöhte Schalenwilddichten artenreiche stabile Ökosysteme zu verarmten Kultursystemen degradieren dürfen, dann sind Zweifel daran naheliegend. Und wenn die ökologisch so wichtigen Weichholzarten, Pionierbaumarten (r-Strategen, vgl. Kap. 3) nicht mit eher über 10 % als unter 1 % (wie normal üblich) Anteil in unseren Wäldern aus dem Wildverbiß herauskommen können, dann kann bald jeder Laie erkennen, daß hier die ökologische Verantwortung noch nicht erkannt worden ist. Die Öffentlichkeit wird das immer weniger hinnehmen. Jäger sollten dies schon aus Gründen der Imagepflege beherzigen.

Großschutzgebiete und Biotopverbundsysteme sind unbedingt erforderlich, aber mit dem Dreiecksschild „Naturschutzgebiet" kommen z. B. Birk- und Haselhühner noch nicht über den Winter (Hespeler, 1992), wohl aber mit der Knospenäsung vieler Weichhölzer. Und wenn unsere Waldreviere heute mit 30 bis über 60 m Wegelänge je Hektar Wald erschlossen sind und nahezu jede Fläche von menschlichen Störungen akustisch, optisch oder geruchsmäßig betroffen ist (Korsch, 1990), dann kann man z. B. dem Auerwild oder der Wildkatze mit keinem Schutzstatus helfen, sondern nur durch psychologisch überlegte Besucherlenkung (vgl. Kap. 14). Und wenn eine Jagdgenossenschaft oder Gemeinde als Verpächterin bei hohem Pachtpreis von einem über 50 km entfernt wohnenden Jäger erwartet, daß dieser seinen ökologischen Auftrag erfüllt, unterschätzt sie die menschliche Bequemlichkeit. Der Wildbestand wird sich an der Grenze der „Freizeitbejagbarkeit" (Hespeler, 1991) einpendeln und dann wirtschaftliche Schäden verursachen, die möglicherweise ein Vielfaches der Jagdpacht betragen. Viel gravierender sind jedoch die ökologischen Schäden, die ein Verpachtungssystem nach dem Meistgebotsverfahren nach sich zieht.

Die Bejagungsprobleme werden zunehmen, je mehr wir uns im naturnahen Waldbau dem Leitbild eines artenreichen, vielfältig und kleinflächig strukturierten „Urwaldes mit Wirtschaftsfunktion" nähern. Es ist einfach – aber alles andere als ökosystemgerechte Jagd –, Schalenwild zu regulieren, das zehn und mehr Stunden in nahrungslosen Dunkelställen (z. B. Fichten- oder Kieferndickungen und Stangenhölzern) eingesperrt ist, ehe es sich endlich auf eine Äsungsfläche heraustraut. Wenn in einem ökologisierten Wald das Wild seinem Äsungsrhythmus nachgehen kann, dann profitiert das Wild. Für den Jäger aber wird es schwieriger, wenn er sich nur auf den Ansitz beschränkt und örtlich angepaßte Modifikationsmöglichkeiten außer acht läßt. Auch dies ist im Rahmen des über allem stehenden ökologischen Auftrags der Jäger möglich und nötig, der in allen Jagdgesetzen fixiert ist, z. B. im Bundesjagdgesetz:

§ 1 Ziff. 2: „Die Hege hat zum Ziel die Erhaltung eines den landschaftlichen und landeskulturellen Verhältnissen angepaßten artenreichen und gesunden Wildbestandes sowie die Pflege und Sicherung seiner Lebensgrundlagen."

Für das Schalenwild hat der DJV in einer 1988 herausgegebenen Broschüre „Jagd heute" unmißverständlich formuliert: „Ziel einer verantwortungsbewußten Wildbewirtschaftung ist eine am Lebensraum orientierte Wildbestandsdichte, die eine Verjüngung der Hauptbaumarten in der Regel ohne Zaunschutz ermöglicht." Das steht im Einklang mit den Zielen der Landesforstverwaltungen (Wagner, 1992). Erfreulich dabei der Trend, vom unbiologischen Denken in Zahlen (z. B. Wilddichten pro 100 ha) wegzukommen und den gesamten Vegetationszustand im Wechselspiel mit den Wildtierarten in den Vordergrund zu rücken. Die „potentielle natürliche Vegetation" (pnV) wird ein zunehmend bedeutendes Kriterium sein, ein Ausdruck des biologischen Standortpotentials zur Beurteilung der aktuellen Vegetation. Damit muß und wird es örtlich zur Sache gehen, ohne daß der Jäger die „Schuld" auf den Nachbarn schieben kann. Die Territorien oder normalen Streifgebiete der Hauptschalenwildarten sind meist so klein, daß die Örtlichkeit eines Revieres als Bezugseinheit durchaus geeignet erscheint. Alle Weiser zur Einschätzung der örtlichen Biotopqualität werden ebenso herangezogen werden müssen, wie man sich in der Art der Bejagung zunehmend an der natürlichen Prädation (Regulation durch Raubwild) zu orientieren hat. Die Ansprache der Gehörne oder Geweihe nach menschengemachten Selektionskriterien wird dabei zu vernachlässigen sein gegenüber biologischen Kriterien wie Wilddichte, Geschlechterverhältnis und Altersklassenaufbau. Plastisch und humorvoll kennzeichnet Wölfel (1990) die überholte Punkteakrobatik:

„Es ist halt schon kabarettreif, wenn von erwachsenen Menschen z. B. Zusatzpunkte für die Geweihfarbe vergeben werden, die wiederum alleine davon abhängt, welche Holzart der Hirsch zufällig zum Verfegen seines Kopfschmuckes gewählt hat. Wie kann man sich solchen Unsinn überhaupt ausdenken oder gar pseudowissenschaftlich behandeln?" Was haben menschliche Maßstäbe bei Geweihen zu suchen, deren Trägerart sich über Jahrmillionen evolutionär angepaßt und Standortrassen gebildet hat? Soll ein Ministerialbeamter, eine Bewertungskommission bestimmen, wie der ideale Kopfschmuck auszusehen hat? Und wer bekommt eigentlich die Goldmedaille wofür? Der kapitalkräftige Schütze hat oft am wenigsten damit zu tun. Und letztlich verführt solch unökologisches Denken doch nur zur Hochzuchtpolitik, zur Genverfrachtung durch Import nicht angepaßter Standortrassen oder zur selektionsbedingten Gendrift in Inselpopulationen, weil bestimmte Merkmale unerwünscht sind. Die Überlebensprinzipien der Natur sind Artenvielfalt zur stabilen Funktionserhaltung von Ökosystemen und Genvielfalt als Reaktions- bzw. Selektionsgrundlage für die Wirkung der weiteren Evolution mit unvorhersehbaren Veränderungen. Wir müssen „liebgewordenes Veredelungsdenken" über Bord werfen zugunsten ökologisierter Strategien. Das Umweltbewußtsein der Bevölkerung wird noch wesentlich sensibler werden, und ebenso sicher wird die Jagd von vielen noch kritischer betrachtet werden (Janßen, 1990), so daß wir lieber gleich von uns aus gegensteuern sollten.

Die gemeinsame Unterordnung des Naturschutzes, des Tierschutzes und der Jagd unter das Dach der ökologischen Gesetzmäßigkeiten muß und wird alle Gruppierungen zu gewissen Umdenkungsprozessen zwingen, wenn wir den gefährlichen Lebensraum- und Artenschwund stoppen wollen. So gesehen haben wir heute alle übergeordnete Ziele. Die rasante Entwicklung der ökologischen Forschung, insbesondere der für unser Naturverständnis so entscheidenden Ökosystemforschung, ist an vielen Jägern genauso wie an vielen nichtjagenden Naturschützern vorbeigegangen (Müller, 1991). Hier besteht Nachholbedarf. Ökosystemgerechte Jagd setzt mehr Wissen um die Zusammenhänge z. B. zwischen Waldbau, Waldvegetation, Bodentierwelt, Rotkehlchen und Rothirsch voraus, als wir es im allgemeinen in der Vorbereitungszeit auf unsere Jägerprüfungen aufnehmen können. Durch ökosystemgerechtes Jagen rückt der Lebensraum unserer Wildtiere wieder in den Mittelpunkt unseres jagdlichen Engagements, wird unser z. T. zu einseitig auf die Wildtiere ausgerichteter Hegebegriff zur Ökosystemhege. Hierzu sind auch langjährige Erfahrungen mit dem Lebensraum nötig (Müller, 1991). EDV-gestützte geographische und biologische Informationssysteme – z. B. auf Streifgebietsebene – bieten sich an. Dazu wird die Erstellung von Karten der realen und potentiell natürlichen Vegetation ebenso gehören wie die Speicherung von Beobachtungen, Verbißgutachten, Abschußergebnissen, Angaben zu Störungen usw. Nach meiner Meinung werden dabei die Unteren Jagdbehörden eine zentrale Aufgabe haben, die sie nur mit Fachleuten (Berufsjägern) erfüllen können. Müller (1991) betont ebenfalls die Notwendigkeit dieser Entwicklung: „Wenn wir einer Fremdbestimmung entgehen wollen, wenn wir zum wirklichen Advokaten des Wildes und der Natur werden wollen, wenn wir den anderen sagen und zeigen wollen, wie sich Natur verändert, dann müssen wir diesen Weg gehen. Besitz allein reicht nicht aus. Die anderen müssen erkennen, daß wir die Zeichen der Zeit verstanden haben. Reviere verpflichten. Noch nie war es so notwendig wie heute, diesen Beweis anzutreten."

Der Rat von Sachverständigen für Umweltfragen der Bundesregierung (SRU, 1987) hat zur Überordnung ökologischer Gesetzmäßigkeiten unmißverständlich erklärt:

1. Naturschutz sollte komplexer Naturhaushaltsschutz sein. Davon ist die Praxis des Naturschutzes noch weit entfernt. Seitens der Naturschutzfachleute ist die Tendenz zur Vernachlässigung der ökosystemaren Gesamtzusammenhänge – wenn auch ungewollt – noch gefördert worden, und zwar durch Konzentration auf zwei ursprünglich auf wissenschaftliche Bestandsaufnahmen angelegte Konzepte bzw. Instrumente, die, um handbar zu bleiben, den Gesamtzusammenhang des Naturhaushaltes oft nicht berücksichtigen: Rote Listen und schutzwürdige Biotope. Nach dem ganzheitlichen Prinzip des Naturschutzes sind Schutz und Sicherung von Pflanzen- und Tierarten nur über die Sicherung ganzer Ökosysteme zu erreichen.
2. Auch die Ausübung des Jagd- und Fischereirechts sollte einem allgemeinen Ökosystemschutz verpflichtet sein. Viele Jäger und Angler bemühen sich, die übergeordnete Zielsetzung des Ökosystemschutzes zu fördern. Doch muß festgestellt werden, daß andere immer nur jene Bestandteile der Natur schützen, die sie selbst zu nutzen gedenken. Deshalb sollten die in den jeweiligen Gesetzen zumindest im Ansatz vorhandenen Einflußmöglichkeiten für einen verbesserten Naturschutz genutzt und weiterentwickelt werden.

„Im Ökosystemschutz liegt das Argumentationszentrum für Naturschutz und Jagd heute. Von hier leiten sich ihre Notwendigkeit ab, ihr überlebenswichtiger Schulterschluß, aber auch notwendige Veränderungen. Von hier aus ergibt sich aber auch die Einsicht, daß Ökosysteme nicht Endzustände, Klimaxstadien sind, sondern daß ihre höchste Produktivität und auch ihr höchster Artenreichtum sich in ihren Sukzessionsstadien entfalten. Nutzung ist solange nicht kontraproduktiv zum Ökosystemschutz, sofern dadurch nicht die Regenerationskraft zerstört, die Funktionalität irreversibel geschädigt, der von den Arealsystemen her mögliche Artenreichtum geschmälert wird. So betrachtet kann durch ökosystemgerechte Nutzung mehr entstehen als durch reine Konservierung, es kann lebendige Natur entstehen. ‚Conservancy by wise use' wird damit zur Richtschnur für unsere Reviere; und damit erstellen wir keine Gegenposition zum bisher vornehmlich konservierenden

Naturschutz. Wir versuchen, das verkümmerte zweite Standbein des Naturschutzes aufzubauen, das lebendige Natur auch durch nachhaltige Nutzung will. Damit entwickeln wir eine besondere, möglicherweise die einzige langfristig überlebensfähige Form des Naturschutzes." (Müller, 1991)

Diese Denkrichtung wird sich in unserem ökologisch rasant verarmenden Land durchsetzen (müssen), und wir werden Schutzmechanismen entwickeln müssen, die für die gesamte freilebende Tierwelt gültig sind und in denen sich die Regulierung und Bewirtschaftung von Wildarten einem ökologischen Gesamtkonzept unterzuordnen hat. Schulz (1990) berichtet z. B. von der Wildbiologischen Gesellschaft München, die versucht, auch die Bedürfnisse von Tierbeobachtern, Spaziergängern, Wanderern, Wassersportlern, Alpinisten, Naturfotografen, Hobbyforschern u. a. in ein langfristig tragfähiges Wildtiermanagement-Konzept zu integrieren. Darin hat die Frage zentrale Bedeutung: „Wieviel Mensch vertragen Wildtiere?" Rein biologische oder ökologische Lösungsansätze ohne Berücksichtigung sozialer und ökonomischer Faktoren in dicht besiedelten Ländern versprechen keine nachhaltige Lösung. Deshalb betont Schulz (1990), daß ein Wildtiermanager der Zukunft die Befriedigung der sozialen Wünsche im Auge haben muß, aber gleichzeitig den Einfluß nicht übersehen darf, der daraus auf die Ressource Wildtier erwächst. Der Mensch ist also gewissermaßen als dominierende Art in ein Schutzsystem integriert, für das sich dann wesentlich mehr Menschen als bisher verantwortlich fühlen. Hofer und Syrer (1990) unterstreichen ebenfalls, daß Wildtiermanagement mehr als Jagd und Naturschutz ist. Sie kritisieren zu Recht, daß heute viele verschiedene Gruppeninteressen zu sich überlagernden Rechtskreisen geführt haben, die eigentlich gemeinsamer Regelung unter einem ökologischen Oberziel bedürfen (u. a. Jagd-, Forst-, Fischerei-, Naturschutz-, Tierschutzrecht). Manche Gesetze fördern eben unterschiedliche Gruppeninteressen und damit „Territorialkämpfe" der Gruppen untereinander, die eigentlich zusammenarbeiten müßten. Reibungsverluste gehen meist zu Lasten der Sache und sind deshalb heute nicht mehr zu verantworten. Ein Beispiel für zwiespältiges Rechtsgebahren:

Der Luchs als jagdbares, aber ganzjährig geschontes Wild genießt den gleichen Schutzstatus wie Auerhuhn oder Wanderfalke. Also will man ihn von seiten des Gesetzgebers offensichtlich gern wieder bei uns haben. Seine Wiedereinbürgerung stößt jedoch auf größte Vorbehalte. So steht sein Schutz nur auf dem Papier. Das Aussetzen von Tieren ist genehmigungspflichtig (Hofer u. Syrer, 1990) und scheitert an konkurrierenden Gruppeninteressen. Noch deutlicher wird die Rechtsaufsplitterung und mangelnde Sozialbindung des Eigentums in der Landwirtschaft. Dort müssen heute viele Wildtiere mit einem Leben in „ökologischen Kleinzellen" vorliebnehmen, die Schutzprogrammen entspringen, die an Sozialhilfemaßnahmen nach dem Gießkannenprinzip erinnern: Ackerrandstreifen-, Altholzinsel-, Feldholzinsel-, Wiesenbrüter-, Fischotter-, Weißstorch-, Feuchtwiesenprogramm. Dies ist nicht etwa Kritik an pragmatischen Schutzprogrammen, sondern lediglich klagender Hinweis darauf, daß uns in der Praxis ein gesetzlicher Rahmen fehlt, der für alle Wildtiere und deren Management gilt.

Ökologie ist eben die Haushaltslehre der Natur, der sich alle Gesetze der Jagd, der Fischerei, des Naturschutzes, der Forst- und Landwirtschaft u. a. unterzuordnen haben. In irgendeiner Form wird eine gewisse, eventuell schrittweise Zusammenführung der konkurrierenden Gesetze unter dem ökologischen Dach erfolgen müssen, damit das koordinierte Management Fortschritte erzielen kann. Da stellen sich die Fragen: „Wer macht was?" und „Wie muß die übergeordnete Verwaltungsstruktur aussehen?" Auch ein flächendeckendes Informationssystem zur Koordination und Speicherung aller ökologischen, botanischen und zoologischen Daten (Biomonitoring) werden wir brauchen, damit flächenzuordnend Istzustände oder Sukzessionen sichtbar werden. Wer heute auf diesen Zug aufspringt, kann an der Lösung der anstehenden Probleme mitarbeiten. Ökologisch denkende und informierte Jäger wissen längst, daß sich unlogische Gegenwartsregelungen weder halten noch verantworten lassen:

Wenn heute jemand in der freien Landschaft irgendeine auch nur relativ geringfügige Veränderung (ja sogar Renaturierung) vornehmen will, hat er einen frustrierenden Genehmigungsgang zu absolvieren. Verbreiteter Mißbrauch zwingt dazu, damit die Negativentwicklung unserer Landschaft und unserer Lebensräume gebremst wird. Bei der Schalenwildbewirtschaftung dagegen, deren Eingriffe ökologisch weit bedeutsamer sind, nimmt die Antrags- und Genehmigungspraxis darauf kaum Rücksicht, eine Kontrolle der Abschußpläne fehlt. Gewöhnlich sitzt bei der Genehmigungsbehörde kein Fachmann (also kein Berufsjäger, Ökologe, Wildtiermanager), sondern ein Verwaltungsbeamter, dem ein Jagdbeirat und ein Kreisjägermeister zur Seite stehen. Dieses System ist nach dem Opportunitätsprinzip mitgewachsen und kann deshalb heute auch bei bestem Willen einer ökologischen Gesamtforderung nicht mehr genügen, zumal die Lobby der Jäger selbst die Mehrheit hat. De facto genehmigen wir uns unsere eigenen Pläne.

Das verhindert Problemlösungen. Harmoniebedürfnis und Territorialverhalten, das jede (!) Gruppe an anderen kritisiert, verhindern letztlich die Korrektur von Fehlentwicklungen. „Der Umgang mit Abschußdaten hat sich nicht geändert seit anno Tobak. Keine einzige Verwaltung, sei es

Untere, Mittlere, Obere, Oberste, nimmt die Chance wahr, sich z. B. von der räumlichen und zeitlichen Verteilung der Abschüsse, womöglich nach Geschlechtern und Klassen (wozu haben wir denn so viele!) ein Bild zu machen in Form von Grafiken, Karten usw., die uns die EDV heute bieten könnte." (Hofer, Kluth u. Wotschikowsky, 1990) Ökosystemgerecht, also verantwortungsvoll jagende Jäger haben in ihren Revieren nichts zu verbergen, sondern im Gegenteil ein fundamentales Interesse daran, daß die Natur in Ordnung kommt. Sie können und wollen zur Information beitragen, weil sie am häufigsten im Revier sind und schon aus Eigeninteresse der nachhaltigen Nutzung dem Schutz der Lebensräume „ihrer Wildtiere" dienen wollen. Die meisten Jäger werden sich an dieser ökologischen Grundaufgabe gern und engagiert beteiligen und darin eine Chance erkennen, selber mit gewissen Fehlentwicklungen fertig zu werden. Wer allerdings Egoismus (z. B. Trophäenkult, Prestige- und Geschäftsjagd u. a.) der Ökologie nicht unterordnen kann (jagdgesetzlich muß er es!), wird sich dieser Entwicklung eher verschließen – und von ihr überrollt werden!

Was also liegt näher, als den Berufsjäger zu einem ökologischen Fachmann des Wildtiermanagements weiterzuentwickeln? Er gehört in jede Untere Jagdbehörde und kann helfen, Ökosysteme und Vegetationseinheiten einzuschätzen und daraus hoheitliche Vorgaben der Verwaltungsbehörden (z. B. Abschußfestsetzungen) zu entwickeln, die praxisnah, ökologisch ausgewogen und nachvollziehbar sind. Zweckmäßigerweise heißen diese Spezialisten nicht „Berufsjäger", damit auch nach außen ihre objektive Berufseinstellung dokumentiert wird. Es gibt viele hochtalentierte und engagierte junge Leute, die sich in dieser Richtung beruflich gern qualifizieren und in den Landkreisen wichtige Mittlerfunktionen übernehmen würden. Ich bin überzeugt, daß der Bedarf an derartigen Spezialisten schnell steigen wird, weil die allgemeine ökologische Entwicklung zur Rettung oder Wiederherstellung naturnaher Ökosysteme und Biotopverbundnetze mittelfristig keine Alternativen dulden wird. Überschneidungen von Gruppeninteressen sollten abgebaut werden. Bei einer Vervielfachung der Naturschutzvorrangflächen (10 bis 20 %) und koordinierten Betreuung der Außenbereiche nach ökologischen Kriterien empfiehlt sich eine Verwaltungsvereinheitlichung unter einem „Öko-Dach" (vgl. Kap. 12.11).

Die EDV wird mit praxisnahen Informationssystemen eine große Hilfe sein und Fehler aufdecken helfen. Im Kreis derer, die vor Ort in der Praxis oder in örtlichen Ämtern und Aufsichtsbehörden (Landkreisen) die Problemlösungen vorantreiben werden, sollten die Jäger und Wildtiermanager eine wichtige Rolle spielen. Die Ausbildung muß bereits heute darauf abstellen. EDV bis zur „ökologischen Revision" sollte in der Praxis Anwendung finden. Längst ist z. B. bewiesen, daß Einzelpopulationen von Wildtieren viel länger bestehen, wenn sie untereinander vernetzt sind, also Genaustausch möglich ist. Die Gefahr beginnt mit dem Zerreißen des Zusammenhanges der Metapopulation (Gesamtpopulation). Das gilt genauso für gefährdetes Auerwild oder heute noch nicht gefährdetes Rotwild. Ein wirksames Schutzkonzept muß auf der Theorie der Metapopulation aufbauen (Wotschikowsky, 1990), benötigt also die regionale Betreuung mit modernen Mitteln durch eine modern arbeitende Behörde (z. B. Landkreis). Wer dies dann praktisch macht, ist eine Frage der Fachkompetenz. Da sind die Verbände gefordert, die entsprechend auf ihre Mitglieder einwirken. Wir brauchen z. B. Schalenwildplanung auf ganzer Fläche mit fortschrittlichen Methoden, wenn wir aus dem Teufelskreis der Wald-Wild-Problematik herausfinden (Hofer u. Wotschikowsky, 1990) und auch den natürlichen Ansprüchen der Wildtierarten gerecht werden wollen. Um das vorherzusagen, muß man kein Prophet sein.

Es gibt keine Alternative zur ökosystemgerechten Jagd, wenn es um die Anpassung der ihrer Prädatoren beraubten größeren Wildarten an die Erfordernisse der Kulturlandschaft und um die Nutzung des Überschußanteils der Naturproduktion geht. Es kommt aber auf das „Wie" an! Da die Durchschnittserfahrung der Hobbyjäger immer weiter hinter dem eigentlichen ökologischen Auftrag hinterherhinkt und viele schlicht überfordert sind, müssen wir ökologische und jagdpraktische Professionalität fördern. Der Berufsjäger oder Wildtiermanager (einschließlich der jagenden Forstleute) wird ebenso gebraucht wie der engagierte, informierte Freizeitjäger. Entsprechend wichtig ist die rasche Intensivierung der ökologischen und jagdpraktischen Ausbildung. Prüfungsfragen wie: „Nenne drei geschützte Pflanzen" oder „Was ist ein Naturdenkmal?" reichen angesichts der ökologischen Herausforderung jedenfalls längst nicht mehr.

Dringend benötigt werden ortsansässige, ökologisch auf neuestem Stand ausgebildete, aufgeschlossene Jäger, die das jagdliche Handwerk beherrschen, Zeit haben und schnell im Revier verfügbar sind. Dazu gehören auch Forstleute, die nicht in Versuchung geraten, „Wild vor Wald" statt „Wald und Wild" zu denken (Wotschikowsky, 1990). Vieles können Grundeigentümer als Verpächter oder als Dienstherren bereits im Pacht- oder Dienstvertrag regeln, anderes kann eine sachverständige flexible Behörde fördern, manches muß auch der Gesetzgeber tun. Da Pachtreviere ökologisch verpflichten und diese Pflicht für die Allgemeinheit von sehr großer Bedeutung ist, ließen sich Pachtfähigkeit und Pachtverlängerung von der erfolgreichen Absolvierung eines ökologischen Lehrganges abhängig machen. Das wäre nur gesetzlich durchsetzbar, ebenso obligatorische ökologische oder jagdpraktische Auffrischungskurse für alle Freizeitjäger im Fünfjahresturnus. Die Landesjagdverbände könnten mit ihren meist ausgezeichneten Ausbildungsstätten derartige Aufgaben durchaus bewältigen, sofern sie hochqualifiziertes Personal auch extern einsetzen. Daß Ökologiekurse manchmal noch nicht befriedigend besucht oder sogar mangels Beteiligung abgesagt werden müssen, ließe sich auf diese Weise schnell ändern. Wenn wir uns nicht zu unkonventionellen, notfalls auch zu unpopulären Anstrengungen aufraffen, gerät die Jagd noch weiter in Mißkredit (Wotschikowsky, 1990) und damit noch weiter unter „Verdrängungsdruck". Auch Schröder (1990) betont, daß der Wertewandel in der Gesellschaft die politischen Entscheidungen in Richtung Wildtiermanagement erleichtern wird:

„Der Tag wird kommen, wo sich Fachleute Gedanken über die Wiedereinbürgerung des Luchses und den Schutz des Auerhuhnes nicht beiläufig, sondern von Amts wegen machen werden. Wir brauchen eine optimale Verteilung der Aufgaben im Wildtiermanagement auf staatliche und private Träger. Die Forderung nach einem effektiven staatlichen Wildtiermanagement muß erhoben werden, weil hier ein gewaltiges Defizit besteht. Sie bedeutet keinesfalls die Entmündigung des Bürgers oder die Entmachtung privater Initiativen. Private Organisationen, denen Wildtiere ein Anliegen sind, haben dabei eine wichtige Funktion: Sie sind die Wachhunde des staatlichen Wildtiermanagements." (Schröder, 1990)

Berufsjäger – Wildtierwirte – „Wildtiermanager"

Die sog. Eingriffsregelung ermöglicht der Naturschutzbehörde, bei unvermeidbaren Eingriffen in Naturräume Ausgleichs- oder Ersatzmaßnahmen zur Förderung des Naturschutzes durchzusetzen. Dieses Instrument hat sich im Prinzip sehr bewährt. Bedauerlicherweise aber werden jagdliche und fischereiliche Eingriffe trotz ihrer Schwere und Nachhaltigkeit davon generell freigestellt. Überhege des Schalenwildes etwa, um ein verbreitetes Beispiel zu nennen, wird nicht erfaßt. Dabei wirkt sie nicht nur auf andere Tierarten und auf die Vegetation, also die gesamte Lebensgemeinschaft (Biozönose), sondern auch auf ganze Ökosysteme ein (Kaule, 1986). Hier wird mit zweierlei Maß gemessen; selbst krasse Fälle bleiben ungeahndet. Wer aber sollte behördlich-hoheitlich tätig werden? Die jagdliche Selbstverwaltung ist dazu ebensowenig geeignet wie der behördliche Naturschutz, dem in der Regel der entsprechende Sachverstand (wildbiologisch wie jagdpraktisch und „jägerpsychologisch") fehlt. Das durchaus nicht seltene Vollzugsdefizit des geltenden Jagdrechts vor Ort, Zweifel an der Zweckmäßigkeit unseres Jagdrechts, Fehlinterpretationen des ökologischen Auftrags einer zeitgemäßen Jagd verlangen nach Fachinstanzen. Wie sollen Jagdbehörden unabhängigen (!) fachlichen Rat erhalten, wenn über eine Hegegemeinschaft der waldbaulich wie ökologisch nötige und jagdrechtlich mögliche Abschuß verwehrt wird? Oder wenn ökologisch engagierte Waldbesitzer in Jagdgenossenschaften, die mehrheitlich mit ihren Jagdpächtern harmonieren, keine Unterstützung bei der Verfolgung ihrer berechtigten Ziele genießen? (Moser, 1992)

Schließen wir nicht die Augen vor der allgemeinen ökologischen wie der speziellen waldbaulichen und der jagdrechtlichen Bankrottsituation, bloß weil kapitalkräftige Jäger meinen, mit ihrer hohen Jagdpacht die ohnehin unrentable Forstwirtschaft ins Abseits drängen und „Überhege von Wild mit Baumkulisse" rechtfertigen zu können.

Das OVG Lüneburg hat mit seinem Urteil vom 10.8.1989 (Az.: 3 L 21/89) festgestellt: „Die Ermittlung des Frühjahrswildbestandes ist zunächst eine Sache des Revierinhabers. Bilden dessen Angaben aber keine verläßliche Grundlage für eine Abschußfestsetzung, so ist die Jagdbehörde verpflichtet, eigene Wildbestandsermittlungen durchzuführen. Die Höhe des Abschußplanes ist so zu regeln, daß die berechtigten Ansprüche der Land- und Forstwirtschaft auf Schutz gegen Wildschäden voll gewahrt bleiben und daß die Belange von Naturschutz und Landschaftspflege berücksichtigt werden. Innerhalb der hierdurch gezogenen Grenzen soll die Abschußregelung dazu beitragen, daß ein gesunder Wildbestand aller heimischen Tierarten in angemessener Zahl erhalten bleibt und insbesondere der Schutz von Tierarten gesichert ist, deren Bestand bedroht erscheint. Demgegenüber muß unter Umständen das Interesse des Revierinhabers am Abschuß stärkerer Hirsche zurücktreten." (Deutsche Jagd-Zeitung, Januar/1991)

Zur qualifizierten Beurteilung derartiger Probleme und zur Erfüllung vieler behördlicher Aufgaben im Wildtiermanagement werden ökologisch gründlich geschulte und menschlich besonders geeignete Berufsjäger benötigt. Die Unteren Jagdbehörden sollten diese Fachleute auch zur Ergänzung der Unteren Naturschutzbehörden einstellen. Zweckmäßigerweise ist dafür allerdings über eine Berufsbezeichnung nachzudenken, die in der Öffentlichkeit wie beim Naturschutz auf größte Akzeptanz stößt (z. B. Wildtier-Wirt, Wildtierschützer o. ä.).

13.2.1 Wiedereinbürgerungen und Aussetzungen von Tieren als „letzte Krücke" des Artenschutzes

„Du hast die Macht, so üb auch Tugend!"
Euripides (485/480–406 v. Chr.)

Ansiedlungen von Tierarten sind und bleiben immer nur eine letzte Hilfsmethode des Artenschutzes. Vorrangig ist stets der Lebensraumschutz. Vorbeugende Maßnahmen gegen das Aussterben von Restbeständen haben viel mehr Chancen als die Wiedereinbürgerung von Arten, nachdem diese großräumig erloschen sind (Nowak, 1981). Grundsätzlich kann der Artenschutz durch Wiedereinbürgerungen nur Erfolg haben, wenn der Lebensraum geeignet oder entsprechend hergerichtet worden ist und die Gründe für das Verschwinden der Art nicht mehr bestehen. Das erfordert fundierte biologische Kenntnisse der Tierart, ihrer Lebensraumansprüche und ihrer historischen Entwicklung. Auch muß man die ökologischen Gesamtauswirkungen, also die Folgen für die vorhandenen Tier- und Pflanzenarten, abschätzen können. Die Gefahr negativer Kettenreaktionen, der Floren- und Faunenverfälschung, der genetischen Destabilisierung und der Tierquälerei ist so groß, daß solche Maßnahmen keinesfalls Laien überlassen werden dürfen. Tieraussetzungen können für unsere Ökosysteme gefährlicher sein als örtlich begrenzte Giftausbringungen, weil ihre Fernwirkungen nicht eingrenzbar sind. Wiedereinbürgerungsaktionen sind nach strenger fachlicher und wissenschaftlicher Prüfung der allerletzte Weg zur Wiederherstellung der natürlichen Vielfalt. Inzwischen sind durch Naturschutzinitiativen und Förderungen der Jäger in Deutschland drei vor geraumer Zeit ausgerottete Säugetierarten wieder eingebürgert worden: Der Biber (erloschen ca. 1877, erste Wiedereinbürgerung 1966), der Luchs (erloschen 1846, wiedereingebürgert 1970) und der Steinbock (erloschen ca. 1700, wiedereingebürgert 1936 und später) (Nowak, 1981).

Wiedereinbürgerung des Uhus

Außerhalb Bayerns waren die Uhubestände Ende der 60er Jahre erloschen. Die komplexen Ursachen des Rückganges lagen früher im Abschuß und Fang der Brutvögel, im Eiersammeln, im Aushorsten der Jungvögel für die Hüttenjagd und später im Kfz- und Bahnverkehr, in der Verdrahtung der Landschaft, im Tourismus (Bergerhausen, 1981) und möglicherweise auch in den Bioziden, den Schwankungen im Nahrungsangebot und der Isolation. Motor der Aktionen zur Wiedereinbürgerung war bis 1986 der Jäger v. Frankenberg, der bereits 1950 die Arbeitsgemeinschaft gegründet hatte. Bei den weitverstreuten Aussetzungsaktionen hat sich immer wieder gezeigt, daß nur regional massiertes Aussetzen über mehrere Jahre hinweg Erfolg verspricht. Die verschiedenen Aussetzungsbereiche umfaßten allein 1981 im Bundesgebiet 19 Freilandbruten mit 33 Jungen und weiteren 14 zugesetzten Jungen. Bei 11 mehrjährig brütenden Paaren war in 9 Fällen ein ausgefallener Partner (häufig Verkehrs- oder Drahtopfer) zu ersetzen. Nahrungsanalysen haben ergeben, daß die Hauptbeute 54 % Kleinsäuger (Wanderratte), 6 % Kaninchen, 16 % Hühnervögel, 9 % Tauben, 3 % Rabenvögel und 12 % andere Vögel umfaßt hat. Reich gegliederte Kulturlandschaft mit Steinbrüchen oder Felspartien als eigentlichem Brutplatz charakterisieren den Lebensraum. Der Uhu findet auch in der heutigen Zeit noch seine ökologische Nische. In Uhugebieten können die Jäger die Aktionen unterstützen durch Schutz oder Gestaltung von Felsformationen und aufgegebenen Steinbrüchen, durch Kanalisierung von Störungen (bis zur Umleitung von Wanderwegen) und durch Einwirkung auf die Verantwortlichen zur Umrüstung von Freileitungsmasten zur Verminderung von Stromschlagverlusten.

Wiedereinbürgerung des Wanderfalken

Der Wanderfalke ist eine der am meisten gefährdeten Greifvogelarten. Weltweit war in den letzten 30 Jahren ein bedrohlicher Rückgang zu beobachten. In den USA, Kanada und England wurde als Ursache die großflächige Anwendung von Insektiziden – besonders DDT und PCB – erkannt. In der Bundesrepublik kamen zu diesen Belastungen, die z. B. über die nachlassende Stabilität der Eierschalen zum Ausbleiben der Reproduktion führen, Horstplünderungen. Inzwischen ist es gelungen, den Wanderfalken in Gefangenschaft beliebig zu vermehren (Saar, 1981). Dennoch werden Wiedereinbürgerungen von Vertretern der Arbeitsgemeinschaft „Wanderfalkenschutz" kritisch gesehen, da der Wanderfalke aus süddeutschen Restpopulationen auch die nördlichen wanderfalkenleeren Gebiete besiedeln könne. Außerdem werden Gefahren durch Einschleppung von Seuchen und Parasiten aus den Zuchtvolieren in die Wildpopulation gesehen. Die Arbeitsgemeinschaft konnte in Baden-Württemberg in der Brut- und Aufzuchtzeit 1984 mit einem Rekordergebnis aufwarten, dort flogen über 100 Jungfalken aus. Dort beringte Jungfalken wurden bereits als Brutpaare in Rheinland-Pfalz, Bayern, der Schweiz, Frankreich, Österreich und Liechtenstein nachgewiesen. Bisherige Ansiedlungsversuche bei uns sind entweder über die Methode der Adoption (Einbringung von Jungtieren in besetzte Wildhorste), über Kunsthorste an früheren Brutfelsen oder auf Horstbäumen mit ständiger Bewachung und komplizierter Fernfütterung oder über die Gebäudeauswilderung in Großstädten (Berlin: reiches Beuteangebot an Tauben, Lachmöwen, Staren) erfolgt. Erstmals sind z.B. 1980 in Berlin 4 junge Wanderfalken aus einem künstlichen Baumhorst ausgeflogen und selbständig geworden (Saar, 1981).

Wiedereinbürgerung von Rauhfußhühnern

Rauhfußhühner gehören zum jagdbaren Wild. Das gegenwärtige Engagement zur Wiedereinbürgerung geht daher von Jägern, Förstern und Jagdverbänden aus. Dabei erscheint das Risiko der Aussiedelung außerordentlich hoch, auch wenn inzwischen bereits die ersten Freilandbruten bestätigt werden konnten. Die Gefahr der fahrlässigen Tierquälerei ist außerordentlich groß. Die Waldhühner sind nämlich ausgesprochene Biotopspezialisten. Die Strukturierung des Lebensraumes, das Klima, das Nahrungsangebot, der Feinddruck (Fuchs, Waschbär, Marder, Habicht u.a.) sowie menschliche Störungen spielen die entscheidende Rolle. Über das Nahrungsangebot (z.B. tierisches Eiweiß zur Jungenaufzucht durch Insektenvielfalt) dürften auch die Immissionsschäden – Bodenversauerung durch sauren Regen – und die damit verbundenen ökosystemaren Destabilisierungen negativ einwirken, da bereits geringfügig erscheinende Änderungen des Lebensraumgefüges Reproduktionsrate, Vitalität, Lebenserwartung bzw. Bestandsdynamik beeinflussen (Scherzinger, 1981). Die bislang bekannten Biotopansprüche (vgl. Scherzinger, 1981) verdeutlichen die Problematik der laufenden Wiedereinbürgerungsaktionen und vermitteln einen Überblick über die Maßnahmen, die zur Lebensraumanreicherung erforderlich erscheinen:

- **Birkhuhn:** Weite übersichtliche Flächen mit niedriger Vegetation am Rande von Gebüschgruppen oder kleinen Waldkomplexen, z.B. Alpenmatten über der Baumgrenze, Hochmoore, katastrophenbedingte Kahlflächen im Wald, Heide- und Heckenlandschaft, Streuwiesen. Jede Veränderung der Struktur kann schädlich sein, z.B. Auflassung der Almen, Moortrockenlegung, Düngung der Heide, Rodung der Hecken, Wiederaufforstung, Intensivierung der Grünlandnutzung (Abb. 109).
- **Haselhuhn:** Meidet große offene Flächen, nutzt als Gebüschbewohner die Deckung im Wald. Bevorzugt als vorsichtiger Vogel kurze Distanzen zwischen Nahrung und Deckung in einem Lebensraum von mindestens ca. 30 ha. Bevorzugte Äsung sind je nach Verfügbarkeit im Jahresablauf die Kätzchen und Knospen von Hasel, Birke, Weide, Erle und Hainbuche, die Knospen von Buche und Vogelbeere, die frischen Blätter von Buche, Esche, Gräsern und Kräutern, die Früchte von Heidelbeere, Brombeere, Himbeere, Holunder, Vogelbeere und Wildobst, die Samen von Gräsern und Kräutern. Insekten haben vor allem als Kükennahrung hohen Stellenwert (Suchant, 1993). Als Deckung nutzt es tiefbeastete Nadelbaumgruppen, Sträucher und höhere Bodenvegetation. Pionierwald mit Weichlaubhölzern und Verjüngungshorste im älteren Wald erfüllen seine Ansprüche, großflächige Wirtschaft verdrängt sie (Abb. 110). Wichtig sind sehr ruhige Lebensräume, weil die Haselhuhnpaare zur Feindvermeidung mit ihren Küken in einem ständigen, leisen Stimmenkontakt stehen müssen (Remmert, 1990).
- **Auerhuhn:** Empfindlichste Art der Waldhühner, angepaßt an zerfallende Urwälder im rauhen Klimabereich, Strukturvielfalt ist ent-

Abb. 109. Schema eines Birkhuhnbiotops; dargestellt am Beispiel eines Spirkenmoores.
1) Birkenknospen als Winternahrung, 2) Balzbaum, 3) Freifläche für Gesellschaftsbalz, 4) Gedeckter Brutplatz, 5) Trockenes Randgebiet zur Kükenaufzucht, 6) Schlafbäume, 7) Weidenlaub als Sommernahrung. (Scherzinger, 1976)

Abb. 110. Schema eines Haselhuhnbiotops. Im linken Abbildungsteil ist die Vielfalt kleiner Lebensraumausschnitte im „Naturwald" dargestellt, die den Biotop zusammensetzen. Rechts stehen die Sekundärstrukturen des Wirtschaftswaldes. 1) Birkenknospen als Winternahrung, 2) Lichtung mit Holunder und Weide zur Kükenaufzucht, 3) Balken und Strünke als Singwarten zur Balz, 4) Vogelbeerbaum auf Windwurffläche, 5) verdeckter Brutplatz, 6) Buchenstangengehölz als Wintereinstand, 7) Beerensträucher an der Straßenböschung, 8) Huderpfannen im trockenen Sand, 9) Schlaf- und Zufluchtsort im Fichtenstangenholz. (Scherzinger, 1976)

Abb. 111. Schema eines Auerhuhnbiotops: dargestellt am Beispiel des naturnahen Bermischwaldes.
1) Jungfichte als Winternahrung des Hahnes, 2) Balzbaum, 3) Heidelbeere, 4) Bodenbalzplatz, 5) Steinchenaufnahme von Wurzeltellern, 6) gedeckter Schlafplatz, 7) geschützter Brutplatz, 8) Fichtenzweige als Winternahrung der Henne, 9) Huderpfanne, 10) freier Schlafplatz, 11) Ameisenhaufen, 12) Buchenlaub als Sommer- und Herbstnahrung. (Scherzinger)

scheidend (großer Baumbestand, einzelne Verjüngungshorste, gestufter Aufbau, bunter Wechsel der Bodenvegetation). Veränderung der Struktur- und Artenvielfalt bedeutet Biotopverlust, großflächige Nutzung verdrängt das Auerhuhn, deshalb ist es zunächst aus den Hügelbereichen verschwunden und auf höhere Bergregionen ausgewichen (Abb. 111). Nester werden stets im Schutz eines dichten Gebüschs angelegt. Die Jungen werden bald herausgeführt, kehren aber zur Ruhe immer in dieses Gebüsch zurück. Regen führt in den ersten Lebenstagen häufig zum Tod der gesamten Brut. Die Jungen benötigen in der ersten Lebenszeit nicht zu kleine Insekten als Nahrung, während die Tiere später auf Pflanzennahrung übergehen. Im Winter werden vor allem Nadeln von Koniferen gefressen, im Frühjahr spielen Knospen von Blättern und Blüten sowie Weidenkätzchen eine wesentliche Rolle. Im Sommer werden in großem Maße Beeren von Ericaceen (Moosbeere, Preiselbeere, Heidelbeere u. a.) aufgenommen (Remmert, 1992).

Man schätzt heute einen Mindestbestand an 50 Waldhühnern und in rauhen Klimabereichen gut doppelt soviel als Mindestausgangsbestand für eine erhaltungsfähige Population. Anreicherungen der Baumartenvielfalt und Kanalisierung der touristischen Störungen sind unerläßlich. Unter natürlichen Bedingungen liegt die Sterblichkeit der Waldhühner im ersten Lebensjahr bereits bei 50 bis 70 %, bei der Wiederaussiedlung muß mit noch höheren Ausfällen gerechnet werden.

13.3 Das Schalenwildproblem

„Wer das erste Knopfloch verfehlt,
kommt mit dem Zuknöpfen nicht zu Rande."
Johann Wolfgang von Goethe (1749–1832)

Angemessene Schalenwildregulierung ist eine Naturschutzforderung ersten Ranges. Doch läßt sich das Problem nur schwer erörtern, ohne Emotionen zu wecken. Es kann ja nicht überall in Deutschland dank vernünftig betriebener Jagd von einem Schalenwildproblem gesprochen werden. In einigen Gebieten hat sich jedoch die Lage so bedenklich zugespitzt, daß namhafte Wissenschaftler, Forstleute, Wildbiologen und auch Grundeigentümer gegensteuernde Initiativen ergriffen haben. In vielen Gebieten hat der Jagdpachtmarkt manche Jäger, die fast täglich im Revier sein konnten, verdrängt, so daß die vorrangigen Aufgaben der Jagd in der Schalenwildregulierung häufig nicht mehr erfüllt werden können, ja oft auch nicht mehr erfüllt werden sollen, weil eben der Wochenendjäger bei knapper Zeit viel Wild sehen und gegebenenfalls auch vorführen will.

Der Trugschluß beginnt schon bei der Wildzählung als Grundlage für den Abschußplan. Da Rehe und Hirsche üblicherweise nicht zum Zählappell antreten, ist der ermittelte Bestand nach allen Erfahrungen meist zu niedrig. So konnten Wildbiologen in dem dänischen Revier Kalö mit 70 gezählten Rehen insgesamt 231 Tiere erlegen. Selbst nach diesem „Totalabschuß" liefen noch einige Rehe munter durch den Wald. Die Spezialisten hatten den Bestand einfach unterschätzt (Kurt, 1977). Kann oder will ein Jäger seine Abschußquote nicht erfüllen, werden „Postkartenabschüsse" gemeldet, also frei erfundene Strecken, die in Wirklichkeit weiter für Nachwuchs sorgen. Das dürften teilweise bis zu 50 % sein, und gegen Ende der Jagdsaison kommen dann fast nur noch weibliche Rehe bei Verkehrsunfällen um. Die Natur würde darauf durch erhöhte Sterblichkeit des Nachwuchses reagieren, wären ihr nicht wichtige Regulationsmechanismen durch Wildtiermast genommen.

Mit Kraftfutter, Sojaschrot, Vitaminen, Spurenelementen und Medikamentenprophylaxe päppeln viele Jäger ihr „Wild" auf. Sie nennen das Wildhege – Konrad Lorenz spricht von einer „Verhausschweinung" der Wildtiere. Das Bundesjagdgesetz schreibt vor, daß „zum Schutz des Wildes vor Futternot" Ersatznahrung geboten werden muß. Wann „Notzeit" ist, überläßt der Gesetzgeber den einzelnen Ländern. Die Folge: Fast überall wird Schalenwild sechs bis sieben Monate im Jahr gefüttert. Der Ruf nach einem Fütterungsverbot wirkt auf den ersten Blick paradox. Bei konsequenter Zufütterung müßten die Tiere eigentlich vom Wald ablassen. Dieses von Jägern immer wieder vorgebrachte Argument ist ökologisch falsch. Dem Wild fehlt – nach Ausrottung der Raubfeinde Luchs und Wolf – ohne eine winterliche Notzeit der letzte natürliche Regulationsfaktor. So überleben immer mehr Tiere. Schottisches Rotwild, schreibt die Münchener Wildbiologische Gesellschaft, habe höchstens halb soviel Nachwuchs wie das unsere. Die Folge: Noch intensivere Jagd auf Tiere, deren Bestand in „Notzeiten" künstlich hochgehalten wird (Klingholz, 1981). Die Probleme sind inzwischen in einigen Gebieten so ernst, daß die Projektgruppe „Aktionsprogramm Ökologie" – ein fachkundiger Gutachterausschuß – in seinem schon 1983 dem Bundesinnenminister übergebenen Abschlußbericht fordert:

„In allen Fällen, in denen es nicht gelingt, das Ziel der ökologischen Bestandsregulierung zu erreichen, ist ohne Rücksicht auf private jagdliche Interessen von der Möglichkeit der Jagdgesetze Gebrauch zu machen, die Abschußerfordernisse im Wege der Polizeijagd zu erfüllen." Begründung: „Die Regulierung von Artenbeständen gehört in den hoheitlichen Bereich des Staates insoweit, als er für eine ökologische Ausgewogenheit der Abschußplanungen zu sorgen und deren strikte Einhaltung zu gewährleisten hat. Es gibt vielfältige Beweise dafür, daß nicht nur die den Abschußplanungen zugrundeliegende Zählung besonders des Rehwildes weit unter den wirklichen Bestandszahlen bleibt, sondern daß auch häufig die deshalb zu niedrig angesetzten Abschußquoten nicht erreicht werden. Beides hat nicht zuletzt seinen Grund darin, daß die Jagd, die nicht der Erbeutung von Trophäen, sondern der ökologischen Bestandsregulierung dient, die zeitlichen Möglichkeiten der meisten Privatjäger bei weitem übersteigt. Daraus leiten sich die Forderungen ab, den ökologischen Sachverstand in den Jagdbeiräten bei den Jagdbehörden durch Zuwahl geeigneter, der Ökologie verpflichteter Mitglieder zu verstärken und Berufsjäger heranzubilden, die die Jagd als rein ökologische Aufgabe begreifen und konsequent ausführen."

„Es ist unerträglich", bemerkt der Münchner Forstpolitologe Plochmann, „oben stirbt uns der Wald durch Immissionen weg, unten raubt eine Überzahl von Rehen und Hirschen den jungen Bäumen jede Überlebensmöglichkeit". (Klingholz, 1985) Dabei müssen wir gerade in der prekären Umweltsituation unter dem Schutzschirm der kranken Bäume artenreiche, d.h. laubholzreiche und verbißgefährdete Kulturen begründen. Die Mischwälder der Zukunft hängen davon ab, wie wir die Wildbestände auf das ökologisch vertretbare Maß reduzieren. Niemand fordert Ausrottung, sondern lediglich Anpassung durch stellenweise drastische Verringerung.

„Es ist keine große Kunst, Forstwirtschaft zu betreiben, wenn man den Faktor Wild ausschalten würde, und es ist nicht schwer, Jagdwirtschaft zu betreiben, wenn man auf den Wald keine Rücksicht zu nehmen bräuchte. Eine Kunst ist es aber, beide so zu betreiben, daß Wald und Wild zu ihrem Recht kommen. Diese Kunst zu üben wird vom Gesetzgeber gefordert und ist zudem reizvoll." (Nüßlein)

Aus der Naturwaldforschung und der evolutionären Entwicklung von Waldökosystemen (vgl. Kap. 3 und 12) wissen wir, daß ein gewisses Freiraumstadium im Mosaik-Zyklus Voraussetzung für den Erhalt von bestimmten Krautpflanzen und der daran gebundenen Tierarten ist. Ohne Herbivoren wäre dieses Stadium so kurz, daß viele Krautarten keine Überlebenschancen hätten. Mit Pflanzenfressern in angepaßter Dichte kann nach Remmert (1991) das Freiflächenstadium durchaus 30 bis 50 Jahre dauern, so daß sich verschiedene Gesellschaften unter diesen Bedingungen entwickeln. Eine manchmal forstlicherseits geäußerte Abneigung gegen Schalenwildarten mit entsprechend überspitzter Verminderungseuphorie unterschätzt die ökologische Funktion von Herbivoren im Waldökosystem und überbewertet rein wirtschaftliches Denken. Im Naturwald mußten die Freiraumstadien für wenig migrationsfähige Arten erreichbar sein und so lange andauern, daß sich entsprechende Gesellschaften entwickeln konnten. Ohne Schalenwildverbiß wäre dies nicht möglich. Andererseits darf die Krautflora nicht von zu viel Schalenwild verdrängt werden. Zu fordern ist also der ständig überprüfte ökologische Mittelwert.

Und so gibt denn auch der Wald über seinen eigenen und den Zustand der Krautflora, den Bestand der Insektenfauna und die Brutvogeldichte die besten Hinweise darauf, ob zuviel Schalenwild vorhanden ist oder nicht. Wenn man die Grundgedanken der Beute-Räuber-Beziehung und der wechselseitigen Regulation auf das Schalenwild überträgt, wird klar, daß dieses wesentlich größeren Einfluß etwa auf die Vogelpopulation im Wald hat als z.B. die Beutegreifer Sperber oder Marder. Ein Zuviel an Schalenwild verhindert nämlich durch den intensiven Verbiß nicht nur das Aufkommen wichtiger Bäume und Sträucher für die Vögel, es hält auch den Unterwuchs in der Krautschicht zurück. Und diese Pflanzen sind Lebensgrundlage für Insekten, die ihrerseits Beute für Vögel sind, diese also regulieren (vgl. Tab. 38).

Winterfütterungen – in wirklichen Notgebieten und einer natürlichen Winteräsung völlig beraubten Kulturlandschaft ohne Zweifel erforderlich – haben nachweislich wenig oder keinen Einfluß auf das Schadensbild des Schalenwildes. Manchmal eher im Gegenteil: Wurde Weichfutter verabreicht, so erhöhte sich der Verbiß an Holzpflanzen, die Rehe als Ballast unbedingt aufnehmen müssen. Baum- und Strauchäsung fördert die Bewegung

Tabelle 37: Verarmung der Bodenflora durch Rotwildverbiß

Anzahl der Pflanzen außerhalb des Gatters derjenigen im Gatter (Meister, 1969)	in %
Holunder, Aspe, Ulme	0
Himbeere	4
Brombeere	6
Tanne	8
Calluna	20
Vogelbeere	26
Heidelbeere	27
Schneeball	42
Sanikel	45
Weide	47
Bergahorn	76
Buche	99

und Verdauung der Nahrung im Magen und Darmkanal und regelt somit die Verdauungstätigkeit. Man weiß z.B., daß viele für Haustiere leicht verdauliche Futtersorten, etwa Luzerne, vom Rehwild ohne schwer- oder sogar unverdauliche, ligninreiche Rohfasern kaum verarbeitet werden können. Besonders im Winter hat die Baum- und Strauchäsung große Bedeutung (Kurt, 1977). Die Forstwirtschaft kann dem Wild durch gezielte Veränderung der Vegetation in Form von Weichhölzern helfen. Eine Verbesserung der Äsung ist andererseits nur dann durchzuführen, wenn eine erhebliche Senkung des Wildbestandes vorausgegangen ist, damit die Weichhölzer überhaupt aufwachsen können.

Bei standortangepaßter Dichte zeichnen sich die Tiere durch höhere Geweih- und Gehörnqualität aus, Körpergewicht und Kondition steigen. Das kommt den Wünschen der Jäger entgegen. Gerade beim Schalenwild decken sich daher forstwirtschaftliche, ökologische (Biotopvielfalt) und jagdliche Ziele (gesundes Wild und starke Trophäen). In einem von Struktur- und Pflanzenvielfalt geprägten, dem Äsungs- und Lebensbedarf (Ruhe!) entsprechenden und die natürlichen Wanderungsbewegungen sichernden Biotop ist jegliche Fütterung widersinnig. Wenn die Jäger die Schalenwildregulation nicht schaffen, müssen die kompensatorischen Sterblichkeitsfaktoren greifen, der Winter ist ein ganz entscheidender. Da der Mensch durch seine Eingriffe (Biotopverarmung, Störungen, Unterbrechung der Wanderungsmöglichkeiten durch Zersiedelung u.a.) die meisten Reviere geschädigt hat, ist – beschränkt auf ausgesprochene Notzeiten – die Winterfütterung eine ausgleichende ethische Verpflichtung. Allerdings halte ich aus ernährungsphysiologischen wie aus jagdpraktischen Gründen nur artgemäßes Erhaltungsfutter für vertretbar. Falsche Winterfütterung verhindert die winterbedingten Veränderungen im Verdauungstrakt, „gaukelt" einen nichtgegebenen Sommerzustand vor, kann – zumindest bei Verdrängung von der Fütterung – die Notsituation nur vergrößern und dadurch letztlich auch die Schäden im Wald erhöhen. Außerdem lockt Nasch- und Kraftfutter zu diesen Fütterungen an, was zu unnatürlicher Massierung und Verteilung des Wildes im Raum führt. Mit Haustier- und Mastmentalität ist dem ökologisch ausgerichteten Jagdwesen nicht gedient.

Das Schadensausmaß beim Rotwild

Das Rotwild – an relativ offene Landschaften angepaßt – besiedelte als Großraumtier in unserer früheren Naturlandschaft jahreszeitlich verschiedene Lebensräume. Im Sommer wurden kühlere, insekten- und störungsarme Hochlagen und Nadelwälder bevorzugt, im Herbst zog das Wild oft über viele Kilometer in wärmere Tallagen, wo es in strauch- und laubholzreichen Wäldern und landwirtschaftlichen Bereichen genügend Äsung gab. Solche Wanderungen haben Besiedelung, Straßen, Schienen, Zäune u.a. inzwischen unmöglich gemacht. Um so verhängnisvoller für das Rotwild sind überhöhte Wilddichten, zunehmende Beunruhigung, forstwirtschaftliche Einseitigkeit in der Lebensraumgestaltung und Bevorzugung beliebter Standorte. Die Wildschäden addieren sich mit den immissionsbedingten Waldschäden – ähnlich wie beim Rehwild – und machen eine auf Zukunftssicherung ausgerichtete stabilisierende Einbringung von Mischbaumarten fast unmöglich. Aus den Alpen werden bereits derartige Zerstörungen von Lawinen- und Bodenschutzwäldern mitgeteilt, daß Talorte existentiell bedroht sind. Rotwildjäger müssen dringend mehr wissen über die Rotwildschäden und deren ökologische, finanzielle und waldästhetische Auswirkungen:

- Verdrängung von Pflanzen und Tieren: Der tägliche Nahrungsbedarf eines Stückes liegt im Sommer bei bis zu etwa 12 kg Grünfutter. Bevorzugt werden Kräuter, Sträucher und Nebenbaumarten – von den wirtschaftlich wichtigen Mischbaumarten einmal abgesehen – aufgenommen und dadurch sogar häufig vollkommen verdrängt. Das hat Auswirkungen bis zur Zersetzerkette im Boden.
- Verbißschäden der Kulturpflanzen: Verbissen werden die Kulturpflanzen in der gesamten Kulturphase bis zum Dickungsschluß, so daß Edellaubbäume und sogar die Buche ohne Zaunschutz oft nicht aufwachsen können. Auf den nicht gegatterten Flächen treten folgende Verbißschäden ein:
  - Verzögertes und lückenhaftes Aufwachsen der Kultur, z.B. „Sitzenbleiben" von Nadelholzkulturen.
  - Verzögerte Bodenbedeckung und Schließen der Jungwüchse.
  - Verwilderung durch weniger geschätzte

Abb. 112. Schälschäden von Rotwild in jungen Fichtenbeständen, die bis zur Hiebsreife noch hundert Jahre halten müssen, in Äserhöhe aber alle faul sind. Ein gewisses Schadensausmaß an Verbiß- und Schälschäden ist natürlich und kann und muß der Wald verkraften. Bei ausreichendem Anteil an Weichhölzern (Sträucher und Nebenbaumarten) ist der wirtschaftliche Schaden bei angemessenen Wildständen auch gering zu halten. Wenn jedoch die Schalenwildregulierung vernachlässigt und z. B. die Trophäenjagd zum Selbstzweck wird, dann sind derartige Waldbilder vorprogrammiert. Die ökologischen (Pflanzen- und Kleintierverarmung) und forstwirtschaftlichen Schäden steigen dann exponentiell und unverantwortlich und stehen in keiner Relation zur Jagdpachtsumme. Über die ökologische Destabilisierung gehen sie dazu noch auf Kosten der Allgemeinheit. (Foto: Archiv Forstamt Oderhaus)

Bodenvegetation, die manchmal sogar bekämpft werden muß.
- Erhöhte Spätfrost- und Mäusegefahr bei stärkerer Vergrasung (weil Zeitverzögerung) in Buchenkulturen.
- Stammzahlverminderungen in Buchenkulturen, die auf Selbstreinigung angewiesen sind, mit Qualitätsminderung im Endbestand.
- Verzwieselungen und Verbuschungen.
- Verlängerte Waldbrandgefahr infolge stärkerer Vergrasung.

Der Produktionsausfall durch die Wuchsverzögerung kostet rund 1000 bis 2000 DM pro ha. Die übrigen Schäden sind finanziell nicht zu beziffern.
- Schälschäden: Die auffälligsten und forstwirtschaftlich gravierendsten Schäden entstehen durch das Rindenschälen. Auch wenn im Jahr nur 3 bis 5 % der jungen Bäumchen geschält werden, führt das in 20 bis 30 Jahren zur Vollschälung der Jungbestände. Viele Bäume werden mehrfach geschält, so daß in Rotwildmassierungsbereichen ganze Bestände ausfallen können und im Verlauf von 35 Jahren Vermögensschäden in Höhe von rund 10 000 DM pro ha entstehen. Das sind Extremfälle, doch muß für betroffene Fichtenbestände regelmäßig mit folgenden Schäden gerechnet werden:
- Erhöhtes Bewirtschaftungsrisiko durch Schädigung der Bestandsstruktur (wenn einzelne Zukunftsbäume ausfallen, Löcher und damit Angriffspunkte für den Wind geschaffen werden).
- Schnee- und Sturmbruch an der Schälstelle („Schälbruch").
- Verkürzung der Umtriebszeit durch vorzeitige Verlichtung der Bestände und damit Produktionsausfall.
- Erhöhter Anfall von Schwachholzsortimenten mit so geringen Holzerlösen, daß die Aufarbeitungskosten höher sind.
- Holzentwertung im wertvollsten und massenreichsten unteren Stammstück durch Wundpilzbefall, der die jungen Bäume über die Schälwunden befällt und mit dem Älterwerden das Holz entwertet. Dann müssen bei allen Stämmen mindestens die untersten 3 m, oft aber auch 6 m abgeschnitten werden. Rund 25 bis 30 % des Stammholzes lassen sich nur noch zu einem um 80 bis 100 DM pro Festmeter geringeren Preis vermarkten.

- Eine rotwildschälgeschädigte Fichtenbetriebsklasse bringt pro Jahr und Hektar 145 DM (III. Ertragsklasse), 195 DM (II. Ertragsklasse), 250 DM (I. Ertragsklasse) weniger Reinertrag. Nach einem Urteil des OLG Rheinland-Pfalz sind Rotwildschäden von sogar rund 280 DM pro ha zu erstatten (nach Chwalczyk, 1983; Klingholz, 1985). Die Kosten trägt in der Regel der Waldeigentümer, aber auch die Allgemeinheit, die auf die potentielle Vielfalt und Schönheit der Bestände verzichten muß. Wenn der Abschuß eines guten Hirsches hierzulande etwa 4000 DM kostet, der angerichtete Schaden bei zu hoher Wilddichte aber leicht den zehnfachen Betrag übersteigen kann, dann stimmt die Relation nicht mehr.

Wir Jäger müssen die Probleme schnellstens lösen und den Rotwildbestand auf eine vertretbare Dichte und tolerierbare Schadenshöhe reduzieren, wenn wir etwas für (!) das Rotwild und unser Jagdwesen tun wollen. Sonst nimmt man uns Jägern womöglich eines Tages die Rotwildjagd; darunter zu leiden hätte am meisten das Rotwild.

Weitere Anregungen zur Problemminderung beim Schalenwild

Bei angemessener Bejagung kann konditionsstarkes Wild in vielartigen und reichstrukturierten Wäldern mit Naturverjüngung durchaus gehalten werden. Voraussetzung ist eine Jagd nach ökologischen Gesichtspunkten.

- Damit rückt die Eignung des Jägers in den Vordergrund. Seine Zahlungsfähigkeit interessiert erst in zweiter Linie. Gemeinden oder andere Grundeigentümer sollten das beachten, da sonst die Waldschäden das Mehrfache der Pachteinnahmen betragen können.
- In der Natur (ohne Fütterung) scheiden jährlich über 60 %, in extremen Jahren auch 80 % der Kitze und etwa die Hälfte der Jährlinge/Schmalrehe aus. Auch hier sollten wir durch jagdliche Maßnahmen zur Nutzung des Wildes den natürlichen Sterblichkeitsfaktoren zuvorkommen.
- Auch Schalenwild reagiert auf abnehmende Dichte mit erhöhtem Zuwachs. Starke Eingriffe in die Männchen zugunsten der Weibchen führen zu höheren Fortpflanzungsraten (Kalchreuther, 1984).
- Da unser Schalenwild polygam lebt, ist eine wirksame Wildstandsreduktion ausschließlich über den Abschuß des weiblichen Wildes zu erreichen. Damit muß früh begonnen werden, da die Bejagung – jedenfalls bei Ansitzjagd – im Herbst mit abnehmender Tageslänge und witterungsbedingt immer schwieriger wird. Bei der Rotwildjagd ist es ein weit verbreitetes Übel, daß viele Revierinhaber vor der Brunft kein oder nur sehr wenig Kahlwild schießen. Da meist das Kahlwild die Hirsche anlockt oder suchende Hirsche bindet, steigt nämlich die Chance der Trophäenerbeutung. Nach der Brunft schafft man dann den Kahlwildabschuß nicht mehr, ein höherer Kahlwildbestand geht ins nächste Jahr über, die Ausgangsbasis für die Erlegung der Hirsche wird noch besser, während der gutwillige und früh beim Kahlwild eingreifende Nachbar bei den Hirschen immer mehr das Nachsehen hat.

Nur eine drastische Ankurbelung des Kahlwildabschusses bei zeitigem Beginn in überbesetzten Rotwildrevieren kann Erfolge bringen. Daher können auch nur dort entsprechende Vorgaben und Kontrollen greifen. Man könnte z. B. den Hirschabschuß jeweils an bestimmte Erfolge beim Kahlwildabschuß binden, entsprechende Hirschprämien ansetzen, den körperlichen Nachweis zur Unterbindung der „Postkartenabschüsse" vorschreiben, Medaillen (z. B. Bronze- bis Goldmedaille, Hege-Medaille) von den Hirschen auf das Kahlwild verlagern und neben den manchmal üblichen Bußgeldern für grobe Fehlabschüsse bei Hirschen empfindliche Bußgelder bei Nichterfüllung des Kahlwildabschusses verhängen. Es sind schon abschußfestsetzende Behörden bei zu geringem Ansatz infolge der Wildschäden wegen Amtspflichtverletzung verklagt worden. Bei weiterhin uneinsichtigen Jägern wird man um ähnlich drakonische Maßnahmen kaum noch herumkommen.

- Es ist kaum üblich, Wildschäden von den Verantwortlichen bezahlen zu lassen, weil die Berechnung schwierig ist. Rechtlich ist das jedoch vorgesehen und sollte, wenn anderes nicht fruchtet, auch konsequent betrieben werden.
- Trophäenschauen gehen auf das Reichsjagdgesetz von 1934 zurück und wurden damals als „Kontrolle der rassischen Aufartung des Wildes" zur waidmännischen Pflicht erklärt. Der damalige Oberstjägermeister Ulrich Scherping, einer der Autoren des Gesetzes, schrieb nach dem Krieg über sich und seine Jagdkameraden: „Wir litten in jener Zeit unter einer Erkrankung von Seele und Gemüt, dem Trophäenfimmel." (Klingholz, 1985) Sicher ist, daß ohne die Trophäenschauen die Prestigejagd an Attraktion verlöre, zugleich aber auch den Lehr- und Informationsgehalt. Andererseits zieht man sich nicht immer unberechtigte Kritik zu: „Jahrmarkt der Eitelkeiten, der Angeberei und des Jagdneides"; „Knochenolympiade" (Hubert Weinzierl, Vorsitzender des Bayerischen BUND), „Tanz um das Goldene Kalb" (Klingholz, 1985). Außerdem laufen wir Gefahr, den Trophäenkult immer weiter zu steigern oder ungeeignete Personen als Neujäger anzulocken.
- Schalenwild durch das Aussetzen von Luchsen zu reduzieren gelingt gerade bei Überpopulationen nicht. Treffen nämlich Luchse auf Beutepopulationen, in denen konditionsschwache

und kranke Stücke vorherrschen, ja sogar Kadaver von Fallwild vorliegen, halten sie sich eben an diese leichte Beute. Hier wirkt dann ihr Einfluß nicht vermindernd, sondern eher noch beschleunigend auf das Wachstum der Beutepopulationen (Kurt, 1982).

Artenschutzkriterien gelten auch beim Rotwild

Das Denkschema einer Bewirtschaftung dieser oder jener Schalenwildart führt uns leicht in ein völlig unbiologisches Abseits. Die Kenntnis und Beachtung der Überlebensstrategien, der Äsungsanforderungen, der Feindvermeidung, der Aktivitätsrhythmik, des Sozialverhaltens, der Bedeutung der Rangordnung, aber auch der allgemeinen Genetik u.a. ist Voraussetzung für eine angemessene Bejagung, die Natur- und Tierschutzkriterien gerecht wird. So müssen wir durchaus darauf reagieren, daß das Rotwild als Art bereits Anzeichen genetischer Isolierung erkennen läßt, weil der genetische Austausch zwischen den verschiedenen Inselvorkommen unterbrochen ist. Möglicherweise hat auch eine trophäenorientierte Selektion Anteil an dieser Entwicklung. Das Rotwild erfüllt jedenfalls die Kriterien der Kategorie II a der Roten Liste. Es gehört nämlich zu den Tierarten, die aus einem großen Teil ihres Verbreitungsgebietes verdrängt worden sind und die nicht mehr zusammenhängend vorkommen (Petrak, 1991). Rotwild kommt z. B. in den alten Bundesländern nur auf 14 % der Jagdfläche vor. Das System der behördlich festgelegten „rotwildfreien Zonen" ist nach heutigen populationsgenetischen Erkenntnissen dringend zu überdenken.

Auch unsere größte Wildart braucht biologische Verbundsysteme und ökologische Vernetzung, damit die verinselungsbedingte Gendrift endet. Die schadens- und wirtschaftsbedingte Beschränkung des Rotwildes auf behördlich festgelegte Restinseln riecht nach Bewirtschaftung, verlangt Notreaktionen (z. B. Fütterung) und wird der Art langfristig nicht gerecht. Gleiches gilt für die gebietsweise sehr unterschiedliche Bedeutung der Feindvermeidung, z. B. des Zeitaufwands für das Sichern und Flüchten. Beides kann die richtige Nutzung des Lebensraums verhindern. Rotwild, das sich wohlfühlt, sichert etwa 1 bis 3 % seiner Aktivitätszeit während des Äsens spontan, d. h. ohne daß eine zusätzliche Störung hinzutritt. Unter gestörten Bedingungen durch Waldbesucher oder auch durch nicht sachgerechte Jagd steigt dieser Anteil des spontanen Sicherns auf über 30 % an. Dies hat natürlich auch auf die Entstehung von Wildschäden – z. B. Verbiß- oder Schälschäden in sichtdichten, aber äsungsarmen Bereichen – erheblichen Einfluß (Petrak, 1991).

In solchem Fall muß (!) über angemessene Störungsminimierung nachgedacht werden (z. B. Touristensteuerung oder Änderung der Jagdmethodik). Eine statische Festlegung von Rotwilddichtezahlen ist ökologisch unsinnig, nicht nur weil die Zahlen meist nicht stimmen, sondern auch weil Lebensraumbedingungen und Jagdaktivitäten örtlich zu sehr schwanken. Auch das Gerede von der „guten alten Zeit" ist wenig überzeugend: Pfau (1989) hat für die Hessischen Staatswälder (Verwaltungsjagd und verpachtete Bezirke) von der Mitte der 50er bis zur Mitte der 80er Jahre bei Rotwild eine Verdoppelung, bei Dam- und Muffelwild eine Verzehnfachung und beim Schwarzwild wie beim Rehwild eine Verzweieinhalbfachung der Strecken festgestellt. Wotschikowsky (1991) sieht das „neue Problem" des Rotwildes in den krassen Dichteunterschieden. In erster Linie resultieren sie aus der Abschußstrategie der Vergangenheit, als sehr häufig unter dem Druck der Schälschäden das Abschußsoll heraufgesetzt und nach dem Gießkannenprinzip ohne Einschätzung der Örtlichkeit verteilt wurde. Das bedeutet „überall löschen, wo zufällig Wasser vorhanden ist – nicht aber dort, wo das Feuer brennt". Damit werden ökologische wie wildbiologische Grundanforderungen mißachtet. Das kann nur abgefangen werden, indem tatsächliche Lebensraumeinschätzungen als Grundlage der Wildstandsregulierung herangezogen werden und angemessene Kontrollen zeitgemäße Bejagung sichern. Mauern beim Kahlwildabschuß darf sich nicht lohnen. Die Behörden und Jagdverbände müssen Hirschabschüsse in „Problembereichen" an den vorherigen Kahlwildabschuß binden und den körperlichen Nachweis für erlegtes Rotwild durchsetzen.

In bestimmten Revieren beim Schalenwild werden Einstandsgrößen bzw. Streifgebiete an Wochenenden störungsbedingt bis zu 80 % verringert (z. B. bei einer Ricke von 22 auf 4,5 ha, bei einem Bock von 18 auf 10 ha, bei Rotwild in Österreich an Sonn- und Feiertagen bis zu 62 % Reduktion). Fehlentwicklungen sind also auch im Interesse des Wildes zu korrigieren. Das hat nicht nur etwas mit Biotopverbesserung und Äsungsanreicherung oder Verfügbarmachung der Nahrung, sondern auch etwas mit menschlichem Raumverhalten (z. B. Wegegebot zu bestimmten Zeiten) und unseren jagdlichen Methoden zu tun. Die Rückverlegung des Jagdzeitbeginns für Rotwild z. B. vom 1. Juni auf den 1. August und Vorverlegung des Jagdendes z. B. vom 31. Januar auf den 15. Dezember bzw. den Beginn der Fütterungszeit darf keine „heilige Kuh" sein, ebensowenig die Modifizierung der Einzel- und Gesellschaftsjagden in angemessenen Intervallen, die wildbiologisch, nicht aber nach Bequemlichkeit bestimmt werden. Und es muß auch räumlich differenziert gehandelt werden. Das bedeutet Beobachten und durchdachtes Handeln, nicht aber permanentes „Verstänkern" eines Revieres zwecks persönlichen Lustgewinns.

Ein geradezu klassischer Fehler betriebswirtschaftlicher Gewinnmaximierung besteht darin, das Zielalter für „reife" Hirsche so niedrig anzusetzen, daß man mit möglichst wenig Zeitaufwand nach Hirsch-Lebensjahren möglichst viele starke Trophäen erbeuten kann. Für das Rudeltier „Rotwild" mit seinen ausgeprägten Sozialstrukturen ist es zum artgerechten Wohlbefinden geradezu entscheidend, daß wir Hirsche auch alt (reif) werden und Führungsqualität erlangen lassen (Wölfel, 1990). Das biologisch zu fordernde Mindestalter für reife Hirsche liegt bei mindestens 12 Jahren. Auch dieses Alter ist gewissermaßen ein Kompromiß, denn in der Natur werden Hirsche auf dem Höhepunkt ihrer Entwicklung nicht gerissen. Prädatoren kommen normalerweise erst später zum Zuge, dann aber auch mit der Konsequenz, daß es ein langes Alterssiechtum bei Beutetieren nicht gibt. Jüngere Hirsche haben nicht die zum Rudeln des Kahlwildes nötige Erfahrung und stellen sich wegen ihres verzögerten Hormonzyklus auch erst später beim Kahlwild ein. Bei den in Anwesenheit der jüngeren Hirsche einsetzenden Ovulationen würden die Alttiere zwar umworben, doch kommt es wahrscheinlich längst nicht immer zum erfolgreichen Beschlag (Petrak, 1991). Daher werden viele Alttiere von den jungen Hirschen (wenn alte nicht vorhanden sind!) nicht zu Brunftbeginn (1. Eisprung) beschlagen, sondern erst in 2., 3. oder 4. Östrus. Typisch dafür sind kleine Rudeleinheiten (z. B. Alttier – Schmaltier / Schmalspießer – Kalb) und eine lang herausgezögerte Brunft. Dadurch verzögern sich die Kälbergeburten im Folgejahr, die Tiere kommen schwächer in den Winter usw. (Wölfel, 1990). Wildbiologisch richtig handeln wir, wenn wir Hirsche alt werden lassen. Wirklich alte Hirsche sind zudem auch gut anzusprechen, während in der Praxis trotz Beteuerungen von „Rotwildpäpsten" ein 9jähriger und ein 11jähriger Hirsch (Zielalter z. B. 10!) nicht zu unterscheiden sind. Meist erreichen vermeintlich 10jährige Hirsche schon mit 6 bis 8 Jahren das festgesetzte Erntealter. Ein Weiser für das Fehlen reifer, alter Hirsche ist das weitgehende Ausbleiben größerer Rudelbildungen zur Brunftzeit.

Der reife Hirsch hat nicht nur auf den Setzzeitpunkt, sondern auch auf die Rudelbildung in der Brunft Einfluß. Das hat Folgen für die Feindvermeidung bzw. das Sicherheitsempfinden: Rudel von 6 bis 10 Individuen sind gerade diesbezüglich besonders anpassungsfähig. Sie fühlen sich wesentlich sicherer, nutzen den Raum besser, halten den Äsungsrhythmus ein und verursachen daher geringere Schäden. Das blinde Zerschießen von Sicherheits- und Sozialstrukturen steigert den Streß und damit die Schäden. Insofern ist auch ein frühzeitiger Abschuß von Schmaltieren und Spießern im Juni und Juli sehr kritisch zu sehen. In den Haupt- und Aufzuchteinständen sollte bis Ende Juli absolute Ruhe herrschen (Petrak, 1991). Der Anteil der Jährlinge an der Gesamtstrecke ist so gering, daß man diese Zeit zur Abschußerfüllung nicht braucht und daher besser Störungen vermeidet. Die frühe Jährlingsbejagung kann Schälschäden geradezu provozieren (Petrak, 1991). Einzeljagd oder auch gemeinschaftlicher Ansitz (Bewegungsjagd) insbesondere auf Kälber, Schmal- und Alttiere sowie junge Hirsche im August bis Anfang September (Jagdruhe dann z. B. bis 20. September!) kann die Folgen der Schonzeit im Juni/Juli durchaus ausgleichen, zumal dann das Wild wesentlich vertrauter ist. Die Ursachen von Wildschäden sind differenziert zu untersuchen (Herditsch, 1991), und ebenso differenziert sollte reagiert werden. Davon ist die Praxis meist weit entfernt. Die häufigsten Ursachen:

- zu hohe Wildstände (Unterschätzung der Zahl, Überschätzung des Äsungspotentials der Reviere),
- Äsungsmangel (ganzjährig, temporär oder lokal in Verdrängungsräumen),
- Beunruhigung (Waldbesucher, Pilz- und Beerensammler, Jogger, Fotografen, Stangensucher, intensive Forstwirtschaft, Jagddruck. Störeinflüsse sind auch jahreszeitabhängig und z. B. in der Setzzeit und in der winterlichen Notzeit bei halbiertem Gesamtstoffwechsel besonders groß. Nach Onderscheka (1991) kann allein der Faktor „Beunruhigung" die tolerierbare Lebensraumkapazität auf 25 bis 50 % reduzieren),
- falsche Bejagung (zu hoher Jagddruck, Streß, Unterbindung der Äsungsrhythmik auch in Dämmerungszeiten führen zu physiologischen Störungen des Wildorganismus),
- falsche Fütterung (falsches Verhältnis von Rauh- und Saftfutter, Kraftfutter; fachgerechte Fütterung kann wildschadenmindernd, falsche Fütterung dagegen wildschadenauslösend wirken [Onderscheka, 1991]),
- Massierung des Wildes auf kleinen Gebieten (durch Lockfütterung, Gatterkonzentrationen, Störungen in Einständen),
- Warteraumeffekt (Bejagung des Wildes auf besonderen Äsungsflächen und Wildäckern führt zum Warten vor diesen Flächen bis zur Dunkelheit und in dieser Zeit zu starkem Schälen),
- Zerschießen von Sicherheitsstrukturen in Rudelverbänden und entsprechende Beeinträchtigung des Raumverhaltens und Schadenskonzentration.

Von wesentlicher Bedeutung ist auch die zeitliche Konzentration oder räumliche Entflechtung gestaffelter Schußzeiten bei Vorkommen mehrerer Schalenwildarten (Reimoser, 1991), auch bei winterlicher Fuchsbejagung in Rotwildgebieten. Jagddruck hat Folgen für alle Wildarten, die sich im riech-, sicht- oder hörbaren Einzugsbereich des Jägers befinden. Auch dies wird von vielen Jägern unterschätzt. Zu empfehlen ist eine mehrjährigperiodische Konzentration von jagdlichen Kräften wie forstlichen Maßnahmen auf die jeweils wichtigsten Flächen anstelle der bisher üblichen ineffektiven großflächigen Verzettelung (Reimoser, 1991). Die Gewährung von Ruhezonen ist auch eine Frage jagdlicher Disziplin und Unterordnung eigener Wünsche unter die Bedürfnisse der Wildtiere. Die Wälder werden immer mehr zu Erholungsgebieten. Daher sollte man zumindest zur Setz- und Notzeit ganzflächig ein Wegegebot durchsetzen, das dann natürlich auch für die Jagd gilt. Der Aufgang der Bockjagdzeit mitten in der Setzzeit ist mit dem ökologischen Auftrag der Jagd kaum zu vereinbaren. Wer eine naturnahe Bejagung anstrebt, also den Selektionsmechanismen der Prädatoren (Wolf, Bär, Luchs) nachzueifern versucht, sollte Richtliniendenken ablegen und bedenken, wie Evolution und Koevolution unser Rotwild und seine Prädatoren im Laufe von etwa 1 Mio. Jahren geprägt haben:

- Zur Strecke kommen vorrangig alle jungen, kranken und auffälligen (z. B. fehlfarbenen) Stücke.
- Da die unerfahrenen Stücke zuerst gerissen werden, ist der Waidgerechtigkeitsgrundsatz: „Stets das Kalb vor dem Alttier erlegen!" nicht nur tierschutzgerecht, sondern auch wildbiologisch begründet und für das Sozial- wie tradierte Raumverhalten im ganzen Jahreszyklus wichtig. Es ist keine Jagdart zu akzeptieren, die diesen Grundsatz gefährdet, Alttier-/Kalb- bzw. Alttier-/Schmaltier-/Kalb-Verbände sprengt und riskiert, daß Alttiere vor ihren Kälbern erlegt werden. Solche Alters- bzw. Sozialselektionen sind auch nach dem Opportunitätsprinzip logisch, weil immer das Stück zuerst gerissen wird, das wegen Unerfahrenheit, Krankheit oder Altersdisposition am leichtesten zur Beute wird. Der hetzende Prädator kommt in der Regel von hinten, und dort ist stets das jüngere Stück, das dem Muttertier folgt. Bei Bighorn-Schafen in Nordamerika erbeuten Wölfe fast alle alten Tiere, bei Tieren zwischen 2 und 7 Jahren hat der Wolf dagegen praktisch keine Chance (Remmert, 1992).
- Der Sicherheitskomfort in einem Rudel wird auch in der Natur generell nicht wesentlich beeinträchtigt, weil dort in erster Linie nur Kälber oder einjährige Stücke Opfer von Prädatoren werden. Erfahrene Alttiere und Leittiere, die in einem Kahlwildrudel das Sicherheitsfundament bilden, an das sich rangniedere Stücke anlehnen, werden in der Natur geschont. In der Praxis sind bei Drückjagden mit zu vielen und zu schnellen (!) Hunden diese „Sicherheitsgaranten" und „Kommandogeber" für das Raumverhalten nicht zu erkennen, so daß sie unnatürlich zur Strecke kommen. Konsequenterweise sollten bei derartigen Jagden Alttiere grundsätzlich nicht erlegt werden dürfen.
- Mittelalte Stücke kommen beim Rotwild in der Natur normalerweise nicht zur Strecke. Dies gilt solange, bis sie krankheits- oder altersbedingt so disponiert sind, daß sie leichte Beute der Prädatoren werden. Tiere mittleren Alters sollten deshalb tunlichst geschont werden. Das dürfte für Hirsche etwa vom 4. Kopf an bis mindestens zum 12. Kopf gelten. Die Erlegung der Hirsche mit dem „Zielalter" 10 ist Resultat einer Trophäenorientierung. Gerade beim Rotwild ist der konsequente Altersklassenabschuß die Richtschnur, die der Natur am nächsten kommt.
- Während die Prädatoren Bär und Luchs relativ standorttreu sind oder nur langsam wechseln und somit „Dauerdruck" erzeugen, der permanent Feindvermeidungsstrategien beim Schalenwild erfordert, jagen Wölfe oft relativ großräumig in bestimmten Zyklen. Sie kehren im Rhythmus von 2 bis 4 Wochen in den Ausgangsraum zurück, um dann dort besonders starken Druck zu erzeugen, der jedoch nach wenigen Tagen vorbei ist. Ein gewisser „Intervalldruck" ist also auch in der Natur üblich.
- Eine Hirschselektion nach Zahl der Enden, Farbe, Perlung, Schönheit und Punkten findet in der Natur nicht statt. Solange wir uns hier vom anthropomorphen Schmuckdenken nicht lösen, werden wir gegenüber Biologen, Zoologen, Ökologen in Beweisnot geraten.

13.4 Rehwild – Abrücken von ökologischen und wildbiologischen Fehlern – je schneller, desto besser

„Jagd ist gut und nutz,
wenn der gut und nutz ist, der sie ausübt."
Martin Luther (1483–1546)

Einer der besten Rehkenner, der Pole Zygmont Pielowski (1987), schätzt den europäischen Rehbestand auf wenigstens 3,8 Mio. Zweifellos liegt er damit an der unteren Grenze. Nie gab es so viele Rehe wie in der modernen Kulturlandschaft (Kurt, 1991). Als unsere kleinste und stammesgeschichtlich älteste europäische Hirschart ist das Reh bis heute eine relativ primitive, nicht spezialisierte Wildart geblieben und hat sich dadurch eine hohe Anpassungsfähigkeit an verschiedenartigste Lebensräume bewahrt. Allerdings reagieren Rehe auf jede Umweltveränderung äußerst empfindlich, und zwar körperlich wie seelisch. Durch seine Anpassungsfähigkeit und den arteigenen Ausbreitungsdrang ist das Rehwild zum typischen Kulturfolger geworden. Es bewohnt ebenso reine Waldgebiete wie waldfreie Agrarlandschaften, kommt häufig auch in stadtnahen Waldteilen inmitten der Industrielandschaft und in großstädtischen Parks vor. Beste Bedingungen findet es in Gebieten mit relativ kleinflächiger Gemengelage von Wäldern, Wiesen und Äckern und dadurch reichem Angebot an Waldrändern (Reimoser, 1986).

Entsprechend seinem Verhalten wird das Rehwild als „Buschschlüpfertyp“ bezeichnet. Es begegnet als nicht ausdauernder Läufer Gefahren durch kurze Fluchten und Sich-Ducken und verläßt den eigenen Lebensraum allenfalls kurz.

Rehwild ist ins Gerede gekommen, weil es einerseits vielerorts nicht artgemäß und befriedigend bejagt wird und andererseits auf Störungen seines Lebensraumes, Verarmung der Nahrungspflanzen und Begrenzung seiner Deckung anders reagiert, als der Jäger oder Forstmann denkt. Besonders deutlich werden die Probleme dann, wenn in ausgeräumten Agrarbereichen mit geringem Waldanteil durch die plötzliche Ernte oder andere Lebensraumkatastrophen für die Rehe so starke Veränderungen eintreten, daß sie in Perioden mit erhöhtem Nährstoff- und Energiebedarf (Spätsommer, Spätwinter) vorübergehend in den Wald abwandern müssen. Zu dieser Zeit zeigen die Waldrehe kaum abwehrendes Sozialverhalten. Die Äsung ist oft äußerst dürftig, zum Sterben zu viel und zum gesunden Leben zu wenig. Zwangsläufig verbeißen Rehe gerade unter solchen Bedingungen alle selteneren forstlichen Kulturpflanzen. Derartig massierten Wildschaden, wie er in unseren (Kunst-)Wäldern auftritt, gibt es in natürlichen, lichtungsreichen Urwäldern im Mosaik-Zyklus-System (vgl. Kap. 12) nicht. Dort ist der Rehwildbestand infolge seiner strikten sozialen Organisation, der Konkurrenz mit anderen großen Wiederkäuern und infolge der natürlichen Prädation niedrig und entsprechend verteilt. Die für das Reh typische selektive Nutzung von Pflanzen weist ihm im Mosaik-Zyklus des Naturwaldes eine Schalter- oder Verstärkerrolle (Remmert, 1988) zu. Im modernen Wirtschaftswald können Rehe diese Rolle meist schon deshalb nicht spielen, weil es die artenreiche, kleinräumig wechselnde Mosaikstruktur dort nicht gibt. Rehe nehmen Schaden, wenn ihre Dichte eine bestimmte Schwelle überschreitet, worauf Jäger wie Forstleute ökologisch angemessen reagieren sollten.

An unserer häufigsten Schalenwildart lassen sich deshalb Reaktionsempfehlungen entwickeln, die zeigen, daß Wildschaden nicht proportional zur Wilddichte steigen muß, wie Reimoser (1986) nachgewiesen hat. Vermehrter Abschuß bedeutet nicht automatisch weniger Wildschaden (Kurt, 1991), und im Spiel um ein künstliches „Näherungsgleichgewicht“ der Arten in einem vom Menschen stark veränderten Lebensraum hat der Jäger den Schwarzen Peter gezogen. In Revieren, in denen auf Teufel komm raus bis Ende Januar ein möglichst hohes Abschußziel angestrebt wird, sind die Wildschäden wegen ungehemmter Störung des Wildes gerade in der Energiespar-Zeit häufig gravierender als in ungestörten Revieren mit höheren Beständen (Hofmann, 1979). Das ist eine Herausforderung an das ökologische Fingerspitzengefühl der Jäger. Wenige hochgestreßte Tiere können durchaus mehr Nahrung aufnehmen als viele ungestreßte (Kurt, 1991). Ohne vollständige Erfassung des Fallwildes und der Gesamtjagdstrecke sind Bestands- und Zuwachsherleitungen gerade beim Rehwild haltlose Spekulation. Deshalb gibt es vernünftigerweise auch keine Abschußplanung, die über Jahre hinaus genau gleich aussähe (Petrak, 1990). Der Schlüssel für eine örtlich angemessene Abschußfestsetzung wird immer im Zustand der Vegetation zu suchen sein.

Für die Beurteilung der Lebensraumansprüche des Rehwildes ist auch die Einschätzung der Sinnesleistungen wichtig. Die Gehörleistung gilt als sehr gut, jedoch werden bestimmte Geräusche regional (Gewöhnungseffekt) und individuell unterschiedlich gewertet. Der Geruchssinn ist ausgezeichnet und bestimmt maßgeblich das Sozialverhalten. Die menschliche Witterung wird bei günstigem Wind bis ca. 300 m (400 m) wahrgenommen. Der Gewöhnungseffekt an bestimmte Witterungen ist sehr unterschiedlich. Das Riechepithel des Rehes ist mit rund 90 cm^2 etwa so groß wie das eines mittelgroßen Hundes, mit rund 3,5 Mio. Riechzellen pro cm^2 jedoch etwa dreimal dichter besetzt (Kurt, 1991). Wichtig ist das Zusammenspiel von Geruchs- und Geschmackssinn, das eine feine Nahrungsauswahl ermöglicht. Verschiedene Riechzelltypen, wie sie vorher bei keinem anderen Säugetier gefunden worden sind, dienen bei der Äsungssuche zur Identifikation von Pflanzendüften (Seifert, 1970). Müri (1983) und andere Wissenschaftler haben nachgewiesen, daß Rehe in einer Futterperiode nie mehr als eine neue Futterart aufnehmen, so daß zwischen zwei verschiedenen Futterarten immer eine Wiederkäu-Periode liegt. Er stützt damit die Theorie über das „long-delay-learning“ bei großen Pflanzenfressern, nach der ein Tier gewissermaßen aus instinktiver Vorsicht vor Vergiftungen pro Freßaktivität höchstens einen neuen Futtertyp aufnimmt. Die Kitze übernehmen von ihrer Mutter die bevorzugten Arten und Pflanzenteile. Da die Äsungspräferenzen im Jahresgang wechseln, hat auch dafür die ganzjährige Führung im ersten Lebensjahr einen logischen Sinn. Daraus ergeben sich ausgeprägte Traditionen bei der Wahl der Futterpflanzen und regional unterschiedliche Verbißschwerpunkte (Ellenberg, 1974; Remmert, 1992).

Von allen Sinnen ist der Gesichtssinn am mäßigsten ausgebildet, was allerdings nur auf die

Fähigkeit zur Identifikation unbewegter Gegenstände zutrifft. Bewegungen erkennen die Tiere dagegen auf große Entfernung außerordentlich gut (Reimoser, 1986). Rehe haben als ehemals typisches Beutetier der Großraubtiere und durch ihre eher einzelgängerische Lebensweise ein sehr ausgeprägtes Sicherheitsbedürfnis. Durch ihre Vorsicht und ihr großes Verstecktalent noch bei geringster Deckung ist Rehwild sehr schwer zählbar und jagdlich kontrollierbar. Der auch für Rehwild wichtige Ruhefaktor wird leider zunehmend vernachlässigt. Flucht nach Beunruhigung kann den Stoffwechsel auf 130 bis 210 % des Grundaufwandes ansteigen lassen. Der geringste Energieverbrauch ist bei ungestörter Ruhe (!) im Winter zu verzeichnen. Durch anatomische und physiologische Anpassung ist das Rehwild dann auf vermindertes Nahrungsangebot eingestellt und spart Energie, indem es die Bewegungsaktivitäten auf ein Minimum beschränkt. Im winterlichen Stoffwechsel kann Rehwild mit wenig und relativ faserreicher, nährstoffarmer Äsung auskommen, vor allem wenn es bei reichlicher Herbstäsung (Herbstmast) Energiedepots (Nierenfett) hat anglegen können. Insbesondere bei plötzlicher Vegetationsentfaltung im Frühjahr und Umstellung des Verdauungsapparates auf eiweißreiche Grünäsung ist eine zusätzliche faserreiche Ballast-Äsung (Zweige, dürres Laub) wichtig zur Regulierung der Verdauungsvorgänge (Reimoser, 1986).

Rehe wachsen nachweislich nur im Sommerhalbjahr. Für die körperliche Entwicklung des ganzen Lebens ist das Gewicht entscheidend, das ein Kitz während des ersten Lebensjahres erreicht. Ellenberg hat nachgewiesen, daß bei reproduzierenden Ricken und bei Kitzen der höchste Energiebedarf in die Laktationsphase fällt. Gerade zu dieser Zeit sollte das Rehwild Ruhe (auch Jagdruhe) haben. Die dann schnelle Gewichtszunahme und das entsprechende spätere Gesamtgewicht bei Territorialität haben auch auf das Geweih des Bockes und auf die Reproduktion der Ricken Einfluß. Eine Ricke im optimalen Lebensraum mit weniger Konkurrenz setzt mehr und stärkere weibliche Kitze mit höherer Lebenserwartung.

Vom Herbstgewicht der Kitze hängen ihre Überlebenschancen im Winter ab. Bei etwa 12,5 kg Lebendgewicht liegt anscheinend eine Grenze, unter der auch in milden Klimaten die Hälfte der Kitze eingeht, wohl weil die Relation zwischen energieabstrahlender Körperoberfläche und Energieumsatz im Pansen bei abnehmender Verdaulichkeit der Nahrung im Winter schließlich zu ungünstig wird. Diese Grenze dürfte in schneereicheren oder winterkälteren Gebieten höher liegen (Ellenberg, 1978). Heu nehmen Rehe übrigens meist deshalb nicht auf, weil sie Teile von losen langen Halmen nicht abbeißen bzw. ungekürzt abschlucken können. Rehe sind sog. Rupfer, d. h. sie quetschen die Pflanze mit den Vorderzähnen im Unterkiefer an und reißen sie durch eine Kopfbewegung ab. Deshalb neigen Rehe im Fütterungsfall zur Aufnahme hoher Kraftfuttermengen, die dann durch vermehrte Verbißschäden kompensiert werden. Häckseln auf eine Länge von wenigen Zentimetern verbessert in der Regel die Aufnahme von Heu (Enzinger u. Hartfiel, 1987).

Mit Telemetrieuntersuchungen kommt man dem Raum-Zeit-Verhalten des Rehwildes immer besser auf die Spur. Der Flächenanspruch wird vom Nahrungsangebot, vom Wetter, von der Jahreszeit und vom Geschlecht bestimmt. Er ist deutlich geringer als gemeinhin angenommen. In geschlossenen Fichten-Waldrevieren in Bayern in der Höhenlage um 350 bis 400 m betrug der Flächenanspruch im März für beide Geschlechter etwa 35 ha, im September im Durchschnitt rund 60 ha, wobei die Böcke rund 40 ha, die Ricken rund 70 ha beanspruchten. Im Gesamtdurchschnitt lag zwischen Tageseinstand und erstem Nachtstandort eine Entfernung von 270 m. Auf große individuelle und vor allem standörtliche Unterschiede weist Reimoser (1986) hin:

„Erwachsene Waldrehe gelten im allgemeinen als standorttreue Individualisten mit ausgeprägtem Territorialverhalten der Böcke vom Spätwinter bis zum August. Die Territoriengröße in dichter besiedelten und deckungsreichen Waldgebieten beträgt etwa 7 bis 12 ha, in dünner besiedelten oder/und deckungsarmen Gebieten bis zu 100 ha. Verwandte Geißen bilden Sippen, die ein ‚Sippen-Territorium' beanspruchen. Gleichzeitig besteht jedoch ein hohes Bedürfnis nach sozialem Kontakt: Einzeln gehaltene Böcke suchen den Kontakt zu Nachbarn und nagen zu diesem Zweck sogar hölzerne Trennwände auf. In freier Wildbahn müssen für den Informationsaustausch gemeinsame Territoriumsgrenzen und gemeinsame Aufenthaltszonen (nicht verteidigte Pufferzonen) vorhanden sein. Bevorzugter Aufenthaltsort der Rehe sind Busch- und Waldränder. Nicht territoriale Rehe (meist junge Böcke und Geißen) besiedeln vorwiegend ‚Niemandsland'. Falls dieses nicht ausreichend zur Verfügung steht, können sie von territorialen Rehen über weite Strecken in andere Gebiete abgedrängt werden bzw. selbst aktiv abwandern. Das verteidigte Territorium, das nur ein Teil des bewohnten Heimatgebietes eines Rehes ist, kann im Gebirge mit der Schneeschmelze hochwandern und sich dadurch innerhalb eines Jahres räumlich verlagern. Im Herbst und Winter schließen sich mehrere Rehe zu Sprüngen zusammen. In dieser Jahreszeit werden Territorien von Böcken nicht, von Geißen(-sippen) schwach verteidigt. Winter- und Sommereinstände liegen vor allem im Gebirge oft weiter voneinander entfernt."

Auch Wotschikowsky (1991) weist auf die enorme Schwankung der Rehstreifgebiete hin, die er im Durchschnitt mit knapp 30 ha und in der

Schwankung von 6 bis 60 ha angibt. Nach Kurt (1991) umfassen große Territorien rund 35 ha, kleine 5 bis 9 ha. Es scheint, daß diese Minimalgröße auch bei reichem Kraftfutterangebot nicht mehr unterschritten werden kann. Lediglich zur Setzzeit bewohnt die Ricke ein u. U. sehr kleines Gebiet. Kurt (1991) berichtet von einer Ricke, die in den ersten 10 Tagen nach dem Setzen nur 3700 m^2 bewohnte, den Raum dann für $1^1/_2$ Monate auf 7600 m^2 ausdehnte, dann bis Ende August auf 4,5 ha und schließlich Ende November ein Streifgebiet von 15 ha bewohnte. Für die Bejagungspraxis wie für die Gewichtung der Renaturierung oder Artenanreicherung bestimmter Revierteile ist von Bedeutung, daß einjährige Rehe im Frühjahr bis Frühsommer (meist Mitte März bis Mitte Mai) zunächst scheinbar ziellos umherwandern, bis sie ein Revier für sich finden, und daß erwachsene Rehe Jahr für Jahr in dem einmal gefundenen Revier bleiben (Wotschikowsky, 1991). Erwachsene Böcke wie Ricken halten an ihrem Revier eisern fest. Die alten Böcke beginnen mit der Markierung und Verteidigung ihrer Reviere früher als die jungen und konzentrieren sich auf Gebiete mit besten Nahrungsbedingungen. Deshalb sind Reviere alter Böcke kleiner als die schwächerer und jüngerer Böcke. Letztere müssen daher mehr Energie bei der Verteidigung ihres größeren Revieres mit längeren Grenzen und bei der Suche nach geeigneter Nahrung verbrauchen (Remmert, 1992). Nur territoriale Böcke nehmen an der Fortpflanzung teil (Kurt, 1991). Die Paarungsbereitschaft der Ricken dauert dabei nicht länger als 24 Stunden (Strandgaard, 1972). Abschuß schafft Platz für Jährlinge – und hier wiederum gerade für die stärkeren, die schon zeitig auf die Suche gehen müssen, um sich ein Territorium zu erwerben, weil schwächere Böcke länger geduldet werden. Andererseits laufen Böcke nicht davon, wenn man ihnen andere gute Gebiete freischießt (Wotschikowsky, 1991).

Nur miteinander verwandte Ricken besiedeln einen bestimmten Lebensraum gemeinsam, und in diesem Gebiet gehen sich die Mutterfamilien (Sprünge) aus dem Weg. Von führenden Ricken angeführte Sprünge mit ihren Schmalrehen und kitzlose Ricken der gleichen Sippe sind nicht gleichzeitig z. B. auf einer Äsungsfläche sichtbar. Der Abschuß einer führenden Ricke kann dazu führen, daß sich die Kitze anderen Sippen anschließen und dadurch dort die Bestandesdichte und ebenso das Schadensbild erhöhen (Kurt, 1991). Auf die Auswirkungen der Immissionen sowohl auf die Populationsdynamik als auch auf die Lebensraumgröße des Rehwildes hat Ellenberg (1986) hingewiesen.

Infolge der Kronenverlichtungen der kranken Bäume wird die lichtliebende Krautschicht gefördert. Hinzu kommt der hohe Stickstoffeintrag, der die Bodenpflanzen in der Bioproduktion fördert, auch zeitlich durch Verlängerung der Vegetationszeit. Die daraus folgende Erweiterung der Nahrungskapazität führt zur Verkleinerung der Territorien und zur Anhebung der „natürlichen" Wilddichte. Darauf folgt verstärkter Verbißdruck auf beliebte Pflanzenarten, Entmischung im Jungwuchs und damit höherer Schaden bei Kulturpflanzen. Andererseits werden viele zur Dominanz neigende Pflanzenarten durch verstärkten Lichteinfall oder durch Eutrophierung aus der Luft besonders gefördert, so daß sie lichtfordernde „Hungerkünstler" (Magerarten) stärker als normal be- und verdrängen. Der Verbiß durch Herbivoren hat gerade auch in einem immissionsbelasteten Naturwald in der Freiflächenphase des Mosaik-Zyklus-Systems (vgl. Kap. 12) eine ökologische Funktion. Die ökologische Gratwanderung des regulierenden Jägers zwischen zu viel und zu wenig (beides ist möglich) Herbivoren ist also durch Immissionen eher erschwert worden.

Die kleinräumig mögliche Bestandesdichte von Rehen schwankt in einem Naturwald je nach Phase im Zyklus zwischen sehr hohen und sehr niedrigen Werten, die bis auf Null heruntergehen können. Ähnlich liegen die Dinge beim Rothirsch, der allerdings auch schwerer aufschließbare Pflanzennahrung akzeptieren kann (Remmert, 1990). Ohne Zweifel ist gerade beim Rehwild an vielen Stellen ein erhöhter Abschuß möglich (und nötig) (Ellenberg, 1986). Durch die Bevorzugung bestimmter Pflanzenarten und eine konzentrierte Aufnahme wichtiger Entwicklungs- und Fortpflanzungsorgane (Knospen, Triebspitzen, Samen, Früchte) tragen Rehe ganz entscheidend zur Veränderung von Pflanzengesellschaften bei. Rehe ermöglichen die Keimung vieler Samen und tragen zu deren Verbreitung bei. Rehwild kommt sogar eine gewisse Schalterfunktion im Naturwald zu (Kurt, 1991). Dosierter Verbiß kann die Konkurrenzfähigkeit dominierender Arten herabsetzen, was für den Artenreichtum einer Vegetationsform in einem bestimmten Zyklusstadium durchaus von Vorteil sein kann (Kreie u. Vauk, 1991).

In natürlichen Urwäldern sind Lichtungen klein und verteilt, die innerartliche Konkurrenz ist groß, folglich die ökologische Nische für Rehe eng. Die innerartliche Konkurrenz erzwingt mehr Migrationen und führt zu schlechter Kondition von schwachen Tieren und dadurch zu wachsendem Einfluß von Prädatoren und zu geringer Bestandesdichte. Somit ist der Einfluß auf die Pflanzendichte gering und zum Teil positiv, weil er den Verlauf bestimmter Sukzessionen fördert. Sehr deutlich ist beim Rehwild die hohe Nahrungspräferenz gegenüber Kräutern, Laubhölzern und Zwergsträuchern oder Früchten im Herbst. Himbeer-, Vogelbeer- und Heidelbeerfrüchte werden im teilweise noch unreifen Zustand geäst. Für die ökologische Auswirkung dieser Präferenzen haben auch anthropogene Beunruhigungen große

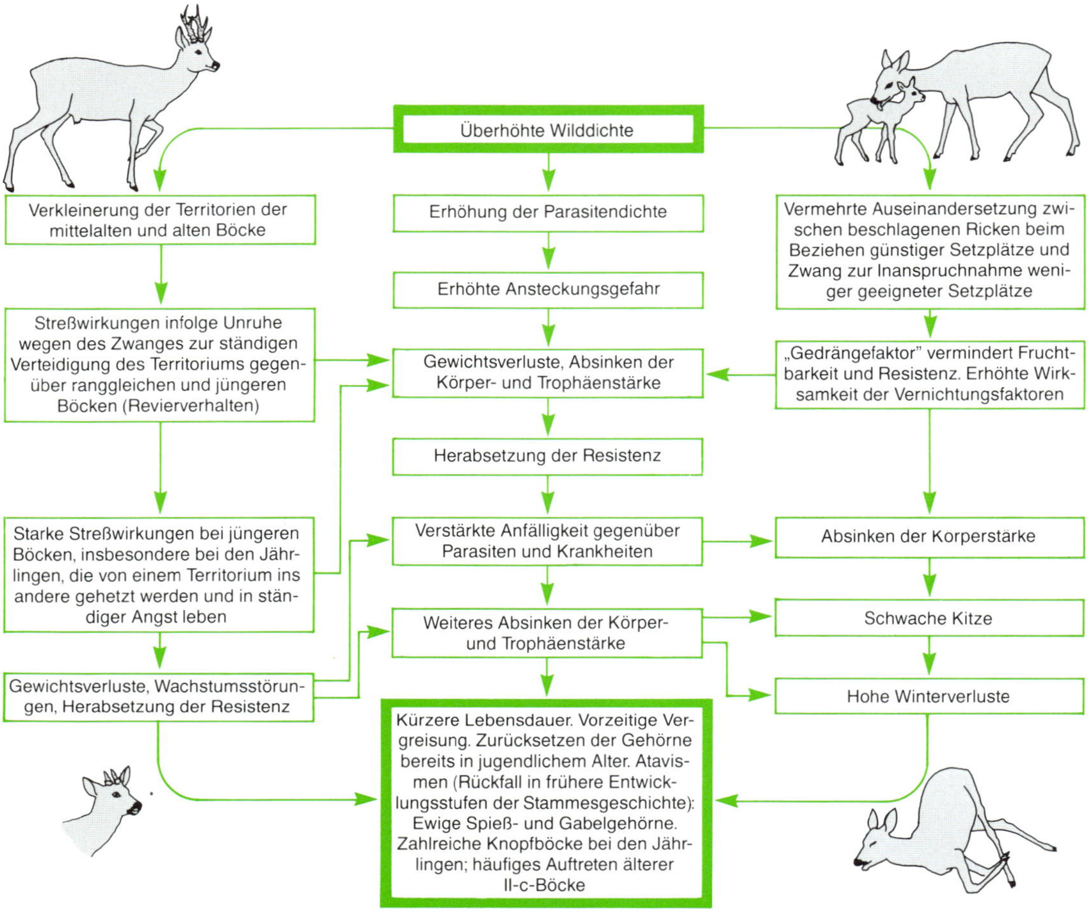

Abb. 113. Wirkung überhöhter Wilddichten auf den Rehwildbestand (nach Wagenknecht, 1983, verändert). Alle negativen Faktoren werden außerdem durch die verschlechterten Ernährungsbedingungen bei überhöhter Wilddichte in ihrer Wirkung verstärkt.

Bedeutung, die das Rehwild z. B. auf bestimmte Kleinbereiche im Wald konzentrieren und damit verhindern, daß verschiedene Pflanzen über das Keimlingsstadium hinauskommen. Hier hilft nicht nur der Abschuß, ebenso wichtig sind Touristensteuerung und Ruhigstellung von Revierteilen (vgl. Kap. 14). Hauptursache des Schadensausmaßes durch Rehwild ist der Mensch, der den Naturwald völlig umgekrempelt und durch Schaffung vieler Lichtbereiche die ökologische Nische des Rehwildes unnatürlich vergrößert hat (Kurt, 1991).

Rehe können Gras wegen ihrer wenig effektiven Verdauung kaum aufschließen (Remmert, 1990). Sie benötigen neben ganz frischen Blättern von Stauden, Büschen und Bäumen viel Knospennahrung, die selbst im Winter noch 80 bis 120 kg Knospen pro Reh beträgt. Diese Eigenart in Verbindung mit der flächendeckenden Verbreitung läßt das Reh für den Forstmann zur schweren Vegetationsbelastung werden. In einem artenarmen Wirtschaftswald kann schon ein sehr geringer Rehbestand sehr hohen Schaden verursachen (Remmert, 1990). Umgekehrt benötigt das Rehwild – und auch damit muß sich der Forstmann arrangieren – als Wiederkäuer vom Typ des Konzentratselektierers sehr vielfältige Pflanzeninhaltsstoffe und dafür eine hohe Vielfalt an Pflanzenarten.

In einem der letzten europäischen Urwaldgebiete, dem polnischen Reservat Bialowieza (500 km² = 50 000 ha) leben derzeit nach Kurt (1991) rund 6 Rehe, 4,5 Stück Rotwild, 2 Stück Schwarzwild und 0,4 Wisente pro 100 ha. In naturbelassenen Gebieten sind die kleinen Weichfutteräser (Rehe) den größeren Rauhfutteräsern (Rotwild) zahlenmäßig überlegen. In der Biomasse überwiegen allerdings die großen Hirsche. Dies trifft für tropische Waldgebiete ebenso zu wie für die Urwälder Europas (Kurt, 1991).

Fast sprichwörtlich ist die enorme Vermehrungsfähigkeit des Rehwildes. Aus vier Rehen (2,2) können bereits nach 5 Jahren über 50 Stück werden. Viele Jäger unterschätzen die ökologische Auswirkung von Überpopulationen. Es kommt entweder zu großen Abwanderungen oder zu wohnungslosen Rehen, die von einem Gebiet ins andere gejagt werden. Die ökologischen Folgen sind für uns Jäger deutlich sicht- und erlebbar und damit eine Herausforderung für unser jagdliches Tun: (s. Abb. 113)

Die negativen Faktoren werden außerdem durch die verschlechterten Ernährungsbedingungen bei überhöhter Wilddichte in ihrer Wirkung verstärkt.

Wie in Kapitel 3 dargestellt, reagiert eine Tierpopulation auf hohe Vermehrung mit arttypischen Mechanismen, die beim Rehwild z. B. damit beginnen, daß in überbesetzten Gebieten die Embryonen in beträchtlicher Zahl nicht ausgetragen, sondern vor der Geburt vom mütterlichen Körper resorbiert werden (Fricke, 1991). Neben der Prädation spielen beim Rehwild wurmparasitäre Krankheiten als kompensatorische Sterblichkeitsfaktoren eine große Rolle. Rehwild ist von allen Schalenwildarten am anfälligsten gegen Parasiten und Seuchen. Da es nicht auf dichtes Zusammenleben eingestellt ist und gegen negative Einflüsse eines erzwungenen Herdenlebens besonders geringe Widerstandskraft besitzt (Fricke, 1991), findet das Wachstum eines Rehwildbestandes relativ schnell die Grenze der Biotopkapazität (vgl. Kap. 3), wie sie von Berg einmal modellhaft graphisch dargestellt hat:

Die obere Kurve zeigt das Wachstum des Gesamtbestandes in Abhängigkeit von der Zeit und bei einer angenommenen Rehwildkapazität von 1000 Rehen. Die mittlere Kurve gibt die Zahl der jeweils möglichen Kitze an, und die untere zeigt den zahlenmäßigen Verlauf des Dichteeinflusses, d.h. die Abgänge des Bestandes. Die einzelnen Bestandszahlen müssen über dem zu betrachtenden Alter abgelesen werden. Zum Beispiel Alter 10, Gesamtbestand ca. 479, Zahl der Kitze ca. 230, Verluste duch Dichteeinfluß ca. 100, Nettozuwachs ca. 130 Stück (Fricke, 1991).

Betrachten wir den Dichteeinfluß (untere Kurve): Zunächst ist er gleich Null und fällt auch bei der geringen Rehwilddichte nach sieben oder acht Jahren noch nicht ins Gewicht. Dann aber steigt er immer steiler an und ist schließlich genauso groß die die mittlere Kurve des Kitzzuganges (mittlere Kurve). Nullwachstum ist erreicht.

Dies könnte vermuten lassen, daß man dann ja eigentlich einen Rehbestand gar nicht bejagen müßte. Für eine Naturlandschaft mit entsprechender Prädation trifft dies selbstverständlich auch zu, keinesfalls jedoch für eine Kulturlandschaft. Dort ist der ökologische Schaden in Form von extremer Florenverarmung und daraus resultierender Faunenverarmung unverantwortlich groß. Der Jäger muß als „Ersatz-Prädator" in unserer Kulturlandschaft also unbedingt konsequent wirken. Die Kurve zeigt deutlich, daß der nutzbare Zuwachs im mittleren Bereich der Kurve bei noch nicht voller Besiedlung am größten ist. Dort reagiert das Reh auf relativ geringe Wilddichten mit höchsten Zuwachsraten, die am rentabelsten genutzt werden können, aus ökologischen Gründen aber auch genutzt werden müssen.

Eindrucksvoll hat Stubbe (1991) mit einem

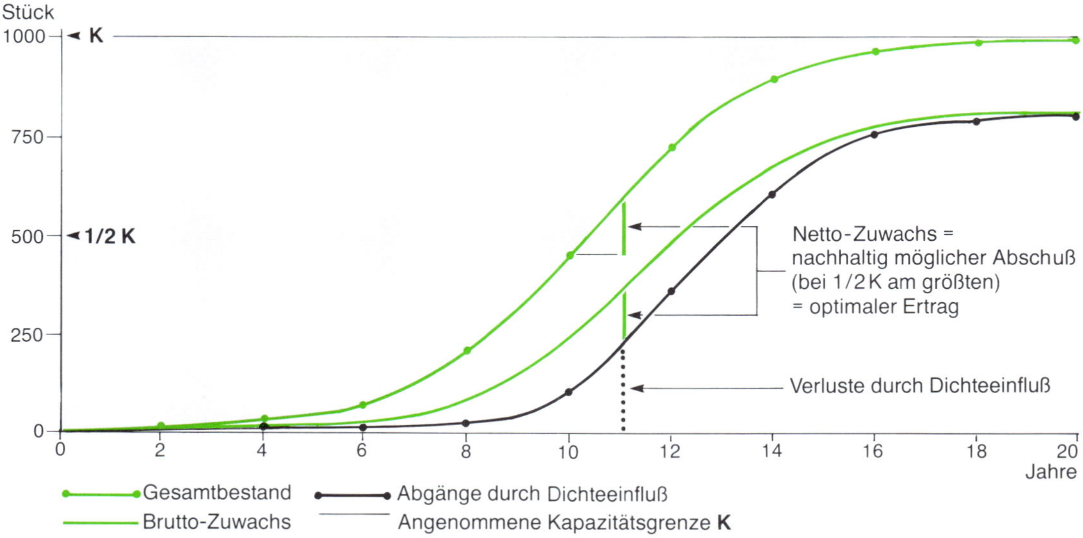

Abb. 114: Modellhaftes Wachstum eines Rehwildbestandes bei begrenzter Biotopkapazität (nach F.-C. von Berg; aus Fricke u. Menzel, 1989, verändert)

Experiment die Folgen einer Senkung bzw. einer Erhöhung der Rehwilddichte nachgewiesen:

1. Forschungsrevier Müritz, 4800 ha:

Von 1959/60 an wurde die Dichte in dem bejagbaren Teil auf etwa 30 % (von ca. 25 auf 8 Stück je 100 ha) gesenkt. Bis 1968 stiegen allein durch diesen Abschuß die durchschnittlichen Körpermassen der einjährigen Böcke um 32,7 % und die der Kitze um 32,8 %. Die durchschnittliche Gehörnmasse der dreijährigen und älteren Böcke stieg bis 1964 um ca. 40 %. Die Zunahme der Stangenlänge der zweijährigen und älteren Böcke betrug 60 %, die der Jährlinge über 200 %. Der Knopfspießeranteil wurde um über 40 % gesenkt.

2. Forschungsrevier Hakel, 3000 ha:

Dort wurde die Rehwilddichte von 1952 bis 1960 von weniger als 1 auf 20 Stück pro ha gesteigert. Die starke Erhöhung der Wilddichte führte zur Bildung von Feldrehbeständen, zur raschen Zunahme der Fallwildzahlen und zu einem Nachlassen der Gehörnqualität, am deutlichsten bei den Jährlingsböcken. Bis 1958 wurde im Hakel kein Knopfspießer beobachtet. Die Erlegung des ersten Knopfspießers betrachtete man als Sensation. Bereits in den folgenden Jahren stieg die Zahl der Knopfspießer stark an. 1960 war die Rehwildpopulation und die Knopfspießerzahl am höchsten. Nach der folgenden Bestandsreduzierung durch erhöhten Abschuß fiel der Knopfspießeranteil wieder ab.

Kurt (1991) weist darauf hin, daß sich Konkurrenz um Setzplätze und Aufzuchtzonen ebenso negativ auf den Fortpflanzungserfolg auswirkt wie ungünstige Standorte während der Vorgeburts-, Geburts- und Aufzuchtphasen. Bei geringer Weibchendichte hat er in einigen Untersuchungen im Mittel 1,8 Kitze pro Ricke ermittelt, von denen im Herbst noch durchschnittlich 1,3 Kitze lebten. Bei hoher Weibchendichte lag dagegen die Nachwuchszahl bei 1,3 Kitzen pro Ricke, von denen dann lediglich noch 0,5 lebten. In ungünstigeren Zonen bei hoher Rickendichte fand er doppelt so viele Bockkitze wie Rickenkitze. Dieser markante Unterschied beruht wahrscheinlich auf den höheren Geburtsgewichten der Bockkitze, die ihre Überlebenschancen verbessert haben.

Die „Aufartungsbestrebungen" nach dem Reichsjagdgesetz von 1934, die sich vornehmlich am Alter und an der Geweihqualität (die Bezeichnung „Gehörn" ist zoologisch falsch) orientiert haben, sind inzwischen als unbiologischer und unökologischer Trophäen-Zucht-Unsinn entlarvt worden. Heute muß das Hauptaugenmerk der um ihr Rehwild besorgten Jäger auf dem Lebensraum und der diesem ökologisch angemessenen Rehwildpopulation liegen. Zwischen Geweihqualität und Fortpflanzungserfolg gibt es keinen Zusammenhang. Rehe bewerten ihre Artgenossen nach ganz anderen Kriterien als Jäger (Kurt, 1991). Wölfel (1991) bemerkt dazu:

„Beim Reh sind – wie beim Rotwild – ranghöhebedingte hormonelle Einflüsse für die Größe des Geweihes maßgeblich verantwortlich. Steht beispielsweise ein Jährlingsbock allein mit weiblichem Wild zusammen und ist somit Platzbock, wird er in der Regel ein starkes Geweih (oft Sechser) ausbilden, wogegen bei einem Jährling im Beisein eines älteren, stärkeren Bockes auf so begrenztem Raum die Ausbildung eines wesentlich geringeren Geweihes zu erwarten ist – völlig unabhängig von der Ernährung! Läßt man wiederum einen Jährlingssechser durch Dazustellen eines reifen Bockes in seinem ‚Rang' abstürzen, so wird er im Frühjahr das Geweih stark reduzieren; ein Zurücksetzen bis zum Knopfbock ist möglich."

Damit sind Knopfböcke nicht genetische Artverderber, sondern deutliche Bioindikatoren für überbesetzte Reviere, in denen der Jäger seiner ökologischen Verantwortung nicht gerecht wird. Diese Böcke halten sich oft in Grenzbereichen zwischen den Territorien verschiedener Platzböcke auf, wo sie ständig unter Druck und Vertreibungsstreß stehen. Verbesserungen der Geweihqualität sind in derartigen Fällen ausschließlich über die Senkung der Wilddichte oder Verbesserung des Biotops zu erreichen, und dies dient dann der gesamten ökologischen Bilanz eines Standorts.

Fortpflanzungsbereitschaft, Geweihzustand und Sozialverhalten sind beim Rehbock aufgrund der gleichen hormonellen Auslöser miteinander synchronisiert. Ihrerseits werden sie gesteuert durch die tägliche Lichteinstrahlung. In Versuchen gelang es Bubenik (1966) durch künstliche Verlängerung und Kürzung der täglichen Lichtmenge einen Rehbock während sechs Jahren jährlich zu zwei Geweihwechseln zu veranlassen (Kurt, 1991).

Die Rangordnungen verlaufen nach den Untersuchungen von Geiger und Krämer (1974) unabhängig vom Geweih nach verhältnismäßig einfachem Muster: Böcke dominieren Bockkitze, diese ältere Ricken und diese wiederum jüngere. Rangordnungen sind auch ortsabhängig: Ein territorialer Bock ist im Winter um so ranghöher, je näher er an seinem (Sommer-)Territorium steht; Ricken sind um so ranghöher, je früher sie an einer (Futter-)Stelle eintreffen.

Wir alle haben einmal in unserer jagdlichen Ausbildungszeit von unseren Lehrern verschiedenste Kriterien zur Altersansprache von Böcken übernommen, die sich als unhaltbar erwiesen haben, z. B.: Gesichtsmaske, Stirnlocke, Stärke des Trägers, Rosenstöcke, Rosen, Stangenausbildung, Perlung, Heimlichkeit, Verfärbezeitpunkt, Fegezeitpunkt, Abwurfzeitpunkt. Sie sind für die Praxis weitgehend unbrauchbar (Wölfel, 1991), zumal eine alters- und geweihbezogene Selektion wenig sinnvoll erscheint. Die im Schnitt absolut stärksten Rehböcke gab und gibt es in Ländern, die Rehwild weitgehend unselektiv, dafür aber intensiv bejagen (Wölfel, 1991). Vom 2. Lebensjahr an ist auch eine genaue Altersbestimmung, ja auch nur eine grobe Schätzung nach der Zahnabnutzung höchst fragwürdig (Wölfel, 1991). Das zeigt, welche Vielfalt traditioneller Fesseln und unnötiger Regulationsbremsen wir uns immer noch auferlegen und damit den wildbelastenden Jagddruck nur unnötig erhöhen.

Petrak (1990) entwickelt für ein angenommenes Normalmodell eines weiblichen Rehwildbestandes bei einem Zuwachs von 50 % des weiblichen Wildes zum Frühjahrsbestand, bei einer Setzquote von 1,5 Kitzen pro Ricke und bei einer gleich großen Strecke, die proportional auf die Altersklassen verteilt ist, unter Nachhaltigkeitsbedingungen einen Bestands- und Abschußplan von 45 % Ricken, 22 % Schmalrehen und 33 % weiblichen Kitzen, in der Summe 50 % des weiblichen Frühjahrsbestandes. Bei einem Bockbestand, der ohne Rücksicht auf das Alter bejagt wird, stellt sich ganz von selbst ein Normalmodell ein, das weitgehend erhalten wird, wenn 34 % Bockkitze und 23 % Jährlinge erlegt werden. Stubbe (1990) empfiehlt einen noch höheren Abschuß in der Jugendklasse (mindestens 70 %), um der natürlichen Sterblichkeit zuvorzukommen, und betont, daß immer mehr weibliches als männliches Rehwild geschossen werden muß.

Unter natürlichen Verhältnissen hat ein Rehwildbestand infolge der hohen Kitzverluste stets nur wenig Jungwild, das gerade ausreicht, die natürlichen Abgänge unter dem erwachsenen Wild auszugleichen. In unseren Kulturrevieren ist es meist genau umgekehrt; die für das Wohlbefinden der Population erforderliche optimale Alterstruktur ist auf den Kopf gestellt und hat entsprechend negative Auswirkungen (Wagenknecht, 1983). Die natürliche Sterblichkeit wird beim Rehwild meist unterschätzt. In Österreich wurden von 3284 markierten Kitzen später nur 11 % jagdlich genutzt oder als Fallwild gefunden. In der Schweiz waren es rund 18 % (Kurt, 1991). Typisch für überhöhte Rehwildbestände ist ein Überwiegen des weiblichen Wildes und ein starkes Überwiegen der jüngeren Altersklassen beim männlichen Wild bei gleichzeitigem Mangel an älteren Böcken (Wagenknecht, 1983). Man darf nicht vergessen, daß Rehkitze für eine Reihe von mittelgroßen Widersachern – wie Fuchs, Wildschwein, Habicht, Steinadler, Uhu –, die sich nie an erwachsene Rehe halten, eine ganz normale Beute darstellen (Kurt, 1991).

Naturnahe Jagd kopiert die natürliche Räuber-Beute-Beziehung, nach der nur ein Drittel eines jeden Jahrgangs älter als zwei Jahre alt werden darf, der Rest muß erlegt werden. Rehe stehen bei einem permanenten jagdlichen wie touristischen Belagerungszustand unter Dauerstreß und sind auf relativ kleine Nahrungsbereiche konzentriert oder werden am Einhalten ihrer naturgegebenen Äsungsrhythmik gehindert. So bilden sich zwangsläufig Schadensschwerpunkte. Darauf angemessen zu reagieren ist wildbiologisch wie ökologisch wesentlich wichtiger als Geweihkriterien oder Schielen nach Hegemedaillen, die auf die Lebensraumprobleme dieser Wildart gar nicht eingehen können.

Rehe sind Gefangene ihrer Umwelt (Hediger, 1985). Die Bedeutung dieser Aussage müssen wir begreifen und umsetzen. Die Standorttreue der territorialen Böcke ermöglicht es dem Revierinhaber, nach individueller Einschätzung bestimmte Böcke alt werden zu lassen oder eben nicht. Da dies auf andere Reviere keinen wesentlichen Einfluß haben kann, sind entsprechende Hegerichtlinien entbehrlich. Staatliche Vorgaben können sich darauf beschränken, die Erfüllung eines Mindestabschußsolls im ausgeglichenen Geschlechterverhältnis zu fordern. Jede Erleichterung von Selektionsballast bei den Böcken hilft, die Bejagungszeit und damit den Jagddruck zu vermindern.

Die lange und gestaffelte Jagdzeit könnte getrost deutlich verringert werden – z. B. 1. Juli bis 15. Dezember (Wölfel, 1990). Das Rehwild erhielte gerade in der Setzzeit die erforderliche Ruhe. Die geschlechtsunabhängige Beendigung der Jagdzeit wäre ein weiterer Schritt, der uns von der Trophäenorientierung auch in der Außenwirkung entfernt und die Fehlerlegung eines Bockes bei Anrührjagden entkriminalisiert. Kein Jäger wird absichtlich einen Bock ohne Geweih erlegen.

Die immer noch von den Jagdbehörden praktizierte Festsetzung von Abschußquoten nach „Wildzählungen" ist besonders beim Rehwild unsinnig und wird heutigen Anforderungen an die Abstimmung des Schalenwildbestandes auf den Lebensraum nicht mehr gerecht. Die Herausnahme des Rehwildes aus der Abschußplanung – wie mit bestem Erfolg in Dänemark und England vorexerziert – wäre die konsequenteste Lösung. Je umfangreicher die rehwildgeeignete Deckung ist, desto weniger Rehe werden beobachtet. Ricken ziehen ihre Kitze in sehr kleinen, deckungsreichsten Gebieten auf, wo sie alles Lebensnotwendige auf kleinster Fläche finden und wo sie deshalb nur selten gesehen werden. Kitze bleiben oft bis zur Blattzeit verborgen (Kurt, 1991).

Das typische Fluchtverhalten zeigt sich beim Reh stets in einer kurzen Flucht aus dem Sichtdistanzbereich und dem Sichducken in der Feindvermeidung, was jagdtechnisch berücksichtigt werden muß, wenn man z. B. gesellschaftliche Anrührjagden durchführt. Unbedingt zu beachten sind gerade beim Rehwild die Gefahren von Panikreaktionen. Von einem Beispiel der Auswirkung eines Orientierungslauf-Wettbewerbes mit Hunderten von Teilnehmern berichtet z. B. Kurt (1991). Viele Rehe kamen um, die sich in panischer Flucht an Bäumen und Zäunen das Genick gebrochen hatten.

Besonders streng muß auch beim Rehwild der Grundsatz eingehalten werden, keine führenden Ricken zu erlegen. Neben verschiedenen Sozial- und Lebensraumkriterien, die für die Kitze über ein ganzes Jahr und besonders in der winterlichen Notzeit (Höhepunkt etwa Februar bis April) von Bedeutung sind, spielen Lerneffekte über Duft- und Geschmacksstoffe auch eine große Rolle. Eindeutig haben Versuche von Müri (1983) gezeigt, daß über diese Stoffe die Nahrungspräferenz bestimmter Futterpflanzen gesteuert wird. Auffallend ist nach Kurt (1991), daß viele Heilkräuter auch beliebte Äsungspflanzen des Rehes sind. So lernen Kitze schrittweise den Jahresbezirk ihrer Mutter und ebenso die zu bevorzugenden Äsungspflanzen, Futterstellen, Ruheplätze und Wechsel kennen. Dieser Jahreszyklus darf jagdlich nicht durchbrochen werden.

Haglund (1967) sowie Novokowa und Hanzl (1967) haben für die Prädation Luchs-Reh herausgefunden, daß der Luchs Rehe vor allem im Winter reißt und dabei fast nur kranke und schwache, in der Regel junge Stücke erbeutet. Dies gilt ebenso für weibliches und junges Rotwild. Die Hälfte der Reh- und Rotwildbeute ist noch nicht ein Jahr alt und drei Viertel der gerissenen Stücke sind weiblich. Wölfe jagen, was Alter und Gesundheitszustand ihrer Beute anbelangt, mindestens ebenso, wenn nicht noch selektiver als Luchse. Vor allem werden sehr junge (bis 2jährig) und sehr alte Stücke von Wölfen gerissen. Die normale Prädation erfolgt also nicht nur durch kleine Beutegreifer wie Greifvögel, Eulen, Fuchs, Wildschwein, sondern auch durch Luchse und Wölfe bei Rehen im Kitz- bzw. „Greisenstadium“. Daneben werden kranke und verletzte Stücke bevorzugt. Die strenge Einhaltung des Grundsatzes, kein führendes Stück zu erlegen, entspricht damit genau den normalen Selektionsmechanismen in der Natur. Und da Rehe ihre Feinderfahrungen sogar an ihre Nachkommen weitergeben, können es sich Luchse und Wölfe offenbar nicht leisten, lange den gleichen Teil eines Reh- oder anderen Schalenwildbestandes zu bejagen (Kurt, 1991). Sie kehren in der Regel erst nach mehrwöchiger Pause zurück, bejagen selbst also ein sehr großes Gebiet im Sinne einer „Intervalljagd“. Der Nutzungsgrad für Wolf und Luchs liegt etwa zwischen 0,1 und 1,4 Rehen pro Jahr und 100 ha. In Gebieten, in denen die selektive Einwirkung der Wölfe und Luchse nicht unterbrochen war, gab und gibt es auch heute noch die beste Populationsqualität von Rot-, Reh- und Schwarzwild (Kurt, 1991). Letztlich liegt dies auch daran, daß gerade Rehe ohne Prädation durch Großraubwild unter kompensatorischen Sterblichkeitsfaktoren in Form von Parasiten bedeutend mehr leiden als die anderen Wiederkäuer (vgl. Kap. 3).

13.5 Notzeitfütterung ja – Mast- und Lockfütterungen nein

„Das Glück besteht darin,
in dem zur Maßlosigkeit neigenden Leben
das rechte Maß zu finden.“
Leonardo da Vinci (1452–1519)

Hinsichtlich der Notzeitfütterung bestehen in den einzelnen Bundesländern unterschiedliche Rechtsauffassungen und Regelungen; der DJV (1990) hat entsprechende Definitionen herausgegeben. Für eine Schalenwildfütterung muß Notzeit herrschen (hohe Schneelage, längere Frostperiode, Vereisungen u. a.), und es dürfen nur artgerechte Futtermittel ausgebracht werden (Erhaltungsfutter in Form von Rauh- und Saftfutter). Da die Wirklichkeit leider manchmal völlig anders aussieht und die Jagdbehörden ihre Aufsichtspflicht mangels qualifizierten Personals (Berufsjäger) nicht erfüllen, scheint gesetzliche Eingrenzung geboten. Von genehmigungspflichtigen Ausnahmen abgesehen, sollte eine Notzeitfütterung generell nicht vor dem 1. Dezember beginnen und nicht über den 31. März, im Bergland den 30. April hinaus andauern. Das Wild ist so lernfähig, daß eine Gewöhnungsphase überflüssig ist. Auch Ablenkungsfütterungen sollten wegen möglichen Mißbrauchs genehmigungspflichtig sein. Mast- und Lockfütterungen sind mit dem ökologischen Auftrag des Jägers, mit dem Natur- und Tierschutzgedanken unvereinbar. Mißbrauch sollte nicht nur mit Bußgeld belegt werden, sondern zum Verlust des Jagdscheines führen.

Das Thema „Fütterung“ ist zu Recht in die öffentliche Diskussion geraten, wodurch allerdings auch die Gefahr einer Überreaktion heraufbeschworen wird. Der Gesetzgeber, die Verwaltungsbehörden wie der DJV müssen daher gegen Mißbrauch unnachsichtig vorgehen. In einem weiteren Schritt kämen wir dann zu erheblicher Reduktion oder gar Einstellung einer Winterfütterung. Dazu aber müssen wir zugleich Fortschritte machen in der naturnahen Anreicherung der vorhandenen Lebensräume. In keinem Fall darf Notzeitfütterung zur Erhöhung der Wilddichte herhalten, sie darf nur zur Kompensation der Lebensraumverarmung oder -zerstörung dienen und muß ernährungsphysiologisch wie verhaltensstrategisch naturnahe Rahmenbedingungen für das Wild anstreben. Gerade bei der Wildfütterung riskiert man leicht zusätzliche Wildschäden (Schwab, 1992). Durch falsches Füttern kann sich das Verbiß- und Schälschadensrisiko stark erhöhen, zumal die Fütterungsperiode die schälschadenkritischste Zeit ist (Schwab, 1992). Übertriebene, unnatürliche Fütterung und Fütterungsfehler schaden Wald und Wild.

Das Reh, als Gattung noch über 1 Mio. Jahre älter als das Rotwild (Bubenik, 1990), benötigt fast nirgends Winterfütterung. Sein Verdauungstrakt ist auf der Stufe des pliozänen Duckers geblieben. Es ist der Typus eines Konzentratselektierers, d. h. eines Wiederkäuers, der an die Aufnahme von leicht verdaulicher Äsung angepaßt ist. Weil Verbiß mit Zweigen keine konzentrierte und leicht verdauliche Äsung ist (Knospen sind allerdings „Eiweißbomben"), hätte sich das Reh als Konzentratselektierer eigentlich nicht durch Winterverbiß halten können und entweder nach Süden ziehen oder aussterben müssen. Das ist nicht geschehen, weil es dem Reh gelang, die Verdauung dem Rauhfutter, d. h. dem Verbiß und Dürrlaub, anzupassen. Die Anpassung ging so weit, daß das Reh ein wenig Verbiß und Dürrlaub nun das ganze Jahr über braucht (Bubenik, 1990). Mit der leichten Aufschließbarkeit von Knospen geht bei den Selektierern (Reh) eine rasche Leerung des Pansens und damit eine Verkürzung der Pausen zwischen den Fraßperioden einher. Durch die Knospenäsung haben Selektierer eine viel größere Bedeutung im Ökosystem (Verbiß an jungen Bäumen!), als es nach der reinen Energieaufnahme anzunehmen wäre (Remmert, 1992).

Wenn im Herbst die Lichtzeiten kürzer werden, beginnt beim Reh die Freßlust nachzulassen. Die gekürzte Äsungszeit und die dann niedrigen Nährwerte der Grünäsung und des Verbisses würden eine natürliche Feistanlegung zu dieser Zeit ausschließen. Die Feistbildung im Herbst gehört jedoch zur winterlichen Überlebensstrategie und wird durch die Aufnahme energiereicher Mast (Beeren, Pilze, Bucheckern, Eicheln, Nüsse, Kastanien u. ä.) gesichert. Für naturnah „gemästete" Rehe gibt es in unserem Sinne kaum Notzeit, sie verlieren zwar bis April an Gewicht, beenden den Winter jedoch noch mit Fettreserven um Nieren, Herz und im Knochenmark. Nicht naturnah „gemästete" vegetieren bereits im Februar/März an der Todesgrenze, weil ein Gewichtsverlust von 35 bis 40 % des Sommergewichts im März/April den sicheren Tod bedeutet. Eine Beifütterung von Jahresbeginn an kann nicht mehr zur Anlage von Feist führen (Bubenik,1990). Daher ist die naturnahe Mast durch entsprechende Biotopgestaltung oder auch durch Unterlassen übertriebener Kulturpflegearbeiten über Beersträucher, Weichhölzer und schwersamige Baumarten zu verbessern. Verwehren wir den Rehen durch Intensivwirtschaft (Landwirtschaft, Monokulturwälder) oder durch Verbauung, Gatter u. a. jede natürliche Herbstmast, müssen wir in echten (!) Notzeitgebieten durch naturnahes Futter kompensieren. Wegen der Mißbrauchgefahr sollte dies (von zu genehmigenden Ausnahmen abgesehen) nicht vor Anfang Dezember geschehen. Vorrangig bleibt die Lebensraumanreicherung. Sie ist meist nur durch vorübergehend drastische, aber infrastrukturgerechte Reduktion der untragbaren Wildbestände zu erreichen, weil viele Beersträucher und Weichhölzer nur dann einen Biotop wiederbesiedeln können. Erwünschter Nebeneffekt: drastische Steigerung der Artenvielfalt.

Schwab (1990) benennt die vom Schalenwild besonders intensiv genutzten Äsungspflanzen, wie sie sich aus dem Forschungsprojekt „Alpine Umwelt" in Achenkirch ergeben haben und die als Hinweise zur Biotopanreicherung für „Notzeitbiotope" auch in Mittelgebirgsrevieren gelten können:

Sommer

Blätter, Blüten, Stengel und Samen von Süßgräsern und Kräutern, Jungtriebe von Sauergräsern. Pilze (besonders vom Rehwild angenommen), junger Huflattich, Blaugras, Moose, Flechten, Erdbeerblätter; Blüten, Blätter und Stengel von Heidelbeere, Erika und Almrose, Disteln, im Herbst Tollkirsche (letztere beide mit Vorliebe vom Gamswild angenommen), Blätter und Ranken von Himbeere (nur bis zum Eintritt der ersten strengen Nachtfröste) und Brombeere. – Sträucher nach Beliebtheit gereiht: Blätter, Knospen und Zweige verschiedener Weidenarten, von Holunder, Schneeball, Hartriegel, Wildobst mit ihren Früchten, Mehlbeere, Wacholder. Von den Holzarten: Blätter bzw. Nadeln, Knospen, Zweige und Samen der Esche, des Bergahorn, der Eberesche, Weißtanne, Rotbuche, Weiß- und Bergkiefer (besonders von Gams) und Fichte.

Winter

Soweit bei Schneelage unterhalb von Altholzstöcken, Geländebruch- oder Böschungskanten, abgewehten Rücken, auf Schneerutsch- und Lawinenstreifen zugänglich, alle im Sommer aufgenommene Bodenäsung, Trockengräser, bevorzugt Blaugras, von dem auch im Winter ein Teil grün bleibt, Alpenschwengel, Heidelbeerstengel, Preiselbeerkraut, Blätter und Stengel der Pestwurz, Erika, Almrose, Moose und Flechten, besonders die Baumflechten. Von der Himbeere nach Laubfall nur stärkere Ranken mit Stengelmark. Besonders stark die wintergrünen Blätter und Ranken der Brombeere, die sich in den Mischwalddickungen bis 1,50 m an den Bäumchen hochrankt und daher auch bei hoher Schneelage zugänglich bleibt. Verstärkt Knopsen und Zweige aller Sträucher und

Bäume, die auch im Sommer gern beäst und verbissen werden. Waldgams verbeißen besonders gern die Weißtannen. Von den Mischholzarten werden Knospen und Zweige auch vom Schlagrücklaß (Wipfel und Äste) bei Winterfällungen intensiv genutzt.

In intakten Biotopen, bei sachkundiger Fütterung und reviergerechten Wildbeständen reicht dieses Äsungs- und Verbißpotential aus, schwere Schälschäden zu verhindern; das Wild zieht den Verbiß der Schälung vor, sofern es die Wahl dazu hat (Schwab, 1990).

Bei manchen Forstleuten ist im Bereich von riesigen Fichten-Monokulturen die Ansicht verbreitet, nur durch Bestandsreduktion ließen sich Schälschäden vermindern. Das ist schlicht falsch und wird weder Wild noch Biotop gerecht. Die Verpflichtung zur Lebensraumverbesserung darf keinesfalls durch den Nottropf Fütterung ersetzt werden. Dann wäre es schon ehrlicher, auf das Rotwild ganz zu verzichten. Dem aber stehen das Jagdgesetz und unsere Pflicht zur Erhaltung dieser heute größten Wildart in Deutschland entgegen.

Während das Rehwild (ähnlich wie der Elch) als ausgesprochener Konzentratselektierer auch ersatzweise allein von rohfaserreicher Äsung nicht existieren kann, geht der Auerochse als ausgesprochener Rauhfutterfresser ohne Rauhfutter ein. Genau dazwischen stehen die Intermediär-Typen, besonders Gams- und Rotwild, die jahreszeitlich-regional anpassungsfähiger sind. Magenstruktur und Tagesrhythmus der Äsungsperiodik bedingen einander (Petrak, 1990):

Reh:	ca. 12 Aktivitätsperioden, alle 2 Stunden ungestörte Nahrungsaufnahme
Gams:	ca. 6 Aktivitätsperioden, alle 4 Stunden ungestörte Nahrungsaufnahme
Rotwild:	ca. 4 bis 5 Aktivitätsperioden, alle 6 Stunden ungestörte Nahrungsaufnahme mit einer zusätzlichen Kurzperiode ca. um 12 Uhr
Auerochse:	ca. 3 Aktivitätsperioden mit deutlicher Tagesrhythmik etwa alle 6 Stunden

Das Rotwild als einstiger Bewohner halboffener Waldsteppen mit primärer Nahrungswahl aus der Kraut- und Grasschicht wird von uns unnatürlich – das sollten wir nie vergessen – in geschlossene, dunkle, bodenäsungsarme Waldgesellschaften gezwungen. Der Verlust der Strauch-, Stauden- und Grünland-Gesellschaften in den Tälern beraubt den Rothirsch der natürlichen Wintereinstände. Zu der in den Tieflandauen potentiell natürlichen Vegetation gehören viele Weidenarten, die dank ihrer hohen Regenerationsfähigkeit selbst einen relativ starken Verbiß in dieser Zeit tolerieren. Sie sind dort in der Regel nicht mehr vorhanden oder für das Rotwild infolge der Versperrung natürlicher Wanderwege nicht mehr erreichbar. Dabei sind sie als Nahrung wie als Wintereinstand optimal. Für das gesamte Ökosystem stellt die natürliche Auenvegetation eine Optimierung dar (Petrak, 1990). Insofern kommt die in Kapitel 6 geforderte Renaturierung der Waldbäche gerade dem Rotwild zugute. In der Notzeit verbietet sich Jagddruck von selbst. Solange der Lebensraum für das Rotwild eine natürliche Winterernährung (u. a. besonders Weichhölzer) nicht hergibt, ist eine Kompensationsfütterung in echter Notzeit unerläßlich, alles andere ist wildbiologisch abzulehnende Tierquälerei.

Gutes, kräuterreiches Heu aus dem örtlichen Bereich ist als Grundlage einer Rotwild-Winterfütterung bis zum Erstfrühling unersetzbar (Petrak, 1990). Die Heuqualität und -herkunft hat besondere Bedeutung. Hahn und Achnelt (1972) haben nachgewiesen, daß die Fruchtbarkeit männlicher Hauskaninchen und Hausrinder stark verringert wird, wenn diese Tiere mit Heu von stark gedüngten, nur mit einer Pflanzenart bedeckten Wiesen gefüttert werden. Da qualitative Unterschiede bei den Futtermitteln die Raumverteilung beeinflussen, sollte auf Hegeringebene die Art der Futterzusammensetzung vereinheitlicht werden. Da umgekehrt von manchen Revierinhabern die Lockwirkung im Interesse der jagdlichen Nutzung gewollt wird, ist eine jagdgesetzliche Regelung unumgänglich. Sonst gerät die gesamte Jägerschaft in Verruf. Die Unterbindung von Wildmassierungen über Futterlockmittel schließt nach meiner Meinung die Vergabe von Silage jeder Art aus, weil dies in Gewässernähe und in Wasserschutzgebieten verboten ist und Fütterungen z.T. darin liegen. Geschnitzelte Futterrüben mit Stroh- oder Heuhäcksel vermischt (!) stellen den Saftfutterbedarf sicher. Wichtig ist die Berücksichtigung der Sozialstruktur und daher die Fütterung in vielen Einzelraufen und jeweils daneben in einem Trog, damit auch rangniedere Stücke streßfrei Nahrung aufnehmen können. Auf Kraftfutter sollte grundsätzlich verzichtet werden. Sofern Schwarzwild eine Rotwildfütterung annimmt und dort das Rotwild bedrängt oder Tröge zerstört, sollte in etwa 50 m Entfernung unter einem relativ tief gesetzten Dach mit freier Rundumsicht Kraftfutter ausgebracht werden. Schwarzwild gewöhnt sich an die Nahrungsaufnahme unter derartigen Dächern, Rotwild bei entsprechend geringer Dachhöhe nicht. Für das Rotwild können die Tröge auf einem Pfosten drehend angebracht werden, so daß Schwarzwild das Futter nicht erreichen kann. Wo immer möglich, soll die naturgemäße Trennung der Geschlechter beim Rotwild im Winter auch am Futterplatz eingehalten werden. Die Wahl des Futterplatzes hat damit auch mit der natürlichen Einstandswahl der Hirsche einerseits und des Kahlwildes andererseits zu tun.

Wo beide Geschlechter in größerer Zahl an den Futterplatz kommen, sind Wildschäden programmiert (Schwab, 1990). Reife Hirsche wollen nur zur Brunftzeit mit den Tieren zusammen sein und sich sonst vom Jung- und Kahlwild absondern. Andernfalls entsteht Streß, und der fördert Wildschäden. Daher sollen auch Fütterungen nie so nahe beieinander liegen, daß das Wild zwischen den Fütterungen wechselt. Das schafft Unruhe und erhöht so das Schadensrisiko (Schwab, 1990). Wer Fütterungsdickungen zu Beginn der Notzeit durchdrückt, um endlich den Abschuß doch noch zu erfüllen, provoziert Wildschäden, handelt gegen den Sinn jagdrechtlicher Vorgaben und überschreitet die Grenze zur Tierquälerei. Ähnlich kritisch ist die Einzeljagd am „Fütterungs-Anwechsel" zu beurteilen. Im übrigen gilt auch für Rotwild, daß es noch zur Vegetationszeit so viel Feist bilden und damit Energie speichern kann, wie für eine Überwinterung ohne große Konditionseinbußen nötig ist (Schwab, 1990). Anreicherung des Lebensraums hat also unbedingten Vorrang, ein Fütterungsbeginn vor dem 1. Dezember ist nur in Ausnahmefällen zu genehmigen.

Häufigster und schwerwiegendster Fütterungsfehler ist die Vorlage proteinreichen Kraftfutters in den Monaten März/April (bis Juni bei Schaufütterungen), wenn die junge Grünäsung ohnehin schon für ein Überangebot an Eiweiß und Mangel an Rohfaser und Zellulose sorgt. Schälschäden und Verbiß sind die unausweichlichen Folgen, weil die Konzentratfuttermittel durch Ballaststoffe kompensiert werden müssen (Schwab, 1990). Schälschadensspitzenwerte werden auch regelmäßig festgestellt nach schwerer Beunruhigung des Wildes durch Fußgänger, Skiläufer und vor allem durch Stangensucher u.a. (Schwab, 1989). Ein gründlicher 10-Jahres-Versuch in Achenkirch/Tirol ergab, daß das Rindenschälen des Rotwildes im Vorwinter (Oktober–Dezember) vereinzelt beginnt, sich im Hochwinter (Januar–Februar) etwa verdoppelt und im Spätwinter (März–Mai) auf etwa das 10fache (in kritischen Jahren auf das 20fache) ansteigt (Schwab, 1989). Das zeigt nicht nur, daß Schälschadenskartierungen und Verbißerhebungen zur Wildstandsherleitung ungeeignet sind (das Fütterungswild ist nur zum Teil mit dem Sommerwild identisch), sondern auch, daß der Mangel an hochwertiger, abwechslungsreicher natürlicher Äsung über lange Zeit die Energiereserven rasch aufzehrt. Das einseitige, oft nicht artgerechte Futter kann zu Mangel an bestimmten Nähr- und Mineralstoffen, Spurenelementen und Vitaminen führen, den das Wild dann durch Verbiß zu decken sucht. Wenn der Verbiß fehlt, weicht es auf Schälung aus, da auch die Baumrinde eine (Ersatz-)Nahrung mit den benötigten Ballaststoffen darstellt. Die Analysen von Fichten- und Eschenrinde beweisen das (Schwab, 1989). Auf längere Sicht muß der Lebensraumverbesserung, der Vermehrung artenreicher Bodenvegetation, der Verbißpflanzen und Weichhölzer als wirksamste, ökologisch weitreichendste und billigste Schälschadenvorbeugung oberste Priorität eingeräumt werden. Das Schälschadensrisiko sinkt um so weiter, je mehr natürliche Äsung auch unter strengen winterlichen Verhältnissen zugänglich bleibt. Jagdfeinde führen gern Wildschäden gegen die Jäger ins Feld. Es liegt daher im ureigensten Interesse der Jagd, diese Angriffsfläche mit ökologischem Augenmaß zu beseitigen.

Die Untersuchungen in Achenkirch haben im übrigen eindeutig ergeben, daß die Schälschäden auch mit der Aufnahme von Heu korrelieren, also um so höher waren, je mehr Heu aufgenommen worden war. Besonders stark ist dies im Spätwinter. Heu (und Futter insgesamt) ist also kein auch nur annähernd gleichwertiger Ersatz für natürliche Äsung; gerade bei Fütterungen mit größeren Schälschadensproblemen muß eine zu frühe Gewöhnung an den Futterplatz und damit die Konzentration auf den äsungsarmen Nahbereich vermieden werden (Schwab, 1989). Auch Hartfiel (1991) sieht die Meinung als widerlegt an, Heu müsse für das Rotwild als Erhaltungsfutter zur Überbrückung von Notzeiten ausreichen, und warnt die Forstämter vor sonst unausbleiblichen Schälschäden. Wölfel (pers. Mitteilung, 1994) betont dagegen die Vorzüge der Vorlage von gutem (!) Heu mit großen, direkt in den Einständen jederzeit ungestört zugänglichen Vorräten und weist darauf hin, daß es kein Futtermittel gibt, das Schälschäden gegenüber Heu verringert. Hirsche brauchen Einstände, wo die Äsung viel Kalzium und Phosphor enthält, damit sie beide Elemente im Knochengerüst speichern können und sie erst in der Phase der Kolbenmineralisierung – etwa ab Juni – wieder in die sich vereckenden Kolbengeweihe entziehen. Auch deshalb suchen Hirsche andere Einstände als Alttiere. Weil Verbiß und Rinde mehr Kalzium umd Phosphor als Gras oder Heu enthält, steigen Hirsche oft bis zur Waldgrenze hinauf oder in die Talauen mit Weichhölzern hinunter. Dagegen suchen die Alttiere eher die Einstände mit mehr eiweiß- und energiereicher Äsung in den niederen Höhenlagen, um im üppigen Grünwuchs des Frühjahrs zu äsen und bei milderem Mikroklima zu setzen (Bubenik, 1990). Erwachsenes Wild braucht übrigens deutlich weniger Futter als das junge. Bei Umrechnung auf 10-kg-Einheit macht z. B. der Futteranspruch erwachsener Rehe nur etwa 50 % der täglichen Nahrung eines halbjährigen Rehkitzes aus.

Hofmann (1987) lehnt jede Kraftfuttergabe zwischen Weihnachten und Frühlingsanfang als unphysiologisch ab: „Ebenso sinnlos ist aber ein Verbot jeglicher Fütterung, während das abrupte Abbrechen der Fütterung am Ende der Jagdzeit noch krimineller ist als das Ankirren mit Kraftfutter." Lehmann (1987) stellt die Beziehung zur Lebensraumverkleinerung durch Beunruhigung her: „Je kleiner der Lebensraum, desto geringer das Äsungsangebot. Vom ohnehin geringen Äsungsangebot kann das Wild in Ruhe kaum Gebrauch machen, weil es ständig auf der Flucht vor dem Freizeitmenschen sein muß. Man kann das uneingeschränkte Waldbetretungsrecht schon als eine staatlich sanktionierte Tierquälerei bezeichnen. Wer einem Tier die Existenz auf der einen Seite bedroht, ist auf der anderen Seite verpflichtet, den Schaden zu begrenzen."

Fischer (1992) konnte als Folgen von Fütterungseuphorie oder Haustiermentalität einige Fehlentwicklungen entlarven:

- Zwischen Dezember und März stagniert bei Kitzen/Kälbern und Jährlingen/Schmaltieren der Hirschartigen das allgemeine Körperwachstum. Dies gilt auch für die folgenden Lebensjahre, wenn nach dem Jährlings-/Schmaltieralter das Körperwachstum noch nicht abgeschlossen ist.
- Bei ausgewachsenen Tieren ist im Winter auch bei optimaler Fütterung eine Zunahme des Körpergewichts nicht zu erreichen.
- Zum Überstehen der Notzeit müssen die Hirschartigen aller Altersstufen und beiderlei Geschlechts in guter körperlicher Kondition in den Winter gehen. Das heißt, die Tiere müssen im Herbst die nötigen Feistdepots aufbauen können (Herbstmast).
- Wenn die Hirschartigen die Möglichkeit zur Feistdeponierung im Herbst hatten, können sie zwischen Dezember und März mehrere Wochen hungern, ohne Schaden zu nehmen.
- Hatten sie die Möglichkeit zur Feistdeponierung im Herbst nicht, droht ihnen im Winter im Extremfall der Hungertod.
- Während des Mittwinters zwischen Januar und März ist eine freiwillige Reduktion in der Nahrungsaufnahme (voluntary hypophagia) evident; sie ist unabhängig von Alter und Geschlecht.
- Im Mittwinter ist die tägliche lokomotorische Aktivität stark reduziert, und die Streifgebiete sind beträchtlich verkleinert.
- In Hungerperioden oder Zeiten mit sehr niedrigem Nahrungsangebot sinkt der Blutthyroxinspiegel. Dieses Schilddrüsenhormon reguliert den energetischen Grundumsatz. Absinken des Thyroxinspiegels vermindert den Grundumsatz, wodurch die körpereigenen Energiereserven geschont werden.
- Von Mitte/Ende März an stellt sich bei den Hirschartigen der Stoffwechsel um auf Sommerbedingungen, die lokomotorische Aktivität steigt wieder an. Diese Vorgänge sind irreversibel. Kommt es in dieser Zeit zu einem heftigen und längeren erneuten Wintereinbruch, gerät das Wild in ernsthafte Schwierigkeiten.

Zuviel und vor allem falsches Futter ist also pure Vergeudung. Die Mittel dafür sollten besser in Biotopanreicherung investiert werden. Sicherlich wird der Schwerpunkt der Notzeitfütterung auf Qualitätsheu (z. B. gut getrocknetes, artenreiches Bergwiesenheu, nicht aber artenarmes Heu aus landwirtschaftlicher Grünflächenproduktion) liegen müssen. Da dies insbesondere aus Witterungsgründen (Mehrfachregen nach der Mahd) nicht in jedem Jahr ausreichend zur Verfügung steht, ist daneben relativ energiearmes Erhaltungsfutter oft unerläßlich, etwa in Form von Futterrüben, die am Fütterungstag frisch geschnitzelt und dabei mit Haferstrohhäcksel wiederkäuergerecht reich vermengt werden.

Die Vorlage von Grassilage neben Heu hat sich ebenfalls bewährt, ist jedoch in Trinkwasserschutzgebieten oder in Gewässernähe meist verboten. Da das leicht zu „Wettbewerbsfütterungen" führt, ist meiner Ansicht nach die vorgenannte Lösung zu bevorzugen.

Bei Fütterung als Kompensation der intensiven Landnutzung in der echten (!!!) Notzeit muß stets bedacht werden, daß das Ökosystem Wald das Wild ebenso braucht (vgl. Kap. 3 und 12) wie das Wild den Wald. Die evolutionär entwickelten Wechselbeziehungen sind Grundlage für eine objektive Beurteilung der Wald-/Wildfrage auch im „Flaschenhals" Winter. Mit Mästung und Zahlenüberhege wird ebenso gegen ökologische und physiologische Grundprinzipien verstoßen wie mit wildfeindlichem Waldbau und Ausrottungsmentalität. Ökologische Kriterien müssen die allein gültige Leitlinie darstellen.

Kirrung – keine Imbißbude, sondern Hilfe zur Minimierung des Jagddrucks

Zugegeben, das große jagdliche Erlebnis findet an einer Kirrung nicht statt. Dennoch: Kirrungen dienen der Minimierung des störungsbedingten Jagddrucks, dem sicheren Ansprechen, dem sicheren Schuß und nicht zuletzt auch der besseren Bestandskontrolle beim Schwarzwild. Vauk (1993) berichtet von 852 protokollierten Ansitzen, bei denen nur bei jedem 19. Ansitz Schwarzwild gesehen und nur bei jedem 213. Ansitz erlegt werden konnte. Eine einzige Kirrung hat die Beobachtung auf jeden 4. Ansitz und eine Erlegung auf jeden 9. Ansitz reduziert, wobei nicht einmal jede Gelegenheit zum Schuß genutzt worden ist. Der DJV (1990) definiert Kirrungen so:

„Ausbringung nur artgerechter Futtermittel in kleinen Mengen und möglichst an wechselnden Plätzen sowie in zeitlichen Abständen. Auf keinen Fall darf sich eine Kirrung in Richtung einer stetigen Fütterung entwickeln." Grobe Verstöße dagegen sollten mit befristetem Entzug des Jagdscheins geahndet werden. Da Schwarzwild wie Rehwild häufige Problemwildarten sind, sollte – eventuell mit Sondergenehmigungsvorbehalt – auch Rehwild angekirrt werden dürfen. Süddeutsche Bundesländer haben damit gute Erfahrungen gemacht.

Besonders unwaidmännisch ist das Bejagen von Wildenten nach Anfüttern (v. Stietencron, 1986). Bei uns überwinternde Enten sind für die aquatischen Ökosysteme überaus wichtig: Sie fressen die im Sommer gebildete Pflanzensubstanz, die sonst im Winter im Wasser verfaulen würde mit entsprechenden Folgen für den Sauerstoffhaushalt des Gewässers und die Fischfauna. Für das normale Ablaufen der ökologischen Prozesse sind also solche nordischen Überwinterer bei uns dringend notwendig. Eine weit über die Reproduktion des eigenen Reviers hinausgehende Nutzung von Enten an Wasserfutterstellen unterscheidet sich nicht vom Singvogelfang in Italien. Für Skandinavien sind dann wir die „Vogelmörder" (Remmert, 1990).

13.6 Einige Angaben zur Populationsentwicklung von (jagdbaren) Wildtieren

„Die Flöhe und die Wanzen gehören auch zum Ganzen."
Johann Wolfgang von Goethe (1749–1832)

Ökologische Gesetzmäßigkeiten sind in Kapitel 3 abgehandelt und werden hier nicht wiederholt. Lediglich einige jagdspezifische Hinweise sollen dem Jäger zusätzlich ökologisches Denken nahelegen.

Alle Lebewesen neigen zu exponentieller Vermehrung, wenn nicht natürliche Begrenzungsfaktoren wirksam werden. Je kleiner die Art, desto schneller die Reproduktion. Ein Schnepfenbrutpaar würde theoretisch nach 6 Jahren bereits auf rund 1500 Stück (Kalchreuther, 1984) anwachsen; 10 Rotalttiere ergäben (ohne Kahlwildabschuß) bereits nach 10 Jahren einen Bestand von rund 385 Stück mit einem täglichen Grünfutterbedarf von fast 100 Zentnern.

- Dagegen hat die Natur vorgesorgt: Bei den Wildtierarten wird im Schnitt die Hälfte der Jungtiere nicht einmal ein Jahr alt. Bei naturnaher Artenvielfalt, die bis in die höchsten Glieder der Nahrungspyramide (d.h. bis zum Großraubwild) reicht, funktioniert die Selbstregulation so, daß die Zahl der Individuen – abgestimmt auf den Biotop – etwa konstant bleibt. Die entsprechenden natürlichen Wildtierdichten liegen – besonders beim Schalenwild – meist weit unter den bei uns gewohnten.
- Arten mit hoher Reproduktionsrate haben eine entsprechend hohe Sterblichkeitsrate. Sie greift, wenn ihr der Jäger nicht zuvorkommt.
- Wichtige Sterblichkeitsfaktoren werden ja nach Biotop und seinen – jahreszeitlich schwankenden – Minimumfaktoren gesteuert (Flaschenhalseffekt), z.B.: Nahrungsmenge und Nahrungsart, Deckung, Schutz vor Klimaextremen (Hitze, Frost, Feuchtigkeit, Wind, Schnee) (Spittler, 1980) und Konstanz der Witterung.
- Je nach diesen Minimumfaktoren, die allein schon begrenzend wirken und zum Tod vieler Tiere führen, können körperliche Dispositionen eintreten, die über Beute-Räuber-Beziehungen (Parasiten, Seuchen, Räuber) zu weiterer Sterblichkeit führen. Auslösende Ursachen bleiben dennoch die Biotop- und sonstigen Umweltbedingungen.
- Neben der Witterung sind Nahrungsmenge und Nahrungsart gerade für Jungtiere oft entscheidende Minimumfaktoren. Das ist z.B. bei Rebhuhnküken experimentell anschaulich belegt worden: Bei rein pflanzlicher Nahrung nehmen die Küken in jeweils 6 Tagen nur 1,5 % an Gewicht zu, bei Zugabe von Insekten dagegen 43 % und bei proteinreicher künstlicher Kükennahrung gar 86 % (Kalchreuther, 1984). Eiweißnahrung von Insekten ist also für die Rebhuhnküken – wie für sehr viele andere Vogelarten auch, z.B. Waldhühner, Limikolenarten – lebensnotwendig. Insektenvielfalt aber braucht Vielfalt der Pflanzenarten, wie sie nur heile Biotope bieten. Zurückdrängen von Pfanzenarten schmälert also die Nahrungsbasis der Küken und Jungvögel.
- Auch die Deckung ist eine Frage des Biotops. Ist sie unnatürlich eingeschränkt, kann auch sie allein zum Minimumfaktor werden, der erhöhte Sterblichkeit auslöst. Die Beute-Räuber-Beziehungen setzen früher ein, weil die Tiere ohne ausreichende Deckung bereits eine unnatürliche Disposition im Feindverhalten haben oder der Räuber durch ihm besonders zusagende Naturrequisiten bevorteilt wird.
- Einseitige Bevorzugung einer Wildart (z.B. reiches Futterangebot durch Haustauben und ausgesetzte Fasanen, Rebhühner und Enten) schädigt das Regulationsgefüge und fördert die Räuber. Die „kranken" – weil im Feindverhalten gestörten – Tiere lösen eine Vermehrung z.B. des Habichts aus. Solche Mechanismen im Sterblichkeitsniveau aller Beutetiere greifen eher als andere Sterblichkeitsfaktoren (z.B. Seuchen, Parasiten), oft mit Folgen, die den Schutzbestrebungen der Jäger bei seltenen Vogelarten (z.B. Birkhuhn) entgegenlaufen und bei mangelnder Deckung und Biotopqualität für manche Rest- oder Startpopulation das „Aus" bedeuten können, da der Habicht diese Art gerne schlägt. Ursache ist dann jedoch die einseitige Bevorzugung der „Haustierarten".
- Angemessene Jagd als Nutzung der Wildbestände kompensiert bis zu einer bestimmten

Schwelle lediglich die anderen Sterblichkeitsfaktoren (Kalchreuther, 1984), indem sie die Populationsdichte herabsetzt. Wildtiere, die nicht reguliert werden müssen, können im Bereich der Überschußproduktion jagdlich „geerntet" werden, sofern auf unnatürliche Maßnahmen (z. B. starkes Anfüttern der Enten) verzichtet wird und negative Auswirkungen auf gefährdete Tierarten vermieden werden. Die Erlegungsrate muß stets deutlich unterhalb der natürlichen Sterblichkeitsrate liegen.

Der Fuchs – ein ökologisches und jagdliches Sonderproblem

Rein ökologisch betrachtet kann man die Fuchsbejagung als entbehrlich einstufen. Doch auch andere Gesichtspunkte sind zu bedenken: Der Fuchs gehört zu den Wildtieren, deren natürliche Regulatoren (z. B. Wolf, Luchs) heute ausgeschaltet sind. Infolge seines großen Nahrungsspektrums und seiner enormen Anpassungsfähigkeit profitiert er von der Kulturlandschaft besonders, reagiert mit hoher Fortpflanzungsrate und entsprechender Populationsdichte. Da die Bejagung als „Ersatzräuber" im Populationsniveau nicht mehr früh genug ansetzt, greifen die nächsten Sterblichkeitsfaktoren, vor allem die Tollwutseuche. Wollte man diesen kompensatorischen Mechanismen zuvorkommen, müßte man jährlich über 50 % der Population erbeuten (Kalchreuther, 1984), eine utopische Marge. Insofern kann fast nirgends mehr von jagdlicher Regulation der Fuchspopulation gesprochen werden. Die gegen tierquälerische Käfighaltungen berechtigte, gegen angemessene Nutzung von Pelzträgern jedoch überzogene Kampagne hat den schönen Balg so entwertet, daß sich Fuchsnutzung kaum noch lohnt. Hinzu kommt die Zurückhaltung der Jäger gegenüber Tollwut- oder Fuchsbandwurmgefahr. Also wird die Tollwutseuche als von Natur aus erforderlicher Sterblichkeitsfaktor ohne Impfaktionen immer wieder aufflackern, und es wird bei höherer Dichte besonders in der Paarungszeit ständig erneute Seuchenschübe geben. Ökologisch bedenklich scheint mir der Kampf dagegen mittels Schluckimpfung. Und mit Recht fragt Kalchreuther (1984):

„Hat nicht die Tollwut die Funktion, die infolge menschlicher Veränderungen des Ökosystems unnatürlich hohen Fuchsdichten abzubauen? Hat nicht die Artenvielfalt der Fauna von jeder Tollwutwelle profitiert? Würde der Jäger nicht seinem Niederwild vollends das Grab schaufeln, gelänge es ihm, auch diesen Regulationsfaktor der Fuchsbestände noch auszuschalten?"

Die Schluckimpfung hat die Fuchsbestände in vielen Gebieten ganz erheblich bis extrem anwachsen lassen. Da die Tollwutseuche nach den teuren Impfaktionen bestenfalls für eine gewisse Zeit „abreißt" und irgendwann wieder – z.B. aus den Nachbarländern – importiert wird, sind wesentlich schlimmere Seuchenzüge mit größeren Gefahren für Menschen zu erwarten. Ökologisch ist diese Methode somit abzulehnen. Angesichts der Gefährlichkeit der Tollwut für Mensch und Vieh bleibt der jagdliche Eingriff nach waidgerechten Gesichtspunkten gerechtfertigt. Die von den Fuchsbandwürmern ausgehende Gefährdung des Menschen ist erheblich höher als die durch Tollwut; durch die orale Tollwutschutzimpfung wurde also der Teufel mit dem Beelzebub ausgetrieben (Schute, 1990). Zu fragen ist, ob die neuesten Befunde, die eine hohe Verseuchungsrate der Füchse mit dem Fuchsbandwurm signalisieren, nur deshalb so überraschend sind, weil man bis jetzt gar keine systematischen Daten erhoben hatte.

Burschel (1993) schätzt die ökologische Funktion des Fuchses im naturnahen Wald (u. a. Mäuse) hoch ein und sieht dort wenig Veranlassung zum jagdlichen Eingreifen, zumal auch der Fuchs territorial lebt und überzählige Tiere vertreibt.

Beute-Räuber-Beziehungen sind eben in der Natur außerordentlich kompliziert, weil sich häufig verschiedene Abhängigkeiten überdecken, ihre Einzelwirkungen wechseln oder sich summieren können. Der Jäger, der in Naturabläufe eingreift und regulieren oder ernten will, muß daher einige Grundregeln kennen (vgl. Kapitel 3) über die Beziehungen „Pflanze-Pflanzenfresser", „Beute-Räuber" und „Wirt-Parasit". Früher hat man geglaubt – und dieser Irrtum ist auch heute noch verbreitet –, daß Raubtiere ihre Beute regulieren, indem sie den Bestand kleinhalten und kranke Tiere fangen. Moderne Untersuchungen haben jedoch belegt, daß der Räuber nur einer der Faktoren ist, die regulierend auf den Bestand wirken, und daß es im Gegenteil die Beute ist, die regulierend auf den Bestand der Räuber einwirkt. Füchse sind keine Bedrohung der Hasenbestände, sondern sichern nach umfangreichen Untersuchungen des sowjetischen Forschers Pawlow die Gesundheit der Hasen. In fuchsarmen Gebieten vernichtete regelmäßig die Hasenpest fast den gesamten Bestand, und die Erholung erfolgte äußerst langsam, während in Gegenden mit zahlreichen Füchsen bedeutend weniger Verluste durch Krankheit eintraten und der Bestand sich auch rascher erholte (Kurt, 1977). Die Füchse erbeuten bei Hasenüberschuß die kümmernden, schwachen und kranken Tiere und vermehren sich entsprechend, wodurch bei den Hasen der Besatz gesund und auf höherem Niveau gehalten wird. Allein in diesem einfachen Beispiel wirken aber bereits mindestens drei Begrenzungsfaktoren zusammen:

- die Stärke der Fuchspopulation,
- die Krankheitserreger und deren Lebensbedingungen,
- das Verhältnis zwischen Hasenbesatz und sei-

ner Umwelt, das die Krankheitsanfälligkeit erst möglich macht (Dichte, Altersaufbau, Lebensraumqualität, Witterung u.a.).

Beutegreifer – ob Fuchs oder Habicht – bevorzugen die Beute, die sie am leichtesten erwischen können. Die phasenverschobene Zunahme der Räuber ist bei einseitiger Förderung oder Disponierung der Beute stets programmiert, ja unter Umständen sogar dadurch beschleunigt, daß Räuber aus Mangelgebieten ständig zuwandern und hier am reichgedeckten Tisch geduldet werden. So wird permanente Intensivbejagung von Fuchs, Marder oder Wiesel zu einer aus ökologischer Sicht recht primitiven Sisyphusarbeit, wenn sie in einem verarmten Lebensraum erfolgt, in den laufend in großer Zahl Fasanen, Rebhühner oder Birkwild ausgesetzt werden. Aussetzungen oder/und Biotopzerstörungen disponieren die Beutetiere immer wieder für den Räuber und stimulieren damit seine Zunahme. Alle Räuber passen sich ihrer Beute funktionell an, weil sich Räuber und Beute häufiger begegnen und weil bei hoher Beutedichte das einzelne Beutetier konditionell geschwächt, von Krankheitserregern befallen und daher auch leichter zu erbeuten ist.

Das gilt auch für die Beziehung „Wirt-Parasit", so daß bei unseren Wildtieren die eine Abhängigkeit die andere ablösen kann. Fällt also der Fuchs aus, übernehmen die Parasiten die Reduktion beim Hasen auf das ökologisch zuträgliche Maß (die natürliche Wilddichte). Die Sterblichkeit des Bestandes bleibt weitgehend gleich. Diese kompensatorische Sterblichkeit wird besonders von Witterungsbedingungen und der Umwelt beeinflußt. Daher kann eine starke Reduktion des Fuchsbesatzes durchaus zu einer Einpendelung des Hasenbesatzes auf einem etwas höheren Niveau führen z. B. auf einer intensiv genutzten landwirtschaftlichen Fläche: Bis zur Ernte mögen sehr gute, jedenfalls aber überdurchschnittliche Bedingungen geherrscht haben. Der Tisch war relativ reich gedeckt, die Hasen waren gut geschützt und konnten sich entsprechend vermehren. Dadurch hat sich eine hinsichtlich der im Jahreslauf durchschnittlichen Umweltbedingungen übergroße Population entwickeln können. Zur Zeit der Ernte auf großen Flächen werden die Bedingungen schlagartig schlechter. Nun verlieren die Hasen, ob alt und stark oder jung und schwach, ihre Reviere. Die Zahl der besitzlosen Todeskandidaten steigt schlagartig. Greifen in diese Flaschenhalssituation nun viele Füchse rasch genug ein, könnten sie tatsächlich die nun benachteiligten Hasen dezimieren. Wenn aber die neue Vegetation schnell nachwächst oder wenn es den Hasen gelingt, Ersatzlebensräume zu besiedeln, bevor die kompensatorische Sterblichkeit infolge Witterung, Hunger, Parasitenbefall oder Streß voll greift, kann der Hasenbesatz auch relativ hoch bleiben. Das gilt auch, wenn der Fuchs infolge starker Bejagung oder Tollwutreduktion den Bestand der kranken und geschwächten Hasen in dieser kritischen Phase nicht reduzieren konnte. Wesentlicher Faktor ist dann weniger der Fuchs als die Wirtlichkeit der Umwelt.

Man wird allgemein bei der Feststellung bleiben müssen, daß der Biotop und der davon abhängige Flaschenhalseffekt in Notzeiten in Wechselwirkung mit der Witterung die Hasenpopulation weitgehend bestimmt und daß Überschüsse durch die kompensatorische Sterblichkeit abgeschöpft werden. Wer viele Hasen ernten will, muß sich in erster Linie um den Biotop, um die ganzjährige Lebensraumanreicherung mit abwechslungsreicher Deckung und Nahrung (Kräuter) kümmern und jagen, ehe die Mechanismen der kompensatorischen Sterblichkeit greifen. Dann ist die Regulierung der Räuber von untergeordneter Bedeutung. Jeder Lebensraum verträgt nur eine gewisse Bestandsdichte an Tieren, die von der Vielfalt und Nahrungsmenge, also von der biologischen Belebtheit abhängt. Da diese jahreszeitlich schwankt, pendelt sich auch die Maximalbesetzung je nach Minimumfaktor ein. Räuberbejagung und Fütterung können Lebensraumverarmung nie wettmachen.

Der Biotop bestimmt das Niveau der natürlichen Wilddichte über seinen – jahresweise und jahreszeitlich verschiedenen – Minimumfaktor (Nahrungsmangel, Deckungsmangel, Wassermangel oder Wasserüberschuß, Schutz vor Witterungseinflüssen u.a.). Die Jagd als teilhabende Überschußnutzung sollte den Sterblichkeitsfaktoren zuvorkommen und vor dem Wirksamwerden der Minimumfaktoren einsetzen. Da die Beute den Räuber reguliert, stellt sich dann – sofern keine Ersatzbeute vorhanden ist – auch eine Reduktion der Räuber von selbst ein.

Ergänzende Hinweise zur Biotopbedeutung bei Hase und Rebhuhn

Wie aus der eingangs dargestellten Streckenstatistik zu entnehmen, sind die Rückgänge bei einigen Niederwildarten teilweise dramatisch. Das gilt besonders auch für Hase und Rebhuhn. Hauptgründe: Biotopveränderungen, dadurch verstärkte Auswirkung ungünstiger Witterung in Aufzuchtperioden, Pestizidanwendung, Großraumwirtschaft, Übermechanisierung in der Landwirtschaft, veränderte und einseitige Fruchtfolge usw. Verbesserungen müssen darauf zielen, die Flaschenhalszeiten zu überbrücken. Ihre Wirkung ist heute biotopbedingt wesentlich gravierender als früher. Nur mit angemessener Biotopgestaltung kann es gelingen, über sektorale Erfolge hinauszukommen und eine Verbesserung der Gesamtsituation zu erreichen. Und diese Biotopgestaltung dient dann allen, nicht nur dem Wild und nicht nur uns Jägern, sondern allen natürlichen Pflanzen- und Tierarten und über diese biologische Belebung auch der menschlichen Erholung (vgl. Kap. 4).

Zum Hasenbiotop

Der Hase ist ursprünglich ein Steppentier, angepaßt an eine Landschaft mit vielen verschiedenen Gräsern, Kräutern, Zwergsträuchern und Gebüsch oder Hecken. Nach Schneider (1984) sieht ein besonders günstiger Hasenbiotop so aus:
- Niederschlagsarmut (bis etwa 500 mm im Jahresmittel),
- mildes Klima (über +8 °C im Jahresmittel),
- geringe Höhenlage und ebenes bis welliges Gelände,
- hohe Bodengüte (Löß-Schwarzerde-Böden mit wasserdurchlässigem Untergrund; geringer Feuchtigkeitsfaktor),
- geringer Anteil geschlossener Wälder,
- Ackerland mit 40 bis 50 % Flächenanteil; viel Wintergetreide und Grünfutterarten,
- großer Milcheiweißanteil (30 bis 40 %),
- Grenzlinienreichtum durch mosaikartige Verteilung von Feldgehölzen, Hecken, Knicks, Ackerrainen,
- Vielfalt an Ackerkräutern, Ruderal- und Segetalflora (vgl. Kap. 11).

Auch hier ist der Faktor „Vielfalt“ entscheidend. Der Hase äst ganz überwiegend Wildkräuter (88 % der Sommeräsung) (DJV-Nachrichten, 3/1983). Kulturpflanzen (Getreide, Rüben usw.) haben weitaus geringere Bedeutung, als es ihrer Häufigkeit entspricht. Insbesondere bevorzugt der Hase in heutigen landwirtschaftlichen Bereichen die Kräuter der weniger nährstoffhaltigen, aber lichtreichen Wege- und Ackerränder. Durch Unterlassung von Düngung und vor allem Biozidausbringung kann man viel zur Förderung der Segetalflora im Randbereich (vgl. Kap. 11) und sehr viel für den Hasen tun, aber auch für viele andere Tierarten (Rebhuhn u.a.). Allein der Biotopfaktor „Ackerkräuter“ kann die winterliche Biotopkapazität und damit die Bestandsdichte weitgehend bestimmen (Schneider, 1984).

Der Hase ist von der kleinörtigen Vielfalt und Erfüllung seiner Biotopansprüche abhängig, weil ihm von Natur aus die Mobilität zur Suche nach weiter entfernten Ersatzgründen fehlt. Er ist zwangsläufig standorttreu und braucht deshalb nah nebeneinander Deckung, Futter und Aufzuchtstätten. Deswegen muß er gegen Ende der sommerlichen Überflußzeit bereits sehr territorial werden, um sich ausreichenden Lebensraum für den Winter zu sichern. Die Junghasen werden also vertrieben, haben aber das Wandern nicht wie etwa das Rotwild gelernt und geraten rasch in Not: 40 bis 90 % der Junghasen sterben, bevor sie halbjährig sind. Die mittlere Lebenserwartung beträgt etwa 8½ Monate, und mehr als 90 % aller Hasen sind jünger als 4 Jahre (Kurt, 1977).

Auch beim Hasen zwingt die Territorialität die überzähligen Tiere zum Verlassen des heimatlichen Areals und zur Besiedlung anderer Räume, aus denen dann z. B. nach Katastrophen Neu- und Rückbesiedlungen möglich sind (Remmert, 1990). Einen ähnlichen Sinn für die Erhaltung der Art hat das Verlassen der Jungen durch die Häsin unmittelbar nach dem Säugen. Die Einsamkeit garantiert den winzigen Hasen, die keine Witterung abgeben, optimale Sicherheit (Pielowski, 1989).

In der herbstlichen Dispositionszeit kann der Fuchs bis zu $1/5$ die Mortalität der Hasen bestimmen, wobei er gewöhnlich nur den anderen Sterblichkeitsfaktoren zuvorkommt. Hasen sind äußerst empfindlich gegen Seuchenkrankheiten. Es lebt eine stattliche Anzahl von Krankheitserregern in und an eigentlich gesunden Hasen. Sie bleiben zunächst latent, werden aber plötzlich wirksam, wenn Konditionsverfall und hohe Dichte zusammenwirken. Hasenaussetzungsaktionen sind daher ökologischer Unfug. In Frankreich hat man – auch Folge des „Überbestandes“ von über 2 Mio. Jägern – entsprechend negative Erfahrungen gemacht: 1974 wurden 190 000 Hasen ausgesetzt, bei den folgenden Jagden aber von 100 ausgesetzten Hasen nur 2 bis 20 erbeutet (Kurt, 1977). Die natürlichen Sterblichkeitsfaktoren in Form von Seuchen und Parasiten haben gewirkt, ehe sich die Beutegreiferpopulation darauf einstellen konnte.

Diese Sterblichkeitsfaktoren setzen mit der Haupterntezeit schlagartig ein, und Blutuntersuchungen von Hasen haben gezeigt, daß der Hase dann mitten im Sommer Hunger leiden kann. Das war früher anders. Da hoppelte der Hase bei der Ernte des kleinen Feldes nur ein paar Meter weiter zur anderen Frucht. Heutige riesige biozidbehandelte Einheitsfelder (nach polnischen Untersuchungen werden rund 1/8 der neugeborenen Hasen direkt durch Biozide getötet) mit entsprechend geringer Kräuteräsung, zeitweilig großer Deckungsnot (Spittler, 1983) und extremer Strukturarmut sind also für den Hasen lebensfeindlich.

Neuerdings kommt unter polnischen Hasenforschern der Verdacht auf, daß durch negative Umwelteinflüsse, vor allem der „Chemiesierung“, die Natalität (Anzahl der Junghasen, die eine Häsin im Jahr setzt) generell gesunken sei (Pielowski, 1989).

Grundsätzlich ist also auch dem Hasen – wie allen Tieren – im wesentlichen nur durch Biotopgestaltungsmaßnahmen zu helfen. Dazu gehören z. B. Ackerrandstreifen ohne Düngung und Pestizide in einem Verbundsystem zwischen Hecken, Feldgehölzen, busch- und baumbestandenen Windschutzstreifen. Auch der Zugang zu besonders trockenen und besonders nassen Standorten, die nicht mehr gedüngt und nicht mehr alljährlich gemäht werden dürfen (Meile, 1991), ist wichtig.

Bei der Frage der jagdlichen Abschöpfung ist jagdliches Verantwortungsbewußtsein gefragt. Dabei spielt die Einschätzung der Population sowie der revierspezifischen Sterblichkeitsfaktoren eine wichtige Rolle. Da der Hase praktisch ein reines Nachttier ist, stellt die Scheinwerfertaxation für Feldreviere die zuverlässigste Methode der Zählung dar. Sie wird im Frühjahr und im Herbst auf mindestens 50 % der Revierfläche durchgeführt und liefert recht zuverlässige Werte über Frühjahrs- und Herbstbestand und damit auch über den realisierten Jahreszuwachs.

Blinde Bekämpfung der Prädatoren (z. B. Fuchs) ist primitiv und ökosystemgerechter Jagd unangemessen. Zu empfehlen ist die differenzierte Analyse der Abgangsursachen. Nach internationalen Untersuchungen liegt die Sterblichkeit der Althasen während der Fortpflanzungsperiode heute bei 30 %. Ein Drittel aller Althasen stirbt also bereits im Sommer. Zuwachskalkulationen müssen daher sehr bescheiden angesetzt werden. Nur noch jeder 5. Junghase bleibt bis zum Herbst am Leben. Die Bedeutung der Prädatoren wird oft überschätzt, sie liegt etwa bei 10 % der Sterblichkeitsfaktoren. Umweltgifte und Krankheiten sind die wesentlichen Ursachen der hohen Sterblichkeit der Althasen. Außerdem gehen durch Landmaschinen ca. 20 % aller Junghasen (dazu 15 % aller Flugwildnester und bis zu 25 % der Kitze von Feldrehen) verloren. Gegenüber derartigen Abgängen ist jagdliche Nutzung weit unterhalb der übrigen Sterblichkeitsfaktoren unbedeutend, wenn sie sich mit Augenmaß an der örtlichen Populationsdynamik orientiert (Pielowski, 1989). Verzicht auf ein „Hasenschlachten" in dichten Kesseln, Beschränkung der Jagd auf die halbe Revierfläche und Konzentration auf nur eine Jagd pro Jahr und Fläche sind heute üblich bei Hasenpopulationen, die deutlich unter der möglichen Lebensraumkapazität liegen. Pegel (1989) hat bei seinen 5jährigen Untersuchungen im Bundesgebiet einen mittleren Zuwachs von 50 % des Frühjahrsbestandes ermittelt. Danach dürfen maximal 33 % des Herbstbesatzes bis zum nächsten Frühjahr verlorengehen, andernfalls nimmt der Stammbesatz ab. Von diesen 33 % gehen aber im Mittel 14 % durch unnatürliche Herbst- und Wintersterblichkeit verloren, so daß für die jagdliche Nutzung bei gleichbleibendem Bestand noch ganze 19 % des Herbstbesatzes verbleiben. Jagdliche Mäßigung ist also angesagt.

Zum Rebhuhnbiotop

Das Rebhuhn (Vogel des Jahres 1991) hat Mitteleuropa vermutlich erst mit den ersten Ackerbaukulturen um 3000 v. Chr. als Kulturfolger flächendeckend besiedelt (Müller, 1991). Der Anteil der tierischen Nahrung (Insekten, Würmer, Schnecken) beim Rebhuhn ist seit den 50er Jahren von 45 % auf 3 % zurückgegangen (Strate, 1982). Das liegt an Lebensraumverarmung, am Schwund der pflanzlichen Basis der Insekten, an dann stärker wirkenden Witterungseinflüssen, an Biozidschäden und sicherlich auch an der Wirkung der Immissionen aus der Luft auf die Pflanzen und Insekten direkt oder in der Wirkungskette über den Boden. Die allgemeine Eutrophierung über die Stickstoffeinträge aus der Luft, die zur Verdrängung der an Magerstandorte angepaßten Krautflora führt, ist sicherlich ebenfalls an den Ursachen beteiligt. In einem Untersuchungsgebiet in Südostbayern ging nach Reichholf der Rebhuhnbestand seit 1962 um 40 bis 80 % zurück, nachdem im Zuge von Flurbereinigungen Feldgehölze und Hecken, unkrautreiche, von Insekten bevölkerte Wegränder und Feldraine verschwanden.

Das Rebhuhn braucht ein eiweißreiches Nahrungsangebot, zunächst für die Henne zur Eierproduktion, später für die Küken. Geboten wird dies an vielfältig genutztem, grenzlinienreichem Ackerland mit naturnahen Pflanzengesellschaften (Pegel, 1988). Spittler (1990) konnte nachweisen, daß die Ausbringung der Insektengifte selbst in der Landwirtschaft nicht die entscheidende Primärursache für den starken Rückgang von Fasan und Rebhuhn ist. Dennoch trifft die Vergiftung der tierischen Eiweißnahrung natürlich eine sehr wichtige Lebensgrundlage. Woher sollen die Küken die wachstumsnotwendigen Proteine nehmen, wenn man die Insektenwelt zunehmend vergiftet? Beim Rebhuhn sind drei Kriterien für eine erfolgreiche Biotopgestaltung wichtig:

- Förderung der Nahrungsvielfalt durch viele Kräuter als Samen- und Insektenträger.
- Förderung der Deckung gegen Beutegreifer, Regen und Wind, wobei die Schutzbereiche nicht zu klein sein dürfen, da sonst die Beutegreifer bevorzugt werden und sich auf einige wenige Hecken o. ä. regelrecht spezialisieren (Spittler, 1983). Deckungsflächen müssen mosaikartig über das ganze Revier verteilt sein und z. B. als Zwischenfruchtflächen auch über den Winter erhalten bleiben (z. B. Ölrettich, Ackersenf, Lupine).
- Förderung der Flächenstrukturierung durch Hochstaudenfloren, naturbelassene Ödlandbereiche, Kleingehölze und ausgedehnte Krautschicht.

Die Ackerrandstreifenprogramme zur Erhaltung und Förderung selten gewordener Tier- und Pflanzenarten, Extensivierungs- und Bracheprogramme, jährlich wechselnde Rotationsstreifen sowie die Einbringung von Hecken und mosaikartig verteilten Kleingehölzen haben gezeigt, wie gerade den Rebhühnern geholfen werden kann. Eine intensivierte Raubwildbejagung, die – wenn überhaupt – dem bei uns in hoher Dichte lebenden Fuchs vorrangig gelten sollte, kann die Herbstdichte und damit eine Jagdstrecke als Überschuß-

Abb. 115. Wenn in einer ausgeräumten Feldflur ein einsamer Baum oder Pfahl mit Stacheldraht und einigen Grashalmen schon als Deckung für unsere Rebhühner in winterlicher Notzeit herhalten muß, erscheint jede Diskussion über die Gründe des rapiden Rückgangs dieser Art überflüssig. Da nutzt kein Lamentieren oder die aufschiebende Vergabe immer neuer Gutachten, der Biotop muß schleunigst wieder naturnah angereichert werden! (Foto: W. Henkel)

nutzung erhöhen oder die Startchancen zum Besatzaufbau verbessern. Eine biologische Trendwende mit großräumiger Zunahme der Brutpaardichten im Frühjahr (!) ist damit nicht zu erreichen. Die Kapazitätsgrenze des Biotops (vgl. Kap. 3) wird normalerweise im Frühjahr erreicht. Dieser Flaschenhals kann grundsätzlich nur durch Biotopverbesserungsmaßnahmen wirksam geweitet werden. Gegenüber der Wirkung der Kapazitätsgrenze nützt auch ein Bejagungsverzicht dem Wiederaufbau der Besätze nicht. Eine Bejagung sollte jedoch generell dort ausgesetzt werden, wo die Paarhuhndichte unter 2 bis 8 Paare pro 100 ha abgesunken ist. Eine jagdliche Abschöpfung sollte im übrigen 10 % der Herbstpopulation vorerst nicht überschreiten, da Gebiete mit höherer Dichte Bedeutung für die Wiederbesiedlung anderer Lebensräume haben (Pegel, 1988). Die Biotopvernetzung spielt stets eine wesentliche Rolle.

Streitpunkt Schnepfenfrage

Nach meiner Meinung ist der Streit um die Schnepfenjagd höchst überflüssig und angesichts der großen Umweltprobleme in unserem Werben um Zusammenarbeit mit Naturschutzverbänden kleinkariert. Nach Berndt und Winkel (1977) hält die Deutsche Sektion des Internationalen Rates für Vogelschutz eine ganzjährige Verschonung der Waldschnepfe von der Jagd für notwendig, zumal diese Vogelart bereits in der Roten Liste als bestandsgefährdete Art geführt wird. Verantwortlich für den Rückgang der Waldschnepfe sind u. a. die Verdrahtung der Landschaft, die Störung der Brut- und Nahrungsplätze durch Erholungsverkehr und Forstbetrieb sowie die Verkleinerung des Lebensraumes mit Schmälerung des Nahrungsangebotes durch die fortschreitende Entwässerung von Bruchwäldern. Die Jagd vermehrt nach diesen Autoren insofern die Gefahren, als es in einem Revier oft nur noch eine winzige Stelle gibt, die der Waldschnepfe die erforderlichen Lebensbedingungen (z. B. hohe Bodenfeuchtigkeit) bietet, und diese Stelle dann konzentriert bejagt wird. Auch wird der geschlechtsselektive Abschuß – möglich z. B. auf dem Schnepfenstrich, weil dort in erster Linie (80 bis 100 %?) die Männchen erlegt werden – abgelehnt, weil das für die Arterhaltung optimale Geschlechterverhältnis gestört und die Fortpflanzungsrate herabgesetzt wird. Bei geringer Brutdichte könnte es nach Berndt und Winkel dann vorkommen, daß überhaupt keine verschiedengeschlechtlichen Partner mehr zusammentreffen. Außerdem haben wir nicht das Recht, Durchzügler zu bejagen. Bei der Herbstjagd lassen beide Autoren gelten, daß diese nicht immer die Verminderung eines Brutbestandes nach sich zu ziehen braucht. Sie richtet aber dann Schaden an, wenn in einer intakten Population die Reserve übermäßig genutzt wird oder gar keine Vermehrungsüberschüsse vorhanden sind. Wer von uns Jägern soll dies beurteilen können?

Schwer geschadet hat der Schnepfe auch die Immissionsbelastung ihrer Lebensräume, da die Wurmfauna im Boden (Regenwürmer) durch Versauerung drastisch zurückgeht. Kalchreuther (1984) kommt zu dem Schluß, daß jeder balzende Schnepfenhahn mehrere „stand-by"-Hähne in der Nähe hat, die erst dann in Aktion treten dürfen, wenn die territorialen Hähne ausgefallen sind. Telemetrisch konnte festgestellt werden, daß die Zahl abendlicher Balzflüge über die Zahl balzender Hähne wenig aussagt. Es können eben Hähne vorhanden sein, die gar nicht balzen (dürfen), die nur am Rande der Balzareale auftauchen, oder eben die, die das Zentrum des Balzgebietes beherrschen und dann auch mehrere Hennen treten. Er folgert daraus, daß eine jagdliche Nutzung in Höhe der männlichen Populationsreserve keine negativen Auswirkungen auf die Bestandsentwicklung haben kann und unter Umständen sogar höhere Fortpflanzungsraten bewirkt, weil dadurch mehr jüngere Hähne zum Zuge kommen.

Auch diese Feststellungen dürften sicher bei intakten und reichen Populationen zutreffen. Insofern soll hier weder die eine noch die andere Argumentation gewertet werden. Angesichts der schweren Umweltprobleme ist die Schnepfenfrage sekundär. Die Art ist deutlich zurückgegangen, ist heute bei uns selten, und es besteht überhaupt kein Grund für eine Regulierung, geschweige denn für eine Wildbretnutzung (andere gleich große und ebenso schmackhafte Vögel werden zum Glück in Deutschland schon seit Jahrzehnten nicht mehr bejagt). Die romantische Seite der Schnepfenjagd läßt sich auch ohne Flinte erleben. Ein konsequenter Verzicht auf diese traditionsreiche Jagd ist nicht zuletzt eine gewinnende Geste gegenüber der Naturschutzbewegung, eine von vielen Brükken, die wir dringend brauchen.

Greifvögel nüchtern verstehen

Wer heute noch Greifvögel als Konkurrenten einstuft und deshalb ihre Bejagung fordert (oder gar heimlich praktiziert), hat die ökologischen Grundgesetze nicht begriffen. Könnte man sich nicht bei all diesen Vögeln – also auch beim Habicht – zu der Leitlinie bekennen, daß die ökologischen Regelmechanismen allein entscheiden, welche Population sich wie entwickeln kann? Auch die Probleme des Niederwildes sind schließlich keine Folge überhöhter Greifvogelbestände, sondern durch Lebensraumzerstörungen verursacht. Praktisch alle Greifvogelarten sind einheitlich und großflächig in Mitteleuropa etwa zu Anfang der 1950er Jahre rapide zurückgegangen, und dieser negative Trend hielt auch nach jagdlicher Vollschonung an. Dagegen erbrachte das Verbot einiger Biozide eine Erholung vieler Greifvogelpopulationen.

In Holland waren vor dem Verbot von DDT, HCB, Dieldrin, Chlordan und Quecksilberpräparaten nur noch wenige Habichtpaare vorhanden. Danach kletterte innerhalb weniger Jahre die Habichtpopulation auf über 400 Paare (Dietzen, 1982). Auch in der Bundesrepublik stiegen die Habichtbestände nach dem Verbot dieser Gifte an. Kalchreuther (1984) zitiert den Spezialisten Newton:

„DDT und dessen Derivat DDE wirken sich nur auf die Fortpflanzungsfähigkeit aus, nämlich durch geringere Eierzahl, taube Eier und dünnere Schalen, die beim Bebrüten zerbrechen. Die damit belasteten Greifvogelbestände gingen langsam zurück und erholten sich auch nicht so rasch nach Verbot der Anwendung. Aldrin, Dieldrin und ähnliche Pestizide, die als Saatgutbeizmittel verwandt wurden, in Schweden z.B. das Methylquecksilber, wirken dagegen tödlich auch für Altvögel, was einen raschen Zusammenbruch der Bestände zur Folge hat. Aber ebenso rasch können sie nach Verbot der Ausbringung wieder ansteigen, da die Fortpflanzungsfähigkeit kaum beeinträchtigt ist."

Die Greifvögel – und hier insbesondere die vielseitigen Habichte – haben infolge ihrer hohen Stellung in der Nahrungskette für die chemische Umweltverschmutzung eine ausgesprochene Indikatorfunktion. Das macht sie für uns neben ihrer Funktion im Ökosystem zusätzlich wertvoll. Besonders betroffen von der Pestizidanreicherung und der entsprechend verringerten Fortpflanzungsmöglichkeit, der erhöhten Jugendsterblichkeit, der Mißbildungshäufungen, der Verhaltensstörungen und akuten Vergiftungen mit Todesfolge waren die Arten, die sich überwiegend von Vögeln ernähren, wie Habicht, Sperber, Rohrweihe, Baum- und Wanderfalke und die fischfressenden Fisch- und Seeadler. Da die fraglichen Gifte durchaus noch nicht in allen Ländern verboten sind, haben auch ziehende Arten, wie Weihen und

Baumfalken, und die teilweise von Zugvögeln lebenden Greife, wie Sperber, unter dieser Belastung zu leiden (Dietzen, 1982).

Auch die Biotopveränderungen wirken sich unterschiedlich auf die Greifvogelarten aus, weil die differenzierten Biotop-Beute-Räuber-Beziehungen verschiedene Wirkungsmechanismen auslösen. Turmfalke und Mäusebussard können vom reichen Mäuseangebot der landwirtschaftlichen Monokulturen profitieren, während der Habicht durch Überpopulationen von Hausgeflügel – dazu zähle ich neben den Haus- und Brieftauben auch die ausgesetzten Fasanen, Rebhühner und Enten – besonders gefördert wird. Dagegen sind Arten mit naturnahen Biotopansprüchen benachteiligt, wie z. B. die Adler oder die bodenbrütenden Weihen. Wo findet die Rohrweihe noch die großen Schilfbestände, und wo finden die Korn- und Wiesenweihen noch offene und ungestörte Landschaft?

Beim Schutz von ehemals als „Konkurrenten" angesehenen und heute durch Biotopverlust hochgradig gefährdeten Arten ist Zusammenarbeit der örtlichen „Jagdlobby" mit Naturschutzverbänden besonders angebracht. So ist das vom LJV Schleswig-Holstein und der Landesgruppe des Naturschutzbundes Deutschland gemeinsam getragene „Schutzprojekt Wiesenweihe" (Clemens, 1992) ein schönes Beispiel für Kooperation, die auf viele Länder ausgedehnt werden sollte, weil die Wiesenweihe zu den seltensten und gefährdetsten Greifvogelarten in Europa gehört. Man bemüht sich gemeinsam um die Renaturierung der Bruthabitate und die entsprechende Gestaltung der Nahrungshabitate, die meist in Wiesen, Weiden oder Agrarbereichen liegen.

An erster Stelle steht also auch bei den Greifvögeln der Biotop, von dem neben der Nahrungsmenge und Nahrungsart auch das Nistplatzangebot, die Schadstoffbelastung und der Feinddruck abhängig sind. Die Arbeitsgemeinschaft Deutscher Tierschutz, der BUND, der Bund Naturschutz in Bayern, die Deutsche Ornithologen-Gesellschaft, der Dachverband Deutscher Avifaunisten, der Deutsche Bund für Vogelschutz, der Deutsche Tierschutzbund, die Deutsche Sektion des Internationalen Rates für Vogelschutz, das Komitee gegen den Vogelmord, der Landesverband für Vogelschutz und die Zoologische Gesellschaft von 1858 haben 1982 ein Memorandum veröffentlicht, das den uneingeschränkten Schutz aller Greifvögel fordert (Natur und Landschaft, 1/1982). Auch die „Projektgruppe Ökologie" (BMI, 3/1983) stellt in ihrem Abschlußbericht an den Bundesinnenminister 1983 fest: „Alle Greifvögel müssen unter ein Abschußverbot fallen."

Der Habicht ist besonders vielseitig und jagt „opportunistisch", d. h., er schlägt bevorzugt leicht zu erbeutende Tiere, wozu besonders die Haus- und Brieftauben sowie alle aus Gefangenschaftszuchten stammende Federwildarten gehören. Die Beuteliste reicht außerdem von der Maus bis zum Auerhahn, von anderen Greifvögeln bis zu eigenen Artgenossen. Der Schwerpunkt liegt bei mittelgroßen Arten wie Tauben, Hühnervögeln und Kaninchen (Dietzen, 1982). In diese Palette gehören auch Eichhörnchen, Hasen, Eichelhäher, Krähen, Elstern, Drosseln, Spechte, Stare, Enten u. a., aber eben auch hochgradig gefährdete Arten wie Rauhfußhühner und der Brachvogel, wobei er gerade das Birkwild äußerst bedrängen kann. Der Habicht trifft keine Selektion nach der Kondition der Beutetiere, bevorzugt aber immer die Arten, die er besonders leicht erwischt. Dazu gehören besonders Fasanen und Rebhühner, die in unseren verarmten Biotopen nicht genug Deckung finden oder verhaltensgestört sind. Das muß selbstverständlich geduldet werden, weil diese Disposition der Beutetiere auf menschliche Eingriffe zurückgeht und deshalb auch nur durch geeignete Biotopgestaltungsmaßnahmen auszugleichen ist.

Gerade der Habicht hat im sonstigen Regulationsgefüge große Bedeutung, z. B. bei den Eichelhähern, Rabenkrähen und Elstern, die ihrerseits auch Eier- und Jungvogelräuber z. B. bei Fasan und Rebhuhn sind (Ellenberg, 1984) und bei denen deshalb oft der Ruf nach jagdlicher Regulation laut wird. Die Natur reguliert Rabenkrähen, Elstern und Eichelhäher zielsicherer, als es der Jäger kann, der höchstens ergänzend tätig wird oder auch darauf verzichten kann. Er wird dies ganz von selbst tun, wenn er die ökologischen Gesetzmäßigkeiten erkannt und bemerkt hat, daß jagdliche Verluste leicht durch einen Anstieg der potentiell viel höheren Fortpflanzungsrate ausgeglichen werden können. Eine Gefährdung anderer Arten durch Rabenvögel konnte bisher selbst in städtischen Bereichen mit einer starken Zunahme und hohen Siedlungsdichte der Elster nicht nachgewiesen werden (Knief u. Borkenhagen, 1993). Gemeinsame Untersuchungen von Ornithologen und Jägern haben z. B. in Schleswig-Holstein ergeben, daß 94 % der Antragsteller, die eine Abschußgenehmigung für Rabenvögel erhalten hatten, die Zunahme des Brutbestands von Rabenkrähe und Elster trotz der Abschüsse in der darauffolgenden Brutzeit beobachteten. Die Dichte auch bei Rabenkrähen und Elstern wird bestimmt von:

- der Territorialität der beiden Arten,
- den Habitatsstrukturen,
- intra- und interspezifischer Konkurrenz,
- dem Vorkommen von Beutegreifern (u. a. Habicht).

13.7 Waidgerechtigkeit = Tierschutz – ein Grundpfeiler deutscher Jagdkultur

„Mitgefühl ist die edelste Tugend der Starken."
Marie von Ebner-Eschenbach (1830–1916)

Die Grundausbildung in Sachen „Waidgerechtigkeit" und streng „tierschutzgerechtes Töten" ist unvergleichbar wichtiger als die mancherorts übertriebene Pflege jagdlichen Brauchtums, z. B. des „Zuprostens mit links" beim abendlichen Schüsseltreiben. Wer das noch nicht begriffen hat, hat eigentlich von unserer heutigen Jagdkultur noch nichts begriffen!

Für den Durchschnittsjäger ist die Grundbedeutung des Tierschutzgedankens als Maxime der Waidgerechtigkeit selbstverständlich. Wie sagte Ortega y Gasset: „Auf der Jagd nimmt der Mensch Urlaub von der Zivilisation und kehrt für Stunden in seine Natur zurück." Das Töten ist für viele Jäger dabei noch nicht einmal so wichtig, eher ein nebensächliches Muß („Er tötet, um gejagt zu haben", umschreibt es Ortega). Die Waidgerechtigkeit umfaßt auch Tierschutzaspekte, die viel mit Fairneß gegenüber der Kreatur, mit „Chancengleichheit" zu tun haben und dem Tier eine gewisse Fluchtmöglichkeit belassen. Ob solche Gesichtspunkte auch heute noch gelten sollten, versehe ich für mich mit einem großen Fragezeichen. Kein Mensch wird mir nach heutigen Kriterien einen wirklich überzeugenden Grund nennen können, warum z. B. der Hase nicht in der Sasse, die Ente nicht auf dem Wasser und der Fasan nicht „zu Fuß" erlegt werden darf. Oberste Priorität muß die Vermeidung von Tierquälereien haben; „sportliches" Laufen- und Fliegenlassen vervielfacht die Gefahr des Krankschießens.

Konzessionen an Bequemlichkeit, Sportgedanken, Fleischverwertung, Modedenken bei überlieferten Zuchtstandards oder Trophäensucht auf Kosten des Tierschutzgedankens gefährden die Akzeptanz der Jäger in der Öffentlichkeit und damit nach demokratischem Kräftespiel ihre alleinige Zuständigkeit für die hochrangige ökologische Aufgabe der Jagd im praktischen Naturschutz. Nur wenn wir selbstkritisch und seriös bleiben, können wir den unbedingt erforderlichen Schulterschluß zum Tierschutz erlangen. Er hat selber Probleme mit schwarzen Schafen, die z. B. gegen Katzenabschuß durch Jäger zu Felde ziehen, die Millionen ausgesetzten und herrenlosen Tiere, die letztlich in bundesdeutschen Tierheimen getötet werden müssen, jedoch ebenso ignorieren wie die gewilderten Junghasen, Kitze oder Vogelbruten. Reden wir nicht immer negativ über andere, fangen wir bei unseren eigenen Problemen an, um so eher können wir erwarten, daß andere die gleiche Gewinner-Gewinner-Strategie (vgl. Kap. 5) anstreben:

- Es ist Tierquälerei und sollte zum Entzug des Jagdscheines führen, wenn Jäger in der größten Notzeit Abwurfstangen von Hirschen suchen. Von Pückler (1989) berichtet von einem langjährigen Jäger, der trotz hohen, verharschten Schnees die Dickungseinstände des Rotwildes durchgekämmt und Wild vertrieben hat und zu 1500 DM Geldstrafe verurteilt worden ist. Warum kann die Jägerschaft nicht der Behörde die befristete oder gar unbefristete Sperrung des Jagdscheines empfehlen?
- Es ist fahrlässige Tierquälerei, mit einem schon von der Rasse oder vom Ausbildungsstand her ungeeigneten Jagdhund eine Nachsuche auf krankes Wild zu beginnen, wenn der Ausgang ungewiß (!) ist. Von der Rasse her sind alle Hunde für ungewisse (!) Nachsuchen ungeeignet, die nicht zuverlässig die drei Hauptfächer jeder Schweißarbeit beherrschen:
  1) Eine ruhige, konzentrierte, auch lang andauernde Riemenarbeit
  2) Eine schnelle und aggressive Hetze
  3) Ein scharfes und ausdauerndes Stellen

Ein Probieren im Ungewissen verlängert die Tierquälerei vermeidbar oder verhindert, daß das kranke Stück von seinen Leiden erlöst werden kann. Der Trend zur Schweißarbeit auch mit ungeeigneten Rassen und zu Prüfungen und Leistungszeichen mit hohem Geltungswert (vgl. Kap. 5.4.2) verleitet unerfahrene Führer zu gutgemeinten Versuchen und fahrlässigen Reaktionen. Erfahrene Schweißhundführer finden immer wieder Stücke und erlösen sie von ihrem Leiden, die als 99,9prozentige Fehlschüsse angesagt und mit ungeeigneten Hunden angesucht oder gar aufgemüdet worden sind. Wieviele Fälle bleiben verborgen und werden nicht fachgerecht nachgesucht? Da auch spezielle Nachsuchenhunde ohne Erfahrungen keine Spitzenleistungen erbringen, diese aber im Tierschutzinteresse unbedingt zu fordern sind, muß man sich auf Kreisebene auf wenige erfahrene Nachsuchengespanne konzentrieren, deren Hunde und Führer erst nach etwa 100 Einsätzen soviel Routine erlangen, daß sie die optimale Gewähr für sichere Nachsuchen bei schwierigen Bedingungen bieten können. Der Modetrend zur „Kunstschweißarbeit" ist gut gemeint, unterläuft jedoch durch Verzettelung die „Erfahrungsfähigkeit" der geeigneten Gespanne. Auch hier kann nur eine klare Linie und Vorsorge in der jagdlichen Organisation (eventuell mit Hilfe der Jagdbehörde) zur Vermeidung fahrlässiger Tierquälereien beitragen. Schweißhunde sind Spezialisten und nur als solche einzusetzen. Sie sind keine Stöberhunde, umgekehrt gilt genau das gleiche.

- Es ist fahrlässige Tierquälerei, die Kfz-Wildtier-Unfallproblematik nur bedauernd hinzunehmen und nicht mit allen interessierten Vertretungen gemeinsam (Jägerschaft, Tierschutzverein, Naturschutzverbände, Polizei, Straßenbaubehörde, Straßenverkehrsämter, Forstämter) nach Minimierungsansätzen zu suchen. In ersten Landkreisen ist aufgrund von ADAC- und DJV-Empfehlungen eine EDV-gestützte Registrierung der Wildunfälle eingerichtet, die z. B. Warnhinweise in Verbindung mit Geschwindigkeitsbegrenzung (Krug et al., 1992) ermöglicht. Man sollte außerdem Kfz-Versicherungen von ihrer Leistungspflicht entbinden, wenn der Verursacher sich nach dem Unfall grob fahrlässig falsch verhält, den Unfall verspätet meldet und dadurch vermeidbare Tierquälereien verursacht.

- Es ist fahrlässige Tierquälerei, mit leichten „Universalgeschossen" auf schweres Wild zu schießen und in Kauf zu nehmen, daß das Stück nicht schlagartig verendet. Gleiches gilt für leichtfertige, vermeintlich sportliche Weitschüsse. Ich bin sicher, daß so mancher „Sport- und Trophäenjäger" seine Büchse für immer in die Ecke stellen würde, wenn er nur einmal aus der Nähe dem von ihm auf große Distanz krankgeschossenen Stück in die Augen sehen müßte. Die auch dem Menschen angeborene Tötungshemmung verliert auf große Distanz – weil evolutionär nicht vorgesehen – ihre Wirkung. Wenn alle tierliebenden Jäger die Wirkung ihrer Schüsse (Weitschüsse, zu schwache Kaliber, Krankschüsse bei Schalenwild, Randschrote bei Niederwild) oder die Wirkung nicht sachgerecht gestellter Fallen aus nächster Nähe betrachten müßten, würden sie künftig mit allergrößter Sorgfalt und Zurückhaltung vorgehen. Bei einer Umfrage unter durchweg sehr erfahrenen Schweißhundführerkollegen, die zusammen weit über 30 000 Nachsucheneinsätze hinter sich hatten, habe ich festgestellt, daß viel zu oft mit zu schwachen Kalibern auf dafür zu starkes Wild geschossen wird. Die eigentlichen „Universalgeschosse" sind starke Kaliber, die auch auf 100 bis 200 m nicht etwa in der „10" (der Scheibe), sondern auch in der 8 noch sofort tödliche Wirkungen haben. Die Streubreite der als „für Hochwild geeignet" suggerierten Auftreffenergie ist völlig unakzeptabel groß. Der größte Wert ist mit rund 4300 Joule auf 200 m fast dreimal so groß wie der niedrigste Wert von rund 1500 Joule. Werte erst von 3000 Joule und mehr auf 200 m Entfernung sind für hiesige Verhältnisse als gut einzustufen. Der Tierschutzgedanke sollte eine Heraufsetzung der gesetzlichen Mindestgrenze bei der Kaliberwahl für schweres Hochwild nahelegen. Da sollte man nicht erst auf den Zwang warten z. B. nach der „EU-Richtlinie zur Regelung der gesundheitlichen Fragen beim Erlegen freilebender Wildtiere und der Vermarktung von deren Fleisch" (Kujawski, 1992). Sie wird nämlich dazu führen, daß wesentlich mehr Wild als bisher verworfen werden muß, das erst relativ spät zur Strecke kommt. Da nur starke Kaliber bei starkem Wild die erforderlichen Energiereserven haben und das Risiko deutlich minimieren, ist spätestens dann mit angemessenen Reaktionen zu rechnen.
- Das Festhalten am Kupieren der Ruten von einigen Jagdhundrassen (kurz- und rauhhaarige deutsche Vorstehhunde, Stöberhunde – wie Deutscher Wachtel und Jagdspaniel, Jagd- und Foxterrier) ist eine unsinnige Modehaltung, die die Jäger ohne Not in Gegensatz zu den Tierschützern bringt. Das ursprünglich vorgesehene Kupierverbot ist in letzter Minute auf Betreiben auch jagdlicher Interessenvertretungen aus dem seit 1. 1. 1987 gültigen Tierschutzgesetz herausgestrichen worden. Das hat der gemeinsamen Sache von Jagd und Tierschutz geschadet. Es gibt keine überzeugenden Argumente für das Kupieren, in dem Tierfreunde einen Verstoß gegen § 1 des Tierschutzgesetzes sehen: „Zweck dieses Gesetzes ist es, aus der Verantwortung des Menschen für das Tier als Mitgeschöpf dessen Leben und Wohlbefinden zu schützen." Die Rute hat durchaus körperliche Funktionen (Steuerungs- und Gleichgewichtsorgan, Schnallenverdeckung, Stimmungsäußerung, Rangordnungsdemonstration u.a.), und es ist ethisch nicht zu verantworten, an Lebewesen aus modischen Gesichtspunkten (Rassestandard) herumzuschnippeln. Daher halte ich es für eine vertrauensbildende Maßnahme gegenüber dem Tierschutz, von jagdlicher (!) Seite auf eine Gesetzesnovellierung hinzuwirken. Die wenigen Hunde, die sich im harten jagdlichen Einsatz tatsächlich ständig die Rute wundschlagen (sicherlich unter 5 %), können beim Tierarzt fachgerecht kupiert werden. Die grundsätzliche Forderung als Rassestandard stößt jedoch bei Tierfreunden auf verständliche Ablehnung. Es gibt genügend kurzhaarige Hunderassen, die harten jagdlichen Einsatz mit langer Rute völlig schadlos überstehen.

Wildfolge als Pflicht

Nach § 22 a Abs. 2 Bundesjagdgesetz darf krankgeschossenes und schwerkrankes Wild, das in einen fremden Jagdbezirk wechselt, nur verfolgt werden (Wildfolge), wenn darüber mit dem dort Jagdausübungsberechtigten eine schriftliche Vereinbarung abgeschlossen worden ist. Sie ist aus Tierschutzgründen dringend anzuraten, und in manchen Ländern und Revieren schon vorbildliche Praxis. Oft aber wird immer noch im Ernstfall der Tierschutz jagdrechtlichen Egoismen geopfert. Jeder Schweißhundführer kennt die bittere Situation, eine Nachsuche an einer Reviergrenze unter- oder gar abbrechen zu müssen, wohlwissend, daß sich das kranke Tier unnötig weiterquält. Möglicherweise ist dann das Stück bei hereinbrechender Dämmerung oder aus anderen Gründen gar nicht mehr zu erlösen. Dringend geboten ist eine jagdgesetzliche Vorschrift, die generell eine Wildfolge für alle von der Jagdbehörde anerkannten Mitglieder von Schweißhundstationen vorsieht. Unabhängig von sonstigen nachbarlichen Vereinbarungen hat die generelle Freigabe der Wildfolge für namentlich festgelegte Nachsuchengespanne den Vorteil, daß eine daraus resultierende Konzentration auf wenige Hunde und Führer deren Erfahrungsschatz bereichert.

Wildunfälle: Fangschuß auch durch Dritte

Nach § 22 a Abs. 1 Bundesjagdgesetz ist schwerkrankes Wild unverzüglich zu erlegen. Dies gilt leider nicht für Dritte bei Wildunfällen, obwohl eine Mißbrauchgefahr gerade bei derartigen Fällen kaum gegeben ist. Bei rund 160 000 versicherungsmäßig abgerechneten Zusammenstößen von Kraftfahrzeugen mit Haarwild bleiben mindestens 10 000 bis 20 000 Stück Wild schwerverletzt am Straßenrand liegen. Wildunfälle ereignen sich meist nachts; als erste sind in der Regel Polizisten am Unfallort: Sie dürfen den Fangschuß normalerweise nicht abgeben und auch zufällig vorbeikommende Jäger nicht, die dort nicht jagdausübungsberechtigt sind. Nicht selten vergehen viele Stunden unnötiger Tierquälerei, ehe der nach Jagdrecht Zuständige ausfindig gemacht worden ist. Die Fangschußerlaubnis muß daher in eindeutigen Fällen auf einen wesentlich erweiterten Personenkreis übertragen werden. Der Tierschutzgedanke muß auch in der Praxis vor jagdlichen Egoismen rangieren.

13.8 Ökosystemgerechte Beurteilung der Wilddichte zur Abschußplanung

„Die Zukunft wird mit der Gegenwart erkauft."
Samuel Johnson (1709–1784)

Gängigste Methode der Wildbestandsermittlung als Grundlage der Abschußplanung ist die Festsetzung am Schreibtisch sowohl beim Revierinhaber als auch bei der Jagdbehörde. Das ist weder ökologisch noch umweltpolitisch länger hinzunehmen.

Ziel- und Ist-Zahlenangaben pro 100 ha sind üblich, deshalb jedoch nicht weniger in Frage zu stellen als ihre Herleitung und der Bezug auf unterschiedliche Flächenqualität. Angesichts der sonst sehr rigiden Vorschriften bei kleinsten nichtjagdlichen Eingriffen in den Naturhaushalt kann solche Ungleichbehandlung nicht auf Dauer Bestand haben. Jede Fehleinschätzung und Fehlbehandlung der Wildbestandsregulierung löst im Naturhaushalt Kettenreaktionen aus, die viele andere strikt reglementierte Eingriffe in ihrer Wirkung bei weitem übertreffen. Nicht die Zahl pro Flächeneinheit – auf dem Papier nivelliert für eine ganze Region – ist das Ziel verantwortungsbewußter Jagdplanung, sondern die Erhaltung von gesunden Beständen aller Wildtierarten in möglichst großer Verbreitung bei angemessener Nutzung und ökologisch differenziert angepaßter Wilddichte. Dabei sollten inner- und zwischenartliche Konkurrenz, Selbstregulation und Befähigung zur Anpassung an sich wandelnde Umwelten nicht beeinträchtigt werden (König, 1992).

Direkte Zählungen (z. B. an der Fütterung) oder Schätzungen anhand des Fährtenbilds können für ein Revier gewisse Hinweise vermitteln, sind für mehrere Reviere gemeinsam jedoch untauglich; die jahreszeitlichen Wanderungsbewegungen und das Wollen oder Mauern von Revierinhabern bringen allein schon zu viele Unbekannte in die Rechnung mit ein. Ähnliches gilt für Schätzungen des Bestandes aus Mortalitätsdaten, d.h. der Gesamtstrecke, der Abschußhöhe, der Fallwildzahlen, die auch mit idealisierten Formeln und mathematischen Mitteln kaum zu verbessern sind; nie ganz vermeidbare Fehler bei den Eingangsdaten ergeben schon nach wenigen Jahren nicht tolerierbare Abweichungen. Rück-, Zuwachs- und Trendberechnungen können nur hilfreiche Weiser sein, denn der Anteil der setzenden Alttiere ist ebensowenig konstant wie der Zuwachs, die Kitz- und Kälbersterblichkeit oder die Wirkung der Prädation; nicht einmal die Zahl der vorgelegten Trophäen, die Abschußmeldungen des weiblichen Wildes und schon gar nicht die Altersbestimmungen müssen zutreffen. Die amtlich geforderte und praktizierte Abschußherleitung ähnelt daher eher einer jagdlichen Volksbefragung („arabische Frontberichte" nannte sie einmal der frühere bayerische Landwirtschaftsminister Eisenmann) als einem verläßlichen Verwaltungsakt. Je eher wir die Fragwürdigkeit dieser Verfahrensweise erkennen und angehen, desto schneller werden wir ökologische Sicht- und Denkweisen akzeptieren, die letztlich dem Wild und seinen Lebensräumen zugute kommen.

Jäger, die in Revieren Verantwortung tragen, müssen lernen, die Lebensräume der Wildtiere in ihren Wechselbeziehungen zwischen Wild und Vegetation zu begreifen. Wir haben es mit vernetzten Regelkreisen in Ökosystemen einer dichtbesiedelten Kulturlandschaft zu tun. Diese Systeme werden mit zunehmender Differenz zwischen der biotischen Biotopkapazität und der wirtschaftlichen Tragfähigkeit eines Lebensraumes immer störanfälliger (Petrak, 1992). Die Wechselbeziehungen sind so komplex, daß sich „Weiserpflanzen" für die ökologisch angemessene Wilddichte kaum angeben lassen. Komplex ist auch die Korrelation zwischen Verbißintensität an einer bestimmten Baumart und Wilddichte (Petrak, 1992). Verbiß- und Schälintensität stehen nicht in linearem Zusammenhang mit der Wilddichte (Kennel, 1989, Petrak; 1990); bloße Abschußerhöhung löst daher noch lange nicht das Schadensproblem. Andere Faktoren sind zu berücksichtigen: So ist die Intensität, mit der eine bestimmte Pflanzenart beäst wird, abhängig von der Beliebtheit und Häufigkeit der betreffenden Pflanze (je nach Jahreszeit), von ihrem phänologischen Zustand zum Zeitpunkt der Beäsung (z. B. Knospe, junges Blatt, Frucht), von ihrer Erreichbarkeit für das Wild (z. B. bei Schneelage), vom Artenspektrum der Pflanzengemeinschaft, von den angrenzenden Pflanzengemeinschaften (z. B. Fichte auf Buchenstandort), vom Gesamtnahrungsangebot der Jahreszeit, von der Tageszeit, vom Einfluß des Menschen (über Land- und Forstwirtschaft auf das Artenspektrum oder über Jagd und Erholung auf das Raum-Zeit-System des Wildes) und schließlich von der Nährstoffversorgung (z. B. Stickstoff, Eiweiß) der beästen Pflanzen (Petrak, 1990).

Eindeutig steigt mit verstärkter Unruhe der Streß, der Energiebedarf und der Verbiß bzw. das Schälen in einem konzentrierten Raum, wobei das Wild häufig eine selektive Fluchtdistanz hat, z. B. bei Wanderern auf Wegen 50 m oder in der Fläche 300 m. Ganz wesentlich ist auch das Erkennen der Funktion der Herbivoren in einem naturnahen Mosaik-Zyklus-System (vgl. Kap. 12.3). Einfach angeordnete Eliminierungsstrategien kann auch eine um naturnähere Zustände bemühte Forstwirtschaft nicht mehr gutheißen. „Totschlags-Ökologie" (Schmidt, 1991) ist ebensowenig ökosystemgerecht wie „Hochzins-Politik" mit überhöhten Schalenwildbeständen am Tropf nicht notzeitgerechter Fütterung. Herbivoren und Waldökosysteme haben eine nach Millionen Jahren zählende Koevolution hinter sich, ehe der Mensch die Möglichkeit zur Einflußnahme gehabt hat.

Die Pauschalbehauptung, in unseren Naturwäldern unter heutigen Eutrophierungseinflüssen sei der Wildstand viel geringer als in angemessen bejagten Revieren, muß relativiert werden. Der Urwald von Bialowiez in Polen zeigt etwas anderes: Es ist sinnlos, für eine Art eine Standardbestandesdichte anzugeben. Zehn Rehe auf 100 ha können einen gesunden Bestand oder einen hoffnungslosen Überbesatz darstellen (Schmidt, 1991). Genauso wenig sinnvoll ist es, Zahlen regional oder hegeringweise festzulegen und Abschußvorgaben dann per Daumenpeilung zu verteilen, wie es verbreitet üblich ist. Die Wanderungen und Populationsverschiebungen orientieren sich ja nicht an Verwaltungsgrenzen, sondern an ökologischen Grenzen, und die Lebensräume der Wildarten oder Individuen sind meist wesentlich kleiner, als bisher angenommen. Viele Rehhabitate sind nur zwischen 5 und 30 ha groß, daher ist dort kleinräumiges Denken und Handeln gefragt. So kann es in großen Jagdbezirken durchaus zweckmäßig sein, die Fläche nach eingeschätzten Streifgebieten (jeweils ca. 30–200 ha groß) zu unterteilen und diese als Bezugseinheit zur örtlichen Einschätzung der Wilddichte und ihrer Kontrolle zu verwenden. In jedem Revier muß der gesamtökologische Ansatz differenziert beurteilt werden; kein Revierinhaber darf sich hinter dem Nachbarn verstecken. Dies könnte schnell dazu beitragen, das Wild in seinen Lebensräumen gleichmäßiger und natürlicher zu verteilen und örtliche Überkonzentrationen bei „jagdlichen Spielverderbern" abzubauen. Auch in diesem Zusammenhang ist zu betonen, daß opportunistisch jagende Prädatoren häufiger dort Beute machen, wo Wildkonzentrationen auftreten, letzlich also dafür sorgen, daß Wild gleichmäßiger verteilt wird. In diesem Sinne werden sich die ökologischen, auf Revierebene erstellten Vegetationsgutachten durchsetzen (müssen). Dies wird die jagdliche (in gewissem Umfang auch forstliche) Nagelprobe werden und zeigen, ob wir es als Jäger (bzw. als Forstleute) mit dem Naturschutz ernst meinen. Wir sollten selbst in diese Richtung drängen und uns nicht erst durch Gerichtsurteile drängen lassen. Immerhin hat ein Bayerisches Berufungsgericht 1992 festgestellt, daß sich die Untere Jagdbehörde auf entsprechende ökologische bzw. forstliche Gutachten stützen kann, die nach jeweiligem Landesrecht erhoben werden. Die Voraussetzungen, die für die Höhe des Abschusses maßgebend sind (z. B. Vegetationszustand, Verbißbelastung, Kondition des Wildes) unterliegen gerichtlicher Überprüfung. Schäden an ungeschützten Fremdholzarten bleiben dabei übrigens grundsätzlich unberücksichtigt (v. Pückler, 1992). Zuvor hatte das Verwaltungsgericht bereits festgestellt, daß die Bestimmung des Abschusses eine zukunftsorientierte Planungsentscheidung der Unteren Jagdbehörde ist zur Verwirklichung des wald- und wildbiologischen Gleichgewichts im Revier (v. Pückler, 1991).

Einige Bundesländer und einige Staaten haben Stichprobenverfahren zur Beurteilung von Verbiß- bzw. Schälschäden eingeführt mit unterschiedlichem Erfolg. Müller (1993) hat bei einer wissenschaftlichen Überprüfung aller Verfahren durchweg systemspezifische Fehler und z. T. extreme Abweichungen (bis über 90 %) festgestellt. Das stellt die ökosystemgerechte Verbißerfassung nicht grundsätzlich in Frage, stützt aber die Forderung, alle ökologischen Kriterien zu berücksichtigen und einseitiges Nutz-Schaddenken abzustellen. Die Hauptfehlerquellen der Länderverfahren liegen nach Müller (1993) in der nicht zutreffenden Repräsentanz der Aufnahmedaten. Derartige Fehler sind durchaus minimierbar. Aus forstlicher wie aus standortökologischer und jagdlicher Sicht kann der Aufbau eines Kontrollzaunsystems (Mindestgröße je 100 m^2) für alle Reviere empfohlen werden. Es hilft, viele Fakten zu objektivieren und Revierinhaber zu überzeugen, die potentiell natürliche Vegetation mehr als bisher als Maßstab jagdlichen wie forstlichen Handelns anzuerkennen. Im Einzugsbereich (Mindestabstand 20 m) der gezäunten Weiserflächen können ebenso große, dauerhaft verpflockte, aber offen zugängliche Vergleichsflächen sicher zu wichtigen Erkenntnissen führen, wenn sie regelmäßig – etwa alle 3 Jahre – ebenso gründlich wie die Gatterflächen untersucht und dann verglichen werden. Ein Mindestmaß an pflanzensoziologischen Grundkenntnissen ist dabei ebenso erforderlich wie die kompetente Erfassung der örtlichen Ökosystemdefizite hinsichtlich Wild und Vegetation. Dazu sollten bei der Unteren Jagdbehörde ausgebildete Berufsjäger („Wildtier-Wirte") eingesetzt werden, die mit Know-how und diplomatischem Geschick die Abschußplanvorgaben objektivieren, überprüfen und gegenüber den Revierinhabern durchsetzen können. Müller (1993) schlägt einen praxisnahen Dreistufenplan vor, der nach meiner Einschätzung die Gewinner-Gewinner-Strategie (vgl. Kap. 5) am ehesten berücksichtigt und deshalb überzeugt (teilweise modifiziert):

Stufe 1: Forstleute, Jäger, Jagdgenossen beurteilen und diskutieren gemeinsam den Verbiß und die ökologische Situation unter Hinzuziehung des Fachmanns der Genehmigungsbehörde. Für die Inaugenscheinnahme reicht bei gutem Willen ein Tag pro 500 ha. Neben Detailempfehlungen (z. B. Schwerpunktabschuß in bestimmten Bereichen) besteht das Ergebnis aus der Feststellung, den Abschuß zu erhöhen, beizubehalten oder gar zu verringern.

Stufe 2: Kommt keine Einigung zustande, muß ein unabhängiger Gutachter (z. B. der „Wildtier-Wirt" der Unteren Jagdbehörde) den Leittriebverbiß an Forstpflanzen erheben zwecks Soll-Ist-Vergleich. In Hessen sind dafür drei „Belastungsstufen" definiert nach dem Verbiß der Terminalknospen: bis 20 % nicht weiter beachtenswert, 21 bis 50 % Erhöhung des Schalenwildabschusses nötig, über 50 % erhebliche Erhöhung des Schalenwildabschusses notwendig (Kennel, 1988)

Stufe 3: Kommt es auch dann zu keiner Einigung, wird die ökologische Situation nach pflanzensoziologischen Gesichtspunkten unter Berücksichtigung aller denkbaren Weiser (z. B. Weiserflächen-System, Abschußergebnisse, Gewichte) erhoben. Da dies Geld kostet, erscheint auch hier das Verursachersystem gerechtfertigt. Kommt das Gutachten zu höheren Werten als vom Revierinhaber anerkannt, liegt die Kostenpflicht bei ihm.

Dieses Vorgehen ist vom Aufwand her wie hinsichtlich der Beteiligung von Spezialisten flexibel und fördert damit den erwünschten Dialog zwischen allen Beteiligten. Selbstverständlich erfordert es auch eine gewisse „objektivierte Kompromißbereitschaft", die z. B. dem Forstmann abverlangt, gewisse Verbiß- oder Schälschäden durchaus zu tolerieren. Nach Timinger (1991) geht Rotwild dort zu Schaden, wo es in einem Ausmaß schält, daß der Waldbau davor kapitulieren muß. Und wenn die beliebtesten Äsungspflanzen nur einen Teil an der Gesamtnahrungsmenge haben, weil der Forstmann sie vernachlässigt hat (z. B. Vogelbeere), dann darf man sich auch nicht wundern, daß gerade diese Pflanzen immer zuerst aufgenommen werden. Verbißschäden an beliebten Äsungspflanzen sind daher meist wilddichteunabhängig. Sie sind nicht durch Reduktionsabschuß zu verhindern; selbst das letzte Reh wird zuerst die beliebtesten Pflanzenarten verbeißen, bevor es andere Arten äst (Guthörl, 1991). Durchzusetzen ist also eine waldgerechte Wildbehandlung wie eine wildgerechte Waldbehandlung. Der ökologische Ansatz in der heutigen Forstwirtschaft (vgl. Kap. 12) sieht dies auch vor, benötigt allerdings örtlich zumindest vorübergehend stark reduzierte Wildbestände, damit die Ökologisierung z. B. durch Anreicherung mit Weichhölzern im Waldbau vorankommt. Guthörl (1991) hat eine Liste mit abnehmender Verbißbeliebtheit für vom Rehwild gern aufgenommene Pflanzen aufgestellt:

Vogelbeere
Roter Holunder
Waldweidenröschen
Waldhabichtskraut
Wachtelweizen
Faulbaum
Stieleiche
Schwarzer Holunder
Salweide
Traubenkirsche
Douglasie
Hainbuche
Doldiges Habichtskraut
Waldvögelein
Besenginster
Traubeneiche
Bergahorn
Ohrweide
Brombeere

Vogelkirsche
Himbeere
Bergweidenröschen
Stendelwurz
Maiglöckchen
Mauerlattich
Schwarzkiefer
Zitterpappel
Buche
Esche
Gelber Hohlzahn
Rühr-mich-nicht-an
Fichte
Birke

Anhand dieser Präferenzliste kann auch ein Praktiker schon einige selbstkritische Soll-Ist-Vergleiche vornehmen. Bei Konsequenzen muß er allerdings ein ökologisches Grundgesetz bedenken: Die Inselgröße steuert die Arten- und Individuenzahl der Pflanzen und darüber schließlich die Attraktivität für das Rehwild (Müller, 1992) (z.B. Laubwald-Verjüngungsfläche in einem Fichtenbestand).

13.8.1 Ökologisch angepaßte Jagdmethoden und Strategien

„Glaube denen, die die Wahrheit suchen, und zweifle an denen, die sie gefunden haben."
André Gide (1869–1951)

Die durch enorme Eutrophierung der Böden überhöhte Bioproduktion sowie die frühe und starke Läuterung bzw. Durchforstung der Nadelholzjungbestände bieten dem Wild oft innerhalb der Dickungen so viel Nahrung, daß es nicht mehr so früh seine Sicherheitsräume verlassen muß. Dies und die stark gestiegene Beunruhigung der Wildlebensräume haben sich in vielen Revieren jagderschwerend ausgewirkt. Eine Steigerung des Jagddruckes führt dann in Wechselwirkung mit Störungen durch den Menschen häufig eher zu einer Verringerung des Jagderfolges. Auch Forderungen nach Jagdzeitverlängerungen gehen dann prinzipiell am Problem vorbei, denn jeder Ansitz hinterläßt einen störenden „Duftteppich" von mehreren ha Größe. Veränderte Rahmenbedingungen müssen auch örtlich differenziert veränderte Jagdmethoden und Strategien berücksichtigen, die sich nach wildbiologischen Aspekten, Tierschutzgrundsätzen und Bestrebungen zur Verminderung der Störungen richten. Eine alleinseligmachende Methode kann es nicht geben, dazu sind die örtlichen Bedingungen sowie das Feindvermeidungsverhalten und die Lernfähigkeit der Wildarten zu unterschiedlich. Auch die im Jahreslauf wechselnden Wildkonzentrationen und die touristischen Störeffekte sowie Straßenverkehrsgefahren verlangen wechselnde Methoden je nach Phantasie und Können der Jäger. Dabei lernt das Wild ebenso wie der Jäger, der bei gründlicher (schriftlicher!) Registrierung der Wildreaktionen, Beobachtungen und jagdlichen Erfolge die Möglichkeiten immer weiter verbessern kann. Die Erarbeitung von Jagdbetriebskarten ist unbedingt zu empfehlen. Der hocherfahrene Praktiker Boele-Keimer (1990) schlägt beim Rehwild sog. Anrührjagden vor – nach Möglichkeit ohne Hunde – als ein gutes Hilfsmittel (!) für die Wildregulation. Auch dies zeigt, daß nicht immer gleich völlig andere und teilweise brachiale Methoden gewählt werden müssen. Andererseits kann der Einsatz weniger, erfahrener und nicht zu schneller (!) Hunde durchaus sinnvoll sein. Der Grundsatz „So wenig wie möglich, aber so viel wie nötig!" ist sicher eine praxisgerechte Leitlinie, die jedoch erst nach langer Praxis zu guten Lösungen führen kann.

Stets besteht die jagdliche Strategie aus einem vielfältigen Komplex verschiedenster Teilaspekte:
- Einregulierung des Wildbestandes auf ökologisch wie wirtschaftlich tragbare Wilddichten im naturnahen Altersaufbau und Geschlechterverhältnis,
- Minimierung des Jagddruckes sowie unnatürlicher Störeffekte,
- Verkürzung der Jagdzeiten,
- effektiver Einsatz von Jagdgästen,
- Ausrichtung der Jagdzeiten bzw. der Jagdintensität auf den Lebensrhythmus des Wildes unter Berücksichtigung ruhebedürftiger Zeiten (z.B. Setzzeit und Notzeit) z.B. durch Intervalljagden,
- Verbesserung des Äsungsangebotes durch Ökologisierungsmaßnahmen im gesamten Lebensraum,
- zeitliche und räumliche Konzentration des Jagdeinsatzes auf die überbesetzten bzw. schadensgefährdeten Revierteile durch Schwerpunktbejagung,
- Beteiligung örtlicher revierloser Jäger mit oder ohne Entgelt bei Arbeiten wie Jagdeinsätzen zur Steigerung der Effektivität, nicht etwa vorrangig zur Maximierung jagdlicher Freuden.

Generell sind Jagdmethoden abzulehnen, die gegen Grundsätze des Tier- und Artenschutzes verstoßen. Treibjagden mit großer Treiberwehr sowie Drückjagden mit vielen großen und schnellen Hunden, die in Hetzjagden ausarten, schlechte

Schüsse provozieren und damit dem Wild vermeidbare Qualen zufügen oder unnatürliche Selektionen fördern, weil Kitze und Kälber von ihren Muttertieren getrennt und dann die führenden Stücke erlegt werden, sind abzulehnen. Die Schonung der Leit- und Muttertiere und Erhaltung intakter Sozialverbände hat zentrale Bedeutung für die Anpassungsfähigkeit z. B. des Rotwildes an Belastungen im Lebensraum (Petrak, 1989). Mangelndes Können und Wollen in der übrigen Zeit oder gar gesellschaftliche Aspekte („Gesellschaftsjagd") sind keine Rechtfertigung für Jagdmethoden, die weder durch Tierschutz- noch durch Jagdgesetz (Verbot der Hetzjagd!) abgedeckt sind. Auch so manche Saujagd mit übertriebenem (!) „Kampfhundeeinsatz" sollte selbstkritisch überdacht werden. Da die Grenzen fließend sind und beim Einsatz ungeeigneter Hunderassen (z. B. zu groß und zu schnell, stumm oder nur sichtlaut) oder falschem Einsatz geeigneter Hunderassen (z. B. zu viele) schnell überschritten werden, ist hier der Jagdleiter besonders gefordert. Der Einsatz von Hunden zur „Rehreinigung" von Kulturgattern, bei der sich Rehe das Genick brechen können oder am Zaun von Hunden gerissen werden, sollte als Straftat behandelt werden. Schon allein die Grundforderung nach Berücksichtigung der Sozialstruktur und Erhaltung der Sicherheitsverbände – wie unter Prädationseinfluß normal – läßt eine Kombination verschiedener Methoden empfehlenswert erscheinen:

Schalenwildjagd durch Einzelansitz

Generell versteht man unter Einzeljagd die Ausübung der Jagd durch einen Jäger. Bei der Gemeinschaftsjagd hingegen sind zwei oder mehr Jäger beteiligt (Hopp u. Reulecke, 1994). Bei der Verringerung vieler Schalenwildbestände stößt man mit dem alleinigen Ansitz mancherorts recht schnell an die Grenzen der Bejagbarkeit. 30 bis 50 Ansitze für ein Stück Wild bei immer wieder ausgeweiteter Bejagungszeit in der Notzeit bedeuten für die Wildtiere ständige Beunruhigungen und Streß, Zwangsaufenthalt in nahrungsarmen Dickungen, Schadensmaximierung in „Warteräumen", Unterbrechung der natürlichen Äsungsrhythmik und Beeinträchtigung der Kondition. Die Gefahr, den Jagddruck zu überspannen, steigt mit der Zahl der Jäger pro Flächeneinheit und ist deshalb in kleinen Revieren besonders groß. Andererseits erfüllt ein verantwortungsbewußter Ansitz auf windgünstigem Platz immer noch die Forderung nach dem sichersten Ansprechen und bestmöglichen Schuß am ehesten. Und da ein gewisses Sichern zur Feindvermeidung völlig natürlich ist und unserem Schalenwild auch nicht „abgewöhnt" werden soll, ist die Ansitzjagd durchaus sinnvoll. Sie muß jedoch mit jagdlichem Sachverstand, wildbehutsam, örtlich wechselnd und längere Zeitzwischenräume (Intervalle) einhaltend durchgeführt werden. Schließlich gewährt der Einzelansitz in besonderem Maße Beobachtungsmöglichkeiten und wichtige Einblicke in wildbiologische Zusammenhänge (Hopp u. Reulecke, 1994). Permanentes Ansitzen an Äsungsflächen, gesperrten Ruheräumen, Setzbereichen und Notzeiteinständen ist jagdlich allerdings eher dilettantisch.

In diesem Zusammenhang ist auf ein weit verbreitetes Fehlverhalten ungeduldiger Jäger hinzuweisen: Neben dem sicheren Erlegen (ohne Nachsuche und ohne Eindringen in die Schutzräume!) ist es besonders wichtig, an das erlegte Stück erst nach längerer Wartezeit (mindestens eine halbe Stunde) heranzutreten und grundsätzlich nur dann, wenn sonst kein Wild mehr in der Nähe ist. Niemals darf umstehendes (überlebendes) Wild den Schuß und den Tod eines Tieres mit dem Auftauchen des Jägers ursächlich verknüpfen. Dazu gehört auch, daß das Kraftfahrzeug des Jägers nicht in Zusammenhang mit diesem gebracht werden kann. Der Hang zur Bequemlichkeit und Ungeduld löst leicht unbeabsichtigte Kettenreaktionen aus auf Kosten des Sicherheitsstandards des Wildes.

Schalenwildjagd als Gemeinschaftsansitz mit „dezentem" Anrühren

Jede Gemeinschafts- bzw. Gesellschaftsjagd mit einem großen Jägerkreis hat eine bestimmte Eigendynamik, deren Konsequenzen zu bedenken sind. Prinzipiell ist z. B. ein Gemeinschaftsansitz ohne jegliches Anrühren immer dann schon eine Art „Bewegungsjagd", wenn ein größeres Gebiet besetzt und dadurch gestört wird und schon allein dadurch Schalenwild zum Aufsuchen ruhigerer, „unverstänkerter" Revierteile veranlassen kann.

Der Gemeinschaftsansitz mit „dezentem" Anrühren ist noch am ehesten geeignet, einen überzeugten Einzel- und Ansitzjäger für diese Form einer Drückjagd zu begeistern. Dabei werden ca. 35 bis 50 Jäger auf einer Fläche von ca. 500 ha auf geeignete Stände oder Hochsitze verteilt. Zur Minimierung der dabei auftretenden Beunruhigung kann es empfehlenswert sein, die Jäger auf diesen Plätzen schon zum Abendansitz vorher einzuweisen und am nächsten Morgen bei Dunkelheit zum Ansitz die gleichen Plätze einnehmen und sie dann dort mehrere Stunden ausharren zu lassen. Bewährt hat sich die Anweisung, beim Ansitz wie beim folgenden Anrühren nur auf stehendes (allenfalls langsam ziehendes) Wild zu schießen, so daß die Selektionskriterien und die Anforderungen an einen sicheren Schuß ebenso gut erfüllt werden können wie beim Einzelansitz. Gegen Ende des Morgenansitzes oder nach dem Einnehmen der Stände gehen dann revierkundige Helfer nach sorgfältigem Plan, sich laut unterhaltend, immer mal stehenbleibend oder auch zurückgreifend und sich so langsam durch das ganze Revier

„hindurchhustend“ (Hennig, 1990), in die Bereiche, wo das Wild erfahrungsgemäß steht. Bei geschickter Durchführung auf der Basis von Karteneintragungen der Vorjahre kann so recht effizient gejagt werden. Das Wild zieht meist nur ziemlich langsam umher, um den lästigen Störern auszuweichen. Die Beunruhigung ist gering, nach kurzer Zeit steht das Wild wieder vertraut auf den Äsungsflächen. Ein erheblicher Teil der Schalenwildregulierung kann bei geeignetem Gelände (Sichtfeld!), passendem Wetter und erfahrenen Jägern auf diese Weise mit stark verkürztem Jagddruck erfolgen. Das gesamte Abschußsoll allerdings auf diese Weise an einem oder wenigen Tagen erfüllen zu wollen, gleicht doch eher einem „Sich-in-die-Tasche-Lügen“, weil dann offenbar der Wildstand zu hoch und das Abschußsoll zu niedrig liegen. Schon unübersichtliches Gelände oder eine Schlechtwetterperiode schließen das aus.

Schalenwildjagd mit Hundeeinsatz

Für großangelegte Drückjagden auf Schalenwild mit 30 Jägern oder mehr auf mindestens 500 ha ist die Zeit von September bis November am günstigsten. Für Rehwild ist der frühe September besonders geeignet, weil dann Ricken, Kitze und Einjährige besonders häufig zu sehen sind und noch eine außerordentlich enge Bindung zwischen Ricke und Kitz besteht. Das vermindert die Gefahr von Fehlabschüsse führender Stücke (Hespeler, 1991). Außerdem haben die Böcke dann noch Jagdzeit. In reinen Laubholzrevieren funktioniert diese Jagdart allerdings erst nach dem Laubfall besonders gut, also im November (Wölfel, pers. Mitteilung, 1994). Die Schützen müssen nach Schießfertigkeit und jagdlichem Können ausgewählt und plaziert werden. Nicht an Dickungen, Wegen, Schneisen abstellen, sondern möglichst in Alt- und Baumhölzern, in denen besseres Sicht- und Schußfeld gegeben ist und das Wild meist vertrauter zieht. Keine „Treiberwehr“ einsetzen, sondern kleine Treibergruppen mit niedrigen Hunden, z. B. zwei Treiber mit einem Dackel (Hespeler, 1991), die an verschiedenen Stellen eingesetzt werden. Gejagt wird nach der Uhr, ein An- und Abblasen unterbleibt. Eine „Synchronjagd“ mit Nachbarn ist in jedem Fall empfehlenswert. Im Prinzip jagt jedes Revier dabei für sich, doch Beginn und Ende müssen verbindlich festgelegt werden (v. Bothmer, 1992). Die Durchführung als „Ansitz-Drückjagd“ ist möglich, allerdings entfallen viele normale Hochsitze (z. B. an Schneisen oder Äsungsflächen), weil flüchtiges Wild dort entweder gar nicht auftaucht oder aber nicht angesprochen und nicht sicher beschossen werden kann. Zur perfekten Vorbereitung gehört gutes Kartenmaterial und konsequente Auswertung aller Beobachtungen der Jäger. In den Karten sind die Schützenstände ebenso wie die durch Treibergruppen zu beunruhigenden Wildeinstände u. a. eingetragen (Heil, 1992).

Entscheidend für den Erfolg der Jagd sind: Gewährleistung guter Schüsse auf richtig angesprochene Stücke (ein tierquälerisches und wahlloses Abschlachten darf es nicht geben!), Größe der Beunruhigungsbereiche pro Hund und Treiber sowie die Eignung der Hunde. Das Wild muß relativ langsam vor die Schützen kommen, so daß gut und konzentriert selektiert und geschossen werden kann. Deshalb scheiden schnell jagende, also hohe Hunde aus. Bewährt sind insbesondere Teckel, Dachsbracken und Wachtel mit kundigen Führern. Heil (1992) berichtet auch von großen erfolgreichen Drückjagden völlig ohne Hundeeinsatz. Normalerweise wird mit zunehmender Flächengröße der Einsatz von Hunden immer sinnvoller. Wieviele und wie erfahrene Jäger man braucht, wieviele Hunde welcher Rasse und Erfahrung nötig sind und welche Flächen sich eignen (z. B. Gelände, Bestandeszusammensetzung, Straßennähe) – all dies muß schrittweise ermittelt werden.

Die Dauer des Anrührens sollte zwei Stunden nicht überschreiten, die Schützen sollten allerdings dann eine Stunde länger sitzenbleiben (v. Bothmer, 1992). Das bewährt sich besonders beim Rehwild, das nach Beendigung der Jagd schnellstmöglich wieder den eigenen Lebensraum erreichen will. Grundsätzlich sollte wegen der Gefahr von Krankschüssen nicht auf flüchtiges Wild geschossen werden. Diese Gefahr muß damit ebenso konsequent minimiert werden wie die Gefahr der Fehlabschüsse, insbesondere der Erlegung von führenden Stücken. Ggf. muß auf die Freigabe von Alttieren oder Böcken generell verzichtet werden, ebenfalls ein Schritt zur Angleichung der Jagd an die natürliche Prädation. Problematisch bei groß angelegten Schalenwildjagden mit Hundeeinsatz ist die lange Vorbereitung und unumgängliche Fixierung auf einen bestimmten Termin, an dem dann ausgerechnet ungeeignetes Wetter herrschen kann.

13.9 Jäger in der Öffentlichkeit

*„Diejenigen, die immer davon reden,
daß wir alle an einem Strang ziehen,
sind meistens diejenigen,
die am anderen Ende ziehen."*
Helmut Wölfel

*„Diejenigen, die immer davon reden,
daß wir alle in einem Boot sitzen,
sind meistens diejenigen,
die sich rudern lassen."*
Helmut Ruge

Die Öffentlichkeit interessiert sich zunehmend für Themen des Naturschutzes, und immer mehr Menschen sind bereit, sich praktisch oder finanziell zu engagieren. Es gibt 20mal so viele organisierte Naturfreunde (auch Jäger sind dabei) wie Jäger. Nach einer Emnid-Umfrage fühlten sich 1983 zwei Drittel der Bevölkerung nicht ausreichend informiert, die Situation des heimischen Wildes und das Handeln der Jäger zu beurteilen. Das Informationsbedürfnis ist groß, und wir Jäger haben bisher Glück gehabt, daß unsere „schwarzen Schafe" unser Image noch nicht nachhaltiger beschädigt haben. Hilfreich waren sicher Fernsehfilme wie die von Sielmann oder Kubiak, die uns Jäger stets in recht positivem Licht dargestellt haben. Das könnte durchaus einmal ganz anders kommen, wenn wir nicht beizeiten unsere Schwachstellen erkennen und nicht selbst für Abhilfe sorgen. Vorrangig erscheint so zunächst noch die interne Aufgabe der umfassenden ökologischen Aufklärung und dann die Zusammenarbeit mit allen anderen Naturschutzverbänden. Sie ist Voraussetzung dafür, daß wir langfristig überhaupt bestehen und für die Natur etwas bewegen können. Infolge unserer Motivation sind wir dazu prädestiniert und auch aufgerufen.

Wir werden unser Gespür für die Reaktion der Bevölkerung auf unser Tun entwickeln müssen. Pompöse Trophäenschauen kommen jedenfalls nicht an, sondern schüren eher den Verdacht, daß es uns weniger um die Knochen im Topf – dafür ist Verständnis durchaus zu erwarten – als um die Knochen auf dem Kopf geht. Die Bevölkerung ist vor allem über die Fragen des Naturschutzes, der Biotoppflege, des Tierschutzes und der Daseinsvorsorge zu motivieren. Das sind keine Nebenaufgaben, sie müssen in unserer Öffentlichkeitsarbeit obenan stehen. Naturschützer, Forstleute und Landwirte sind unsere natürlichen Verbündeten, viele von ihnen – und von uns – haben es bloß noch nicht begriffen. Wo es nur geht, sollten wir uns als Jäger um die Belange der Natur kümmern und in der Öffentlichkeit auch so dokumentieren, daß wir die „Reservenaturfreunde" der Bevölkerung mitziehen. Dem Ideenreichtum sind keine Grenzen gesetzt. Eine Gemeinschaftsaktion der Jäger z. B. zusammen mit einem Naturschutzverein schmiedet die Gruppen zusammen. Man muß nur wollen. Wenn Jägervertreter etwas für das Grün in der Stadt (vgl. Kap. 9), für eine naturnahe Entwicklung sogar der innerörtlichen Gewässer (vgl. Kap. 6 und 7) tun können, dann sollten sie dies auch als Jäger tun. Unsere Liebe zur Natur, zum Tier schließt die Liebe zum Mitmenschen ein.

Es gibt bei uns Regeln, die nicht gesetzlich fixiert, aber in unserer Jagdkultur tief verwurzelt sind. Für diese Dinge hat die Öffentlichkeit Gespür und Verständnis. Waidgerechtes Verhalten und die Bewahrung des Brauchtums bedingen einander. Diesen Teil unseres Jagdwesens (weniger überzogene Hubertusmessen!) sollten wir offensiv vertreten und uns ebenso klar von Verstößen gegen die Waidgerechtigkeit distanzieren. Die Öffentlichkeit muß darauf vertrauen können, daß wir die uns übertragene Verantwortung für die Erhaltung von Wildlebensräumen und Wildtieren ernst nehmen und unsere Jagdgebiete nicht als Platz zum Austoben selbstherrlicher Geltungssucht und eigennütziger Allüren mißbrauchen.

Gewinner-Gewinner-Strategie in der Öffentlichkeitsarbeit (vgl. Kap. 5.4.3)

Öffentlichkeitsarbeit, Public Relations (PR) ist Werbung um öffentliches Vertrauen, Interesse und Sympathie durch Information. Davon zu unterscheiden ist Werbung zwecks Absatz eines Produktes. Dies wird von Jägern nicht selten verwechselt. Die ausgestellte Trophäe z. B. ist eher Werbung und Selbstdarstellung für den Erleger als PR-Arbeit für das Jagdwesen.

Der Spruch „Wenn die Jäger nicht mit der Zeit gehen, gehen die Jäger mit der Zeit!" trifft auch für ihr Auftreten in der Öffentlichkeit und den Umgang mit den Medien zu (Weidner, 1992). Wir müssen uns, wollen wir daran arbeiten, mehr denn je in die Gedankenwelt von Nichtjägern, von relativ naturfremden, fernsehgeprägten Großstadtmenschen versetzen, die im allgemeinen ein gestörtes Verhältnis zum Tod haben, den sie verdrängen (Nowak, 1987). Drastisch und verbittert, in der Sache aber durchaus nicht als einmaliger Ausreißer zu verharmlosen, schildert Hespeler (1992) seine Erinnerungen aus einigen Jahren Berufsjägerleben:

„Für eine Jagd, die sich primär an den Interessen des Jägers orientiert, wird jedoch kaum mehr Platz und Akzeptanz sein. Er ist nicht der Prokurist vom lieben Gott, auch wenn dieses Denken – besser gesagt: Fühlen – noch in manchem Jägerschädel steckt. Einiges wird inzwischen selbst der Verbandsjägerei peinlich; man distanziert sich öffentlich, wenn auch um Jahre zu spät. Zu beschönigen gibt es wenig. Für Berufsjäger war das, was es offiziell gar nicht gibt, Alltag, und es hinterließ Narben. Es ging ungeschminkt um eine große Zahl ‚starker Trophäen', herangehegt mit Tonnen von Kraftfutter. Es ging um ‚Fasanenschlachten' mit großem folkloristischen Rahmenprogramm, genannt Brauchtum. Es ging um ‚Jagd' im Gatter, inklusive Laufzäune wie bei eingestellten Jagden, um viele im Gatter herangehegte Wildschweine, die in großer Zahl zu schießen offenbar lustig empfunden wurde. Gekrönte Häupter beteiligten sich, Staatspräsidenten und – Funktionäre."

Es muß auf viele Mitbürger abschreckend wirken, wenn sie von spektakulären Aktivitäten zahlungskräftiger Rekordjäger z.B. der bekannten „Big Five", von Sportjägern und schießwütigen Trophäenfetischisten lesen oder hören. Daß dies mit unserem tatsächlichen Jagdwesen, mit dem Bemühen der deutschen Jäger um ökosystemgerechtes Jagen nichts zu tun hat, wird immer weniger gesehen. Jagdzeitungen haben für die Vermittlung ökologischen Wissens, jagdhandwerklichen Könnens, jagdethischer, tierschutzentsprechender Werte allergrößte Bedeutung. Wenn sie sich – auch zur nachhaltigen Sicherung ihrer Existenz – zunehmend allen Naturfreunden öffnen wollen, dann ist das unbedingt zu begrüßen. Es sind gerade diese Brücken, die uns fehlen! Doch sind sie tragfähig? Müssen wir uns in der Öffentlichkeit wirklich mit Abbildungen frisch erlegter Trophäenträger präsentieren? Gehören diese Fotos heute nicht eher ins persönliche Erinnerungsalbum? Sollten nicht auch unsere Medien im ureigensten Interesse zwischen Werbung und PR-Arbeit unterscheiden lernen? Versetzt man sich in die Lage eines nichtjagenden Naturfreundes, einer Tierliebhaberin oder gar eines aktiven Naturschützers und schlägt eine Jagdzeitung auf, dann ist zumindest Entsetzen programmiert: Kaum eine Jagdzeitung ohne tote Tiere, ohne frisch abgeschnittene Wildköpfe, ohne stolze Jäger – kniend oder stehend – an ihrem frisch erlegten Stück mit rein zufällig bereitgehaltener oder am Wildkörper angelehnter Waffe; kaum ein Blatt ohne aggressive Polemik gegen Natur- oder Tierschutzverbände, gegen „selbsternannte" Naturschützer oder Jagdgegner; kaum eine Jagdzeitschrift ohne Verherrlichung snobistischer Fehlentwicklung, ohne Zurschaustellung rechthaberischer Anspruchshaltung – und überall für Nichtjäger abstoßende Anzeigen!

Das alles ist das Gegenteil sinnvoller PR-Arbeit. Haben wir das Gespür dafür verloren, daß uns eine Ökologie- und Tierschutzwelle überholt hat, die wir mit Argumenten und Selbstdarstellungen von gestern nicht beeindrucken können? In einer Demokratie entscheiden Mehrheiten, nicht unbedingt gleichzusetzen mit Wahrheiten! In einer Demokratie kann jeder sagen, was er denkt, auch wenn er gar nicht denken kann ... Ist das nicht auch ein Stück unseres Problems? Vielleicht sollten wir uns lieber von nichtjagenden PR-Profis beraten lassen als durch jagdliche Pressevertreter, die nicht merken, was Laien eher abstößt als gewinnt. Wirkungsvolle PR-Arbeit ist teuer, aber auf Dauer wesentlich billiger als unzulängliche Öffentlichkeitsarbeit. Ein Grundsatz muß dabei die „Gewinner-Gewinner-Stategie" (vgl. Kap. 5.4.3) sein, die streng in allen Formen unserer PR-Arbeit einzuhalten ist und auch Verständnis für Jagdgegner aufbringen muß. Diese kämpfen ja weniger gegen das normale Jagdwesen als vielmehr gegen Auswüchse, die wir selber nicht gutheißen können. Das müssen wir gewinnend rüberbringen. Imagepflege hat tiefenpsychologische Dimensionen (Schroeter, 1990) und muß sich professionell in diesem Sinne an die gesamte nichtjagende Bevölkerung – angefangen bei der Jugend – durch geschickte PR wenden.

Wir brauchen: Zusammenarbeit mit allen Naturschutzverbänden, verbandsübergreifende Doppelmitgliedschaften, geringere Beiträge für fördernde Mitglieder, Beteiligung von Vertretern der Naturschutzverbände vor Ort bei der Jungjägerausbildung, gemeinsame Ökologiekurse für die Bevölkerung – wie nach Hamann (1990) vom Landesjagdverband Hamburg erfolgreich praktiziert –, gemeinsam erarbeitete Stellungnahmen bei naturschutzrechtlichen Beteiligungsverfahren, gemeinsame Aktionen über verschiedenste Ökologie- bzw. Naturschutzstationen, Leserbriefkampagnen, deutliche Distanzierung von „jagdlichem Ballast", Aufklärung über Reviergestaltungs- und -steuerungsmaßnahmen, Tierschutzappelle und vieles andere mehr, was der Natur, dem Wild, unseren Lebensräumen und damit unserer Glaubwürdigkeit dient.

Jagdliche Fehlentwicklungen – egal wo – fallen zwangsläufig auf uns zurück. Ausreißer können wir uns nicht leisten. Wir müssen so jagen, daß die Gesellschaft dies mitträgt (Volquardts, 1993), und wir müssen uns so in der Öffentlichkeit darstellen, wie wir wirklich jagen und unseren ökologischen Auftrag zu erfüllen suchen. In der Forderung nach Wiederanreicherung unserer Wildtier-Lebensräume, die auch dem menschlichen Psychotop mehr entsprechen als viele Bürger bisher erkannt haben (vgl. Kap. 4), im Bestreben nach wildtiergerechter Behandlung, Regulation und Überschußnutzung unserer Jagdwildarten, im gemeinsamen Bemühen um Tierschutz oder Renaturierung unserer Landschaft haben wir vielmehr Verbündete als wir meinen. Und wir gewinnen damit vielmehr Vertrauen als z. B. durch gutgemeinte, aber falsch ankommende Trophäenschauen, preis- und schönheitstriefende Jagdhundedemonstrationen oder Schießwettbewerbe, die immer mehr in sportliche Substitutionshandlungen abzudriften scheinen. Werbung statt PR betreibende Hegeringe, die nur einer Schalenwildart (z. B. Rotwildring) gelten, laufen immer mehr Gefahr, als „Trophäenmaximierungsgemeinschaft“ dieser einen Art in der Öffentlichkeit entlarvt zu werden. Ökosystemgerechte Jagd muß mehr wollen und immer auf den gesamten Lebensraum aller Wildtiere abgestellt sein.

13.10 Weitere Anregungen zum Naturschutz durch Jäger

„Es gibt nichts Gutes außer: Man tut es!“
Erich Kästner (1899–1974)

Ökologische Schulung aller Jäger

Das ökologische Grundwissen vieler Jäger ist unzureichend. Im Vordergund stehen oft noch Kenntnisse über Trophäenpunkte, Waffen und Erntemöglichkeiten. Das Bemühen der Landesjagdverbände, die Lücken zu schließen, wird oft nicht honoriert. Andere Lehrgänge sind besser besucht. Wenn die Jagdmedien nicht das Fach „Ökologie“ besser vermitteln als bisher, wächst das Argumentations- und Verhaltensdefizit gegenüber Naturschutzverbandsvertretern rasant an. Das können wir uns nicht länger leisten!

Sofern es nicht gelingt, die Jäger und insbesondere die Revierinhaber ökologisch so zu schulen, daß sie ihre Verantwortung nicht nur erkennen, sondern auch wahrnehmen können, erscheint eine grundlegende Änderung unvermeidlich. Ich halte eine nachweisbar erfolgreiche Teilnahme an einem gründlichen Jagd-Ökologiekurs – der von Nichtjägern mitgestaltet wird – als Voraussetzung für die Erlangung der Jagdpachtfähigkeit sowie für eine Verlängerung einer Jagdpacht für empfehlenswert. Viele Jagdprobleme wären auf diesem Wege zu lösen. Viele positive Auswirkungen bis hin zur Senkung des überzogenen und Fehlentwicklungen forcierenden Jagdpachtmarktes wären zu erreichen. Die regelmäßige Schießprüfung als Voraussetzung zur Jagdscheinlösung (z. B. im Dreijahrestakt) erscheint für alle Jäger und deren Glaubwürdigkeit unter Tierschutzaspekten empfehlenswert.

Ökologischer Jagdverband – jagdliche Alternativvereine

Um es klar zu sagen: Erfahrene, ökologisch informierte und selbstkritische Jäger werden die sachlichen Programme jagdlicher Alternativvereine mit seriösem Fundament anerkennen. Aber so leicht man in kleinen neuen Vereinen progressive Änderungen festlegen kann, so schwer haben es Neuerungen in großen Verbänden. Deswegen halte ich es für bedauerlich, wenn sich kritische und ökologisch kundige Jäger ungeduldig aus dem DJV abspalten und damit die Kräfte schwächen, die eine Kurskorrektur des Verbandes wollen. Je mehr wir uns verzetteln, desto mehr verlangsamen wir den Umdenkungsprozeß und desto mehr schwächen wir den DJV als Partner bei der Arbeit an der Ökologisierung unserer Lebensräume. Ausschließlich der Sache verpflichtet, wäre eine ökologische Beratungsgruppe innerhalb des DJV sicherlich erfolgreicher. Der DJV sollte dies in eigenem Interesse fördern.

Bleivergiftung durch Schrotkugeln

Die zunehmende Bleivergiftung der Umwelt fordert unter den Vögeln immer mehr Opfer. Darauf weist der Deutsche Bund für Vogelschutz hin. Besonders bedroht sind die Entenvögel, die bei der Futtersuche häufig Schrotkugeln aufnehmen. Fünf Schrotkugeln im Magen einer Ente bedeuten den sicheren Tod des Tieres innerhalb von vier Wochen. Mit drei Bleischrotstücken sterben 90 % der Tiere, ein einziges Küglein ist zu 60 % tödlich. Ähnliche Werte gelten für Schwäne, aber auch für Greifvögel (auch Nachtgreife nach dem abendlichen Entenstrich), die krankgeschossene, aber vom Jäger nicht erbeutete Enten konsumieren. Experimente – u. a. bei der Wattenjagd an der Nordsee – haben ergeben, daß bis zu 40 % der getroffenen Vögel nicht gefunden werden (vermeintliche Fehlschüsse, Weitschüsse, Schüsse in einen Entenpulk, unqualifizierte Hundearbeit u. a.). Schrotkugeln, subkutan oder intramuskulär gelegen, sind eine permanente Bleibelastung, weil laufend Blei freigesetzt wird. Die Bleibelastung kann direkt durch Organschädigung, häufiger jedoch infolge Immunsuppression durch Sekundärinfektionen zum Tod des Tieres führen (Saturnismus = chronische Bleivergiftung). Dagegen werden subkutan gelegene Stahlkugeln meist innerhalb weniger Tage abgestoßen. Der lebensmittelhygienische Aspekt bei geschossenem Federwild sollte ebenfalls nicht unbeachtet bleiben: Längs einer Strecke von 2 cm aus 22 Schrotkugeln wird 0,062 mg Blei abgerieben. Auf Muskelfleisch bezogen entspricht dies einer Bleikontamination von 0,62 mg pro kg. Der Richtwert der zentralen Erfassungs- und Bewertungsstelle für die Umweltchemikalien des Bundesgesundheitsamtes (ZEBS) liegt in Rindfleisch bei 0,3 mg pro kg. Dagegen zeigen Eisenschrote weder Abrieb am Vogelknochen noch im umgebenden Gewebe. Der Deutsche Bund für Vogelschutz fordert, die Jagd mit Bleischrot in Deutschland unverzüglich zu verbieten. Dänemark hat die Gefahr erkannt und Bleischrot seit

1985 verboten. In Deutschland werden jährlich rund 9000 t Bleischrot verschossen, die auf verschiedenen Wegen in den Nahrungskreislauf eindringen (Natur und Landschaft, 59. Jg., 1984). Majewski aus Polen (1982) schreibt dazu:

„Während des Gründelns schlucken die Enten entweder unbeabsichtigt Schrotkörner mit der Äsung, oder sie nehmen sie als Feinkies (Magensteine) auf, der die Verdauung im Muskelmagen fördert. Ein Teil der verschluckten Schrotkörner wird ausgeschieden, aber der Rest bleibt im Magen. Die von der Ente allmählich verdauten Schrotkörner vergiften ihren Organismus, was eine Erkrankung und schließlich den Tod des Vogels herbeiführt. Diese Vorfälle spielen sich meistens an den für die äsenden Enten besonders attraktiven Stellen ab, die gleichzeitig oft von Jägern aufgesucht werden. Zahlreiche Schüsse haben im Laufe der Zeit zur Folge, daß sich an solchen Stellen eine beträchtliche Menge von Schrotkörnern ansammelt."

Die in Dänemark durchgeführten Forschungen haben ergeben, daß auf einem ha 141 000 bis 1 837 000 Schrotkörner zu finden sind. Entsprechende amerikanische Untersuchungen ergaben eine Schrotkörnerdichte pro ha von 641 bis 43 500 Stück. Eine so hohe Dichte von Schrotkörnern wirkt sich ungünstig auf die Population der Wildenten aus. In Frankreich hat man verschluckte Schrotkörner bei 17,7 % der Stockenten, 4,7 % der Krickenten, 56,1 % der Spießenten, 9,6 % der Knäkenten, 14,9 % der Löffelenten, 22,0 % der Tafelenten und bei 10,6 % der Reiherenten festgestellt. In Großbritannien betrugen die entsprechenden Prozentsätze: Stockenten 9 %, Krickenten 32 %, Löffelenten 2,0 %. In den USA wird behauptet, daß von der Herbstpopulation des Wassergeflügels (81 bis 126 Mio. Enten und Gänse) 2 bis 3 % – also 1,55 bis 3,78 Mio. Vögel – jährlich durch die orale Aufnahme an Bleischrot sterben.

Nicht alle Schrotkörner führen zum Tod des Vogels, denn ein Teil wird auf natürlichem Weg ausgeschieden. Die zitierten Angaben weisen auf die Tragweite des Problems hin, während eine genaue Berechnung der Verluste sehr schwierig ist. Man kann jedoch annehmen, daß ein bedeutender Teil der Population von den besonders durch Bleivergiftung bedrohten Entenarten in jedem Jahr aus diesem Grund eingeht. Solange wir mit Bleischrot zur Entenjagd gehen, sollten wir gewisse Kleinbereiche durch Modifizierung der Jagdart von der weiteren Belastung durch Schrotkugeln aussparen.

Der Bundesgerichtshof (BGH) in Karlsruhe hat einem Landwirt, dessen Flächen im Schußbereich eines Tontauben-Schießstandes liegen, einen Entschädigungsanspruch zugebilligt. Bodenproben haben Spitzenwerte von bis zu rund 9000 mg Blei pro kg Boden ergeben (offizieller Grenzwert 100 mg Blei pro kg Boden) (Az.: V ZR 282/88). Der VGH München (Beschluß vom 26. 7. 1991 – 22 CS 90 400) hat festgestellt, daß bei Zahlungsunfähigkeit des Pächters einer Schießstandanlage auch der Verpächter zur Beseitigung von Bleiablagerungen herangezogen werden kann, die das Grundwasser gefährden. Die Baugenehmigung und sicherheitsrechtliche Betriebserlaubnis entbindet weder Verpächter noch Pächter von einer Haftung gegenüber Grundwassergefährdungen bzw. von der Pflicht, derartige Gefahren zu beseitigen. In diesem Falle hatte der Landkreis zu Recht die Anordnung getroffen, den durch Blei verseuchten Oberboden bis in eine Tiefe von 20 cm abzutragen und auf einer Sondermülldeponie zu entsorgen (WuH, 4/1993). Bei Kosten von 1000 bis 2000 DM/m^3 Boden ist das Haftungsrisiko erheblich. Vor leichtfertiger Euphorie gegenüber der neuen „Welle" des sog. Jagdparcours-Schießens (mit viel Werbung, hohen Preisen, sportlichen Ehren – vgl. Kap. 5.4.2) ist dringend zu warnen. Hohe Bleischrotkonzentrationen sind keine Anhäufungen von harmlosen „Sägespänen", sondern stark lärmemittierende Ausbringungen von Umweltgiften, für deren Risiken die Verursacher haftbar sind. Lipphaus (1992) spricht beim Jagdparcours-Schießen von der „Schrotdisziplin der Zukunft" und betont: „Es gibt in Deutschland einige sehr schöne Jagdparcours, die sich harmonisch in die Landschaft einfügen. Die Landschaft prägt den Charakter des jeweiligen Jagdparcours. Ein standardisierter Jagdparcours widerspricht dem Charakter dieses auf Abwechslung und Vielfalt ausgerichteten Schießens." Ein trauriges Beispiel für das von der Jagdpresse noch immer verkannte ökologische Informationsdefizit.

Zu eindeutiger Konsequenz mahnt auch der E.I.C. (1991):

„Die einzig echte Lösung besteht im Verzicht auf Bleischrote. Der Stand der Technik erlaubt es heute den Munitionsherstellern, ungiftige Patronen, die aus alten und neuen Gewehren verschossen werden können, zu produzieren. Zu diesem Ergebnis kam ein Arbeitsforum zum Thema ‚Vergiftung von Wasservögeln durch Bleischrote', das das Internationale Büro für Wasservogelforschung (IWBR) u. a. zusammen mit den Jagdorganisationen E.I.C. und F.A.C.E. in Brüssel veranstaltet hat. Die Schlußfolgerungen der dreitägigen Arbeiten, an der über 100 Wissenschaftler, Regierungsvertreter, Vertreter der Waffen- und Munitionsherstellung aus 21 Ländern sowie zwei internationale Jagdorganisationen teilnahmen, sprechen eindeutig für den Abbau des Gebrauchs von Bleischrotkugeln."

Inzwischen haben sich in einer gemeinsamen Empfehlung das Bundesministerium für Ernährung, Landwirtschaft und Forsten und der Deutsche Jagdschutzverband (DJV) dringend dafür ausgesprochen, zur Jagd auf Wasserwild an Gewässern ausschließlich Nicht-Blei-Schrote zu verwenden (Nds. Jäger, 2/94). Für eine verharmlosende Beschwichtigung des Problems ist das Risiko viel zu groß. Entschiedenere Maßnahmen sind bei weiteren negativen Feststellungen zu erwarten.

Fangjagd mit der Falle

Die Fangjagd mit der Falle schürt unnötigerweise Emotionen zwischen verschiedenen Interessenvertretungen und lenkt von den eigentlichen Problemen ab, die man gemeinsam lösen könnte. Bei vertrauensvoller Zusammenarbeit, für die ich vorbehaltlos im Interesse des Angehens tausendfach bedeutenderer ökologischer wie tierschützerischer Aufgaben eintrete, muß es möglich sein, tragfähige Kompromisse zu finden. Hier eröffnet sich eine typische Chance für die „Gewinner-Gewinner-Strategie" (vgl. Kap. 5): Zunächst hat die Frage eine menschliche Komponente, die mit dafür verantwortlich sein dürfte, daß wohl nur höchstens 5 % der bundesdeutschen Jäger aktive Fallenjäger sind: Die Fangjagd gilt als grausam. Grundsätzlich verdient das wachsende Verständnis der Gesellschaft für Tiere als Mitgeschöpf Respekt und Förderung durch die Jäger. Insofern dient Schönfärberei und Verharmlosung von Tierquälereien und Fehlfängen nicht der Problemlösung. Andererseits zählt z. B. der Fuchs zweifellos zu den Gewinnern des extremen Flächennutzungswandels in den Kulturlandschaften (Müller, 1992). Er setzt in manchen Gebieten verschiedenen benachteiligten Tierarten – z. B. dem Niederwild – mit überproportionalem Druck zu. Dazu beigetragen hat auch die Tollwutimmunisierung. Unter diesen extrem unnatürlichen Rahmenbedingungen halte ich eine völlige Unterbindung einer äußerst gewissenhaft und fachkundig durchgeführten Fangjagd für überzogen, obwohl ich selbst diese Jagdart ablehne.

Wir tun allerdings sicher gut daran, sie sachlich (Methode, Fallentyp, Qualitätskontrolle) wie personell (Ausbildung, Prüfung, Lizenz) konsequent zu begrenzen. Es ist nicht zu akzeptieren, daß jeder normal ausgebildete und nicht besonders geschulte Jäger mit jedem erlaubten Fanggerät aus dem Versandhauskatalog diese risikobehaftete Jagd ausüben darf. Solange wir das dulden, bleiben Fehlentwicklungen nicht aus. Die in der EU 1992 herausgekommene „Richtlinie 92/43 zur Erhaltung der natürlichen Lebensräume sowie der wildlebenden Tiere und Pflanzen", kurz „Flora-Fauna-Habitat- (FFH)- Richtlinie" genannt, verbietet z. B. Fallen, die grundsätzlich oder nach ihren Anwendungsbedingungen nicht selektiv sind. Dem ist schon aus Artenschutzgründen unbedingt zuzustimmen. Diese Forderung ist jedoch nur mit besonderen Kenntnissen zu erfüllen. Auch die strenge Einhaltung der Tierschutzforderungen, der hohen Sicherheitsstandards in den Methoden und der Qualitätssicherung des Gerätes kann ohne besondere Ausbildung nicht gewährleistet werden. Ich halte die Absolvierung eines speziellen Lehrgangs mit hohen Prüfungsanforderungen zur Erlangung einer auf dem Jagdschein zu vermerkenden Lizenzausweitung sowie die Beschränkung auf eignungsgeprüfte und regelmäßig auf Qualität kontrollierte Fallen („Fallen-TÜV", WuH, 6/1993) für wünschenswert, gerade im Interesse der Glaubwürdigkeit der Jägerschaft. Auch hier hätte ein qualifizierter Berufsjäger auf Kreisebene ein dankbares Betätigungsfeld bei der Überprüfung und Prüfungsmarkierung anmeldepflichtiger Fallen, wie es in Salzburg (Österreich) bereits seit 1989 üblich ist (WuH, 14/1989 u. 12/1992). Die Jägerschaft sollte sich diese Normen selbst aufstellen – ehe es andere tun! – und damit zur Erhaltung einer Jagdart beitragen, die in der ausgeräumten Kulturlandschaft Natur-, Tier- und Artenschutzzielen dienen kann.

Jäger und Katzen

Wir Jäger sind mit ziemlicher Tiefenwirkung dazu erzogen worden, im Revier streunende Katzen mit allen Mitteln zu reduzieren. Es gibt sogar regelrechte Katzenhasser, die manchmal auch die Tierschutzgesetze übersehen. Nun soll zwar nicht dafür plädiert werden, Katzen im Revier zu dulden, aber der Hinweis sei doch erlaubt, daß diese Problematik im Licht ökologischer Erkenntnisse hinsichtlich der Biotop-Beute-Räuber-Beziehungen anders aussieht. Jedenfalls gibt es keinen Grund, bei der Katzenbejagung die Vermeidung von Tierquälerei auf die leichte Schulter zu nehmen. Kurt (1977) berichtet von umfangreichen Untersuchungen verschiedener Wissenschaftler in ganz unterschiedlichen Gebieten. Danach machen z. B. Hasen in der Nahrung von streunenden Hauskatzen allenfalls 3 bis 4 % aus, während Mäuse 74 % im Nahrungsspektrum bilden. Katzen beeinträchtigen also in keiner Weise einen gesunden Hasenbestand. Kurt meint sogar, daß „überhaupt kein Grund besteht, das Feuer auf diese Raubtiere zu eröffnen. Im Gegenteil, als Mäusejäger verdienen sie den Schutz des Hegers".

In England fallen nach Berechnungen von Zoologen zwischen 21 und 35 Mio. Vögel Hauskatzen zum Opfer. Ähnliche Entwicklungen werden auch bei uns befürchtet. Bei der sprichwörtlichen Vermehrungsfreudigkeit könnten aus einem Katzenpaar bei 2 Würfen pro Jahr nach 10 Jahren theoretisch über 80 Millionen werden! Einseitige Tierschützergruppen sollten sich das vor Augen halten, wenn sie wildlebende Katzen päppeln. Die Fütterung verhindert die normale Begrenzung der Katzenpopulation nach ökologischen Mechanismen. Unbedingt sollten freilaufende Hauskatzen kastriert werden, ein Recht auf „freies Streunen" ist ökologisch nicht herzuleiten. Die benachteiligte Natur ist auf eine künstlich erzeugte Überpopulation derartiger tag- und nachtaktiver, geschickter und kletterfähiger Räuber nicht eingestellt. Als lebensraumfremde, teilweise massiert auftretende Eindringlinge und Jungvogelräuber müssen verwilderte Hauskatzen nach meiner Meinung erlegt werden, aber natürlich genauso waidgerecht wie anderes Wild.

Die Verbandsanerkennung nach § 29 Bundesnaturschutzgesetz (BG)

Die Mitarbeit geeigneter Verbände bei Naturschutzverfahren und die Verbandsanerkennung nach § 29 BNG ist von außerordentlich großer Bedeutung für die Durchsetzung von Ökologie- und Naturschutzbelangen. Die Anerkennung ist davon abhängig zu machen, ob sich anerkennungswillige Verbände wirklich vorwiegend dem Umweltschutz verschrieben haben und ob nicht möglicherweise Etikettenschwindel betrieben wird. Die Anerkennung sollte regelmäßig neu verdient werden in Abhängigkeit von der Qualität der Stellungnahmen, zu deren Zweck schließlich diese Auszeichnung erfolgt. Zu viele Köche verderben nämlich den Brei, wenn mangels Absprache und Recherchen entgegengesetzte Stellungnahmen zustande kommen, die sich im Endeffekt bei der entscheidenden Behörde dann gegenseitig neutralisieren.

Unqualifizierte, unseriöse und egoistische Ziele verfolgende Stellungnahmen sind kontraproduktiv und schaden der Naturschutzbilanz bei entsprechenden Verfahren. Da nicht jeder in jedem Fach Spezialist und ein Jagdverband vom Naturschutzobmann der Kreisgruppe bis zum Geschäftsführer des Landesverbandes schnell überfordert sein kann, ist enge Zusammenarbeit, Koordination und Aufgabenteilung mit anderen anerkannten qualifizierten Verbänden zu fordern. Es muß unbedingt vermieden werden, daß ein Landesjagdverband lasche oder gar falsche Stellungnahmen abgibt und damit der Sache eher schadet. Ein anerkannter Verband muß einen hohen Anspruch erfüllen und auf Landesebene unter Umständen weit über 1000 (!) fundierte Stellungnahmen abgeben. Dem ist er nicht immer gewachsen, weswegen die Suche nach Verbündeten in einem Dachverband empfehlenswert ist, um gemeinsam mit anderen Naturschützern die Aufgaben nach § 29 Bundesnaturschutzgesetz wahrzunehmen.

Das „Solinger Modell"

Aus persönlichen Beziehungen zwischen Landwirten, Forstwirten, Grundeigentümern und Jägern entstand Anfang der 70er Jahre das „Solinger Modell": Es hatte so manchen Streit in der Tagespresse zwischen Jägern und Tierschützern gegeben. Fehlauffassungen auf beiden Seiten schienen festgeschrieben, sah doch der eine nur seine Katze, seinen Hund, der andere nur seine Rehe, Hasen, Fasanen und Kaninchen. Den ersten Schritt zur Zusammenarbeit – und das wird wohl häufig so sein – taten die Jäger. Der Vorsitzende der Jägerschaft suchte das Gespräch mit dem Vorsitzenden des Tierschutzvereins. Es wurde schnell vereinbart, Tierschutz gemeinsam zu betreiben. Haustiere und wildlebende Tiere zu schützen war das erklärte Ziel. Trotz unterschiedlicher Auffassungen wurde eine bis heute andauernde fruchtbare Zusammenarbeit erreicht. Die Beteiligten merkten aber bald, daß dies nicht ausreichte, die wirklichen Probleme zu lösen. Und so kam es zur Gründung des „Arbeitskreises zum Schutz von Tier und Natur", mit den Mitgliedern

- Kreisgruppe Solingen e.V. im Landesjagdverband Nordrhein-Westfalen e.V.,
- Tierschutzverein Bergisches Land e.V.,
- Vertretung der Ornithologen,
- Schutzgemeinschaft Deutscher Wald,
- Rheinisch-Bergischer Naturschutzverein,
- Ortsbauernschaft Solingen,

und später zur „Stiftung zum Schutz von Tier und Natur Solingen e.V.".

Gemeinsame praktische Arbeit, Aufklärung und Öffentlichkeitsarbeit, Sicherung der Lebensräume, Schutz der Haustiere, Natur- und Umweltschutz standen und stehen auch heute noch im Vordergrund. So ist es selbstverständlich, daß gemeinsame Aktionen sowohl dem Fledermausschutz, dem Greifvogelschutz, der Anlage von Schutzpflanzungen und Feldgehölzen, der Ödlandherrichtung, der naturnahen Ufergestaltung, der Anlage von Feuchtgebieten, dem Haustierschutz, der Beratung der Verwaltung bei Landschaftsplanungen und allen Entscheidungen und umfangreichen Aufklärungsvorhaben der Bevölkerung dienen. Die Aktivitäten reichen bis in die Solinger Schulen, um auch dort junge Menschen für die Mitarbeit zu gewinnen. Man hat erkannt, daß nach dem Motto „nicht einzelne Ideologien, sondern gemeinsame Strategien" (Lambracht) Wesentliches für die Natur und ihre Artenvielfalt, für den Tierschutz, für die Schönheit der Landschaft, für den Erholungs- und Wohnwert des Gebietes, für die Heimat zu erreichen ist.

Ganz ähnliche Ziele hat die „Düsseldorfer Vereinbarung" vom Januar 1989, in der sich Jagd und Naturschutz – unbeschadet von Meinungsverschiedenheiten – zur Zusammenarbeit verpflichten. In vielen Gesprächs- und Arbeitsrunden praktiziert man eine „Gewinner-Gewinner-Strategie" (vgl. Kap. 5) durch gegenseitige Respektierung. Eine Bilanzoptimierung für den Naturschutz wird nur mit Menschen gelingen, die über genügend Weitblick und Gesamtverantwortung verfügen und die persönlich zurückstecken können. Es geht nicht um Macht oder Vormacht, sondern um ein gemeinsames ökologisches Dach für Jagd, Natur- und Tierschutz. Es erscheint mir bemerkenswert und wichtig, wenn auf diesem Wege z. B. gemeinsame Rebhuhnforschungsprojekte möglich werden. Gemeinsam will man auch dem Rotwild als dem größten heimischen Wildtier einen angemessenen Lebensraum zuweisen, der einen genetischen Austausch zwischen den einzelnen Populationen möglich macht. Und ebenfalls auf der gemeinsamen Wunschliste steht die Anerkennung bundes- und europaweiter Erhebungen der Ornithologen, nach denen der Besatz der Schnepfe in Mitteleuropa rückläufig ist und deshalb auf die Jagd verzichtet werden soll.

Ermutigend ist auch die Brandenburger Vereinbarung zwischen dem Landesjagdverband und dem Naturschutzbund-Landesverband Brandenburg, nach der ein gemeinsamer Fachausschuß „Jagd und Naturschutz" gebildet, enge Zusammenarbeit, gemeinsame Erhebung bestandsbedrohter Tierarten, gemeinsame Schutzmaßnahmen, gemeinsame Stellungnahmen bei Eingriffen in die Natur u. a. beschlossen worden sind (WuH, 8/1992). Ähnliches ist auch in Sachsen-Anhalt erfolgt. Man kann nur hoffen, daß diese Beispiele nicht nur halten, sondern schnell viele „Junge" bekommen.

Landschaftsgerechter Hochsitzbau – Fehler fordern das Baurecht heraus

Einmal quer durch Deutschland oder Österreich mit Pkw oder Bundesbahn mit offenem Blick für die Landschaft gefahren, und man ist bedient von der Summe der Häßlichkeiten, die vielerorts unter der Bezeichnung Hochsitz die Harmonie unserer Freiräume stören. Von jagdlich-menschlichem Fingerspitzengefühl ist in manchen Gebieten wenig zu spüren. Protzige aufdringliche Kanzeln in der freien Landschaft mit Rundumplattform – wie Wachtürme – stellen einen äußerst ungeschickten Privilegmißbrauch dar, den die Bevölkerung mit Aversion quittieren muß und der die Behörden auf den Plan rufen wird. Schon das Oberverwaltungsgericht Rheinland-Pfalz ist mit Urteil vom 16. Nov. 1983 – 8 A 90/83 – zu dem Ergebnis gekommen, daß ein über 10 m^3 großer Kanzelbau baugenehmigungspflichtig ist. Die Ausdehnung dieses Kriteriums auf das Gesamtbauwerk einschließlich Gerüst zöge die Genehmigungspflicht nach Baurecht in den meisten Fällen nach sich. Muß es dazu kommen? Der beste Hochsitz ist der, den man nicht sieht. Deshalb sind beste Positivbeispiele auch nicht abbildbar. Jeder Jäger sollte in eigenem Interesse bemüht sein, Hochsitze geschickt in der Landschaft zu verstecken, und Verpächter sollten entsprechende Forderungen vertraglich festlegen. Ungestörter optischer Landschaftsgenuß ist ein Recht der Allgemeinheit, das gerade Jäger berücksichtigen sollten.

Auch bei Fasanen geht es um die Glaubwürdigkeit der Jäger

Nach zuverlässigen Schätzungen stammen neun von zehn in Europa erlegten Fasanen aus der Voliere. In Deutschland ist die Zahl rückläufig; dennoch ist mit ca. 500 000 ausgesetzten Fasanen pro Jahr zu rechnen. Im Bereich der ehemaligen Tschechoslowakei verläuft die Entwicklung umgekehrt: 1975 wurden 250 000 Fasane ausgesetzt, heute jährlich rund 1,2 Mio. (Linn, 1991). Hecker (1988) berichtet von einer britischen Jahresstrecke von etwa 12 Mio. und 10 bis 15 Mio. im Sommer ausgesetzten Fasanen. Der Internationale Jagdrat zur Erhaltung des Wildes (CIC) – eine Vereinigung von Jägern und Jagdorganen aus über 70 Ländern – untersuchte Vermutungen, nach denen der natürliche Bestand an Rebhühnern und Fasanen nach dem Aussetzen ihrer gezüchteten Artgenossen abgenommen habe.

„Vergleichende Studien zwischen aufgezogenen und wilden Fasanen und Rebhühnern, bei denen die Tiere mit Sendern markiert wurden, bescheinigten den Zuchtvögeln nur geringe Überlebenschancen vom spätsommerlichen Auslassen bis zur nächsten Brutzeit. Nach einer Woche ist bereits die Hälfte tot, meist vom Fuchs gefressen, nach einer weiteren Woche lebt nur noch rund ein Drittel, und den ersten Winter überleben nur 15 von 100. Im nächsten Frühjahr haben Aufzuchtfasane rund viermal weniger Erfolg bei der Fortpflanzung. Der hohe Verlust durch Beutegreifer dürfte bei diesen Untersuchungen durch den fehlenden Einfluß der Mutter bedingt sein, die in der Natur den unerfahrenen Nachwuchs lehrt, wann man sich duckt, wann man wegläuft und wo man gefahrlos Futter sucht." (Linn, 1991)

Auch Krott (1988) berichtet von groß angelegten Versuchen in England, bei denen 95 % der ausgesetzten Fasanen in den beiden ersten Jahren umgekommen sind. Aus Besatzverstärkungen von 1000 Jungfasanen resultierten nur 107 flügge gewordene Küken. Ganz anders die Ergebnisse bei den Wildfasanen: Von 1000 wilden Jungfasanen am 1. September lebten ein Jahr später am 1. April des Folgejahres noch 350.

„Die Verluste durch Raubwild sind bei ausgesetzten Hennen dreimal so hoch wie bei wilden. Auch das Paarungsverhalten ist völlig unterschiedlich: Fast alle Wildhähne traten Hennen; bei den ausgesetzten Hähnen war hierzu nur die Hälfte bereit. Wildhähne sammelten dreimal so viele Hennen um sich als ausgesetzte Hähne. Aussetzung von Zuchtfasanen verschlechtert somit die Gesamtproduktivität des Revierbesatzes, selbst wenn kein Schuß fällt. Wird dort gejagt, was normal der Fall ist, wird die Produktivität noch zusätzlich verschlechtert. Schließlich stehen nur noch Volierenvögel zur Verfügung." (Krott, 1980)

Geht man den Dingen nach und betrachtet sie

auch unter marktwirtschaftlichen Gesetzen, dann gewinnt man beschämende Erkenntnisse. Auch „Wildfänge" entpuppen sich dann als einen Tag vor Eintreffen der Käufer freigelassene „Dunkelstallprodukte", die sich leicht wieder einfangen lassen (Gschwendter, 1992). Sie sind letztlich nichts anderes als lebende Leckerbissen für Fuchs, Habicht oder andere Prädatoren. Gewöhnlich wird zu den günstigsten Preisen gekauft. Vor allem aus Holland, aber auch aus Ungarn oder der Tschechischen Republik gelangen riesige Mengen Eintagsküken aus Züchtungen über Sammelstellen und dubiose Transporte zu Wildhändlern. Manchmal sind die Küken bereits gesext, d. h., die weiblichen Küken wurden ausgesondert und nur männliche angeboten, zu höheren Preisen, versteht sich. Jungfasane werden teilweise bis zu 12 Wochen in Dunkelställen gehalten und dann zu Billigstpreisen verkauft. Fasanenhennen werden oft in großer Zahl in Hallen gehalten, damit man sie dort mit häuslichem Lichteinsatz zur Balz animieren kann, so daß die manipulierten Tiere schon im Januar zur Eiablage kommen und Ende Februar völlig abgelegt sind. Diese Tiere verkauft man als „legereife" Hennen zu günstigen Preisen.

Die Bebrütung der Eier erfolgt in großen, computergesteuerten Brutmaschinen, die höchste Schlupfergebnisse garantieren. Das ein- bis zweitägige Belassen der Küken im Brutschrank ist technisch erforderlich. Dadurch unterbleiben aber die überlebenswichtigen prägenden Erfahrungen, die natürlich erbrütete Küken durch den Kontakt mit der Mutter (und dem Vater) machen. Die sensible Phase für die Prägung liegt bei 15 bis 18 Stunden nach dem Schlüpfen. Dann folgt der „Gedrängeaufenthalt" im Kükenstall (10 Tage mit bis zu 200 Tieren pro m^2, danach 30 pro m^2 unter Dauerrotlicht, Klotz, 1992) in reiz- und erfahrungsloser Umgebung mit Fertigfutter und Medikamenten. Das verbreitete Federfressen wird mit technischen Raffinessen bis zum quälerischen „Schnabelbrennen" unterbunden (Schneider, 1989). Die unter diesen Umständen aufgezogenen Vogelkrüppel kennen keine Witterungseinflüsse und kein natürliches Verhalten (Gschwendter, 1992). Ihr Aussetzen ist weder mit dem Tierschutzgesetz noch mit dem Jagdgesetz noch mit dem Naturschutzgesetz zu vereinbaren. Es ist eines ökologisch denkenden und handelnden Jägers unwürdig!

Schulze (1992) verglich für seine Dissertation Jungfasanen aus drei sich in der Art der Aufzucht und Haltung unterscheidenden gewerblichen Fasanerien (extensiv, semi-extensiv und intensiv) untereinander und mit gleichaltrigen Fasanen aus der freien Wildbahn physiologisch und konditionell: Keine Gruppe erreichte eine den Freiland-Fasanen entsprechende gute Körperkondition. Schneider (1989) kritisiert zu Recht die Bezeichnung „Jagdfasan", die evolutionsgenetisch-ökologische Inkompetenz offenlegt. Dabei wurden nämlich an spezielle ökologische Verhältnisse angepaßte Typen, bei denen die Unterschiede äußerlich vor allem am Gefieder der Männchen augenfällig werden, mehr oder weniger willkürlich zusammengeführt. Das Ergebnis „Jagdfasan" ist demnach ein Sammelsurium von Eigenschaften und Merkmalen, die an ganz verschiedene Bedingungen angepaßt waren.

Inzwischen ist die Rebhuhnzucht in ähnlichem Maße kommerzialisiert, und Ansätze dazu zeigen sich bereits bei Auer-, Birk- und Haselhuhn. Unter dem Vorwand der Bestandesstützung oder der Wiedereinbürgerung geht man seinen wirtschaftlichen Interessen nach und läßt die Jagd zu einem „Gesellschaftsspiel mit lebenden Tieren" degenerieren. Wenn wir Jäger ökologisch, tierschützerisch und ethisch glaubwürdig bleiben wollen, müssen wir die entsprechende Forderung des DJV (1988) durchsetzen: „Das Aussetzen von Wild zum Zwecke alsbaldiger Bejagung hat zu unterbleiben!" Wir müssen sie entlarven, die von „artgerechter Bestandesstützung" sprechen, in Wirklichkeit aber Jagdstreckenanreicherung meinen. Wir können es uns nicht mehr leisten, die Natur als Kulisse zu mißbrauchen! Bei allem Verständnis für die große Mühe einzelner Fachleute um die artgerechte Nachzucht von zum Aussetzen geeigneten Fasanen: Der Mißbrauch ist so weit gediehen, daß das Aussetzen generell unterbunden werden muß. Lediglich die Entnahme von ausgemähten Gelegen aus dem eigenen Revier, Ausbrütung und Aufzucht im Gehege und anschließender Auswilderung im Laufe des Jagdjahres sind – wenn Mißbrauch sicher ausgeschlossen werden kann – zu akzeptieren. Konzentrieren wir uns auf den Biotop der Wildfasanen.

14 Kein Fremdenverkehr ohne Naturschutz

„Weil die Zeit zum Denken und Ruhe zum Denken fehlen, so erwägt man abweichende Ansichten nicht mehr; man begnügt sich, sie zu hassen. Bei der ungeheuren Beschleunigung des Lebens wird Geist und Auge an ein halbes oder falsches Sehen und Urteilen gewöhnt, und jedermann gleicht den Reisenden, welche Land und Volk von der Eisenbahn aus kennenlernen.“
Friedrich Nietzsche (1844–1900)

Aus Zeitmangel begnügt sich womöglich mancher engagierte Leser mit der Lektüre nur der ihn praktisch interessierenden Kapitel. Das wäre schade, weil es zur Unterschätzung der eigenen Einflußchancen führen kann. Für das Erkennen der eigenen Möglichkeiten und das Einordnen der persönlichen Argumente empfehle ich sehr, zunächst Kapitel 1 bis 4 zu verarbeiten. Manche Vorurteile gegenüber dem Umwelt- und Naturschutz entpuppen sich dann schnell als unverantwortliche Egoismen. Auch Kapitel 5 hat Wertvolles zu bieten, denn die persönliche Wirkung hängt nicht bloß vom fachlichen Wissen ab, sondern genausosehr von der Fähigkeit, Mitmenschen – Freunde wie Gegner – für die eigene Sache zu motivieren.

Landschaftliche Schönheit, Artenvielfalt und Erholungseignung

Vielen Bürgern, Politikern, Fremdenverkehrsträgern, ja selbst manchen Genehmigungsbehörden und Naturfreunden ist nicht klar, wie sich menschliches Tun in der Natur auswirkt. Sie ahnen nicht, daß schon einzelne den Naturhaushalt erheblich beeinträchtigen und damit der Allgemeinheit Schaden zufügen können. Eine nicht zu unterschätzende gefährliche Eigendynamik steckt in dieser Feststellung und in den Prognosen, daß die Tourismusbranche im Jahr 2000 der weltgrößte Industriezweig sein wird, in Europa in den nächsten 20 Jahren die Zahl der Autos um 45 % steigen soll und mehr als 50 % aller mit dem Auto zurückgelegten Kilometer auf den Urlaubs- und Freizeitverkehr entfallen. Dies muß unter dem Blickwinkel betrachtet werden, daß bei den Gemeinden, denen generell die Planungshoheit zusteht, aufgrund der Bürgerwünsche die wirtschaftlichen Effekte grundsätzlich viel höher eingeschätzt werden als der Schutz der natürlichen Ressourcen. Es gibt bisher in Deutschland noch keine Gemeinde, die in jeder Hinsicht als Beispiel für einen umweltschonenden Tourismus betrachtet werden könnte.

Hätte es nicht alle Verantwortlichen aufhorchen lassen müssen, wenn schon auf der Internationalen Tourismus-Börse 1985 in Berlin der Leiter des Berner Forschungsinstitutes für Fremdenverkehr die Fremdenverkehrsvereine zur Eindämmung des Massentourismus und zu stärkerem Engagement für den Umweltschutz forderte? So gut informierte Spitzenvertreter sind leider immer noch die Ausnahme. Nur wenige Vertreter der örtlichen „Fremdenverkehrsrichtung“ haben die Gefahr durchschaut, daß eine Intensivierung des Erholungsverkehrs allmählich auch die Grundlagen des Tourismus gefährdet. Kommunalpolitiker und Fremdenverkehrsorganisationen laufen eher einträchtig jeder Möglichkeit einer vermeintlichen Attraktionssteigerung nach und übersehen, daß die damit verbundene Verarmung des Naturpotentials andere Gäste abschreckt. Kurzzeit-Besucherströme aus städtischen Ballungsgebieten überfluten in manchen Regionen die Natur und gefährden deren ökologisches Gleichgewicht.

Wissenschaftliche Arbeiten stellen als wesentliche Kriterien der Erholungseignung einer Landschaft heraus:

1. Relief: Reliefenergie, Hangneigungen, Formenreichtum, Höhenlage.
2. Boden: Vielfalt der Bodeneigenschaften und der daraus resultierenden Bodendeckenzusammensetzung in naturnaher Farbabwechslung.
3. Klima: Bioklima, Geländeklima, Höhenlage (Strahlungsintensität).
4. Immissionen: Freiheit von Immissionsbelastungen, besonders bei Luft und Lärm.
5. Randeffekte: Vielfalt naturnaher Ränder, wie Waldränder, Hecken, Knicks, Baumgruppen, Gewässerränder, kleinstrukturierter Wechsel der Flächennutzung u. a.
6. Wald: Waldanteil und Waldstruktur, Bioklima im Wald.
7. Gewässer: Vielfalt der Gewässerarten (See, Teich, Fluß, Bach usw.), Strukturenreichtum der Randbereiche, Nutzungsreichtum ohne Verdrängungseffekte.
8. Landwirtschaftliche Flächen: Abwechslungsreichtum verschiedener Nutzungsformen wie Grünland, Viehbestand ohne Übernutzung, Acker mit Randflora, Gärten, Wein- und Obstbau, Almen.
9. Sonstige Flächen: Heide, Moor, Ödland, Dünen, Sandstrand, Felsen, Gletscher in naturnaher Schönheit.

10. Naturschutz und Tierwelt: ästhetische Werte, erlebbare Vielfalt.

Wenn man die Bedeutung dieser Kriterien für die Natur erkennt, die auf jeden kleinsten Unterschied mit anderen natürlichen Pflanzen- und Tierarten reagiert – läßt man ihr nur Raum und Zeit und manipuliert sie nicht ständig –, dann ist klar:

Die Erholungseignung einer Landschaft steigt mit dem Grad ihrer naturnahen biologischen Belebtheit (vgl. Kap. 4). Je vielfältiger die landschaftlichen Voraussetzungen (z. B. Berge, Flüsse, Seen, Wiesen, Hecken) und je natürlicher die Nutzungen sind (nicht nur Ackerwüste oder Fichtenmonotonie), desto grenzlinienreicher sind auch Lebensräume und desto reicher ist das Artenspektrum von Flora und Fauna. Das bedeutet umgekehrt, daß Störungen und Beeinträchtigungen, die Flora und Fauna verarmen lassen, auch die Erholungseignung eines Gebietes mindern. Letztlich decken sich also die Interessen des Naturschutzes, der Forstwirtschaft, der Jäger und des Fremdenverkehrs. Ein Auftrag zu gemeinsamem Handeln!

Ungezügelter Tourismus neigt zur Selbstzerstörung

Tourismus ist Großindustrie und wie diese geprägt durch: Normierung, Rationalisierung, Produktionssteigerung, Umsatz, Konzentration u. a. Werden jedoch die Grenzen der Belastbarkeit der Natur überschritten, bleiben die Gäste aus, der Markt verlagert sich, und die ursprünglichen Anbietergemeinden stehen vor dem Ruin. Sinkende Bettenauslastung, Pleiten und rote Zahlen führen dann schnell zu Panikreaktionen, Ausverkauf an zwielichtige Investoren und zu Programmen zu Lasten der Landschaft.

Der Schriftsteller Hans Magnus Enzensberger hat das auf die Formel gebracht: „Der Tourismus zerstört, was er sucht, indem er es findet.“ Da hilft nur rechtzeitiges Gegensteuern mit viel Fingerspitzengefühl. In den Alpen werden z. B. in einer einzigen Stunde 1 Mio. Menschen von 12 000 Liften um 1600 Meter angehoben. Allein in Österreich werden 1 Mio. Betten für die Skifahrer bezogen, denen 20 000 km Abfahrten und 10 000 km Loipen zur Verfügung stehen. In St. Anton in Tirol werden 79 000 Menschen pro Stunde auf die Abfahrten gebracht. In Zürs am Arlberg arbeiten im Winter 86 Einheimische mit 800 für die Wintersaison angeworbenen Angestellten, um 1300 Gäste in feudalen Pensionen zu betreuen (Enigl, 1986).

Grundkapital solcher Gemeinden ist die schöne, ökologisch intakte und biologisch reiche Erholungslandschaft. Ihre Zukunftschancen hängen von der Bewahrung dieser Qualitäten ab. Der Tourismus lebt ganz wesentlich vom Gefälle der Umweltqualität zwischen Herkunftsgebiet und Urlaubsort. Nur wenn im Feriengebiet die Umweltqualität höher und besser ist als dort, wo die Gäste herkommen, haben sie eine Motivation zur Wahl des Ferienortes (Kronbichler, 1993). Die anhaltende Entgrünung der Städte forciert den Drang der Städter ins jeweils nächsterreichbare Grün und produziert dann auch dort Schmutz, Lärm, Zersiedelung, Bodenversiegelung. 1984 schätzte man 1,2 Mrd. jährliche Waldbesucher (DJV-Nachrichten, 1984), heute dürfte die Zahl beim Doppelten, also bei rund 240 Waldbesuchern pro Jahr und Hektar Wald liegen. Der ungebremste Tourismus zerstört nach der Landschaft und Natur auch sich selbst. Die Übertragung der Planungshoheit auf kleine Gemeinden, die kein Fachpersonal haben, war in diesem Sinne problematisch. Die Einheimischen wissen es oft nicht anders. Man hat sie lange allein drauflosplanen, organisieren, investieren lassen. Niemand hat ihnen gesagt, daß es Grenzen der Belastbarkeit gibt. Es ist daher zu empfehlen, daß auch kleine Fremdenverkehrsgemeinden einen ökologisch geschulten Fachmann (z. B. der „Landespflege“) einstellen. Er kann sich durchaus bezahlt machen, weil es fast die Regel ist, daß die Natur in Kur- und Stadtparkanlagen eher „zu Tode geliebt“ als gefördert wird.

14.1 Beispiele für Störungen der Natur durch den Menschen

„Die Pferde der Hoffnung galoppieren, doch die Esel der Erfahrung schreiten langsam.“
Russisches Sprichwort

Echte Natur wird immer wichtiger

Mit der Wohnortgröße steigt die Ausflugshäufigkeit. Die meisten Touristen (über 90 %) kommen aus städtischen Ballungsgebieten und zeigen oft entsprechend „naturfremde Verhaltensmuster“. Die Stadtbevölkerung ist von einer besonders starken Zunahme chronischer Leiden – Erkältungs-, Herz- und Kreislaufkrankheiten, Fuß- und Beinleiden, Stoffwechselkrankheiten und Krebs – betroffen. Das liegt an häufigem Aufenthalt in geschlossenen Räumen, Mangel an Bewegung, Sauerstoff und Sonnenlicht, an dauernder Lärmbelästigung, am Einatmen schadstoffreicher Luft und am Verzehr denaturierter Lebensmittel. Die „Natursehnsucht“ der Städter erklärt sich aus den evolutionär vorgegebenen Lebensraumansprüchen des Menschen (vgl. Kap. 4).

Da die Bilanz naturnaher Ausstattungen in den Ballungsgebieten leider vorerst negativ bleiben wird, steigt die Bedeutung einer intakten und vielfältig naturgeprägten Landschaft. Diejenigen Fremdenverkehrsgemeinschaften werden gewinnen, die es heute schon verstehen, ihren Reichtum an echter Natur zu mehren! Unsere Umweltentwicklung (vgl. Kap. 2) unterstreicht diese Prognose eindringlich. Viele Pflanzen- und Tierarten sind allein infolge des Fremdenverkehrs in Gefahr, z. B. durch Betreten, Lagern, Zelten, Wassersport, Wintersport, Reiten, Golfen, Sammeln.

Gefahren durch Sammler

Sammler sind besonders skrupellos, wenn mit ihrer Leidenschaft auch noch ein Geschäft verbunden ist. Es gibt z. B. in Deutschland illegal eine regelrechte Eier-Börse: Je seltener eine Vogelart, desto höher der Eiwert. „Seriensammler", „Raritätenjäger" und „Massenfänger" können durchaus zum Verschwinden seltener Restpopulationen von Pflanzen und Tieren beitragen. Hohe Preise heizen das Geschäft mit der Natur immer mehr an (Pretscher u. Schult, 1978).

Wenige fanatische Sammler, Fotografen (schon 1980 haben deutsche Fotofreunde über 130 Mio. Tierfotos gemacht; DJV-Nachrichten, 5/1981), Videofilmer, Tonbandspezialisten, „Terrarianer", Herbarienfreunde, Pilzsucher, Kräutersammler usw. ramponieren nicht nur den Ruf ihrer meist vernünftigen Hobbykollegen, sondern zerstören auch letzte Natur-Kleinodien. Viele Pflanzenarten – z. B. Enziane, Frauenschuh, Edelweiß – sind allein durch Ausgraben oder Abpflücken zur bedrohten Seltenheit geworden. Zu den Sammlern gehören auch die sog. Zackelsucher, die oft in der schlimmsten Notzeit gegen Ende des Winters die Abwurfstangen des Rotwildes sammeln, die Ruheräume des Wildes durchkämmen und alle dort verborgenen und auf Energiesparen angewiesenen Tierarten empfindlich stören. Aufsichtspersonen haben dagegen kaum eine Chance, weil die Gesetzesübertretung erst mit dem Aufnehmen einer Stange beginnt und sich der Stangensucher vorher wie jeder andere Sammler auch auf das freie Betretungsrecht im Wald berufen kann. Dabei betritt sonst kein Erholungsuchender diese meist schwer begehbaren Bereiche. Die erhebliche Störung durch Sammler, Fotografen u. a. bleibt praktisch immer auf einzelne Personen beschränkt, die allerdings schwere Schäden anrichten.

Randzonen – besondere Gefährdungsbereiche

Wo verschiedene Landschaftsstrukturen oder Biotopelemente mit reichem Kleinrelief aneinanderstoßen, ist die Pflanzen- und Tierwelt besonders vielgestaltig. Das ist ein stabilisierender Faktor für den Landschaftshaushalt. Grenzlinienreiche Landschaften sind oft Refugien und letzte Rückzugsgebiete für bedrohte Tierarten. Nicht zufällig haben sie andererseits auch einen hohen Erholungswert. Wanderer folgen instinktiv gerade diesen Naturreizen. Will man also den biologischen wie den Erholungswert erhalten, ist gerade in diesen Randsituationen besondere Sorgfalt bei der Erschließung und Vorsicht bei der Nutzung geboten.

Wegwerf-Mentalität und Wald

Wohl allen Waldbesuchern sind die verstreuten Abfälle ein Ärgernis. Der gute Wille wird dann immer wieder durch begrüßenswerte Aufräumaktionen dokumentiert. Nur an der Situation ändert das offenbar nichts. Auch hier schädigen wieder einzelne die Allgemeinheit. Allein im Nationalpark Bayerischer Wald mußten 1978 rund 100 000 DM für die Beseitigung des Abfalls von 1,3 Mio. Besuchern aufgewendet werden. Man kann sich denken, welche Kosten bei rund 2,5 Mrd. Waldbesuchern pro Jahr in Deutschland entstehen. Nicht erwähnt werden die vielen Tiertragödien, die sich Jahr für Jahr als Folge dieser Wegwerfmentalität abspielen: Verletzungen durch Scherben oder Blechdosen, Vergiftungen, Stoffwechselstörungen durch Aufnahme von Plastik. Immer handelt es sich um vermeidbare Schäden, über deren Tragweite der einzelne nur wenig nachdenkt und leider auch nur wenig nachdenken muß. Zum Vergleich sei auf das Beispiel Alaska hingewiesen, ein extrem dünn besiedeltes Land, in dem der Gesetzgeber in Sachen „Umweltschutz – saubere Landschaft" spürbar durchgegriffen hat. Wer ertappt wird, daß er Abfälle – schon eine einzige Blechdose genügt – auf Straßen, Parkplätze oder gar in den Wald geworfen hat, erhält eine sofort fällige saftige Geldbuße in Höhe von 1000 US-$. Mahntafeln entlang des Alaska-Highway erlauben keine Ausflüchte. Die Drohung hat gefruchtet, Sauberkeit ist eingekehrt!

Besonders grob fahrlässig ist das unbedachte Wegwerfen von Zigarettenkippen: Rund 40 % der Waldbrände sind bei uns ausschließlich auf Leichtfertigkeiten wie diese Art der Kippenbeseitigung zurückzuführen.

Schwindende Vielfalt der Pflanzenarten

Seit Anfang der 70er Jahre gibt es eine regelrechte Trittforschung. Erstes Ergebnis: Einzelne Tritte belasten kaum, das Problem liegt in der Summenwirkung. Die Pflanzendecke wird sowohl direkt beschädigt als auch indirekt durch Änderung ihrer Lebensbedingungen. Direkte Schäden, geknickte Stiele, zerrissene Blätter, geköpfte Blüten oder freigelegte Wurzeln, fallen am ehesten auf; indirekte wie Verdichtung des Oberbodens, sind ungleich schwerer erkennbar. Sie hemmen das Durchdringen von Luft und Wasser, Artenvielfalt und Dichte

Tabelle 38: Auswirkungen von Lagern und Spielen auf die Vegetation

1. Änderung der Bodenvegetation eines Schneeheide-Kiefernwaldes durch Lagern und Spielen in verschiedener Entfernung einer Siedlung (Pupplinger Au bei Waldram):

Entfernung von der Siedlung in m	*150*	*100*	*75*	*50*	*25*
Gesamtartenzahl	61	39	33	39	29
Straucharten	7	1	–	–	–
Arten der Schneeheide-Kiefernwälder	5	2	–	1	–
Arten der Trockenrasen	28	20	9	10	4
Arten der Wirtschaftswiesen und -weiden	–	2	8	12	15
Arten der Trittgesellschaften	–	–	3	4	5

2. Zeitliche Veränderung eines Trockenrasens im Laufe von zwei Jahren durch zunehmende Belastung mit Lagern und Spielen in der Nähe eines Badestrandes (Osterseen):

Zeit der Aufnahme	*Juli 1971*	*Juli 1973*
Anzahl der Erholungsuchende an Wochenenden	*25–30*	*250–300*
Gesamtartenzahl	39	30
Arten der Trockenrasen	27	7
Arten der Wirtschaftswiesen und -weiden	3	7
Arten der Trittgesellschaften	–	4

der Bodenlebewesen ändern sich und damit der Abbau toter Pflanzenreste. Mit der Siedlungsnähe oder Belastung durch Begehen, Lagern, Spielen steigen bei der Vegetation die Artenverluste, während die wenigen „Allerweltsarten" der Trittgesellschaften zunehmen. Seibert (1974) hat ermittelt (s. Tabelle 38)

Mit der Zerstörung der schützenden Vegetation setzt die Erosion ein, Fußpfade an Hängen werden steiniger, die Besucher verlassen die alten Wege und treten neue Pfade aus. So setzt sich das Zerstörungswerk bis zu tief eingeschnittenen Rinnen immer weiter fort. An beliebten Wanderzielen haben seltene Pflanzenvorkommen, hochspezialisierte Flechtengesellschaften oder faunistische Besonderheiten ohne Lenkung – z. B. durch die Sperrung von Teilbereichen – kaum Überlebenschancen. So wurde z. B. das Feldberggebiet mit einem Kostenaufwand von über 500 000 DM saniert. Besondere Schäden werden in Moorgebieten verursacht, die extrem trittempfindlich sind. Schon eine kleine Wandergruppe kann hier die Vegetation auf Jahre hinaus schädigen. Der Ski-Boom führt im Bergland zunehmend zu mechanischen Schäden, indem die Spitzen von aus der Schneedecke herausragenden kleinen Bäumen „abgefahren" werden. An Skipisten kommen Bäume deswegen ohne Zaunschutz nicht mehr hoch.

Störungen bei Tieren allgemein

Tiere haben ein von Art zu Art sehr unterschiedliches Ruhebedürfnis und verkraften nur ein begrenztes, weitgehend artspezifisches Maß an Störung. Die Grenzen sind sozusagen materiell gegeben durch das zeitliche Verhältnis von Nahrungsaufnahme zu Fluchtbewegungen. Wer dauernd weglaufen oder wegfliegen muß, kann nicht mehr genügend Nahrung aufnehmen. Eine andere Grenze ist die Zeitspanne, in der Jungtiere ohne Eltern auskommen können: Viele sterben an Unterkühlung oder Hunger, wenn ihre Eltern wiederholt verscheucht werden. Es gibt aber auch eine biologisch schwer erklärbare Empfindlichkeit, die manche Tierarten schon bei geringsten Beunruhigungen zum Verlassen eines Gebiets bringt. Dabei sind einige Phasen besonders sensibel, z. B. vor der Anlage von Nestern oder Bauen. Manche Tierarten können sich an wiederholte ungefährliche Störungen erstaunlich gut anpassen, wie jeder von Stadtvögeln, Bläßhühnern, Stockenten oder Schwänen weiß. Diese Tierarten werden dann unter Störbedingungen schnell so konkurrenzstark, daß sie ihrerseits zur Verdrängung empfindlicher Arten beitragen. Da somit anthropogene Störungen je nach Art, Biotop und Streßfaktoren differenziert zu beurteilen sind, können nur einige Beispiele genannt werden, die besonders gut erforscht sind und ausreichen sollten, unser Verhalten in den letzten Naturräumen zu überdenken.

Störungen bei Vögeln

Ein großer Teil der bedrohten Vogelarten kann aus sicherer Distanz z. B. Wanderbetrieb auf Wegen durchaus ertragen. Wird der Lebensraum jedoch flächig gestört, sterben sie aus. Untersuchungen am Auerwild haben dies eindeutig bestätigt. Alle Rauhfußhühner – sie sind alle gefährdet! – verunfallen besonders häufig, wenn sie aufgescheucht werden. Sie verletzen sich dabei auch an natürlichen Hindernissen wie Ästen usw. Bei zu häufigen Störungen leidet die Konstitution durch Streß und erschwerte Nahrungsaufnahme. Dies führt vor allem in der kalten Jahreszeit zum Tod. Aufgescheuchte, brütende Hennen verlassen meistens in der ersten Hälfte der Brutzeit ihr Nest für immer, und die Brut ist verloren. Wird die führende Henne aufgescheucht, gehen bei feuchter, kühler Witterung die in Deckung verharrenden Küken schon nach sehr kurzer Zeit an Kältestarre ein. Ein einziger Massengeländelauf kann deshalb zum Aussterben eines gefährdeten kleinen Bestandes, z. B. des Auerhuhns, führen. Solche kleinen Bestände sind aber wichtige Bindeglieder zu der größeren Population, die dadurch vor einer Verinselung geschützt wird.

Einmal aufgescheuchte Auerhühner verharren übrigens oft über eine halbe Stunde lang in Beobachtungsstellung und verlieren dadurch an den ohnehin nur kurzen Wintertagen kostbare Zeit für die Nahrungsaufnahme. Zur Überlebensstrategie der Vögel gehört im Winter äußerste Bewegungsökonomie zum Einsparen von Energie. Schon wenige Skiwanderer an einem Tag, die in der Nähe eines Verstecks vorbeikommen, scheuchen die Hühner zu oft auf. Die Vögel können den Energieverlust nicht durch Nahrungsaufnahme ausgleichen und sterben in darauffolgenden kalten Nächten an Unterkühlung, wenn sie nicht vorher schon auf ihrer Flucht in die Fänge eines ihrer natürlichen Feinde geraten sind. Auch die bedrohten Greifvogelarten (z. B. Korn- und Wiesenweihe, Sperber, Baumfalke u. a.) reagieren sehr empfindlich auf Störungen. Störempfindliche Vögel stehen nicht von ungefähr auf der Roten Liste der gefährdeten Arten. Selbst bei häufigeren Vögeln werden die Störwirkungen leicht unterschätzt: Spaziergänger erkunden eine Reiherkolonie im Wald, erfreuen sich an den majestätisch abstreichenden Vögeln, bemerken jedoch nicht, daß dadurch Eier und Jungvögel erkalten, absterben oder leichte Beute von Krähen werden.

Das gilt für die Rückzugsgebiete zahlreicher Tierarten, deren Lebensräume bei ausufernder Nutzung der freien Landschaft durch den Menschen immer kleiner werden, so daß Wanderer, Jogger, Radfahrer, Hobbyfotografen oder Wassersportler unbeabsichtigt, darum aber nicht weniger tödliche Störungen verursachen können. Wird die Fluchtdistanz eines Tieres unterschritten und dessen panikartige Flucht ausgelöst, dann können z. B. bei Vögeln während der Brutzeit und der Aufzucht schwerwiegende Folgen eintreten, die im gleichen Jahr nicht wieder zu kompensieren sind: Unterbrechung des Brutvorganges, Gelegeverlust durch Nesträuber, Gelegeerkaltung, erhöhte Nestlingssterblichkeit.

Wassersport und Enten

Wassersportler freuen sich an stolzen Höckerschwänen dicht neben ihren Booten, an Stockenten und Bläßhühnern, die dreist um hingestreutes Futter wetteifern. Dabei täuscht die Anwesenheit dieser robusten, an den Menschen gewöhnten Arten darüber hinweg, daß die empfindlicheren, selteneren und bestandsgefährdeten Entenarten – mindestens ein Dutzend treten hierzulande regelmäßig auf – geflüchtet sind, ehe sie bemerkt wurden. In großen Überwinterungsgebieten wird beobachtet, daß schon ein Boot auf 100 m – so etwa die „Fluchtdistanz" – nach rechts, links, vorne und hinten die Schwärme der empfindlichen Entenarten vertreibt. Und da sich ein Boot bewegt, erfolgt die Störung in einem Band von 200 m Breite. Addiert man den Sicherheitsabstand, den die Tiere zum Ufer halten, so wird im ungünstigsten Fall ein Streifen von 400 m Breite für die Tiere unbenutzbar.

Surfer (auch Angler, Jäger oder Fußgänger), die gewiß nichts Böses im Schilde geführt haben, verursachen Störungen ähnlichen Ausmaßes. Auch hier muß man die erheblichen Zuwachsraten rechtzeitig bedenken. Über 1 Mio. Surfer erobern dank geeigneter Schutzkleidung vom Frühjahr bis in den Spätherbst größere Wasserflächen. Man wird dies nicht überall dulden können. Aufgrund des Störfaktors „Surfen" sind schon mehrfach erfolgreiche Bruten von seltenen Vogelarten der Roten Liste verhindert und Wintergastvögel und Durchzügler von ihren angestammten Ruhe- und Rastplätzen vertrieben worden. Während der Mauser benötigen die flugunfähigen Vögel in jeder Hinsicht ökologisch optimale Gebiete. Dazu zählen ausreichendes Nahrungsangebot und Ungestörtheit. Der Nahrungsreichtum z. B. des Wattenmeeres ermöglicht den meisten Watvogel- und Entenarten hier die energieaufwendige Neuproduktion des gesamten Großgefieders. Während der Haupturlaubszeit (Juli bis September) mausern hier in sehr großen Zahlen z. B. Brandgans und Eiderente, Austernfischer, Pfuhlschnepfe, Großer Brachvogel und andere Watvögel.

Für die Inn-Staustufen wurde berechnet, daß die Wasservögel normalerweise die pflanzliche Biomasse bis auf 10 % des sommerlichen Höchststandes vertilgen. Wenn die Wasservogelgemeinschaft durch Boote oder Jäger häufig vertrieben wird, stirbt mehr pflanzliche Biomasse ab, wird am Boden angereichert und geht in sauerstoffzehrenden Faulschlamm über. Bei bestimmten Witterungsverhältnissen kann der Schlamm in der Stauhaltung auftreiben und bei hohen Wassertemperaturen den Sauerstoff schlagartig verknappen. Die Reaktionskette reicht dann bis mindestens zur Fischfauna.

Angler und Feuchtgebietsvögel

Selbst die stillen Angler werden bei massiertem Auftreten zu einem erheblichen Störfaktor in der Naturlandschaft. Es gibt rund 1,5 Mio. Angler in der Bundesrepublik (fünfmal so viele wie Jäger). Die Angeleuphorie ist mitschuldig an der Krise der Feuchtgebietsfauna. Fast überall werden unvorstellbare Mengen von Zuchtfischen ausgesetzt, die den Lebensraum von Lurchen und heimischen Fischen einengen. „Wenn der Ausverkauf der Gewässer an die Angler so weitergeht", prophezeit der Bund für Umwelt und Naturschutz, „sind in wenigen Jahren die Wasservogelbestände vernichtet" (vgl. Kap. 8). Eifrige Angler gehen ihrem Hobby häufig auch nachts nach und verursachen damit rund um die Uhr bei den Vögeln Streß. Verlassene Gelege, Brutverweigerung und Nahrungsmangel sind die Folge. Untersuchungen haben ergeben, daß Angler einen ursprünglichen Brutvogelbestand (= 100 %) an Angelgewässern auf unter 8 %, teilweise sogar auf unter 3 % und bei seltenen Vogelarten (meist sehr scheu) auf 0 % zurückdrängen. Bei mehr als 10 Anglern pro km Ufer ging der Brutbestand von 30 Paaren auf 2 Paare zurück. Schon 2 Angler an einem 2,8 km langen Uferbereich ließen den Brutvogelbestand auf ein Drittel sinken. Natürlich wirken sich auch alle anderen Besucher wertvoller Uferbereiche zu „empfindlichen" Jahreszeiten in Brut-, Rast-, Mauser- oder Überwinterungsbereichen ähnlich katastrophal aus.

Störungen beim Rotwild

Rotwild ist eine besonders störempfindliche Wildart, deren Fluchtdistanz bei 300 bis 500 m liegt. Eigentlich der offenen Landschaft angepaßt, zählt bei der Flucht nur die Schnelligkeit und die Entfernung, die ein so großes Fluchttier zwischen sich und seinen vermeintlichen Feind legt. Deshalb ist gerade beim Rotwild die Fluchtstrecke meist besonders groß. Ähnlich wie beim Rehwild, das bei Störungen mit schlagartiger Vervielfachung von Puls (bei Funkmessungen von 70 auf 250) und Stoffwechsel reagiert, dauert die Beruhigungsphase sehr lange. Sichern und Flüchten verbrauchen je nach Störfrequenz und -intensität viel Zeit, die für die Nahrungsaufnahme verlorengeht (rund 70 % der Äsungsflächen und rund 50 % der Fütterungseinrichtungen sind erheblich durch Störungen von Erholungsuchenden belastet). Die Flucht verbraucht darüber hinaus sehr viel Energie, die besonders in der winterlichen Notzeit nicht ausgeglichen werden kann. Ein junger, 90 kg schwerer Hirsch, der nur 10 Minuten fliehen muß, verbraucht mehr Energie, als er an einem Wintertag aufnehmen kann. Reimoser (1983) berichtet von Untersuchungen des Institutes für Wildtierkunde in Wien, nach denen Rotwild in Lebensräumen mit hoher Beunruhigung durch die stark erhöhte Bewegungsleistung der Tiere einen etwa 50 bis 100 % höheren Energiebedarf aufweisen kann als in ungestörten Biotopen. Dieser erhöhte Energiebedarf muß aus dem lokalen Äsungsangebot gedeckt werden.

Optische, akustische wie Geruchswahrnehmungen können Flucht auslösen. Gerüche können noch Stunden nach der Störung – z. B. durch Pilzsucher – zur Flucht führen. Die in Erholungsgebieten häufig vorhandene menschliche Wittrung zwingt das Rotwild täglich stundenlang zum Sichern, eine gewaltige Energieverschwendung. Mindestens 99 % aller Fluchten des Rotwildes dürften ohne wirkliche Gefährdung ausgelöst werden. Dieser „unechte Feinddruck" durch den Menschen führt beim Rotwild zu einer an Überforderung grenzenden Belastung:

1. Ständiges Sichern, verstärkte Fluchtbereitschaft, häufige Flucht, Streßmaximierung; Folge: Konditionsverschlechterung.
2. Verlagerung der artspezifischen Tagesaktivitäten, z. B. Äsung, Wanderung und Brunft, auf störungsarme Nachtstunden.
3. Beschränkung des Aktionsraumes auf weniger gestörte Gebiete und dort Schadensmaximierung.
4. Beschränkung der optischen Kontakte zu sozial wichtigen Rudelgliedern in artfremden Dickungen; Folge: rein motorische Ersatz- oder Ausweichhandlungen in Form des Schälens (Wölfel).

Die Unterdrückung der Aktivität am Tag hat zwei gravierende Auswirkungen:

a) Der Tageszyklus wird gestört, der beim Rotwild als Wiederkäuer im Wechsel von etwa 6 Äsungs- und Wiederkauperioden im 24-Stunden-Rhythmus abläuft. Kritisch ist der Ausfall der Äsungszyklen des Tages, so daß der Pansen nicht gefüllt werden kann. Er arbeitet im Verein mit symbiontischen Mikroorganismen (Protozoen und Bakterien) nach dem Prinzip einer Gärkammer, deren Milieu durch periodische Äsungsaufnahme stabil bleiben muß. Der ständige Nachschub an Äsung ist Voraussetzung für ein optimales Bakterienwachstum. Bleibt der Nachschub z. B. infolge von Störungen aus, stagniert es oder die Mikroorganismen sterben sogar ab. Da auch das Wiederkauen aussetzt, fehlt dem Pansen die beim zweiten Mal gründlich zerkaute und eingespeichelte Nahrung. Der Speichel wirkt aufgrund seines pH-Wertes von 8 bis 9 alkalisch und neutralisiert den Panseninhalt. Darin entstehen nämlich die zunächst aus der Äsung gebildeten fruchtigen Säuren, z. B. Buttersäure, Propionsäure, Essigsäure u. a., die den pH-Wert absenken. Bleibt das Wiederkauen aus, so kommt es zu einer Übersäuerung des Pansens. Stoffwechselstörungen sind die Folge.

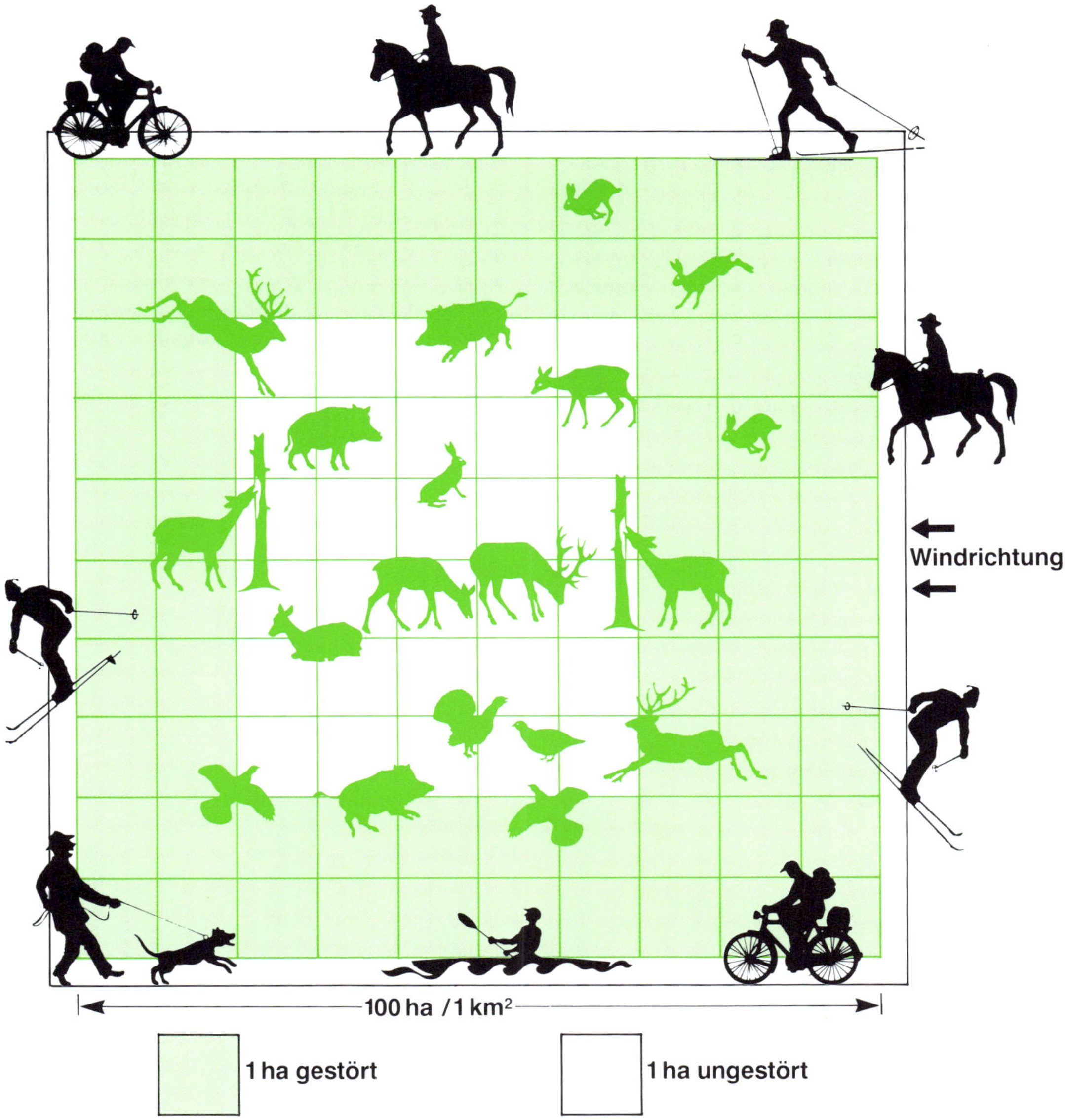

Abb. 116: Modell der Störzonen in einem touristisch genutzten Waldgebiet

b) Die Aktivitätsverringerung am Tag führt zur Vermeidung der Äsungsplätze mit „Sonnenflora". Um den Äsungsrhythmus wenigstens notdürftig einzuhalten, nimmt das Rotwild im dichten Bestand Baumtriebe oder Baumrinde auf. Diese hat bei leerem Pansen den Wert weniger als Nahrungsmittel, sondern vielmehr als mechanischer Auslöser für das Wiederkauen und für das damit verbundene Einspeicheln. Rauhe Äsung mit ausreichendem Faseranteil ist lebenswichtig für den natürlichen Pansenrhythmus. Fehlt diese Voraussetzung, vergärt die weichere, leicht verdauliche Nahrung zu schnell (Bützler). Schälen ist deshalb für das Rotwild typisch. Problematisch ist das, wenn infolge von Tagesstörungen z. B. 3 von 6 Äsungsperioden durch Rindenaufnahme ausgefüllt und ein großer Teil der Grünnahrung durch Rinde ersetzt wird. Konditionsmängel beim Wild und Schäden im Wirtschaftswald maximieren sich dann, die jagdliche Wildstandsregulierung wird erschwert. Die ökologischen Folgen (Verarmung der Flora und Fauna) sind in Kapitel 12 dargestellt. Sie haben erhebliche Rückwirkungen auf den Erholungswert der Landschaft.

Im Winter verschärft sich das Problem, da dann, insbesondere in schneereicher Notzeit, Störungen durch Menschen ungewollt sehr schnell die Schwelle der Tierquälerei überschreiten. Die Verdauung (Änderung der inneren Pansenoberfläche, der Bakterienflora u. a.) ist in dieser Zeit auf karge Äsung umgestellt, Energieschonung hat hohe Priorität. Der Aktionsradius umfaßt nur noch einen Bruchteil des sonst üblichen, etwa zwei Drittel der Zeit liegt das Wild (während sonst das Verhältnis von Ruhe- und Aktivitätszeiten gerade umgekehrt ist). Liegende Tiere verbrauchen am wenigsten Energie durch Muskelarbeit, und die Abstrahlung von Wärme an die Umgebung ist geringer. Dabei schlagen die Tiere ihre Läufe unter den Körper ein und verstecken die Nase in der Flanke, damit Wärmeverlust bei der Atmung über die Nasengänge möglichst gering bleibt. Bei der Wahl des Liegeplatzes spielt vor allem die Ungestörtheit eine große Rolle. Da der Geruchssinn höher entwickelt ist als das Sehvermögen, liegen die Tiere gerne dort, wo ihnen der Wind Wittrung von irgendwelchen Störungen rasch zuträgt. Fliehen im Winter kostet je nach Schneelage, Dauer des Winters und Gelände viel mehr Energie als langsamer Rückzug (Mosler-Berger, 1982). Auch Witterungsschutzgründe beeinflussen die Wahl des Liegeplatzes: Das Wild sucht Schutz vor Feuchtigkeit, da durch Nässe die Wärmeisolierung der Decke stark reduziert wird. Außerdem ist die Winddämmung wichtig. Störungen können diese Wärmeschutz- und Energiesparstrategien des Wildes zunichte machen. Bei allen Wildtieren ist vorsätzliches oder leichtfertiges Beunruhigen in winterlichen Ruheräumen Tierquälerei (z. B. Abwurfstangensucher).

Bei einer angenommenen Stördistanz von 200 m auf Geräusche und Sicht bzw. 300 m auf Geruch verbleiben bei einer normalen Wegedichte von 40 m/ha lediglich 30 ha (= 30 %) von einem km^2 (= 100 ha), die relativ ungestört sind. Durch Querfeldeinfahrer (z. B. Skiläufer oder Biker) oder Sammler (z. B. Pilz-, Beeren- oder Stangensucher) schrumpft diese Ruhezone drastisch. Das Nahrungsangebot sinkt, scheue Wildtiere leiden Hunger und verbrauchen bei jeder Flucht unersetzliche Energie. Harmlos erscheinende Störungen können dann ebenso tödlich sein wie zu Brut- oder Setzzeiten. Gestörtes Schalenwild weicht in Ruheräumen vermehrt auf Verbiß und Rindenschälen aus. Zusammentreffen mit unbekannten Artgenossen oder Fremdarten in Ruheräumen verstärkt diese Effekte durch soziale Spannungen, Rivalitäten und energiezehrende Unruhe. Waldschäden, Überäsung auch der Krautvegetation und tierquälerische Kettenreaktionen bei den scheuen Tierarten selbst sind die Folgen einer touristischen Übernutzung von Waldgebieten.

Petrak (1989) hat eine erste Fallstudie veröffentlicht, in der die Situation des Rotwildes in einem Eifelforstamt im Winter 1980/81 – damals wurden die ersten Loipen gespurt – mit der des Winters 1986/87 nach Lebensraumberuhigungsmaßnahmen verglichen wird. Er stellt dabei fest, daß sich die Interessen der Skiläufer durchaus mit den Lebensraumansprüchen der freilebenden Tierwelt im Winter vereinbaren lassen. Voraussetzung hierzu ist allerdings, daß dem Wild ein möglichst großer störungsfreier Lebensraum gesichert wird, in dem auch die Jagd ruht. Die Erkenntnisse von Petrak sind für die Praxis sehr wichtig und werden deshalb hier auszugsweise wiedergegeben:

„Verhaltensstudien an individuell bekannten Stücken und Rudeln belegen deutliche individuelle Unterschiede in der Reaktion des Rotwildes auf Skiläufer. Rudel mit älteren und damit sicher auch erfahreneren Leittieren halten an der Winterfütterung einzelne Skiläufer bzw. kleine Gruppen von höchstens vier Personen auf Forststraßen auch dann aus, wenn die Entfernung zu den vorbeilaufenden Skiläufern nur knapp 100 m beträgt und kein Sichtschutz besteht... Voraussetzungen hierzu sind, daß die Skiläufer ruhig und gleichmäßig im Diagonalschritt laufen, nicht laut sprechen und auch nicht stehenbleiben. Rudel mit jungen Leittieren flüchten in vergleichbaren Situationen. Bis zur vollständigen Beruhigung nach derartigen Störungen wurden bis zu 25 Minuten gestoppt. Unter optimalen Bedingungen wird maximal eine derartige Störung von den Rothirschen in einer Zeit von ein bis zwei Stunden toleriert. Verbände aus Alttier, Schmaltier und Kalb werden nach eingehenden Beobachtungen durch Skiläufer wesentlich stärker beunruhigt als Rudel aus mehreren Familienverbänden, die mindestens 6 bis 10 Individuen umfassen... Der Schonung der Leittiere und der Erhaltung intakter Sozialverbände kommt eine zentrale Funktion für die Anpassungsfähigkeit des Rotwildes an Belastungen im Lebensraum zu! Loipen in 300 m Entfernung werden bei sichtdichter Deckung zwischen Skiläufern und Rotwild toleriert, ohne daß es durch die Feindvermeidung zu Einschränkungen für das übrige Verhalten z. B. an der Winterfütterung kommt. Loipen, die in nur 200 bis 300 m Entfernung an Fütterungen und Einständen vorbeiführen, können bereits zu gravierenden Störungen führen. Während ruhige Einzelläufer von den Rothirschen nicht beachtet werden, lösen Gruppen von mehr als drei Läufern, die sich laut unterhalten, ungleichmäßiger Laufstil und Stürze der Skiläufer länger anhaltendes Sichern aus. Bei zahlreichen Störungen, wie am Wochenende, werden diese Fütterungen nicht mehr angenommen. Die Belastungen des Rotwildes durch den Langlaufbetrieb werden in erster Linie durch die räumliche Verteilung der Skiläufer und nur in vergleichsweise geringem Ausmaß durch ihre absolute Zahl bestimmt."

Es sei an dieser Stelle nur nebenbei erwähnt, daß Petraks Erkenntnisse auch für die Jagdmethodik von großer Bedeutung sind, zumal Störauswirkungen erhebliche Schälschäden und damit große finanzielle Einbußen verursachen können. Einmal ist daraus zu folgern – und jeder Praktiker kennt diese Zusammenhänge –, daß im Winter neben der Touristensteuerung und Ruheraumförderung logischerweise gleichzeitig auch der Jagddruck beendet werden muß. Und zum anderen wird die Bedeutung der Sozialstruktur so deutlich, daß alle Jagdarten, die diese gefährden, unnatürlich, schädlich, ja tierquälerisch sind. Moderne Bewegungs- bzw. Drückjagden mit großem Hundeeinsatz sind unter diesen Aspekten sehr kritisch zu beurteilen, zumal Prädatoren in der Natur gerade so nicht jagen. Die naturgemäße Erhaltung der Sozialstruktur als eine Art Sicherheitsmaxime ist ein Kriterium, an dem sich die Art der Jagdregulation, aber ebenso auch die Kanalisierung der Störungen in Lebensräumen des Rudeltiers Rotwild messen lassen muß. Petrak schreibt weiter:

„Wenn man berücksichtigt, daß jeder Skilangläufer in Abhängigkeit von Relief und Vegetation in einer Zone von 200 bis 300 Metern Breite rechts und links seiner Spur von den Rothirschen als Störgröße registriert werden kann, standen dem Rotwild 1980/81 nur vier Prozent seines Lebensraumes zu Verfügung. Die Erfahrungen des Winters 1980/81 führten zu der Einsicht, daß die als notwendig erkannte Minderung der Auswirkungen des Skibetriebs auf die Rothirsche nur durch eine umfassende Abstimmung aller menschlichen Aktivitäten in ihrem Lebensraum zu erreichen war. Die kritischen Loipentrassen wurden bereits im Winter 1981/82 verlegt. In zwei Fällen wurden Rotwildfütterungen zur Entflechtung von Loipenführung und Rotwildeinständen um jeweils 150 m verlegt." (Petrak, 1989)

Die konzertierte Aktion bestand also darin – und gleichlautende Erfahrungen habe ich im Harz sammeln können –, die Skiläufer mit Hilfe eines attraktiven Loipenangebotes so zu führen, daß sich Ruheräume von etwa 50 % des Lebensraumes ergeben, die auch von anderen Störungen (z. B. Jagd) freigehalten werden. Intensive Aufklärung der Bevölkerung ist dabei unerläßlich. Die Sicherung ausreichender, weitgehend störungsfreier Überwinterungsgebiete ist für das Rotwild in den Mittelgebirgsregionen zwingend notwendig. Als größtes Wildtier mit hohen Raumansprüchen kann der Rothirsch als Indikatorart für eine Wintersportplanung eingestuft werden, die die Lebensansprüche der Wildtiere berücksichtigt. Die Überwinterungsgebiete für das Rotwild kommen zugleich dem Rehwild und z. B. auch der Wildkatze zugute. Nur durch umfassende Abstimmung der menschlichen Aktivitäten im Wildtierlebensraum lassen sich ausreichende Wildlebensräume auch in Wintersportgebieten langfristig sichern (Petrak, 1989).

Das heutige Freizeitverhalten provoziert Notsituationen für unsere Wildtiere: Mit zunehmender Frequentierung seines Lebensraumes durch den Menschen steigt der Zeitaufwand für die Feindvermeidung erheblich an. Störungen lösen bei Wiederkäuern stoffwechselbedingte Komplikationen aus, die in Wintersportgebieten zur Hauptursache der Schälschäden werden, wenn die Tiere in sichtdichte, äsungslose Fichtenbestände gedrängt werden. Auf den Wegen bleibende Radfahrer stören übrigens weniger als Spaziergänger, und Familien mit Kindern stören häufig weniger (weil sie für das Wild kalkulierbar sind!) als gleich große Gruppen Erwachsener. Ruhige Einzelreiter wirken harmlos, querfeldein preschende Gruppen führen zu erheblichen Beunruhigungen. Die größten Störungen für das Rotwild gehen von einzelnen, die Ruheräume mißachtenden Jägern, Wildfotografen und Skiläufern aus, die sich nicht wildgerecht verhalten. Wenn z. B. ein Alttier fast 20 % der Zeit zum Sichern aufwendet, dann braucht es dafür mehr als 10mal so lange wie Hirsche in störungsfreien Lebensräumen oder in Wildparken. Wenn der zeitliche Anteil für die Feindvermeidung mehr als 10 % während einer Aktivitätsphase erreicht, spricht dies eindeutig für erhebliche Beunruhigung des Rotwildes, die im Interesse des Wildes wie der Forstwirtschaft (Schadensminimierung) reduziert werden muß (Petrak, 1989).

Skitourismus

Der Skilanglauf ist zu einem Massensport geworden, der bundesweit über 8 Mio. aktive Anhänger hat (organisiert im DSV nur ca. 650 000). Die Kulisse ist stets die Natur mit ihren ums winterliche Überleben kämpfenden Tieren. Sie müssen in dieser Jahreszeit Energie sparen. Dazu bemerkt Scherzinger (in Georgii, 1985): „Wenn z. B. ein Birkhuhn für das Verlassen der schützenden Schneehöhle und die Nahrungssuche mehr Kalorien verbraucht, als es durch Fressen wieder aufnehmen kann, bleibt es lieber hungrig und verbringt den ganzen Tag am Schlafplatz." Unter Zuhilfenahme letzter Reserven kann dieses Birkhuhn Schlechtwetterperioden gerade noch überleben. Jede Flucht aber läßt den Energiebedarf schlagartig auf das 10- bis 12fache steigen (Georgii, 1985). Und das Maximum der Störungen liegt beim Wintersport genau in der Zeit des maximalen Ruhebedarfs vieler Wildtiere (z. B. Rotwild) oder aber in Zeiten der Nahrungsaufnahme (z. B. Auerwild).

Die immer noch exponentiell zunehmenden Störungen durch den Wintersport sind kritisch zu sehen. Freilich kennen die meisten Skiläufer die durch sie verursachten Folgen nicht und sind bei entsprechender Aufklärung gern bereit, Lenkungsmaßnahmen zu beachten. Nach Untersuchungen in Baden-Württemberg liegt dort das Potential der alpinen Skiläufer und Skilangläufer bei jeweils etwa 24 % der Bevölkerung. Die Hauptbelastung der Langlaufloipen erreicht an den Wochenenden den bis zu 10fachen Wert der Werktage. 700 bis 1300 Läufer sind dann gleichzeitig auf einer Loipe von 15 bis 35 km Länge. Viel kritischer als diese „Linienbelastung" sind die ungleichmäßigen Störungen durch Langlaufindividualisten zu sehen, die den durchdachten Kurs der gespurten Loipen verlassen und querfeldein wandern. Dabei entsteht ein „Rattenfängereffekt": Querfeldeinläufer hinterlassen eine Spur, die regelmäßig Hunderte, womöglich Tausende Nachahmer hinter sich herzieht. Ähnlich wie im Schwarzwald decken sich auch im Harz z. B. die Auerwildvorkommen weitgehend mit den schneesicheren Hochlagen, die als Wintersportgebiete geeignet sind. Aus der Sicht des Tierartenschutzes und der Wildhege sind daher Bedenken gegen die Skilangläufer anzumelden, die abseits der Loipen in die engen Ruhe- und Aktivitätszonen der Wildtiere eindringen und die Energiesparstrategien der Wildtiere durchkreuzen. Loipengebote (mit „gewinnenden" Hinweisschildern) in stark belasteten Gebieten oder Flächensperrungen besonders empfindlicher Gebiete würden den Wildtieren sehr helfen.

In Österreich muß seit der Revision des Forstgesetzes 1988 jeder Variantenskifahrer im Wald mit einer Geldstrafe von über 1000 DM rechnen. An den Kontrollen beteiligt sich die Polizei. Weiterhin erlaubt bleibt im Wald lediglich das Skifahren oder Aufsteigen auf markierten Pisten oder Skiwanderrouten. In der Schweiz richtet man zunehmend Wild- und Waldschutzzonen ein, unterrichtet die Bevölkerung an Liftkassen, in Warteräumen, Restaurants oder Hotels, und die Seilbahnunternehmer drohen mit dem Entzug des Skiabonnements bei Mißachtung (Jagd + Hege, 2/1988). Diese Unterstützung der Naturschutzbelange durch die Nutznießer aus der Fremdenverkehrsbranche oder der Verbandslobby des Skisports kann man den deutschen Wintersportzentren nur wünschen. Ohne dezente Reglementierung und Kontrolle, die nach dem Verursacherprinzip zu finanzieren ist, wird in vielen Gebieten ein verträgliches Nebeneinander von Wintersport und Natur nicht zu sichern sein.

Beschneiungsanlagen – winterlicher Selbstbedienungsladen auf Kosten der Allgemeinheit

Eine große Schneekanone verbraucht in einer halben Nacht soviel Energie wie ein durchschnittlicher Vierpersonenhaushalt in einem Jahr. Mosimann (1991) gibt den Energieverbrauch mit 2000 bis 27 000 kWh pro Jahr und ha Beschneiungsfläche (Mittel 13 000 kWh) an. Die benötigte Wassermenge kann vorübergehend ein kleines Fließgewässer trockenlegen mit unübersehbaren ökologischen Folgen. Die Vegetationszeit wird auf Kunstschneetrassen verringert (bis zu 25 Tage), und in Kombination mit dem Einsatz von chemischen Mitteln sind schädliche Auswirkungen auf die Flora und Fauna unausweichlich. Diese Art winterlicher Selbstbedienung in der freien Natur unter Umgehung der Kasse ist eine unverantwortliche Gewinner-Verlierer-Strategie. Grundsätzlich sollten sich Beschneiungen auf kleinflächige, besonders belastete und vorzeitig ausapernde Pistenstellen beschränken (Leicht, 1993). Entsprechendes gilt für das Heli-Skiing (Befördern von Skifahrern zu den Ausgangspunkten besonders hoch gelegener Skiabfahrten per Helikopter), das generell verboten werden sollte.

Massenveranstaltungen im Wald

Noch vor etwa 20 Jahren wollte man die Bevölkerung mit allen denkbaren Einrichtungen in den Wald locken. Der dann einsetzende, damals nicht erwartete Strom (wachsende Freizeit und verbesserte Mobilität) muß heute jedoch kritisch gesehen werden. Bei allem Verständnis für Aktivitäten in der Natur sind Großveranstaltungen – z. B. Orientierungsläufe mit Spezialkarten in letzten urtümlichen Landschaften – aus ökologischen Gründen unbedingt zu unterbinden. Nach bayerischem Naturschutzrecht ist z. B. das Betretensrecht für Sportveranstaltungen wie Volksmärsche, Volksläufe, Gelände- und Querfeldeinrennen, Fuchsjagden usw. eingeschränkt oder ausgeschlossen (Thorwart, 1982). Auch der Deutsche Wanderverband hat vor einer weiteren Ausdehnung der Volksmärsche gewarnt. Manche Vereine oder sonstige „Unternehmer" halten aber aus durchsichtigen Gründen eisern an diesen Massenveranstaltungen fest. Bei einem Nenngeld von z. B. 20 DM pro Person und 5000 Teilnehmern läßt sich mit relativ wenig Aufwand beachtlicher Reingewinn erzielen – auf Kosten der Allgemeinheit. Die Störungen für die Tierwelt durch eine Massenwanderung bleiben mindestens auf 200 m nach beiden Seiten (Geruch, Lärm, Sicht) neben der Route über einen ganzen Tag und erhebliche Zeit danach wirksam. Bei einem Marsch von 50 km sind dann mindestens 2000 ha unter Umständen tagelang stark gestört.

Störungen wirken auch bei Seehunden existenzgefährdend

Die bei Niedrigwasser im Wattenmeer trockenfallenden Sandbänke brauchen die Seehunde zur Geburt, zum Säugen der Jungtiere und als Ruheplätze. Störungen führen zu einer Vervielfachung des Sicherns (Kopfhebephasen während der Liegezeit) und damit zu Streß, zu vermehrtem Robben und Hautentzündungen (nach Drescher [1978] eine der häufigsten Todesursachen bei jungen Seehunden), zur Flucht ins Wasser oder zum Nichtaufsuchen der Sandbank und damit zur Verkürzung der Ruhephasen. Häufigste Störer sind Sportboote, Surfer, Wattwanderer und Ausflugskutter. Die beliebten „Ausflugsfahrten zu den Seehundbänken" als willkommene Unterbrechung der „Grillzeiten" am Strand dürften zunehmen, und die Konkurrenz zwischen den verschiedenen Unternehmen verleitet zu möglichst extremer Annäherung an das Schauobjekt oder sogar zu absichtlicher Vertreibung der Tiere von ihrem Liegeplatz (Dietrich u. Koepff, 1986). Die Fluchtdistanz liegt in der Regel zwischen 100 und 200 m, manchmal je nach Störfrequenz und Störart auch erheblich höher.

Die größte Fluchtdistanz haben Alttiere und Junge führende Muttertiere (bei häufigen Störungen bis zu 1000 oder gar 1500 m). Solange das Schiff von der Sandbank aus in Sicht ist, kehren die Muttertiere mit ihren Jungen nicht auf den Liegeplatz zurück (Wesemüller, 1980). Die große Fluchtdistanz einzelner Tiere wird vom ungeübten Beobachter nicht erkannt. Die (bis in Sichtweite) verbleibenden, weniger störempfindlichen, zum Teil kranken Tiere verleiten zu der Annahme, Seehunde seien „neugierig" und fühlten sich gar nicht gestört. Jungtiere kehren meist nach Beendigung der Störung zurück, Alttiere seltener. Bei häufigen Störungen wird der Liegeplatz während der gleichen Tide nicht mehr aufgesucht. Die Störung dauert also viel länger als die eigentliche Vorbeifahrt eines Schiffes.

Im Sommerhalbjahr kommt ein Problem hinzu: Da das Säugen der Jungtiere nur auf dem trockengefallenen Sandwatt möglich ist, führen Störungen des Säugevorganges zu schlechtem Ernährungszustand der Jungtiere. Er setzt die Vitalität herab und erhöht die Anfälligkeit gegen Parasiten und Krankheiten. Hohe Jungensterblichkeit im ersten Winter ist die Folge. Nur wenn die Jungtiere bei jedem Niedrigwasser gesäugt werden können, erreichen sie das überlebenswichtige Körpergewicht. Außerdem kann Flucht zur Trennung von Mutter und Jungtier führen (Doornbos, 1980). Auch zum Haarwechsel brauchen Seehunde einen ruhigen Liegeplatz, weil dafür die Einwirkung von UV-Licht zur Bildung von Vitamin D erforderlich ist. So wird gerade beim Seehund deutlich, wie Störungen an nur einem, allerdings – biologisch gesehen – lebensnotwendigen Faktor, dem Liegeplatz, zu einer gravierenden Belastung für die Gesamtpopulation werden können (Wesemüller, 1980).

Schutzzonen für einige Seehundbänke werden einsichtige Besucher sicher gern akzeptieren. Darüber hinaus müßten Seehundliegeplätze auf mindestens 200 m Distanz gemieden und Ausflugsfahrten nur mit entsprechend geschultem Personal zugelassen werden.

Probleme im Wattenmeer für die Vogelwelt

Auch an unseren Küsten mußten scheue Vogelarten bereits äußerst dramatische Bestandseinbußen erleiden. Den gravierendsten Einfluß auf Brut- und Rastvögel an der Küste haben Eindeichungen, Küstenschutzmaßnahmen, Flugverkehr, Fischerei, Jagd und Tourismus. Derartige anthropogene Nutzungen haben sich trotz wachsenden Umweltbewußtseins in den letzten 15 Jahren stellenweise vervielfacht. Allein durch einige Aktionen der Nationalparkverwaltungen und geschickte Lenkungsmaßnahmen – z. B. durch gut sichtbare Pfahlreihen, Aufklärungsschilder, einfache Handläufe in Hüfthöhe, unübersehbare Stangen in Kniehöhe, mündliche Aufklärungsaktionen durch Ranger oder dergleichen – ist es inzwischen bereits gelungen, daß potentielle Bruthabitate durch scheue Vogelarten (z. B. Seeregenpfeifer, Zwergseeschwalben u. a.) wieder besiedelt werden. Auch mit der Ruhigstellung von bestimmten Gebieten durch Einstellung der Jagd sind überzeugende Effekte erzielt worden, daß bejagte Vögel ihre Scheu vor dem Menschen verloren und die Fluchtdistanz verringert haben (Bergmann et al., 1994). Es erscheint dringend geboten, aufgrund der bisherigen Erkenntnisse (u. a. Stock, 1992) konsequent durch gemeinsame Aktionen zwischen Gemeinden und Naturschutz, zwischen Fremdenverkehrsträgern und Nationalparkverwaltungen, zwischen Bevölkerung und den Gästen weitere Multiplikatoreffekte in der Akzeptanz und in praktikablen Lösungen anzustreben.

14.1.1 Weitere Anregungen zur Minderung von Störungen

„Kleine Fehler zu entdecken, ist seit jeher die Eigenschaft solcher Köpfe gewesen, die wenig oder gar nicht über die mittelmäßigen erhaben waren; die merklich erhabenen schweigen still und sagen nur etwas gegen das Ganze, und die großen Geister schaffen nur, ohne zu tadeln!"
Georg Christoph Lichtenberg (1742–1799)

Die Mensch-Natur-Wechselbeziehungen zu ignorieren kann verhängnisvoll sein. Immer mehr Menschen erkennen diese Gesetzmäßigkeiten und fordern Änderungen bisheriger Rechte. Nach einer Meinungsumfrage des Emnid-Instituts sind 71 % der Deutschen für eine Einschränkung des Waldbetretungsrechts. Die Zahl der Befürworter einer Einschränkung ist unter den jungen Leuten überdurchschnittlich hoch (DJV-Nachrichten, 5/1984). Es ist an der Zeit, dieser Entwicklung Rechnung zu tragen durch eine temporäre oder räumliche Trennung zwischen Erholungs- und Naturgebieten. Komplette Sperrungen besonders wertvoller und störempfindlicher Biotope könnten eine äußerste Maßnahme sein. Die Privat-Nutzung der Natur auf Kosten der Allgemeinheit muß kanalisiert werden. Dazu folgende Anregungen:

Vereinheitlichung der Betretungsregelungen

Die gesetzlichen Bestimmungen sind von Bundesland zu Bundesland verschieden. Die Vereinheitlichung der Betretungsverbote im ganzen Bundesgebiet wäre höchst wünschenswert. Nur so ist ein befriedigender Bekanntheitsgrad zu erreichen. Flankierend können die Medien zur Bekanntmachung der wichtigsten Regelungen eingespannt werden (Zundel, 1984).

Generelles Betretungsverbot für Dickungen bis 15 m Oberhöhe

Der Erlebniswert der Wälder für die naturfern lebenden Menschen verpflichtet zur Öffnung der Waldgebiete für die körperliche wie seelische Regeneration der Menschen. Dadurch darf die Lebensgemeinschaft Wald natürlich nicht aus dem Gleichgewicht gebracht werden. Das Betreten von Forstkulturen ist in allen Bundesländern verboten. Bei den Dickungen ist dies nur in wenigen Ländern der Fall. Dabei sind gerade die Dickungen von Weihnachtsbaumgröße an bis etwa 15 m Höhe (Stangenhölzer) die entscheidenden Ruhe- und Rückzugsräume für viele größere störempfindliche Tierarten. Dickungen sind meist so dicht und dunkel, daß auf dem Boden fast keine Vegetation zu finden ist. Sie werden von Erholungsuchenden meist ohnehin nicht betreten, weil sie schwer begehbar sind. Der erholungsuchenden Bevölkerung würde man mit einem Betretungsverbot keinen Raum nehmen, aber Stangensuchern und Leuten, die dort z. B. mit Fotoapparat oder Tonband den Tieren in ihren wichtigsten Ruhebereichen nachstellen, das Handwerk legen. Bislang scheitert das Verbot des Stangensuchens an der Beweislast, da die strafbare Handlung mit dem Betreten der Dickung noch nicht beginnt. Einschreiten kann der Ordnungshüter erst, wenn eine Stange aufgenommen wird. Mit einer einheitlichen Ausdehnung des Betretungsverbotes von Kulturen auf Dickungen wäre auch dieses Problem ohne Einbußen für die Allgemeinheit relativ leicht zu lösen. Eine geringere Höhe erscheint mir nicht ausreichend, weil die Dickungen bis mindestens 15 m Höhe vom Wild als Ruhebereiche angenommen werden und die Deckungsfunktion meist erst etwa bei einer Höhe von 5 m einsetzt. Die Wildtiere gewöhnen sich an Ruhebereiche und kehren dahin über viele Jahre zurück. Die Schutzfrist für diese Ruhebereiche darf nicht zu kurz sein, da die meisten Bäume von etwa 3 m Höhe an einen jährlichen Höhenzuwachs von über 50 cm haben. Da niemand die Baumhöhe genau schätzen kann, wird bei ca. 12 m in der Praxis sicherlich die „Toleranzhöhe" beginnen, die man bei der Formulierung der Bestimmung von vornherein einkalkulieren sollte.

Generelles Wegegebot für Dämmerungs- und Nachtzeiten

Störungen zwingen die Wildtiere bei ihren Aktivitäten zum Ausweichen auf die Dämmerungs- und Nachtzeiten. Dann besteht für die Allgemeinheit auch kaum noch Bedarf, die festen Wege (befahrbare Forststraßen, markierte Reit-, Rad- und Wanderwege u. a.) zu verlassen. Nach meiner Erfahrung halten sich über 99 % der Waldbesucher schon heute ganz von selbst an diese Regelung. Nur wenige nehmen keine Rücksicht und gehen weiter ihren nicht selten verbotenen Hobbys nach, wie z. B. Fotografieren seltener Vogelarten am Nest. Dem ist nur durch ein generelles Wegegebot in diesen begrenzten Zeiten beizukommen, beginnend etwa eine Stunde vor Sonnenuntergang und endend eine Stunde nach Sonnenaufgang. Dann wäre auch wieder häufiger Wild zu sehen, das den „Gefahrenkomplex Weg" durchaus einzuschätzen lernt.

Generelles Betretungsverbot besonders empfindlicher Kleinbereiche

Begrenzte Fließ- und Stehendwasserabschnitte, Wildfütterungsräume (in „empfindlichen“ Jahreszeiten) und andere wertvolle Kleinbiotope müßten im Interesse der Natur entweder zu bestimmten Jahreszeiten (z. B. Brut-, Zug- oder Überwinterungszeit) oder auch ganzjährig mit Sonderbeschilderung ohne langwierige Genehmigung zu sperren sein. Die von diesen ruhiggestellten Bereichen ausgehenden Belebungen strahlen auf die Nachbarbereiche aus und kommen somit direkt dem Erholungswert der Landschaft zugute. In vorbildlicher Weise wirken heute von sich aus schon viele Wander-, Kletter-, Segel- oder Kanuvereine in dieser Richtung auf ihre Mitglieder ein, weil sie die Zusammenhänge zwischen Naturschutz und Erholungswert für ihr Hobby erkannt haben. Ihre Mühe wird zunichte gemacht, wenn einzelne Bürger aus Eigennutz jede Reglementierung unterlaufen.

Zeitlich und räumlich begrenzte Angelbeschränkungen

Ein befristetes Angelverbot für bis zu 30 % der Uferbereiche in wertvolleren Biotopzonen (Fließ- und Stehendgewässer), je nach Schutzziel (Brut- oder Überwinterungszeit, Durchzugsrast, Mausergebiet), erscheint zumutbar und dient dem Erholungswert auch für die Angler selbst. Die vielen Naturkenner unter ihnen würden derartige Regelungen sicher begrüßen.

Loipengebot in Belastungsgebieten des Wintersports

In allen Naturbereichen, wo der Langlaufrummel gewisse Belastungsgrenzen überschreitet, ist ein Loipengebot nötig. Meist gibt es dort schon ein ausreichendes und attraktives Loipennetz, das durch eine Art Kurtaxe unterhalten und gepflegt werden sollte. Der schöne Sport gewinnt durch die bewahrte Natur als „wertbestimmende Kulisse“.

Übernachtungsverbot in Wohnmobilen auf allen Waldparkplätzen

Nach gegenwärtiger Rechtslage dürfen Wohnmobilisten praktisch auf allen öffentlichen Parkplätzen einmal übernachten. Die Satistik weiß: 1960 gab es bei uns 14 000 Wohnanhänger (Ganser, 1985), heute sind es rund 2 Mio. mobile Wohnfahrzeuge. Bis zu 90 % – im Durchschnitt 30 % – der Stellplätze auf Campingplätzen sind an Dauergäste vermietet, für Jahresmieten von bis zu 4000 DM. Nach Berechnungen des Deutschen Camping Clubs verbringen Familien, die ihren Wohnwagen fest abstellen, 40 Wochenenden pro Jahr in ihrem Haus auf Rädern. Daraus ergaben sich schon in der Saison 1984 45 Mio. Übernachtungen. Camper suchen Plätze in möglichst naturnaher Umgebung (70 % am Wasser, 20 % in Bergen) mit Sand- und Kieswegen. 47 % der deutschen „Schneckenhäusler“ unternehmen bereits 2 Haupturlaubsreisen (länger als eine Woche) pro Jahr.

Es hat große Mühe gekostet, bis die Campingwelle einigermaßen geregelt war und gute Campingplätze entwickelt waren. Dennoch haben dabei Landschaft und Naturschutz erhebliche Einbußen erlitten. Die meisten Campingplatzbetreiber leben von Dauercampern. Es haben sich Ferienhausgebiete entwickelt, die nur einem begrenzten Publikum zugute kommen, so daß der Allgemeinheit viele schöne Gebiete vorenthalten werden. Besser wäre in vielen Fällen der Ersatz einiger Dauerstellplätze durch rustikale Ferienhütten, die wechselnd vermietet werden. Viele Fremdenverkehrsgebiete haben lange mit der Campingentwicklung mangels gesetzlicher Regelungen große Probleme gehabt. Neuerdings nun wird dieses endlich einigermaßen geordnete Campingwesen durch Wohnmobile unterlaufen, und es entstehen erhebliche neue Probleme in den Fremdenverkehrsgebieten. Die Möglichkeit der einmaligen Übernachtung auf jedem öffentlichen Parkplatz bindet den Ordnungsbehörden die Hände. Man wechselt eben täglich den Parkplatz, umgeht damit die Campingplatzgebühren und überläßt alle damit verbundenen Nachteile (nächtliche Störungen, Abfall) getrost der Allgemeinheit. In Fremdenverkehrsgebieten gehen damit dem örtlichen Gewerbe (einschließlich Campingplätzen) bereits viele Millionen Übernachtungen und Einnahmen verloren, die zur Unterhaltung der vorgehaltenen und selbstverständlich von den Wohnmobilisten mit in Anspruch genommenen Einrichtungen erforderlich sind. So attraktiv und interessant ein Urlaub mit dem Wohnmobil sein mag und so selbstverständlich man dies in einem wenig besiedelten Land auch tolerieren kann, so hoch türmen sich die Probleme in der dicht bevölkerten Bundesrepublik. Ein generelles Übernachtungsverbot auf Waldparkplätzen erscheint gerechtfertigt.

Nur auf den ersten Blick wirken diese Anregungen streng. Den Normalbürger treffen sie praktisch überhaupt nicht. Lediglich die Bürger, die sich egoistisch über Naturschutzinteressen hinwegsetzen (u. a. Eiersammler, Stangensucher, nächtliche Querwaldeinwanderer), werden in die Schranken verwiesen, die im Interesse der Allgemeinheit in der Natur zu gelten haben. Der oft vorgebrachte Einwand, alle Regelungen nützten nichts, weil ihre Einhaltung nicht ausreichend zu kontrollieren sei, zieht nicht. Man kann ja auch nicht die Straßenverkehrsordnung aufheben, nur weil nicht jeder Verkehrssünder erwischt wird.

Der Ruf nach „Rangern" wird lauter

Schutz völlig ohne Aufsicht und Kontrolle ist allerdings tatsächlich faktisch sinnlos (Remmert, 1990). Professionelle Aufsicht und Aufklärung ist in den Schutzgebieten unerläßlich. Umfragen im Nationalpark Bayerischer Wald haben ergeben, daß über die Hälfte der Besucher Wert auf eine gewinnend informelle Aufsicht legt, die unbelehrbare Touristen, die sich naturschädigend verhalten, buchstäblich wieder auf den richtigen Weg bringt. Im Widerspruch zum „sanften Tourismus", der als Schlagwort mißverständlich ist, schadet der kanalisierte Massentourismus der Natur nicht selten weniger als der Vogelfotograf oder der Querfeldeinwanderer zu Fuß, per Ski oder Mountainbike, der abseits des Weges für die Wildtiere überraschend Fluchtdistanzen unterschreitet. Wer könnte hier wirksam einschreiten? Die Polizei ist überfordert. Daher wird der Ruf nach Einrichtung „gewinnender Rangersysteme" lauter. Ehrenamtliche „Natur- oder Landschaftsschutzwarte", „Gebietsbetreuer", „Nationalparkdienste", „Wanderführer der Heimatverbände" u.a. sind nur Übergangslösungen. Es muß ein neuer Berufszweig entstehen, der sich im wesentlichen (sicher über 90 %) auf eine „gewinnende" Information und Naturschutzmotivation konzentriert, im Notfall aber auch Vollzugsaufgaben erfüllt und zumindest Personalien feststellen darf. Die Einbindung in ein öffentliches Funknetz zur Benachrichtigung von Hilfskräften und Rettungsdiensten erscheint unumgänglich.

Wie diese Schutzgebietsbetreuer heißen sollen, ist zweitrangig, sollte jedoch bundeseinheitlich geregelt werden und imageorientiert sein. Vielleicht setzt sich die Bezeichnung „Ranger" europaweit durch, weil dieser Name bei der Bevölkerung positiv besetzt ist und Vertrauen ausstrahlt. Diese Leute müssen bei den Touristen ankommen, an sympathischer Dienstkleidung erkennbar sein und durch Führungen, Informationsgespräche an Zielpunkten u. a. die Besucher für den Naturschutz gewinnen können. Aus vielen Beispielen ist mir bekannt, daß motivierte Waldbesucher gewisse Multiplikator- und Selbsterziehungsprozesse einleiten, die zu naturschutzkonformem Verhalten auch bei anderen führen. Auch für die ausgebildeten Schutzgebietsbetreuer selbst ist die Berufsbezeichnung wichtig und motivierend zugleich. Bei der Frage nach der Bezahlung wird sich zeigen, wie ernst wir es mit dem Naturschutz nehmen. Die Antwort bedarf gegenwärtig wohl noch einiger Phantasie, die nach dem Verursacherprinzip z. B. auch die beteiligt, die eine Aufsicht erforderlich werden lassen und schließlich den Nutzen haben. Dieses Denken kann über Eintrittsgelder, hohe Parkgebühren durchaus auch bis zu Abgaben der Gastronomie und des Fremdenverkehrsgewerbes reichen.

14.2 Entflechtung der Waldbesucher fördert die Natur und ihren Erholungswert

„Schlechte Angewohnheiten kann man nicht aus dem Fenster hinauswerfen. Man muß sie Stufe um Stufe über die Treppe geleiten."
Erich Maria Remarque (1898–1970)

Mit den angeregten Regelungen können nur die extremen Störquellen bekämpft werden. Der Wald steht weiterhin in den für die Erholung wichtigen Bereichen frei jedermann zur Verfügung. Da auch die Erholungsräume möglichst vielfältig und selbst durch störempfindliche Tierarten belebt sein sollten, muß überall eine Synthese zwischen Fremdenverkehr und Naturschutz angestrebt werden. Dafür sind je nach Art und Stärke der Besucherbelastung lenkende Maßnahmen vorzusehen. In vielen Fällen lassen sich durch unmerkliche, psychologisch durchdachte Vorkehrungen Lenkungs- und Entflechtungserfolge erzielen.

Verhaltensgrundlagen für eine Entflechtung

Wenn man Touristen nach psychologischen Gesichtspunkten lenken möchte, muß man ihr Verhalten beobachten und daraus entsprechende Reaktionen ableiten. Dazu können einige Anregungen gegeben werden:

Kurzzeittouristen

Zunehmende Anspannung im Arbeitsprozeß mit ihren physischen und psychischen Belastungen und die „Unwirtlichkeit" der Städte (Mitscherlich) erfordern als Ausgleich kurzfristige Erholung im Freien. Wegen ihrer besonderen Ansprüche an die Landschaft, an die Besitzer von Feld und Wald, an die Verwaltungen von Erholungsgebieten bedarf diese Kurzzeit- und Wochenenderholung vor allem planerischer Vorsorge. Probleme dabei sind: überlastete Straßen und Parkplätze, Lärm, Hektik, Streß, Wegwerf-Mentalität, Bewegung in relativ engen Bereichen, Spaziergänge kaum länger als 2 Stunden, Lagerflächen, insgesamt stärkere Flächenbeanspruchung, Bedarf an konzentrierten Verpflegungs- und Sanitärbereichen, Drang zu Attraktionsgebieten. Das alles führt häufig zu Zerstörungen, so daß leider nicht das erfüllt ist, was man sich zunächst unter Erholungsfunktion vorstellt. Eine Entflechtung ist kaum möglich, da diese nicht dem typischen Verhalten entspricht.

Langzeiterholung

Ein großer Teil des Reisepublikums hat im Urlaub ein ausgeprägtes Ruhebedürfnis und wünscht im besonderen Maße Erholung in der Stille einer harmonischen Landschaft. Dabei bevorzugen alle eine reiche, weitgehend intakte Natur (Wandern, Spiel, Bildung, Hobby, Anregung). Für die Langzeiterholung wird gewünscht: Ruhe, Muße, Abgeschiedenheit, geistige Zerstreuung, keine Straßen, Natur, Landschaftsabwechslung. Weitere Wanderwege und zielortorientiertes Wandern führen nur an beliebten Zielpunkten manchmal zu Massierungsproblemen.

Überregional gesehen überdecken sich meist Kurz- und Langzeiterholung, wobei Langzeiterholungsuchende sich oft durch Kurzzeiturlauber verdrängen lassen. Fremdenverkehrsmanager, die ungezielt jedem Gast „nachlaufen", also z. B. in Kurorten viele Attraktionseinrichtungen für Kurzzeittouristen schaffen, sind dann erstaunt, daß die Gästekategorie, von der sie im wesentlichen leben, nämlich die Langzeiterholungsuchenden, in andere Gebiete abwandern. Kurzweilinvestitionen ziehen Massenrummel an und gefährden den Erholungswert eines Gebietes. Als Folge der hohen Investitionen werden zur Begleichung des Unterhaltaufwandes z. B. die Kurbeiträge erhöht und damit wiederum die Gäste getroffen, die diese Entwicklung gar nicht wollen. Für die Landschaftsgestaltung und Bereicherung der Natur und damit für die Steigerung des Erholungswertes wird bisher wenig bis nichts ausgegeben, obwohl fast ausschließlich die Landschaft urlaubszielbestimmend ist. Planungsbehörden, Forstleute und Grundstückseigentümer müssen die Synthese „Fremdenverkehr-Naturschutz" meist allein finden.

Der „gregarische" Effekt („Herdentrieb")

Die Grundlage für diese Synthese bietet das unterschiedliche Verhalten der Touristen. Überall kann man feststellen, daß die Menschen auch in der Freizeit dem „Herdentrieb" unterliegen, dem „gregarischen Effekt": Etwa 85 bis 95 % der Bevölkerung (je nach Herkunft) neigen in der Kurz-Freizeit dazu, die Bereiche aufzusuchen, die auch andere frequentieren. Attraktionsbereiche ziehen besonders viele Kurzzeittouristen an und binden sie über längere Zeit. Am deutlichsten zeigen dies Freizeitparks, durch die sich Menschenmassen wälzen. Dieser Effekt bietet die Chance für örtliche Regelungen, die ein Nebeneinander von Fremdenverkehr und Naturschutz ermöglichen: Man stattet in bestimmten Gebieten besondere Attraktionsbereiche intensiv aus und beruhigt damit andere Zonen, man nutzt also die Sogwirkung von Massierungsräumen bewußt aus. Der Lenkungseffekt beginnt schon mit der gezielten Anlage eines Parkplatzes. Solange Parkplätze in der Nähe von Hochmooren existieren, werden diese mit Sicherheit zertrampelt. Eins von vielen wirksamen Lenkungsmomenten ist schon die Entfernung; Fußgänger haben nur einen begrenzten Radius. Anders ist dies schon bei Skilangläufern, die wesentlich größere Entfernungen überbrücken können. Noch weiter greifen die Reiter aus, deren Zahl bereits auf 2 Mio. geschätzt wird (davon ca. 500 000 organisiert). Allerdings sind nur 2 % der Waldbesucher Reiter.

Lenkungs- und Entflechtungsmodell einer Erholungslandschaft

Jede Erholungslandschaft ist auf dieser Basis in Form einer Zonierung gezielt entflechtbar. Je stärker der Fremdenverkehr entwickelt ist, desto wichtiger wird ein derartiges Konzept, aber je weniger ein Gebiet bisher berührt ist, desto besser! Massentourismus und Naturschutz sind in wichtigen Bereichen nicht vereinbar und möglichst weit entfernten Zonen zuzuordnen. Dazwischen liegt im Idealfall ein Pufferbereich, der zum massentouristischen Bereich hin noch eine „geförderte Erholungszone" darstellt und in der Nähe des Naturschutzbereiches bereits eine „ungestörte Naturzone" ergibt. Dieses Zonierungskonzept bietet gute Möglichkeiten, allen Interessen mit gezielten Investitionen angemessen zu dienen:

Zone I: Touristische „Rummelzone" mit Flächenerschließung

Großparkplätze, alle denkbaren Erholungsarten im massierten Bereich, intensive Ausstattung und Erschließung. Erholungsnutzung hat Vorrang. Die gesamte Fläche wird forstlich mit Schwerpunkt Erholung behandelt. Das kann im Einzelfall bis zu parkartiger Bewirtschaftung gehen. Diese Attraktionsbereiche sollen Massentouristenströme „ansaugen". Sie sollten etwa 5 % Flächenanteil keinesfalls überschreiten.

Zone II: „Spaziergängerzone" mit Linienerschließung

Als „Verdünnungszone" neben Zone I oder auch als Schwerpunkt innerhalb der Zone III oder ohne weiteren Bezug anschließend an einen größeren Parkplatz. Für den öffentlichen Fahrverkehr sonst nicht erschlossen. Die meisten Erholungsarten sind noch möglich, Camping und Zelten allerdings nicht mehr. Der Schwerpunkt liegt bei Erholungsnutzungen, die mit dem Namen dieser Zone vereinbar sind. Entscheidend für die forstliche Behandlung ist die Linienerschließung, d. h. nur die Wegeränder (Waldrandgestaltung, Einzelbäume, Gruppen, Freiflächen, Sichtsektoren, Ästhetik) werden für den Erholungsbetrieb gestaltet, da die Spaziergänger die Wege nicht verlassen (sollten). In der Fläche kann die normale Nutzung unverändert weitergehen. Die Wege sollten größtenteils als Rundwanderwege – bis maximal 2 Std. Dauer – mit Abkürzungsmöglichkeiten ausgelegt werden. Flächenanteil in einem überregionalen Erholungsgebiet bis maximal 25 %. Eine wichtige Lenkungsgrundlage ist die Zuordnung der Parkraumkapazität nur zu den Zonen I und II. In Verbindung mit Halte- oder Parkverboten an größeren Straßen und Forstwegeeinfahrten ergibt sich für die Zonierung ein wirksames Hilfskonzept. Einige früher unbedacht angelegte Parkplätze wird man schließen oder verlagern müssen. Um derartige unpopuläre Maßnahmen wird man in Einzelfällen nicht herumkommen.

Zone III: „Rucksackwandererzone" mit Punkterschließung

Entlegenere Gebiete zur weiteren „Abfilterung", z. B. als wenig begehbare Steilhänge oder Dickungen auch neben Zone I denkbar. Für öffentlichen Fahrverkehr gesperrt, bei Durchgangsstraßen keine Parkmöglichkeit. Nur noch Wandern wird gefördert, Reitwege vereinzelt, Erholungseinrichtungen sehr selten. Die Wanderer haben hier fast immer ein Ziel, und dort wollen sie sich länger aufhalten. Deshalb nur „Punkterschließung (= Zielpunkt)" für den Erholungsverkehr, unterwegs außer dezenter Beschilderung keine Investitionen für den Fremdenverkehr. Flächenanteil ca. 30 bis 50 %.

Zone IV: „Naturschutzzone" ohne Erholungserschließung

Die Schutzfunktion hat hier Vorrang. Badeverbot. Keine Erholungseinrichtungen. Nur durchgehende Fernwanderwege markiert. Allgemein kein Betretungsverbot, alle Maßnahmen unterlassen, die eine „Inbesitznahme" durch den Erholungsverkehr fördern. Diese Zone sollte auch in überregionalen Erholungsgebieten einen Flächenanteil von 20 % nicht unterschreiten. Hier sollte jede Maßnahme sehr behutsam bedacht werden, die eine Förderung des Erholungsverkehrs bedeuten könnte, z. B. Forstwegebau. Es ist schwer – wenn auch nicht unmöglich! –, einmal entstandenen „Erholungsdruck" wieder zu reduzieren. Mehr Touristen werden es sehr schnell, weniger sehr langsam.

Entscheidend ist die Wichtung „Fremdenverkehr und Naturschutz". Die Gefährdungssituation unserer Flora und Fauna verlangt Gleichrangigkeit der Ziele. Wenn wir ebensoviel für den Naturschutz wie für den Fremdenverkehr investieren, dann kommt nicht nur der Naturschutz einen großen Schritt vorwärts, sondern gewinnt auch der Erholungswert der Landschaft. Diese Rückkopplung ist für beide Ziele von großer Bedeutung. Im Prinzip können alle Formen der Erholungsnutzung diesen Zonen zugeordnet werden, z. B.: Grilleinrichtung mit Parkplatznähe zur Zone I und II; Schutzhütte hat mehr Lenkungs- als Schutzfunktion und gehört deshalb mehr zur Zone I oder II, in der Zone III allenfalls an den Wanderzielpunkt (Wanderer sind meist gut ausgerüstet und nehmen eine Schutzhütte kaum an!); Skiloipen gehören in die Zonen II und III, während Skipisten (Flächenbelastung) ausschließlich der Zone I vorbehalten bleiben; Trimmpfade gehören zur Zone II usw.

14.3 Anregungen zur kleinörtigen Lenkung von Waldbesuchern

„Wer seinen Willen durchsetzen will, muß leise sprechen."
Jean Giraudoux (1882–1944)

Der „Hauptstrom" der Erholungsuchenden läßt sich kleinörtig so lenken, daß auch in den stärker vom Tourismus heimgesuchten Bereichen wertvolle Naturschutzarbeit geleistet werden kann. Das gilt auch für innerörtliche Parkanlagen. Für kleinörtige Lenkungsüberlegungen muß man den „gregarischen Effekt" etwas genauer beobachten: Die meisten Menschen folgen unbewußt optischen Reizen. Der Weg stellt gewissermaßen eine optische Leitlinie dar, die kaum verlassen wird. Das kann zur Lenkung ohne Ver- und Gebot genutzt werden. Eine Lenkung findet z. B. an einer Wegegabelung statt. Sofern hier die Ausbauintensität eines der beiden Wege oder ein Schild nicht von sich aus schon lenken, können optische Reize unbewußt im Wortsinn in die Richtung ablenken, die aus Gründen des Naturschutzes gewünscht wird. Die folgenden Skizzen mögen den Gedankengang verdeutlichen; es handelt sich um Denkmodelle, die zum Weiterdenken anregen sollen.

Die Skala der Lenkungsmöglichkeiten ist groß und für jedes Gebiet individuell recht verschieden. Anregungen:

Licht- und Schatten- oder Farbwechsel

Schon ein Baumartenwechsel in Sichtnähe setzt einen optischen Reiz, z. B. Nadel- zu Laubbaum. Anziehend ist jeweils das Licht, also auch eine Blöße, während Schatten – z. B. dichte Randbestockung – eher abweisend wirkt.

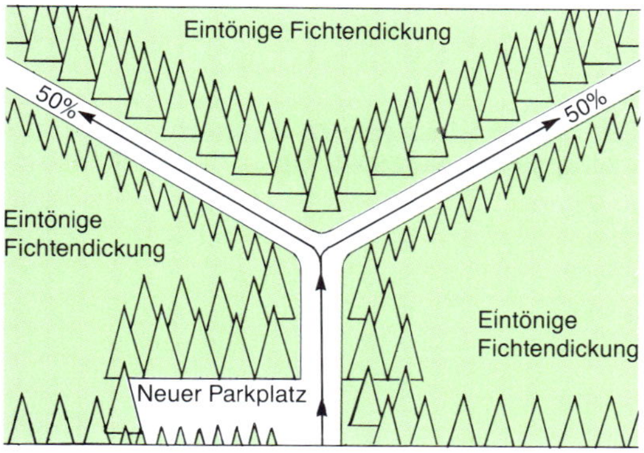

Abb. 117. Ausgangslage für Lenkungsbeispiele: Neuer Parkplatz – keine Beschilderung – keine bekannten Spazier- und Wanderziele.
Ergebnis: Bei Vernachlässigung des von „Kaufhauspsychologen" genutzten „Rechtsdralls" wird theoretisch davon ausgegangen, daß 50 % der Spaziergänger nach rechts und 50 % nach links gehen.

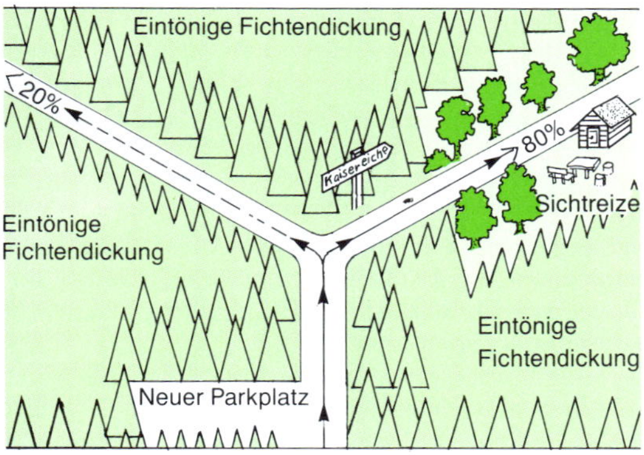

Abb. 118. Lenkung durch Sichtreize, d. h. Abwechslung in Sichtnähe der Abzweigung z. B. durch interessantes Schild, belebende Baumgruppe (Baumartenwechsel), kleine Blöße (Licht/Schatten), Sitzgruppe, Schutzhülle, Lehrpfad o. dgl.
Ergebnis: Mindestens 80 % der Besucher gehen nach rechts.

Attraktionsbereiche

Wasserfläche, Bach, Waldrand, Fernsicht, Sonnenplatz, Schutzhütte (ein uriger Schutzhüttenname auf Schildern lenkt auch), Grillplatz, Gedenkstein, Abwechslung im Relief, Hecke, Wechsel in der Flächennutzung, Wiese, Moor, Felsen, „zerfallende Baumleiche mit Namen"; von allen diesen Elementen geht ein optischer oder bei entsprechender Ausschilderung ein Neugiereffekt aus mit hoher Steuerungswirkung.

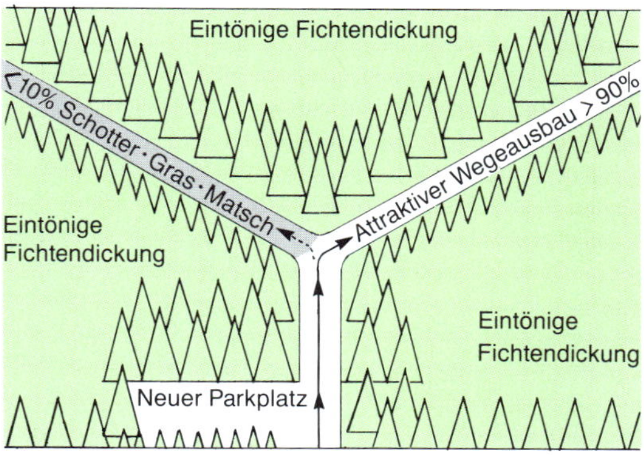

Abb. 119. Lenkung durch unterschiedliche Ausbauintensität beim Wegebau.
Fußfreundliche Feinabsiebung zieht an, auch die Farbe kann anziehen, z. B. „sympathische" rötlich-gelbe Farbe von Granit-Grus gegenüber „tristem" Grau von Diabas.
Saubere Decke – auch Asphalt und Beton – zieht an. Grober Schotter, Matschbereiche oder Vergrasung stoßen ab.
Ergebnis: Mindestens 90 % folgen der Wegeleitung nach rechts.

Abwehrende Steuerungsmaßnahmen

Naturschutz, Forst und Jagd haben ein Interesse daran, daß Ruhebereiche – z. B. Dickungen – nicht betreten werden. Wenn man z. B. breite Schneisen, Abteilungslinien oder Rückewege in einen Hauptwanderweg münden läßt, ist die anziehende Wirkung programmiert. Auch ein Hochsitz in Wegesnähe reizt natürlich. Es ist also unbedingt wichtig, derartige Reize zu verstecken. Die Schneisen werden im Kulturstadium ebenso wie Rückewege und Abteilungslinien zum Hauptwanderweg hin auf mindestens 10 m Breite vorübergehend zugepflanzt. Wenigstens bis zur ersten Holznutzung – d. h. etwa 40 Jahre – kann diese Kulisse erhalten bleiben, danach hat der Bestand die Ruhefunktion meist ohnehin verloren. Entsprechendes gilt für den Hochsitz, der oft in einem Bestandesrand so integriert werden kann, daß Spaziergänger ihn nicht sehen. Auch nachträglich lassen sich abweisende Dornengewächse, Wälle aus Schlagabraum und Baumkronen, Ringgräben, Sumpfpartien, Blendgatter (die nur ein versperrendes Gatter vortäuschen) usw. einbringen. Achtung: Wer mit einem dichten Zaun – z. B. mit einem Kulturgatter – einen Weg einfach versperrt, verfolgt eine Gewinner-Verlierer-Strategie und wird Protest ernten. Wer hingegen an dem zu versperrenden Weg ein Tor einbaut, verfolgt eine Gewinner-Gewinner-Strategie, wird Verständnis finden und den gleichen Effekt erzielen: Der Weg wird fast 100%ig gemieden.

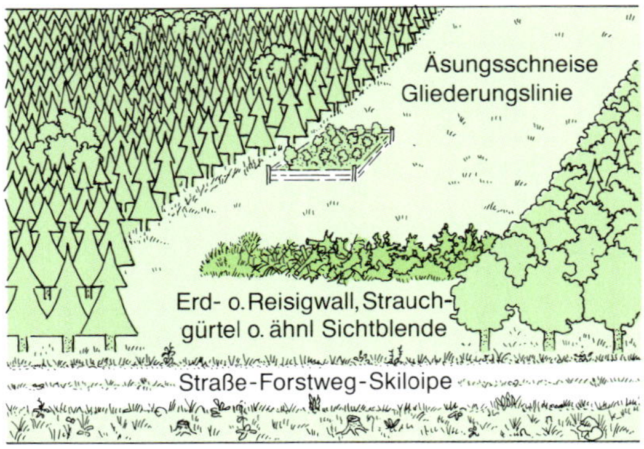

Abb. 120. Nachträglich eingebrachte Sichtblende mit versteckter Fahrmöglichkeit für Schlepper und Mähgerät. Sichtblende und Hindernis gegen Betreten als Erd- oder Reisigwall, Strauchgürtel (ggf. Zaunschutz), Baumkronen u. dgl. Ein bis zwei Hindernisse reichen meist aus. Sehr lange Schneisen (z. B. Leitungstrassen) lassen sich auf diese Weise untergliedern.

Wegebau

Nur selten wird bedacht, daß Wegebau Erholungsnutzung anziehen kann. Meist wird nur kurzfristig kalkuliert und damit vielleicht ein letztes Vorkommen irgendeiner seltenen Pflanzen- oder Tierart gefährdet. Jeder Weg ist ökologisch ein erheblicher Eingriff und kann langfristig Entwicklungen in Gang bringen, die schwer zu stoppen sind. Die forstlichen Lkw-Wege stellen die wichtigsten Wege für den Fremdenverkehr dar, dessen Negativwirkung z. B. bis zur Erhöhung der Schälschäden hinter den Randbäumen reichen kann. Im Bergland wird oft oberhalb der Wege eine Verminderung der Wuchsleistung der Bestände festgestellt, eine Folge der Beeinträchtigung des Wasserhaushaltes, die z. B. nicht in die Rentabilitätsberechnung eines Weges eingeht.

Viele Naturschutzgebiete in Deutschland haben ihren Wert weitgehend dadurch eingebüßt, daß Wege, Straßen, Parkplätze angelegt worden sind ohne Koordination zwischen den Zuständigen. Nur selten sind gute Nachrichten wie die vom Verein „Naturpark Nordeifel“ (1985), der sein beschildertes und auf Karten verzeichnetes Wanderwegenetz um fast 40 % kürzt, um wieder mehr Ruheräume zu schaffen. In Sumpf- und Moorgebieten ist die Anlage von Knüppelpfaden o. ä. übrigens sehr steuerungswirksam. Allerdings muß der Weg durchgehend angelegt sein. Sind die Schuhe erst einmal schmutzig, ist der Besucher wesentlich weniger lenkbar. Durch all diese „taktischen“ Lenkungsmaßnahmen können die Touristen natürlich nicht 100%ig gesteuert werden. Aber sind nicht 95 % auch schon ganz schön? Für die wenigen vorsätzlichen Störer in den Wildruhe- und Biotopschutzbereichen ist allerdings eine gesetzliche Handhabe erforderlich.

Begrenzter Naturschutz in einem Fremdenverkehrszentrum

Beobachtung und Kenntnis der Besuchergewohnheiten ermöglichen aktive Naturschutzmaßnahmen in einem Fremdenverkehrszentrum. Im Beispiel der Abbildung 121 haben wenige Überlegungen und ein Maschineneinsatz von wenigen Stunden zur Feuchtgebietsgestaltung ausgereicht, die Grundlagen für eine wesentlich bereicherte Flora und damit die biologische Basis für eine vielfältige Insekten- und Vogelfauna zu schaffen. Dort kann man an schönen Sommerabenden vor der Waldgaststätte sitzen und dem Froschkonzert lauschen. Ein Naturerlebnis, das übrigens mehr Menschen anspricht, als man zunächst glaubt.

Derartige Beispiele lassen sich auch auf innerstädtische Bereiche übertragen. Geschnittener Rasen lädt zum Betreten ein, aber auch ein Distelstreifen oder ein „Brennesseldschungel“? Muß ein Uferweg immer direkt am Ufer eines Baches oder eines Tümpels entlangführen? 10 m Abstand (wechselnd) werden durchaus akzeptiert und können hier und dort wieder eine ökologische Nische öffnen, die ein reicheres Leben begründet.

Lenkung an einem See

Wasserflächen haben das größte Attraktionspotential. Sie ziehen Erholungsuchende magnetisch an. Grundlage für eine sinnvolle Lenkung sind zwei wichtige Beobachtungen:

1. Ist der See nicht zu groß, versuchen viele Menschen, das Wasser direkt am Ufer – meist (sicher über 80 %) im Uhrzeigersinn – einmal zu umwandern. Unbeabsichtigt unterschreiten sie dabei ständig Fluchtdistanzen scheuer Vogelarten und zertreten die empfindliche Uferflora, Lebensgrundlage langer Nahrungsketten bis hin zur Vogelfauna.
2. Hauptlebensraum bei Wasserflächen ist der Uferbereich und dort ganz besonders der Stauwurzelbereich, d.h. der Zuflußbereich. Dort ist das Leben im und am Wasser besonders reich. Das wissen auch die Angler, die nicht ohne Grund gerade dort die größte Beute erhoffen und „ihren Wurm baden“.

Auf der Grundlage dieser Beobachtungen gelingt mit Hilfe abwehrender Maßnahmen eine Lenkung meist sehr gut. Besonders abwehrend wirken breite Ringgräben um den Schutzbereich, breite Sumpfpartien, Dornengebüsche, Weidendickichte, Schlagabraumwälle u. a. am Beginn des Schutzbereiches, während ein bequemer Weg oder Trampelpfad vom Ufer wegführt und erst am Ende des Schutzbereiches zum Ufer zurückführt. Auch die Angler werden – am besten vertraglich – aus die-

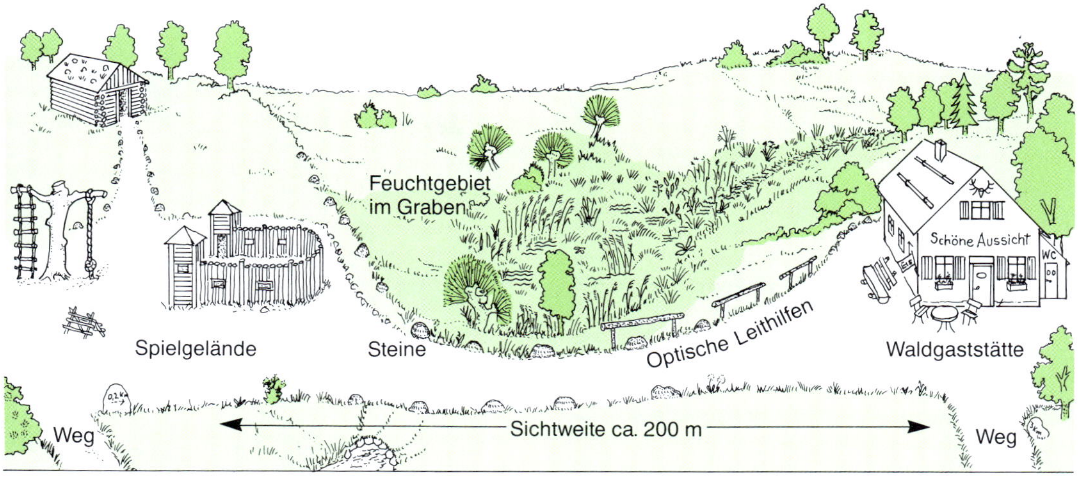

Abb. 121. Steuerung in einem Wanderzielgebiet mit Hilfe von Attraktionen.
Ergebnis: Auch bei über 500 Besuchern bleibt das nahgelegene Feuchtgebiet unbetreten, obwohl es bereits dicht neben dem Weg beginnt. Zwei in Sichtweite gelegene Attraktionsbereiche steuern die Touristen praktisch vollständig und ermöglichen dadurch unmittelbar daneben wertsteigernde Biotopgestaltungsmaßnahmen.

sen Schutzbereichen herausgehalten. Etwa 30 % der Wasserfläche sollte man „ruhigstellen" und der Natur überlassen, während andere Bereiche – z. B. Lager-, Picknick- und Schwimmzonen – je nach Seegröße ebenfalls gefördert werden können. Die Ruhezonen bereichern den Natur- und Erlebniswert der Wasserfläche nicht nur, sondern sie bestimmen ihn fast ganz (Abb. 122).

Die in den Schutzzonen meist „explodierende" Flora ergänzt die Wirkung der Lenkung. Das Bootfahren, Flößen u.a. sollte auf Wald-Naturseen möglichst unterbunden werden, da sonst die Wirkung der Steuerung am Ufer von der Wasserseite her eingeschränkt werden kann. Wenn es gar nicht anders geht, sollte man im Wasser gegen Bootfahrer oder Surfer Barrieren (Baumkronen, Bojenketten, Korkschnüre u.a.) vorsehen, die im Winter einzuholen sind. Bei mehreren Wasserflächen ist auch eine Funktionstrennung denkbar, bei der ein Teil bevorzugt dem Naturschutz und der andere Teil der Erholung dient.

Lenkung durch maschinell gespurte Loipen

Im Winter kann die durchdachte Anlage und Pflege von Loipen für den Skilanglauf Spannungen zwischen Forstwirtschaft, Fremdenverkehr, Wildtier- und Moorschutz abbauen helfen. In Loipenzentren des Schwarzwaldes haben sich die Besucherzahlen schon von 1974 bis 1984 in den bewußt als Konzentrationsbereiche angelegten Zentren ungefähr verdreifacht. Am Zentrum „Notschrei" stieg z. B. die Besucherzahl auf ca. 140 000 im Winter 1983/84 (Volk, 1984). Man hat dort die Erfahrung gemacht, daß das Angebot hervorragend gespurter Loipen die Läufer in der Spur hält. Auch im besonders stark frequentierten Oberharz hat man seit einigen Jahren mit einem gut präparierten Loipensystem allerbeste Steuerungserfolge erzielt.

Der Anteil der Querfeldeinläufer liegt deutlich unter 10 %. Volk (1988) hat festgestellt, daß die Läufer besonders im Start-Ziel-Bereich, ferner an

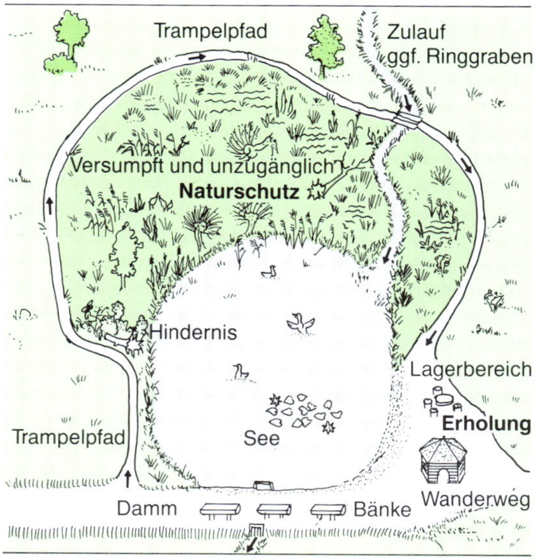

Abb. 122. Steuerung und Schwerpunktbildung für Naturschutz und Erholung an einem Badesee.

Nebenzugängen zur Loipe, an markanten Aussichtspunkten sowie zum Abkürzen der Streckenlänge in geeigneten Bereichen die gespurte Loipe verlassen und ins freie Gelände und damit in Ruheräume eindringen. Darauf muß man sich steuernd einstellen.

Die Maßnahmen müssen sich auch auf den Sommer ausdehnen, indem Schneisen, Rückelinien und dergleichen sinnvoll versperrt werden (Baumkronen, Hordengatterfelder usw.). Daneben ist verstärkte Öffentlichkeitsarbeit nötig. Zweckmäßig sind große Übersichtstafeln z. B. an Parkplätzen, die über die Wirkung von Störungen, die Empfindlichkeit vieler Tierarten und ihre Strategien zur winterlichen Energiesparung aufklären. In Loipenzentren erscheint allerdings zusätzlich eine wirksame Kontrolle unerläßlich.

14.4 Naturparke und Fremdenverkehrsregionen müssen umschalten

„Der Erfinder und Einführer des ersten Privilegiums ist gewiß ein Zwitterding zwischen Schurke und Dummkopf gewesen."
Johann Gottfried Seume (1763–1810)

Freizeitprognosen und Reaktionsziele

Der Freizeitmarkt boomt weiter. Arbeitnehmerhaushalte mit mittleren Einkommen gaben schon 1983 12,6 % ihres Einkommens für Freizeit aus. Die durchschnittliche Jahresarbeitszeit hat sich stark verringert. Im Jahr 2000 wird mit einer effektiven jährlichen Arbeitszeit von durchschnittlich rund 1512 Stunden gerechnet. Die Freizeit wird sich in verschiedener Weise erhöhen: die tägliche Freizeit durch verlängerten Feierabend, die wöchentliche durch weiter verlängertes Wochenende (4,5-Tage-Woche), die Jahresfreizeit durch längeren Urlaub und schließlich die Lebensfreizeit durch früheren Ruhestand. Daher muß heute schon die Sicherung der Freizeitqualität zum Gegenstand einer systematischen Freizeitpolitik gemacht werden.

Ein großer Teil der Bevölkerung klagt über Lärm und andere Fehlentwicklungen im Wohnbereich. Trotz einiger Ansätze zur Verbesserung (vgl. Kap. 9) wird auch in den nächsten Jahrzehnten die Mehrheit der Bewohner wegen der Unattraktivität der Städte in naturreiche Erholungsgebiete streben. Die Folgen tragen diejenigen, die in den Freizeitgebieten unter dem Ausflugs- und Urlaubsverkehr zu leiden haben, ohne davon zu profitieren. In Deutschland werden an jedem Wochenende bis zu 25 Mio. Ausflüge und Kurzreisen in die Naherholungsgebiete unternommen. Aus den Großstädten fahren im Durchschnitt 35 % aller Einwohner, an schönen Wochenenden sogar bis zu 70 % ins Grüne (über 80 % mit Pkw). Probleme vor allem für die Gebiete, in denen sich Kurz- und Langzeiterholung ungeordnet überschneiden, sind abzusehen. Die Urlauber werden hinsichtlich der Ursprünglichkeit der Zielorte und der natürlichen Vielfalt der Landschaft höhere Ansprüche stellen. Urlaubsziele, die das natürliche Erholungspotential zubetoniert haben, werden diese Sensibilisierung spüren. Dadurch entstehen neue Marktchancen für die heute noch weniger zerstörten Urlaubsregionen. Leider werden sie nicht alle aus den Fehlern ihrer Konkurrenten lernen. Die Tourismusindustrie gefährdet weiterhin ihre Basis durch Raubbau an touristisch nutzbarer Umwelt (ADAC, 1980).

Im Kampf gegen bodenfremdes Spekulantentum sind Naturschutz und Tourismus natürliche Verbündete. Die Landesverkehrsverbände mit ihren Fremdenverkehrsgemeinden müssen künftig gemeinsam mit den Naturschutzorganisationen handeln. Seit Jahren bekennt sich das Fremdenverkehrsgewerbe zu qualitativer Tourismusentwicklung, innerörtlich wie in der Landschaft. Man sagt, man wolle in erster Linie das Bestehende konsolidieren, die Qualität verbessern, in die Tiefe wachsen. Aber in Wahrheit gehen der Bauboom und die Expansion der Angebotskapazitäten ungebremst weiter (Fritz, 1985). Dem Naturschutz ist es seit der Naturschutzwelle der 50er Jahre kaum gelungen, in Naturparken naturnahe Kernzonen auszuweisen, konsequent zu erhalten und naturnahe Vorbildlandschaften für die Erholung zu gestalten. Das dringend erforderliche Bündnis „Fremdenverkehr und Naturschutz" hat die gesteckten Ziele zu beider Schaden nicht nur nicht erreicht, sondern meist überhaupt nicht in Angriff genommen. Der Naturschutz kommt nicht heraus aus der Defensive gegenüber den Fremdenverkehrsträgern und deren Lobby (u. a. Kommunalpolitiker). Mir ist noch kein nennenswertes Beispiel bekannt geworden, in dem ein Fremdenverkehrsträger irgendein Naturschutz- oder Landschaftsbelebungsprojekt durchgeführt hat zugunsten des Erholungswerts. Wohl kenne ich Beispiele, in denen Naturschutzidealisten mit mühsam zusammengekratzten Mitteln Feuchtbiotope gestaltet haben, die dann umgehend in die örtliche Fremdenverkehrswerbung aufgenommen worden sind.

Es gibt 67 Naturparke mit 15,6 % Anteil an der Gesamtfläche der Bundesrepublik. Umfang und Zahl stehen jedoch in krassem Mißverhältnis zu ihrem Wert, wenn man ihn danach bemißt, wie wirkungsvoll Reste ursprünglicher Natur geschützt werden. Ausnahmegenehmigungen für größere Projekte werden fast durchweg erteilt (Verkehrswege, Touristikeinrichtungen, Kraftwerke u. a.). Rund 50 % unserer Waldflächen liegen in Naturparken. Daraus wird zwar die Bedeutung des Waldes für die Naturparke sichtbar, nicht aber die der Naturparke für den Wald. Einseitige Abhängigkeit und einseitige Finanzierung sind erhalten geblieben. Die Erschließungs- und Möblierungswelle ist denn auch an den Folgekosten aufgelaufen, und es fehlen die Gelder für moderne Landschaftsbelebungs- und touristische Steuerungskonzepte. Nach dem Agrarbericht der Bundesregierung 1984 beliefen sich die Mehraufwendungen bzw. Mindererträge, die sich für die Forstwirtschaft zur Gewährleistung der Schutz- und Erholungsfunktion ergeben haben, schon für das Jahr 1981 auf 316 Mio. DM, das sind im Schnitt 42 DM pro Jahr und Hektar allein für die Erholungsfunktion. Doch verbessert hat sich eigentlich nichts.

Immer noch kümmert die Landschaftsplanung dahin: Die Mehrzahl der größeren Fremdenverkehrsgemeinden – mit mehr als 500 000 Übernachtungen im Jahr – hat keinen aktuellen Landschaftsplan. Zonierungskonzepte müssen gemeinsam und gleichrangig zwischen Fremdenverkehr und Naturschutz erarbeitet und realisiert werden. Die Wichtungen stellen sich damit heute zwangsläufig anders als noch vor 15 Jahren und müssen sich schwerpunktmäßig in Richtung Naturbelebung verschieben.

Belastungsgrenzen in der Natur erkennen und gegensteuern

Wenn ein Theater, Kino oder Fußballstadion ausverkauft ist, wird im Interesse aller niemand mehr hereingelassen; die nächsten Besucher haben schließlich auch einen Anspruch auf gepflegte Plätze, Sauberkeit, Sicherheit und Atmosphäre. Ganz anders in der Natur: Hier wird bisher noch so getan, als ob ein Erholungsgebiet grenzenlos belastbar wäre. Wenn in Spitzenzeiten die Parkplätze nicht ausreichen, dann werden eben neue gebaut oder das Parken auf Flächen geduldet, die sonst gesperrt sind. Dies kann nicht gutgehen! In überlasteten und gefährdeten Naturbereichen müssen Ordnungsmaßnahmen eingeleitet werden. Der Hebel ist am besten – neben einer intensiven Aufklärungsarbeit (Presse, Rundfunk, Fernsehen, öffentliche Hinweise) – beim Parkgeschehen anzusetzen. Gewisse Schwerpunkte für den Individualverkehr vollkommen zu sperren, kann auch dem örtlichen Fremdenverkehrsgewerbe nutzen, wie einige Nordseeinseln, das Zentrum der Lüneburger Heide, Ortschaften in der Schweiz und Fußgängerzonen beweisen. Eine Abstimmung der örtlichen Parkplatzkapazität auf die Belastbarkeit des Erholungszieles ist praktikabel, wenn sich Ordnungsbehörden darauf einstellen. Bis heute werden die Polizeidienststellen personell nach der Anzahl der ständigen Einwohner besetzt; in den meist weniger bewohnten Fremdenverkehrsgebieten ist die Polizei dann an Wochenenden und in den Ferienzeiten hoffnungslos unterbesetzt, während sie in den Großstädten (35 bis 70 % der Einwohner sind dann ausgeflogen), relative Ruhe hat. Die Polizei vieler Fremdenverkehrsgebiete kann sich in Spitzenzeiten oft kaum noch um die kleineren Verstöße (Parken in Verbotszonen, Verstellen von Forstwegeinfahrten, wildes Zelten, Grillen, Lagerfeuer, Verschmutzung der Landschaft, Schlägereien u. a.) kümmern. Sie ist damit ausgelastet, den Verkehr in Fluß zu halten.

Bei zunehmender Mobilität, wachsender Freizeit und vermehrtem Eindringen in letzte Naturgebiete ist konsequentes Gegensteuern in vielen Gebieten kaum noch zu umgehen. Auch über die Preisgestaltung läßt sich manches regulieren. Dies wird an Lift- und Seilbahnpreisen in überlasteten Skipistenbereichen deutlich. Sofern Gemeinden oder Fremdenverkehrsträger darauf Einfluß nehmen konnten und die Überlastung sowie die beginnende Verdrängung der Langzeitgäste erkannten, haben Abfahrtszentren die Tagesliftkarten deutlich verteuert und die Preise für Wochenkarten gesenkt. Das ist auch nicht unsozial, weil das Aufsteigen zu Fuß allemal gesünder ist. Solche Maßnahmen in Verbindung mit Begrenzung der Parkmöglichkeiten (praktiziert z. B. in Lech, Österreich) mildern touristische Überbelastungen. Allgemein gültige Belastbarkeitsgrenzen kann es natürlich nicht geben. Hier sind örtliche Fremdenverkehrsvertreter und Naturschutzspezialisten gemeinsam gefordert. Die standörtlich bedingte Belastungsgrenze von empfindlicheren Landschaftsteilen, z. B. flachgründige Bergkuppen mit mangelndem Bewuchs, wird oft erheblich früher erreicht als z. B. jene der stabileren Anmarschwege. Die folgenden Tageswerte sind grobe Orientierungsdaten:

- Wasserflächen: 1 Segelboot oder 10 Kanus (Ruder-, Tret- und Paddelboote) oder 10 Surfer je ha Wasserfläche. Bei kleineren Flächen keine Motorboote.
- Landschaft: Freie Landschaft – 10 Besucher/ha; Konzentrationsbereiche – 100 Besucher/ha; besondere Anziehungspunkte – 400 Besucher/ha; Waldrand 50 m tief – 50 bis 100 Besucher/ha; Liegewiese vor Waldrand – 200 bis 500 Besucher/ha; Liege- und Spielwiese – 50 Besucher/ha; Lagerplatz am Wasser – 300 bis 1000 Besucher/ha.
- Erschließungseinrichtungen: Picknickplatz – 150 m^2/Pkw; Parkplatz – 15 bis 20 m^2/Pkw (3 Personen/Pkw); Spazierweg – 50 Spaziergänger/km; Wanderweg – 10 Wanderer/km; Maximalerschließung in intensiver Erholungszone – 10 km Wege/km^2 = 100 m/ha.
- Campingplätze: Umsatzwirkung je Standplatz 5700 DM/Jahr; Belegung je Standplatz ca. 2,8 Personen mit 78 Übernachtungen.

Man bleibt tunlichst – stellenweise weit – unter den kritischen Werten, um den Ausbau der Fremdenverkehrsgebiete auf ein Optimum zu beschränken.

Steigerung des Naturpotentials in Naturparken

Wichtige Adressaten der Naturparke sind schon die Kinder, die Gäste von morgen. Die Identifikation mit einem Raum, die Entwicklung des Heimatgefühls setzt früh ein und hängt ganz wesentlich von den natürlichen Bausteinen der Natur ab, die zu Hause in den Großstädten weitgehend fehlen. Natur als sekundäre, technisch zugerichtete und verwaltete Kulisse kann nicht die Bedürfnisse des Menschen nach gefühlsansprechenden, ästhetischen, ja seelischen Reichtümern befriedigen. Es kommt zur Entfremdung des Menschen von der Natur; der Mensch wird sich selbst fremd und wird heimatlos, und „Heimatlosigkeit ist Sinnlosigkeit" (Rock, 1979). Es wird darauf ankommen, die Natur wieder in ihrem Eigenwert und in ihrer Förderlichkeit für den Menschen neu zu entdecken. Konrad Lorenz (1973) fragt: „Woher soll dem heranwachsenden Menschen Ehrfurcht vor irgendwas kommen, wenn alles, was er um sich herum sieht, Menschenwerk, und zwar sehr billiges und häßliches Menschenwerk ist!?" Auch wenn es vielen nicht mehr bewußt ist, gilt unverändert Hölderlins Feststellung: „Eins zu sein mit allem, was lebt, das ist der Himmel des Menschen!"

Insbesondere Stadtmenschen entwickeln ein starkes ästhetisches Verhältnis zur schwindenden Natur (Nohl, 1984). So ist denn auch Ökologie in den Naturparken kein Luxus für romantische Schwärmer, sondern langfristige Ökonomie für künftige Generationen. Auch in Naturparken ist kein Geld so gut angelegt, wie das, das für die Bereicherung der Natur ausgegeben wird. Dazu gehören u. a.

- Förderung oder Renaturierung naturnaher Fließgewässer (vgl. Kap. 6),
- Herstellung naturnaher Stillgewässerränder (vgl. Kap. 7),
- Gestaltung und biologische Belebung der Waldaußen- und innenränder (vgl. Kap. 12),
- Einbringung von Hecken, Kleingehölzen und Baumgruppen in großen monotonen Freiräumen (vgl. Kap. 11),
- Pflege und Erhaltung einer vielfältigen und naturnahen Wiesenflora (vgl. Kap. 11),
- Belebung der Straßenränder (vgl. Kap. 10),
- Förderung naturnaher innerstädtischer Grünanlagen (vgl. Kap. 9),
- aktive Beteiligung der Bevölkerung an Naturschutzaktionen und entsprechende ökologische Schulung (Rucksack-Schule im Naturpark),
- Fernhaltung des Kraftverkehrs von untergeordneten Straßen und Fahrwegen (Waldwandergaststätten dürfen nicht durch Individualverkehr erreichbar sein),
- Fernhaltung des Kraftverkehrs von Erholungsschwerpunkten wie Stränden, Badestellen, Gipfeln,
- Vermeidung überflüssiger Störquellen, die nur wenigen auf Kosten der Allgemeinheit dienen (z. B. Hubschrauberrundflüge oder Hubschrauber als Skiliftersatz),
- Vermeidung von Zersiedlung, vor allem am Stadtrand oder im Außenbereich.

Alle diese Dinge können nur gemeinsam durch Fremdenverkehrsträger und Naturschutzorganisationen realisiert werden. Das setzt auch großes finanzielles Engagement voraus. Zum Wortgebilde „Naturpark" ist nach heutigen Erkenntnissen zu sagen, daß der „Park" nur von der „Natur" leben kann. Eine Leitlinie bei der Finanzmittelaufteilung „50 % für Naturschutz – 50 % für Erholung" bietet sicher eine Fülle von Möglichkeiten. Die Forderung der führenden Ökologen nach 10 % Vorrangflächen für den Naturschutz sind auch in Naturparken konsequent zu erfüllen. Allerdings geben folgende Zahlen zu denken (Fritz, 1977):

- Über 50 % aller Naturschutzgebiete sind von Erholungsnutzung und Freizeitaktivitäten betroffen und beeinträchtigt.
- Über 75 % aller Naturschutzgebiete sind durch Parkplätze erschlossen, die entweder im Schutzgebiet selbst oder nur bis zu 500 m entfernt liegen.
- Durch Zerstörung der Ufervegetation, Wasserverschmutzung und Beunruhigung der Vogelfauna sind 78 % von 111 untersuchten Naturschutzgebieten mit Wasserflächen gestört.
- 57 % der direkt durch Parkplätze erschlossenen Naturschutzgebiete sind nachhaltig gestört. (Liegen die Parkplätze bis 500 m entfernt, sind es nur noch 30 %, und bei Abständen bis 1000 m sind es nur noch 23 %.)

Die Fremdenverkehrsregionen sollten darum wetteifern, die Natur so zu beleben, daß viele neue Naturreservate und auch förmlich ausgeschiedene Naturschutzgebiete entwickelt werden können. Darin liegt die Zukunft des Fremdenverkehrsgewerbes.

Eine sehr positive Entwicklung und konsequentere Denkrichtung kommt aus den neuen Bundesländern, die von „Naturparken neuer Prägung" oder „Biosphärenreservaten" sprechen, in denen sie dem Naturschutz in der Praxis einen deutlich höheren Stellenwert einräumen, als dies bisher in den alten Bundesländern gelungen ist. Es ist zu hoffen, daß diese Denkrichtung hinsichtlich der neuen, der Natur tatsächlich gleichwertig dienenden Naturzonen dazu beiträgt, Deutschland konsequent mit Großschutzgebieten zu versehen (von Nationalparken als „Keimzellen" der höchsten Schutzkategorie angefangen) und diese ökologisch angemessen so zu vernetzen, daß ein Anteil von 10 bis 20 % naturnaher Flächen unser Land möglichst bald (wieder) durchzieht: Eine unumgängliche Vision, die Wirklichkeit werden muß und allen dient, ganz besonders den Menschen!

Sport und Naturschutz – Kooperation statt Konfrontation

Sport ist eine wichtige Form der Gesundheitsvorsorge. Mit dem 30. Lebensjahr fällt die Leistungsfähigkeit allmählich ab. Pro Jahr beträgt die Abnahme dann 1 %. Das bezieht sich auf die maximale Sauerstoffaufnahme, das „Bruttokriterium" der Herz-Kreislauf-Versorgungstätigkeit (Völker, 1989). Herz-Kreislauf-Erkrankungen sind mit 51 % Todesursache Nr. 1. Das Infarktrisiko läßt sich senken, wenn zusätzlich pro Woche etwa 2000 bis 3000 kcal durch körperliche Aktivität verbraucht werden. Das muß nicht unbedingt durch Sport erfolgen. Schon Treppensteigen – jeden Tag mehr als 50 Stufen – verringert das Risiko. Etwas intensiveres Sporttraining – regelmäßig und ganzjährig betrieben – kann die Leistungsfähigkeit deutlich verbessern. Durch Ausdauertraining läßt sich die funktionelle Leistungsfähigkeit über Jahre erhalten und die natürliche Abbautendenz verlangsamen. So gesehen hat also Sport auch eine wichtige gesellschaftspolitische Funktion. Die Lebenserwartung ist bei uns nach 1945 um 5 bis 7 Jahre gestiegen. Bei wachsendem Gesundheitsbewußtsein und „greifendem" Umweltschutz wird sie weiter zunehmen. Schulärzte melden, daß rund 12 % der Schulanfänger Haltungsschäden und rund 5 % Übergewicht haben. Systematische Gesundheitsvorsorge und gezielter Abbau von Bewegungsmangel sind also höchst wünschenswert (Schmidt, 1991).

Nach Angaben der Bundesforschungsanstalt für Naturschutz und Landschaftsökologie stieg im alten Bundesgebiet allein zwischen 1976 und 1989 die Zahl

- der Surfer um 1 Mio.,
- der Mountainbike-Fahrer um 900 000,
- der organisierten Skisportler um 360 000 (insgesamt gibt es in der Bundesrepublik rund 10 Mio. Skiläufer),
- der vereinsgebundenen „Sport"-Fischer um 250 000,
- der „Camper" um 200 000 (auf ca. 2 Mio. mobile Wohnfahrzeuge),
- der organisierten Reiter um 170 000 (weit über 500 000 Pferde sind heute registriert),
- der in Clubs organisierten Golfer um 67 000 (allein im Berliner Umland wurden seit der Wende 60 Golfplätze beantragt),
- der Kanuten um 12 000 (auf heute fast 2 Mio. Wassersportler im gesamten Bundesgebiet),
- der Drachenflieger und Gleiter um 10 000.

Rückläufig scheint nur die Benutzung der rund 2500 Trimm-Dich-Pfade zu sein, die wegen ihrer Risiken umstritten und inzwischen von neuen Formen der Gymnastik – z. B. Aerobic, Stretching, Body-Building – abgelöst worden sind (Schmidt, 1991). Rund 25 Mio. Mitglieder zählen die ca. 81 000 Sportvereine unter dem Dach des Deutschen Sportbundes (DSB), des weltgrößten Sportverbandes (Focus, 1994). Dazu gesellen sich die etwa 15 Mio. Nichtorganisierten, die nicht über ihre Verbände zu naturschutzgerechtem Verhalten angehalten werden können. Mehr als die Hälfte aller Bundesbürger übt damit in der Freizeit irgendeine Sportart aus (Schmidt, 1991). Regional verursacht dies besonders in den dichtbesiedelten Räumen (z. B. Ruhrgebiet mit 1171 Einwohnern pro km^2) oder in den touristischen Zielgebieten erhebliche Probleme. Der Landschaftsgebrauch durch den Sport muß seine Grenzen dort finden, wo die Interessen der Natur geschädigt werden.

Viele Sportverbände haben inzwischen die Gefahren für die Natur, für den Sport und für die Landschaftsqualität erkannt und versuchen, den Wert von Natur und Umwelt wie den Wert des Sportes herauszustellen. Das ist in Verbindung mit der „Gewinner-Gewinner-Strategie" (vgl. Kap. 5.4.3) der wichtigste gemeinsame Ansatz für die Sport- wie für die Naturschutzorganisationen. Nur so kann es gelingen, empfindliche Gewässer, Teilräume von Seen oder Flußläufen zeitweilig oder ganz von jeglicher Sportnutzung zu verschonen oder Steuerungskonzepte für den Skilanglauf in empfindlichen Naturschutzgebieten zu realisieren. Aufgeklärte Sportler, die möglichst schon als Kinder in Vereinen auf umweltgerechtes Sportlerverhalten, auf Rücksicht auf die Natur genauso getrimmt werden wie auf die eigentliche Sportart, könnten Millionen Verbündete für die Naturschutzbewegung sein. Dies gilt nicht nur in der freien Landschaft der Wohngebietsumgebung, sondern auch in Zielgebieten des Fremdenverkehrs. Ein aufgeklärter Sportler, der die Natur als Umgebung für seinen Sport braucht, erkennt die Aussage von Jonas (1987) als eigene Maxime an: „Die Natur besitzt eine Eigenwürde, der wir zur Treue verpflichtet sind."

Wer könnte besser als der Sportverband selbst die dafür erforderliche und angemessene Selbstbeschränkung – und Selbstkontrolle – in der Natur durchsetzen? Die Gefährdungslage unserer Natur erfordert regionale Strategien, örtliche Aktionen und immer wieder Aufklärung. Ohne Zusammenarbeit muß der Erfolg Flickwerk bleiben. Auch das strengste Gesetz und die bestgemeinte Anordnung der Verwaltung können die Effizienz dieser Kooperation nicht ersetzen. Die ökologische Handbremse (Meinberg, 1991) muß gemeinsam gezogen werden. Gemeinsam müssen nicht nur Verwaltungen, sondern gerade auch Dachorganisationen des Naturschutzes, der Sportverbände, des Fremdenverkehrs usw. abwägen, wie umwelt- und naturschutzverträglich die einzelnen Sportarten sind, ob und wie man sie kanalisieren kann oder wo man sie bremsen muß. Dies gilt z. B. für den sehr aggressiven Moto-Cross-Sport mit erheblichen Zerstörungs-, Lärm- und Abgasbelastungen, für das Fahren mit Power-Boats, das Fliegen mit Ultra-Leicht-Flugzeugen, den Modellflugsport, das Freeclimbing an Felswänden, das Wildwasser-Fahren auf unberührt gebliebenen Gebirgswässern, das Drachenfliegen in Vogelschutzbereichen, das Gras-Ski-Fahren, das Querfeldeinfahren mit Mountainbikes. Zu überwachen ist das Einhalten befristeter oder räumlich begrenzter Sperrungen für Angler, Surfer, Bootfahrer usw. Es gibt sehr viel gemeinsam zu tun. Viele Verbände haben bereits Verhaltensgrundsätze entwickelt, die zu weiteren Aktionen ermutigen, wie z. B.

- die 20 Goldenen Regeln für das Verhalten von Wassersportlern in der Natur,
- der Skiplan 2.000 des Deutschen Skiverbandes,
- die Selbstbeschränkung von Skivereinen durch die Herausgabe von Tageskarten und den Abbau von mechanischen Aufstiegshilfen, um stark belastete Skigebiete zu schonen,
- die Herausgabe eines Reitpasses nach dem Erwerb besonderer ökologischer Erkenntnisse, oder
- die Broschüre „Natur- und Gewässerschutz" des Deutschen Kanuverbandes (Schmidt, 1991).

Das Fahrrad auf der touristischen Karriereleiter

Die Karriereleiter des Fahrrades ist noch sehr lang, nicht nur in der Großstadt, sondern ganz besonders auch in touristischen Zielorten. Dies wird deutlich an einigen Zahlen, deren Mißverhältnis erhebliche potentielle Entwicklungsmöglichkeiten erkennen läßt:

- Mit ca. 50 Mio. Fahrrädern in der Bundesrepublik übertrifft der Drahteselbestand die Zahl der Autos bei weitem.
- Der Umsatz im Fahrradsektor erreicht mit über 2 Mrd. DM noch nicht einmal 1 % der Automobilbranche.
- Die Umweltbelastungen durch den Autoverkehr (Lärm, Luft- und Wasserverschmutzung) kosten uns weit über 100 Mrd. DM pro Jahr (vergl. Kap. 2).
- Es gibt bereits Städte, in denen fast jeder zweite Verkehrsteilnehmer mit dem Fahrrad unterwegs ist. Fremdenverkehrsorte sollten das fördern, die Gäste werden es honorieren.
- Die körperliche Leistungsfähigkeit kann stark gesteigert werden, wenn regelmäßig in der Größenordnung von 30 bis 40 Minuten 4- bis 5mal pro Woche mit einer gewissen Mindestbelastung geradelt wird (Völker, 1989).
- Im Nah- und Stadtverkehr bis 5 km kann das Fahrrad durchaus mit anderen Verkehrsmitteln konkurrieren. Ideal ist das Fahrrad als Zubringer im öffentlichen Personennahverkehr. Der Fahrradverkehrsanteil betrug 10,4 % im Jahr 1985. Er läßt sich im Bundesdurchschnitt auf 20 bis 40 % erhöhen (Brög, 1985), denn die Hälfte aller zurückgelegten Strecken liegt in einem Nahbereich bis zu 3 km, also in typischer Fahrradentfernung (Hülsmann, 1989). Das Fahrrad als gesundes und umweltschonendes, die Wohnqualität in den Städten förderndes und damit auch die Attraktion der Fremdenverkehrsorte erheblich steigerndes Fortbewegungsmittel sollte im „Umwelt-Verbund" gefördert werden durch: mustergültige Radwegenetze; fahrradfreundliche Ampelkreuzungen; Privilegierungen der Radfahrer durch Befahrbarkeit von Teilbereichen der Fußgängerzonen oder von Einbahnstraßen in beiden Richtungen; Bereitstellung von Leihrädern an Bahnhöfen, in Urlaubsorten, in Hotels; Anlage gesicherter und überdachter Stellplätze; Bau von Fahrradparkhäusern; Park- und Halteverbotszonen auch für Fahrräder zur Vorbeugung gegen Imageverluste; Organisation des öffentlichen Personenverkehrs mit dem Fahrrad als idealen Zubringer; Verstärkung der Werbung und Einbeziehung der Vorbildfunktion stadtbekannter Persönlichkeiten für die Fahrradbenutzung; Anhebung der Fahrradpauschale im Berufsverkehr; Angebot von Rundrouten mit Hinweisen für Übernachtungen, Gastronomie, Fahrradservice, Kultur- und Freizeitangeboten sowie günstigsten Verkehrsverbindungen mit Bahn und Fahrrad; Verteuerung des Parkens für Autos im Innenstadtbereich; Einrichtung von fahrradspezifischen Leitsystemen (Ausschilderung); Förderung von Anhängerlösungen für die Mitnahme von Fahrrädern in Bussen; Förderung von Umwelt-Verbundkarten (Umwelt-Abonnement) z. B. durch kostenlose Aufbewahrung der Fahrräder an der Einstieghaltestelle oder durch Tarifstaffelungen für Berufspendler einschließlich Mietrad am Zielort usw.

Wir opfern dem schädlichem Diktat des übertriebenen individuellen Kraftfahrzeugverkehrs Wohn- und Lebensqualität. Mit dem Fahrrad können wir ein wenig davon zurückgewinnen. Die Bevölkerung – und ganz besonders auch der Kraftfahrer – wird zunehmend in der Freizeit im engeren Lebensbereich und im Erholungsgebiet Ruhe, saubere Luft und sauberes Wasser einfordern und honorieren. Einwohner und Besucher von Zielgebieten des Fremdenverkehrs empfinden bereits heute schon den Verkehrslärm – ganz besonders den von frisierten Motorrädern – als enteignungsgleiche Eingriffe in die Lebensqualität, als Ruhe-Diebstahl. Das Fahrrad wird in dieser Entwicklung zunehmend an Bedeutung gewinnen.

Leider wird auch das Fahrrad oft mißbraucht zum Querfeldeinfahren in Naturgebieten. Mountainbikefahrer beeinträchtigen stellenweise Flora und Fauna in einer Weise, die im Interesse der Allgemeinheit nicht mehr hinnehmbar ist. Die Unvernunft einzelner fordert früher oder später Reglementierungen. Wenn Hochmoore, artenreiche Bergwiesen oder Trockenrasen, Brutbereiche hochgradig gefährdeter Vogelarten u. a. über Stock und Stein befahren werden, dann wird man einschreiten müssen – natürlich auch dann, wenn Gefährdungen oder rüpelhaftes Verhalten gegenüber Fußgängern überhandnehmen. Notfalls wird man, wie z. B. in Österreich, das Befahren von Wald- und Forstwegen mit Mountainbikes generell verbieten (FAZ, Nr. 112, 1992). Sicherlich ist es im Interesse des Naturschutzes und zur Vermeidung eines übertriebenen Schilderwaldes angemessen, das Radfahren generell in der freien Landschaft abseits von Wegen als Ordnungswidrigkeit zu ahnden. Eine über die Schäden des Querfeldeinfahrens informierte Öffentlichkeit wird dies selbst fordern. Die Durchsetzung stößt allerdings an Grenzen, weil sich gerade die wenigen Uneinsichtigen der Kontrolle entziehen. Abhilfe könnte bei allem Fehlverhalten wohl nur die Einführung von Nummernschildern bieten, die Selbstdisziplinierung bewirken und das Problem der Verursacherhaftung lösen helfen würde. Wie wäre es mit einer im Fahrradhandel jährlich zu kaufenden Versicherungsnummer, die den Ordnungsbehörden eine Identifikation ermöglicht? Ich glaube, daß ein praktikables Nummernschildsystem den Ordnungsbehörden weitere Reglementierungen (z. B. Sperrung von Fußgängerzonen oder Forstwegen) ersparen und das Fahrrad fördern würde.

14.5 Sanfter Tourismus – mehr als ein sahniges Schlagwort?

„Touristen sind wie Heuschrecken,
sie fressen alles kahl und ziehen weiter.“
Berner Überseemuseum

Der Tourismus ist weltweit mit einem Umsatz von jährlich 5000 Mrd. Dollar (alte Bundesländer 1988 rund 240 Mrd. DM, 1995 werden 300 Mrd. DM erwartet) und 130 Mio. Beschäftigten zum größten Industrieunterzweig der Erde geworden. Auch die deutsche Hotellerie und Gastronomie ist mit ihren rund 220 000 Betrieben, 1 Mio. Beschäftigten und über 80 Mrd. DM Umsatz (1991) ein bedeutender Leistungsträger des Tourismus. Die negativen Auswirkungen des Massentourismus der letzten Jahrzehnte für die Kultur, den Lebens- und Sozialalltag und die natürliche Umwelt in den betroffenen Regionen sind nicht mehr zu übersehen. Dabei ist für immer mehr Reisende eine intakte Umwelt das wichtigste Kriterium bei der Auswahl des Reisezieles. So meinen 84 % der deutschen Reisenden, daß man Urlaubsgebiete meiden sollte, in denen die Umwelt durch Verkehr, Abwasser, Abfälle, Waldsterben, verschmutzte Strände, verbaute Landschaften stark belastet sind. Aber auch Bewohner und Verantwortliche der Tourismusregionen selbst werden zunehmend sensibel für die kulturellen, sozialen und ökologischen Schäden des Tourismus (Akademie für Jugend und Beruf, Hattingen, 1992).

Grün ist modern geworden in der Tourismusbranche. Kein Prospekt, kein Kurdirektor-Statement mehr ohne Bekenntnis zum sanften Tourismus, zur Ökologie. Alle machen mit bei diesem werbewirksamen, sympathischen Slogan, den wahrscheinlich die meisten Verantwortlichen gar nicht verstehen, also auch gar nicht umsetzen können. Wenn inzwischen kommerzielle Reiseanbieter unter dem Stichwort „sanfter Tourismus“ zum Sturm auf die letzten noch nicht erschlossenen Feriengebiete blasen, dann verkehrt sich eine gute Idee ins Gegenteil (Mensendiek, 1992). Der angebliche „Ökotourismus“ der Abenteuer- und Entdeckungsreisen ist längst ausgeufert und inzwischen teilweise schon als schlimme Perversion zu bezeichnen.

Gehört der einsam und ruhig am Wasser sitzende, seinen Wurm badende Angler zum „sanften“ und die jodelnde Keglerkameradschaft auf der 150 m entfernt am See vorbeiführenden Forststraße zum „harten“ Tourismus? Und wie steht es mit dem Naturfreund, der an einem schönen Wintertag abseits des Massentrubels seine eigene Skispur zieht und sich über die Heerschar der Skitouristen erhebt, die zu Hunderten auf der maschinell gespurten Loipe bleiben? Nein, mit dem sahnigen Schlagwort allein ist es nicht getan, denn im Hinblick auf die Störeffekte gegenüber bedrohten Tierarten in sensiblen Phasen ist in der Regel gerade die erste, „sanft“ scheinende Variante wesentlich negativer zu beurteilen. Auch „sanfte“ Naturfreunde mit botanischer oder ornithologischer Vorbildung, die in ihrer Freizeit auf der Suche nach lohnenden Motiven das orchideenreiche Halbtrockenrasengebiet durchqueren oder zur Erlangung von Brutnachweisen Fluchtdistanzen hochgradig gefährdeter Vogelarten unterschreiten, können durchaus „hart“ stören! Ohne einen klaren Definitionskatalog, an den sich die Tourismusbranche halten muß, erscheint eine „Gewinner-Gewinner-Lösung“ noch weit entfernt.

Zschocke (1992) definiert den „sanften Tourismus“ als umwelt- und sozialverträglichen Tourismus. Den „umweltschonenden“ Teil bezieht er einerseits auf die Natur, also auf die Erhaltung der Pflanzen und Tiere, und andererseits auch auf die Erhaltung der Zeugen der Kultur, also auf die

Denkmäler. Der „sozialverträgliche“ Teil betrifft einerseits die Erhaltung der Identität der Bewohner der Reisezielländer und andererseits die Reisenden selbst. Damit kommen wir der unbedingt anzustrebenden Denkrichtung schon viel näher, nur das Wort „sanft“ gibt dafür eigentlich wenig her und ist leicht zu mißbrauchen. Das können wir uns nicht mehr leisten. Es gilt, sagt Zschocke (1992), „zu überlegen, wie all die richtigen Gedanken in die Praxis umgesetzt werden können“. Bei seinen Untersuchungen war zwar die Mehrzahl bereit, „Einheimische zu respektieren“ und „Umwelt zu schonen“, aber auf Komfort oder Auto wollte höchstens jeder zweite verzichten. „Es besteht eben“, gesteht er freimütig, „eine große Diskrepanz dazwischen, sich umweltbewußt hinzustellen oder danach zu handeln. So bleibt nur die Hoffnung, daß in Zukunft das umweltschonende Verhalten in der Allgemeinheit einen derart positiven Stellenwert erhält und das sorglos schädigende Verhalten so negativ angesehen wird, daß daraus die – egoistische – Bereitschaft erwächst, auf der positiv angesehenen Seite des Handelns zu stehen.“

Die Tourismusbranche wird übergeordnete und durchaus nicht zimperliche Leitlinien entwickeln müssen, die dann auf Orts- oder Regionalebene umgesetzt werden können. Muß es nicht nachdenklich stimmen, wenn Schweizer Tourismusfachleute feststellen, daß ein Zweitwohnungsbett fünfmal so viel Fläche wie ein Hotelbett verbraucht, aber dreimal häufiger ungenutzt bleibt (Schmidt, 1991)? Nach Job (1991) beträgt der durchschnittliche Landverbrauch in der Bundesrepublik für jeden Camper 50 m², für jeden Hotelgast 30 m² und für jede Ferienwohnung 360 m².

Ein besseres Schlagwort als „sanft“ wäre hilfreich, wenn es die Branche selbst mehr binden könnte. Vielleicht lädt das Wortspiel „Rökoko-Tourismus“ oder englisch „recoco-tourism“ zu weiteren Überlegungen an, ein solches zu finden? (R = Rücksicht, Respekt, Reservierung; Öko = Ökosystem, ökologisch verträglich; Ko = Kooperation, Zusammenarbeit und Einvernehmen mit der Ökologiebewegung. Die englische Fassung ist sinngemäß vollständig kompatibel.)

Ein kleines Beispiel dafür, was der Naturschutz von Fremdenverkehrsorganisationen eigentlich erwarten kann:

Ausgangslage: Touristisch überlastetes Fremdenverkehrszielgebiet mit rund 1000 km² Fläche, rund 25 Mio. Kurzbesuchern pro Jahr und rund 10 Mio. Gästeübernachtungen, nach rund 15 Jahren Dauer schwieriger Organisation bei „wilden Plätzen“ endlich geordnetes Campingwesen auf rund 20 großen Campingplätzen. Inzwischen immer weiter ausufernde, die Campingregelung unterlaufende Wohnmobilnutzung der Parkplätze, Forstwegeeinfahrten usw. außerhalb jeglicher Steuerungskonzeption.

Problem: Der behördliche Naturschutz schafft es nicht, die dringend erforderliche Konzentration der Wohnmobilfahrzeuge für die Übernachtung auf Campingplätze als Sonderregelung durchzusetzen, weil das einmalige Übernachten auf Parkplätzen nach StVO zugelassen ist. Interessenvertretungen verhindern eine angemessene Regelung, nächtliche Störungen in eigentlichen Ruhegebieten sind ebensowenig zu verhindern wie das illegale Ausleeren von chemischen Toiletten im nahen Naturbach. Nachts ist keine Kontrolle möglich.

Lösung: So herrlich der Genuß einer Landschaft und einer Region mit dem Wohnmobil auch ist und so gut man diese Tourismusform in wenig genutzten Gebieten auch begründen kann, in „überfluteten“ touristischen Zielgebieten muß sie ihre Grenze finden. Dort ist sie eindeutig eine Form des „harten“ Tourismus, der zurückgeschraubt und kanalisiert werden muß. Warum lassen die Fremdenverkehrsorganisationen den Naturschutz bisher bei derartigen Problemen allein? Nur mit Hilfe dieser Interessenvertretungen – und erst dann kann es eine „Gewinner-Gewinner-Strategie“ werden – ist es möglich, das Parken von Wohnmobilen in belasteten Gebieten von 22.00 bis 6.00 Uhr auf allen Parkplätzen und Forstwegeeinfahrten zu unterbinden und die Fahrer auf die ausreichend zur Verfügung stehenden Campingplätze zu verweisen.

Nur eine von Fremdenverkehr und Naturschutz (bzw. Forstverwaltung) gemeinsam entwickelte Lösung im Sinne des zu definierenden „sanften“ Tourismus ist tragfähig. Tourismuspolitik ist auch Strukturpolitik, die über Ökologie und Ökonomie mit dem Postulat der Nachhaltigkeit verbunden werden muß, also eine positive Zukunftsperspektive bietet. Eine Studie prognostiziert, daß nach dem Jahr 2000 etwa ein Drittel der Bevölkerung ständig irgendwo auf Kurzurlaub oder Wochenendfahrten unterwegs ist. Es läßt sich denken, was das bedeutet: Überfüllte Straßen, Städte, Staus, Umweltbelastung in den touristischen Zielgebieten. Darauf müssen wir uns heute einstellen. Die Balance zwischen Ökonomie, Ökologie und Daseinsvorsorge für die Bevölkerung muß gerade im touristischen Sektor heute gesucht werden. Der „sanfte“ Tourismus ist dazu eine gute Idee, aber mehr auch noch nicht. Schon Krippendorf (1980) hatte für den Tourismustrend bis zum Jahr 2000 vorhergesagt, daß der künftige Tourist „das Authentische suchen und den Weg zurück zur Natur mit immer größerer Befriedigung beschreiten wird“. Seit den 70er Jahren hat denn auch ein beträchtlicher Wertewandel stattgefunden: Beinahe die Hälfte der bundesdeutschen Reisenden wäre bereit, während der Urlaubsreise auf ihren gewohnten Lebensstil zu verzichten, sich anzupassen und sich einzuschränken. Zwei Drittel

würden auf ein Auto verzichten, wenn der Öffentliche Personennahverkehr zum und im Urlaubsgebiet besser ausgebaut wäre.
- Mehr als 90 % meinen, man solle die Natur und überhaupt die Umwelt im Urlaubsgebiet möglichst schonen, selbst wenn es die Einheimischen nicht tun.
- Über drei Viertel haben ein hohes Problembewußtsein und wissen, daß der Tourismus Belastungen von Natur, Umwelt und Kultur bringt.

Dieses Umdenken wird auch durch die Ergebnisse der Reiseanalyse (1990) unterstrichen, nach der 57 % (alte Bundesländer) bzw. 65,5 % (neue Bundesländer) der Befragten das „Naturerlebnis" als wesentlichstes Ziel des Urlaubs angeben. „Reine Luft, sauberes Wasser, aus der verschmutzten Umwelt herauskommen", „Unberührte Natur", „Ursprüngliche Landschaften", „Noch Wege finden, die nicht zugepflastert sind", „Tiere im natürlichen Lebensraum beobachten" usw. sind häufig genannte Motive (Schemel, Scharpf, Harfst, 1987, nach Kreisel, 1992). Rund 50 % der Urlauber achten heute auf Umweltprobleme im Urlaubsgebiet (1985 waren es erst 22 %). Der Trend wendet sich gegen das Auto und hin zu umwelt- und sozialverträglichem Tourismus. Der Freizeitwert eines Raumes, also der Natur- und Kulturlandschaft, wird ein immer wichtigerer Standortfaktor für den Tourismus. Eine Einschränkung von ökologisch oder kulturell wertvollen Arealen wäre demnach eine Gefahr für die Fremdenverkehrsgebiete. Die Erhaltung von Freizeitpotentialen ist also zur Selbsterhaltung des Fremdenverkehrs als Wirtschaftszweig unbedingt notwendig. Die Schönheit, das Charakteristische und die Unversehrtheit einer Landschaft ist demnach ein Kapital für den Tourismus. Er darf es unter keinen Umständen verschleudern. Die sensibler gewordenen Urlauber würden dies bald merken und wegbleiben. Damit wird der Fremdenverkehr gezwungen, bestimmte landschaftliche Areale aus der touristischen Nutzung auszusparen. Sie dienen damit auch den Interessen des Landschafts- und Naturschutzes (Kreisel, 1992).

Fremdenverkehr und Landschaft, Tourismus und Natur- und Kulturlandschaftsschutz stellen eine Einheit dar. Die Umsetzung dieser Erkenntnisse kommt freilich nur zögernd voran. Naturparke und Nationalparke sollten Ebenen bilden, auf denen sich die lokale Zusammenarbeit zwischen Fremdenverkehrsorganisationen und Naturschutzverbänden wie behördlichem Naturschutz und Forstverwaltung entwickeln kann mit höchstem Nettogewinn für die Ökologie einer Region. In der Schweiz haben es bereits 9 Tourismusorte gemeinschaftlich geschafft, in ihren Orten einen totalen Verzicht auf individuellen Pkw-Verkehr und größtmöglichen Verzicht auf Verbrennungsmotoren (mit definierten Ausnahmen) durchzusetzen (Kreisel, 1992). Nachfrage und Konkurrenz werden derartige Entwicklungen im Sinne der Grundidee des „sanften Tourismus" weiter fördern. Ein streng limitiertes offizielles und seriöses Gütesiegel, das in der Öffentlichkeit bekannt und akzeptiert ist, könnte weitere Impulse geben. Die „Blaue Europa Flagge" oder das „DNR-Gütesiegel" (Deutscher Naturschutzring) oder der „Grüne Koffer" sind richtige Schritte in die richtige Richtung.

Auch über finanzielle Ausgleichsmechanismen wird man in touristischen „Überflutungsgebieten" nachdenken müssen, wenn die örtlichen Ordnungshüter aus personellen und finanziellen Gründen nicht mehr wissen, wie sie Herr der Lage bleiben sollen im Interesse sowohl des Naturschutzes als auch des Fremdenverkehrs. Ein als „Öko-Obulus" deklariertes Eintrittsgeld oder über Parkgebühren erhobene Unkostenbeiträge sollten kein Tabu bleiben (Job, 1992). Die Gebühren müssen unmittelbar in die Finanzierung der Ordnungs- und Informationsdienste („Ranger-Systeme" u. a.) sowie in Renaturierungs- oder andere Naturschutzprojekte einfließen.

In Kapitel 4 wurde dargestellt, daß der Mensch genetisch eigentlich an einen naturnahen, artenreichen, bunten und reich strukturierten Lebensraum mit vielfältiger Pflanzenwelt angepaßt ist und einen solchen Psychotop um so mehr suchen wird, je mehr er die Lebensraumzerstörung in seinem Arbeits- und Wohnbereich erkennt. Das sollte im touristischen Zusammenhang zu denken geben und alle Verantwortlichen angesichts der anschwellenden Fluchtbewegungen in Ersatzlebensräume zu gemeinsamem Handeln zusammenführen.

14.6 Weitere Beispiele positiver Entwicklungsmöglichkeiten des Fremdenverkehrs

„Die Aussteiger aus der 10ten Liegestuhlreihe der Costa Brava werden dorthin fliehen, wo die Natur noch in Ordnung ist."
Horst Stern

Viele Fremdenverkehrsgemeinden haben offenbar immer noch nicht verstanden, daß Grundlage für jede weitere touristische Entwicklung die vielfältige, naturnahe und möglichst intakte Landschaft ist. Sie opfern für den Touristenfang alles – auch die intakte Landschaft. Viele Touristen werden ihnen daher über kurz oder lang den Rücken kehren. Die Nachteile der Stadt können sie auch zu

Hause haben. Touristische Ballungsgebiete mit weit fortgeschrittener Urbanisierung und Zerstörung der Natur spüren die Abkehr der Gäste bereits heute. Zurück bleiben eine nicht ausgelastete Fremdenverkehrsindustrie, Schulden und kaputte Natur. Nicht von der maximalen Erschließung und Ausnutzung der Landschaft, sondern von der Bewahrung oder Wiederherstellung ihres Naturreichtums wird die Zukunft des Fremdenverkehrs abhängen.

Mit einer gewissen Berechtigung wird bereits von einer „touristischen Selbstmordgesellschaft" gesprochen, die angeblich für ihre Gäste die Natur zerstört und damit die Gäste vertreibt. Umwelt-, Naturschutz und Erholungswesen sind so eng miteinander verzahnt, daß sie stets behutsam aufeinander abgestimmt werden müssen. Ohne Zusammenarbeit bewegt sich in unserem demokratischen Kräftespiel wenig oder gar nichts. Es besteht im Gegenteil die Gefahr, daß sich negative Entwicklungen einschleichen, immer weiter auftürmen und schließlich das Faß zum Überlaufen bringen, indem sich die Mehrheit der Bevölkerung plötzlich massiv zur Wehr setzt. Dann ist der Schreck groß, und das Pendel schlägt genauso unüberlegt in die Gegenrichtung aus. Zusammenarbeit mindert das Risiko. Ohne Gewinner-Gewinner-Strategie (vgl. Kap. 5) funktioniert diese Zusammenarbeit nicht:

Lärmminderung in Fremdenverkehrsgebieten

Schon 1969 fühlten sich nach einer Allensbacher Umfrage rund 50 % der Bevölkerung durch Lärm gestört. Inzwischen halten drei Viertel nach einer Infas-Umfrage Lärmschutz für vordringlicher als Straßenbau.

Über 70 % der Lärmstörungen verursacht der Verkehr. Die damit verbundene Gesundheitsgefährdung wurde inzwischen auch durch eine Bonner Verkehrslärmstudie medizinisch nachgewiesen: Im lauten Wohngebiet liegt der Anteil der Bluthochdruckpatienten um 50 % höher als im wenig belasteten Stadtteil. Kraftfahrzeugdichte, schlechte Luft, Lärm und Gesundheitsschäden sind direkt proportional. Auch immer mehr Natur- und Erholungsgebiete sind betroffen. Ein Lärmstreifen von rund 500 m zu beiden Seiten einer stark befahrenen Straße scheidet in waldfreiem Gelände für echte Erholung meist aus.

Es ist ein Teufelskreis: Die größten Teile unserer Städte sind infolge von Lärm, Abgasbelastung und Grünarmut so lebensfeindlich, daß die Mehrzahl der Einwohner in der Freizeit mit dem Pkw oder dem Motorrad flieht, einer inneren Natursehnsucht folgend den großen Naturgebieten (Wälder, Gebirge, Seen, Küsten) zustrebt und dort wieder so viel Lärm erzeugt, daß die Erholungseignung auf der Strecke bleibt. Feinfühlige Menschen, Naturliebhaber, Individualisten entfliehen dann als erste diesem Trubel, suchen sich ein neues, bisher verschontes Naturgebiet und verleiten damit dort wieder kurzsichtige Gemeinden oder Investoren zu gewinnträchtigen Erschließungen (Straßen, Parkplätze, Campingplätze, Seilbahnen usw.), bis auch dort Verlärmung und Landschaftsbelastung Langzeiterholung ausschließen. Der Rausch aus Lärm und Geschwindigkeit geht immer zu Lasten anderer. Von Tempo 100 an steigen alle Lärmwerte besonders stark. Ein Kfz mit 140 km/h erzeugt 4mal so viel Lärm wie ein mit Tempo 100 fahrendes. Außerdem verbraucht es 40 % mehr Sprit. Nicht zuletzt sind auch die Autofahrer selbst vom Lärm stark betroffen, den auch die Laufgeräusche der Reifen erzeugen. Mit ihrer Breite steigt der Lärmpegel exponential.

Erholungsgebiete müssen von Lärmemissionen entlastet werden, z. B. durch: Verteuerung des innerörtlichen Parkens mit Parkkartensystemen, Auffangparkplätze am Ortsrand, Förderung des Öffentlichen Personennahverkehrs, Fußgängerzonen, Einbahnstraßenregelungen, Verkehrsberuhigungen, Straßenrückbau, Parkeinschränkung in den Erholungsgebieten auch im Außenbereich, Einführung von Informations- und Kontrollsystemen gerade an Wochenenden oder während der Ferien, Aussperrung besonders lärmintensiver Kraftfahrzeuge aus Erholungsgebieten (z. B. „frisierte Feuerstühle", deren Krach an Körperverletzung grenzt) usw.

Finanzielle Beteiligung des Fremdenverkehrs als Nutzer und Verursacher

Bisher beteiligt sich die Tourismusbranche so gut wie überhaupt nicht am Dienstleistungssektor im Außenbereich der touristischen Zielgebiete. Renaturierung, Pflege von Bergwiesen, Minimierung von Störung, Attraktivitätssteigerung zur ökologischen Aufwertung des jeweiligen Gebietes, Ruheraumförderung für die Wildtiere, Aufklärung, Information, Förderung von Verkabelungen statt Freileitungen, Kontrolle (Rangersysteme), Abfallbeseitigung, Toilettenentsorgung in der freien Landschaft, Loipenpflege, Wegekennzeichnung usw. kosten sehr viel Geld und stellen Ordnungsbehörden, Forstämter und Naturschutzorganisationen oft vor finanziell kaum lösbare Probleme. Man steht mit dem Rücken zur Wand, aber die Tourismusbranche hält sich diskret zurück. Das Verursacherprinzip hat hier noch längst nicht Einzug gehalten. Dabei liegen Möglichkeiten dazu auf der Hand: konsequente Parkkartenlösungen mit Kostendegression für Langzeitparker, Beteiligung am Bußgeldaufkommen, Erhebung von Benutzergebühren in Loipengebieten (wenn keine Verlagerung zu befürchten ist), Teilhaberschaft an Kioskbetrieben mit definierten Auflagen, Beteiligung am Kurtaxenaufkommen, Naturabgabe pro Übernachtung, geringe prozentuale Umsatzbeteiligung z. B. im Gaststätten- oder Tankstellengewerbe usw. Auf Dauer ist es nicht einsehbar, daß die öffentliche Hand, also die Allgemeinheit, die immer größere Lasten trägt, die nur ein bestimmter – wenn auch großer – Teil der Bevölkerung verursacht.

Nach einer Studie gab ein Übernachtungsgast im Harz 1990 pro Tag im Durchschnitt 115,80 DM aus (für Unterkunft 50,80 DM, Verpflegung 43,40 DM, Einkäufe 8,30 DM, Sport- und Freizeit 1,30 DM, lokaler Transport 0,90 DM, sonstige Dienstleistungen 11,10 DM), während ein Tagestourist 30,30 DM (nach einer älteren Studie) ausgab. Umgerechnet auf den gesamten Harz, ergibt sich ein Fremdenverkehrsumsatz von über 1 Mrd. DM. In anderen Fremdenverkehrszielgebieten werden sicher ähnliche Werte erreicht, ohne daß den Natur- und Landschaftspflegern vor Ort in den Außenbereichen Anteile zurückfließen. Die Tourismusbranche selbst ist gut beraten, nach Auswegen aus diesem Dilemma zu suchen. Entsprechende Rückkopplungen aus der Landschaftsqualität sind ihr sicher! Die Konkurrenz schläft nicht. Der Bonner Verein „Ökologischer Tourismus in Europa" (Ö.T.E.), der Deutsche Hotel- und Gaststättenverband (Dehoga), die Stiftung Warentest, das Umweltbundesamt sowie das Bundesumweltministerium und das Bundeswirtschaftsministerium überlegen bereits, wie die Umwelt-Gütesiegel „Blaue Flagge", „Grüner Koffer" und die Checkliste „Öko-Hotelwirt" des Dehoga zusammengebracht werden können (Walker, 1992). Ein Gütesiegel mit strengen Kriterien muß und wird kommen, und wir müssen uns darauf einstellen.

Eine ökologische Herausforderung und Chance: Nationalparke

Die zunehmende Öko-Welle im Fremdenverkehr hat hausgemachte Ursachen und ist zugleich Herausforderung und Chance zur Ergänzung der Intentionen der Ökologie-Bewegung. Man sollte daher den Fremdenverkehr in eine Art Umwelt-Informationssystem einbinden. Hier lassen sich in kurzer Zeit viele Menschen ansprechen und für die Natur gewinnen, so daß durch Mehrheitsbildung nicht nur ein Umdenken, sondern ein „Umhandeln" erreicht würde. Wie eine Untersuchung der Föderation der Natur- und Nationalparke Europas (FNNPE) in Schutzgebieten gezeigt hat, ist der Schutzzweck durch unkontrollierte Besucherströme zunehmend in Frage gestellt (z. B. Trittschäden, Lärm, Beunruhigung, Abfälle, Autoverkehr, Sammeln von Pilzen und Beeren u. a.). Dieses Problem stellt sich also europaweit, die Ursachen sind ebenfalls international, ein Gegensteuern kann ebenfalls international abgestimmt ablaufen. Unbedingte Voraussetzung ist die Motivation und Überzeugung der Bevölkerung.

Die Einrichtung von Nationalparken bietet dafür insofern eine besondere Chance, als sie international das beste Image genießen, der Schutz der Natur absoluten Vorrang hat und nach der Definition der Internationalen Union zum Schutz der Natur (IUCN) die Begegnung des Menschen mit der Natur als Ziel vorgesehen ist, soweit dies der Schutzzweck zuläßt. Das ist grundsätzlich anders als in Naturparken oder in Naturschutzgebieten. Der Nationalpark kann und soll – ja muß mehr denn je! – helfen, die Bevölkerung wieder an echte Natur und ihre eigenen Gesetze heranzuführen und Verbündete als Multiplikatoren zu gewinnen. Der Nationalpark, der die möglichst unbeeinflußte Eigendynamik der Natur schützt, ist als Imagespitzenreiter dazu prädestiniert. Dessen ungeachtet sind die Tourismusregionen in Naturbereichen aufgerufen, diese Herausforderung ebenfalls als Chance zum Umdenken zu begreifen. Es hat allerdings keinen Zweck, öffentliche Fördermittel nach dem Gießkannenprinzip zu verteilen und so Spitzenbeispiele zu verhindern. Ein als „Naturmultiplikator" geeigneter Nationalpark läßt sich am besten zur Aufklärung der Bevölkerung einsetzen, sofern der vorrangige Naturschutzzweck nicht gefährdet wird:

Beispielhafte Eigendynamik der Natur, mustergültige Renaturierungsprojekte in durch Menschenhand stark gestörten Bereichen, vorbildliche Steuerungskonzepte und Wegemarkierungen, hochaktive Aufklärung in Informationszentren, behutsame Heranführung an ökologische Rahmenbedingungen größerer Wildtierarten in naturnahen Wildgehegen, engagierter Einsatz von Aufsichts- und Informationspersonal, effektive Gewinnerstrategien für alle Formen des täglichen Umwelt- und Naturschutzes usw., insgesamt also eine Gewinner-Gewinner-Strategie, in die der Fremdenverkehr bewußt mit einbezogen werden kann. Der Finanzbedarf ist erheblich und sollte auf Landesebene auch aus dem Fremdenverkehrsressort gefördert werden. Regional und lokal ist natürlich auch und gerade das örtliche Fremdenverkehrsgewerbe gefordert, das über derartige Multiplikatorstrategien auch ökonomische Rückkopplungseffekte erwarten kann. Langfristig zahlt sich Naturschutz aus. Die von der FÖNAD (Dachorganisation für deutsche National- und Naturparke), dem Studienkreis für Tourismus und der IBM Deutschland betriebene Aktion „ECOTRANS und Parke" (ECO steht für Ökologie, TRANS für transparent) zielt bereits auf diese regionale und lokale Ebene. Entwickelt wird ein Informationssystem für Schutzgebiete und naturverträglichen Tourismus. Mit dem Aufbau der Datenbank für Parke wird versucht, die verschiedenen Interessen miteinander zu verbinden und Hilfen für die Schutzgebietsverwaltungen zu vermitteln. Im Tourismus werden Verbraucherorganisationen (Verkehrsclubs, Umweltschutzorganisationen), Anbieter (Reiseunternehmen, Unterkunftsbetriebe) sowie Fremdenverkehrsverbände und -regionen angesprochen (FÖNAD, 1991). Auf lokaler Ebene gehören in derartige Strategien z. B. auch „stadtökologische Lehrpfade“ (Löffler, 1991) oder andere Aktionen, die Multiplikatoreffekte für den Naturschutz haben können. Die Natur und der Mensch bilden eine untrennbare Zielgruppe. Dieses „Zwangsbündnis“ zwischen Naturschutz und Fremdenverkehr darf nicht durch Herumhacken auf Fehlern der jeweils anderen Seite gefährdet werden. Bemerkungen wie „da wird ja der Bock zum Gärtner gemacht“ sind Killerphrasen, die niemandem nützen und für die keine Zeit mehr ist (Kap. 1 bis 4). Es geht national wie international nur gemeinsam!

15 Beispiele: Wer kann sonst noch etwas tun?

*„Kannst Du nicht allen gefallen
durch Deine Tat und Dein Kunstwerk,
mach's wenigen recht – vielen gefallen ist schlimm!"*
Friedrich von Schiller (1759–1805)

Der bekannte amerikanische Umweltforscher Barry Commoner hat einmal festgestellt: „Die Welt wird nicht durch einen einzigen Fehler, den irgendein cleverer Plan korrigieren kann, an den Rand der ökologischen Katastrophe gedrängt, sondern durch eine Phalanx einflußreicher wirtschaftlicher, politischer und gesellschaftlicher Kräfte, die den Lauf der Geschichte bestimmen. Jeder, der sich vornimmt, die Umweltkrise zu beheben, versucht damit, den Lauf der Geschichte zu ändern." Die Zeit dafür ist günstig.

Umwelt-, Natur- und Tierschützer gehören zusammen und bilden gemeinsam die bisher noch stille Mehrheit der Bevölkerung. Sie aus der „Reserve" zu locken und zum Handeln – oder auch Unterlassen – zu animieren ist Hauptanliegen dieses Buches. Jeder kann etwas tun. Jeder an seinem Platz, in seiner persönlichen, privaten wie beruflichen Sphäre. Jeder wird an irgendeiner Stelle angesprochen.

Weil aber dieses Handeln jedes einzelnen so wichtig ist, sollen zusätzlich einige Gruppen genannt werden, die zunächst meinen, daß sie kaum etwas für den Naturschutz tun können.

Arbeitsamt

Viele der in diesem Buch vorgeschlagenen Naturschutzmaßnahmen erfüllen die Voraussetzungen für Arbeitsbeschaffungsmaßnahmen. Sie sind vorrangig für umfangreiche ABM-Programme geeignet. Wenn örtlich Verantwortliche dies noch nicht erkannt haben, wären Initiativen der Arbeitsämter zu empfehlen. Aufgabenbeispiele gibt es quasi vor der Haustür jedes Arbeitsamtes in Hülle und Fülle, von der biologischen Belebung der Fließ- und Stillgewässer, der Gestaltung der Waldränder bis zur naturnahen Anreicherung der Landschaft. Jedes Arbeitsamt kann so viele Anregungen finden, daß das Weitere nur eine Frage des Wollens, allerdings auch eine Frage der Verwaltungsvorschriften ist. Wenn die Arbeitsämter die möglichen Träger der Maßnahmen verwaltungstechnisch entlasten könnten, würden sich viel mehr Interessengruppen an ABM-Programme heranwagen. Viele Arbeitslose fänden Freude an der Naturschutzarbeit (vgl. Kap. 2 bis 14).

Bauämter – Bauhandwerkerschaft

Unsere Städte sind voll von verborgenen Tierfallen: Auf Fallrohre von Dachrinnen und Lüftungsrohren, aus denen hineingefallene Vögel und Fledermäuse nicht mehr herauskommen, gehört ein Drahtschutz. Helle Fenster in Dachgiebeln sind Todesfallen für Vögel und Schmetterlinge, die durch irgendein Schlupfloch auf den Boden gelangen und dann zum Licht streben. Eine Verdunkelung des Fensters und Öffnung eines 20 x 20 cm großen Ein- und Ausschlupfloches lösen das Problem. Vögel verunfallen häufig an großen Scheiben und vor allem an doppelseitig verglasten Gängen; aufgeklebte Figuren, Glasmattierungen oder dergleichen können diese Fallen nur sehr begrenzt entschärfen; viel besser sind eingefräste oder aufgeklebte, aber unauffällige Streifen oder im Wind pendelnde Fäden (beschwert durch dekorative Figuren o. ä.) u. a. In Kellereingängen, Lichtschächten, an hohen Bordsteinen oder weiten Gullyabdeckungen kommen oft Kröten, Spitzmäuse, Eidechsen u. ä. zu Tode; engmaschigere Abdeckungen, Überhangplatten nach außen an Lichtschächten, Ausstiegshilfen oder Bordsteinabflachungen in regelmäßigem Abstand sind geeignete Abwehrmaßnahmen. In freier Landschaft sollten überhaupt keine höheren Bordsteine mehr vorgesehen werden (vgl. Kap. 2, 9 und 10).

Berufsschulen

Die Umwelterziehung an den deutschen Berufsschulen ist nach einhelliger Überzeugung unterentwickelt. Dabei wäre es wegen der großen Bedeutung umweltbewußten Handelns im Berufsleben besonders wichtig, in der beruflichen Bildung Umweltschutz zu betonen. Mitte der 70er Jahre wurden bei einer Untersuchung 66 „umweltrelevante Ausbildungsberufe" aus Industrie, Landwirtschaft und Handwerk gezählt – vom Schornsteinfeger bis zur Biologielaborantin. „Auch hier muß festgestellt werden", kritisierte das Umweltgutachten schon 1978, „daß die beruflichen Anforderungen, die sich aus den Zielen des Umweltschutzes herleiten, nicht ausdrücklich in den Ausbildungsordnungen berücksichtigt werden." (Haaf, 1981) Auf dem Umweltsektor liegen zwar auch viele zukünftige Berufschancen (vgl. Kap. 2 bis 14), dennoch müssen wir den Ausbildungsstand in allen Berufen in Sachen „Umwelt- und

Naturschutz" deutlich anheben; in den 15 Jahren seit dem genannten Gutachten sind wir nicht viel weiter gekommen.

Bürgermeister – Stadtdirektoren

Wenn von seiten der Politik gebremst wird, läuft im Naturschutz relativ wenig: Politische Naturschutzmuffel müssen aber bald mit entsprechender Quittung der Wähler rechnen. Die Impulse gehen meist von engagierten Einzelpersonen und Gruppen aus, warum nicht direkt vom Bürgermeister oder Stadtdirektor? Gerade die Gemeinden haben wichtige ökologische Aufgaben. Ein landesweiter Schutz des ökologischen Gleichgewichtes ergibt sich letztlich aus der Summe der örtlichen Einzelmaßnahmen. Hier könnte ein Bürgermeister oder Stadtdirektor Format und Engagement zeigen. Ich kenne keine Maßnahme des Naturschutzes, die bei entsprechender Aufklärung nicht von der überwiegenden Mehrheit der Bürger getragen würde. Wie wäre es mit der Errichtung eines „Grünen Telefons", das Bürger bei allen Beobachtungen von Umweltproblemen (vgl. Kap. 2) in der Erwartung anrufen können, daß auch wirklich reagiert wird (vgl. Kap. 2 bis 14)? Wäre nicht längst eine jährliche Inspektionstour des Gemeinderats durch sein Hoheitsgebiet in Sachen Naturschutz angebracht? Vieles könnte man damit erreichen: von der Information bis zur ökologischen Fortbildung, von der Identifikation der Beteiligten mit der örtlichen Umwelt bis zur „interfraktionellen" Zusammenarbeit.

Bundeswehr

Wehrpflichtige klagen oft über zu viele Leerzeiten und wenig Abwechslung. Dabei wäre soviel zu tun für die biologische Wiederbelebung innerhalb des Kasernengeländes, auf dem Truppenübungsplatz oder in der Garnisonsstadt. Wäre das nicht in den Dienst zu integrieren? Beim Umwelt- und Naturschutz – von den Medien entsprechend begleitet – könnte sich die Bundeswehr große Verdienste erwerben und mit Renaturierungsmaßnahmen beispielgebend wirken. Ich denke da weniger an Müllsammelaktionen – dafür sind Behörden zuständig – als an wirklich wertvolle biologische Maßnahmen, z. B. Renaturierung eines Fließgewässerabschnittes, eines Parkteiches, Anlage einer Hecke oder eines Kleingehölzes:

- Die Natur würde belebt, ihr Erholungswert würde steigen.
- Der Öffentlichkeitseffekt wäre günstig, die Identifikation der Bevölkerung mit der Bundeswehr würde gestärkt.
- Die Wehrpflichtigen würden etwas für ihr künftiges Leben lernen, Leerzeiten wären sinnvoll ausgefüllt.
- Der Vorbild- und Nachahmungseffekt wäre groß.

Konkurrenz zu Privatunternehmen ist nicht gegeben, da meist kein Geld für Aufträge zur Verfügung steht. Es geht um begrenzten ehrenamtlichen Einsatz für die Allgemeinheit, der sonst nicht geholfen werden könnte. Denkbar erscheint allerdings: Wenn der Standortkommandeur dem Bürgermeister eine derartige Hilfe anbietet, zuckt der vielleicht bedauernd die Achseln, weil er nicht weiß, wo geholfen werden kann. Dann aber springen die örtlichen Naturschutzvereine sicher gern mit Anregungen ein. (vgl. Kap. 2 bis 14). Für manche konservative Bürger mag diese Empfehlung abwegig erscheinen. Gerade ihnen sei die Lektüre der ersten Kapitel ans Herz gelegt, verbunden mit dem Hinweis, daß die Bundeswehr bereits viele kleine Naturschutzaktionen mit bestem Erfolg durchgeführt hat.

Ein Tip für den normalen Übungsbetrieb: offene Schützenlöcher sind für viele Kleintiere (z. B. Amphibien) tödliche Fallen!

Energieversorgungsunternehmen

Geringerer Energieverbrauch gleich weniger Umweltverschmutzung. Viele Hausbewohner kennen an ihren Häusern oder Wohnungen nicht die „Wärmelöcher" oder „Kältebrücken", die unnötig Energie verschwenden. Mit Infrarotkameras können diese Problembereiche sichtbar gemacht werden. Wie wäre es mit einer preiswerten Serviceleistung seitens der Energieversorgungsunternehmen? Ein fairer Ausgleich für die Monopolstellung und eine vertrauenschaffende Maßnahme zugleich, die dem Umweltschutz dient.

Erholungsheime, Krankenhäuser, Sanatorien

Besonders in Kapitel 4 wird dargestellt, daß der Mensch für sein Wohlbefinden, für seine Gesundung in seinem Lebensraum eine Mindestausstattung an echter Natur benötigt. Darauf müssen wir reagieren: Wildpflanzen an Weg- und Straßenrändern, auf Grünflächen, unter Bäumen und an den Säumen von Buschwerk sind nach landläufiger Meinung „Unkraut" und werden auch in den Anlagen von Heimen und Hospitälern sauberkeitsfanatisch bekämpft. Das trifft besonders auf die Randbereiche zu, die der Rasenmäher nicht erreicht, dort ist der Einsatz von Pflanzengiften besonders intensiv. Es entstehen die berüchtigten „Todesstreifen", ein vergifteter Lebensraum, von dessen Zerstörung auch Tiere betroffen sind, beispielsweise unzählige Schmetterlinge und Käfer. Doch die dahinter stehenden Ordnungsvorstellungen passen nicht mehr in eine Zeit, in der Naturschutz zur Überlebensfrage geworden ist. Monokulturen verbieten sich aus ästhetischen Gründen eigentlich von selbst, ebenso Herbizide zu ihrer „Pflege". In Parks und Gärten, an Weg- und Straßenrändern sind sie ganz und gar fehl am

Platze. Erholung wird nachweislich von einer lebensreichen, bunten und „zwitschernden“ Natur wesentlich gefördert. Erholungsheime, Krankenhäuser und Sanatorien sollten den Einsatz von Rasenmähern, Giften und Laubsaugern allenfalls noch auf kleinen Flächen dulden (vgl. Kap. 2 bis 5 und 9).

Erwachsenenbildung

Die Erwachsenenbildung muß sich der Ökologiefrage wesentlich intensiver annehmen als bisher. Es geht um die Vermittlung eines kritischen Naturbewußtseins, das auf das Erfassen ökologischer Zusammenhänge abstellt. Exkursionen, bei denen Natur nur unter ästhetischen Aspekten besichtigt, die Landschaft als Schauobjekt und Verbrauchsartikel konsumiert wird, sind nicht mehr zeitgemäß. Erwachsenenbildung im Gelände sollte Strategien für Pflege und Schutz der Natur und ihrer Abhängigkeiten vermitteln (Pöggeler, 1981). Man sollte die Motivation zunächst über ein Erleben der Natur fördern. Das bedeutet Sensibilisierung von Sehen, Hören, Tasten und Riechen zur Erlangung eines emotionalen Verhältnisses zur Natur. Gefragt ist die Freude am Selbstentdecken. Dazu gehört nicht nur Wissensvermittlung, sondern auch eine Verhaltens-Schulung für den Umgang mit der Natur im Gelände wie zu Hause.

Kursangebote können in nahezu allen Fachbereichen ihren Platz finden. Stark vernachlässigt ist bisher der Zusammenhang von Arbeit und Umwelt, nicht nur in der beruflichen Ausbildung, sondern auch in der Fort- und Weiterbildung. Viele berufliche Tätigkeiten sind in hohem Maße umweltrelevant, doch die Weiterbildungsmöglichkeiten sind mangelhaft. Diese Art von Erwachsenenbildung muß nicht ein Monopol von Umweltschützern, Freizeitpädagogen oder Biologielehrern sein, sondern ist eigentlich Aufgabe all derer, die Natur als Lebensraum von Menschen, Tieren und Pflanzen im Wert wieder steigern wollen und erkannt haben, daß darin neben der Erhaltung des Friedens unsere entscheidende Aufgabe liegt. Insofern sind als Träger dieser wichtigen Bildungsarbeit nicht nur Volkshochschulen, Stadt- oder Kreisverwaltungen, sondern auch Fremdenverkehrsorganisationen, Vereine oder Forstverwaltungen denkbar. Sie können auch in Form einer „Rucksackschule“ ihre Bildungsarbeit je nach Zielgruppe individuell im Gelände gestalten (vgl. Kap. 2 bis 14).

Fabrikanten, Konzerne, Einzelhandel

Erfreulich ist, daß zunehmend auch Firmen gewisse Umwelt- und Naturschutzaktionen starten, neben der legitimen Werbung durchaus erhebliche Finanzsummen bereitstellen und an die Öffentlichkeit appellieren. Ob es eine große Brauerei ist, die sich für den Naturschutz im Wattenmeer einsetzt, ob es eine große Unternehmensgruppe ist, die mit beträchtlichem Werbeeinsatz Schildkrötenprodukte aus ihrem Angebot streicht – immer handelt es sich um wertvolle Hilfen für den Naturschutz, die in der Bevölkerung positiv aufgenommen werden (vgl. Kap. 2).

Feinschmecker

Allein 1983 wurden für den Verzehr von Froschschenkeln über 9 Mio. Frösche in die Bundesrepublik eingeführt, überwiegend aus der Türkei, Bangladesch, Indien, Griechenland und dem ehemaligen Jugoslawien. In den Herkunftsländern können die Tiere ihre ökologische Funktion – wie z. B. Insektenfang – nicht mehr erfüllen, weshalb dort zunehmend Insektizide eingesetzt werden (Hutter, 1985). Der nordrhein-westfälische Umweltminister hat schon 1985 an die Restaurants appelliert, ihren Kunden keine Froschschenkel mehr anzubieten: Der Verzehr von Froschschenkeln habe inzwischen ein Ausmaß angenommen, das eine „ökologische Katastrophe in Asien befürchten lasse“. In Indien und Bangladesch sei der Bestand des Ochsen- und Tigerfrosches dramatisch geschrumpft. Als Folge hätten Kulturschädlinge große Ernteschäden verursacht. Sollte es uns nicht möglich sein, auf diese Feinschmeckerspezialitäten endlich ganz zu verzichten?

Fernsehen

Das Fernsehen hat familiäre Funktionen übernommen, ist quasi eine „elektronische Großmutter“, die uns Lebensweisheiten vermittelt, sagt, was wir essen und wie wir uns kleiden sollen und wie das mit der Liebe ist. Kinder lernen durch Nachahmung, das Fernsehen prägt sie nachhaltig. Insofern trägt es größte Verantwortung, der Zerstörung der Umwelt, dem Raubbau an der Natur vorzubeugen. Es kann die Öffentlichkeit wachrütteln und das allgemeine Bewußtsein ändern, indem es die kleinen Alltagssünden aufspießt, die jedermann angehen. Das ist immer noch nicht hinreichend erkannt, auch wenn der ZDF-Intendant Stolte in einem Vorwort von Wentzel/Zundel 1984, „Hilfe für den Wald“, feststellt: „Aufgabe einer öffentlichrechtlichen Fernsehanstalt wie des ZDF ist es, im Dienst der Gesellschaft die komplexen Zusammenhänge zwischen Mensch und Umwelt zu verdeutlichen und somit dazu beizutragen, unsere Lebensgrundlage zu erhalten.“

Solange Naturschutz nicht als selbstverständlicher und sachlich korrekter Beitrag seinen Platz in der aktuellen Berichterstattung gefunden hat, müssen Fernsehredaktionen einen wesentlichen Teil des Naturschutzdefizits mitverantworten. Im Unterschied zu den Naturschutzbehörden ist bei ihnen wohl weniger eine Vergrößerung des Apparates notwendig, sondern eine Verbesserung der fachlichen Qualität. Ich könnte mir vorstellen, daß im Vergleich zu den Produktionskosten mancher „Naturschinken" von Expeditionen in ferne Länder ein Mehr an örtlicher Aktualität der Naturschutzberichterstattung das Budget sogar entlasten würde (Amberg, 1980).

Die großen Natur- und Tiersendungen haben mit unseren Naturschutzproblemen so gut wie nichts zu tun und aktivieren den einzelnen Zuschauer in keiner Weise. Eher im Gegenteil: Sie verleiten „Jung-Sielmänner" oder „Möchtegern-Grzimeks" dazu, mit der Kamera den seltensten Pflanzen und Tieren nachzustöbern. Hier gehören dringend Fachleute ans Werk, die jedem Zuschauer in täglichen Spots und regelmäßigen gründlichen Sendungen klarmachen, was in unserer Umwelt kaputt ist und was wir in unserer Wohnung, vor der Haustür, im Garten, auf der Straße, im Park, am Bach, am Teich, auf den Wiesen, Äckern oder im Wald ändern können, um die Natur wieder zu flicken und neu zu beleben (vgl. Kap. 1 bis 14). Der Bürger muß ein schlechtes Gewissen bekommen, wenn er an dem Ast sägt, auf dem er mit der Allgemeinheit sitzt. Bisher weiß er nicht einmal, daß er überhaupt sägt. Nur das Fernsehen dürfte z. B. in der Lage sein, den Bürgern nahezubringen, welche tiertötende Torheit das Streben nach „englischem Rasen" ist (vgl. Kap. 9). Es liegt auf der Hand, daß eine regelmäßige Serie von Kurzfilmen auch häufig über erfolgreiche Initiativen von Bürgern berichten sollte, um den gewünschten Effekt der Nachahmung psychologisch zu fördern.

Gartenbauämter

Mit viel technischem Geschick, aber geringen ökologischen Kenntnissen über die Bedeutung natürlicher Biotopkomplexe und ihrer Ausstrahlung auf die menschlichen Lebensgrundlagen wurden seit dem Krieg die Parkanlagen als öffentliches Leitbild der Natur mit Messerhaarschnittrasen, abgesaugtem Laub und regelmäßigen Vergiftungsaktionen gestaltet. Störende Kräuter, die eigentlich Leben für viele Tierarten spenden sollen, wurden vernichtet. Sind wir noch zu retten, daß wir mit öffentlichen Mitteln heute noch, da es vielen Pflanzen und Tieren endgültig an den Kragen des Überlebens geht, unseren Lebensraum auf diese Weise verhunzen und vernichten? Es ist doch längst bekannt, daß unsere Gesundheit von reichen naturnahen Parkanlagen wesentlich gefördert werden kann und daß das Gefühl der Identifikation, des Geborgenseins von den Naturrequisiten in unserem unmittelbaren Lebensumfeld geprägt wird? Gartenbauämter werden lernen müssen. Und je schneller sie das tun, desto eher kommen sie ihrer Verantwortung für die Allgemeinheit nach (vgl. Kap. 2 bis 7 und 9 bis 11).

Gewerkschaften

Natur- und Umweltschutzprobleme sind auch eine Herausforderung für die mächtigen Gewerkschaften. Offensichtlich tut sich jedoch der DGB noch schwer, dafür eine wirksame Strategie zu entwickeln. Das liegt auch an der fehlenden Aufklärung der Mitglieder. Umweltbelastungen und Veränderungen der natürlichen Umwelt – nicht nur am Arbeitsplatz, sondern im gesamten Lebensbereich – haben unmittelbar Einfluß auf die Arbeits- und Lebensbedingungen der Arbeitnehmer. Es scheint mir höchste Zeit, daß die Gewerkschaften die Umweltgefahren überhaupt erst einmal jedem Mitglied begreiflich machen und sich vorrangig für Investitionen im Natur- und Umweltschutzbereich einsetzen. Der Einsatz von hauptamtlichen Ökologen wird unumgänglich. Es ist längst bewiesen, daß Umweltschutz beschäftigungsfördernde und -sichernde Wirkungen hat. Legt man die Schätzungen des Ifo-Institutes für Wirtschaftsforschung 1980 zugrunde, so wurden schon damals durch den Umweltschutz rund 380 000 Arbeitnehmer direkt oder indirekt beschäftigt. Wichtiger als Wirtschaftswachstum um jeden Preis erscheint mir die ökologische Sanierung unserer Umwelt und die Verknüpfung der ökologischen Notwendigkeiten mit beschäftigungspolitischen Möglichkeiten mit Hilfe der Gewerkschaften (vgl. Kap. 1 bis 14).

Hausfrau/Hausmann

Jedermann muß bewußt werden, daß er auch im Haushalt den Grad der Umweltbelastung mitbestimmt:

- Wasser ist kostbar. Tropft ein Wasserhahn nur 20mal in der Minute, gehen im Jahr 4000 Liter verloren. Ein 6-Minuten-Duschbad braucht 3mal weniger Energie als ein Vollbad.
- 1 mm Kalk im Warmwasserzubereiter kostet 10 % mehr Energie.
- Halbleere Waschmaschinen verbrauchen genausoviel Strom wie volle! Statt einer Halbfüllung können drei 60-Watt-Birnen 111 Stunden lang brennen. Mit dem Sparprogramm guter Waschautomaten verbraucht man 25 bis 35 % weniger Energie.
- Sparsamer Umgang mit Wasch- und Reinigungsmitteln stützt unsere Gewässersysteme. Phosphatarme Waschmittel verwenden (Phosphatbelastungen können bis zum „Kippen" der Gewässer führen). Nur in dringendsten Fällen Abflußreiniger benutzen. Im Verbrauch von Waschmitteln sind wir unrühmliche Weltmeister: Mehr als 10 kg pro Person schütten wir Jahr für Jahr in die Waschmaschinen. Reinigungsmittel sind giftig; besondere Gefahren gehen von einer kombinierten Anwendung von WC-Reinigern und Sanitärreinigern aus, weil dann

das hochgiftige Chlorgas entsteht. In Giftzentralen häufen sich Meldungen über solche Kombinationswirkungen (ML-NRW, 1984).
- Chemische Abfälle gehören weder in den Abfluß noch in den Mülleimer.
- Plastikverpackungsmaterialien (bei der Plastiktüte angefangen) weitestgehend vermeiden, da sie oft nicht abbaubar sind und bei Herstellung wie Abfall die Umwelt belasten. Einwegverpackungen boykottieren (Getränke, Konserven etc.). Unvermeidbarer Plastikabfall gehört zur Wiederverwertung in die Wertstoffbehälter.
- Auf Schädlingsbekämpfungsmittel in Haus und Garten verzichten. Wir schwingen eine Keule, von der wir nicht wissen, wie sehr sie uns selbst trifft. Rund 3500 t Schädlingsbekämpfungsmittel werden jährlich für Haus- und Gartenbedarf hergestellt, das sind pro Haushalt 140 g Gift (ML-NRW, 1984).
- Verzicht auf Spraydosen, die nicht mit dem blauen Engel des Umweltbundesamtes ausgezeichnet wurden.
- Einschränkung des zu häufigen Badens und Duschens tut Haut und Haaren gut. Manchmal reicht für die Erfrischung ein seifenloses Duschbad völlig aus (ML-NRW, 1984).
- Altöl kann pro Liter bis zu einer Mio. Liter Wasser verseuchen. Deshalb sorgfältig sammeln und an Tankstellen oder Altölsammelstellen zurückgeben.
- Batterien enthalten Quecksilber, Blei, Zink, Mangan, Nickel und Cadmium, also schwere Umweltgifte. Unbedingt nur bei der örtlichen Sammelstelle abgeben (ML-NRW, 1984). Das gleiche gilt für Farben, Lacke, Lösungsmittel, Pflanzenbehandlungsmittel u. a.; alte Medikamente nimmt jede Apotheke entgegen.
- Naturstoffe geben eine elektrische Aufladung sehr rasch ab, Kunststoffasern und Kunststoffe bleiben jedoch oft über Stunden oder sogar Tage aufgeladen. Solche Aufladungen, die sich durch „kleine elektrische Schläge“ nach dem Berühren von Metallteilen bemerkbar machen, führen zu Nervosität, können Schlaf- und Stoffwechselstörungen, Asthma und Virusinfekte begünstigen (ML-NRW, 1984).

Hochschulen, Universitäten

Die Vermittlung ökologischen Mindestwissens sollte auf allen Hochschulen und Universitäten und für alle Fachbereiche selbstverständlich sein. Der Nachholbedarf erscheint so groß, daß die Universitäten derartige Ausbildungsmöglichkeiten auch für ortsansässige Berufstätige anbieten sollten. Zumindest für Lehrer, aber auch für viele andere Berufe, könnte dadurch die Zeit bis zum Umsetzen in die Praxis wesentlich verkürzt werden. Nicht der „Fachidiot“, sondern der allgemeingebildete Experte, der Mensch und Natur als Einheit verstehen gelernt hat (vgl. Kap. 1 bis 14), sollte Erziehungsziel sein.

Hotellerie und Gastronomie

Diese wichtige Branche hat in Sachen Natur- und Umweltschutz viele Möglichkeiten, vorbildlich zu wirken: Sie kann z. B. einen breit gefächerten Katalog von Kriterien für umweltgerechte Betriebe entwickeln, die über ein Punktesystem – etwa im 5-Jahres-Rhythmus – mit einer Plakette auszuzeichnen wären. Wichtig dabei ist die Multiplikatorenwirkung, indem die Gäste gewinnend über die getroffenen Maßnahmen so informiert werden, daß sie zum Wiederkommen und zur Nachahmung animiert werden. Zu dem auf Verbandsebene bundeseinheitlich zu vereinbarenden Kriterien könnten zählen:

Wasser:	Durchflußbegrenzer in Waschbecken, Spartasten an Toilettenspülkästen, variabler Handtuchwechsel, umweltschonende Waschmittel, Verzicht auf Desinfektionsmittel, Verzicht auf WC-Steine und Sanitärreiniger u. a.
Müll:	Verzicht auf Portionspackungen bei Badeartikeln, Frühstücksaufstrich (allein der Energiebedarf bei der Produktion einer Aluminiumdose für 25 g Marmelade entspricht dem einer Energiesparlampe von 18 Watt bei 5 Stunden Brenndauer), Betthupferln; Verzicht auf Einweggeschirr und -tischdecken, Dosengetränke, Plastikflaschen; Mülltrennung; Entsorgung der Speiseabfälle an Bauern, die Schweine nur für den eigenen Verbrauch oder Geflügel halten, so daß keine Sterilisationsanlagen erforderlich sind u. a.
Energie:	Energiesparlampen, Einzelthermostate, Zeitschaltuhren, Verzicht auf Händetrockner u. a.
Nahrungsmittel:	Frischprodukte aus chemiefreien Betrieben der Region (Fleisch, Bio-Gemüse, Milchprodukte), Vollwertgerichte u. a.
Außenanlagen:	naturverträgliche, ökologisch durchdachte Gestaltung der Außenanlagen u. a.
Personal:	spezielle Schulung und laufende Fortbildung der Mitarbeiter u. a.

Jagdverpächter und Gesetzgeber

Im Mietrecht sind staatliche Steuerungen selbstverständlich, ohne daß der Eigentümer einen „enteignungsgleichen Eingriff" unterstellt. Warum eigentlich kann dies im Jagdpachtwesen nicht ebenso sein? Ein vorrangig auf dem Höchstgebotsverfahren basierendes Verpachtungsgebahren bevorzugt recht häufig „Jäger mit der dicken Brieftasche, aber wenig Zeit". Dabei gibt es wesentlich mehr Interessenten, die über ökologische Kenntnisse und Zeit verfügen. Sie wären in der Lage und bereit, den heutigen Anforderungen an eine ökologisch ausgerichtete Jagd nachzukommen. Eine andere Möglichkeit wäre auch, in Gebieten mit extrem hohen Schalenwildbeständen und entsprechenden Schäden im ökologischen Bereich nach dem Naturschutzrecht Ausgleichszahlungen zu verlangen, die für Naturschutzprojekte eingesetzt werden müssen. Jeder Eingriff in eine Landschaft (mit Ausnahme solcher durch Land- und Forstwirtschaft) kann je nach Bedeutung Ausgleichs- oder Ersatzmaßnahmen zur Folge haben. Wäre es nicht logisch, unbelehrbare Verpächter oder Pächter von Jagdrevieren sinngemäß zu belasten? Schließlich entsteht hier der Allgemeinheit ein Schaden (vgl. Kap. 13).

Jedermann bevorzugt Waren mit Umwelt-Gütesiegel

Das Umweltzeichen ist eine Initiative des Bundesinnenministers und der Umweltminister der Länder zur Förderung besonders umweltfreundlicher Produkte. Sie müssen bestimmte Voraussetzungen erfüllen, die in Expertenanhörungen beraten und von einer unabhängigen „Jury Umweltzeichen" beschlossen werden. Das Berliner Umweltbundesamt zeichnet seit 1978 geeignete Produkte mit diesem Umwelt-Gütezeichen aus, über dessen Bevorzugung nun jedermann als Käufer zum Umweltschutz beitragen kann (1985 waren es über 1200, 1989 bereits über 3300 und 1993 schon 3940 Produkte). Wenn Käufer z. B. nach schadstoffarmen Rostschutzfarben oder Umweltschutzpapier fragen, stellen sich Händler und Hersteller oft schneller und stärker darauf ein, als es Gesetze und Verordnungen bewirken können. Der „Blaue Engel" sollte bewußt eine kostenlose Werbung für umweltfreundliche Produkte sein, da über diesen Hebel auch andere Hersteller schnell zum Umdenken veranlaßt werden können, ohne daß der Staat immer wieder eingreifen muß. Jeder sollte nach diesem Umwelt-Gütesiegel in den Geschäften fragen und auch andere dazu anhalten. Dabei sollte auch auf die Echtheit des Siegels geachtet werden, da es bereits mehrfach bei nicht anerkannten Produkten in ähnlicher Form verwendet worden ist (Abb. 123).

Der Verbraucher muß allerdings unbedingt darauf vertrauen können, daß die Meßlatte zur Auszeichnung mit dem Umweltengel mit dem Fortschreiten der industriellen Entwicklung mithält. Tatsächlich konnte der „Blaue Engel" besonderen Erfolg bei umweltfreundlichen Lacken verbuchen: Der Marktanteil der lösemittelarmen Produkte im Heimverbrauch steigerte sich von weniger als 1 % auf etwa 60 %.

Abb. 123: Beispiele echter Gütesiegel.

Christen und Kirchen

Anläßlich der Verleihung des Bayerischen Naturschutzpreises an Kurt Oeser, den Umweltbeauftragten der Evangelischen Kirche in Deutschland, hat v. Guttenberg (1976) in seiner Festansprache die Kirchen beschworen, „endlich, endlich die brennende Problematik des ausgehenden 20. Jahrhunderts – also die Umwelt- und Naturschutzproblematik zu erkennen, damit sie mit der ganzen Gewalt der kirchlichen Autorität unseren Kampf aufnimmt und mitstreitet für diese Schöpfung, für deren Menschen und gegen einen Zeitgeist, der sich in der Tat mit teuflischen Dingen beschäftigt. Wer schweigt, macht sich der Hehlerei schuldig. Mittun gar grenzt an Verbrechen ... Angst, Lärm, vergaste Luft, zerschundenes Land, zerrüttetes Leben, dies sind die Geißeln der westlichen Welt. Wacht endlich auf, tut es dem nach, der heute hier geehrt wird! Nicht alle Umweltschützer müssen Christen, aber alle Christen müssen Umweltschützer sein."

Unbedingt einzubeziehen ist auch der Tierschutz. Tiere sind auch in biblischer Hinsicht nicht Sachen, sondern Mitgeschöpfe, für die der Mensch Verantwortung trägt (Gassmann, 1985). Wo es Alternativen zu tierquälerischem Verhalten (Tierversuche, Massentierhaltung, Tierquälerei zu Schauzwecken, nicht artgerechte Tiertransporte, tierquälerische Schlachtmethoden u.a.) gibt, sollten solche Alternativen durch Christen in Anspruch genommen werden, auch wenn dies wirtschaftliche oder persönliche Nachteile bringt.

Politiker

Die hohe Sensibilisierung der Bevölkerung während der letzten 10 Jahre in Verbindung mit den täglichen Horrormeldungen läßt vermuten, daß die öffentliche Meinung bald Erfolge erwarten wird. In absehbarer Zeit wird sich bei uns die Politik durchsetzen, die am überzeugendsten Umwelt- und Naturschutz zu fördern versteht. Politiker, die hier zu spät kommen, bestraft über kurz oder lang der Wähler. Was moralisch, sachlich, ökologisch falsch ist, kann nicht politisch richtig sein (Gladstone).

Richter und Staatsanwälte

Der Umwelt- und Naturschutz ist neben der Friedenssicherung zu unserer höchstrangigen Aufgabe geworden. Das haben viele Richter und Staatsanwälte noch nicht erkannt. Daher die recht verbreitete Unsicherheit bei örtlichen Ordnungs- und Polizeibehörden, die nach dem Motto „Das wird sowieso wegen Geringfügigkeit niedergeschlagen" vor unbequemen Schritten zurückscheuen. Über viele Umweltdelikte wird aus diesen Gründen das Mäntelchen der Nächstenliebe gedeckt. Häufig fehlen rechtliche Mechanismen, die den Ordnungshüter verpflichten, beim Bekanntwerden von Umweltstraftatbeständen gegen die Verursacher vorzugehen oder die Staatsanwaltschaft einzuschalten.

Nicht selten stellt die Rechtsprechung an die Verkehrssicherungspflicht überzogene Forderungen und handelt damit – unbewußt – gegen die Interessen der Allgemeinheit. Ein Beispiel sind die vielen großen Stadtbäume, die sehr wichtige Aufgaben der Klima-, Luft- und Lebensraumverbesserung für Menschen erfüllen sollen, aber aus Sicherheitsgründen oft aller stärkeren Äste beraubt und damit zu wirkungsarmen Krüppeln degradiert wurden. Wir brauchen Richter und Staatsanwälte, die sich – ähnlich wie im Familien-, Verkehrs-, Wirtschafts- oder Steuerrecht – auf Umwelt- und Naturschutz spezialisiert haben. Von der juristischen Seite aus könnte z. B. auch die Beseitigung oder Novellierung von unzähligen Erlassen, Verordnungen und Ländergesetzen angeregt werden, die nach heutigen ökologischen Erkenntnissen nicht mehr vertretbar sind. Dazu gehören auch verschiedene „Unkrautverordnungen", die sich immer noch gegen Pflanzen richten, die Lebensgrundlage für Tierarten der „Roten Liste" sind.

Straßenverkehrsämter

Zur Verbesserung der Sicherheit im Straßenverkehr stellen die Straßenverkehrsämter Ampeln auf. Ampeln, aber auch andere künstliche Lichtquellen, können in Naturbereichen (Wälder, Gewässerränder u. a.) erhebliche Schäden in der Fauna verursachen. Viele Tiere synchronisieren ihre Fortpflanzung z. B. nach den Mondphasen, z. B. die Meerestiere. Hellstrahlende Lampen entlang des Ufers stören daher ihre Fortpflanzung. Forscher sprechen hier von „Lichtverschmutzung" (Remmert, 1990). Ähnliches gilt für helle Ampeln, die in Naturgebieten negative Auswirkungen – z. B. auf die Insektenfauna – haben können. Sofern sie nachts entbehrlich sind (was häufig der Fall ist), sollten sie sich über Zeitautomatik bei Dunkelheit abschalten.

Vereine – Verbände

In unserer Demokratie spielt das Vereins- und Verbandswesen eine gewichtige Rolle. Die meisten Vereine partizipieren in irgendeiner Form an der Natur: nicht nur die Heimatvereine, Umweltschutzorganisationen oder Angel- und Jagdverbände, sondern auch die Tierfreunde, die Segel- und Kanuvereine, die Aquarien- und Terrarienfreunde, die Imkervereine, die Bioladen-Förderkreise, die Tauben-, Hühner- und Kaninchenzüchter und viele andere mehr, die es vielleicht noch gar nicht bemerkt haben. Im Bereich des Umwelt- und Naturschutzes ist ihre organisatorische Zersplitterung symptomatisch, damit leider auch ihre begrenzte Effektivität. Die verbreitete Neigung zu elitärem Einzelgängertum und die häufige Meinung, Umwelt- und Naturschutz ständen nicht in den Satzungen und gingen deshalb den Verein nichts an, verkennen die Verantwortung, die heute jeder mitübernehmen muß.

Ich empfehle den Zusammenschluß der Vereine – auf Ortsebene beginnend – zu einer Gemeinschaft, die anstehende Umwelt- und Naturschutzprobleme aufgreift. Es gibt überall für alle Detailprobleme Fachleute mit Spezialkenntnissen, die in die Arbeit eingebunden werden können. Der Grundsatz der Überparteilichkeit erscheint dabei von Bedeutung, denn das Ziel der ausgewogenen Humanökologie ist so wichtig, daß schon ein Verdacht parteipolitischer Infizierung Wirkungsverlust bedeuten kann. Es müssen nur einzelne Vereine den Anfang machen und die Zusammenarbeit anregen (vgl. Kap. 13). Hermann Löns hat schon vor 80 Jahren geschrieben: „Die Naturverhunzung fährt Auto im Hundertachtzig-Kilometer-Tempo, und der Naturschutz kraucht knickebeinig hinterdrein, die Naturverhunzung arbeitet ‚en gros', der Naturschutz ‚en détail'."

Werbung – Führung – Rhetorik: Fachleute können helfen

Noch immer ist der Naturschutz häufig in der Defensive. Jeder halbe Hektar neuer Naturschutzgebietsfläche muß wie auf einem levantinischen

Basar erhandelt werden, und eine Nutzungsbeschränkung zugunsten des Naturschutzes kommt oft nur über Wählerstimmendruck oder über erhebliche materielle Gegenleistungen zustande. Aus diesem Dilemma müssen Naturschutzorganisationen heraus. Gutmeinende, aber verbissen agierende Naturschützer, die so tun, als hätten sie den Naturschutz erfunden oder gepachtet, haben der Sache schon manches Mal geschadet. Die Öffentlichkeit muß merken, daß Sachwalter für die Allgemeinheit am Werk sind, die man unterstützen sollte. Jede Kampagne muß zugleich auch eine Sympathie-Werbung für den Naturschutz sein, und dabei ist psychologisches „Handwerkszeug" das halbe Argument! Fachleute aus den Bereichen der Werbung, der Menschenführung, der Psychologie, der Rhetorik könnten hier eine Menge Schützenhilfe leisten. Ich halte diesen „taktischen Sektor" in der Arbeit für genauso wichtig wie die rein fachliche Seite. Wie wäre es mit kostenlosen Schulungsseminaren und Hilfen bei Strategiebesprechungen?

Wochenillustrierte und Tageszeitungen

Wochenillustrierte und Nachrichtenmagazine sind ausgesprochen nachfrage- und zielgruppenorientiert, d. h., ihr Inhalt wird ausgeprägt auf der Grundlage von Befragungsergebnissen gestaltet. Als z. B. 1984 das Ergebnis einer für die „Neue Revue" durchgeführten Umfrage auswies, daß 91,3 % der Befragten wissen wollten, „wie gefährlich der Saure Regen in ihrer direkten Umgebung ist", wurde von dieser Illustrierten sofort eine Großaktion „Rettet den Wald" ins Leben gerufen (Heinzmann, 1985). Art und Häufigkeit der Umweltberichterstattung in den großen Zeitschriften sind Ausdruck wachsenden Umweltbewußtseins in der Bevölkerung.

Alle großen Wochenillustrierten (z. B. Bunte, Neue Revue, Spiegel, Stern, Manager Magazin; monatlich Geo) greifen heute mehr oder weniger regelmäßig Umwelt- und Naturschutzthemen auf. Gerade in der „Ökologisierung" des „Bein- und Busenblattes" Neue Revue sieht z. B. der Spiegel „das wohl verblüffendste Symptom der jüngsten Trendwende in der Medienlandschaft". Dieser Trend wird sich mit zunehmender Öko-Sensibilisierung der Bevölkerung mit Sicherheit weiter verstärken. Das läßt hoffen, denn durch die Möglichkeit, komplizierte ökotechnische Zusammenhänge journalistisch, d. h. besonders lesernah aufzubereiten, verfügen die Wochenillustrierten über eine große Multiplikatorwirkung. Die anderen Medien werden folgen. Hoffentlich vor allem die örtliche Tagespresse, die da noch große Defizite hat: In der Regel verfügen die Zeitungen nicht über ökologisch geschulte Redakteure, so daß der Erfolg naturschützerischer Öffentlichkeitsarbeit auf örtlicher Ebene davon abhängt, wie weit z. B. ein Lokalreporter in die Materie einsteigt. Da heißt es, Impulse geben und das Recht der Bürger auf „hautnahe" Informationen betonen. In Umweltdingen darf nichts unter den Teppich gekehrt werden, das muß zum 17. Gebot der Journalisten werden (sie haben sich einen 16-Punkte-Katalog gegeben).

Wohnungsbaugesellschaften

Zwischen modernen Wohnsilos und Bettenburgen hat der Gesetzgeber gewisse Abstandsflächen vorgeschrieben. In vielen Fällen bestehen diese aus englischem Rasen, durch den sich Wege schlängeln. Dann gibt es noch kleine Betonzellen, in denen die Mülleimer stehen, und ab und an einen Baum oder Strauch. Alles in allem fast so lebensfremd und tot wie der Zentralfriedhof von Chicago. Der Rasen muß selbstverständlich gepflegt werden. Das überträgt man dann der Einfachheit halber einem Dienstleistungsbetrieb, die Kosten werden umgelegt und damit basta. Und damit beim Rasen niemand dazwischenfunkt, läßt man sein Betreten verbieten. Warum kommt eigentlich niemand auf die Idee, die Bewohner zu animieren, dieses Stückchen Grün als zu ihrer Wohnung gehörig zu betrachten? Kapitel 9 gibt Anregungen, wie man derartige Bereiche biologisch beleben und ihren Erholungswert wesentlich steigern kann. Wie wäre es, wenn man einen Teil der „Kunst-am-Bau-Summe" (2 % der Bausumme sollen der Kunst zugute kommen) für „Leben-am-Bau" verwendete? Das könnte sogar gratis sein, denn Nichtstun ist in der Natur stets wertvoller als Zuvieltun. Und was für die Natur gut ist, ist schön, belebend und ausgleichend für den Menschen.

„Was aber ist Deine Pflicht? Die Forderung des Tages!" (Johann Wolfgang von Goethe, 1749–1832). Öffnen wir unsere Augen, Herzen und Köpfe, dann werden wir viele kleine Möglichkeiten für jeden einzelnen von uns sehen, die eigentlich unsere Pflichten sind.

16 Literatur

„Alles Gescheite ist schon gedacht worden, man muß nur versuchen, es noch einmal zu denken."
Johann Wolfgang von Goethe (1749–1832)

ABN: Arbeitsgemeinschaft Deutscher Beauftragter für Naturschutz und Landschaftspflege: Bürgerbeteiligung und Landschaftspflege. Jahrbuch für Naturschutz und Landschaftspflege. Band 28, Bonn, 1978.

ABN: Naturschutz und Flurbereinigung. Jahrbuch für Naturschutz und Landschaftspflege. Band 29, Bonn, 1979.

ABN: Grundlagen und Bedienungen für den Artenschutz. Jahrbuch für Naturschutz und Landschaftspflege. Band 30, Bonn, 1980.

ADAC: Freizeit 2000 – Eine Studie des ADAC über die Tendenzen der Freizeitentwicklung und die Notwendigkeit einer verbraucherorientierten Freizeitpolitik. München, 1980.

Adam, K.: Veränderungen der städtischen Ökosysteme durch hohe Energieumsätze. In: Inform. zur Raumentwicklung, 1982.

Ärzte gegen Tierversuche: Pressemitteilung in „Der Tierbefreier", 6. Jg., Nr. 7, Graz, 1992.

Aichmüller, R.: Aufbau reichgegliederter Waldränder – Ein Bundespilotprojekt in Mittelfranken, AFZ, Nr. 14, 1991.

AJD: Wegränder gestalten und pflegen, Merkblatt 1261, Bonn, 1992.

Altenkirch, W.: Naturschutz im Wirtschaftswald, AFZ, Nr. 24, 1988.

Altenkirch, W.: Ökologische Vielfalt – ein Mittel natürlichen Waldschutzes? In: Der Forst- und Holzwirt, April 1982.

Amberg, M.: Naturschutz – die große Lüge. Kilda-Verlag, Greven, 1980.

Andritzky, W.: Bürgerbeteiligung an der Umweltpolitik. In: Natur und Landschaft, Heft 7/85, 53. Jg., 1978.

Anselm, R.: Analyse der Ausbauverfahren, Schäden und Unterhaltungskosten von Gewässern. Dissertation 1975.

Arbeitskreis der Tierärztlichen Vereinigung für Tierschutz: Erhängt, erdrosselt und gequält – Forstgatter und Tierschutz. Jagd und Hege, Nr. 8, 1992.

Arbeitskreis Forstliche Landespflege in der Arbeitsgemeinschaft Forsteinrichtung: Biotop-Pflege im Wald. Ein Leitfaden für die forstliche Praxis, Kilda-Verlag, Greven, 1984.

Arnold, G. W.: Factors within plant associations affecting the behaviour and performance of grazing animals. In: Grazing in Terrestrial and Marine Environments (D.J. Crisp ed.), pp. 133–154, Blackwell Scientific Publications, Oxford, 1964.

Auer, M.: Konvention „Biologische Vielfalt" unterzeichnet. In: Natur und Landschaft, Heft 10, 67. Jg., 1992.

Auer, M.: Ökonomische Bewertung der biologischen Vielfalt, LÖLF-Mitteilungen, 4/1992.

Auer, M.: UN-Konventionsentwurf zum Schutz der „Biologischen Vielfalt". Ein internationaler Vorstoß zur Erhaltung der Arten und ihrer Lebensräume. In: Natur und Landschaft, Heft 2, 67. Jg., 1992.

Bärlocher, F.; Hendrick, B.: Assimilation efficiency of Gammarus pseudolimnaeus feeding on fugal mycelium of autumn-shed leaves. OiKos, Nr. 26, 1975.

Bairlein, F.: Biotopverbund-Systeme und das Mosaik-Zyklus-Konzept. Laufener Seminarbeiträge, ANL, Laufen/Salzbach, Nr. 5, 1991.

Bakker, J. P.; Vries, Y. de: Über die Wiederherstellung artenreicher Wiesengesellschaften unter verschiedenen Mahdsystemen in den Niederlanden. In: Natur und Landschaft, Heft 7/8, 60. Jg., 1985.

Barandum, J.: Auswirkungen von Ausbreitungsbarrieren auf das Vorkommen von Groppen – Anregungen für den Artenschutz. In: Natur und Landschaft, Heft 2, 65. Jg., 1990.

Battelle: Belastung der Bevölkerung durch Lärm. Studie im Auftrag des Umweltbundesamtes, 1981.

Baudisch-Theodor, G.: Von Unkräutern und Ungärten. In: Garten und Landschaft, Heft 5/1986.

Baumgartner, A.: Wald und Biosphäre. In: AFZ, 37. Jg., Nr. 21, München 1982.

Bayer, J.: Maßnahmen zur Entwicklung eines neuen Umweltbewußtseins – Die Forstwirtschaft als Lehrobjekt in der Umweltbildung. AFZ, Nr. 18, 1988.

Bayer: Pflanzenschutzkurier, Nr. 1/1982, Leverkusen.

Bechet, G. H.: Der Biotopwert – ein Beitrag zur Quantifizierung der ökologischen Vielfalt im Rahmen der Landschafts- und Flächennutzungsplanung. Dissertation 1976.

Bechmann, A.; Michelsen, G. (Hrsg.): Global Future – Es ist Zeit, zu handeln. Global 2000 – die Fortschreibung des Berichts an den Präsidenten. Übersetzung 1981, Öko-Institut Freiburg, Dreisam-Verlag, Freiburg, 1981.

Beermann, B.: Mobbing – Psychoterror am Arbeitsplatz?. Amtliche Mitteilungen der Bundesanstalt für Arbeitsschutz, Nr. 2, 1993.

Begon, M.; Harper, J. L.; Townsend, C. R.: „Ökologie" – Individuen, Populationen und Lebensgemeinschaften –. Aus dem Englischen von D. Schröder u. B. Hülsen. Birkhäuser Verlag, Basel, Boston, Berlin, 1991.

Behm, A.: Saatguternte von Straucharten zur Erhaltung örtlich angepaßter genetischer Strukturen. Forstarchiv, 64. Jg., 1993.

Beisel, D.: Bevölkerungsexplosion: Menschlicher Weg zu weniger Menschen. In: Natur, Nr. 6/1984.

Bellinghausen, P.: Vor dem Gipfel – Risse im EG-Lager – Bonn will Überproduktion mit Flächenstillegungen drosseln. Rheinischer Merkur/Christ und Umwelt, Nr. 6, 1988.

Berg, St.: Einfluß von Begrenzungen beim Einsatz von Umweltchemikalien auf den Gewinn landwirtschaftlicher Unternehmen.

Bergen, V.: Der Wald als Wirtschaftsfaktor. AFZ, Nr. 1, 1991.

Bergerhausen, W.; Frankenberg, O. von; Herrlinger, E.: Die Situation der Wiedereinbürgerung des Uhus in der Bundesrepuglik Deutschland. In: Natur und Landschaft, Heft 4, 56. Jg., 1981.

Bergmann, H.-H., Stock, M., Ten Thoren, B.: Ringelgänse – Arktische Gäste an unseren Küsten. Forum Orn., Aula-Verlag, Wiesbaden, 1994.

Bergwelt, R.: Naturschutz und Forstwirtschaft aus der Sicht der obersten Naturschutzbehörde. Forstwiss. Centralblatt, 108, 1989.

Berlin, Senator für Stadtentwicklung und Umweltschutz: mut zu grünen Wänden. Berlin, 1982.

Berndt, R.; Winkel, W.: Der Jagddruck als Minusfaktor in der Populationsdynamik von Scolopax rusticola – Gedanken zum „Waldschnepfenproblem". In: Die Vogelwelt, Heft 1, 97. Jg., 1976.

Berndt, R.; Winkel, W.: Die Jagd als Überlebensproblem für die Waldschnepfe. In: Natur und Landschaft, heft 4, 52. Jg., 1977.

Bernhardt, W., u. a.: Die Öl-Felder der Zukunft. Umschau, Nr. 12/1981, S. 354–359.

Bessinger, N.: Jagd fördert Naturschutz und Wirtschaft. In: Wild und Hund, Nr. 6, 1992.

Bettmann, H.: Die Waldschnepfe. 2. Aufl., BLV-Verlag, München, 1975.

Bezirksregierung Braunschweig: Landschaftsrahmenplan für den Naturpark Harz. Braunschweig, 1975.

Bezzel, E.: Vogelkunde für den Jäger. Grundwissen für Ausbildung und Praxis. BLV-Pirsch-Buch, München, 1980.

Bibelriether, H.: Anmerkungen zu einigen Waldbaufragen aus der Sicht des Naturschutzes. Ber. ANL, 2, 1978.
Bibelriether, H.: Erholung im Wald. In: Rettet den Wald. Kindler-Verlag, München, 1979.
Bibelriether, H.: Schutzwald – wogegen oder wofür? In: Rettet den Wald. Kindler-Verlag, München, 1979.
Bibelriether, H.: Stabile, gesunde Wälder – eine Forderung der Umweltvorsorge. In: Unser Wald 75/5, 1975.
Bibelriether, H.: Wald und Naturschutz. In: Rettet den Wald. Kindler-Verlag, München, 1979.
Bierhals, E.: Brachflächen in der Landschaft. Vegetationsentwicklung, Auswirkungen auf Landschaftshaushalt und Landschaftserlebnis, Pflegeverfahren. 1976.
Binder, W.: Grundzüge der Gewässerpflege. In. Schriftenreihe des Bayerischen Landesamtes für Wasserwirtschaft, Heft 10, 1979.
BINE, Fachinformationszentrum Karlsruhe, Gesellschaft für wissenschaftlich-technische Informationen mbH, Eggenstein – Leopoldshafen: Wasserstoff – Ein Energieträger und Speicher für die Zukunft. Nr. 8/1990.
BINE-Projekt Info-Service: Intensivlandwirtschaft und Nitratbvelastung des Grundwassers im Kreis Vechta. Karlsruhe, Nr. 13, 1989.
BINE: Biologisch-ökologische Begleituntersuchungen zum Bau und Betrieb in Windkraftanlagen. Info-Service, Nr. 3, Bonn, 1992.
Blab, J.: Amphibien und Reptilien – gefährdete Bewohner der Feuchtgebiete. In: Natur und Landschaft, Heft 7/8, 51. Jg., 1976.
Blab, J.: Grundlagen des Biotopschutzes für Tiere. Kilda-Verlag, Greven, 1984.
Blab, J.: Isolierte Schutzgebiete, vernetzte Systeme, flächendeckender Naturschutz? Stellenwert, Möglichkeiten und Probleme verschiedener Naturschutzstrategien. In: Natur und Landschaft, 67. Jg. Heft 9, 1992.
Bless, R.: Die Bedeutung von gewässerbaulichen Hindernissen im Raum-Zeit-System der Groppe. In: Natur und Landschaft 65, 1990.
Bless, R.: Untersuchungen zum Einfluß von gewässerbaulichen Maßnahmen auf die Fischfauna in Mittelgebirgsbächen. In: Natur und Landschaft, Heft 7/8, 56. Jg., 1981.
BML (Bundesminister für Ernährung, Landwirtschaft und Forsten): Unser Wald – Die Forst- und Holzwirtschaft in Deutschland. Bonn, 1992.
BMU (Bundesumweltministerium): Umweltschutz in Deutschland. Economica Verlag, Bonn, 1992.
BMV (Bundesminister für Verkehr): Merkblatt zum Amphibienschutz an Straßen, Bonn, 1987.
Böhr, H.-J.: Wassersport und Naturschutz. Sonderdruck „Deutscher Naturschutzring (DNR)" Bonn, 1980.
Boele-Keimer, H.: Vor den Trümmern der Rehwildhege? In: Niedersächsischer Jäger, Nr. 11, 1990.
Bölsche, J.: Das gelbe Gift. Todesursache Saurer Regen. Spiegel-Buch, Rowohlt, Hamburg, 1984.
Bölsche, J.: Die deutsche Landschaft stirbt – zerschnitten, zersiedelt, zerstört. Spiegel-Buch, Rowohlt, Hamburg, 1983.
Bölsche, J.: Natur ohne Schutz. Neue Öko-Strategien gegen die Umweltzerstörung. Spiegel-Buch, Rowohlt, Hamburg, 1982.
Bölsche, J.: Was die Erde befällt – nach den Wäldern sterben die Böden. Spiegel-Buch, Rowohlt, Hamburg, 1984.
Böse, H.; Schürmeyer, B.: Die Freiräume der Straße oder die Straße als Landschaft? Anmerkung zur Verkehrsberuhigung. In: Das Gartenamt, 33/1984.
Böttger, K.: Ufergehölze – Funktionen für den Bach und Konsequenzen ihrer Beseitigung. Ziele eines Fließgewässer-Schutzes. In: Natur und Landschaft, 65. Jg., Heft 2, 1990.
Bohn, U.; Lohmeyer, W.: Solitärbäume als lebende Gestaltelemente in den landwirtschaftlich genutzten Gebieten der Rhön, des Vogelberges und des Westerwaldes. In: Natur und Landschaft, Heft 9, 55. Jg., 1980.
Bohn, U.; Bürger, K.; Mader, H.J.: Leitlinien des Naturschutzes und der Landschaftspflege. In: Natur und Landschaft, Heft 6, 66. Jg., 1991.
Bolz, D.: Bielefelder Ackerrandstreifen-Programm erfolgreich angelaufen. Ergebnisbericht 1989–1990. LÖLF-Mitteilungen, 1/1991.
Borchert, J.; Winkelbrandt, A.: Untersuchung der visuellen Wirkungen von Straßenbepflanzungen. In: Natur und Landschaft, Heft 10, 54. Jg., 1979.
Borne, A. v. d.: Landwirtschaftlicher Besitz und Verantwortung. FAZ, Nr. 95, 1990.
Bosse, W.: Flächenstillegung und Extensivierung aus der Sicht des Niedersächsischen Landvolkverbandes. Berichte der Norddeutschen Naturschutzakademie, 3/2, 1990.
Bothmer, F. T. v.: „Regeln" lautet die Devise! In: Niedersächsischer Jäger, Nr. 18, 1992.
Brabänder, H. D.: Vertragsnaturschutz – eine Chance für die Forstwirtschaft. In: Forstarchiv, 63. Jg., 1992.
Brabänder, H. D.: Wirtschaftliche Dimensionen der Waldschäden in der Bundesrepublik Deutschland und Kosten von Sanierungsmaßnahmen. In: Forstarchiv, 58. Jg., Heft 2, 1987.
Brandl, H.: Wald und Forstwirtschaft zwischen Entropie und Photosynthese. Gedanken und Fakten zu naturgesetzlichen Grundlagen und umweltökonomischen Aspekten der Forstwirtschaft als Eckpunkte einer umfassend konzipierten forstlichen Wirtschaftslehre. In: Forst und Holz, Nr. 24, 1989.
Braun, H.: Forstgenetik heute. In: Der Wald, Nr. 6, Berlin 42, 1992.
Brehm, J.; Meijering, M. P. D.: Zur Säureempfindlichkeit ausgewählter Süßwasser-Krebse. Arch. Hydrobiol. 95, 1982.
Brenner, S.: Die Parteien zur Landtagswahl 1984. In: Forstliche Mitteilungen, Nr. 6/1984.
Broda, W.: Der Kampf gegen den Sauren Regen. In: Praxis der Naturwissenschaften, Biologie Nr. 9/1983.
Brög, W.; Erl, E.: Fahrradnutzung in der Bundesrepublik Deutschland – Stand und Perspektiven. In: Bau intern, Nr. 5, 1985.
Brooke, M.; Birkhead, T.: The Cambridge Encyclopedia Ornithology. Cambridge U.P., 1991.
Brügge, P.: Zum Überleben zu tüchtig? In: Der Spiegel, Nr. 35 u. 36, 1990.
Brüll, H.: Greifvögel und Eulen Mitteleuropas. Lehrmeisterbücherei Nr. 330, Albrecht Philler Verlag, Minden.
Bubenik, A.B.: Das Geweih, Paul Parey, Hamburg und Berlin, 1966.
Bubenik, A. B.: Mastzeit und Notzeit der Geweihträger. In: Jagd und Hege, Nr. 1, 1990.
Buchwald, K.; Rincke, G.; Rudolph, K.-U.: Umweltprobleme der ostfriesischen Inseln. Gutachten im Auftrag der Kurverwaltung von Borkum und der sieben ostfriesischen Inselgemeinden, 1985.
Buchwald, K.: Ethik und Umweltpolitik – Wege zu einer ökologischen Ethik. In: Natur und Landschaft, 58 Jg., Heft 7/8, 1983.
Bühler, D.: Die Sihlwaldschule – Idee und Entwicklung. In: Der Gartenbau, Nr. 27, 1990.
Bund für Naturschutz in Bayern (Hrsg.): Ökologischer Garten. München.
Bundesministerium des Innern (Hrsg.): Umweltbrief: Abschlußbericht der Projektgruppe „Aktionsprogramm Ökologie" Nr. 29/1983.
Bundesministerium des Innern (Hrsg.): Was Sie schon immer über Lärmschutz wissen wollten. Verlag W. Kohlhammer, Berlin, 1982.
Bundesministerium des Innern (Hrsg.): Was Sie schon immer über Umweltchemikalien wissen wollten. 6. Aufl., Verlag Kohlhammer, Berlin, 1985.
Bundesministerium für Ernährung, Landwirtschaft und Forsten: Flurbereinigung und Wild. Schriftenreihe des BML, Sonderheft Flurbereinigung. Landwirtschaftsverlag, Münster-Hiltrup, 1983.
Bundesprüfungskommission: Unser Dorf soll schöner werden.

Empfehlungen der Bundesprüfungskommission – BMELF – Informationen Nr. 44 vom 3. 11. 1975. In: Natur und Landschaft, 50. Jg., 1975, Heft 12.
Bundesverband der Bürgerinitiativen Umweltschutz e.V. (BBU): Biotop-Zerstörung durch wasserbauliche Maßnahmen. Methoden des naturnahen Gewässerbaues. Worms, 1979.
Bundesverkehrsministerium: Auch höhere Ölpreise hindern nicht am Fliegen. In: FAZ vom 9. Februar 1982.
Burkhardt, M.: Die gesellschaftlichen Kosten des Autoverkehrs. Hrsg.: Bundesverband Bürgerinitiativen Umweltschutz e.V. (BBU), Bundschuh-Verlag, Freiburg, 1980.
Burschel, P.; Weber, M.: Möglichkeiten der Forst- und Holzwirtschaft zur Abmilderung des Kohlendioxidanstieges in der Atmosphäre. In: Treibhauseffekt und Wald, Schrift der Stiftung Wald in Not, 3. Auflage, Bonn, 1993.
Burschel, P.: Der Wald in seiner Umwelt. In: Rettet den Wald, Kindler-Verlag, München, 1979.
Burschel, P.: Der Wald von morgen – Ergebnis des Waldbaues von heute. AFZ, Nr. 45, 1987.
Burschel, P.: Der Waldbau. In: Rettet den Wald. Kindler-Verlag, München, 1979.
Burschel, P.: Eine kurze Stellungnahme zu Michel-Kim „Klimaherausforderung und Waldbau im 21. Jahrhundert". In: Forstarchiv, 59. Jg., 1988.
Burschel, P.: Fuchs, Du sollst die Mäuse fressen! In: Forst und Holz, 48. Jg., Nr. 2, 1993.
Burschel, P.: Gefordert sind Forst- und Holzpartie, denn nichts geht ohne sie! AFZ, Nr. 14, 1993.
Burschel, P.: Jagd ist Teil des Waldbaus. In: Forst und Holzwirt, Nr. 17, 1988.
Burschel, P.: SDW-Symposium zum Treibhauseffekt. In: Forst und Holz, Nr. 12, 45. Jg., 1990.
Burschel, P.: Waldbau – Forstgenetik – Forstpflanzenzüchtung. In: Forst und Holz, Nr. 24, 1989.
Bußler, H.: Waldgewässer als Lebensraum. In: Natur und Landschaft, Heft 4, 57. Jg., 1982.
C. J. C.: Der Umwelt zuliebe auf Bleischrot verzichten. In: Niedersächsischer Jäger, Nr. 17, 1991.
Chevallerie, H. de la: Mehr Grün in die Stadt. Freiraumplanung im Wohnungs- und Städtebau. Bauverlag, Wiesbaden und Berlin, 1976.
Chwalczyk, C.: Rotwild im Wirtschaftswald – aus der Sicht des Forsteinrichters und Schadensgutachters. Vortrag vor der GGLuF am 18. 3. 1983 in Gießen.
Cialdini, R. B.: Überzeugen im Handumdrehen. Wie und warum sich Menschen beeinflussen lassen. MVG-Verlag, München, 1992.
Claus, P.: Düngemethoden, Ertrag und ernährungsphysiologischer Wert. In: FAZ vom 25. 3. 1984.
Clausnitzer, H.-J.: Hilfsprogramm für gefährdete Libellen. In: Natur und Landschaft, Heft 1, 55. Jg., 1980.
Clemens, C.: Schutzprojekt Wiesenweihe. Jägerschaft und NaBu demonstrieren Einigkeit. In: Wild und Hund, Nr. 23, 1992.
Conrad, P.: Unsere Fledermäuse brauchen Hilfe. In: Unser Wald, 36. Jg., Heft 2/1984.
Conrad, P.: Werden wir morgen noch jagen? In: Niedersächsischer Jäger, Nr. 9/1982.
Cornelsen, D.: Raus aus dem Schneckenhaus. In: Naturschutz heute, Heft 3, 1992.
Costa, W.: Landschaftspflegerische Maßnahmen im Rahmen der Flurbereinigung. Schutzpflanzungen in der freien Landschaft. In: Natur und Landschaft, Heft 2, 53. Jg., 1978.
Crawley, M.J.; Herbivory: The dynamics of animal-plant interactions. Blackwell Scientific Publications, Oxford, 1983.
Cummins, K.W.: Structure and function of Stream ecosystems. Bio Science, 24, 1974.
Dahl, H.-J.: Biotopgestaltung beim Ausbau kleiner Fließgewässer. In: Natur und Landschaft, Heft 7/8, 51. Jg., 1976.
Dahl, J.: Schmetterlingshege. Ökologische Arbeitsblätter Nr. 1. Hrsg.: Max-Himmelberger-Stiftung, Baiersbronn.
Dahmen, F. W.; Heiss, W.: Umwelt – Schlagwort oder rettende Einsicht? Verlag Rother, München, 1973.
Dambroth, M.: Überlegungen zur ökologischen Neuorientierung der Landbewirtschaftung und zur monetären Bewertung ökologischer Leistungen der Landwirtschaft. Landbauforschung Völkenrode, 43. Jg., Heft 4, 1993.
Deixler, W.: Erfordernisse des Naturschutzes und der Landschaftspflege in der Flurbereinigung aufgrund der Möglichkeiten des Naturschutzrechtes in Bund und Ländern. In: Jahrbuch für Naturschutz und Landschaftspflege, Band 29, 1979.
Deixler, W.: Gedanken zur Realisierung eines Vernetzungskonzepts und mögliche Instrumentarien. Laufener Seminarbeiträge, Nr. 7, 1984.
Demandt, E.: Sollte das Sammeln von Insekten – insbesondere von Schmetterlingen – in Deutschland verboten werden? In: Natur und Landschaft, Heft 10, 53. Jg., 1978.
Dertz, W.: Bewirtschaftung eines naturnahen Ökosystems ist Verpflichtung! AFZ, Nr. 8, 1991.
Deutscher Forstverein (Hrsg.): Waldsterben – Argumente zur Diskussion. Regensburg, 1984.
Deutscher Jagdschutzverband (DJV): Nachrichten, Nr. 5/1981.
Deutscher Naturschutzring e.V. , Bundesverband für Umweltschutz (DNR) (Hrsg.): Moore – Bedeutung – Schutz – Regeneration. Bonn, 1980.
Deutscher Naturschutzring e.V.: Flora und Vegetation der Äcker, Raine und Ruderalplätze. Bonn, 1980.
Deutscher Naturschutzring e.V.: Grundwasserentnahmen – ökologische Risiken und Alternativen. Sonderdruck der Grundwassertagung. Hanstedt, Mai 1981.
Deutscher Naturschutzring e.V.: Wildpflanzen in der Stadt. Merkblatt. Bonn, 1980.
Diercks, R.: Pflanzenschutz mit Maß und Ziel. Merkblatt der Deutschen Landwirtschafts-Gesellschaft, DLG-Ausstellung 1980, Hannover.
Dierschke, F.: Die Sommervogelbestände nordwestdeutscher Kiefernforsten. In: Die Vogelwelt, 94. Jg., Heft 6, 1973.
Dierßen, K.: Eutrophierungsbedingte Veränderungen der Vegetationszusammensetzung (Fallstudien aus Schleswig-Holstein). Berichte der Norddeutschen Naturschutzakademie, 2/1, 1989.
Dierßen, K.: Regeneration von Hochmooren – Zielsetzung, Möglichkeiten, Erfahrungen. In: Natur und Landschaft, Heft 2, 56. Jg., 1981.
Dietrich, K.; Koepff, Chr.: Erholungsnutzung des Wattenmeeres als Störfaktor für Seehunde. In: Natur und Landschaft, 61. Jg., Heft 7/8, 1986.
Dietzen, W.; Kalchreuther, H.: Den Habicht verstehen. DJV-Nachrichten, 1982.
Dilthey, T.: Eine neue Identität für den „Waldschutz" – sitzen Waldbesitzer und Naturschützer auf einem Ast? AFZ, Nr. 6, 1993.
Dimter, G.: Konzept für einen stadtökologischen Lehrpfad in Köln-Nippes/Köln-Riehl. In: Natur und Landschaft, 66. Jg., Heft 11, 1991.
Ditfurth, H. v.: Sind wir noch zu retten? In: Natur, Nr. 7, 1985.
Ditfurth, H. v.: So laßt uns denn ein Apfelbäumchen pflanzen. Es ist soweit. Rasch u. Röhring, Zürich, 1985.
DJV, Deutscher Jagdschutzverband e.V.: DJV-Handbuch 1993. Bonn, 1993.
DJV, Deutscher Jagdschutzverband e.V.: Fütterung, Ablenkungsfütterung, Kirrung. In: Wild und Hund, Nr. 26, 1990.
DJV, Deutscher Jagdschutzverband e.V.: Jagd heute – Standortbestimmung der Jagd. Bonn, 1988.
DLG: Landbewirtschaftung und Ökologie. DLG-Verlag, Frankfurt (Main), 1981.
DNR (Deutscher Naturschutzring): DNR fordert Verbot des Vogelfangs. In: Natur und Landschaft, Heft 7/8, 1986.
Doornbos, G.: Gedrag van zeehonden in het stroomgebied van de Oude Lauwers (oostelijke waddenzee) in 1978. Report Rijksinstituut voor Natuurbeheer, Texel, 1980.
Drescher, H. E.: Hautkrankheiten beim Seehund in der Nordsee. Säugetierkundl. Mitt. 26, 1978.

Duderstaedt, H.-J.: Forstgatter sind Schuld an Wildtragödien. Deutsche Jagdzeitung, Nr. 4, 1993.

Ebersbach, H.: Möglichkeiten und Grenzen des Vertragsnaturschutzes unter besonderer Berücksichtigung des Waldes. Agrarrecht, 1991.

Eibl-Eibesfeldt, J.; Hass, H.; Freisitzer, K.; Gehmacher, E.; Glück, H.: Stadt und Lebensqualität – Neue Konzepte im Wohnraum auf dem Prüfstand der Humanethologie und der Bewohnerurteile. Österreichischer Bundesverlag, Wien, 1985.

Eibl-Eibesfeldt, J.: Wenn der Mensch zum Opfer seiner eigenen Werkzeuge wird. In: Die Welt, Nr. 152, 1987.

Eichel, C.: 20 Jahre Landschaftspflegetrupps für Naturschutz und Naturparke beim Hess. Forstamt Kassel. Forstliche Mitteilungen Nr. 12, 1991.

Eichhorn, J.; Grabowski, H.: Immissionsbelastung des Bodenlebens und der Baumwurzeln. AFZ Nr. 2, 1991.

Eickeler, R.: Europa: Die bedrohte Natur präsentiert ihren Bewohnern eine saftige Rechnung. In: Signatur der Zeit, Handelsblatt, Nr. 125/1984.

Eigner, J.: Habicht und Beute. Wechselwirkungen im Ökosystem Kulturlandschaft. In: AFZ, Nr. 44/1984.

Eigner, J.: Ökologische Knickbewertung in Schleswig-Holstein. Sonderdruck aus „Die Heimat" Nr. 10/11, 1978.

Ellenberg, H.: Vegetation Mitteleuropas mit den Alpen in ökologischer Sicht. Eugen Ulmer Verlag, Stuttgart, 1978.

Ellenberg; Mayer; Schauermann: Ökosystemforschung. Ergebnisse des Solling-Projekts. Verlag Eugen Ulmer, Stuttgart, 1986.

Ellenberg, H.: Die Vegetation Mitteleuropas mit den Alpen. Ulmer, Stuttgart, 1978.

Ellenberg, H.: Elster, Krähe und Habicht ein Beziehungsgefüge aus Territorialität, Konkurrenz und Prädation. Verl. d. Gesellschaft für Ökologie (Bern), Band XII, 1982.

Ellenberg, H.: Eutrophierung – das gravierendste Problem im Naturschutz? Zur Einführung. NNA-(Norddeutsche Naturschutzakademie, Schneverdingen)Berichte 2/1, 1989.

Ellenberg, H.: Habicht und Beute. Wechselbeziehungen im Ökosystem Kulturlandschaft. In: AFZ, Nr. 44, 1984.

Ellenberg, H.: Immissionen – Produktivität der Krautschicht – Populationsdynamik des Rehwildes: Ein Versuch zum Verständnis ökologischer Zusammenhänge. In: Natur und Landschaft, 61. Jg., Heft 9, 1986.

Ellenberg, H.: Vegetation Mitteleuropas mit den Alpen. Eugen Ulmer Verlag, Stuttgart, 1982.

Ellenberg, H.: Zeigerwerte der Gefäßpflanzen Mitteleuropas. Scripta Geobotanica, IX/9, 1974.

Ellenberg, H.: Zur Populationsökologie des Rehes in Mitteleuropa. Spixiana, Suppl. 2, 1978.

Emonds, G.: Der Schutz wildwachsender Pflanzen und wildlebender Tiere durch internationale Abkommen und Vorhaben. In: Natur und Landschaft, 53. Jg., Heft 12/1978.

Encke, B.-G.: Zum Für und Wider der Bejagung der Rabenvögel. AFZ Nr. 19, 1987.

Ende, F. A.: Einstellungen zum Umweltschutz 1992 in Ost- und Westdeutschland. AFZ Nr. 12, 1993.

Engelhardt, W.: Chancen für Waldschutz-Konvention stehen doch nicht so schlecht – Nachbetrachtung zu Rio aus der Sicht des Deutschen Naturschutzringes. In: Unser Wald 4, 44. Jg., 1992.

Englaender, C.: Die Bedeutung der Waidgerechtigkeit im Tierschutzrecht. DJV-Nachrichten, 1982.

Enigl, M.: Wo die Seele noch baumeln darf – Reizvolle Ziele abseits vom Massentourismus. Rheinischer Merkur, Christ und Welt, Nr. 49, 1986.

Enzinger, W.; Hartfiel, W.: Vergleichende physiologische und morphologische Untersuchungen am Pansen von Rehen und Ziegen. Niedersächsischer Jäger Nr. 23, 1987.

Erb, N.: Bekämpfung der Elster = Vogelschutz? – Ein Streit ohne Ende. Deutscher Bund für Vogelschutz, Landesverband Hamburg, 1988.

Erlbeck, R.: Aufforstung landwirtschaftlicher Böden. AFZ, Nr. 5, 1993.

Erlinger, G.; Reichholf, J.: Störungen durch Angler in Wasservogel-Schutzgebieten. In: Natur und Landschaft, Heft 11, 49. Jg., 1974.

Erz, W.: Bürgerbeteiligung und Landschaftspflege. Jahrbuch für Naturschutz und Landschaftspflege. Band 28, Bonn, 1978.

Erz, W.: Flächensicherung für den Artenschutz – Grundbegriffe und Einführung. Jahrbuch für Naturschutz und Landschaftspflege, ABN (Bonn), Bd. 31, 1981.

Erz, W.: Naturschutz und Landwirtschaft. Jahrbuch für Naturschutz und Landschaftspflege, Band 27, Bonn, 1977.

Evers, F. H.: Streusalzschäden an Waldbäumen. Waldschutzmerkblatt Nr. 3, Verlag Paul Parey, Hamburg und Berlin, 1981.

Evers, O.; Schmatzler, E.: Vorschläge zur Renaturalisierung von Hochmooren, dargestellt am Uchter Moor im Landkreis Nienburg/Weser. In: Natur und Landschaft, Heft 7/8, 51. Jg., 1976.

Falinski, J. B.: Succession, regeneration and fluctuation in the Bialowieza Forest (NE Poland). Vegetatio, 77, 1988.

Farnsworth, N.R.; Soljarto, D.D.: Potential consequence of plant extinction in the United States on the current and future availability of prescription drugs. Economy Botany, 30, 1985.

Fast, J.: Versteckte Signale – Körpersprache im Beruf. Aus dem Amerikanischen übersetzt von Wolfdietrich Müller. ECON-Verlag, Düsseldorf, 1992.

Feldmann, R.: Rote Liste der im Landesteil Westfalen (Land NRW) gefährdeten Amphibien und Reptilienarten. In: Natur und Landschaft, Nr. 51, 1976.

Festetics, A.: Der Kreis um Konrad-Lorenz-Ideen, Hypothesen, Ansichten (47 Autoren). Festschrift anläßlich des 85. Geburtstages von Konrad Lorenz am 7. 11. 1988. Hrsg.: Schleidt, W., Verlag Paul Parey, Berlin und Hamburg, 1988.

Fink, E.: Die ästhetische Bedeutung der Pflanzen im versteinerten Stadtraum. In: Pflanzenverwendung im urbanen Bereich. Verlag G. Callwey, München, 1976.

Finke, L.: Zum Problem einer planungsorientierten ökologischen Raumgliederung. In: Natur und Landschaft, Heft 11, 49. Jg., 1974.

Finkeldey, R.: Auswahlkriterien und Anlage genetischer Ressourcen bei der Fichte. In: Forstarchiv, 63. Jg. 1992.

Fischer, A.: Ruderalvegetation im mittelhessischen Urbanbereich. In: Ruderalvegetation – Kenntnisstand, Gefährdung und Erhaltungsmöglichkeiten – Bericht über das Kolloquium Mai 1987 an der Norddeutschen Naturschutzakademie. Hrsg. D. Brandes, Braunschweig, 1988.

Fischer, K.: Die „Notzeit-/Winterfütterung" der Hirsche in unseren Breiten. In: Wild und Hund, Nr. 5, 1992.

Fisher, R.; Ury, W.: Das Harvard-Konzept. Sachgerecht verhandeln – erfolgreich verhandeln. Übers. von Werner Reith, 4. Auflage, Campus-Verlag, Frankfurt/Main, New York, 1985.

Fisher, R.; Brown, S.: Gute Beziehungen – Die Kunst der Konfliktvermeidung, Konfliktlösung und Kooperation. Aus dem Englischen von Linda Gränz, Campus-Verlag, Frankfurt, 1989.

Flad-Schnorrenberg, B.: Wie stellen sich Arten- und Biotopschutz in der Presse dar? In: Natur und Landschaft, Heft 12, 53. Jg., 1978.

Flasbarth, J.: Nach Rio: Die große Erleichterung? In: Naturschutz heute, Nr. 3, 1992.

Flemming, G.: Klima – Umwelt – Mensch – Umweltforschung. VEB Gustav Fischer Verlag, Jena, 1979.

Flessner, G.: Ohne Jäger kein Wild. In: Niedersächsischer Jäger, Nr. 4/1983.

Focus: Verbände – Grabenkämpfe im Tollhaus. Nr. 48, 1994.

FÖNAD (Föderation der Natur- und Nationalparke Europas – Sektion Deutschland): Ecotrans und Parke – Ein Informationssystem über Schutzgebiete und naturverträglichen Tourismus. Grafenau, 1991.

Förster, M.: Auswirkungen eines überhöhten Wildbestandes auf die Vegetation. In: AFZ, 1975.

Forche, T.; Dambroth, M.; Sommer, C.: Praxisrelevante Zwischenergebnisse der Begleitforschung zum Grünbracheprogramm bzw. zur Flächenstillegung in Niedersachsen. Berichte der Norddeutschen Naturschutzakademie, 3/2, 1990.

Forschungsgemeinschaft Bauen und Wohnen, Stuttgart: Städtebauliche Klimafibel. Hinweise für die Bauleitplanung, Folge 1, Baden-Württemberg, Innenministerium Stuttgart, 1977.

Forstbehörde, Höhere, in Westfalen-Lippe (Hrsg.): Waldränder und Gehölze in der Landschaft. Münster, 1981.

Frank, F.: Der Mythos vom Gleichgewicht in der Natur. Ber. Dtsch. Sekt. Int. Rat Vogelschutz 26, 1986.

Frank, G.: Wald und Wild, kein Gegensatz – Das Wild ist nicht am Waldsterben schuld! In: DJV-Nachrichten, 1/1984.

Franz, J. M.; Krieg, A.: Biologische Schädlingsbekämpfung, 2. Aufl., Pareys Studientexte, Nr. 12, Verlag Paul Parey, Hamburg und Berlin, 1976.

Fricke, O.; Menzel, J.: Das Rehwild. Landbuch-Verlag, 1989.

Fricke, O.: Der Ausleseabschuß brachte keinen Erfolg. Niedersächsischer Jäger, Nr. 8, 1991.

Fritz, G.: Erhebung und Darstellung unzerschnittener, relativ großflächiger Wälder in der Bundesrepublik Deutschland. In: Natur und Landschaft, 59. Jg., Heft 7/8, 1984.

Fritz, G.: Zur Inanspruchnahme von Naturschutzgebieten durch Freizeit und Erholung. In: Natur und Landschaft, Heft 7, 52. Jg., 1977.

Fritz, G.: Zusammenarbeit zwischen Fremdenverkehr und Naturschutz? In: Natur und Landschaft, Heft 2, 60. Jg., 1985.

Fuhrmann, M.; Godmann, O.: Konsequenzen aus einer Baumhöhlenuntersuchung im Rheingau – Natürliche Quartiere der Waldfledermäuse schützen! AFZ, Nr. 19, 1991.

Furtmayr-Schuh, A.: Bäume sterben auch in den Köpfen der Kinder. In: DIE ZEIT, Nr. 39, 1985.

Gaia: Der Öko-Atlas unserer Erde. Fischer-Verlag, Frankfurt (Main), 1985.

Ganser, A.: Auch in der Natur ist Luxus gefragt. In: FAZ vom 15. 8. 1985.

Gassmann, L.: Die Grünen – eine Alternative. Häussler-Verlag Neuhausen, Stuttgart, 1985.

Gaumert, D.: Kleinfische in Niedersachsen – Hinweise zum Artenschutz – Hrsg. Nieders. Landesamt für Wasserwirtschaft, Hildesheim, 1986.

Gaumert, D.: Ökologische Auswirkungen der maschinellen Gewässerunterhaltung. In: 30. Fortbildungslehrgangsbericht „Naturnahe Gewässergestaltung und Gewässerunterhaltung", Nds. Landesamt für Wasser und Abfall, Hildesheim, 1991.

Gehrmann, J.: Umweltkontrolle am Waldökosystem. LÖLF, Jahresbericht (1989), 1990.

Geiger, C.; Krämer, A.: Rank-order of Roe deer at artificial winter feeding sites in a Swiss hunting district. XIth Internat. Congr. Game Biol. Nat. Swed. Env. Protect, 1974.

Geldern, W. v.: Ich gestehe, daß ich ein großer Befürworter der Aufforstung bin. In: Unser Wald, 45. Jg., Nr. 2, 1993.

Genßler, H.: Waldbau als angewandte Ökologie – Grenzen, Fehler, Möglichkeiten. In: Der Forst- und Holzwirt, Nr. 22/1981.

Georgii, B.; Schröder, W.; Schreiber, R. L.: Skilanglauf und Wildtiere – Konflikte und Lösungsmöglichkeiten. Band 1, Schriftenreihe ökologisch orientierter Tourismus, Pro Natur – Umweltpraxis, 1985.

Gerken, B.: Exkursionen ins Moor. In: Lehrer-Service vom BUND, DBV, WWF, Nr. 18 „Das Moor" Freiburg, 1984.

Giesen, K.: Waldschadensberichte – und wie man sie lesen muß. FAZ, Nr. 279, 1992.

Gildemeister, R.: Öffentlichkeitsarbeit für Naturschutz und Landschaftspflege – Auswertung eines Untersuchungsberichtes. In: Natur und Landschaft, Heft 6, 56. Jg., 1981.

Gildemeister, R.: Sicherung von Erholungslandschaften. In: Städte- und Gemeindebund, Heft 8, 1984.

Glandt, D.: Amphibienschutz aus der Sicht der Ökologie – Ein Beitrag zur Artenschutz-Theorie. In: Natur und Landschaft, Heft 9, 56. Jg., 1981.

Global 2000: Bericht an den Präsidenten (1980), Deutsche Übersetzung von Reinhard Kaiser.

Globus 2210/1993: Vergiftete Böden – Gefahr für Gesundheit und Umwelt. In: „Unser Wald" 6/1994.

Gößwald, K.: Biotechnik der Waldameisenhege. In: Der Forst- und Holzwirt, Nr. 20, 1981.

Goldberg, E. D.: The health of the oceans. Paris, 1976.

Gossow, H.: Wald – Wildtier – Wechselbeziehungen in Mitteleuropa. In: AFZ, Nr. 15/1983.

Gossow, H.: Wildökologie. BLV-München, 1976.

Grafen, A.; Engert, E.: Mehr Markt – mehr Umwelt. FAZ, Nr. 95, 1990.

Graff, O.: Humuswirtschaft. Berichte der Nordd. Naturschutzakademie 3/2, 1990.

Graulich, R.: Feldholzinseln, Stätten des Lebens. Landesjagdverband Hessen, 1980.

Graulich, R.: Hecken und Gehölze für das Niederwild. In: Niedersächsischer Jäger, 21/1983.

Graulich, R.: Situation des Niederwildes in Hessen. In: Ist der Rückgang des Niederwildes in der Kulturlandschaft unabwendbar? In: Niedersächsischer Jäger, Nr. 17/1984.

Greenpeace: Schluß mit den Müllexporten – Deutschland ist Weltmeister im Export von Giftmüll. Aufruf im Spiegel Spezial, 1/1992.

Grennelt, P.; Hasselrot, B.: The deposition of Ammonium and Nitrate to Forest Edges. In: Asman and Diederen, 1987.

Grohé, T.: Stadtökologie, Stadtgrün und integrierte Planung. In: Inform. zur Raumentwicklung, 1982.

Grosch, P.: Öko-Landbau – unsere Zukunft. Naturschutz und Landwirtschaft aus der Sicht des alternativen Landwirtes. In: Wir und die Vögel, DBV.

Gruhl, H.: Das irdische Gleichgewicht. Erb Verlag, Düsseldorf, 1982.

Gruhl, H.: Ein Planet wird geplündert. Frankfurt, 1975.

Gschwendter, F.: Wiederbesiedlung von Fasanen – Qualität oder Schund? In: Jagd und Hege, Nr. 4, 1992.

Gussone, H. A.: Auswirkungen von Immissionen und Gegenmaßnahmen in den Wäldern Nordwestdeutschlands. In: Der Forst- und Holzwirt, 38. Jg., Nr. 21/1983.

Guthörl, V.: Rehwildverbiß und Waldvegetation. AFZ, Nr. 4, 1991.

Guttenberg, E.: Alle Christen müssen Umweltschützer sein. In: Nationalpark, Nr. 12, 1976.

Haaf, G.: Rettet die Natur. Praesentverlag, Europäische Bildungsgemeinschaft Verlags-GmbH, Stuttgart, 1981.

Haarmann, K.: Zustand und Effizienz der Naturschutzgebiete in der Bundesrepublik Deutschland am Beispiel von fünfzehn „Vogelfreistätten". In: Vogelwelt 106, 1985.

Häberle, M.; Herrmann, K.: Entwicklung von Emissionen und Immissionen wichtiger Luftschadstoffe: – WLb: Wasser Luft und Betrieb 7/8. BASF, Ludwigshafen, 1984.

Haeckel, J.-W.; Meijering, M. P. D.; Rusetzki, H.: Gammarus fossarum Koch als Fallaubzersetzer in Waldbächen. Freshwater Biol. 3, 1973.

Hagen, H.: Zur Situation der Wildlife Conservation in Afrika. In: Natur und Landschaft, 67. Jg., Heft 2, 1992.

Haglund, B.: Winter habits of the Lynx and the Wolverine revealed by tracking in the snow. VIIth. Congr. J.U.G.B. Beograd and Ljubljana. 1965.

Hahn, J.; Aehnelt, E.: Die Fruchtbarkeit der Tiere als biologischer Indikator für Umweltbelastungen. Tagungsbericht der Gesellschaft für Ökologie, Tagung Gießen, 1972.

Hamann, K.: Öko-Kurse – Nicht nur für Naturschutz-Obleute. In: Wild und Hund, Nr. 12, 1990.

Hampicke, U.: Landwirtschaft und Umwelt – Ökologische und ökonomische Aspekte einer rationalen Umweltstrategie, dargestellt am Beispiel der Landwirtschaft der Bundesrepublik Deutschland, 1977.

Hanstein, U.: Biotopschutz durch Unterlassen. In: Der Forst- und Holzwirt, Nr. 6, 1982.

Hanstein, U.: Welche Wünsche hat der Naturschutz an die Forstwirtschaft und wie lassen sie sich erfüllen? In: Der Forst- und Holzwirt, Nr. 2, 1984.
Hard, G.: Brachflächen in der Landschaft 1976 – Vegetationsentwicklung, Auswirkungen auf Landschaftshaushalt und Landschaftserlebnis, Pflegeverfahren.
Hard, G.: Die spontane Vegetation der Wohn- und Gewerbequartiere von Osnabrück. In: Osnabrücker naturwissenschaftliche Mitteilungen 9/1982.
Harper, J. L.: The Population Biology of Plants. Academic Press, London, 1977.
Hartfiel, W.: Silage statt Heu für Hirsch und Reh. Niedersächsischer Jäger, Nr. 15, 1991.
Hartinger, W.: Tierversuche? In: Der Tierbefreier, 6. Jg. Nr. 10, Graz, 1992.
Hartl, G. B.: Die genetische Variabilität von Wildsäugern und die Folgen der Isolation. In: Schneider u. a.: Die Illusion der Arche Noah. Echo-Verlag, Göttingen, 1989.
Haß: Merkblatt über die Grundzüge der fischereilichen Bewirtschaftung von Gewässern. Hrsg.: Niedersächsisches Landesverwaltungsamt – Binnenfischerei. 1984.
Hattemer, H. H.: Meinungsvielfalt und genetische Vielfalt im Walde. In: FAZ, vom 5.7.1985.
Hattemer, H.H.; Gregorius, H. R.: Genetische Anforderungen an Maßnahmen zur Arterhaltung. In: Forstarchiv, 64. Jg., 1993.
Hatzfeld, H.: Ist der Wald noch zu retten? Eine teure Zeche: Der grünen Lunge der Erde geht die Luft aus. In: DIE ZEIT, vom 2.3.1984.
Hauser, B.: Weniger Schwermetalle in den Flüssen. In: FAZ, Nr. 224, 1985.
Havelka, P.: Auswilderung, Gefangenschaftsvermehrung und Erhaltung bedrohter Tierarten – ein Spannungsfeld des Naturschutzes. In: Schneider u. a.: Die Illusion der Arche Noah. Echo-Verlag, Göttingen, 1989.
Hecker, A.: England: Fasanenhege = Naturschutz. In: Wild und Hund Nr. 20, 1988.
Hediger, H.: Wildtiere in Gefangenschaft – einst und jetzt. Bongo Nr. 13, 1987.
Heil, F.: Weg vom Dauerjagddruck! Deutsche Jagdzeitung Nr. 11, 1992.
Heimburg, B. von: Umweltschutz geht alle an. Was kann die Landwirtschaft tun? Merkblatt, Hrsg.: AID-Bonn, 1980.
Heinemann, G.: Auf welchem Weg befinden wir uns als Jäger? In: DJV-Informationen, Nr. 5/1981.
Heinsdorf, D.; Krauß, H.-H.: Massentierhaltung und Waldschäden auf dem Gebiet der ehemaligen DDR. In: Forst und Holz, Nr. 13, 1991.
Heinzmann, R.: Natur- und Umweltschutzrubriken in bundesdeutschen Illustrierten, Wochenblättern und Magazinen. In: Natur und Landschaft, Heft 3, 60. Jg., 1985.
Heiß, G.: Notwendigkeit und Bedeutung von Waldschutzgebieten für Arten- und Ökosystemschutz unter besonderer Berücksichtigung von Altholz- und Totholzzönosen. Naturschutzzentrum Nordrhein-Westfalen, Seminarberichte, Nr. 10, 1991.
Heitkamp, U.; Coring, E.: Gutachten – Untersuchungen zur Funktion des Öko-Vlies als Vernetzungselement in Bächen mit Querverbauungen (Wegdurchlässe, Wehre etc.). II. Zoologisches Institut der Universität Göttingen, Göttingen, 1993.
Heitkamp, U.: Ökologisches Gutachten über Ersatzmaßnahmen an der Innerste. Gutachten für die Firma Chemetall, Langelsheim, 1992.
Helsper, H.: Vorgaben der Evolution für die Selbstregulation sozialer Systeme. LÖLF-Mitteilungen, Nr. 2, 1992.
Henning, R.: Ist unsere Schalenwildbejagung noch zeitgemäß? Erfolgreiche Ansitzdrückjagden. In: Wild und Hund Nr. 1, 1990.
Hepting, L.: Der Maisanbau hat seine Grenzen – Bodenverdichtung und Erosion beschränken den Fruchtfolgeanteil. In: Landwirtschaftl. Wochenblatt vom 15.3.1980.
Herditsch, O.: Schäden durch Wild im Walde. Schalenwildtagung, Burgenländischer Landesjagdverband, Vortragsveröffentlichungen, 1991.
Hering, D.; Reich, M.; Plachter, H.: Auswirkungen von gleichaltrigen Fichten-Monokulturen auf die Fauna von Mittelgebirgsbächen. Z. Ökologie u. Naturschutz 2, 1993.
Herrchen, S.: Ökologische Untersuchungen an Kleinsäugern auf Windwurfflächen des frühen Sukzessionsstadiums im Nationalpark Bayerischer Wald. Diplomarbeit 1989.
Herzog, S.: Zur Bedeutung der Tiere im Waldökosystem. In: Jagd und Hege, Nr. 9, 1989.
Hespeler, B.: Jäger wohin? Naturschutz heute, Nr. 3, 1992.
Hespeler, B.: Jagdgenossenschaften verzichten auf Verpachtung. AFZ, Nr. 2, 1993.
Hespeler, B.: Mischwald und Jagd. AFZ, Nr. 24, 1991.
Hespeler, B.: Wirksame Schalenwildreduktion statt Jagdstreß. AFZ Nr. 4, 1991.
Hessische Landesforstverwaltung: Ruhezonen im Walde, Merkblatt 21, Hann. Münden, 1983.
Heydemann, B.: Der Einfluß der Waldwirtschaft auf Waldökosysteme aus zoologischer Sicht. Schriftenr. Deutscher Rat f. Landespflege, 40, 1982.
Heydemann, B.: Empfehlung zum Problem des Herbizid-Einsatzes an Straßen-, Weg- und Feldrändern. In: Informationsdienst Naturschutz, Nr. 1, Juni 1981. Nds. Ministerium für Ernährung, Landwirtschaft und Forsten.
Heydemann, B.: Flächensicherung für den Artenschutz. Jahrbuch für Naturschutz und Landschaftspflege 31/1981.
Hildebrand, E.; Wiebel, M.: Der Einfluß der Befahrung auf die Qualität von Forststandorten, dargestellt an bodenphysikalischen Kenngrößen. AFJZ, 153. Jg., Heft 1/2, 1982.
Hiller, H.: Probleme der Ufersicherung in der Röhrichtzone durch ingenieurbiologische Bauweisen. In: Natur und Landschaft, Heft 7/8, 53. Jg., 1978.
Hoenisch (BML): Die Walderklärung von Rio. In: Forst und Holz, 47. Jg, Nr. 16, 1992.
Höpker, W.: Ein Raubbau, der sich bitter rächt. Rheinischer Merkur, Nr. 49, 2.12.1988.
Hofer, D.; Wotschikowsky, U.: Schalenwildmanagement auf neuen Wegen – Herkömmliche Abschußplanung geht am Kern der Probleme vorbei. AFZ, Nr. 12-13, 1990.
Hofer, D.; Kluth, S.; Wotschikowsky, U.: Bürokratenjagd – Aus Datenfriedhöfen muß Information werden! AFZ, Nr. 12–13, 1990.
Hofer, D.; Syrer, E.: Wildtiere im Paragraphendschungel – Wildtiermanagement braucht ein einheitliches Rahmengesetz. AFZ, Nr. 12-13, 1990.
Hofmann, A.; Nievergelt, B.: Das jahreszeitliche Verteilungsmuster und der Äsdruck von Alpensteinbock, Gemse, Rothirsch und Reh in einem begrenzten Gebiet im Oberengadin. Z. Jagdwiss. 18, 1972.
Hofmann, G.: Die potentielle oberirdische Nettoprimärproduktion der Wald- und Forstökosysteme auf dem Gebiet der DDR. In: 175 Jahre forstliche Lehre in Tharandt, Vorträge, Bd. 1, Technische Universität Dresden, 1986.
Hofmann, G.: Katzenhaltung und Vogelschutz. Journal für Ornithologie 127, Heft 1, 1986.
Hofmann, R. R.: Fütterungshege aus physiologischer Sicht – Diskussionsbeitrag – In: Jäger, Nr. 11, 1987.
Holldack, K.: Jagd und Tierschutz. Das Mißverständnis vom „humanen“ und „inhumanen“ Töten. In: Jagd und Hege, Nr. 2, 1988.
Holzner, W.: Unkraut kommt nicht aus der Hecke. In: Jagd und Hege, Nr. 12, 1990.
Hopp, P.-J., Reulecke, K.: Überlegungen zur Einzel- und Gemeinschaftsjagd. Wild und Hund Nr. 22, 1994.
Hornsmann, E.: Erschließung für wen? In: Unser Wald, Nr. 6/1981.
Howard, W. E.: Natur und Tierschutz. Gastvortrag vor der Königlichen Gesellschaft für Medizin in London am 1. Dez. 1989. DJV-Nachrichten Nr. 1, 1991.
Huber-Stentrup, E.: Das mißverstandene Bundesverfassungsgericht. AFZ Nr. 8, 1991.
Hülsmann, W.: Umweltentlastung und Fahrradverkehr. In:

Das Fahrrad als Wirtschaftsfaktor, Schriftenreihe des ADAC Nordrhein-Westfalen e.V., Nr. 1, Düsseldorf, 1989.

Hüttermann, A.: Frühdiagnose von Immissionsschäden im Wurzelbereich von Waldbäumen. In: Sonderheft der Schriftenreihe „Wald und Umwelt" der Schutzgemeinschaft Deutscher Wald e.V., Münster-Hiltrup, 1982.

Huss, J.: Die Bekämpfung der Konkurrenzvegetation von Waldverjüngungen in der forstlichen Praxis. In: AFZ, Nr. 14/1982.

Huss, J.: Was ist Waldbau auf ökologischer Grundlage? AFZ, Nr. 2, 1992.

Hutter, Cl.-P.; Thielcke, G.; Herrn, Cl.-P.; Faust, B.: Naturschutz in der Gemeinde – Praktischer Ratgeber für Jedermann. Pro Natur Verlag, Stuttgart, 1985.

Iglisch, I.: Landschaftshygienische Probleme bei Massenentfaltungen von tierischen Schädlingen. In: Natur und Landschaft, Heft 7/8, 55. Jg., 1980.

Innenministerium Baden-Württemberg (Hrsg.): Städtebauliche Klimafibel. Hinweise für die Bauleitplanung, Folge 1, ausgearbeitet von Forschungsgemeinschaft Bauen und Wohnen.

Internationale Föderation der Landschaftsarchitekten – Arbeitsgruppe Landschaftsplanung in städtischen Bereichen: Landschaftsentwicklung in der Stadt (Erlanger Empfehlungen). In: Natur und Landschaft, Heft 10, 55. Jg., 1980.

Jacoby, H.: Wassersport und Naturschutz (Bereich Seengebiete). Sonderdruck Deutscher Naturschutzring e.V. (DNR), Bonn, 1980.

Jährling, K.-H.: Fließgewässerrenaturierungen – eine Effektivitätsbetrachtung aus der Sicht der Wassergüte und des Artenschutzes. In: 30. Fortbildungslehrgangsbericht „Naturnahe Gewässergestaltung und Gewässerunterhaltung", Nieders. Landesamt für Wasser und Abfall, Hildesheim, 1991.

Jahn, G.: Wald- und Gebüschgesellschaften in Norddeutschland – Ihre Gefährdung sowie Möglichkeiten ihrer Förderung durch Waldbau. In: Der Forst- und Holzwirt, Nr. 6, März 1982.

Janßen, G.: Die Vorrangigkeit der Schutz- und Erholungsfunktion ist keine operationale Zielsetzung. Holz-Zentralblatt, Nr. 29 u. 32, 1992.

Janßen, G.: Forstpolitische Aspekte einer ökologischen Ausrichtung der Forstwirtschaft in Niedersachsen. AFZ, Nr. 11, 1992.

Janßen, G.: Naturschutz künftig auch noch mit den Jägern? Vortrag der Landesjägerschaft Niedersachsen. Nieders. Jäger, Nr. 11, 1990.

Jantzen, G.: Welche Bedeutung hat die Versauerung von Boden und Trinkwasser für unsere Gesundheit? In: AFZ, Nr. 35 u. 36, 1986.

Janzen, D.H.: Specificity of seed-eating beetles in a Costa Rican deciduous forest. Journal of Ecology, 68/929–952, 1980.

Jedicke, E.: Biotopverbund im Forst – Aufgaben, Ziele und Vorschläge für einen wirkungsvollen Naturschutz. AFZ, Nr. 14, 1991.

Jens, G.: Versauern die Fischgewässer? In: AFZ, Nr. 25/26, 1985.

Job, H.: Freizeit und Erholung mit oder ohne Naturschutz? Dissertation im Fachbereich Geographie, Geowissenschaften an der Universität Trier. Selbstverlag der Pollichia, Bad Dürkheim, 1991.

Job, H.: Mitweltschonende Planung von Freizeiträumen. Dokumentation zum Symposium „Sanfter Tourismus – Vom Schlagwort zur Praxis" am 30. 4. 1992 in Lünen (NRW). TH Aachen, Landesverkehrsverband Westfalen e.V.

Joepen, K. H.: Verpackt, verkauft, verschleudert. In: DIE ZEIT vom 17. 2. 1984.

Jonas, H.: „Dem bösen Ende näher", Spiegel-Gespräch mit dem Technik-Philosophen Hans Jonas über den Umgang der Menschheit mit der Natur. Der Spiegel Nr. 20, 1992.

Jonas, H.: Ist erlaubt, was machbar ist? Bemerkungen zur neuen Schöpferrolle des Menschen. In: Universitäts-Zeitschrift für Wissenschaft, Kunst und Literatur 42/2, 1987.

Jones, M. G.: Grassland management and its influence on the sward. Empire Journal of Experimental Agriculture 1, 1933.

Joschko, M.: Bodentiere und Bodenphysik. Berichte der Nordd. Naturschutzakademie 3/2, 1990.

Joschko, M.: Einfluß von Regenwürmern auf verdichteten Boden – Modellversuche. Dissertation an der Naturwissenschaftlichen Fakultät der TU Braunschweig, 1989.

Kalberlah, O.: Tiere im Boden und ihre Bedeutung – Aspekte bodenbiologischer Zusammenhänge – Berichte der Nordd. Naturschutzakademie 3/2, 1990.

Kalchreuter, H.: Rabenvögel, DJV-Nachrichten Nr. 1, 1988.

Kalchreuther, H.: Die Sache mit der Jagd – Grundlagen, Erkenntnisse, Perspektiven. 4. Aufl. (Neuausgabe), BLV-Verlag, München, 1984.

Karthaus, G.: Zur ornitho-ökologischen Funktion von Bachufergehölzen in der Kulturlandschaft. In: Natur und Landschaft, 65. Jg., Heft 2, 1990.

Kaule, G.: Arten- und Biotopschutz, Verlag Eugen Ulmer, Stuttgart, 1986.

Kaule, G.: Forderungen an die Gesetzgebung aufgrund der Ergebnisse der Biotopkartierung Bayern und ihrer Auswertung als Naturschutzfachplanung. In: Z. TU Berlin, 1978.

Kennel, E.: Das Bayerische Stichprobenverfahren zur Erfassung der Verbißschäden durch Schalenwild. AFZ Nr. 1–3, 1988.

Kennel, E.: Folgerungen aus den Ergebnissen der Verbißinventur in Bayern 1988. AFZ Nr. 40–41, 1989.

Kennweg, H.: Zankapfel oder Kitt? – Wald zwischen Forsteinrichtung und Landschaftsplanung. Forstarchiv, 60 Jg. 1989.

Kiechle, J.: Neue Konzepte für die Landwirtschaft. FAZ Nr. 95, 1990.

Kieker, B.: Argumente zum Boykott oder Importverbot für tropische Hölzer und Holzprodukte aus dem Regenwald. Forst und Holz Nr. 12, 1990.

Kiemstedt, H.; Trommsdorff, U.; Wirz, St.: Gutachten zur Umweltverträglichkeit der Bundesautobahn A 4 – Rothaargebirge. In: Beiträge zur räumlichen Planung. Schriftenreihe des Fachbereiches Landespflege der Universität Hannover, 1985.

Killper u. Partner: Landschaftsverbrauch durch Verkehr; Untersuchung über die Entwicklung von 1955 bis 1990 in der Region Mittlerer Neckar, im Auftrag d. Min. Ernährung, Landw. und Umwelt, Baden-Württemberg, Stuttgart, 1979.

Kinzelbach, R.: Limnische Lebensräume – limnische Wirbellose. In: Natur und Landschaft, Heft 1, 55. Jg. 1980.

Kirschbaum, R.: Naturschutz ums Haus. Hrsg. Naturschutzbund Deutschland e.V., Bonn, 1992.

Kleiber, M.: Der Energiehaushalt von Mensch und Haustier. Verlag Paul Parey, Hamburg und Berlin, 1967.

Kleinschmit, H.: Berücksichtigung des Biotop- und Artenschutzes bei der Bestandesbegründung. Redemanuskript unveröff., BWL-Seminar für Forstleute, Niedersachsen, 1993.

Kleinschmit, H.: Biotop- und Artenschutz im forstlichen Alltag. In: Der Forst- und Holzwirt Nr. 6/1982.

Kleinschmit, J.; Brötje, H.; Fellenberg, U.: Das nieders. Programm zur Erhaltung seltener und bedrohter Baumarten. AFZ, Nr. 11, 1992.

Kleinschmit, J.: Artenschutz und Forstpflanzenzüchtung. In: Der Forst- und Holzwirt, Nr. 6/1982.

Klingholz, R.: Der waidwunde Wald – Wie Reh und Hirsch den geplagten Forsten zusetzen. In: DIE ZEIT vom 22. 3. 1985.

Kloehn, E.; Zacharias, F.: Einrichtung von Biotopen auf dem Schulgelände, Kiel 1983, Landesinstitut Schleswig-Holstein für Praxis und Theorie in der Schule (IPTS) und Institut für die Pädagogik der Naturwissenschaften (IPN).

Klötzli, F.: Unsere Umwelt und wir – Eine Einführung in die Ökologie. Hallwag Verlag, Bern und Stuttgart, 1980.
Klötzli, F.: Grüning, A.: Seeufervegetation als Bioindikator. Zur Reaktion belasteter Seeufervegetation – Daten und Dokumente zum Umweltschutz. Nr. 19, Vorträge Tagung „Umweltforschung“, Universität Hohenheim, 1976.
Klötzli, F.: Qualität und Quantität der Rehäsung. Veröff. Geobot. Institut der ETH Zürich, 1965.
Klopries, B.; Beckmann, G.: Der Anstieg der Kohlendioxidkonzentration in der Troposphärenluft – ein Kardinalproblem der Menschheit. In: Forst und Holz, 44. Jg., Nr. 8, 1989.
Klotz, R.: Fasan(erien): Am Ende der Fahnenstange? In: Wild und Hund, Nr. 10, 1992.
Knauer, N.: Hecken in der Agrarlandschaft. LÖLF-Mittlg. Nr. 1, 1986.
Knauer, N.: Naturschutz und Flurbereinigung in der Diskussion – Zusammenfassung der Tagungsergebnisse. In: Jahrbuch für Naturschutz und Landschaftspflege, Band 29, 1979.
Knief, W.; Borkenhagen, P.: Ist eine Bestandsregulierung von Rabenkrähen und Elstern erforderlich? Ein Untersuchungsbeispiel aus Schleswig-Holstein. In: Natur und Landschaft. 68. Jg., Heft 3, 1993.
Koch, E. R.; Vahrenholt, F.: Die Lage der Nation. Umwelt-Atlas der Bundesrepublik – Daten, Analysen, Konsequenzen, GEO, 1983.
Koch, L.: Bargeld, Bauern, Biotope. Natur Nr. 1, 1991.
Koeppel, H. W.: Der Nutzen des Landschafts-Informationssystems für die Landschaftsplanung. In: Natur und Landschaft, Heft 10, 56. Jg., 1981.
Koeppel, H.-D.: Sinnvolle Planung an Seeufern – ein Beispiel aus der Schweiz. In: Natur und Landschaft, Heft 3, 51. Jg., 1976.
König, C.: Sportangler – Konfliktpartner wider Willen. In: Wir und die Vögel, Heft 3, 11. Jg., 1979.
König, R.: Wildbestandsschätzung und Streckenstatistik. Bonner Jägertage 1992, DJV-Nachrichten Nr. 2, 1993.
Kolodziejcok, K.-G. (Bundesumweltministerium): Grußwort zur DJV-Tagung „Naturschutz und Ökologie“ in Suhl im Mai 1991. Tagungsbericht; Bonn, Lich, 1991.
Korneck, D.; Sukopp, H.: Die Liste der in der Bundesrepublik Deutschland ausgestorbenen, verschollenen und gefährdeten Farn- und Blütenpflanzen und ihre Auswertung für den Arten- und Biotopschutz. Schriftenreihe für Vegetationskunde, Heft 19, Bonn – Bad Godesberg, 1988.
Korsch, J.: Wildschutzgebiete – ein Beitrag zur Erhaltung des Auerwildes? AFZ, Nr. 6-7, 1990.
Krambeck, C.: Wirkung diffuser Stoffeinträge auf limnische Lebensgemeinschaften. NNA-Berichte (Nordd. Naturschutzakademie) Schneverdingen 2/1, 1989.
Kramer, G.: Naturschutz und Tourismus – Konflikte und deren Lösungsmöglichkeiten. Vortrag beim Seminar des Verbandes Deutscher Gebirgs- und Wandervereine e. V. am 17. 11. 1984 in Goslar.
Krause, A.; Lohmeyer, W.: Über Erosionsschäden an gehölzfreien Bachufern in Nordwestdeutschland. In: Natur und Landschaft, Heft 6, 53. Jg., 1978.
Krause, A.; Lohmeyer, W.: Schränken Pflanzenschutzbestimmungen unser Wildstrauchsortiment ein? – Zur Frage verfemter Holzarten. In: Natur und Landschaft, Heft 7/8, 55. Jg., 1980.
Krause, A.: Gehölzbewuchs als natürlicher Uferschutz an Bächen des Hügel- und unteren Berglandes. In: Natur und Landschaft, Heft 7/8, 51. Jg., 1976.
Krause, A.: Straßenbegleitgrün – Eine Chance für Flora und Vegetation in Händen der Straßenmeistereien. In: Natur und Landschaft, Heft 2, 57. Jg., 1982.
Krause, G.: Zielvorstellungen zu einem Fließgewässerprogramm Niedersachsen. In: 30. Fortbildungsbericht „Naturnahe Gewässergestaltung und Gewässerunterhaltung“. Niedersächsisches Landesamt für Wasser und Abfall, Hildesheim, 1991.
Krebs, B.: Für tropische Regenwälder an einem Strick ziehen. In: Unser Wald Nr. 6, 43. Jg. 1991.
Kreie, B.; Vauk, G.: Untersuchungen zur Nahrungsökologie des Rehwildes in der Lünbeburger Heide. Säugetierkunde, Heft 15, Jena, 1991.
Kreie, B.; Vauk, G.: Plädoyer für Markwart. Jäger Nr. 2, 1992.
Kreisel, W.: Umweltverträgliche Angebote unter Einbeziehung der Ergebnisse von Erhebungen bei Fremdenverkehrsgremien. Dokumentation zum Symposium „Sanfter Tourismus – Vom Schlagwort zur Praxis“, Lünen (NRW), TH Aachen, Landesverkehrsverband Westfalen e.V., 1992.
Kremser, W.: Waldplanungen als Kulturaufgabe, AFZ vom 9. 1. 1982.
Kreutzer, K.: Immissionsschäden durch Auftausalze in den Wäldern. In: Forstwiss. Centralblatt, S. 76/1977.
Kreuz, W.; Walter, W.: Strömungs- und Erosionsvorgänge im Bereich von einzelnen und gestaffelten Windschutzanlagen (nach Untersuchungen im Windkanal), Institut für Naturschutz, Schriftenreihe V4, 1960.
Krippendorf, J.: Freizeitverkehr: Prognosen – Probleme – Politik. In: Aspekte der Freizeitentwicklung – Autorenbeiträge zur ADAC-Studie Freizeit 2000, München, 1980.
Krömer-Butz, S.: Lösungen für Ersatz von FCKW müssen weltweit anwendbar sein. In: Unser Wald Nr. 4, 44. Jg., 1992.
Kronbichler, A.: Prinzipien einer umweltschonenden Angebotsgestaltung im Tourismus. Tagungsbericht ETJ/DVAG-Tagung „Umweltfreundlicher Tourismus – eine Entwicklungsalternative für den ländlichen Raum?“, Trier, 1993.
Kroth, W.; Sinner, H.-U.; Bartelheimer, P.: Hilfsmittel zur Bewertung von Schälschäden an Fichte und Buche. In: AFZ, Nr. 5/1984.
Krott, P.: Fasanen – Aussetzen – nein danke? In: Wild und Hund Nr. 4, 1988.
Krug, W.; König, R.; Giese, C.: Wildunfälle – Handeln tut not. Tierschutzaspekte im Problemkreis der Wildunfälle. In: Wild und Hund Nr. 1, 1992.
Kühner, Ch.: Populationsentwicklung der Getreideblattläuse und ihrer spezifischen Gegenspieler. In: Auswirkungen von Ackerschonstreifen, Beiträge v. Symposium „Ackerschonstreifen – positive Auswirkungen für die Landwirtschaft?“ Mittl. BBA Land- und Forstwirtschaft 247, 1988.
Küppers, B.-O.: Der Verlust aller Werte. In: Natur, Nr. 4/1982.
Kujawski, O. E. J.: Europas Wildbret-Hygiene kommt auch zu uns – Wildbret ist nicht immer einwandfrei. In: Jagd und Hege Nr. 9, 1992.
Kula, H.: Pflanzenschutz und Bodenorganismen. Berichte der Nordd. Naturschutzakademie 3/2, 1990.
Kulzer, E.: Der Winterschlaf der Fledermäuse – Die Überwindung einer Energiekrise. Stuttgarter Beiträge zur Naturkunde, Serie C, Nr. 14.
Kurt, F.: Das Reh in der Kulturlandschaft – Sozialverhalten und Ökologie eines Anpassers. Paul Parey, Hamburg und Berlin, 1991.
Kurt, F.: Naturschutz – Illusion und Wirklichkeit. Verlag Paul Parey, Hamburg und Berlin, 1982.
Kurt, F.: Wildtiere in der Kulturlandschaft. Eugen Rentsch Verlag, Erlenbach-Zürich, 1977.
Lahrem, A.F.: Jeder Bürger verursacht pro Jahr 375 Kilogramm Abfall. Welt Nr. 83, 1989.
Langbein, K.; Martin, H.-P.; Sichrovsky, P.; Weiss, H.: Bittere Pillen – Nutzen und Risiken der Arzneimittel. Verlag Kiepenheuer u. Witsch, Köln 1983, 29. Auflg., Wien, 1984.
Lange, G.; Lecher, K.: Gewässerregelung, Gewässerpflege – Naturnaher Ausbau und Unterhaltung von Fließgewässern. Verlag Paul Parey, Hamburg und Berlin, 1986.
Lay, R.: Dialektik für Manager. Methoden des erfolgreichen Angriffs und der Abwehr. Ullstein-Verlag, Frankfurt/M., Berlin, 1989.
Lehmann, K. H.: Existenzbedrohung verlangt Ausgleich – Diskussionsbeitrag. In: Jäger Nr. 11, 1987.
Lehringer, S.: Luftverunreinigungen und Atemwegserkrankungen beim Menschen. In: AFZ, Nr. 14/1985.

Lehringer, S.: Schwermetallbelastung des Bodens aus heutiger Sicht. In: AFZ, Nr. 6/1984.
Lehringer, S.: Zur Sanierung immissionsgeschädigter Waldökosysteme. AFZ Nr. 34, 1987.
Leibundgut, H.: Das zeitgemäße Waldbauideal. Schweizer Zeitschrift f. Forstw. 1973.
Leibundgut, H.: Einfluß von Borstgras und Heidelbeere auf die Ansamung von Kiefer und Lärche. Schweiz. Z. Forstwes. 115, 1964.
Leibundgut, H.: Europäische Urwälder der Bergstufe, Bern, 1982.
Leibundgut, H.: Wirkungen des Waldes auf die Umwelt des Menschen. Zürich und Stuttgart, 1975.
Leicht, H.: Beschneiungsanlagen und Naturschutz – eine naturschutzfachliche Betrachtung der Situation in Bayern. Natur und Landschaft, 68. Jg., Heft 2, 1993.
Lemb, N.: Streuobstwiesen – ein Plädoyer für die Erhaltung von Lebensräumen. (bei Schneider, 1989).
Lenhart, B.; Steinberg, Chr. (Bearb.): Limnochemische und limnobiologische Auswirkungen der Versauerung von kalkarmen Oberflächengewässern. In: Informationsberichte Bayer. Landesamt für Wasserwirtschaft, Nr. 4/1984.
Leppert, S.: Natur- und landschaftsbezogene Touristenbetreuung als öffentliche Aufgabe. Natur und Landschaft, Heft 9, 67. Jg., 1992.
Lersner, H. v.: Schutz der Wälder vor Immissionsschäden. In: Der Forst- und Holzwirt, Nr. 16, 39. Jg., 1984.
Lindgren, D.: Genetisk diversität, Klonautal och fröplantager. Sveriges Skogsvårdsförbunds Tidskrift 4, 1987.
Linn, S.: Fasane satt – welches Schicksal massenhaft zur Jagd ausgewilderte Fasane in freier Wildbahn erwartet. Natur Nr. 1, 1991.
Lipphaus, H. M.: Jagdparcours-Schießen – Auf den Spuren seltsamer Tauben. In: Wild und Hund Nr. 8, 1992.
Loeschke, V.: Biogeographie und Artenschutz. Naturw. Rundschau 41, 1988.
Löderbusch, W.: Auswirkungen von verschiedenen Grabenräumungsmethoden auf die Fauna von Entwässerungsgräben. Veröff. Naturschutz Landschaftspflege Bad.-Württ., Karlsruhe, 1994.
Löffler, J.: Stadtökologisch-geographischer Lehrpfad Nagold. Hrsg. Schutzgemeinschaft Deutscher Wald, Gruppe Nagold. Nagold, 1991.
LÖLF: Weichholz in neuem Licht. LÖLF-Mitteilungen Nr. 4, 1991.
Lötsch, B.: Der Kreis um Konrad Lorenz – Ideen, Hypothesen, Ansichten (47 Autoren). Festschrift anläßlich des 85. Geburtstages von Konrad Lorenz am 07.11.1988. Herausgeber Schleidt, W., Verlag Paul Parey, Berlin und Hamburg, 1988.
Lohmann, M.: Ökofibel. Hrsg.: Bund für Umwelt- und Naturschutz Deutschland e.V. , 8. Aufl., Bonn, 1981.
Lohmeyer, B.: Unsere seelische Abhängigkeit von der Natur. In: Konzept Naturlandschaft Sihlwald. Im Auftrag des Stadtforstamtes Zürich. Zürich, 1988.
Lohmeyer, W.; Krause, A.: Über den Gehölzbewuchs an kleinen Fließgewässern Nordwestdeutschlands und seine Bedeutung für den Uferschutz. In: Natur und Landschaft, Heft 12, 49. Jg., 1974.
Lorenz, K.: Das wirklich Böse. In: Was wird aus dem Menschen? (O. Schatz, Hrsg.) Graz/Wien/Köln, 1973.
Lorenz, K.: Der Abbau des Menschlichen. München, Piper, 1983.
Lorenz, K.: Die acht Todsünden der zivilisierten Menschheit. München, 1973.
Lorenz, K.: Die Rückseite des Spiegels. München, Piper, 1973.
Loske, K.-H.: Pflege, Erhaltung und Neuanlage von Kopfbäumen. In: Natur und Landschaft, Heft 9, 53. Jg., 1978.
Lozán, J. L. (Hrsg.); Lenz, W.; Rachor, E.; Watermann, B.; Westernhagen, H. v.: Warnsignale aus der Nordsee – wissenschaftliche Fakten. Verlag Paul Parey, Berlin und Hamburg, 1990.
Lozán, J. L.; Rachor, E.; Reise, K.; v. Westernhagen, H.; Lenz, W. (Hrsg.): Warnsignale aus dem Wattenmeer – Wissenschaftliche Fakten. Blackwell Wissenschaftsverlag, Berlin, 1994.
Lucius, R. v.: Ein austrocknender Kontinent? Die Versteppung Afrikas wächst. Die Folgen einer verfehlten Umweltpolitik und unzureichender Kenntnisse. In: FAZ vom 27. 10. 1984.
Lühl, R.: Probleme des Naturschutzes. In: Der Präparator, Heft 1, Bochum, 1984.
Lüpke, B. v.: Einfluß der Konkurrenz von Weichlaubhölzern auf das Wachstum junger Traubeneichen. In: Forst und Holz Nr. 7, 1991.
Mader, H.-J.: Die Isolationswirkungen von Verkehrsstraßen auf Tierpopulationen, untersucht am Beispiel von Arthropoden und Kleinsäugern der Waldbiozönose. Schriftenreihe für Landschaftspflege und Naturschutz, Heft 19, Bonn-Bad Godesberg, 1979.
Mader, H.-J.: Die Tierwelt der Obstwiesen und intensiv bewirtschafteten Obstplantagen in quantitativem Vergleich. In: Natur und Landschaft, Nr. 57/1982.
Mader, H.-J.: Die Verinselung der Landschaft aus tierökologischer Sicht. In: Natur und Landschaft, Heft 3, 55. Jg., 1980.
Mader, H.-J.: Die Verinselung der Landschaft und die Notwendigkeit von Biotopverbundsystemen. LÖLF-Mittlg. Nr. 4, 1985.
Mader, H.-J.: Kritische Bilanz eines Insektizideinsatzes auf einem Bohnenfeld oder 51.000 tote Marienkäfer. In: Natur und Landschaft, Heft 12, 59. Jg., 1984.
Mader, H.-J.: Pauritsch, G.: Nachweis des Barriere-Effektes von verkehrsarmen Straßen und Forstwegen auf Kleinsäuger der Waldbiozönose durch Markierungs- und Umsetzungsversuche. In: Natur und Landschaft, Heft 12, 56. Jg., 1981.
Magel, H.: Das Dorf als Lebensraum – Gedanken zur Dorfökologie und Dorferneuerung. In: Natur und Landschaft, Heft 9, 58. Jg., 1983.
Magel, H.: Ein Aufruf zur Gestaltung der Heimat mit Herz und Verstand. Natur und Landschaft, 67. Jg., Heft 12, 1992.
Mahr, R.: Widerwillen und Widerstand gegen „Naturschutz" In: Natur und Landschaft, Heft 7/8, 53. Jg., 1978.
Maier, L.: Gärtnern ohne Gift?, Verbraucherzentrale Hamburg e. V., 1982.
Majewski, P.: Die biologischen Auswirkungen der Jagd auf die Wildenten. In: Jagd und Hege, Nr. 1/1982.
Mantau, U.: Die forstliche Produktlücke – Infrastrukturleistungen des Waldes marktfähig machen. AFZ, Nr. 4, 1993.
Markl, H.: Dynamik und Stabilität biologischer Populationen. In: AFZ, Nr. 6/1984.
Markl, H.: Natur als Kulturaufgabe. Stuttgart DVA, 1986.
Markmann, J.: Auch Justitia schaut durch den Sucher. In: Die Pirsch Nr. 26, 1992.
Mattheck, C.: Mechanisches Versagen von Bäumen durch Windbruch. Physik in unserer Zeit, 23. Jg., Nr. 2, 1992.
Mayer, H.: Europäische Urwälder. Fischer-Verlag, Stuttgart, 1986.
Mayer, H.: Waldpflege als landeskulturelle Herausforderung. In: AFZ, vom 9. 1. 1982.
Mayer, H.: Waldverwüstende Wildschäden in Tirol. Universität für Bodenkultur, Wien, 1983.
Mayer-Tasch; Kroher, E.: Kulturlandschaft in Gefahr.
Mederake, R.; Schmidt, W.: Pflegeversuche auf Straßenbegleitflächen. Natur und Landschaft, 64. Jg., Heft 11, 1989.
Meile, P.: Dem Hasen ist zu helfen!. In: Jagd und Hege Nr. 3, 1991.
Meinberg, E.: Umwelt – ein Problem der Sportethik? LÖLF-Mittlg. 2, 1991.
Meister, G.; Schütze, Ch.; Sperber, G.: Die Lage des Waldes. GEO, Gruner u. Jahr, Hamburg, 1984.
Meister, G.: Künftige Betriebsgestaltung im Oberbayerischen Hochgebirge. Forstwissenschaftliches Centralblatt, 88. Jg., 1969.

Menke, R.: Stadtverkehrsplanung. Schriften des DIFU, Bd. 53, Stuttgart, 1975.
Mensendiek, J.: Einleitung zum Symposium „Sanfter Tourismus – Vom Schlagwort zur Praxis" in Lünen (NRW). TH Aachen, Landesverkehrsverband Westfalen e.V., 1992.
Metzner, U.: Einstellung von Entscheidungsträgern in Planungsbehörden zu Naturschutz- und Landschaftspflege. In: Natur und Landschaft, Heft 9, 56. Jg., 1981.
Meurers, R. v.: B(W)ismut-Schrot – Viele Fragen um die „neue" Alternative. In: Wild und Hund, Nr. 8, 1992.
Meyer, F. H.: Bedeutung des Baumbestandes in der Großstadt. In: Unser Wald, Nr. 5/1984.
Meyer, F. H.: Mykologische Beobachtungen zum Baumsterben. In: AFZ, 1984.
Meyer-Spasche, H.: Nährstoff-Disharmonie – eine latente Gefahr. Deutsche Baumschule Nr. 10, 1988.
Michel-Kim, H.: Klimaherausforderung und Waldbau im 21. Jahrhundert. Forstarchiv, 59. Jg, 1988.
Michelsen, G. (Hrsg.): Der Fischer Öko-Almanach. Daten, Fakten, Trends der Umweltdiskussion. Fischer-Verlag, Frankfurt, 1984.
Miller, S.; Nunnally, E. W.; Wackman, D.B.; Saline, C.: Gespräche selbstsicher und ebenbürtig führen. Der Weg zu vertrauensvollen Beziehungen in Partnerschaft, Familie und Beruf. Aus dem Englischen übertragen. MVG-Verlag, Landsberg am Lech, 1988.
Minister für Ernährung, Landwirtschaft und Forsten des Landes Nordrhein-Westfalen (Hrsg.): Umweltschutz beginnt zu Hause. Broschüre, Düsseldorf, 1984.
Mohr, H.: Biologische Grenzen des Menschen. In: Zeitwende, 56. Jg., 1985.
Moll, W. L. H.: Taschenbuch für Umweltschutz. I. Chemische und technologische Informationen 1972. II. Biologische Informationen 1976. III. Ökologische Informationen, 2. Aufl., 1982, UTB, Steinkopf-Verlag, Darmstadt.
Molthan, J.; Ruppert, V.: Zur Bedeutung blühender Wildkräuter in Feldrainen und Äckern für blütenbesuchende Nutzinsekten. In: Auswirkungen von Ackerschonstreifen, Beiträge vom Symposium „Ackerschonstreifen – positive Auswirkungen für die Landwirtschaft?" Mittl. BBA Land- und Forstwirtschaft 247, 1988.
Moser, A.: Hauptbaumarten und Wild. AFZ, Nr. 15, 1992.
Mosimann, Th.: Beschneiungsanlagen in der Schweiz. Geosynthesis 2, Systematisch-Geobotanisches Institut der Universität Bern, 1991.
Mosler-Berger, C.: Rothirsche im Winter – Energiesparen zum Überleben. In: Jagd und Hege, Nr. 2/1982.
Mrass, W.: Ziele und Aufgaben der landschaftspflegerischen Begleitplanung in der Agrarplanung. In: Jahrbuch für Naturschutz und Landschaftspflege, Band 29, 1979.
Mülder, D.: Am Begriff „Forstwirtschaft" festhalten. Forstarchiv, 62. Jg., S. 65-67, 1991.
Müller, H.: Hobbyferien zum Umwelt- und Naturschutz. Bericht über eine Jugendfreizeit. In: Natur und Landschaft, Heft 6, 56. Jg., 1981.
Müller, K.-H.: Naturwissenschaftliche Daten – Grundlagen für Stadtökologie und ökologische Planung. In: Ökologie und Stadtplanung. Deutscher Gemeindeverlag. 1984.
Müller, P.: Jagdliche Trophäen – was sagen sie dem erfahrenen Jäger? Niedersächsischer Jäger Nr. 14, 1989.
Müller, P.: Reviere verpflichten. DJV-Tagung in Suhl im Mai 1991. Tagungsbericht i. Bonn, Lich, 1991.
Müller, P.: Verbißgutachten: Note mangelhaft. Sonderdruck aus Die Pirsch, Heft 6, 1993.
Müller, P.: Wie kann die Fangjagd überleben? In: Wild und Hund Nr. 12, 1992.
Müller, P.: Wildbebiß – Aufklärung und Objektivierung der Zusammenhänge zwischen Schalenwildverbiß und Ökosystemreaktionen als Grundlage für eine Verbesserung von Verbißgutachten. DJV, Bonn, 1992.
Müller, W.: Bedeutung, Schutz und Pflege von Hecken. Merkblatt des SLKV, Schweizerisches Landeskomitee für Vogelschutz, Birmensdorf, 1979.
Müller-Starck, G.; Hattemer, H. H.: Genetische Auswirkungen von Umweltstreß auf Altbestände und Jungwuchs der Buche. Forstarchiv, 60. Jg., 1989.
Müri, H.: Futter-Tradition beim Reh: Individuelle und soziale Lernmechanismen bei Annahme und Meiden unbekannter Futtermittel. In: Das Rehprojekt von Staffelbach und Zizers (C. Mertens und D. C. Turner, Ed.) 1983.
Näscher, F.: Ansprache zur Trophäenschau am 19.3.1987 in Vaduz. In: Jagd und Hege Nr. 3, 1987.
Nds. Umweltministerium: Das Nieders. Fließgewässerprogramm. Hannover, 1992.
Neher, E.: Tierversuche garantieren den Wissensvorsprung – Ein Nobelpreisträger zur Novellierung des Tierschutzgesetzes. In: Focus, Nr. 42, 1993.
Nemetschek, G.; Festetics, A.: Zur Frage der Frühjahrsbejagung der Waldschnepfe in der Bundesrepublik Deutschland. Kilda-Verlag, Greven, 1977.
Nieder, H.: Integrierter Pflanzenbau – Die ökonomische und ökologische Alternative. FAZ, Nr. 95, 1990.
Nieders. Landesforstverwaltung: Naturnahe Bachgestaltung. Merkblatt Nr. 10, – Stillgewässer im Wald, Merkblatt Nr. 11, – Pflanzen an Gewässern, Merkblatt Nr. 12, Wolfenbüttel, 1982.
Nieders. Landesforstverwaltung: Waldränder. Merkblatt Nr. 3, Wolfenbüttel, 1977.
Nieders. Landesverwaltungsamt: Fachbehörde für Naturschutz, Landschaftspflege, Vogelschutz (Hrsg.): Niedersachsens Moore sind bedroht. Merkblatt Nr. 6, Hannover, 1977.
Nieders. Landesverwaltungsamt: Hochmoore in Niedersachsen. Merkblatt Nr. 12, Hannover, 1982.
Nieders. Landesverwaltungsamt: Naturschutzatlas Niedersachsen. Hannover, 1984.
Nieders. Landesverwaltungsamt: Wir müssen unseren letzten Störchen helfen. Merkblatt zum Schutz des Weißstorches, 6. Aufl., 1981.
Nielsen, C. C. N.: Einflüsse von Pflanzenabstand und Stammzahlhaltung auf Wurzelform, Wurzelbiomasse, Verankerung sowie auf die Biomassenverteilung im Hinblick auf die Sturmfestigkeit der Fichte. Schrift. Forstl. Fak. Universität Göttingen u. Nds. Forstl. Versuchsanstalt Vol. 100 J. D. Sauerländers. Frankfurt am Main, 1990.
Nielsen, C. C. N.: Zur Verankerungsökologie der Fichte – Ökologische und waldbauliche Einflüsse auf die Verankerungskomponenten und den Verankerungslösungsprozeß. In: Forst und Holz Nr. 7, 1991.
Niemeyer-Lüllwitz, A.: Einführung zu „Natur-Kinder-Garten". Naturschutzzentrum Nordrhein-Westfalen, Landwirtschaftsverlag Münster, 1991.
Niemeyer-Lüllwitz, A.: Kleingärten – Chance für den Naturschutz. LÖLF-Mittlg. Heft 3, 1986.
Niemeyer-Lüllwitz, A.: Naturnahe Gärten in der Stadt – Eine Idee auf neuen Wegen. LÖLF-Mittlg. Heft 3, 1986.
Nießlein, E.: Hier irrt das Bundesverfassungsgericht! AFZ, Nr. 8, 1991.
Nilsson, J.; Grennfelt, P.: Critical Loads for Sulphur and Nitrogen. – Report from a Workshop held at Skokloster, Sweden, March 1988, Nord Miljorapport, 1988.
Nohl, W.: Ästhetik und Pflanzenverwendung im städtischen Freiraum. In: Natur und Landschaft, Heft 7/8, 60. Jg., 1985.
Nohl, W.: Brachflächen in der Landschaft – Vegetationsentwicklung, Auswirkungen auf Landschaftshaushalt und Landschaftserlebnis, Pflegeverfahren. 1976.
Nohl, W.: Eine „andere" Freiraum-Ästhetik. In: Unser Wald, Heft 1, 1984.
Nohl, W.: Erlebnisästhetik und Planungsästhetik. In: Natur und Landschaft, 67. Jg., Heft 12, 1992.
Nohl, W.: Zur Ermittlung planungsrelevanter Bedürfnisse – Dargestellt am Beispiel städtischer Freiräume. In: Natur und Landschaft, Heft 8/9, 50. Jg., 1975.
Nordrhein-Westfalen: Richtlinie der Wasserwirtschaft. Fließgewässer. 1982.
Novakora, E.; Hanzl, R.: Beitrag zur Kenntnis der Rolle des

Luchses in den Waldgesellschaften. Schweiz. Jagdz. 8/9, 1969.
Nowak, E.: Biotopschutz für wirbellose Tierarten – Gedanken zu einem Kolloquium. In: Natur und Landschaft, Heft 1, 5. Jg., 1980.
Nowak, E.: Das Verhältnis von Jagd und Naturschutz aus der Sicht des Naturschutzes. Nieders. Jäger Nr. 2, 1987.
Nowak, E.: Tieraussetzungen als Methode des Naturschutzes – Gedanken über künftige Aktivitäten. In: Natur und Landschaft, Heft 4, 56. Jg., 1981.
Nowak, E.: Wiedereinbürgerung von Tieren – Betrachtungen über Zweck, Handlungsvielfalt und naturschützerische Relevanz. In: Natur und Landschaft, Heft 4, 56. Jg., 1981.
Odum, E. P.: Grundlagen der Ökologie. 2. Aufl., Verlag G. Thieme, Stuttgart/New York, 1983.
Odum, E. P.: Grundlagen der Ökologie in 2 Bänden. Band 2: Standorte und Anwendung. Stuttgart/New York, 1980.
OECD: Water pollution by fertilizers and pesticides. Paris, 1986.
Oehry, W.: Jagd und Tierschutz. DJV-Informationen, Nr. 5/1981.
Oeser, E.: Der Kreis um Konrad Lorenz – Ideen, Hypothesen, Ansichten (47 Autoren). Festschrift anläßlich des 85. Geburtstages von Konrad Lorenz am 7.11.1988. Hrsg.: Schleidt, W., Verlag Paul Parey, Berlin und Hamburg, 1988.
Oeser, K.: Natur- und Umweltschutz als ethische Verpflichtung. In: Nationalpark, Nr. 12/1976.
Olbrich, P.: Untersuchung der Eignung von Wilddurchlässen und der Wirksamkeit von Wildwarnreflektoren. Forschung, Straßenbau und Straßenverkehrstechnik, Heft 426, Hrsg. Bundesminister f. Verkehr, Bonn, 1984.
Olschowy, G. (Hrsg.): Bundeswettbewerb „Unser Dorf soll schöner werden" – Gedanken und Eindrücke. In: Natur und Landschaft, Heft 2, 59. Jg., 1984.
Olschowy, G. (Hrsg.): Ökologische Grundlagen des Natur- und Umweltschutzes, Band 1–3, Sonderdruckausgabe Funkkolleg „Mensch und Umwelt" Verlag Paul Parey, Hamburg und Berlin, 1981.
Olschowy, G.: Straße und Umwelt – Zielkonflikte und ihre Auswirkungen. In: Natur und Landschaft, Heft 10, 56. Jg., 1981.
Onderscheka, K.: Wildtierernährung – Wildschaden. Schalenwildtag 1991, Burgenländischer Landesjagdverband, Vortragsveröffentlichungen.
Osten, G. v. d.: Naturschutz – warum? In: Natur und Landschaft, Heft 10, 53. Jg., 1978.
Ott, W.: Was dem Wald not tut – Anforderungen an eine zukunftsfähige Forstpolitik. AFZ, Nr. 19, 1992.
Otto, F.: Duldungspflicht für Beeinträchtigungen durch das Laub fremder Bäume. In: Natur und Landschaft Heft 12, 67. Jg., 1992.
Otto, F.: Störung des Naturgenusses durch Modellflugbetrieb. In: Natur und Landschaft, Heft 6, 53. Jg., 1978.
Otto, H.-J.: Waldökologie, E. Ulmer-Verlag, Stuttgart, 1994.
Otto, H.-J.: Der dynamische Wald – Ökologische Grundlagen des naturnahen Waldbaues. Forst und Holz, 48. Jg., Nr.12, 1993.
Otto, H.-J.: Forstökologie, Waldbau und Naturschutz. AFZ, Nr. 1, 1991.
Otto, H.-J.: Rahmenbedingungen und Möglichkeiten zur Verwirklichung der ökologischen Waldentwicklung in den nieders. Landesforsten. In: Forst und Holz Nr. 4, 47. Jg., 1992.
Otto, H.-J.: Waldbrand – Vorbeugung und Bekämpfung – Kuratorium f. Waldarbeit und Forsttechnik, Buchschlag, Mitt. 17, 1975.
Pabst, H.: Ziele in der öffentlichen Forstwirtschaft – Sind Reinerträge die Rettung der Forstwirtschaft? AFZ Nr. 8, 1991.
Pampe, J.: Der Holznutzung gebührt Vorrang. Forstarchiv, 62. Jg., 1991.
Parker, L.; Mowrey, R.; Hansen, G.; Bell, B.: Wildlife habitats in managed forests – the Blue Mountains of Oregon and Washington. US Dep. Agric. Forest Service, Agric. Handbook, 1979.
Paulsen, S.: Mein Freund, der Baum – Umwelterziehung. GEO, 1992.
Pechlaner, R.: Die Berücksichtigung ökologischer Gesichtspunkte in der Wasserwirtschaft – Schriftenreihe österr. Wasserwirtschaftsverband, H. 68, 1987.
Pegel, M.: Die Besatzsituation und Ökologie des Rebhuhns in der Bundesrepublik Deutschland. Niedersächsischer Jäger Nr. 5, 1988.
Pegel, M.: Niederwild in unserer Kulturlandschaft – Ökologische Zusammenhänge, aufgezeigt an Beispielen für Hase, Rebhuhn und Fasan. In: Jagd und Hege, Mai 1982.
Pegel, M.: Zur Ökologie, Hege und Bejagung des Feldhasen – Ergebnisse 5jähriger Untersuchungen im Bundesgebiet. Niedersächsischer Jäger Nr. 9, 1989.
Peltzer, H.: Praktische Erfahrungen mit dem landschaftspflegerischen Begleitplan aus der Sicht der Landschaftspflege. In: Jahrbuch für Naturschutz und Landschaftspflege, Band 29, 1979.
Petrak, M.: Der Mensch in der Umwelt des Wildtieres – Objektives Erfassen von Störfaktoren im Revier. In: Jagd und Hege Nr. 2, 1989.
Petrak, M.: Ergebnisse modellhafter Erhebungen über Schälschäden und Wildverbiß in Nordrhein-Westfalen. AFZ Nr. 4, 1990.
Petrak, M.: Gedanken zu einer zeitgemäßen Winterfütterung. In: Jagd und Hege Nr. 10, 1990.
Petrak, M.: Grundlagen der Bejagungsplanung für das Rehwild. In: Jagd und Hege Nr. 4, 1990.
Petrak, M.: Ökologische Grundlagen des Jagdwesens, Naturschutzstrategien, Artenschutz, Biotopschutz, Biotopvernetzung. Fachkongreß des DJV „Naturschutz und Ökologie", Mai 1991 in Suhl. Begleitbuch, Bonn, Suhl, Lich, 1991.
Petrak, M.: Rotwild jagen – aber richtig! Rheinisch-Westfälischer Jäger Nr. 6, 1991.
Petrak, M.: Skilanglauf und Rotwild in der Eifel – Erfolgreiche Lebensraumberuhigung im Wintersportgebiet Monschau. In: Wild und Hund Nr. 22, 1989.
Petrak, M.: Wechselbeziehungen zwischen Wild und Vegetation. LÖLF-Mitteilungen Nr. 4, 1992.
Petrak, M.: Zentrale Herausforderung für Wildbiologie und Jagdwissenschaft. In: Unser Wald, 44. Jg, Nr. 6, 1992.
Pfaus, E.: Haben wir wirklich zuviel Schalenwild? – Ein Zahlenvergleich mit der „guten" alten Zeit. In: Wild und Hund Nr. 11, 1989.
Piechocki, R.: Die Folgen der Ozonschichtzerstörung – Erstes deutsch-deutsches Expertentreffen auf der Insel Vilm – In: Natur und Landschaft, 66. Jg., Heft 10, 1991.
Piel, F.: Sind Krötenschutzzäune noch zeitgemäß? AFZ Nr. 14, 1991.
Pielowski, Z.: Besatzdichte des Hasen in Abhängigkeit von Agrarstruktur und landwirtschaftlichen Aktivitäten. Niedersächsischer Jäger Nr. 11, 1989.
Pielowski, Z.: Neues aus der Rehwildforschung in Polen. Zfsg. Vortrag Symp. Wildtier und Umwelt, Institut für Wildtierforschung, Veterinär Medizinische Universität Wien, 1987.
Pielowski, Z.: Sorgenkind Feldhase. In: Wild und Hund Nr. 16, 1989.
Pietzarka, U.; Roloff, A.: Waldrandgestaltung unter Berücksichtigung der natürlichen Vegetationsdynamik. Forstarchiv, 64. Jg., 1993.
Pleiss, H.: Der Kreislauf des Wassers in der Natur. G. Fischer-Verlag, Jena, 1977.
Plochmann, R.: Mensch und Wald. In: Rettet den Wald, Kindler-Verlag, München, 1979.
Plochmann, R.: Wald zwischen Ökologie und Ökonomie. In: Rettet den Wald, Kindler-Verlag, München, 1979.
Podloucky, R.: Amphibienschutz an Straßen – Beispiele und Erfahrungen aus Niedersachsen. Umwelt Archiv Nr. 99, 1990.

Pöggeler, F.: Ökologische Aspekte der Andragogik – Erwachsenenbildung im Gelände. In: Natur und Landschaft, Heft 2, 56. Jg., 1981.
Polivka, R.; Kist, U.; Groß, P.; Beinlich, B.: Zur Funktionsfähigkeit von ACO-Amphibienschutzanlagen an zwei Kreisstraßen im Landkreis Marburg-Biedenkopf. In: Natur und Landschaft, 66. Jg., Heft 7/8, 1991.
Pommerehne, W.W.: Der monetäre Wert einer Flug- und Straßenlärmreduktion – Eine empirische Analyse auf der Grundlage individueller Präferenzen. In: Kosten der Umweltverschmutzung, Berichte des Umweltbundesamtes, Berlin, 1986.
Pretscher, P.; Schult, A.: Die Gefährdung der Insektenfauna, insbesondere der Schmetterlinge, durch Fang und Handel. In: Natur und Landschaft, Heft 10, 53. Jg., 1978.
Preuß, G.: Voraussetzungen und Möglichkeiten für Hilfsmaßnahmen zur Erhaltung und Förderung von Stechimmen in der Bundesrepublik Deutschland. In: Natur und Landschaft, Heft 1, 55. Jg., 1980.
Probst, Ch.: Die moderne Barbarei. In: Kleine Zeitung (Österreich) vom 26.2.1984.
Probst, Ch.: Tierschutz im Unterricht – Die praktizierte Ethik. Dorrong-Druck, Graz, 1990.
Pückler, M. G. v.: Forstliche Gutachten zulässig. In: Wild und Hund Nr. 21, 1992.
Pückler, M.G.v.: Forstliche Gutachten zweifelhaft. In: Wild und Hund Nr. 12, 1991.
Pückler, M. G. v.: Tierquälerei: Störung des Rotwildes bei hoher Schneelage. In: Wild und Hund Nr. 26, 1989.
Quirbach, K.-H.: Wer hat den Schwarzen Peter – ein Beitrag zum Gülleproblem. In: Natur und Landschaft, 62. Jg., Heft 9, 1987.
Quirbach, K.-H.: Agrarlandschaft. In: Natur und Landschaft, Heft 3, 53. Jg., 1978.
Quirbach, K.-H.: Freund oder Feind – Unkraut? In: Natur und Landschaft, Heft 11, 56. Jg., 1981.
Quirbach, K.-H.: Konventionell oder alternativ wirtschaften? In: Natur und Landschaft, Heft 7/8, 55. Jg. 1980.
Raabe, E.-W.: Über die Entwicklung der Kleingewässer, dargestellt am Beispiel der Gemeinde Heikendorf. Heimat 86: 53–56, 1979.
Rall, H.: Nationalpark Berchtesgaden/Waldinventur und Waldpflegeplanung 1983. In: Bayer. Oberforstdirektion München, 1986.
Rasper, M.; Sellheim, P.; Steinhardt, B.: Das Nieders. Fließgewässerschutzsystem – Grundlagen für ein Schutzprogramm. Schriftenreihe des Nieders. Landesverwaltungsamtes – Fachbehörde für Naturschutz, Heft 25/2, 1991.
Rat von Sachverständigen für Umweltfragen: Umweltprobleme der Landwirtschaft, Sondergutachten, Verlag Kohlhammer, Stuttgart u. Mainz, 1985.
Reck, R. R.; Long, B. G.: „Unschlagbar verhandeln" – Die beiderseitige Gewinnstrategie – Aus dem Amerikanischen übertragen. MVG-Verlag München, 1990.
Reemtsma, H. B.: Ernährung der Fichte in Niedersachsen und erste Ergebnisse. IMA-Querschnittsseminar „Düngung geschädigter Waldbestände". Manuskript, Bayreuth, 1988.
Rehfuess, K.-E.: Walderkrankungen und Immissionen – eine Zwischenbilanz. In: AFZ, Nr. 24/1983.
Reichel, D.: Schutz von Vogelarten in Naturschutzgebieten am Beispiel des Regierungsbezirkes Oberfranken. In: Natur und Landschaft, 65. Jg., Heft 10, 1990.
Reichelt, G.: Landschaftsverlust durch Straßenbau. In: Natur und Landschaft, Heft 10, 54. Jg., 1979.
Reichelt, G.: Schwoerbel, W.: Ökologie. Cornelsen-Velhagen und Klasing-Verlag, Bielefeld, 1979.
Reichholf, J.: Die Funktion des Freßfeindes als Selektionsfaktor. In Schneider: Die Illusion der Arche Noah. Echo-Verlag, Göttingen, 1989.
Reichholf, J.: Ist der Biotop-Verbund eine Lösung des Problems kritischer Flächengrößen? Akadem. Natursch. Landschaftspfl. Laufen; Laufener Seminarbeiträge, 10/1986.
Reichholf, J.: Landschaftsstruktur und Artenvielfalt. In: Nationalpark.
Reichholf, J.: Ohne Beschränkungen geht es nicht. In: Wir und die Vögel, Heft 3, 10/1979.
Reif, A.: Rote Listen und Forstwirtschaft. Der Wald – kein sicherer Schutz für gefährdete Pflanzen? In: Forst und Holz, 47. Jg., Nr. 6, 1992.
Reifferscheidt, U.: Erfahrungen aus der Sicht einer Pädagogin. AFZ Nr. 8, 1989.
Reimoser, F.: Basisinformation Rehwild und Umwelt. AFZ Nr. 49, 1986.
Reimoser, F.: Wechselwirkungen zwischen Waldstruktur, Rehwildverteilung und Rehwildbejagbarkeit in Abhängigkeit von der waldbaulichen Betriebsform. Diss. Universität für Bodenkultur, Wien, 1986.
Reimoser, F.: Wildökologische Aspekte zur Lösung von Wildschadensproblemen. In: AFZ, Nr. 44/1983.
Reimoser, F.: Wildökologische Raumplanung für Schalenwild. Schalenwildtagung, Burgenländ. Landesjagdverband, Vortragsveröffentlichungen, 1991.
Remmert, H.: Das Mosaik-Zyklus-Konzept und seine Bedeutung für den Naturschutz – Eine Übersicht. Laufener Seminarbeiträge, ANL, Laufen/Salzach Nr. 5, 1991.
Remmert, H.: Gleichgewicht durch Katastrophen. Aus Forschung und Medizin, 7-17, März 1988.
Remmert, H.: Naturschutz, Springer-Verlag, Berlin, Heidelberg, New York, 2. Aufl., 1990.
Remmert, H.: Ökologie. Ein Lehrbuch. 5. neubearb. Auflage. Springer-Verlag, Berlin, Heidelberg, 1992.
Remmert, H.: Ökologische Probleme als Herausforderung. Beispiele aus Vergangenheit und Gegenwart. AFZ, 37 Jg., Nr. 22/1982.
Remmert, H.: Was geschieht im Klimax-Stadium? Ökologisches Gleichgewicht durch Mosaik aus desynchronen Zyklen. Naturwissenschaften 72, 1985.
Reulecke, K.: Das Rotwild. Verlag Paul Parey, Hamburg und Berlin, 1988.
Richter, J.: Forstwirtschaft und Naturhaushalt. In: Forst und Holz, 47. Jg., Nr. 6, 1992.
Riecken, U.: Grenzen der Machbarkeit von „Natur aus zweiter Hand". In: Natur und Landschaft, 67. Jg., Heft 11, 1992.
Riesenhuber, H.: Die Herausforderung annehmen. Rede des Bundesministers für Forschung und Technologie zur Eröffnung des Symposiums der Kommission der EG „Saurer Regen – eine Herausforderung für Europa", Karlsruhe, 19. September 1983.
Ringler, A.: Schrumpfung und Dispersion von Biotopen. In: Natur und Landschaft, Heft 2, 56. Jg. 1981.
Ripken, H.: Controlling im Forstbetrieb. AFZ Nr. 5, 1993.
Rock, M.: Ästhetischer Zugang zur Umwelt – Schönheit als Motiv des Naturschutzes. In: Natur und Landschaft, 61. Jg., Heft 12, 1986.
Rock, M.: Mensch und Umwelt – Anthropologische Überlegungen zu einem gestörten Verhältnis. Vortrag vor dem Deutschen Forstverein in Münster, 1982.
Rock, M.: Natur und Landschaft – was bedeuten sie für den Menschen? In: Natur und Landschaft, Heft 7/8, 58 Jg., 1983.
Rock, M.: Umweltschutz – Eine Herausforderung an die christliche Ethik. In: Aktuelle Information, Mainz, 8/1979.
Röhnert, G.: Rettung der Lurchbevölkerungen vor dem Straßentod. Verband Deutscher Vereine für Aquarien- und Terrarienkunde e.V., Arbeitskreis Information Nr. 12, Grevenbroich, 1980.
Röhnert, G.: Wer mithilft, die Umwelt gesund zu erhalten, hilft sich selbst am meisten. Verband Deutscher Vereine für Aquarien- und Terrarienkunde e.V., Arbeitskreis Umweltschutz-Fauna-Flora, Grevenbroich.
Röhrig, E.: Waldbau auf ökologischer Grundlage. Verlag Paul Parey, Hamburg und Berlin, 1980.
Röth, R. Naturschutz als Entscheidungshilfe für die Praxis. In: Natur und Landschaft, Heft 1, 57. Jg., 1982.
Roloff, A.: Mögliche Auswirkungen des Treibhauseffektes auf die Konkurrenzsituation in Waldökosystemen. Forstarchiv 63. Jg., 1992.

Room, P.M.; Harley, K.L.S.; Forno, J.W.; Sands, D.P.A.: Successful biological control of the floating weed Salvinia. Nature (London), 1981.
Rottmann, M.: Wind- und Sturmschäden im Wald. Sauerländer, Frankfurt, 1986.
Roy, L.G. le: Natur ausschalten – Natur einschalten. Klett-Cotta, Stuttgart, 1978.
Rühl, D.: Rote Liste gefährdeter Tierarten in der Bundesrepublik Deutschland, Teil II – Wirbellose. In: Natur und Landschaft, Heft 4, 52. Jg., 1977.
Rumpf, W.: Forstwirtschaft als Kulturaufgabe für die Zukunft. DEFO Nr. 8, 1990.
Saar, Ch.: Der Wanderfalke – Arealerweiterung durch Zucht und Aussetzung? In: Natur und Landschaft, Heft 4, 56. Jg., 1981.
Schaefer, M.: Gedanken zum Schutz der Spinnen. In: Natur und Landschaft, Heft 1, 55. Jg., 1989.
Schaefer, M.: Waldschäden und die Tierwelt des Bodens. In: AFZ, Nr. 27/1985.
Schäfer, R.: Der Regen gibt Gewässern Saures. In: Natur Nr. 6/1984.
Schandinischky, L.H.; Schiller, G.;Keller Y.: Über die Schallschutzwirkung von Einzelbäumen und Waldstreifen. In: Forstarchiv, Nr. 2, 53. Jg., Hannover, 1982.
Schaper, C.: Totholz im Wirtschaftswald – Möglichkeiten zur Vermehrung. AFZ Nr. 11, 1992.
Schemel, H.-J.; Englmaier, A.: Zur Bedeutung naturnaher Kleinstrukturen für die Landwirtschaft im Rahmen der Flurbereinigung. In: Z. f. Kulturtechnik und Flurbereinigung, 23/1982.
Schemel, H.-J.; Scharpf, H.; Harfst, W.: Landschaftserhaltung durch Tourismus. Touristisch motivierte Maßnahmen zum Schutz, zur Pflege und zur Neuanlage naturnaher Landschaftsanteile – Beispiele und Schlußfolgerungen. Umweltbundesamt, Bundesministerium für Ernährung, Landwirtschaft und Forsten. Forschungsbericht, Berlin 1987.
Scherzinger, W.: Biotop-Pflege oder Sukzession. In: Garten und Landschaft, 1991.
Scherzinger, W.: Biotopansprüche bedrohter Waldvogelarten und ihre Eingliederung in die Waldsukzession. Stapfia/Linz 20, 1989.
Scherzinger, W.: Chancen der Wiedereinbürgerung von Waldhühnern in Deutschland. In: Natur und Landschaft, Heft 4, 56. Jg., 1981.
Scherzinger, W.: Das Dynamik-Konzept im flächenhaften Naturschutz; Zieldiskussion am Beispiel der Nationalpark-Idee. In: Natur und Landschaft, 65. Jg., Heft 6, 1990.
Scherzinger, W.: Das Mosaik-Zyklus-Konzept aus der Sicht des zoologischen Artenschutzes. Laufener Seminarbeiträge ANL, Laufen/Salzach Nr. 5, 1991.
Scherzinger, W.: Die Vogelwelt der Urwaldgebiete im inneren Bayerischen Wald. Schriftenr. Bayer. Staatsmin. ELF 12, 1986.
Scherzinger, W.: Rauhfußhühner. Nationalpark Bayerischer Wald, Heft 2, München 1976.
Schiefer, J.: Ergebnisse der Landschaftspflegeversuche in Baden-Württemberg – Wirkungen des Mulchens auf Pflanzenbestand und Streuzersetzung. In: Natur und Landschaft, Heft 7/8, 58. Jg., 1983.
Schiefer, J.: Vegetationsentwicklung und Pflegemaßnahmen auf Brachflächen in Baden-Württemberg. In: Natur und Landschaft, Heft 7/8, 56. Jg., 1981.
Schmidbauer, B.: Fütterung und Äsungsverbesserung als Beiträge zur schonenden Lebensraumnutzung durch Rot- und Rehwild. In: Jagd und Hege Nr. 10, 1990.
Schmidbauer, B.: Klimaveränderung durch den Anstieg von CO_2 in der Atmosphäre und die Folgen. In: Treibhauseffekt und Wald, Schrift der Stiftung Wald in Not, 3. Aufl., Bonn, 1993.
Schmidbauer, B.: Ökologische Einsichten vor die ökonomischen Interessen setzen. In: Unser Wald, 43. Jg, Heft 1, 1991.
Schmidbauer, B.: Richtig füttern bringt weniger Schäden und bessere Biotope – Fütterung von Rot- und Rehwild. In: Jagd und Hege Nr. 6, 1992.
Schmidbauer, B.: Zustand der Tropenwälder ist besorgniserregend. In: AFZ Nr. 8, 1991.
Schmidt, A.: Freizeitgesellschaft und die Folgen. LÖLF-Mittlg. Nr. 2, 1991.
Schmidt, H.: Naturschutz in der Stadt – Gartenämter im Wandel. In: Natur und Landschaft, 65. Jg, Nr. 3, 1990.
Schmidt, K.: Synökologie von Wild und Waldvegetation. AFZ Nr. 4, 1991.
Schmidt, W.: Der Einfluß von Kalkungsmaßnahmen auf die Waldbodenvegetation. Z. Ökologie und Naturschutz Nr. 1, 1992.
Schmidt, W.: Die Bodenvegetation im Wald und das Mosaik-Zyklus-Konzept (einschl. einiger Folgerungen für den Biotopschutz in Wäldern). Laufener Seminarbeiträge; ANL, Laufen/Salzach Nr. 5, 1991.
Schmiese, N.: Was kann eine Kreisverwaltung für den Biotop- und Artenschutz tun? In: Natur und Landschaft, Heft 12, 53. Jg., 1978.
Schmitt A.: Pflanzenverwendung im urbanen Bereich, BDLA 18 (Beiträge des 18. Seminars), Callwey-Verlag, München, 1976.
Schmitt-Vogt, H.: Die Fichte. Verlag Paul Parey, Hamburg und Berlin, 1986.
Schneider, E.; Oelke, H.; Groß, H.: Die Illusion der Arche Noah – Gefahren für die Arterhaltung durch Gefangenschaftszucht – Echo-Verlag, Göttingen, 1989.
Schneider, E.: Angler – Vogelfeinde wider Willen. In: Wir und die Vögel, Heft 3, 10/1979.
Schneider, E.: Hegemaßnahmen für den Feldhasen. In: Niedersächsischer Jäger 9/1984.
Schneider, R.: Erfahrungen bei der Rekultivierung von Kiesgruben. In: Natur und Landschaft, Heft 4, 51. Jg., 1976.
Schneider, W.: Selbstverwirklichung – nichts weiter als ein Wahn. In: FAZ vom 7.11.1981.
Schnell, P.; Weber, P.: Naturpark „Hohe Mark“ – Gruppenspezifische Analyse der Besuchsmotive. In: Natur und Landschaft, Heft 12, 52. Jg., 1977.
Schoen, R.; Wright, R.; Krieter, U.: Gewässerversauerung in der Bundesrepublik Deutschland. Naturwissenschaften 71, 1984.
Schorn, A.: Wald und Wild, Gegensätze oder Lebensgemeinschaften? In: Der Forst- und Holzwirt, Nr. 22/1981.
Schreiber, J.: Spiel mit der Natur. In: Natur Nr. 6, 1987.
Schreiber, R.: Pro Mehrweg – Stop Einweg/Getränkeverpackungen, Daten und Fakten 1983/84. Frankfurt, 1984.
Schreiber, R. L. (Hrsg.): Rettet die Wildtiere. Pro Natur Verlag, Stuttgart, 1980:
Schreiber, R. L.: Arche Noah 2000 – Unsere Umwelt braucht unsere Hilfe. Das Buch zur HörZu-Aktion, Frankfurt (Main), 1981.
Schreiner, J.: Der Flächenanspruch im Naturschutz. Akad. Natursch. Landschaftspfl./Laufen; Ber. ANL 11, 1987.
Schroeter, E.: Zur Öffentlichkeitsarbeit des DJV. DJV-Nachrichten Nr. 2, 1990.
Schröder, W.: Ändert sich der Wald, ändert sich die Tierwelt. In: Rettet den Wald, Kindler-Verlag, München, 1979.
Schröder, W.: Die Tiere des Waldes – Glieder im Öko-System. In: Rettet den Wald, Kindler-Verlag, München, 1979.
Schröder, W.: Wildtiermanagement in Mitteleuropa – Komplexe Aufgaben erfordern kreative Lösungen. AFZ, Nr. 12–13, 1990.
Schua, L. F.: Die Funktion der Uferbepflanzung im Temperaturhaushalt kleiner Fließgewässer und Folgen deren Veränderung bei wasserbautechnischen Maßnahmen. Wasser und Boden Nr. 2, 1974.
Schürmann, H.: Gärtnern und Gift. Berufsschul- und Fragebogenaktion, Nov. 1983 im Bezirk Wuppertal. In: GGLuF-Mitteilungen.
Schulte, G.: Leitlinien und Leitbilder für Natur und Landschaft im Jahr 2000. AFZ, Nr. 4, 1992.

Schulz von Thun, F.: Miteinander reden 2. Stile, Werte und Persönlichkeitsentwicklung. Differentielle Psychologie der Kommunikation. Rowohlt Verlag, Hamburg, 1989.
Schulz von Thun, F: Miteinander reden: Störungen und Klärungen. Psychologie der zwischenmenschlichen Kommunikation. Rowohlt, Hamburg, 1986.
Schulz, A.: Der KÖH-Wert – Modell einer komplexen planungsrelevanten Zustandserfassung. In: Inform. zur Raumentwicklung, Heft 10, 1982.
Schulz, H.-J.: Naherholungsgebiete, Grundlagen der Planung und Entwicklung. Verlag Paul Parey, Hamburg und Berlin, 1978.
Schulz, W.: Das menschliche Maß im Wildtiermanagement. AFZ, Nr. 12-13, 1990.
Schulze, J. E.: Vergleichende Untersuchung zur Kondition von menschenaufgezogenen und wildlebenden Fasanen. Dissertation am Institut für Wildtierforschung an der Tierärztlichen Hochschule Hannover, Hannover, 1992.
Schumacher, W.: Zukunftsorientierte Weiterentwicklung des Zielsystems der Forstwirtschaft. AFZ Nr. 8, 1991.
Schupp, D.: Unzerschnittene verkehrsarme Räume in Niedersachsen. Informationsdienst Naturschutz Niedersachsen Nr. 1, Hannover, 1991.
Schuster, G.: Das Tiernutzgesetz. In: Natur, Nr. 6/1984.
Schuster, S.: Angelsport und Naturschutz – Eine Dokumentation des DBV und Sportfischerei und Vogelschutz. Die Behörden müssen eingreifen. In: Wir und die Vögel, Heft 3, 10/1979.
Schute, R.: Den Fuchsbandwurm mit der Tollwut bekämpfen? Niedersächsischer Jäger Nr. 16, 1990.
Schutzgemeinschaft Deutsche Nordseeküste e.V. (Hrsg.): Das Watt – Lebensraum zwischen Festland und Meer. Schriftenreihe Naturschutz und Umweltschutz an der Nordsee, Heft 1, Aurich, 1980.
Schwaar, J.: Grünlandbrachen im nordwestdeutschen Flachland; Ergebnisse langjähriger vegetationskundlicher Untersuchungen. NNA-Berichte (Nordd. Naturschutzakademie) 3/2, 1990.
Schwab, P.: Es schält der Hirsch im wilden Forst...; Ergebnisse der Schälschadenanalyse 1978–87 in Achenkirch/Tirol. In: Wild und Hund Nr. 22, 1989.
Schwab, P.: Fütterung und Äsungsverbesserung als Beiträge zur schonenden Lebensraumnutzung durch Rot- und Rehwild. In: Jagd und Hege, Nr. 10, 1990.
Schwab, P.: Richtig füttern bringt weniger Schäden und bessere Biotope – Fütterung von Rot- und Rehwild. In: Jagd und Hege, Nr. 10, 1990.
Schwarz, U.: Der Naturgarten. Krüger Verlag, Frankfurt, 1980.
Schwertmann, U.: Stand der Erosionsforschung in Bayern, Ökologische Probleme in Agrarlandschaften. Daten und Dokumente zum Umweltschutz. Sonderreihe Umwelttagung , Nr. 30, 1980.
Schwoerbel, J.: Hyporheische Besiedlung geröllführender Hochgebirgsbäche mit bewegter Stromsohle. Naturwissenschaften 49, 1962.
SDW (Schutzgemeinschaft Deutscher Wald): Die Erde als Treibhaus. Sonderdruck, Bonn, 1992.
Seeland, K.; Brunner, B.: Wald als Gegenstand der Umwelterziehung und Menschenbildung. Arbeitsberichte, Institut Forstpolitik und Forstökonomie, ETH Zürich, Allg. Reihe Nr. 91/7, 1991.
Seibert, P.: Die Belastung der Pflanzendecke durch den Erholungsverkehr. Forstwissenschaftliches Centralblatt, 93. Jg., Heft 1, 1974.
Seifert, K.: Die Ultrastruktur des Riechepithels beim Makrosmatiker. Stuttgart, 1970.
Seitschek, O.: Waldbauliche Möglichkeiten auf Kahlfächen unter besonderer Berücksichtigung der Vorwaldbaumarten. In: Forst und Holz, 46. Jg., Nr. 13, 1991.
Sening, Chr.: Umweltzerstörung, Recht und Information. In: Natur und Recht, Nr. 4, 7. Jg., 1985.
Simbrey, J.: Der Waldboden als Lebensraum – Belastung und Gefährdung – In: AFZ Nr. 6, 1987.
Sinclair, A. R. E.: The resource limitation of trophic levels in tropical grassland ecosystems. Journal of Animal Ecology, 44, 1975.
Sinner, K.; Brünner, K.: Vom Forst zum Wald. Nationalpark, 15/65, 1989.
Sjölander, S.: Der Kreis um Konrad Lorenz. Ideen, Hypothesen, Ansichten (47 Autoren) Festschrift anläßl. des 85. Geburtstages von Konrad Lorenz am 7. 11. 1988. Verlag Paul Parey, Berlin und Hamburg, 1988.
Späh, H.; Beisenherz, W.: Wiederbesiedlung von Forellenbächen – Erfolgreiche Versuche mit Groppen. LÖLF-Mitteilungen, Heft 3, 1986.
Spahl, H.: Auswirkungen der Forstwirtschaft auf schützenswerte Pflanzen und Tiere der Feuchtgebiete. AFZ Nr. 6–7, 1990.
Spiegel Spezial: Technische Normen öffnen die Hintertür. Spiegel Spezial, Heft 1, 1992.
Spiegel-Gespräch mit dem Technik-Philosophen Hans Jonas: Dem bösen Ende näher. Spiegel Nr. 20, 1992.
Spittler, H.: Vergiften Insektizide auch Fasanen- und Rebhuhnküken? Niedersächsischer Jäger Nr. 15, 1990.
Spittler, H.: Winterdeckung für das Niederwild. In: Niedersächsischer Jäger 21/1983.
Spittler, H.: Witterung und Niederwildbesatz, Hessischer Jäger, 24/11, 1980.
Sprich, L.; Waldenspuhl, T.: Ökologie und Ökonomie. AFZ Nr. 1, 1991.
SRU (Rat von Sachverständigen für Umweltfragen der Bundesregierung): Umweltgutachten. Kohlhammer Verlag, Wiesbaden, 1987.
Städtetag Nordrhein-Westfalen: Muster einer Baumschutzsatzung (Umdruck K 3258). In: Natur und Landschaft, Heft 4, 52. Jg., 1977.
Statzner, B.: Ökologie gleich Ökonomie am Beispiel heimischer Bäche. Umschau 83 (12), 1983.
Staub, E.: Graureiher und Fischerei. In: Jagd und Hege, Nr. 1/1985.
Stecker, B.: Naturerlebnisse und Umwelterziehung als Nebennutzen des Waldes – Modell-Forstbetrieb in Kanada. AFZ Nr. 4, 1993.
Stein, H.: Kontrollierte Vermehrung und Artenerhaltung bei Fischen. In: Natur und Landschaft, Heft 11, 56. Jg., 1981.
Stern, H.; Thielcke, G.; Vester, F.; Schreiber, R.: Rettet die Vögel, Herbig-Verlag, 1978.
Steubing, L.; Kirschbaum, U.: Immissionsbelastung der Straßenrandvegetation. In: Natur und Landschaft, Heft 9, 51. Jg., 1976.
Stichmann, W.: Vorwort zu „Natur-Kinder-Garten". Naturschutzzentrum Nordrhein-Westfalen, Landwirtschaftsverlag, Münster, 1991.
Stietencron, D. v.: Füttern, Kirren, Schießen. Klarstellung der LJS Niedersachsen. In: Wild und Hund Nr. 17, 1986.
Stock, M.: Ungestörte Natur oder Freizeitnutzung? – Das Schicksal unserer Strände. In: Prokosch, P. (Hrsg.): Ungestörte Natur – was haben wir davon? World Wildlife Fund – Tagungsber. 6, Husum, 1992.
Stölzer, S.: Bodenbewirtschaftung und Bodenmikroflora. Berichte der Nordd. Naturschutzakademie 3/2, 1990.
Stoll, H. L.: Klima-Bündnis deutscher Städte auf dem Holzweg. In: Holzzentralblatt, 118. Jg, 23. März 1992.
Straaß, V.: Spielregeln der Natur – Taktik, Tricks und Raffinesse – BLV-Verlag, München–Wien–Zürich, 1990.
Strandgaard, H.: The Roe deer population at Kalö and the factors regulating its size. Danish Rev. Game Biol. 7, 1972.
Strate, W.: Rebhühner – eine Rarität. In: Niedersächsischer Jäger 1/1982.
Strotdrees, J.: Wirkung unterschiedlicher Produktionstechniken auf die Flora im Ackerschonstreifen. In: Natur und Landschaft, 67. Jg, Heft 6, 1992.
Stubbe, C.; Stubbe, W.: Rehwildbestand durch Wahlabschuß nicht verbessert. Nieders. Jäger Nr. 16, 1990.
Stubbe, C.: Was ergaben Rehwild-Experimente für die jagdliche Praxis? Nieders. Jäger Nr. 1, 1991.

Sturm, K.; Waldenspuhl, T.: Zur Urteilsbegründung des Bundesverfassungsgerichtes über das Wirtschaftsziel im öffentlichen Wald. AFZ Nr. 45, 1990.
Suchant, R.: Hilfe für das Haselhuhn. AFZ, Nr. 11, 1993.
Sukopp, H.; Trautmann, W.; Korneck, D.: Auswertung der Roten Liste gefährdeter Farn- und Blütenpflanzen in der Bundesrepublik Deutschland für den Arten- und Biotopschutz. Schriftenreihe für Vegetationskunde Heft 12, Bonn – Bad Godesberg, 1978.
Tamm, J.: Angler und Naturschützer – Feindliche Brüder? In: Natur und Landschaft, Heft 3, 56. Jg., 1981.
Tataruch, F.: Die Cadmium-Kontamination der Wildtiere. In: AFZ, Nr. 21/1984.
Technische Universität Berlin: Landwirtschaft im Konflikt zwischen Ökologie und Ökonomie. Dissertation 1977.
Teufel, D.: Mineralölsteuererhöhung als Alternative zum Straßenbau – Eine Studie des UPJ-Instituts zeigt neue Möglichkeiten zur Lösung des Verkehrsproblems. Naturschutz heute Nr. 3, 1991.
Thielcke, G.: Deutschland braucht weitere Nationalparke. In: Nationalpark 4, 1991.
Thielcke, G.: Ein Kooperationsmodell zwischen Flurbereinigung und Naturschutz. In: Natur und Landschaft, Heft 3, 53. Jg., 1978.
Thielcke, G.: Vogelarten sind tatsächlich durch Jagd im Bestand gefährdet. In: Natur und Landschaft, Heft 3, 50. Jg., 1975.
Thiesmeier, B.: Die Larven des Feuersalamanders – Leitorganismen der fischfreien Mittelgebirgs-Quellbäche. In: Erweitere Zusammenfassung der Jahrestag. der Deutsch. Ges. f. Limnologie (DGL), Essen, 1990.
Thorwart, G.: Auf Schritt und Tritt. In: Unser Wald, Heft 2/1982.
Timinger, J.: Schälinventur in unterfränkischen Staatsjagdrevieren. AFZ Nr. 4, 1991.
Tinbergen, N.: Instinktlehre – Vergleichende Erforschung angeborenen Verhaltens. In: Ethologie – Vergleichende Verhaltensforschung. Herausgegeben v. Rudolf Georgi, Verlag Paul Parey, Hamburg und Berlin, 1989.
Trichterborn, H.: Extensivierung und Flächenstillegung in Niedersachsen. Berichte der Nordd. Naturschutzakademie 3/2, 1990.
Trommer, G.: Natur wahrnehmen mit der Rucksackschule. Westermann Schulbuchverlag, Braunschweig, 1991.
Trommer, G.: Naturschutz im Biologieunterricht der Sekundarstufe II. In: Naturschutz heute, Naturschutzzentrum Hessen, Heft 3, Tagungsbericht Wetzlar, 1984.
Tscharntke, T.: Klärteiche – Feuchtgebiete in einer ausgeräumten Kulturlandschaft. In: Natur und Landschaft, Heft 9, 58. Jg., 1983.
Ueckermann, E.: Verminderung der Wildverluste durch den Straßenverkehr und der Verkehrsunfälle durch Wild. Schrift der Forschungsstelle für Jagdkunde und Wildschadensverhütung des Landes Nordrhein-Westfalen, Bonn, 1989.
Ulrich, B.; Mayer, R.; Khanna, P.K.: Deposition von Luftverunreinigungen und ihre Auswirkungen in Waldökosystemen im Solling, Sauerländer Verlag, Frankfurt 1979.
Ulrich, B.: Anthropogene Veränderungen von Waldökosystemen. Geschichte – Gegenwart – Zukunft. In: Glatzel, G./Hrsg.: Möglichkeiten und Grenzen der Sanierung immissionsgeschädigter Waldökosysteme. Wien, 1987.
Ulrich, B.: Destabiliesierung von Waldökosystemen durch Akkumulation von Luftverunreinigungen. In: Der Forst- und Holzwirt, Nr. 21, 36. Jg., 1981.
Ulrich, B.: Die Rolle des Waldes für die Wassergüte. In: AFZ, Nr. 42, 36. Jg., 1981.
Ulrich, B.: Die Ursachenforschung hat sich mehr auf die Fichte konzentriert. In: Unser Wald, 44. Jg., Nr. 3, 1992.
Ulrich, B.: Folgerungen aus 10 Jahren Waldökosystem- und Waldschadensforschung. In: Forst und Holzwirt, 46. Jg., Nr. 21, 1991.
Ulrich, B.: Gefahren für das Waldökosystem durch saure Niederschläge. In: Sonderheft der Schriftenreihe Wald und Umwelt der Schutzgemeinschaft Deutscher Wald e.V., Münster-Hiltrup, 1982.
Ulrich, B.: Man macht sich unglaubwürdig. In: Unser Wald, 42. Jg., Nr. 2, 1990.
Ulrich, P.: Transformation der ökonomischen Vernunft. Bern und Stuttgart, 1986.
Ulrich, R. S.: Ästhetische und emotionale Einflüsse der Vegetation – Eine Übersicht der wissenschaftlichen Literatur. Swedish Council for Building Research, Stockholm, 1985.
Umwelt: Räumung von Fließgewässern mit Sohl- und Räumfräsen. Umwelt 7, 1987.
Umweltbundesamt: Daten zur Umwelt 1984, Berlin, 1984.
Umweltbundesamt: Daten zur Umwelt 1990/91. Erich Schmidt Verlag, Berlin, 1992.
Umweltbundesamt: Gewässerversauerung in der Bundesrepublik Deutschland. Berlin, 1987.
Unger, H.-J.: Verpflanzen von Hecken und Feldrainen im Rahmen der Flurbereinigung – Erste Erfahrungen aus Bayern. In: Natur und Landschaft, Heft 9, 56. Jg., 1981.
Vangerow, H.-H. Möglichkeiten des Biotopschutzes in Bayern aus forstlicher Sicht. In: Natur und Landschaft, Heft 8/9, 52. Jg., 1977.
Vauk, G.: Einleitungsartikel in „Seevögel", Zeitschrift Verein Jordsand, Hamburg, B. 12, Heft 4, 1991.
Vauk, G.: Naturschutz und Jagd. In: Niedersächsischer Jäger, Nr. 15/1976.
Vauk, G.: Schwarzwild-Kirrung – Eine Alternative zur Drückjagd? Jäger Nr. 2, 1993.
Verband Deutscher Biologen: Zu wenig Biologieunterricht. In: Natur und Landschaft, Heft 9, 60. Jg., 1985.
Verbeek, B.: Der anthropologische Hintergrund der Umweltzerstörung aus evolutionsbiologischer Sicht. In: LÖLF-Mitteilungen Nr. 2, 1992.
Vester, F.: Die Natur in Mark und Pfennig. LÖLF-Mitteilungen Heft 3, 1985.
Vester, F.: Lebensquelle Wasser. In: Rettet die Vögel, Herbig-Verlag.
Vester, F.: Leitmotiv vernetztes Denken – Für einen besseren Umgang mit der Welt. Wilhelm Heyne-Verlag, München, 1988.
Vetter, H.: Ist alternativer Landbau der Landbau der Zukunft? – Die Landwirtschaft braucht mehr Wissenschaft und mehr Verantwortungsbewußtsein. In: FAZ vom 8. Februar 1984.
Völker, K.: Fahrrad und Gesundheit – Gesundheitliche Wirkungen des Alltagsradelns. In: Das Fahrrad als Wirtschaftsfaktor. Schriftenreihe des ADAC Nordrhein-Westfalen e.V. Nr. 1, Düsseldorf, 1989.
Völkl, W.: Besiedlungsprozesse in kurzlebigen Habitaten: Die Biozönose von Waldlichtungen. In: Natur und Landschaft, 66. Jg., Heft 2, 1991.
Völksen, G.: Ferienzentren und Erholungslandschaft. In: Forschungen zur niedersächsischen Landeskunde, Band 111, Göttingen – Hannover, 1978.
Volk, H.: Bayern und die Waldbiotopkartierung. AFZ, Nr. 24, 1992.
Volk, H.: Biotopschutz und Freizeitnutzung der Wälder – Auswirkungen des Skilanglaufs und anderer Erholungsformen auf Wald und Landschaft. In: Der Forst- und Holzwirt Nr. 17, 1984.
Volk, H.: Inwieweit gefährdet Forstwirtschaft schützenswerte Pflanzen? Vorurteile im Naturschutz gegen Forstwirtschaft abbauen. AFZ, Nr. 6-7, 1990.
Volk, H.: Ökologische Bestandsaufnahme in den Wäldern. AFZ, Nr. 6-7, 1990.
Volk, H.: Skilanglauf und Umwelt – Ansichten und Verhaltensweisen der Läufer. AFZ, Nr. 12, 1988.
Volquardts, G.: Hochwild im Spannungsfeld oder: Das Maß entscheidet. Niedersächsischer Jäger Nr. 8, 1993.
Volquardts, G.: Landesforsten müssen dem Allgemeinen Nutzen dienen! In: Wild und Hund, Nr. 22, 81. Jg., 1985.
Volz, K.-R.: Naturnahe Waldwirtschaft in stürmischen Zeiten

– eine forstpolitische Fragestellung? Holz-Zentrallblatt Nr. 98 u. 99, 1991.
Vorholz, F.: Bonn vernichtet den Wohlstand. Die Zeit Nr. 48, 1992.
Wagenknecht, E.: Rehwildhege mit der Büchse. Neumann-Verlag, 1983.
Wagner, H.C.: Neuorientierung der Jagd im Staatswald. AFZ Nr. 4, 1992.
Waldhardt, R.; Schmidt, W.: Extensiv bewirtschaftete Ackerrandstreifen im Landkreis Göttingen. Göttinger Naturkundliche Schriften Nr. 2, 1990.
Waldmann, G.: Saurer Nebel-Niederschlag – Hauptverursacher des Waldsterbens? In: Forstliche Mitteilungen, Nr. 19/1984.
Walker, B.: Grüner Koffer, blaue Flagge – Auf der Suche nach einem einheitlichen Umwelt-Gütesiegel. FAZ, Nr. 112, 1992.
Walters, B.: Die Kunst mit jedem ins Gespräch zu kommen. Orbis Verlag, München, 1990.
Walther, W.; Hölscher, J.: Belastung von Wasser und Boden durch Schadstoffe in Luft und Niederschlägen. Nieders. Landesamt f. Wasserwirtschaft, Hildesheim, 1987.
Wandt v., Meurers: Die Erle, das unbekannte Wesen. Unveröff. Manuskript, 1993.
Warmer Bulletin: World Action for Recycling Materials and Energy from Rubbish. Nr. 28, Boppard, Febr. 1991; Nr. 32, Boppard, Febr. 1992; Nr. 34, Boppard, Aug. 1992; Nr. 35, Boppard, Nov. 1992.
Wasner, U.; Wolff-Straub, R.: Mitteilungen LÖLF 6, Heft 1 und 2, 1981.
Wasner, U.; Wolff-Straub, R.: Ökologische Empfehlungen zur Mahd der Straßenränder. Naturschutz Praktisch, Nr. 75, Mittlg. LÖLF Nr. 12, 1987.
Waßmann, R.: Bewertung des biologischen Zustandes der Fließgewässer in Südniedersachsen anhand der vorgefundenen Wirbellosen-Fauna. In: Neues Archiv für Niedersachsen, Band 33, Heft 4, Göttingen, 1984.
Waterstraat, A.: Einfluß eines Gewässerausbaus auf eine Population des Bachneunauges in einem Flachlandbach im Norden der DDR. Fischökolog. Nr. 1, 1989.
Weber, H. E.: Das expositionsbedingte Verhalten von Gehölzen und Hinweise für eine standortgerechte Artenwahl. In: Natur und Landschaft, Heft 7, 50. Jg., 1975.
Wegener, H.-J.: Aufforstung als Antwort auf die globale Erwärmung? Forst und Holz, 49. Jg., Nr. 4, 1994.
Wegener, H.-J.: Forstleute: Landespfleger oder Holztechnokraten? In: Forst- und Holzwirt, Heft 22, 36. Jg., 1981.
Wegener, U. (Hrsg.): Schutz und Pflege von Lebensräumen – Naturschutzmanagement. Gustav-Fischer-Verlag, Jena und Stuttgart, 1991.
Wehber, P.: Wie die Nadelbäume durch Luftschadstoffe vorzeitig sterben. In: AFZ, Nr. 38, 1985.
Weidenbach, P.: Walderneuerung auf Sturmwurfflächen. AFZ, Nr. 5, 1991.
Weidner, A.: Von „guten" und von „bösen" Jägern – Darstellung und Selbstdarstellung der Jagd in der Tagespresse. In: Wild und Hund Nr. 22, 1992.
Weigel, C.: § 28 a: Besonders geschützte Biotope in Niedersachsen. In: Forst und Holz, 47 Jg., Nr. 6, 1992.
Weigel, C.: Erfahrungen mit der flächendeckenden Waldbiotop-Kartierung im nieders. Staatswald. AFZ, Nr. 6, 1993.
Weigelt, C.: BioNet – Eine Initiative des VDBiol. In: Biologie heute Nr. 379, 1990.
Weiger, H.: Der Wald stirbt. In: Praxis der Naturwissenschaften Biologie, Nr. 9/1983.
Weiger, H.: Naturschutzforschung als Anforderung von der Praxis aus der Sicht der Naturschutzverbände. In: Natur und Landschaft, Heft 1, 57. Jg., 1982.
Weiger, H.: Vorschläge des Naturschutzes zum Waldumbau in Oberfranken. AFZ Nr. 20, 1990.
Weik, H.: Möglichkeiten der Sonnenenergienutzung. In: Schriftenreihe der Stiftung Wald in Not Bd. 4: Sonnenenergie, Hilfe für den Wald. Bonn, 1990.
Weinschenck, G.: Ethische, analytische und wirtschaftspolitische Fragen zum Thema Landwirtschaft und Landschaft. In: Natur und Landschaft, 61. Jg., Nr. 7/8, 1986.
Weizsäcker, E. U. v.: Ausverkauf der Natur. Rheinischer Merkur Nr. 37, 1988.
Wellenstein, G.: Ist unsere Gesundheit in Gefahr? – Ein kritischer Rück- und Ausblick auf den chemischen Pflanzenschutz. Heinrich-Schwab-Verlag, Schopfheim, 1976.
Wentzel, K. F.; Zundel, R.: Hilfe für den Wald – Ursachen – Schadbilder – Hilfsprogramme. Falken-Verlag, Niedernhausen, 1984.
Wentzel, K. F.: Hypothesen und Theorien zum Waldsterben. In: Forstarchiv, Heft 2, 56. Jg., 1985.
Wentzel, K. F.: Lektionen der Smog-Periode 1985 zur Beurteilung der Walderkrankungen. In: AFZ, Nr. 27/1985
Werner, J.: Warum jagen wir? In: Niedersächsischer Jäger Nr. 21/1983.
Wesemüller, H.: Wassersport und Naturschutz (Bereich Wattenmeer), Sonderdruck, Deutscher Naturschutzring (DNR), Bonn, 1980.
Westermann, F.; Heitkamp, U.: Waldbäche und Artenschutz – Anthropogene Beeinträchtigungen des Natürlichkeitsgrades und der Wirbellosen – Lebensgemeinschaften von kleinen Waldbächen im Hils. In: Forst und Holz, 47 Jg., Nr. 14, 1992.
White, T. C. R.: The abundance of invertebrate herbivores in relation to the availability of nitrogen in stressed food plants. Oecologia 63/1984.
Whittaker, R. H.: Communities and Ecosystems. 2nd edn. Macmillan, London, 1975.
Wicke, L.: Die ökologischen Milliarden – Das kostet die zerstörte Umwelt – so können wir sie retten. Kösel-Verlag, München, 1986.
Wicke, L.: Die soziale Marktwirtschaft in der umweltpolitischen Bewährungsprobe. AFZ, Nr. 22, 1987.
Wiedlich, W.: Ozon – das magische Molekül, Gift und Schutz zugleich. In: Unser Wald, 44, Jg., Nr. 4, 1992.
Wieglebe, G.: Re-naturierung oder Re-vitalisierung? Begriffe und Bewertungsmöglichkeiten für degradierte Fließgewässersysteme. In: 30. Fortbildungslehrgangsbericht „Naturnahe Gewässergestaltung und Gewässerunterhaltung". Nieders. Landesamt f. Wasser u. Abfall, Hildesheim, 1991.
Wiesner, J.: Erhaltung von Altholzkomplexen zum Schutz höhlenbewohnender Tierarten. Veröff. Mus. Gera; Naturwiss. R., 15, 1988.
Wildermuth, H.: Natur als Aufgabe. Hrsg.: Schweizerischer Bund für Naturschutz, 1978.
Windt, A.: Natur in der Stadt, Ravensburg, 1980.
Wingert, E.: Stirbt nach dem Wald auch der Boden? In: Natur, Nr. 3/1983.
Winkel, G.: Artenschutz als Auftrag für Erziehung und Öffentlichkeitsarbeit. In: Jahrbuch für Naturschutz und Landschaftspflege, Band 30, Bonn, 1980.
Winkelbrandt, A.: Aufgabe und Verfahrensweise der landschaftspflegerischen Begleitplanung in der Straßenplanung. In: Natur und Landschaft, Heft 10, 54. Jg., 1979.
Winter, K.: Auswirkungen der Waldkalkungen auf oberirdisch lebende Insekten. In: Forst und Holz Nr. 6, 1990.
Winter, K.: Tiergemeinschaften der Waldtypen, insbesondere des Flachlandes, und Möglichkeiten ihrer Förderung. In: Der Forst- und Holzwirt, Nr. 6, 1982.
Wittenberg, J.: Zur Frage einer Artenschutzregelung für Rabenkrähe, Elster und Eichelhäher. In: Natur und Landschaft, Nr. 53/1978.
Wölfel, H.: Der Zahnabschliff beim Rehwild sagt nichts über das Alter aus. Deutsche Jagdzeitung, Mai 1991.
Wölfel, H.: Sechs Jahrzehnte „Aufartung" haben nichts gebracht. Deutsche Jagdzeitung, Mai 1991.
Wölfel, H.: Untersuchung zur Minderung von Wildverlusten an Schiffahrtskanälen und kanalisierten Binnenwasserstraßen. Niedersächsischer Jäger Nr. 16, 1989.
Wölfel, H.: Wald und Wild – Harmonie oder Gegensatz? Niedersächsischer Jäger Nr. 22, 1990.

Wölfel, H.: Zur Jugendentwicklung, Mutter-Kind-Bindung und Feindvermeidung beim Rothirsch. Dissertation. Göttingen 1981.
Wohlfarth, K. A.: Mensch und Natur – Überlegungen zu einem gestörten Verhältnis. Vortrag vor der Jahrestagung ders Nordwestdeutschen Forstvereins in Neuhaus, 12.–13. Oktober 1983.
Woike, M.: Feuchtwiesenschutz. LÖLF-Mittlg. 4/1989.
Wolf, G.: Schutz und Pflege von Biotopen auf Golfplätzen. In: Garten und Landschaft Nr. 6, 1986.
Wolgast, Th. V.: Geld für den, der Unkraut wachsen läßt. In: FAZ, vom 22. 11. 1980.
Wotschikowsky, U.: Löschen, wo es brennt – nicht wo es gerade Wasser gibt – Rotwildkonzentrationen – Ursachen und Lösungen. In: Wild und Hund Nr. 14, 1991.
Wotschikowsky, U.: Neue Jäger braucht das Land – Für mehr Professionalität im jagdlichen Handwerk. AFZ, Nr. 12–13, 1990.
Wotschikowsky, U.: Rehböcke wandern nicht zum Nachbarn. Deutsche Jagdzeitung, Mai 1991.
Wulf, A.; Wichmann, Chr.: Zur Anwendung chemischer Pflanzenschutzmittel im Forst. In: Forst und Holz, 43. Jg., Nr. 19, 1988.
WWF intern: WWF zur Trophäenjagd. In: Wild und Hund Nr. 13, 1992.
Zerle, A.: Forstwirtschaft und Naturschutz aus der Sicht der Staatsforstverwaltung. Forstwiss. Centralblatt 108, 1989.
Zerle, A.: Waldbiotopkartierung. AFZ, Nr. 10, 1992.
Ziese, J.; Gebhardt-Brinkhaus, R.: Anforderungen an Golfplatzplanungen aus ökologischer Sicht. In: LÖLF-Mitteilungen, 1. Quartal, 1988.
Ziesemer, F.: Extensivierungs- und Stillegungsprogramme in Schleswig-Holstein: Art, Umfang, erste Bilanzen. Berichte der Nordd. Naturschutzakademie 3/2, 1990.
Ziesemer, F.: Untersuchungen zum Einfluß des Habichts auf Populationen seiner Beutetiere. In: Beiträge zur Wildbiologie, Heft 2, Landesjagdverband Schleswig-Holstein, 1983.
Zimmerli, E.: Freilandlabor Natur – Schulreservat, Schulweiher, Naturlehrpfad; Schaffung, Betreuung, Einsatz im Unterricht – Ein Leitpfaden. Verlag WWF Schweiz, Zürich, 1980.
Zimmermann, H.: Das Doppelgesicht der Ökosteuern. In: Frankfurter Allgemeine Zeitung Nr. 272, 1991.
Zschocke, R.: Sanfter Tourismus oder was? Dokumentation des Symposiums „Sanfter Tourismus – vom Schlagwort zur Praxis“ am 30. 4. 1992 in Lünen (NRW), TH Aachen, Landesverkehrsverband Westfalen e.V.
Zucchi, H.: Aspekte ökologischen Lernens. In: Natur und Landschaft, Heft 3, 59. Jg., 1984.
Zucchi, H.: Biologieausbildung und Naturschutz. In: Seevögel, Zeitschrift Verein Jordsand, Hamburg, Band 8, Heft 2, 1987.
Zundel, R.: Vorschläge zur Einschränkung der Walderholung zugunsten des Arten- und Biotopschutzes. In: DJV-Nachrichten, Nr. 5/1984.
Zunin, L. u. N.: Kontakt finden – Die ersten vier Minuten. Knauer-Verlag, München, 1989.
Zwölfer, H.; Bauer, G.; Hensinger, G.; Stechmann, D.: Die tierökologische Bedeutung und Bewertung von Hecken. Beiheft 3, Teil 2, zu den Berichten der ANL, Laufen, 1984.

17 Sachverzeichnis

„In Sachen des Gewissens ist die Mehrheit nicht zuständig."
Mahatma Gandhi (1869–1948)